Massimo Bergamini
Graziella Barozzi
Anna Trifone

1 Matematica.verde

Seconda edizione

PER IL COMPUTER E PER IL TABLET

L'eBook multimediale

1 REGÌSTRATI

Vai su **my.zanichelli.it** e regìstrati come studente

2 ATTIVA IL TUO LIBRO

Una volta entrato in **myZanichelli**, inserisci la **chiave di attivazione** che trovi sul bollino argentato in questa pagina

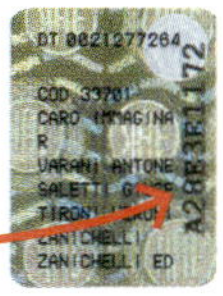

3 CLICCA SULLA COPERTINA

Puoi:

- **scaricare l'eBook offline** sul tuo computer o sul tuo tablet
- **sfogliare un'anteprima** dell'eBook online

Realizzazione editoriale:
- Coordinamento editoriale: Giulia Laffi
- Redazione: Irene Barbensi, Fabio Bettani, Edigeo srl (Filippo Bonaventura, Elena Colombo, Elisabetta Querci)
- Segreteria di redazione: Deborah Lorenzini, Rossella Frezzato
- Progetto grafico: Byblos, Faenza
- Composizione e impaginazione: Litoincisa, Bologna; Publi&Stampa, Conselice
- Disegni: Graffito, Cusano Milanino; Luca Pacchiani
- Ricerca iconografica: Irene Barbensi, Filippo Bonaventura, Elena Colombo, Luca Malagoli

Contributi:
- Contributi alla stesura e alla revisione dei testi e degli esercizi: Luciano Revelli, Angela Maria Ripamonti
- Stesura del capitolo Elementi di informatica: Giuseppe Di Palma, Fiorenzo Formichi e Giorgio Meini
- Coordinamento della stesura delle schede di approfondimento e dei problemi per la verifica in un'ora: Luca Malagoli
- Stesura delle schede di approfondimento: Anna Baccaglini-Frank, Chiara Ballarotti, Silvia Benvenuti, Davide Bergamini, Andrea Betti, Daniela Boni, Daniela Cipolloni, Adriano Demattè, Paolo Maurizio Dieghi, Silvia Gerola, Robert Ghattas, Daniele Gouthier, Chiara Lugli, Maria Chiara Manzini, Nadia Moretti, Marta Novati, Marta Parroni, Ilaria Pellati, Antonio Rotteglia, Raffaele Santoro, Giacomo Tommei
- Revisione delle schede di approfondimento: Filippo Bonaventura, Ambra Tinti
- Rilettura dei testi: Filippo Bonaventura, Angela Maria Ripamonti
- Stesura degli esercizi: Annamaria Bartolucci, Andrea Betti, Daniela Boni, Silvana Calabria, Roberto Ceriani, Francesca Ferlin, Chiara Francia, Ferdinando Galdi, Lorenzo Ghezzi, Mario Luciani, Maria Luisa Pagani, Domenico Pedullà, Claudia Piesco, Laura Polenta, Monica Prandini, Maria Pia Riva, Chiara Severini
- Stesura dei problemi per la verifica in un'ora: Daniela Boni, Paolo Maurizio Dieghi, Maria Falivene, Nadia Moretti, Marta Novati, Marta Parroni
- Stesura dei problemi Eureka!: Andrea Betti
- Stesura dei Listen to it: Anna Baccaglini-Frank
- Stesura degli esercizi in lingua inglese: Anna Baccaglini-Frank, Andrea Betti, Roberta Maroni
- Coordinamento della correzione degli esercizi: Francesca Anna Riccio
- Correzione degli esercizi: Silvano Baggio, Filippo Bonaventura, Angela Capucci, Elisa Capucci, Barbara di Fabio, Elisa Garagnani, Daniela Giorgi, Erika Giorgi, Cristina Imperato, Francesca Incensi, Chiara Lugli, Isabella Malacari, Luca Malagoli, Elena Meucci, Monica Prandini, Angela Prinzi, Luciano Revelli, Francesca Anna Riccio, Daniele Ritelli, Elisa Targa, Ambra Tinti

Realizzazione dell'eBook multimediale:

Booktab Z:
- Progettazione esecutiva e sviluppo software: duDAT srl, Bologna

Video:
- Coordinamento redazionale: Fabio Bettani
- Redazione e realizzazione: Christian Biasco, Piero Chessa
- Revisione: Isabella Malacari

Animazioni interattive:
- Coordinamento redazionale: Fabio Bettani
- Stesura e realizzazione: Davide Bergamini
- Revisione: Davide Disanti

Esempi digitali:
- Stesura: Chiara Tannoia, Davide Disanti
- Revisione: Davide Disanti

Audio Listen to it:
- Voce: Anna Baccaglini-Frank
- Realizzazione: formicablu srl, Bologna

Copertina:
- Progetto grafico: Miguel Sal & C., Bologna
- Realizzazione: Roberto Marchetti e Francesca Ponti
- Immagini di copertina: **Ellsworth Kelly**, **Green Curves**, **1997**. Olio su tela. Private collection © Ellsworth Kelly

Prima edizione: febbraio 2016

Ristampa:

5 4 2018 2019 2020

Zanichelli garantisce che le risorse digitali di questo volume sotto il suo controllo saranno accessibili, a partire dall'acquisto dell'esemplare nuovo, per tutta la durata della normale utilizzazione didattica dell'opera. Passato questo periodo, alcune o tutte le risorse potrebbero non essere più accessibili o disponibili: per maggiori informazioni, leggi my.zanichelli.it/fuoricatalogo

File per sintesi vocale
L'editore mette a disposizione degli studenti non vedenti, ipovedenti, disabili motori o con disturbi specifici di apprendimento i file pdf in cui sono memorizzate le pagine di questo libro. Il formato del file permette l'ingrandimento dei caratteri del testo e la lettura mediante software screen reader.
Le informazioni su come ottenere i file sono sul sito
http://www.zanichelli.it/scuola/bisogni-educativi-speciali

Grazie a chi ci segnala gli errori
Segnalate gli errori e le proposte di correzione su **www.zanichelli.it/correzioni**. Controlleremo e inseriremo le eventuali correzioni nelle ristampe del libro. Nello stesso sito troverete anche l'errata corrige, con l'elenco degli errori e delle correzioni.

Zanichelli editore S.p.A. opera con sistema qualità certificato CertiCarGraf n. 477 secondo la norma UNI EN ISO 9001:2008

Questo libro è stampato su carta che rispetta le foreste.
www.zanichelli.it/chi-siamo/sostenibilita

Stampa:: L.E.G.O. S.p.A.
Via G. Galilei 11, 38015 Lavis, Trento (TN)
per conto di Zanichelli editore S.p.A.
Via Irnerio 34, 40126 Bologna

Massimo Bergamini
Graziella Barozzi
Anna Trifone

1 Matematica.verde

Seconda edizione

Matematica e arte

Ellsworth Kelly di Emanuela Pulvirenti

Che cos'è quella strana macchia verde in copertina? Difficile crederlo, ma è un quadro: un'opera di Ellsworth Kelly dal titolo *Green Curves*. Certo, ha una forma anomala, dimensioni esagerate, non presenta immagini né disegni astratti, non si capisce quale sia il significato... eppure è un dipinto a tutti gli effetti. E come tutti i dipinti, anche quelli più essenziali, nasce dall'esigenza di rappresentare un aspetto della realtà. Nel caso di Kelly, artista americano morto a dicembre del 2015 all'età di 92 anni, quell'aspetto è la forma che hanno le cose, soprattutto quelle della natura e delle piante a lungo disegnate negli anni della formazione.

"Non sono interessato alla struttura di una roccia ma alla sua ombra", amava dire Kelly.

I contorni delle cose, dunque, sono per Kelly più importanti di quello che ci sta dentro; la sagoma del quadro è più interessante del colore con cui è riempito. Si tratta quindi di un'esplorazione precisa e paziente delle infinite geometrie del quadro. Un'operazione di reinvenzione del mondo attraverso un linguaggio "pulito" e astratto. Talmente rigoroso e oggettivo che l'opera deve quasi sembrare essersi fatta da sé, senza l'intervento della volontà dell'artista.

La sua produzione è vicina al movimento del *Hard Edge Painting*, la pittura realizzata con campiture uniformi accostate in modo netto, ed è affine al *Minimalismo*, la corrente artistica che si esprime con elementi geometrici semplici e basilari. Eppure la sua opera sfugge a queste definizioni, perché riduce la tavolozza a pochi colori base, per di più usati separatamente, e poi perché le sue tele, con quelle forme originali e non classificabili, possiedono un dinamismo estraneo all'arte minimalista.

Le sue sagome colorate parlano lo stesso linguaggio essenziale ed esatto della matematica, sono formule visive che raccontano, proprio come fa questo libro, un universo misterioso tutto da scoprire.

Ellsworth Kelly, *Green Curves*, 1997
olio su tela
203 × 174,5 cm

Per saperne di più vai **su.zanichelli.it/copertine-bergamini**

ZANICHELLI

SOMMARIO

Nell'eBook

5 video (• Frazioni equivalenti e numeri razionali • Addizione e moltiplicazione di frazioni • Decimali periodici • Insiemi numerici • Un problema con le percentuali)

e inoltre 8 animazioni

CAPITOLO 4 GLI INSIEMI E LA LOGICA

Nell'eBook

2 video (• L'albergo di Hilbert • Connettivi logici e insiemi)

e inoltre 4 animazioni

CAPITOLO 5 LE RELAZIONI E LE FUNZIONI

Nell'eBook

5 video (• Classi di equivalenza e insieme quoziente • Funzione inversa • Composizione di funzioni • Proporzionalità diretta • Proporzionalità inversa)

e inoltre 10 animazioni

Nell'eBook

1 video (• Addizione e sottrazione di frazioni algebriche)
e inoltre 6 animazioni

CAPITOLO 10 LE EQUAZIONI LINEARI

Nell'eBook

4 video (• Risoluzione di equazioni numeriche intere e princìpi di equivalenza • Un problema con le equazioni lineari • Equazioni fratte • Equazioni letterali intere)
e inoltre 9 animazioni

CAPITOLO 11 LE DISEQUAZIONI LINEARI

Nell'eBook

2 video (• Sistemi di disequazioni • Sistema di disequazioni vs disequazione fratta)
e inoltre 5 animazioni

CAPITOLO 12 ELEMENTI DI INFORMATICA

Disponibile nell'eBook

CAPITOLO α INTRODUZIONE ALLA STATISTICA

CAPITOLO G4

I PARALLELOGRAMMI E I TRAPEZI

Nell'eBook

2 video (• Sintesi delle proprietà dei parallelogrammi • Dividere un segmento in parti congruenti)

e inoltre 15 animazioni

FONTI DELLE ILLUSTRAZIONI

17: Mary Terriberry*
31 (a): Boris Bulychev*
31 (b): Evikka*
40: Skylines*
45: Stephen Finn*
46: Stefan Schurr*
51: dragon_fang*
52: Milena Vuckovic*
62: Oppdowngalon*
66: Filip Fuxa*
67 (a): Anna Jedynak*
67 (b): Luis Santos*
68 (a): Stefan Petru Andronache*
68 (b): Eric Isselee*
68 (c): Dmitry Kalinovsky*
68 (d): oksana2010*
68 (e): djem*
83: Taborsky*
107: Skylines*
123: Carlos Restrepo*
128: Kotomiti Okuma*
134: Ramon Espelt Photography*
135 (a): Africa Studio*
135 (b): Inga Nielsen*
138: cynoclub*
140: Vladimirs Koskins*
142 (a): Kert*
142 (b): Picsfive*
143 (a): Svetlana Privezentseva*
143 (b): rock-pig*
144: discpicture*
149: severija*
151 (a): lumen-digital*
151 (b): Africa Studio*
158: NCI/Photo Researchers, Inc.
182 (a): Vladru*
182 (b): Chesky*
189: muratart*
202: kurhan*
223: Rawpixel.com*
233 (a): Aptyp_koK*
233 (b): Alexia Khruscheva*
233 (c): pio3*
233 (d): s_oleg*
238: Monkey Business Images*
239 (a): Alexandr Vlassyuk*
239 (b): Feng Yu*
239 (c): Evgeny Karandaev*
239 (d): anaken2012*
249: wavebreakmedia*
252: Elena Veselova*
253: LUCARELLI TEMISTOCLE*
254: CoolR*
257: sumire8*
262: Creation*
266: Epsicons*
290: Eric Isselee*
294: Romolo Tavani*
298: Patricia Hofmeester*
299: Africa Studio*
305: Robert Doisneau, 1956
307: TDC 686, Dicembre 1984, Centre National de Documentation Pédagogique, Paris
332: ismagination*
333 (a): TanArt*
333 (b): kurhan*
333 (c): bikeriderlondon*
345: Michael Zysman*
346 (a): Antonio Guillem*
346 (b):kornnphoto*
347: 1989studio*
367 (a): siiixth*
367 (b): Pressmaster*
370: Topical Press
399: PHILIPIMAGE*
415: Poznyakov*
437: Steve Burger/iStockphoto
439: Marjorie Caygill/The British Museum A-Z-Companion, London, British Museum Press, 1999
440: Dmitrydesign*
454 (a): eans*
454 (b): ollyy*
462: restyler*
463: oneinchpunch*
464: muratart*
465 (a): Petr Student*
465 (b): ArchMan*
474 (a): Michael Shake*
474 (b): Nikolai Tsvetkov*
483: Africa Studio*
485 (a): e X p o s e*
485 (b): Marina Lohrbach*
505: Africa Studio*
507: Lucky Business*
512: polarbearstudio*
516: Annette Shaff*
523 (a): Eric Isselee*
523 (b): Robyn Mackenzie*
α10: simone mescolini*
α12: makieni*
α20: eClick*
α23: Andrey_Popov*
α26: ChameleonsEye*
α28: RioPatuca*
α31: milias1987*
α34: vlad.georgescu*
α35: Eli Maier*
α41: Ken Wolter*
G5: auremar*
G21: ventdusud*
G29: antpkr*
G31: OZaiachin*
G39 (a): marinomarini*
G39 (b): Goodluz*
G40: Globe Turner*
G51: titoOnz/Shutterstosck
G53: Monkey Business Images*
G60 (a): NagyDodo*
G60 (b): Sergey Lavrentev*
G60 (c): Photobank gallery*
G61: donatas1205*
G62: Kanuman*
G74: Protasov AN*
G86 (a): Swapan Photography*
G86 (b): Prasert Wongchindawest*
G90: clivewa*
G91: Dan Kosmayer*
G92: Jens Ottoson*
G94 (a): Mario7*
G94 (b): 7yonov*
G94 (c): Sarah2*
G107: Carlos andre Santos*
G108: Carlo Gardini, 2008
G113: Hiper Com*
G114 (a): vitals*
G114 (b): Laborant*
G115: Jessmine*
G116: Mars Evis0*
G122 (a): Pavel L. Photo and Video*
G122 (b): DenisNata*
G123: mighty chiwawa*
G126: OZaiachin*
G127 (a): Seregam*
G127 (b): windu*
G127 (c): Sarah2*

*da archivio Shutterstock
Nell'eBook le fonti delle illustrazioni per i Laboratori.

COME ORIENTARSI NEL LIBRO

Tanti tipi di esercizi

CACCIA ALL'ERRORE Evita i tranelli
Per esempio: esercizio 72, pagina 411.

SPIEGA PERCHÉ Dimmi il perché
Per esempio: esercizio 23, pagina G113.

COMPLETA Inserisci la risposta giusta
Per esempio: esercizi 45 e 46, pagina α26.

EUREKA! Una sfida per metterti alla prova
Per esempio: esercizio 107, pagina G39.

FAI UN ESEMPIO Se lo sai fare, hai capito
Per esempio: esercizio 11, pagina G25.

IN FORMA GRAFICA Per visualizzare la matematica
Per esempio: esercizi dal 12 al 14, pagina 25.

INTORNO A NOI La matematica di tutti i giorni
Per esempio: esercizio 94, pagina 454.

INVALSI Dalle prove nazionali
Per esempio: esercizio 103, pagina G39.

YOU & MATHS La matematica in inglese
Per esempio: esercizio 12, pagina G86.

VERO O FALSO? **TEST** **ASSOCIA** Vedi subito se hai capito
Per esempio: esercizi 43 e dal 45 al 47, pagina 502.

107 **EUREKA!** **Computer vs cervello** Roberto ha scritto un programma A che, dato un angolo, ne restituisce il supplementare e un programma B che, dato un angolo, ne calcola il complementare. Per divertirsi, reitera 1021 volte consecutivamente il programma A partendo da un angolo di 30° (applica ogni volta il programma al risultato ottenuto dall'applicazione precedente). Infine, al risultato ottenuto applica una volta il programma B. Che output avrà?

94 **INTORNO A NOI** Flavio vuole distribuire 24 matite in due portapenne in modo che nel primo siano il doppio di quelle contenute nel secondo. Ci riesce?
Giustifica la tua risposta mediante un'equazione.

103 **INVALSI 2006** La lancetta delle ore di un orologio è passata dalle 3 alle 12.
Qual è l'ampiezza dell'angolo descritto?

A 270°
B 180°
C 120°
D 90°

I rimandi alle risorse digitali

Video 2 ore e 30 minuti di video
Per esempio: *Costruzione della bisettrice di un angolo*, pagina G17.

Animazione 120 animazioni interattive
Per esempio: esercizi a pagina 401.

ESEMPIO DIGITALE Guarda come si fa nell'eBook
Per esempio: esercizio 230, pagina 124.

Listen to it La lettura di 100 definizioni ed enunciati in inglese
Per esempio: *The greatest common divisor*, pagina 16.

CAPITOLO 1 I NUMERI NATURALI

1 Che cosa sono i numeri naturali

▶ Esercizi a p. 24

▶ Completa inserendo il numero corretto.
Il precedente di 1000 è ___.
Il successivo di 77 è ___.
Il successivo di ___ è 1010.
Il precedente di ___ è 1.

I numeri naturali sono:

0, 1, 2, 3, 4, 5, 6, 7, 8, 9, 10, ...

L'insieme di questi numeri viene indicato con la lettera $\mathbb{N}$.

I numeri naturali possono essere rappresentati su una **semiretta orientata**, cioè una semiretta sulla quale, a partire dell'origine O, fissiamo un verso di percorrenza, da sinistra verso destra, che indichiamo con una freccia. Fissiamo poi un'unità di misura u, e a partire dall'origine la riportiamo più volte sulla semiretta. A partire dall'origine, a cui facciamo corrispondere lo 0, ci muoviamo verso destra passando di volta in volta al numero seguente.
Ogni numero naturale ha un successivo, il numero subito a destra sulla semiretta, e ogni numero naturale escluso lo 0 ha un precedente, il numero subito a sinistra sulla semiretta.
Per esempio 4 ha come precedente 3 e come successivo 5.

Il simbolo	Significa
$<$	minore
$>$	maggiore
$\leq$	minore o uguale
$\geq$	maggiore o uguale
$=$	uguale
$\neq$	diverso

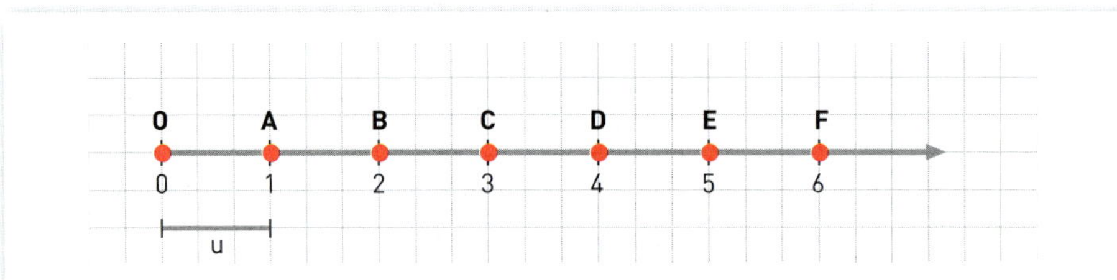

Man mano che procediamo verso destra lungo la semiretta i numeri diventano sempre più grandi: ogni numero è maggiore di tutti quelli che lo precedono sulla semiretta.
Perciò dati due numeri naturali, diversi tra loro, è sempre possibile stabilire se il primo è maggiore del secondo o viceversa. Per indicare questa relazione si utilizzano i simboli maggiore ($>$) o minore ($<$). Per esempio $0 < 3$ e $5 > 2$.

▶ Completa inserendo i simboli $<$, $>$.
13 ___ 18; 0 ___ 5;
101 ___ 110; 99 ___ 0.

I punti della semiretta sono molti di più di quelli che corrispondono ai numeri naturali. Per esempio, fra B e C vi sono infiniti punti che non rappresentano numeri naturali.
Per indicare questo fatto si dice che $\mathbb{N}$ è un insieme **discreto**.

2 Le quattro operazioni

▶ Esercizi a p. 25

Gli operatori, gli operandi, il risultato

Con i numeri naturali si eseguono le **operazioni** di addizione, sottrazione, moltiplicazione e divisione. I due numeri con i quali si opera, cioè gli **operandi**, assumono nomi particolari, così come i risultati delle operazioni.

Nell'**addizione** il primo e il secondo operando sono gli **addendi**, il risultato è la **somma**.

Nella **sottrazione** il primo operando è il **minuendo**, il secondo operando è il **sottraendo**, il risultato è la **differenza**.

Nella **moltiplicazione** il primo e il secondo operando sono i **fattori**, il risultato è il **prodotto**.

Nella **divisione** il primo operando è il **dividendo**, il secondo operando è il **divisore**, il risultato è il **quoziente**.

addendi: 3 e 4; somma: 7 — $3 + 4 = 7$,
minuendo: 13; sottraendo: 2; differenza: 11 — $13 - 2 = 11$,
fattori: 5 e 9; prodotto: 45 — $5 \cdot 9 = 45$,
dividendo: 48; divisore: 6; quoziente: 8 — $48 : 6 = 8$.

Listen to it

In an **addition**, the numbers involved are called *addends* and *sum*; in a **subtraction**, *minuend*, *subtrahend*, and *difference*; in a **multiplication**, *factors* and *product*; in a **division**, *dividend*, *divisor*, and *quotient*.

L'addizione e la moltiplicazione

Fra le quattro operazioni solo l'addizione e la moltiplicazione danno sempre come risultato un numero naturale. Per questo si dice che l'addizione e la moltiplicazione sono **operazioni interne in** $\mathbb{N}$, oppure che $\mathbb{N}$ è **chiuso** rispetto a tali operazioni.

La sottrazione e la divisione

La sottrazione e la divisione sono definite rispettivamente in base all'addizione e alla moltiplicazione e agiscono in modo contrario rispetto a queste; per tale motivo sono anche chiamate **operazioni inverse**.

La **differenza** fra due numeri è quel numero che, addizionato al sottraendo, dà come somma il minuendo.

Per esempio: $5 - 3 = 2$, perché $2 + 3 = 5$.

Non sempre esiste in $\mathbb{N}$ il risultato della sottrazione: il risultato di una sottrazione è un numero naturale se e solo se il minuendo è maggiore o uguale al sottraendo, cioè la sottrazione non è un'operazione interna in $\mathbb{N}$.

Per esempio non esiste in $\mathbb{N}$ il risultato di $4 - 9$, perché non esiste un numero naturale n tale che $n + 9 = 4$.

Il **quoziente** fra due numeri è quel numero che, moltiplicato per il divisore, dà come prodotto il dividendo. Quindi, perché la divisione abbia senso *il divisore deve sempre essere diverso da* 0.

▶ Scrivi il nome degli operandi e del risultato di ciascuna operazione.
$7 + 6 = 13$; $7 - 6 = 1$;
$10 \cdot 5 = 50$; $10 : 5 = 2$.

▶ Completa inserendo il segno di operazione.
- 10 ☐ 2 = 12
- 10 ☐ 2 = 20
- 10 ☐ 2 = 8
- 10 ☐ 2 = 5

ESEMPIO

1. $18 : 3 = 6$, perché $6 \cdot 3 = 18$.
2. $18 : 0$ è un'operazione impossibile, perché non esiste nessun numero che, moltiplicato per 0, dia 18.

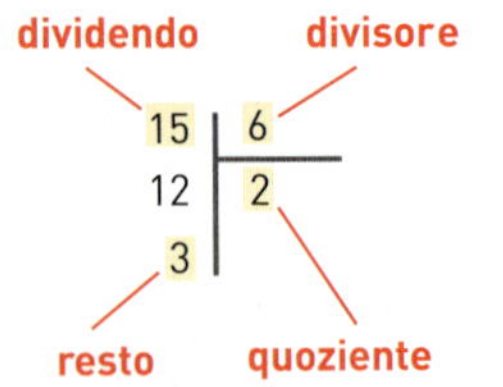

$15 = 6 \cdot 2 + 3$

Anche con il divisore diverso da 0, non sempre esiste per la divisione il risultato in $\mathbb{N}$, cioè la divisione non è un'operazione interna in $\mathbb{N}$.

Per esempio, il risultato di $15 : 6$ non esiste in $\mathbb{N}$, perché non esiste un numero naturale che, moltiplicato per 6, dia 15.

Nei numeri naturali è sempre possibile eseguire la **divisione non esatta** (con resto). In questo caso fra dividendo, divisore, quoziente e resto vale la relazione:

dividendo = divisore · quoziente + resto.

Solo se il resto è 0 ritorniamo al caso della divisione esatta.

Dai numeri alle lettere

► Calcola il risultato sostituendo alle lettere il valore indicato.
$2m + 3n$
- per $m = 4, n = 7$
- per $m = 5, n = 3$

In matematica le lettere offrono la possibilità di parlare non di un numero particolare, ma di un numero generico.
Il doppio di 4 è $2 \cdot 4$, il doppio di 100 è $2 \cdot 100$.
Se indichiamo con n un generico numero naturale, il suo doppio è $2 \cdot n$.
L'espressione $2 \cdot n$ ha un valore diverso a seconda del valore attribuito a n:

se $n = 4$, $\quad 2 \cdot n \quad$ diventa $\quad 2 \cdot 4 = 8$;

se $n = 100$, $\quad 2 \cdot n \quad$ diventa $\quad 2 \cdot 100 = 200$.

Quando vogliamo indicare un numero generico, usiamo quindi una lettera dell'alfabeto. A tale lettera viene dato il nome di **variabile numerica** (o, più brevemente, **variabile**); nell'esempio precedente n è una variabile.

Il numero 0

Addizione e sottrazione

Lo 0 sommato a qualsiasi numero dà come risultato il numero stesso. Ciò è vero indifferentemente quando 0 è il primo addendo o il secondo. Per questo motivo 0 è detto **elemento neutro dell'addizione**.
Non è invece possibile in $\mathbb{N}$ la sottrazione con il minuendo uguale a 0.

Se utilizziamo la variabile n, possiamo scrivere:

$$n + 0 = 0 + n = n, \ \forall n \in \mathbb{N},$$

dove il simbolo $\forall$ significa «per ogni» e $\in$ significa «che appartiene», per cui la scrittura precedente si legge «per ogni n che appartiene all'insieme $\mathbb{N}$».

ESEMPIO

1. $8 + 0 = 0 + 8 = 8$.
2. $0 - 6$ non ha risultato in $\mathbb{N}$ in quanto non esiste un numero naturale che, sommato a 6, dia 0.

La somma di due numeri naturali è 0 soltanto se entrambi i numeri sono 0. Invece, quando la sottrazione dà come risultato 0, significa che il minuendo e il sottraendo sono uguali.

Per esempio: $7 - 7 = 0$ perché $0 + 7 = 7$.

Moltiplicazione e divisione

Nella moltiplicazione basta che lo 0 compaia una sola volta tra i fattori per annullare il prodotto. Lo 0 è quindi un numero che, moltiplicato per qualsiasi numero, dà come risultato se stesso. Per questo lo 0 viene detto **elemento assorbente della moltiplicazione**.

Per esempio: $7 \cdot 0 = 0 \cdot 7 = 0$; $5 \cdot 4 \cdot 0 \cdot 200 = 0$.

In generale, $n \cdot 0 = 0 \cdot n = 0, \ \forall n \in \mathbb{N}$.

Nella moltiplicazione vale la **legge di annullamento del prodotto**: affinché un prodotto sia 0 è *necessario* e *sufficiente* che sia 0 almeno uno dei suoi fattori.

È necessario significa che se il prodotto è 0, almeno uno dei fattori deve essere 0.

È sufficiente significa che se uno dei fattori è 0, anche il prodotto è uguale a 0.

Nella divisione, quando il dividendo è 0, il quoziente è 0.

Per esempio: $0 : 4 = 0$ perché $0 \cdot 4 = 0$.

Non è possibile la divisione con il divisore uguale a 0.

ESEMPIO $6 : 0$ non ha significato. Infatti non è possibile trovare un numero che moltiplicato per 0 dia come risultato 6.

In casi come questo si dice che l'operazione *è impossibile*.

Anche la divisione $0 : 0$ non viene definita. Infatti ogni numero, moltiplicato per 0, dà come risultato 0: la divisione non potrebbe quindi avere un unico risultato. In casi come questo si dice che l'operazione *è indeterminata*.

► Completa le seguenti uguaglianze quando è possibile.

- $5 \cdot \square = 0$
- $6 + \square = 6$
- $\square : 7 = 0$
- $9 : 0 = \square$
- $10 - \square = 10$
- $0 - \square = 3$

Il numero 1

Moltiplicando qualsiasi numero per 1 si ottiene come risultato il numero stesso, indifferentemente quando 1 è il primo fattore o il secondo. Per questo 1 è detto **elemento neutro della moltiplicazione**.

Per esempio: $5 \cdot 1 = 1 \cdot 5 = 5$.

In generale, $n \cdot 1 = 1 \cdot n = n, \ \forall n \in \mathbb{N}$.

Nella divisione, quando il divisore è 1, il quoziente coincide con il dividendo. Se la divisione ha quoziente 1, il dividendo e il divisore sono uguali.

ESEMPIO

$16 : 1 = 16$ perché $16 \cdot 1 = 16$.

$8 : 8 = 1$ perché $1 \cdot 8 = 8$.

► Completa le seguenti uguaglianze quando è possibile.

- $7 \cdot \square = 7$
- $12 : \square = 12$
- $1 : \square = 6$
- $1 \cdot \square = 9$
- $1 - \square = 1$
- $\square - 1 = 1$

TEORIA

3 Le potenze

▶ Esercizi a p. 26

Ci sono moltiplicazioni particolari nelle quali tutti i fattori sono uguali.

Per esempio: $2 \cdot 2 \cdot 2 \cdot 2 \cdot 2 \cdot 2 \cdot 2$.

Per evitare scritture così lunghe è stata introdotta una nuova operazione, la **potenza**: $2 \cdot 2 \cdot 2 \cdot 2 \cdot 2 \cdot 2 \cdot 2$ si scrive 2^7 (si legge «2 alla settima»).
Il numero 2 è la **base** e il numero 7 è l'**esponente** della potenza. La base indica quale fattore viene moltiplicato per se stesso, l'esponente indica il numero di fattori uguali. Dunque:

se l'esponente è maggiore di 1, la potenza è il prodotto di tanti fattori quanti vengono indicati dall'esponente, tutti uguali alla base.

Listen to it

In the **power** a^n, a is called **base** and n is called **exponent**.

Usando le lettere: $a^n = \underbrace{a \cdot a \cdot a \cdot \ldots \cdot a}_{n \text{ volte}}$.

▶ Calcola le seguenti potenze.
2^7; 2^5; 3^4; 5^2; 5^3; 6^2; 2^6.

È ragionevole pensare che l'esponente sia maggiore o uguale a 2, per avere almeno una moltiplicazione, ossia due fattori. Tuttavia vogliamo dare un significato anche a **potenze con esponente 1 o esponente 0**.

Per definizione:

- **elevando a 0 un numero naturale diverso da 0 si ottiene 1:**

  $$a^0 = 1 \quad \text{se} \quad a \neq 0;$$
- **elevando a 1 un numero naturale si ottiene il numero stesso: $a^1 = a$.**

Non viene invece definita la potenza con base ed esponente uguali a 0:

0^0 non ha significato.

ESEMPIO

1. Potenze con esponente 0:

   $2^0 = 1$; $2008^0 = 1$; $1^0 = 1$; 0^0 non ha significato.

2. Potenze con esponente 1:

   $2^1 = 2$; $2008^1 = 2008$; $1^1 = 1$; $0^1 = 0$.

4 Le espressioni con i numeri naturali

▶ Esercizi a p. 27

Se vogliamo eseguire una sequenza di operazioni con i numeri naturali risolviamo un'espressione.

Per esempio: $3^4 + 2 \cdot 5^2 - 3 + 20 : 2^2$.

Le operazioni vanno eseguite con un **ordine** ben preciso: prima vengono calcolate le potenze, poi le moltiplicazioni e le divisioni, nell'ordine in cui sono scritte, infine le addizioni e le sottrazioni, sempre nell'ordine in cui sono scritte.

Ciò significa che alcune operazioni hanno la precedenza rispetto ad altre. Moltiplicazioni e divisioni hanno pari precedenza, così come addizioni e sottrazioni.

ESEMPIO

$10 + 2 \cdot 3 = 10 + 6 = 16.$

La moltiplicazione ha priorità sull'addizione e va quindi svolta per prima.

$10 + 2 \cdot 3 = 12 \cdot 3 = 36$ è sbagliato!

Semplificare un'espressione significa sostituirla con una più semplice che abbia lo stesso valore.

ESEMPIO Semplifichiamo l'espressione:

$3^4 + 2 \cdot 5^2 - 3 + 20 : 2^2 =$

Calcoliamo le potenze:

$81 + 2 \cdot 25 - 3 + 20 : 4 =$

Eseguiamo la moltiplicazione e la divisione:

$81 + 50 - 3 + 5 =$

Eseguiamo nell'ordine in cui le incontriamo le addizioni e la sottrazione:

$133.$

▶ Semplifica le seguenti espressioni.
- $12 : 3 + 7 \cdot 4 - 5 \cdot 2 + 2^3$
- $3^2 + 125 : 5 - 18 : 6 + 4^2 : 2 - 1$

Le espressioni con le parentesi

A che cosa servono le parentesi in un'espressione? Ad alterare la priorità delle operazioni, cioè a modificare l'ordine con cui devono essere svolte.

Se abbiamo

$20 : 2^2 =$

eseguiamo prima la potenza:

$20 : 4 = 5.$

Se abbiamo

$(20 : 2)^2 =$

eseguiamo prima la divisione:

$10^2 = 100.$

▶ Semplifica la seguente espressione.
$\{[(21 : 3)^2 - 5 \cdot 2^3] : 3 + 2 \cdot 13 - 1\} : 2^2$

Occorre eseguire prima i calcoli presenti all'interno delle parentesi *tonde*, poi quelli all'interno delle *quadre* e infine quelli all'interno delle *graffe*.

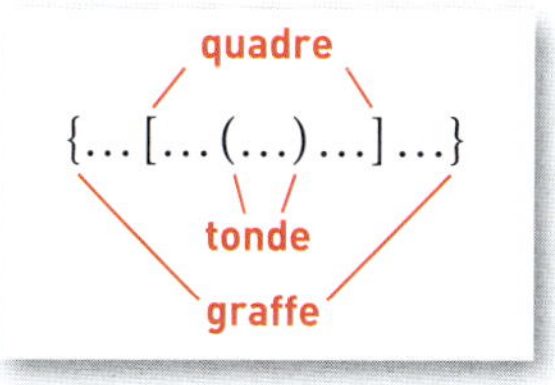

ESEMPIO

$\{2^5 - [15^2 - (20 : 2)^2 \cdot 2]\} \cdot 5 =$

$\{32 - [225 - 10^2 \cdot 2]\} \cdot 5 =$

$\{32 - 25\} \cdot 5 = 7 \cdot 5 = 35.$

Le espressioni e le lettere

Con le variabili possiamo scrivere espressioni letterali, per esempio:

$$2 \cdot a - b + 3 \cdot a^2.$$

Il simbolo di moltiplicazione fra variabile e numero, o fra variabili, può essere sottinteso.

Per esempio, l'espressione precedente può essere scritta:

$$2a - b + 3a^2.$$

Quando una variabile compare più volte nella stessa espressione, essa rappresenta sempre lo stesso numero.

Possiamo calcolare il valore di un'espressione per particolari valori attribuiti alle lettere.

Per esempio, prendendo $a = 5$ e $b = 10$, sostituendo i valori alle lettere, otteniamo per l'espressione precedente:

$$2 \cdot 5 - 10 + 3 \cdot 5^2 = 75.$$

Invece, se $a = 2$ e $b = 3$, l'espressione vale:

$$2 \cdot 2 - 3 + 3 \cdot 2^2 = 4 - 3 + 3 \cdot 4 = 1 + 12 = 13.$$

▶ Scrivi in simboli l'espressione: «Dati due numeri *a* e *b*, al doppio del successivo di *a* aggiungi il prodotto tra il quadrato del precedente di *b* e 8». Calcola il valore dell'espressione per $a = 7$ e $b = 11$. Confronta la tua risoluzione con quella proposta nel video.

Video

▶ Dati i numeri *a* e *b*, scrivi in simboli le seguenti espressioni, calcolando poi il loro valore per i valori assegnati ad *a* e *b*.

a. La differenza fra il cubo di *a* e il cubo del doppio di *b*; $a = 3$, $b = 1$.

b. La somma del triplo prodotto di *a* e *b* e del doppio della loro differenza; $a = 5$, $b = 4$.

c. Il prodotto fra il quadrato della somma di *a* e *b* e la somma dei loro quadrati; $a = 1$, $b = 2$.

Animazione

5 Le proprietà delle operazioni

▶ Esercizi a p. 36

Le seguenti proprietà sono dette **proprietà formali** delle operazioni. Esse valgono indipendentemente dai particolari numeri ai quali scegliamo di applicarle.

La proprietà commutativa

Proprietà commutativa dell'addizione
In un'addizione, se si cambia l'ordine degli addendi, la somma non cambia.

$$\boldsymbol{a + b = b + a}$$

Per esempio: $5 + 4 = 4 + 5$.

Proprietà commutativa della moltiplicazione
In una moltiplicazione, se si cambia l'ordine dei fattori, il prodotto non cambia.

$$a \cdot b = b \cdot a$$

Per esempio: $4 \cdot 2 = 2 \cdot 4$.

La proprietà commutativa non vale né per la sottrazione né per la divisione. Per esempio,

$$15 - 3 = 12,$$

mentre $3 - 15$ non è nemmeno un numero naturale.

La proprietà associativa

Proprietà associativa dell'addizione
La somma di tre numeri non cambia se si associano diversamente gli addendi, lasciando invariato il loro ordine.

$$(a + b) + c = a + (b + c)$$

Per esempio: $(3 + 6) + 4 = 3 + (6 + 4)$.

La proprietà associativa fa sì che, in una sequenza di addizioni, possiamo sostituire a due addendi consecutivi la loro somma: il risultato non cambia.

Per esempio: $5 + 7 + 3 + 2 = 5 + 10 + 2$.

Leggendo l'uguaglianza da destra a sinistra, possiamo anche dire che la somma di due o più numeri naturali non cambia se sostituiamo a un suo addendo due numeri naturali che abbiano per somma tale addendo.

Proprietà associativa della moltiplicazione
Il prodotto di tre numeri non cambia se si associano diversamente i fattori, lasciando invariato il loro ordine.

$$(a \cdot b) \cdot c = a \cdot (b \cdot c)$$

Per esempio: $(6 \cdot 4) \cdot 5 = 6 \cdot (4 \cdot 5)$.

La proprietà associativa fa sì che, in una sequenza di moltiplicazioni, possiamo sostituire a due fattori consecutivi il loro prodotto: il risultato non cambia.

Per esempio: $3 \cdot 7 \cdot 2 \cdot 5 = 3 \cdot 7 \cdot 10$.

Leggendo l'uguaglianza da destra a sinistra, possiamo anche dire che il prodotto di due o più numeri naturali non cambia se sostituiamo a un suo fattore due numeri naturali che abbiano per prodotto tale fattore.

In una sequenza di addizioni (o moltiplicazioni), applicando le proprietà commutativa e associativa più volte, è sempre possibile spostare in qualunque posizione uno o più addendi (o fattori).

TEORIA

ESEMPIO

$(5+3)+7=(7+3)+5.$

Infatti, per la proprietà associativa dell'addizione:

$(5+3)+7=5+(3+7)=$

Per la proprietà commutativa:

$5+(7+3)=(7+3)+5.$

La proprietà associativa non vale né per la sottrazione né per la divisione.
Per esempio:

$(10-3)-1 \neq 10-(3-1);$

$(24:4):2 \neq 24:(4:2).$

La proprietà distributiva

▶ Verifica con un esempio che la proprietà distributiva dell'addizione rispetto alla moltiplicazione non è valida.

Proprietà distributiva della moltiplicazione rispetto all'addizione
Quando si deve moltiplicare un numero per una somma, si può moltiplicare quel numero per ciascun addendo e poi sommare i prodotti ottenuti, e il risultato non cambia.

$$a \cdot (b+c) = a \cdot b + a \cdot c$$

Per esempio: $5 \cdot (4+2) = 5 \cdot 4 + 5 \cdot 2$.

Abbiamo formulato la proprietà in modo che il fattore da distribuire sia quello di sinistra. In tal caso si parla di proprietà distributiva **a sinistra**. Poiché la moltiplicazione è commutativa, la proprietà distributiva vale anche **a destra**.

Per esempio: $(3+4) \cdot 5 = 3 \cdot 5 + 4 \cdot 5$.

Leggendo le uguaglianze dei due esempi precedenti da destra verso sinistra, si può ricavare la regola del **raccoglimento a fattore comune**: quando in una somma tutti gli addendi presentano un fattore in comune, esso può essere raccolto moltiplicandolo per la somma degli altri termini.

In simboli:

$a \cdot b + a \cdot c = a \cdot (b+c);$

$b \cdot a + c \cdot a = (b+c) \cdot a.$

Per esempio: $9 \cdot 8 + 9 \cdot 2 = 9 \cdot (8+2)$.

▶ Verifica con un esempio che la proprietà distributiva della moltiplicazione rispetto alla sottrazione è valida.

La proprietà distributiva della moltiplicazione e il raccoglimento a fattore comune valgono anche rispetto alla sottrazione.

In simboli:

$a \cdot (b-c) = a \cdot b - a \cdot c$, con $b \geq c$.

Proprietà distributiva della divisione rispetto all'addizione
Quando si deve dividere una somma per un numero, si può dividere ciascun addendo per quel numero e poi sommare i quozienti ottenuti, e il risultato non cambia.

Per esempio: $(20 + 4) : 2 = 20 : 2 + 4 : 2$.

La proprietà vale solo a destra (la divisione non è commutativa).

In simboli:

$(a + b) : c = a : c + b : c$, con $c \neq 0$ e quando le divisioni sono possibili.

► Verifica con un esempio che la proprietà distributiva della divisione è vera anche rispetto alla sottrazione.

► Lo schema della figura interpreta graficamente la proprietà commutativa della moltiplicazione. Inventa altri schemi grafici che interpretino le proprietà commutativa e associativa dell'addizione, la proprietà associativa della moltiplicazione, la proprietà distributiva della moltiplicazione rispetto all'addizione.
Confrontali con quelli che proponiamo nel video.

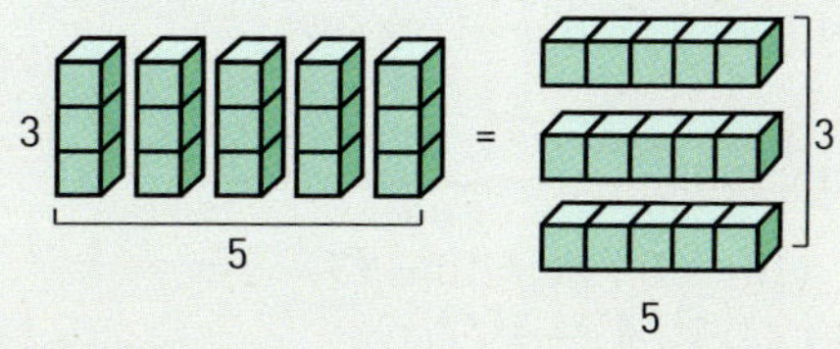

Video

La proprietà invariantiva

Proprietà invariantiva della sottrazione
In una sottrazione, se si aggiunge o si toglie uno stesso numero sia al minuendo sia al sottraendo, la differenza non cambia.

Per esempio: $15 - 8 = (15 + 2) - (8 + 2)$.

In simboli:

$a - b = (a + n) - (b + n)$, con $a \geq b$;

$a - b = (a - n) - (b - n)$, con $a \geq b \geq n$.

Proprietà invariantiva della divisione
In una divisione, se si moltiplica o si divide per uno stesso numero, *diverso da* 0, sia il dividendo sia il divisore, il quoziente non cambia.

► Verifica con degli esempi che la proprietà invariantiva non vale né per l'addizione né per la moltiplicazione.

Se dividiamo il dividendo e il divisore per uno stesso numero, questo deve essere un divisore di entrambi.

ESEMPIO

$60 : 15 = (60 \cdot 2) : (15 \cdot 2)$; $60 : 15 = (60 : 3) : (15 : 3)$.

In simboli:

$a : b = (a \cdot n) : (b \cdot n)$, con $b \neq 0$, $n \neq 0$ e quando le divisioni sono possibili;

$a : b = (a : n) : (b : n)$, con $b \neq 0$, $n \neq 0$ e quando le divisioni sono possibili.

► Completa le seguenti uguaglianze e scrivi la proprietà applicata.

a. $(14 + 8) + \square = \square + (8 + 9)$

b. $\square \cdot (\square + 2) = 8 \cdot 5 + 8 \cdot \square$

c. $46 - \square = (46 + \square) - (18 + 2)$

d. $(60 + \square) : 4 = \square : 4 + 8 : \square$

e. $(15 + \square) \cdot 4 = \square \cdot (15 + 3)$

f. $\square : 45 = (270 : 9) : (45 : \square)$

Animazione

6 Le proprietà delle potenze

▶ Esercizi a p. 38

Il prodotto di potenze di uguale base

Consideriamo la moltiplicazione $4^2 \cdot 4^3$.
Per la definizione di potenza,

$$4^2 \cdot 4^3 = \underbrace{4 \cdot 4}_{2\text{ volte}} \cdot \underbrace{4 \cdot 4 \cdot 4}_{3\text{ volte}} = \underbrace{4 \cdot 4 \cdot 4 \cdot 4 \cdot 4}_{5\text{ volte}} = 4^5,$$

ossia: $\mathbf{4^2 \cdot 4^3 = 4^{2+3}}$.

Poiché 0^0 non ha significato, in tutte le proprietà delle potenze che esaminiamo, l'esponente e la base di una stessa potenza non possono essere contemporaneamente nulli.

Prima proprietà delle potenze
Il prodotto di potenze di uguale base è una potenza con la stessa base avente come esponente la somma degli esponenti.

$$a^m \cdot a^n = a^{m+n}$$

La definizione data per le potenze con esponente 1 o 0 è tale da verificare la prima proprietà.

Infatti:

$$6^4 \cdot 6^0 = 6^4 \cdot 1 = 6^4; \quad 6^4 \cdot 6^0 = 6^{4+0} = 6^4.$$

Il quoziente di potenze di uguale base

Consideriamo la divisione $4^7 : 4^3$.
Poiché la divisione è l'operazione inversa della moltiplicazione, stiamo cercando quel numero che, moltiplicato per 4^3, dia come prodotto 4^7.

$$\underbrace{4 \cdot 4 \cdot 4 \cdot 4 \cdot 4 \cdot 4 \cdot 4}_{7\text{ volte}} = \overset{?}{\ldots\ldots\ldots\ldots} \cdot \underbrace{4 \cdot 4 \cdot 4}_{3\text{ volte}}$$

$$\underbrace{4 \cdot 4 \cdot 4 \cdot 4 \cdot 4 \cdot 4 \cdot 4}_{7\text{ volte}} = \underbrace{4 \cdot 4 \cdot 4 \cdot 4}_{(7-3)\text{ volte}} \cdot \underbrace{4 \cdot 4 \cdot 4}_{3\text{ volte}}$$

Il numero cercato è 4^4; quindi possiamo scrivere: $\mathbf{4^7 : 4^3 = 4^{7-3}}$.

Seconda proprietà delle potenze
Il quoziente di potenze di uguale base (con l'esponente della seconda minore o uguale all'esponente della prima e con la base diversa da 0) è una potenza con la stessa base che ha come esponente la differenza degli esponenti.

$$a^m : a^n = a^{m-n}, \text{ con } m \geq n, \ a \neq 0$$

Se gli esponenti sono uguali, si ha, per esempio: $4^7 : 4^7 = 4^{7-7} = 4^0$. Poiché un numero diviso per se stesso è uguale a 1, abbiamo $4^7 : 4^7 = 1$; confrontando le due uguaglianze è giusto porre: $a^0 = 1$.

In generale:

$$a^m : a^m = a^{m-m} = a^0 = 1.$$

La potenza di una potenza

Consideriamo 4^2 come base di un'altra potenza con esponente 3: $(4^2)^3$.

Per definizione di potenza: $(4^2)^3 = 4^2 \cdot 4^2 \cdot 4^2$.

Per la prima proprietà delle potenze: $4^2 \cdot 4^2 \cdot 4^2 = 4^{2+2+2} = 4^{2 \cdot 3}$.

Quindi: $\mathbf{(4^2)^3 = 4^{2 \cdot 3}}$.

Terza proprietà delle potenze
La potenza di una potenza è una potenza che ha la stessa base e per esponente il prodotto degli esponenti.

$$(a^m)^n = a^{m \cdot n}$$

Il prodotto di potenze di uguale esponente

Scriviamo in altro modo un prodotto fra potenze con lo stesso esponente, per esempio $4^2 \cdot 6^2$, utilizzando proprietà note.

Per la definizione di potenza: $4^2 \cdot 6^2 = 4 \cdot 4 \cdot 6 \cdot 6$.

Applichiamo le proprietà commutativa e associativa della moltiplicazione:

$$4 \cdot 4 \cdot 6 \cdot 6 = (4 \cdot 6) \cdot (4 \cdot 6).$$

Per la definizione di potenza: $(4 \cdot 6) \cdot (4 \cdot 6) = (4 \cdot 6)^2$.

Quindi: $\mathbf{4^2 \cdot 6^2 = (4 \cdot 6)^2}$.

Quarta proprietà delle potenze
Il prodotto di potenze di uguale esponente è una potenza che ha per base il prodotto delle basi e per esponente lo stesso esponente.

$$a^n \cdot b^n = (a \cdot b)^n$$

Il quoziente di potenze di uguale esponente

Consideriamo un quoziente fra potenze con lo stesso esponente: $12^2 : 4^2$.
Poiché la divisione è l'operazione inversa della moltiplicazione, stiamo cercando quel numero che, moltiplicato per 4^2, dia come prodotto 12^2.

Mostriamo che quel numero è $(12 : 4)^2$, cioè che:

$$(12 : 4)^2 \cdot 4^2 = 12^2.$$

Per la quarta proprietà delle potenze:

$$(12 : 4)^2 \cdot 4^2 = [(12 : 4) \cdot 4]^2 = 12^2.$$

Quindi: $\mathbf{12^2 : 4^2 = (12 : 4)^2}$.

▸ Calcola il risultato delle seguenti espressioni, indicando le proprietà delle potenze utilizzate.
$2^3 \cdot 2^2$; $9^{13} : 9^{11}$; $(2^3)^2$; $2^4 \cdot 5^4$; $8^5 : 8^3$.

Quinta proprietà delle potenze
Il quoziente di potenze di uguale esponente è una potenza che ha per base il quoziente delle basi e per esponente lo stesso esponente.

$a^n : b^n = (a : b)^n$, con $b \neq 0$ e quando le divisioni sono possibili.

► Semplifica la seguente espressione:
$[(3^3 \cdot 2^7 \cdot 3^4)^3 : 6^{17}] : 3^4$.
Confronta la tua risoluzione con quella proposta nel video.

Video

Osservazione. Le cinque proprietà delle potenze si basano sul fatto che la potenza è una moltiplicazione ripetuta, quindi riguardano solo la moltiplicazione e la sua inversa, la divisione. Per l'addizione e la sottrazione di potenze non si può ricavare alcuna proprietà.

ESEMPIO

$4^2 + 4^3 \neq 4^{2+3}$.

Infatti $4^2 + 4^3 = 4 \cdot 4 + 4 \cdot 4 \cdot 4 = 16 + 64 = 80$,

mentre $4^{2+3} = 4^5 = 4 \cdot 4 \cdot 4 \cdot 4 \cdot 4 = 1024$.

► Verifica che:
- $2^5 - 2^3 \neq 2^{5-3}$;
- $4^2 + 6^2 \neq (4 + 6)^2$;
- $12^2 - 4^2 \neq (12 - 4)^2$.

7 I multipli e i divisori di un numero

► Esercizi a p. 41

DEFINIZIONE
Un numero naturale *a* è **multiplo** di un numero naturale *b* se esiste un numero *c* che moltiplicato per *b* dà *a*.

$a = c \cdot b$

Listen to it

If a natural number *a* can be expressed as the number *b* times another number, then *a* is a **multiple** of *b*.

Attraverso la moltiplicazione possiamo trovare per ogni numero diverso da 0 infiniti multipli: basta moltiplicare il numero per 0, 1, 2, 3, 4, ... (il numero 0 ha invece come unico multiplo se stesso).

► Scrivi i primi cinque multipli dei seguenti numeri:
6; 11; 15; 16.

Per esempio i multipli di 8 sono: 0, 8, 16, 24, 32, 40, ...

Per indicarli sinteticamente possiamo scrivere:

$8 \cdot n, \ \forall n \in \mathbb{N}$.

I multipli di 2 sono i **numeri pari** e si indicano con:

$2 \cdot n, \ \forall n \in \mathbb{N}$.

DEFINIZIONE
Un numero naturale *b*, diverso da 0, è **divisore** di un altro numero naturale *a* se la divisione fra quest'ultimo e il numero dato è esatta, cioè se la divisione dà come resto 0.

$a : b = c$

► Scrivi tutti i divisori dei seguenti numeri:
16; 25; 34; 66.

ESEMPIO

1. 6 è divisore di 18, perché $18 : 6 = 3$ con resto 0;
2. 7 non è divisore di 18, perché $18 : 7 = 2$ con resto 4.

Mentre i multipli di un numero sono infiniti, i suoi **divisori** sono un numero finito.

Per esempio i divisori di 40 sono: 1, 2, 4, 5, 8, 10, 20, 40.

Criteri di divisibilità

Un numero è divisibile per	Quando	Esempio di numero divisibile	Esempio di numero non divisibile
2	l'ultima cifra è pari	5 679 254	60 018 841
5	l'ultima cifra è 0 o 5	279 640; 310 065	9 111 008
4	il numero formato dalle ultime due cifre a destra lo è, oppure queste cifre sono 00	295 264; 310 500	917 426
25		157 275; 98 200	784 040
3	la somma delle cifre è divisibile per 3	74 391 $(7+4+3+9+1=24=3\cdot 8)$	32 723 $(3+2+7+2+3=17)$
9	la somma delle cifre è divisibile per 9	65 682 $(6+5+6+8+2=27=9\cdot 3)$	15 747 $(1+5+7+4+7=24)$
11	sommando le cifre di posto dispari e poi quelle di posto pari, la differenza fra il risultato maggiore e quello minore è 11 oppure un multiplo di 11	6 150 914 $(4+9+5+6)-(1+0+1)=$ $24-2=22=11\cdot 2$	122 333 $(3+3+2)-(3+2+1)=$ $8-6=2$

8 Il massimo comune divisore e il minimo comune multiplo

▶ Esercizi a p. 42

La scomposizione in fattori primi

DEFINIZIONE

Si dicono **primi** i numeri naturali, diversi da 0 e da 1, che hanno come divisori soltanto 1 e se stessi.

ESEMPIO

2, 3, 5, 7, 11, 13, 17, 19, ..., 53, ..., 941, ..., 1987, ...

sono divisibili solo per se stessi e per 1, quindi sono numeri primi.

Quando un numero non è primo, è sempre possibile farne la **scomposizione in fattori primi**, ossia scriverlo sotto forma di un prodotto in cui *tutti* i fattori sono numeri primi.

PROBLEMA

Ma quanti sono i numeri primi?

Man mano che si procede nella successione dei numeri naturali, è sempre più raro incontrare numeri primi. Chi garantisce che, prima o poi, non troveremo il più grande numero primo? I Greci hanno dimostrato che i numeri primi sono infiniti: «Esistono sempre numeri primi in numero maggiore di quanti numeri primi si vogliano proporre».

(Euclide, *Elementi*, Libro IX, Proposizione 20, III secolo a.C.)

La dimostrazione si basa sull'osservazione che se consideriamo i numeri primi 2 e 3, troviamo un nuovo numero primo calcolando: $2\cdot 3+1=7$...

Scheda di lavoro

ESEMPIO

$20 = 2 \cdot 2 \cdot 5$. 20 è scomposto in fattori primi.

$60 = 3 \cdot 4 \cdot 5$. 60 non è scomposto in fattori primi.

Infatti la scomposizione in fattori primi di 60 è:

$60 = 2 \cdot 2 \cdot 3 \cdot 5$.

Scriviamo anche:

$60 = 2^2 \cdot 3 \cdot 5$.

La scomposizione di un numero in fattori primi è unica. Viene anche chiamata **fattorizzazione** in numeri primi.

Il massimo comune divisore

Consideriamo i numeri 30 e 40.

I divisori di 30 sono: 1, 2, 3, 5, 6, 10, 15, 30.

I divisori di 40 sono: 1, 2, 4, 5, 8, 10, 20, 40.

30 e 40 hanno in comune i divisori 1, 2, 5, 10. 10 è il più grande e viene perciò chiamato *massimo comune divisore* e indicato con *MCD*.

Possiamo scrivere: MCD(30; 40) = 10.

DEFINIZIONE

Il **massimo comune divisore** (MCD) di due o più numeri naturali, *diversi da* 0, è il più grande fra i divisori comuni.

Listen to it

If you have two or more natural numbers (different from zero), their **greatest common divisor** (GCD) is the largest natural number that divides them all.

Il **MCD** di due o più numeri è il **prodotto dei soli fattori primi comuni, ognuno preso una sola volta con l'esponente più piccolo**.

ESEMPIO Scomponiamo 30 e 40, mettendo in colonna i fattori uguali.

$30 = 2 \cdot 3 \cdot 5$

$40 = 2^3 \cdot 5$

→ Il MCD è $2 \cdot 5$, cioè 10.

Le colonne «piene» individuano i fattori comuni 2 e 5; bisogna prendere ciascuno con l'esponente più piccolo.

Se il MCD di due numeri è 1, significa che essi non hanno divisori comuni, tranne il numero 1.

In questo caso i due numeri vengono detti **primi tra loro**. Per esempio 8 e 9 sono primi tra loro.

Il minimo comune multiplo

Consideriamo di nuovo i numeri 30 e 40 e i loro multipli *diversi da* 0.

I multipli di 30 sono: 30, 60, 90, 120, 150, 180, 210, 240, ...

I multipli di 40 sono: 40, 80, 120, 160, 200, 240, ...

Il più piccolo multiplo che i numeri 30 e 40 hanno in comune è 120; esso viene perciò chiamato *minimo comune multiplo* e indicato con *mcm*.
Possiamo scrivere: mcm(30; 40) = 120.

DEFINIZIONE
Il **minimo comune multiplo** (mcm) di due o più numeri naturali, *diversi da* 0, è il più piccolo fra i multipli comuni, *diversi da* 0.

Il **mcm** di due o più numeri è il **prodotto di tutti i fattori primi, comuni e non comuni, ognuno preso una sola volta con l'esponente più grande.**

Il mcm di due numeri primi fra loro è il loro prodotto.

Per esempio: mcm(8; 9) = 72.

ESEMPIO Riprendiamo le scomposizioni dell'esempio precedente:

$$30 = 2 \cdot 3 \cdot 5$$
$$40 = 2^3 \cdot 5$$
$\rightarrow$ Il mcm è $2^3 \cdot 3 \cdot 5$, cioè 120.

L'algoritmo di Euclide

Con un **algoritmo** descriviamo l'insieme delle istruzioni da eseguire per passare dai dati di un problema ai risultati.
Euclide, negli *Elementi*, descrive un algoritmo per il calcolo del MCD fra due numeri mediante sottrazioni successive.
Il metodo si basa sul seguente teorema.

TEOREMA
Divisibilità della differenza
Se due numeri naturali a e b, con $a > b$, sono divisibili per uno stesso numero c, allora anche $a - b$ è divisibile per c.

DIMOSTRAZIONE
Se a è divisibile per c, allora $a : c = q_1 \rightarrow a = q_1 \cdot c$.
Se b è divisibile per c, allora $b : c = q_2 \rightarrow b = q_2 \cdot c$.
Consideriamo la differenza $a - b$ e raccogliamo c:

$$a - b = q_1 \cdot c - q_2 \cdot c \rightarrow a - b = (q_1 - q_2) \cdot c \rightarrow a - b \text{ è divisibile per } c.$$

ESEMPIO
130 e 40 sono divisibili per 5 → 130 − 40 = 90 è divisibile per 5.

Dati a e b, con $a > b$, per il teorema precedente, quando a e b hanno un divisore comune, anche $a - b$ ha lo stesso divisore, quindi, in particolare, possiamo scrivere:

$$\mathbf{MCD}(a; b) = \mathbf{MCD}(a - b; b), \quad \text{con } a > b.$$

Esaminiamo ora l'algoritmo, dove utilizziamo anche il fatto che il MCD fra un numero e se stesso è ancora il numero stesso:

$$\text{MCD}(a; a) = a.$$

Listen to it
If you have two or more natural numbers (different from zero) their **least common multiple** (lcm) is the smallest natural number that is multiple of all of them.

▶ Calcola mcm e MCD di 96, 72, 180.

Animazione

MATEMATICA INTORNO A NOI
Cicale e numeri primi In alcune zone degli Stati Uniti vivono due specie di cicale, *Magicicada septendecim* e *Magicicada tredecim*, con cicli vitali rispettivamente di 17 e 13 anni.

▶ Perché le cicale preferiscono i numeri primi?

La risposta

TEORIA

MCD con sottrazioni successive
Consideriamo a e b, con $a > b$;
calcoliamo $a - b$;
se $a - b = b$, allora $a - b$ è il MCD(a; b) e ci fermiamo;
altrimenti sostituiamo il maggiore fra i numeri $a - b$ e b al posto di a e il minore al posto di b, e ripetiamo il procedimento precedente, calcolando la differenza.

ESEMPIO Calcoliamo MCD(58; 18).

$58 - 18 = 40$; — 40 è maggiore di 18, quindi sostituiamo 40 a 58

$40 - 18 = 22$; — 22 è maggiore di 18, quindi sostituiamo 22 a 40

$22 - 18 = 4$; — 4 è minore di 18, quindi sostituiamo 4 a 18 e 18 a 22

$18 - 4 = 14$; $14 - 4 = 10$; $10 - 4 = 6$; $6 - 4 = 2$; $4 - 2 = 2$.

sono uguali: ci fermiamo

2 è il MCD.

Ecco come abbiamo applicato le proprietà precedenti:

$$\text{MCD}(58; 18) = \text{MCD}(\underset{58-18}{40}; 18) = \text{MCD}(\underset{40-18}{22}; 18) = \text{MCD}(18; \underset{22-18}{4}) =$$

$$\text{MCD}(\underset{18-4}{14}; 4) = \text{MCD}(\underset{14-4}{10}; 4) = \text{MCD}(\underset{10-4}{6}; 4) = \text{MCD}(4; \underset{6-4}{2}) = \text{MCD}(\underset{4-2}{2}; 2) = 2.$$

Otteniamo il MCD = 2 quando i due numeri sono uguali.

Nell'esempio precedente, da 58 abbiamo tolto 18 per 3 volte fino a giungere a 4:

3 sottrazioni

$$[(58 - 18) - 18] - 18 = 4 \quad \rightarrow \quad 58 : 18 = 3 \quad \text{resto } 4.$$

Queste 3 sottrazioni ripetute equivalgono a dividere 58 per 18, ottenendo 4 come resto. Quindi, utilizzando il teorema della divisibilità della differenza, ma evitando sottrazioni ripetute, diciamo che se 58 e 18 sono divisibili per uno stesso numero, anche 4, resto di 58 : 18, è divisibile per lo stesso numero.

L'esempio giustifica il seguente teorema.

TEOREMA
Divisibilità del resto
Se due numeri naturali a e b, con $a > b$, sono divisibili per uno stesso numero c, allora anche r, resto della divisione $a : b$, è divisibile per c.

ESEMPIO

130 e 40 sono divisibili per 5.

130 : 40 = 3 con resto 10 → 10 è divisibile per 5.

Nell'algoritmo di Euclide, per diminuire il numero di operazioni da eseguire, possiamo allora procedere mediante **divisioni successive**, invece che sottrazioni, e utilizzare i resti ottenuti.

ESEMPIO Calcoliamo MCD(58; 18) con divisioni ripetute.

$58 : 18 = 3$ con resto 4 → $\text{MCD}(58; 18) = \text{MCD}(18; 4)$;

$18 : 4 = 4$ con resto 2 → $\text{MCD}(18; 4) = \text{MCD}(4; 2)$;

$4 : 2 = 2$ con resto 0 → $\text{MCD}(4; 2) = 2$.

Abbiamo ottenuto di nuovo $\text{MCD}(58; 18) = 2$.

▶ Calcola il MCD fra 330 e 90, utilizzando l'algoritmo di Euclide.

Animazione

Nell'esempio ci siamo fermati quando abbiamo ottenuto resto 0, perché in questo caso il secondo numero è divisore del primo e quindi è anche il MCD. In generale:

$\text{MCD}(a; b) = b$, se $r = 0$.

Una proprietà fra mcm e MCD di due numeri

Il minimo comune multiplo e il massimo comune divisore di due numeri sono legati anche dalla seguente proprietà:

$$\textbf{mcm}(a; b) = \frac{a \cdot b}{\textbf{MCD}(a; b)}.$$

ESEMPIO Consideriamo $84 = 2^2 \cdot 3 \cdot 7$ e $105 = 3 \cdot 5 \cdot 7$.
Il MCD, scomposto in fattori, è $3 \cdot 7$, e il mcm è $2^2 \cdot 3 \cdot 5 \cdot 7$.
Esprimiamo il prodotto dei due numeri, lasciandoli scomposti in fattori:

$$84 \cdot 105 = (2^2 \cdot 3 \cdot 7) \cdot (3 \cdot 5 \cdot 7).$$

Vediamo che $3 \cdot 7$, cioè il MCD, è ripetuto due volte, mentre nel mcm dobbiamo considerarlo una volta sola. Quindi:

$$2^2 \cdot 3 \cdot 5 \cdot 7 = \frac{(2^2 \cdot 3 \cdot 7) \cdot (3 \cdot 5 \cdot 7)}{3 \cdot 7} \rightarrow \text{mcm}(84; 105) = \frac{84 \cdot 105}{\text{MCD}(84; 105)}.$$

La proprietà permette di calcolare il mcm se si è calcolato il MCD, per esempio con l'algoritmo di Euclide.

ESEMPIO Con l'algoritmo di Euclide abbiamo calcolato che $\text{MCD}(58; 18) = 2$, quindi:

$$\text{mcm}(58; 18) = \frac{58 \cdot 18}{2} = 522.$$

9 I sistemi di numerazione

▶ Esercizi a p. 46

Il sistema a base dieci

Il nostro modo di scrivere i numeri si basa sull'uso di dieci simboli diversi, le **cifre**:

0, 1, 2, 3, 4, 5, 6, 7, 8 e 9.

I primi dieci numeri naturali sono indicati da una sola cifra, mentre per scrivere i successivi utilizziamo una combinazione di cifre.

Consideriamo il numero 222. Leggendolo da destra, il primo 2 indica le unità, il secondo 2 le decine, il terzo 2 le centinaia.

Le cifre assumono un valore diverso a seconda della *posizione* in cui si trovano. Per questo il nostro sistema è di tipo **posizionale**.

Ogni numero può essere scritto in **forma polinomiale**, come somma di prodotti costituiti da un numero di una cifra e una potenza di 10.

▶ Scrivi i numeri la cui forma polinomiale è la seguente:
- $9 \cdot 10^2 + 5 \cdot 10$;
- $3 \cdot 10^4 + 2 \cdot 10^3 + 1 \cdot 10^0$.

ESEMPIO

$$4637 = 4000 + 600 + 30 + 7 = 4 \cdot 10^3 + 6 \cdot 10^2 + 3 \cdot 10^1 + 7 \cdot 10^0.$$

Il numero 10 assume un ruolo particolare e viene detto **base**. Il nostro sistema di numerazione è chiamato **a base dieci**.

I sistemi con altre basi

Un sistema di tipo posizionale può avere come base un numero qualsiasi. È sufficiente raggruppare le unità non secondo le potenze di dieci, ma secondo quelle della nuova base.

ESEMPIO Scriviamo 7 in base tre.
Il numero 7 si può pensare come costituito di 2 gruppi da 3 unità e di 1 da 1 unità. Perciò il numero 7 (in base dieci) scritto in base tre diventa 21 (si legge: «due-uno»).

In forma polinomiale:

$$7 = 2 \cdot 3^1 + 1 \cdot 3^0.$$

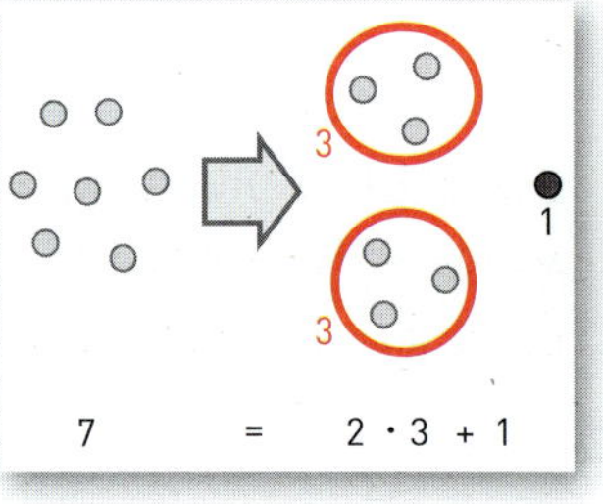

Con il simbolo 21 in base tre indichiamo un numero diverso da quello che lo stesso simbolo indica in base dieci (ossia ventuno).

Per non creare confusione, conveniamo di scrivere i numeri in base diversa da dieci fra parentesi, indicando in piccolo la base.
Nell'esempio precedente scriviamo quindi:

$$7 = (21)_3.$$

Scriviamo una tabella dei primi cinque numeri diversi da 0 scritti nelle basi da 2 a 5.

Numero	Base 2	Base 3	Base 4	Base 5
1	1	1	1	1
2	10	2	2	2
3	11	10	3	3
4	100	11	10	4
5	101	12	11	10

Lo stesso simbolo 10 (uno-zero) indica il 2 in base due, il 3 in base tre e così via. Il simbolo 100 (uno-zero-zero) indica la potenza con esponente 2 della base e così via.

Inoltre, scelta una base, essa ci indica anche quanti simboli (cifre) sono necessari per rappresentare tutti i numeri; per esempio, in base due sono necessari solo due simboli, 0 e 1, in base tre sono necessari i simboli 0, 1 e 2 e così via.
Il sistema di numerazione in base due si chiama anche **sistema binario**.

Se la base è maggiore di 10, servono altri simboli oltre alle dieci cifre che conosciamo. Di solito si usano le lettere maiuscole.
Per esempio:

- in base dodici il numero 10 viene indicato con A e il numero 11 con B;
- in base sedici (molto usata in informatica) i numeri da 10 a 15 sono indicati con le lettere da A a F.

Da una base qualsiasi a base dieci e viceversa

Nella scrittura di un numero possiamo passare da una base prescelta a base dieci utilizzando la forma polinomiale.

ESEMPIO

1. $(1011)_2 = 1 \cdot 2^3 + 0 \cdot 2^2 + 1 \cdot 2^1 + 1 \cdot 2^0 = 8 + 2 + 1 = 11$;
2. $(232)_5 = 2 \cdot 5^2 + 3 \cdot 5^1 + 2 \cdot 5^0 = 50 + 15 + 2 = 67$;
3. $(1A)_{12} = 1 \cdot 12^1 + 10 \cdot 12^0 = 22$.

Per passare invece da base dieci a una base qualsiasi possiamo utilizzare un procedimento di divisioni successive che hanno come divisore la base.

Per esempio, scriviamo 22 in base tre.

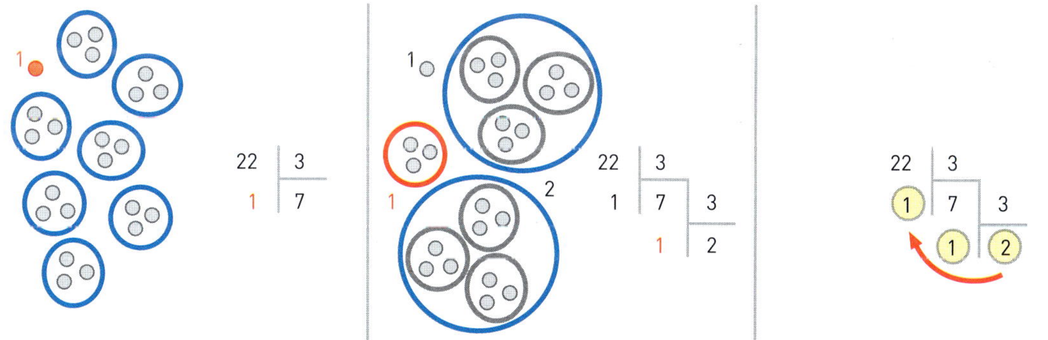

a. Dividendo 22 per 3 otteniamo quoziente 7 e resto 1: in 22 ci sono 7 gruppi da 3 e 1 unità.

b. Dividendo 7 per 3 otteniamo quoziente 2 e resto 1: dai 7 gruppi da 3 si ottengono 2 gruppi da 3^2 e 1 gruppo da 3 isolato.

c. Il numero in base tre si legge nella direzione della freccia: $(22)_{10} = (211)_3$.

▶ Scrivi:
a. $(10210)_3$ in base dieci;
b. 3615 in base 4.

Animazione

▶ Scrivi il numero 179 in base 5 e in base 2. Confronta la tua risoluzione con quella proposta nel video.

Video

▶ Scrivi in base dieci i seguenti numeri.
$(11000)_2$; $(200)_3$; $(211)_4$; $(312)_5$; $(10A)_{12}$; $(1002)_5$.

▶ Scrivi i seguenti numeri espressi in base dieci nella base indicata a fianco.
143 in base 2; 218 in base 5; 3612 in base 3; 1322 in base 4.

IN SINTESI
I numeri naturali

Che cosa sono i numeri naturali

L'insieme dei numeri naturali 0, 1, 2, 3, … viene indicato con la lettera $\mathbb{N}$.

I numeri naturali possono essere rappresentati su una **semiretta orientata**.

Dati due numeri naturali, diversi tra loro, è sempre possibile stabilire se il primo è maggiore del secondo o viceversa.

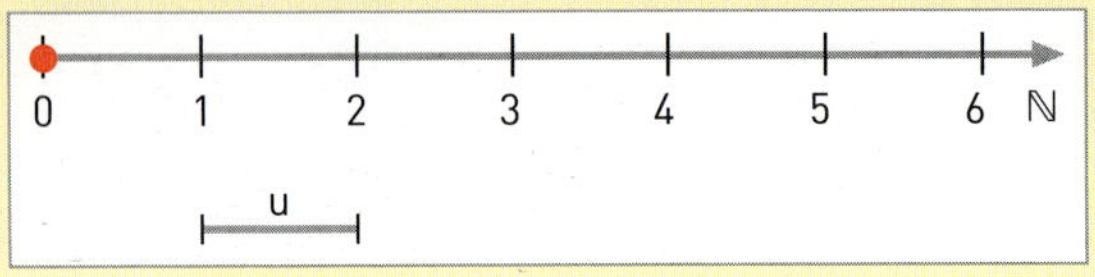

Le quattro operazioni

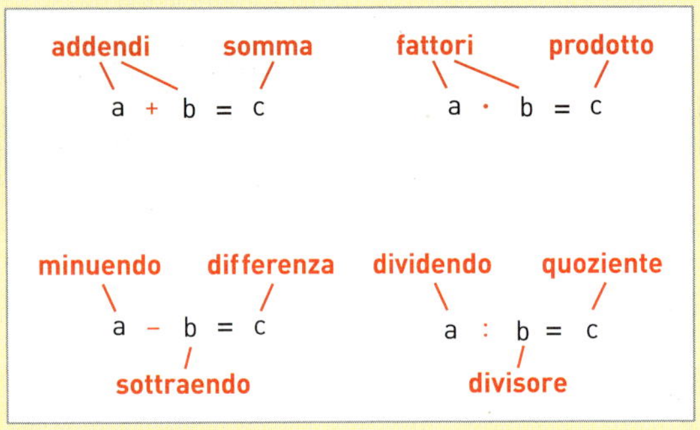

Il divisore deve essere diverso da 0.

Delle quattro operazioni, solo l'addizione e la moltiplicazione sono **operazioni interne** in $\mathbb{N}$.

Le potenze

Una **potenza** con esponente maggiore di 1 è una moltiplicazione della base per se stessa tante volte quante sono indicate dall'esponente:

$$a^n = \underbrace{a \cdot a \cdot a \cdot \ldots \cdot a}_{n \text{ volte}}$$

- Qualunque numero **elevato a 1** dà come risultato se stesso: $a^1 = a$.
- Qualunque numero diverso da 0 **elevato a 0** dà come risultato 1: $a^0 = 1$.
- L'espressione 0^0 **non ha significato**.

Le espressioni con i numeri naturali

In un'**espressione**, le operazioni devono essere svolte in questo ordine:

1. elevamento a potenza;
2. moltiplicazione e divisione, nell'ordine in cui sono scritte;
3. addizione e sottrazione, nell'ordine in cui sono scritte.

Inoltre, le operazioni scritte tra parentesi hanno la precedenza, prima le parentesi tonde, poi le quadre, poi le graffe.

Le proprietà delle operazioni

Proprietà dell'addizione

Proprietà	Espressione
commutativa	$a+b=b+a$
associativa	$(a+b)+c=a+(b+c)$

Proprietà della moltiplicazione

Proprietà	Espressione
commutativa	$a \cdot b = b \cdot a$
associativa	$(a \cdot b) \cdot c = a \cdot (b \cdot c)$
distributiva a sinistra rispetto all'addizione	$a \cdot (b+c) = a \cdot b + a \cdot c$
distributiva a destra rispetto all'addizione	$(a+b) \cdot c = a \cdot c + b \cdot c$

Proprietà della sottrazione

Proprietà	Espressione
invariantiva	$a-b=(a+n)-(b+n)$ con $a \geq b$ $a-b=(a-n)-(b-n)$ con $a \geq b \geq n$

Proprietà della divisione	
Proprietà	**Espressione**
invariantiva	$a : b = (a \cdot n) : (b \cdot n)$ con $b \neq 0, n \neq 0$, a multiplo di b $a : b = (a : n) : (b : n)$ con $b \neq 0, n \neq 0$, a multiplo di b, a e b multipli di n
distributiva a destra rispetto all'addizione	$(a + b) : c = a : c + b : c$ con $c \neq 0$, $a + b$, a e b multipli di c

Le proprietà delle potenze

Proprietà delle potenze	
Proprietà	**Espressione**
1ª: prodotto di potenze di uguale base	$a^m \cdot a^n = a^{m+n}$
2ª: quoziente di potenze di uguale base	$a^m : a^n = a^{m-n}$ con $m \geq n, a \neq 0$
3ª: potenza di una potenza	$(a^m)^n = a^{m \cdot n}$
4ª: prodotto di potenze di uguale esponente	$a^n \cdot b^n = (a \cdot b)^n$
5ª: quoziente di potenze di uguale esponente	$a^n : b^n = (a : b)^n$ con $b \neq 0$, a multiplo di b

Le lettere della tabella indicano numeri naturali qualsiasi. La base e l'esponente di una stessa potenza non possono essere contemporaneamente nulli.

I multipli e i divisori di un numero

- Un numero naturale a è **multiplo** di un numero naturale b se esiste un numero c che moltiplicato per b dà a.
- Un numero naturale b (diverso da 0) è **divisore** di un altro numero naturale a se la divisione fra b e a dà come resto 0.

Il massimo comune divisore e il minimo comune multiplo

- Un numero naturale (maggiore di 1) è **primo** quando è divisibile soltanto per 1 e per se stesso.
- Ogni numero naturale non primo si può scomporre nel prodotto di **fattori primi**.
- Il **MCD** di due o più numeri, diversi da 0, è il più grande dei divisori comuni ed è dato dal prodotto dei soli fattori primi comuni, ognuno preso una sola volta con l'esponente più piccolo.

ESEMPIO

$\text{MCD}(18; 48) = \text{MCD}(2 \cdot 3^2; 2^4 \cdot 3) = 2 \cdot 3 = 6.$

- Il **mcm** di due o più numeri naturali diversi da 0 è il più piccolo dei multipli comuni ed è dato dal prodotto di tutti i fattori primi, comuni e non comuni, presi ciascuno una sola volta con l'esponente più grande.

ESEMPIO

$\text{mcm}(12; 20) = \text{mcm}(2^2 \cdot 3; 2^2 \cdot 5) = 2^2 \cdot 3 \cdot 5 = 60.$

- L'**algoritmo di Euclide** è un metodo per calcolare il MCD fra due numeri mediante sottrazioni successive che si basa sul teorema che afferma: se due numeri naturali a e b, con $a > b$, sono divisibili per uno stesso numero c, allora anche $a - b$ è divisibile per c.

I sistemi di numerazione

Il nostro sistema di numerazione è **posizionale a base dieci**: ogni numero viene rappresentato mediante dieci cifre $(0, 1, 2, 3, 4, 5, 6, 7, 8, 9)$ che assumono valore diverso a seconda della posizione che occupano.
Un sistema posizionale può avere come base un numero qualsiasi.

ESEMPIO

$(1001)_2 = 1 \cdot 2^3 + 0 \cdot 2^2 + 0 \cdot 2 + 1 = 9;$

$(221)_3 = 2 \cdot 3^2 + 2 \cdot 3 + 1 = 25;$

$(53)_7 = 5 \cdot 7 + 3 = 38.$

ESERCIZI

CAPITOLO 1
ESERCIZI

1 Che cosa sono i numeri naturali

▶ Teoria a p. 2

1 VERO O FALSO?

a. 6 è il precedente di 7. V F

b. 7 è il precedente di 8. V F

c. 8 è il successivo di 6. V F

d. 7 è il successivo di 8. V F

e. 0 non ha il successivo. V F

2 Di uno dei numeri naturali 1, 4, 0 non esiste il precedente. Quale? Hanno tutti il successivo?

3 VERO O FALSO?

a. $8 < 8$ V F

b. $0 < 7$ V F

c. $7 < 5$ V F

d. $1 \neq 2$ V F

e. $9 = 8$ V F

f. $0 \geq 0$ V F

4 YOU & MATHS **Numbers in words** Write the following numbers in words if they are in digits, and write them in digits if they are given in words.

a. Four hundred and two.

b. One thousand two hundred three.

c. Fifteen hundred twenty four.

d. 2005.

e. 43 010.

f. 10 002.

5 COMPLETA inserendo fra le seguenti coppie di numeri il simbolo di minore ($<$) o di maggiore ($>$):

4 ☐ 7; 8 ☐ 10; 0 ☐ 12; 15 ☐ 13;

15 ☐ 0; 14 ☐ 7; 1 ☐ 2; 3 ☐ 2.

6 Scrivi quanti numeri naturali sono compresi fra i numeri delle coppie precedenti.

7 COMPLETA le seguenti frasi.

Il successivo di 7 è ☐.

Il precedente di 10 è ☐.

Il successivo di ☐ è 2001.

Il precedente di ☐ è 500 000.

8 Traduci le seguenti frasi usando i simboli $<, \leq, >, \geq, =, \neq$.

a. 7 è minore di 9; a è uguale a 21.

b. x è maggiore o uguale a 2; 10 è diverso da 3.

c. b è maggiore di 9; x è minore o uguale a 4.

d. 9 è maggiore di 7 e minore di 11; a è diverso da b.

9 Scrivi tutti i numeri naturali n, se esistono, che verificano le relazioni indicate.

$n \leq 4$; $n < 2$; $1 < n \leq 5$; $6 < n < 7$; $4 \leq n < 8$; $1 \leq n < 6$.

---

10 Scrivi in ordine crescente i seguenti numeri:

6; 10; 2; 114; 38; 100.

11 Scrivi in ordine decrescente i seguenti numeri:

28; 0; 129; 14; 99; 237.

IN FORMA GRAFICA

Rappresenta sulla semiretta orientata i seguenti numeri, scegliendo un'opportuna unità di misura.

12 1; 5; 12; 16; 7; 8.

13 0; 1000; 2500; 3000; 500; 250.

14 Per ogni punto indicato scrivi il numero corrispondente.

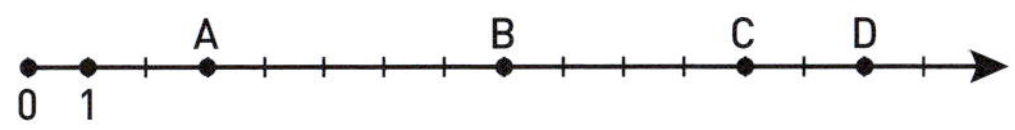

15 Rappresenta su una semiretta orientata i numeri naturali n (se esistono) che verificano le relazioni:

$n \leq 3$; $2 < n < 4$; $6 \leq n \leq 7$; $2 \leq n < 5$.

2 Le quattro operazioni

▶ Teoria a p. 3

Gli operatori, gli operandi, il risultato

16 Per ognuna delle operazioni seguenti, indica il nome di ogni operando e del risultato.

$5 + 10 = 15$; $7 - 5 = 2$; $5 \cdot 4 = 20$; $10 : 2 = 5$.

17 **COMPLETA** scrivendo il numero mancante e indica quale operazione hai eseguito per ottenere quel numero:

$5 + \square = 18$; $\square \cdot 7 = 21$; $329 + \square = 742$; $32 \cdot \square = 2368$.

18 Nelle uguaglianze seguenti i simboli ♦, ★, ▲, ▼ rappresentano un'operazione. Quale?

9 ♦ 3 = 27; 20 ▲ 5 = 15; 15 ★ 5 = 3; 10 ▼ 14 = 24.

L'addizione e la moltiplicazione

VERO O FALSO?

19 Dati tre numeri naturali qualsiasi a, b, c:

a. $a + c = c + a$. V F

b. $b - a = a - b$. V F

c. $(a + b) - c = a + (b - c)$. V F

d. $a - 0 = 0 - a$. V F

20 La divisione fra due numeri naturali:

a. è sempre possibile. V F

b. è possibile solo se il secondo è diverso da 0. V F

c. è possibile solo se il primo è multiplo del secondo e il secondo è diverso da 0. V F

d. è possibile solo se il primo è maggiore del secondo. V F

21 La somma di due numeri naturali *consecutivi* (cioè due numeri di cui uno è successivo dell'altro) è 27. Trova i due numeri.

22 La somma di un numero e del suo precedente è 683. Trova i due numeri.

23 L'insieme $\{0, 1, 2, 3\}$ è chiuso rispetto all'addizione? E rispetto alla moltiplicazione?

24 L'insieme $\{0, 1\}$ è chiuso rispetto all'addizione? E rispetto alla moltiplicazione?

25 L'addizione è interna nell'insieme dei numeri pari? E la moltiplicazione?

26 L'addizione è interna nell'insieme dei numeri dispari? E la moltiplicazione?

ESERCIZI

La sottrazione e la divisione

27 SPIEGA PERCHÉ le operazioni di sottrazione e di divisione non sono operazioni interne a $\mathbb{N}$.

28 Indica quali delle seguenti operazioni sono possibili in $\mathbb{N}$.

$3+5$; $7-3$; $4-18$; $5:5$; $12:9$; $3:6$; $4\cdot 9$; $0:1$.

29 Elimina con una crocetta le operazioni non possibili in $\mathbb{N}$.

$3-4$; $4-4$; $5-4$; $4:3$; $4:4$; $4:8$; $8:4$; $8:8$.

30 COMPLETA Scrivi alcuni dei numeri che rendono possibili in $\mathbb{N}$ le seguenti operazioni.

$\square-4$; $\square-1$; $4:\square$; $13:\square$; $\square-10$; $3:\square$; $10:\square$; $\square:2$.

Il numero 0 e il numero 1

31 COMPLETA le seguenti uguaglianze, quando è possibile.

$2:\square=1$ $\quad\square\cdot 0=0$ $\quad 3:0=\square$ $\quad 3\cdot\square=0$

$\square\cdot 4=4$ $\quad\square+0=0$ $\quad 2-\square=2$ $\quad\square:3=0$

32 SPIEGA PERCHÉ non sono possibili le seguenti divisioni.

$4:0$; $10:0$; $500:0$; $0:0$.

33 COMPLETA scrivendo i risultati delle seguenti operazioni, quando esistono.

$3:1=\square$ $\quad 0:3=\square$ $\quad 3\cdot 0=\square$ $\quad 3:3=\square$

$3:0=\square$ $\quad 3\cdot 1=\square$ $\quad 0:5=\square$ $\quad 0\cdot 0=\square$

34 VERO O FALSO?

a. La differenza fra due numeri consecutivi è 1. V F

b. In $\mathbb{N}$ non è possibile la sottrazione con il sottraendo uguale a 0. V F

c. Se si considera l'insieme dei naturali escluso lo 0, la divisione è operazione interna in tale insieme. V F

d. Dati due numeri (il primo maggiore del secondo), se si addiziona al secondo numero la differenza fra il primo e il secondo, si ottiene il primo. V F

3 Le potenze

Teoria a p. 6

35 VERO O FALSO?

a. Nell'espressione 5^3, 5 è l'esponente e 3 la base. V F

b. L'espressione 0^0 è indeterminata. V F

c. Le potenze 5^0 e 1^{15} hanno lo stesso risultato. V F

d. La potenza 2^4 è multipla della potenza 2^5. V F

36 Qual è il risultato della potenza 0^n, con $n \in \mathbb{N}$?

37 Quale numero ha come potenza solo se stesso?

38 Quale numero non ha fra le sue potenze 1?

39 Scrivi le potenze di 5 comprese fra 0 e 11.

40 Indica fra i seguenti numeri quelli che sono potenze di 3.

3; 6; 9; 0; 1; 12; 27; 30;
33; 81; 121; 99.

Calcola il valore delle seguenti potenze.

41 2^3; 3^4; 5^2; 7^1; 8^0; 7^2; 100^0; 1^0; 0^1.

42 9^3; 4^2; 2^5; 0^4; 3^5; 1^8; 10^7; 2^6; 3^6; 5^3.

43 YOU & MATHS If $2^4 \cdot 3^8 = n \cdot 6^4$, then $n =$

A 12 B 24 C 27 D 54 E 81

(USA *University of South Carolina: High School Math Contest*, 2003)

44 YOU & MATHS Which of the following numbers is equal to the sum

$8^8 + 8^8 + 8^8 + 8^8 + 8^8 + 8^8 + 8^8 + 8^8$?

A 8^8 B 8^9 C 64^8 D 8^{64} E 64^{64}

(USA *University of South Carolina: High School Math Contest*, 2002)

45 YOU & MATHS Which of the following numbers is a perfect square?

A $4^4 5^5 6^6$

B $4^4 5^6 6^5$

C $4^5 5^4 6^6$

D $4^6 5^4 6^5$

E $4^6 5^5 6^4$

(USA, *AMC 12*, 2002)

Le gare *American Mathematics Contest 12* (*AMC 12*) sono rivolte a ragazzi americani del secondo biennio superiore.

COMPLETA quando è possibile, mettendo il numero giusto.

46 $\square^2 = 0$; $\square^3 = 27$; $\square^0 = 2$; $\square^1 = 8$.

47 $0^{\square} = 1$; $5^{\square} = 10$; $7^{\square} = 1$; $4^{\square} = 16$.

48 $3^{\square} = 6$; $2^{\square} = 8$; $1^{\square} = 2$; $5^{\square} = 0$.

49 $0^6 = \square$; $16^0 = \square$; $3^{\square} = 243$; $\square^2 = 1$.

50 VERO O FALSO?

a. $1^n = 1, \forall\, n \in \mathbb{N}$. V F

b. $0^n = 0, \forall\, n \in \mathbb{N}$. V F

c. $n^0 = 1$, con $n = 1, 2, 3, \ldots$ V F

d. $n^1 = n, \forall\, n \in \mathbb{N}$. V F

e. $0^0 = 0$. V F

4 Le espressioni con i numeri naturali

▶ Teoria a p. 6

51 Tra le espressioni: $(12 - 4) \cdot 3$, $12 - 4 \cdot 3$, $12 + 3 \cdot 4$, due hanno lo stesso risultato. Quali?

52 Considera le seguenti coppie di espressioni:

a. $(5 + 7) + 8$, $5 + 7 + 8$; b. $7 + (2 \cdot 3)$, $7 + 2 \cdot 3$; c. $20 : (5 - 4)$, $20 : 5 - 4$.

Solo in una coppia l'eliminazione della parentesi influisce sul risultato. Quale?

Indica in quali casi lo spostamento o l'eliminazione delle parentesi non influisce sul risultato dell'espressione.

53 $(5+2)+8$; $\quad 5+2+8$.

54 $7+(5\cdot 3)$; $\quad 7+5\cdot 3$.

55 $(3+2)\cdot 11$; $\quad 3+2\cdot 11$.

56 $5+(3+9)$; $\quad 5+3+9$.

57 $40:(5-4)$; $\quad 40:5-4$.

58 $24+6:3$; $\quad (24+6):3$.

---

59 INVALSI 2006 Sono dati due numeri di due cifre $a2$ e $4b$ in cui a rappresenta la cifra delle decine del primo numero e b la cifra delle unità del secondo. Sapendo che $23+4b=a2$, quanto vale la somma di a e b?

A 15 B 16 C 17 D 18

60 YOU & MATHS **Working backwards**

a. Write at least 3 expressions that, calculated, give 16.

b. Now write 3 more expressions that give 16, making sure to use the structure $a\cdot(b\pm c)=16$.

Dalle parole alle espressioni

61 ESERCIZIO GUIDA Scriviamo le espressioni relative alle seguenti frasi:

a. «Sottrarre da 12 il quoziente fra 4 e 2»; **b.** «Dividere per 2 la differenza fra 12 e 4».

Traduciamo nell'ordine le parole in espressioni:

a. «Sottrarre da 12 ...» si traduce con: $12-\ldots$

«... il quoziente tra 4 e 2» si traduce con: $4:2$.

Pertanto l'espressione equivalente è: $12-4:2$.

b. «Dividere per 2...» si traduce con: $\ldots:2$.

«... la differenza tra 12 e 4» si traduce con: $12-4$.

Scrivendo l'espressione $12-4:2$, poiché la divisione si esegue prima della sottrazione, verrebbe diviso per 2 solamente il 4.

La frase invece dice di dividere per 2 la **differenza** ..., quindi bisogna scrivere $12-4$ tra **parentesi**.

L'espressione richiesta è $(12-4):2$.

62 INVALSI 2011 Qual è l'espressione numerica che corrisponde alla frase: «Al 3 aggiungi il prodotto di 5 e 9, poi dividi per 6 e quindi sottrai 2»?

A $[3+(4+9)]:(6+2)$

B $3+5\cdot 9:6-2$

C $3\cdot(5+9):6-2$

D $(3+5\cdot 9):6-2$

Scrivi le espressioni relative alle seguenti frasi e calcolane il risultato.

63 Sottrarre 9 dal prodotto di 8 per 2.

64 Dividere 15 per la differenza tra 9 e 4 e poi sommare 2.

65 Moltiplicare per 3 la differenza tra 12 e 7.

66 Moltiplicare 3 per la somma di 9 e del quoziente di 14 e 2.

67 Sottrarre 3 al risultato della divisione di 12 per la differenza tra 5 e 1.

68 Dividere 18 per la differenza tra 9 e il prodotto di 3 per 2.

69 Sottrarre a 17 la differenza tra il prodotto di 8 per 2 e 9.

70 Dividere per 5 la differenza tra 15 e il prodotto di 5 per 2.

71 Moltiplicare per 7 la differenza tra 10 e 8; sottrarre al risultato 14.

72 Sommare 2 al prodotto di 3 per la differenza tra il quoziente di 16 e 4 e 3.

73 Sommare 7 al prodotto di 12 per la somma di 4 e la differenza tra 5 e il prodotto di 3 per 1.

Dalle espressioni alle parole

74 ESERCIZIO GUIDA Traduciamo in parole le espressioni: **a.** $12 + 3 \cdot 5$; **b.** $(12 + 3) \cdot 5$.

Sostituiamo mano a mano le parole alle espressioni, facendo attenzione alla presenza delle parentesi.

a. Dato che non ci sono parentesi, la moltiplicazione si esegue prima dell'addizione:

$\dots 3 \cdot 5$ si traduce in: «... il prodotto di 3 per 5»;

$12 + \dots$ si traduce in: «Aggiungere a 12 ...».

La frase corrispondente alla nostra espressione è:

«Aggiungere a 12 il prodotto di 3 per 5».

b. La **parentesi** ci dice che, al momento dello svolgimento, bisogna eseguire prima l'addizione e poi la moltiplicazione:

$12 + 3$ si traduce in: «La somma tra 12 e 3»;

$\dots \cdot 5$ si traduce in: «Moltiplicare ... per 5».

La frase corrispondente alla nostra espressione è:

«Moltiplicare la somma tra 12 e 3 per 5».

Traduci in parole le seguenti espressioni.

75 $12 - 6 : 3$; $15 + 7 \cdot 3$.

76 $(12 + 6 : 3) : 7$; $(15 - 10) \cdot 3 + 2$.

77 $(15 : 5 - 2) - 1$; $[4 : (15 : 3 - 3)] + 2$.

78 $8 \cdot (12 : 6 - 2) + 1$; $6 - [15 : (2 + 3)]$.

Espressioni e diagrammi ad albero

79 ESERCIZIO GUIDA Nei seguenti esempi utilizziamo diagrammi ad albero per rappresentare delle espressioni e per comprendere l'ordine di esecuzione delle operazioni.

a. $3 \cdot 4$
Un'operazione si rappresenta come nella figura. L'ordine con cui sono scritti i termini va da sinistra a destra.

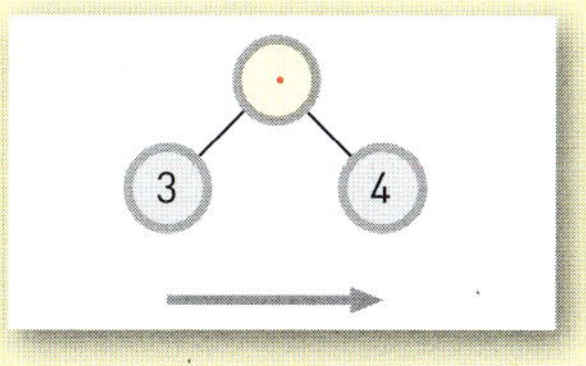

b. $5 \cdot 7 + 3$
La prima operazione da eseguire è in basso, l'ultima in alto.

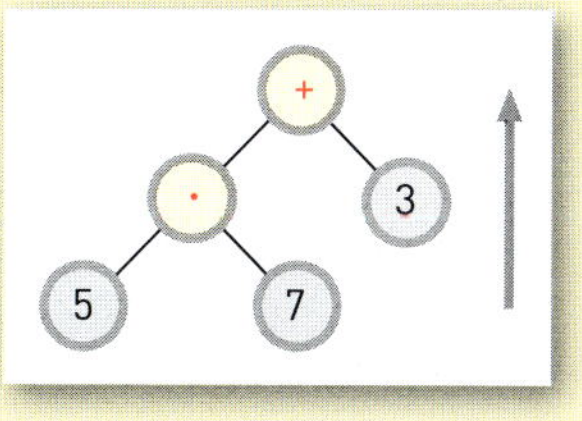

c. $5 \cdot (7 + 3)$
L'introduzione della parentesi cambia l'ordine delle operazioni, «legando» diversamente i numeri dell'espressione.

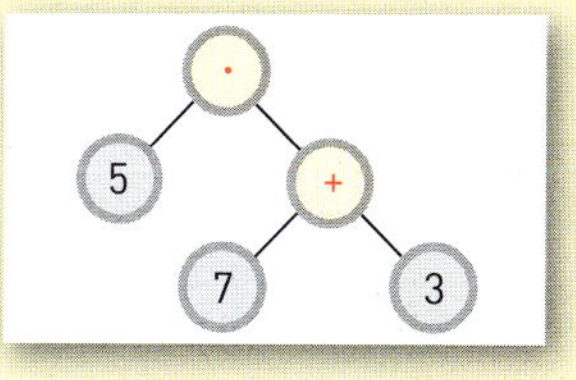

Rappresenta con diagrammi ad albero le seguenti espressioni.

80 ●○ $4+6\cdot 9$; $(4+6)\cdot 9$.

81 ●○ $7-3+2$; $7-(3+2)$.

82 ●○ $5\cdot 6:2+1$; $5\cdot(6:2)+1$.

83 ●○ $30-4\cdot 2+3$; $30-4\cdot(2+3)$.

84 ●○ $15+20:4-2$; $15+20:(4-2)$.

85 ●○ $4\cdot 6-2-5$; $4\cdot(6-2)-5$.

Scrivi le espressioni relative ai seguenti diagrammi ad albero.

86 ●○

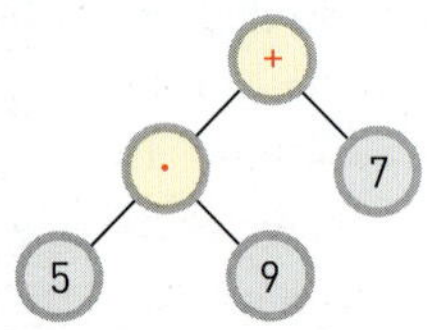

87 ●○

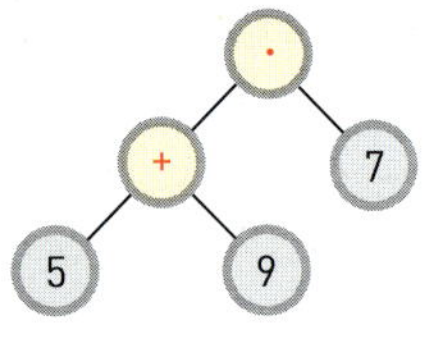

88 ●○

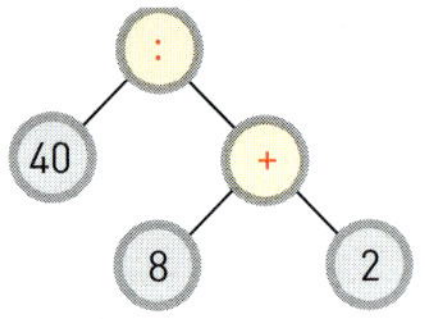

89 ●○

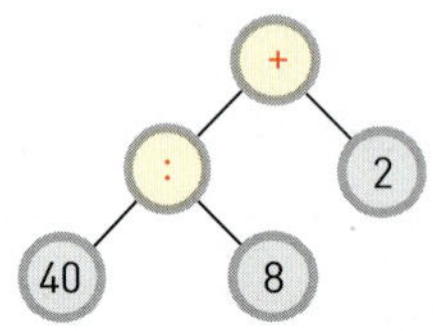

90 ●○

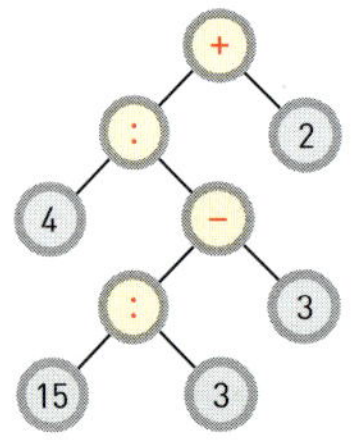

91 ●○

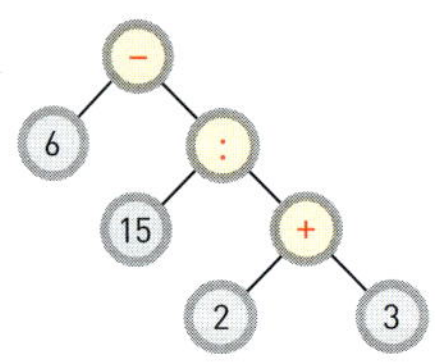

92 ●○

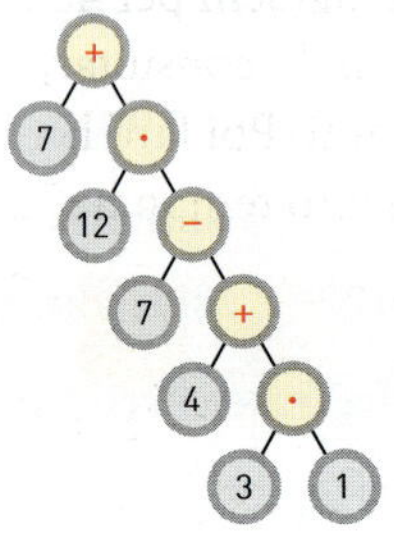

93 ●○

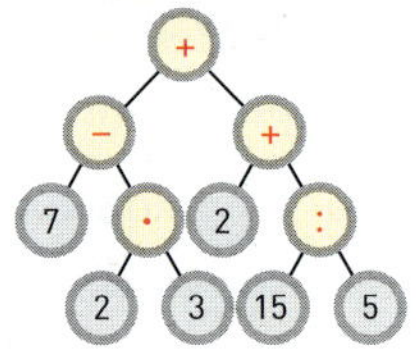

94 ●○

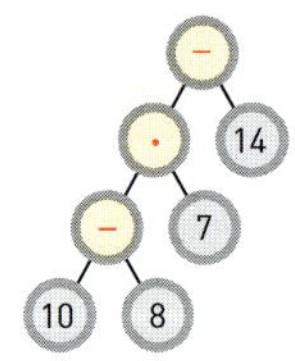

Dai problemi alle espressioni

Problemi INTORNO A NOI

95 ESERCIZIO GUIDA Scriviamo l'espressione che permette di risolvere il problema: «Sandro ha 2 banconote da € 5 e 4 monete da € 2. Si ferma a pranzare e compra 2 tranci di pizza da € 2 ciascuno e una bottiglietta d'acqua da € 1. Nel pagare si accorge di avere in tasca anche altre tre monete da € 1. Quanto denaro resta a Sandro?».

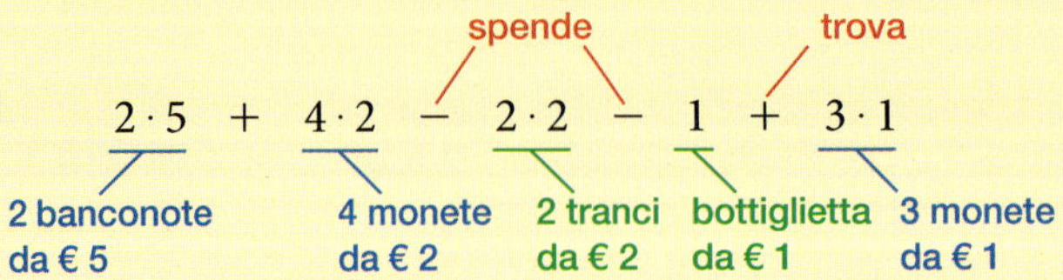

Semplifichiamo l'espressione: $2\cdot 5+4\cdot 2-2\cdot 2-1+3\cdot 1=10+8-4-1+3=16$.
A Sandro restano 16 euro.

Risolvi i seguenti problemi scrivendo un'espressione e semplificandola.

96 Una pasticceria vende dei deliziosi baci di dama in confezioni da tre. Quanti baci di dama ha venduto se a inizio giornata aveva 243 baci di dama e a fine giornata le restano 64 confezioni? [51]

97 **Luca si organizza...** Luca è in vacanza. Sa che tra un'ora deve uscire con gli amici, quindi pensa: «Ho un sacco di tempo! Posso giocare ai videogiochi per 40 minuti, suonare il basso per un po', consultare un social network per 5 minuti. Poi farò la doccia in 3 minuti e uscirò». Quanto tempo ha Luca per suonare? [12 min]

98 Una nonna ha 5 nipoti e 25 torroncini. Dà 3 torroncini al primo nipote e uno in più a ciascuno degli altri nipoti. Quanti torroncini le rimangono? [6]

99 Giorgio parte per un'escursione, con la sua borraccia da un litro, insieme a Marco. A inizio escursione la borraccia contiene 80 cL d'acqua, Giorgio ne beve metà, poi ne aggiunge 60 cL a una fontana. In seguito beve 20 cL e cede metà dell'acqua rimasta a Marco. Quanta acqua rimane nella borraccia di Giorgio? [40 cL]

100 Una cuoca possiede 4 sacchetti di farina del peso di 1 kg ciascuno. Deve fare 7 dolci: nei primi 3 occorrono 350 g di farina per ciascuno e negli altri 600 g di farina per ciascuno. Alla fine quanta farina rimane alla cuoca? [550 g]

Le espressioni con le parentesi

101 ESERCIZIO GUIDA Calcoliamo: $[(9+1-6)\cdot(3\cdot 4-2)]:\{10\cdot 2-[4\cdot(5+1-3)]\}$.

Svolgiamo i calcoli all'interno delle parentesi tonde:

$$[(4)\cdot(10)]:\{10\cdot 2-[4\cdot(3)]\}=$$

Eliminiamo le parentesi tonde ed eseguiamo i calcoli all'interno delle parentesi quadre:

$$[40]:\{10\cdot 2-[12]\}=$$

Eliminiamo le parentesi quadre e svolgiamo i calcoli all'interno delle parentesi graffe:

$$40:\{20-12\}=40:8=$$

Scriviamo il risultato:

5.

Calcola il valore delle seguenti espressioni.

102 $[12-(3+2)]\cdot 2-[6+(3+1)\cdot 2-5+1]$ [4]

103 $\{[10\cdot(3+2)]:[16+3\cdot 3]\}+3\cdot(2+1)$ [11]

104 $[20:(3\cdot 2-2)+4]:(6-3\cdot 2+3)$ [3]

105 $\{[12+2\cdot(3+1)]:(3+2)\}-(3+1)$ [0]

106 $\{12\cdot[(5+2)\cdot 3-19]\}:[(3+1)\cdot(2+1)]$ [2]

107 $\{15-[13+(2+14):(2+2\cdot 3)-3]\}:[(2+7):3]$ [1]

108 $\{(2+7-3\cdot 2)\cdot[4-(1+2)]\}:[7-(3\cdot 2+0)]$ [3]

109 $\{[(10-7+3+2-5)\cdot(25:5)-2]\cdot[(30-5+1-16):(30:15)+10+7-20]\}:2$ [13]

110 $13-\{8\cdot 15-[(7\cdot 5+5):8+20:(28:4-3)]\}:11$ [3]

111 $(22-5\cdot 4):2+\{[36:2+7\cdot 3-1-(2\cdot 8+6)]-2^3\}$ [9]

112 ESEMPIO DIGITALE $[(5-2):3+2]\cdot[4-(3^2-9)]+[36:(1+11)-1]$

113 $(2^0\cdot 3^0+8):3+[3^2-(2^1+4):2]+(2^4+2):3^2$ [11]

114 $[(4+3^2-1):2^2+45:3^2]:2^2+(21\cdot 3):9+1^0$ [10]

115 $\{[7\cdot(2+1)-2\cdot 3]:(1+2)\}-[(3\cdot 2+5)-10]$ [4]

116 $[(2-1)\cdot 7+5]:[3-(1-1)]+[15-3\cdot(1+2)]$ [10]

117 $\{[2\cdot(3+7)-15]\cdot[3+4\cdot(1+2)-14]+2\}:7$ [1]

118 $[(10+3-9)\cdot(3\cdot 2-4)]:[(14+24-30-6)\cdot(40-10+2-30)]$ [2]

119 $(16\cdot 2-18):[48:(69:3+1)]\cdot\{6\cdot 3-[40-(9\cdot 8-2):2]-10\}$ [21]

120 $63-[48-(14+2\cdot 16)]\cdot(2\cdot 12)-(2+28:4)-18:(14-48:24-56:8-2)$ [0]

121 $\{2+2\cdot 6\cdot[36-(4+7\cdot 4)+48:(4+4\cdot 11)]+(100:2):(45:3+35)\}:\{21-[140:7-(2+2\cdot 2)]\}$ [9]

122 $\{[135+3\cdot 5+(4+3\cdot 7)\cdot 2]:8\}:\{2+[8\cdot 11-(5+7\cdot 5)]:4+(39:3-2)\}$ [1]

123 ESEMPIO DIGITALE $3+12\cdot(4^2-3^2)+2^4\cdot(2^3-8)^3-2^2\cdot[(5^2-8\cdot 3)^2+3^2\cdot 2]$

124 $5\cdot 8:(2^3-2+2^2)+(7\cdot 9+7)\cdot 5^0-28:2^2$ [67]

125 $[(15:3\cdot 2)^3:10^2+2\cdot 2^2]:(2\cdot 3)$ [3]

126 $[(2^2\cdot 2^4):2^3]^2:2^4+5\cdot 7-3^2\cdot 2^2+(5^2\cdot 3^2)^0$ [4]

127 $[(243:81+4^3:4-3):(5-3^0)+125:25]\cdot 2^2:3$ [12]

128 $\{[(53^2-45^2):7+3\cdot 2^4]:[(21^2-7\cdot 8):7-17\cdot 3]^2+2\cdot 5^2\}^2:(2^2+2^3+2^4+2^5)+10\cdot 2^2$ [100]

129 $3^3-\{3\cdot 2^3-[(5\cdot 2^2-7)^2:13+12:(3\cdot 2^3-2^2\cdot 3)]:2\}^2:17^2$ [26]

130 $\{[(3^2+11):2^2]^2:5-1\}\cdot 2^3-[7^2:(2\cdot 3+1)+2^3+10^0]$ [16]

131 $\{[(6^0+2\cdot 5^2-11):2^3+8]-2^0\}:4+(7-4)\cdot 2+3^2\cdot 2$ [27]

Le espressioni letterali

132 ESERCIZIO GUIDA Calcoliamo il valore dell'espressione $3a^2 - 2b$, per $a = 2$ e $b = 5$.

Operiamo la sostituzione mettendo al posto delle lettere i valori scritti tra parentesi:

$$3\,a^2 - 2\,b$$

$$\;\;{}^{2}\downarrow \qquad {}^{5}\downarrow$$

$$3\,(2)^2 - 2\,(5) = 3 \cdot 4 - 10 = 12 - 10 = 2.$$

Dopo un po' di pratica puoi evitare l'uso delle parentesi, avendo cura di scrivere i segni di moltiplicazione:

$3a^2 - 2b$, se $a = 2$ e $b = 5$, è uguale a $3 \cdot 2^2 - 2 \cdot 5$.

Calcola il valore delle espressioni (quando esiste) per i valori delle lettere scritti a fianco.

133 $5x$ $\quad x = 0, 2, 50,$
$2y$ $\quad y = 1, 6, 32.$

134 $2a - 5b$ $\quad a = 8, \quad b = 3,$
$3a - 2b$ $\quad a = 4, \quad b = 5.$

135 $2ab$ $\quad a = 7, \quad b = 8,$
$3a^2b$ $\quad a = 4, \quad b = 3,$
$3ab^2$ $\quad a = 1, \quad b = 2.$

136 $a^2 - b^2$ $\quad a = 3, \quad b = 2,$
$a^2 + b^2$ $\quad a = 1, \quad b = 4.$

137 a^b $\quad a = 299, \quad b = 0,$
$(2a)^b$ $\quad a = 0, \quad b = 6.$

138 $(a - b)^3 - 3ab$ $\quad a = 7, \quad b = 3,$
$2ab^2 - (a + b)^2$ $\quad a = 2, \quad b = 3,$
$2a^2 + b^2 - 2(a - b)^2$ $\quad a = 9, \quad b = 1.$ [1; 11; 35]

---

139 $(a - b)^2 + 4a^2b^3 - 7b^2 - 7a^3$ $\quad a = 4, \; b = 2.$ [40]

140 $a^3 + b^3 - 2a^2 - (a + b - 4)^3$ $\quad a = 5, \; b = 3.$ [38]

141 $a^3 : b^2 - (a - b)^2 - (a - b - 2)^3$ $\quad a = 8, \; b = 4.$ [8]

142 $(a : b)^2 - 4a^2 : b^3 + a(a - b)^2 : b^5$ $\quad a = 36, \; b = 4.$ [36]

143 $(a + b)^2 : 3a^2 + (b^2 - a^2) : (2a^2)$ $\quad a = 2, \; b = 10.$ [24]

144 $(1 + a^3) : b^2 + 49(b^3 + 1) : (a + 2b)^2$ $\quad a = 3, \; b = 2.$ [16]

145 $(a - 2b + 1)^3 : (a + b - 5)^2 + (a + 2b)^2 : (a - b)$ $\quad a = 8, \; b = 2.$ [29]

146 $(a - b)^3 : 3b + 2a^3 : (4b) - b(a + b)^2 : (2a - 3)^2$ $\quad a = 6, \; b = 3.$ [36]

ESERCIZI

Dalle parole alle espressioni

147 ESERCIZIO GUIDA Traduciamo in espressione la frase «Aggiungi al quadrato di a il quadrato di b e sottrai il doppio prodotto di a con b», poi calcoliamo il valore dell'espressione per $a = 9$ e $b = 5$.

«quadrato di a» → a^2;
«quadrato di b» → b^2;
«prodotto di a con b» → ab;
«doppio prodotto» → $2ab$.

L'espressione è $a^2 + b^2 - 2ab$.
Sostituiamo $a = 9, b = 5$:
$9^2 + 5^2 - 2 \cdot 9 \cdot 5 =$
$81 + 25 - 90 = 106 - 90 = 16$.

Negli esercizi seguenti, traduci le frasi in espressioni letterali e calcola il loro valore per i numeri indicati.

148 Somma ad a il suo successivo; $a = 10$; $a = 7$.

149 Somma ad a i due consecutivi di a; $a = 4$; $a = 9$.

150 Somma ad a il suo precedente; $a = 1$; $a = 5$.

151 Somma al triplo di a il doppio di b; $a = 7, b = 0$; $a = 9, b = 4$.

152 Sottrai dal quintuplo di a il triplo di b; $a = 1$, $b = 0$; $a = 7, b = 9$.

153 Sottrai b dal prodotto del triplo di a col doppio di b; $a = 3, b = 5$; $a = 2, b = 10$.

154 Dividi la somma di a con b per la differenza fra a e b; $a = 5, b = 4$; $a = 8, b = 6$.

155 Moltiplica il doppio di a per il quadrato di b; $a = 5, b = 3$; $a = 2, b = 1$.

156 ESEMPIO DIGITALE Moltiplica il quadrato della differenza tra a e b per la differenza dei quadrati di a e b diminuita di 2; $a = 5$, $b = 4$; $a = 6$, $b = 3$.

157 Dividi il doppio di a per la differenza tra a e b; $a = 3, b = 1$. [3]

158 Al quintuplo di a sottrai la somma tra il doppio di b e a; $a = 3, b = 2$. [8]

159 Dividi il cubo di a per la somma di a e b; $a = 4, b = 12$. [4]

160 Moltiplica la somma di a e b per il doppio di a e poi aggiungi il triplo di b; $a = 2, b = 1$. [15]

161 Ad a diminuito di 3 somma la differenza dei quadrati di b e di a; $a = 4, b = 5$. [10]

Scrivi il precedente e il successivo dei numeri indicati dalle seguenti espressioni. Calcola le espressioni ottenute per $a = 2, b = 5, c = 1, n = 3, x = 4$.

162 a; $2a$; a^2; $a + 1$; $b + 1$; c^2.

163 $c - 1$; $2c + 1$; $2n + 1$; $n - 4$; $2n + 5$.

164 $n^2 + 1$; $2x^2$; $2x^2 - 1$; x^3; $(a + b)^2$.

Traduci in espressione letterale e calcola per i valori indicati.

165 Il successivo del doppio di un numero; 7.

166 Il doppio del successivo di un numero; 7.

167 Il precedente di un numero; 3.

168 La somma di due numeri per la loro differenza; 6; 1.

169 La differenza fra i quadrati di due numeri; 5; 3.

170 Il doppio prodotto di un numero per un altro; 2; 9.

171 YOU & MATHS Think of a number, double it, then add 3. Multiply your answer by 4 and take away 5. Now take away the number you first thought of. No matter what the first number was, your answer will be a multiple of:

A 2 B 3 C 5 D 7 E 11

(UK *Intermediate Mathematical Challenge*, 2003)

Dalle espressioni alle parole

RISOLVIAMO UN PROBLEMA

Simboli e parole

Scrivi la frase che descrive l'espressione:

$$a^3 \cdot (3b + 1)$$

▶ **Esaminiamo l'espressione.**

L'espressione è una moltiplicazione tra due fattori. Quindi la frase che la descrive sarà: «Moltiplica … per …».

▶ **Scriviamo le parole che descrivono il primo fattore.**

Il primo fattore è a^3: «cubo di a».

▶ **Scriviamo le parole che descrivono il secondo fattore.**

Il secondo fattore è composto di due addendi, $3b$ e 1. Il primo addendo, $3b$, è descritto da: «il triplo di b». Il secondo addendo, $+1$, è descritto da: «il successivo di».

Quindi il secondo fattore è descritto da: «il successivo del triplo di b».

▶ **Scriviamo la frase che descrive l'espressione.**

Poiché l'operazione che lega i due fattori è la moltiplicazione, l'espressione è descritta da: «Moltiplica il cubo di a per il successivo del triplo di b».

Scrivi per ogni espressione la frase corrispondente. Calcola il valore delle espressioni per $a = 1$, $b = 6$; $a = 5$, $b = 2$.

172 $2a$; $3a$; b^2; $2ab$; $3a^2$; $3a^2b$.

173 $a + 1$; $b - 1$; $b + 2$; $2a - 1$; $a + b$.

174 $a - b$; $(a + b)(a - b)$; $a^2 - b^2$; $a^3 - b^3$.

175 $2a(a + b)^2$; $3b(b - 1)$; $4ab(2a + 1)$.

Dalle immagini alle espressioni

176 **ESERCIZIO GUIDA** Esprimiamo con un'espressione letterale la misura dell'area del rettangolo *ABCD*.

- *AFED* è un quadrato;
- a indica la misura di *FB*;
- b indica la misura di *BC*.

La misura dell'area del rettangolo *ABCD* è data dalla somma di quelle delle due figure:

- quadrato *AFED*, di area b^2;
- rettangolo *FBCE*, di area ab.

L'espressione richiesta è: $b^2 + ab$.

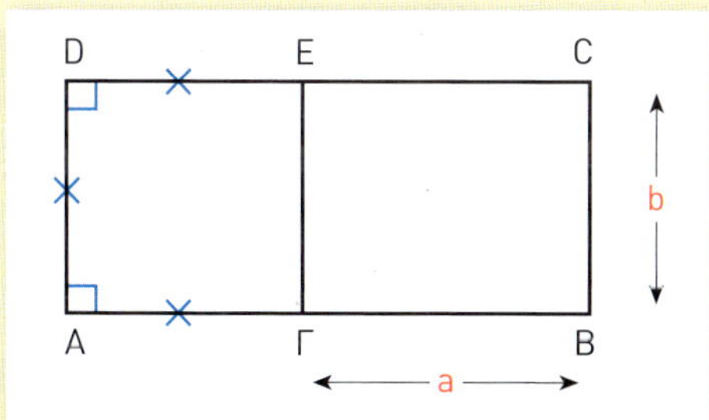

Per ognuna delle figure seguenti determina l'espressione della misura richiesta.

177

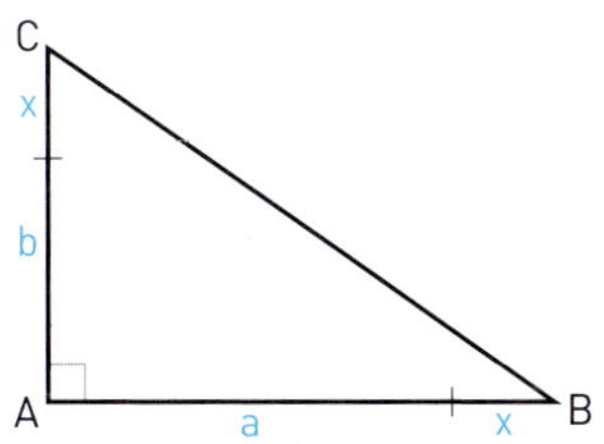

Area del triangolo *ABC*.

178

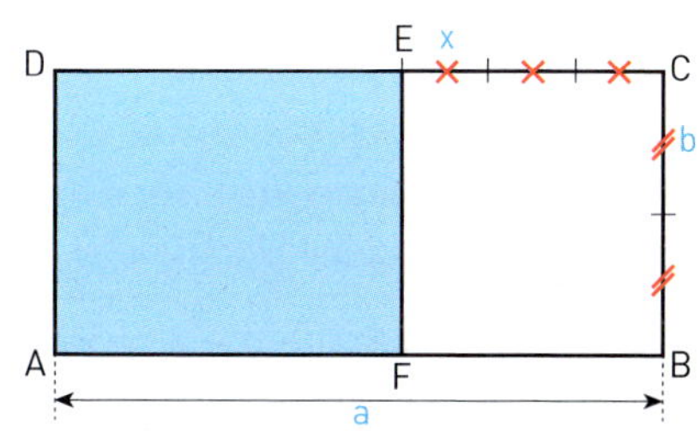

Perimetro e area del rettangolo *AFED*.

Per ognuna delle figure seguenti determina l'espressione della misura di ciò che è scritto sotto.

179

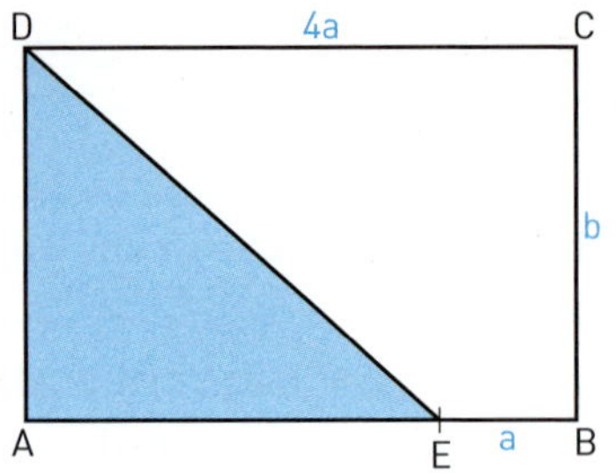

Perimetro del rettangolo *ABCD* e area del triangolo *AED*.

180

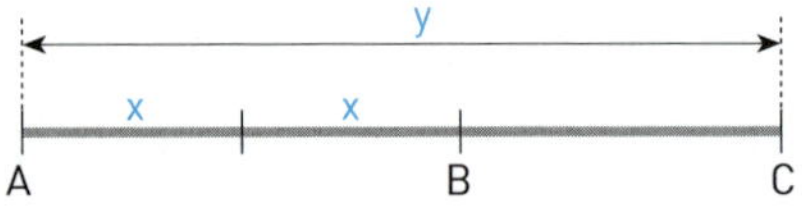

Lunghezza di *BC*.

181

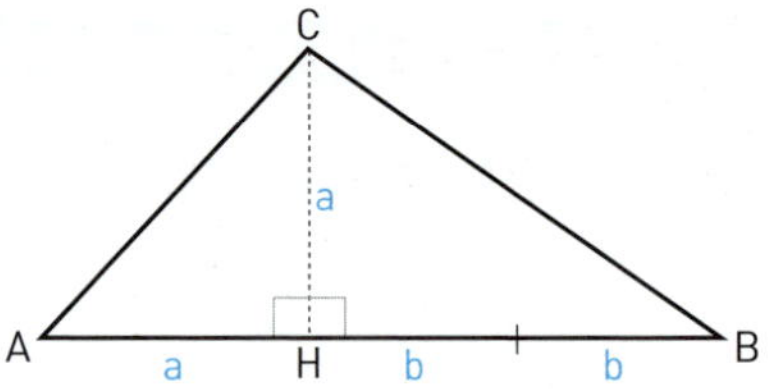

Area dei triangoli *ABC*, *ACH* e *CHB*.

182

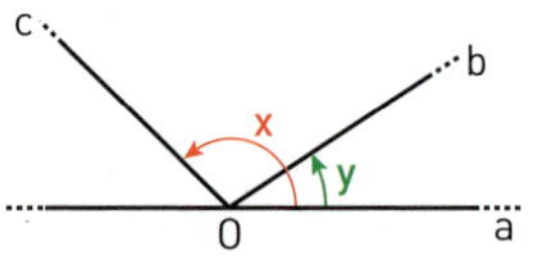

Ampiezza dell'angolo $c\widehat{O}b$. Calcolarne il valore per: $\widehat{x} = 145°$, $\widehat{y} = 32°$. [113°]

5 Le proprietà delle operazioni

Teoria a p. 8

183 Sono date le uguaglianze:

$2 \cdot (4+5) = (2 \cdot 4) + (2 \cdot 5)$; $(2-4) : 2 = (2:2) - (4:2)$; $2 \cdot (4 \cdot 5) = (2 \cdot 4) \cdot 5$.

Solo in due è stata applicata la proprietà distributiva. Quali?

184 VERO O FALSO?

a. $a \cdot (b \cdot c) = (a \cdot b) \cdot (a \cdot c)$ V F

b. $(a+b)+c = a+(c+b)$ V F

c. $(a-b)+c = a-(b+c)$, con $a \geq b$ V F

d. $a \cdot (b+c) = (a \cdot c) + (b \cdot a)$ V F

e. $a \cdot (b+c) = a \cdot b + a \cdot c$ V F

f. $a-b = (a-c)+(b-c)$, con $a \geq b \geq c$ V F

185 INVALSI 2004 Siano *m* e *n* due numeri naturali diversi da zero. Se si scambia *m* con *n*, quale delle seguenti espressioni modifica il proprio valore?

A $m+n$ B $m \cdot n$ C m^n D $m^0 - n^0$

186 Discuti la validità della seguente affermazione: «In $\mathbb{N}$ la proprietà associativa vale sia per l'addizione sia per la sottrazione».

187 TEST Fra le seguenti coppie di operazioni, individua quella in cui entrambe *non* godono della proprietà commutativa:

A addizione e moltiplicazione.
B divisione e sottrazione.
C addizione e divisione.
D addizione e sottrazione.
E sottrazione e moltiplicazione.

Ciascuna delle seguenti uguaglianze fornisce un esempio di applicazione di una delle proprietà formali delle operazioni. Indica di quale proprietà si tratta.

188 $24 + 31 = 31 + 24$; $7 + 2 + 4 = 7 + 6$.

189 $(3+1)+4 = 3+(1+4)$; $(5+2)+3 = 3+(5+2)$.

190 $(18+24):3=18:3+24:3$; $(64-16):4=64:4-16:4$.

191 $4\cdot(2+3)=4\cdot2+4\cdot3$; $(2+3)\cdot4=4\cdot(2+3)$.

192 $18-6=(18+4)-(6+4)$; $27-12=(27-2)-(12-2)$.

193 $180:15=(180\cdot2):(15\cdot2)$; $120:15=(120:5):(15:5)$.

194 $15+9=9+15$; $7\cdot3=3\cdot7$.

195 $15:(3\cdot1)=15:(1\cdot3)$; $3\cdot(1+2)=3\cdot1+3\cdot2$.

196 $(15+2)+4=15+(2+4)$; $(3\cdot6)\cdot1=3\cdot(6\cdot1)$.

197 $17-(4\cdot3)=17-(3\cdot4)$; $(2+4)\cdot6=2\cdot6+4\cdot6$.

198 $17-3=(17+3)-(3+3)$; $(17+2)\cdot3=17\cdot3+2\cdot3$.

199 $(15+75):15=(15:15)+(75:15)$; $(7+3)+2=7+(3+2)$.

200 $12-4=(12-2)-(4-2)$; $80:40=(80:10):(40:10)$.

201 Fra le seguenti uguaglianze indica quali sono vere e qual è la proprietà applicata.

a. $(127+3)+8=127+(3+8)$;

b. $12:(4+2)=12:4+12:2$;

c. $(6+9)\cdot3=3\cdot(6+9)$;

d. $(70-12)-8=70-(12-8)$;

e. $4\cdot(20:2)=(4\cdot20):(2\cdot20)$;

f. $10-8=15-13$;

g. $36-12=6\cdot(6-2)$;

h. $36:12=(36:6):(12:6)$.

COMPLETA

202 Completa precisando la proprietà che viene applicata.

$6\cdot(3+\square)=6\cdot3+6\cdot7$ $\square$

$15\cdot9+3\cdot\square=(\square+\square)\cdot9$ $\square$

$7\cdot(\square+4)=7\cdot5+\square\cdot4$ $\square$

$2\cdot8\cdot\square=\square\cdot(\square\cdot6)$ $\square$

$\square\cdot(5+7)=6\cdot\square+6\cdot\square$ $\square$

$12-4=(\square+5)-(4+\square)$ $\square$

$(3+\square)+13=3+(1+\square)$ $\square$

$5\cdot3\cdot\square=4\cdot(5\cdot\square)$ $\square$

203 Completa scrivendo di fianco a ogni uguaglianza la proprietà delle operazioni su cui è basata. Scegli fra le seguenti: commutativa, associativa, distributiva, raccoglimento, invariantiva.

$5+7+9=9+5+7$ $\square$

$5\cdot8\cdot9=5\cdot72$ $\square$

$15-8=16-9$ $\square$

$3\cdot2+6\cdot2+5\cdot2=(3+6+5)\cdot2$ $\square$

$20:4=10:2$ $\square$

$5+5\cdot2+5\cdot3=5\cdot(1+2+3)$ $\square$

$18-5=15-2$ $\square$

$60:30=6:3$ $\square$

204 **TEST** Una delle seguenti uguaglianze è *falsa* (non è stata applicata correttamente la proprietà invariantiva). Quale? Motiva la risposta.

A $10-8=12-10$

B $80:4=40:2$

C $60:4=64:8$

D $150:25=600:100$

ESERCIZI

205 ●○ **INTORNO A NOI** Manuel è un po' distratto e, mentre fa i compiti, cancella in un'espressione una cifra scritta male, ma dimentica di riscriverla. Il giorno dopo si accorge della dimenticanza, ma non ricorda la cifra mancante; ricorda solo che il risultato dell'addizione è divisibile per 9. Aiuta Manuel trovando la cifra.

11[illegible]5 + 132

6 Le proprietà delle potenze

▶ Teoria a p. 12

206 ●○ **VERO O FALSO?**

a. $a^n \cdot a^m = a^{m-n}$ V F

b. $a^n + a^m = a^{n+m}$ V F

c. $a^n \cdot a^0 = a^n$ V F

d. $a^n : a^m = a^{m-n}$ V F

e. $(a^m)^n = (a^n)^m$ V F

f. $(a^m)^n = a^{m \cdot n}$ V F

207 ●○ **TEST** Una sola delle seguenti espressioni è equivalente a $6^2 + 6^3$. Quale?

A $(2 \cdot 3)^3 + (2 \cdot 3)^2$

B $2 \cdot (3^2 + 3^3)$

C $3 \cdot (2^2 + 2^3)$

D 6^3

E $(2 \cdot 3)^5$

208 ●○ **VERO O FALSO?**

a. La somma dei quadrati di due numeri è uguale al quadrato della loro somma. V F

b. La somma di due potenze è una potenza che ha per base la somma delle basi e per esponente la somma degli esponenti. V F

c. Il prodotto dei quadrati di due numeri è uguale al quadrato del prodotto dei due numeri. V F

d. Il prodotto di due potenze uguali è uguale al quadrato della potenza. V F

209 ●○ **TEST** All'espressione $(5 \cdot a^3 \cdot b^2 \cdot c)^2$ viene applicata una proprietà delle potenze. Qual è l'espressione equivalente ottenuta?

A $25 \cdot a^3 \cdot b^2 \cdot c^2$

B $25 \cdot a^6 \cdot b^2 \cdot c$

C $5 \cdot a^6 \cdot b^4 \cdot c^2$

D $25 \cdot a^6 \cdot b^4 \cdot c^2$

E $5 \cdot a^3 \cdot b^2 \cdot c^2$

Applica, quando è possibile, le proprietà delle potenze e indica la proprietà applicata.

210 ●○ $(3^4)^2 \cdot 3^7$; $2^4 \cdot 3^4$; $(5^3)^5 \cdot 2^{15}$.

211 ●○ $3^2 \cdot (3^4)^2$; $(10^2)^5 : 2^{10}$; $3^4 : 3^2$.

212 ●○ $(8^4 : 2^4) \cdot 4^3$; $(2^2 : 2^1)^4$; $(3^2)^3 \cdot 2^6$.

213 ●○ $(7^2 \cdot 2^2) : 7^2$; $(4^3)^2 : 2^6$; $2^4 \cdot 3^4$.

214 ●○ $6^5 : 2^5$; $(4^5)^2$; $2^3 \cdot 2^4 \cdot 2^1$.

215 ●○ $2^2 \cdot 5^2$; $3^3 : 3^2$; $12^4 : 4^4$.

COMPLETA quando è possibile.

216 ●○ $2^5 \cdot 2^{\square} = 2^{10}$; $7^2 \cdot \square = 7^8$.

217 ●○ $2^4 \cdot (\square)^4 = 16^4$; $(5^{\square})^4 = 5^7$.

218 ●○ $3^{\square} : 3^3 = 3^3$; $2^{\square} : 2^8 = 2^5$.

219 ●○ $2^4 \cdot 2^{\square} = 2^7$; $8^4 : (\square)^4 = 2^4$.

220 ●○ $15^2 : (\square)^2 = 5^2$; $(4^{\square})^5 = 4^{10}$.

221 ●○ $2^3 \cdot (\square)^3 = 16^3$; $(5^{\square})^3 = 5^{15}$.

222 ●○ **INVALSI 2012** La decima parte di 10^{20} è:

A 10^{10}

B 1^{20}

C 100

D 10^{19}

223 INVALSI 2006 $(5^9 : 5^4) : 5^3 + 5^2 =$

A 1 B 5^4 C 10^2 D 50

224 SPIEGA PERCHÉ $A = \{1, 2, 2^2, 2^3, 2^4, \dots\}$ è l'insieme delle potenze di 2. A è chiuso rispetto all'operazione di addizione? E a quella di moltiplicazione? Giustifica le risposte.

225 VERO O FALSO?

a. $5^3 + 5^4 = 5^7$ V F
b. $3^5 - 3 = 3^4$ V F
c. $2^3 \cdot 2^6 = 2^9$ V F
d. $6^2 \cdot 6^4 = 6^8$ V F
e. $10^2 : 5^2 = 2^2$ V F

226 Scrivi i prodotti mediante potenze, come nell'esempio svolto.

$2 \cdot 4 \cdot 7 = 2 \cdot 2^2 \cdot 7 = 2^3 \cdot 7$

$9 \cdot 2 \cdot 81 \cdot 8$; $24 \cdot 3 \cdot 8 \cdot 3^4$; $5 \cdot 3 \cdot 125 \cdot 9$; $10 \cdot 25 \cdot 100 \cdot 10^4$. $6 \cdot 4 \cdot 9 \cdot 32$. $40 \cdot 12 \cdot 5 \cdot 9$.

227 ASSOCIA a ogni espressione il proprio risultato.

1. $(5^4)^2 \cdot 5$
2. $(5^2)^4 : 5$
3. $(5^3 + 5^2) : 5^2$
4. $(2^3 \cdot 5^3) : 10$

a. 5^7 b. 6 c. 100 d. 5^9

228 INVALSI 2015 L'espressione $a^{43} + a^{44}$ è uguale a

A $a^{44 \cdot 43}$ B $a^{43} \cdot (a+1)$ C a^{87} D $2a^{87}$

229 INVALSI 2014 Il risultato di $16^{100} : 2$ è uguale a

A 8^{99} B 8^{100} C 16^{50} D 2^{399}

230 VERO O FALSO?

a. $5^4 \cdot 5^2 = 5^6$ V F
b. $5^4 + 5^2 = 5^6$ V F
c. $(2^2)^3 = 2^5$ V F
d. $2^8 = 2^4 + 2^4$ V F
e. $3^9 = 3^5 \cdot 3^4$ V F
f. $2^8 = (2^2)^4$ V F

231 EUREKA! **Addizione bizzarra** Se $9^n + 9^n + 9^n = 3^{2011}$, quanto vale n?

A 1005 B 1006 C 2010 D 2011 E Nessuno dei numeri precedenti.

(*Kangourou Italia*, 2011)

COMPLETA le seguenti uguaglianze.

232 $7^0 = 5^{\square}$; $(2^3)^2 = (2^2)^{\square}$; $(2^{\square})^2 \cdot \square = 2^7$.

233 $3^4 - 4^3 = (\square)^1$; $(1^6)^{\square} = 5^0$; $(15^{\square})^2 : 15 = 15^5$.

234 $\square^3 \cdot \square^3 = 6^3$; $(7^3)^4 : 7^{\square} = 7^7$; $(3^{\square})^4 = 3^{24}$.

235 $3^4 : 3^{\square} = 3^4$; $(18 : 3)^3 = 18^3 : \square$; $(2 \cdot 4 \cdot 5^2)^2 = 2^{\square} \cdot 4^{\square} \cdot 5^{\square}$.

Proprietà delle operazioni e proprietà delle potenze

Per ogni uguaglianza indica quale proprietà è stata applicata. Verifica le uguaglianze per i valori indicati.

236 $a^4b = ba^4$; $a = 3, b = 2$. $c^3 + d^3 = d^3 + c^3$; $c = 4, d = 1$.

237 $(a^2 + b^2) + c = a^2 + (b^2 + c)$; $a = 1, b = 2, c = 3$. $a - b^2 = (a + c^3) - (b^2 + c^3)$; $a = 3, b = 1, c = 2$.

238 $a^4 : b^4 = (a : b)^4$; $a = 20, b = 5$. $a^4 : b^4 = (a^4 d) : (b^4 d)$; $a = 6, b = 2, d = 3$.

239 $c^3 \cdot c^7 \cdot c^2 = c^{12}$; $c = 2$. $(a^2)^b = a^{2b}$; $a = 2, b = 3$.

240 $(1 + a^4)b = b + a^4 b$; $a = 2, b = 7$. $2a(b^2 - c) = 2ab^2 - 2ac$; $a = 9, b = 3, c = 6$.

241 $a^2 b^2 c^2 = (abc)^2$; $a = 2, b = 3, c = 2$. $8a^3 b^3 = (2ab)^3$; $a = 3, b = 1$.

Espressioni e proprietà delle potenze

Applicando le proprietà delle potenze, calcola il valore delle seguenti espressioni.

242 $2^5 : 2^4 + 2 \cdot 2^2 - 2^0$ [9]

243 $(3^4 : 3^3)^4 \cdot 3^5 : (3^2)^4$ [3]

244 ESEMPIO DIGITALE
$64^4 : (2^2 \cdot 4^2)^3 - [(12^5 : 3^5) \cdot 4] : 16^2$

245 $4^2 \cdot 4^0 - 3^5 : 3^3 + 5^0$ [8]

246 $5^3 : 5^1 \cdot 2^2 : 5^2$ [4]

247 $2^6 \cdot 3^6 : (18^4 : 3^4)$ [36]

248 $(4^2 : 2^2)^3 \cdot 2^2 : (6^6 : 3^6)$ [4]

249 $[(3)^2 \cdot (3)^3] : (3)^2 + [(2)^5 : (2)^3]^2 : (2^2)^2$ [28]

MATEMATICA INTORNO A NOI

Scambio di libri Anna, Bianca e Carla organizzano una catena di scambio libri…

Problema e risoluzione – 2 esercizi in più.

250 $(4^2 \cdot 2^2) : 2^2 - 5^2 : 5^1 + (2^2 \cdot 3^2)^3 : 6^5$ [17]

251 $[(8^6 \cdot 16^4) \cdot 64^3] : (2^9 \cdot 4^5) : (8^7 \cdot 4^4)$ [16]

252 $3^2 \cdot 2^2 + (3^6 : 3^4)^0 - 25^2 : 5^2 + (7 \cdot 3 - 5 \cdot 4) \cdot (4^3 : 4^2)$ [16]

253 $10 \cdot [6^2 \cdot 2^2 : (3^2 \cdot 2^2)] + 3^2 - 2^2 - (5 \cdot 10 - 7^2) - 10^3 : 5^3$ [36]

254 $[(6^2 \cdot 6^4) : (6 \cdot 6^2)]^2 : (6^2)^2 - [(2^2 \cdot 8^2) : 16] \cdot 2$ [4]

255 $3^3 - \{[(4^2)^3]^2\}^0 - 2^4 - [(5^2)^1]^2 : 5^3$ [5]

256 $2 \cdot 6 - (3^2 + 1) + (2^2 \cdot 3^2)^0 + 15^3 : 5^3 - (3^2)^2 : 3^3$ [27]

257 ●○ $(2^2 \cdot 3^6 \cdot 2^4):(3^3 \cdot 2^2 \cdot 2^4 \cdot 3^3) - 1$ [0]

258 ●○ $[(1+2)^3 \cdot (1+4)^3]:[(6^8:6^4):3^4 - 1]^2$ [15]

259 ●○ $4 \cdot 5 - 2^2 \cdot 2^3 : 2 + (3^2 \cdot 2^2):6 - (2^4 \cdot 3^4)^0$ [9]

260 ●○ $7 \cdot [(5^2 \cdot 5^3)^3 : 5^{14}] - 3 \cdot 2^0 - 6^5 : 3^5$ [0]

261 ●● $7 \cdot 4 + (2^6 : 2^4)^0 - 5^6 : 25^2 + (5^2 - 6 \cdot 4) \cdot (5^3 : 5^2)$ [9]

262 ●● $15 \cdot [(12^2 : 3^2) : 2^2] - [(2)^2]^2 + 7 \cdot 3 - (20^4 : 5^4)^0 - 15^3 : 5^3$ [37]

263 ●● $[(3^2)^3 : (3^2)^2] + \{(5^4 \cdot 5^2)^3 : [(5^2)^3]^2\} : (5^2 \cdot 5^3) - 6$ [8]

264 ●● $\{[(2^3 + 2^2) : 2^2 - 3^0]^2 - 1\}^3 - \{(8^3 : 4^3 - 5) \cdot [(5^3)^4 : (5^4)^3]^5\}^2$ [18]

265 ●● $8^2 \cdot 2^8 \cdot 16^4 : (4^3)^4 + (15^5 - 15^4) : 15^4 + (2^8)^0 \cdot 2 + (39^4 : 13^4)^2 : 9^4$ [81]

7 I multipli e i divisori di un numero

▶ Teoria a p. 14

266 ●○ **VERO O FALSO?**

a. 0 è divisore di ogni numero. V F
b. 0 è multiplo di ogni numero. V F
c. 0 è divisibile per qualsiasi numero. V F
d. 1 è divisore di ogni numero. V F
e. Il divisore di un numero non è divisore di un suo multiplo. V F

267 ●○ **TEST** Se un numero naturale n è divisibile per 3 e per 7, allora è divisibile per:

A $3+7$.
B $3 \cdot 7$.
C 37.
D 3^7.
E 7^3.

268 ●○ **COMPLETA** la tabella applicando i criteri di divisibilità per indicare se i numeri della prima colonna sono divisibili per 2, 3, 5, …

a	2	3	5	10	11	25
45						
60				sì		
171						
506		no				
1625						
2304	sì					
4950						
5400						sì

269 ●○ **VERO O FALSO?**

a. Se un numero è divisibile per 8, lo è anche per 4. V F
b. Se un numero è divisibile per 4, lo è anche per 8. V F
c. Se un numero è divisibile per 2 e per 3, lo è anche per 6. V F
d. Se un numero è divisibile per due numeri, lo è anche per il loro prodotto. V F

270 ●○ **INTORNO A NOI** **Compito per casa** Devo svolgere 21 espressioni numerate da 1 a 21 in 3 giorni. Se il primo giorno svolgo gli esercizi con un numero multiplo di 3 e il secondo gli esercizi contrassegnati da un numero multiplo di 7, quanti esercizi mi rimangono da fare? [12]

271 ●● **EUREKA!** **Quante cifre!** Stabilisci se il numero $10^{14} - 1$ è divisibile per 99.

272 ●● **EUREKA!** **Numeri e cartoncini** Hai 18 cartoncini su ciascuno dei quali sta scritto un solo numero: 4 oppure 5. La somma di tutti i numeri sui cartoncini è divisibile per 17. Su quanti cartoncini è scritto il numero 4?

A 4
B 5
C 6
D 7
E 9

(*Kangourou Italia*, 2010)

ESERCIZI

273 EUREKA! **Numeri pari superstiti!** Luca scrive sulla lavagna tutti i numeri pari consecutivi da 2 a 2010 (compresi). Poi Giovanni cancella tutti i numeri che sono multipli di 3. Quanti numeri rimangono?

A 670 B 710 C 840 D 905 E 1005

(*Giochi di Archimede*, 2010)

274 INVALSI 2011 In un torneo di calcio fra scuole una squadra guadagna 3 punti se vince, 1 punto se pareggia e nessun punto se perde. Una squadra ha vinto tante partite quante ne ha pareggiate. Quale dei seguenti punteggi *non* può aver totalizzato la squadra?

A 24 B 28 C 30 D 32

8 Il massimo comune divisore e il minimo comune multiplo

▶ Teoria a p. 15

La scomposizione in fattori primi

275 Qual è il più piccolo numero primo?

276 Fra i numeri 121, 37, 14, solo due sono scomponibili in fattori primi. Quali?

277 VERO O FALSO?

a. Ogni numero primo è dispari. V F
b. Ogni numero dispari è primo. V F
c. Ogni numero pari si scompone in fattori primi. V F
d. Ogni numero scomponibile in fattori primi non è primo. V F

Le seguenti scomposizioni non sono in fattori primi. Modificale in modo che ogni fattore sia primo e scrivi la scomposizione in potenze di numeri primi.

278 $5 \cdot 15$; $4 \cdot 3$; $4 \cdot 8$; $21 \cdot 3$.

279 $2 \cdot 3 \cdot 9$; $7 \cdot 8 \cdot 3$; $2 \cdot 10 \cdot 14$; $2 \cdot 15 \cdot 6$.

280 ESERCIZIO GUIDA Scomponiamo in fattori primi 980 e 360.

Cerchiamo il più piccolo divisore primo di 980; è 2, poiché l'ultima cifra è pari. Scriviamo:

980 | 2

Calcoliamo 980 : 2, riportiamo il quoziente sotto 980 e cerchiamone il più piccolo divisore primo:

980 | 2
490 | 2

Procediamo in questo modo fino a ottenere come quoziente 1:

980 | 2
490 | 2
245 | 5
49 | 7
7 | 7
1 |

La scomposizione in fattori primi di 980 è:

$2 \cdot 2 \cdot 5 \cdot 7 \cdot 7 = 2^2 \cdot 5 \cdot 7^2$.

Possiamo seguire anche un metodo più veloce, ma meno automatico: con il calcolo mentale operiamo delle scomposizioni parziali, come negli esercizi 278 e 279; poi applichiamo le proprietà delle potenze.

Scomponiamo in questo modo 360:

$360 = 10 \cdot 36 = 2 \cdot 5 \cdot 6^2 = 2 \cdot 5 \cdot (3 \cdot 2)^2 =$
$2 \cdot 5 \cdot 3^2 \cdot 2^2 = 2^3 \cdot 3^2 \cdot 5$.

Scomponi in fattori primi i seguenti numeri.

281 ●○ ESEMPIO DIGITALE

1500; 312; 7250; 4096.

282 ●○ 25; 27; 28; 30; 35.

283 ●○ 69; 70; 121; 125; 144.

284 ●○ 40; 42; 75; 225; 300; 405.

285 ●○ 320; 660; 740; 850; 1000.

286 ●○ 1500; 2000; 3300; 4800; 5000.

287 ●○ INVALSI 2011 Considera l'affermazione «Per ogni numero naturale n, $2^n + 1$ è un numero primo». Mostra con un esempio che l'affermazione è falsa.

288 ●● EUREKA! **Una sola è falsa** Una sola tra le seguenti affermazioni relative ai numeri primi è *falsa*. Quale?

- A La somma di due numeri primi può essere un numero primo.
- B La somma di tre numeri primi non può essere un numero primo.
- C La differenza fra due numeri primi distinti può essere un numero primo.
- D Il prodotto di due numeri primi non è mai un numero primo.

MATEMATICA AL COMPUTER

I numeri di Fibonacci Nella successione di Fibonacci:

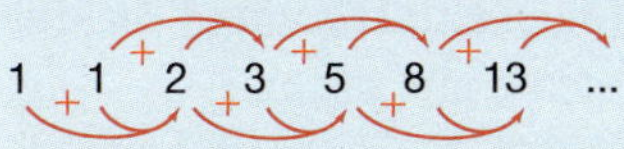

ogni numero (a parte i primi due 1) è ottenuto dalla somma dei due numeri che lo precedono.
Il blocco di Wiris in figura, letto il numero naturale g, stabilisce se è un numero di Fibonacci oppure no.

Problema e risoluzione – 6 esercizi in più.

```
I numeri di Fibonacci
F=[1, 1]; i=2; g=987;
ripetere
  i=i+1
  F=aggiungere(F, F_{i-1}+F_{i-2})
fino_a_quando F_i≥g;
se F_i=g allora
  O=[g, " è un numero di Fibonacci"]
altrimenti
  O=[g, " non è un numero di Fibonacci"]
fine ;
O
```

Il massimo comune divisore

289 ●○ VERO O FALSO?

a. Il MCD di due numeri esiste sempre. V F

b. Il MCD di due numeri primi è 0. V F

c. Il MCD di due numeri pari è il numero minore tra i due. V F

d. Se $\text{MCD}(a; b) = a$, allora b è divisore di a. V F

e. Il MCD di due numeri primi è uguale al più grande dei numeri. V F

f. Il MCD di due numeri primi fra loro è uguale al minore dei due numeri. V F

Calcola il MCD dei seguenti gruppi di numeri.

290 ●○ 6, 8; 21, 24; 20, 30; 5, 6.

291 ●○ 4, 20; 6, 18; 20, 60; 5, 10.

292 ●○ 12, 18, 24; 8, 20, 16; 10, 20, 30.

Il minimo comune multiplo

293 ●○ SPIEGA PERCHÉ il mcm tra 4 e 5 è 20. Come sono tra loro questi numeri?

ESERCIZI

294 VERO O FALSO?

a. Dati due numeri, ognuno è divisore del loro mcm. V F

b. Se $\text{mcm}(a; b) = c$, allora a e b sono divisori di c. V F

c. Se $\text{mcm}(a; b) = a$, allora b è divisore di a. V F

d. Se $\text{mcm}(a; b) = a \cdot b$, allora a e b sono numeri primi. V F

e. Il mcm di due numeri primi non esiste. V F

f. Se $\text{MCD}(a; b) = \text{mcm}(a; b)$, allora $a = b$. V F

Calcola il mcm dei seguenti gruppi di numeri.

295 3, 4; 30, 40; 300, 400.

296 15, 20; 25, 30; 56, 72; 8, 12.

Determinare MCD e mcm

297 ESERCIZIO GUIDA Mediante la scomposizione in fattori primi, determiniamo il MCD e il mcm dei numeri: 60, 15, 18.

Scomponiamo ciascun numero in fattori primi, incolonnando i fattori uguali:

$$60 = 2^2 \cdot 3 \cdot 5,$$
$$15 = 3 \cdot 5,$$
$$18 = 2 \cdot 3^2.$$

Il MCD è il prodotto dei fattori comuni, ciascuno preso con l'esponente più piccolo:

$$\text{MCD}(60; 15; 18) = 3.$$

Il mcm è il prodotto di tutti i fattori, comuni e non comuni, ciascuno preso con l'esponente più grande:

$$\text{mcm}(60; 15; 18) = 2^2 \cdot 3^2 \cdot 5 = 180.$$

Mediante la scomposizione in fattori primi determina il MCD e il mcm dei seguenti gruppi di numeri.

298 12, 4, 6.

299 12, 8.

300 90, 30, 150.

301 14, 24, 22.

302 63, 168.

303 28, 18.

304 ESEMPIO DIGITALE 240, 150, 54.

305 63, 9, 25.

306 10, 45, 90.

307 Il MCD di due numeri naturali è 2 e il loro mcm 60. Se si moltiplicano entrambi i numeri per 2, quanto vale il loro MCD? Se si moltiplica il primo per 2 e il secondo per 7, si può stabilire quanto diventa il loro mcm? [4; no]

Determina il MCD dei seguenti gruppi di numeri utilizzando gli algoritmi di Euclide delle sottrazioni successive e delle divisioni successive. Determina poi il mcm utilizzando la formula che lo lega al MCD.

308 4, 16; 15, 20; 22, 7.

309 20, 40; 32, 44; 35, 72.

310 56, 70; 72, 99; 45, 300.

311 10, 1000; 60, 1500; 5, 1080.

RISOLVIAMO UN PROBLEMA

Missione umanitaria

Un'associazione ONLUS organizza una missione umanitaria in Congo grazie all'aiuto di numerosi volontari.
L'associazione forma delle squadre con i seguenti criteri: in ogni squadra ci deve essere almeno un rappresentante di ciascun mestiere; le squadre devono avere la stessa composizione; occorre formare quante più squadre possibili.

- Calcola il numero di squadre che l'associazione può inviare in missione.
- Indica da quanti e quali operatori è formata ogni squadra.

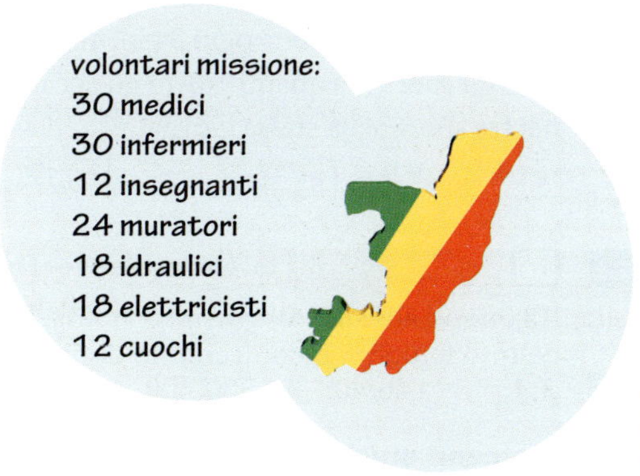

▸ Calcoliamo il numero di squadre.

Per trovare il numero massimo delle squadre con la stessa composizione e con almeno un rappresentante di ciascun mestiere, consideriamo quanto segue: i volontari di ogni categoria devono essere suddivisi in parti uguali nelle diverse squadre. Questo significa che dobbiamo avere lo stesso numero di medici in ogni squadra, quindi il numero delle squadre deve essere un divisore del numero dei medici. In modo analogo, il numero delle squadre deve anche essere un divisore del numero degli infermieri, degli insegnanti e così via.
In definitiva, il numero delle squadre deve essere un divisore comune di tutti i numeri di volontari delle varie categorie. Per avere il numero massimo di squadre, dobbiamo quindi calcolare il massimo comune divisore dei numeri di volontari di ciascuna categoria.

▸ Calcoliamo le fattorizzazioni.

Categoria	Volontari	Fattorizzazione
medici	30	$2 \cdot 3 \cdot 5$
infermieri	30	$2 \cdot 3 \cdot 5$
insegnanti	12	$2^2 \cdot 3$
muratori	24	$2^3 \cdot 3$
idraulici	18	$2 \cdot 3^2$
elettricisti	18	$2 \cdot 3^2$
cuochi	12	$2^2 \cdot 3$

▸ Ricaviamo il massimo comune divisore.

Per determinare il MCD prendiamo i fattori comuni con il minimo esponente:

$$\text{MCD}(30; 12; 24; 18) = 2 \cdot 3 = 6.$$

Possiamo quindi formare al massimo 6 squadre con i requisiti richiesti.

▸ Determiniamo da quanti operatori di ciascuna categoria è formata ciascuna squadra.

Per calcolare da quanti volontari di ciascuna categoria è formata ogni squadra, dividiamo il numero dei volontari di ogni categoria per il MCD trovato. Riportiamo il risultato in una nuova colonna della tabella.

Categoria	Volontari	Composizione squadra
medici	30	$30 : 6 = 5$
infermieri	30	$30 : 6 = 5$
insegnanti	12	$12 : 6 = 2$
muratori	24	$24 : 6 = 4$
idraulici	18	$18 : 6 = 3$
elettricisti	18	$18 : 6 = 3$
cuochi	12	$12 : 6 = 2$

In ogni squadra, quindi, ci saranno: 5 medici, 5 infermieri, 2 insegnanti, 4 muratori, 3 idraulici, 3 elettricisti, 2 cuochi.

ESERCIZI

Problemi INTORNO A NOI

312 ●○ INVALSI 2010 Filippo si prepara per una gara di triathlon. Si allena nel nuoto ogni 3 giorni, nella corsa a piedi ogni 6 giorni e nella corsa in bicicletta ogni 8 giorni. Se oggi si è allenato in tutti e tre gli sport, tra quanti giorni gli accadrà di nuovo di allenarsi nei tre sport nella stessa giornata?

A 8 B 12 C 17 D 24

313 ●○ ESEMPIO DIGITALE **Coincidenze** Due treni viaggiano sullo stesso percorso; uno di essi completa il tragitto di andata e ritorno in 4 ore, l'altro in 6. Se in questo momento si trovano nella stessa stazione, tra quanto tempo si incontreranno di nuovo nella stessa stazione?

314 ●○ **Momenti unici** Una cometa ha un periodo di 75 anni, un'altra di 100. Se le due comete erano entrambe visibili dalla Terra 100 anni fa, tra quanti anni si potranno rivedere insieme? [200]

315 ●○ **Super spuntino!** In un campeggio estivo è ora di fare merenda. Se gli educatori hanno a disposizione 108 fette di formaggio, 162 fette di salume, 54 fette di pomodoro e 270 foglie di insalata, qual è il numero massimo di panini imbottiti uguali che possono preparare? Quante foglie di insalata ci sono in ogni panino? [54; 5]

316 ●○ INVALSI 2013 In un quartiere di una città, il calendario della raccolta differenziata (carta, vetro e plastica) prevede che la raccolta della carta avvenga ogni 28 giorni, quella del vetro ogni 21 giorni e quella della plastica ogni 14 giorni. Oggi sono state effettuate le raccolte di carta, vetro e plastica. La prossima volta in cui la raccolta di carta, vetro e plastica verrà fatta contemporaneamente sarà fra ____ giorni.

317 ●● TEST **Dal dottore** Loretta si reca ogni 13 giorni in un ambulatorio per una cura. Il giovedì, e solo il giovedì, nell'ambulatorio presta servizio Franco, l'infermiere preferito di Loretta. Sapendo che oggi, giovedì, Loretta è andata all'ambulatorio, tra quanti giorni rivedrà Franco?

A 14 B 35 C 53 D 65 E 91 (*Giochi di Archimede*, 2012)

9 I sistemi di numerazione

▶ Teoria a p. 19

Il sistema a base dieci

Scrivi in forma polinomiale i seguenti numeri.

318 ●○ 138; 427; 3321; 1000.

319 ●○ 1010; 1001; 1100; 2222.

Scrivi i numeri a cui corrispondono le seguenti espressioni senza svolgere i calcoli.

320 ●○ $2 \cdot 10^3 + 5 \cdot 10 + 7$; $5 \cdot 10^4 + 9 \cdot 10^3 + 8 \cdot 10^2 + 2 \cdot 10 + 1$.

321 ●○ $3 \cdot 10^2 + 2 \cdot 10^3 + 5 + 9 \cdot 10$; $1 \cdot 10 + 2 + 7 \cdot 10^2$.

322 ●○ YOU & MATHS **What number is it?** Below are some descriptions of numbers given by a child who is still learning about decimal positional notation. Rewrite the numbers in correct decimal positional notation.

a. Four units and eleven tens.

b. Twenty three hundreds and forty units.

c. Two thousands, thirty two hundreds, fifty one units.

I sistemi con altre basi

323 VERO O FALSO?

a. Un numero può essere scritto in forma polinomiale solo se è in base 10. V F

b. I simboli che si possono usare in base 4 sono $0, 1, 2, 3, 4$. V F

c. Nel numero $(143)_5$ la cifra 1 indica $1 \cdot 5^2$. V F

d. $1 + 1 = 10$ in base 2. V F

e. Il numero 10 in qualunque base n indica la base n. V F

324 Fra i numeri $7, 15$ e 29, solo uno ha come corrispondente $(11101)_2$. Quale?

325 Scrivi i primi dieci numeri naturali in base due.

Scrivi i seguenti numeri in forma polinomiale.

326 $(1)_2$; $(1)_3$; $(1)_4$; $(1)_5$.

327 $(10)_2$; $(10)_3$; $(10)_4$; $(10)_6$.

328 $(11)_2$; $(11)_3$; $(111)_2$; $(111)_3$.

329 $(1101)_2$; $(1001)_2$; $(1111)_2$; $(1000)_3$.

330 $(1201)_3$; $(1000)_4$; $(1222)_3$; $(200)_4$.

Operazioni con altre basi

331 ESERCIZIO GUIDA Dopo aver costruito le tabelle di addizione e moltiplicazione in base tre, calcoliamo:

$(211)_3 + (122)_3$; $(212)_3 \cdot (21)_3$.

Le tabelle cercate sono:

base tre

+	0	1	2
0	0	1	2
1	1	2	10
2	2	10	11

·	0	1	2
0	0	0	0
1	0	1	2
2	0	2	11

Eseguiamo i calcoli utilizzando le tabelle e la tecnica del riporto.

base tre

```
  11
 211 +
 122
 ----
1110
```

```
  212 ·
   21
 -----
  212
 1201-
 -----
12222
```

Dopo aver costruito le tabelle di addizione e moltiplicazione in base due, esegui i seguenti calcoli (i numeri sono espressi in base due).

332 $1101 + 111$; $1001 + 1110$; $111 + 111$.

333 $110 + 10110$; $1000 + 1010 + 1011$.

334 $110 \cdot 11$; $1010 \cdot 100$; $1110 \cdot 1101$.

ESERCIZI

Calcola i risultati delle seguenti operazioni fra numeri espressi in base tre.

335 $201+111$; $101+220$; $222+111$.

336 $212+100$; $1011+2112$; $2001+2212$.

337 $21\cdot 12$; $21\cdot 100$; $21\cdot 22$.

338 $122\cdot 110$; $12\cdot 200$; $10\cdot 212$.

339 Costruisci le tabelle di addizione e moltiplicazione in base cinque.

Da una base qualsiasi a base dieci e viceversa

Scrivi nel sistema a base dieci i seguenti numeri.

340 $(101)_2$; $(1110)_2$; $(10000)_2$; $(10111)_2$.

341 $(10)_3$; $(100)_3$; $(2012)_3$; $(222)_3$.

342 $(10)_5$; $(100)_5$; $(222)_5$; $(314)_5$.

343 $(321)_4$; $(123)_4$; $(27A)_{12}$; $(2B)_{12}$.

344 $(100)_8$; $(19F)_{16}$; $(1ABC)_{16}$; $(100)_{12}$.

345 $(1100\,011)_2$; $(1200)_8$; $(188)_9$.

346 EUREKA! **Due basi** Del numero naturale x si sa che rispetto alla base a la sua scrittura è 12; rispetto alla base b è invece 23. Quale tra le seguenti affermazioni è *falsa*?

A La base a è maggiore della base b.

B Esistono infinite coppie possibili di basi a e b che soddisfano le ipotesi.

C La base a può essere 6.

D Se $b=4$, allora $a=9$.

Trasforma i seguenti numeri in base dieci nella base indicata, a mente o aiutandoti con uno schema grafico.

347 5, 8, 16, 15, 17, 64, 66; base 2.

348 4, 9, 12, 13, 15, 30, 32, 81, 80; base 3.

349 5, 8, 20, 27, 32; base 4.

350 5, 10, 15, 16, 20, 19, 50, 56; base 5.

351 12, 16, 23, 32, 41, 64, 80, 100, 800; base 8.

352 21, 62, 124, 240; base 12.

353 17, 64, 144, 1025; base 16.

354 52, 93, 104, 1200; base 4.

Nei seguenti esercizi scrivi nella base indicata i numeri espressi in base dieci, mediante il metodo delle divisioni successive.

355 10, 15, 26, 37, 48; base 2.

356 100, 204, 327, 412; base 3.

357 64, 88, 137, 1600; base 4.

358 1712, 350, 427, 1000; base 5.

VERIFICA DELLE COMPETENZE ALLENAMENTO

UTILIZZARE TECNICHE E PROCEDURE DI CALCOLO

TEST

1 Solo in una delle seguenti uguaglianze è stata applicata in modo corretto la proprietà distributiva. Quale?

- A $(12 \cdot 6) + 3 = 36 \cdot 18$
- B $(12 : 6) + 1 = 13 : 6$
- C $(12 + 6) \cdot 2 = 24 + 12$
- D $(12 - 6) + 2 = 14 - 8$
- E $(12 \cdot 6) : 2 = 24 : 3$

2 Il successivo del numero $2n - 1$ è:

- A $n + 1$.
- B $2(n + 1) - 1$.
- C $2(n + 1)$.
- D $2n + 1$.
- E $2n$.

3 INVALSI 2006 Nell'insieme dei numeri naturali, quale delle seguenti espressioni corrisponde a un quadrato perfetto?

- A $3^2 \cdot 2^3 \cdot 5^2$
- B $3^2 \cdot 2^2 \cdot 5^3$
- C $3^2 \cdot 4^3 \cdot 5^2$
- D $3^3 \cdot 4^3 \cdot 5^2$

4 INVALSI 2013 Se n è un numero naturale, allora il numero $n \cdot (n + 2)$:

- A è sempre dispari.
- B è sempre pari.
- C è dispari se n è pari.
- D è dispari se n è dispari.

Calcola il valore delle seguenti espressioni.

5 $\{[(4^3 - 4^2) : 2 - 3 \cdot 7] : 3\}^3 + 3 \cdot 5 - \{[(2^2)^3]^1\}^2 : (4^2 \cdot 4^3)$ [12]

6 $(6^3 \cdot 6^5 \cdot 2^8) : (3^5 \cdot 4^5 : 12^4)^8 + [(7^0)^3]^5 \cdot (3^2 \cdot 2^0 : 3)$ [4]

7 $[(36 : 3^2)^3 : 2^2] \cdot [(36 : 2^2)^3 : 3] : 144 - 144 : (7^0 + 5^2 - 3^2 - 2^0)$ [18]

8 $(6^{18} : 6^5 : 6^3 : 6^5) \cdot [12^{20} : 12^8 : (12^3)^4] : [3^2 \cdot 2^4 + (4^2)^3 \cdot (2^3 + 2^0 - 3^2)^3]$ [54]

9 $[(2^3 - 1)^2 + (4^2 - 1) : (3^2 + 6)] - (3^3 - 3^2) + \{[9^2 - (2^4 - 3) - (6^2 - 2)] : 17\} \cdot [(4^3 - 4) : (120 : 4)]$ [36]

10 $\{[(72 : 8)^7 \cdot (3^2)^3]^2 : [(75 : 5)^{10} : 25^5]^3\}^2 \cdot (162 : 9^2) : (9^5)^2$ [2]

11 $\{[(6^2 + 8^2 + 10^2) : (3^2 + 4^2 + 5^2)]^3 - 2 \cdot 3 \cdot 4\} : 2^3 + (3^2 \cdot 4^2 - 2^2 \cdot 5^2) : 11$ [9]

12 $\{[17^2 - (15^2 + 8^2)]^4 + 8^4 : 4^5 + (3^4 : 3^2 - 1^2)^2\} : [(2^5 - 5^2)^2 - 8^2 : 2]$ [4]

Traduci le seguenti frasi in simboli e poi calcola il valore delle espressioni ottenute.

13 Eleva al quadrato la differenza tra il prodotto di 2, 3 e 5 e il cubo di 3. [9]

14 Dividi per 13 la differenza tra il quadrato di 20 e il quadrato di 19. [3]

15 Moltiplica per il successivo di 5 la differenza tra il doppio di 7 e il prodotto fra 3 e 4. [12]

16 Dividi per il cubo di 3 il quadrato della somma tra il quadrato di 5 e 2. [27]

17 Somma al doppio prodotto di a e b la metà di a; $a = 12$, $b = 2$. [54]

Dopo aver determinato MCD e mcm, calcola il valore delle seguenti espressioni.

18 $\{[\text{mcm}(18; 24; 144)] : [\text{MCD}(12; 48; 60)]^2\}^9 - \text{MCD}(3; 5; 44)$ [0]

19 $[\text{MCD}(22; 24; 28)] \cdot [\text{mcm}(2; 8; 32)] : [\text{MCD}(24; 32; 36)]^3$ [1]

TEST

20 Nel sistema decimale, il numero $(22)_3$ equivale a:

A 8.
B 66.
C 30.
D 3.
E 22.

21 In base 10 un numero naturale è formato da a decine e b unità. Il numero è:

A $a + b$.
B $a \cdot b$.
C $10a + b$.
D $a + 10b$.
E $a \cdot 10b$.

Problemi INTORNO A NOI

22 Martina possiede 405 perline di colore fucsia, 585 azzurro, 1575 blu e 450 giallo. Qual è il numero massimo di braccialetti identici che Martina può confezionare con le perline che ha a disposizione? [45]

23 Maria decide di regalare per Pasqua ai suoi amici dei sacchettini di dolciumi. Compra quindi 100 ovetti al latte, 120 fondenti e 60 torroncini. Qual è il numero massimo di confezioni uguali che può preparare utilizzando tutti i dolcetti? Quanti dolcetti ci sono in ogni sacchetto? [20; 14]

24 Per accedere a un sito Internet, ti è stata assegnata una password di 8 numeri. Ne ricordi solo i primi 7, e precisamente 2, 3, 5, 9, 17, 33, 65, ma ricordi che i numeri sono legati fra loro da una relazione matematica. Qual è la cifra che hai dimenticato? (SUGGERIMENTO Ogni numero è uguale al doppio del precedente...) [129]

25 Devo costruire dei segnaposto, quindi prendo un foglio e lo taglio in tre parti uguali. Divido nuovamente ogni parte in tre. Quante volte in totale devo ripetere l'operazione per ottenere 27 foglietti? [3]

26 Giovanna va dal parrucchiere a fare la tinta ogni 8 settimane, a tagliare i capelli ogni 6 settimane, a fare la permanente ogni 84 giorni. Se oggi va dal parrucchiere a fare taglio, tinta e permanente, tra quanto farà di nuovo i tre trattamenti insieme? [24 settimane]

27 Matteo tiene molto all'ordine del desktop del suo computer. Si accorge che se dispone le icone in colonne da 8 ne avanza una, così come se le dispone in colonne da 5 o da 4. Quante icone ha come minimo sul desktop? [41]

28 INVALSI 2011 Un bastoncino viene prima diviso a metà, poi ognuna delle due metà viene divisa di nuovo a metà, e così via. Mostra l'operazione che ti permette di trovare il numero di pezzi dopo 10 suddivisioni.

29 Oggi è mercoledì 13 dicembre 1995. Qual è stata l'ultima volta in cui il 13 dicembre è caduto di mercoledì?

A Nel 1967.
B Nel 1984.
C Nel 1988.
D Nel 1989.
E Nel 1990.

(*Olimpiadi della matematica, Giochi di Archimede*, 1995)

30 In un gioco bisogna contare da 1 a 100 e applaudire ogni volta che si incontra o un multiplo intero di 3 o un numero che termina per 3. Quante volte si dovrà applaudire?

A 30
B 33
C 36
D 39
E 43

(*Gare Kangourou di matematica*, 2002)

VERIFICA DELLE COMPETENZE PROVE

1 ora

PROVA A

1 VERO O FALSO?

a. Un numero è divisibile per 21 se è divisibile per 3 o per 7. V F

b. I multipli di 8 minori di 50 divisibili per 3 sono tre. V F

c. In una divisione in $\mathbb{N}$, il quoziente è sempre minore o uguale al dividendo. V F

d. Nessun multiplo di 2 è un numero primo. V F

2 Semplifica la seguente espressione: $[(2^2)^2 \cdot 2^4] : (2^3)^2 + (3^3)^2 : [(3^4)^3 : (3^5)^2]^2$.

3 Traduci la seguente frase in espressione e calcolane il valore: «Sottrai al prodotto tra il quadrato di 2 e il quadrato di 3 il rapporto tra 45 e la differenza tra 12 e la sua quarta parte».

4 Determina MCD e mcm dei seguenti gruppi di numeri:

a. 4, 25, 33; b. 15, 60, 225.

5 Scrivi in base dieci i numeri $(230)_4$, $(230)_5$, $(230)_8$. Scrivi poi in base 5 il numero che in base dieci è 230.

PROVA B

1 **Pasta in più** Pongo su una bilancia digitale un recipiente che contiene della pasta e leggo 320 g sul display. Poiché all'improvviso arrivano degli amici, aggiungo della pasta in modo da quadruplicarne la quantità e leggo 740 g. Quanto pesa il recipiente?
Risolvi il problema scrivendo un'espressione e semplificandola.

2 **Dati in salvo** Tre amici decidono di configurare il loro computer personale in modo che esegua automaticamente il backup dei dati.
Anna sceglie di salvare i dati ogni settimana, Barbara ogni quattro giorni, Andrea ogni due settimane. Se il primo salvataggio automatico avviene per tutti venerdì 9 agosto, in quale giorno si verificherà di nuovo l'evento? In quale giorno avverrà il primo salvataggio per Andrea e Anna ma non per Barbara?

3 INVALSI 2011 **Cifre coperte** In ciascuna delle seguenti operazioni una delle cifre è coperta.

1. $50\blacksquare \times 22 =$ 2. $98 \times 8\blacktriangledown =$ 3. $143\blacktriangle \times 4 =$ 4. $3 \times 25\blacklozenge 3 =$

Rispondi alle domande che seguono mettendo una crocetta per ogni riga.

	1	2	3	4
a. Quale delle operazioni dà il risultato maggiore?	☐	☐	☐	☐
b. Quale delle operazioni dà il risultato minore?	☐	☐	☐	☐
c. Quale delle operazioni dà come risultato un numero dispari?	☐	☐	☐	☐

4 Traduci la seguente frase in simboli e calcola il valore dell'espressione ottenuta.
«Dividi il cubo del quadrato di 2 per la somma tra il quadrato di 3 e 7.»

CAPITOLO
2

I NUMERI INTERI

1 Che cosa sono i numeri interi

Esercizi a p. 62

Nella realtà esistono situazioni che possono essere descritte solo considerando un livello di riferimento. Per esempio, per misurare la temperatura di un ambiente usiamo di solito un termometro sul quale troviamo una scala che riporta numeri con segno positivo, se sono sopra lo 0, e con segno negativo, se sono sotto lo 0. In questo caso il livello di riferimento, espresso in °C, è lo 0 che corrisponde alla temperatura di fusione del ghiaccio.

Quando siamo «sopra zero», la temperatura viene indicata con un numero preceduto dal segno +, per esempio + 20; quando siamo «sotto zero», la temperatura è espressa con un numero preceduto dal segno −, per esempio − 5.

In pratica se a ogni numero naturale, diverso da zero, associamo o il segno + o il segno − otteniamo due numeri. Per esempio da 5 si ottengono + 5 e − 5.

0 è l'unico numero intero senza segno.

I numeri con segno si chiamano **numeri relativi**, i numeri con segno + si chiamano **positivi**, i numeri con segno − si chiamano **negativi**.

L'insieme $\mathbb{Z}$

I numeri positivi, i negativi e lo 0 si chiamano interi relativi o, più semplicemente, **interi** e l'insieme costituito da essi si indica con $\mathbb{Z}$:

$$\ldots, -4, -3, -2, -1, 0, +1, +2, +3, +4, \ldots$$

Indichiamo con $\mathbb{Z}^+$ l'insieme degli interi positivi e con $\mathbb{Z}^-$ l'insieme degli interi negativi e con $\mathbb{Z}_0^+$ quello degli interi non negativi, ossia i positivi e lo zero.

Diciamo **opposti** i numeri con segno diverso ottenuti dallo stesso numero naturale.

Per esempio, $+21$ e -21 sono opposti.

Il numero 0 può essere considerato opposto di se stesso.

Listen to it

Two numbers that have the same magnitude, different from zero, preceded one by a + sign and one by a – sign, are **opposite numbers**.

I numeri che hanno lo stesso segno sono **concordi**, quelli che hanno segno diverso sono **discordi**. Per esempio, -3 e -7 sono concordi, -3 e $+7$ sono discordi.

discordi e opposti		discordi		concordi	
-9	$+9$	-7	$+12$	$+8$	$+6$

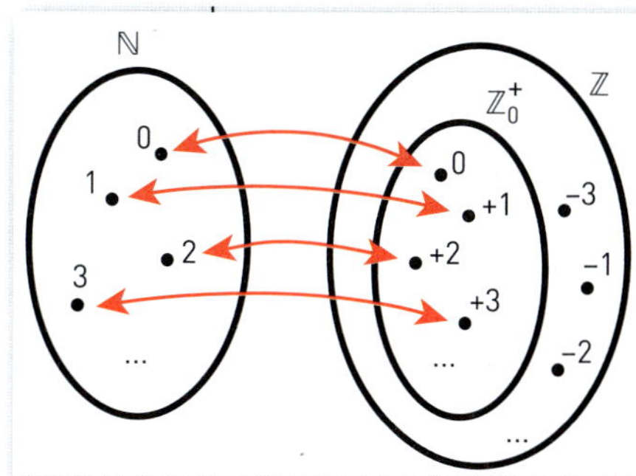

Creiamo una corrispondenza che associ a ogni numero naturale uno e un solo numero intero non negativo e viceversa, cioè una corrispondenza biunivoca fra $\mathbb{N}$ e $\mathbb{Z}_0^+$, facendo corrispondere 0 a 0, 1 a $+1$, 2 a $+2$, 3 a $+3$ e così via. Nell'insieme dei numeri interi, i due simboli, con e senza segno, indicano lo stesso numero. Per esempio, 12 indica sia il numero naturale 12, sia l'intero $+12$.

DEFINIZIONE

Il **valore assoluto** o **modulo** di un numero intero è:

- il numero stesso, se è positivo o è zero;
- l'opposto del numero, se è negativo.

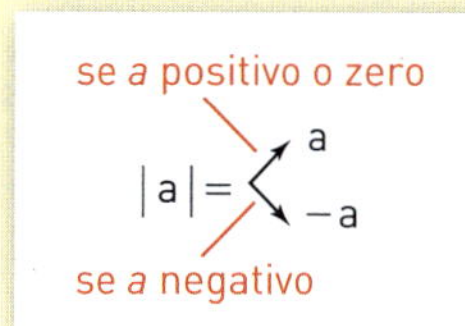

Indichiamo il valore assoluto di a con $|a|$.
Di solito, scriviamo il risultato del valore assoluto senza segno $+$, servendoci della corrispondenza creata con i numeri naturali. Per esempio:

$$|+5| = 5, \qquad |0| = 0, \qquad |-16| = 16.$$

La rappresentazione dei numeri interi su una retta

Abbiamo già visto come rappresentare i numeri naturali su una semiretta. Vediamo come è possibile rappresentare $\mathbb{Z}$ su una *retta orientata*:

- fissiamo l'origine, corrispondente a 0, e l'unità di misura;
- associamo $+1, +2, +3, \dots$ ai punti che distano dall'origine $1, 2, 3, \dots$ unità verso destra;
- associamo $-1, -2, -3, \dots$ ai punti che distano dall'origine $1, 2, 3, \dots$ unità verso sinistra.

Osserviamo che sulla retta orientata i numeri opposti sono equidistanti da 0.

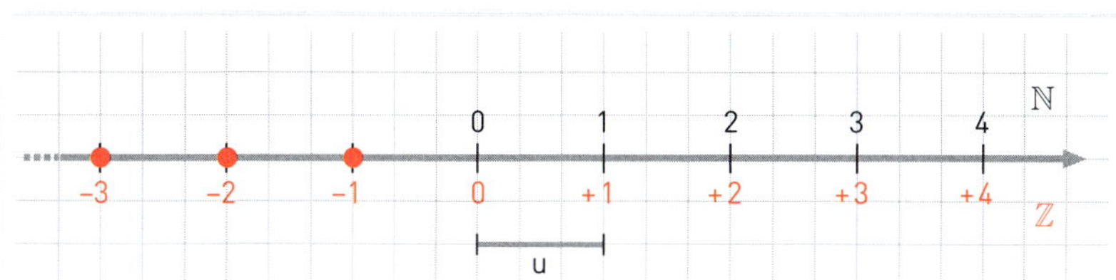

▶ Ordina e rappresenta sulla retta orientata:
-2; $+4$; -5;
$+7$; $+3$; -6.

Animazione

Il confronto fra numeri interi

Rappresentare i numeri interi sulla retta dà la possibilità di visualizzare un ordinamento fra essi. Poiché abbiamo fissato sulla retta l'orientamento in senso crescente, ogni numero risulta minore di tutti quelli che stanno alla sua destra e maggiore di quelli che stanno alla sua sinistra.

Per esempio, -6 è minore di -5, -1 è minore di 2 ecc.

TEORIA

▶ Scrivi tutti i numeri interi a che hanno valore assoluto minore o uguale a 3, ossia: $|a| \leq 3$.

In generale:

- fra due numeri positivi, il maggiore è quello che ha valore assoluto maggiore;
- fra due numeri negativi, il maggiore è quello che ha valore assoluto minore;
- ogni numero positivo è sempre maggiore di ogni numero negativo;
- il numero 0 è maggiore di ogni numero negativo e minore di ogni numero positivo.

ESEMPIO

$+5 > +3$ perché $5 > 3$; $-7 > -9$ perché $7 < 9$;

$+5 > -10$; $-7 < 0$ e $0 < +8$.

▶ Scrivi tre numeri interi, uno positivo e due negativi, in modo che due di essi siano opposti. Per ognuno scrivi il precedente e il successivo. Indica se fra i numeri ottenuti ci sono numeri opposti.

Dunque, dati due numeri interi a e b, si verifica una e una sola delle seguenti situazioni: $a = b$, oppure $a < b$, oppure $a > b$.

Diciamo perciò che l'insieme $\mathbb{Z}$ è un **insieme ordinato**.

Anche nell'insieme $\mathbb{Z}$, come in $\mathbb{N}$, è sempre possibile conoscere il **precedente** e il **successivo** di un numero. Per ogni numero intero x, $x - 1$ è il precedente di x, $x + 1$ è il successivo di x.

Per esempio, il precedente di -5 è -6, il successivo di -3 è -2.

Listen to it

The set of integers is **discrete**, because between any two integers there is always a finite number of integers.

Inoltre, sulla retta che rappresenta $\mathbb{Z}$, fra un numero intero e il successivo non vi sono altri numeri interi. Per questo motivo anche l'insieme $\mathbb{Z}$, come $\mathbb{N}$, è un **insieme discreto**. Di conseguenza, fra due numeri interi qualsiasi vi è sempre, al più, un numero finito di numeri interi.

2 L'addizione e la sottrazione

▶ Esercizi a p. 64

L'addizione

Listen to it

The **sum** of two integers with the *same* sign is an integer with absolute value that is the sum of the addends' absolute values, and their same sign.

DEFINIZIONE

La **somma di due numeri concordi** è un numero che ha:

- per valore assoluto la somma fra i valori assoluti dei due numeri;
- per segno lo stesso dei due numeri.

ESEMPIO

$(+4) + (+5) = +(4 + 5) = +9$; $(-3) + (-7) = -(3 + 7) = -10$.

Oppure, più in breve:

$(+4) + (+5) = +4 + 5$; $(-3) + (-7) = -3 - 7$.

Listen to it

The **sum** of two integers with *different* signs is an integer with absolute value that is the difference of the addends' absolute values (the larger minus the smaller), and the sign of the addend whose absolute value is larger.

DEFINIZIONE

La **somma di due numeri discordi** è un numero che ha:

- per valore assoluto la differenza fra il maggiore e il minore dei valori assoluti;
- per segno quello del numero che ha valore assoluto maggiore.

ESEMPIO

$(-12) + (+40) = +(40 - 12) = +28;$

$(-20) + (+4) = -(20 - 4) = -16.$

Oppure, più in breve:

$(-12) + (+40) = -12 + 40;$

$(-20) + (+4) = -20 + 4.$

L'operazione di addizione è **interna** in $\mathbb{Z}$. Puoi verificare, inoltre, che anche per l'addizione fra interi valgono le **proprietà commutativa** e **associativa**, e che lo **0 è l'elemento neutro**.

Abbiamo anche una nuova proprietà collegata all'esistenza dell'opposto di ogni numero: **per ogni numero ne esiste un secondo (il suo opposto) tale che la loro somma è 0**, ossia l'elemento neutro dell'addizione. Per esempio, $(-9) + (+9) = 0$.

La sottrazione

DEFINIZIONE

La **differenza di due numeri interi** è la somma del minuendo con l'opposto del sottraendo.

$$\boldsymbol{a - b = a + (-b)}$$

Listen to it

The **difference** of two integers is the sum of the first plus the opposite of the second.

ESEMPIO

$(+14) - (+3) = (+14) + (-3) = +11;$

$(-4) - (-6) = (-4) + (+6) = +2.$

Più in breve, eliminiamo le parentesi del sottraendo, cambiando il suo segno:

$(+19) - (-4) = +19 + 4 = +23.$

Anche per la sottrazione fra interi vale la **proprietà invariantiva**.

$a - b = (a + c) - (b + c);$ $\qquad a - b = (a - c) - (b - c).$

ESEMPIO

$(+5) - (-3) = (+5 + 3) - (-3 + 3) = +8 - 0 = +8.$

L'operazione di sottrazione è **interna** in $\mathbb{Z}$, mentre non lo è in $\mathbb{N}$. Per esempio, l'operazione $4 - 9$ non ha risultato in $\mathbb{N}$; invece in $\mathbb{Z}$ otteniamo:

$4 - 9 = (+4) - (+9) = (+4) + (-9) = -5.$

Pertanto, nell'eseguire una sottrazione, non dobbiamo più porre la condizione che il minuendo sia maggiore o uguale al sottraendo.
Poiché la sottrazione fra numeri interi è riconducibile all'addizione, in $\mathbb{Z}$ possiamo considerare le due operazioni come una stessa operazione, l'**addizione algebrica** e chiamare il suo risultato **somma algebrica**.

▶ Completa le seguenti addizioni algebriche.

- $(-3) + (-4) = \square$
- $(\square) + (-2) = +3$
- $(-6) - (-1) = \square$
- $(+4) + (\square) = 0$
- $(\square) - (+8) = -3$
- $(-6) - (\square) = -6$
- $(-12) - (\square) = -24$
- $(-4) - (\square) = +9$
- $(\square) - (-15) = 0$

▶ Semplifica la seguente espressione:

$28 - (-15) - \{-(+2 - 6) - [-12 - (-19 + 13) - 4] + 54\} - (-47 + 25 - 8).$

Animazione

TEORIA

3 La moltiplicazione, la divisione e la potenza

▶ Esercizi a p. 68

La moltiplicazione

DEFINIZIONE

Il **prodotto di due numeri interi** è un intero che ha:

- per valore assoluto il prodotto dei valori assoluti;
- per segno il segno positivo se i fattori sono concordi, il segno negativo se i fattori sono discordi.

·	+	-
+	+	-
-	-	+

Regola dei segni

Listen to it

The **product** of two integers is an integer that is *positive* if the factors have the same sign and *negative* if the factors have different signs. Its absolute value is equal to the product of the absolute values of the factors.

ESEMPIO

$(+6)\cdot(+8)=+48$; $(-5)\cdot(-7)=+35$;

$(-3)\cdot(+5)=-15$; $(+9)\cdot(-2)=-18$.

▶ Completa le seguenti moltiplicazioni.

- $(-5)\cdot(-8)=\square$
- $(\square)\cdot(+9)=-63$
- $(\square)\cdot(-7)=0$
- $(\square)\cdot(-3)=-9$

Spesso, per comodità, il simbolo · di moltiplicazione viene omesso:

$(-3)\cdot(+7)$ equivale a $(-3)(+7)$.

Se si omette il simbolo ·, occorre sempre scrivere i fattori tra parentesi, per non sbagliare operazione. Per esempio, $(+5)(-7)$ significa $(+5)\cdot(-7)$ e non può essere scritto eliminando tutte le parentesi: $+5-7$ non è una moltiplicazione ma un'addizione! È accettabile invece la scrittura: $+5(-7)$.

Se si moltiplicano più numeri, per determinare il **segno del prodotto** basta contare il numero dei fattori negativi:

- se essi sono presenti in numero dispari, il prodotto è negativo;
- se essi sono presenti in numero pari, il prodotto è positivo.

ESEMPIO

$(-3)(+5)(+2)(-1)=+30$, 2 fattori negativi.

$(-1)(-1)(-1)(-1)(-1)=-1$, 5 fattori negativi.

Moltiplicare un numero per -1 equivale a cambiargli il segno, ottenendo come risultato il suo opposto.

Per esempio: $(+5)(-1)=-5$.

La moltiplicazione è un'**operazione interna** in $\mathbb{Z}$. Inoltre valgono tutte le proprietà già esaminate in $\mathbb{N}$: **commutativa, associativa, distributiva** rispetto all'addizione algebrica, esistenza dell'**elemento neutro** $(+1)$ e vale la legge di annullamento del prodotto, poiché 0 è l'elemento assorbente.

La divisione

DEFINIZIONE

Il **quoziente di due numeri interi**, quando il primo è multiplo del secondo e il secondo è *diverso da* 0, è un intero che ha:

- per valore assoluto il quoziente dei valori assoluti dei due numeri;
- per segno quello dato dalle regole di segno della moltiplicazione.

ESEMPIO

$(+45):(+9) = +5$; $(-12):(-6) = +2$;

$(+24):(-4) = -6$; $(-15):(+5) = -3$.

Nella divisione valgono la proprietà **invariantiva** e la **distributiva a destra** rispetto all'addizione.

ESEMPIO

Proprietà invariantiva: $-45:9 = (-45:3):(9:3)$.

Proprietà distributiva a destra: $(15+9):(-3) = 15:(-3) + 9:(-3)$.

Non vale invece, come in $\mathbb{N}$, la proprietà distributiva a sinistra:

$30:(3+2)$ non è uguale a $30:3 + 30:2$.

Anche in $\mathbb{Z}$, come in $\mathbb{N}$, **la divisione non è un'operazione interna**. Per esempio, $(-20):(+3)$ non ha risultato in $\mathbb{Z}$.

Casi particolari

- $a:1 = a$;
- $a:a = 1$, con $a \neq 0$;
- $0:a = 0$, con $a \neq 0$;
- $a:0$ è impossibile, con $a \neq 0$;
- $0:0$ è indeterminata.

▸ Semplifica la seguente espressione:

$[(-1)\cdot(+6)\cdot(-14) + (-11)\cdot(+4)]:[(+12):(-3)] - [(-4)\cdot(-36) - 24]:(-15)$.

Animazione

Listen to it

The **quotient** of two integers, when it exists, is an integer with a *positive* sign if the terms have the same sign or with a *negative* sign if the terms have different signs. Its absolute value is equal to the quotient of the absolute values of the terms.

▸ Completa le seguenti divisioni.

- $(-26):(-13) = \square$
- $(+72):(\square) = +24$
- $(\square):(-5) = +1$
- $(-7):(\square) = -1$
- $(\square):(-3) = 0$

▸ Fai un esempio per spiegare perché nel prodotto e nel quoziente di interi il segno deve essere definito con la regola data. In particolare, spiega perché $-\cdot- = +$.

Video

La potenza

DEFINIZIONE

La **potenza di un numero intero con esponente naturale** è un intero che ha:

- per valore assoluto la potenza del valore assoluto;
- per segno il segno negativo se la base è negativa e l'esponente è dispari, il segno positivo negli altri casi.

Se a è il valore assoluto della base, p un numero naturale pari e d uno dispari:

$(+a)^p = +a^p$; $(+a)^d = +a^d$; $(-a)^p = +a^p$; $(-a)^d = -a^d$.

Listen to it

The **power** of an integer is an integer whose sign is negative only if the base is a negative integer and the exponent is odd, and whose absolute value is the value of the power with the same exponent and base the integer's absolute value.

▶ Completa, quando possibile, le seguenti potenze. A volte le soluzioni sono due.

- $(-3)^3 = \square$
- $(\square)^4 = +16$
- $(+4-12+33)^0 = \square$
- $(-2+6-4)^0 = \square$
- $(\square)^1 = +7$
- $(-2)^6 = (\square)$
- $(\square)^5 = +1$
- $(-1-2+2+1)^0 = \square$

▶ Fai un esempio per spiegare il perché della regola del segno data nella definizione di potenza.

Video

ESEMPIO

$(+3)^2 = +9;\qquad (-3)^2 = +9;\qquad (+3)^3 = +27;\qquad (-3)^3 = -27.$

Il segno di una potenza è una conseguenza di quanto abbiamo detto per il segno del prodotto di più numeri.
Per esempio:

$(-5)^4 = +625,$

perché in $(-5)^4$, cioè $\underbrace{(-5)(-5)}_{+}\underbrace{(-5)(-5)}_{+}$, c'è un numero *pari* di segni −;

$(-5)^3 = -125,$

perché in $(-5)^3$, cioè $\underbrace{(-5)(-5)}_{+}\underbrace{(-5)}_{-}$, c'è un numero *dispari* di segni −.

L'operazione di potenza ha la precedenza rispetto al segno. In altre parole, quando una potenza è scritta senza le parentesi, significa che è riferita solo al numero (in valore assoluto) e non al segno che la precede. Per esempio:

$-3^2 = -9$, mentre $(-3)^2 = +9$.

Casi particolari

- $a^1 = a$;
- $a^0 = 1$, con $a \neq 0$;
- 0^0 non è definita;
- $0^n = 0$, con $n \in \mathbb{N}$ e $n \neq 0$.

Per le potenze in $\mathbb{Z}$ valgono le stesse **proprietà delle potenze** valide in $\mathbb{N}$.

▶ Semplifica la seguente espressione:
$[-(-9)^2 \cdot (-27)^2 \cdot (-81)^3] : \{[(-3)^4]^2 \cdot [(-135)^7 : (+15)^7]\}$.

Animazione

$\mathbb{Z}$ è un ampliamento di $\mathbb{N}$

Riassumiamo alcune proprietà studiate nei paragrafi precedenti.

- Fra $\mathbb{Z}_0^+$ e $\mathbb{N}$ c'è una corrispondenza biunivoca.
- I numeri in corrispondenza sono ordinati allo stesso modo e le operazioni in $\mathbb{Z}$ sono state definite in modo da «conservare» i risultati ottenuti in $\mathbb{N}$. Per esempio:

$$\begin{array}{ccc} 5 > 3 & 6 + 2 = 8 & 4 \cdot 7 = 28 \\ \updownarrow \quad \updownarrow & \updownarrow \quad \updownarrow \quad \updownarrow & \updownarrow \quad \updownarrow \quad \updownarrow \\ +5 > +3 & (+6)+(+2) = +8 & (+4)\cdot(+7) = +28 \end{array}$$

- Le proprietà delle operazioni valide in $\mathbb{N}$ restano valide in $\mathbb{Z}$.
- Rispetto a $\mathbb{N}$, in $\mathbb{Z}$ c'è un'operazione in più a essere interna: la sottrazione. Per esempio:

$$\begin{array}{ll} 3 - 5 & \text{non ha risultato in } \mathbb{N}; \\ \updownarrow \quad \updownarrow & \\ (+3)-(+5) = -2 & \text{ha risultato in } \mathbb{Z}. \end{array}$$

I punti precedenti si riassumono dicendo che $\mathbb{Z}$ **è un ampliamento** di $\mathbb{N}$.

MATEMATICA INTORNO A NOI

I quadrati magici Quello che segue è un esempio di **quadrato magico** ed è stato inserito in un'incisione di Albrecht Dürer dal titolo *Melencolia I*.

16	3	2	13
5	10	11	8
9	6	7	12
4	15	14	1

Se sommiamo i numeri di una riga, o di una colonna, o di una delle due diagonali, otteniamo lo stesso numero, detto anche **costante magica**. In questo caso la costante magica è 34.

I quadrati magici sono di solito composti con i numeri naturali da 1 a n^2, dove n è l'ordine, ma si possono realizzare anche con gli interi. Se facciamo corrispondere ai numeri naturali da 1 a 16 i numeri interi da −8 a 8, escluso lo 0, il quadrato di Dürer diventa:

8	−6	−7	5
−4	2	3	−1
1	−3	−2	4
−5	7	6	−8

Con gli interi la costante magica diventa 0 ed è evidente la disposizione simmetrica, rispetto al centro del quadrato, dei numeri opposti.

Il quadrato magico di ordine 3 era un simbolo sacro nell'antica Cina, dove era chiamato *luò shū*.

Cerca nel web: quadrati magici, magic squares, luo shu.

4 Le leggi di monotonia

▶ Esercizi a p. 79

Le uguaglianze e le disuguaglianze fra numeri naturali e interi godono di due proprietà fondamentali, una relativa all'addizione, l'altra alla moltiplicazione, dette **leggi di monotonia**.

Prima legge di monotonia

Un'uguaglianza o una disuguaglianza resta valida se aggiungiamo ai due membri uno stesso numero.

$$a \; \substack{>\\=\\<} \; b$$

$$a + c \; \substack{>\\=\\<} \; b + c$$

ESEMPIO

Applichiamo a: $+5 < +13$

la prima legge aggiungendo 7: $+5 + (+7) < +13 + 7$.

La disuguaglianza è vera, infatti: $+12 < +20$.

▶ Applica la prima legge di monotonia alle seguenti uguaglianze e disuguaglianze.

- $5 + 3 = 6 + 2$
- $1 < 2$
- $7 + 1 = 10 - 2$
- $6 \cdot 8 + 2 = 5 \cdot 10$
- $17 - 2 \cdot 3 > 2 \cdot 4$
- $20 : 5 + 3 = 10 - 3$

Seconda legge di monotonia per le uguaglianze

Un'uguaglianza resta valida se moltiplichiamo i due membri per uno stesso numero, *diverso da* 0.

$$a = b$$

$$a \cdot c = b \cdot c \quad \text{con } c \neq 0$$

ESEMPIO

Applichiamo a: $+10 = +6 + (+4)$

la seconda legge moltiplicando per − 2: $+10 \cdot (-2) = (+6 + 4) \cdot (-2)$.

L'uguaglianza è vera, infatti entrambi i membri valgono − 20.

Lo zero e la monotonia

Lo 0 è un numero particolare. Nella prima legge di monotonia, essendo l'elemento neutro dell'addizione, non fa sorgere particolari problemi, in quanto aggiungendo 0 si ottiene di nuovo l'uguaglianza o la disuguaglianza iniziale.

Nella seconda legge dobbiamo escluderlo poiché, essendo elemento assorbente della moltiplicazione, rende nulli i prodotti. Questo fa sì che si potrebbe passare da una relazione falsa a una vera. Per esempio, la relazione

$+5+3=+10$ è falsa,

mentre la relazione

$(+5+3)\cdot 0=+10\cdot 0$ è vera.

Seconda legge di monotonia per le disuguaglianze

Se moltiplichiamo i due membri di una disuguaglianza per un numero positivo, la disuguaglianza è ancora valida; se li moltiplichiamo per un numero negativo, dobbiamo cambiare verso alla disuguaglianza.

$$a < b$$

$$\Downarrow$$

$$a \cdot c < b \cdot c \quad \text{se } c > 0$$
$$a \cdot c > b \cdot c \quad \text{se } c < 0$$

▶ Applica la seconda legge di monotonia alle uguaglianze e alle disuguaglianze dell'esercizio a pagina precedente.

ESEMPIO Data la disuguaglianza $12 < 20$, se moltiplichiamo i due membri per -1, essa si trasforma nella disuguaglianza di verso contrario fra gli opposti dei numeri:

$-12 > -20.$

Sono vere anche le inverse delle leggi di monotonia, dette anche **leggi di cancellazione**.

Le leggi di cancellazione possono essere viste come leggi di monotonia per la sottrazione e per la divisione.

ESEMPIO

Prima legge di cancellazione

$10+\cancel{8}=6+4+\cancel{8} \to 10=6+4;$

$5+\cancel{7} < 13+\cancel{7} \to 5 < 13.$

Seconda legge di cancellazione

$10\cdot\cancel{3}=(6+4)\cdot\cancel{3} \to 10=6+4;$

$5\cdot\cancel{2} < 13\cdot\cancel{2} \to 5 < 13.$

IN SINTESI
I numeri interi

Che cosa sono i numeri interi

L'insieme dei **numeri interi** $\mathbb{Z}$ è costituito dai numeri interi positivi, dai numeri interi negativi e dallo 0. I numeri **opposti** sono i numeri con segno diverso ottenuti dallo stesso numero naturale.
Due interi, diversi da 0, sono **concordi** se hanno lo stesso segno, **discordi** se hanno segno diverso.
Il **valore assoluto** o **modulo** di un numero intero è:

- il numero stesso se è positivo o è 0;
- l'opposto del numero se è negativo.

L'insieme degli interi è **ordinato** e può essere rappresentato su una retta orientata.

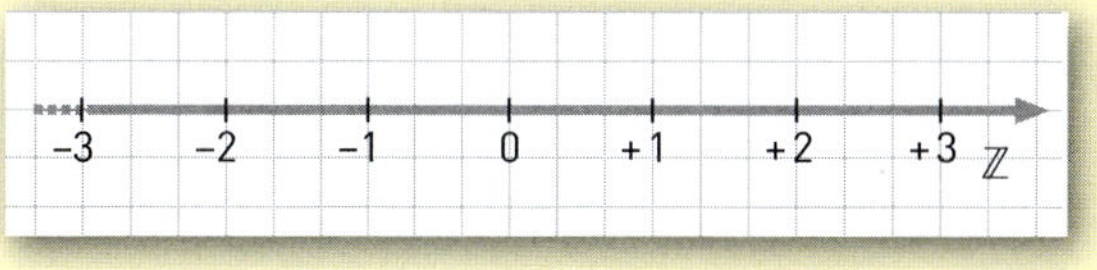

L'addizione e la sottrazione

La **somma di due interi concordi** è un intero che ha come valore assoluto la somma dei valori assoluti degli addendi e come segno il segno comune agli addendi.

ESEMPIO $(-44)+(-4)=-(44+4)=-48$.

La **somma di due interi discordi** è un intero che ha come valore assoluto la differenza fra il maggiore e il minore dei valori assoluti degli addendi e come segno il segno dell'addendo che ha valore assoluto maggiore.

ESEMPIO $(-19)+(+9)=-(19-9)=-10$.

La **differenza di due interi** è la somma del minuendo con l'opposto del sottraendo:

$$a-b=a+(-b).$$

ESEMPIO $(-4)-(+6)=(-4)+(-6)=-10$.

La moltiplicazione, la divisione e la potenza

Il **prodotto di due interi** ha per valore assoluto il prodotto dei valori assoluti, segno positivo se i fattori sono concordi, segno negativo se i fattori sono discordi.

ESEMPIO $(-3)\cdot(-6)=+18$;
$(-3)\cdot(+6)=-18$.

Il **quoziente di due interi**, di cui il primo multiplo del secondo, ha per valore assoluto il quoziente dei valori assoluti, segno positivo se dividendo e divisore sono concordi, segno negativo se dividendo e divisore sono discordi.

ESEMPIO $(-18):(-3)=+6$;
$(+18):(-3)=-6$.

La **potenza di un intero**, con esponente naturale, ha per valore assoluto la potenza del valore assoluto e segno negativo se la base è negativa e l'esponente è dispari, segno positivo altrimenti.

ESEMPIO $(-2)^3=-8$;
$(-2)^4=+16$.

In $\mathbb{Z}$ valgono le stesse **proprietà delle operazioni e delle potenze** che valgono in $\mathbb{N}$.
$\mathbb{Z}$ è un ampliamento di $\mathbb{N}$.

Le leggi di monotonia

Se	Prima legge	Seconda legge
$a=b$	$a+c=b+c$	$ac=bc\ (c\neq 0)$
$a<b$	$a+c<b+c$	$ac<bc$ se $c>0$; $ac>bc$ se $c<0$
$a>b$	$a+c>b+c$	$ac>bc$ se $c>0$; $ac<bc$ se $c<0$

Le lettere a, b, c rappresentano numeri interi qualunque.

CAPITOLO 2
ESERCIZI

1 Che cosa sono i numeri interi

▶ Teoria a p. 52

1 VERO O FALSO? Il numero intero -6 appartiene all'insieme dei:

a. numeri interi compresi tra -4 e -2. V F

b. numeri interi maggiori di -5. V F

c. numeri interi minori di -4. V F

d. numeri interi compresi tra -8 e -1. V F

2 FAI UN ESEMPIO Scrivi una coppia di numeri interi:

a. opposti;

b. concordi;

c. discordi.

3 VERO O FALSO?

a. Due numeri interi con lo stesso valore assoluto sono uguali. V F

b. Due numeri interi opposti hanno lo stesso valore assoluto. V F

c. Esiste un numero finito di interi con valore assoluto minore di 6. V F

d. Ogni numero intero ha un precedente. V F

e. Il successivo di -1 è $+1$. V F

---

4 IN FORMA GRAFICA Rappresenta su una retta orientata i seguenti numeri.

$$+3, -7, +4, -2, 0, +1, -6.$$

5 IN FORMA GRAFICA Scrivi gli opposti dei numeri dell'esercizio 4 e rappresentali sulla stessa retta. Che proprietà geometrica hanno due punti corrispondenti a numeri opposti?

6 Scrivi il valore assoluto dei numeri degli esercizi 4 e 5.

7 Scrivi tutti i numeri interi che hanno valore assoluto minore di 4.

8 Scrivi cinque numeri di cui tre positivi e due negativi. Considerandoli a coppie, quante sono le coppie di numeri concordi e quante di numeri discordi?

9 Scrivi due numeri interi discordi che abbiano lo stesso valore assoluto. Come sono i due numeri?

10 Scrivi due numeri interi discordi il cui valore assoluto sia maggiore di 16.

11 Scrivi quattro numeri interi, concordi con -1, il cui valore assoluto sia compreso fra 4 e 11.

12 Quanti sono gli interi compresi fra $+3$ e $+9$? E fra -25 e $+2$? E fra $+21$ e -1? E fra -27 e $+26$?

---

13 EUREKA! **Il passo dell'incerto** Pierino deve salire una scalinata composta da più di 1000 gradini. Sale saltando due gradini alla volta (cioè facendo i gradini tre a tre), partendo dalla base della scala (dunque il primo gradino della scala su cui mette piede è il numero 3), ma quando mette il piede su un gradino pari scende di uno per poi continuare la sua salita. Toccherà il gradino numero 699?

(*Kangourou Italia*, 2010)

Il confronto fra numeri interi

VERO O FALSO?

14
a. $-7 > -5$ V F
b. $-2 > -4$ V F
c. $5 < -8$ V F
d. $|-5| < |-6|$ V F

15
a. $-4 > -2$ V F
b. $-6 < -3$ V F
c. $-5 < +2$ V F
d. $0 < -4$ V F

COMPLETA con i segni $<$ o $>$.

16 $|-2| \;\square\; -|2|$; $\quad +4 \;\square\; |-9|$; $\quad 0 \;\square\; |-6|$.

17 $-5 \;\square\; +7$; $\quad 0 \;\square\; -2$; $\quad +6 \;\square\; -3$; $\quad -21 \;\square\; -4$.

18 **IN FORMA GRAFICA** Osserva il seguente diagramma, in cui sono inseriti i numeri interi *a*, *b*, *c*, *d*:

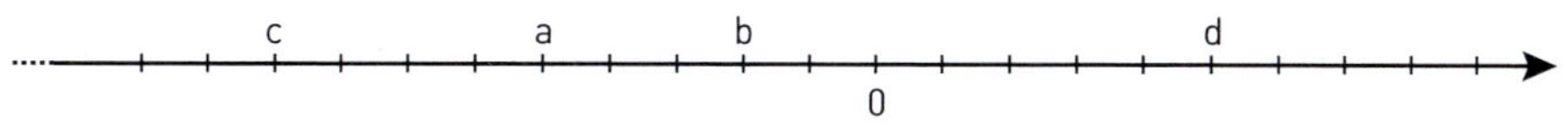

a. Qual è il minimo tra i quattro numeri?
b. Qual è il minimo in valore assoluto?
c. Qual è il massimo dei quattro?
d. Qual è il massimo in valore assoluto?
e. Assegna il valore corretto ai numeri *a*, *b*, *c*, *d*, supponendo che la distanza tra due tacche consecutive valga 1.
f. Quanti sono i numeri naturali *n* tali che: $a < n \leq d$?

Le lettere *a*, *b* e *c* indicano generici numeri interi: mettili in ordine crescente, quando è possibile. Per ogni situazione fornisci un esempio numerico, sostituendo le lettere con opportuni numeri interi.

19 $a > +5, \quad b < -4$; $\qquad a > -3, \quad |a| > |b|$; $\qquad b < +4, \quad |a| > |b|$.

20 *a* e *b* sono discordi, *a* e *c* sono concordi, $b < 0$, $|a| < |b| < |c|$;
a e *b* sono concordi, *b* e *c* sono discordi, $a > +9$, $|a| < |b| < |c|$.

21 **TEST** Dati i numeri *a*, *b*, *c*, *d* appartenenti a $\mathbb{Z}$, con $a > b$, quale tra le seguenti coppie di valori di *c* e *d* rende sicuramente *vera* la disuguaglianza $a + c > b + d$?

A $c = 1$, $d = 3$.
B $c = -1$, $d = -3$.
C $c = -1$, $d = 1$.
D $c = -2$, $d = -1$.

22 Scrivi tutti i numeri interi $a \in \mathbb{Z}$ tali che:
a. $|a| < 6$; $\qquad$ b. $|a| \leq 2$; $\qquad$ c. $3 \leq |a| < 7$.

23 **ESEMPIO DIGITALE** Disponi in ordine decrescente: -12; -1; $+42$; -8; -5; 0; $+1$; $+9$.

24 Scrivi in ordine crescente i seguenti numeri.
$-6, +9, -1, +7, -2, -4$.

25 Scrivi in ordine decrescente i seguenti numeri.
$+8, -3, 0, -5, +4, -11$.

ESERCIZI

2 L'addizione e la sottrazione

▶ Teoria a p. 54

26 VERO O FALSO?

a. La differenza tra due numeri opposti è 0. V F
b. La somma dei valori assoluti di due numeri opposti è 0. V F
c. La somma di due numeri discordi è un numero negativo. V F
d. Se la somma di due numeri interi è 0, allora i due numeri sono discordi. V F
e. Per la sottrazione di numeri interi vale la proprietà commutativa. V F

27 TEST Due numeri interi a e b sono discordi. La loro somma è:

A sempre positiva.
B sempre negativa.
C positiva se $|a| > |b|$ e $a > 0$.
D negativa se $|a| > |b|$ e $a > 0$.
E nulla.

28 INVALSI 2005 Quale delle seguenti operazioni dà sempre come risultato un numero positivo?

A La somma di due numeri negativi.
B La differenza tra due numeri positivi.
C La differenza tra un numero negativo e uno positivo.
D La differenza tra un numero positivo e un numero negativo.

Scrivi l'addizione fra i due numeri e calcola la somma per ciascuna coppia di numeri interi.

29 $+5, +8$; $+5, -8$; $-5, +8$; $-5, -8$; $+4, +4$; $+4, -4$; $-4, +4$; $-4, -4$.

30 $0, +2$; $0, -2$; $-2, 0$; $+2, 0$; $-36, +6$; $+36, -6$; $+42, +8$; $+25, -7$.

31 Scrivi tre coppie di numeri interi concordi che abbiano come somma $+7$ e tre coppie che abbiano come somma -15.

32 Scrivi tre coppie di numeri interi discordi che abbiano come somma -8 e tre coppie che abbiano come somma $+11$.

Scrivi la sottrazione fra i due numeri e calcola la differenza per ciascuna delle seguenti coppie di numeri interi.

33 $+3, +8$; $+2, -6$; $-3, +9$; $-11, -14$; $0, -4$; $+4, 0$.

34 $+5, -5$; $-2, +2$; $+6, +6$; $-6, -6$; $-8, -1$; $-8, +1$.

35 COMPLETA la seguente tabella.

a	$+1$	-3	-5	$+8$	0	-7	-8
b	-5	$+3$	-5	-9	$+4$	0	-13
$a+b$							
$a-b$							
$\lvert -a-b \rvert$							

36 ●○ ☐ YOU & MATHS Find the sum of the integer numbers from -50 to $+52$, including -50 and $+52$.

(USA *Bay Area Math Meet, Bowl Sampler*, 1997)

[103]

37 ●● EUREKA! **Uno meno l'altro** In una sequenza di 2011 numeri, il primo è 1 e il secondo è 0; ogni altro termine è uguale alla differenza dei due termini precedenti: il terzo termine è il secondo meno il primo, il quarto è il terzo meno il secondo e così via. Quanto vale l'ultimo termine della sequenza?

A -2010 B -1 C 0 D 1 E 2011

(*Giochi di Archimede*, 2011)

Espressioni con addizioni e sottrazioni

38 ESERCIZIO GUIDA Calcoliamo il valore dell'espressione $+7-(+3-5+4)$.

Possiamo procedere in due modi.

Primo modo

$+7-(+3-5+4)=$

Calcoliamo il valore della somma fra parentesi:

$+7-(+2)=$

Eseguiamo la sottrazione:

$+5.$

Secondo modo

$+7-(+3-5+4)=$

Eliminiamo le parentesi. Le parentesi precedute dal segno $-$ si eliminano cambiando di segno a ogni termine in esse contenuto:

$+7-3+5-4=$

Eseguiamo le addizioni algebriche:

$+5.$

Calcola il valore delle seguenti espressioni.

39 ●○ $(+3)+(-7)+(+8)+(-21)$ [-17]

40 ●○ $(+4)+(+5-9)+(-2+6)+(+12-19)$ [-3]

41 ●○ $(15-9)+(16-8-11)+(13+2-30-7)$ [-19]

42 ●○ $-15-(+12-5+6-10)+(-3+7-11)$ [-25]

43 ●○ $-5+(+7-3+5-6)-(+12-5-6+7)$ [-10]

44 ●○ $+10-(+15-8-6)+(+12-15-3)+(+7-3-12)$ [-5]

45 ●○ $+17-(+6-7-5)+(+12-16+1)-(1+7-15)$ [$+27$]

46 ●○ $[+15-(+7+3-2)]-[-15-(-6+7-1)]-(-1+6-2)$ [$+19$]

47 ●○ $+12-[+13+(-15-7-8)]+[-20-(+15-7-12)]$ [$+13$]

48 ●○ $(74-85)+[(+35)+(42-51+1)-6]+[23+(14-8-2)]$ [$+37$]

49 ●○ $(-28+37)+\{(-25+11)+[1+(36-44)]-(+9)\}+1$ [-20]

50 ●○ $+25+\{+37+[49+(-6-8-20)+(13-7)]\}+(-80)$ [$+3$]

Problemi con addizioni e sottrazioni

RISOLVIAMO UN PROBLEMA

Tanti calendari

Il calendario che usiamo è chiamato *gregoriano* perché fu introdotto da Papa Gregorio XIII nel 1582. Nel calendario gregoriano, gli anni prima di Cristo possono essere indicati con un numero negativo; inoltre in tale calendario non esiste l'anno 0: il successivo dell'anno 1 a.C. (cioè -1) è l'anno 1 d.C. (cioè $+1$).

Il calendario *islamico* si basa su una scansione del tempo puramente lunare. Inizia dal 622, anno in cui fu compiuta l'Egira dal profeta Maometto, e si snoda in 12 mesi, alternativamente di 30 e 29 giorni. Per trasformare gli anni dal calendario islamico a quello gregoriano si è storicamente utilizzata la formula $G = 0{,}97 \cdot E + 622$ (con G anno gregoriano, E anno islamico), anche se è molto approssimativa.

Nel calendario *cinese* gli anni sono contati seguendo un ciclo di 60 anni che si chiama Ganzhi. Si usa contare questi cicli a partire dal 2637 a.C., da quando cioè fu inventato questo calendario.

- Quanti anni trascorrono tra la morte di Giulio Cesare (44 a.C.) e la morte di Costantino il Grande (337 d.C.)?
- Di quanti giorni è composto il calendario islamico? A quale anno del calendario islamico corrisponde l'anno gregoriano 2015?
- In quale ciclo del calendario cinese è situato l'anno gregoriano 2015?

▶ **Determiniamo quanti anni sono trascorsi.**

All'anno 44 a.C. associamo il numero intero negativo -44; all'anno 337 d.C. il numero intero positivo $+337$. Poiché dall'anno -1 (= 1 a.C.) all'anno $+1$ (= 1 d.C.) trascorre solo un anno,

$$+1-(-1)-1 = 1+1-1 = 1,$$

e non 2 come ci aspetteremmo, dobbiamo aggiungere alla sottrazione risolvente il termine -1.
Per trovare quanti anni trascorrono fra le due date impostiamo la sottrazione:

$$+337-(-44)-1 = 337+44-1 = 380.$$

▶ **Determiniamo i giorni del calendario islamico.**

Per calcolare il numero di giorni che compongono il calendario islamico si deve considerare che, dei 12 mesi dell'anno, 6 mesi hanno 30 giorni e 6 mesi 29 giorni. Perciò il numero totale dei giorni è:

$$6 \cdot 30 + 6 \cdot 29 = 354.$$

▶ **Determiniamo la corrispondenza con l'anno gregoriano 2015.**

Applicando la formula data, abbiamo:

$$2015 = 0{,}97 \cdot E + 622 \rightarrow 2015 - 622 = 0{,}97 \cdot E \rightarrow 1393 = 0{,}97 \cdot E \rightarrow E = 1393 : 0{,}97 \simeq 1436.$$

Pertanto il 2015 corrisponde all'anno 1436 del calendario islamico.

▶ **Determiniamo il ciclo cinese corrispondente all'anno 2015.**

Per calcolare quanti anni sono trascorsi dal 2637 a.C. dobbiamo impostare l'addizione algebrica

$$2015-(-2637)-1 = 4651.$$

Sono perciò trascorsi 4651 anni dall'inizio del primo ciclo cinese.
Poiché ogni ciclo dura 60 anni, calcoliamo la divisione

$$4651 : 60 \simeq 77{,}52.$$

Sono passati 77 cicli completi. Nel 2015 siamo perciò nel 78° ciclo.

Problemi INTORNO A NOI

51 Mettendo un corpo alla temperatura di −17 °C vicino a un altro corpo più caldo, la temperatura del primo aumenta di 70 °C. Successivamente si pone il corpo iniziale in frigorifero: la sua temperatura diminuisce di 4 °C. Qual è la temperatura finale del corpo? [49 °C]

52 **Il postino disorganizzato** Un postino deve consegnare alcuni pacchi in una strada. Si ferma alla terza casa, poi avanza di tre case, torna indietro di cinque e avanza ancora di una. A quale casa arriva? [alla seconda]

53 **Ora di pranzo** Prendo dal freezer una porzione di lasagne a −18 °C e la metto in forno, aumentandone la temperatura di 230 °C. Prima di mangiarla aspetto che la temperatura diminuisca di 161 °C. Quale temperatura hanno raggiunto le lasagne? [51 °C]

54 Ho ottenuto un prestito di € 75 senza interessi. Dopo un certo tempo ho restituito al creditore € 37, poi ho preso in prestito altri € 42. Oggi, dopo aver restituito altri € 25, qual è la mia situazione con il creditore, considerando positivamente i crediti e negativamente i debiti? [− € 55]

55 Posiziono su una bilancia digitale un recipiente contenente mezzo kg di pasta. Azzero la bilancia e aggiungo poi pasta fino a leggere sul display 250 g; rimuovo il recipiente e leggo sul display −1303 g. Quanto pesa il solo recipiente? [803 g]

56 Un alpinista si trova a una quota di 1500 metri sul livello del mare e sceglie di imboccare un sentiero che, per i primi 2 km, aumenta la sua quota di 850 metri. Percorre poi i successivi 3 km in piano, senza variazioni di quota, e i seguenti 5 km su un sentiero che, inizialmente, scende di 300 metri di quota, poi risale di 450 metri e infine scende di altri 230 metri. A quale quota si trova l'alpinista alla fine del sentiero? Quanti kilometri di sentiero ha percorso? [2270 m sul livello del mare; 10 km]

57 Un autobus parte vuoto dal capolinea. A ogni fermata successiva sale e scende il numero di persone indicato in figura. Quante persone sono rimaste sull'autobus, escluso l'autista, dopo la quinta fermata?

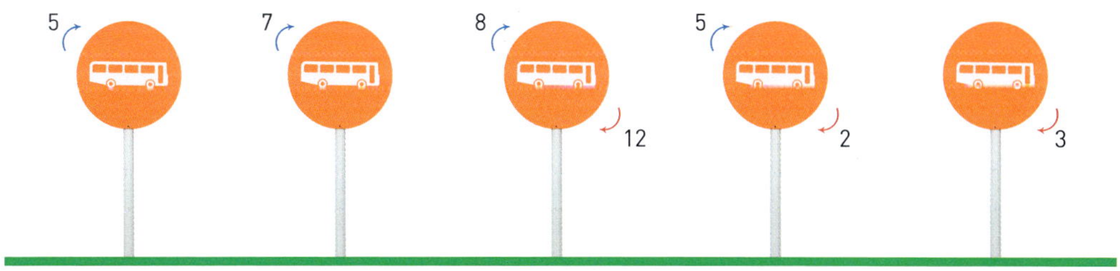

[8]

58 YOU & MATHS **Julie's bank account** Julie opened a bank account on the 19th of May and she recorded her withdrawals and deposits, but she did not check her account for a week and received a notice on the 27th of May from the bank saying she had overdrawn her account.

Date	Purpose	Payment	Deposit
May 19th	Initial deposit		$ 100
May 24th	Hair cut	$ 45	
May 24th	Book shop	$ 73	
May 26th	Sushi dinner	$ 24	

a. When did Julie overdraw her account?

b. How much does Julie need to deposit to reach a positive balance again?

ESERCIZI

59 INVALSI 2006 Sulla cima del Monte Amiata il 5 aprile del 2004, alle ore 6:00, è stata registrata una temperatura di 5 gradi sotto lo zero; alle ore 13:00 la temperatura era salita di 10 gradi; la misurazione delle ore 21:00 registrava una diminuzione di 12 gradi rispetto alle ore 13:00. Quale delle seguenti espressioni esprime correttamente la temperatura alle 21:00?

A $(-5)+(+10)+(-12)$

B $(-5)-(+10)+(-12)$

C $(-5)+(-10)-(-12)$

D $(-5)+(-10)+(+12)$

60 INVALSI 2003 Un ascensore parte dal secondo piano, sale di tre piani, scende di due e poi di altri quattro, infine sale di due piani. A che piano è arrivato?

A Al piano terra. B Al primo. C Al secondo. D Al terzo. E Al quarto.

61 EUREKA! **Il meteo settimanale** La seguente tabella riporta, giorno per giorno, le variazioni della temperatura nel corso di una settimana di un dato luogo rispetto al giorno precedente, alla stessa ora.

Lu	Ma	Me	Gi	Ve	Sa	Do
+3 °C	−2 °C	0 °C	+4 °C	+1 °C	−3 °C	−1 °C

Sapendo che la temperatura nell'ultimo giorno registrato (domenica) è stata di 22 °C, qual è stata la temperatura del secondo giorno (martedì)? È possibile che la temperatura nella domenica che ha preceduto il primo giorno registrato sia stata di 19 °C? [21 °C; no, è stata di 20 °C]

MATEMATICA E GIOCHI

Una questione di posizione Fibonacci ha proposto un problema con coppie di conigli per giocare con la sua successione. Giochiamo anche noi provando a usare anche i numeri negativi...

Problema e risoluzione – 2 esercizi in più.

3 La moltiplicazione, la divisione e la potenza

▶ Teoria a p. 56

La moltiplicazione e la divisione

62 VERO O FALSO?

a. Il prodotto di un numero per la somma di due opposti è 0. V F

b. Il quoziente di due numeri concordi è un numero positivo. V F

c. Il prodotto degli opposti di due numeri è uguale all'opposto del loro prodotto. V F

d. Il quoziente di due numeri interi è 0 se il divisore è 0. V F

e. Se si moltiplica per -1 un qualunque numero intero a, si ottiene un risultato negativo. V F

63 Discuti la validità della seguente affermazione: «La divisione è un'operazione interna in $\mathbb{Z}$; infatti $(-8):(+4)=(-2)$.»

64 Nella moltiplicazione $(-3)\cdot(-2)\cdot(+5)$ è possibile eliminare le parentesi di -3, ottenendo un'espressione equivalente? E le parentesi di -2? E quelle di $+5$?

65 INVALSI 2007 Se $a+b>0$ e $ab<0$, quale delle seguenti affermazioni è *vera*?

- A a e b sono entrambi positivi.
- B a e b sono entrambi negativi.
- C a e b hanno segno diverso, e quello positivo è il più piccolo in valore assoluto.
- D a e b hanno segno diverso, e quello positivo è il più grande in valore assoluto.

---

66 Le seguenti scritture vogliono indicare moltiplicazioni fra due interi. Indica le moltiplicazioni scritte in modo corretto e spiega perché le altre sono sbagliate.

$(-3)\cdot(-5)$; $+7\cdot(-8)$; $+6\cdot-4$;

$-2+1$; $-2(+1)$; $(-4)\cdot(-1)$;

$(-5)-8$; $-5(-8)$; $-3(-2)$;

$3\cdot 2$; $(+3)2$; $+3(-5)$.

Calcola i seguenti prodotti.

67 $(+3)(+4)$; $(-5)(-2)$; $(-1)(+7)$; $(+8)(-6)$.

68 $(+9)(-11)$; $(-12)(+7)$; $(+15)(+6)$; $(-13)(-5)$.

69 $(+2)(-12)(-5)$; $(-2)(+2)(-2)(-2)$.

---

70 COMPLETA la seguente tabella.

a	$+4$	-1	$+2$	-3			-3			-4
b	$+7$	-6			$+1$	-1		$+4$	-2	
ab			-10							
a $\cdot$ **(−*b*)**				-9	$+4$	-1				
−*a* $\cdot$ **(−*b*)**							-18	$+16$		
−*ab*									0	$+24$

71 Nell'insieme $\{-2, 0+2\}$ l'addizione è operazione interna? E la moltiplicazione?

72 Nell'insieme $\{-1, 0, +1\}$ l'addizione è operazione interna? E la moltiplicazione?

Calcola i seguenti quozienti, quando esistono in $\mathbb{Z}$.

73 $(+15):(+3)$; $(+15):(-3)$; $(-15):(+3)$; $(-15):(-3)$.

74 $(-8):(+4)$; $(-8):(-8)$; $(-8):(+8)$; $0:(-5)$.

75 $(-21):(-7)$; $(-7):(+21)$; $(+1):(-1)$; $-7:0$.

76 $0:(+1368)$; $(-45):(+9)$; $(-1215):(-27)$.

77 $+54:(-3)$; $+1232:(-22)$; $+1964:0$.

ESERCIZI

78 ●● COMPLETA la seguente tabella.

a	$+24$	-10	-30		-20	$+15$			$+28$	
b	-4	-2		$+2$			-3	-1		$+5$
$a:b$			$+6$	-7						
$a:(-b)$					-10	$+1$	-6	$+25$		
$(-a):(-b)$									-4	$+6$

Calcola il valore delle seguenti espressioni.

79 ●○ $(-72):(-6):(+2)$; $(-72):[(-6):(+2)]$.

80 ●○ $(-7)\cdot(4):(-2)$; $(15)\cdot[(+18):(-6)]$.

81 ●○ $(-6):[(+18):(-3)]$; $(-24):[(2)\cdot(-3)]$.

82 ●○ $[(+12)\cdot(-3)]:[(+2)\cdot(-3)]$; $(-63):\{[(3)\cdot(-4)]:(4)\}$; $[(-8):(-2)]:[(-1)\cdot(+2)]$.

83 ●○ $\{(-30):[(-2)\cdot(3)]\}:[(-1)\cdot(+5)]$; $(-32):[(+4)\cdot(-2)]$; $(-1)\cdot[(-3)\cdot(+12)]:(-6)\cdot(+2)$.

CACCIA ALL'ERRORE Cambia le parentesi o inseriscine di nuove in modo che il risultato sia corretto.

84 ●○ $-2+4\cdot(+3)=6$; $-12:(-6):(-2)=-4$.

85 ●○ $16-4\cdot2=24$; $15-16+2=-3$.

86 ●○ $3\cdot2\cdot5+4=42$; $14:(7-1)+6=7$.

87 ●○ $16:(2+6)=14$; $(-15):5-3+1=-7$.

Raccogli il fattore comune agli addendi delle seguenti espressioni e poi calcolane il valore. Svolgi ogni esercizio raccogliendo il fattore sia con il segno + sia con il segno −.

88 ●○ $-15+20-10+35=+5(-3+\square-\square+\square)$; $-15+20-10+35=-5(+\square-4+\square-\square)$.

89 ●○ $+7-21+14$; $-121+22-77$.

90 ●○ $-27-9-12$; $13-169-39$.

91 ●○ $+42-30-48+54$; $-34+42+66$.

92 ●○ $-75-15+100$; $+30-40-50+60$.

Le espressioni con le quattro operazioni

Calcola il valore delle seguenti espressioni.

93 ●○ $-7\cdot(+6-4-7+2)-15+5\cdot(-12+7+3)$ $[-4]$

94 ●○ $+15-6\cdot(15-6-5)-5\cdot(-3+2)+7-(+6\cdot4-16)$ $[-5]$

95 ●○ $+6-4\cdot2+15:3-7\cdot3+8$ $[-10]$

96 ●○ $-7-5\cdot2+16:8-5+6-18:3$ $[-20]$

97 ●○ ESEMPIO DIGITALE $\{[(-22)(-6)]:(+3)\}:[(-2)(-2)]+(+26):(-13)$

98 ●○ $(-15):3-6+18:(-6)-(+7\cdot3-10)+7\cdot2$ $[-11]$

99 ●○ $(15-7):(-4)-(7-3\cdot2+4):(-5)-(6-3\cdot4)$ $[+5]$

100 ●○ ESEMPIO DIGITALE $-21:(-3)+(-12):(+6)-(-1)(-6)-(-40):8-(+4):(-2)$

101 ●○ $15:(3-2+4)-(7-3+5\cdot 2)+7\cdot(3-2\cdot 4)\cdot(2\cdot 2-4)$ $[-11]$

102 ●● $[3\cdot(2-4)-5]\cdot(-2)-[15+3\cdot(-4)-(-6+2)]+5$ $[+20]$

103 ●● $\{[|1-8|(+3)(+4)]:|+21|-23\cdot|+2|\}:(+7\cdot|-3|)-|+8-|-11||$ $[-5]$

Le potenze

104 ●○ VERO O FALSO?

a. Se il risultato di una potenza è negativo, il suo esponente è dispari. V F

b. Se il risultato di una potenza è positivo, il suo esponente è pari. V F

c. $(-2)^4=(+2)^4$ V F

d. $a^0=0$ V F

e. $(-1)^0=1$ V F

105 ●○ TEST Fra le seguenti uguaglianze una sola è *vera* per qualunque valore di $a \in \mathbb{Z}$. Quale?

A $a^0=a$

B $a-0=a$

C $a\cdot a=2\cdot a$

D $a:1=0$

E $a:a=a$

106 ●○ VERO O FALSO?

a. $(-2)^3=-2^3$ V F

b. $5^3=(-5)^3$ V F

c. $(-6)^2=-6^2$ V F

d. $-3^7:3^2=(-3)^7:(-3)^2$ V F

e. $-(-2)^3\cdot(-5)^2=2^3\cdot(-5^2)$ V F

107 ●○ TEST L'espressione $-(a)^5:a^3$ è equivalente a:

A $-(a^5:a^3)$.

B $(a^5:a^3)$.

C $-(a)^5:(-a)^3$.

D $a^5:a^3$.

E $-(-a^5:a^3)$.

Calcola le seguenti potenze di numeri interi.

108 ●○ $(-2)^3$; $(+2)^2$; $(-2)^4$; $(+2)^5$.

109 ●○ $(-1)^5$ $(+2)^1$; $(-3)^2$ $(-2)^0$.

110 ●○ $(-1)^4$; -7^0; $(-10)^2$; $(-4)^3$.

111 ●○ -3^4; $(-3)^4$; -3^3; $(-3)^3$.

112 ●● COMPLETA la seguente tabella (a volte ci sono più possibilità).

a	-3	$+4$		-1			-6			
$(-a)^2$						0			$+4$	
$-a^2$			-25							
$(-a)^3$					-8					
$-a^3$								-27		$+125$

ESERCIZI

COMPLETA le seguenti uguaglianze.

113 $(\square)^3 = 27$; $\quad (-\square)^4 = \square 16$.

114 $0^{12} = \square$; $\quad -(-1)^5 = \square$.

115 $-3^5 = \square$; $\quad (\square)^3 = -125$.

116 $-(\square)^2 = \square 81$; $\quad (-3)^{\square} = \square 243$.

117 $(\square)^{\square} = -216$; $\quad (\square)^{\square} = +128$.

118 $(-\square)^{\square} = \square 81$; $\quad -(-\square)^{\square} = \square 625$.

119 $-(\square)^6 = \square 729$; $\quad (\square)^{\square} = -512$.

120 $-(-2)^5 = \square$; $\quad (-\square)^6 = -64$.

121 **EUREKA!** **Tra cubi e quadrati** Quale deduzione, con $a \in \mathbb{Z}$, è *falsa*?

A $(-a)^3 > 0 \rightarrow a < 0$

B $(-a)^2 > 0 \rightarrow a > 0$

C $-(a)^2 \geq 0 \rightarrow a = 0$

D $-(a^3) < 0 \rightarrow a > 0$

Le proprietà delle potenze

122 **ESERCIZIO GUIDA** Calcoliamo:

a. $(-3)^9 : (+3)^6$; **b.** $(+2)^8 : (-2)^5$.

a. $(-3)^9 : (+3)^6 =$

Tenendo conto che $(-3)^9 = -(3^9) = -(+3)^9$:

$-(+3)^9 : (+3)^6 =$

$-(+3)^{9-6} = -(+3)^3 = -27$.

b. $(+2)^8 : (-2)^5 =$

Tenendo conto che $(+2)^8 = (-2)^8$:

$(-2)^8 : (-2)^5 = (-2)^{8-5} =$

$(-2)^3 = -8$.

123 **TEST** Una sola fra le seguenti uguaglianze è *falsa*. Quale? ($a \in \mathbb{Z}$)

A $-(a)^2 = (-a)^2$

B $(-a)^2 \cdot (-b)^2 = a^2 b^2$

C $(-a)^3 \cdot (+b)^3 = -a^3 b^3$

D $(-a)^3 \cdot (-a)^2 = -a^5$

E $(-ab)^3 = -a^3 b^3$

124 **EUREKA!** **Scrivendo e cancellando** Marta ha scritto sulla lavagna un numero intero pari. Per 12 volte Marta sostituisce il numero scritto sulla lavagna con il suo quadrato aumentato di 5. Con quali cifre può terminare il numero che si trova scritto sulla lavagna alla fine dei calcoli di Marta?

A 0 oppure 4.

B 0, 4 oppure 6.

C 0 oppure 6.

D 4 oppure 6.

E Può terminare con una qualsiasi cifra pari.

(*Giochi di Archimede*, 2011)

ASSOCIA a ciascuna espressione il suo risultato.

125

1. 2^{3^2}
2. $-[(-2)^3]^2$
3. -2^{3^2}
4. $(-2^3)^2$

a. -2^9
b. 2^6
c. 2^9
d. -2^6

126

1. $-(+4)^3 \cdot (-4)^2$
2. $-(+2)^4 \cdot (-2)^3$
3. $(-6)^3 : (+3)^3 \cdot (+2)^2$
4. $-(-2)^6 : (+4)^2$

a. -2^5
b. -2^2
c. -2^{10}
d. 2^7

Calcola il valore delle seguenti espressioni, applicando le proprietà delle potenze.

127 ●○ $(-6)^9:(-6)^3$; $\quad (-2)^2\cdot(-2)\cdot(-2)^4$; $\quad (-24)^2:(+6)^2$.

128 ●○ $[(-6)^3]^2:(6)^5$; $\quad [(-6)^2\cdot(6)^3](6)^4$; $\quad [(-5)^4\cdot(4)^4]:(-20)^3$.

129 ●○ $[(-15)^3:(+3)^3]^2$; $\quad [(-2)^2\cdot(2)^3]:(-2)^2$; $\quad [(-4)^2\cdot(4)^3]^2:(-4)^9$.

130 ●○ $[(7)^3\cdot(-6)^3]^2:(-21)^6$; $\quad [(+2)^4\cdot(-2)^3]:(-2)^5$; $\quad [(-6)^4:(3)^4]^2\cdot(2)^4$.

131 ●○ $[(2)^3\cdot(5)^3]^2:(-10)^3$; $\quad (-2)^4\cdot(2)^3:(-2)^2$; $\quad [(+7)^4]^2:(7)^6$.

132 ●○ ESEMPIO DIGITALE $\{[(-2)^4]^2\}^3:\{(-2)^7\cdot(-2)^3\cdot[(-2)^4]^3\}$

133 ●○ $[(-2)^3:(2)^2]^3:(-2)^2$; $\quad [(-10)^6:(+5)^6]^4:(-2)^{20}$; $\quad \{[(-4)^2]^3:(-2)^6\}\cdot(2)^2$.

134 ●○ $\{-(4^3)^2\cdot[(-4)^3]^2\}:[(-4^2)^3\cdot(-4)^6]$ $\quad [+1]$

135 ●● $[(15^2)^2:(-5)^4]^6:[-(-30)^{10}:(-10^2)^5]^2$ $\quad [+81]$

136 ●● $[-(8)^4:(-8)^3]^3:[(-2)^3]^2+2^5+[(-12)^5:4^5]^3:9^6-[(-3)^5\cdot3^6:(3^5)^2]^6:3^5$ $\quad [+10]$

137 ●● $[(6^{11}+6^{10}):(-6^5)^2]\cdot(-7^4)^2:(-7)^6$ $\quad [+343]$

138 ●● $-[(125)^4\cdot(-5)^8]:[(-25)^2]^5+(-5)^9:(625)^2$ $\quad [-6]$

139 ●● $(17^9-17^8):17^8\cdot[(-2)^4]^3:[(-2^4)\cdot(-2)^6]$ $\quad [-64]$

140 ●● $\{[30^4:(-6)^4:(5)^3]^2\cdot[(-5)^3]^3\}:[(-15)^5:(3)^5]^2$ $\quad [-5]$

141 ●● $[(-2^6\cdot4^2)^3:(-64)^5]^2:[(4^2\cdot16^4)^2:(-2^8)^5]$ $\quad [-1]$

142 ●● $\{[(-45)^4\cdot2^4:18^4]:(-5^3)\}^4:[(-25)^7:(125)^4]$ $\quad [-25]$

COMPLETA applicando le proprietà delle potenze.

143 ●● $(+3)^{20}:(+3)^4=(+3)^{\square}$; $\quad [(-6)^3]^8=\square\,6^{\square}$; $\quad (+5)^4\cdot(-5)^3=\square\,5^{\square}$.

144 ●● $(-2)^8\cdot(-2)=\square\,2^{\square}$; $\quad (-30)^4:(+5)^4=(\square)^4$; $\quad (-4)^{10}\cdot\square=(+20)^{10}$.

145 ●● $-(-8)^5=\square\,2^{\square}$; $\quad (-81)^6=\square\,3^{\square}$; $\quad -(125)^4=\square\,5^{\square}$.

146 ●● $-[(-216)^3]^2=\square\,6^{\square}$; $\quad (-6)^5\cdot(-9)^5=(+54)^{\square}$; $\quad (\square)^7:(-8)^7=-1$.

147 ●● $[(-3)^{\square}]^6=(+3)^{42}$; $\quad [(\square)^3]^2=0$; $\quad (8^{\square})^2=2^{24}$.

148 ●● $4^{3^2}=4^{\square}$; $\quad [(-3)^2]^3=\square$; $\quad (-3^2)^3=\square$.

COMPLETA usando le proprietà delle potenze.

149 $[-(+2)^4]^2 = \square$; $(-2)^6 \cdot (+2)^5 \cdot (-2) = \square$.

150 $(-2^4) \cdot (-2^5) = \square$; $-2^4 \cdot (+2)^3 = \square$.

151 $-3^5 \cdot (-3)^2 = \square$; $(-2)^6 \cdot 5^6 = \square$.

152 $2^{4^2} = \square$; $(2^4)^2 = \square$.

153 $(-6)^5 : 3^5 = \square$; $(-6)^5 : 3^4 = \square$.

Scrivi, quando è possibile, il risultato come un'unica potenza di *b*, applicando le proprietà delle potenze.

154 $(-b^2)^3 \cdot b^4$; $b^4 - b^3$.

155 $-b^8 : b^4$; b^{2^3}; $(b^2)^3$.

156 $(-b^3)^4$; $(-b)^4 \cdot (+b)^3 \cdot (-b)$.

157 $b^3 - b \cdot b$; $b^3 - b \cdot (-b)^2$.

Espressioni di riepilogo

158 **ESERCIZIO GUIDA** Calcoliamo il valore della seguente espressione:

$$[15-(13 \cdot 2-10)]^3+[(-3)^2 \cdot (-2)^2 : 18]^5 : (-2)^4-2.$$

Svolgiamo i calcoli dentro le parentesi e applichiamo la proprietà del prodotto di potenze con esponente uguale $[a^n \cdot b^n = (ab)^n]$:

$$[15-(26-10)]^3+\{[(-3) \cdot (-2)]^2 : 18\}^5 : (-2)^4-2=$$

$$[15-16]^3+\{6^2 : 18\}^5 : (-2)^4-2=$$

$$[-1]^3+\{36 : 18\}^5 : (-2)^4-2=-1+2^5 : (-2)^4-2=$$

Poiché l'esponente è pari, $(-2)^4 = 2^4$:

$$-1+2^5 : 2^4-2=$$

Applichiamo la proprietà del quoziente di potenze con uguale base $(a^n : a^m = a^{n-m})$:

$$-1+2^{5-4}-2=-1+\cancel{2}-\cancel{2}=-1.$$

CACCIA ALL'ERRORE Le seguenti uguaglianze sono false. Correggi l'errore.

159 $17-(3+4-7)=17-3+4-7=11$

160 $(-6)^2 : (3)^2+7-14=-4+7-14=-11$

161 $(18)^2 : (-6)^2+(-2)^3 \cdot 2^2-16+1=$
$(-3)^2+(-2)^1-16+1=$
$9-2-16+1=-8$

162 $(15 : 3-4)^2+5-3 \cdot (-3)^2-2=$
$(5-4)^2+5+27=1+5+27=33$

163 $(14 : 7-4)^0+6-(13+7-6)=$
$(2-4)^0+6-13-7+6=$
$-2+6-13-7+6=-10$

164 $17+(3 \cdot 2)-16+2^2=$
$(17+3) \cdot (17+2)-16+4=$
$20 \cdot 19-16+4=$
$180-16+4=168$

Calcola il valore delle seguenti espressioni.

165 $(2+45)+[(+3)+(-4)]+\{(+6)+[(-14)+(-13)+(+9)]+(-17)\}$ [+17]

166 $+15-\{+7+[-6-(+15-6)]+1\}+\{-[+6-4+(3-2)]+6\}$ [+25]

167 $[15-(6\cdot 3-5\cdot 2)+3]:[2\cdot(-4)-2]+7\cdot[(-6)\cdot 2+5]$ [−50]

168 $3\cdot 3-2+5+[3+10-20+(3-2-10)]+[32+10-(32+5+12)+7]$ [−4]

169 $21-7\cdot\{2-[5\cdot(4-3)-2]+6\}+5\cdot\{7\cdot[6\cdot(3-1)-4\cdot(2+1)]-4\}$ [−34]

170 $10-(15:5-3^2:3)+4\cdot(2^2-3^2)+7\cdot 2$ [+4]

171 $(10\cdot 2-6):(3^2-2)+7\cdot(4\cdot 2-5)-6:3+(2^2)^3-50$ [+35]

172 $(10+6\cdot 2^2):(2^3:2^2)-15\cdot 2+(7-4\cdot 6)-(4+3-7^2)$ [+12]

173 $[17-(15\cdot 2-13)]^3+[(-7)^2:7]^0-[15+6\cdot(4\cdot 3-6\cdot 2)]+7$ [−7]

174 $15-(-2)^3\cdot(2^2)+17\cdot 2-15\cdot 4-[(4)^2]^3:(2)^4+200$ [−35]

175 $\{16:[-3(6-2^3)+2(-5)]\}^3:(-2)^4-(-3)^2\cdot[5-(2-6+1)]$ [−76]

176 $15:\{7-[4+2\cdot(-1)]\}-\{15+12-20+7\cdot[4+3\cdot(2-4)]-4\}$ [+14]

177 $[(6-22):(-2)^3+(11-13)\cdot(-7+4)]\cdot(8-11)+(-2\cdot 3+4\cdot 9)$ [+6]

178 $(-4+2)^3\cdot 4-\{[(5-7)\cdot(4-1)+3]:3-(-5)+2(-4)\}$ [−28]

179 $\{-(+7)-[-3\cdot(-3)]\}+\{[-6\cdot(-1)]-[-(-2)]\}-\{-[-(-5)]-[(-1)\cdot(-3)]\}$ [−4]

180 $(3\cdot 5-40:2)-\{5\cdot 2-[3\cdot(-2)-(-15):3]+[(-12):(-3)-(-6)\cdot(-2)]\}:[(-5)\cdot 4+17]$ [−4]

181 ESEMPIO DIGITALE $\{2\cdot(3^2-5)+[(15-1):(-7)]^3-26:[(-2)^2\cdot 3+4^0]\}^2-[(-5^2-3\cdot 5):(-2)^3]$

182 $\{[(-4)^3\cdot(-4)^4\cdot(-4)^2]:[(-4)^3\cdot(-4)^1]\}:[-(4)^3\cdot(-4)^0]$ [+16]

183 $[7\cdot 9:(47-5\cdot 8)]:[(-4\cdot 8)+29]\cdot\{5\cdot(-4)-[-5+(-4\cdot 7+4):2]+1\}$ [+6]

184 $\{16:[18-5\cdot(3-2+1)]\}^3:(-2)^2+6\cdot[4-(3\cdot 2+1)]-15$ [−31]

185 $\{[(18-4\cdot 5)\cdot(-2)^2]^3:[(-2)^2]^3\}-[7\cdot(5-3)]^2:[(2)^5-(-5)^2]^2$ [−12]

186 $\{[(24-7\cdot 3)^4:(-3)^2]^3:(3)^6\}\cdot[15-(16+6)]^2-43+7$ [+13]

187 ESEMPIO DIGITALE $(4^3-8^2)^{15}-\{25^2:[(-2)^2+2^0]^3\cdot[6^9:(+2^3)^3:(-3^4)^2]\}$

188 $\{[(-7)^4\cdot(-3)^4]^2:[(21)^3\cdot(21)^2]\}:\{[(-7)^2]^2:7\}$ [+27]

189 $\{(-2)^4-[(-2)^2+3^4:(-3)^2\cdot(2^3:2^2)^2]:[(-2^2)^1\cdot(2^0)]\}\cdot 2-(-4)^2$ [+36]

ESERCIZI

190 $[(-3)^7:(+3)^4\cdot(+3)^2]\cdot(-2)^5:[-(+7)^2\cdot(-7)^3:(-7^2)^2-1]^4-6^4:[(+2)^3\cdot(-3)^3]$ [+12]

191 $\{[(-3)^6\cdot(-3)^2]:(-3)^5\}^2:[(-3)\cdot(-3)^2]^2+[(+2)^3\cdot(+2)^4]:[(-2)^3]^2$ [+3]

192 $\{[-2^4\cdot(+2)^3]\cdot[(+3)^2\cdot(-3)^5]\}:(+6)^5-3^2+(-3)^2:(+3)-7^0$ [+29]

193 $(+4^2)^3\cdot\{[(-2)^3]^2\cdot[(+2)^2]^4\}:\{[(-4)^3]^2\}^2+(-4)^2\cdot(+4)^3:(-4)^4$ [+8]

Le espressioni letterali in $\mathbb{Z}$

COMPLETA le tabelle, sostituendo alle lettere i valori riportati.

194

a	$-a$	$-2a$	$-(-a)$	a^2	$-a^2$	$(-3a)^2$	$-3a^2$
-1							
$+3$							
$+5$							
-2							

195

a	b	$-(-a)$	$-(-b)$	$a-b$	$-(b-a)$	$(a-b)^2$	$(b-a)^2$
$+2$	$+3$						
$+7$	-3						
-2	-6						
-1	$+1$						

Calcola il valore delle seguenti espressioni dopo aver sostituito alle lettere i valori scritti a fianco.

196 ESEMPIO DIGITALE $ab-a^2+2b(a+b)+3b$ $\quad a=+1,\ b=-2$

197 $a\cdot(a-b)-a^2+2a+ab$ $\quad a=-1, b=+2.$ [−2]

198 $-3[a+b(a-2b)-6ab]-15ab$ $\quad a=+4,\ b=-3.$ [+42]

199 $a(b+a)+b^2-a^3+b(b+2a)$ $\quad a=-2,\ b=+3.$ [+12]

200 $a(b+a)-a^2:a-b^3+b(a+b)$ $\quad a=+7,\ b=+4.$ [+50]

201 $ab-7a(b+a)-4b^2\cdot(b-a)+3b$ $\quad a=-1,\ b=+3.$ [−124]

202 $(2b):a-7a\cdot(b-2a)+(3a-b)^2+5a-b$ $\quad a=+2,\ b=+7.$ [−31]

203 $(2b+3a)^2-5b[3a-(2b+a)-3]+4ab-7a$ $\quad a=+3,\ b=-2.$ [+50]

204 $\{[(5^{2a}:5^{3b})^{2c}+a^b]-[(2^{3a}\cdot 2^b:2^{3c}):b^a]\}:a$ $\quad a=+3,\ b=+2,\ c=+2.$ [+2]

205 $\{[5^a\cdot(-5)^b\cdot(-5)^c]^{a-b}:(-5)^{3a}\}+\{[2^{2a}\cdot(-2)^{3b}]^c:[(-2)^{3c}\cdot(-2)^a\cdot(-2)^{2b}]\}-b$

$a=+4,\ b=+2,\ c=+1.$ [+15]

Dalle parole alle espressioni numeriche

RISOLVIAMO UN PROBLEMA

Un indovinello numerico

Sottraendo il prodotto di -3 e del numero successivo a -3 alla metà della metà di -4, che numero si ottiene?

▶ **Per risolvere il problema dobbiamo tradurre le indicazioni fornite in un'espressione algebrica.**

La parola «sottraendo» ci indica che l'espressione cercata è una sottrazione.

▶ **Scriviamo ciascun termine della sottrazione in simboli.**

Termine 1: «il prodotto di -3 e del numero successivo a -3».

Il numero successivo a -3 è: $-3+1$.

Scriviamo il prodotto di -3 per il suo successivo: $(-3)\cdot(-3+1)$.

Termine 2: «la metà della metà di -4».

La metà di -4 è: $\frac{1}{2}(-4)$.

La metà della metà di -4 è: $\frac{1}{2}\cdot\left[\frac{1}{2}\cdot(-4)\right]$.

▶ **Scriviamo la sottrazione fra i due termini, ottenendo l'espressione risolutiva.**

L'espressione è:

$$\frac{1}{2}\cdot\left[\frac{1}{2}\cdot(-4)\right]-[(-3)\cdot(-3+1)].$$

▶ **Calcoliamo il valore dell'espressione.**

$$\frac{1}{2}\cdot\left[\frac{1}{2}\cdot(-4)\right]-[(-3)\cdot(-3+1)]=$$

$$\frac{1}{2}(-2)-[(-3)\cdot(-2)]=$$

$$-1-(+6)=$$

$$-1-6=-7.$$

Traduci in espressioni le seguenti frasi e calcolane il valore.

206 ●○ Moltiplica per 6 la somma di $+5$ e -2, poi aggiungi al risultato l'opposto del quoziente fra $+72$ e -4. [0]

207 ●○ Sottrai alla somma di 7 e del prodotto di 2 per 3 la differenza tra 15 e il prodotto di 7 per 2, aggiungi poi al risultato il quoziente di 16 per -2. [4]

208 ●○ Sottrai a 17 il prodotto di 4 per la somma di 3 e del prodotto di 2 per -1, aggiungi poi al risultato il prodotto di 8 per -2. [-3]

209 ●○ Dividi 16 per la somma di 2 e del prodotto tra 3 e 2, aggiungi poi 2 al risultato. [4]

210 ●○ Dividi la differenza tra 15 e 3 per la differenza tra il prodotto di 2 per 3 e 2, aggiungi poi al risultato la differenza tra 7 e 4. [6]

211 ●● Moltiplica per -3 la differenza tra 4 e il prodotto di 2 per 3, sottrai poi al risultato il quoziente della divisione di 15 per la somma tra 2 e 3. [3]

212 ●● Moltiplica per 6 il quadrato della differenza tra 2 e 4, aggiungi poi al risultato il quoziente di -16 per il cubo di 2. [22]

213 ●● Dividi 12 per il quadrato della differenza tra 6 e 4, aggiungi poi al risultato la somma tra 17, 15 e il cubo di -3. [8]

Dalle parole alle espressioni letterali

214 ESERCIZIO GUIDA Traduciamo in espressione la frase «Dati due numeri a e b, sottrai dal quadrato della somma del triplo di a con il quintuplo di b la differenza fra il quadrato di a e il quadrato di b», poi calcoliamo il valore dell'espressione per $a=-2$ e $b=-3$.

Facciamo una traduzione analitica:

«triplo di a» $\to 3a$; «quintuplo di b» $\to 5b$;
«somma del triplo di a con il quintuplo di b» $\to 3a+5b$;
«quadrato della somma del ...» $\to (3a+5b)^2$;
«sottrai dal quadrato» $\to (3a+5b)^2-$;
«la differenza fra il quadrato di a e il quadrato di b» $\to a^2-b^2$.

L'espressione richiesta è la seguente:

$$(3a+5b)^2-(a^2-b^2).$$

Per sostituire i valori, riscriviamo l'espressione mettendo fra parentesi le lettere:

$$[3\cdot(a)+5\cdot(b)]^2-[(a)^2-(b)^2].$$

Sostituiamo:

$$[3\cdot(-2)+5\cdot(-3)]^2-[(-2)^2-(-3)^2]=$$
$$(-6-15)^2-[+4-(+9)]=$$
$$(-21)^2-(4-9)=$$
$$+441-(-5)=$$
$$+441+5=+446.$$

Essendo a e b due numeri interi, traduci in espressioni le seguenti frasi e calcola il valore delle espressioni per i valori indicati.

215 ●○ Aggiungi il quadruplo di b alla differenza tra il triplo di a e b; $a=3, b=2$. [15]

216 ●○ Moltiplica la somma del quadruplo di a e del triplo di b per la somma del doppio di a e del triplo di b; $a=-3, b=2$. [0]

217 ●○ Somma al doppio di a il quadrato della differenza tra b e il triplo di a; $a=-2, b=1$. [45]

218 ●○ Dividi la somma di sette volte a e il cubo di b per la somma di a e b; $a=5, b=-2$. [9]

219 ●○ Sottrai a 2 la differenza tra il triplo di a e la somma tra b e il doppio di a; $a=1, b=-5$. [−4]

220 ●● Somma il prodotto di b per la somma tra b e il doppio di a alla differenza tra il quadrato di b e il cubo di a; $a=-2, b=3$. [14]

221 ●○ VERO O FALSO?

a. L'opposto del quadrato di un numero è uguale al quadrato dell'opposto del numero. V F
b. Il cubo dell'opposto di un numero è uguale all'opposto del cubo del numero. V F
c. Se moltiplichiamo il quadrato di un numero per il cubo dell'opposto, troviamo l'opposto elevato alla quinta. V F
d. Elevando al quadrato il cubo di un numero si ottiene il numero elevato alla quinta. V F

COMPLETA

222 Il quadrato del prodotto di due numeri è uguale al prodotto dei quadrati dei numeri.

L'uguaglianza è $(a \cdot b)^2 =$ ______.

223 Il quadruplo della somma di due numeri è uguale alla somma del quadruplo del primo con il quadruplo del secondo.

L'uguaglianza è ______.

224 Il doppio del quadrato di un numero è uguale alla metà del quadrato del doppio del numero.

L'uguaglianza è ______.

225 Moltiplicando il quadrato di un numero per il doppio del quadrato di un altro numero si ottiene il doppio del quadrato del prodotto dei due numeri.

L'uguaglianza è ______.

4 Le leggi di monotonia

▶ Teoria a p. 59

226 Data l'uguaglianza $3 \cdot 6 - 8 = 2 \cdot 5$, indica quale delle leggi di monotonia è stata applicata per ottenere le seguenti uguaglianze.

$3 \cdot 6 = 2 \cdot 5 + 8$ ______ $6 \cdot 6 - 16 = 4 \cdot 5$ ______

$3 \cdot 6 - 10 = 2 \cdot 5 - 2$ ______ $3 \cdot 6 - 18 = 0$ ______

$3 \cdot 3 - 4 = 5$ ______

227 COMPLETA Applica a ogni disuguaglianza della tabella seguente la seconda legge di monotonia, moltiplicando i due membri della disuguaglianza per il numero indicato nella seconda colonna.
Riscrivi nella terza colonna la disuguaglianza corretta.

Disuguaglianza	Moltiplica per...	Disuguaglianza
$5 < 6$	3	$15 < 18$
$8 > 3$	-2	
$1 < 2$	-1	
$7 > 5$	7	
$-2 < 0$	5	
$2 > 0$	-5	
$-1 > -2$	-6	
$-6 < -5$	-8	
$-1 < 1$	-1	
$3 > -4$	4	

228 COMPLETA Applica alle seguenti uguaglianze e disuguaglianze le leggi di cancellazione.

$5 + 3 = 1 + 4 + 3$ ______ $48 - 12 = 6 \cdot (4 + 2)$ ______

$6 + 5 < 8 + 2 + 5$ ______ $20 - 4 > 2 \cdot 5 - 4$ ______

$7 \cdot 3 = (5 + 2) \cdot 3$ ______ $10 - 2 = 2 \cdot 5 - 2$ ______

$3 \cdot 4 < 9 \cdot 4 \cdot 5$ ______ $3 \cdot 8 - 2 < 30 - 2$ ______

VERIFICA DELLE COMPETENZE ALLENAMENTO

UTILIZZARE TECNICHE E PROCEDURE DI CALCOLO

1 VERO O FALSO?

a. $[-12:(-2)^2+3]^0=+1$ V F

b. $(-6)^{2013}>0$ V F

c. Se $a^2=b^2$, allora $a=b$. V F

d. Se $a^3=b^3$, allora $a=b$. V F

2 Scrivi le seguenti espressioni come potenze aventi la stessa base e poi disponibile in ordine crescente.

$-4^6:(-4)^2;\quad -(2^5)^3;\quad -|-8^4|;\quad [-(-16)^3]^2;\quad -(-32)^2;\quad -2^{2^3}.$

Semplifica le seguenti espressioni.

3 $-3\cdot\{2^2+7:[2\cdot(9-1)+15:3-5^2-18:(5\cdot 2-4)]\}+2\cdot[(-8):4+5]$ [-3]

4 $[-24+3\cdot(-4)]:[+6+(-14):(-5-2)-2]-[-3-7+5\cdot(-2)]:(-2)^2$ [-1]

5 $[(+2)^3:(+2)+(-3)^2:(-3)+(-2)^4:(-2)^3]^2-[(+2-7)^2-(+5-3)^3-(-3)^2]$ [-7]

6 $(-15)^3:5^3-[9\cdot 4:(-6)-14]:5\cdot 5^2+\{[(-20^2)^4:(5)^8]:(-4)^6-2^3\}\cdot(-2)^3$ [$+9$]

7 $(-2)^5\cdot(-2)^2:\{-9+3\cdot(-12+5)+24:[(-3)^4-5^3+2\cdot 16]\}+(2^2\cdot 35-12^2)$ [0]

8 $\{[(-6)^3:(+3)^3\cdot(-2)^3-(-2)^2]:(9^2:3-3\cdot 7)\}^2-11\cdot(-3)^2-(-6)^2:2^2$ [-8]

9 $\{-[-(-2^2)^2]^3\}:\{[50:(-5)^2]^3\}^3+\{-[-(-3^2)]^3\}^3:\{[(-48):(-2^4)]^4\}^4$ [-1]

Calcola il valore delle seguenti espressioni, dopo aver sostituito alle lettere i valori scritti a fianco.

10 $[(b-2a)^2\cdot(b+2a)^2-(b^2+4a^2)^2]:(-2ab)$ $a=-1$ $b=-2$ [$+16$]

11 $(4ab-b)^3-(ab-4b)^3-9b^3[a^2(7a-4)-(4a-7)]$ $a=+1$ $b=-1$ [0]

RISOLVERE PROBLEMI

Traduci in espressioni simboliche e poi calcola il loro valore dopo aver assegnato alle lettere i valori indicati.

12 Dividi -9 elevato alla a per -3 elevato alla a e poi alla b. $a=+3$ $b=+2$ [-1]

13 Eleva -2 al doppio di b e dividi il risultato per il quadruplo di a. $a=-4$ $b=+3$ [-4]

Risolvi i seguenti problemi.

14 INTORNO A NOI **Grandi menti** Archimede nacque nel 287 a.C. e morì all'età di 75 anni; in quale anno? Anche Pitagora visse 75 anni e morì nel 495 a.C.; in quale anno nacque? Talete invece nacque nel 624 a.C. e morì nel 547 a.C.; a quale età?

15 INTORNO A NOI Ieri con € 68 in tasca ho acquistato l'abbonamento mensile per l'autobus, per € 36. Poi ho incontrato un mio amico, che mi ha restituito € 17 che gli avevo prestato. Successivamente, ho comprato dei guanti a € 12 e un berretto a € 7. Infine, facendo la spesa al supermarket dove avrei dovuto pagare € 26, con la carta fedeltà ho ottenuto uno sconto di € 4. Quanti euro mi sono rimasti? [€ 8]

VERIFICA DELLE COMPETENZE PROVE

1 ora

PROVA A

1 VERO O FALSO?

a. La somma tra due numeri discordi è zero. V F

b. I numeri interi minori di 4 sono quattro. V F

c. Un numero intero a è sempre maggiore di $-a$. V F

d. Il quoziente di due numeri discordi è negativo. V F

Semplifica le seguenti espressioni.

2 $\{(-34):[(-7)+(-10)]\}^3+[(+9)(-4):(-6)]^2-(+7)(-3)(-2)$

3 $\{(-12)^5:[(+3)^2(-4)^2]\}:\{[(12)^5(-12)^3]:[(-12)^3]^2\}$

4 $[(-28):(-7)-6]^3-[(-4)^2]^6:[(-4)^4(-4)^5]-[(-6)(-2^3+4)]$

---

5 Un inventore ha creato una macchina del tempo. Decide quindi di viaggiare fino al 1630 per conoscere Galileo Galilei e poi di tornare ancora indietro nel tempo di 2383 anni per assistere alla fondazione di Roma. Infine decide di tornare ulteriormente indietro di 61 anni per assistere alla fondazione di Cartagine. In quali anni sono state fondate Roma e Cartagine?

6 Calcola il valore della seguente espressione dopo aver sostituito alle lettere i valori scritti a fianco:

$-ab^2+5b+(a:b)^2:3+a^2:(-b)$ $\qquad a=-6,\ b=-2.$

PROVA B

1 INVALSI 2011 **Più due, meno uno** Antonio e Giada partecipano a una gara a quiz. Per ogni risposta esatta si assegnano due punti, mentre per ogni risposta sbagliata si toglie un punto. L'esito della gara è il seguente: Antonio ha dato 11 risposte esatte e 9 sbagliate, Giada ha dato 6 risposte esatte e 14 sbagliate.
Quali sono i punteggi finali dei due ragazzi?

A $+13;\ +2.$

B $+13;\ -2.$

C $+2;\ +8.$

D $+2;\ -8.$

2 **Brrr...!** La temperatura può essere espressa in gradi Celsius (°C) o in kelvin (K), e tra le due temperature vale la seguente relazione: $T_K = t_{°C} + 273$.

a. Qual è la misura in kelvin della temperatura indicata dal termometro come −4 °C?

b. Se l'acqua diventa ghiaccio a 0 °C, congela a temperatura più alta l'acqua o l'alcol, che ha una temperatura di congelamento di 158 K?

3 **Poca spesa, tanta resa?** Nel mese di gennaio sui registri di una ditta ci sono le voci (in euro) segnate nel biglietto. La ditta ha guadagnato o è andata in perdita? Di quanto?

−23455	costi di produzione
+25091	ricavo delle vendite
−1200	manutenzione macchinari
−752	spese di gestione

T

CAPITOLO 3

I NUMERI RAZIONALI E I NUMERI REALI

1 Dalle frazioni ai numeri razionali

▶ Esercizi a p. 107

Consideriamo alcune situazioni che non possono essere descritte né con i numeri naturali né con i numeri interi.
Per esempio:

- si vuole indicare la parte di tre tavolette di cioccolata che spetta a ciascuno dei quattro amici, che l'hanno divisa in parti uguali;
- si vuole indicare che, in una classe di 30 studenti, 12 sono ragazze;
- si vogliono indicare le parti che compongono l'impasto di una pagnotta ai tre cereali: due parti di farina di mais, una parte di farina di segale e tre parti di farina di grano integrale.

Ciascuna di queste situazioni può essere descritta utilizzando una coppia di numeri naturali.

DEFINIZIONE
Una **frazione** è una coppia ordinata di numeri naturali, con il secondo diverso da 0.
Il primo numero è il **numeratore** della frazione, *n*, e il secondo è il **denominatore**, *d*.

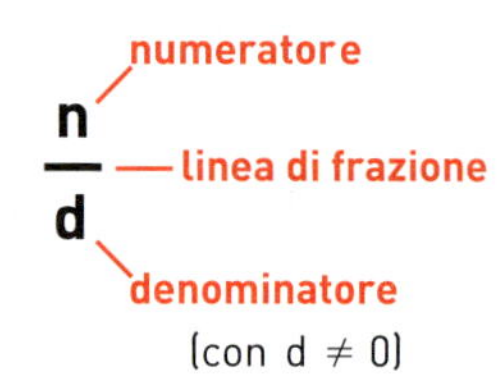

Listen to it

A **fraction** is a number defined by two non-negative integers: the denominator, different than zero, is written on the *bottom* and it indicates how many equal parts a unit is divided into, while the numerator is on the *top* and it indicates how many equal parts to consider.

▶ Trova le frazioni fra le seguenti espressioni:
$\frac{3}{5}$; $\frac{2+4}{6}$; $\frac{5+1}{4-4}$;
$\frac{2\cdot 0}{2+2}$; $\frac{7\cdot 1}{0\cdot 5}$; $\frac{15}{3}$.

Abbiamo così definito la frazione in modo formale e faremo altrettanto con le operazioni tra frazioni. Tuttavia, nel corso del capitolo vedremo anche che una frazione rappresenta il quoziente tra due numeri naturali, ossia il loro **rapporto**. Per esempio, la frazione $\frac{3}{4}$ avrà lo stesso significato di $3 : 4$. Il fatto che la frazione sia corrispondente a una divisione fra due numeri naturali spiega perché nella definizione abbiamo posto la condizione che il denominatore sia diverso da 0.

Una scrittura del tipo $\frac{n}{0}$ è perciò priva di significato, non indica una frazione: **non esistono frazioni con denominatore 0.**

ESEMPIO
Le scritture $\frac{1}{0}$, $\frac{25}{0}$, $\frac{1234}{0}$, … non indicano frazioni perché, per definizione, sono prive di significato.

Una frazione $\frac{a}{b}$, con $a, b \in \mathbb{N}$, $b \neq 0$, è:

- **propria** se $a < b$;
- **apparente** se a è multiplo di b;
- **impropria** se $a > b$ e a non è multiplo di b.

ESEMPIO
$\frac{2}{5}$ è propria, $\frac{5}{2}$ è impropria, $\frac{10}{2}$ è apparente.

Le frazioni equivalenti

DEFINIZIONE
Due **frazioni** sono **equivalenti** se e solo se il prodotto del numeratore della prima per il denominatore della seconda è uguale al prodotto del denominatore della prima per il numeratore della seconda. I prodotti della figura, *ad* e *bc*, si chiamano *prodotti in croce*.

$$\frac{a}{b} \times \frac{c}{d} \qquad \text{(con b, d} \neq 0)$$
$$ad = bc$$

Indichiamo l'equivalenza con il simbolo ~:

$\frac{a}{b} \sim \frac{c}{d}$ si legge: $\frac{a}{b}$ è equivalente a $\frac{c}{d}$.

ESEMPIO Le frazioni $\frac{3}{5}$ e $\frac{6}{10}$ sono equivalenti; i prodotti in croce sono uguali:

$$\frac{3}{5} \times \frac{6}{10} \qquad 3 \cdot 10 = 30$$
$$5 \cdot 6 = 30.$$

Le frazioni $\frac{5}{6}$ e $\frac{7}{9}$ non sono equivalenti, perché $5 \cdot 9 = 45$ è diverso da $6 \cdot 7 = 42$.

La proprietà invariantiva

Proprietà invariantiva
Se si moltiplica per uno stesso numero naturale *diverso da* 0 sia il numeratore sia il denominatore di una frazione, si ottiene una frazione equivalente. Allo stesso modo si possono dividere numeratore e denominatore per uno stesso numero naturale *diverso da* 0, purché sia divisore di entrambi.

$$\frac{a}{b} \sim \frac{a \cdot c}{b \cdot c} \qquad \text{(con b, c} \neq 0)$$
$$\frac{a}{b} \sim \frac{a : d}{b : d} \qquad \text{(con b, d} \neq 0)$$

▶ Trova le frazioni proprie, apparenti e improprie fra:
$\frac{5}{7}$; $\frac{6}{4}$; $\frac{1}{5}$; $\frac{8}{2}$; $\frac{6}{3}$; $\frac{9}{4}$; $\frac{3}{2}$; $\frac{15}{6}$; $\frac{21}{30}$; $\frac{17}{1}$.

Listen to it
You can check if two fractions $\frac{m}{n}$ and $\frac{p}{q}$ are **equivalent** by calculating the products m times q and n times p, and verifying that they are equal.

MATEMATICA INTORNO A NOI
1870: nasce la bicicletta! Il velocipede era un po' diverso dalle biciclette di oggi: ruota anteriore enorme e ruota posteriore minuscola. Simpatico ma pericoloso, fu soppiantato in una ventina d'anni da un nuovo biciclo, simile alla bicicletta moderna.

▶ Perché nella bicicletta si usano i rapporti?

La risposta

DIMOSTRAZIONE

- Dimostriamo che $\frac{a}{b}$ è equivalente a $\frac{a \cdot c}{b \cdot c}$, con $c \neq 0$.

  Consideriamo il prodotto fra il numeratore a della prima frazione per il denominatore $b \cdot c$ della seconda. Se applichiamo le proprietà associativa e commutativa della moltiplicazione fra numeri naturali,

  proprietà commutativa

  $$a \cdot (b \cdot c) = (a \cdot b) \cdot c = (b \cdot a) \cdot c = b \cdot (a \cdot c),$$

  proprietà associativa — proprietà associativa

  otteniamo il prodotto fra il denominatore b della prima frazione per il numeratore $a \cdot c$ della seconda frazione, quindi le frazioni sono equivalenti.

- Dimostriamo che $\frac{a}{b}$ e $\frac{a:c}{b:c}$, con $c \neq 0$, sono equivalenti:

  per la proprietà dimostrata

  $$\frac{a:c}{b:c} = \frac{(a:c) \cdot c}{(b:c) \cdot c} = \frac{a}{b}.$$

  per la definizione di quoziente

ESEMPIO

$\frac{2}{5} \sim \frac{2 \cdot 3}{5 \cdot 3}$ Infatti, $2 \cdot (5 \cdot 3) = 5 \cdot (2 \cdot 3)$, quindi: $\frac{2}{5} \sim \frac{6}{15}$.

$\frac{36}{42} \sim \frac{36:6}{42:6} \sim \frac{6}{7}$ Infatti, $36 \cdot (42:6) \sim 42 \cdot (36:6)$.

Non possiamo moltiplicare numeratore e denominatore per 0, perché otterremmo $\frac{0}{0}$, che non ha significato, né possiamo dividere per 0.

Poiché si ottiene una frazione equivalente a una frazione data moltiplicando o dividendo numeratore e denominatore per uno stesso numero naturale, le frazioni equivalenti che si ottengono sono infinite.

▶ Completa le uguaglianze, se possibile, applicando la proprietà invariantiva.

$\frac{7}{8} = \frac{\square}{48}$; $\frac{27}{5} = \frac{51}{\square}$; $\frac{\square}{10} = \frac{35}{50}$; $\frac{18}{21} = \frac{\square}{35}$; $\frac{21}{\square} = \frac{49}{14}$; $\frac{5}{4} = \frac{\square}{12}$.

Animazione

La semplificazione di frazioni

Una frazione è **irriducibile** o **ridotta ai minimi termini** se numeratore e denominatore sono primi fra loro.

$\frac{11}{8}$ è irriducibile; $\frac{8}{6}$ non lo è. (8 e 6 hanno 2 come divisore comune)

Chiamiamo **semplificazione** di una frazione il passaggio da una frazione a una equivalente quando *dividiamo* numeratore e denominatore per uno stesso numero diverso da zero.
Di solito cerchiamo di semplificare fino a ottenere una frazione irriducibile.

Per ridurre una frazione ai minimi termini è sufficiente dividere il numeratore e il denominatore per il loro MCD.

ESEMPIO

$\frac{24}{40}$ non è ridotta ai minimi termini.

Per ridurla calcoliamo il MCD(24; 40) = 8 e poi dividiamo per 8 numeratore e denominatore:

$$\frac{24}{40} \sim \frac{24 : 8}{40 : 8}, \quad \text{quindi} \quad \frac{24}{40} \sim \frac{3}{5}.$$

▶ Semplifica quando è possibile:

$\frac{16}{8}$; $\frac{8}{9}$; $\frac{25}{10}$; $\frac{7}{42}$;

$\frac{15}{35}$; $\frac{30}{105}$; $\frac{60}{80}$;

$\frac{126}{147}$; $\frac{54}{48}$; $\frac{16}{3}$;

$\frac{360}{180}$; $\frac{56}{98}$; $\frac{64}{128}$.

La riduzione di frazioni a denominatore comune

«Ridurre a denominatore comune» due frazioni significa trovare altre due frazioni aventi lo stesso denominatore, ciascuna equivalente a una delle frazioni date.

Applicando la proprietà invariantiva, si possono trovare infinite soluzioni a questo problema.

Per semplicità di calcolo, fra tutti i possibili denominatori comuni si sceglie il più piccolo, cioè il mcm fra i denominatori: si parla allora di **riduzione al minimo denominatore comune.**

ESEMPIO Riduciamo $\frac{5}{6}$ e $\frac{4}{15}$ al minimo denominatore comune.

Calcoliamo il mcm$(6; 15) = 30$.

Applichiamo la proprietà invariantiva: $\frac{5}{6} \sim \frac{?}{30}$.

Cerchiamo il numero che, moltiplicato per 6, dà 30, ossia $30 : 6 = 5$:

$$\frac{5}{6} \sim \frac{5 \cdot 5}{6 \cdot 5};$$

applichiamo ancora la proprietà invariantiva: $\frac{4}{15} \sim \frac{?}{30}$.

Il fattore di moltiplicazione è $30 : 15 = 2$:

$$\frac{4}{15} \sim \frac{4 \cdot 2}{15 \cdot 2}.$$

Le frazioni $\frac{5}{6}$ e $\frac{4}{15}$, ridotte al minimo denominatore comune, diventano:

$$\frac{25}{30} \text{ e } \frac{8}{30}.$$

▶ Riduci le frazioni di ognuno dei seguenti gruppi al minimo denominatore comune:

- $\frac{1}{2}$, $\frac{5}{6}$, 3, $\frac{3}{8}$;
- $\frac{1}{27}$, $\frac{4}{81}$, $\frac{2}{9}$, $\frac{8}{3}$.

I numeri razionali assoluti

Riprendiamo l'esempio delle tre tavolette di cioccolata da dividere in parti uguali fra quattro amici.

Possiamo dividere ogni tavoletta in 4 parti uguali e darne 3 a ogni ragazzo, ma possiamo anche dividere le tavolette in 8 parti e darne 6 a ogni ragazzo, oppure in 12 e darne 9 ecc. Ciascuna di tali quantità può essere espressa mediante una frazione, nell'ordine: $\frac{3}{4}, \frac{6}{8}, \frac{9}{12}$.

Osserva che $\frac{3}{4} \sim \frac{6}{8} \sim \frac{9}{12}$: un problema risolto con l'uso di una frazione in realtà è risolto anche con le altre infinite frazioni a essa equivalenti.

Possiamo pensare di raggruppare tutte le frazioni equivalenti a $\frac{3}{4}$ in un «cassetto», tutte quelle equivalenti a $\frac{2}{3}$ in un altro «cassetto» e così via per tutte le altre frazioni.

Non accade mai, in questo modo, che una frazione appartenga a due «cassetti» diversi. In matematica questi cassetti sono particolari insiemi chiamati «classi di equivalenza».
Per comodità scegliamo come rappresentante di ogni classe la frazione ridotta ai minimi termini.

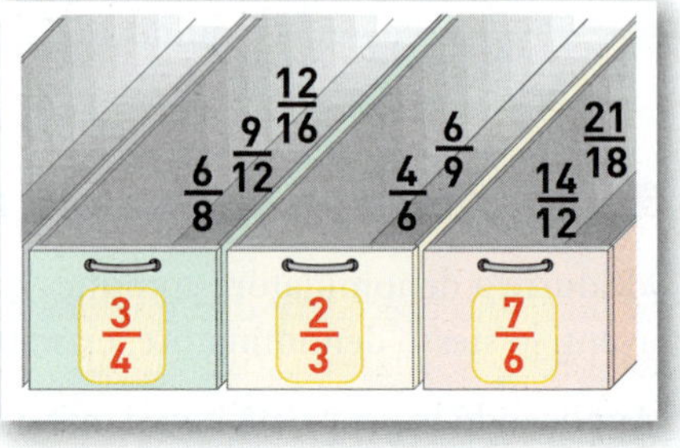

In questo modo, $\frac{3}{4}$ è la frazione che rappresenta $\frac{6}{8}, \frac{9}{12}, \frac{12}{16}$... ossia le infinite frazioni equivalenti.

Tutte le frazioni di una stessa classe sono scritture diverse che rappresentano una stessa classe, che chiamiamo *numero razionale assoluto*.

▶ Considera un quadrato e verifica che la parte che corrisponde ai suoi $\frac{4}{6}$ è la stessa che corrisponde ai suoi $\frac{8}{12}$.
Ci sono altre frazioni che corrispondono alla stessa parte? Come chiamiamo l'insieme di tutte queste frazioni?
Confronta le tue risposte con le considerazioni proposte nel video.

Video

DEFINIZIONE

Un **numero razionale assoluto** è una classe di tutte le frazioni fra loro equivalenti.

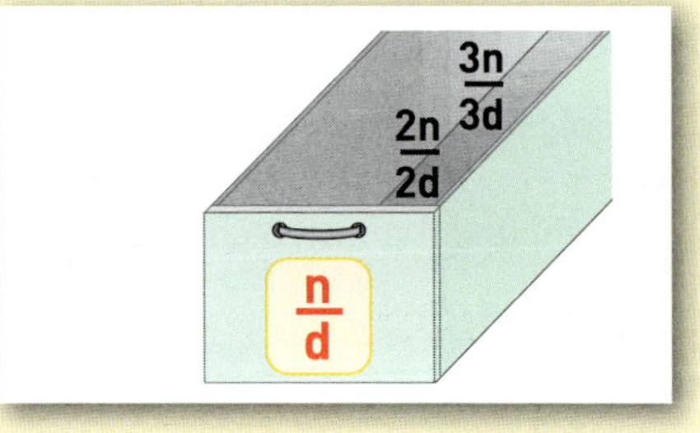

Assoluto significa in questo caso «senza segno»: infatti abbiamo definito finora frazioni di numeri naturali, che non hanno segno.

Per esempio, $\frac{2}{3}$ e $\frac{6}{9}$ sono due modi diversi di rappresentare lo stesso numero razionale assoluto, che è $\left\{\frac{2}{3}, \frac{4}{6}, \frac{6}{9}, \frac{8}{12}, \dots\right\}$.

Possiamo scrivere allora $\frac{2}{3} = \frac{6}{9}$, nel senso che le due frazioni individuano **lo stesso numero razionale** assoluto. Per questo, in seguito, utilizzeremo il simbolo = invece di $\sim$.
L'insieme dei numeri razionali assoluti si indica con $\mathbb{Q}_a$.

I numeri razionali

È possibile estendere il concetto di frazione anche al caso in cui **numeratore e denominatore** siano numeri **interi** (con il denominatore diverso da 0):

$$\frac{-3}{4}, \quad \frac{15}{-7}, \quad \frac{0}{-2}, \quad \frac{-4}{1}, \quad \dots$$

Anche la definizione di frazioni equivalenti e la proprietà invariantiva si possono estendere alle frazioni di numeri interi.

ESEMPIO

1. $\frac{-6}{7} \sim \frac{6}{-7}$ perché $(-6) \cdot (-7) = 7 \cdot 6$.

2. $\frac{5}{3} \sim \frac{-5}{-3}$ perché $(5) \cdot (-3) = 3 \cdot (-5)$.

3. $\frac{6}{-8} \sim \frac{-3}{4}$ perché $6 \cdot 4 = (-8) \cdot (-3)$.

Per rappresentare la prima classe di frazioni usiamo la scrittura $-\frac{6}{7}$, per la seconda classe $+\frac{5}{3}$, per la terza $-\frac{3}{4}$.

Se facciamo precedere una frazione che rappresenta un numero razionale assoluto dal segno $-$, stiamo scrivendo una **frazione negativa**; se la facciamo precedere dal segno $+$, stiamo scrivendo una **frazione positiva**.

DEFINIZIONE

Un **numero razionale** è una classe di tutte le frazioni equivalenti in cui numeratore e denominatore sono numeri interi (con il denominatore diverso da 0).

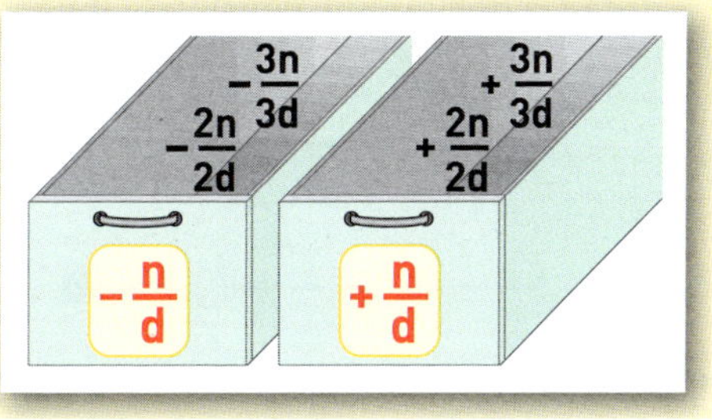

Listen to it

Rational numbers are numbers that can be expressed as fractions of two integers, with a non zero denominator.

L'insieme dei numeri razionali si indica con $\mathbb{Q}$.

Inoltre si indica con $\mathbb{Q}^+$ l'insieme dei numeri razionali positivi e con $\mathbb{Q}^-$ quello dei numeri razionali negativi.

Chiamiamo **opposto** di $+\frac{n}{d}$, il numero razionale $-\frac{n}{d}$, che si ottiene dallo stesso numero razionale assoluto.

È possibile stabilire una corrispondenza biunivoca fra razionali assoluti e razionali positivi uniti allo zero, se identifichiamo $+\frac{a}{b}$ in $\mathbb{Q}$ con $\frac{a}{b}$ in $\mathbb{Q}_a$.

ESEMPIO

$+\frac{3}{11}$ e $\frac{3}{11}$ in $\mathbb{Q}$ indicano lo stesso numero.

Anche fra numeri interi e numeri razionali con denominatore 1 c'è corrispondenza biunivoca.

ESEMPIO

-5 e $-\frac{5}{1}$, $\frac{3}{1}$ e 3 in $\mathbb{Q}$ indicano lo stesso numero.

Come in $\mathbb{Z}$, anche in $\mathbb{Q}$ diamo queste definizioni:

- due numeri razionali sono **concordi** se hanno lo stesso segno, sono **discordi** se hanno segno diverso;
- il **valore assoluto** di un numero razionale è il numero stesso se è positivo o zero, l'opposto del numero se il numero è negativo.

2 Il confronto di numeri razionali

▶ Esercizi a p. 110

La rappresentazione dei numeri razionali su una retta

Anche i numeri razionali possono essere rappresentati su una retta orientata.

Per rappresentare un numero razionale $+\frac{a}{b}$ o $-\frac{a}{b}$ su una retta orientata:

- prendiamo come verso positivo quello verso destra;
- fissiamo l'origine, corrispondente a 0, e l'unità di misura u;
- consideriamo il segmento ottenuto dividendo l'unità u in b parti e prendendone a;
- associamo a $+\frac{a}{b}$ il punto a destra dell'origine e a $-\frac{a}{b}$ quello a sinistra, con distanza dall'origine uguale alla lunghezza del segmento.

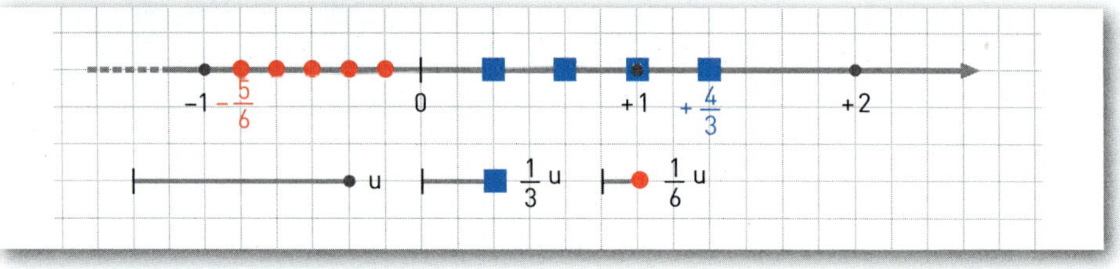

▶ Rappresenta sulla retta orientata:
$-2;\ \frac{1}{4};\ -\frac{12}{3};$
$-\frac{10}{8};\ +\frac{5}{2};\ \frac{3}{1}.$

Tutte le frazioni tra loro equivalenti corrispondono allo stesso punto sulla retta.

Per esempio, nella figura a fianco, $+\frac{2}{3}$ e $+\frac{4}{6}$ corrispondono allo stesso punto sulla retta.

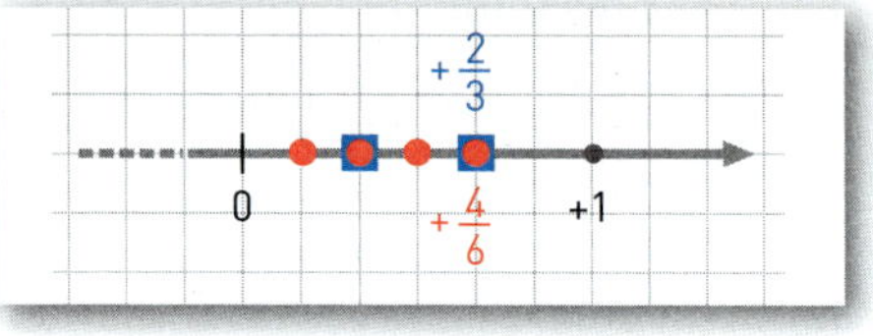

Confronto

Zero è maggiore di ogni numero negativo e minore di ogni numero positivo.

Per esempio: $-\frac{5}{3} < 0$; $0 < +\frac{4}{9}$.

Se i numeri sono *discordi*, il maggiore è quello positivo.

Per esempio: $-\frac{4}{6} < +\frac{3}{2}$.

Se due frazioni hanno lo stesso denominatore positivo diciamo che la frazione maggiore è quella che ha numeratore maggiore.

Listen to it

To **compare** rational numbers with the *same* sign, you can check their relative positions on the number line, or you can transform them into fractions with the same denominator and simply compare their numerators with signs.

ESEMPIO

1. Per confrontare $\frac{5}{6}$ e $\frac{4}{15}$, riduciamo a denominatore comune:

$$\frac{25}{30} \text{ e } \frac{8}{30} \rightarrow 25 > 8 \rightarrow \frac{5}{6} > \frac{4}{15}.$$

2. Confrontiamo ora le frazioni $-\frac{1}{2}$ e $-\frac{1}{3}$.

Riducendo allo stesso denominatore *positivo* 6, otteniamo, nell'ordine:

$$-\frac{3}{6} \text{ e } -\frac{2}{6} \rightarrow -3 < -2 \rightarrow -\frac{1}{2} < -\frac{1}{3}.$$

Date due frazioni positive, possiamo confrontarle anche utilizzando il prodotto in croce. Chiamiamo *diagonale principale* quella su cui si trova il numeratore della prima frazione, *diagonale secondaria* l'altra.

Se il prodotto sulla diagonale principale è minore di quello sulla diagonale secondaria, la prima frazione è minore della seconda; in caso contrario la prima frazione è maggiore della seconda.

ESEMPIO Confrontiamo $\frac{2}{9}$ e $\frac{7}{12}$.

Poiché $2 \cdot 12 < 9 \cdot 7$, cioè $24 < 63$, abbiamo $\frac{2}{9} < \frac{7}{12}$.

Infatti, per la proprietà invariantiva:

$$\frac{2}{9} = \frac{2 \cdot 12}{9 \cdot 12} = \frac{24}{108}; \qquad \frac{7}{12} = \frac{7 \cdot 9}{12 \cdot 9} = \frac{63}{108}.$$

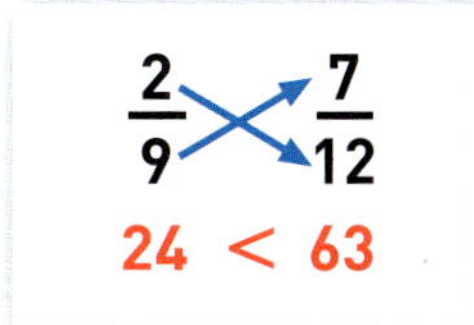

Con frazioni negative la regola precedente è ancora valida se si attribuisce il segno − ai numeratori delle frazioni. Possiamo così ricondurci al caso del confronto di frazioni con denominatore positivo uguale.

ESEMPIO Confrontiamo $-\frac{1}{2}$ e $-\frac{2}{3}$, cioè $\frac{-1}{2}$ e $\frac{-2}{3}$.
Poiché $(-1) \cdot 3 > (-2) \cdot 2$, la prima frazione è maggiore della seconda.

► Completa inserendo uno dei simboli <, >, =.

- $\frac{7}{4}$ ☐ $\frac{5}{3}$
- $\frac{3}{7}$ ☐ $\frac{5}{8}$
- $\frac{11}{4}$ ☐ $\frac{17}{6}$
- $\frac{5}{14}$ ☐ $\frac{29}{33}$

► Disponi in ordine crescente i seguenti numeri: $\frac{4}{5}, \frac{5}{3}, \frac{7}{4}, \frac{11}{8}, \frac{1}{2}$.

Animazione

$\mathbb{Q}$ è denso nella retta

Vediamo come sono distribuiti i numeri razionali sulla retta orientata. Prendiamo un punto *P* qualsiasi sulla retta e, partendo dall'origine, iniziamo a riportare segmenti lunghi $\frac{1}{10}$ consecutivamente l'uno all'altro, finché uno di questi segmenti contiene il punto *P*:

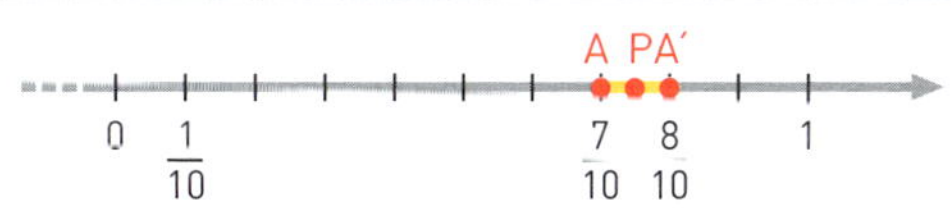

Ciascun estremo del segmento contenente il punto *P* corrisponde a un numero razionale: *A* corrisponde a $\frac{7}{10}$ e *A′* a $\frac{8}{10}$. Questi due punti distano non più di $\frac{1}{10}$ da *P*, quindi esistono punti corrispondenti ai razionali che al massimo distano $\frac{1}{10}$ da *P*.

Possiamo ripetere la costruzione con segmenti lunghi $\frac{1}{100}$, poi $\frac{1}{1000}$ e così via:

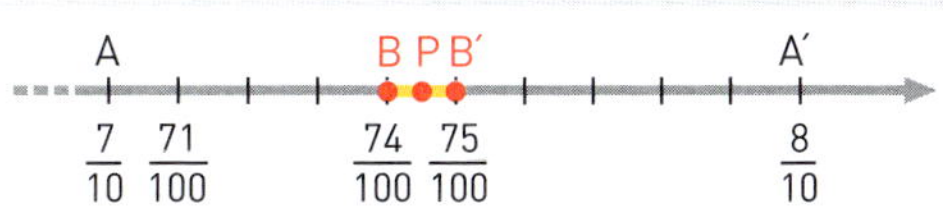

In questo modo è possibile trovare punti che corrispondono a razionali vicini quanto si vuole a un qualsiasi dato punto della retta. Per esempio, *B* e *B′* distano al massimo $\frac{1}{100}$ da *P*.

Per esprimere questo fatto si dice che $\mathbb{Q}$ è **denso nella retta**.

TEORIA

I punti che corrispondono a razionali sono infinitamente vicini a qualunque punto della retta. Ci poniamo allora questa domanda: esistono punti della retta che *non* corrispondono a numeri razionali? Affronteremo questo problema più avanti, ma possiamo anticipare che la risposta è sì.

3 Le operazioni in $\mathbb{Q}$

▶ Esercizi a p. 112

L'addizione e la sottrazione

Consideriamo due numeri razionali espressi da frazioni con lo stesso denominatore.

Listen to it

To **add** or **subtract** fractions with equal denominators, you can simply add or subtract the numerators. If the denominators are *not* equal, you can transform the fractions into equivalent ones with equal denominators.

DEFINIZIONE

La **somma (o la differenza) di due numeri razionali** espressi da frazioni con lo stesso denominatore è il numero espresso dalla frazione che ha per denominatore lo stesso denominatore e per numeratore la somma (o la differenza) dei numeratori.

$$\frac{a}{b} \pm \frac{c}{b} = \frac{a \pm c}{b}$$

(con $b \neq 0$)

ESEMPIO

1. $+\frac{2}{5}+\frac{4}{5}=\frac{2+4}{5}=\frac{6}{5}$;

2. $-\frac{5}{3}+\frac{1}{3}=\frac{-5+1}{3}=-\frac{4}{3}$.

▶ Trova una frazione equivalente a $\frac{3}{5}$ e una equivalente a $\frac{1}{5}$ e verifica che la somma delle due frazioni date e di quelle equivalenti non cambia.

Se i numeri razionali sono espressi da frazioni che hanno **denominatori diversi**, si utilizza la definizione precedente dopo aver ridotto le frazioni al minimo denominatore comune.

ESEMPIO Determiniamo la somma:

$$\frac{1}{6}+\frac{2}{15}.$$

Riduciamo al minimo denominatore comune: $\text{mcm}(6; 15) = 30$:

$$\frac{1}{6}=\frac{5}{30};\ \frac{2}{15}=\frac{4}{30}.$$

Ricadiamo nel caso di frazioni con lo stesso denominatore:

$$\frac{5}{30}+\frac{4}{30}=\frac{9}{30}.$$

In forma abbreviata possiamo scrivere: $\frac{5+4}{30}=\frac{9}{30}$.

▶ Calcola le seguenti somme algebriche.

- $2+\left(-\frac{11}{3}\right)$
- $-\frac{1}{4}-\left(-\frac{5}{6}\right)-3$

La definizione di addizione in $\mathbb{Q}$ è tale che, sommando due razionali con denominatore uguale a 1, si ottiene il numero razionale corrispondente alla somma in $\mathbb{Z}$ dei due numeri interi corrispondenti agli addendi.

ESEMPIO

$$\frac{5}{1}+\left(-\frac{7}{1}\right)=\frac{5+(-7)}{1}=\frac{-2}{1} \text{ nell'insieme } \mathbb{Q}.$$

$$\updownarrow \quad \updownarrow \qquad\qquad \updownarrow$$

$$5+\ (-7) \quad = \quad -2 \text{ nell'insieme } \mathbb{Z}.$$

L'addizione e la sottrazione sono operazioni interne in $\mathbb{Q}$.

In $\mathbb{Q}$ valgono tutte le **proprietà dell'addizione** (commutativa, associativa, esistenza dell'opposto) e della sottrazione (invariantiva) e vale la **prima legge di monotonia** sia per le uguaglianze, sia per le disuguaglianze.

Inoltre, l'elemento neutro per l'addizione in $\mathbb{Q}$ è 0, come già si verificava nell'insieme dei numeri interi $\mathbb{Z}$.

La moltiplicazione

DEFINIZIONE

Il **prodotto di due numeri razionali** espressi da frazioni è il numero espresso dalla frazione che ha per numeratore il prodotto dei numeratori e per denominatore il prodotto dei denominatori.

$$\frac{a}{b}\cdot\frac{c}{d}=\frac{a\cdot c}{b\cdot d}$$

(con $b, d \neq 0$)

Listen to it

The **product** of two fractions is a fraction with the product of the numerators as numerator and the product of the denominators as denominator.

ESEMPIO

1. $\frac{1}{2}\cdot\frac{5}{3}=\frac{1\cdot 5}{2\cdot 3}=\frac{5}{6}$;

2. $-\frac{3}{2}\cdot\frac{4}{7}=-\frac{12}{14}$.

▶ Calcola i seguenti prodotti.

- $\left(-\frac{35}{9}\right)\cdot\left(-\frac{6}{77}\right)$
- $\left(+\frac{10}{3}\right)\cdot\left(\ \frac{15}{8}\right)$

Anche la definizione di moltiplicazione è tale da fornire gli stessi prodotti della moltiplicazione fra interi corrispondenti.

ESEMPIO

$$\frac{5}{1}\cdot\frac{7}{1}=\frac{5\cdot 7}{1\cdot 1}=\frac{35}{1} \text{ nell'insieme } \mathbb{Q}.$$

$$\updownarrow \quad \updownarrow \qquad\qquad \updownarrow$$

$$5\cdot 7 \quad = \quad 35 \text{ nell'insieme } \mathbb{Z}.$$

La moltiplicazione è un'operazione interna in $\mathbb{Q}$.

Sono ancora valide le **proprietà della moltiplicazione**: commutativa, associativa, distributiva rispetto all'addizione, esistenza dell'elemento neutro 1, esistenza dell'elemento assorbente 0, legge di annullamento del prodotto. Vale inoltre la **seconda legge di monotonia** sia per le uguaglianze, sia per le disuguaglianze.

▶ Nel video trovi un'interpretazione geometrica dell'addizione e della moltiplicazione di frazioni. Utilizzala per rappresentare graficamente le seguenti operazioni:

$\frac{2}{9}+\frac{5}{9}$; $\frac{1}{6}+\frac{2}{5}$;

$\frac{5}{9}\cdot\frac{2}{7}$.

Video

TEORIA

Per la moltiplicazione in $\mathbb{Q}$ esiste anche una proprietà analoga all'esistenza dell'opposto nell'addizione.

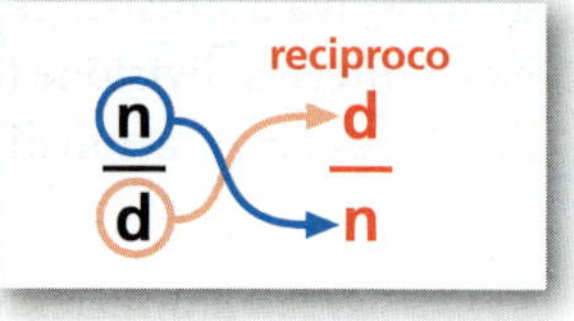

Chiamiamo **reciproco** del numero razionale espresso dalla frazione $\frac{n}{d}$ il numero espresso dalla frazione $\frac{d}{n}$, che si ottiene scambiando numeratore e denominatore.

ESEMPIO Sono reciproci

$$\frac{7}{2} \text{ e } \frac{2}{7}, \quad 3 \text{ e } \frac{1}{3}, \quad -\frac{2}{3} \text{ e } -\frac{3}{2}.$$

Poiché per definizione non esistono frazioni con denominatore 0, **il numero 0** $\left(=\frac{0}{1}\right)$ **non ha reciproco.**

La moltiplicazione di un numero razionale per il suo reciproco dà sempre come prodotto 1.

ESEMPIO

$$\frac{5}{4} \cdot \frac{4}{5} = 1; \quad \left(-\frac{3}{7}\right) \cdot \left(-\frac{7}{3}\right) = 1; \quad 9 \cdot \frac{1}{9} = 1.$$

Di ogni numero razionale, *escluso* 0, esiste il reciproco; il prodotto di un numero per il suo reciproco è uguale all'elemento neutro della moltiplicazione, cioè 1.

La divisione

DEFINIZIONE

Il **quoziente di due numeri razionali**, di cui il secondo *diverso da* 0, è uguale al prodotto del primo per il reciproco del secondo.

$$\frac{a}{b} : \frac{c}{d} = \frac{a}{b} \cdot \frac{d}{c}$$

(con b, c, d $\neq 0$)

ESEMPIO

$$-\frac{4}{7} : \left(-\frac{12}{21}\right) = -\frac{4}{7} \cdot \left(-\frac{21}{12}\right) = 1.$$

Osserva che $-\frac{4}{7}$ e $-\frac{12}{21}$ rappresentano lo stesso numero razionale; quindi il loro quoziente è uguale a 1.

La definizione di quoziente permette di effettuare sempre la divisione in $\mathbb{Q}$, escluso il caso in cui il divisore è 0. In particolare, in $\mathbb{Q}$ possiamo eseguire anche le divisioni che non era possibile eseguire in $\mathbb{Z}$. Per esempio:

$5:7$ non ha risultato in $\mathbb{Z}$,

$\frac{5}{1} : \frac{7}{1} = \frac{5}{1} \cdot \frac{1}{7} = \frac{5}{7}$ ha risultato in $\mathbb{Q}$.

Identifichiamo $5 : 7$ con $\frac{5}{7}$ e diciamo che $\frac{5}{7}$ è il rapporto fra 5 e 7.

Pertanto la divisione è un'**operazione interna in** $\mathbb{Q}$.

Listen to it

The **reciprocal** of a fraction is a fraction that multiplied by the original one gives 1 as a product.
To **divide** two fractions you can multiply the first by the reciprocal of the second.

▶ Esegui le seguenti divisioni.

- $(-8) : \left(-\frac{28}{3}\right)$
- $-\left(+\frac{7}{3}\right) : \left(-\frac{7}{2}\right)$

Per la divisione in $\mathbb{Q}$ continuano a valere la proprietà invariantiva e la proprietà distributiva a sinistra rispetto all'addizione.
Negli interi la divisione (quando è possibile) fornisce sempre un numero minore del dividendo. Nei razionali questa caratteristica non è sempre verificata.

ESEMPIO Il quoziente di $4 : \frac{1}{2}$ non è un numero minore di 4.

Infatti $4 : \frac{1}{2} = 4 \cdot 2 = 8$.

Ciò significa che $\frac{1}{2}$ sta otto volte nel 4.

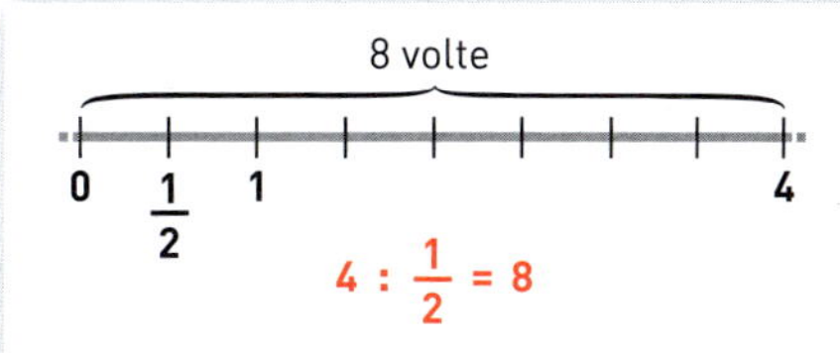

La potenza

Anche in $\mathbb{Q}$ vogliamo che la potenza di una frazione assuma il significato di una moltiplicazione ripetuta. Per esempio:

$$\left(\frac{3}{4}\right)^2 = \left(\frac{3}{4}\right) \cdot \left(\frac{3}{4}\right) = \frac{3 \cdot 3}{4 \cdot 4} = \frac{3^2}{4^2} = \frac{9}{16}.$$

Pertanto diamo la seguente definizione.

DEFINIZIONE
Dato un numero naturale n, la **potenza** n-esima **di una frazione** $\frac{a}{b}$ è la frazione che ha per numeratore a^n e per denominatore b^n.

$$\left(\frac{a}{b}\right)^n = \frac{a^n}{b^n}$$

(con $b \neq 0$, $n \in \mathbb{N}$)

ESEMPIO

$$\left(-\frac{2}{5}\right)^3 = \left(\frac{-2}{5}\right)^3 = \frac{(-2)^3}{5^3} = \frac{-8}{125} = -\frac{8}{125}.$$

Se $n = 0$, abbiamo: $\left(\frac{a}{b}\right)^0 = \frac{a^0}{b^0} = \frac{1}{1} = 1$.

In $\mathbb{Q}$ valgono le cinque proprietà delle potenze.

Listen to it

The n-th **power of a fraction** is equal to the n-th power of the numerator divided by the n-th power of the denominator.

► Calcola il valore delle seguenti potenze.
$\left(-\frac{1}{4}\right)^2$; $\left(-\frac{3}{2}\right)^3$; $\left(-\frac{9}{27}\right)^4$; $\left(-\frac{4}{5}\right)^0$.

4 Le potenze con esponente intero negativo

► Esercizi a p. 125

Vogliamo dare significato anche a potenze con esponente intero negativo. Per farlo consideriamo la divisione di due potenze di uguale base con l'esponente della prima minore di quello della seconda e applichiamo la seconda proprietà delle potenze. Per esempio: $3^4 : 3^6 = 3^{4-6} = 3^{-2}$. Qual è il significato di 3^{-2}?

Scriviamo la divisione sotto forma di frazione e semplifichiamo:

$$3^4 : 3^6 = \frac{3 \cdot 3 \cdot 3 \cdot 3}{3 \cdot 3 \cdot 3 \cdot 3 \cdot 3 \cdot 3} = \frac{1}{3^2}.$$

Se vogliamo che la seconda proprietà delle potenze sia valida anche in questo caso, deve essere vera l'uguaglianza:

$$3^{-2}=\frac{1}{3^2}=\left(\frac{1}{3}\right)^2.$$

In generale, se $a\neq 0$, $a^{-n}=\left(\frac{1}{a}\right)^n=\frac{1}{a^n}$. Diamo allora la seguente definizione.

DEFINIZIONE

La **potenza** di un numero razionale, *diverso da* 0, **con esponente intero negativo** è una potenza che ha per base il reciproco del numero dato e per esponente l'opposto dell'esponente.

$$\left(\frac{a}{b}\right)^{-n}=\left(\frac{b}{a}\right)^n$$

(con $a, b\neq 0$, $n\in\mathbb{N}$)

ESEMPIO

$$5^{-7}=\left(\frac{1}{5}\right)^7=\frac{1}{5^7};\ \left(\frac{3}{4}\right)^{-2}=\left(\frac{4}{3}\right)^2=\frac{16}{9}.$$

L'esponente -1 permette di scrivere la frazione reciproca di una frazione data mediante una potenza.

ESEMPIO

$$\left(\frac{2}{5}\right)^{-1}=\frac{5}{2};\ \left(-\frac{2}{3}\right)^{-1}=-\frac{3}{2};\ \left(\frac{1}{2}\right)^{-1}=2;\ 9^{-1}=\frac{1}{9}.$$

Anche per le potenze negative valgono le cinque proprietà delle potenze.

Listen to it

A **power with a negative exponent** is equal to a power whose base is the inverse of the original base and whose exponent is the same exponent as the original one but with a positive sign.

▶ Calcola:

3^{-2}; $(-4)^{-3}$;

$\left(-\frac{3}{10}\right)^{-3}$; $\left(-\frac{5}{2}\right)^{-2}$;

$\frac{5}{2^{-3}}$; $-\frac{8^{-1}\cdot 3^2}{2^{-2}}$; $\left(\frac{5^{-1}}{2^{-2}}\right)^{-2}$.

▶ Semplifica le seguenti espressioni, applicando le proprietà delle potenze.

- $\left(+\frac{2}{5}\right)^{-2}\cdot\left(+\frac{2}{5}\right)^{-1}$
- $\left(-\frac{3}{4}\right)^{-1}:\left(-\frac{3}{4}\right)^{-3}$
- $\left[\left(-\frac{1}{8}\right)^{-2}\right]^{-1}$
- $\left(-\frac{6}{7}\right)^{-1}\cdot\left(-\frac{21}{4}\right)^{-1}$
- $\left(-\frac{4}{25}\right)^{-4}:\left(+\frac{2}{25}\right)^{-4}$

Animazione

$\mathbb{Q}$ è un ampliamento di $\mathbb{Z}$

$\mathbb{Q}$ è un ampliamento di $\mathbb{Z}$ perché:

- c'è corrispondenza biunivoca fra $\mathbb{Z}$ e il sottoinsieme di $\mathbb{Q}$ rappresentato dalle frazioni con denominatore 1;
- le operazioni definite in $\mathbb{Q}$ hanno le stesse proprietà di quelle definite in $\mathbb{Z}$ e mantengono la corrispondenza biunivoca appena descritta; per esempio:

$$\begin{array}{ccccc} -\frac{3}{1} & + & \frac{5}{1} & = & +\frac{2}{1} \\ \updownarrow & & \updownarrow & & \updownarrow \\ -3 & + & 5 & = & +2. \end{array}$$

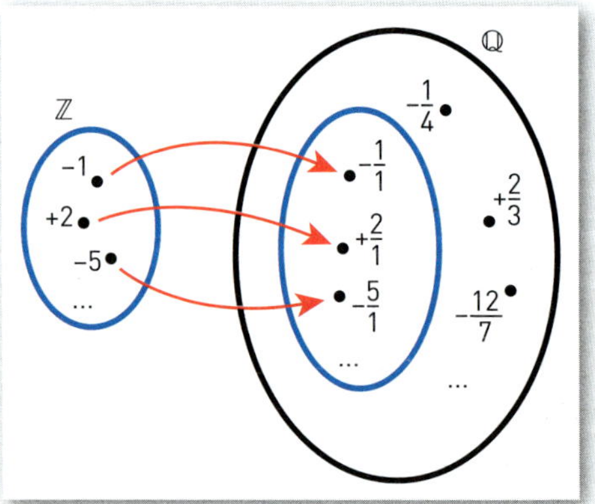

- in $\mathbb{Q}$ possiamo eseguire operazioni non possibili in $\mathbb{Z}$, cioè potenze con esponenti interi negativi e divisioni come la seguente:

$$(-3):(-4)=\left(-\frac{3}{1}\right):\left(-\frac{4}{1}\right)=+\frac{3}{1}\cdot\frac{1}{4}=+\frac{3}{4}.$$

5 I numeri razionali e i numeri decimali

▶ Esercizi a p. 128

Le frazioni e i numeri interi

Se una frazione è apparente, le può essere associato un numero intero.

ESEMPIO

$\frac{12}{3} = 4; \quad -\frac{22}{2} = -11; \quad \frac{5}{5} = 1.$

Le frazioni e i numeri decimali finiti

Le frazioni che hanno come denominatore una potenza di 10 (con esponente un naturale diverso da 0) vengono dette **frazioni decimali**.

ESEMPIO

$\frac{2357}{100}, \ \frac{2}{10}, \ \frac{49}{1000}, \ \frac{81}{100}$ sono frazioni decimali.

Per le frazioni decimali possiamo utilizzare la **rappresentazione decimale**, che si basa sulla scrittura posizionale e sull'uso della virgola.

Consideriamo una frazione decimale e trasformiamola così:

$$\frac{2357}{100} = \frac{2000 + 300 + 50 + 7}{100} = \frac{2000}{100} + \frac{300}{100} + \frac{50}{100} + \frac{7}{100} =$$

$$20 + 3 + \frac{5}{10} + \frac{7}{100} = 2 \cdot 10 + 3 \cdot 1 + 5 \cdot \frac{1}{10} + 7 \cdot \frac{1}{100}.$$

La frazione può essere vista come la somma di $2 \cdot 10^1 + 3 \cdot 10^0 + 5 \cdot 10^{-1} + 7 \cdot 10^{-2}$ ed essere indicata con la scrittura 23,57.

Le cifre assumono un diverso valore a seconda della **posizione** in cui si trovano (come nella scrittura dei numeri naturali); la virgola serve per separare la parte intera da quella decimale.

Con la scrittura decimale possiamo rappresentare non solo le frazioni decimali, ma anche tutte quelle a esse equivalenti.

In questo modo a ogni numero razionale rappresentabile con una frazione decimale viene fatto corrispondere un **numero decimale finito**, ossia un numero decimale che ha un numero finito di cifre decimali.

Per trasformare una frazione in un numero decimale eseguiamo la divisione fra numeratore e denominatore. I casi che si possono presentare sono due:

1. Troviamo, dopo un certo numero di passaggi, un resto uguale a 0.
   In questo caso il quoziente è un numero decimale finito.
   Per esempio: $\frac{3}{4} = 3 : 4 = 0{,}75$.
2. Troviamo resti sempre diversi da 0, ma che si ripetono con regolarità.
   In questo caso le cifre del quoziente, da un certo punto in poi, si ripetono, generando un numero decimale periodico.

Listen to it

A **decimal** is a fraction with denominator 10 or a power of 10. A **decimal number** is the sum of an integer plus decimals. It can be *finite* if the decimals are a finite number or *periodical* if a sequence of decimals is repeated infinitely.

```
17              | 7
 30             |---------------
  20            | 2,428571 42...
   60
    40
     50
      10
       30
        20
        ...
```

Siamo sicuri che la ripetizione deve avvenire, perché ogni possibile resto parziale deve essere minore del divisore; quindi i resti fra loro diversi sono in numero finito. Per esempio, nella divisione della figura, poiché il divisore è 7, i resti diversi fra loro (e diversi da 0) possono essere solo 1, 2, 3, 4, 5, 6.
Dopo sei divisioni (al massimo) siamo sicuri di trovare un resto già incontrato, che fa ripetere il procedimento di divisione.

I numeri razionali rappresentabili mediante frazioni decimali sono soltanto quelli corrispondenti a frazioni che, ridotte ai minimi termini, hanno il denominatore che contiene come fattori primi solo il 2 e il 5.

Le frazioni e i numeri decimali periodici

Quando non è possibile trasformare una frazione in frazione decimale, significa che essa corrisponde a un **numero decimale periodico**, ossia a un numero le cui cifre decimali sono infinite e, da un certo punto in poi, si ripetono a gruppi sempre uguali.

Il gruppo di cifre ripetute si chiama **periodo**; l'insieme delle cifre comprese fra la virgola e il periodo si chiama **antiperiodo**. Per comodità di scrittura indicheremo il periodo soprassegnandolo.

► Trova quali fra le seguenti frazioni danno origine a un numero decimale finito, periodico semplice o periodico misto e trasformale in numeri decimali:
$\frac{51}{340}$; $\frac{14}{15}$; $\frac{16}{18}$.

Animazione

ESEMPIO

$\frac{35}{6} = 5{,}83333\ldots = 5{,}8\overline{3}.$ Il periodo è 3, l'antiperiodo 8.

Un numero razionale può sempre essere rappresentato da un numero decimale finito o periodico. Il numero decimale periodico è **semplice** se le cifre si ripetono subito dopo la virgola, **misto** se il periodo è preceduto dall'antiperiodo.

► Nel video che ti proponiamo diamo una giustificazione alla regola di trasformazione di un numero decimale periodico. Dopo aver compreso il metodo nell'esempio del video, applicalo a $3{,}1256\overline{4}$.

Video

Le frazioni generatrici

Esiste una regola che permette di scrivere ogni numero decimale periodico sotto forma di frazione, detta **frazione generatrice** del numero decimale.
Si può dimostrare che la frazione generatrice di un numero decimale periodico si ottiene considerando la frazione avente:

- come **numeratore** il numero, scritto senza virgola, diminuito del numero costituito da tutte le cifre che precedono il periodo;
- come **denominatore** il numero costituito da tanti 9 quante sono le cifre del periodo, seguiti da tanti 0 quante sono le cifre dell'antiperiodo.

ESEMPIO Il numero $0{,}7\overline{3}$ ha come frazione generatrice:

$$\frac{73-7}{90} = \frac{66}{90} = \frac{11}{15}.$$

► Trasforma i seguenti numeri decimali in frazioni.
$0{,}0\overline{6}$; $6{,}04$; $1{,}2\overline{13}$.

Come caso particolare, anche i numeri interi possono essere considerati come numeri decimali periodici. Per esempio:

$$3 = 2{,}\overline{9}, \text{ infatti } 2{,}\overline{9} = \frac{29-2}{9} = \frac{27}{9} = 3.$$

Quindi, **a ogni numero razionale corrisponde un numero decimale, o finito o periodico e viceversa.**

6 I numeri reali

▶ Esercizi a p. 131

Consideriamo il triangolo ABC isoscele e rettangolo in C, con i cateti che misurano 1. Applicando il teorema di Pitagora, otteniamo che $\overline{AB} = \sqrt{2}$.

Si può dimostrare che $\sqrt{2}$ non è un numero razionale, perché non è possibile rappresentarlo mediante una frazione. Nella scheda di approfondimento «Che assurdo, Pitagora!» di pagina 132 è proposta una traccia della dimostrazione.

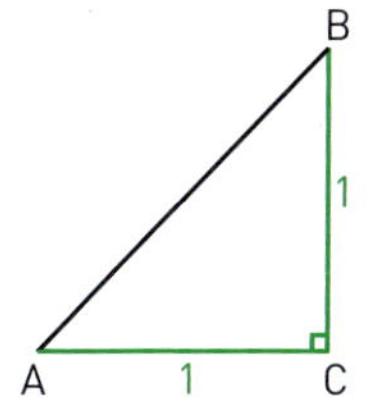

$\overline{AB}^2 = \overline{AC}^2 + \overline{CB}^2$
$\overline{AB}^2 = 1 + 1 = 2$
$\overline{AB} = \sqrt{2}$

Listen to it

An **irrational number** is a number that *cannot* be written as a fraction.
A **real number** is a number that is *either* a rational *or* an irrational number.

DEFINIZIONE
Chiamiamo **numero irrazionale** ogni numero che non è esprimibile mediante una frazione, cioè ogni numero che non è razionale.

I numeri irrazionali sono infiniti e corrispondono ai *numeri decimali con un numero infinito di cifre* e *non periodici*.

Si può dimostrare che sono numeri irrazionali:

- tutte le radici quadrate di numeri naturali che non siano quadrati perfetti; per esempio: $\sqrt{2} = 1{,}414\ldots$; $\sqrt{3} = 1{,}732\ldots$; $\sqrt{5} = 2{,}236\ldots$;
- $\pi = 3{,}141\ldots$, cioè il rapporto fra le misure di una circonferenza e del suo diametro.

DEFINIZIONE
Chiamiamo **numero reale** ogni numero che sia razionale o irrazionale e indichiamo con $\mathbb{R}$ l'insieme dei numeri reali.

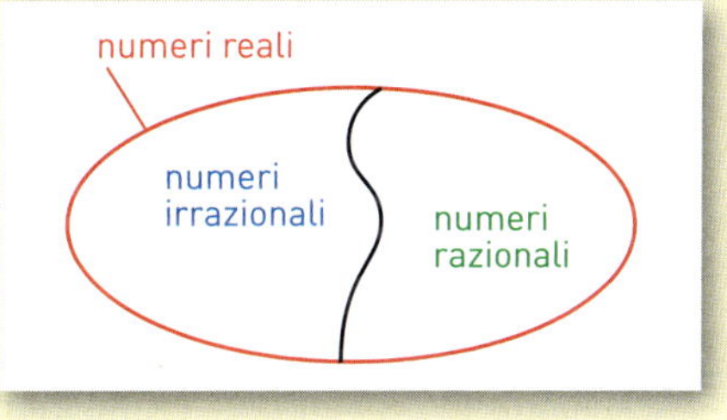

Anche i numeri irrazionali possono essere rappresentati sulla retta orientata.

Per rappresentare $\sqrt{2}$ sulla retta orientata, costruiamo un triangolo rettangolo e isoscele, come quello iniziale, che abbia un cateto con gli estremi in 0 e 1; riportiamo poi con il compasso la lunghezza della sua ipotenusa sulla retta orientata. Il punto ottenuto è quello che corrisponde a $\sqrt{2}$.

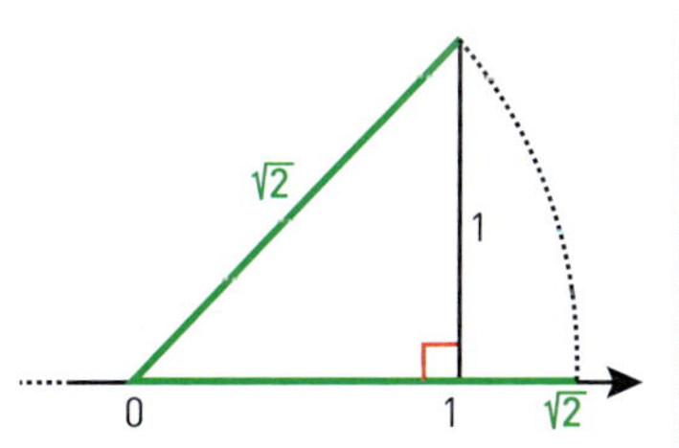

Si può dimostrare che i punti della retta e i numeri reali sono in corrispondenza biunivoca.

▶ La figura può suggerirti come costruire geometricamente un segmento di misura $\sqrt{2}$ e un segmento di misura $\sqrt{3}$. Costruisci anche segmenti che misurino $\sqrt{5}$ e $\sqrt{6}$.

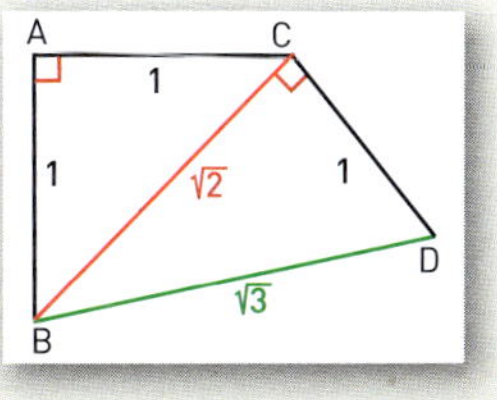

Animazione

▶ Costruisci uno schema in cui indichi gli insiemi numerici che abbiamo introdotto finora e, per ogni insieme, quali operazioni sono interne, fornendo esempi.

Video

7 Le frazioni e le proporzioni

▶ Esercizi a p. 132

Listen to it

An equality between fractions can be called a **proportion**. Proportions have properties that are derived from the properties of fractions. A fundamental property of a proportion $a : b = c : d$ is that the product of a and d, the end terms, is equal to the product of b and c, the middle terms.

Una proporzione è un'uguaglianza fra due rapporti. Quindi un'uguaglianza tra due frazioni equivalenti è una proporzione.

ESEMPIO

$\frac{10}{5} = \frac{8}{4}$ si può scrivere $10 : 5 = 8 : 4$.

Nella figura riassumiamo la terminologia relativa a una proporzione.

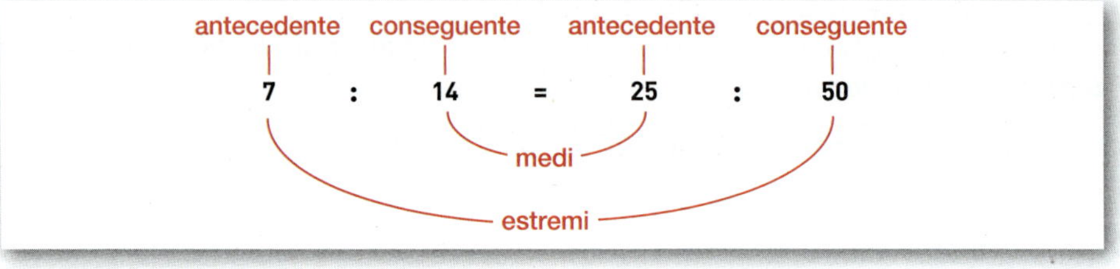

La proporzione della figura si legge: «7 sta a 14 come 25 sta a 50».

▶ Spiega perché è valida la proprietà utilizzando la seguente proporzione: $4 : 7 = 12 : 21$.

Proprietà fondamentale delle proporzioni
In una proporzione il prodotto dei medi è uguale al prodotto degli estremi.

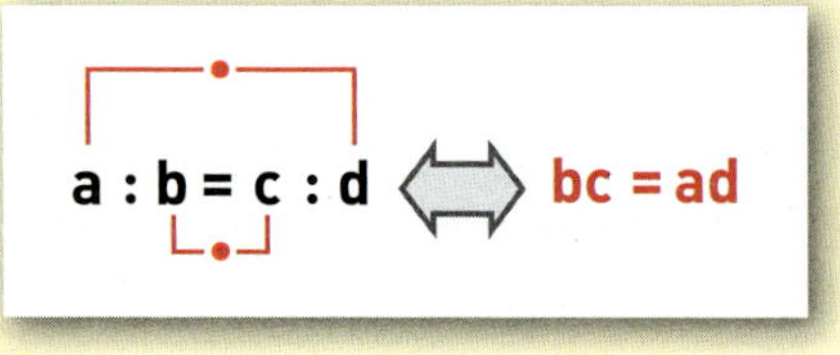

ESEMPIO

Scriviamo $2 : 5 = 6 : 15$ come uguaglianza tra frazioni:

$\frac{2}{5} = \frac{6}{15} \rightarrow 2 \cdot 15 = 5 \cdot 6.$

Le altre proprietà delle proporzioni si possono dimostrare utilizzando la proprietà fondamentale o l'equivalenza tra frazioni.

Proprietà		$a:b=c:d$ se e solo se:	$12:8=6:4$ se e solo se:
del comporre		$(a+b):a=(c+d):c$ $(a+b):b=(c+d):d$	$(12+8):12=(6+4):6$ $(12+8):8=(6+4):4$
dello scomporre (con $a \geq b$, $c \geq d$)		$(a-b):a=(c-d):c$ $(a-b):b=(c-d):d$	$(12-8):12=(6-4):6$ $(12-8):8=(6-4):4$
del permutare	i medi gli estremi	$a:c=b:d$ $d:b=c:a$	$12:6=8:4$ $4:8=6:12$
dell'invertire		$b:a=d:c$	$8:12=4:6$

Le proprietà delle proporzioni sono utili per determinare un termine incognito di una proporzione.

▶ Calcola applicando le proprietà delle proporzioni:

a. x nella proporzione $5 : x = 180 : 252$;

b. x e y, sapendo che $x : y = 4 : 3$ e $x + y = 112$;

c. il medio proporzionale x fra 12 e 75, ossia x tale che $12 : x = x : 75$.

Animazione

ESEMPIO

1. Determiniamo x nella proporzione $22:8=(x+35):x$.

$$22:8=(x+35):x \rightarrow (22-8):8=(x+35-x):x \rightarrow$$

proprietà dello scomporre

$$14:8=35:x \rightarrow 14\cdot x=8\cdot 35 \rightarrow x=\frac{8\cdot 35}{14}=20$$

proprietà fondamentale

2. Determiniamo il medio proporzionale x nella proporzione:

$$2:x=x:32.$$

Applicando la proprietà fondamentale:

$$x^2=64.$$

Il numero positivo il cui quadrato vale 64 è 8, pertanto:

$$x=8.$$

PROBLEMA

Il problema delle parti *A* e *B* giocano a testa o croce con una moneta non truccata. Vince chi per primo indovina 6 esiti. La partita viene interrotta sul 5 a 3 per *A*. Come devono essere suddivisi i 24 denari in gioco, in modo che la suddivisione possa essere accettata sia da *A* sia da *B*?...

Scheda di lavoro

8 Le percentuali

▶ Esercizi a p. 135

Le percentuali sono un modo diverso per scrivere le frazioni con denominatore 100. Per esempio, consideriamo la percentuale 25% (si legge: «venticinque per cento»). Essa equivale alla frazione $\frac{25}{100}$, ossia possiamo scrivere:

$$25\%=\frac{25}{100}=0{,}25=\frac{1}{4}.$$

Per risolvere problemi con percentuali basta ragionare in termini di frazioni.

ESEMPIO Il prezzo di un prodotto è stato portato da € 50 a € 53. Determiniamo il suo aumento in percentuale.
L'aumento di prezzo è: € 53 − € 50 = € 3.
La frazione corrispondente, rispetto al prezzo iniziale, è $\frac{3}{50}$.

Trasformiamo $\frac{3}{50}$ in una frazione con denominatore 100:

$$\frac{3}{50}=\frac{3\cdot 2}{50\cdot 2}=\frac{6}{100} \rightarrow \text{l'aumento in percentuale è del 6\%.}$$

In sintesi, per trasformare una frazione in percentuale, basta scrivere la frazione a essa equivalente con denominatore 100.

A volte la percentuale è espressa in **millesimi**. Per esempio 2‰ (si legge «due per mille») significa:

$$2‰=\frac{2}{1000}.$$

I problemi relativi alle percentuali si possono risolvere anche utilizzando le proporzioni.

ESEMPIO 28% di C è 2016. Determiniamo C:

$$28:100=2016:C \rightarrow 28\cdot C=100\cdot 2016 \rightarrow C=\frac{100\cdot 2016}{28}=7200.$$

Listen to it

A fraction that has 100 as its denominator can be written as a **percentage**.

▶ Un computer costa € 700. Se viene scontato del 18%, qual è il suo prezzo finale? A quanto ammonta lo sconto?

▶ Acquistata nei negozi del centro, una borsa prodotta da Laura costa € 200. Per le vendite online, Laura considera due proposte:
- *Ah, la mode!* prevede un prezzo di vendita ancora di € 200; il sito ne trattiene il 30% e versa a Laura la differenza;
- *BestSellers* propone un prezzo maggiorato del 15% rispetto a quello dei negozi, mentre la trattenuta è il 40% del ricavato.

Qual è il partner più conveniente per Laura?

Video

9 Il calcolo approssimato

▶ Esercizi a p. 141

Molti numeri razionali nella forma decimale sono rappresentati da un numero elevato di cifre, per esempio 1947251,23 o $21,\overline{376}$. Nelle operazioni di calcolo, e in particolare nel calcolo mentale, spesso è conveniente operare con un numero limitato di cifre. L'azione da compiere è di approssimare i numeri in gioco.

L'approssimazione di un numero

Per approssimare procediamo mediante **arrotondamento**.

Consideriamo il valore della prima cifra trascurata e:

- se tale valore è maggiore o uguale a 5, aumentiamo di 1 l'ultima cifra considerata;
- se è minore di 5, lasciamo invariata l'ultima cifra considerata.

Per esempio, se approssimiamo a meno di 10^{-2}, ossia ai centesimi, il numero 21,2381, scriviamo 21,24, poiché la prima cifra trascurata (quella dei millesimi) è 8, che è maggiore di 5. L'approssimazione è per *eccesso*. Infatti $21{,}24 > 21{,}2381$.

Se invece vogliamo approssimare a meno di 10^{-1}, ossia ai decimi, il numero 21,2381, allora scriviamo 21,2, poiché la prima cifra trascurata è 3, che è minore di 5. L'approssimazione è per *difetto*. Infatti $21{,}2 < 21{,}2381$.

Dato un numero che vogliamo approssimare a meno di 10^r, con $r \in \mathbb{Z}$, la prima cifra trascurata occupa la posizione corrispondente a 10^{r-1}.

Listen to it

When numbers have an infinite number of decimals, it can be useful to **approximate** them; you can do this by rounding up or rounding down.

DEFINIZIONE

Dati un numero q e la sua **approssimazione** a,
se $a > q$, si dice che a è un'approssimazione **per eccesso** di q;
se $a < q$, si dice che a è un'approssimazione **per difetto** di q.

▶ Approssima per difetto e per eccesso a meno di un centesimo e a meno di un millesimo i seguenti numeri.

$2{,}73\overline{52}$; 12,568; $\frac{11}{9}$; $1{,}\overline{5}$; $-7{,}4\overline{2}$.

L'errore assoluto e l'errore relativo

Quando si utilizza un'approssimazione al posto di un numero si compie inevitabilmente un errore. Vediamo in che modo è possibile valutare l'errore commesso.

Consideriamo un numero decimale finito, per esempio 78,2718 e la sua approssimazione a meno di $\frac{1}{100}$, cioè 78,27. Possiamo calcolare l'errore commesso considerando la differenza fra il numero e il suo valore approssimato:

$$78{,}2718 - 78{,}27 = 0{,}0018.$$

Se il numero è approssimato per difetto, il numero è minore della sua approssimazione. Tuttavia, poiché non interessa se l'approssimazione è per difetto o per eccesso, consideriamo il valore assoluto della differenza.

In generale vale la seguente definizione.

DEFINIZIONE

Dato un numero $v \in \mathbb{Q}$ e un suo valore approssimato a, si chiama **errore assoluto** E il valore assoluto della differenza fra il numero e il suo valore approssimato:

$$E = |v - a|.$$

Nel caso in cui il numero sia decimale periodico, il numero delle cifre decimali è infinito. Tuttavia, poiché ogni numero razionale può essere rappresentato da una frazione, esprimiamo la differenza utilizzando le frazioni generatrici.

ESEMPIO Il numero decimale periodico $v = 0,\bar{6} = 0,6666...$
La sua approssimazione ai decimi è $a = 0,7$, l'approssimazione ai centesimi è $b = 0,67$ e così via.
Trasformando i numeri decimali periodici in frazioni si ottiene:

$$0,\bar{6} = \frac{2}{3}; \quad 0,7 = \frac{7}{10}; \quad 0,67 = \frac{67}{100}.$$

L'errore assoluto nel primo caso è uguale a $\left|\frac{2}{3} - \frac{7}{10}\right| = \frac{1}{30}$.

Nel secondo caso: $\left|\frac{2}{3} - \frac{67}{100}\right| = \frac{1}{300}$.

Riprendendo l'esempio fatto in precedenza, dove $E = 0{,}0018$, osserviamo che l'errore si ha dalla terza cifra decimale in poi. Poiché questo valore è minore di $\frac{1}{100}$, a meno del quale era stata fatta l'approssimazione, si può arrotondare l'errore assoluto:

$$E \simeq 0{,}002.$$

L'errore assoluto non è sempre adeguato a valutare l'approssimazione compiuta. Le approssimazioni $1324{,}52 - 1324{,}5$ e $1{,}52 - 1{,}5$ hanno lo stesso errore assoluto $E = 0{,}02$, ma la prima è sicuramente più precisa della seconda: un errore di 0,02 su un numero che arriva alle migliaia è molto più piccolo dello stesso errore su un numero che si ferma alle unità. Per dare una stima della precisione è conveniente calcolare il rapporto tra l'errore assoluto e il valore assoluto del numero approssimato.

DEFINIZIONE
Dati un numero $v \in \mathbb{Q}$ e un suo valore approssimato a, si chiama **errore relativo** e si indica con e il rapporto tra l'errore assoluto e il valore assoluto di a:

$$e = \frac{E}{|a|} = \frac{|v - a|}{|a|}.$$

ESEMPIO Riprendiamo le approssimazioni sopraindicate e calcoliamo i rispettivi errori relativi:

1. $1324{,}52 \simeq 1324{,}5$, $\quad E = 0{,}02$,

$$e = \frac{0,02}{1324,5} \simeq 0,00002 = \frac{2}{100\,000} = 2 \cdot \frac{1}{100\,000} = 2 \cdot 10^{-5};$$

2. $1,52 \simeq 1,5$, $E = 0,02$, $e = \frac{0,02}{1,5} \simeq 0,01 = \frac{1}{100} = 1 \cdot \frac{1}{100} = 1 \cdot 10^{-2}$.

Nell'esempio gli errori relativi sono stati arrotondati. Confrontando i rispettivi errori relativi, si può concludere che la prima approssimazione è più precisa della seconda.

Spesso gli errori relativi vengono espressi mediante percentuali: dire, per esempio, che un'approssimazione è affetta da un errore relativo del 3% significa che il rapporto tra errore assoluto e valore assoluto del numero approssimato è uguale a $\frac{3}{100}$.
Nell'esempio precedente gli errori percentuali sono 0,002% e 1%.

► Calcola l'errore relativo alle approssimazioni del numero decimale periodico $0,9\bar{6}$.

► Calcola l'errore assoluto e l'errore relativo (in percentuale) che si hanno se si arrotondano i seguenti numeri:
- 1,34 ai decimi;
- 56,7 alle unità;
- 3618 alle migliaia;
- 53 821 alle decine di migliaia.

Misura ed errore

I concetti di *errore assoluto* ed *errore relativo* sono utilizzati anche quando si opera con le *misure di grandezze fisiche*.
In questo caso l'errore assoluto è la differenza, in valore assoluto, fra il valore vero di una grandezza e la sua misura.

ESEMPIO Se per la misura in metri di una lunghezza scriviamo

$$l = 3{,}7 \pm 0{,}1,$$

l'errore assoluto che stimiamo ci sia nella misura è 0,1 m, e pensiamo che il valore vero sia compreso fra 3,6 e 3,8 m:

$$3{,}6 \leq v \leq 3{,}8.$$

L'errore relativo è: $\frac{0{,}1}{3{,}7} \simeq 0{,}027 = 2{,}7\%$.

L'errore relativo è utile per valutare la *precisione* della misura.

► Le masse di tre oggetti, espresse in grammi, sono:
$a = 34 \pm 0{,}5$;
$b = 35 \pm 0{,}5$;
$c = 36 \pm 0{,}5$.
Puoi dire qual è l'oggetto di massa minore e quale quello di massa maggiore?

ESEMPIO Abbiamo misurato in metri due lunghezze diverse e ottenuto:

$$l_1 = 2 \pm 0{,}5; \qquad l_2 = 40 \pm 2.$$

Se confrontiamo i due errori assoluti, potremmo concludere (sbagliando!) che la prima misura sia più precisa della seconda, perché $0{,}5 < 2$.
Confrontiamo invece gli errori relativi:

$$e_1 = \frac{0{,}5}{2} = 0{,}25 = 25\%; \qquad e_2 = \frac{2}{40} = 0{,}05 = 5\%.$$

$5\% < 25\% \rightarrow$ la seconda misura è più precisa.

La propagazione degli errori

Si dimostrano le seguenti regole, utili per calcolare gli errori commessi quando otteniamo le misure di grandezze derivandole, mediante calcoli, da altre misurate direttamente.

Operazioni con le misure ed errori
Se a e b sono le misure di due grandezze, E_a ed E_b gli errori assoluti, e_a ed e_b gli errori relativi:

- l'errore assoluto della somma $a + b$ o della differenza $a - b$ è la somma degli errori assoluti: $E_{a+b} = E_{a-b} = E_a + E_b$;
- l'errore relativo del prodotto $a \cdot b$ o del quoziente $\frac{a}{b}$ è la somma degli errori relativi: $e_{a \cdot b} = e_{\frac{a}{b}} = e_a + e_b$.

ESEMPIO Le misure in centimetri dei lati di un rettangolo sono:

$$l_1 = 2{,}5 \pm 0{,}1 \quad \text{e} \quad l_2 = 6{,}2 \pm 0{,}1.$$

Calcoliamo il semiperimetro e l'area del rettangolo con i loro errori assoluti:

$$l_1 + l_2 = 2{,}5 + 6{,}2 = 8{,}7;$$

$$E_{l_1 + l_2} = 0{,}1 + 0{,}1 = 0{,}2 \quad \rightarrow \quad \text{il semiperimetro è } (8{,}7 \pm 0{,}2) \text{ cm}.$$

$$\mathscr{A} = l_1 \cdot l_2 = 6,2 \cdot 2,5 = 15,5;$$

$$e_{l_1} = \frac{0,1}{2,5} = 0,04; \qquad e_{l_2} = \frac{0,1}{6,2} \simeq 0,02; \qquad e_{\mathscr{A}} = 0,04 + 0,02 = 0,06.$$

$$e_{\mathscr{A}} = \frac{E_{\mathscr{A}}}{\mathscr{A}} \rightarrow E_{\mathscr{A}} = \mathscr{A} \cdot e_{\mathscr{A}} = 15,5 \cdot 0,06 \simeq 0,9 \rightarrow \text{l'area è } (15,5 \pm 0,9)\ \text{cm}^2.$$

Osserviamo che per una potenza l'errore relativo può essere calcolato con la regola del prodotto, considerando la potenza come moltiplicazione ripetuta.

ESEMPIO Il lato di un cubo è $l = (5 \pm 0,2)$ cm. Determiniamo il suo volume.

$$V = l^3 = 5^3 = 125; \; e_l = \frac{0,2}{5} = 0,04; \; e_V = e_l + e_l + e_l = 3e_l = 3 \cdot 0,04 = 0,12;$$

$$E_V = V \cdot e_V = 125 \cdot 0,12 = 15.$$

Il volume del cubo è: (125 ± 15) cm^3.

▶ Le misure in centimetri dei lati di un rettangolo sono: 500 ± 5 e 300 ± 5. Determina l'area del rettangolo e il suo errore assoluto in cm^2.

Animazione

10 La notazione scientifica e l'ordine di grandezza

▶ Esercizi a p. 143

Notazione scientifica

Nelle discipline scientifiche si studiano spesso grandezze le cui misure sono numeri molto grandi o molto piccoli. Per leggere meglio tali misure, confrontarle e svolgere calcoli è usuale scriverle utilizzando potenze di 10.

ESEMPIO La massa della Terra è circa 5 970 000 000 000 000 000 000 000 kg.

È preferibile scrivere: $5,97 \cdot 10^{24}$ kg.

La massa di un protone è circa 0,00000000000000000000000000167 kg.

È preferibile scrivere: $1,67 \cdot 10^{-27}$ kg.

Diamo allora la seguente definizione.

DEFINIZIONE
Un numero in **notazione scientifica** è espresso con il prodotto tra:
- un *numero decimale d* maggiore o uguale a 1 e minore di 10, detto *coefficiente*;
- una *potenza di* 10.

$$q = \pm d \cdot 10^r \text{ con } d \in \mathbb{Q}\ (1 \leq d < 10) \text{ e } r \in \mathbb{Z}$$

Listen to it

Scientific notation is a way of writing very large or very small numbers. A number written in scientific notation is the product of a number between 1 and 10 (excluding 10) multiplied by a power of 10.

ESEMPIO

$2,6 \cdot 10^{-3}$ e $5,4 \cdot 10^{12}$ sono in notazione scientifica;

$0,6 \cdot 10^2$ e $41 \cdot 10^{-3}$ non sono in notazione scientifica perché $0,6 < 1$ e $41 > 10$.

Per scrivere un numero in notazione scientifica, quando non lo è, dobbiamo *spostare la virgola* fino a ottenere un numero decimale d tale che $1 \leq d < 10$.

TEORIA

► Scrivi:

a. in notazione scientifica:
$-0,00032 \cdot 10^{-3}$;
$5242 \cdot 10^{-9}$;
$250000 \cdot 0,008$;

b. come numeri decimali:
$2,3 \cdot 10^{5}$;
$7,1 \cdot 10^{-3}$;
$-4,6 \cdot 10^{0}$.

Animazione

Se spostiamo la virgola di n posti:

- a sinistra, la potenza di 10 per cui viene moltiplicato d è 10^{n};
- a destra, la potenza di 10 per cui viene moltiplicato d è 10^{-n}.

ESEMPIO

$3240000 = 3,24 \cdot 10^{6}$ virgola a sinistra di 6 posti

$0,000038 = 3,8 \cdot 10^{-5}$ virgola a destra di 5 posti

Ordine di grandezza

Se vogliamo confrontare i numeri $2,4 \cdot 10^{5}$ e $1,7 \cdot 10^{2}$, di solito quello che ci interessa non sono i due coefficienti, ma gli esponenti delle potenze di 10. Diciamo allora che i numeri differiscono di tre ordini di grandezza, perché una potenza si ottiene dall'altra moltiplicando per 10^{3}, ossia il loro rapporto è 10^{3}.
In generale, per confrontare due numeri scritti in notazione scientifica spesso basta confrontare il loro *ordine di grandezza*.

Listen to it

The **order of magnitude** of a number is the closest power of 10 to the number.

DEFINIZIONE

L'**ordine di grandezza** di un numero è la potenza di 10 *più vicina* al numero.

Chiariamo cosa intendiamo per essere *più vicino* con un paio di esempi.

4 è *più vicino* a $10^{0} = 1$ o a $10^{1} = 10$?

Per rispondere confrontiamo i rapporti $\frac{4}{10^{0}}$ e $\frac{10^{1}}{4}$, cioè:

$$\frac{4}{1} = 4, \qquad \frac{10}{4} = 2,5.$$

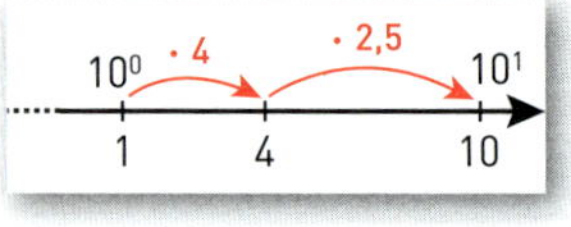

Per passare da 10^{0} a 4 dobbiamo moltiplicare per 4, per passare da 4 a 10^{1} moltiplichiamo per un fattore più piccolo, cioè 2,5. Allora 4 è *più vicino* a 10^{1}.

Qual è il valore x *ugualmente vicino* a 10^{0} e a 10^{1}?

I due rapporti $\frac{x}{1}$ e $\frac{10}{x}$ devono essere uguali, cioè:

$$x : 1 = 10 : x \quad \rightarrow \quad x^{2} = 10 \quad \rightarrow \quad x = \sqrt{10} = 3,16227\ldots$$

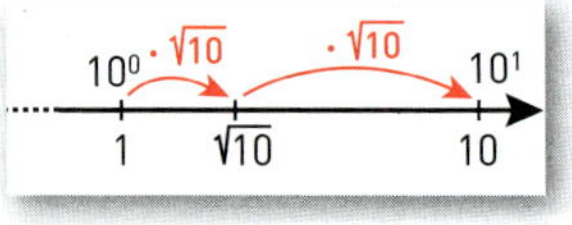

$\sqrt{10}$ è vicino a 10^{0} tanto quanto a 10^{1}. Per convenzione diciamo che il suo ordine di grandezza è 10^{0}.

Possiamo allora dare questa regola.

Un numero, espresso in notazione scientifica con il prodotto $d \cdot 10^{n}$, ha **ordine di grandezza**:

- 10^{n} se $|d| \leq \sqrt{10}$;
- 10^{n+1} se $|d| > \sqrt{10}$.

► Trova l'ordine di grandezza dei seguenti numeri.
$6 \cdot 10^{4}$; $0,3 \cdot 10^{2}$; $3,5 \cdot 10^{6}$; $0,04 \cdot 10^{-5}$; $4,9$; $718 \cdot 10^{3}$; $0,32 \cdot 10^{9}$.

Nella tabella forniamo alcuni esempi.

Numero	Ordine di grandezza	Motivazione
$1,4 \cdot 10^{-9}$	10^{-9}	$1,4 < \sqrt{10}$
$3,9 \cdot 10^{5}$	10^{6}	$3,9 > \sqrt{10}$

IN SINTESI
I numeri razionali e i numeri reali

Dalle frazioni ai numeri razionali

Una **frazione** è una coppia ordinata di numeri $\frac{a}{b}$ con $a \in \mathbb{N}$, $b \in \mathbb{N}$ e $b \neq 0$.

Se: $\boldsymbol{a < b}$ la frazione è propria;
$\boldsymbol{a > b}$ la frazione è impropria;
$\boldsymbol{a}$ **multiplo di** $\boldsymbol{b}$ la frazione è apparente.

Le frazioni equivalenti

Due frazioni $\frac{a}{b}$ e $\frac{c}{d}$ sono **equivalenti** se e solo se $ad = bc$.

ESEMPIO $\frac{3}{4} \sim \frac{12}{16}$, perché

$3 \cdot 16 = 4 \cdot 12$.

La proprietà invariantiva

Moltiplicando o dividendo numeratore e denominatore di una frazione per uno stesso numero diverso da zero si ottiene una frazione equivalente.

$$\frac{a}{b} \sim \frac{2a}{2b} \sim \frac{3a}{3b}$$

$$\frac{a}{b} \sim \frac{a:2}{b:2} \sim \frac{a:3}{b:3}.$$

La frazione $\frac{n}{d}$ è **ridotta ai minimi termini** se n e d sono primi fra loro.

I numeri razionali

Anche per le frazioni formate da numeri interi relativi si può dare la stessa definizione di equivalenza.

ESEMPIO $\frac{-2}{7} \sim \frac{2}{-7}$, perché $(-2) \cdot (-7) = 7 \cdot 2$.

Le frazioni precedenti si indicano anche con $-\frac{2}{7}$.

Ripartiamo l'insieme delle frazioni di numeri interi in classi di frazioni equivalenti: ogni classe d'equivalenza individua un **numero razionale**. Come rappresentante della classe si sceglie la frazione ridotta ai minimi termini.

ESEMPIO $\left\{\frac{1}{2}, \frac{2}{4}, \frac{3}{6}, \ldots\right\}$ è il numero razionale rappresentato da $\frac{1}{2}$.

L'insieme dei numeri razionali si indica con $\mathbb{Q}$.

Il confronto di numeri razionali

Per **confrontare** due numeri razionali espressi da frazioni si può usare il «prodotto in croce».

ESEMPIO $\frac{5}{7} < \frac{3}{4}$ perché

$5 \cdot 4 = 20 < 7 \cdot 3 = 21$.

Le operazioni in $\mathbb{Q}$

Addizione e sottrazione

$$\frac{a}{b} \pm \frac{c}{d} = \frac{a \cdot \frac{\text{mcm}(b;d)}{b} \pm c \cdot \frac{\text{mcm}(b;d)}{d}}{\text{mcm}(b;d)},$$

con $b, d \neq 0$.

Moltiplicazione

$$\frac{a}{b} \cdot \frac{c}{d} = \frac{a \cdot c}{b \cdot d}, \text{ con } b, d \neq 0.$$

Il **reciproco** di $\frac{a}{b}$, con $a, b \neq 0$, è $\frac{b}{a}$.

Il prodotto di un numero per il suo reciproco è 1, cioè l'elemento neutro della moltiplicazione.

Divisione

$$\frac{a}{b} : \frac{c}{d} = \frac{a}{b} \cdot \frac{d}{c} = \frac{a \cdot d}{b \cdot c}, \text{ con } b, c, d \neq 0.$$

La divisione è interna in $\mathbb{Q}$.

Potenza

$$\left(\frac{a}{b}\right)^n = \frac{a^n}{b^n}, \text{ con } b \neq 0, n \in \mathbb{N}.$$

Per tutte le operazioni valgono tutte le proprietà viste in $\mathbb{Z}$.

Le potenze con esponente intero negativo

$\left(\frac{a}{b}\right)^{-n} = \left(\frac{b}{a}\right)^{n} = \frac{b^n}{a^n}$, con $a, b \neq 0$, $n \in \mathbb{N}$.

ESEMPIO $\left(\frac{2}{5}\right)^{-3} = \left(\frac{5}{2}\right)^{3} = \frac{5^3}{2^3} = \frac{125}{8}$.

I numeri razionali e i numeri decimali

La **rappresentazione decimale** di un numero si basa sulla scrittura posizionale e sull'uso della virgola.

ESEMPIO $28,104 = 2 \cdot 10^1 + 8 \cdot 10^0 + 1 \cdot \frac{1}{10} +$

$0 \cdot \frac{1}{100} + 4 \cdot \frac{1}{1000}$.

Ogni numero razionale non intero è rappresentato da un numero decimale **finito** o **periodico**.

I numeri reali

Un **numero irrazionale** è un numero che non può essere espresso mediante una frazione, cioè ogni numero che non è razionale.
Ogni numero, sia razionale sia irrazionale, è un **numero reale**. L'insieme dei numeri reali si indica con $\mathbb{R}$.

Le frazioni e le proporzioni

Una **proporzione** è un modo per scrivere l'uguaglianza di frazioni equivalenti.

Proprietà delle proporzioni

Proprietà	$a : b = c : d$ se e solo se
fondamentale	$ad = bc$
del comporre	$(a+b) : a = (c+d) : c$ $(a+b) : b = (c+d) : d$
dello scomporre	$(a-b) : a = (c-d) : c$ $(a-b) : b = (c-d) : d$
del permutare	$a : c = b : d$ $d : b = c : a$
dell'invertire	$b : a = d : c$

Le percentuali

Le **percentuali** sono un modo per rappresentare frazioni con denominatore 100.

ESEMPIO $3\% = \frac{3}{100} = 0,03$;

$75\% = \frac{75}{100} = \frac{3}{4} = 0,75$.

Il calcolo approssimato

I numeri decimali si possono approssimare **per difetto** e **per eccesso**.

ESEMPIO 120,71 approssima 120,7129 per difetto e 120,72 per eccesso.

Errore assoluto

$E = |v - a|$, dove v è il numero e a il suo valore approssimato.

Errore relativo

$e = \frac{E}{|a|}$.

La propagazione degli errori

Dati due numeri approssimati:

- nella somma e nella differenza di essi l'errore assoluto massimo è uguale alla somma degli errori assoluti;
- nel prodotto e nel quoziente l'errore relativo è uguale alla somma degli errori relativi.

La notazione scientifica e l'ordine di grandezza

Un numero scritto in **notazione scientifica** è dato dal prodotto tra un *numero decimale* maggiore o uguale a 1 e minore di 10, detto *coefficiente*, e una potenza di 10.

L'**ordine di grandezza** di un numero è la potenza di 10 *più vicina* al numero.

Un numero espresso in notazione scientifica con il prodotto $d \cdot 10^n$, ha ordine di grandezza:

- 10^n se $|d| \leq \sqrt{10}$;
- 10^{n+1} se $|d| > \sqrt{10}$.

ESERCIZI

CAPITOLO 3
ESERCIZI

1 Dalle frazioni ai numeri razionali

▶ Teoria a p. 82

Le frazioni

1 VERO O FALSO?

a. Ogni coppia di numeri naturali individua una frazione. V F

b. Nella frazione $\frac{2}{7}$, 2 è il numeratore e 7 è il denominatore. V F

c. Le frazioni apparenti hanno il denominatore multiplo del numeratore. V F

d. In una frazione, se il numeratore è il successivo del denominatore, la frazione è impropria. V F

e. Ogni frazione apparente è impropria, ma non è vero il viceversa. V F

2 Scrivi quale frazione rappresenta ogni zona colorata della figura.

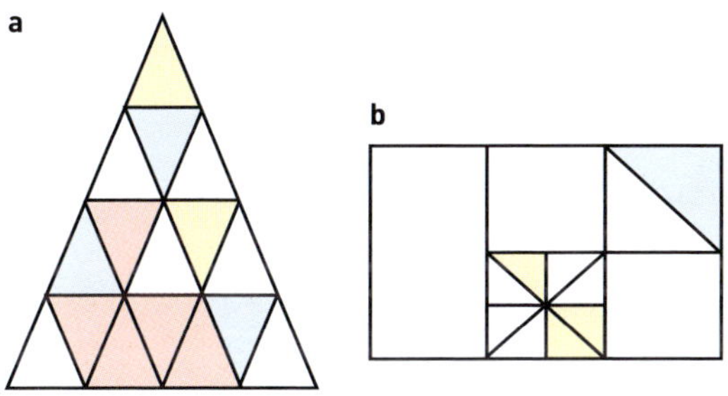

3 Colora la parte indicata dalla frazione.

4 Scrivi le frazioni che corrispondono ai punti *A*, *B*, *C*, *D*, *E*.

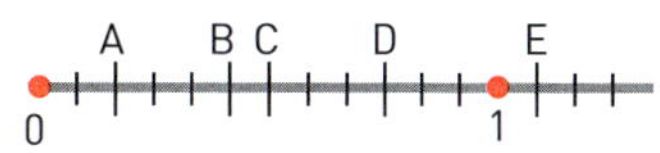

5 Fissata un'unità di misura (per esempio un segmento di opportuna lunghezza), rappresenta le seguenti frazioni, indicando se sono proprie, improprie, apparenti.

$$\frac{5}{8}, \quad \frac{1}{3}, \quad \frac{4}{2}, \quad \frac{5}{3}, \quad \frac{4}{5}, \quad \frac{8}{3}, \quad \frac{12}{4}, \quad \frac{7}{2}.$$

6 Rappresenta sul segmento *AB* le frazioni indicate a fianco.

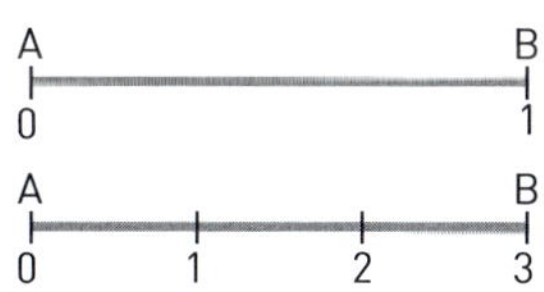

$\frac{1}{2}, \frac{1}{3}, \frac{1}{4}, \frac{3}{4}, \frac{3}{8}$

$\frac{1}{4}, \frac{3}{2}, \frac{7}{4}, \frac{5}{2}, \frac{9}{4}.$

Problemi INTORNO A NOI

7 Elisa deve preparare la sua torta preferita. La ricetta per 4 persone richiede 240 g di farina e 160 g di zucchero. Se la farina indicata nella ricetta è i $\frac{3}{8}$ di quella che si trova in dispensa, mentre lo zucchero è i $\frac{4}{5}$, riuscirà Elisa a fare una torta per 7 persone? [no]

8 Un autobus può contenere 80 passeggeri. Riusciranno una scolaresca di 16 alunni e 2 insegnanti a salirvi, sapendo che è pieno per i $\frac{3}{4}$? [sì]

9 INVALSI 2005 Sul pianeta Xenox il giorno è diviso in 24 parti (le ore del pianeta Xenox) e dura $\frac{3}{4}$ del giorno terrestre. Quanti minuti dura un'ora del pianeta Xenox?

A 80

B 60

C 45

D 18

ESERCIZI

Le frazioni equivalenti

10 ●○ VERO O FALSO?

a. Le frazioni $\frac{3}{7}$ e $\frac{7}{3}$ sono equivalenti. V F

b. Le frazioni $\frac{3}{15}$ e $\frac{1}{5}$ sono equivalenti. V F

Utilizzando la definizione, stabilisci se le seguenti coppie di frazioni sono fra loro equivalenti.

11 ●○ $\frac{4}{5}, \frac{8}{10}$; $\frac{6}{2}, \frac{10}{4}$; $\frac{0}{15}, \frac{2}{30}$.

12 ●○ $\frac{12}{3}, \frac{4}{1}$; $\frac{1}{8}, \frac{2}{9}$; $\frac{0}{20}, \frac{0}{40}$.

13 ●○ YOU & MATHS **Fractions on the 0-1 segment**

a. Draw a horizontal segment that is 24 squares long, on graph paper.

b. Label the endpoints 0 and 1.

c. Put marks on the 0-1 segment for:
- halves;
- thirds;
- fourths;
- sixths.

Which points have multiple labels? Why?

Applicazioni della proprietà invariantiva

14 ●○ VERO O FALSO?

a. Applicando la proprietà invariantiva si può scrivere $\frac{2}{3} = \frac{2 \cdot 3}{3 \cdot 2}$. V F

b. Applicando la proprietà invariantiva si può scrivere $\frac{8}{6} = \frac{8 : 2}{6 : 2}$. V F

15 ESERCIZIO GUIDA Cerchiamo, se è possibile, una frazione equivalente a una data e avente un certo denominatore.

a. Scriviamo la frazione equivalente a $\frac{3}{7}$ con denominatore 14.

b. Scriviamo la frazione equivalente a $\frac{3}{5}$ con denominatore 12.

---

a. $\frac{3}{7} \sim \frac{\dots}{14}$.

Il numero 14 si ottiene da 7 moltiplicando per 2 (infatti $14 : 7 = 2$). Applichiamo la proprietà invariantiva delle frazioni, moltiplicando numeratore e denominatore per 2:

$$\frac{3}{7} \sim \frac{3 \cdot 2}{7 \cdot 2} = \frac{6}{14}.$$

b. $\frac{3}{5} \sim \frac{\dots}{12}$.

Non è possibile ottenere la frazione equivalente a $\frac{3}{5}$, perché 12 non è multiplo di 5.

Applicando la proprietà invariantiva delle frazioni scrivi, quando è possibile, le frazioni equivalenti alle seguenti, in modo che abbiano, nell'ordine, denominatori 9, 10, 12, 14, 15, 18, 21, 35, 60, 84.

16 ●○ $\frac{1}{5}, \quad \frac{2}{3}, \quad \frac{4}{3}, \quad \frac{5}{6}, \quad \frac{5}{7}$.

17 ●○ $\frac{3}{4}, \quad \frac{2}{9}, \quad \frac{1}{2}, \quad \frac{4}{5}, \quad \frac{6}{11}$.

COMPLETA trasformando il numero dato nelle frazioni indicate.

18 ●○ $6 = \frac{\square}{2} = \frac{\square}{3} = \frac{\square}{5} = \frac{\square}{6}$.

19 ●○ $1 = \frac{\square}{2} = \frac{\square}{3} = \frac{\square}{4} = \frac{\square}{10}$

20 Scrivi tre frazioni equivalenti a $\frac{7}{4}$, $\frac{8}{10}$, $\frac{2}{1}$, $\frac{0}{7}$, $\frac{1}{9}$, $\frac{11}{12}$.

La semplificazione di frazioni

21 VERO O FALSO?

a. La frazione $\frac{15-2}{7-2}$ ridotta ai minimi termini è $\frac{15}{7}$. V F

b. La frazione $\frac{4+3}{91}$ ridotta ai minimi termini è $\frac{7}{91}$. V F

Cancella le frazioni che non sono equivalenti alla prima; fra quelle rimaste, cerchia la frazione ridotta ai minimi termini.

22 $\boxed{\frac{4}{10}}$, $\frac{2}{9}$, $\frac{2}{5}$, $\frac{6}{10}$, $\frac{6}{15}$, $\frac{16}{20}$, $\frac{16}{21}$, $\frac{16}{40}$, $\frac{15}{35}$.

23 $\boxed{\frac{80}{12}}$, $\frac{21}{4}$, $\frac{40}{6}$, $\frac{60}{9}$, $\frac{60}{27}$, $\frac{10}{15}$, $\frac{20}{3}$, $\frac{100}{15}$, $\frac{120}{20}$.

24 $\boxed{\frac{5}{30}}$, $\frac{10}{15}$, $\frac{5}{6}$, $\frac{1}{6}$, $\frac{2}{12}$, $\frac{6}{31}$, $\frac{20}{120}$, $\frac{8}{90}$, $\frac{9}{34}$.

Riduci ai minimi termini le seguenti frazioni, qualora non lo siano già.

25 $\frac{12}{25}$, $\frac{15}{18}$, $\frac{12}{27}$, $\frac{9}{16}$.

26 $\frac{24}{26}$, $\frac{60}{15}$, $\frac{20}{8}$, $\frac{63}{21}$.

27 $\frac{200}{120}$, $\frac{150}{180}$, $\frac{441}{112}$, $\frac{3036}{1515}$.

28 $\frac{336}{42}$, $\frac{900}{495}$, $\frac{84}{294}$, $\frac{510}{68}$.

29 $\frac{176}{540}$, $\frac{13}{39}$, $\frac{36}{15}$, $\frac{154}{22}$, $\frac{444}{60}$.

30 $\frac{2^2 \cdot 5}{3 \cdot 2 \cdot 5^2}$, $\frac{9 \cdot 16}{3^2 \cdot 2^5}$, $\frac{2^4 \cdot 3^2}{4^2 \cdot 2^3}$, $\frac{5^3 \cdot 7}{25 \cdot 7^4}$.

La riduzione di frazioni a denominatore comune

Riduci le frazioni di ognuno dei seguenti gruppi al minimo comune denominatore.

31 $\frac{7}{2}$, $\frac{3}{5}$; $\frac{1}{2}$, $\frac{3}{5}$; $\frac{1}{6}$, $\frac{1}{2}$; $\frac{3}{8}$, $\frac{1}{4}$.

32 $\frac{7}{15}$, $\frac{1}{30}$, $\frac{3}{10}$; $\frac{4}{6}$, $\frac{9}{10}$, $\frac{11}{30}$.

33 ESEMPIO DIGITALE

$\frac{23}{28}$, $\frac{1}{21}$, $\frac{2}{3}$; $\frac{3}{10}$, $\frac{2}{35}$, $\frac{1}{8}$.

34 Semplifica le frazioni dei tre gruppi seguenti e poi trova il loro minimo comune denominatore.

a. $\frac{3}{21}$, $\frac{5}{20}$, $\frac{2}{42}$; b. $\frac{4}{30}$, $\frac{20}{24}$, $\frac{25}{60}$; c. $\frac{8}{20}$, $\frac{9}{30}$, $\frac{15}{90}$.

35 **Viva le nonne!** Una nonna vuole regalare € 250 ai 4 nipoti dividendo la somma in parti uguali. Una volta fatto il conto, decide di aggiungere denaro in modo da dare a ciascun nipote solo banconote. Qual è la minima cifra che dovrà aggiungere complessivamente? Esprimila anche in forma di frazione rispetto al totale. [€ 10; $\frac{1}{25}$]

36 EUREKA! **Bianco e nero** In figura è riprodotto un logo disegnato accostando archi semicircolari i cui raggi misurano 2 cm, 4 cm o 8 cm. Quale frazione del logo è ombreggiata?

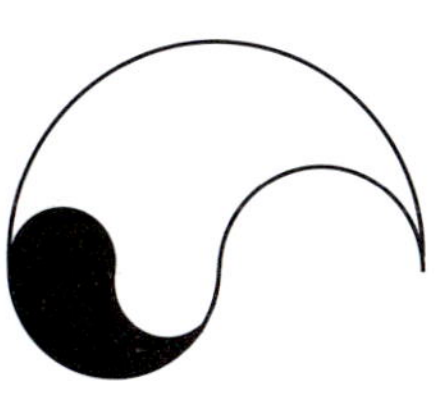

A $\frac{1}{3}$ B $\frac{1}{4}$ C $\frac{1}{5}$ D $\frac{3}{4}$ E $\frac{2}{3}$

(*Kangourou Italia*, 2010)

ESERCIZI

I numeri razionali

37 VERO O FALSO?

a. I numeri razionali si ottengono utilizzando tutte le coppie ordinate di numeri interi. V F

b. Nell'insieme $\mathbb{Q}$ le frazioni con denominatore 1 corrispondono ai numeri naturali. V F

c. Il numero $\frac{2}{5}$ rappresenta anche le frazioni $\frac{4}{10}$ e $\frac{6}{15}$. V F

COMPLETA trasformando il numero intero dato nelle frazioni indicate.

38 $-1 = \frac{\square}{5} = \frac{\square}{-6} = \frac{\square}{8} = \frac{\square}{-25}$

39 $8 = \frac{\square}{2} = \frac{\square}{-4} = \frac{\square}{8} = \frac{\square}{20}$

40 Per ognuno dei seguenti numeri, indica se appartiene a $\mathbb{N}$, $\mathbb{Z}$, $\mathbb{Q}$: -5, $-\frac{3}{4}$, $+\frac{1}{5}$, 10, 0, -1.

2 Il confronto di numeri razionali

▶ Teoria a p. 88

La rappresentazione dei numeri razionali su una retta

41 ESERCIZIO GUIDA Rappresentiamo su una retta orientata le due frazioni $\frac{7}{5}$ e $-\frac{2}{7}$.

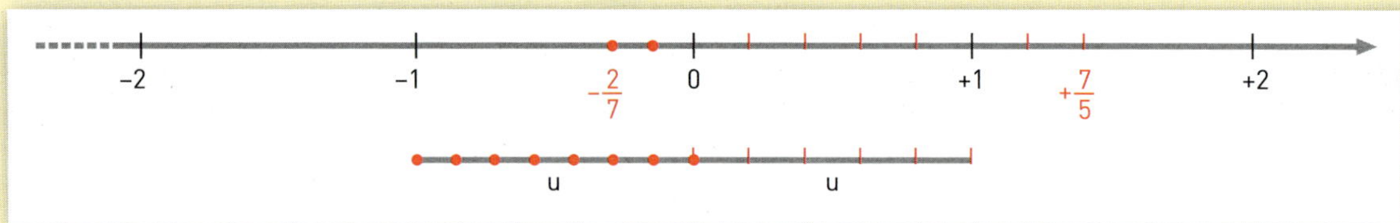

Fissiamo sulla retta orientata i punti corrispondenti a $-2, -1, 0, +1, +2$, scegliendo il segmento unitario piuttosto grande. Per rappresentare $\frac{7}{5}$ dobbiamo dividere il segmento unitario in 5 parti uguali e, partendo da 0, percorrere verso destra la retta, fermandoci dopo 7 passi (ciascun passo è lungo $\frac{1}{5}$ del segmento unitario). Per rappresentare la frazione $-\frac{2}{7}$, dividiamo il segmento unitario in 7 parti uguali e procediamo verso sinistra, fermandoci dopo 2 passi (ciascun passo è lungo $\frac{1}{7}$ del segmento unitario).

Rappresenta su una retta orientata le seguenti frazioni, indicando per ogni frazione se è propria, impropria o apparente.

42 $\frac{1}{2}$, $\frac{3}{4}$, $\frac{1}{3}$, $-\frac{1}{2}$, $\frac{8}{5}$, $\frac{7}{8}$.

43 $-\frac{5}{6}$, $\frac{3}{2}$, $\frac{5}{4}$, $-\frac{8}{9}$, $\frac{3}{3}$, $\frac{9}{5}$.

44 $-\frac{4}{3}$, $+\frac{5}{2}$, $-\frac{11}{6}$, $-\frac{7}{2}$, $+\frac{7}{6}$, $+\frac{5}{4}$.

Determina numeri razionali rappresentati dai punti segnati sulla retta orientata della figura.

45

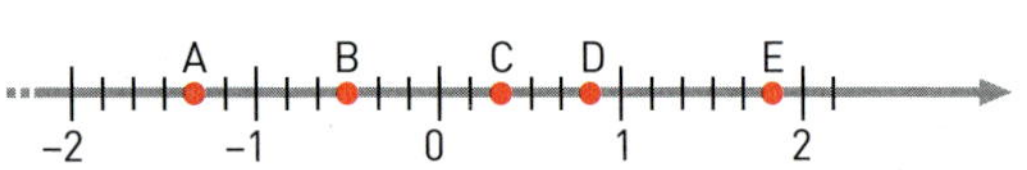

46

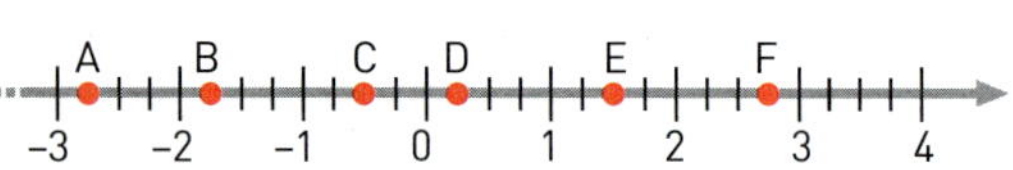

Confronto

47 VERO O FALSO?

a. $\frac{1}{2} > \frac{1}{3}$ V F

b. $\frac{4}{12} > \frac{1}{3}$ V F

c. $\frac{7}{14} > \frac{1}{2}$ V F

d. Tra due frazioni con lo stesso numeratore, è maggiore quella che ha il denominatore minore. V F

48 Solo in una delle seguenti relazioni il segno di confronto è errato. Quale? Perché?

$\frac{5}{6} > \frac{4}{15}$, $\quad -\frac{1}{2} > -\frac{1}{3}$, $\quad \frac{2}{9} < \frac{7}{12}$.

49 INVALSI 2011 Quale fra le seguenti disuguaglianze è quella corretta?

A $\frac{3}{10} < \frac{3}{5} < \frac{3}{20}$

B $\frac{4}{10} < \frac{3}{5} < \frac{11}{20}$

C $\frac{5}{10} < \frac{3}{5} < \frac{13}{20}$

D $\frac{7}{10} < \frac{3}{5} < \frac{13}{20}$

Confronta le seguenti coppie di frazioni mediante i prodotti in croce.

50 $\frac{5}{7}, \frac{2}{8}$; $\quad \frac{1}{3}, \frac{1}{5}$; $\quad \frac{5}{6}, \frac{3}{4}$.

51 $-\frac{1}{2}, -\frac{3}{4}$; $\quad -\frac{2}{5}, -\frac{7}{8}$; $\quad -\frac{8}{9}, -\frac{3}{8}$.

52 COMPLETA inserendo uno dei simboli $<, >, =$.

$-\frac{7}{8} \; \square \; -\frac{5}{6}$; $\quad -\frac{8}{15} \; \square \; \frac{11}{20}$; $\quad \frac{7}{9} \; \square \; \frac{29}{33}$.

Scrivi le frazioni dei seguenti insiemi come frazioni aventi lo stesso denominatore, e indica la maggiore.

53 $\frac{5}{4}, \quad \frac{11}{12}, \quad \frac{7}{6}$.

54 $-\frac{3}{10}, \quad -\frac{7}{25}, \quad -\frac{5}{6}$.

Scrivi in ordine crescente le seguenti frazioni.

55 ESEMPIO DIGITALE

$\frac{3}{2}, \frac{6}{5}, \frac{7}{8}, \frac{2}{3}, \frac{8}{5}, 2.$

56 $-\frac{1}{3}, +\frac{11}{6}, -\frac{9}{8}, +\frac{3}{2}, -\frac{6}{5}, +\frac{4}{3}$.

Scrivi in ordine decrescente le seguenti frazioni.

57 $-2, \quad +\frac{1}{3}, \quad -5, \quad -\frac{2}{7}, \quad -\frac{15}{8}, \quad +\frac{2}{7}$.

58 $-\frac{1}{4}, \quad -\frac{2}{3}, \quad +\frac{3}{4}, \quad +\frac{4}{5}, \quad -\frac{2}{5}, \quad +\frac{5}{3}$.

59 Determina tre frazioni che siano comprese fra le seguenti coppie.

$\frac{1}{3}, \frac{7}{3}$; $\quad \frac{3}{5}, \frac{4}{5}$; $\quad \frac{1}{2}, \frac{1}{3}$.

60 Determina fra quali numeri interi è compresa ognuna delle seguenti frazioni.

$\frac{1}{2}, \frac{1}{4}, \frac{3}{2}, \frac{36}{7}, -\frac{43}{8}, -\frac{7}{9}, -\frac{26}{5}, -\frac{47}{5}$.

61 INVALSI 2004 Quale dei seguenti numeri *non* è compreso tra 2 e 3?

A $\frac{15}{7}$ $\quad$ B $\frac{63}{27}$ $\quad$ C $\frac{39}{12}$ $\quad$ D $\frac{7}{3}$

62 EUREKA! **Tra a e b** Considera $a = \frac{7}{16}$ e $b = \frac{4}{9}$. Dopo aver stabilito se $a > b$ o $a < b$, trova tre frazioni x, y, z ridotte ai minimi termini e comprese tra a e b.

$\left[a < b; \text{ per esempio } x = \frac{253}{576}, y = \frac{127}{288}, z = \frac{85}{192}\right]$

YOU & MATHS

63 **Fractions on the number line** Place the following rational numbers on the number line.

$\frac{3}{4}, \quad \frac{5}{2}, \quad \frac{1}{3}, \quad \frac{5}{4}$.

64 **Something's wrong** Philip drew the following number line. Explain what is wrong and then draw an accurate one containing the same numbers.

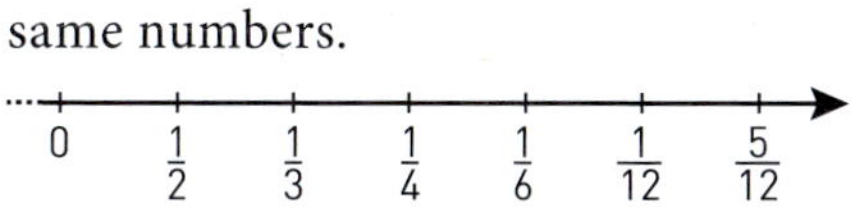

3 Le operazioni in $\mathbb{Q}$

▶ Teoria a p. 90

L'addizione e la sottrazione

65 ●○ VERO O FALSO?

a. $\frac{p}{r}+\frac{q}{s}=\frac{p+q}{rs}$. V F

b. $\frac{p}{r}-\frac{q}{s}=\frac{ps-qr}{rs}$. V F

66 ESERCIZIO GUIDA Calcoliamo: a. $+\frac{7}{2}-\frac{3}{5}$; b. $3-\frac{4}{5}$.

a. Determiniamo il mcm(2; 5) = 10. Applichiamo la proprietà invariantiva:

$$\frac{7}{2}=\frac{7\cdot 5}{2\cdot 5}=\frac{35}{10};\qquad \frac{3}{5}=\frac{3\cdot 2}{5\cdot 2}=\frac{6}{10}.$$

Sommiamo le frazioni con lo stesso denominatore:

$$\frac{35}{10}-\frac{6}{10}=\frac{29}{10}.$$

In forma abbreviata:

$$+\frac{7}{2}-\frac{3}{5}=\frac{35-6}{10}=\frac{29}{10}.$$

b. Scriviamo 3 come frazione di denominatore 5:

$$\frac{3}{1}=\frac{3\cdot 5}{1\cdot 5}=\frac{15}{5}.$$

Sommiamo le frazioni con lo stesso denominatore:

$$\frac{15}{5}-\frac{4}{5}=\frac{11}{5}.$$

In forma abbreviata:

$$3-\frac{4}{5}=\frac{3}{1}-\frac{4}{5}=\frac{15-4}{5}=\frac{11}{5}.$$

Calcola le seguenti somme algebriche.

67 ●○ $\frac{1}{2}+\frac{3}{2}-\frac{5}{2}+\frac{7}{2}$; $\quad\frac{4}{5}+\frac{6}{5}-\frac{20}{5}$; $\quad-\frac{1}{12}-\frac{3}{12}-\frac{7}{12}+\frac{23}{12}$.

68 ●○ $\frac{1}{2}-\frac{3}{5}$; $\quad\frac{1}{5}+\frac{2}{3}$; $\quad\frac{1}{6}-\frac{1}{2}$; $\quad\frac{3}{8}-\frac{1}{4}$.

69 ●○ $\frac{2}{3}-\frac{3}{2}$; $\quad-\frac{5}{4}-\frac{4}{5}$; $\quad-\frac{4}{5}+\frac{5}{4}$; $\quad\frac{7}{8}-\frac{1}{2}$.

70 ●○ $4-\frac{1}{3}$; $\quad\frac{4}{5}+5$; $\quad1-\frac{1}{2}$; $\quad\frac{3}{2}+1$.

71 ●○ $-5-\frac{7}{8}$; $\quad9+\frac{1}{6}$; $\quad2-\frac{1}{4}$; $\quad2+\frac{1}{4}$.

72 ●○ $\frac{2}{3}+\frac{1}{8}-1$; $\quad1+\frac{3}{5}-\frac{6}{7}$; $\quad\frac{3}{4}-4+\frac{1}{2}$; $\quad\frac{4}{5}+\frac{1}{3}-2$.

73 ●○ $-\frac{8}{3}+5-\frac{2}{5}$; $\quad\frac{5}{2}+3-\frac{3}{8}$; $\quad12-\frac{1}{3}-\frac{1}{9}$; $\quad13+\frac{1}{2}-9$.

74 ●○ $\frac{1}{2}+\frac{1}{3}+\frac{1}{4}+1$; $\quad\frac{2}{5}-\frac{1}{4}+\frac{3}{2}-6$; $\quad\frac{4}{3}-\frac{3}{4}+2-\frac{1}{2}$; $\quad\frac{2}{5}-\frac{3}{2}+\frac{7}{10}-1$.

MATEMATICA E STORIA

Le frazioni nell'antico Egitto Per rappresentare le frazioni del tipo $\frac{1}{n}$, gli antichi Egizi sovrapponevano al geroglifico del numero n un geroglifico a forma di bocca; ecco alcuni esempi a fianco.
Alcune frazioni erano denotate da simboli speciali.

Come scrivevano gli Egizi le altre frazioni?

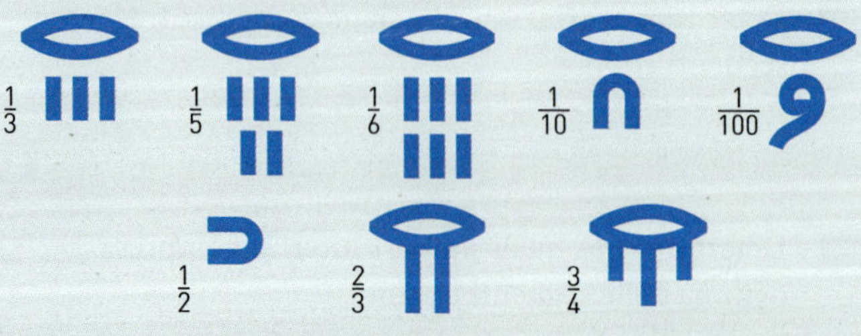

Problema e risoluzione – 2 esercizi in più – Attività di ricerca: L'importanza dei papiri.

Le espressioni contenenti somme algebriche

75 ESERCIZIO GUIDA Calcoliamo: $2+\left[1-\left(\frac{1}{2}-\frac{2}{3}+2\right)-\frac{1}{2}\right]-\left(\frac{1}{4}-\frac{1}{3}\right)=$

Sviluppiamo i calcoli dentro le parentesi tonde:

$$2+\left[1-\left(\frac{3-4+12}{6}\right)-\frac{1}{2}\right]-\left(\frac{3-4}{12}\right)=$$

$$2+\left[1-\left(\frac{11}{6}\right)-\frac{1}{2}\right]-\left(\frac{-1}{12}\right)=$$

Eliminiamo le parentesi tonde, facendo attenzione se sono precedute o no dal segno $-$:

$$2+\left[1-\frac{11}{6}-\frac{1}{2}\right]+\frac{1}{12}=$$

Sviluppiamo i calcoli dentro le parentesi quadre:

$$2+\left[\frac{6-11-3}{6}\right]+\frac{1}{12}=$$

$$2+\left[-\frac{8}{6}\right]+\frac{1}{12}=$$

$$2-\frac{8}{6}+\frac{1}{12}=$$

$$\frac{24-16+1}{12}=\frac{9}{12}=\frac{\cancel{3}\cdot 3}{\cancel{3}\cdot 4}=\frac{3}{4}.$$

Calcola il valore delle seguenti espressioni.

76 $3-\frac{1}{2}+\left[\frac{3}{4}+\left(\frac{1}{5}-\frac{6}{10}\right)\right]-1$; $\quad -1+\left[\frac{1}{2}-\left(\frac{1}{3}-\frac{2}{4}+\frac{1}{5}\right)\right]+2.$ $\left[\frac{37}{20};\frac{22}{15}\right]$

77 $\frac{1}{10}-\frac{3}{5}+\left[\frac{5}{2}-\left(6-7-\frac{2}{10}\right)\right]-\left(\frac{6}{5}+3\right)$; $\quad \frac{5}{4}-\frac{2}{3}+\left[7-4+\frac{5}{2}+\frac{1}{12}-\left(6-2+\frac{1}{6}\right)\right].$ $[-1; 2]$

78 $\frac{1}{9}-\left(\frac{3}{2}+\frac{5}{6}\right)+\frac{2}{3}+\left[\frac{1}{9}-\left(\frac{1}{2}+\frac{5}{9}-\frac{1}{6}\right)+\frac{5}{3}\right]$ $\left[-\frac{2}{3}\right]$

79 $\left(\frac{1}{2}+\frac{2}{5}\right)-\left(\frac{1}{2}+\frac{1}{3}\right)-\left[\left(-\frac{1}{15}+\frac{5}{6}\right)-\left(\frac{1}{2}+\frac{1}{5}\right)\right]$ $[0]$

80 $-(1+2)-\left(\frac{1}{12}+\frac{1}{2}\right)+\left(\frac{5}{2}-\frac{4}{3}\right)-\left[\frac{1}{6}+\left(-\frac{5}{4}-\frac{1}{3}\right)-1\right]$ $[0]$

81 $-2-\frac{11}{30}-\left[1-\left(1+\frac{3}{5}\right)-\left(\frac{3}{10}+\frac{1}{2}-\frac{1}{5}\right)\right]-\left(\frac{1}{3}-\frac{1}{2}\right)$ $[-1]$

82 $-2-\left(-1-\frac{1}{3}\right)+\frac{8}{11}-\left[-\frac{3}{11}-\frac{1}{3}-\left(\frac{4}{5}-\frac{7}{15}\right)\right]$ $[1]$

83 $7-\left[\left(3+\frac{1}{5}-\frac{3}{4}-2\right)-\left(\frac{2}{5}-6+\frac{3}{4}-\frac{1}{2}\right)\right]+\frac{6}{5}-\left(\frac{7}{20}+\frac{1}{20}\right)$ $[2]$

84 $\frac{1}{9}-\frac{1}{12}+\left(\frac{1}{8}-\frac{23}{9}\right)-\left[\frac{3}{8}+\left(\frac{1}{3}-\frac{5}{2}\right)-\frac{1}{6}\right]+\frac{4}{9}$ $[0]$

85 $4-\left[2+\left(1-\frac{2}{3}\right)-\left(-4+\frac{1}{5}\right)\right]+\left[7-\left(6+\frac{1}{15}\right)-\frac{2}{5}\right]$ $\left[-\frac{8}{5}\right]$

La moltiplicazione

86 VERO O FALSO?

a. Se il prodotto fra due numeri è 1, i due numeri sono sempre uno reciproco dell'altro. V F

b. Se un numero è negativo, il suo reciproco è positivo. V F

c. Il prodotto dei reciproci di due numeri è uguale al reciproco del prodotto. V F

d. Se $a < b$, il reciproco di a è minore del reciproco di b. V F

e. Il prodotto di una frazione per il reciproco di una sua frazione equivalente è uguale a 1. V F

87 Considera le frazioni $\frac{1}{3}$, $\frac{0}{4}$, 2. Solo di una di esse non esiste il reciproco. Quale?

ESERCIZI

88 ESERCIZIO GUIDA Calcoliamo: **a.** $\frac{12}{25}\cdot\frac{10}{9}$; **b.** $3\cdot\frac{2}{5}$.

a. $\frac{12}{25}\cdot\frac{10}{9}=\frac{12\cdot 10}{25\cdot 9}=\frac{120}{225}=\frac{8}{15}$.

applichiamo la definizione — riduciamo ai minimi termini la frazione ottenuta

Per evitare di scrivere un passaggio, si possono «semplificare» i fattori al numeratore e denominatore, dividendoli per uno stesso numero:

$\frac{\overset{4}{\cancel{12}}\cdot\overset{2}{\cancel{10}}}{\underset{5}{\cancel{25}}\cdot\underset{3}{\cancel{9}}}=\frac{8}{15}$ (abbiamo diviso per 3 il 12 e il 9 e per 5 il 10 e il 25).

b. $3\cdot\frac{2}{5}=\frac{3}{1}\cdot\frac{2}{5}=\frac{6}{5}$. Oppure, più brevemente: $3\cdot\frac{2}{5}=\frac{3\cdot 2}{5}=\frac{6}{5}$.

Calcola i seguenti prodotti.

89 $\frac{4}{3}\cdot\frac{9}{8}$; $\left(-\frac{1}{5}\right)\cdot\frac{25}{7}$; $\frac{12}{3}\cdot\left(-\frac{21}{35}\right)$; $\left(-\frac{27}{26}\right)\cdot\left(-\frac{39}{8}\right)$; $\frac{22}{33}\cdot\frac{3}{2}$.

90 $\left(-\frac{1}{5}\right)\cdot\frac{10}{2}$; $\left(-\frac{100}{7}\right)\cdot\left(-\frac{14}{1000}\right)$; $\left(-\frac{15}{4}\right)\cdot\left(\frac{-3}{20}\right)$; $\left(\frac{-1}{4}\right)\cdot\left(\frac{8}{-7}\right)$.

91 $-\frac{1}{4}\cdot\frac{3}{8}\cdot\left(-\frac{2}{6}\right)$; $\frac{1}{2}\cdot\left(-\frac{2}{5}\right)\cdot\frac{10}{4}$; $\frac{2}{5}\cdot\left(-\frac{10}{8}\right)\cdot\frac{25}{6}$; $\left(-\frac{8}{3}\right)\cdot\left(-\frac{9}{12}\right)\cdot\left(-\frac{36}{5}\right)$.

92 $(-1)\cdot\frac{3}{2}$; $5\cdot\frac{3}{7}$; $7\cdot\frac{5}{25}$; $-3\cdot\left(\frac{4}{9}\right)$; $-9\cdot\left(\frac{9}{81}\right)$.

93 $\frac{5}{6}\cdot(-7)$; $\frac{2}{33}\cdot 11$; $\frac{5}{10}\cdot(-2)$; $\frac{21}{7}\cdot(-3)$; $-\frac{3}{18}\cdot 2$.

94 $\frac{10}{169}\cdot\left(-\frac{6}{5}\right)\cdot(+13)$; $(-27)\cdot\frac{1}{9}\cdot\left(-\frac{5}{6}\right)$; $\left(-\frac{8}{25}\right)\cdot(-3)\cdot\left(-\frac{125}{6}\right)$.

95 COMPLETA la seguente tabella.

a	$\frac{2}{3}$		$\frac{4}{9}$		$\frac{4}{9}$	$\frac{2}{3}$	$\frac{4}{9}$	-1		1
b		1		$\frac{2}{3}$			0		$\frac{4}{9}$	
a·b	1	$\frac{4}{9}$	$\frac{2}{3}$	$\frac{4}{9}$	0	-1		$\frac{2}{3}$	$\frac{4}{9}$	1

Espressioni con somme algebriche e moltiplicazioni

96 ESERCIZIO GUIDA Calcoliamo il valore della seguente espressione:

$$\left(1-\frac{1}{2}\right)-\left[\left(\frac{7}{24}+\frac{3}{4}\right)\cdot\left(\frac{1}{5}+\frac{7}{25}\right)-1\right]=$$

Svolgiamo i calcoli dentro le parentesi tonde:

$$\left(\frac{2-1}{2}\right)-\left[\left(\frac{7+18}{24}\right)\cdot\left(\frac{5+7}{25}\right)-1\right]=\left(\frac{1}{2}\right)-\left[\left(\frac{25}{24}\right)\cdot\left(\frac{12}{25}\right)-1\right]=$$

Eseguiamo prima la moltiplicazione:

$$\frac{1}{2}-\left[\frac{\overset{1}{\cancel{25}}}{\underset{2}{\cancel{24}}}\cdot\frac{\overset{1}{\cancel{12}}}{\underset{1}{\cancel{25}}}-1\right]=\frac{1}{2}-\left[\frac{1}{2}-1\right]=\frac{1}{2}-\left[\frac{1-2}{2}\right]=\frac{1}{2}-\left[-\frac{1}{2}\right]=\frac{1}{2}+\frac{1}{2}=1.$$

Calcola il valore delle seguenti espressioni.

97 $-\frac{1}{5}\cdot\left(\frac{3}{2}+1\right);\quad \frac{2}{3}\cdot\left(-\frac{1}{4}+\frac{2}{6}\right);\quad \left(\frac{4}{3}-\frac{1}{4}\right)\cdot\left(-\frac{2}{13}+3\right).$ $\left[-\frac{1}{2};\frac{1}{18};\frac{37}{12}\right]$

98 $-\frac{3}{2}\cdot\left(\frac{1}{6}-\frac{2}{3}\right);\quad \frac{4}{5}\cdot\left(-\frac{5}{2}+\frac{1}{4}\right);\quad \frac{2}{5}\cdot\left(-\frac{7}{2}+1\right).$ $\left[\frac{3}{4};-\frac{9}{5};-1\right]$

99 $\left(\frac{2}{5}-\frac{2}{3}\right)\cdot\left(\frac{1}{2}-\frac{4}{3}\right);\quad \left(\frac{4}{3}-\frac{1}{6}\right)\cdot\left(\frac{1}{7}-4\right);\quad \frac{2}{5}\cdot\left(-\frac{15}{4}\right)\cdot\left(-\frac{2}{3}\right).$ $\left[\frac{2}{9};-\frac{9}{2};1\right]$

100 $\left(\frac{1}{4}-\frac{2}{3}\right)\cdot\left(\frac{4}{5}-2\right);\quad \left(\frac{2}{3}+1\right)\cdot\left(2-\frac{1}{5}\right);\quad \left(\frac{1}{7}-\frac{2}{3}\right)\cdot\left(\frac{12}{11}-3\right).$ $\left[\frac{1}{2};3;1\right]$

101 $\left(\frac{2}{3}-\frac{7}{4}\right)\cdot\left(2-\frac{1}{2}\right);\quad \left(\frac{2}{5}-\frac{1}{6}\right)\cdot\left(\frac{5}{7}-5\right);\quad \left(\frac{1}{7}-\frac{2}{4}\right)\cdot\left(3+\frac{1}{2}\right).$ $\left[-\frac{13}{8};-1;-\frac{5}{4}\right]$

102 $\left(\frac{1}{2}+\frac{8}{3}-\frac{7}{3}\right)\cdot\left(\frac{3}{2}-\frac{8}{5}-\frac{3}{2}\right)-\frac{7}{3}+\frac{11}{3};\quad -\frac{1}{4}\cdot\left(\frac{4}{5}-1\right)+\left(\frac{2}{5}+\frac{3}{8}-2\right)\cdot\left(1-\frac{1}{7}\right).$ $[0;-1]$

103 $\frac{3}{2}\cdot\left(\frac{2}{5}-\frac{1}{3}\right)\cdot\left(\frac{4}{3}-3\right)+\frac{3}{2}\cdot\frac{1}{3}+7;\quad -3\cdot\left(\frac{2}{3}-\frac{1}{9}\right)+\frac{1}{2}\left(-2-\frac{4}{3}\right)\cdot\left(\frac{1}{2}-1\right).$ $\left[\frac{22}{3},-\frac{5}{6}\right]$

104 $\left[\frac{3}{2}\cdot\frac{10}{9}+\left(\frac{2}{3}-\frac{1}{5}\right)\cdot\frac{3}{2}\right]+\left(\frac{2}{3}-4-\frac{1}{30}\right)$ $[-1]$

105 $\left\{\left[\frac{3}{4}-\left(\frac{1}{7}-\frac{2}{3}\right)\cdot\left(\frac{12}{11}-3\right)\right]\cdot\frac{16}{5}\right\}+\frac{2}{7}-\frac{3}{35}$ $\left[-\frac{3}{5}\right]$

106 $\left\{\left[\left(\frac{1}{7}-\frac{2}{3}\right)\cdot\left(3+\frac{1}{2}\right)-\left(\frac{4}{3}-\frac{1}{6}\right)\cdot\left(\frac{1}{7}-4\right)\right]\cdot\frac{16}{3}\right\}-\left(\frac{1}{12}+\frac{31}{4}\right)$ $\left[\frac{115}{18}\right]$

Per ogni numero, scrivi il suo reciproco.

107 $-4,\quad +6,\quad -2,\quad +1,\quad -11.$

108 $-\frac{5}{4},\quad +\frac{6}{7},\quad -\frac{1}{5},\quad -\frac{3}{11},\quad +\frac{1}{8}.$

---

109 Scrivi il reciproco del valore delle seguenti espressioni.

$\frac{1}{2}-\frac{3}{4};\quad \frac{4}{3}-\frac{1}{5};\quad \frac{2}{3}+\frac{1}{6}-\frac{3}{2}.$ $\left[-4;\frac{15}{17};-\frac{3}{2}\right]$

La divisione

110 **VERO O FALSO?**

a. Dato un qualsiasi numero razionale, esiste sempre il suo reciproco. V F

b. Il quoziente di un numero e del suo reciproco è 1. V F

c. Il quoziente di un numero e del suo opposto è 1. V F

d. $\frac{p}{q}:\frac{r}{s}=\frac{p}{q}\cdot\frac{s}{r}$. V F

ESERCIZI

Calcola i seguenti quozienti.

111 $\frac{2}{4}:\frac{1}{2}$; $\quad -\frac{4}{5}:\left(-\frac{12}{25}\right)$; $\quad \frac{4}{9}:\left(-\frac{8}{27}\right)$; $\quad -\frac{6}{5}:\frac{36}{35}$.

112 $3:\left(-\frac{4}{3}\right)$; $\quad -\frac{2}{5}:4$; $\quad -\frac{5}{6}:(-30)$; $\quad \frac{1}{2}:(-2)$.

113 $(-3):2$; $\quad 2:(-3)$; $\quad 5:(-1)$; $\quad (-1):(-5)$.

114 $1:(-6)$; $\quad \frac{3}{4}:(+2)$; $\quad 2:\left(+\frac{3}{4}\right)$; $\quad -\frac{6}{5}:\left(-\frac{6}{5}\right)$.

115 $\frac{3}{2}:\left(+\frac{2}{3}\right)$; $\quad \left(+\frac{2}{3}\right):\left(-\frac{2}{3}\right)$; $\quad \frac{1}{2}:(-1)$; $\quad 1:\frac{1}{2}$.

116 $1:\frac{1}{3}$; $\quad 1:\frac{1}{4}$; $\quad 1:\frac{2}{3}$; $\quad 1:\left(-\frac{5}{4}\right)$.

Calcola il valore delle seguenti espressioni.

117 $\left(-2+\frac{1}{3}\right):\left(\frac{1}{5}+1\right)$;
$\left(\frac{1}{3}+\frac{3}{4}\right):\left(\frac{9}{2}-\frac{14}{3}\right)$. $\quad \left[-\frac{25}{18};-\frac{13}{2}\right]$

118 $\left(\frac{2}{5}-\frac{3}{2}\right):\left(3-\frac{7}{2}\right)$;
$\left(\frac{1}{3}-\frac{3}{2}\right):\left(\frac{1}{6}-\frac{2}{3}\right)$. $\quad \left[\frac{11}{5};\frac{7}{3}\right]$

119 $\left(3-\frac{3}{11}\right):\left(\frac{3}{2}-\frac{4}{11}\right)$;
$\left(\frac{1}{5}-\frac{2}{3}\right):\left(\frac{3}{5}-2\right)$. $\quad \left[\frac{12}{5};\frac{1}{3}\right]$

120 $\left(\frac{4}{3}-\frac{1}{6}\right):\left(\frac{11}{18}-1\right)$;
$\left(\frac{3}{4}+\frac{3}{2}\right):\left(\frac{2}{5}-\frac{1}{4}\right)$. $\quad [-3;15]$

121 $(-5)\cdot(-8):(+3)$;
$(-5):(-3)\cdot(-8)$. $\quad \left[+\frac{40}{3};-\frac{40}{3}\right]$

122 $(+7):(+3)\cdot(-5)$;
$(+7):[(+3)\cdot(-5)]$. $\quad \left[-\frac{35}{3};-\frac{7}{15}\right]$

123 $(-225):(-15):(+2)\cdot(+5)$;
$(-225):(-15):[(+2)\cdot(+5)]$. $\quad \left[+\frac{75}{2};+\frac{3}{2}\right]$

124 $-\frac{21}{5}:\frac{9}{25}+\left(\frac{2}{3}-\frac{1}{4}\right):\frac{5}{8}$;
$\frac{1}{9}:\left(1-\frac{2}{27}\right)-\frac{1}{5}:5$. $\quad \left[-11;\frac{2}{25}\right]$

125 **COMPLETA** la seguente tabella.

a	1	$\frac{1}{2}$	4	$\frac{1}{3}$	$\frac{1}{2}$
b	2	$\frac{1}{3}$	$\frac{1}{2}$	6	$\frac{1}{3}$
c	3	$\frac{1}{4}$	2	$\frac{1}{2}$	5
$a:b:c$					
$a:(b:c)$					
$a:b\cdot c$					
$a:(b\cdot c)$					
$a:c\cdot b$					
$a:(c\cdot b)$					
$a\cdot c:b$					

---

126 **COMPLETA** la seguente tabella.

a	$\frac{1}{2}$	$\frac{1}{2}$	$\frac{1}{2}$		$\frac{4}{5}$	$-\frac{5}{4}$	1		$\frac{5}{3}$	$\frac{4}{7}$
b	$\frac{2}{3}$			2	$-\frac{3}{7}$	$\frac{7}{3}$		$-\frac{3}{4}$		
$a:b$		$\frac{1}{3}$		$\frac{1}{4}$				$-\frac{4}{3}$		
$b:a$			1				3		$\frac{9}{25}$	$\frac{7}{16}$

Espressioni con le quattro operazioni

VERO O FALSO?

127 ●○

a. $\dfrac{b \cdot a}{a \cdot c} = \dfrac{b}{c}$ V F

b. $\dfrac{a \cdot b}{c \cdot d} = \dfrac{a}{c} \cdot \dfrac{b}{d}$ V F

c. $\dfrac{a+b}{b+c} = \dfrac{a}{c}$ V F

d. $\dfrac{a}{c} : \dfrac{b}{d} = \dfrac{a \cdot d}{c \cdot b}$ V F

e. $\dfrac{a}{b} \cdot \dfrac{c}{b} = \dfrac{a \cdot c}{b}$ V F

128 ●○

a. $\dfrac{a+b}{c+d} = \dfrac{a}{c} + \dfrac{b}{d}$ V F

b. $\dfrac{a}{b} + \dfrac{c}{b} = \dfrac{a+c}{b}$ V F

c. $a : b : c = a : (b : c)$ V F

d. $a : b \cdot c = a : (b \cdot c)$ V F

e. $(a \cdot b) : c = a \cdot (b : c)$ V F

f. $a \cdot b : c = (a : c) \cdot b$ V F

129 **ESERCIZIO GUIDA** Calcoliamo il valore della seguente espressione:

$$\left[\left(\frac{1}{3} - \frac{3}{2}\right) : \left(\frac{1}{6} - \frac{2}{3}\right) + \frac{2}{3}\right] \cdot \left(\frac{1}{6} - \frac{5}{2}\right) =$$

Svolgiamo i calcoli dentro le parentesi tonde:

$$\left[\left(\frac{2-9}{6}\right) : \left(\frac{1-4}{6}\right) + \frac{2}{3}\right] \cdot \left(\frac{1-15}{6}\right) =$$

$$\left[-\frac{7}{6} : \left(-\frac{\overset{1}{\cancel{3}}}{\underset{2}{\cancel{6}}}\right) + \frac{2}{3}\right] \cdot \left(-\frac{\overset{7}{\cancel{14}}}{\underset{3}{\cancel{6}}}\right) =$$

$$\left[-\frac{7}{\underset{3}{\cancel{6}}} \cdot (-\overset{1}{\cancel{2}}) + \frac{2}{3}\right] \cdot \left(-\frac{7}{3}\right) =$$

Svolgiamo i calcoli dentro le parentesi quadre:

$$\left[+\frac{7}{3} + \frac{2}{3}\right] \cdot \left(-\frac{7}{3}\right) =$$

$$\frac{\overset{3}{\cancel{9}}}{\underset{1}{\cancel{3}}} \cdot \left(-\frac{7}{3}\right) = \overset{1}{\cancel{3}} \cdot \left(-\frac{7}{\underset{1}{\cancel{3}}}\right) = -7.$$

Calcola il valore delle seguenti espressioni.

130 ●○ $\left[\left(\frac{1}{7} - \frac{1}{5}\right) : \left(3 - \frac{1}{7}\right)\right] \cdot \left[\left(\frac{25}{28} \cdot \frac{7}{2}\right) : \frac{1}{8}\right]$ $\left[-\frac{1}{2}\right]$

131 ●○ $\left[\left(\frac{1}{6} - \frac{2}{5}\right) : \left(\frac{2}{3} - 1\right)\right] : \left[\left(\frac{1}{10} : \frac{3}{4}\right) \cdot \frac{1}{2}\right]$ $\left[\frac{21}{2}\right]$

132 ●○ $\left[\left(\frac{1}{6} - 4\right) : \left(\frac{2}{3} - 2\right)\right] \cdot \left[\frac{4}{23} : \left(\frac{1}{2} - \frac{2}{5}\right)\right]$ $[5]$

133 ●○ $\left[\left(\frac{1}{6} + \frac{2}{4}\right) : \left(\frac{1}{2} - \frac{5}{4}\right)\right] : \left[\frac{4}{9} : \left(\frac{2}{3} - 2\right)\right]$ $\left[\frac{8}{3}\right]$

134 ●○ $\left[\left(\frac{2}{5} - \frac{1}{2}\right) : \left(\frac{1}{6} - \frac{2}{3}\right)\right] \cdot \left[\left(\frac{1}{6} : \frac{1}{3}\right) : \left(-\frac{3}{2}\right)\right]$ $\left[-\frac{1}{15}\right]$

135 ●○ $\frac{2}{5} + \frac{1}{3} - \left[\frac{4}{3} - \left(\frac{1}{5} - \frac{2}{15}\right) + \frac{1}{3}\right] - \frac{4}{3} \cdot \left[\frac{1}{4} - \left(\frac{1}{3} + 1\right)\right] : \frac{13}{5} - \frac{4}{5}$ $\left[-\frac{10}{9}\right]$

136 ●○ $\frac{1}{2} + \frac{4}{3} - \left[\frac{1}{2} + \frac{2}{3} + \left(1 + \frac{1}{4}\right) \cdot \frac{12}{5}\right] \cdot \frac{1}{3} + \left(\frac{1}{9} : \frac{3}{4}\right) - \frac{1}{27}$ $\left[\frac{5}{9}\right]$

137 ●○ $\left\{\left[\left(\frac{1}{3} - \frac{4}{7}\right) : \left(\frac{2}{7} - \frac{1}{2}\right) \cdot \frac{3}{5} - \frac{2}{3}\right] : 2\right\} \cdot \frac{1}{4} - \frac{2}{3} + 1$ $\left[\frac{1}{3}\right]$

138 ●○ $\left[\left(\frac{1}{3} - \frac{4}{5}\right) \cdot \frac{3}{7} - \left(\frac{1}{3} + \frac{2}{5}\right)\right] + \left[\frac{4}{3} - \frac{1}{4} + \left(-\frac{1}{3}\right)\right] : \frac{3}{20} + \frac{9}{15}$ $\left[\frac{14}{3}\right]$

139 ●○ $\left\{\left[\left(3 - \frac{13}{11}\right) : \left(\frac{3}{2} - \frac{4}{11}\right)\right] - \frac{3}{5}\right\} \cdot \frac{8}{3} - \left(\frac{4}{3} : \frac{1}{3} - 4 + \frac{16}{5}\right)$ $\left[-\frac{8}{15}\right]$

140 $\left\{\left[\left(\frac{4}{3}-\frac{1}{4}\right)\cdot\left(-\frac{2}{13}+3\right)-\frac{30}{12}\right]:\frac{7}{4}-\frac{2}{3}\right\}\cdot\frac{3}{5}-\frac{2}{5}+1$ $\left[\frac{2}{5}\right]$

141 $\left\{\left[\left(\frac{2}{3}-\frac{1}{6}\right)\cdot\frac{3}{2}-\frac{1}{4}\right]-\frac{1}{5}\left[15\cdot\left(2-\frac{1}{3}\right)-\frac{5}{3}\right]\right\}+\frac{1}{4}-\frac{2}{3}+4$ $\left[-\frac{7}{12}\right]$

142 $\left\{\left[-\frac{1}{5}\cdot\left(\frac{3}{2}+1\right)+\frac{3}{2}\right]:\frac{5}{4}+\left(3-\frac{2}{3}\right)\cdot\left(-\frac{1}{5}-\frac{2}{7}\right)\right\}:\frac{4}{3}-\frac{1}{12}$ $\left[-\frac{1}{3}\right]$

143 $\left\{\left[\left(\frac{1}{6}-\frac{1}{8}\right):\left(\frac{1}{2}-\frac{1}{3}\right)+\frac{2}{3}\right]:\frac{1}{6}-\frac{1}{4}\right\}\cdot 2-\frac{1}{5}+\left(\frac{1}{10}-\frac{27}{5}\right)$ $[5]$

Frazioni a termini frazionari

144 Trasforma le seguenti frazioni in divisioni e risolvi.

$\dfrac{\frac{2}{5}}{\frac{6}{25}}$, $\quad\dfrac{3}{\frac{9}{10}}$, $\quad\dfrac{\frac{1}{4}}{-\frac{3}{16}}$, $\quad\dfrac{\frac{1}{2}}{4}$.

145 Trasforma le seguenti divisioni in frazioni.

$\frac{9}{5}:3$, $\quad\frac{16}{7}:\frac{4}{49}$, $\quad(-2):\frac{8}{9}$, $\quad\left(-\frac{5}{36}\right):\frac{1}{6}$.

Calcola il valore delle seguenti espressioni.

146 $\dfrac{\frac{1}{4}-\frac{3}{16}}{2-\frac{1}{8}}$; $\quad\dfrac{\frac{1}{8}-\frac{1}{6}}{\frac{1}{6}}$. $\left[\frac{1}{30};-\frac{1}{4}\right]$

147 $\dfrac{(-4)\cdot\left(-\frac{3}{8}\right)}{\frac{5}{24}}$; $\quad\dfrac{2-\frac{1}{3}}{5\cdot\left(-\frac{5}{9}\right)}$. $\left[\frac{36}{5};-\frac{3}{5}\right]$

148 $\dfrac{\frac{3}{7}\cdot\left(-\frac{4}{5}+\frac{1}{2}\right)}{\frac{1}{14}-\left(\frac{2}{7}-\frac{1}{4}\right)}\cdot\left(\frac{5}{9}-1\right)$ $\left[\frac{8}{5}\right]$

149 $\dfrac{-\left(-\frac{1}{3}+\frac{2}{5}\right)}{-\frac{3}{5}-\left(-\frac{2}{3}\right)}+\dfrac{\frac{5}{6}+\left(-\frac{1}{3}\right)}{-\frac{3}{4}+\frac{5}{12}}$ $\left[-\frac{5}{2}\right]$

La potenza

150 Senza eseguire il calcolo, indica il segno del risultato delle seguenti potenze.

$(-2)^4$, $\quad -2^4$, $\quad\left(-\frac{7}{2}\right)^3$, $\quad -7^3$, $\quad -(-7)^3$, $\quad -\left(\frac{4}{3}\right)^0$, $\quad\left(-\frac{1}{4}\right)^0$.

COMPLETA

151 $\left(-\frac{3}{5}\right)^2=\frac{\square}{\square}$, $\quad -\left(-\frac{3}{2}\right)^4=\square\frac{\square}{\square}$, $\quad\left(\square\frac{\square}{\square}\right)^3=-\frac{125}{8}$, $\quad\left(-\frac{1}{2}\right)^{\square}=\square\frac{1}{64}$.

152 $\left(\frac{200}{53}\right)^0=\square$, $\quad\left(\frac{625}{27}\right)^{\square}=1$, $\quad -\left(\frac{2}{7}\right)^{\square}=-1$, $\quad\left(\frac{4}{3}\right)^0=\square$, $\quad -\left(-\frac{5}{7}\right)^0=\square$.

Calcola il valore delle seguenti potenze.

153 $\left(\frac{1}{2}\right)^2$; $\left(-\frac{2}{3}\right)^2$; $\left(-\frac{5}{6}\right)^2$; $\left(-\frac{2}{5}\right)^3$.

154 $\left(\frac{1}{2}\right)^3$; $\left(-\frac{12}{6}\right)^2$; $\left(-\frac{4}{10}\right)^3$; $\left(-\frac{2}{6}\right)^4$.

155 $\left(1-\frac{1}{2}\right)^3$; $\quad\left(-1-\frac{3}{2}\right)^3$; $\quad\left(\frac{4}{5}-\frac{5}{4}\right)^2$.

156 $\left(\frac{5}{4}-\frac{4}{5}\right)^2$; $\quad\left(-\frac{7}{8}+2\right)^3$; $\quad\left(-\frac{3}{5}-\frac{1}{2}\right)^3$.

157 Quale delle seguenti espressioni vale -1?

$\left(-\frac{2}{5}\right)^0$; $\quad -\left(\frac{2}{5}\right)^1$; $\quad -\frac{2^0}{5}$; $\quad -\frac{2}{5^0}$; $\quad -\left(\frac{2}{5}\right)^0$.

Indica quali proprietà delle potenze sono state applicate in ciascuna delle seguenti uguaglianze.

158 $\left(-\frac{2}{3}\right)^3 \cdot \left(-\frac{2}{3}\right)^4 = \left(-\frac{2}{3}\right)^7 = -\frac{2^7}{3^7}$; $\quad \left(-\frac{4}{5}\right)^6 : \left(-\frac{4}{5}\right)^4 = \left(-\frac{4}{5}\right)^2 = +\frac{4^2}{5^2}$.

159 $\left[\left(-\frac{1}{2}\right)^3\right]^2 = \left(-\frac{1}{2}\right)^6 = +\frac{1}{2^6}$; $\quad \left[\left(+\frac{1}{5}\right)\cdot\left(-\frac{3}{2}\right)\cdot(+7)\right]^2 = \left(+\frac{1}{5}\right)^2\cdot\left(-\frac{3}{2}\right)^2\cdot(+7)^2$.

160 $\left[(-3)^2\cdot\left(-\frac{1}{2}\right)^2\cdot\left(+\frac{5}{2}\right)\right]^3 = (-3)^9\cdot\left(-\frac{1}{2}\right)^6\cdot\left(+\frac{5}{2}\right)^3$; $\quad \dfrac{\left(-\frac{3}{4}\right)^2\cdot\left(-\frac{3}{4}\right)^3\cdot\left(-\frac{3}{4}\right)^5}{\left(-\frac{3}{4}\right)^6} = \left(-\frac{3}{4}\right)^4$.

161 $\left[\left(+\frac{5}{6}\right)^8 : \left(+\frac{5}{6}\right)^6\right]^2 \cdot \left(+\frac{5}{6}\right) = \left(+\frac{5}{6}\right)^{16} : \left(+\frac{5}{6}\right)^{12} \cdot \left(+\frac{5}{6}\right) = \left(+\frac{5}{6}\right)^5$

162 $\left(-\frac{5}{8}\right)^4\cdot\left(+\frac{16}{25}\right)^4 : \left(-\frac{12}{5}\right)^4 = \left[\left(-\frac{5}{8}\right)\cdot\left(+\frac{16}{25}\right)\cdot\left(-\frac{5}{12}\right)\right]^4 = \left(+\frac{1}{6}\right)^4$

163 CACCIA ALL'ERRORE Trova l'errore commesso in ognuna delle seguenti espressioni.

a. $\left(-\frac{1}{3}\right)^2\cdot\left(+\frac{1}{3}\right)^3 = \left(+\frac{1}{3}\right)^2\cdot\left(+\frac{1}{3}\right)^3 = \left(+\frac{1}{3}\right)^6$

b. $(+6)^2\cdot(-6)^5 = (+6)^2\cdot(+6)^5 = (+6)^7$

c. $\left(\frac{3}{2}\right)^5\cdot\left(-\frac{3}{2}\right)^3 = -\left(-\frac{3}{2}\right)^5\left(-\frac{3}{2}\right)^3 = -\left(-\frac{3}{2}\right)^8 = +\left(\frac{3}{2}\right)^8$

d. $\left[-\left(-\frac{2}{5}\right)^2\right]^3 : \left(+\frac{2}{5}\right) = \left(+\frac{2}{5}\right)^6 : \left(+\frac{2}{5}\right) = \left(+\frac{2}{5}\right)^5$

e. $[-(-2)^3]^3 : (-2)^2 = (+2)^9 : (-2)^2 = (-2)^9 : (-2)^2 = (-2)^7$

164 INVALSI 2011 Qual è la metà del numero $\left(\frac{1}{2}\right)^{50}$?

A $\left(\frac{1}{4}\right)^{50}$ B $\left(\frac{1}{2}\right)^{25}$ C $\left(\frac{1}{2}\right)^{51}$ D $\left(\frac{1}{2}\right)^{49}$

165 INVALSI 2003 Qual è la millesima parte di 10^{15}?

A 10^5

B 10^{12}

C $10^{\frac{15}{1000}}$

D 10^{18}

166 ASSOCIA a ogni espressione il proprio risultato.

1. $\left(-\frac{1}{2}\right)^3\cdot\left(+\frac{1}{2}\right)^2$
2. $\left(+\frac{1}{2}\right)^7 : \left(-\frac{1}{2}\right)^2$
3. $\left[-\left(-\frac{1}{2}\right)^3\right]^2$
4. $\left[-\left(+\frac{1}{2}\right)^2\right]^3$

a. $-\frac{1}{64}$

b. $-\frac{1}{32}$

c. $+\frac{1}{64}$

d. $+\frac{1}{32}$

Espressioni e proprietà delle potenze

167 ESERCIZIO GUIDA Calcoliamo, applicando le proprietà delle potenze, il valore della seguente espressione:

$$\left\{\left[\left(-\frac{1}{2}\right)^2\cdot\left(-\frac{1}{2}\right)^3\right]^2 : \left(\frac{5}{2}\right)^{10}\right\} : \left(-\frac{1}{5}\right)^6\cdot 10^4 =$$

Applichiamo la proprietà del prodotto di potenze di uguale base:

$$\left\{\left[\left(-\frac{1}{2}\right)^5\right]^2 : \left(\frac{5}{2}\right)^{10}\right\} : \left(-\frac{1}{5}\right)^6\cdot 10^4 =$$

Applichiamo la proprietà della potenza di una potenza:

$$\left[\left(-\frac{1}{2}\right)^{10} : \left(\frac{5}{2}\right)^{10}\right] : \left(-\frac{1}{5}\right)^6\cdot 10^4 =$$

Applichiamo la proprietà del quoziente di potenze di uguale esponente e calcoliamo il quoziente delle basi:

$$\left(-\frac{1}{2}:\frac{5}{2}\right)^{10}:\left(-\frac{1}{5}\right)^{6}\cdot 10^{4}=\left(-\frac{1}{\cancel{2}_{1}}\cdot\frac{\cancel{2}^{1}}{5}\right)^{10}:\left(-\frac{1}{5}\right)^{6}\cdot 10^{4}=\left(-\frac{1}{5}\right)^{10}:\left(-\frac{1}{5}\right)^{6}\cdot 10^{4}=$$

Applichiamo la proprietà del quoziente di potenze di uguale base:

$$\left(-\frac{1}{5}\right)^{4}\cdot 10^{4}=$$

Applichiamo la proprietà del prodotto di potenze di uguale esponente:

$$\left(-\frac{1}{\cancel{5}_{1}}\cdot\cancel{10}^{2}\right)^{4}=(-2)^{4}=16.$$

Calcola, applicando le proprietà delle potenze, il valore delle seguenti espressioni.

168 $\left[\left(-\frac{1}{4}\right)^{3}:\left(-\frac{1}{4}\right)\right]^{2}$ $\left[\frac{1}{256}\right]$

169 $\left[\left(\frac{2}{3}\right)^{2}\cdot\left(-\frac{3}{8}\right)^{2}\right]^{2}\cdot(-2)^{4}$ $\left[\frac{1}{16}\right]$

170 $\left[\left(-\frac{1}{25}\right)^{2}\cdot\left(\frac{1}{25}\right)^{3}\right]\cdot\left(\frac{25}{3}\right)^{5}$ $\left[\frac{1}{243}\right]$

171 $\left[\left(\frac{2}{15}\right)^{3}\cdot\left(-\frac{3}{2}\right)^{3}\right]^{2}\cdot 5^{6}$ $[1]$

172 $\left[\left(-\frac{1}{2}\right)^{3}\cdot\left(-\frac{2}{7}\right)^{3}\right]:\left(\frac{5}{7}\right)^{3}$ $\left[\frac{1}{125}\right]$

173 $\left[\left(\frac{4}{3}\right)^{2}\right]^{3}\cdot\left(\frac{3}{2}\right)^{6}\cdot\left(-\frac{1}{2}\right)^{6}$ $[1]$

174 $\left[\left(\frac{4}{5}\right)^{2}\cdot\left(-\frac{4}{5}\right)^{3}\right]^{2}:\left(-\frac{4}{5}\right)^{8}$ $\left[\frac{16}{25}\right]$

175 $\left\{\left[\left(\frac{1}{2}\right)^{4}\right]^{3}\cdot\left(\frac{2}{3}\right)^{12}\right\}:\left(-\frac{1}{3}\right)^{10}$ $\left[\frac{1}{9}\right]$

176 $\left\{\left(-\frac{1}{2}\right)^{3}\cdot\left[\left(-\frac{1}{2}\right)^{3}\right]^{2}\right\}:\left(-\frac{1}{2}\right)^{7}$ $\left[\frac{1}{4}\right]$

177 $\left\{\left[\frac{16}{81}:\left(\frac{2}{3}\right)^{2}\right]^{3}\cdot\left(\frac{5}{2}\right)^{6}\right\}^{2}:\left(\frac{5}{3}\right)^{10}$ $\left[\frac{25}{9}\right]$

178 $\left[\left(-\frac{3}{5}\right)^{4}\cdot\left(+\frac{5}{9}\right)^{4}\cdot\left(-\frac{1}{3}\right)^{7}\right]:\left[\left(-\frac{1}{3}\right)^{5}\right]^{2}$ $\left[-\frac{1}{3}\right]$

179 $\left\{\left[\left(\frac{125}{27}\right)^{2}\cdot\left(\frac{4}{25}\right)^{3}\right]^{4}:\left[\left(\frac{1}{9}\cdot 4\right)\cdot\frac{2}{3}\right]^{5}\right\}:\left(\frac{2}{3}\right)^{8}$ $\left[\frac{2}{3}\right]$

180 $\left\{\left[\left(\frac{1}{4}\right)^{2}\cdot\left(\frac{2}{5}\right)^{2}\right]^{3}:\left(-\frac{1}{5}\right)^{6}\right\}\cdot\left[\left(\frac{2}{3}\right)^{6}:\left(-\frac{1}{3}\right)^{6}\right]$ $[1]$

181 $\left\{\left[\left(\frac{1}{4}\right)^{2}\cdot\left(\frac{1}{4}\right)^{3}\right]^{2}\cdot\left(-\frac{4}{5}\right)^{10}\right\}:\left[\left(\frac{3}{25}\right)^{5}\cdot\frac{1}{3^{3}}\right]$ $\left[\frac{1}{9}\right]$

Espressioni con i razionali

182 **ESERCIZIO GUIDA** Calcoliamo il valore della seguente espressione:

$$\left\{\left(\frac{7}{11}\right)^{2}\cdot\left(-\frac{11}{14}\right)^{2}-\left[\left(\frac{1}{2}\right)^{2}+\left(\frac{1}{3}\right)^{2}\right]\right\}:\left[\left(\frac{2}{3}\right)^{2}+\frac{1}{3}-\frac{5}{9}\right]=$$

Prima di calcolare le potenze, controlliamo se ci sono moltiplicazioni e divisioni di potenze che hanno la stessa base o lo stesso esponente. Nella prima moltiplicazione applichiamo la proprietà del prodotto di potenze con lo stesso esponente:

$$\left\{\left[\frac{\cancel{7}^{1}}{\cancel{11}_{1}}\cdot\left(-\frac{\cancel{11}^{1}}{\cancel{14}_{2}}\right)\right]^{2}-\left(\frac{1}{4}+\frac{1}{9}\right)\right\}:\left(\frac{4}{9}+\frac{1}{3}-\frac{5}{9}\right)=\left[\left(-\frac{1}{2}\right)^{2}-\left(\frac{9+4}{36}\right)\right]:\left(\frac{4+3-5}{9}\right)=$$

$$\left(\frac{1}{4}-\frac{13}{36}\right):\frac{2}{9}=\left(\frac{9-13}{36}\right):\frac{2}{9}=-\frac{\cancel{4}^{1}}{\cancel{36}_{\cancel{9}_{1}}}\cdot\frac{\cancel{9}^{1}}{2}=-\frac{1}{2}.$$

Calcola il valore delle seguenti espressioni.

183 $\left[\left(-\frac{1}{4}\right)^6 : \left(-\frac{1}{2}\right)^6\right] : \left(\frac{1}{2}\right)^4 + \left(\frac{1}{2}\right)^2$ $\left[\frac{1}{2}\right]$

184 $\left(-\frac{2}{3}\right)^3 - \left(-\frac{2}{3}\right)^2 \cdot \left(-\frac{2}{3}\right)^4 : \left(-\frac{2}{3}\right)^3 + \left(-\frac{2}{3}\right)^0$ $[1]$

185 $\left(\frac{2}{3}\right)^2 \cdot \frac{13}{6} + \left[\left(1 - \frac{1}{2}\right)^3 : \left(1 + \frac{1}{2}\right)^3\right]$ $[1]$

186 $\left(\frac{7}{4}\right)^3 : \left[\left(\frac{4}{3} - \frac{2}{5}\right) \cdot \frac{15}{8}\right] - \frac{17}{16}$ $[2]$

187 ESEMPIO DIGITALE $\left\{\left[3 \cdot \left(\frac{18}{7} - \frac{2}{3} + 1\right) \cdot \left(\frac{2}{5} + 1\right) \cdot \frac{1}{61}\right]^3 + \frac{4}{25}\right\} : \frac{7}{5}$

188 $\left(-\frac{3}{5}\right)^8 : \left(1 - \frac{2}{5}\right)^5 \cdot \left[\left(2 + \frac{1}{2}\right)^2 \cdot \frac{5}{2}\right] - 1$ $\left[\frac{19}{8}\right]$

189 $\left(2 - \frac{14}{9}\right)^2 : \left(-\frac{2}{3}\right)^2 - \left(2 - \frac{5}{3}\right)^4 : \frac{1}{27} - \frac{2}{9}$ $\left[-\frac{1}{9}\right]$

190 $\left[\left(3 + \frac{2}{5}\right) : \left(2 + \frac{1}{8}\right)\right] \cdot \frac{5}{2^2} - \left[-\left(-\frac{2}{3}\right)^3 : \left(\frac{2}{3}\right)\right] + \left(-\frac{2}{3}\right)^6 : \left(\frac{2}{3}\right)^4$ $[2]$

191 $-2 + \frac{1}{2} - \left(\frac{3}{2}\right)^2 - \frac{1}{12} + \left[\left(\frac{2}{3} : \frac{4}{15}\right)^3 : \frac{75}{28}\right]$ $[2]$

192 $\left[\left(\frac{5}{4} + \frac{9}{10} - \frac{5}{3}\right) : \frac{58}{45}\right]^2 : \left(-\frac{3}{4}\right)^2 + \frac{1}{2} - 2$ $\left[-\frac{5}{4}\right]$

193 $\left\{\frac{1}{3} + \left[\left(-\frac{2}{3}\right)^2 \cdot \left(\frac{2}{3}\right)^4\right]^2 : \left(-\frac{2}{3}\right)^{10}\right\} \cdot \left(\frac{3}{7^2}\right) + \frac{1}{4} - \frac{2}{3}$ $\left[-\frac{31}{84}\right]$

194 $\left[\left(1 - \frac{1}{2}\right)^3 \cdot \left(-\frac{1}{3} - 5\right) + \frac{1}{6}\right]^3 + \left[\left(\frac{2}{9} - \frac{1}{15} + \frac{7}{5}\right) : \frac{56}{33}\right] \cdot (-3^2) - \left(-\frac{1}{2}\right)^2 + \left(4 + \frac{2}{3} : \frac{4}{9}\right)$ $\left[-\frac{25}{8}\right]$

195 $\left(1 - \frac{1}{4}\right)^2 \cdot \left(\frac{2}{3}\right)^2 + \left[\left(\frac{7}{2}\right)^2 \cdot \left(-3 - \frac{1}{2}\right)^3 : \left(-1 - \frac{5}{2}\right)^4 + 1\right]$ $\left[-\frac{9}{4}\right]$

196 $\left[\left(\frac{2}{35} - \frac{1}{5}\right) : \left(\frac{1}{7} - 1\right)\right] : \left[\frac{2}{3} : \left(\frac{1}{4} + \frac{3}{2}\right)\right] \cdot \left(-\frac{1}{10}\right)^0 - \left(-\frac{1}{2}\right)^4$ $\left[\frac{3}{8}\right]$

197 $\frac{2}{3} - \frac{1}{6} + \left[\frac{1}{2} - \frac{1}{3} - \left(1 + \frac{4}{5}\right) : \frac{1}{5}\right] - \left[\frac{1}{7} + \frac{2}{3} - \left(\frac{1}{14} + 1\right)\right] \cdot \frac{7}{11} - (-2^3)$ $\left[-\frac{1}{6}\right]$

198 $\left[\left(\frac{1}{3} \quad \frac{4}{5}\right) \cdot \frac{3}{7} - \left(\frac{1}{3} + \frac{2}{5}\right)\right] + \left[\frac{4}{3} - \frac{1}{4} + \left(-\frac{1}{3}\right)\right] : \frac{3}{20} + \frac{9}{15}$ $\left[\frac{14}{3}\right]$

199 $\left\{-\frac{4}{9} + \frac{8}{3} \cdot \left[\left(1 + \frac{2}{3} - \frac{5}{12}\right) - 1\right]\right\} : \left[-1 + \left(-2 + \frac{4}{3}\right) \cdot \left(-\frac{1}{2}\right)\right]$ $\left[-\frac{1}{3}\right]$

200 $\left[\left(\frac{7}{3} + \frac{5}{12}\right) : \left(\frac{13}{2} + \frac{1}{10}\right)\right] \cdot \left(\frac{2}{5}\right)^2 - \frac{1}{5} + \frac{2}{3} - 1$ $\left[-\frac{7}{15}\right]$

201 $(-2 + 5)^3 : (5 - 2)^2 - \left(2 + \frac{3}{2}\right) \cdot \left[1 - \left(\frac{3}{4} + 2 - \frac{13}{7}\right)\right] + \frac{3}{4}$ $\left[\frac{27}{8}\right]$

202 $\left\{\left[\left(3 - \frac{13}{11}\right) : \left(\frac{3}{2} - \frac{4}{11}\right)\right] - \frac{3}{5}\right\} \cdot \frac{8}{3} - \left[\frac{4}{3} : \frac{1}{3} - 4 + \frac{(-2)^4}{5}\right]$ $\left[-\frac{8}{15}\right]$

203 $\left\{\left[\left(\frac{4}{3} - \frac{1}{4}\right) \cdot \left(-\frac{2}{13} + 3\right) - \frac{30}{12}\right] : \frac{7}{4} - \frac{2}{3}\right\} \cdot \frac{3}{5} - \frac{2}{5} + \frac{9^3}{36} : \frac{3^4}{4}$ $\left[\frac{2}{5}\right]$

204 $\left(-1 + \frac{4}{5} - \frac{7}{5}\right)^2 \cdot \left\{\left[\left(1 - \frac{1}{2} + \frac{2}{5}\right) : 10 + \frac{1}{25} + \frac{1}{50}\right] : \left[\left(\frac{3}{5}\right) \cdot (-1)\right]^2\right\} + \frac{2}{5}$ $\left[\frac{22}{15}\right]$

205 $\left[\left(1 - \frac{5}{4}\right)^3 : \left(1 + \frac{1}{8} - \frac{7}{4}\right) - 1 + \frac{3}{5}\right]^2 : \left[\left(-\frac{6}{5}\right) : \left(\frac{8}{5}\right)\right]^3 + 1$ $\left[\frac{2}{3}\right]$

ESERCIZI

206 $\left\{1+\frac{1}{2}\cdot\left[1+\left(1+\frac{1}{2}\right)^2:\frac{3}{2}\right]^2-\left(\frac{1}{4}-\frac{1}{2}+1\right)^2\right\}:\left(\frac{19}{2^3}\right)+1-\frac{1}{4}$ $\left[\frac{9}{4}\right]$

207 $\left\{\left[-\left(\frac{1}{2}-\frac{1}{10}\right)+\left(\frac{1}{6}\right)^4:\left(-\frac{1}{6}\right)^3\right]:\left(\frac{17}{5}\right)^2\right\}\cdot\left\{\frac{1}{5}+\left(1+\frac{1}{5}\right)^2\cdot\left[\left(-\frac{3}{5}+\frac{1}{2}\right)^2\cdot\left(\frac{5}{3}\right)^2-1\right]\right\}$ $\left[\frac{1}{17}\right]$

208 EUREKA! **Aguzzare la vista...** Considera l'espressione

$$1+\left(1-\frac{1}{2}\right)+\left(\frac{1}{2}-\frac{1}{3}\right)+\left(\frac{1}{3}-\frac{1}{4}\right)+\dots$$

a. Osserva come si susseguono gli addendi, aggiungine altri tre e calcola il risultato.

b. Trova il risultato con 100 e con 1000 addendi.

c. Aumentando ancora il numero di addendi, a quale numero si avvicina il risultato?

$\left[\text{a) }\frac{13}{7};\text{ b) }\frac{199}{100}\text{ e }\frac{1999}{1000};\text{ c) }2\right]$

Dalle parole alle espressioni numeriche

Traduci in espressioni le seguenti frasi, poi calcolane il valore.

209 Moltiplica $\frac{2}{3}$ per la differenza tra $\frac{4}{5}$ e 1, sottrai poi 2 al risultato. $\left[-\frac{32}{15}\right]$

210 Moltiplica il quadrato dell'opposto di $\frac{4}{5}$ per la somma di $\frac{2}{3}$ e 1, poi sottrai al risultato $\frac{5}{3}$. $\left[-\frac{3}{5}\right]$

211 ESEMPIO DIGITALE Moltiplica $\frac{9}{16}$ per il cubo di $\frac{2}{3}$ e sottrai al risultato la somma dei quadrati di $\frac{1}{6}$ e di $\frac{1}{4}$.

212 Moltiplica per il quadrato dell'opposto di $\frac{1}{3}$ la differenza tra $\frac{1}{4}$ e il prodotto della somma di $\frac{1}{4}$ e di $\frac{2}{3}$ per $\frac{6}{5}$. $\left[-\frac{17}{180}\right]$

213 Dividi per 2 il risultato della sottrazione di $\frac{4}{3}$ al quoziente tra 5 e la somma di $\frac{2}{3}$ e di 1. $\left[\frac{5}{6}\right]$

214 Sottrai $\frac{1}{4}$ al prodotto di 2 per il risultato della sottrazione di $\frac{3}{2}$ al quoziente tra $\frac{2}{3}$ e la somma di $\frac{1}{3}$ e di 1. $\left[-\frac{9}{4}\right]$

Calcola il valore delle seguenti espressioni assegnando alle lettere i valori indicati a fianco.

215	$(x+y)^2-(x^2+y^2)$	$x=\frac{1}{2}$	$y=-\frac{1}{3}$	$\left[-\frac{1}{3}\right]$
216	$\frac{a+b}{a^2b^2}:\frac{a^2-b^2}{a^2}$	$a=-1$	$b=\frac{1}{4}$	$\left[-\frac{64}{5}\right]$
217	$(2a+b):(4a^2-b^2)$	$a=\frac{3}{2}$	$b=-\frac{1}{2}$	$\left[\frac{2}{7}\right]$
218	$\left(a-\frac{1}{a}\right)\cdot\left(a+\frac{1}{a}\right)\cdot\frac{4a}{3}$	$a=-\frac{3}{2}$		$\left[-\frac{65}{15}\right]$
219	$\frac{1}{x^2+x}+\frac{1}{x+1}$	$x=-\frac{1}{4}$		$[-4]$

Dalle parole alle espressioni letterali

220 ESERCIZIO GUIDA Traduciamo in espressione la frase: «Ai $\frac{2}{5}$ della differenza fra la metà di a e i $\frac{2}{3}$ di b, aggiungi la terza parte della somma fra il quadrato di a e i $\frac{3}{2}$ di b».
Calcoliamo poi il valore dell'espressione per $a=-\frac{5}{2}$ e $b=-\frac{3}{2}$.

Eseguiamo la traduzione per gradi:

«$\frac{2}{5}$ della differenza fra…» → $\frac{2}{5}\cdot(\ldots-\ldots)$;

«la metà di a» → $\frac{1}{2}\cdot a$;

«i $\frac{2}{3}$ di b» → $\frac{2}{3}\cdot b$;

«aggiungi la terza parte della somma fra…» → $+\frac{1}{3}\cdot(\ldots+\ldots)$;

«il quadrato di a» → a^2;

«i $\frac{3}{2}$ di b» → $\frac{3}{2}\cdot b$.

L'espressione è dunque la seguente:

$$\frac{2}{5}\cdot\left(\frac{1}{2}a-\frac{2}{3}b\right)+\frac{1}{3}\cdot\left(a^2+\frac{3}{2}b\right).$$

Calcoliamo ora il valore dell'espressione per $a=-\frac{5}{2}$ e $b=-\frac{3}{2}$:

$$\frac{2}{5}\left[\frac{1}{2}\left(-\frac{5}{2}\right)-\frac{2}{3}\left(-\frac{3}{2}\right)\right]+\frac{1}{3}\left[\left(-\frac{5}{2}\right)^2+\frac{3}{2}\left(-\frac{3}{2}\right)\right]=\ldots$$

Lasciamo a te il compito di svolgere i calcoli. Il risultato è $\frac{37}{30}$.

Traduci in espressioni le seguenti frasi e calcola poi il loro valore, con i dati assegnati.

221 Moltiplica la somma del doppio di a e della terza parte di b per la differenza tra il doppio di a e la terza parte di b, sottrai poi al risultato la somma del quadruplo del quadrato di a e del doppio di c; $a=1$, $b=\frac{3}{2}$, $c=-2$. $\left[\frac{15}{4}\right]$

222 Moltiplica la somma dei $\frac{2}{5}$ di b e a per la differenza tra la metà di b e c, somma poi al risultato il quoziente tra $\frac{1}{4}$ di a e la differenza tra i $\frac{2}{5}$ di b e 2; $a=2$, $b=\frac{5}{2}$, $c=1$. $\left[\frac{1}{4}\right]$

223 Moltiplica la differenza tra $\frac{4}{3}$ di a e b per il quadrato della somma di a e b e al risultato sottrai il quoziente tra il cubo di a e la differenza tra i quadrati di a e b; $a=-\frac{1}{2}$, $b=2$. $\left[-\frac{181}{30}\right]$

224 Sottrai $\frac{1}{8}$ di a ai $\frac{4}{5}$ di c, dividi poi il risultato per i $\frac{3}{8}$ del quadrato di b; $a=3$, $b=-\frac{1}{5}$, $c=\frac{1}{16}$. $\left[-\frac{65}{3}\right]$

225 Calcola il quadrato della somma di 1 e del risultato della divisione della somma dei $\frac{2}{3}$ di b e di c per la differenza tra $\frac{1}{4}$ di a e b; $a=4$, $b=6$, $c=-\frac{1}{3}$. $\left[\frac{16}{225}\right]$

Problemi INTORNO A NOI

226 Roberta compra un'automobile che costa € 16 500. Al momento dell'acquisto versa i $\frac{6}{11}$ del prezzo e il resto a rate mensili.
Quanto deve versare ogni mese se vuole estinguere il pagamento in 30 rate? [€ 250]

227 In un centro commerciale Andrea acquista un set di valigie in offerta.
Se spende € 123 e lo sconto è uguale ai $\frac{9}{50}$ del prezzo iniziale, quanto costavano le valigie?

[€ 150]

228 Ho portato in banca i $\frac{5}{8}$ di una somma guadagnata e ho trattenuto il resto per spese immediate che ammontano a € 915.
Quale somma avevo guadagnato? [€ 2440]

229 Paolo deve acquistare uno scooter che costa € 2760, ma possiede solo i $\frac{2}{3}$ della somma. Quanto manca per effettuare la spesa? [€ 920]

230 ESEMPIO DIGITALE In Italia una famiglia su tre possiede un cane o un gatto. Sapendo che la popolazione è costituita da circa 22 500 000 famiglie, quanti animali domestici sono presenti? Quanti sono i cani se il loro numero è uguale ai $\frac{4}{11}$ di quello dei gatti?

231 **In forma!** Da un'indagine sulle attività sportive degli studenti di una classe emerge che $\frac{1}{3}$ pratica il nuoto; tra i rimanenti $\frac{1}{4}$ gioca solo a calcio, $\frac{1}{4}$ solo a pallavolo, mentre 6 ragazzi praticano altri sport. Da quanti alunni è composta la classe? [18]

232 Il 31 maggio Pietro dice a Tommaso di volerlo incontrare dopo i $\frac{7}{6}$ dei giorni del mese successivo. In che giorno si incontreranno i due amici? [5 luglio]

233 Anna si trova in una località di mare dove i $\frac{3}{4}$ della spiaggia, occupata dagli ombrelloni, hanno una larghezza di 60 m. Quanto è larga complessivamente la spiaggia? Il medico ha consigliato ad Anna di stare a 4 metri dalla riva; a quale frazione dell'intera spiaggia corrisponde tale distanza? $\left[80 \text{ m}; \frac{1}{20}\right]$

234 INVALSI 2005 In una prova di ammissione bisogna superare due test. $\frac{2}{3}$ dei candidati superano il primo test e $\frac{1}{6}$ di quelli che l'hanno superato passa anche il secondo test. Su 360 candidati, quanti saranno ammessi?

A 40 B 60 C 120 D 280

235 **Avvita la vite** Con un movimento della mano riesco a far fare $\frac{3}{4}$ di giro a una vite. Con 4 movimenti della mano riesco ad avvitarla per $\frac{2}{3}$ della lunghezza. Con quanti giri completi si avvita completamente la vite? [4 giri e mezzo]

I numeri razionali e le leggi di monotonia

236 Applica la prima legge di monotonia alle seguenti uguaglianze e disuguaglianze.

$$\frac{1}{3}+\frac{2}{3}=1; \qquad \frac{3}{2}+1=6-\frac{7}{2}; \qquad -\frac{2}{5}<\frac{1}{2}; \qquad \frac{4}{3}-\frac{2}{5}>\frac{4}{3}\cdot\frac{2}{5}.$$

237 Applica la seconda legge di monotonia alle uguaglianze e alle disuguaglianze precedenti, moltiplicando sia per un numero positivo che per un numero negativo.

Applica alle seguenti uguaglianze e disuguaglianze le leggi di cancellazione.

238 $\frac{9}{10}+\frac{4}{12}=\frac{2}{4}+\frac{1}{3}+\frac{2}{5}$; $\frac{25}{30}-\frac{3}{4}<\frac{9}{2}-\frac{6}{8}-\frac{2}{3}$.

239 $\frac{6}{4}\cdot\frac{2}{3}=\frac{10}{15}\cdot\left(1+\frac{1}{2}\right)$; $3\cdot\left(-\frac{12}{3}\right)>(-4)\cdot\frac{11}{2}$.

240 $\frac{4}{3}-2=1-\frac{4}{2}+\frac{1}{3}$; $\frac{9}{3}\cdot\frac{5}{6}<\frac{10}{3}\cdot 3$.

Per ognuna delle seguenti uguaglianze e disuguaglianze, scrivi la nuova relazione che ottieni, applicando una legge di monotonia o di cancellazione, trasformando entrambi i membri come è indicato a fianco. Specifica quale legge hai utilizzato.

241 $\frac{5}{4}-\frac{1}{3}=\frac{11}{12}$, aggiungi $\frac{1}{3}$; $-\frac{1}{4}<-\frac{1}{5}$, moltiplica per $-\frac{1}{2}$.

242 $\left(-\frac{3}{2}\right)\left(-\frac{4}{9}\right)=\frac{2}{3}$, dividi per $\frac{1}{9}$; $\frac{5}{6}+\frac{2}{3}>\frac{1}{2}$, sottrai $-\frac{3}{2}$.

243 $\frac{5}{2}+2=\frac{9}{2}$, aggiungi $-\frac{1}{2}$;
$\frac{7}{4}<\frac{10}{3}$, dividi per -2.

244 $6-\frac{1}{4}<7-\frac{1}{4}$, aggiungi $\frac{1}{4}$;
$5+\frac{3}{2}>-2-\frac{1}{2}$, aggiungi $-\frac{5}{7}$.

Applicazioni delle leggi di monotonia: come ricavare una variabile numerica

245 ESERCIZIO GUIDA **a.** Nella formula $s=2a+3b$, ricaviamo b.
b. Nella formula $v=\frac{s}{t}$, ricaviamo prima s e poi t.

a. Per ricavare b occorre «eliminare» tutto ciò che si trova nello stesso membro in cui si trova b, ossia $2a$ e il coefficiente 3 di b.
Eliminiamo $2a$ sottraendo dai due membri (prima legge di monotonia):

$$s-2a=2a+3b-2a \quad \rightarrow \quad s-2a=3b.$$

Per eliminare il fattore 3 basta dividere i due membri per 3 (seconda legge di monotonia):

$$\frac{s-2a}{3}=\frac{3b}{3} \quad \rightarrow \quad \frac{s-2a}{3}=b$$

oppure, leggendo da destra a sinistra: $b=\frac{s-2a}{3}$.

b. Se si considera una frazione, risulta conveniente utilizzare la regola del prodotto in croce per avere un'uguaglianza scritta in forma intera (ponendo $t\neq 0$):

$$\frac{v}{1}=\frac{s}{t} \quad \rightarrow \quad vt=s.$$

In questo modo abbiamo già ricavato s: $s=vt$.
Ricaviamo t dividendo i membri di $vt=s$ per v (seconda legge di monotonia):

$$\frac{vt}{v}=\frac{s}{v} \quad \rightarrow \quad t=\frac{s}{v}.$$

Dalle seguenti formule ricava la lettera indicata fra parentesi.

246 $s=a+b, (a)$; $\quad s=a+2b, (a)$.

247 $y=3x+2, (x)$; $\quad x=2y+1, (y)$.

248 $d=a-b, (a)$; $\quad t=x-y, (y)$.

249 $3a-b=9, (b)$; $\quad 3c=a-b, (b)$.

250 $y+2=3x+4, (x)$; $\quad 2y+6=8x+10, (y)$.

251 $4y+1=5x, (y)$; $\quad 3x+2y=0, (y)$.

252 $ax=c, (x)$; $\quad ax+b=c, (x)$.

253 $y-1=m(x+3), (y)$; $\quad y-6=m(x-3), (m)$.

254 $V=\frac{k}{p}\ (k,p)$; $\quad k=-\frac{F}{x}\ (F,x)$; $\quad s=\frac{1}{2}at^2\ (a)$; $\quad y=\frac{3}{x}\ (x)$.

255 $\frac{a}{b}=\frac{c}{d}(a,d)$; $\quad \frac{a}{3}=\frac{6}{b}\ (a,b)$; $\quad \frac{2}{3}a=\frac{1}{5b}\ (a,b)$; $\quad a=\frac{b\cdot h}{2}\ (b)$.

4 Le potenze con esponente intero negativo

▶ Teoria a p. 93

256 VERO O FALSO? Indica se le seguenti uguaglianze, dove $a, b\neq 0$ e $m, n\in\mathbb{N}$, sono *vere* o *false*.

a. $\left(\frac{a}{b}\right)^{-n}=\left(\frac{b}{a}\right)^{n}$ V F

b. $\left[\left(\frac{a}{b}\right)^{-m}\right]^{n}=-\left[\left(\frac{a}{b}\right)^{n}\right]^{m}$ V F

c. $\left[\left(\frac{a}{b}\right)^{m}\right]^{-n}=\left[\left(\frac{b}{a}\right)^{n}\right]^{m}$ V F

d. $\left(\frac{a}{b}\right)^{-n}\cdot\left(\frac{b}{a}\right)^{n}=1$ V F

257 ●○ **SPIEGA PERCHÉ** Considera le frazioni $\frac{1}{5}$, $\frac{0}{2}$, 2. Solo di una di esse non è possibile calcolare la potenza a esponente -2. Perché?

258 **ESERCIZIO GUIDA** Calcoliamo le seguenti potenze con esponente negativo.

a. $(-3)^{-2}$; b. -3^{-2}; c. $\left(-\frac{3}{5}\right)^{-2}$; d. $\frac{3^{-2}}{5}$.

a. $(-3)^{-2}=\left(-\frac{1}{3}\right)^2=+\frac{1}{9}$.

b. $-3^{-2}=$

Poiché non ci sono parentesi, il segno $-$ non fa parte della potenza:

$-\left(\frac{1}{3}\right)^2=-\frac{1}{9}$.

c. $\left(-\frac{3}{5}\right)^{-2}=\left(-\frac{5}{3}\right)^2=\frac{25}{9}$.

d. $\frac{3^{-2}}{5}=$

In questo caso l'esponente riguarda solo il numeratore:

$\frac{\left(\frac{1}{3}\right)^2}{5}=\frac{\frac{1}{9}}{5}=$

$\frac{1}{9}\cdot\frac{1}{5}=\frac{1}{45}$.

Calcola le seguenti potenze con esponente negativo.

259 ●○ 2^{-3}; $(-2)^{-3}$; 2^{-2}; $(-2)^{-2}$; -2^{-2}; 2^{-1}.

260 ●○ $\left(\frac{1}{2}\right)^{-4}$; $\left(-\frac{1}{2}\right)^{-3}$; $\left(-\frac{3}{2}\right)^{-2}$; $-\frac{3^{-2}}{2}$; $\frac{1^{-4}}{2}$; $\frac{4}{3^{-2}}$.

261 ●○ $(-2)^{-1}$; $\left(\frac{1}{5}\right)^{-1}$; $\left(\frac{9}{5}\right)^{-1}$; $\left(-\frac{2}{5}\right)^{-1}$; $(-1)^{-1}$; $-\frac{5^{-1}}{6}$.

262 ●○ $\left(-\frac{3}{5}\right)^{-2}$; $\left(\frac{4}{7}\right)^{-2}$; $\left(\frac{1}{3}\right)^{-3}$; 3^{-3}; 1^{-7}; -1^{-7}.

263 ●○ **COMPLETA**

$\left(\frac{7}{3}\right)^{-3}=\left(\frac{\square}{\square}\right)^3$; $6^{-2}=\left(\frac{\square}{\square}\right)^2$; $\left(\frac{2}{3}\right)^{\square}=\frac{27}{8}$; $3^{\square}=\frac{1}{81}$; $\left(-\frac{2}{7}\right)^{-4}=\left(\frac{7}{2}\right)^{\square}$;

$\left(\frac{1}{\square}\right)^3=-1$; $\left(\frac{1}{5}\right)^{-\square}=25$; $\frac{12}{\square^2}=\left(\frac{1}{3}\right)^{-1}$; $\frac{4}{7}=\left(\frac{7}{2^{\square}}\right)^{-1}$; $\left(\frac{3}{5^2}\right)^{-2}=\frac{5^{\square}}{\square^2}$.

264 ●○ **VERO O FALSO?**

a. $\left(-\frac{1}{2}\right)^{-3}\cdot\left(-\frac{1}{2}\right)^2=-32$ V F

b. $\left[\left(-\frac{1}{3}\right)^2\cdot\left(-\frac{1}{3}\right)^3\right]^{-2}=\left(+\frac{1}{3}\right)^{10}$ V F

c. $(-3)^3\cdot(-3)^{-3}:(-3)^2=(+3)^4$ V F

d. $\left(-\frac{2}{5}\right)^{-3}=\left(-\frac{5}{2}\right)^3$ V F

e. $\left(\frac{1}{4}\right)^6:\left(\frac{1}{4}\right)^{-2}=\left(\frac{1}{4}\right)^4$ V F

f. $6^{-3}=\left(-\frac{1}{6}\right)^3$ V F

265 ●○ **COMPLETA** la seguente tabella.

a	a^{-2}	a^{-1}	$(-a)^{-2}$	$(-a)^{-1}$
$-\frac{1}{5}$				
$+\square$	$\frac{4}{9}$			
		-1		
				-4

266 ●○ In ognuna delle seguenti formule determina quali valori di k (se esistono) soddisfano l'uguaglianza.

a. $3^{-3}=k$; c. $\left(\frac{k}{3}\right)^0=1$; e. $k^4=-\frac{1}{16}$;

b. $\left(-\frac{1}{3}\right)^{-k}=9$; d. $\left(\frac{1}{k}\right)^{-3}=\frac{1}{64}$; f. $k^1=0$.

267 ESERCIZIO GUIDA Calcoliamo il valore delle seguenti espressioni applicando le proprietà delle potenze.

- $2^7 \cdot 2^{-5} = 2^{7+(-5)} = 2^2;$
- $2^7 : 2^{-5} = 2^{7-(-5)} = 2^{7+5} = 2^{12};$
- $(2^7)^{-2} = 2^{7\cdot(-2)} = 2^{-14} = \frac{1}{2^{14}};$
- $10^{-2} \cdot 2^{-2} = (10 \cdot 2)^{-2} = 20^{-2} = \frac{1}{20^2};$
- $10^{-2} : 2^{-2} = (10 : 2)^{-2} = 5^{-2} = \frac{1}{5^2}.$

Calcola il valore delle seguenti espressioni applicando le proprietà delle potenze.

268 $3^2 \cdot 3^{-5} \cdot 3^4 \cdot 3^{-1};\quad 2^{-5} : 2^{-3};\quad 5^{-2} : 5^7 \cdot 5^{10}.$ $\left[1; \frac{1}{4}; 5\right]$

269 $4^{-1} \cdot 5^{-1} \cdot (-2)^{-1};\quad 8^{-2} : 4^{-2};\quad [(-3)^2]^{-3}.$ $\left[-\frac{1}{40}; \frac{1}{4}; \frac{1}{3^6}\right]$

270 $\left[\left(\frac{1}{5}\right)^2 \cdot \left(\frac{1}{5}\right)^3\right]^2 \cdot \left(\frac{1}{5}\right)^{-7};\quad \left[\left(\frac{2}{3}\right)^{-1}\right]^2 \cdot \left(\frac{1}{2}\right)^{-2} \cdot \left(\frac{1}{3}\right)^3.$ $\left[\frac{1}{125}; \frac{1}{3}\right]$

271 $[(2^2 \cdot 2^{-3})^{-1} \cdot 2^{-4}]^{-1} : 2^3;\quad \left[\left(\frac{5}{4}\right)^2 : \left(\frac{5}{4}\right)^{-3}\right]^{-2} \cdot \left(\frac{5}{4}\right)^8.$ $\left[1; \frac{16}{25}\right]$

272 $\left\{\left[\left(\frac{3}{4}\right)^{-1}\right]^2 \cdot \left(\frac{2}{9}\right)^{-2}\right\} : \left(\frac{1}{6}\right)^{-3};\quad \left\{\left[\left(\frac{2}{5}\right)^2 : \left(\frac{2}{5}\right)^{-2}\right] \cdot \left(\frac{2}{5}\right)^3\right\}^{-1} : 5^4.$ $\left[\frac{1}{6}; \frac{125}{128}\right]$

273 $\left\{\left[3^2 \cdot \left(\frac{1}{3}\right)^3\right]^{-1} \cdot 3^2\right\} \cdot \left[\left(\frac{3}{2}\right)^3 \cdot \left(\frac{3}{2}\right)^{-6}\right];\quad \left\{\left[\left(\frac{3}{5}\right)^2 : \left(\frac{3}{5}\right)^{-1}\right] : \left(\frac{3}{5}\right)^2\right\}^{-1} : \left(\frac{15}{2}\right)^{-1}.$ $\left[8; \frac{25}{2}\right]$

274 $\left\{\left[\left(\frac{3}{2}\right)^2 : \left(\frac{3}{2}\right)^3\right]^{-2} \cdot \left(\frac{4}{9}\right)^2\right\} : \left(\frac{2}{3}\right)^{-1};\quad \left\{\left[\left(-\frac{1}{4}\right)^{-2} : \left(-\frac{1}{4}\right)^3 : 16^2\right]^2\right\}^2 : (-4)^5.$ $\left[\frac{8}{27}; -\frac{1}{4}\right]$

275 $-(-3)^{-4} : 3^{-2} + 3^{-1} \cdot \left(-\frac{1}{3}\right)^2 + \left(-\frac{1}{3}\right)^3;\quad \{[4 : (-2)^{-4} : (-8)]^2\}^3 : [(-16)^{-1}]^{-4}.$ $\left[-\frac{1}{9}; 4\right]$

276 $\left\{\left[\left(\frac{1}{4}\right)^3 \cdot \left(\frac{2}{3}\right)^3\right]^{-1} \cdot \left(\frac{1}{6}\right)^4\right\}^{-1} : \left[\left(\frac{1}{4}\right)^3 \cdot \left(\frac{2}{5}\right)^3\right]^0$ $[6]$

277 $\left[\left(-\frac{3}{4}\right)^{-2}\right]^{-2} \cdot \left(\frac{4}{3}\right)^{-3} : \left(-\frac{3}{4}\right)^5 + \left[\left(-\frac{3}{4}\right)^5 : \left(\frac{4}{3}\right)^{-2}\right] \cdot \left(\frac{3}{4}\right)^{-3}$ $\left[-\frac{25}{16}\right]$

278 $\{[(3^5 \cdot 3)^{-2} : (3 \cdot 3^3)^{-1}] \cdot (3^{-2} \cdot 3^3) \cdot 3^2\}^{-1} \cdot 3^{-2}$ $[27]$

279 $\left\{\left[2^3 : \left(\frac{1}{2}\right)^2\right] : 2^3\right\}^{-1} \cdot \left\{\left[\left(-\frac{3}{2}\right)^4 : \left(+\frac{3}{2}\right)^2\right]\left(\frac{8}{7}\right)^2\right\}$ $\left[\frac{36}{49}\right]$

280 $\left(4 + \frac{1}{2}\right)^{-2} : \left(1 - \frac{1}{9}\right)^2 + (-2)^{-3} - \left[\left(-\frac{2}{3}\right)^{-4} : \left(\frac{9}{4}\right)^{-2} \cdot \left(-\frac{2}{3}\right)^7 - \frac{2^{-3}}{5}\right] - \left(-\frac{2}{5}\right)^{-2} \cdot 5^{-1}$ $\left[\frac{17}{80}\right]$

281 $\left[(-2)^{-2} + \left(\frac{1}{3}\right)^2 - \left(\frac{6}{2}\right)^{-2} + \frac{1}{12}\right]^3 : \left\{-\frac{1}{2} - \left[2 - \left(\frac{3}{2} + \frac{2}{3}\right)\right]\right\}^2 + \frac{4}{3}$ $\left[\frac{5}{3}\right]$

282 $\left(-\frac{5}{2}\right)^2 - \left\{\left[\left(-\frac{2}{5}\right)^2 : \left(-\frac{2}{5}\right) + \left(-\frac{1}{2}\right)^2\right] : \left(1 - \frac{7}{10}\right) - 1 + \frac{1}{2}\right\}^2 \cdot \left(-\frac{5}{2}\right)^{-2} - 2$ $\left[\frac{409}{100}\right]$

283 $\left[\left(1 - \frac{1}{2}\right)^{-2}\left(2 - \frac{1}{2}\right)^2\right]^{-1} \cdot \left(\frac{3}{4}\right)^{-1} - 1 \cdot (-2)^2 \cdot \left(-\frac{1}{2} + \frac{1}{4}\right) - \left(-1 + \frac{1}{3}\right)^{-2}$ $\left[-\frac{119}{108}\right]$

284 $\left(-\frac{3}{2}\right)^{-3} + \left\{\left[\left(-\frac{2}{3}\right)^3 : \frac{2}{3} + \left(\frac{1}{2}\right)^2\right] : \left(1 - \frac{7}{6}\right) - 1 - \frac{1}{2}\right\}^3 \cdot \left(-\frac{1}{2}\right)^{-3} + 1$ $[1]$

285 $\left(\frac{1}{11} - \frac{1}{33} - \frac{1}{3}\right) \cdot \left\{\left(-\frac{1}{3}\right)^{-2} - 15 - \left[2 + \left(-\frac{5}{3}\right)^{-1} : \left(1 - \frac{1}{2} + 1 - \frac{3}{5}\right)\right]\right\} - 1$ $[1]$

286 $\left(1 - \frac{5}{6} + \frac{4}{3}\right) \cdot \left\{\left(1 - \frac{4}{9}\right) : \left[2 - \left(1 - \frac{1}{4} - \frac{11}{6}\right) \cdot \left(-\frac{13}{6}\right)^{-1} - 1\right]^2 - \left(\frac{9}{23}\right)^{-1}\right\}^3 + \frac{1}{6}$ $\left[\frac{1}{9}\right]$

ESERCIZI

287 $\left[\left(\frac{9^3 \cdot 2^6}{18^4} - \frac{2}{3}\right)^3 \cdot \left(\frac{2}{9}\right)^2\right]^{-3} \cdot \left(\frac{72^4}{9^8} \cdot \frac{2}{27^4 \cdot 9^5}\right)$ $\left[-\frac{1}{4}\right]$

288 $\left[\frac{25^3}{75^2} - 2\left(-\frac{5}{3}\right)^2 - \frac{7}{9}\right] + \left[\left(-\frac{8}{3}\right)^{-2} \cdot \left(\frac{4}{27}\right)^{-3}\right]^{-1} \cdot \left(-\frac{3}{2}\right)^{10}$ $\left[-\frac{20}{9}\right]$

5 I numeri razionali e i numeri decimali

▶ Teoria a p. 95

Dalle frazioni ai numeri decimali

289 VERO O FALSO?

a. Ogni frazione equivale a un numero decimale. V F

b. $\frac{2}{5}$ è un numero decimale. V F

c. Un numero decimale può essere periodico. V F

d. $\frac{2}{15}$ equivale a un numero decimale finito perché contiene 5 tra i fattori del denominatore 15. V F

Scrivi sotto forma di numeri decimali le seguenti frazioni.

290 $\frac{1}{2}$; $\frac{1}{3}$; $\frac{1}{4}$; $\frac{1}{5}$; $\frac{1}{6}$.

291 $\frac{1}{7}$; $\frac{1}{8}$; $\frac{1}{9}$; $\frac{1}{10}$; $\frac{2}{10}$.

292 $\frac{3}{2}$; $\frac{2}{3}$; $\frac{8}{5}$; $\frac{9}{4}$; $\frac{11}{220}$.

293 $\frac{3}{20}$; $\frac{7}{2^3 \cdot 5}$; $\frac{9}{50}$; $\frac{11}{5^4 \cdot 2}$; $\frac{7}{56}$.

Senza eseguire la divisione, indica per ogni frazione se rappresenta un numero decimale finito, periodico semplice o periodico misto.

294 ESEMPIO DIGITALE $\frac{3}{14}$; $\frac{5}{4}$; $\frac{1}{20}$; $\frac{1}{21}$.

295 $\frac{3}{150}$; $\frac{7}{6}$; $\frac{14}{18}$; $\frac{126}{105}$.

296 $\frac{1}{8}$; $\frac{3}{50}$; $\frac{5}{9}$; $\frac{1}{10}$.

297 $\frac{4}{27}$; $\frac{9}{30}$; $\frac{21}{12}$; $\frac{1}{36}$.

298 INVALSI 2004 Un numero decimale è composto da 5 cifre e gode delle seguenti proprietà:

- la cifra dei centesimi è 2;
- la cifra delle decine è uguale alla cifra dei centesimi aumentata di 7;
- la cifra delle unità è il doppio della cifra dei decimi;
- la cifra dei decimi è uguale alla cifra delle decine diminuita di 6;
- la cifra delle centinaia è uguale alla cifra delle unità.

Qual è il numero?

A 292,32

B 292,12

C 484,82

D 696,32

MATEMATICA E STORIA

Frazioni e numeri decimali In Europa, per lungo tempo, si rimase fedeli alle frazioni, spesso usate assieme ai numeri naturali. Ecco un esempio ricavato dal *Liber abbaci* di Leonardo Fibonacci detto Leonardo Pisano (ca. 1170-ca. 1250):

$\frac{3}{4}\ \frac{7}{10}\ \frac{9}{20}1 \qquad \frac{3}{4}\ \frac{9}{10}\ \frac{13}{20}1$

Ma Stevino...

Una veduta della città natale di Stevino (Bruges, in Belgio).

Problema e risoluzione – Un esercizio in più – Attività di ricerca: Scambi culturali.

Dai numeri decimali alle frazioni

299 ESERCIZIO GUIDA Trasformiamo in frazioni: **a.** $1{,}04$; **b.** $2{,}\overline{8}$; **c.** $1{,}458\overline{3}$.

a. $1{,}04$ è un numero **decimale finito**.

Al *numeratore* scriviamo il numero senza virgola.
Al *denominatore* scriviamo 1 seguito da tanti 0 quante sono le cifre dopo la virgola e semplifichiamo:

$$1{,}04 = \frac{104}{100} = \frac{26}{25}.$$

b. $2{,}\overline{8}$ è un numero **decimale periodico senza antiperiodo**.

Al *numeratore* scriviamo la differenza tra il numero senza virgola e le cifre che precedono il periodo.

Al *denominatore* scriviamo tanti 9 quante sono le cifre del periodo:

$$2{,}\overline{8} = \frac{28-2}{9} = \frac{26}{9}.$$

c. $1{,}458\overline{3}$ è un numero **decimale periodico con antiperiodo**.

Al *numeratore* scriviamo la differenza tra il numero senza virgola e le cifre che precedono il periodo.

Al *denominatore* scriviamo tanti 9 quante sono le cifre del periodo, seguiti da tanti 0 quante sono le cifre dell'antiperiodo, poi semplifichiamo:

$$1{,}458\overline{3} = \frac{14583-1458}{9000} = \frac{13125}{9000} = \frac{35}{24}.$$

Trasforma i seguenti numeri decimali in frazioni.

300 $3{,}7$; $123{,}22$; $0{,}04$; $-3{,}005$; $10{,}01$.

301 $5{,}\overline{2}$; $-0{,}\overline{3}$; $0{,}\overline{6}$; $2{,}\overline{3}$; $-3{,}\overline{4}$.

302 $3{,}\overline{14}$; $3{,}1\overline{4}$; $-3{,}5$; $3{,}1\overline{41}$.

303 $4{,}3\overline{21}$; $0{,}025$ $0{,}\overline{216}$; $0{,}21\overline{6}$.

304 YOU & MATHS **From decimal numbers to fractions** Convert the decimal numbers to fractions in lowest terms.

a. $0{,}48$; **c.** $3{,}333$; **e.** $0{,}2$;
b. $2{,}47$; **d.** $0{,}\overline{8}$; **f.** $0{,}\overline{41}$.

305 COMPLETA inserendo uno dei simboli <, >, =.

$2{,}\overline{3}$ ☐ $2{,}33$; $\frac{2}{5}$ ☐ $0{,}\overline{4}$; $12{,}1$ ☐ $\frac{122}{10}$;

$0{,}6\overline{2}$ ☐ $0{,}622$; $5{,}02$ ☐ $5{,}0\overline{2}$; $\frac{15}{2}$ ☐ $7{,}5$;

$\frac{2}{9}$ ☐ $0{,}222$; $0{,}0018$ ☐ $0{,}001\overline{8}$; $6{,}3\overline{7}$ ☐ $6{,}3777$.

306 Ordina in senso crescente i seguenti numeri razionali, poi scrivi il quarto numero dell'elenco.

$$(0{,}2)^2;\quad 0{,}2;\quad 0{,}\overline{2};\quad (0{,}\overline{2})^2;\quad \frac{1}{0{,}2};\quad \frac{1}{0{,}\overline{2}}.$$

Trasforma i numeri decimali in frazioni e calcola il risultato delle seguenti operazioni.

307 $5{,}7 \cdot 0{,}04$; $21{,}25 \cdot 0{,}01$.

308 $(0{,}1)^2 \cdot 3{,}2$; $4{,}9 \cdot 0{,}5$.

309 $(0{,}4)^2 \cdot (1{,}8)^2$; $(3{,}5)^2 : (0{,}1)^2$.

Senza trasformare i numeri decimali in frazioni, esegui le seguenti operazioni.

310 $16{,}3 \cdot 10$; $1{,}2 : 100$; $531 : 10^3$; $6{,}2 : 10^3$.

311 $(0{,}1)^2$; $(0{,}1) \cdot 0{,}01$; $0{,}1 \cdot 100$; $0{,}1 : 10^3$.

312 $0{,}5 \cdot 0{,}01$; $3500 : 10^4$; $7{,}5 \cdot 10^2 \cdot 0{,}1$; $2{,}6 : 0{,}01$.

313 $0{,}5 - 0{,}\overline{5}$; $0{,}1 + 0{,}\overline{1}$.

314 INVALSI 2012 Osserva questa moltiplicazione: $17 \cdot 36 = 612$. Ora scrivi il risultato delle seguenti moltiplicazioni.

a. $17 \cdot 3{,}6 =$ ☐;
b. $17 \cdot 0{,}36 =$ ☐;
c. $1{,}7 \cdot 360 =$ ☐;
d. $1{,}7 \cdot 3{,}6 =$ ☐.

Espressioni con i numeri decimali

Calcola il valore delle seguenti espressioni dopo aver trasformato i numeri decimali in frazioni.

315 $3{,}5-\frac{1}{2}\cdot 1{,}\overline{9}$ $\left[\frac{5}{2}\right]$

316 $2{,}\overline{4}-3{,}5:0{,}5$ $\left[-\frac{41}{9}\right]$

317 $(2\cdot 4{,}5)^2-8\cdot(0{,}1)^{-1}+(10-5{,}6):\frac{1}{2}$ $\left[\frac{49}{5}\right]$

318 $0{,}1\overline{6}:0{,}75+0{,}\overline{7}$ $[1]$

319 $(0{,}\overline{3}+0{,}35):\frac{41}{20}+0{,}\overline{1}$ $\left[\frac{4}{9}\right]$

320 $[(0{,}25)^2\cdot(0{,}\overline{6})^2]^2:(0{,}1\overline{6})^3$ $\left[\frac{1}{6}\right]$

321 ESEMPIO DIGITALE $\frac{0{,}25}{1{,}\overline{6}-0{,}5}:\frac{1}{7}+\frac{2{,}\overline{3}-2}{31{,}\overline{3}-30}:\frac{1}{2}$

322 $\left\{\left[\left(\frac{1}{7}-0{,}5\right)\cdot\left(3+\frac{1}{2}\right)\right]:\frac{3}{4}-\frac{2}{3}\right\}\cdot\frac{3}{2}+1-\frac{3}{4}$ $\left[-\frac{13}{4}\right]$

323 $\left\{\left[\frac{4}{5}\cdot\left(-\frac{5}{2}+\frac{1}{4}\right)-\frac{3}{5}\right]:\frac{3}{5}+2\right\}:3-0{,}08\overline{3}+2$ $\left[\frac{5}{4}\right]$

324 $\left[\left(0{,}1\overline{6}+\frac{2}{3}\right):\left(\frac{4}{3}-2\right)\right]\cdot\left[1{,}\overline{3}:\left(0{,}2-\frac{2}{3}\right)\right]$ $\left[\frac{25}{7}\right]$

325 $-(0{,}8-0{,}\overline{6})+\left[\frac{1}{2}-\left(\frac{2}{3}+0{,}0\overline{6}\right)\right]-\left[\frac{2}{5}+\left(\frac{1}{6}-0{,}3\right)\right]$ $\left[-\frac{19}{30}\right]$

326 $0{,}25-\frac{7}{3}+5-0{,}5+\frac{5}{3}-12+6-\frac{10}{3}+\frac{5}{12}$ $\left[-\frac{29}{6}\right]$

327 $\left(0{,}4-\frac{1}{7}\right)-\left[\frac{4}{3}-0{,}\overline{3}-\left(1+\frac{4}{7}\right)\right]-\left(\frac{1}{5}+\frac{1}{7}\right)-3$ $\left[-\frac{88}{35}\right]$

328 $\left[\left(\frac{2}{3}-\frac{4}{5}\right):\left(\frac{4}{3}-1\right)\right]:\left[\left(-\frac{4}{5}\right):\left(0{,}5-\frac{2}{3}\right)\right]$ $\left[-\frac{1}{12}\right]$

329 $0{,}625+\left(\frac{2}{3}-\frac{1}{4}\right)-\left[\frac{1}{2}-\left(\frac{1}{48}-\frac{1}{16}\right)\right]+\left(2-\frac{1}{24}\right)+\frac{5}{24}$ $\left[\frac{8}{3}\right]$

330 $\frac{2}{3}-0{,}25+\frac{2}{12}-\left[\frac{1}{4}-\left(\frac{1}{2}+\frac{3}{4}\right)\right]+\left[-\frac{1}{6}+\left(\frac{2}{3}-\frac{3}{4}\right)-\frac{1}{12}\right]$ $\left[\frac{5}{4}\right]$

331 $\frac{3}{4}-\frac{2}{3}+0{,}125-\left[5-\left(\frac{2}{3}+4-\frac{1}{6}\right)\right]+\left[2-\left(\frac{1}{8}+\frac{4}{3}+1\right)\right]$ $\left[-\frac{3}{4}\right]$

332 $\left[\frac{10}{3}+\left(\frac{1}{2}+\frac{8}{3}-\frac{7}{3}\right)\cdot\left(\frac{3}{2}-\frac{8}{5}-\frac{3}{2}\right)-\frac{7}{3}\right]\cdot\frac{3}{4}-0{,}08\overline{3}+0{,}\overline{6}$ $\left[\frac{1}{3}\right]$

333 $\left\{\left[\left(0{,}5-\frac{3}{5}\right):\left(\frac{1}{5}-\frac{2}{3}\right)-\left(\frac{1}{7}-\frac{1}{5}\right):\left(\frac{2}{3}-\frac{4}{7}\right)\right]\right\}\cdot\frac{7}{3}-2-0{,}8$ $\left[-\frac{9}{10}\right]$

334 $1-\left\{\frac{4}{3}\cdot\left[\frac{1}{5}\cdot\left(2-\frac{2}{3}\right)-\frac{1}{4}\right]+2-\frac{4}{3}\right\}-\left[\frac{1}{5}:\left(2-\frac{3}{5}\right)\right]\cdot 2{,}\overline{3}-\frac{1}{4}+\frac{16}{45}$ $\left[\frac{1}{12}\right]$

335 $\left\{\left[5^2\cdot\left(\frac{2}{15}\right)^2\right]^{-2}\cdot\left(\frac{3}{2}\right)^{-2}\right\}^{-1}:[(0{,}8)^{-1}\cdot(1{,}\overline{1})^{-1}]^{-2}$ $\left[\frac{9}{16}\right]$

336 $\left\{\left[\left(\frac{2}{5}-\frac{1}{3}\right)\cdot(1{,}\overline{3}-3)+\left(\frac{2}{5}-\frac{2}{3}\right)\cdot\left(\frac{1}{2}-\frac{4}{3}\right)\right]\cdot 3\right\}\cdot 0{,}5-\frac{1}{12}+1$ $\left[\frac{13}{12}\right]$

337 $\frac{1}{6}+\left(\frac{2}{5}\right)^2:\frac{8}{35}-0{,}75+\left(\frac{2}{5}+0{,}1+\frac{1}{3}\right)^3:(1{,}\overline{6})^2$ $\left[\frac{13}{40}\right]$

338 $\left\{\left[1+0{,}8\cdot\left(\frac{5}{8}-0{,}\bar{3}\right)\right]:\left(0{,}1\bar{7}-\frac{3}{7}\cdot 0{,}2\bar{3}\right)\right\}\cdot 0{,}\overline{108}-0{,}8$ $\left[\frac{32}{35}\right]$

339 $\left[(-3)^{-2}-\left(\frac{2}{3}\right)^{3}-\left(1{,}1\bar{6}-\frac{5}{6}\right)^{3}:\left(1+\frac{1}{6}-\frac{3}{2}\right)^{2}\right]:\left[-\frac{1}{3}-\left(-\frac{3}{2}\right)^{-3}:\frac{2}{9}+(-1{,}\bar{1})\cdot\left(-\frac{5}{3}\right)\right]$ $\left[-\frac{2}{11}\right]$

---

340 **INVALSI 2015** Il piano tariffario di un cellulare prevede un costo di 0,15 euro per lo «scatto alla risposta» più 0,12 euro per minuto o frazione di minuto di conversazione. Per esempio, se parlo 1 minuto e 1 secondo pago (0,15 + 0,24) euro, come se parlassi esattamente 2 minuti.

a. Quanti euro si spendono per una telefonata che dura 7 minuti e 10 secondi?

b. Se nel cellulare mi è rimasto un credito di 4 euro e voglio fare una telefonata, quanti minuti al massimo posso farla durare?

341 **INVALSI 2011** Un bicchiere contiene $\frac{1}{4}$ di litro di acqua. Se si vuole riempire una bottiglia da 1,5 litri, quanti bicchieri di acqua bisogna versare nella bottiglia?

342 **INVALSI 2008** Una mamma deve somministrare al figlio convalescente 150 mg di vitamina C ogni giorno. Avendo a disposizione compresse da 0,6 g, quante compresse al giorno deve dare al figlio?

A Un quarto di compressa.

B Una compressa.

C 2 compresse e mezzo.

D 4 compresse.

6 I numeri reali

▶ Teoria a p. 97

343 **VERO O FALSO?**

a. Un numero razionale è reale. V F

b. Un numero decimale illimitato non periodico è un numero irrazionale. V F

c. Il successivo di π è $\pi + 1$. V F

d. Un numero decimale può anche non essere un razionale. V F

e. Il quadrato di un numero irrazionale può essere razionale. V F

344 **TEST** Una delle seguenti affermazioni è *falsa*. Quale?

A Un numero irrazionale è un numero decimale illimitato non periodico.

B Non esiste alcun numero razionale il cui quadrato sia 7.

C Un numero reale o è razionale o è irrazionale.

D Un numero con infinite cifre decimali non nulle è irrazionale.

Riconosci i numeri irrazionali fra i seguenti.

345 $\sqrt{8}$; 7^{-2}; $\sqrt[3]{27^{-1}}$; 2π; $\sqrt{3}$.

346 $\sqrt{3^5:(3\cdot 3^2)}$; $2{,}4\bar{3}$; $\sqrt{2^{-1}+\frac{7}{2}}$; $\sqrt{5}$.

347 $\sqrt{\pi^2}$; $\left(-\frac{1}{2}\right)^{-2}$; $\sqrt{4+9}$; $\sqrt{4\cdot 9}$; $\frac{1}{5^{-3}}$.

348 $7{,}8\overline{23}$; $\frac{1}{4}$; $\sqrt{7^2+3^2}$; 1,2457; $\frac{1}{9{,}2}$.

---

349 **FAI UN ESEMPIO** Scrivi in forma decimale un numero reale che non sia razionale.

350 **SPIEGA PERCHÉ** $\sqrt{2}+1$ e $\pi - 1$ sono numeri irrazionali.

351 **IN FORMA GRAFICA** Rappresenta sulla retta orientata i seguenti numeri reali.

$-\sqrt{3}$; $-3{,}2$; $-\pi$; $-\sqrt{10}$; 2,1; $\frac{5}{2}$.

ESERCIZI

Disponi in ordine decrescente i seguenti numeri reali.

352 $-1{,}1\bar{2}$; $-\frac{10}{9}$; $0{,}\bar{6}$; $-\frac{5}{4}$; 66%; $\sqrt{3}$.

353 $-\frac{2}{3}\pi$; $1-\pi$; $-2\sqrt{3}$; $\frac{3}{2}\sqrt{2}$; $\frac{7}{3}$; -2.

APPROFONDIMENTO

Che assurdo, Pitagora! La scoperta che $\sqrt{2}$ è un numero irrazionale mise in crisi l'idea di Pitagora che tutto potesse essere ricondotto ai numeri razionali.
Per dimostrare che $\sqrt{2}$ non si può scrivere come numero razionale $\frac{a}{b}$ bisogna ragionare per assurdo...

$\frac{a}{b} \stackrel{?}{=} \sqrt{2}$

Problema e risoluzione – Attività di ricerca: Pitagora nei guai.

7 Le frazioni e le proporzioni

▶ Teoria a p. 98

354 VERO O FALSO?

a. La proprietà fondamentale delle proporzioni discende dalla definizione di frazioni:
- proprie. V F
- improprie. V F
- equivalenti. V F

b. Nella proporzione $3:2 = 12:8$:
- 3 è un estremo. V F
- 2 è un antecedente. V F
- 8 è un conseguente. V F

c. Se $3:2 = 12:8$, allora:
- $2:3 = 12:8$. V F
- $3:2 = 8:12$. V F
- $5:3 = 20:12$. V F
- $3:12 = 2:8$. V F

355 Data la proporzione $4:5 = 8:10$, se scriviamo $10:5 = 8:4$, quale proprietà si applica?

356 Aggiungendo 4 a tutti i termini di una proporzione si ottiene ancora una proporzione? E moltiplicandoli per 4?

357 YOU & MATHS Attendance at a concert was 480. The ratio of adults to students was 5 to 3. How many adults attended?
(USA *Southeast Missouri State University: Math Field Day*, 2005)
[300]

358 ESERCIZIO GUIDA Risolviamo alcune proporzioni.

a. $3:8 = x:20$; **b.** $12:x = x:3$; **c.** $\left(\frac{1}{3}+x\right):x = \frac{1}{5}:2$.

a. $3:8 = x:20$

Il prodotto dei medi è uguale al prodotto degli estremi, quindi:

$$8 \cdot x = 3 \cdot 20.$$

Applichiamo la seconda legge di monotonia, dividendo i due membri per 8:

$$x = 3 \cdot \frac{\overset{5}{\cancel{20}}}{\underset{2}{\cancel{8}}} = \frac{15}{2}.$$

b. $12:x = x:3$

$$x^2 = 12 \cdot 3 \rightarrow x^2 = 36 \rightarrow x = 6.$$

c. $\left(\frac{1}{3}+x\right):x = \frac{1}{5}:2$

Applichiamo la proprietà dello scomporre:

$$\left[\left(\frac{1}{3}+x\right)-x\right]:x = \left(\frac{1}{5}-2\right):2$$

$$\frac{1}{3}:x = -\frac{9}{5}:2$$

$$-\frac{9}{5}\cdot x = \frac{1}{3}\cdot 2.$$

Applichiamo la seconda legge di monotonia, dividendo i due membri per $-\frac{9}{5}$:

$$x = \frac{2}{3}:\left(-\frac{9}{5}\right) = -\frac{10}{27}.$$

Risolvi le seguenti proporzioni, applicando le proprietà necessarie.

359 ESEMPIO DIGITALE $x : \frac{1}{8} = (6 + 2x) : \frac{5}{4}$

360 $6 : 16 = x : 40$

361 $5 : x = 10 : 20$

362 $x : 7 = 28 : 4$

363 $35 : 5 = 70 : x$

364 $4 : x = x : 4$

365 $x : 75 = 3 : x$

366 $\left(\frac{2}{3} + x\right) : x = \frac{1}{2} : \frac{1}{3}$

367 $\frac{1}{2} : \frac{1}{3} = \left(\frac{1}{6} - x\right) : x$

368 $(x + 6) : 6 = x : 3$

369 $x : 3 = (2 + x) : 4$

370 $45 : 3x = x : 60$

371 $(x + 3) : 6 = x : 3$

Calcola il medio proporzionale tra i numeri assegnati.

372 6 e 54; $\frac{8}{5}$ e $\frac{2}{45}$; 2,88 e 2,42.

373 $\left(1 + \frac{5}{3}\right)$ e $\left(\frac{1}{3} - \frac{7}{27}\right)$; $3,\bar{8}$ e $15,\bar{5}$.

374 EUREKA! **Al quadrato** Se vale la proporzione $x : y = 7 : 5$, con $x^2 - y^2 = 864$, calcola x e y. [42; 30]

Risolvi i seguenti problemi, utilizzando le proporzioni.

375 In un triangolo la lunghezza della base sta a quella dell'altezza come 7 sta a 5. Sapendo che la base è lunga 28 cm, calcola l'area del triangolo. [280 cm^2]

376 La distanza tra i punti A e B sta alla distanza tra i punti B e C come 4 sta a 5. Sapendo che $BC = 15$ cm, calcola AB. [12 cm]

377 In un trapezio rettangolo l'altezza è media proporzionale tra le due basi, che misurano 75 cm e 12 cm. Trova l'area e il lato obliquo del trapezio. [1305 cm^2; $\simeq 69,8$ cm]

378 Considera i punti A, B e C in proporzione come nell'esercizio 376. Sapendo che $AC = 18$ cm, calcola la lunghezza di BC. [10 cm]

379 Determina due numeri, sapendo che la loro differenza è 54 e il loro rapporto è $\frac{13}{4}$. [78; 24]

380 La somma di due numeri è 156 ed essi stanno tra loro come 5 sta a 8. Trova i due numeri. [60; 96]

381 Il rapporto tra le aree di due rettangoli è $\frac{9}{16}$. Trova l'altezza del secondo rettangolo sapendo che ha la base di 20 cm e che il primo rettangolo ha i lati lunghi 15 cm e 6 cm. [8 cm]

Problemi INTORNO A NOI

382 **Un campione!** Un tennista ha vinto 10 tornei. Sapendo che essi stanno al numero di quelli non vinti come 2 sta a 17, calcola complessivamente a quanti tornei ha partecipato il tennista. [95]

383 Per preparare 720 g di marmellata di pesche occorrono 1,8 kg di pesche e 360 g di zucchero. Se vogliamo preparare 2,5 kg di marmellata, quanti kilogrammi di pesche e quanto zucchero occorrono? [6,25 kg; 1250 g]

384 Due soci si dividono gli utili della loro società nel rapporto di 5 a 7. Se il secondo riceve € 5850 più del primo, quali sono gli utili dei due soci? [€ 14 625; € 20 475]

385 L'altezza di un armadio sta all'altezza del soffitto come 7 sta a 10. Sapendo che il soffitto è alto 3 m, calcola l'altezza dell'armadio e la lunghezza della parete che resta scoperta. [210 cm; 90 cm]

RISOLVIAMO UN PROBLEMA

La ricetta

La ricetta per un dolce all'arancia contiene le seguenti indicazioni riguardo agli ingredienti.

Dosi per 4 persone	
farina	160 g
zucchero	200 g
uova	2
latte	100 mL
burro	90 g
succo d'arancia diluito (3 parti di succo per 7 parti d'acqua)	130 mL

- Volendo preparare un dolce per 7 persone, quanta farina si dovrebbe aggiungere a quella indicata nella ricetta?
- Potendo disporre di succo d'arancia diluito al 50%, quanto di questo succo e quanta acqua si devono mescolare per ottenere 130 mL di succo alla diluizione richiesta dalla ricetta?

▶ **Determiniamo la farina necessaria per un dolce per 7 persone.**

Abbiamo la quantità di farina necessaria per preparare un dolce per 4 persone; per calcolare quanta farina è necessaria per il dolce per 7 persone risolviamo una proporzione. Indicando con p il peso della farina si ottiene:

$$160:4 = p:7 \quad \to \quad p = \frac{160 \cdot 7}{4} = 280\ \text{g}.$$

▶ **Determiniamo la farina da aggiungere.**

La quantità di farina da aggiungere è:

$$(280 - 160)\ \text{g} = 120\ \text{g}.$$

▶ **Determiniamo le rispettive quantità di succo e di acqua in mL, relative a 130 mL.**

Il succo è diluito rispettivamente in 3 parti di succo e 7 parti di acqua.

Per calcolare la quantità di succo d'arancia puro (s) contenuta in 130 mL di succo diluito, risolviamo la proporzione, ricordando che la somma delle parti è $7 + 3 = 10$.

$$130:10 = s:3 \quad \to \quad s = \frac{130 \cdot 3}{10} = 39\ \text{mL}.$$

In modo analogo, la quantità di acqua (a) è:

$$a = \frac{130 \cdot 7}{10} = 91\ \text{mL}.$$

▶ **Determiniamo le quantità necessarie con il succo diluito al 50%.**

Se il succo di arancia a disposizione è diluito al 50%, per avere la quantità di succo uguale a 39 mL di succo puro, si deve raddoppiare la dose. Perciò occorrono 78 mL di succo diluito, che è costituito da 39 mL di succo puro e 39 mL di acqua.
Per raggiungere i 130 mL di succo complessivo si devono aggiungere $(130 - 78)$ mL = 52 mL di acqua.
Si può verificare che $(39 + 52)$ mL = 91 mL di acqua, quantità trovata in precedenza.

386 ●○ La pianta di un appartamento è in scala 1 : 200 (ossia il rapporto fra una distanza sulla pianta e quella corrispondente nella realtà è $\frac{1}{200}$). Se nella piantina le dimensioni del bagno sono 1,2 cm e 1,7 cm, quali sono le sue lunghezze reali? [2,4 m; 3,4 m]

387 ●○ **A passeggio** Un turista sta passeggiando per una città. Consultando una mappa in scala 1 : 7800 scopre che per arrivare alla sua destinazione deve percorrere due vie. Queste nella mappa misurano rispettivamente 12 cm e 14 cm. Qual è la distanza in metri che deve percorrere? [2028 m]

388 Una tua amica ti dà le dosi per l'impasto della pizza per 3 persone:

- 500 g di farina tipo 0;
- 30 g di lievito;
- 45 g di olio;
- 1 dL di acqua tiepida;
- sale q.b.

Volendo preparare la pizza per 7 tuoi amici, quali sono le nuove dosi per l'impasto? [1,166 kg; 70 g; 105 g; 2,3 dL]

389 Nella pianta del progetto di un edificio è scritto: scala 1 : 150. A quanti metri corrispondono 6 cm? Se il giardino ha le dimensioni di 12 m e 8,4 m, quali sono le sue lunghezze nella rappresentazione in scala? [9 m; 8 cm; 5,6 cm]

390 **In scala** In una carta geografica è indicata la scala 1 : 250 000, cioè 1 cm nella carta corrisponde a 250 000 cm nella realtà. Se due paesi distano tra loro 13,8 km, a che distanza si trovano nella carta? [5,52 cm]

391 TEST Sbucciando un'arancia mi accorgo che il suo peso cala da 250 g a 150 g. Se le arance che erano in una cassetta pesano, dopo essere state sbucciate, 6 kg, quanto pesano le bucce che sono state tolte?

A 3 kg B 3,6 kg C 4 kg D 5 kg

392 INVALSI 2005 La nonna ha messo da parte la somma di € 165 per fare un regalo ai suoi nipoti Marco e Andrea. Vuole suddividere la somma in modo proporzionale alle età rispettive dei due nipoti, che hanno uno 12 e uno 10 anni. Quale sarà la suddivisione?

A € 100 e € 65 C € 90 e € 75
B € 95 e € 70 D € 85 e € 80

393 **Siamo alla frutta!** Il tempo già trascorso di una vacanza sta al tempo totale come 4 sta a 5. Sapendo che sono già passati 8 giorni, quanto tempo durerà ancora la vacanza? [2 giorni]

394 Un frutteto di forma rettangolare, riprodotto su una mappa in scala 1 : 8000, ha le dimensioni di 25 cm e 18 cm. Se in ogni ettaro (1 ettaro = 10 000 m^2) vengono piantati 420 alberi, quante piante occorrono? [120 960]

395 In un cortile la superficie adibita a prato sta alla superficie totale come 12 sta a 16. Sapendo che l'area senza prato vale 24 m^2, calcola l'area del prato e l'area totale del cortile. [72 m^2; 96 m^2]

8 Le percentuali

▶ Teoria a p. 99

Equivalenza tra frazioni e percentuali

396 VERO O FALSO?

a. 7% equivale alla frazione $\frac{7}{100}$. V F

b. $\frac{1}{3}$ equivale a 30%. V F

c. 60% equivale alla frazione $\frac{5}{3}$. V F

d. 60% equivale alla frazione $\frac{3}{50}$. V F

397 SPIEGA PERCHÉ il 20% del 30% equivale al 6% del totale.

398 SPIEGA PERCHÉ il 3‰ è equivalente allo 0,3%.

Scrivi sotto forma di percentuali le seguenti frazioni.

399 $\frac{1}{2}$; $\frac{1}{5}$; $\frac{1}{10}$; $\frac{1}{4}$; $\frac{1}{50}$; $\frac{1}{25}$.

400 $\frac{3}{2}$; $\frac{2}{5}$; $\frac{7}{10}$; $\frac{9}{4}$; $\frac{3}{50}$; $\frac{5}{25}$.

Scrivi sotto forma di frazioni ridotte ai minimi termini le seguenti percentuali.

401 50%; 90%; 2%; 40%; 20%.

402 15%; 10%; 1%; 2,5%; 1,50%.

403 4‰; 25‰; 150‰; 200‰; 250‰.

ESERCIZI

404 INVALSI 2005 Quale percentuale della figura è colorata?

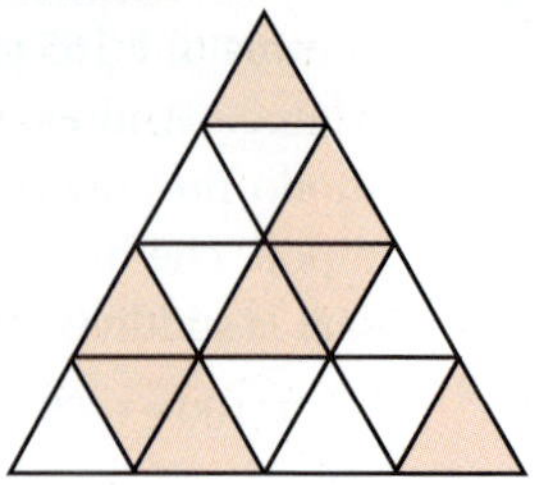

A 80%

B 50%

C 45%

D 40%

405 INVALSI 2005 A quale delle seguenti percentuali equivale la frazione $\frac{24}{30}$?

A 60%

B 70%

C 72%

D 80%

406 YOU & MATHS **Fractions as percentages**

a. Maria gave her friends «three fourths» of her pizza. What percentage of her pizza did she distribute?

b. Write the following fractions as percentages:

$$\frac{3}{4};\quad \frac{5}{100};\quad \frac{1}{3};\quad \frac{5}{4}.$$

407 COMPLETA scrivendo in ogni figura la percentuale e la frazione rappresentata dalla parte colorata.

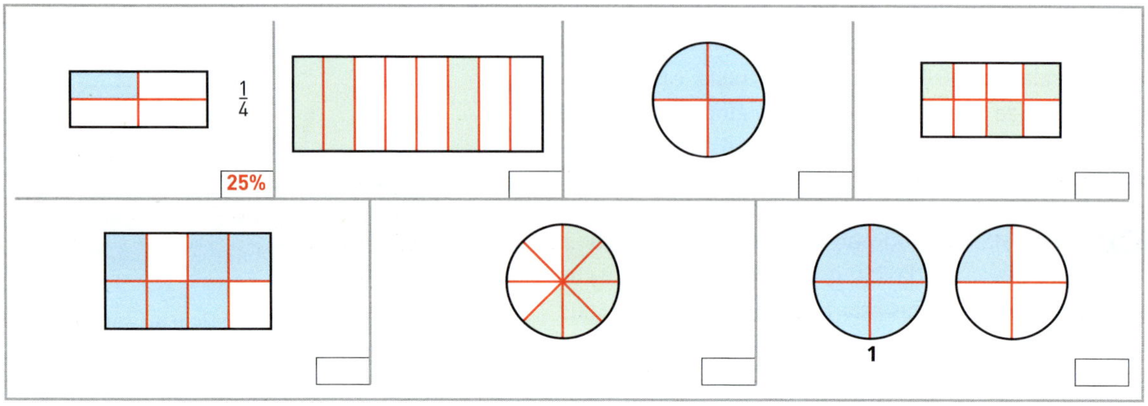

Calcolo di percentuali

408 ESERCIZIO GUIDA Calcoliamo il 15% di 1720.

Trasformiamo la percentuale 15% in una frazione ridotta ai minimi termini:

$$15\% = \frac{15}{100} = \frac{3}{20}.$$

Per calcolare i $\frac{3}{20}$ di 1720 dobbiamo moltiplicare la frazione per il numero 1720:

$$\frac{3}{\cancel{20}_{1}} \cdot \cancel{1720}^{86} = 3 \cdot 86 = 258.$$

Il 15% di 1720 è il numero 258.

Calcola le seguenti percentuali.

409 15% di 62; 10% di 125; 30% di 200; 5% di 20.

410 15% di 160; 21% di 300; 20% di 60; 0,1% di 28.

411 ●○ ☐ **YOU & MATHS** If prices go down by 20%, by what percentage does your purchasing power increase? («Purchasing power» means the amount of goods that you can purchase for a fixed amount of money.)

(USA *Lehigh University: High School Math Contest*, 2001)

[25%]

412 ●○ ☐ **YOU & MATHS** At a party, there were 200 people, of whom 5% wore one earring and, of the other 95%, half wore no earrings and half wore two earrings. How many earrings were worn at this party?

(USA *Bay Area Math Meet, BAMM, Bowl Sampler*, 1997)

[200]

413 ●○ **EUREKA!** **Lato per lato** I lati di un rettangolo misurano 60 cm e 40 cm. Se entrambi i lati venissero diminuiti del 5%, di quanto diminuirebbe, in percentuale, l'area del rettangolo? Quale sarebbe invece la diminuzione in percentuale dell'area se i lati venissero entrambi diminuiti di 5 cm? [9,75%; 19,79%]

414 ●○ **EUREKA!** **Verde, giallo, bianco** Nella figura le parti colorate rappresentano: in verde gli $\frac{11}{15}$ dell'area del quadrato; in giallo i $\frac{7}{12}$ dell'area del triangolo.

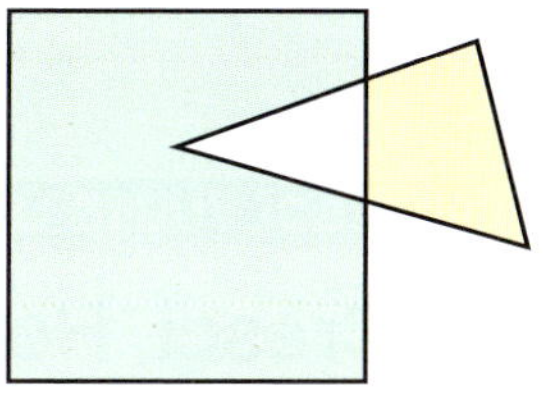

a. Scrivi quale percentuale del quadrato e quale del triangolo è rappresentata dalla parte non colorata.

b. Calcola il rapporto tra l'area del quadrato e quella del triangolo.

c. Se il lato del quadrato è 30 cm, quanto misura l'area del triangolo? $\left[\text{a) } 26,\bar{6}\%;\ 41,\bar{6}\%;\ \text{b) } \frac{25}{16};\ \text{c) } 576\ \text{cm}^2\right]$

Problemi INTORNO A NOI

415 **ESERCIZIO GUIDA** Sull'etichetta di una confezione di cioccolata da 600 g si legge:

a. Qual è la percentuale degli ingredienti diversi dal cacao e dal latte?

b. Quanti grammi di cacao contiene la confezione di cioccolata?

c. Quanti grammi di latte in polvere?

Ingredienti:
cacao 70%
latte in polvere 25%

---

a. La somma di tutti gli ingredienti è il 100%.
Poiché il cacao e il latte sono in tutto il 70% + 25% = 95%, gli ingredienti non dichiarati sono il 100% − 95% = 5%.

b. Trasformiamo la percentuale 70% in frazione:

$$70\% = \frac{70}{100} = \frac{7}{10}.\ \text{Calcoliamo } \frac{7}{10} \text{ di } 600\text{ g: } \frac{7}{\cancel{10}} \cdot \overset{60}{\cancel{600}}\text{ g} = 420\text{ g}.$$

c. Trasformiamo anche 25% in frazione:

$$25\% = \frac{25}{100} = \frac{1}{4}.\ \text{Calcoliamo } \frac{1}{4} \text{ di } 600\text{ g: } \frac{1}{4} \cdot 600\text{ g} = 150\text{ g}.$$

Quindi, la cioccolata contiene 420 g di cacao e 150 g di latte in polvere.

416 ●○ Un blocco costituito da una lega di zinco e rame pesa complessivamente 2 kg. Si sa che in esso il 45% è costituito da zinco. Calcola quanto zinco e quanto rame sono stati necessari per produrlo. [900 g; 1100 g]

417 ●○ Su un cartone di latte da 500 mL si legge: «Latte parzialmente scremato. Grasso max 1,8%». Quanti mL di grasso contiene il cartone di latte? Se un bicchiere medio contiene 200 mL di latte, quanti mL di grasso contiene? [9 mL; 3,6 mL]

418 Un paese contava 12 000 abitanti all'inizio del 2007. Durante l'anno i nati sono l'1,7% del totale degli abitanti e i morti sono il 2%. Calcola quanti sono i nati e quanti i morti nel 2007. Calcola inoltre qual è la popolazione all'inizio del 2008. [204; 240; 11964]

419 **Sconti elettrici** Martina compra una chitarra elettrica a € 650. Dopo qualche tempo decide di rivenderla con uno sconto del 12%, ma, non trovando acquirenti, abbassa del 12% la cifra già scontata. A quanto rivende la chitarra Martina? Qual è la percentuale di sconto rispetto alla cifra iniziale? [€ 503,36; 22,56%]

420 ESEMPIO DIGITALE Un negozio di arredamento vende una cucina a € 11 430, realizzando un utile del 27%. Calcola il costo di produzione della cucina. L'acquirente riesce poi a farsi scontare ancora € 430. Che guadagno percentuale realizza così il negozio?

421 Due persone ereditano € 25 000. Una delle due ha diritto al 25% dell'eredità. A quale percentuale ha diritto la seconda persona? Qual è la somma ricevuta da ciascuna persona? [75%; € 6250; € 18 750]

RISOLVIAMO UN PROBLEMA

Cresci, Hoagy!

Un allevatore cinofilo di «bovari del bernese» sta studiando la crescita di Hoagy, uno degli ultimi cuccioli nati, e per fare questo registra ogni mese il suo peso. All'inizio dello studio Hoagy pesa 15 kg; dopo un mese il peso è aumentato del 20% e questo incremento si registra anche alla fine del secondo mese.

- Quanto vale l'incremento totale del peso di Hoagy nei due mesi di osservazione, in percentuale?
- La percentuale ottenuta è inferiore, uguale o superiore alla somma delle due percentuali parziali di ciascun mese?

▶ **Determiniamo l'incremento percentuale del peso del primo mese.**

Il peso iniziale di Hoagy è 15 kg e l'incremento percentuale del primo mese è del 20%, che equivale a un aumento (in kg) di $15 \cdot \frac{20}{100} = 3$.

Dopo un mese, pertanto, Hoagy pesa

$$(15 + 3) \text{ kg} = 18 \text{ kg}.$$

▶ **Determiniamo l'incremento percentuale del secondo mese.**

Nel secondo mese il cucciolo incrementa di nuovo il suo peso del 20%. Il suo peso iniziale adesso è di 18 kg, perciò l'aumento (in kg) è uguale a:

$$18 \cdot \frac{20}{100} = 3{,}6.$$

Alla fine del secondo mese, quindi, Hoagy pesa

$$(18 + 3{,}6) \text{ kg} = 21{,}6 \text{ kg}.$$

▶ **Determiniamo l'incremento totale del peso in percentuale.**

In due mesi il peso di Hoagy è passato da 15 kg a 21,6 kg, con un aumento di

$$(21{,}6 - 15) \text{ kg} = 6{,}6 \text{ kg}.$$

L'aumento complessivo in percentuale del peso è uguale a $\frac{6{,}6}{15} = \frac{66}{150} = \frac{22}{50} = \frac{44}{100} = 44\%$, che è la percentuale complessiva di aumento rispetto al peso iniziale.

▶ **Confrontiamo le percentuali parziali con la percentuale iniziale.**

La somma delle due percentuali parziali è uguale a

$$20\% + 20\% = \frac{20}{100} + \frac{20}{100} = \frac{40}{100} = 40\%,$$

di conseguenza la percentuale del 44% ottenuta nel caso di Hoagy non è data dalla somma delle due percentuali parziali, ma è superiore.

422 ●○ Nella prima fase di un gioco a quiz undici concorrenti realizzano i seguenti punteggi.

Punteggi	100	110	120	140	160
N. concorrenti	2	4	1	3	1

Per poter passare alla fase successiva occorre un punteggio di almeno 120. Qual è la percentuale di candidati che supera la prima selezione? [45,45%]

423 ●○ Due negozi espongono due articoli uguali. In uno l'articolo costa € 14,25, nell'altro costa € 16,95, ma il negozio pratica alla cassa uno sconto del 20%. Dove andresti a comprare l'articolo, per risparmiare? [nel secondo negozio]

424 ●○ ESEMPIO DIGITALE Una ragazza compra una maglietta scontata dell'8% pagandola € 33,12. Una settimana dopo vede la stessa maglietta scontata del 15% rispetto al prezzo originario. Quanto avrebbe risparmiato se avesse aspettato a comprarla?

425 ●○ Un negoziante, rivendendo un cappotto che aveva acquistato per € 125, ha guadagnato € 26. Che percentuale di guadagno ha realizzato? [20,80%]

426 ●○ INVALSI 2015 Su un vasetto di yogurt alla vaniglia da 125 g, sono indicati gli ingredienti. In particolare, si legge: «preparazione dolciaria alla vaniglia: 11%».

a. Quanti grammi di preparazione dolciaria alla vaniglia sono presenti, all'incirca nel vasetto?

A 13,8 B 1,3 C 11,0 D 11,4

b. Sulla confezione dello yogurt è riportata anche la seguente tabella dei valori medi nutrizionali:

Per 100 g di yogurt alla vaniglia:

Proteine	2,8 g
Carboidrati	16,3 g
Grassi	3,2 g

Quanti grammi di carboidrati, all'incirca, sono presenti in un vasetto di yogurt alla vaniglia da 125 g?

A 20,4 B 13,0 C 16,3 D 7,7

427 ●○ **Interesse** In un anno € 30 000 producono in banca un interesse di € 650. Che tasso pratica la banca?
Quanto potrei guadagnare in totale in un anno impiegando altri € 15 000? [2,17%; € 975]

COMPLETA le tabelle degli esercizi seguenti.

428 ●○ In una fabbrica sono stati prodotti 800 scooter in quattro modelli.

Tipo di scooter	Quantità	Percentuale
Alfabeta	☐	25%
XY	120	☐
Tuono	320	☐
S50	160	☐

429 ●○ Tre amici hanno totalizzato 12 000 punti in un videogioco.

Nome	Punti	Percentuale
Luca	3360	☐
Andrea	☐	45%
Giorgio	3240	☐

430 ●○ I 20 studenti di una classe hanno svolto un tema di italiano, scelto fra tre argomenti.

Argomento	N. di temi svolti	Percentuale
Letteratura	5	☐
Storia	2	☐
Attualità	☐	☐

431 ●○ Riscaldando una barra di alluminio, questa si allunga del 3‰ e raggiunge una lunghezza di 2,526 m. Quanto era lunga inizialmente la barra? [2,5184 m]

432 ●○ INVALSI 2006 Un'automobile ha un prezzo di listino di 10 000 euro. Il concessionario offre uno sconto del 20%; inoltre un cliente può risparmiare un ulteriore 5% su tale prezzo scontato se paga in contanti. Quanto è lo sconto complessivo fatto a un cliente che paga in contanti?

A 24% B 25% C 26% D 30%

433 INVALSI 2012 Nelle ultime elezioni svoltesi in un Paese europeo è andato a votare il 70% degli aventi diritto al voto. Di questi il 20% ha votato per il partito A. Quale percentuale di aventi diritto al voto ha votato per il partito A?

A 60% B 50% C 20% D 14%

434 In pizzeria, con gli amici, ricevi il seguente conto: «4 pizze: € 20. Bibite: € 5. 2 dessert: € 4. Servizio: 15% (sul totale)». Quanto pagate in tutto? [€ 33,35]

435 Una ditta produce cinture, di cui il 44% è in pelle. Fra queste in pelle, il 75% è costituito da cinture nere. Su 800 cinture prodotte, quante sono in pelle nera? Se, invece, le cinture in pelle nera sono 594, quante cinture in totale ha prodotto la ditta? [264; 1800]

436 Un rettangolo ha l'altezza lunga 14 cm; essa corrisponde al 70% della lunghezza della base. Calcola il perimetro e l'area del rettangolo. [68 cm; 280 cm^2]

437 Un libro oggi costa € 12,50. Se il suo prezzo viene aumentato del 3%, quanto costerà dopo l'aumento? [€ 12,88]

MATEMATICA AL COMPUTER

Chi ha vinto? Un foglio elettronico può essere utilizzato per risolvere problemi con le percentuali. Come esempio, impostiamo un foglio di calcolo che riceva il numero di voti ottenuti dalle liste in un'elezione di un Consiglio di quartiere e fornisca le percentuali ottenute dalle singole liste e la ripartizione dei seggi.

Problema e risoluzione – 4 esercizi in più.

438 Se aumenti un numero del suo 5% e diminuisci il risultato del suo 5%, ottieni il numero iniziale?

439 Ho letto 320 pagine di un romanzo, pari all'80% del libro. Quante pagine mancano alla fine? [80]

440 In un'azienda il 15% del personale è costituito da impiegati, il 20% da tecnici specializzati e infine vi sono 273 operai. Quanti sono gli impiegati e quanti i tecnici? [63; 84]

441 **A buon punto** Un automobilista deve percorrere una distanza di 340 km. Sapendo che ha percorso il 70% del tragitto, quanti kilometri deve ancora percorrere? [102 km]

442 Sapendo che il latte contiene panna per ca. l'11% del suo peso e che la panna produce burro per il 27% del suo peso, calcola quanti kilogrammi di burro si possono ricavare da 125 kg di latte. [3,7125 kg]

443 Un corpo di metallo è stato scaldato e la sua lunghezza è aumentata di 7 mm. Sapendo che l'allungamento equivale al 2% della lunghezza iniziale, calcola quest'ultima in centimetri. [35 cm]

444 EUREKA! **Canestro!** Ieri Filippo, Gabriele, Luca e Marco si sono allenati con tiri a canestro. Filippo ha realizzato 21 centri su 25 tiri, Gabriele 24 centri su 28 tiri e Luca 20 centri su 26 tiri. Chi ha fatto meglio fra Filippo, Gabriele e Luca? Marco, che ha fatto 19 tiri, ottiene un risultato migliore di Filippo ma peggiore di Gabriele. Quanti centri ha fatto? [16]

445 Dopo un anno dal ricevimento di un prestito Andrea è andato a pagare gli interessi che ammontano a € 615. Sapendo che essi costituiscono il 5% del prestito, calcola la somma che ha ricevuto un anno fa. [€ 12 300]

446 EUREKA! **Numeri nell'orto** Un agricoltore decide di suddividere in questo modo il proprio terreno: $\frac{3}{5}$ seminato a grano; del rimanente, il 35% seminato a mais e il 45% a erba medica. I residui 1800 m^2 verranno utilizzati per l'orto. Qual è, in m^2, la superficie totale del terreno coltivabile? E quella seminata a erba medica? [22 500 m^2; 4050 m^2]

MATEMATICA INTORNO A NOI

Le spese condominiali I proprietari degli appartamenti di un condominio contribuiscono alle spese di gestione e manutenzione delle parti comuni in proporzione ai millesimi…

Problema e risoluzione – 2 esercizi in più.

ESERCIZI

9 Il calcolo approssimato

Teoria a p. 100

L'approssimazione di un numero

447 VERO O FALSO?

a. Un valore approssimato per difetto è sempre minore del valore esatto. V F
b. Un valore arrotondato è sempre maggiore del valore esatto. V F
c. Il valore approssimato per eccesso a meno di 10^{-4} di 3,141593 è 3,1416. V F
d. 4100 è il valore arrotondato di 4125,342 a meno di 10^{-2}. V F
e. 375,47 è il valore approssimato per difetto di 375,485 a meno di 10^{-1}. V F

Arrotonda i seguenti valori numerici a meno della potenza di 10 a fianco indicata.

448 $3,24792, \quad 10^{-2};$ $\quad 194\,725,7, \quad 10^4;$ $\quad 48,3\overline{45}, \quad 10^{-4}.$ [3,25; 190 000; 48,3455]

449 $681,7845, \quad 10^{-1};$ $\quad 3\,274\,227, \quad 10^3;$ $\quad 0,000\overline{165}, \quad 10^{-7}.$ [681,8; 3 274 000; 0,0001652]

450 $467,925, \quad 10^0;$ $\quad 3228,4, \quad 10;$ $\quad 0,0\overline{8}, \quad 10^{-5}.$ [468; 3230; 0,08889]

451 Arrotonda i seguenti valori numerici a meno della potenza di 10 scritta a fianco e indica in quali casi l'approssimazione è per eccesso o per difetto.

$-2,7194, \quad 10^{-2};$ $\quad 0,00371, \quad 10^{-3};$ $\quad -45\,380, \quad 10^2.$ [−2,72; 0,004; − 45 400]

452 Arrotonda a meno di 10^{-2} i seguenti valori numerici.

$\frac{884}{1000}; \quad \frac{3126}{500}; \quad \frac{7}{3}; \quad \frac{5}{6}; \quad -\frac{7}{8}.$ [0,88; 6,25; 2,33; 0,83; − 0,88]

453 Arrotonda i seguenti numeri a meno della potenza di 10 a fianco indicata e calcola l'errore assoluto compiuto nell'approssimazione.

$94,4684, \quad 10^{-2};$ $\quad 29\,682\,166, \quad 10^4;$ $\quad \frac{12}{11}, \quad 10^{-3}.$ [$0,0016; 2166; 0,000\overline{09}$]

454 INVALSI 2010 Quale dei seguenti numeri interi è più vicino al risultato di questa moltiplicazione?

$2,98 \cdot 12,84$

A 24   B 26   C 39   D 45

455 EUREKA! **Pi babilonese** Gli antichi Babilonesi usavano $3+\frac{1}{8}$ come valore di π. Arrotonda $\pi = 3,1415...$ con un'accuratezza di 0,001 e determina di quanto questo valore differisce in percentuale da $3+\frac{1}{8}$. Arrotonda il risultato allo 0,01%.

A 0,48%   B 0,50%   C 0,53%   D 0,54%   E 0,55%

(USA *Louisiana State University High School Math Contest*, 2012)

Errore assoluto ed errore relativo

456 ESEMPIO DIGITALE Arrotonda i seguenti numeri a meno della potenza di 10 indicata a fianco e calcola l'errore assoluto.

$0,0174, \quad 10^{-3};$ $\quad \frac{13}{7}, \quad 10^{-3};$ $\quad 4,5\overline{8}, \quad 10^{-2};$ $\quad \frac{5}{6}, \quad 10^{-2}.$

457 Considera i seguenti numeri e i loro valori approssimati a fianco. Calcola l'errore relativo percentuale.

65,13, 65; 4480, 4000; 0,03486, 0,035; 173,4, 170. [0,2%; 12%; 0,4%; 2%]

Calcola l'errore assoluto commesso nel considerare i seguenti numeri al posto dei numeri scritti a fianco di ciascuno di essi.

458 $0,16, \quad \frac{1}{6}; \qquad 0,167, \quad \frac{1}{6}; \qquad 0,833, \quad \frac{5}{6}.$

459 $1,3, \quad 1,\bar{3}; \qquad 1,34, \quad 1,\bar{3}; \qquad 1,333, \quad 1,\bar{3}.$

Determina l'errore relativo per i seguenti valori approssimati conoscendo l'errore assoluto scritto a fianco di ciascuno di essi.

460 $2,715; \ 0,8; \qquad 5246,1; \ 3,2.$

461 $-0,058; \ 0,062; \qquad 7,5 \cdot 10^{-2}; \ 3 \cdot 10^{-3}.$

462 Arrotonda il numero 106 829 alla cifra di posto +3 e verifica che l'errore assoluto è minore di 10^3. Determina inoltre l'errore relativo. [107 000; $E = 171$; $e \simeq 0,0016$]

463 Dati i seguenti valori approssimati e i rispettivi errori relativi, calcola gli errori assoluti di approssimazione.

$0,1, \quad e = 0,08; \qquad -15\,800, \quad e = 0,5\%;$

$3,25, \quad e = 0,14; \qquad 100\,000, \quad e = 3\%.$

[0,008; 0,455; 79; 3000]

464 Arrotonda il numero 45,67837 alla seconda cifra decimale e verifica che l'errore assoluto è minore di 10^{-2}. Trova inoltre l'errore relativo. [45,68; $E = 0,00163$; $e \simeq 0,000036$]

465 Dati i seguenti numeri e i loro corrispondenti valori arrotondati, determina in percentuale l'errore relativo dell'approssimazione.

$31,5, \quad 30; \qquad -0,24, \quad -0,2;$

$2160, \quad 2000; \qquad 30\,378, \quad 30\,000.$

[5%; 8%; 20%; 1,26%; $\simeq$ 0,02%]

Misura ed errore

Metti in ordine crescente di precisione le seguenti misure.

466 $739 \pm 3; \quad 850 \pm 5; \quad 0,072 \pm 0,002.$

467 $12\,420 \pm 20; \quad 570 \pm 10; \quad 2,100 \pm 0,005.$

468 INTORNO A NOI I lati di una fotografia e di un portafoto misurano come indicato a lato. Stabilisci se si riesce sicuramente a inserire la fotografia nel portafoto.

La propagazione degli errori

469 ESEMPIO DIGITALE Dati $a = 36,3 \pm 0,6$ e $b = 15 \pm 1$, calcola $\frac{a}{b}$ e $a - 2b$ e determina i corrispondenti errori assoluti.

Dati $a = 3,3 \pm 0,1$, $b = 4,2 \pm 0,2$, $c = 6,4 \pm 0,1$, calcola i risultati delle seguenti operazioni e i corrispondenti errori assoluti.

470 $a + c; \qquad b - c; \qquad a + b - c.$

471 $\frac{a}{b}; \qquad bc; \qquad c^2.$

472 INTORNO A NOI In un paese di montagna, alle 10 del mattino si rileva una temperatura di $(10,5 \pm 0,5)$ °C. Alle 2 del pomeriggio la temperatura risulta $(17,5 \pm 0,5)$ °C. Calcola la variazione di temperatura e il suo errore assoluto. [7 °C; 1 °C]

10 La notazione scientifica e l'ordine di grandezza

▶ Teoria a p. 103

Scrivi in notazione scientifica i seguenti numeri.

473 1275000; 3,2; 0,00073; 0,002; 885.

474 $15,2 \cdot 10^4$; 0,009; $3201 \cdot 10^5$; $123 \cdot 10^{-3}$; $82 \cdot 10^7$.

475 ESEMPIO DIGITALE
576 000; 0,000052; $0,12 \cdot 10^7$; $8473 \cdot 10^{-43}$.

Esegui le seguenti operazioni dopo aver scritto, se necessario, i numeri in notazione scientifica.

476 $(42,7 \cdot 10^2) \cdot 0,02$; $1,4 \cdot (81,3 \cdot 10^{-3})$; $0,0061 \cdot 4500$.

477 $0,42 \cdot 10^{-4} : 0,00021$; $(31 \cdot 10^8) \cdot (0,6 : 0,0083)$; $415\,000 \cdot (2,3 \cdot 10^{-6}) \cdot 0,71$.

478 $1,3 \cdot 10^3 + 4,5 \cdot 10^5$; $621 \cdot 10^{-4} + 0,25 \cdot 10^{-6}$.

479 $[(8,2 \cdot 10^4 + 4,8 \cdot 10^2) : 10^{-6}] \cdot 10^{-5}$

480 $(2,3 \cdot 10^{-11}) : (1,6 \cdot 10^8)^{-2} \cdot (1,5 \cdot 10^3)^4$

481 $[(3,4 \cdot 10^8)^2 \cdot [(-1,1 \cdot 10^{-5})^3] : (0,2 \cdot 10^{-8})^2$

482 $6,7 \cdot 10^{-11} \cdot [(6 \cdot 10^{24}) \cdot (2 \cdot 10^{30})] : (1,5 \cdot 10^{11})^2$

483 $(1,4 \cdot 10^{-9} \cdot 10)^2 : [-(4,1 \cdot 10^{-6})^2]^3 \cdot (-2 \cdot 10^{-6})^3$

484 INVALSI 2006 Quale tra le seguenti espressioni ha lo stesso valore di $8,35 \cdot 10^4$?

A $83,5 \cdot 10^2$ B $8,035 \cdot 10^5$ C $0,835 \cdot 10^5$ D $0,835 \cdot 10^3$

485 INVALSI 2010 La massa del pianeta Saturno è $5,68 \cdot 10^{26}$ kg, quella del pianeta Urano $8,67 \cdot 10^{25}$ kg e quella del pianeta Nettuno $1,02 \cdot 10^{26}$ kg. Metti in ordine i tre pianeti da quello di massa minore a quello di massa maggiore.

486 EUREKA! ***xy* fratto *z*** Riscrivi i seguenti numeri razionali in forma decimale e in notazione scientifica:

$x = 0,000000375$, $y = 45600000$,

$z = \frac{1}{2500}$.

Scrivi in notazione scientifica il numero $\frac{x \cdot y}{z}$.

Problemi INTORNO A NOI

Risolvi i seguenti problemi esprimendo i risultati in notazione scientifica.

487 Quanti secondi ci sono nel mese di aprile? [$2,6 \cdot 10^6$ s]

488 Sapendo che la massa del Sole è $1,99 \cdot 10^{30}$ kg e corrisponde a 333 000 volte quella terrestre, sai dire qual è la massa del nostro pianeta? [$6,0 \cdot 10^{24}$ kg]

489 **Particelle** La massa dell'elettrone è $9,1 \cdot 10^{-31}$ kg. Determina la massa del protone, sapendo che è 1836 volte quella dell'elettrone. [$1,67 \cdot 10^{-27}$ kg]

490 ESEMPIO DIGITALE La frequenza cardiaca media di una donna è di 80 battiti al minuto. Anna oggi compie 72 anni. Calcola il numero di battiti che ha fatto il suo cuore dalla nascita a oggi.

491 **Dichiarazione** Mia sorella Lea ha ricevuto dal suo ragazzo l'anello di fidanzamento con un brillante di 0,87 carati (1 carato = $2 \cdot 10^{-4}$ kg). Qual è la massa, in grammi, del brillante? [$1,74 \cdot 10^{-1}$ g]

ESERCIZI

492 Il latte intero contiene il 4% di grassi, di cui il 33% sono insaturi e il 67% saturi. Quanti grammi di grassi insaturi sono contenuti in 1 kg di latte? Quanti grammi di grassi sono contenuti in 380 kg di latte? $[1{,}3 \cdot 10 \text{ g}; 1{,}5 \cdot 10^4 \text{ g}]$

493 **Che velocità!** La luce viaggia nel vuoto alla velocità di 300 000 km/s. Qual è la distanza in metri tra il Sole e la Terra se la luce inviata dal Sole impiega 8 minuti e 20 secondi per arrivare sulla Terra? $[1{,}5 \cdot 10^{11} \text{ m}]$

Ordine di grandezza

494 ESEMPIO DIGITALE Determina l'ordine di grandezza di 51532 e $238 \cdot 10^5$.

Stabilisci l'ordine di grandezza dei seguenti numeri.

495 $17{,}8 \cdot 10^6$; $\quad 1023$; $\quad 0{,}67 \cdot 10^{-2}$.

496 41; $\quad 5\,000\,000$; $\quad 0{,}27 \cdot 10^{-5}$.

497 2^{-8}; $\quad 503 \cdot 10^2$; $\quad 0{,}035 \cdot 10^{-2}$.

498 5; $\quad 1{,}5 \cdot 10^{-2}$; $\quad 75\,000\,000$.

499 27; $\quad 2 \cdot 10^4$; $\quad 420$; $\quad 0{,}55 \cdot 10^{-7}$.

500 50100; $\quad 0{,}016 \cdot 10^3$; $\quad 8{,}1 \cdot 10^{-2}$.

501 INTORNO A NOI Una formica ha una massa di circa 10^{-4} kg. Sapendo che una molecola ha una massa dell'ordine di 10^{-25} kg, di quante molecole circa è fatta la formica?

A 10^{-29}

B 10^{-21}

C 10^{21}

D 10^{29}

502 YOU & MATHS Multiply and write scientific notation for the answer:

$(2.4 \times 10^5)(5.4 \times 10^{-16})$.

(USA *Tacoma Community College, Review for Test*, 2002)

$[1.296 \times 10^{-10}]$

503 YOU & MATHS Write $2.3 \times 10^{-2} + 3.5 \times 10^{-3}$ as a decimal number.
Say if this number is greater than or less than 0.02.

(IR *Leaving Certificate Examination, Ordinary Level*, 1994)

[0.0265, greater]

VERIFICA DELLE COMPETENZE ALLENAMENTO

UTILIZZARE TECNICHE E PROCEDURE DI CALCOLO

Confronto, rappresentazione e operazioni con i numeri razionali

TEST

1 Una sola di queste relazioni è *falsa*. Quale?

A $\frac{3}{7} < \frac{4}{9}$

B $-\frac{3}{7} > -\frac{4}{9}$

C $-\frac{2}{7} < -\frac{4}{9}$

D $\frac{4}{9} > \frac{2}{7}$

E $\frac{3}{7} > \frac{2}{7}$

2 Tra le seguenti uguaglianze una sola è *esatta*. Quale?

A $\left(-\frac{3}{5}\right)\cdot\left(-\frac{2}{3}\right) = \frac{2}{5}$

B $\left(-\frac{3}{4}\right):\left(-\frac{4}{3}\right) = 1$

C $\frac{15}{20} : 5 = \frac{3}{4}$

D $\frac{2}{5}\cdot\left(-\frac{1}{3}\right) = \frac{1}{15}$

E $\frac{3}{4} : 0 = \frac{3}{4}$

3 È data la divisione $\left(\frac{3}{2}\right)^{-4} : \left(\frac{3}{2}\right)^{-2}$. Una sola, fra le seguenti espressioni, *non* è equivalente alla divisione data. Quale?

A $\left(\frac{3}{2}\right)^{-4}\cdot\left(\frac{3}{2}\right)^{2}$

B $\left(\frac{3}{2}\right)^{-4}:\left(\frac{2}{3}\right)^{2}$

C $\left(\frac{2}{3}\right)^{4}:\left(\frac{2}{3}\right)^{2}$

D $\left(\frac{2}{3}\right)^{4}\cdot\left(\frac{2}{3}\right)^{2}$

E $\left(\frac{2}{3}\right)^{4}\cdot\left(\frac{3}{2}\right)^{2}$

4 Quale fra i seguenti valori è il risultato della potenza $(-3)^{-2}$?

A $\frac{2}{3}$ B $-\frac{1}{9}$ C -9 D 9 E $\frac{1}{9}$

5 Sottrarre il quadrato di a al cubo di $-\frac{1}{2}$, con $a = -3$. Il risultato è:

A $\frac{71}{8}$. B $-\frac{73}{8}$. C $\frac{70}{8}$. D $\frac{73}{8}$. E $-\frac{71}{8}$.

6 Di una frazione $\frac{x}{y}$, dove x e y sono numeri naturali, si sa che:

$$1 < \frac{x}{y} < 2; \; xy = 24.$$

Quali sono i due numeri? Motiva la risposta.

[6; 4]

7 Rappresenta su una retta orientata i seguenti numeri.

$-2,5; \quad +\frac{1}{4}; \quad +\frac{4}{5}; \quad -\frac{1}{3}; \quad +3,5; \quad -2,6; \quad +\frac{2}{3}; \quad -\frac{2}{8}; \quad +1,4; \quad -\frac{3}{5}.$

Calcola il valore delle seguenti espressioni.

8 $3+\left(-1-\frac{1}{2}\right)+\frac{4}{15}-\left[-\frac{2}{15}-\frac{1}{2}-\left(\frac{5}{4}-\frac{7}{2}\right)\right]$ $\left[\frac{3}{20}\right]$

9 $\left[\left(\frac{1}{6}-\frac{3}{2}\right)\cdot\frac{2}{3}-\frac{1}{3}\right]-\frac{1}{4}\cdot\left[12\cdot\left(\frac{1}{2}+\frac{1}{3}\right)-\frac{4}{3}\right]+\frac{1}{3}-\frac{3}{2}+6$ $\left[\frac{13}{9}\right]$

10 $\left\{\left[\left(\frac{1}{8}-\frac{1}{6}\right):\left(\frac{1}{3}-\frac{1}{2}\right)-\frac{3}{2}\right]:\frac{1}{4}-\frac{1}{6}\right\}\cdot 2-\frac{1}{4}-\left(\frac{1}{6}-\frac{15}{4}\right)$ $[-7]$

VERIFICA DELLE COMPETENZE

11 ●○ $\frac{4}{11}\cdot\left[\left(-\frac{3}{8}+3\right):\left(+\frac{3}{4}\right):\left(\frac{5}{6}:\frac{20}{3}\right)-\left(\frac{27}{8}:\frac{3}{4}\right)+\frac{1}{8}\right]\cdot\left(-\frac{1}{3}\right)$ $\left[-\frac{63}{22}\right]$

12 ●○ $-3+\frac{7}{3}-\left\{1+\frac{1}{6}-\left[\left(\frac{1}{2}-\frac{1}{3}\right)+3-\left(\frac{7}{12}+\frac{1}{4}\right)\right]-1\right\}$ $\left[\frac{3}{2}\right]$

13 ●○ $-2+\frac{5}{2}-\left\{1+\frac{2}{3}-\left[\left(\frac{1}{2}-\frac{5}{6}\right)+2-\left(1-\frac{7}{12}\right)\right]-\frac{2}{3}\right\}$ $\left[\frac{3}{4}\right]$

14 ●○ $\left\{\frac{3}{10}+\left(-\frac{6}{5}\right)\cdot\left[-\left(\frac{3}{5}+\frac{1}{2}-\frac{1}{10}\right)+\frac{5}{6}\right]\right\}:\left[-\frac{1}{4}+\left(-2+\frac{5}{3}\right)\cdot\frac{9}{4}\right]$ $\left[-\frac{1}{2}\right]$

15 ●○ $\left\{\left[\left(\frac{5}{12}-\frac{1}{6}\right)^2-\left(1+\frac{1}{2}\right)^2+\frac{1}{32}\cdot(-6)\right]:\left(-\frac{19}{4}\right)-1\right\}^3$ $\left[-\frac{1}{8}\right]$

16 ●○ $\left\{\left[\left(\frac{4}{9}-\frac{1}{3}\right)^2-\left(\frac{3}{5}-\frac{1}{3}\right)^2\cdot\left(\frac{5}{3}\right)^2+\frac{1}{2}\right]:\left(-\frac{17}{27}\right)+\frac{3}{4}\right\}^2$ $\left[\frac{1}{16}\right]$

17 ●○ $1-2+\left(\frac{3}{2}-2\right)^2:\left\{-2-\left[\frac{5}{3}-\left(1+\frac{1}{3}\right)^2\cdot\left(\frac{8}{9}\right)^{-1}\right]\right\}-\frac{1}{10}$ $\left[-\frac{5}{4}\right]$

18 ●● $\dfrac{\left(-\frac{9}{7}\right)^3\cdot\left(1+\frac{2}{5}\right)^3:\left(1+\frac{4}{5}\right)^3}{3^{-3}\cdot\left(-\frac{1}{3}\right)^{-2}+\left(+\frac{1}{2}\right)^3\cdot\left(-\frac{2}{5}\right)^3:\left(-\frac{1}{5}\right)^2}$ $\left[-\frac{15}{2}\right]$

Calcola il valore delle seguenti espressioni applicando le proprietà delle potenze.

19 ●○ $\left(-\frac{1}{8}\right)^3:\left\{\left(\frac{1}{4}-\frac{1}{3}\right)^2\cdot\left[\left(\frac{1}{4}\right)^2:\left(\frac{1}{2}-\frac{1}{3}\right)^2\right]\right\}$ $\left[-\frac{1}{8}\right]$

20 ●○ $\left\{\left[\left(\frac{2}{5}\right)^{-2}+\frac{5}{2}\right]\cdot\left(\frac{5}{2}\right)^{-4}+\left(-\frac{2}{5}\right)^2:\left(\frac{2}{5}\right)^{-1}\right\}^{-1}$ $\left[\frac{125}{36}\right]$

21 ●○ $\left[\left(2+\frac{1}{2}\right)^4\cdot\left(3-\frac{1}{2}\right)^2\right]^2\cdot\left(\frac{5}{2}\right)^2:\left[\left(-\frac{5}{2}\right)^2\cdot\left(\frac{5}{2}\right)^4\right]^2-\frac{5}{2}$ $\left[\frac{15}{4}\right]$

22 ●○ $\left(-\frac{1}{2}\right)^3\cdot\left(-\frac{1}{2}\right)^2\cdot\left(\frac{1}{2}\right)^4:\left[\left(\frac{4}{9}\right)^3\cdot\left(1+\frac{1}{8}\right)^3\right]^2+1+\left(\frac{1}{2}\right)^3$ $[1]$

23 ●○ $\left\{\left[-\left(\frac{4}{5}\right)^2\right]^3\right\}^4:\left[\left(\frac{4}{5}\right)^6\right]^2\cdot\left\{\left[\left(-\frac{3}{2}\right)^2\right]^3\right\}^2:\left[\left(\frac{3}{5}\right)^2\cdot\left(-\frac{3}{5}\right)^4\cdot\left(\frac{3}{5}\right)^6\right]$ $[2^{12}]$

Traduci in espressioni le seguenti frasi e poi calcola i valori delle espressioni per i valori delle lettere indicati.

24 ●○ «Esegui la divisione tra i $\frac{3}{7}$ di a e la differenza fra i $\frac{3}{14}$ del quadrato di b e i $\frac{9}{8}$ del cubo di c». $a=\frac{7}{12}$, $b=\frac{7}{3}$, $c=-\frac{2}{3}$.

$\left[\frac{3}{7}a:\left(\frac{3}{14}b^2-\frac{9}{8}c^3\right);-\frac{1}{6}\right]$

25 ●○ «Moltiplica i $\frac{3}{5}$ di a per la differenza tra il doppio di a e i $\frac{3}{2}$ di b, e poi aggiungi il quoziente tra il quadrato di a e b». $a=\frac{5}{2}, b=-\frac{2}{3}$.

$\left[\frac{3}{5}a\cdot\left(2a-\frac{3}{2}b\right)+a^2:b;-\frac{3}{8}\right]$

26 ●○ «Aggiungi al triplo del cubo di a il quadrato della semisomma di a e b, e poi somma la potenza che ha per base il quoziente tra i $\frac{3}{2}$ di a e i $\frac{9}{4}$ di b e per esponente -1». $a=-\frac{1}{2}, b=\frac{3}{2}$.

$\left[3a^3+[(a+b):2]^2+\left(\frac{3}{2}a:\frac{9}{4}b\right)^{-1};-\frac{37}{8}\right]$

I numeri decimali e reali

Scrivi a quale tipo di numero decimale (finito o periodico) danno origine le seguenti frazioni, senza eseguire la divisione.

27 $\frac{1}{5}$; $\frac{2}{3}$; $\frac{11}{10}$; $\frac{1}{7}$; $\frac{4}{25}$; $\frac{3}{50}$; $\frac{5}{26}$.

28 $\frac{5}{21}$; $\frac{7}{28}$; $\frac{3}{30}$; $\frac{4}{7}$; $\frac{5}{22}$; $\frac{8}{23}$; $\frac{32}{3}$.

29 Trasforma i numeri decimali in frazioni e calcola il risultato delle seguenti operazioni.

$0,77 - 0,\overline{77}$; $(4,2)^2 : (0,1)^2$; $0,6 + 0,\overline{6}$; $0,3 \cdot 0,\overline{3}$.

Calcola il valore delle seguenti espressioni dopo aver trasformato i numeri decimali in frazioni.

30 $[(0,2\overline{6})^3 : (0,4)^3]^2 : \left(\frac{2}{3}\right)^4$ $\left[\frac{4}{9}\right]$

31 $\{[(0,8)^3 \cdot (0,\overline{5})^3] \cdot (0,6)^6\} \cdot 5^4$ $\left[\frac{64}{25}\right]$

Calcola il valore delle seguenti espressioni.

32 $\left[\left(2 - \frac{3}{5} : 2,25\right) : \left(0,0\overline{7} + \frac{1}{15}\right)\right] \cdot \frac{5}{108} + 0,0\overline{3} : \left[\left(1,\overline{6} - \frac{1}{7}\right) : \left(1 + \frac{25}{7}\right)\right]$ $\left[\frac{59}{90}\right]$

33 $\left[\left(0,8\overline{3} - \frac{3}{7}\right) : \left(\frac{6}{7} + 0,\overline{2}\right) - (0,3\overline{6} - 0,\overline{2}) : (0,5 + 0,5\overline{1})\right] : \left[\left(0,\overline{1} + \frac{2}{21}\right) : (0,3 + 1)\right]$ $\left[\frac{117}{80}\right]$

Ordina i seguenti numeri reali in senso crescente.

34 $-0,37\overline{6}$; $-\frac{3}{8}$; $-\frac{\pi}{6}$; $-\frac{\sqrt{2}}{2}$; $-2^{-1} - 3^{-1}$.

35 $\frac{\sqrt{3}}{4}$; $0,4\overline{3}$; $\frac{1,7}{4}$; $\frac{\pi}{2}$; $2\sqrt{2} - 1$.

36 Un numero razionale è tale che il successivo del suo reciproco vale $3,2\overline{3}$. Determina tale numero. $\left[\frac{30}{67}\right]$

37 Ordina in senso crescente i seguenti sei numeri razionali, poi scrivi il quarto numero.

$(0,2)^2$; $0,2$; $0,\overline{2}$; $(0,\overline{2})^2$; $\frac{1}{0,2}$; $\frac{1}{0,\overline{2}}$. $[0,\overline{2}]$

Proporzioni e percentuali

TEST

38 Se $x : y = 5 : 2$ e $x + y = 14$, allora:

- **A** $x = 10$ e $y = 4$.
- **B** $x = 5$ e $y = 2$.
- **C** $x = 7$ e $y = 7$.
- **D** $x = 2$ e $y = 5$.
- **E** $x = 4$ e $y = 10$.

39 Devi calcolare il 25% di 36. Come fai?

- **A** $25 \cdot 100 \cdot 36$
- **B** $36 \cdot \frac{100}{25}$
- **C** $36 \cdot \frac{25}{100}$
- **D** $25 \cdot \frac{100}{36}$
- **E** $\frac{25}{36} \cdot \frac{1}{100}$

40 Una delle seguenti affermazioni è *falsa*. Quale? $(x \in \mathbb{Q})$

- **A** Il 60% del 10% di x è minore del 10% di x.
- **B** Il 15% di x è maggiore del 15% del 41% di x.
- **C** Il 75% di x è uguale ai $\frac{3}{4}$ di x.
- **D** Il 38% di x è uguale a $0,38x$.
- **E** Il 32% del 27% di x è diverso dal 27% del 32% di x.

Risolvi le seguenti proporzioni, applicando le proprietà necessarie.

41 $\left(\frac{3}{5}-x\right):x=\frac{1}{3}:\frac{1}{5}$ $\left[\frac{9}{40}\right]$

42 $x:6=(x+5):9$ [10]

43 $\frac{5}{6}:\frac{1}{12}=\left(\frac{1}{2}+x\right):x$ $\left[\frac{1}{18}\right]$

44 $15:x=2x:120$ [30]

---

45 Calcola il medio proporzionale fra i numeri 2 e 8; 4 e 100; 3 e 12; 48 e 75. [4; 20; 6; 60]

46 Calcola le seguenti percentuali.

12% di 150; 3,5% di 10 000; 121% di 38; 10% di 142,7.

Calcola i valori richiesti.

47 8% di 850; 4,8% di 1276.

48 8% del 15% di 32; 0,4% di 9827.

---

49 Se il 16% di un numero corrisponde a 1712, qual è il numero? [10 700]

50 Il 14,2% di un numero equivale a 1349. Trova il numero. [9500]

Calcolo approssimato e notazione scientifica

51 Arrotonda i seguenti numeri a meno della potenza di 10 a fianco indicata e calcola l'errore relativo compiuto nell'approssimazione.

$312\,000\,000, 10^8$; $0,45714571, 10^{-4}$; $\frac{5}{3}, 10^{-5}$. [0,04; 0,0001; 0,000002]

52 Metti in ordine crescente di precisione le seguenti misure.

$0,007 \pm 0,001$; 1532 ± 4; $16,05 \pm 0,05$.

53 Dati $a = 3,3 \pm 0,1$, $b = 4,2 \pm 0,2$, $c = 6,4 \pm 0,1$, calcola i risultati delle seguenti operazioni e i corrispondenti errori assoluti.

$ab - c$; $\frac{bc}{a}$; $b^2 + a$.

Determina il risultato delle seguenti espressioni ed esprimilo in notazione scientifica.

54 $\frac{26 \cdot 10^4 \cdot 5 \cdot 10^7}{10^{-2}}$ $[1,3 \cdot 10^{15}]$

55 $52 \cdot 10^3 + 0,3 \cdot 10^4 - 7 \cdot 10^3$ $[4,8 \cdot 10^4]$

56 $(9 \cdot 10^4 \cdot 0,002)^2 : [(0,3 \cdot 10^3)^3]^2 \cdot (-9 \cdot 10^4)^2$ $[3,6 \cdot 10^{-1}]$

RISOLVERE PROBLEMI

Frazioni

57 Alcuni alunni della tua scuola partecipano ai giochi sportivi; precisamente $\frac{2}{31}$ partecipano alle gare di atletica e $\frac{1}{9}$ alle partite di pallavolo. Sapendo che i partecipanti sono complessivamente 98, calcola quanti sono gli alunni che non partecipano ai giochi sportivi. [460]

58 La differenza tra la base e l'altezza di un triangolo è 21,6 cm. Sapendo che l'altezza è i $\frac{3}{5}$ della base, determina l'area del triangolo. [874,8 cm²]

59 ●○ Luigi ha collezionato $\frac{1}{5}$ delle carte di una raccolta. Quando ne avrà trovate altre 10 possiederà $\frac{1}{3}$ della raccolta. Determina di quante carte è composta la raccolta. [75]

60 ●● Un ragazzo riesce a montare un computer in 6 ore, mentre un suo amico ne impiega 3. In quanto tempo riescono ad assemblare 5 computer, lavorando insieme? [10 ore]

61 ●● Due amici abitano su uno stesso viale, ma da parti opposte. Dopo essersi chiamati col cellulare, escono da casa per incontrarsi. Trascorso un certo tempo, il primo ragazzo ha percorso i $\frac{2}{5}$ della strada e il secondo i $\frac{3}{7}$ e la loro distanza è di 600 m. Quanto è lungo il viale? [3,5 km]

62 ●○ Un imbianchino per dipingere una parete di colore verde deve utilizzare, per ogni 10 m^2 di superficie, $\frac{1}{4}$ L di vernice bianca, 2 dL di colorante giallo e 3 dL di colorante blu per ogni litro di vernice bianca. Sapendo che le pareti della casa misurano complessivamente 252 m^2 e che quelle di colore verde devono essere i loro $\frac{5}{9}$, determina i m^2 di parete verde e le quantità di vernice bianca, di colorante giallo e blu necessarie per pitturarli. [140 m^2; 3,5 L; 7 dL; 10,5 dL]

Percentuali

63 ●○ **COMPLETA** la tabella, sapendo che quattro giocatori di pallacanestro hanno realizzato 50 punti in una partita.

Giocatore	Punti	Percentuale
n. 1	☐	40%
n. 2	5	☐
n. 3	☐	30%
n. 4	10	☐

64 ●○ Giovanna porta in banca € 36 000. Ne impiega $\frac{1}{3}$ al 2,1% annuo e il resto al 3%. Quale interesse potrà riscuotere in un anno? [€ 972]

65 ●○ Maria vende un immobile al prezzo di € 84 000, superiore del 5% rispetto al prezzo che aveva pagato per acquistarlo. Quanto era costato l'immobile? [€ 80 000]

66 ●○ **Saldi!** In una svendita ho acquistato un pullover al prezzo di € 70. So che è stato scontato del 30%. Qual era il prezzo originario e a quanto ammonta lo sconto? [€ 100; € 30]

67 ●● Una scatola da 1 kg di tonno sott'olio contiene il 4% di olio, mentre una scatoletta da 250 g di tonno sott'olio ne contiene il 18%. Quale delle due confezioni di tonno contiene una minor quantità di olio? Perché la scatoletta da 250 g abbia la stessa quantità di olio della confezione da 1 kg, quale deve essere la sua percentuale di olio? [quella da 1 kg; 16%]

VERIFICA DELLE COMPETENZE PROVE

1 ora

PROVA A

1 TEST Quale delle seguenti affermazioni è *vera*?

A $\pi - 3 = 0,14$.

B Ogni numero reale è periodico.

C $\frac{3}{2}\sqrt{2}$ è un numero razionale.

D La somma di un numero intero e di un numero irrazionale è irrazionale.

2 **a.** Disponi in ordine crescente le frazioni:

$$\frac{3}{4};\quad \frac{4}{5};\quad \frac{17}{12};\quad \frac{9}{20};\quad \frac{2}{3}.$$

b. Indica se rappresentano numeri decimali finiti, periodici semplici o misti.

Semplifica le seguenti espressioni.

3 $6\cdot\left(\frac{1}{6}\right)^9:\left(\frac{1}{6}\right)^8-\frac{1}{6^2}\cdot\left[\left(\frac{3}{5}\right)^2\cdot\left(\frac{25}{3}\right)^2\right]:\left(\frac{5}{6}\right)^2+\left[\left(\frac{1}{2}\right)^2\right]^3$

4 $\left[\left(\frac{1}{3}\right)^3\cdot\left(-\frac{1}{3}\right)^5\cdot\left(-\frac{1}{3}\right)^2\right]^3:\left[-\left(-\frac{1}{3}\right)^7\right]^4-\left(-\frac{1}{3}\right)^2-\left(-\frac{3}{13}\right)^4\cdot\left(\frac{13}{9}\right)^4$

5 Dividi il numero 124 in due parti proporzionali a 11 e 20.

6 Il pianeta Saturno ha massa $57\cdot 10^{25}$ kg e volume $0,83\cdot 10^{24}\ \text{m}^3$. Calcola la sua densità media in kg/m^3 e in g/m^3, sapendo che la densità è il rapporto tra massa e volume. Esprimi i risultati in notazione scientifica.

PROVA B

1 VERO O FALSO?

a. $\left(-\frac{5}{3}\right)^{-3}=-\left(\frac{3}{5}\right)^3$ V F

b. $\left|-\frac{10}{3}\right|=\frac{|-10|}{|-3|}$ V F

c. $\left(\frac{1}{2}\right)^4\cdot\left(-\frac{1}{2}\right)^5=-\frac{1}{2^9}$ V F

d. $-\frac{5}{7}<-8\cdot 10^{-1}$ V F

2 Disponi in ordine crescente:

$$-3,5;\quad \frac{7}{3};\quad 15\cdot 10^{-1};\quad 2,33;\quad -\frac{5}{2};\quad 15\%.$$

Semplifica le seguenti espressioni.

3 $\frac{(1-0,58\bar{3})^2}{1-(0,58\bar{3})^2}+\frac{(0,\bar{3})^8:(0,\bar{3})^6}{0,\bar{3}:0,3}\cdot\frac{140}{19}+\frac{1}{0,41\bar{6}}$

4 $\frac{\left\{\left[\left(-\frac{1}{3}\right)^2-\frac{2}{9}\right]\cdot\left(-1+\frac{1}{2}\right)+\left(\frac{1}{3}\right)^2\cdot(-3)^2\right\}:\frac{13}{18}}{-3^4\cdot\left(-\frac{1}{3}\right)^2-\left(\frac{3}{5}\right)^2\cdot 50+\left(-\frac{13}{4}\right)\cdot(-2)^3}$

---

5 Per rifare il tetto della propria casa, il signor Franco concorda di pagare l'8% della spesa totale subito, i $\frac{3}{5}$ del rimanente a inizio lavori e il resto in 12 rate da € 1472. Quanto costa il tetto?

6 La lunghezza di una galleria è misurata dividendola in tre tratti adiacenti. Le misure in kilometri sono: $l_1 = 1,3 \pm 0,1$; $l_2 = 4,5 \pm 0,5$; $l_3 = 3,2 \pm 0,2$. Calcola la lunghezza della galleria e il suo errore relativo.

PROVA C

1 **Dolce problema** Quattro amici in pasticceria dicono: «Organizzeremo una festa con 120 pe remmo offrire una media di 5 pasticcini a testa. Vorremmo che $\frac{2}{3}$ dei pasticcini fossero alla crema, $\frac{1}{6}$ al cioccolato e la parte rimanente al caffè». Quanti pasticcini al caffè dovrà preparare il pasticciere? Il pasticciere decide di preparare 10 vassoi uguali; quanti pasticcini alla crema metterà in ogni vassoio?

2 **Duemilaventi** In un giornale del 2020 si legge: «Le vendite di automobili in Italia nel primo semestre sono diminuite del 15,4% rispetto al 2019 e nel secondo semestre hanno subìto un'ulteriore flessione dell'8,3% rispetto al primo semestre, ma con una previsione di un leggero aumento dell'1,5% nel 2021».

a. Il calo del 2020 è del 23,7%?

b. Se nel 2019 sono state vendute 1 750 420 auto, quante ne sono state vendute, all'incirca, nel 2020?

c. Quante auto si prevede approssimativamente di vendere nel 2021?

3 INVALSI 2012 **Investimenti** Luigi e Paolo investono la stessa somma di denaro. Dopo il primo anno, la somma investita da Luigi è aumentata del 10% e quella investita da Paolo è diminuita del 5%. Luigi e Paolo decidono di reinvestire per un altro anno ancora le somme ottenute dopo il primo anno. Nel secondo anno Luigi perde il 5%, mentre Paolo guadagna il 10%. Se Luigi e Paolo hanno investito inizialmente una somma di 1000 euro ciascuno, quanto avrà ciascuno dei due alla fine del secondo anno?

PROVA D

1 **Pentamisure** Le misure dei lati di un pentagono, espresse in cm, sono:

$a = 5,7 \pm 0,1$; $b = 8,4 \pm 0,4$; $c = 12,5 \pm 0,5$; $d = 6,0 \pm 0,4$; $e = 5,4 \pm 0,6$.

Calcola le seguenti misure e i loro errori assoluti: perimetro del pentagono; $b - a + d$; $2ab$.

2 **Bianchi e rossi** Calcola quanti sono i globuli rossi e quanti i bianchi in due litri di sangue. (1 cm^3 di sangue contiene circa $5 \cdot 10^9$ globuli rossi e i globuli bianchi sono lo 0,2% dei globuli rossi). Esprimi i risultati in notazione scientifica e indica l'ordine di grandezza.

3 **Maggiore o minore?** Sommando $-\frac{19}{2}$ al quadrato del prodotto di $0,\overline{6}$ per il quadrato di 3 si ottiene un numero. Stabilisci se è maggiore o minore di $\frac{80}{3}$.

PROVA E

Viva gli sposi! In una torta nuziale a tre piani il raggio del primo disco è di 18 cm; i raggi del secondo e del terzo disco aumentano, ciascuno, di un terzo rispetto al precedente.

a. Calcola il raggio di ciascun disco della torta.

b. Calcola la superficie superiore di ogni piano e verifica che il rapporto tra l'area di un piano e quella del piano superiore è un numero periodico.

c. Esprimi, con una frazione, l'aumento della superficie di ciascun piano rispetto a quella del piano precedente.

d. 1. Il piano superiore viene suddiviso in 30 fette, quello intermedio in 60 e quello inferiore in 90; alla fine della festa sono rimaste 12 fette del piano superiore, 9 di quello intermedio e 33 di quello in basso. Scrivi, sotto forma di frazione, quanta torta è stata mangiata per ogni piano.

2. Esprimi, sotto forma di frazione, la superficie di torta mangiata rispetto alla superficie iniziale totale della torta. Puoi affermare che sono stati mangiati poco più dei due terzi della torta?

CAPITOLO

4 GLI INSIEMI E LA LOGICA

1 Che cos'è un insieme

▶ Esercizi a p. 176

Una squadriglia di aerei, un banco di pesci, un mazzo di fiori, un gruppo qualsiasi di oggetti danno un'idea del concetto di insieme.
I matematici hanno costruito una *teoria degli insiemi*, il cui linguaggio viene utilizzato nella matematica moderna per la sua particolare semplicità.

Fra gli insiemi è possibile definire operazioni che godono di proprietà simili a quelle delle operazioni fra numeri.

Listen to it

A **set** is a collection of objects (*not* necessarily physical ones) that are called **elements** of the set.

Un raggruppamento di oggetti rappresenta un **insieme** se esiste un criterio oggettivo che permette di decidere univocamente se un qualunque oggetto fa parte o no del raggruppamento.

ESEMPIO Sono insiemi i seguenti raggruppamenti:

- le persone nate a Pisa nel 1998;
- gli stati dell'Unione europea;
- i numeri naturali maggiori di 1000.

Non sono insiemi, invece:

- i monumenti più belli di Roma;
- i professori più severi;
- le frazioni molto piccole.

In questi ultimi casi, infatti, non c'è un criterio oggettivo che permette di stabilire se un certo «oggetto» appartiene oppure no al raggruppamento. Per esempio, persone diverse potrebbero indicare come «più belli» monumenti diversi, così come non si può valutare in maniera assoluta se $\frac{1}{1000}$ è una frazione molto piccola.

Gli elementi di un insieme

Gli oggetti che formano un insieme sono chiamati **elementi** dell'insieme. Indicheremo gli insiemi con lettere maiuscole (A, B, ...), mentre useremo generalmente lettere minuscole (a, b, ...) per indicare gli elementi.
Per esempio, indichiamo gli insiemi numerici con le seguenti lettere: $\mathbb{N}$ insieme dei numeri naturali; $\mathbb{Z}$ insieme dei numeri interi; $\mathbb{P}$ insieme dei numeri naturali pari;

$\mathbb{D}$ insieme dei numeri naturali dispari; $\mathbb{Q}$ insieme dei numeri razionali; $\mathbb{R}$ insieme dei numeri reali.

Per indicare che un elemento **appartiene** a un insieme si usa il simbolo $\in$.
Per indicare che un elemento **non appartiene** a un insieme si usa il simbolo $\notin$.
Si scrive $x \in A$ e si legge «*x* appartiene ad *A*»; si scrive $y \notin A$ e si legge «*y* non appartiene ad *A*».

ESEMPIO
$5 \in \mathbb{N}$ significa: 5 appartiene all'insieme $\mathbb{N}$;

$\frac{3}{4} \notin \mathbb{N}$ significa: $\frac{3}{4}$ non appartiene all'insieme $\mathbb{N}$.

Un insieme è **finito** se contiene un numero finito di elementi, in caso contrario si dice **infinito**.

ESEMPIO L'insieme dei granelli di sabbia contenuti in un recipiente è un insieme finito; l'insieme dei numeri naturali multipli di 3 è un insieme infinito.

Fra i vari insiemi si considera anche l'insieme che non ha elementi, che si chiama **insieme vuoto**.

Per indicare l'insieme vuoto si utilizza il simbolo $\varnothing$.

L'insieme vuoto è uno solo. Gli insiemi seguenti sono lo stesso insieme, cioè l'insieme vuoto: l'insieme dei numeri dispari divisibili per 2; l'insieme delle consonanti della parola «io»; l'insieme dei triangoli aventi quattro lati.

▶ Completa inserendo i simboli $\in$ e $\notin$ al posto dei puntini.

$-5 \square \mathbb{N}$; $-\frac{1}{8} \square \mathbb{Z}$; $-\frac{1}{2} \square \mathbb{Q}$; $-6 \square \mathbb{Z}$.

▶ **L'albergo di Hilbert** Per gli insiemi infiniti valgono proprietà che possono sembrare paradossali, perché diverse da quelle che siamo abituati a osservare per gli insiemi finiti. Guarda il video che proponiamo e riassumi il suo contenuto.

Video

2 Le rappresentazioni di un insieme

▶ Esercizi a p. 176

Possiamo descrivere gli insiemi in tre modi diversi:

- rappresentazione grafica;
- rappresentazione per elencazione;
- rappresentazione mediante la proprietà caratteristica.

La rappresentazione grafica

Si utilizzano i **diagrammi di Eulero-Venn**, nei quali gli elementi degli insiemi sono racchiusi dentro linee chiuse. Gli elementi non devono essere ripetuti. Osserviamo nella figura alcuni esempi.

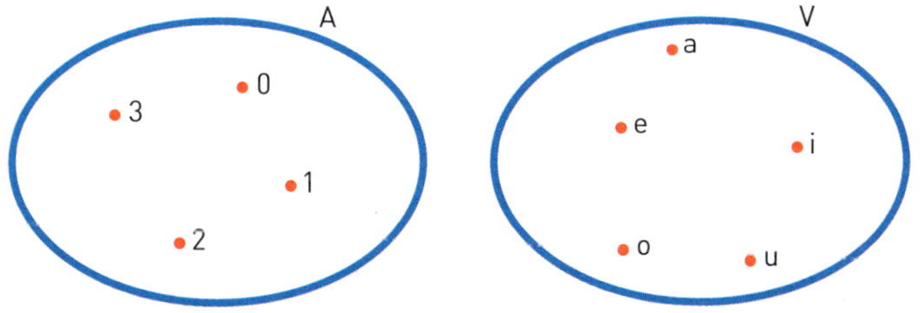

Insieme dei naturali minori di 4 — Insieme delle vocali

▶ Rappresenta graficamente gli insiemi.

- $A = \{2, 4, 6, 8\}$
- $B = \{1, 2, 3, 4\}$
- $C = \{1, 3, 5, 7\}$

TEORIA

La rappresentazione per elencazione

Gli elementi vengono elencati, racchiusi fra parentesi graffe e separati da virgole, non devono essere ripetuti e inoltre non ha importanza l'ordine con cui sono scritti.

La rappresentazione per elencazione viene anche chiamata **rappresentazione tabulare**.

ESEMPIO La rappresentazione per elencazione dell'insieme delle lettere della parola «aristogatti» è:

$L = \{a, g, i, o, r, s, t\}$.

> ▶ Rappresenta per elencazione i seguenti insiemi:
> - i naturali non maggiori di 8;
> - i naturali dispari compresi fra 30 e 40;
> - i multipli pari di 7 minori di 40;
> - i divisori di 42.

Se l'insieme è costituito da infiniti elementi, dopo aver elencato un numero di elementi sufficiente a identificarlo, si può ricorrere ai puntini.

ESEMPIO Numeri naturali, numeri pari, numeri dispari:

$\mathbb{N} = \{0, 1, 2, 3, 4, 5, \ldots\}$, $\mathbb{P} = \{0, 2, 4, 6, \ldots\}$, $\mathbb{D} = \{1, 3, 5, 7, \ldots\}$.

La rappresentazione mediante la proprietà caratteristica

L'insieme è definito enunciando la proprietà che caratterizza in modo oggettivo e univoco ogni suo elemento.

ESEMPIO Osserviamo la scrittura

$I = \{x \in \mathbb{N} \mid x \text{ è multiplo di } 3\}$:

- il simbolo | significa «tale che»;
- la lettera x indica un elemento generico dell'insieme;
- «è multiplo di 3» è la proprietà di cui gode x, ossia ogni elemento dell'insieme.

La scrittura $I = \{x \in \mathbb{N} \mid x \text{ è multiplo di } 3\}$ si legge nel modo seguente:

«I è l'insieme dei numeri naturali x tali che x è multiplo di 3».

> ▶ Rappresenta mediante la proprietà caratteristica gli insiemi seguenti.
> - $A = \{1, 2, 3, 4, 5, 6, 7\}$
> - $B = \{5, 7, 9, 11, 13\}$
> - $C = \left\{\frac{1}{2}, \frac{1}{3}, \frac{1}{4}, \frac{1}{5}, \frac{1}{6}, \frac{1}{7}\right\}$

La rappresentazione mediante la proprietà caratteristica degli elementi di un insieme risulta utile soprattutto quando l'insieme contiene molti elementi.

3 I sottoinsiemi

▶ Esercizi a p. 178

DEFINIZIONE
Si dice che l'insieme B è **sottoinsieme** dell'insieme A se tutti gli elementi di B appartengono anche ad A.

Si scrive $\boldsymbol{B \subseteq A}$ e si legge «B è sottoinsieme di A», o «B è incluso in A», o «B è contenuto in A».

> ▶ I due insiemi $A = \{ape\}$ e $B = \{a, p, e\}$ sono uguali? Scrivi tutti i loro sottoinsiemi.

ESEMPIO Consideriamo nell'insieme dei numeri naturali i numeri minori di 10, $A = \{0, 1, 2, 3, 4, 5, 6, 7, 8, 9\}$, e consideriamo i multipli di 3, $B = \{0, 3, 6, 9\}$. Ogni elemento di B è anche elemento di A.
L'insieme B è allora un sottoinsieme di A e scriviamo $B \subseteq A$.

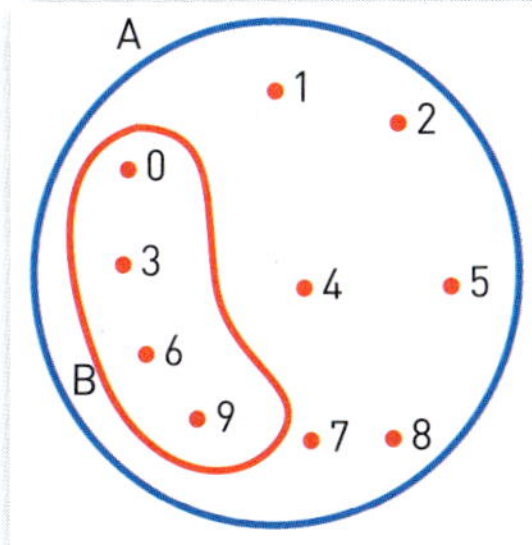

B ⊆ A

Due insiemi sono **uguali** se sono formati dagli stessi elementi e si scrive $\boldsymbol{A = B}$.
Per dire che «A e B non sono uguali» scriviamo invece $A \neq B$.

ESEMPIO
$A = \{a, e, i, o, u\}$, $B = \{x \mid x$ è una vocale della parola «aiuole»$\}$
sono insiemi uguali, perché hanno gli stessi elementi.

Per stabilire che $A = B$, è sufficiente controllare che sia $A \subseteq B$ e $B \subseteq A$.

Infatti, se $A \subseteq B$, tutti gli elementi di A sono elementi di B e se $B \subseteq A$, anche tutti gli elementi di B sono elementi di A, perciò A e B hanno gli stessi elementi.
È vero anche l'inverso: se $A = B$, allora $A \subseteq B$ e $B \subseteq A$.

▶ Rappresenta per elencazione e mediante diagrammi di Venn gli insiemi:
$A = \{x \in \mathbb{N} \mid x \leq 8\}$;
$B = \{x \in \mathbb{N} \mid 6 < x < 10\}$;
$C = \{x \in \mathbb{N} \mid x^2 = -4\}$;
$D = \{x \in \mathbb{N} \mid x$ è pari e $x < 2\}$;
$E = \{x \in \mathbb{N} \mid x$ è dispari e $1 \leq x \leq 5\}$.

Indica se B, C, D, E sono sottoinsiemi di A.

Animazione

L'inclusione stretta

DEFINIZIONE
Inclusione stretta
Si dice che l'insieme B è strettamente incluso nell'insieme A quando ogni elemento di B è anche elemento di A, ma esistono elementi di A che non sono elementi di B.

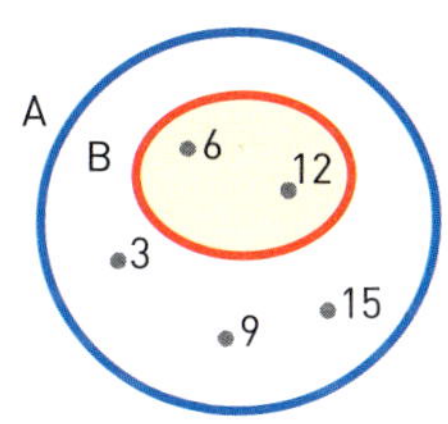

B ⊂ A

Si scrive $\boldsymbol{B \subset A}$ e si legge «B contenuto strettamente in A», oppure «B è incluso strettamente in A»: $B \subset A$ se $B \subseteq A$ e $B \neq A$.
Se $B \subset A$, allora $B \subseteq A$, mentre non è vero il contrario: se $B \subseteq A$, non è detto che $B \subset A$.

ESEMPIO
1. $\mathbb{P} \subset \mathbb{N}$, perché tutti i numeri pari sono naturali, ma esistono naturali che non sono pari.
2. $\{x \mid x$ è un gatto siamese$\} \subset \{x \mid x$ è un gatto$\}$, perché tutti i gatti siamesi sono gatti, ma esistono gatti che non sono siamesi.

▶ Nell'utilizzo dei simboli $\subset$ e $\in$ è sbagliato scrivere $2 \subset \mathbb{N}$ e $\{8\} \in \mathbb{N}$. Correggi e motiva la tua risposta.

I sottoinsiemi propri e impropri

Per qualunque insieme A vale la relazione $\varnothing \subseteq A$.

Infatti, poiché l'insieme vuoto non ha elementi, possiamo sempre affermare che ogni elemento dell'insieme vuoto è anche elemento dell'insieme A.

Inoltre è vero che $A \subseteq A$.

Pertanto, dato un insieme, l'insieme stesso e l'insieme vuoto sono sempre suoi sottoinsiemi e si dicono sottoinsiemi **impropri**.

TEORIA

MATEMATICA E STORIA

Insiemi infiniti Intuitivamente siamo portati a pensare che ogni insieme debba essere più numeroso di un suo sottoinsieme proprio. Questa convinzione è vera per gli insiemi finiti, ma le cose vanno diversamente se gli insiemi sono infiniti, come hanno messo in luce Galileo, Dedekind, Cantor e altri matematici.

▶ Cosa cambia quando consideriamo gli insiemi infiniti?

La risposta

ESEMPIO

1. L'insieme A delle consonanti della parola «aia» è un sottoinsieme **improprio** dell'insieme delle consonanti, perché $A = \varnothing$.
2. L'insieme B delle vocali della parola «aiuole» è un sottoinsieme **improprio** dell'insieme V delle vocali, perché $B = V$.

Ogni sottoinsieme non vuoto strettamente incluso in un insieme si dice sottoinsieme **proprio** dell'insieme.

ESEMPIO L'insieme delle vocali è un sottoinsieme **proprio** di quello delle lettere dell'alfabeto.

4 Le operazioni con gli insiemi

▶ Esercizi a p. 180

L'intersezione di due insiemi

Listen to it

Given two sets A and B, we can consider their **intersection** a set that contains only the elements that belong to both sets.

DEFINIZIONE

Si dice **intersezione** di due insiemi A e B l'insieme degli elementi che appartengono sia ad A sia a B.

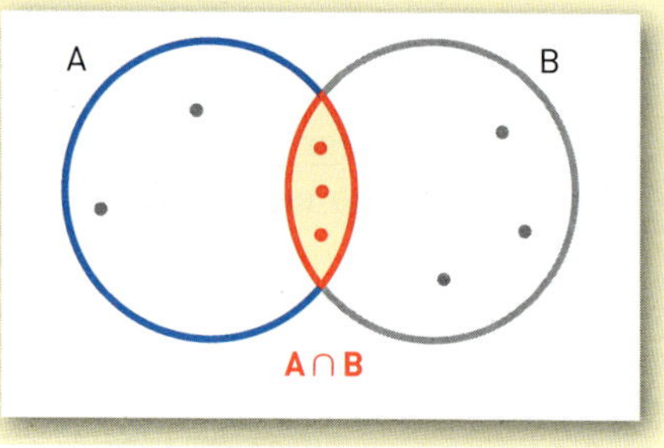

Si scrive $\boldsymbol{A \cap B}$ e si legge «A intersezione B» o «A intersecato B».

In simboli: $A \cap B = \{x | x \in A \text{ e } x \in B\}$.

ESEMPIO Consideriamo gli insiemi della figura.

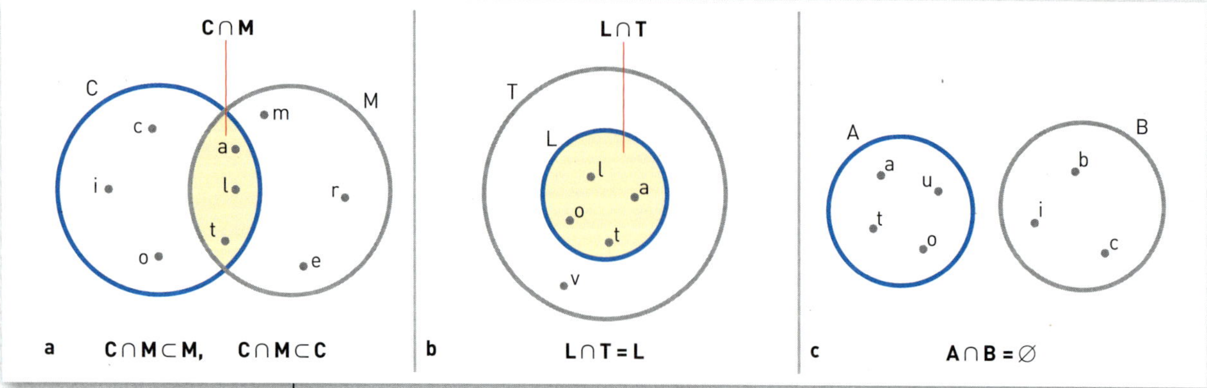

a. $C = \{x | x$ è una lettera della parola «cioccolata»$\}$ e $M = \{x | x$ è una lettera della parola «marmellata»$\}$. Gli elementi in comune sono a, l, t; quindi $C \cap M = \{\text{a, l, t}\}$. La loro intersezione è un sottoinsieme proprio sia di C sia di M.

b. $L = \{x | x$ è una lettera della parola «lato»$\}$ e $T = \{x | x$ è una lettera della parola «tavolo»$\}$. L'insieme L è sottoinsieme di T e si ha:

$$L \cap T = \{\text{l, a, t, o}\} = L.$$

L'intersezione è sottoinsieme improprio di L, poiché coincide con L.

c. $A = \{x | x$ è una lettera della parola «auto»$\}$ e $B = \{x | x$ è una lettera della parola «bici»$\}$. I due insiemi non hanno elementi in comune, quindi $A \cap B = \varnothing$, cioè un sottoinsieme improprio di entrambi.

DEFINIZIONE
Se due **insiemi** non hanno elementi in comune, si dicono **disgiunti**.

Per esempio, sono disgiunti l'insieme dei mammiferi e quello degli uccelli, perché non esiste alcun uccello che sia mammifero.

In generale, sull'intersezione possiamo affermare che:

- se $A \subseteq B$, allora $A \cap B = A$;
- se A e B sono **disgiunti**, allora $\boldsymbol{A \cap B = \varnothing}$.

L'unione di due insiemi

DEFINIZIONE
Si dice **unione** di due insiemi A e B l'insieme degli elementi che appartengono o ad A o a B o a entrambi.

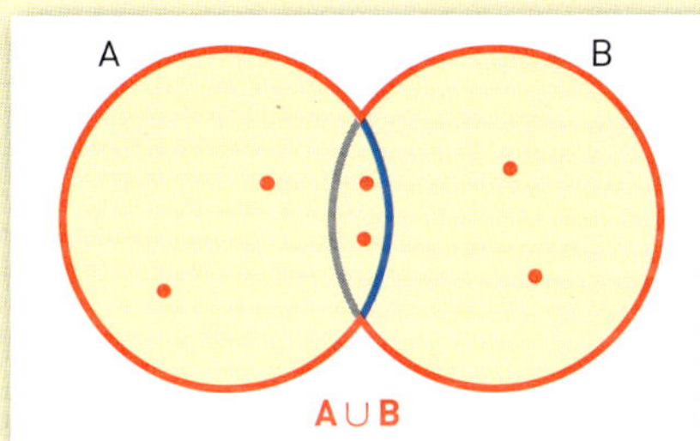

Listen to it

Given two sets *A* and *B*, we can consider their **union**, a set that contains *all* the elements of both *A* and *B*.

Si scrive $\boldsymbol{A \cup B}$ e si legge «A unione B» o «A unito B».

In simboli: $A \cup B = \{x | x \in A \text{ o } x \in B\}$.

► Determina l'unione e l'intersezione, rappresentandole mediante un diagramma di Eulero-Venn, della seguente coppia di insiemi.
$A = \{x | x \in \mathbb{Z}, -1 \leq x < 4\}$
$B = \{x | x \in \mathbb{D}, 1 \leq x \leq 7\}$

ESEMPIO Consideriamo gli stessi insiemi dell'esercizio a pagina precedente. Nell'unione ci sono tutti gli elementi dei due insiemi e soltanto essi. Gli elementi in comune vengono scritti una sola volta (l'insieme unione è colorato in giallo).

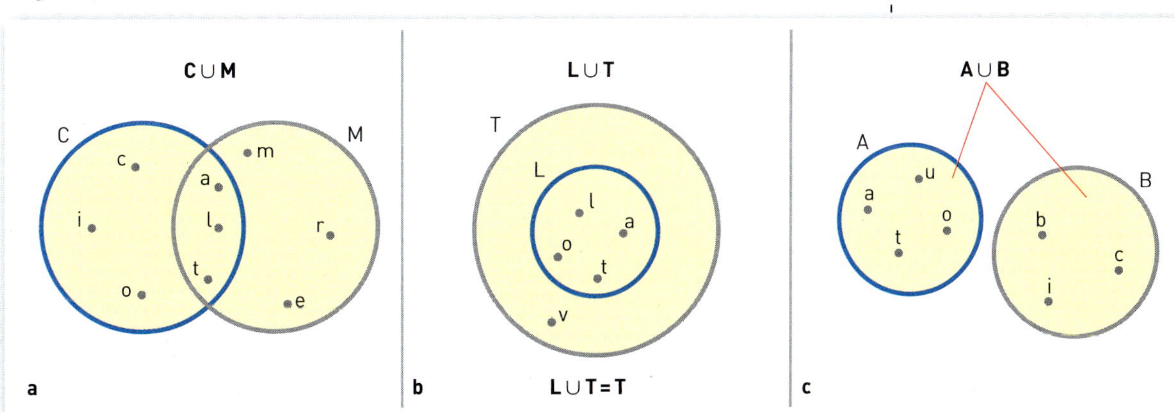

▸ Verifica mediante i diagrammi di Venn che: $A \cup (B \cap C) = (A \cup B) \cap (A \cup C)$.

Animazione

MATEMATICA INTORNO A NOI

I gruppi sanguigni Le trasfusioni e i trapianti di organo non sono sempre possibili: è indispensabile che vi sia compatibilità tra il gruppo sanguigno del donatore e quello del ricevente.

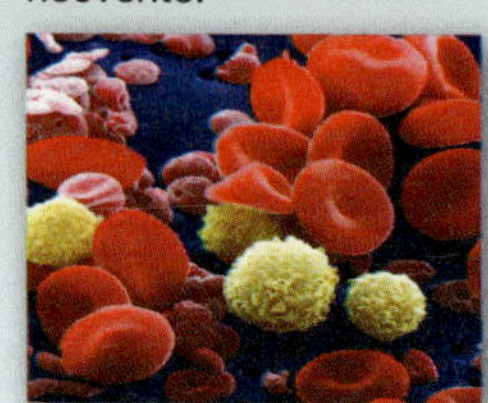

▸ Esistono donatori universali? E riceventi universali?

La risposta

Le proprietà dell'intersezione e dell'unione

Le operazioni di intersezione e di unione di insiemi godono di proprietà analoghe a quelle che abbiamo visto per la moltiplicazione e l'addizione dei numeri.

Proprietà dell'intersezione	
commutativa	$A \cap B = B \cap A$
associativa	$(A \cap B) \cap C = A \cap (B \cap C)$
distributiva rispetto all'unione	$A \cap (B \cup C) = (A \cap B) \cup (A \cap C)$

Proprietà dell'unione	
commutativa	$A \cup B = B \cup A$
associativa	$(A \cup B) \cup C = A \cup (B \cup C)$
distributiva rispetto all'intersezione	$A \cup (B \cap C) = (A \cup B) \cap (A \cup C)$

L'uso dei diagrammi di Eulero-Venn permette di verificare con rapidità le proprietà dell'unione e dell'intersezione.

La differenza tra due insiemi

DEFINIZIONE

Si dice **differenza** tra due insiemi A e B, considerati nell'ordine, l'insieme degli elementi di A che non appartengono a B.

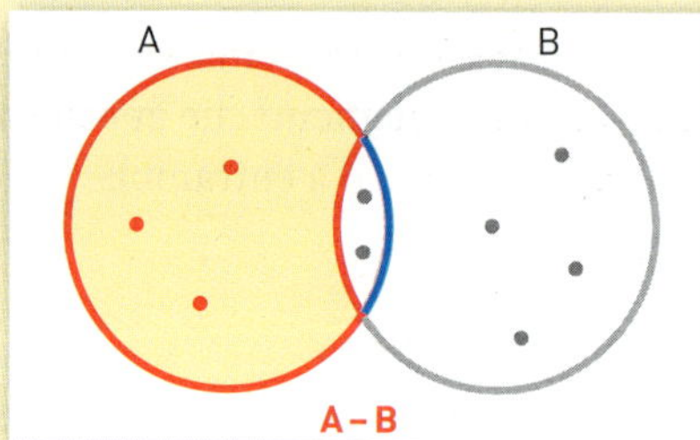

Si scrive $\boldsymbol{A - B}$ e si legge «A meno B». In simboli: $A - B = \{x \mid x \in A \text{ e } x \notin B\}$.

ESEMPIO Consideriamo gli stessi insiemi visti precedentemente per l'intersezione e per l'unione (l'insieme differenza è colorato in giallo).

a. $C - M = \{\text{c, i, o}\}$; **b.** $T - L = \{\text{v}\}$; **c.** $A - B = A$.

Se i due insiemi sono disgiunti, la differenza coincide con il primo insieme (caso **c**).

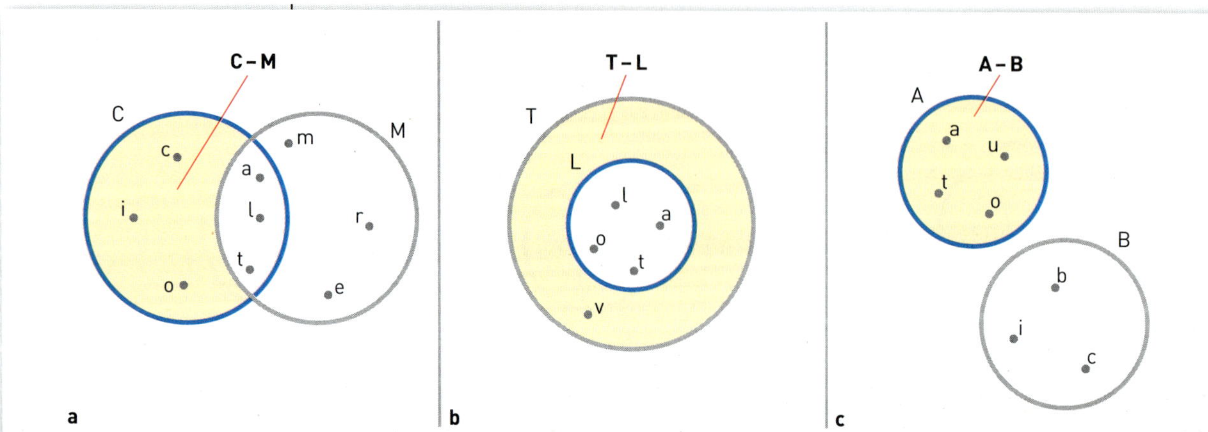

La differenza fra insiemi non è commutativa.

ESEMPIO Consideriamo gli insiemi dell'esempio precedente:

$M - C = \{m, r, e\}$ è diverso da $C - M = \{c, i, o\}$;

$L - T = \varnothing$ ed è diverso da $T - L = \{v\}$;

$B - A = B$ ed è diverso da $A - B = A$.

▶ Dati gli insiemi
$A = \{x \mid x \in \mathbb{Z}$ e $|x| \in \mathbb{D}$ e $|x| \leq 3\}$,
$B = \{x \mid x \in \mathbb{Z}$ e $-4 \leq x \leq 1\}$,
determina i due insiemi differenza $A - B$ e $B - A$.

In generale:

- se $A \subseteq B$, allora $A - B = \varnothing$;
- se $A \cap B = \varnothing$, allora $A - B = A$.

L'insieme complementare di un insieme

DEFINIZIONE
Dati gli insiemi A e B, con $B \subseteq A$, l'**insieme complementare** di B rispetto ad A è $A - B$. Lo indichiamo con $\overline{B}_A$.

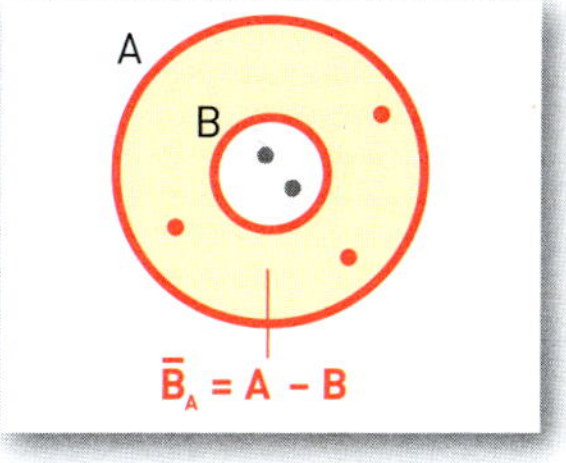

L'**insieme complementare di B rispetto ad A** si indica con $\overline{B}_A$.

ESEMPIO

1. Se A è l'insieme delle lettere di una parola e B quello delle sue consonanti, $\overline{B}_A$ è l'insieme delle vocali della parola.
2. Il complementare di un insieme può essere vuoto. Per esempio, è sempre vero che $\overline{A}_A = \varnothing$.

▶ Trova l'insieme $\overline{\varnothing}_A$.

Spesso gli elementi di uno o più insiemi vengono scelti fra quelli di uno stesso insieme più ampio, al quale viene dato il nome di **insieme universo**.

In questo caso, se vogliamo indicare il complementare di A rispetto all'insieme universo, scriveremo semplicemente $\overline{A}$.

ESEMPIO Se l'insieme universo è $\mathbb{N}$, allora il complementare dell'insieme dei numeri pari è l'insieme dei numeri dispari:

$$\overline{\mathbb{P}} = \mathbb{D}.$$

▶ Se l'insieme universo è $\mathbb{Z}$, trova il complementare dell'insieme dei numeri naturali $\mathbb{N}$.

Il prodotto cartesiano

In una classe, gli studenti sono seduti ai loro banchi disposti come nella figura. Per determinare a caso uno studente da interrogare, un insegnante estrae due numeri: il primo indicherà in quale fila verticale si trova il banco dell'alunno sorteggiato, il secondo in quale fila orizzontale.
Ogni studente è quindi individuato da una coppia di numeri.

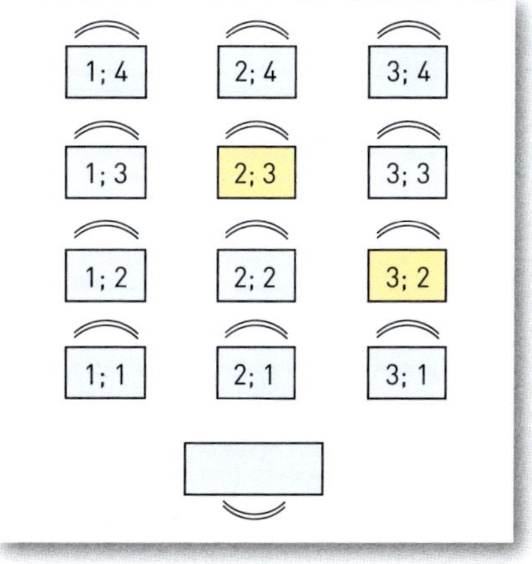

Nella pianta della classe la coppia (2; 3) non indica lo stesso studente della coppia (3; 2). Inoltre, mentre ha senso parlare della posizione (2; 4), il banco in posizione (4; 2) non esiste.

Il primo numero viene scelto nell'insieme $A = \{1, 2, 3\}$ e il secondo nell'insieme $B = \{1, 2, 3, 4\}$.
Indichiamo ogni possibile coppia mediante i due numeri, separati da un punto e virgola, scritti fra parentesi tonde.

In queste coppie di numeri è importantissimo l'**ordine**.

L'insieme delle coppie viene indicato con $A \times B$ e si chiama *prodotto cartesiano* degli insiemi A e B.

Listen to it

The **product of set** *X* and set *Y* is the set that contains all ordered pairs (*x*; *y*) for which *x* belongs to *X* and *y* to *Y*.

DEFINIZIONE

Si dice **prodotto cartesiano** di due insiemi A e B, considerati nell'ordine, l'insieme di tutte le coppie ordinate in cui il primo elemento appartiene ad A e il secondo appartiene a B.

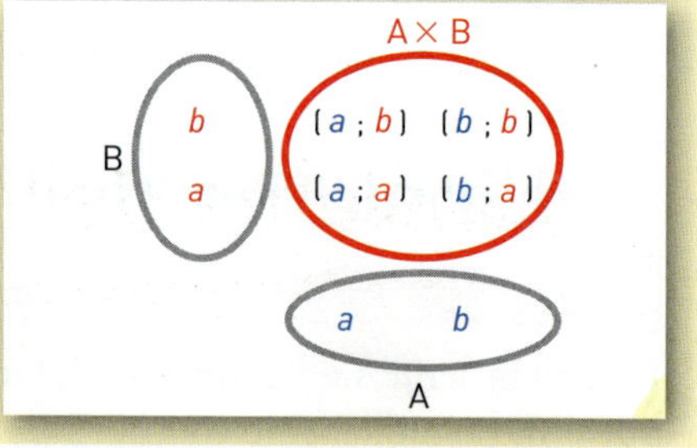

Si scrive $\boldsymbol{A \times B}$ e si legge «A per B» o «A cartesiano B».

In simboli: $A \times B = \{(x; y) \mid x \in A \text{ e } y \in B\}$.

La **rappresentazione cartesiana**, o **diagramma cartesiano**, del prodotto cartesiano è una rappresentazione grafica che utilizza due semirette fra loro perpendicolari.

Sulla semiretta orizzontale rappresentiamo gli elementi del primo insieme, su quella verticale gli elementi del secondo insieme.

Da ogni elemento del primo insieme tracciamo una semiretta verticale; da ogni elemento del secondo insieme tracciamo una semiretta orizzontale.

Queste semirette formano una griglia: i *nodi* della griglia rappresentano le coppie del prodotto cartesiano.

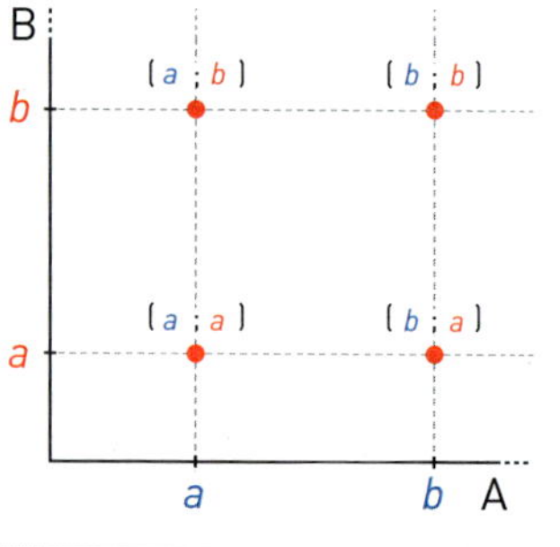

▶ Per ogni coppia di insiemi A e B, scrivi la rappresentazione per elencazione di $A \times B$ e disegnane la rappresentazione cartesiana.

- $A = \{x, y, z\}$; $B = \{0, 1\}$
- $A = \{a, b, c, d\}$; $B = \{2\}$

Il prodotto cartesiano fra due insiemi non è **commutativo**:

$$A \times B \neq B \times A.$$

ESEMPIO Consideriamo gli insiemi: $A = \{1, 2, 3\}$, $B = \{a, b\}$.

In $A \times B$ ci sono le coppie: $(1; a)$, $(2; a)$, $(3; a)$, $(1; b)$, $(2; b)$, $(3; b)$.

Invece in $B \times A$ ci sono $(a; 1)$, $(a; 2)$, $(a; 3)$, $(b; 1)$, $(b; 2)$, $(b; 3)$.

$A \times B \neq B \times A$ perché, per esempio, $(1; a) \neq (a; 1)$.

Si può rappresentare $A \times B$ anche con una **tabella a doppia entrata**.

$\times$	a	b
1	$(1; a)$	$(1; b)$
2	$(2; a)$	$(2; b)$
3	$(3; a)$	$(3; b)$

È possibile eseguire il **prodotto cartesiano di un insieme per se stesso.**

Per esempio, se $B = \{a, b\}$, allora:

$$B \times B = \{(a; a), (a; b), (b; a), (b; b)\}.$$

BASTA

5 L'insieme delle parti e la partizione di un insieme

▶ Esercizi a p. 187

L'insieme delle parti

Consideriamo l'insieme A formato da due elementi, $A = \{1, 2\}$, e tutti i possibili sottoinsiemi di A, compresi l'insieme vuoto e A stesso. Essi sono: $\varnothing$, $\{1\}$, $\{2\}$, A.
L'insieme formato da questi quattro insiemi viene chiamato insieme delle parti di A.

DEFINIZIONE
Si chiama **insieme delle parti** di A l'insieme costituito da tutti i sottoinsiemi di A.
Si scrive: $\mathcal{P}(A)$.

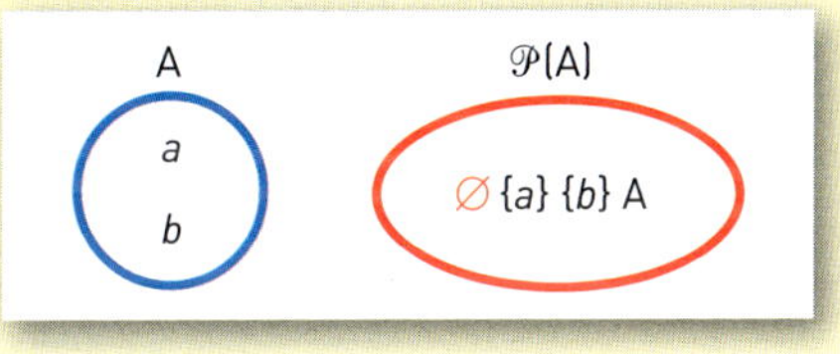

▶ Se in un insieme A ci sono n elementi, quanti sono gli elementi di $\mathcal{P}(A)$?

La partizione di un insieme

Consideriamo l'insieme A degli animali vertebrati e l'insieme C dei suoi sottoinsiemi secondo la classificazione che di solito si usa nelle scienze biologiche:

$C = \{$pesci, anfibi, rettili, uccelli, mammiferi$\}$.

L'insieme C gode delle seguenti proprietà:

- in ogni sottoinsieme c'è almeno un animale;
- lo stesso animale non appartiene mai a due sottoinsiemi diversi;
- nessun animale resta fuori dalla classificazione.

Questo è un esempio di *partizione* di A.

DEFINIZIONE
Si chiama **partizione** dell'insieme A un insieme di sottoinsiemi di A che ha queste caratteristiche:

- ogni sottoinsieme non è vuoto;
- tutti i sottoinsiemi sono disgiunti fra loro;
- l'unione di tutti i sottoinsiemi è A.

Listen to it

A **partition** of a set A is a set of subsets whose union is A and that pairwise have empty intersection.

ESEMPIO L'insieme A della figura è stato diviso mediante una partizione relativa al numero di lati dei poligoni.

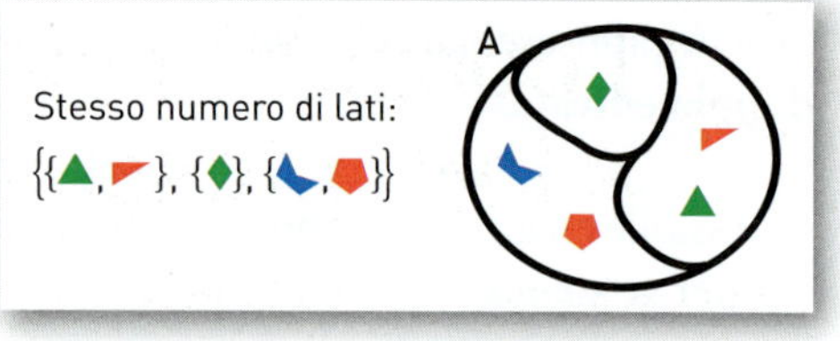

Una partizione è utile per dividere un insieme in sottoinsiemi di elementi che hanno una stessa proprietà.

6 Le proposizioni logiche

▶ Esercizi a p. 190

Nel linguaggio che usiamo per comunicare, indichiamo con il termine *proposizione* una frase di senso compiuto.

ESEMPIO
«Domani sarò interrogato in matematica» è una proposizione,
«Pape satan aleppe» non è una proposizione.

La logica matematica si occupa solo di un particolare tipo di proposizioni.

DEFINIZIONE
Una **proposizione logica** o un **enunciato** è una frase a proposito della quale possiamo dire se è vera o falsa.

Diciamo anche che a una proposizione logica è possibile attribuire un **valore di verità**: o *vero*, che indichiamo con V, o *falso*, che indichiamo con F.
Per indicare una proposizione usiamo una lettera maiuscola.

ESEMPIO

Sono proposizioni logiche	Non sono proposizioni logiche
A: «$2 + 2 = 4$»	«Andiamo al mare?»
B: «Un triangolo ha sei lati.»	«Studia!»
C: «Lo yen è la moneta europea.»	«Questa minestra è salata.»
D: «Il 2000 era un anno bisestile.»	«Vedrai che ci riusciamo.»

A e D hanno valore di verità V, B e C hanno valore di verità F.

▶ Stabilisci quali, tra le seguenti, sono proposizioni logiche. Per quelle che lo sono, indica il valore di verità.
- «€ 15 è un prezzo basso per una T-shirt»
- «$2^4 < 4^2$»
- «Il doppio di $\frac{3}{4}$ è 1,5»
- «Marzo ha 30 giorni»

In generale **non** sono proposizioni logiche:
- le domande;
- le esclamazioni;
- i comandi;
- le frasi del tipo «mi piace», «è bello», «è buona», «lo amo», «è bassa» ecc.: infatti esse sono vere per chi le esprime, ma non per tutti;
- le frasi con riferimenti al futuro del tipo «domani pioverà», «più tardi andremo al cinema» ecc.

Poiché i valori di verità sono due, per indicarli a volte si usano anche le cifre 0 e 1: 0 sta per «F», 1 per «V».

7 I connettivi logici e le espressioni

▶ Esercizi a p. 190

Finora abbiamo considerato **proposizioni semplici**, dette anche *proposizioni elementari* o *atomiche*.

Le proposizioni semplici sono le frasi di senso compiuto più brevi e sono composte da soggetto e predicato. Il soggetto è ciò di cui parla il predicato. Il predicato è la parte che dice qualcosa del soggetto.

ESEMPIO

1. Il bambino è caduto
(Il bambino: soggetto; è caduto: predicato)

2. Le uova sono fresche
(Le uova: soggetto; sono fresche: predicato)

Vi sono anche proposizioni con più predicati formate da più proposizioni semplici legate fra loro dai **connettivi** come «e», «o», «non», «o... o...», «se... allora...», «se e solo se».

ESEMPIO Consideriamo le due proposizioni elementari:

A: «Vado alla stazione»;

B: «Accompagno il mio amico in palestra».

Con esse possiamo costruire altre proposizioni:

C: «Vado alla stazione **e** accompagno il mio amico in palestra»;

D: «**O** vado alla stazione **o** accompagno il mio amico in palestra»;

E: «**Non** vado alla stazione **e** accompagno il mio amico in palestra»;

F: «**Se** vado alla stazione, **allora** accompagno il mio amico in palestra»;

G: «Vado alla stazione **se e solo se** accompagno il mio amico in palestra».

Ogni proposizione risulta dalla composizione delle stesse proposizioni elementari, ma ha un significato diverso dalle altre.

Due proposizioni legate da un connettivo danno come risultato una nuova proposizione.

DEFINIZIONE
Una **proposizione** è **composta** quando è formata da più proposizioni elementari legate da connettivi.

Una proposizione composta si dice anche *molecolare*.

I connettivi logici consentono di costruire proposizioni composte, dette anche **espressioni logiche**, effettuando operazioni tra le proposizioni elementari, così come le quattro operazioni permettono di operare con i numeri. Come per le quattro operazioni, per i connettivi logici si usano delle regole di precedenza e per scrivere le espressioni logiche si possono utilizzare delle parentesi. Per stabilire il valore di verità di una proposizione composta si usano le **tavole di verità**.

La tavola di verità è una tabella in cui si riportano le proposizioni elementari, le proposizioni composte e i relativi valori di verità possibili.

Il valore di verità di una proposizione composta dipende dal connettivo che si usa. Studieremo le regole valide per ciascuno di essi.

La negazione: non

DEFINIZIONE

La **negazione di una proposizione** A è la proposizione «**non** A», che risulta vera se A è falsa e falsa se A è vera.

Tavola di verità della negazione

A	$\overline{A}$
V	F
F	V

Indichiamo con il simbolo « $\overline{\ }$ » la negazione: la negazione di A è $\overline{A}$ (si legge «non A»). Il connettivo si indica anche con NOT, oppure $\neg$. Invece di $\overline{A}$, possiamo scrivere NOT A, oppure $\neg A$.

▶ Data la proposizione «il leone è un felino», scrivi le proposizioni $\neg A$ e $\neg(\neg A)$.

ESEMPIO

A: «Rimini è una città di mare» V;

$\overline{A}$: «Rimini non è una città di mare» F.

Il connettivo «non» ha la precedenza rispetto a tutti gli altri connettivi.

La congiunzione: e

DEFINIZIONE

La **congiunzione di due proposizioni** A e B è la proposizione «A **e** B». Essa è vera solo se le due proposizioni sono entrambe vere. In tutti gli altri casi è falsa.

Tavola di verità della congiunzione

A	B	$A \wedge B$
V	V	V
V	F	F
F	V	F
F	F	F

Si scrive: $A \wedge B$. Si legge: «A e B», oppure (dal latino) «A et B», oppure (dall'inglese) «A AND B».

La prima riga della tavola si legge: «Se A è vera e B è vera, allora $A \wedge B$ è vera»; la seconda riga si legge: «Se A è vera e B è falsa, allora $A \wedge B$ è falsa» ecc.

▶ Date le due proposizioni A: «6 è un numero dispari» e B: «5 è un numero primo», stabilisci il valore di verità della proposizione composta $A \wedge B$.

ESEMPIO

1. A: «La Terra è un pianeta»; B: «La Luna è un satellite della Terra»;
   $A \wedge B$: «La Terra è un pianeta e la Luna è un satellite della Terra».
   La proposizione $A \wedge B$ è vera, perché sono vere sia A sia B.
2. A: «10 è multiplo di 5»; B: «10 è un numero primo»;
   $A \wedge B$: «10 è multiplo di 5 ed è un numero primo».
   La proposizione $A \wedge B$ è falsa, perché B è falsa.

In una proposizione composta che utilizza i connettivi «non» ed «e», la negazione «non» ha la precedenza rispetto alla congiunzione «e».

ESEMPIO Date le proposizioni A e B, scriviamo la proposizione composta $A \wedge \overline{B}$:

A: «Marina gioca a pallavolo», B: «Marina gioca a tennis».

Si deve prima considerare $\overline{B}$: «Marina non gioca a tennis» e poi

$A \wedge \overline{B}$: «Marina gioca a pallavolo e non a tennis».

La disgiunzione inclusiva: o

DEFINIZIONE

La **disgiunzione inclusiva di due proposizioni** A e B è la proposizione «A **o** B». Essa è falsa solo se le due proposizioni sono entrambe false. In tutti gli altri casi è vera.

Tavola di verità della disgiunzione inclusiva

A	B	$A \vee B$
V	V	V
V	F	V
F	V	V
F	F	F

Si scrive: $A \vee B$. Si legge: «A o B», oppure (dal latino) «A vel B», oppure (dall'inglese) «A OR B».

ESEMPIO

1. La proposizione «2 è minore di 3 o maggiore di 10» è vera. Infatti essa è formata dalle due proposizioni:

   A: «2 è minore di 3»; B: «2 è maggiore di 10».

   Poiché A è vera, anche $A \vee B$ risulta vera, anche se B è falsa.
2. La proposizione «5 è minore di 3 o maggiore di 10» è falsa. Infatti risultano false sia A: «5 è minore di 3» sia B: «5 è maggiore di 10».

La disgiunzione esclusiva: o... o...

DEFINIZIONE

La **disgiunzione esclusiva di due proposizioni** A e B è la proposizione «**o** A **o** B». Essa è vera solo se una proposizione è vera e l'altra è falsa.

Tavola di verità della disgiunzione esclusiva

A	B	$A \dot{\vee} B$
V	V	F
V	F	V
F	V	V
F	F	F

Si scrive: $A \dot{\vee} B$. Si legge: «o A o B», oppure (dal latino) «A aut B», oppure (dall'inglese) «A XOR B» (*eXclusive* OR).

ESEMPIO

1. La proposizione «10 o è minore di 100 o è maggiore di 100» è vera. Infatti essa è formata dalle due proposizioni:

   A: «10 è minore di 100»; B: «10 è maggiore di 100».

   Poiché A è vera e B è falsa, $A \dot{\vee} B$ risulta vera.
2. La proposizione «5 o è minore di 10 o è minore di 7» è falsa. Infatti risultano vere sia «5 è minore di 10» sia «5 è minore di 7».

PROBLEMA

Cavalieri e furfanti

Nell'isola dei cavalieri e dei furfanti:

1. un abitante dell'isola dice la verità se e solo se è un cavaliere;
2. un abitante dell'isola mente se e solo se è un furfante;
3. non vi sono altri abitanti oltre ai cavalieri e ai furfanti.

Parlando con due abitanti X e Y, il primo dice: «Almeno uno fra me e Y è un furfante»...

(Da un'idea di Raymond Smullyan, *Qual è il titolo di questo libro?*, Zanichelli, 1981)

Scheda di lavoro

▶ Date le proposizioni A: «9 è il successivo di 10» e B: «9 è il quadrato di 3», determina il valore di verità della proposizione composta $A \vee B$.

▶ Date le proposizioni A: «9 è il successivo di 10» e B: «9 è il quadrato di 3», determina il valore di verità della proposizione composta $A \dot{\vee} B$.

$A \dot{\vee} B$ risulta falsa se le due proposizioni sono entrambe vere o entrambe false.

La disgiunzione **inclusiva** include tra i casi veri quello in cui le due proposizioni sono entrambe vere. Nella disgiunzione **esclusiva** questo caso è escluso.

L'implicazione materiale

DEFINIZIONE

L'**implicazione materiale** di due proposizioni A e B è la proposizione «se A, allora B» che risulta falsa solo se A è vera e B è falsa. In tutti gli altri casi è vera.

Tavola di verità di $A \to B$

A	B	$A \to B$
V	V	V
V	F	F
F	V	V
F	F	V

Si scrive: $A \to B$. Si legge: «A implica B», «Se A allora B», «Da A segue B».

A si chiama **antecedente** e B **conseguente**.

ESEMPIO

1. «Se 15 è un numero dispari, allora 15 è divisibile per 7» è una proposizione falsa. Infatti, essendo A: «15 è un numero dispari» vera e B: «15 è divisibile per 7» falsa, $A \to B$ risulta falsa.
2. «Se 4 è un numero pari, allora 4 è divisibile per 2» è una proposizione vera. Infatti essa è formata dalle due proposizioni:

   A: «4 è un numero pari»;

   B: «4 è divisibile per 2».

   Poiché A è vera e B è vera, è vera anche $A \to B$.

► Date le proposizioni A: «4 è divisore di 8» e B: «8 è dispari», determina il valore di verità delle proposizioni composte $A \to B$ e $B \to A$.

La doppia implicazione

DEFINIZIONE

La **doppia implicazione** di due proposizioni A e B è una proposizione vera se A e B sono entrambe vere o entrambe false. Negli altri due casi è falsa.

Tavola di verità di $A \leftrightarrow B$

A	B	$A \leftrightarrow B$
V	V	V
V	F	F
F	V	F
F	F	V

Si scrive: $A \leftrightarrow B$. Si legge: «A se e solo se B».

ESEMPIO La proposizione «Un triangolo è equilatero se e solo se è equiangolo» è vera. Infatti, essa è formata dalle due proposizioni:

A: «Un triangolo è equilatero»;

B: «Un triangolo è equiangolo».

Poiché A è vera e B è vera, è vera anche $A \leftrightarrow B$.

► Date le proposizioni A: «8 è divisore di 4» e B: «8 è dispari», determina il valore di verità della proposizione composta $A \leftrightarrow B$.

Le espressioni logiche

Componendo più proposizioni con i connettivi esaminati finora e con quelli che esamineremo, si ottengono le **espressioni logiche**.

ESEMPIO $\overline{(A \wedge B)}$, $A \wedge B \wedge \overline{C}$, $A \wedge \overline{B} \wedge C$ sono espressioni logiche.

Consideriamo quali sono le precedenze da rispettare sulle espressioni logiche con più connettivi:

- se non ci sono parentesi, si deve seguire il seguente ordine: $\bar{\ }, \wedge, \vee, \rightarrow, \leftrightarrow$;
- se ci sono parentesi, si usano le stesse convenzioni delle espressioni numeriche, cioè prima le parentesi tonde, poi le quadre, poi le graffe.

Se una negazione si riferisce a un'intera parentesi, occorre prima ottenere il valore di verità dentro la parentesi e poi effettuare la negazione.

ESEMPIO Consideriamo l'espressione $A \wedge \overline{B}$.

Per costruire la tavola di verità di questa espressione si procede così:

- prima si compilano le colonne relative ad A e a B;
- poi si compila la colonna relativa a $\overline{B}$;
- infine si compila quella relativa alla congiunzione di A e di $\overline{B}$.

A	B	$\overline{B}$	$A \wedge \overline{B}$
V	V	F	F
V	F	V	V
F	V	F	F
F	F	V	F

L'equivalenza di espressioni logiche

DEFINIZIONE
Due **espressioni logiche** nelle stesse variabili si dicono **equivalenti** se hanno uguale la relativa colonna della tavola di verità.

Per esprimere l'equivalenza fra due espressioni logiche usiamo il simbolo $=$.

ESEMPIO Esaminiamo l'espressione $(A \wedge B) \vee A$ e calcoliamone i valori di verità.

I valori scritti nella prima colonna coincidono con quelli della quarta colonna. Possiamo affermare che le due proposizioni A e $(A \wedge B) \vee A$ sono equivalenti: $A = (A \wedge B) \vee A$.

A	B	$A \wedge B$	$(A \wedge B) \vee A$
V	V	V	V
V	F	F	V
F	V	F	F
F	F	F	F

Consideriamo:

A: «Monica va al cinema».

Otteniamo:

$\overline{A}$: «Monica non va al cinema».

$\overline{\overline{A}}$: «Non è vero che Monica non va al cinema».

$\overline{\overline{A}}$ è equivalente ad A.

► Compila le tabelle a doppia entrata relative a congiunzione, disgiunzione inclusiva, disgiunzione esclusiva, implicazione materiale.

Animazione

► Dati gli enunciati A, B e C, traduci in parole le espressioni che li seguono:
A: «Il numero 56 è pari», B: «Il numero 56 è divisibile per 7», C: «Il numero 56 è il risultato di $7 \cdot 8$».

- $A \wedge B \wedge C$; $\overline{B \wedge \overline{C}}$
- $(\overline{A} \wedge B) \vee C$; $\overline{\overline{A} \wedge C}$
- $(A \wedge \overline{B}) \wedge \overline{C}$

► Verifica la seguente equivalenza.
$(A \vee B) \wedge A = A \vee (A \wedge B)$

Proprietà delle operazioni logiche

Mediante l'equivalenza di espressioni possiamo scrivere le proprietà di cui godono le operazioni logiche.

Proprietà commutativa della congiunzione:
$A \wedge B = B \wedge A$.

Proprietà associativa della congiunzione:
$(A \wedge B) \wedge C = A \wedge (B \wedge C)$.

Proprietà distributiva della congiunzione rispetto alla disgiunzione:
$A \wedge (B \vee C) = (A \wedge B) \vee (A \wedge C)$.

Idempotenza della congiunzione:
$A \wedge A = A$.

Proprietà commutativa della disgiunzione:
$A \vee B = B \vee A$.

Proprietà associativa della disgiunzione:
$(A \vee B) \vee C = A \vee (B \vee C)$.

Proprietà distributiva della disgiunzione rispetto alla congiunzione:
$A \vee (B \wedge C) = (A \vee B) \wedge (A \vee C)$.

Idempotenza della disgiunzione:
$A \vee A = A$.

Negazione della negazione: $\overline{\overline{A}} = A$.

Leggi di De Morgan: **1.** $\overline{A \wedge B} = \overline{A} \vee \overline{B}$; **2.** $\overline{A \vee B} = \overline{A} \wedge \overline{B}$.

ESEMPIO Applichiamo la prima legge di De Morgan agli enunciati:

A: «Roberta dipinge», B: «Roberta canta».

L'enunciato: «Non è vero che Roberta dipinge e canta.» — $\overline{A \wedge B}$

equivale a: «Roberta non dipinge oppure non canta.»
(non dipinge → $\overline{A}$; oppure → $\vee$; non canta → $\overline{B}$)

Essendo un'equivalenza fra espressioni logiche, ognuna delle proprietà che abbiamo elencato può essere verificata con una tavola di verità.

ESEMPIO Verifichiamo la prima legge di De Morgan.

Compilata la tavola, notiamo che le colonne di $\overline{A \wedge B}$ e $\overline{A} \vee \overline{B}$ sono uguali, quindi $\overline{A \wedge B} = \overline{A} \vee \overline{B}$.

A	B	$\overline{A}$	$\overline{B}$	$A \wedge B$	$\overline{A \wedge B}$	$\overline{A} \vee \overline{B}$
V	V	F	F	V	F	F
V	F	F	V	F	V	V
F	V	V	F	F	V	V
F	F	V	V	F	V	V

Le tautologie

Frasi del tipo «Una linea è retta oppure non lo è», «Un neonato o è maschio o è femmina», «Se sono sveglio, allora non dormo» ecc. sono senza alcun dubbio sempre vere.

DEFINIZIONE

Una proposizione composta è una **tautologia** se risulta sempre vera, qualunque valore di verità si attribuisca alle proposizioni elementari di cui è composta.

La proposizione $A \dot{\vee} \overline{A}$ risulta sempre vera, quindi è una tautologia.

ESEMPIO Nella proposizione «A pallavolo o si vince o si perde» poniamo A: «A pallavolo si vince».

Possiamo allora formalizzare la frase in esame con l'espressione $A \dot{\vee} \overline{A}$, che equivale a dire: «$A$ pallavolo o si vince o non si vince».

A	$\overline{A}$	$A \dot{\vee} \overline{A}$
V	F	V
F	V	V

Poiché $A \dot{\vee} \overline{A}$ risulta sempre vera, si tratta di una tautologia.

Le contraddizioni

Frasi del tipo «Q è un quadrato e ha cinque lati», «11 è un numero primo e ha tre divisori» ecc. sono senza alcun dubbio sempre false.

DEFINIZIONE
Una proposizione composta è una **contraddizione** se risulta **sempre falsa**, qualunque valore di verità si attribuisca alle proposizioni elementari di cui è composta.

La proposizione $A \wedge \overline{A}$ risulta sempre falsa, quindi è una contraddizione.

ESEMPIO «11 è un numero primo e ha tre divisori». La frase può essere formalizzata con l'espressione $A \wedge \overline{A}$ in cui A è «11 è un numero primo». Infatti equivale a dire: «11 è un numero primo e non lo è». Poiché $A \wedge \overline{A}$ risulta sempre falsa, si tratta di una contraddizione.

A	$\overline{A}$	$A \wedge \overline{A}$
V	F	F
F	V	F

► Fra le seguenti espressioni, indica quali sono tautologie, quali contraddizioni e quali non sono né tautologie né contraddizioni.
- $A \rightarrow A$
- $A \vee B \rightarrow A$
- $A \leftrightarrow \overline{\overline{A}}$
- $\overline{B} \leftrightarrow B$
- $A \wedge B \rightarrow B$

8 Forme di ragionamento valide

► Esercizi a p. 197

I ragionamenti logici

Un **ragionamento** è un insieme di proposizioni che possiamo dividere in due parti: la prima parte contiene le **premesse**, cioè le proposizioni da considerarsi vere, la seconda parte contiene una o più proposizioni che rappresentano la **conclusione**.

Un ragionamento è **valido** se ci assicura che da premesse vere giungiamo a una conclusione vera. In questo caso esso prende anche il nome di **deduzione logica**.

Le forme di ragionamento valido sono molte, ma per il momento ne studiamo solo due: il *modus ponens* e il *modus tollens*.

TEORIA

Il *modus ponens*

Se ho fame, allora mangio; ho fame, *quindi* mangio.

Questo ragionamento contiene le proposizioni semplici

A: «Ho fame», B: «Mangio»,

e l'implicazione $A \to B$.

Le premesse vere sono $A \to B$ e A; la conclusione è B.

Lo schema generale del ragionamento, detto ***modus ponens***, è:

$$\frac{\begin{matrix} A \to B \\ A \end{matrix}}{B}$$

Si legge:

«Se $A \to B$ è vera ed è vera A, allora è vera anche B».

A	B	$A \to B$
V	V	V
V	F	F
F	V	V
F	F	V

Analizziamo il ragionamento mediante la tavola di verità dell'implicazione.
Le due premesse $A \to B$ e A sono entrambe vere solo nella prima riga della tavola.
In tale riga anche B risulta vera. Pertanto il ragionamento è valido.
Poiché le due premesse $A \to B$ e A devono essere contemporaneamente vere, possiamo sostituirle con un'unica premessa formata dalla congiunzione delle due, ossia:

$(A \to B) \wedge A$.

Dalla congiunzione delle due premesse, il ragionamento conduce alla **deduzione** della conclusione. Utilizzando il simbolo $\to$ per indicare la deduzione, possiamo scrivere così il ***modus ponens***:

$$[(\boldsymbol{A} \to \boldsymbol{B}) \wedge \boldsymbol{A}] \to \boldsymbol{B}.$$

Il *modus tollens*

Esaminiamo il seguente ragionamento.

Se un triangolo è isoscele, allora ha due angoli congruenti; il triangolo non ha due angoli congruenti, *quindi* il triangolo non è isoscele.

In questo ragionamento sono presenti due proposizioni,

A: «Un triangolo è isoscele»,

B: «Un triangolo ha due angoli congruenti»,

e l'implicazione $A \to B$.

Lo schema generale del ragionamento, detto ***modus tollens***, è:

$$\frac{\begin{matrix} A \to B \\ \overline{B} \end{matrix}}{\overline{A}}$$

oppure

$$[(\boldsymbol{A} \to \boldsymbol{B}) \wedge \overline{\boldsymbol{B}}] \to \overline{\boldsymbol{A}}.$$

Analizziamo anche questo ragionamento con la tavola di verità, aggiungendo le due colonne $\overline{B}$ e $\overline{A}$.

Le due premesse, che devono essere contemporaneamente vere, sono $A \to B$ e $\overline{B}$. Solo nell'ultima riga della tavola le due premesse sono vere. In questa riga risulta vera anche $\overline{A}$; quindi il ragionamento è valido.

A	B	$A \to B$	$\overline{B}$	$\overline{A}$
V	V	V	F	F
V	F	F	V	F
F	V	V	F	V
F	F	V	V	V

▶ Riconosci gli schemi di ragionamento applicati scrivendo ognuno di essi in forma simbolica.
- «Se non hai il biglietto dell'autobus, prendi la multa.» «Non prendi la multa, quindi hai il biglietto dell'autobus.»
- «Se arrivi in ritardo, non entri a teatro.» «Arrivi in ritardo, quindi non entri a teatro.»

▶ Verifica che la legge di contrapposizione $(A \to B) \to (\overline{B} \to \overline{A})$ è uno schema di ragionamento valido.

Animazione

9 La logica e gli insiemi

▶ Esercizi a p. 198

Enunciati aperti

Consideriamo l'enunciato

«x è un numero negativo»,

in cui x rappresenti un numero intero.

Non è possibile dire se questo enunciato è vero o falso fino a quando non si attribuisce alla **variabile** x un valore scelto in un determinato **insieme universo** o dominio. Nel nostro esempio, possiamo scegliere come insieme universo $\mathbb{Z}$. Per esempio, se sostituiamo il valore -3 l'enunciato è vero, mentre se sostituiamo il numero $+5$ l'enunciato è falso.

DEFINIZIONE
Un enunciato che contiene una o più variabili, ognuna con valori scelti in un dominio, è un **enunciato aperto** o **predicato**.

Per esempio, «a è minore di b» è un enunciato aperto con due variabili, con a e $b \in \mathbb{Z}$. Per semplicità, gli esempi che proporremo contengono una sola variabile.

Indichiamo un enunciato aperto con una lettera dell'alfabeto, seguita dalla variabile scritta fra parentesi, per esempio $A(x)$, $B(y)$, $P(z)$ ecc.

$A(x)$ si legge «A di x» e indica che A varia in funzione di x, in quanto il suo valore di verità (V o F) dipende dal valore dato alla variabile x.

ESEMPIO $B(y)$: «6 è divisore di y» (con y numero naturale pari).
$B(y)$ è un enunciato aperto, perché contiene la variabile y; l'insieme dei numeri naturali pari è l'insieme universo.

Gli insiemi di verità

DEFINIZIONE
Dato un enunciato aperto $A(x)$, con $x \in U$, chiamiamo **insieme di verità** A il sottoinsieme di U degli elementi che sostituiti a x rendono vero l'enunciato.

ESEMPIO Considerato $U = \{2, 4, 6, 8, 10, 12, 14, 16\}$, rappresentiamo l'insieme di verità dell'enunciato aperto $A(x)$: «x ha due cifre.»

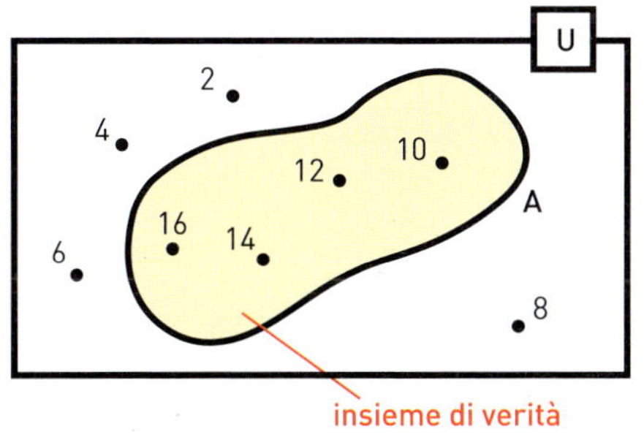

▶ Dato il dominio U indicato, rappresenta in forma grafica l'insieme di verità dei due enunciati.
$A(x)$: «x è un multiplo di 3»;
$B(x)$: «x è un divisore di 81»;
$U = \{x \in \mathbb{N} \mid x \leq 30\}$.

I valori che trasformano l'enunciato in una proposizione falsa appartengono all'insieme complementare rispetto all'universo U.

I connettivi logici e gli insiemi

Negazione e complementare
Dato l'enunciato aperto $P(x)$ in un insieme universo U, l'insieme di verità di $\overline{P}(x)$ è il complementare, rispetto a U, dell'insieme di verità di $P(x)$.

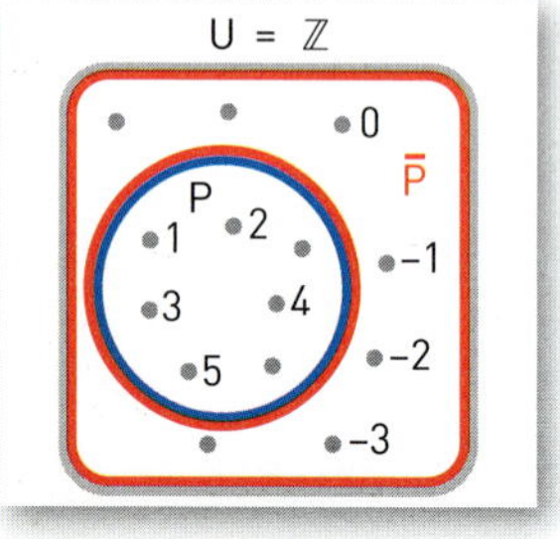

ESEMPIO Consideriamo $U = \mathbb{Z}$ e $P(x)$: «x è positivo», chiamando P il corrispondente insieme di verità (figura a lato). La negazione di $P(x)$, cioè $\overline{P}(x)$, ha come insieme di verità il complementare di P rispetto a U, ossia l'insieme costituito da 0 e dai numeri negativi.

► Scrivi l'insieme dei valori che trasformano l'enunciato $A(x)$ dell'esempio a pagina precedente in una proposizione falsa, verificando che è $\overline{A}$.

Congiunzione e intersezione
Dati gli enunciati aperti $A(x)$ e $B(x)$, con lo stesso universo U, l'insieme di verità di $A(x) \wedge B(x)$ è l'intersezione dei due insiemi di verità di $A(x)$ e di $B(x)$.

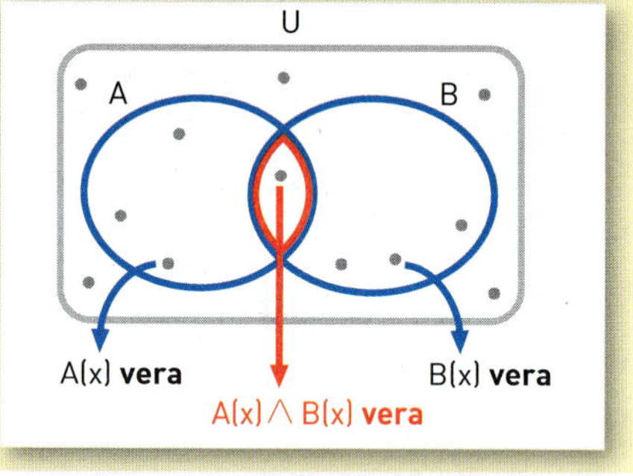

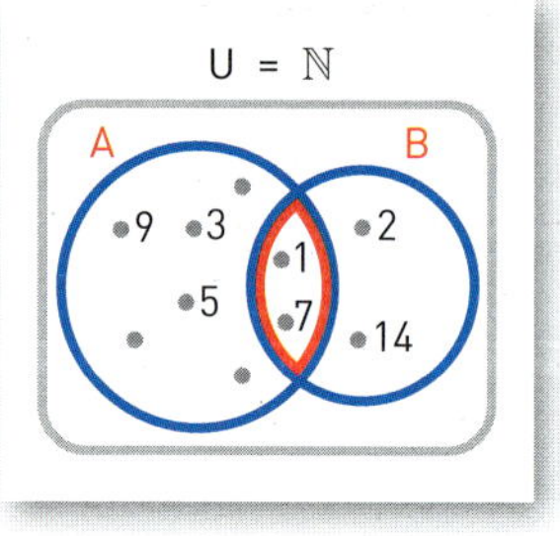

ESEMPIO Nell'universo $U = \mathbb{N}$ consideriamo gli enunciati aperti (figura a lato):

$A(x)$: «x è un numero dispari»; $B(x)$: «x è divisore di 14».

L'insieme di verità di $A(x)$ è $A = \{1, 3, 5, 7, 9, 11, \ldots\}$. L'insieme di verità di $B(x)$ è $B = \{1, 2, 7, 14\}$.

Congiungiamo i due enunciati. $A(x) \wedge B(x)$: «x è dispari e divisore di 14».

L'insieme di verità di $A(x) \wedge B(x)$ è $A \cap B = \{1, 7\}$.

► Scrivi l'insieme di verità di $A(x) \vee B(x)$ dell'esempio a pagina precedente.

Disgiunzione e unione
Dati gli enunciati aperti $A(x)$ e $B(x)$, con lo stesso universo U, l'insieme di verità di $A(x) \vee B(x)$ è l'unione dei due insiemi di verità di $A(x)$ e di $B(x)$.

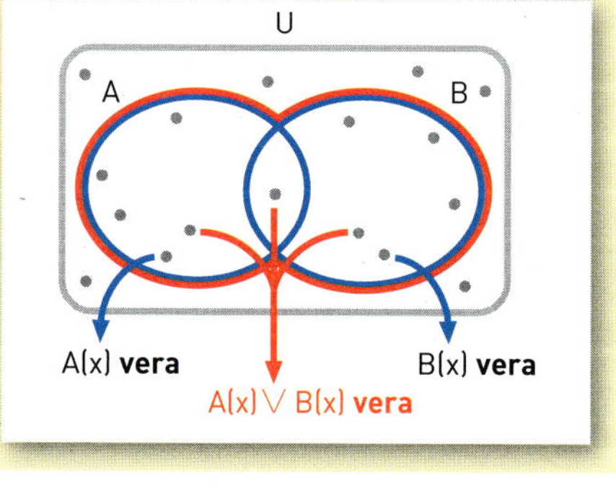

► Considera $U = \{x \in \mathbb{N} | 1 \leq x \leq 20\}$, $A(x)$: «x è un multiplo di 2» e $C(x)$: «x è un multiplo di 3». Scrivi gli enunciati $B(x)$ negazione di $A(x)$, $D(x)$ congiunzione di $A(x)$ e $C(x)$, $E(x)$ disgiunzione inclusiva e $F(x)$ disgiunzione esclusiva di $A(x)$ e $C(x)$. Indica gli insiemi verità A, B, C, D, E, F e scrivi B, D, E, F con operazioni fra gli insiemi U, A, C.

Video

10 I quantificatori

▶ Esercizi a p. 199

Esaminiamo nell'universo $\mathbb{N}$ l'enunciato aperto: «x è multiplo di 5».
Abbiamo già visto che attribuendo a x un valore dell'insieme universo otteniamo una proposizione. Tuttavia possiamo trasformare un enunciato aperto in una proposizione anche in un altro modo.

Consideriamo questi esempi:

- «Esiste almeno un multiplo di 5»;
- «Esistono infiniti multipli di 5»;
- «Tutti i numeri sono multipli di 5»;
- «Non esiste alcun numero multiplo di 5».

Pur non avendo sostituito a x dei valori, siamo passati dall'enunciato aperto alle proposizioni. Le prime due sono vere, le altre due sono false.

Le espressioni del tipo «esiste almeno un», «esistono dei», «tutti gli elementi di», «per ogni» si chiamano **quantificatori**.

Esaminiamo i due quantificatori seguenti.

Quantificatore esistenziale: afferma l'esistenza di almeno un elemento dell'insieme universo che ha la proprietà esaminata

si scrive:	si legge:
$\exists\, x \in U$	esiste almeno (o esiste) un elemento nell'insieme U

Quantificatore universale: afferma che ogni elemento dell'insieme universo gode della proprietà esaminata

si scrive:	si legge:
$\forall\, x \in U$	per ogni elemento (o per tutti gli elementi) nell'insieme U

Un uso corretto dei quantificatori richiede sempre la specificazione dell'insieme universo nel quale la variabile deve assumere i suoi valori.

ESEMPIO Siano $A = \{1, 2, 3, 4, 6\}$ l'insieme universo e $P(x)$: «x è multiplo di 3».
Possiamo trasformare l'enunciato aperto in una proposizione vera:

$\exists\, x \in A \,|\, x$ è multiplo di 3.

Significato: esiste almeno un elemento x in A che è multiplo di 3.

Nell'insieme A ci sono due multipli di 3 (3 e 6); quindi la proposizione è vera.

Possiamo trasformare lo stesso enunciato aperto in una proposizione falsa:

$\forall\, x \in A$, x è multiplo di 3.

Significato: comunque scegliamo un elemento in A, esso è multiplo di 3.

Basta scegliere in A il numero 2 per vedere che tale proposizione è falsa.

Listen to it

A **universal quantifier** is a type of quantifier that is interpreted as «given any» or «for all».
An **existential quantifier** is a type of quantifier that is interpreted as «there exists» or «there is at least one».

▶ Utilizzando i quantificatori, scrivi in simboli le seguenti proposizioni e stabilisci il valore di verità.

- «Ogni numero intero è razionale.»
- «Ogni numero razionale non è intero.»
- «Esiste un triangolo equilatero che non è isoscele.»
- «Ogni quadrato è anche un rettangolo.»

TEORIA

IN SINTESI
Gli insiemi e la logica

Che cos'è un insieme

Un raggruppamento di oggetti è un **insieme matematico** se esiste un criterio oggettivo per stabilire univocamente se un oggetto fa parte del raggruppamento oppure no.
Se un oggetto a fa parte di un insieme A, si dice che è un **elemento** che **appartiene** all'insieme e si scrive $a \in A$.
L'insieme vuoto è l'insieme che non ha elementi; si indica con il simbolo $\varnothing$.

Le rappresentazioni di un insieme

Diamo tre tipi di **rappresentazione di un insieme**:

- grafica (con i diagrammi di Eulero-Venn);
- per elencazione;
- mediante proprietà caratteristica.

Rappresentazioni di un insieme

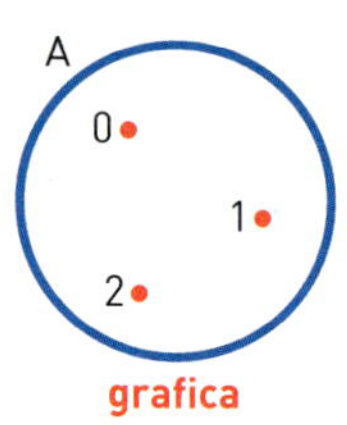

grafica

$A = \{0, 1, 2\}$ — per elencazione

$A = \{x \mid x \in \mathbb{N} \text{ e } 0 \leq x \leq 2\}$ — proprietà caratteristica

I sottoinsiemi

Se tutti gli elementi di un insieme B appartengono anche all'insieme A, B è un **sottoinsieme** di A ($\boldsymbol{B \subseteq A}$).
Se A è un sottoinsieme di B e B è un sottoinsieme di A, A e B sono **insiemi uguali** ($\boldsymbol{A = B}$).
Se $B \subseteq A$ e $B \neq A$ e $B \neq \varnothing$, allora B è un **sottoinsieme proprio** di A ($\boldsymbol{B \subset A}$).
$\varnothing$ e A stesso si chiamano sottoinsiemi **impropri** di A.

Le operazioni con gli insiemi

L'intersezione di A e B ($\boldsymbol{A \cap B}$) è l'insieme degli elementi che appartengono sia ad A sia a B.
L'unione di A e B ($\boldsymbol{A \cup B}$) è l'insieme degli elementi che appartengono o ad A o a B o a entrambi.
Due insiemi sono **disgiunti** se non hanno elementi in comune. La **differenza** fra A e B ($\boldsymbol{A - B}$) è l'insieme formato dagli elementi di A che non sono elementi di B.
Se B è sottoinsieme di A, il **complementare** di B rispetto ad A è $A - B$ e si indica con $\overline{\boldsymbol{B}}_{A}$.
Il **prodotto cartesiano** di A e B si indica con $\boldsymbol{A \times B}$ ed è costituito da tutte le coppie ordinate $(a; b)$ con $a \in A$ e $b \in B$.
Il prodotto cartesiano non è commutativo.

L'insieme delle parti e la partizione di un insieme

L'insieme delle parti di A, $\mathcal{P}(A)$, è l'insieme che ha come elementi tutti i sottoinsiemi di A.

ESEMPIO $A = \{a, b, c\}$
$\mathcal{P}(A) = \{\varnothing, \{a\}, \{b\}, \{c\}, \{a, b\}, \{a, c\}, \{b, c\}, A\}$.

Una **partizione** di A è un insieme di sottoinsiemi di A tale che:

- ogni sottoinsieme non è vuoto;
- tutti i sottoinsiemi sono disgiunti fra loro;
- l'unione di tutti i sottoinsiemi è A.

ESEMPIO
$A = \{2, 3, 4, 5, 6, 7, 8\}$,
$B = \{2, 4, 8\}$, $C = \{3, 6\}$, $D = \{5, 7\}$;
l'insieme $\{B, C, D\}$ è una partizione di A.

Le proposizioni logiche

Le **proposizioni logiche** sono enunciati tali che è possibile stabilire se essi sono veri o falsi, attribuendo loro un **valore di verità**.

I connettivi logici e le espressioni

I **connettivi logici** «**e**», «**o**», «**non**», «**o... o...**», «**se... allora**», «**se e solo se**» legano fra loro due o più proposizioni, formando le **proposizioni composte**.

La **negazione**, la **congiunzione** e la **disgiunzione** di due proposizioni A e B sono definite nella seguente tabella.

Connettivo	Proposizione	In simboli
negazione	**non** ***A***: vera se A è falsa, falsa se A è vera	$\overline{A}$
congiunzione	***A*** **e** ***B***: vera se e soltanto se A è vera e B è vera	$A \wedge B$
disgiunzione inclusiva	***A*** **o** ***B***: falsa se e soltanto se A è falsa e B è falsa	$A \vee B$
disgiunzione esclusiva	**o** ***A*** **o** ***B***: vera se A è vera e B è falsa, o viceversa	$A \dot{\vee} B$

Il connettivo **implicazione** di due proposizioni A e B è definito nella seguente tabella:

Connettivo	Proposizione	In simboli
implicazione materiale	**se** A **allora** B: falsa soltanto se A è vera e B è falsa	$A \rightarrow B$
doppia implicazione	A **se e solo se** B: vera se A e B sono entrambe vere o entrambe false	$A \leftrightarrow B$

Di seguito è rappresentata la **tavola di verità** dei connettivi appena visti:

A	B	$A \wedge B$	$A \vee B$	$A \dot{\vee} B$	$A \rightarrow B$	$A \leftrightarrow B$
V	V	V	V	F	V	V
V	F	F	V	V	F	F
F	V	F	V	V	V	F
F	F	F	F	F	V	V

Componendo più proposizioni (A, B, C, ...) con i connettivi logici, si ottengono delle **espressioni logiche**.

Il connettivo «**non**» ha priorità rispetto agli altri.

Due **espressioni logiche** sono **equivalenti** se hanno uguali tavole di verità.

Le **tautologie** sono proposizioni composte **sempre vere**; le **contraddizioni** sono proposizioni composte **sempre false**.

ESEMPIO $(A \wedge B) \rightarrow A$ è una tautologia;
$A \wedge \overline{A}$ è una contraddizione.

Forme di ragionamento valide

Il ***modus ponens*** e il ***modus tollens*** sono particolari **forme di ragionamento valide.**

$$\frac{\begin{array}{c} A \rightarrow B \\ A \end{array}}{B} \qquad \textit{Modus ponens}: [(A \rightarrow B) \wedge A] \rightarrow B$$

$$\frac{\begin{array}{c} A \rightarrow B \\ \overline{B} \end{array}}{\overline{A}} \qquad \textit{Modus tollens}: [(A \rightarrow B) \wedge \overline{B}] \rightarrow \overline{A}$$

La logica e gli insiemi

Un **enunciato aperto** è un enunciato che contiene almeno una **variabile.** Se alla variabile sostituiamo un elemento dell'**insieme universo**, l'enunciato aperto diventa una proposizione.

ESEMPIO L'enunciato aperto $A(x)$: «x è divisore di 12», con universo $\mathbb{N}$, può diventare una proposizione mediante la sostituzione di un valore a x:

$A(4)$: «4 è divisore di 12» V;

$A(5)$: «5 è divisore di 12» F.

Dato un insieme universo, a un enunciato aperto corrisponde un **insieme di verità**; l'insieme di verità è formato dagli elementi che, sostituiti alla variabile, rendono l'enunciato una proposizione vera.

Agli enunciati che otteniamo con i **connettivi logici** corrispondono gli insiemi di verità che si ottengono con le **operazioni fra insiemi.**

I quantificatori

Un enunciato aperto diventa una proposizione anche se utilizziamo un **quantificatore.**

Quantificatore esistenziale: afferma l'esistenza di almeno un elemento dell'insieme universo che ha la proprietà indicata. Simbolo: $\exists$ (si legge: «esiste almeno un»).

Quantificatore universale: afferma che la proprietà indicata è vera per ogni elemento dell'insieme universo. Simbolo: $\forall$ (si legge: «per ogni»).

Un uso corretto dei quantificatori richiede sempre la specificazione dell'insieme universo nel quale la variabile deve assumere i suoi valori.

CAPITOLO 4
ESERCIZI

1 Che cos'è un insieme

Teoria a p. 152

1 VERO O FALSO? È un insieme:

a. i ragazzi della tua classe il cui nome inizia con la lettera M. V F
b. le montagne alte del Piemonte. V F
c. le regioni italiane bagnate dal mare. V F
d. i numeri naturali minori di 1. V F
e. le definizioni più difficili di questo capitolo. V F
f. gli studenti con la media alta della tua classe. V F

2 Indica quali, fra i seguenti, sono insiemi matematici.

a. Gli alunni molto alti della tua classe.
b. I numeri naturali minori di 11.
c. I treni partiti da Roma ieri.
d. Le grandi capitali d'Europa.
e. I numeri pari divisibili per 7.
f. I numeri razionali maggiori di 4 e minori di 5.

3 Quali fra i seguenti insiemi sono finiti? Quali sono vuoti?

a. I numeri naturali compresi tra 2 e 12.
b. Le consonanti della parola «aiuola».
c. I multipli di 4.
d. I numeri razionali compresi tra 1 e 2.
e. I divisori di 12 compresi tra 8 e 10.

4 VERO O FALSO? Sono dati gli insiemi A, B e C, formati rispettivamente dalle lettere delle parole «cammello», «cavallo» ed «elefante».

a. $e \in A$. V F
b. $a \notin B$. V F
c. $x \in A$. V F
d. cammello $\notin B$. V F
e. fante $\in C$. V F

5 VERO O FALSO? Sono dati gli insiemi $A = \{0, 1, 3, 5\}$, $B = \{2, 4, 6, 8\}$, $C = \{-2, -1, 2, 3\}$.

a. $1 \in A$. V F
b. $0 \notin C$. V F
c. $(-2) \cdot (-1) \in C$. V F
d. $3 \cdot 5 \in A$. V F
e. $\frac{8}{4} \notin B$. V F

6 COMPLETA con i simboli $\in$ e $\notin$, considerando gli insiemi dell'esercizio precedente.

a. $-2 \square C$
b. $\frac{1}{2} + \frac{7}{2} \square B$
c. $246 \square B$
d. $5 \square B$
e. $(-1) \cdot 2 \square C$
f. $3 + 5 \square A$

7 Scrivi a parole:

a. $a \in A$;
b. $b \notin A$;
c. $-\frac{4}{3} \in \mathbb{R}$;
d. $85 \in \mathbb{N}$.

2 Le rappresentazioni di un insieme

Teoria a p. 153

La rappresentazione grafica

8 COMPLETA osservando il diagramma di Venn.

a. $j \in \square$.
b. $y \notin \square$.
c. $\square \in A$.
d. $\square \notin B$.
e. $w, z \in \square$.

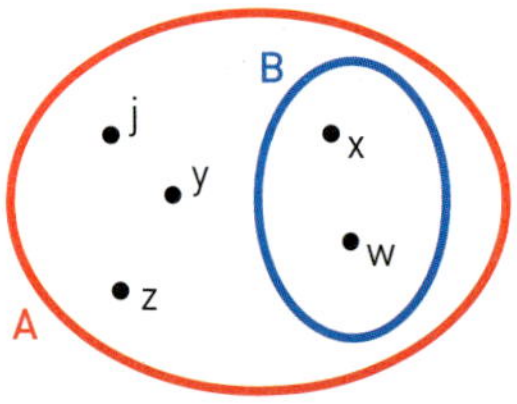

9 IN FORMA GRAFICA Rappresenta con diagrammi di Venn gli insiemi:

$A = \{$i divisori primi di 360$\}$;
$B = \{x \mid x$ è una cifra del numero 2021$\}$;
$C = \{x \mid x = 2n, n \in \mathbb{N}$ e $10 \le x \le 15\}$;
$D = \{x \mid x$ è una lettera della parola «farfalla»$\}$.

10 COMPLETA

$\left(1-\frac{1}{2}\right) \square\, B$ $\qquad (2\cdot 3-4)\square\, A$

$\left(\frac{4}{3}+\frac{2}{3}\right)\in \square$ $\qquad \left(4:\frac{4}{3}\right)\in\square$

$\frac{3}{2}+\frac{1}{2}\square\, B$ $\qquad \left(\frac{1}{2}:2\right)\square\, B$

$(4\cdot 3-4)\notin\square$ $\qquad \left(\frac{1}{2}:\frac{2}{3}\right)\in\square$

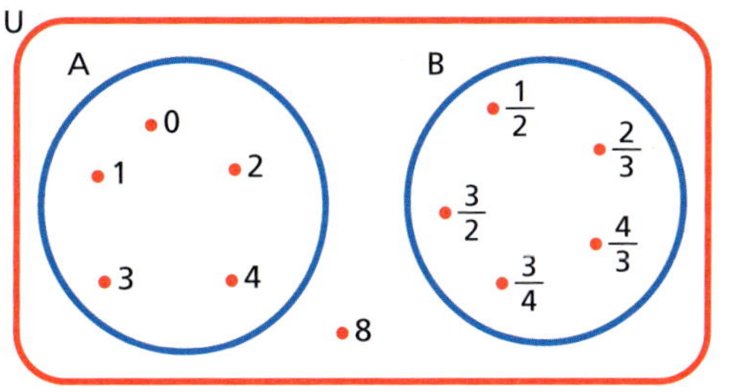

La rappresentazione per elencazione

11 ESERCIZIO GUIDA Rappresentiamo per elencazione l'insieme A delle consonanti della parola «libellula».

Elenchiamo gli elementi di A fra parentesi graffe, separati da virgole: $A=\{\mathrm{b}, \mathrm{l}\}$.
Ogni consonante ripetuta va considerata una volta sola.

12 Rappresenta per elencazione i seguenti insiemi.

a. L'insieme A dei numeri del tipo $3n$, con $n\in\{0,2,4,6\}$.

b. L'insieme B dei numeri del tipo $2n+1$, con $n\in\{0,1,2,3,4\}$.

c. L'insieme C dei numeri del tipo $-2n$, con $n\in\{-2,-1,0,1,2\}$.

d. L'insieme D dei numeri del tipo $\frac{1}{2}n$, con $n\in\{-1,1,2,3,4,5,6\}$.

e. L'insieme E dei numeri del tipo $\frac{1}{n}$, con $n\in\{2,4,6,8,10,12\}$.

f. L'insieme F dei numeri del tipo $\frac{3n+1}{3}$, con $n\in\{-3,-2,-1,1,2,3\}$.

La rappresentazione mediante la proprietà caratteristica

13 ESERCIZIO GUIDA Scriviamo la rappresentazione mediante la proprietà caratteristica dell'insieme:

$$A=\{2,3,4,5,6\}.$$

L'insieme A è formato dai numeri naturali compresi tra 2 e 6.
Indichiamo il generico numero naturale con x e scriviamo:

$$A=\{x\in\mathbb{N}\mid 2\leq x\leq 6\},$$

oppure:

$$A=\{x\in\mathbb{N}\mid 1<x<7\}.$$

Scrivi la rappresentazione mediante la proprietà caratteristica degli insiemi seguenti.

14 a. $A=\{\text{martedì, mercoledì}\}$;

b. $B=\{\text{Nord, Sud, Est, Ovest}\}$;

c. $C=\{\alpha,\beta,\gamma\}$;

d. $D=\{\mathrm{a, e, i, o, u}\}$.

15 a. $A=\{2,4,6,8,10,\ldots\}$;

b. $B=\{\ldots,-3,-2,-1,0,+1,+2,+3,\ldots\}$;

c. $C=\{\ldots,-20,-19,-18,-17,-16,-15\}$;

d. $D=\{9,11,13,15,17,19,21,\ldots\}$.

16 TEST L'insieme $A=\{x\in\mathbb{N}\mid 3<x\leq 11 \text{ e } x \text{ è dispari}\}$ è rappresentato da:

A $A=\{5,7,9,11\}$.

B $A=\{3,5,7,9,11\}$.

C $A=\{3,5,7,9\}$.

D $A=\{5,7,9\}$.

E $A=\{4,5,7,9,11\}$.

ESERCIZI

17 ESEMPIO DIGITALE Rappresenta attraverso la proprietà caratteristica i seguenti insiemi.

a. $C = \left\{\ldots, -\frac{7}{9}, -\frac{6}{8}, -\frac{5}{7}, -\frac{4}{6}, -\frac{3}{5}, -\frac{2}{4}, -\frac{1}{3}\right\}$

b. $D = \{0, 5, 10, 15, 20, 25, 30, 35, 40, 45, \ldots\}$.

18 Fornisci la rappresentazione mediante la proprietà caratteristica dei seguenti insiemi numerici.

a. I razionali maggiori di 1000.

b. I pari minori o uguali a 16.

c. I naturali compresi fra 10 e 30.

d. Gli interi negativi.

19 TEST Dato l'insieme

$A = \{2, 4, 6, 8, 10\}$,

indica la proprietà che caratterizza i suoi elementi:

A $x \mid x$ è un numero pari.

B $x \mid x$ è un numero pari minore di 10.

C $x \mid x$ è un numero pari maggiore di 2.

D $x \mid x$ è un numero pari minore di 10 e maggiore di 2.

E $x \mid x$ è un numero pari minore o uguale a 10 e maggiore o uguale a 2.

20 SPIEGA PERCHÉ È possibile descrivere l'insieme vuoto mediante la proprietà caratteristica?

Dalla proprietà caratteristica alla rappresentazione per elencazione

21 Scrivi la rappresentazione per elencazione dei seguenti insiemi.

a. $A = \{x \mid x$ è una lettera della parola «avvocato»$\}$;

b. $B = \{x \mid x$ è una vocale$\}$;

c. $C = \{x \mid x$ è il nome di un mese che inizia con la lettera «g»$\}$;

d. $E = \{x \mid x$ è un pianeta del sistema solare$\}$;

e. $E = \{x \mid x$ è una provincia del Lazio$\}$.

22 Descrivi a parole i seguenti insiemi e danne la rappresentazione per elencazione.

a. $A = \{x \mid x \in \mathbb{N}, x \leq 9\}$;

b. $B = \{x \mid x \in \mathbb{D}, x > 30\}$;

c. $C = \{x \mid x \in \mathbb{P}, 11 \leq x \leq 22\}$;

d. $D = \{x \mid x \in \mathbb{Z}, -2 < x < 3\}$.

23 TEST Dato l'insieme $A = \{x \in \mathbb{N} \mid 5 < x \leq 20\}$, indica quale tra le seguenti scritture è corretta:

A $5 \in A$.

B $10 \in A$.

C $20 \notin A$.

D $15 \notin A$.

E $22 \in A$.

24 YOU & MATHS **From symbols to numbers** Consider the set $S = \{x \in \mathbb{Z} \mid -15 < x \leq 3\}$.

a. Write some of the elements of this set.

b. Draw a real line and plot all elements of the set. Make sure the numbers you considered in question **a** are among the elements you represented.

25 Fai cinque esempi di insiemi di numeri naturali con particolari caratteristiche. Per ognuno di essi fornisci la rappresentazione grafica, la rappresentazione per elencazione e quella mediante la proprietà caratteristica.

3 I sottoinsiemi

Teoria a p. 154

26 VERO O FALSO?

a. Ogni insieme è sempre sottoinsieme di se stesso. V F

b. L'insieme vuoto è sottoinsieme di qualunque insieme. V F

c. Se tutti gli elementi di A sono anche elementi di B, B è un sottoinsieme di A. V F

d. Due insiemi con lo stesso numero di elementi sono uguali. V F

I sottoinsiemi

VERO O FALSO?

27 Dati gli insiemi A, B e C, formati rispettivamente dalle lettere delle parole «podio», «doppio» e «dopo», stabilisci quali delle seguenti affermazioni sono *vere*.

a. $\{d\} \subseteq A$. V F

b. $\{do, po\} \subseteq C$. V F

c. $C \subset A$. V F

d. $C \subseteq B$. V F

e. $\{pio\} \subset A$. V F

28 Dato l'insieme

$$A = \{3, 6, 9, 12, 15\},$$

stabilisci quali delle seguenti affermazioni sono *vere*.

a. $9 \subset A$. V F

b. $12 \in A$. V F

c. $\{6\} \notin A$. V F

d. $\{x \mid x \in \mathbb{N}, 3 \leq x \leq 15\} \subset A$. V F

e. $\{x \mid x \in \mathbb{D}, 3 \leq x < 15\} \subset A$. V F

29 COMPLETA inserendo correttamente i simboli $\in, \notin, \subset, \not\subset, \subseteq, \not\subseteq, =$.

Considera gli insiemi:

$$A = \{x \mid x \in \mathbb{N}, x \text{ è multiplo di } 3\},\ B = \{3, 6, 9, 12, \ldots\},\ C = \{4, 12\}.$$

$\{9\} \_\_ A$; $9 \_\_ C$; $B \_\_ A$; $C \_\_ B$;

$\{4\} \_\_ A$; $\{12\} \_\_ C$; $15 \_\_ A$; $C \_\_ A$.

30 CACCIA ALL'ERRORE Fra le seguenti scritture elimina quelle formalmente scorrette.

$\varnothing \subset \mathbb{N}$; $4 \in \mathbb{Z}$; $-5 \notin \mathbb{N}$; $7 \subset \mathbb{N}$;

$\mathbb{P} \in \mathbb{N}$; $6 \subset 12$; $\{6\} \subseteq \{12\}$; $\varnothing \in \mathbb{Z}$.

31 Considera i seguenti insiemi:

$A = \{\text{SERA}\}$, $B = \{\text{S, E, R, A}\}$,

$C = \{\text{A, R, S, E}\}$, $D = \{\text{R, E, S, A}\}$,

$E = \{\text{RESA}\}$.

Quali sono uguali tra loro?

32 Scrivi tre parole le cui lettere formino tre insiemi A, B, C, tali che $A \subset B \subset C$.

33 Scrivi tutti i sottoinsiemi di $A = \{a, b, c\}$.

34 Fornisci tre esempi di insiemi formati da persone che hanno una caratteristica comune e, per ognuno, indica almeno un sottoinsieme.

35 Rappresenta graficamente gli insiemi $\mathbb{N}$, $\mathbb{P}$, $\mathbb{D}$, $\mathbb{Z}$, $\mathbb{Q}$ e indica le relazioni di inclusione stretta esistenti fra gli insiemi considerati.

36 Dati gli insiemi P, T, Q, R, E, I, formati rispettivamente dai poligoni, dai triangoli, dai quadrati, dai rettangoli, dai triangoli equilateri, dai triangoli isosceli, indica le relazioni di inclusione stretta esistenti fra tali insiemi.

I sottoinsiemi propri e impropri

37 Dati gli insiemi

$A = \{x \mid x \in \mathbb{P}, 2 \leq x \leq 10\}$,

$B = \{x \mid x \in \mathbb{N}, x \leq 12\}$,

$C = \{x \mid x \in \mathbb{Z}, x > -8\}$,

scrivi cinque sottoinsiemi propri comuni ai tre insiemi.

38 Scrivi i sottoinsiemi impropri dell'insieme vuoto, dell'insieme $A = \{0, 1\}$ e dell'insieme $B = \{0\}$.

39 VERO O FALSO? Considera l'insieme $A = \{0, 1\}$ e indica se le seguenti affermazioni sono *vere* o *false*.

a. $\varnothing \subset A$. V F

b. $0 \in \varnothing$. V F

c. $\{0\} \in \varnothing$. V F

d. $\{1\}$ è un sottoinsieme proprio di A. V F

e. $\{0, 1\}$ è un sottoinsieme proprio di A. V F

40 Stabilisci se gli insiemi A, B, C sono sottoinsiemi (propri e impropri) dell'insieme D.

a. $A = \{x \in \mathbb{N} \mid x \text{ è multiplo di } 5\}$,
$B = \{x \in \mathbb{Z} \mid x \geq -1\}$,
$C = \{5, 10, 15\}$,
$D = \mathbb{N}$.

b. $A = \{x \in \mathbb{N} \mid 4 \leq x < 8\}$,
$B = \{x \in \mathbb{N} \mid x^2 = 5\}$,
$C = \{x \in \mathbb{N} \mid 3 < x < 9\}$,
$D = \{x \in \mathbb{N} \mid 4 \leq x \leq 8\}$.

c. $A = \{x \mid x$ è una lettera di «diario»$\}$,
$B = \{x \mid x$ è una lettera di «ardore»$\}$,
$C = \{x \mid x$ è una lettera di «orda»$\}$,
$D = \{x \mid x$ è una lettera di «radio»$\}$.

41 Scrivi i sottoinsiemi propri:

a. dell'insieme vuoto;
b. dell'insieme $A = \{1\}$;
c. dell'insieme $B = \{a, b, c\}$.

42 INTORNO A NOI I ragazzi di una classe hanno risposto alla domanda: «Quale musica preferisci: rock o disco?»; 13 hanno scelto il rock, 8 la disco music, 7 nessuna delle due.
Da quanti ragazzi è composta la classe?
Rappresenta la situazione con un diagramma di Venn. [28]

4 Le operazioni con gli insiemi

▶ Teoria a p. 156

L'intersezione e l'unione

43 ESERCIZIO GUIDA Dati gli insiemi $A = \{x \in \mathbb{N} \mid 2 \leq x \leq 8\}$ e $B = \{x \in \mathbb{N} \mid x \text{ è divisore di } 24\}$, rappresentiamo per elencazione e con i diagrammi di Eulero-Venn gli insiemi $A \cap B$ e $A \cup B$.

Rappresentiamo per elencazione gli insiemi A e B: $A = \{2, 3, 4, 5, 6, 7, 8\}$, $B = \{1, 2, 3, 4, 6, 8, 12, 24\}$.

- L'intersezione di A e B è l'insieme formato dagli elementi che appartengono sia ad A sia a B.

$A \cap B = \{2, 3, 4, 6, 8\}$.

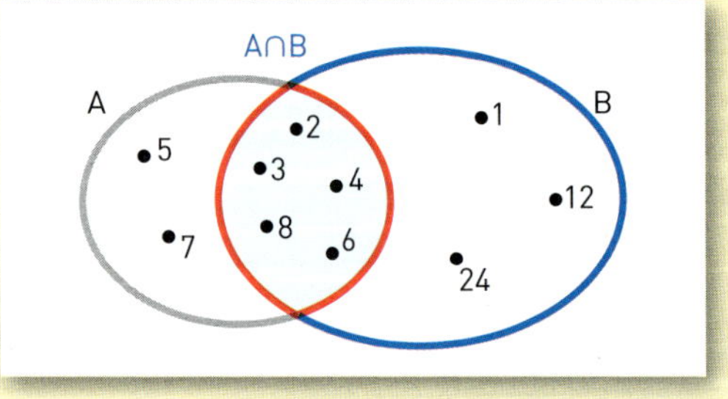

- L'unione di A e B è l'insieme formato dagli elementi che appartengono ad A oppure a B, considerati una sola volta.

$A \cup B = \{1, 2, 3, 4, 5, 6, 7, 8, 12, 24\}$.

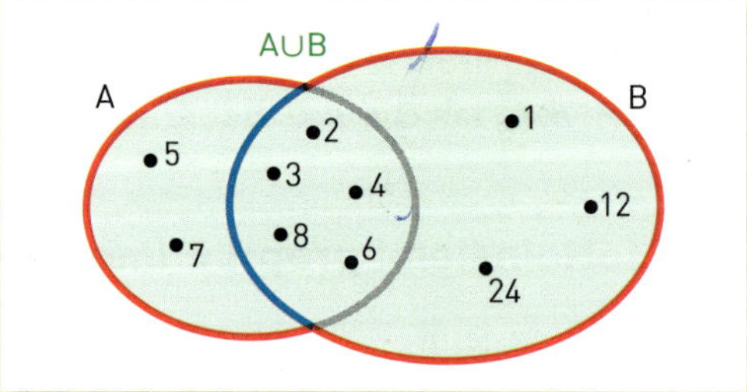

44 ESEMPIO DIGITALE Determina l'unione e l'intersezione della seguente coppia di insiemi, rappresentandole per elencazione e con un diagramma di Venn.

$A = \{x \in \mathbb{N} \mid x \text{ è dispari e } x < 10\}$;
$B = \{x \mid x = 3n, n \in \mathbb{N} \text{ e } 1 \leq n \leq 5\}$.

45 YOU & MATHS **Sketch Venn diagrams**
Consider the following sets:

$A = \{x \in \mathbb{N} \mid 0 < x \leq 3\}$,
$B = \{x \in \mathbb{N} \mid x > 10 \text{ or } x \leq 4\}$, and
$C = \{x \in \mathbb{N} \mid 5 < x \leq 17\}$,

and represent: a. $A \cup C$; b. $B \cap C$.

Determina l'intersezione e l'unione dei seguenti insiemi di persone A e B.

46 $A = \{x \mid x$ ha statura superiore a 1,40 m$\}$;
$B = \{x \mid x$ ha statura inferiore a 1,80 m$\}$.

47 $A = \{x \mid x$ ha più di 25 anni$\}$;
$B = \{x \mid x$ ha meno di 25 anni$\}$.

---

48 Dati gli insiemi numerici $A = \{x \mid x$ è multiplo di 3$\}$ e $B = \{x \mid x$ è multiplo di 6$\}$, che insieme è $A \cap B$? E $A \cup B$?

49 Se $A = \{x \mid x$ è divisore di 8$\}$ e $B = \{x \mid x$ è divisore di 16$\}$, che insieme è $A \cap B$? E $A \cup B$?

50 Considera l'insieme A dei rettangoli e l'insieme B dei quadrati. Determina $A \cap B$ e $A \cup B$.

51 Come nell'esercizio 50 ma con A insieme dei rombi e B insieme dei quadrati.

52 Fai tre esempi di insiemi A e B tali che $A \cap B = B$.

53 COMPLETA le tabelle considerando gli insiemi $A = \{a, b, c\}$, $B = \{a, b\}$, $C = \{a, c\}$.

∩	∅	A	B	C
∅				
A				
B				
C				

∪	∅	A	B	C
∅				
A				
B				
C				

Dati gli insiemi $A = \{1, 2, 3, 4, 5\}$, $B = \{3, 4, 5, 6, 7\}$, $C = \{2, 4, 6, 8\}$, calcola i risultati delle seguenti espressioni.

54 $(A \cap B) \cup C$

55 $A \cap (B \cap C)$

56 $A \cup (B \cup C)$

57 $(A \cap B) \cap C$

58 $(A \cup B) \cap C$

59 $(A \cup B) \cup C$

---

60 Dati gli insiemi $A = \{0, 1, 2, 3\}$, $B = \{1, 3, 7\}$ e $C = \{0, 1, 2, 8\}$, rappresenta per elencazione e con i diagrammi di Eulero-Venn gli insiemi:

$(A \cap C) \cup B$; $A \cap B \cap C$; $(B \cap C) \cup A$; $(A \cap B) \cup (A \cap C)$.

Dati gli insiemi $A = \{0, 1, a\}$, $B = \{1, 2, a, b\}$ e $C = \{0, 2, 4\}$, calcola i risultati delle seguenti espressioni.

61 $A \cap B \cap C$

62 $A \cup (B \cap C)$

63 $(A \cup B) \cap (A \cap C)$

64 $A \cup B \cup C$

65 $(A \cap B) \cup (B \cap C)$

66 $(A \cup B) \cap (B \cup C)$

---

67 COMPLETA Sistema negli insiemi A, B e C della figura gli elementi a, b, c, d, e, f in modo tale che siano vere contemporaneamente le seguenti condizioni.

$A \cup B = \{a, b, c, d, f\}$; $A \cap B = \{a\}$;
$A \cap C = \{c, d\}$; $A \cup C = \{a, b, c, d, e\}$.

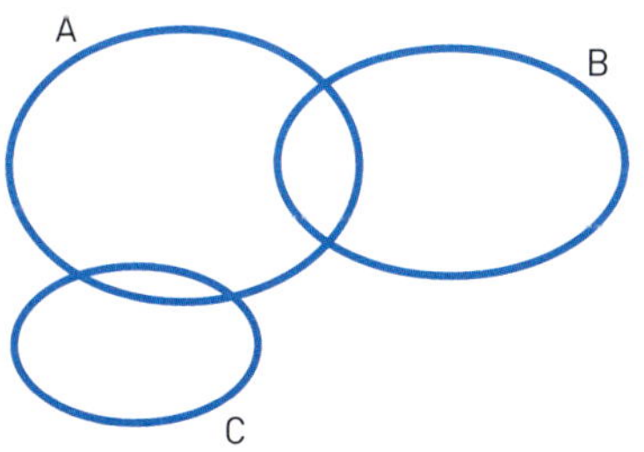

Problemi INTORNO A NOI

68 **Per mari e/o monti** Fra i ragazzi di una classe, 15 hanno passato alcuni giorni di vacanza fuori casa, e precisamente: 11 al mare, 6 in montagna. Quanti sono stati sia al mare sia in montagna? Quanti hanno usufruito di una sola opzione? [2; 13]

69 Una ditta ha effettuato un'indagine sul consumo di due prodotti analoghi. Fra chi ha risposto, il 77% ha dichiarato di utilizzare il prodotto A, il 49% il prodotto B. Determina la percentuale di chi ha dichiarato di utilizzare:

a. sia A sia B; **b.** solo il prodotto A; **c.** solo B. [a) 26%; b) 51%; c) 23%]

70 ●● Un'indagine di mercato compiuta su 90 famiglie ha evidenziato che 59 possiedono il robot da cucina, 80 hanno il forno a microonde o il robot da cucina e 24 possiedono entrambi gli elettrodomestici. Quante famiglie hanno solo il robot e quante solo il forno? Quante non possiedono nessuno di questi elettrodomestici?

[35; 21; 10]

71 ●● In una classe si vota per decidere dove andare in gita. Le città candidate sono tre: Roma, Vienna e Parigi. Nella scheda si può esprimere anche più di una preferenza. Allo spoglio dei voti si raccolgono i seguenti dati: su 28 schede (non bianche), 5 persone hanno votato tutte e tre le città, 4 hanno votato solo Roma, 3 solo Vienna e 2 solo Parigi; 1 ha votato solo per Roma e Vienna e 3 hanno votato solo per Roma e Parigi. Calcola quanti hanno votato solo per Vienna e Parigi. Quale città ha raccolto più voti? [10; Parigi]

COMPLETA determinando, mediante un'espressione con l'unione e l'intersezione di insiemi, la parte colorata in ognuno dei diagrammi delle figure seguenti.

72 ●○

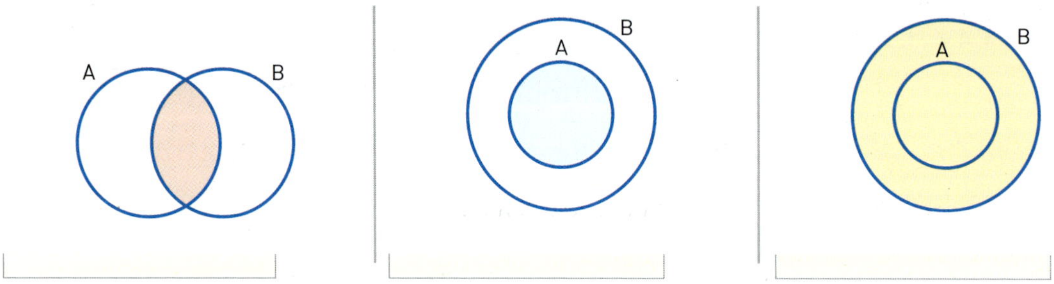

73 ●○

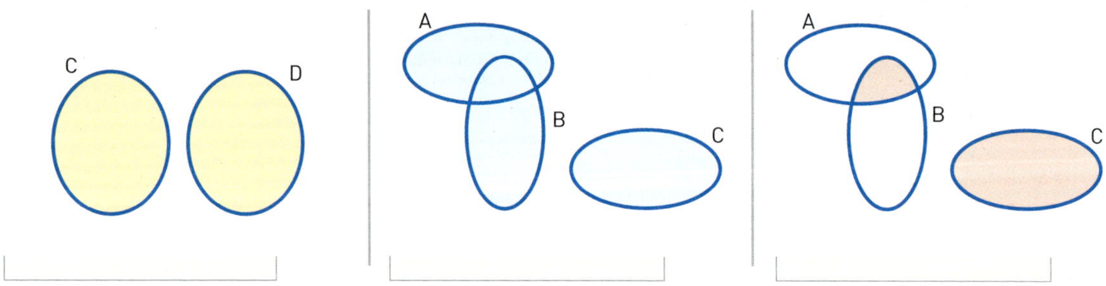

74 ●○

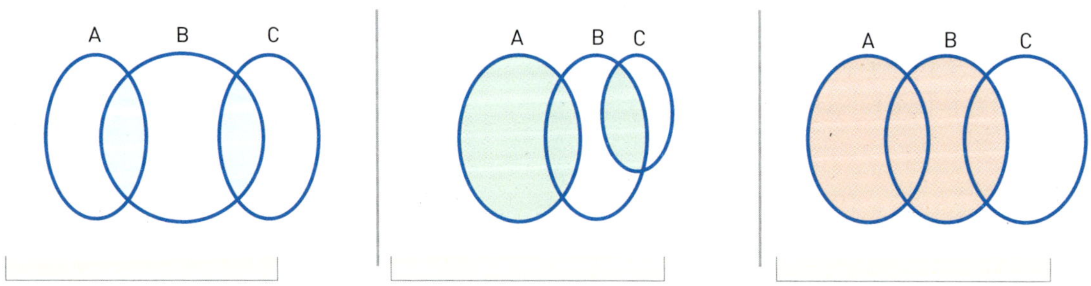

75 ●● **EUREKA!** **Blab, blib e blub** Supponi che ci siano alcuni «blab», alcuni «blib» e alcuni «blub». Supponi inoltre che tutti i blab siano blib e che alcuni blub siano blab. Sulla base di queste informazioni, quali affermazioni X, Y, Z devono essere *vere*?

X: Tutti i blab sono blub. Y: Alcuni blab non sono blub. Z: Alcuni blib sono blub.

A Solo X. **B** Solo Y. **C** Solo Z. **D** Solo X e Y. **E** Solo Y e Z.

(USA *University of Maryland High School Mathematics Competition*, 2001)

Le proprietà dell'intersezione e dell'unione

76 ESERCIZIO GUIDA Verifichiamo la proprietà associativa dell'intersezione con:

$A=\{1,2,3,4,5\}$; $B=\{1,5,7,9,11\}$; $C=\{3,5,7,10,12\}$.

L'uguaglianza da verificare è: $(A\cap B)\cap C=A\cap(B\cap C)$.

Eseguiamo le operazioni al primo membro e quelle al secondo membro dell'uguaglianza in due righe separate:

$(A\cap B)\cap C=\{1,5\}\cap C=\{5\}$.

$A\cap(B\cap C)=A\cap\{5,7\}=\{5\}$.

I due membri forniscono lo stesso risultato; quindi l'uguaglianza è verificata.

77 Servendoti degli insiemi dell'esercizio guida, verifica le seguenti proprietà delle operazioni.

a. Commutativa dell'intersezione.

b. Associativa dell'unione.

c. Distributiva dell'unione rispetto all'intersezione.

Considera tre insiemi qualsiasi, *A*, *B* e *C*, e utilizza i diagrammi di Eulero-Venn per verificare le seguenti proprietà.

78 Proprietà associativa dell'unione.

79 Proprietà distributiva dell'intersezione rispetto all'unione.

COMPLETA le seguenti espressioni, tenendo presente che *A* e *B* sono insiemi generici. Se necessario, aiutati con un diagramma di Eulero-Venn.

80 $A\cup A=$ ☐ $A\cup\varnothing=$ ☐

$A\cap A=$ ☐ $A\cap\varnothing=$ ☐

81 Se $B\subset A$, allora:

$A\cup B=$ ☐ $A\cap(A\cup B)=$ ☐

$A\cap B=$ ☐ $A\cup(A\cap B)=$ ☐

Calcola il risultato delle seguenti espressioni con *A* e *B* insiemi generici.

82 $A\cap(A\cup A)$;
$A\cap(A\cup\varnothing)$.

83 $(A\cup B)\cap A$;
$(A\cup B)\cup\varnothing$.

84 $(A\cap A)\cup\varnothing$;
$(A\cap B)\cup(A\cup\varnothing)$.

Dato $B\subset A$, con *A* e *B* insiemi generici, calcola il risultato delle seguenti espressioni.

85 $(A\cap B)\cup A$; $(A\cap B)\cup B$.

86 $[(A\cap\varnothing)\cap(A\cup B)]\cap A$.

87 $[(A\cap B)\cap(A\cup\varnothing)]\cup A$.

La differenza tra due insiemi

88 ESERCIZIO GUIDA Dati i due insiemi

$A=\{x\mid x\in\mathbb{P}\text{ e }x\leq 8\}$ e $B=\{x\mid x\in\mathbb{N}\text{ e }0\leq x\leq 4\}$,

determiniamo i due insiemi differenza

$A-B$ e $B-A$.

Poiché A e B hanno pochi elementi, è conveniente elencarli:

$A=\{0,2,4,6,8\}$; $B=\{0,1,2,3,4\}$.

$A - B$ è l'insieme formato dagli elementi di A che non sono elementi di B; dobbiamo cioè togliere fra gli elementi di A quelli che sono presenti anche in B:

$$A - B = \{6, 8\}.$$

Analogamente:

$$B - A = \{1, 3\}.$$

89 ●○ Dati i due insiemi

$A = \{x \mid x \in \mathbb{Z} \text{ e } |x| \in \mathbb{D} \text{ e } |x| \leq 3\}$,
$B = \{x \mid x \in \mathbb{Z} \text{ e } -4 \leq x \leq 1\}$,

determina $A - B$ e $B - A$.

90 ●○ Dati gli insiemi di numeri naturali

$A = \{x \mid x < 50\}$, $B = \{x \mid 20 \leq x \leq 60\}$,
$C = \{x \mid 40 \leq x \leq 80\}$,

determina $A - (B - C)$ e $(A - B) - C$.

91 ●○ Dati gli insiemi

$A = \{x \mid x \text{ è residente in Veneto}\}$,
$B = \{x \mid x \text{ è residente a Venezia}\}$,

determina $A - B$ e $B - A$.

92 ●○ Dati gli insiemi A, B, C, formati rispettivamente dalle lettere delle parole «colore», «sapore», «odore», determina la differenza fra tutte le possibili coppie di insiemi.

93 ●○ ESEMPIO DIGITALE Dati i seguenti insiemi, rappresentati mediante la proprietà caratteristica:

$A = \{x \in \mathbb{N} \mid x \text{ è divisore di 48 e di 32}\}$,
$B = \{x \in \mathbb{N} \mid x = 2^n, n = 0, 1, 2, 3\}$,
$C = \{x \in \mathbb{N} \mid x = 4n, n = 0, 1, 2, 3\}$,

determina:

a. $A \cap B$;
b. $(A - B) \cap C$;
c. $C - (A \cup B)$;
d. $(C \cap B) - A$.

94 ●○ Fornisci tre esempi del fatto che per la differenza fra insiemi non vale la proprietà commutativa.

95 ●○ INVALSI 2014 Su 100 alunni di una scuola, 82 alunni si interessano di calcio, 26 si interessano di basket, 10 non si interessano né di calcio, né di basket. Scrivi nella opportuna zona del seguente diagramma il numero di studenti che si interessano sia di calcio sia di basket.

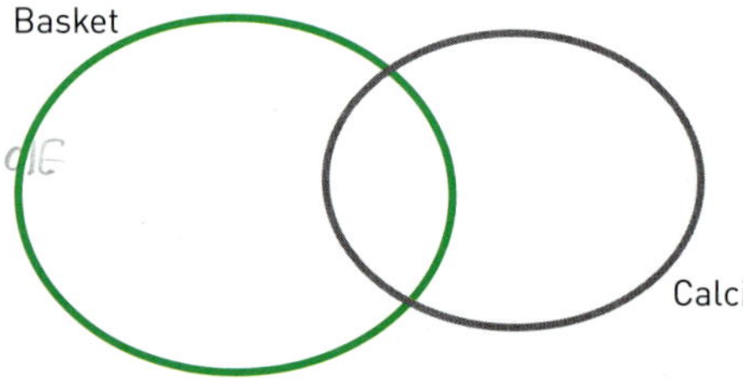

96 ●● IN FORMA GRAFICA Nel diagramma indica mediante un'operazione ognuno degli insiemi colorati (parti che hanno lo stesso colore costituiscono un unico insieme).

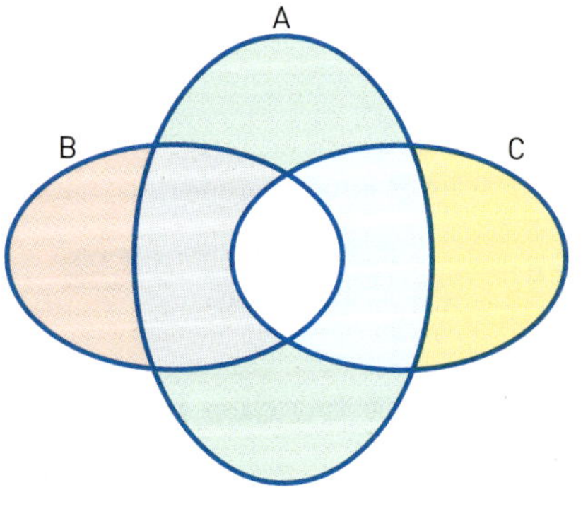

97 ●● YOU & MATHS Mr. Day's advisees consist of 16 students enrolled in algebra, 20 in geometry, and 12 in history. Six of this group are in both algebra and geometry, 4 are in both geometry and history, 5 are in both algebra and history, and 3 are enrolled in all three courses. Assuming that each of his advisees is enrolled in at least one of three classes, determine the number of Mr. Day's advisees.

(USA *Southeast Missouri State University: Math Field Day*, 2005)

[36]

98 ●○ INVALSI 2002 Esamina il diagramma di Eulero-Venn a lato. In base ad esso quale delle seguenti proposizioni è sicuramente *vera*?

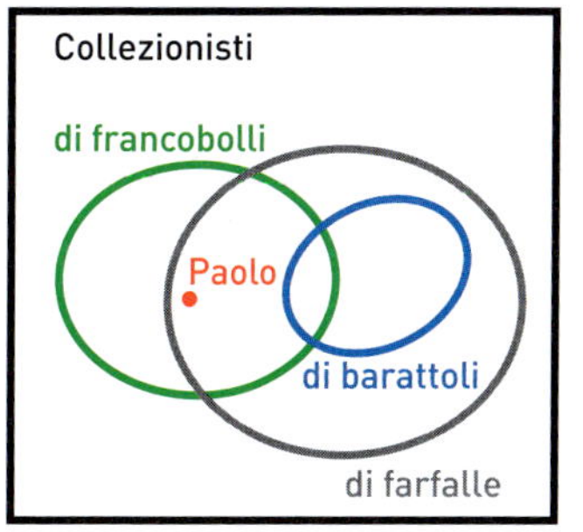

A Paolo colleziona barattoli.

B Paolo colleziona barattoli e francobolli.

C Paolo colleziona francobolli ma non barattoli.

D Paolo colleziona farfalle ma non francobolli.

E Paolo colleziona barattoli, francobolli e farfalle.

L'insieme complementare e l'insieme universo

Determina il complementare dei seguenti insiemi rispetto all'insieme *U* indicato.

99 ●○ $U = \{x \mid x$ è una lettera dell'alfabeto$\}$;
$A = \{x \mid x$ è una vocale$\}$.

100 ●○ $U = \{x \mid x$ è un punto della superficie terrestre$\}$;
$A = \{x \mid x$ è un punto delle terre emerse$\}$.

101 ●○ $U = \{x \mid x \in \mathbb{N}$ e x è divisibile per 5$\}$;
$A = \{x \mid x \in \mathbb{N}$ e x ha come ultima cifra 5$\}$.

102 ●○ $U = \{x \mid x$ è un punto della retta che passa per i punti P e $Q\}$;
$A = \{x \mid x$ è un punto della semiretta che ha origine P e passa per $Q\}$.

Descrivi ogni situazione con un diagramma, facendo riferimento a un insieme universo *U*.

103 ●○ $B \subset \overline{A}$; $\quad \overline{A} \subset B$.

104 ●○ $A \subset \overline{B}$; $\quad \overline{B} \subset A$.

MATEMATICA AL COMPUTER

Wiris e gli insiemi Wiris può esserti utile per esaminare le proprietà delle operazioni con gli insiemi. Ti proponiamo alcuni esercizi, iniziando con il complementare di un insieme.

Problema e risoluzione – 6 esercizi in più.

Il prodotto cartesiano

105 ESERCIZIO GUIDA Dati gli insiemi $A = \{x \mid x \in \mathbb{N}, 1 < x \leq 4\}$ e $B = \{x \mid x \in \mathbb{P}, 5 < x < 10\}$, rappresentiamo il prodotto $A \times B$ per elencazione e con un diagramma cartesiano.

Rappresentiamo A e B per elencazione:

$$A = \{2, 3, 4\}, \qquad B = \{6, 8\}.$$

Il prodotto cartesiano $A \times B$ è l'insieme di tutte le coppie ordinate che hanno il primo elemento in A e il secondo in B:

$$A \times B = \{(2;6), (2;8), (3;6), (3;8), (4;6), (4;8)\}.$$

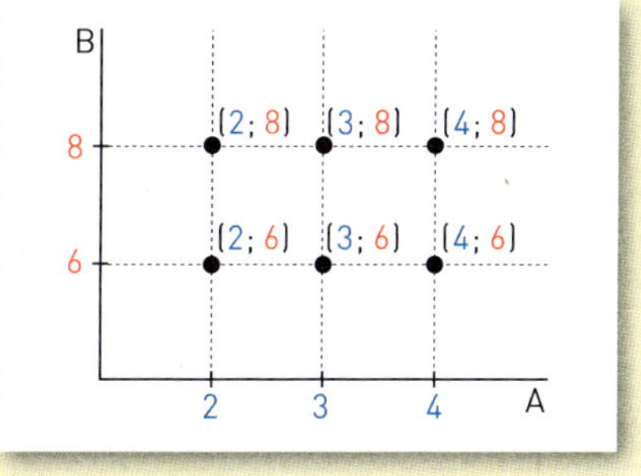

Per ogni coppia di insiemi *A* e *B*, scrivi la rappresentazione per elencazione di $A \times B$ e disegnane la rappresentazione cartesiana.

106 ●○ $A = \{a, b\}$; $\quad B = \{4, 6\}$.

107 ●○ $A = \{0, 1, 2\}$; $\quad B = \{3, 4\}$.

ESERCIZI

108 $A = \{\text{Sara, Lia}\}$; $B = \{\text{Luca, Andrea, Paolo}\}$.

109 $A = \{x \mid x \in \mathbb{N}, 4 \leq x < 7\}$;
$B = \{x \mid x \in \mathbb{D}, 2 < x < 6\}$.

110 $A = \{x \mid x \in \mathbb{Z}, -1 \leq x \leq 3\}$;
$B = \{x \mid x \in \mathbb{N}, 3 < x < 6\}$.

111 $A = \{\text{Milan, Inter, Sassuolo}\}$;
$B = \{\text{Roma, Lazio, Juventus}\}$.

112 Dei precedenti insiemi (esercizi da 106 a 111) rappresenta per elencazione il prodotto $B \times A$ e disegnane la rappresentazione cartesiana.

Per ogni coppia di insiemi A e B, nei seguenti esercizi determina $A \times B$, $B \times A$ e $(A \times B) \cap (B \times A)$.

113 $A = \{2, 4, 6\}$; $B = \{-2, -1, 0\}$.

114 $A = \{a, b\}$; $B = \{1, 2, 3\}$.

115 $A = \{1, 3, 5\}$; $B = \{a, b, c, d\}$.

116 $A = \{0, 1\}$; $B = \{x, y, z\}$.

Per ognuno dei seguenti insiemi determina il prodotto cartesiano dell'insieme per se stesso (per esempio, per l'insieme A determina $A \times A$) e disegnane la rappresentazione cartesiana.

117 $A = \{1\}$; $B = \varnothing$; $C = \{a\}$.

118 $D = \{2, 4\}$; $E = \{1, 3\}$; $F = \{x, y, z\}$.

Per ognuna delle seguenti coppie di insiemi determina $A \times A$; $A \times B$; $B \times A$; $B \times B$ e disegnane la rappresentazione cartesiana.

119 $A = \{2, 4\}$; $B = \{1, a\}$.

120 $A = \{x, y\}$; $B = \{x, y, 3\}$.

121 $A = \{a, b, c\}$; $B = \{1, 2, a\}$.

122 $A = \{-1, 1\}$; $B = \{a, b, c\}$.

Dati $A = \{a, b, c\}$, $B = \{b, c\}$, $C = \{c\}$, calcola i risultati delle seguenti espressioni.

123 $(A - B) \times C$; $(A - C) \times B$.

124 $(A - C) \times (B - C)$; $(A \times B) \cap (B \times C)$.

125 $(A \times B) - (B \times C)$; $(A \times C) - (B \times C)$.

126 $(A \times C) \cap (B \times C)$;
$(A - C) \times (B - C) \cap (A \times B)$.

127 $C \times (A \cap B)$; $(B \times C) \cap (A \times C)$.

Ripeti gli esercizi precedenti con le seguenti terne di insiemi.

128 $A = \{-1, 0, 1\}$; $B = \{-1\}$; $C = \{0, 1\}$.

129 $A = \{a, b, c\}$; $B = \{1\}$; $C = \{2, 3\}$.

130 **VERO O FALSO?** Dati gli insiemi $A = \{a, b, c\}$, $B = \{1, a\}$, $C = \{2, 3\}$, fra le seguenti uguaglianze indica quelle *vere* e quelle *false*.

a. $(A \cup B) \times C = (A \times C) \cup (B \times C)$ V F

b. $A \times (B \cup C) = (A \times B) \cup (A \times C)$ V F

c. $(A - B) \times C = (B - A) \times C$ V F

d. $(A - B) \times C = (A \times C) - (B \times C)$ V F

Dal prodotto cartesiano agli insiemi di partenza

Dati i seguenti prodotti cartesiani, scrivi gli elementi dell'insieme A e quelli dell'insieme B.

131 $A \times B = \{(\text{r}; \text{t}), (\text{e}; \text{r}), (\text{r}; \text{e}), (\text{e}; \text{t}), (\text{r}; \text{r}), (\text{e}; \text{e})\}$

132 $B \times A = \{(1; \text{a}), (2; \text{a}), (1; \text{b}), (2; \text{b})\}$

133 $A \times B = \{(+; \text{a}), (+; \text{b}), (+; \text{c}), (-; \text{a}), (-; \text{b}), (-; \text{c})\}$

134 $B \times A = \{(a; l), (a; n), (a; i), (m; l), (m; n), (m; i), (o; l), (o; n); (o; i)\}$

135 Se l'insieme $A \times B$ ha 5 elementi, quanti possono essere gli elementi di A e B?

5 L'insieme delle parti e la partizione di un insieme

▶ Teoria a p. 161

L'insieme delle parti

TEST

136 Dato l'insieme $A = \{1, 2, 3\}$, quale fra i seguenti insiemi *non* fa parte di $\mathcal{P}(A)$?

A $\varnothing$

B $\{0\}$

C $\{1\}$

D $\{2\}$

E $\{3\}$

137 Se B è un insieme formato da n elementi, il suo insieme delle parti $\mathcal{P}(B)$ ha il seguente numero di elementi:

A $2n$.

B n^2.

C 2^n.

D $n + 1$.

E $n + 2$.

Per ognuno dei seguenti insiemi determina l'insieme delle parti.

138 $A = \{1\}$; $B = \{0\}$; $C = \{a, b\}$.

139 $D = \{-1, 0, 1\}$; $E = \{1, a, b, 2\}$; $\varnothing$.

140 Dato $A = \{x \mid x \in \mathbb{D}$ e x è un divisore di $18\}$, determina l'insieme delle parti di A.

141 Indica alcuni elementi dell'insieme delle parti di $\mathbb{N}$.

142 $\frac{3}{4}$ è un elemento dell'insieme delle parti di $\mathbb{Q}$?

143 $\{0\}$ è un elemento dell'insieme delle parti di $\mathbb{Z}$?

144 Se $A = \{x \mid x$ è residente a Firenze$\}$, l'insieme di tutti gli insiemi i cui elementi sono persone residenti a Firenze è $\mathcal{P}(A)$?

145 Se $A = \{x \in \mathbb{Z} \mid -1 \leq x \leq 4\}$, quanti elementi ha l'insieme delle parti di A? [64]

146 Quanti sottoinsiemi ha l'insieme delle vocali della parola «guanto»? [8]

La partizione di un insieme

147 Se suddividi l'insieme delle motociclette circolanti in Italia a seconda della cilindrata, ottieni una partizione dell'insieme? Prova a fornire un esempio di una partizione dell'insieme considerato.

148 Se A è l'insieme delle lettere di una parola, l'insieme delle sillabe della parola costituisce una partizione di A?

149 Determina una partizione di

$$\{x \mid x \in \mathbb{N} \text{ e } 10 < x \leq 20\}.$$

150 Determina una partizione di

$$\{x \mid x \in \mathbb{Z} \text{ e } -10 \leq x \leq 10\}.$$

151 Fai un esempio di partizione dei fiumi italiani.

152 Fai un esempio di partizione dell'insieme dei tuoi libri.

153 Determina due partizioni dell'insieme di tutti i triangoli.

154 Trova tutte le possibili partizioni dell'insieme $A = \{x \mid x$ è una lettera della parola «aria»$\}$.

155 SPIEGA PERCHÉ È possibile fare una partizione dell'insieme dei cellulari venduti in Italia? Se sì, come?

RISOLVIAMO UN PROBLEMA

Cosa fai nel tempo libero?

A 30 studenti di una classe viene sottoposto un questionario in cui si chiede di indicare una o più attività eventualmente svolte nel tempo libero, barrando le caselle di una lista con tre opzioni:

☐ leggo libri; ☐ ascolto musica; ☐ guardo la televisione.

Sappiamo che: 8 studenti non hanno dato alcuna risposta; il numero di quelli che leggono è lo stesso di quelli che guardano la televisione e di quelli che ascoltano musica; solo 4 svolgono tutte e tre le attività; 5 leggono e ascoltano musica; 6 ascoltano musica e guardano la televisione; 7 leggono e guardano la televisione.

- Quanti sono gli studenti che hanno dichiarato di impiegare il tempo libero esclusivamente nella lettura?
- Qual è il numero totale di caselle barrate nel complesso del questionario?

▸ Raffiguriamo la situazione con i diagrammi di Venn.

Rappresentiamo gli studenti che praticano una delle tre attività come elementi di un dato insieme.
L'insieme universo U è composto dai 30 studenti che hanno partecipato al test.
Indichiamo con L l'insieme degli studenti che nel tempo libero leggono, M quello degli studenti che ascoltano musica, con T quello degli studenti che guardano la televisione.
Gli studenti che praticano più attività corrispondono agli elementi nelle intersezioni degli insiemi.

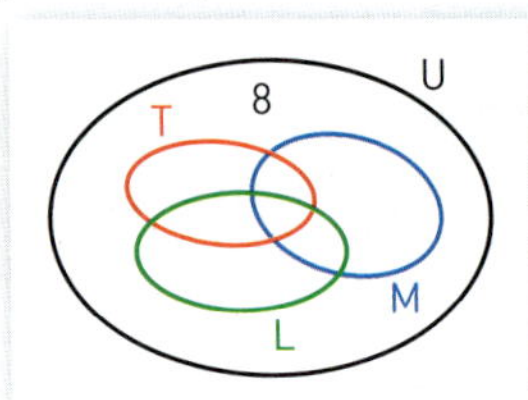

▸ Rappresentiamo i dati del problema.

Gli 8 studenti che non hanno dato alcuna risposta non praticano nessuna delle tre attività quindi appartengono all'insieme U, ma a nessuno degli altri tre insiemi. Ce ne sono 4 che praticano tutte e tre le attività: questi appartengono all'intersezione dei tre insiemi $L \cap M \cap T$. Ce ne sono 5 che leggono e ascoltano musica, tra questi abbiamo già considerato quelli che guardano anche la televisione, quindi c'è un solo studente che legge, ascolta musica, ma non guarda la televisione. Questo corrisponde all'elemento di $(L \cap M) - T$.

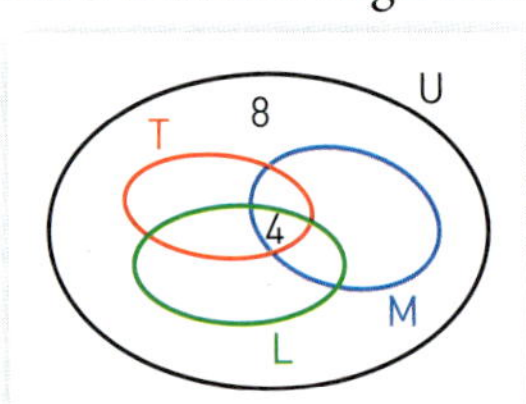

Analogamente, se gli studenti che ascoltano musica e guardano la televisione sono 6, quelli che non leggono sono $6 - 4 = 2$ e appartengono all'insieme $(T \cap M) - L$.

Seguendo lo stesso ragionamento: gli studenti che leggono e guardano la televisione sono 7; di questi, quelli che non ascoltano musica sono $7 - 4 = 3$ e appartengono all'insieme $(L \cap T) - M$.

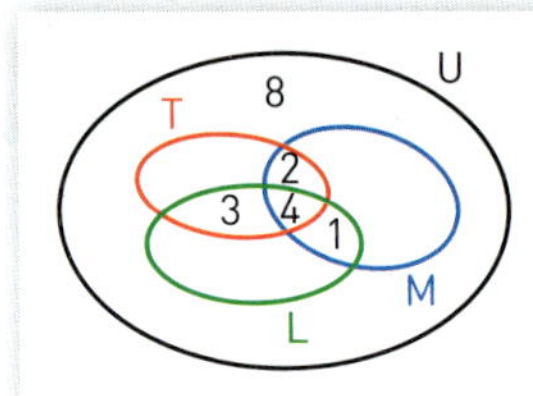

▸ Determiniamo il numero di studenti che si dedica esclusivamente alla lettura.

Sappiamo che gli insiemi L, M, T hanno lo stesso numero di elementi. Nel diagramma abbiamo inserito $1 + 3 + 4 = 8$ elementi nell'insieme L, $1 + 2 + 4 = 7$ elementi nell'insieme M e $2 + 3 + 4 = 9$ elementi nell'insieme T.
D'altra parte, sommando il numero di elementi inseriti finora, otteniamo: $8 + 4 + 1 + 2 + 3 = 18$.
L'insieme U è composto da 30 elementi, quindi ne restano $30 - 18 = 12$ da inserire nel diagramma.
Affinché i tre insiemi abbiano lo stesso numero di elementi, l'unica possibilità è quella rappresentata nella figura. Ne deduciamo che gli studenti che si dedicano esclusivamente alla lettura sono 4.

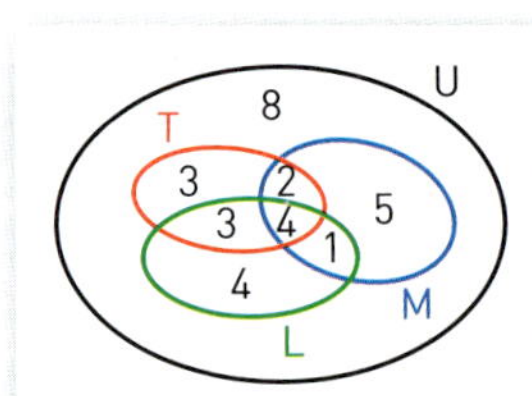

▸ Determiniamo il numero totale di caselle barrate.

Il totale delle caselle barrate si ottiene sommando il numero degli elementi dei tre sottoinsiemi L, M e T, cioè 36.

Problemi INTORNO A NOI

156 INVALSI 2005 A un club sportivo sono iscritti 55 soci. 50 giocano a tennis, 20 vanno a cavallo. Sapendo che ogni iscritto pratica almeno uno dei due sport, quanti sono gli iscritti che vanno a cavallo e giocano a tennis?

A 5 B 15 C 30 D 35

157 In una piscina, nel mese di settembre, ci sono state 120 nuove persone iscritte. Si sa che 56 persone si sono iscritte solo al corso di nuoto, mentre 37 persone si sono iscritte sia al corso di nuoto sia al corso di aquagym. Quante persone si sono iscritte solo al corso di aquagym? [27]

158 Nella 1ª B ci sono 18 ragazze e 10 studenti che portano gli occhiali. Sapendo che i ragazzi che non portano gli occhiali sono 7 e le ragazze che hanno gli occhiali sono 5, quanti sono gli alunni della classe? [30]

159 In un'indagine relativa alla conoscenza delle lingue straniere condotta su un gruppo di italiani si hanno i seguenti risultati:

Numero delle persone	Lingue conosciute
76	inglese
56	francese
21	inglese e francese
12	né inglese né francese

a. Quante sono le persone intervistate?
b. Quante conoscono una sola lingua straniera?
c. Quante solo l'inglese?
d. E solo il francese?

[a) 123; b) 90; c) 55; d) 35]

160 **Vacanza in apnea** I membri di un'associazione di subacquei composta da 40 persone vogliono organizzare una vacanza. È loro intenzione soggiornare per una parte del periodo in una località e poi, eventualmente, continuare in un'altra. Il comitato direttivo propone tre alternative: Amalfi, Elba, Lipari. 3 soci disapprovano tutte le proposte; 6 considerano valide tutte e tre le alternative; 7 preferiscono solo Amalfi; 8 solo l'Elba; 4 solo Amalfi e Lipari; 3 solo Amalfi ed Elba; 4 solo Elba e Lipari. Quanti preferiscono solo Lipari? Quali sono state le due mete prescelte? [5; Amalfi ed Elba]

161 Un'inchiesta condotta in un liceo ha fornito questi dati: il 30% degli alunni ama la matematica; il 60% ama la filosofia; il 20% ama sia la filosofia sia la matematica. Calcola la percentuale di alunni che non ama né la matematica né la filosofia. [30%]

162 Una commissione esamina 60 studenti. Il compito di matematica è costituito da tre problemi. La tabella a lato riporta i numeri relativi agli studenti che hanno risolto correttamente. In base alle informazioni fornite, possiamo rispondere alle seguenti domande?

primo problema	40
secondo problema	40
terzo problema	31
primo e secondo	25
primo e terzo	15
secondo e terzo	17
tutti i problemi	4

a. Quanti studenti hanno risolto correttamente il secondo e il terzo problema, ma non il primo?
b. Quanti hanno svolto correttamente solo il secondo problema?
c. Quanti non hanno svolto correttamente alcun problema?

[a) 13; b) 2; c) 2]

163 YOU & MATHS There are 29 people in a room. Of these, 11 speak French, 24 speak English, and 3 speak neither French nor English. How many people in the room speak both French and English?

A 3 B 4 C 6 D 8 E 9

(USA *University of South Carolina: High School Math Contest*, 2001)

ESERCIZI

6 Le proposizioni logiche

▶ Teoria a p. 162

164 Indica con una crocetta quali fra le seguenti frasi sono proposizioni logiche.

a. «Che bella giornata!».

b. «Per favore, sedetevi».

c. «Gli insegnanti della mia classe sono uomini».

d. «La matematica è facile».

e. «Non è vero che $2 + 2$ fa 5».

f. «Alcuni miei compagni vanno in vacanza a Taormina».

g. «Quanto mi piace il dolce alle mandorle!».

h. «Tutti gli insegnanti sono uomini».

165 SPIEGA PERCHÉ la frase «Maria è una parola formata da cinque lettere» è una proposizione, mentre «Maria è una parola corta» non lo è.

166 Attribuisci il valore di verità alle seguenti proposizioni.

a. «Il numero 2 è l'unico divisore di 6».

b. «Ogni trapezio è isoscele oppure rettangolo».

c. «L'uguaglianza $x + 2 = 0$ è sempre verificata in $\mathbb{N}$».

d. «L'uguaglianza $2x = 0$ non è mai verificata in $\mathbb{N}$».

e. «Il minimo comune multiplo di due numeri pari è un numero pari».

f. «La somma di due interi discordi è sempre un intero negativo».

167 INVALSI 2013 Indica se ciascuna delle seguenti proposizioni è *vera* o *falsa*.

a. Se un numero è multiplo di 9, allora è multiplo di 3. V F

b. Un numero è multiplo di 6 solo se è pari. V F

c. Un numero è multiplo di 5 se e solo se è multiplo di 10. V F

d. Se un numero è pari, allora è multiplo di 4. V F

7 I connettivi logici e le espressioni

▶ Teoria a p. 163

La negazione: non

168 Date le seguenti proposizioni, scrivi quali sono le eventuali coppie formate da una proposizione e dalla sua negazione.

a. «Vedo nero».

b. «Non vado al mare».

c. «Non devi passare col semaforo rosso».

d. «Ci si deve fermare col semaforo giallo».

e. «Vedo bianco».

f. «Non è vero che non vado al mare».

g. «Si deve passare col semaforo verde».

h. «Non vedo nero».

i. «Vado in montagna».

j. «Si deve passare col semaforo rosso».

k. «Vado in vacanza».

l. «Non si deve passare a nessun semaforo».

169 SPIEGA PERCHÉ la negazione della proposizione «Ho i calzini bianchi» non è «Ho i calzini neri».

La congiunzione: e

Dalle parole ai simboli e viceversa

170 ESERCIZIO GUIDA È data la proposizione composta: «Otto è il mio gatto e ha sette anni». Indichiamo ogni proposizione componente con una variabile e riscriviamo in forma simbolica la proposizione composta.

Le proposizioni componenti sono: A: «Otto è il mio gatto»; B: «Otto ha sette anni».
Riscriviamo la proposizione composta in forma simbolica: $A \wedge B$.

171 Date le seguenti proposizioni composte, indica ogni proposizione componente con una variabile e riscrivi la proposizione composta in forma simbolica.

a. «In estate lavoro e con i guadagni mi compro il motorino».
b. «Mara suona e canta».
c. «Marco canta e non balla».
d. «Rosa e Gianni sono sposati e Luisa e Matteo non sono sposati».
e. «100 è il risultato dell'operazione 80 + 2 ed è un quadrato perfetto».
f. «Il quadrato è un rettangolo e un rombo».
g. «Un triangolo equilatero è isoscele e rettangolo e scaleno».

172 Dati gli enunciati A e B, esprimi a parole le proposizioni indicate in forma simbolica.

A: «Vado in palestra», B: «Esco con Luca», C: «Vado a comprare un paio di jeans».

$A \wedge B$; $\overline{A} \wedge C$; $\overline{A \wedge B}$; $A \wedge C$; $\overline{C} \wedge B$; $(A \wedge B) \wedge \overline{C}$; $\overline{A} \wedge \overline{B}$; $B \wedge C$.

173 ESERCIZIO GUIDA Date le tre proposizioni:

A: «3 è un numero primo», B: «3 è divisore di 11», C: «2 è un numero dispari»,

attribuiamo a ciascuna il suo valore di verità, poi stabiliamo il valore di verità di:

$A \wedge B$; $\overline{A} \wedge \overline{B}$; $A \wedge \overline{C}$.

A è vera, B e C sono false. Attribuiamo alle proposizioni composte il loro valore di verità.

A	B	C	$A \wedge B$	$\overline{A}$	$\overline{B}$	$\overline{A} \wedge \overline{B}$	$\overline{C}$	$A \wedge \overline{C}$
V	F	F	F	F	V	F	V	V

Date le proposizioni A: «30 è minore di 10», B: «30 è maggiore di 10», C: «30 è multiplo di 5», D: «30 è numero dispari», E: «30 è multiplo di 60», scrivi a parole le seguenti proposizioni composte e assegna a ognuna il valore di verità.

174 $A \wedge B$; $A \wedge C$; $D \wedge E$; $\overline{A} \wedge B$; $\overline{A} \wedge \overline{B}$.

175 $A \wedge E$; $B \wedge C$; $C \wedge D$; $\overline{C} \wedge D$; $D \wedge \overline{E}$.

Date le proposizioni A: «Roma è capitale d'Italia», B: «Milano è in Veneto», C: «La Sardegna è un'isola», scrivi a parole le seguenti proposizioni composte e assegna a ognuna il valore di verità.

176 $A \wedge C$; $\overline{B} \wedge C$; $\overline{C} \wedge \overline{A}$.

177 $\overline{A \wedge B}$; $\overline{A} \wedge B$; $A \wedge \overline{B}$; $\overline{A} \wedge \overline{B}$.

La disgiunzione inclusiva: o

178 Date le seguenti proposizioni composte, indica ogni proposizione componente con una variabile e riscrivi la proposizione composta in forma simbolica. (Vedi esercizio guida 170.)

a. «È nuvoloso o piove».

b. «Vado al bowling con Mario o con Andrea».

c. «Nelle prossime vacanze andrò in montagna o al lago».

d. «7 è un numero primo o è pari».

e. «Non esco o cucino o faccio una doccia».

f. «Marco va a correre o in piscina o in palestra».

179 Date le proposizioni *S*: «Oggi fa caldo», *T*: «Oggi vado al mare», traduci in simboli le seguenti proposizioni composte.

a. «Oggi fa caldo e vado al mare».

b. «Oggi non fa caldo e vado al mare».

c. «Oggi non fa caldo e non vado al mare».

d. «Oggi fa caldo o vado al mare».

e. «Oggi non fa caldo o vado al mare».

f. «Oggi non fa caldo o non vado al mare».

180 Date le proposizioni *A*: «100 è un numero pari», *B*: «100 è un numero primo», *C*: «100 è multiplo di 5», *D*: «100 è maggiore di 300», *E*: «100 è divisore di 200», scrivi a parole le seguenti proposizioni composte e assegna a ognuna il valore di verità. (Vedi esercizio guida 174.)

$A \vee B$; $A \vee C$; $A \vee E$; $B \vee C$; $C \wedge D$; $D \vee E$; $\overline{A} \vee B$; $\overline{A} \wedge \overline{B}$; $\overline{C} \vee D$; $D \vee \overline{E}$.

Nei seguenti esercizi, dopo aver attribuito il valore di verità alle proposizioni semplici, attribuisci il corrispondente valore di verità alle proposizioni composte indicate.

181 *A*: «3 è un numero primo»;
B: «3 è divisore di 11»;
C: «2 è un numero dispari».

$A \vee B$; $A \wedge B$; $A \vee \overline{C}$; $\overline{A \wedge B}$; $\overline{A} \wedge B \wedge \overline{C}$.

182 *A*: «Il quadrato è un parallelogramma»;
B: «Il quadrato è un rettangolo»;
C: «Il quadrato è un trapezio».

$A \vee B \vee C$; $A \wedge B \wedge C$;
$A \vee \overline{C} \vee B$; $\overline{A \wedge B} \wedge C$;
$\overline{A} \wedge B \wedge \overline{C}$; $\overline{A} \vee B \wedge \overline{C}$;
$A \wedge \overline{B} \wedge \overline{C}$; $\overline{A} \vee B \vee \overline{C}$.

La disgiunzione esclusiva: o... o...

183 Date le seguenti proposizioni composte, indica ogni proposizione componente con una variabile e riscrivi la proposizione composta in forma simbolica.

a. «O studi o sarai bocciato».

b. «Nelle prossime vacanze o andrò in montagna o farò un viaggio a Parigi».

c. «O accendi la stufa a legna o farà un gran freddo».

d. «Non so se andare a teatro o al cinema».

e. «O la borsa o la vita».

184 Date le proposizioni *A*: «Non studio», *B*: «Vado in discoteca», *C*: «Vado al cinema», *D*: «Esco con le amiche», scrivi in forma simbolica le seguenti proposizioni composte:

«O studio o vado al cinema»;
«O vado al cinema o esco con le amiche»;
«O vado in discoteca o non vado al cinema»;
«O non esco con le amiche o studio»;
«O non studio o non esco con le amiche».

185 Date le proposizioni A: «Lavoro», B: «Non guadagno», C: «Mi diverto», scrivi a parole le seguenti proposizioni composte.

$A \dot{\vee} B$; $A \dot{\vee} C$; $B \dot{\vee} C$; $\overline{B} \dot{\vee} \overline{C}$; $\overline{A} \dot{\vee} \overline{B}$.

Dopo aver attribuito il valore di verità alle proposizioni A: «7 non è un numero pari», B: «7 è un numero primo», C: «7 è un divisore di 14», attribuisci il valore di verità alle proposizioni composte indicate.

186 $A \dot{\vee} B$; $A \dot{\vee} C$; $B \dot{\vee} C$.

187 $\overline{A} \dot{\vee} \overline{C}$; $A \dot{\vee} (\overline{B} \vee C)$; $(\overline{A} \dot{\vee} \overline{B}) \wedge C$.

Le proprietà della congiunzione e della disgiunzione

188 ESERCIZIO GUIDA Verifichiamo la proprietà associativa della disgiunzione: $A \vee (B \vee C) = (A \vee B) \vee C$.

Poiché le proposizioni sono tre, i casi possibili di combinazione vero/falso sono 2^3, cioè 8.
Prepariamo la tavola di verità (sotto a sinistra); compiliamo poi le colonne successive.

Calcoliamo $(B \vee C)$ e poi $A \vee (B \vee C)$, per il primo membro dell'uguaglianza (tabella sotto a destra); calcoliamo $(A \vee B)$ e poi $(A \vee B) \vee C$, per il secondo membro.

A	B	C
V	V	V
V	V	F
V	F	V
V	F	F
F	V	V
F	V	F
F	F	V
F	F	F

A	B	C	B ∨ C	A ∨ (B ∨ C)	A ∨ B	(A ∨ B) ∨ C
V	V	V	V	V	V	V
V	V	F	V	V	V	V
V	F	V	V	V	V	V
V	F	F	F	V	V	V
F	V	V	V	V	V	V
F	V	F	V	V	V	V
F	F	V	V	V	F	V
F	F	F	F	F	F	F

I valori di verità di $A \vee (B \vee C)$ e di $(A \vee B) \vee C$ coincidono; pertanto risulta verificata la proprietà associativa della disgiunzione.

189 Verifica la proprietà commutativa della congiunzione: $A \wedge B = B \wedge A$.

190 Verifica la proprietà commutativa della disgiunzione: $A \vee B = B \vee A$.

191 Verifica la proprietà associativa della congiunzione: $A \wedge (B \wedge C) = (A \wedge B) \wedge C$.

192 Verifica le leggi di idempotenza della congiunzione e della disgiunzione:
$A \wedge A = A$; $A \vee A = A$.

193 Verifica le seguenti equivalenze (**leggi di De Morgan**): $\overline{A \wedge B} = \overline{A} \vee \overline{B}$; $\overline{A \vee B} = \overline{A} \wedge \overline{B}$.

194 Verifica la proprietà distributiva della congiunzione rispetto alla disgiunzione:
$A \wedge (B \vee C) = (A \wedge B) \vee (A \wedge C)$.

195 Verifica la proprietà distributiva della disgiunzione rispetto alla congiunzione:
$A \vee (B \wedge C) = (A \vee B) \wedge (A \vee C)$.

196 Verifica che le due proposizioni $A \wedge B$ e $\overline{\overline{A} \vee \overline{B}}$ sono equivalenti.

197 Verifica che le due proposizioni $A \vee B$ e $\overline{\overline{A} \wedge \overline{B}}$ sono equivalenti.

198 Verifica l'equivalenza $A \dot{\vee} B = (A \wedge \overline{B}) \vee (\overline{A} \wedge B)$.

ESERCIZI

Verifica di equivalenze mediante le proprietà degli operatori

199 ESERCIZIO GUIDA Dimostriamo, senza l'aiuto delle tavole di verità, la validità delle seguenti equivalenze:

a. $A \wedge (A \vee B) = A \vee (A \wedge B)$; **b.** $\overline{\overline{A} \vee B} = A \wedge \overline{B}$.

a. Utilizzando le proprietà delle operazioni logiche, per la proprietà distributiva della congiunzione rispetto alla disgiunzione abbiamo:

$$A \wedge (A \vee B) = (A \wedge A) \vee (A \wedge B) =$$

Per la legge di idempotenza:

$$A \vee (A \wedge B).$$

b. Dimostriamo la seconda equivalenza.
Per la seconda legge di De Morgan:

$$\overline{\overline{A} \vee B} = \overline{\overline{A}} \wedge \overline{B} =$$

Per la proprietà della doppia negazione:

$$A \wedge \overline{B}.$$

Dimostra la validità delle seguenti equivalenze senza l'aiuto delle tavole di verità.

200 $A \vee (A \wedge B) = A \wedge (A \vee B)$

201 $\overline{A \wedge \overline{B}} = \overline{A} \vee B$

202 $A \wedge B = \overline{\overline{A} \vee \overline{B}}$

203 $A \vee B = \overline{\overline{A} \wedge \overline{B}}$

204 $\overline{A} \vee \overline{A \wedge B} = \overline{A} \vee \overline{B}$

205 $\overline{B} \wedge \overline{A \vee B} = \overline{A} \wedge \overline{B}$

L'implicazione materiale

206 Date le seguenti proposizioni scrivi a parole le proposizioni indicate.

A: «Pippo sta a casa», *B*: «Pippo passa col semaforo rosso», *C*: «Paperino è vestito a festa»,
D: «Paperino sgrida i tre nipotini», *E*: «Qui, Quo, Qua sono Giovani Marmotte»,
F: «Qui, Quo, Qua sono nipoti di Paperino»,

$A \to B$; $\overline{A} \to B$; $D \to C$; $F \to E$; $A \to \overline{C}$; $\overline{D} \to B$; $(\overline{A} \wedge B) \to C$; $E \wedge (\overline{F} \to D)$.

207 ESERCIZIO GUIDA È data la proposizione composta: «Se piove o nevica, allora non esco». Indichiamo ogni proposizione componente con una variabile e riscriviamo la proposizione composta in forma simbolica.

A: «piove»;

B: «nevica»;

C: «esco».

Poiché l'antecedente dell'implicazione è «piove o nevica», nella rappresentazione simbolica racchiudiamo la disgiunzione fra parentesi. La proposizione composta è:

$$(A \vee B) \to \overline{C}.$$

208 Date le seguenti proposizioni composte, indica ogni proposizione componente con una variabile e riscrivi la proposizione composta in forma simbolica.

a. «Se sono promossa agli esami, mi iscrivo a Medicina».

b. «Se non studi, non prenderai la sufficienza».

c. «Se un triangolo non ha tre lati congruenti, è scaleno o isoscele».

d. «Se un parallelogramma è un quadrato, allora è un rombo e un rettangolo».

La doppia implicazione

209 ●○ Date le seguenti proposizioni composte, indica ogni proposizione componente con una variabile e riscrivi la proposizione composta in forma simbolica. (Vedi esercizio guida 207.)

a. «Un parallelogramma è un quadrato se e solo se ha i lati congruenti e gli angoli retti».

b. «La congiunzione di due proposizioni è vera se e solo se sono entrambe vere».

c. «La disgiunzione di due proposizioni è falsa se e solo se sono entrambe false».

d. «L'implicazione è falsa se e solo se l'antecedente è vera e la conseguente è falsa».

e. «La doppia implicazione è vera se e solo se le due proposizioni sono entrambe vere o entrambe false».

f. «Tom è un attore famoso se e solo se la bicicletta non inquina».

210 ●● Attribuisci il valore di verità alle proposizioni:

A: «Il reciproco di 0 è 0», B: «Il reciproco di 2 è $\frac{1}{2}$», C: «Il reciproco di 4 è $-\frac{1}{4}$».

Stabilisci successivamente il valore di verità alle seguenti proposizioni composte:

$A \leftrightarrow B$; $B \leftrightarrow C$; $A \leftrightarrow C$; $A \leftrightarrow (B \wedge C)$; $(A \wedge \overline{B}) \leftrightarrow (B \vee \overline{C})$; $(A \vee B) \leftrightarrow (B \vee C)$; $\overline{A} \rightarrow ((B \vee C) \leftrightarrow A)$.

Proposizioni e tavole di verità

211 ESERCIZIO GUIDA Costruiamo la tavola di verità della seguente proposizione composta: $A \wedge (A \wedge \overline{B})$, dove A e B sono due *generiche* proposizioni.

Prepariamo la tavola di verità con le possibili combinazioni di V e F per le due proposizioni A e B:

A	**B**
V	V
V	F
F	V
F	F

Aggiungiamo la colonna con la negazione di B e calcoliamo il valore di verità dell'espressione $A \wedge \overline{B}$:

A	**B**	$\overline{B}$	$A \wedge \overline{B}$
V	V	F	F
V	F	V	V
F	V	F	F
F	F	V	F

Calcoliamo il valore dell'espressione completa:

A	**B**	$\overline{B}$	$A \wedge \overline{B}$	$A \wedge (A \wedge \overline{B})$
V	V	F	F	F
V	F	V	V	V
F	V	F	F	F
F	F	V	F	F

Costruisci la tavola di verità delle seguenti proposizioni composte.

212 ●○ $A \wedge \overline{B}$; $\overline{A} \wedge B$; $\overline{A} \wedge \overline{B}$; $(A \wedge \overline{A}) \wedge \overline{B}$.

213 ●○ $A \vee \overline{B}$; $\overline{A} \vee B$; $\overline{A} \vee \overline{B}$; $A \vee \overline{\overline{B}}$.

214 ●○ $A \dot{\vee} \overline{B}$; $\overline{A} \dot{\vee} B$; $\overline{A} \dot{\vee} \overline{B}$; $A \dot{\vee} \overline{\overline{B}}$.

215 ●○ $A \rightarrow \overline{B}$; $\overline{A} \rightarrow B$; $\overline{A} \rightarrow \overline{B}$; $A \rightarrow \overline{\overline{B}}$.

216 ●○ $A \leftrightarrow \overline{B}$; $\overline{A} \leftrightarrow B$; $\overline{A} \leftrightarrow \overline{B}$; $A \leftrightarrow \overline{\overline{B}}$.

217 ●○ $(A \vee \overline{A}) \vee \overline{B}$; $A \vee (\overline{A} \vee B)$; $A \vee (B \wedge \overline{B})$.

218 ●○ $(A \dot{\vee} \overline{A}) \dot{\vee} \overline{B}$; $A \vee (\overline{A} \dot{\vee} B)$; $A \dot{\vee} (B \wedge \overline{B})$.

219 ●○ $(A \wedge \overline{B}) \wedge \overline{\overline{B}}$; $\overline{A \wedge B}$; $\overline{A \wedge \overline{B}}$; $\overline{\overline{A} \wedge B}$.

220 ●● $(A \vee \overline{A}) \rightarrow \overline{B}$; $A \vee (\overline{A} \rightarrow B)$.

221 ●● $(A \vee \overline{A}) \leftrightarrow \overline{B}$; $(A \vee B) \leftrightarrow (A \wedge B)$.

ESERCIZI

Problemi INTORNO A NOI

RISOLVIAMO UN PROBLEMA

La garanzia

Nel certificato di garanzia di un elettrodomestico si leggono le clausole a lato.

- Trascrivi la prima condizione usando i termini «necessario» o «sufficiente».
- Individua le proposizioni elementari che compongono la seconda condizione e trascrivila in simboli.
- La terza clausola può essere scritta simbolicamente nei due modi seguenti:
  $(Q \vee (\overline{Q} \wedge R)) \leftrightarrow \overline{P}$ oppure $(\overline{Q} \wedge \overline{R}) \leftrightarrow P$.
  Individua quali sono le proposizioni elementari Q, R e P e dimostra che le due espressioni logiche sono equivalenti.

1) Il prodotto è garantito per 12 mesi solo se accompagnato dal timbro del rivenditore.
2) Verranno riparati o sostituiti gratuitamente i componenti solo se non presentano segni di manomissione, ma non le parti in plastica, maniglie o tubi esterni.
3) Verrà richiesto un contributo di trasferimento per interventi a domicilio, ma non nel primo mese di vita dell'apparecchio e qualora, nei periodi di garanzia successivi al primo mese, l'apparecchiatura sia portata dall'utente in un centro di assistenza.

▶ **Trascriviamo la prima condizione.**

L'espressione «solo se» può essere sostituita con il termine «necessario», per cui possiamo riformulare la prima clausola della garanzia nel seguente modo: «Il timbro del rivenditore è necessario per godere della garanzia di 12 mesi».

▶ **Individuiamo le proposizioni elementari della seconda condizione.**

Le proposizioni elementari (cioè che non presentano connettivi logici) elencate nella seconda clausola sono:
A: «i componenti presentano segni di manomissione»;
B: «i componenti sono parti in plastica, maniglie o tubi esterni»;
C: «i componenti verranno riparati gratuitamente»;
D: «i componenti verranno sostituiti gratuitamente».

▶ **Trascriviamo le proposizioni elementari in simboli.**

Per scrivere simbolicamente la condizione si deve considerare la negazione delle proposizioni A e B.
$\overline{A}$ e $\overline{B}$ sono composte tramite la congiunzione *e*.
La proposizione composta così ottenuta implica la proposizione composta C o D:

$$(\overline{A} \wedge \overline{B}) \rightarrow (C \vee D).$$

▶ **Individuiamo le proposizioni elementari della terza clausola.**

Le proposizioni elementari presenti nella terza clausola della garanzia sono:
P: «verrà chiesto un contributo di trasferimento per interventi a domicilio»;
Q: «l'intervento a domicilio viene richiesto nel primo mese di vita dell'apparecchio»;
R: «dopo il primo mese l'apparecchio è portato dall'utente al centro di assistenza».

▶ **Dimostriamo l'equivalenza delle due espressioni logiche.**

Dimostriamo che le due espressioni logiche sono equivalenti.
Consideriamo la prima espressione:

$$(Q \vee (\overline{Q} \wedge R)) \leftrightarrow \overline{P}.$$

Applicando al primo termine la proprietà distributiva della disgiunzione rispetto alla congiunzione otteniamo:

$$((Q \vee \overline{Q}) \wedge (Q \vee R)) \leftrightarrow \overline{P}.$$

Dato che $Q \vee \overline{Q}$ è sempre vera, l'espressione si semplifica:

$$(Q \vee R) \leftrightarrow \overline{P}.$$

Poiché si tratta di una doppia implicazione, possiamo negare i due termini dell'implicazione ottenendo così

$$\overline{Q \vee R} \leftrightarrow \overline{\overline{P}};$$

ovvero, per la seconda legge di De Morgan:

$$(\overline{Q} \wedge \overline{R}) \leftrightarrow P.$$

222 In un cartello di divieto di fumo si leggono i seguenti avvisi: «i trasgressori sono soggetti al pagamento di una somma da € 27,50 a € 275,00»; «la sanzione è raddoppiata qualora la violazione sia commessa in presenza di una donna in evidente stato di gravidanza o in presenza di lattanti o bambini fino a dodici anni».

a. Individua le proposizioni elementari che compongono ogni frase, quindi trasforma gli avvisi in espressioni logiche.

b. Una persona che fumi in coda a uno sportello pubblico, in presenza di una donna al primo mese di gravidanza e a suo figlio tredicenne, commette infrazione? Se sì, la sua sanzione è raddoppiata?

223 L'articolo 13, comma 2, della Costituzione italiana recita: «non è ammessa forma alcuna di detenzione, di ispezione o perquisizione personale, né qualsiasi altra restrizione della libertà personale, se non per atto motivato dell'autorità giudiziaria e nei soli casi e modi previsti dalla legge».

a. Individua le proposizioni elementari tali per cui il comma citato possa essere descritto dalla seguente espressione logica:

$$(T \wedge U) \leftrightarrow (P \vee Q \vee R \vee S).$$

b. L'espressione logica precedente è equivalente alla seguente?

$$(\overline{P} \wedge \overline{Q} \wedge \overline{R} \wedge \overline{S}) \leftrightarrow (\overline{T} \wedge \overline{U}).$$

Le tautologie e le contraddizioni

Verifica, servendoti delle tavole di verità, che le seguenti espressioni sono tautologie.

224 $A \vee \overline{A}$; $(A \wedge B) \vee (\overline{A} \vee \overline{B})$.

225 $(A \vee B) \vee \overline{B}$; $A \vee \overline{\overline{A} \wedge B}$; $(A \vee B) \leftrightarrow (B \vee A)$.

226 $[(A \rightarrow B) \wedge A] \rightarrow B$ (regola del *modus ponens*).

227 $[(A \rightarrow B) \wedge \overline{B}] \rightarrow \overline{A}$ (regola del *modus tollens*).

228 Verifica, servendoti delle tavole di verità, che le seguenti espressioni sono contraddizioni.

$A \wedge \overline{A}$; $(A \wedge B) \wedge \overline{A}$; $(A \wedge B) \wedge \overline{B}$; $(A \vee B) \wedge (\overline{A} \wedge \overline{B})$; $(A \wedge B) \wedge (A \wedge \overline{B})$.

8 Forme di ragionamento valide

Teoria a p. 169

Il *modus ponens* e il *modus tollens*

229 ESERCIZIO GUIDA Per ognuna delle seguenti forme di ragionamento, indichiamo se è stato applicato lo schema del *modus ponens* o quello del *modus tollens*. Se non è stato applicato nessuno dei due schemi, spieghiamo con un esempio perché il ragionamento non è valido.

- «Se il treno va a Parigi, allora passa per Torino. Il treno va a Parigi. Il treno passa per Torino».

  Il ragionamento segue lo schema del *modus ponens* con:

  A: «Il treno va a Parigi»;
  B: «Il treno passa per Torino».

- «Se dormi, allora non pigli pesci. Non pigli pesci. Dormi».

  Non sono applicati né il *modus ponens* né il *modus tollens*. È un ragionamento non valido, perché potremmo non pigliare pesci e, per esempio, studiare matematica invece di dormire.

Indica se le seguenti forme di ragionamento sono o non sono valide. In caso affermativo, scrivi se è stato applicato lo schema del *modus ponens* o quello del *modus tollens*.

230 «Se manca la benzina, la macchina non parte».
«La macchina non parte».
«Manca la benzina».

231 «Se resti a cena da noi, mangi il pesce».
«Non resti a cena da noi».
«Non mangi il pesce».

232 «Se un numero è multiplo di 8, allora è pari».
«Non è pari».
«Non è multiplo di 8».

233 «Se Giorgio era a Parigi all'ora del delitto, allora Giorgio è innocente».
«Giorgio era a Parigi all'ora del delitto».
«Giorgio è innocente».

234 «Se hai l'influenza, hai la febbre».
«Hai la febbre».
«Hai l'influenza».

235 «Se ti butti in mare, ti bagni».
«Non ti butti in mare».
«Non ti bagni».

9 La logica e gli insiemi

Teoria a p. 171

Gli enunciati aperti e gli insiemi di verità

236 TEST I due enunciati aperti $A(x)$ e $B(x)$ sono definiti sullo stesso insieme universo U e i loro insiemi di verità sono rispettivamente A e B. L'insieme di verità dell'enunciato $A(x) \wedge B(x)$ è:

- A l'intersezione fra A e B.
- B l'unione fra A e B.
- C il complementare di A rispetto a U.
- D la differenza fra A e B.
- E il complementare di B rispetto a U.

237 TEST Qual è l'insieme che individua il seguente enunciato aperto: $A(x)\colon |x| = 4$?

- A $\{4\}$
- B $\{-4\}$
- C $\{-4, +4\}$
- D $\{0, 4\}$
- E $\{0, -4, +4\}$

Nei seguenti esercizi, per ogni enunciato, indica un insieme universo *U* e rappresenta la situazione di verità-falsità con un diagramma di Eulero-Venn. Fornisci degli esempi di elementi di *U* che non rendono vero l'enunciato aperto.

238 $A(x)$: «x è un monte delle Dolomiti»;
$B(x)$: «x è un fiume della Germania».

239 $A(x)$: «x è un triangolo rettangolo»;
$B(x)$: «x è un triangolo rettangolo isoscele».

240 $A(x)$: «x è un quadrato»;
$B(x)$: «x è un trapezio».

241 $A(x)$: «x è un numero intero negativo»;
$B(x)$: «x è una frazione propria».

Nei seguenti esercizi, dopo aver fissato un insieme universo *U*, trasforma ognuno degli enunciati aperti in due proposizioni, una vera e una falsa, scegliendo due opportuni elementi di *U*.

242 $A(x)$: «x è una frazione propria»;
$B(y)$: «y è negativo»;
$C(z)$: «z è maggiore di 7».

243 $D(t)$: «t è una frazione maggiore di 7»;
$E(x)$: «12 è divisore di x»;
$F(s)$: «s è divisore di 12».

I connettivi logici e gli insiemi

244 ESERCIZIO GUIDA Consideriamo gli enunciati aperti: $A(x)$: «x è un triangolo isoscele»; $B(x)$: «x è un triangolo rettangolo»; $C(x)$: «x è un triangolo equilatero».
Stabiliamo un insieme universo U e rappresentiamo con un diagramma di Eulero-Venn l'insieme di verità dei tre enunciati aperti. Rappresentiamo poi, sempre con un diagramma di Eulero-Venn, l'insieme di verità dei seguenti enunciati: $\overline{A(x)}$; $A(x) \wedge B(x)$.

Stabiliamo che l'insieme U è l'insieme dei triangoli, A è l'insieme dei triangoli isosceli, B dei triangoli rettangoli, C dei triangoli equilateri.
$\overline{A}$ ha come insieme di verità l'insieme complementare di A rispetto a U.

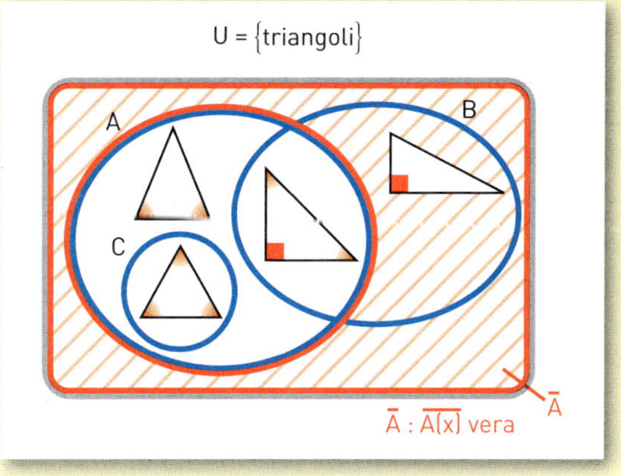

$A \wedge B$ ha come insieme di verità l'insieme intersezione di A e B.

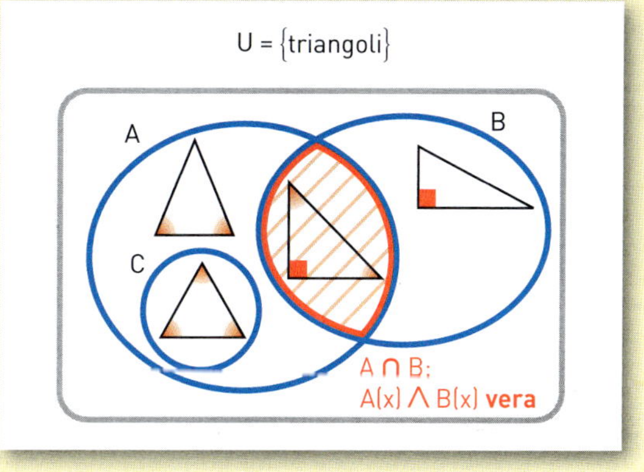

Osservazione. Se invece consideriamo $A \vee B$, questo enunciato ha come insieme di verità l'insieme unione di A e B.

Negli esercizi seguenti, per ogni terna di enunciati aperti, stabilisci un insieme universo U e poi disegna l'insieme di verità dei tre enunciati $A(x)$, $B(x)$ e $C(x)$. Rappresenta con i diagrammi di Eulero-Venn l'insieme di verità dei seguenti enunciati composti: $\overline{A}$; $A \wedge B$; $A \vee B$; $A \vee \overline{B}$; $(A \wedge C) \vee B$.

245 $A(x)$: «x è un quadrupede»;
$B(x)$: «x è un animale con gli zoccoli»;
$C(x)$: «x è un cavallo».

246 $A(x)$: «x è un rettangolo»;
$B(x)$: «x è un rombo»;
$C(x)$: «x è un quadrato».

Nei seguenti esercizi rappresenta l'insieme di verità degli enunciati aperti $A(x)$ e $B(x)$ in un opportuno insieme universo U. Verifica poi con i diagrammi di Eulero-Venn la validità delle due leggi di De Morgan.

247 $A(x)$: «x ha gli occhi azzurri»;
$B(x)$: «x è un maschio».

248 $A(x)$: «x è un quadrato perfetto»;
$B(x)$: «x è pari».

10 I quantificatori

▶ Teoria a p. 173

249 VERO O FALSO?

a. $\exists\, x \in \mathbb{N} \mid x$ è un numero primo. V F
b. $\forall\, x \in \mathbb{N}, x$ è un numero primo. V F
c. $\exists\, x \in \mathbb{N} \mid x \neq 1$ e $x = \text{MCD}(7; 9)$. V F
d. $\exists\, x \in \mathbb{N} \mid x = \text{mcm}(2; 3)$. V F
e. $\forall\, x \in \{2, 3\}, x$ è divisore di 6. V F

250 INVALSI 2003 Quale delle seguenti affermazioni è *falsa*?

A Alcuni multipli di 4 sono anche multipli di 8.
B Tutti i multipli di 8 sono anche multipli di 4.
C Tutti i numeri pari sono fra i multipli di 8.
D Alcuni numeri pari non sono multipli di 8.
E Alcuni numeri pari sono multipli di 8.

251 ESERCIZIO GUIDA Nell'insieme universo U degli animali consideriamo l'enunciato: $A(x)$: «x è un rettile». Trasformiamo l'enunciato in proposizione, utilizzando prima il quantificatore $\forall$ (per ogni), poi $\exists$ (esiste). Indichiamo per ogni proposizione ottenuta il suo valore di verità.

Mediante il quantificatore universale otteniamo la proposizione: $\forall\ x \in U$, x è un rettile.
La proposizione ottenuta è falsa. Infatti non è vero che qualunque animale è un rettile.
Mediante il quantificatore esistenziale otteniamo la proposizione: $\exists\ x \in U \mid x$ è un rettile.
La proposizione ottenuta è vera. Infatti esiste almeno un animale che è un rettile.

Trasforma i seguenti enunciati aperti in proposizioni, utilizzando i due quantificatori $\forall$ e $\exists$. Scrivi di fianco a ogni proposizione ottenuta il suo valore di verità.

252
a. $U = \mathbb{N}$; $B(x)$: «x è un divisore di 10».
b. $U = \mathbb{Z}$; $C(x)$: «x è opposto di 5».
c. $U = \mathbb{N}$; $D(x)$: «x è reciproco di 6».

253
a. $U = \{$figure piane$\}$; $A(x)$: «x è un insieme di punti».
b. $U = \{$parallelogrammi$\}$; $R(x)$: «x è un quadrilatero».
c. $U = \{$rette di un piano$\}$; $P(x)$: «x è parallela a una retta data».

254 ESERCIZIO GUIDA Cambiamo l'insieme universo relativo all'enunciato a. dell'esercizio 252, in modo che le proposizioni che otteniamo mediante i due quantificatori $\forall$ e $\exists$ abbiano valore di verità diverso da quello che hanno con l'insieme U assegnato.

$B(x)$: «x è un divisore di 10». Se $U = \mathbb{N}$, la proposizione che otteniamo mediante il quantificatore $\forall$ è falsa, quella con il quantificatore $\exists$ risulta vera.
La proposizione che otteniamo mediante il quantificatore $\forall$ è vera se $U = \{2, 10\}$, perché qualsiasi elemento di questo insieme è un divisore di 10.
La proposizione con il quantificatore $\exists$ risulta falsa se $U = \{$numeri naturali maggiori di 1000$\}$, in quanto in questo insieme non ci sono divisori di 10.

255 Per ognuno degli enunciati degli esercizi 252 e 253 cambia l'insieme universo, in modo che le proposizioni con i quantificatori $\forall$ e $\exists$ abbiano valori di verità diversi da quelli che hanno con gli insiemi U assegnati.

256 Inventa tre esempi di enunciati aperti, con i relativi insiemi universo, in cui le proposizioni con i quantificatori $\forall$ e $\exists$ siano entrambe false.

257 Come nell'esercizio 256, ma con entrambe le proposizioni vere.

258 Come nell'esercizio 256, ma con le proposizioni con i quantificatori $\forall$ vere e quelle con i quantificatori $\exists$ false.

MATEMATICA E STORIA

Venn, Eulero o Leibniz? I due diagrammi della figura rappresentano la stessa situazione riguardante gli insiemi B e C...

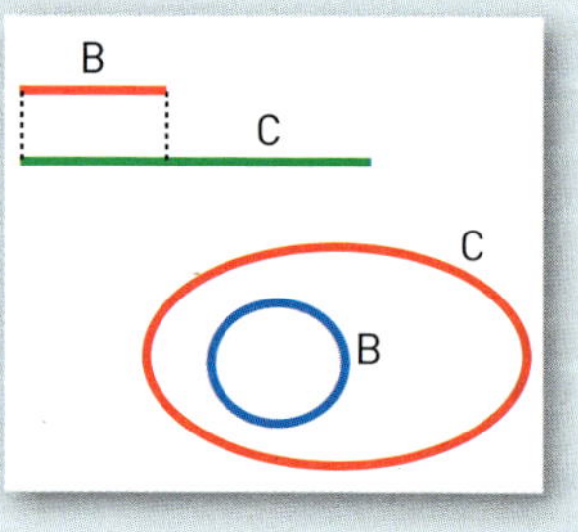

Problema e risoluzione – Un esercizio in più – Attività di ricerca: Logica, studi millenari.

259 Come nell'esercizio 256, ma con le proposizioni con i quantificatori $\forall$ false e quelle con i quantificatori $\exists$ vere.

VERIFICA DELLE COMPETENZE ALLENAMENTO

ANALIZZARE E INTERPRETARE DATI

Insiemi

1 ●○ Nell'insieme $\mathbb{N}$ dei numeri naturali, considera il sottoinsieme A costituito dai multipli di 2 e il sottoinsieme B costituito dai multipli di 3. Rappresenta mediante la proprietà caratteristica:
$A \cap B$; $A - B$; $(A \cup B) - A$.

2 ●○ Dati gli insiemi A, composto dai numeri naturali divisori di 20, B, composto dai numeri interi pari minori di 20, e C, composto dai multipli di 3, determina:
$(A - B) \times (A \cap C)$.

3 ●○ Scrivi le espressioni che rappresentano la parte colorata in ognuno dei diagrammi seguenti.

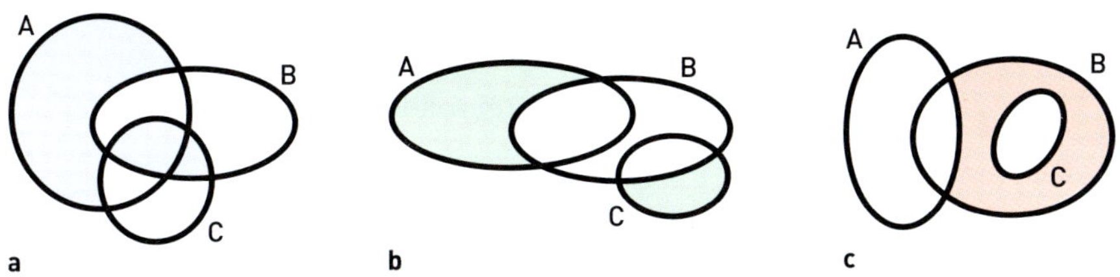

Considera l'insieme $U = \{x \in \mathbb{N} \mid x \le 20\}$ e gli insiemi
$A = \{x \in \mathbb{N} \mid x$ è un divisore di 20$\}$, $B = \{x \in \mathbb{N} \mid 1 \le x < 6\}$ e $C = \{1, 2, 3, 5, 7, 11\}$.
Calcola il risultato delle seguenti espressioni, considerando i complementari rispetto a U e aiutandoti con un diagramma di Venn.

4 ●○ $\overline{A} \cup B$; $\overline{A} \cap C$; $A \cap \overline{B}$; $A \cup \overline{C}$.

5 ●○ $\overline{B} \cup \overline{C}$; $\overline{C \cup B}$; $\overline{A} \cap \overline{C}$; $\overline{A \cap C}$.

6 ●○ $B - A$; $A - B$; $(A \cup C) - B$; $(A \cap B) \cup C$.

7 ●○ $(A - B) \times (C - B)$; $(A - C) \times (C - A)$.

8 ●○ $(A \cap B \cap C) \times (A - C)$; $(A \cap B) \times (B - A)$.

9 ●○ Determina A, B, C tali che:
$A \times A = \{(a; a), (a; b), (a; c), (b; a), (b; b), (b; c), (c; a), (c; b), (c; c)\}$, $B \cap C = \{a, e\}$;
$A \cap B = \{a\}$, $B - A = \{e, i, o, u\}$, $B \cup C = \{a, e, i, m, o, r, u\}$.
Tutte le informazioni fornite sono necessarie per determinare i tre insiemi? Motiva la risposta.

Dati A, B e C insiemi qualsiasi, verifica le seguenti uguaglianze utilizzando un diagramma di Venn.

10 ●○ $B \cap (A - C) = (A \cap B) - (B \cap C)$

11 ●○ $C - (A \cup B) = (C - A) \cap (C - B)$

Logica

12 ●○ Sapendo che A, B e C sono enunciati semplici con valori di verità rispettivamente F, V, V, stabilisci i valori di verità delle seguenti espressioni.

a. $A \wedge B$;
b. $\overline{A} \vee C$;
c. $B \vee C$;
d. $C \to B$;
e. $A \leftrightarrow \overline{B}$;
f. $(\overline{A} \wedge C) \leftrightarrow \overline{B}$;
g. $(A \wedge C) \vee B$;
h. $(A \vee B) \wedge \overline{C}$.

13 ●○ Compila la tavola di verità delle proposizioni $(\overline{A} \vee B) \wedge \overline{\overline{B}}$ e $(B \vee A) \to C$.

14 ●○ Stabilisci se le proposizioni $A \vee B$ e $\overline{A} \to B$ sono equivalenti.

Utilizzando i quantificatori $\forall$ e $\exists$, trasforma gli enunciati in proposizioni e attribuisci a ciascuna di esse il valore di verità.

15 ●○ $U = \mathbb{Q}$; $A(x)$: «x è una frazione apparente.».

16 ●○ $U = \{\text{quadrilateri}\}$; $A(x)$: «x ha quattro lati e quattro angoli.».

RISOLVERE PROBLEMI

17 INTORNO A NOI Per l'organizzazione di una vacanza, un gruppo di 7 amici si è diviso in 3 gruppi: il primo si occupa delle prenotazioni (P), il secondo del cibo (C) e il terzo degli spostamenti (S). Rappresenta tramite un diagramma di Venn come si sono divisi i compiti, sapendo che:

$S \cup C$ = {Ada, Beatrice, Carlo, Daria, Enrico, Filippo};
$S \cap C$ = {Ada, Daria};
$S \cup P$ = {Ada, Beatrice, Carlo, Daria, Enrico, Giacomo};
$S \cap P$ = {Ada};
$P \cup C$ = {Ada, Daria, Filippo, Giacomo}.

18 Durante una giornata, il 25% dei clienti di un negozio ha comprato delle camicie, il 45% solo pantaloni, il 75% ha acquistato pantaloni, il 35% più di un tipo di indumento, il 15% sia giacche sia pantaloni ma nessuna camicia, il 5% ha acquistato giacche, camicie e pantaloni. Determina la percentuale di clienti che ha acquistato:

a. due tipi di capi;
b. solo giacche;
c. solo camicie.

[a) 30%; b) 15%; c) 5%]

19 **Da Torino a...?** Una nuova compagnia ferroviaria vuole investire su una nuova tratta estera.
Esegue un'indagine su un campione di 100 persone per conoscere la loro preferenza fra le tratte Torino-Tolosa (TT), Torino-Praga (TP) e Torino-Barcellona (TB).
7 persone hanno dato la loro preferenza per tutte le tratte, 27 per TT e TP, 12 per TT e TB, 20 solo per TB, 52 per TT, 45 per TB. 3 persone non hanno dato nessuna preferenza.
Indica quante persone hanno dato la preferenza per:

a. TB e TP, ma non per TT;
b. TP;
c. TT e TP, ma non per TB;
d. TB e TT, ma non per TP;
e. la sola TP;
f. una sola tratta.

[a) 13; b) 52; c) 20; d) 5; e) 12; f) 52]

20 **Amici di click** Per una ricerca di mercato viene sottoposto ai ragazzi di una classe prima un questionario sull'utilizzo di tre apparecchi: computer, tablet, smartphone. Dalle risposte si ricava che tutti i ragazzi fanno uso almeno di uno strumento e precisamente:
18 ragazzi hanno il computer; 19 il tablet; 13 lo smartphone; 11 il computer e il tablet; 8 il tablet e lo smartphone; 9 il computer e lo smartphone; 7 tutti e tre gli apparecchi.
Determina quanti studenti hanno:

a. lo smartphone e il computer, ma non il tablet;
b. solo lo smartphone.

Quanti sono gli studenti della classe?

[a) 2; b) 3; 29]

21 **Tifo a pedali** Su un tratto in salita del percorso del *Giro d'Italia* vengono intervistati alcuni tifosi e viene chiesto loro chi preferiscono tra Cavendish, Evans e Nibali.
Tutti hanno espresso almeno una preferenza.
Ci sono 62 persone che sostengono Evans, 52 Cavendish, 25 persone che tifano solo per Nibali, 23 solo per Cavendish ed Evans, 22 per Nibali e Cavendish, 12 solo per Nibali ed Evans. Coloro che tifano per tutti e tre sono 15.
Indica quante persone:

a. tifano solo per Evans;
b. tifano solo per Cavendish;
c. tifano per Nibali e Cavendish, ma non per Evans;
d. hanno espresso più di una preferenza;
e. sono state intervistate.

[a) 12; b) 7; c) 7; d) 57; e) 101]

VERIFICA DELLE COMPETENZE PROVE

1 ora

PROVA A

1 Dati gli insiemi $A = \{x \in \mathbb{N} \mid x$ è un divisore di $8\}$, $B = \{x \mid x$ è una cifra del numero $8424\}$ e $C = \{x \in \mathbb{N} \mid x < 5\}$, rappresenta per elencazione:

a. $A \cup B \cup C$; **b.** $(C - A) \cup (A - C)$; **c.** $(C \cap B) \times B$.

2 Considera P, Q, R generici insiemi tali che $P \subset Q \subset R$. Calcola:

a. $(P \cup Q) \cap R$; **b.** $(P \cap Q) \cap (R - P)$.

3 Considera il diagramma di Venn in figura.

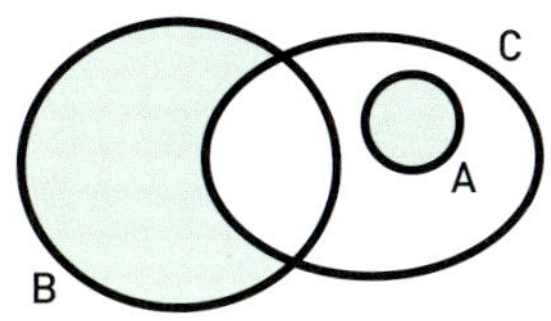

a. Scrivi un'espressione che rappresenti l'insieme colorato in verde.

b. Colora di giallo l'insieme $\overline{A}_C$.

c. Supponendo che non siano vuoti, stabilisci se i due insiemi verde e giallo costituiscono una partizione dell'insieme $B \cup C$.

4 Rappresenta per elencazione l'insieme delle parti di $A = \{x \mid x$ è una lettera della parola «ozio»$\}$.

5 In una classe di 28 studenti, 11 hanno conseguito la patente A1, 17 il PET o la patente A1, 3 l'ECDL e il PET, 4 l'ECDL e la patente A1, 2 solo l'ECDL e il PET, 3 il PET e la patente A1, 2 solo l'ECDL. Indica quanti studenti:

a. non hanno alcun certificato; **b.** li hanno tutti e tre; **c.** hanno un solo certificato.

PROVA B

1 **Questione di geni** In una scuola ci sono 200 bambini. Ciascuno di loro può avere o non avere i lobi delle orecchie attaccati (O), la fossetta sul mento (F), le lentiggini sul volto (L).
Si sa che: 25 hanno solo O, 33 solo F, 67 solo una delle tre caratteristiche, 59 solo due di esse (di cui 15 hanno O e L, 18 hanno L e F), 128 hanno almeno uno dei tre tratti. Indica quanti bambini:

a. hanno tutte e tre le caratteristiche;

b. hanno solo le lentiggini;

c. non hanno alcuna caratteristica;

d. ne hanno più di una.

2 **Dovere e piacere** Date le proposizioni A: «Studio inglese», B: «Esco per fare commissioni», C: «Suono la batteria», D: «Aiuto a riordinare la casa», scrivi in simboli le seguenti espressioni e per ognuna compila la relativa tavola di verità:

a. «Se studio inglese e aiuto a riordinare la casa, allora suono la batteria»;

b. «Se aiuto a riordinare la casa, allora o esco per fare commissioni o suono la batteria»;

c. «Se studio inglese, esco per fare commissioni oppure se non studio inglese, aiuto a riordinare la casa»;

d. «O studio inglese ed esco per fare commissioni o se non studio inglese, non suono la batteria».

3 Considerato come dominio

$$U = \{x \in \mathbb{N} \mid 0 < x < 10\}$$

e dati gli enunciati aperti

$A(x)$: «x è multiplo di 3»,
$B(x)$: «x è multiplo di 2»,

a. scrivi per elencazione gli insiemi di verità di A, B, $\overline{A}$, $\overline{B}$ e rappresenta con un diagramma gli insiemi U, A e B;

b. scrivi gli enunciati aperti relativi ad $A \wedge B$, $A \vee B$, $\overline{A} \wedge B$, $\overline{A \vee B}$ e, per elencazione, i loro insiemi di verità.

T

CAPITOLO

5 LE RELAZIONI E LE FUNZIONI

1 Le relazioni binarie

▶ Esercizi a p. 230

Listen to it

Given two sets *A* and *B*, every subset of $A \times B$ can be considered as a **binary relation** between the two sets.

Sono dati gli insiemi $A = \{1, 3, 5\}$ e $B = \{2, 4, 6, 8\}$.

Il loro prodotto cartesiano è:

$$A \times B = \{(1; 2), (1; 4), (1; 6), (1; 8), (3; 2), (3; 4), (3; 6), (3; 8), (5; 2), (5; 4), (5; 6), (5; 8)\}.$$

Consideriamo l'enunciato aperto «a è metà di b». Le coppie del prodotto $A \times B$ che soddisfano l'enunciato sono:

$(1; 2), (3; 6).$

Queste coppie formano un sottoinsieme del prodotto cartesiano $A \times B$.

DEFINIZIONE

Una **relazione binaria** fra gli insiemi A e B è un qualunque sottoinsieme di $A \times B$.

Pertanto l'enunciato aperto «a è metà di b» stabilisce una relazione binaria fra gli insiemi A e B.

Indicheremo con $\mathcal{R}$, indifferentemente, sia il sottoinsieme di $A \times B$, sia la proprietà che caratterizza la relazione. Se a è in relazione con b, scriveremo

$a \mathcal{R} b$ oppure $(a; b) \in \mathcal{R}$.

Diremo anche che b è **immagine** di a e che a è **controimmagine** di b.

Nell'esempio precedente 2 è l'immagine di 1, e 3 è la controimmagine di 6.

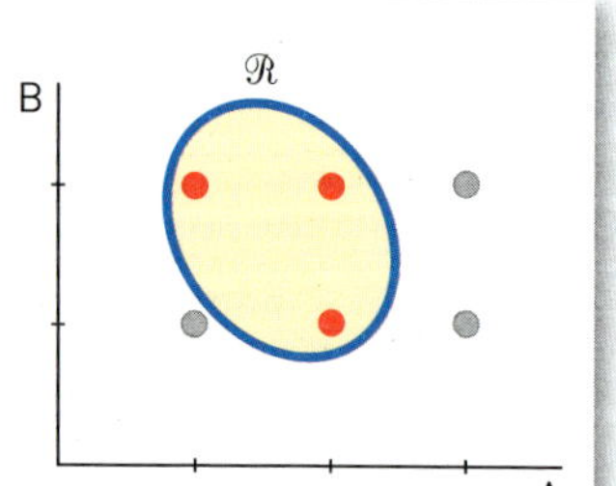

$\mathcal{R} \subseteq A \times B$

L'insieme $\mathcal{R}$ delle coppie in relazione dell'esempio precedente è:

$\mathcal{R} = \{(1; 2), (3; 6)\}.$

$\mathcal{R}$ è un sottoinsieme di $A \times B$.

Due elementi a e b che non sono in relazione fra loro si indicano, in simboli, con $a \not\mathcal{R} b$.

Il dominio e il codominio

DEFINIZIONE
Data una relazione definita in $A \times B$, chiamiamo **dominio** l'insieme D di tutti gli elementi di A che hanno almeno una immagine in B.
Chiamiamo **codominio** l'insieme C di tutti gli elementi di B che sono immagini di almeno un elemento di A.

È sempre vero che $D \subseteq A$ e $C \subseteq B$. Il dominio D è un sottoinsieme dell'insieme di partenza; il codominio C è un sottoinsieme dell'insieme di arrivo.

ESEMPIO Consideriamo gli insiemi

$A = \{2, 3, 4, 5, 6\}$,

$B = \{4, 6, 8, 10, 12\}$,

e la relazione

«x è la terza parte di y».

Il dominio è $D = \{2, 4\}$, il codominio è $C = \{6, 12\}$.

▶ Dati gli insiemi $A = \{-2, -1, 0\}$, $B = \{-1, 0, +1, +2\}$ e la relazione $a \mathcal{R} b \leftrightarrow a \cdot b > 0$, con $a \in A$ e $b \in B$, scrivi tutte le coppie in relazione, il dominio e il codominio. In ogni coppia indica l'immagine e la controimmagine.

La rappresentazione di una relazione

Possiamo rappresentare le relazioni in quattro modi, tramite:

- elencazione;
- rappresentazione **sagittale** (o diagramma a frecce);
- tabella a doppia entrata;
- grafico cartesiano.

Sono dati i due insiemi $A = \{2, 3, 4, 5, 6\}$ e $B = \{1, 2, 3, 4\}$ e la relazione «x è doppio di y».

Possiamo rappresentare la relazione **per elencazione**, cioè scriviamo l'insieme delle coppie ordinate degli elementi che sono in relazione:

$\mathcal{R} = \{(2; 1), (4; 2), (6; 3)\}$.

La figura illustra le altre tre rappresentazioni.

▶ Dati gli insiemi $A = \{6, 7, 9, 10\}$ e $B = \{2, 3, 5\}$ e la relazione $\mathcal{R}$, da A a B, $a \mathcal{R} b \leftrightarrow a$ è divisibile per b, rappresenta la relazione nei modi possibili.

Animazione

RAPPRESENTAZIONE SAGITTALE

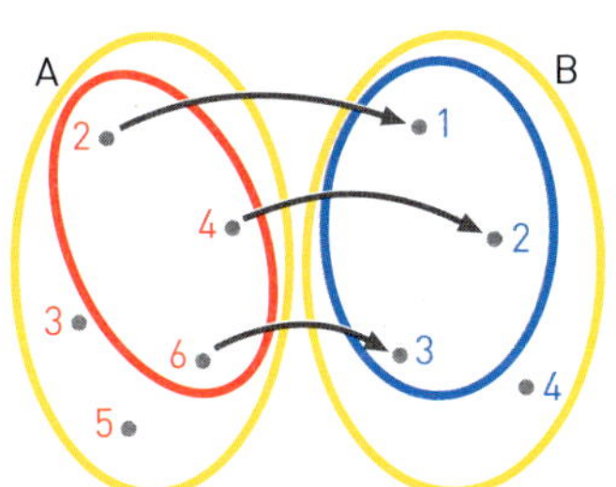

a. Il dominio della relazione è $D = \{2, 4, 6\}$, il codominio è $C = \{1, 2, 3\}$.

TABELLA A DOPPIA ENTRATA

A \ B	1	2	3	4
2	x			
3				
4		x		
5				
6			x	

b. Nella tabella a doppia entrata gli elementi del primo insieme vengono disposti in verticale, quelli del secondo in orizzontale. Le coppie in relazione vengono segnate con una crocetta.

GRAFICO CARTESIANO

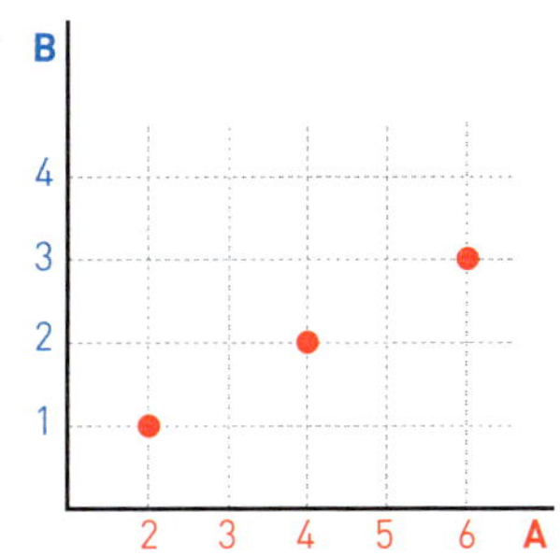

c. Nel grafico cartesiano gli elementi del primo insieme vengono disposti sulla semiretta orizzontale e quelli del secondo insieme sulla semiretta verticale. Le coppie in relazione sono individuate dai punti.

La relazione inversa

Data una relazione tra gli insiemi A e B, ne esiste un'altra tra B e A che si può ricavare dalla prima invertendo l'ordine in tutte le coppie e considerando le nuove coppie così ottenute.

ESEMPIO Consideriamo i due insiemi

$$A = \{1, 2, 3, 4, 5, 6, 7, 8, 9\} \text{ e } B = \{1, 2, 3, 4, 5\},$$

e la relazione «a è il doppio di b».
L'insieme $\mathcal{R}$ delle coppie in relazione è:

$$\mathcal{R} = \{(2; 1), (4; 2), (6; 3), (8; 4)\}.$$

Se invertiamo gli elementi di ogni coppia, otteniamo il sottoinsieme $\mathcal{R}'$ di $B \times A$ dato da:

$$\mathcal{R}' = \{(1; 2), (2; 4), (3; 6), (4; 8)\}.$$

Nell'insieme $\mathcal{R}'$ gli elementi delle coppie sono legati dalla relazione:

«b è la metà di a».

Questa è la relazione inversa della relazione di partenza.

► Scrivi le relazioni inverse delle seguenti, definite in $\mathbb{N}$:
$a \mathcal{R} b \leftrightarrow a = 4b$;
$a \mathcal{R} b \leftrightarrow a = b - 7$;
$a \mathcal{R} b \leftrightarrow a$ è il successivo di b;
$a \mathcal{R} b \leftrightarrow a$ è multiplo di b.

DEFINIZIONE
Data una relazione $\mathcal{R}$ definita in $A \times B$, la sua **relazione inversa** è il sottoinsieme di $B \times A$ formato dalle coppie $(b; a)$ tali che $a \mathcal{R} b$.

Indichiamo con $\mathcal{R}^{-1}$ la relazione inversa di $\mathcal{R}$.
Per definizione, scriviamo: $b \mathcal{R}^{-1} a$ se e solo se $a \mathcal{R} b$.

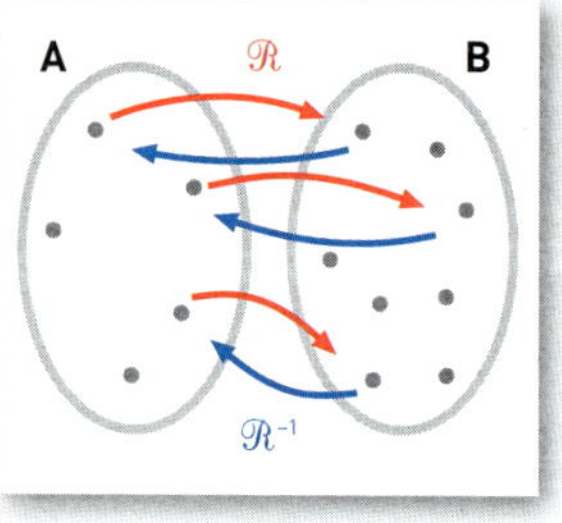

Il sottoinsieme $\mathcal{R}$ è:

$$\mathcal{R} \subseteq A \times B,$$

mentre è $\mathcal{R}^{-1} \subseteq B \times A$.

Nella rappresentazione sagittale, per ottenere la relazione inversa, basta tracciare una freccia in senso inverso per ogni freccia della relazione iniziale.

2 Le relazioni definite in un insieme e le loro proprietà

► Esercizi a p. 233

Se in una relazione l'insieme di partenza e l'insieme di arrivo coincidono con uno stesso insieme A, allora la relazione è definita in $A \times A$. In tal caso diremo per semplicità che la relazione è *definita* in A.

ESEMPIO Se consideriamo l'insieme

$$A = \{\text{Carla, Aldo, Franco, Dino, Bruna, Emma}\},$$

in $A \times A$ può essere definita la relazione: «Durante un pranzo x versa da bere a y».

Il grafo

Nel caso di una relazione definita in un insieme, c'è un ulteriore modo di rappresentare la relazione. Disegniamo dei punti, detti **nodi**, che rappresentano gli elementi dell'insieme A una volta sola e senza racchiuderli in una linea chiusa. Disegniamo poi una freccia per ogni coppia di elementi in relazione, che colleghi il primo elemento con il secondo. Una rappresentazione di questo tipo si chiama **grafo**.

Se un elemento è in relazione con se stesso, si disegna un *cappio* intorno al nodo che lo rappresenta.

Le relazioni definite in un insieme possono godere di varie proprietà.

► Il grafo descrive la relazione «Durante un pranzo x versa da bere a y». Indica chi si versa da bere da solo.

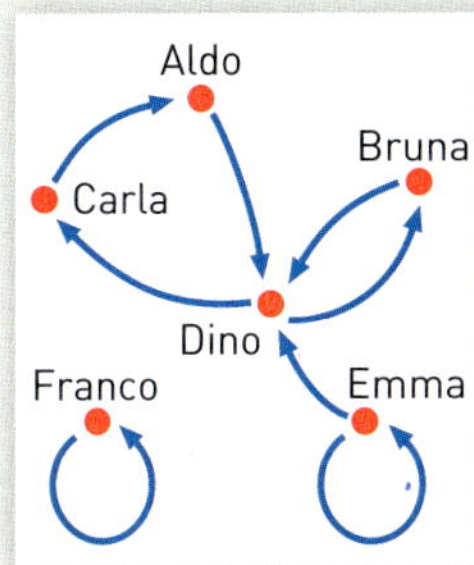

La proprietà riflessiva

In un qualunque insieme di persone, la relazione

«a ha la stessa età di b»

ha una proprietà particolare: ogni persona ha la stessa età di se stessa. Quindi ogni elemento è in relazione con se stesso.

DEFINIZIONE
Una **relazione** definita in un insieme A è **riflessiva** se *ogni* elemento di A è in relazione con se stesso:

$a \mathcal{R} a$.

Listen to it
A relation defined in a set A is **reflexive** if every element of A is mapped to itself.

ESEMPIO In un insieme di persone la relazione «a ha la stessa statura di b» è riflessiva, mentre la relazione «a è più basso di b» **non** è riflessiva.

La figura illustra le rappresentazioni grafiche di una relazione riflessiva.

GRAFO

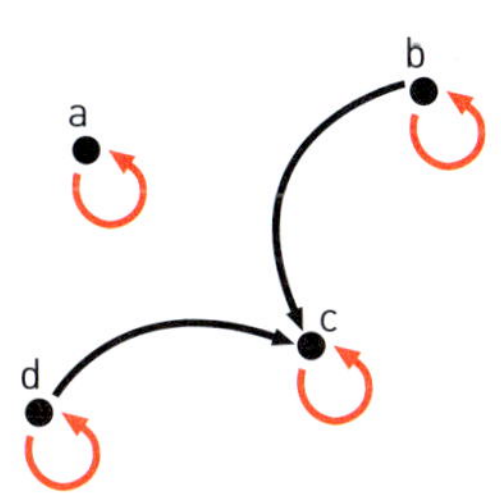

Ogni elemento è **collegato con se stesso**.

TABELLA A DOPPIA ENTRATA

A \ A	a	b	c	d
a	x			
b		x	x	
c			x	
d			x	x

Tutte le caselle che si trovano sulla **diagonale** sono occupate.

GRAFICO CARTESIANO

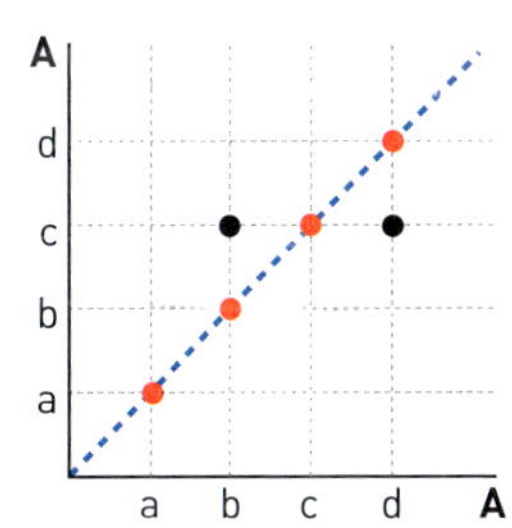

Tutti i punti della bisettrice del quadrante sono evidenziati.

La proprietà simmetrica

Nell'insieme degli studenti di una classe, consideriamo la relazione:

«x è compagno di banco di y».

Comunque si scelgano due studenti a e b, se «a è compagno di banco di b», siamo sicuri che anche «b è compagno di banco di a».

Questo non è sempre vero per tutte le relazioni. Per esempio, questa proprietà **non** vale per la relazione: «a siede davanti a b».

Listen to it

A relation defined in a set A is **symmetric** if, whenever an element x is related to y, it is also true that y is related to x.

DEFINIZIONE

Una **relazione** definita in un insieme A è **simmetrica** se per ogni elemento a che è in relazione con b, anche b è in relazione con a:

se $a \mathcal{R} b$, allora $b \mathcal{R} a$.

ESEMPIO Nell'insieme delle rette di un piano, la relazione «a è perpendicolare a b» è simmetrica perché, se una retta è perpendicolare a una seconda retta, allora la seconda è perpendicolare alla prima.

La figura illustra le rappresentazioni grafiche di una relazione simmetrica.

GRAFO

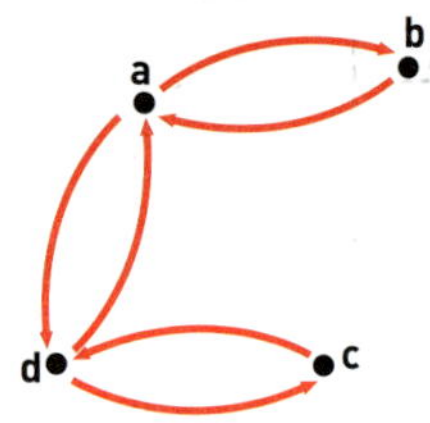

Per **ogni freccia** che collega un elemento con un altro c'è **anche la freccia che collega il secondo al primo.**

TABELLA A DOPPIA ENTRATA

A \ A	a	b	c	d
a		x		x
b	x			
c				x
d	x		x	

Per **ogni** casella occupata è occupata anche la **casella simmetrica** rispetto alla diagonale.

GRAFICO CARTESIANO

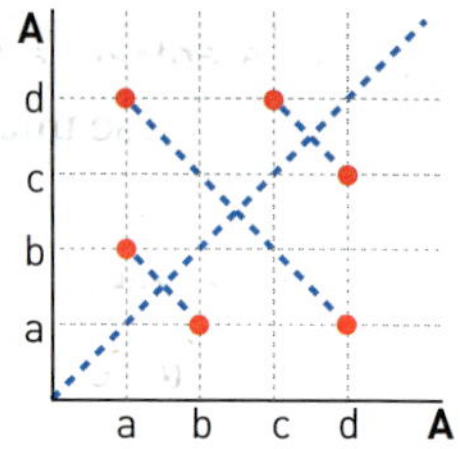

Per **ogni** punto della relazione compare anche il **punto simmetrico** rispetto alla bisettrice.

▶ Esamina, inventando esempi di relazioni definite nell'insieme $A = \{a, b, c, d\}$, le particolarità delle rappresentazioni mediante grafo, tabella a doppia entrata e diagramma cartesiano quando una relazione gode delle proprietà:

a. riflessiva;

b. simmetrica.

Animazione

La proprietà transitiva

Stiamo ordinando per altezza un gruppo di bambini e abbiamo queste due informazioni: «Mario è più alto di Lucia»; «Lucia è più alta di Barbara».

Allora, anche senza confrontare direttamente Mario e Barbara, possiamo anche affermare: «Mario è più alto di Barbara».
Una relazione con queste caratteristiche gode della *proprietà transitiva*.

Listen to it

A relation defined in a set A is **transitive** if, whenever an element x is related to y and y is related to z, then x is also related to z.

DEFINIZIONE

Una **relazione** definita in un insieme A è **transitiva** se, per ogni a che è in relazione con b e per ogni b che è in relazione con c, anche a è in relazione con c:

se $a \mathcal{R} b$ e $b \mathcal{R} c$, allora $a \mathcal{R} c$.

ESEMPIO In un qualunque insieme di persone la relazione «a è sorella di b» è transitiva.

La rappresentazione grafica di una relazione transitiva si può fare in modo efficace solo con un grafo.

Se ci sono due frecce che collegano tre elementi, il primo con il secondo e il secondo con il terzo, deve esserci anche la freccia che collega «direttamente» il primo elemento con il terzo (figura **a**).

Ci sono relazioni che non godono della proprietà transitiva: per esempio, la relazione «a è madre di b» **non** è transitiva. Infatti se Sara è madre di Annalisa e Annalisa è madre di Giulia, Sara è la nonna di Giulia, non la madre (figura **b**).

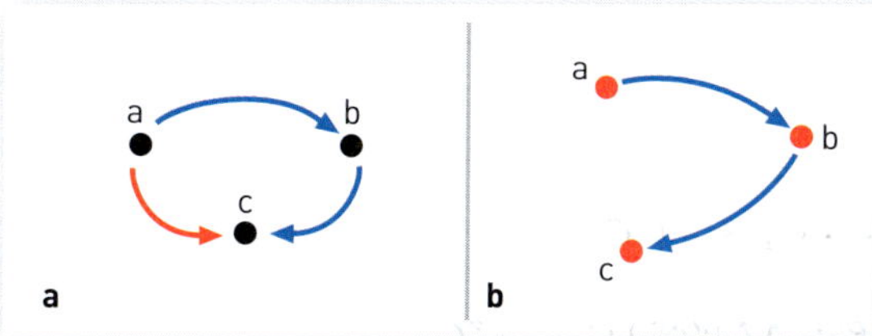

Le tabelle a doppia entrata e i grafici cartesiani non forniscono informazioni per capire immediatamente se una relazione è transitiva.

La proprietà antiriflessiva

Consideriamo la relazione

«a è più giovane di b»,

definita in un insieme di persone. Possiamo affermare che nessuna persona può essere in relazione con se stessa.

DEFINIZIONE
Una **relazione** definita in un insieme A è **antiriflessiva** se **nessun** elemento di A è in relazione con se stesso:

$$\forall\, a \in A,\ a \not\mathcal{R}\, a.$$

ESEMPIO In un qualunque insieme di persone, la relazione

«a è nonno di b»

è antiriflessiva, perché nessuno è nonno di se stesso.

> ▶ Stabilisci se la seguente relazione gode della proprietà riflessiva o della proprietà antiriflessiva, motivando la risposta. Nell'insieme $A = \{1, 4, a\}$:
> $\mathcal{R} = \{(1; 1), (1; a), (4; 4), (4; 1), (a; a)\}$.

Osservazione. Non è detto che una relazione non antiriflessiva sia riflessiva o viceversa.

Per esempio, la relazione rappresentata nella figura a fianco non è riflessiva, infatti nei punti associati agli elementi a e c non è presente il cappio. Non è nemmeno antiriflessiva perché l'elemento associato al punto b è in relazione con se stesso: c'è il cappio.

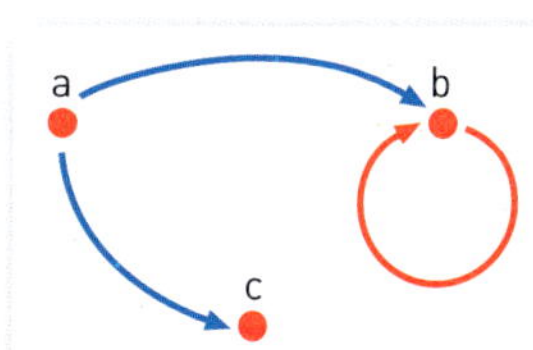

La proprietà antisimmetrica

Abbiamo visto che la relazione

«a è più giovane di b»

è antiriflessiva. Essa gode anche di un'altra proprietà: se una persona è più giovane di una seconda, non è mai vero il contrario, cioè che la seconda è più giovane della prima.

▸ Stabilisci se la seguente relazione gode della proprietà simmetrica o di quella antisimmetrica. Nell'insieme $A = \{a, b, c, d\}$, $\mathcal{R} = \{(a; a), (b; c), (c; c), (c; b), (d; a)\}$.

▸ Nell'insieme $A = \{a, b, c, d\}$ sono date le seguenti relazioni. Stabilisci di quali proprietà godono.

a. $\mathcal{R} = \{(a; a), (a; b), (b; b), (b; d), (c; c), (d; d), (d; c)\}$

b.

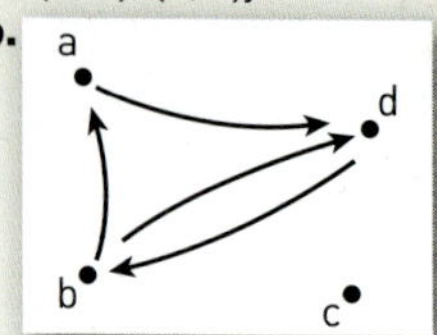

Animazione

DEFINIZIONE

Una **relazione** definita in un insieme A è **antisimmetrica** se, per ogni elemento a che è in relazione con b (b *diverso* da a), b non è in relazione con a:

se $a \mathcal{R} b$ con $a \neq b$, allora $b \not\mathcal{R} a$.

ESEMPIO Nell'insieme dei nomi degli studenti di una classe, la relazione

«a precede b nell'elenco alfabetico del registro»

è antisimmetrica.

Osservazione. Non è detto che una relazione non antisimmetrica sia simmetrica o viceversa. Per esempio, la relazione rappresentata nella figura a fianco non è simmetrica perché nei punti associati agli elementi d e c ci sono frecce in entrata ma non in uscita. Non è nemmeno antisimmetrica perché gli elementi associati ai punti a e b presentano frecce sia in entrata sia in uscita.

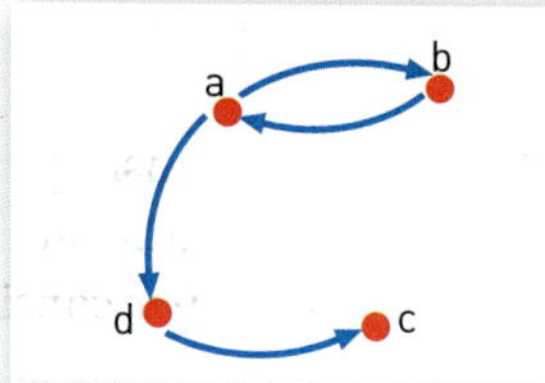

3 Le relazioni di equivalenza

▸ Esercizi a p. 236

DEFINIZIONE

Una relazione definita in un insieme è una **relazione di equivalenza** se è **riflessiva**, **simmetrica** e **transitiva**.

ESEMPIO Nell'insieme delle rette di un piano, la relazione

$x \mathcal{R} y \leftrightarrow x$ è parallela a y

è di equivalenza, perché è riflessiva (ogni retta è parallela a se stessa), simmetrica (date due rette a e b, se $a /\!/ b$, allora $b /\!/ a$) e transitiva (date tre rette a, b e c, se $a /\!/ b$ e $b /\!/ c$, allora $a /\!/ c$).

Alcune relazioni di equivalenza definite in un insieme di persone sono:

- «a è nato nello stesso anno di b»;
- «x abita nella stessa via di y»;
- «a è alto come b».

Mediante una relazione di equivalenza si può ottenere una delle possibili partizioni di un insieme.

▸ Fai un esempio di relazione $\mathcal{R}$ di equivalenza, rappresentandola mediante grafo, tabella a doppia entrata e diagramma cartesiano nell'insieme $A = \{a, b, c, d, e, f\}$. Indica le classi di equivalenza.

Animazione

ESEMPIO Video

Consideriamo l'insieme A rappresentato in figura e la relazione $\mathcal{R}$: a è dello stesso colore di b.

Questa relazione è riflessiva, simmetrica e transitiva. La relazione $\mathcal{R}$ è quindi una relazione di equivalenza.

Possiamo perciò suddividere gli elementi di A in base al colore in tre sottoinsiemi, ognuno contenente elementi fra loro equivalenti. Ogni sottoinsieme non è vuoto, i sottoinsiemi sono a due a due disgiunti, ossia non hanno elementi in comune, e la loro unione coincide con l'insieme A.
La relazione di equivalenza ha generato una partizione dell'insieme A. Ognuno dei sottoinsiemi della partizione è una **classe di equivalenza**, e si può prendere un suo qualsiasi elemento come rappresentante della classe.

L'insieme i cui elementi sono le classi di equivalenza si chiama **insieme quoziente** dall'insieme dato rispetto alla relazione. Dunque l'insieme quoziente è un insieme di sottoinsiemi.

► Fai almeno due esempi di relazioni di equivalenza. Individua le classi di equivalenza e l'insieme quoziente.

Il passaggio dall'insieme iniziale all'insieme quoziente avviene attraverso un procedimento di astrazione. Vengono «dimenticate» le caratteristiche particolari di ciascun oggetto per considerare *soltanto* la proprietà individuata dalla relazione di equivalenza: in questo caso il «colore».

Se dividiamo gli elementi di un insieme in base a una proprietà che genera una partizione, abbiamo ottenuto una *classificazione*: ogni classe è un insieme di elementi equivalenti.

ESEMPIO Gli animali vertebrati possono essere classificati con la partizione della figura. I sottoinsiemi sono le classi di equivalenza e, per esempio, da questo punto di vista, un cane e un gatto sono equivalenti, perché entrambi sono mammiferi.

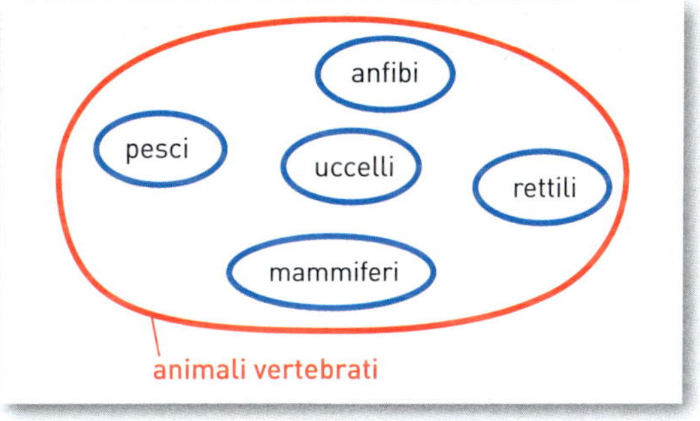

4 Le relazioni d'ordine

Esercizi a p. 237

Ordine largo e ordine stretto

DEFINIZIONE
Una **relazione** definita in un insieme è **di ordine largo** se è **riflessiva**, **antisimmetrica** e **transitiva**.

ESEMPIO Nell'insieme $\mathbb{N}$ dei numeri naturali, la relazione «x è multiplo di y» è di ordine largo. Infatti è:

- riflessiva (ogni numero è multiplo di se stesso secondo il fattore 1);
- antisimmetrica (presi due numeri diversi x e y, se x è multiplo di y, allora y non può essere multiplo di x);
- transitiva (se x è multiplo di y e y è multiplo di z, allora x è multiplo di z; per esempio, se $x = 2y$ e $y = 3z$, $x = 2 \cdot 3z = 6z$).

DEFINIZIONE

Una **relazione** definita in un insieme è **di ordine stretto** se è **antiriflessiva**, **antisimmetrica** e **transitiva**.

L'ordine è largo o stretto a seconda che valga la proprietà riflessiva o quella antiriflessiva.

ESEMPIO Nell'insieme degli studenti di una classe, la relazione

«a corre più veloce di b»

è una relazione d'ordine stretto. Infatti è:

- antiriflessiva (ogni studente non può correre più veloce di se stesso);
- antisimmetrica (se uno studente corre più veloce di un altro, non può succedere che quest'ultimo corra più veloce del primo);
- transitiva (se a corre più veloce di b e b corre più veloce di c, allora a corre più veloce anche di c).

Ordine totale e ordine parziale

Possiamo anche distinguere le relazioni a seconda della loro capacità di creare un ordine su un intero insieme o solo su una sua parte.

DEFINIZIONE

Una **relazione d'ordine** (largo o stretto) definita in un insieme è **totale** se, *comunque scelti* due elementi distinti a e b nell'insieme, risulta sempre che a è in relazione con b oppure che b è in relazione con a.

Una relazione d'ordine che non è di ordine totale si chiama relazione d'**ordine parziale**.

ESEMPIO Nell'insieme $A = \{2, 3, 4, 9, 36\}$ la relazione

$\mathcal{R}$: $a < b$

è di ordine totale perché è possibile confrontare tutti gli elementi dell'insieme tra loro.

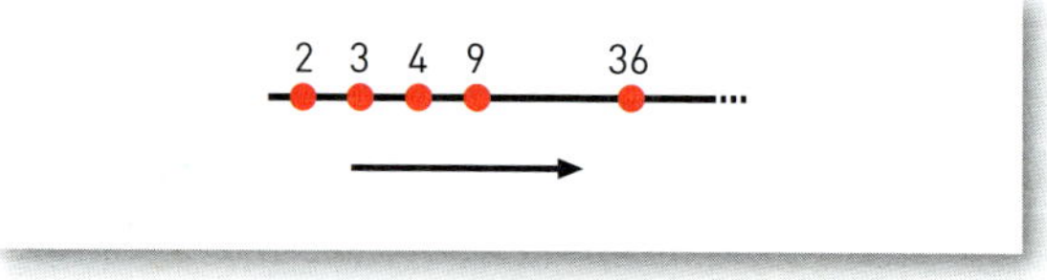

Se nell'insieme A consideriamo la relazione

$\mathcal{R}$: a è divisore di b

non è possibile confrontare fra loro tutti gli elementi, per esempio 2 non è confrontabile con 9.

$\mathcal{R}$ è una relazione di ordine parziale.

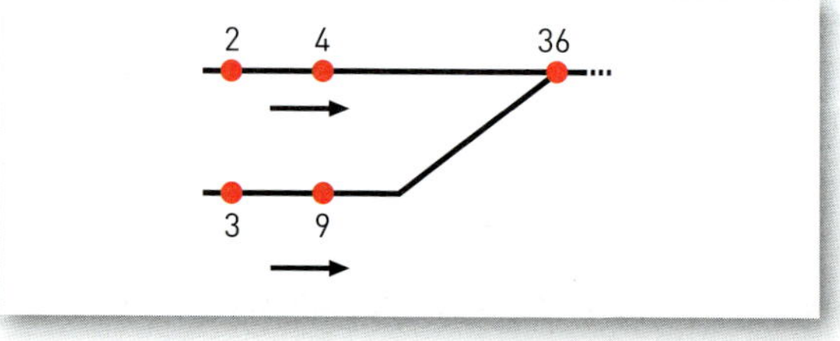

► Stabilisci se la relazione definita in A = {Terra, Via Lattea, Sistema Solare, Universo}:

$a \mathcal{R} b \leftrightarrow a$ è meno vasto di b

è d'ordine. In caso affermativo, specifica se largo o stretto, totale o parziale e ordina gli elementi.

5 Le funzioni

▶ Esercizi a p. 242

Consideriamo l'insieme di alcuni amici che si incontrano in vacanza, $A = \{$Silvia, Paola, Luigi, Andrea$\}$, e l'insieme di alcune città, $B = \{$Bari, Forlì, Milano, Roma, Siena$\}$.

Rappresentiamo la relazione

«x abita a y»

nella figura a lato: da ogni elemento del primo insieme parte una e una sola freccia.

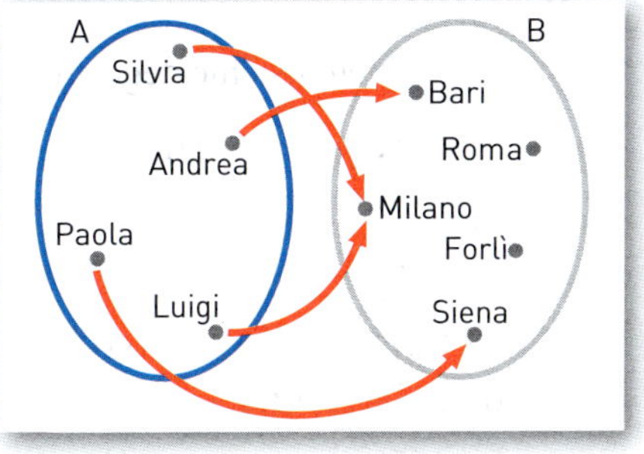

Tale relazione gode di una particolarità: a ogni ragazza o ragazzo è associata una e una sola città. Una relazione di questo tipo si chiama *funzione*.

DEFINIZIONE

Una relazione dall'insieme A all'insieme B è una **funzione** se a *ogni* elemento di A associa *uno e un solo* elemento di B.

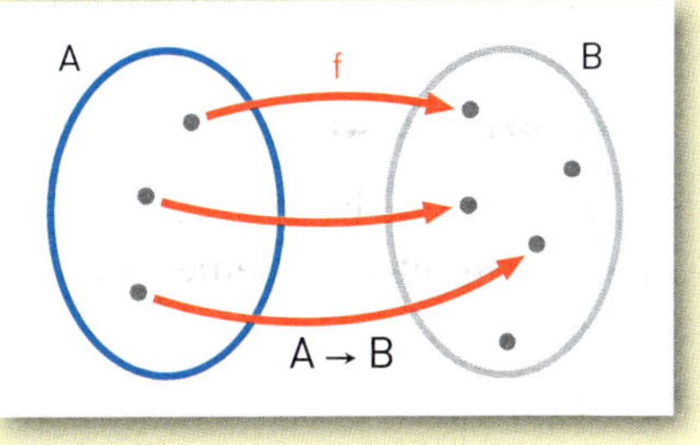

Listen to it

A **function** from set *A* to set *B* is a relation that maps *A* onto *B* such that every element of *A* is mapped onto *only* one element of *B*.

L'espressione «uno e un solo» della definizione sottolinea che devono essere soddisfatte due condizioni:

- **per ogni** elemento di A **esiste** un elemento di B associato;
- tale elemento è **unico**.

Poiché una funzione fa corrispondere a ogni elemento di A un *unico* elemento di B, essa viene anche chiamata **corrispondenza univoca**.

Se anche soltanto una di queste due condizioni non è verificata, la relazione non è una funzione.

ESEMPIO Le relazioni rappresentate in figura non sono funzioni.

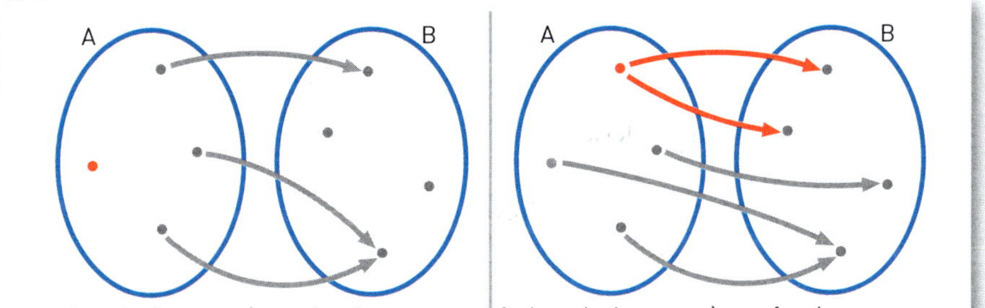

a. La relazione non è una funzione, perché c'è un elemento di A che non ha corrispondente in B.

b. La relazione non è una funzione, perché c'è un elemento di A a cui sono associati due elementi di B.

Per indicare una funzione si usa una lettera minuscola (spesso le lettere f, g e h). Per indicare la relazione che esiste fra gli elementi di A e di B si utilizza una freccia:

$f: A \rightarrow B$, che si legge «f è una funzione da A a B».

TEORIA

▶ Rappresenta la funzione $y = f(x) = -x^2 + 4$, con $x, y \in \mathbb{Z}$, $-2 \leq x \leq 2$ e $0 \leq y \leq 5$ mediante un diagramma cartesiano e un diagramma a frecce. Scrivi il codominio e indica le controimmagini dei suoi elementi.

Animazione

Si dice che A è l'*insieme di partenza* della funzione e B l'*insieme di arrivo*.

Per indicare una funzione si utilizza anche la scrittura:

$$y = f(x),$$

che si legge: «y uguale a f di x». y è detto l'**immagine** di x mediante la funzione f, mentre x è chiamato **controimmagine** di y. L'insieme A è detto **dominio** della funzione, il sottoinsieme di B formato dalle immagini degli elementi di A è detto **codominio**. Indicando il codominio con la lettera C, vale la relazione $C \subseteq B$.

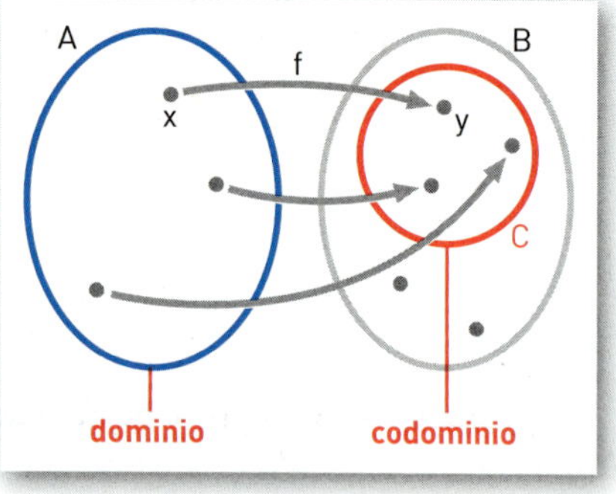

Le funzioni suriettive, iniettive e biunivoche

Listen to it

A function from set A to set B is **surjective** if for every element of B there is *at least one* element of A that is mapped onto it.

DEFINIZIONE
Una **funzione** da A a B è **suriettiva** se ogni elemento di B è immagine di *almeno* un elemento di A.

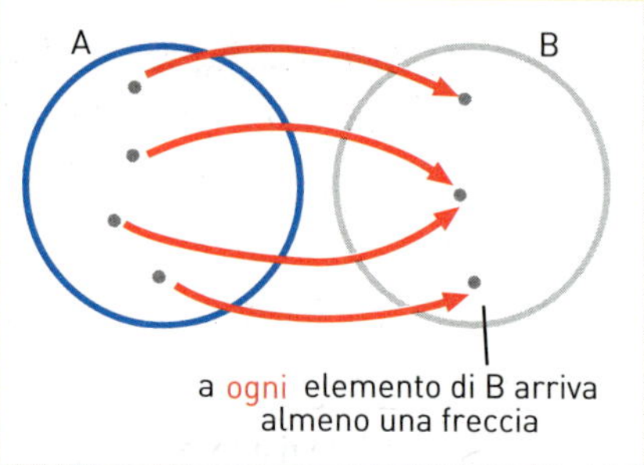

In simboli:

f è suriettiva se $\forall\, y \in B\ \exists\, x \in A$ tale che $f(x) = y$.

In una funzione suriettiva il codominio coincide con l'insieme di arrivo.

Il fatto che una funzione sia suriettiva o meno dipende da come viene scelto l'insieme di arrivo. È sempre possibile, infatti, rendere una funzione suriettiva restringendo l'insieme di arrivo all'insieme delle immagini (cioè al codominio).

ESEMPIO Consideriamo l'insieme A = {province d'Italia} e B = {regioni d'Italia}, la funzione che associa a ogni provincia una regione è suriettiva in quanto ogni regione è immagine di almeno una provincia.

ESEMPIO

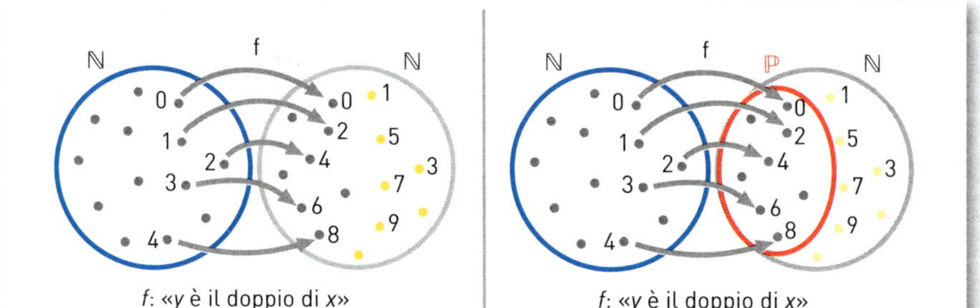

a. La funzione f non è suriettiva, perché 1, 3, 5 ecc. non sono immagini di alcun elemento del dominio $\mathbb{N}$.

b. Restringendo l'insieme di arrivo al codominio $\mathbb{P}$, insieme dei naturali pari, la funzione risulta suriettiva.

DEFINIZIONE

Una **funzione** da A a B è **iniettiva** se ogni elemento di B è immagine *al più* di un elemento di A.

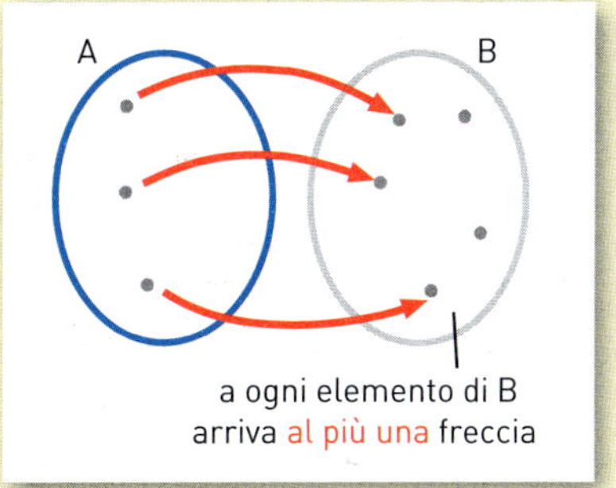

Listen to it

A function from set *A* to set *B* is **injective** if for every element of *B* there is *at most one* element of *A* that is mapped onto it; in other words, an injective function never maps two distinct elements of *A* onto the same element of *B*.

Se una funzione è iniettiva, a due elementi di A non corrisponde uno stesso elemento di B.

In simboli:

f è iniettiva se $\forall\ x_1, x_2 \in A,\ x_1 \neq x_2 \rightarrow f(x_1) \neq f(x_2)$.

ESEMPIO Consideriamo l'insieme degli alunni della 2ª C e l'insieme dei numeri naturali minori di 40.
La funzione che associa a ogni alunno il suo numero d'ordine sul registro è iniettiva. Infatti due alunni diversi non possono avere lo stesso numero.
La funzione f è iniettiva perché a ogni alunno è associato uno e un solo numero d'ordine.

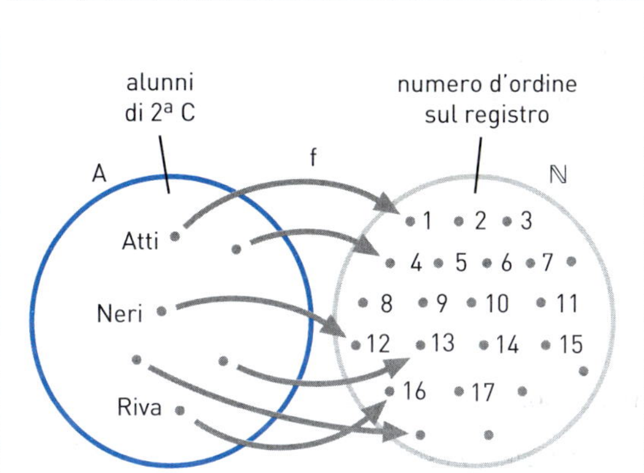

f: «x ha come numero d'ordine sul registro y»

DEFINIZIONE

Una **funzione** da A a B è **biunivoca** (o **biiettiva**) se è sia iniettiva sia suriettiva.

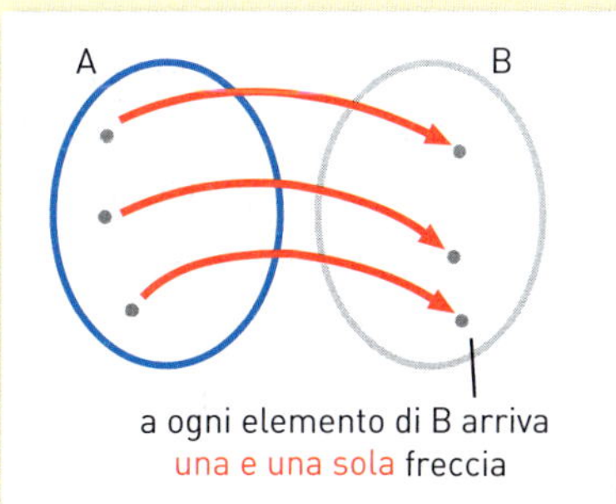

Listen to it

A function that is injective and surjective is called **bijective**.

Una funzione biunivoca viene anche chiamata **corrispondenza biunivoca** fra A e B. In simboli:

$f: A \leftrightarrow B$.

In una funzione biunivoca c'è una corrispondenza «uno a uno» fra gli elementi di A e quelli di B. Ogni elemento di B è l'immagine di uno e un solo elemento di A e **viceversa**.

ESEMPIO

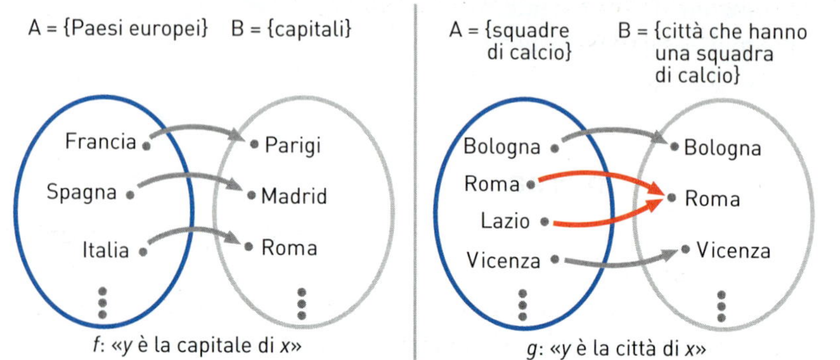

a. La funzione f è biunivoca, perché ogni Paese europeo ha una sola capitale.

b. g non è biunivoca, perché non è iniettiva. La Roma e la Lazio sono entrambe squadre di Roma.

► Rappresenta con un diagramma a frecce la seguente funzione $f: A \to B$ e poi stabilisci se è suriettiva, iniettiva, biunivoca. $A = \mathbb{Z}$, $B = \mathbb{Z}$ e $y = f(x)$ tale che y è l'opposto di x.

6 Le funzioni numeriche

► Esercizi a p. 246

Funzioni in cui dominio e codominio sono insiemi numerici, sono dette **funzioni numeriche**. Una funzione è **reale di variabile reale** se il suo dominio e il suo codominio sono sottoinsiemi di $\mathbb{R}$.

Listen to it

A **real function of a real variable** is a function whose domain and codomain are subsets of the real line.

ESEMPIO Consideriamo l'insieme $\mathbb{R}$ dei numeri reali e la funzione:

$$f: \mathbb{R} \to \mathbb{R}$$

$$y = 3x - 2.$$

La funzione f è descritta da una legge, $y = 3x - 2$, che permette di associare a ogni numero reale x la relativa immagine y. Per esempio, per $x = 5$ il valore di y è 13, quindi l'immagine di 5 è 13.

Particolari funzioni numeriche sono esprimibili mediante una legge che contiene operazioni matematiche. Tale legge viene anche chiamata **espressione analitica** della funzione.

Il valore che assume y dipende da quello attribuito a x. Per questo motivo y prende il nome di **variabile dipendente** e x di **variabile indipendente**.

Il dominio naturale di una funzione

Se la funzione f viene assegnata senza specificare il dominio e il codominio, si assume per convenzione che:

- il **dominio** (D) è l'insieme di tutti i numeri reali per i quali le operazioni indicate nella legge che descrive la funzione si possono eseguire. In questo caso, il dominio si chiama **dominio naturale** o **campo di esistenza**. Il dominio può anche essere chiamato *insieme di definizione*.
- il **codominio** è l'insieme $\mathbb{R}$ o un suo sottoinsieme.

ESEMPIO Consideriamo la funzione definita dalla legge:

$$y = \frac{x-2}{x}.$$

Se sostituiamo a x il valore 0, la frazione perde di significato; diciamo che la funzione **non è definita** per $x = 0$ e scriviamo D: $x \neq 0$.
Si può anche scrivere:

$$D = \mathbb{R} - \{0\}.$$

► Determina il dominio naturale delle seguenti funzioni.

- $y = \frac{3x+1}{4}$
- $y = \frac{2}{x}$

La funzione inversa

Una funzione è un particolare tipo di relazione e sappiamo già che per ogni relazione è possibile definire la relazione **inversa**.
Ci chiediamo: la relazione inversa di una funzione è ancora una funzione?
La risposta è affermativa solo se la funzione è biunivoca.

Nella rappresentazione sagittale, la relazione inversa si ottiene rovesciando il verso di percorrenza delle frecce.

ESEMPIO Consideriamo la funzione da $\mathbb{Z}$ in $\mathbb{Z}$ che associa a ogni numero intero il suo successivo:

$$f: \mathbb{Z} \to \mathbb{Z}$$

$$y = x + 1.$$

Questa funzione è biunivoca in quanto stabilisce una corrispondenza uno a uno fra un numero x e il suo successivo y. Infatti la funzione è suriettiva perché ogni numero intero è successivo di un numero intero, e la funzione è iniettiva perché due numeri interi diversi sono associati a due numeri successivi diversi.

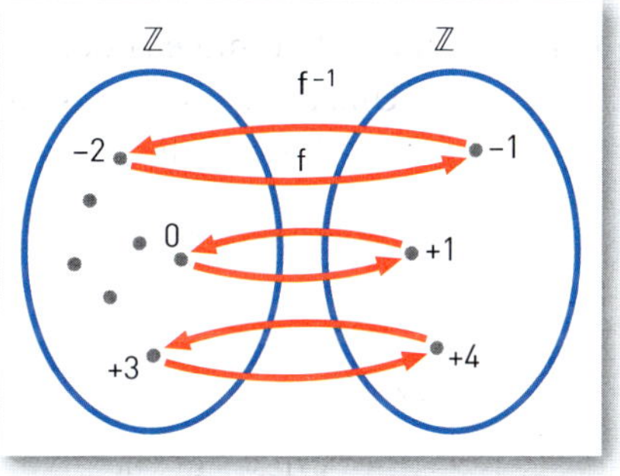

La funzione inversa da $\mathbb{Z}$ a $\mathbb{Z}$ associa a ogni numero intero y il suo precedente x:

$$f^{-1}: \mathbb{Z} \to \mathbb{Z}$$

$$x = y - 1.$$

DEFINIZIONE
Sia $f: A \to B$ una funzione biunivoca. La **funzione inversa** di f è la funzione biunivoca $f^{-1}: B \to A$, che a ogni y in B associa x in A tale che $y = f(x)$.

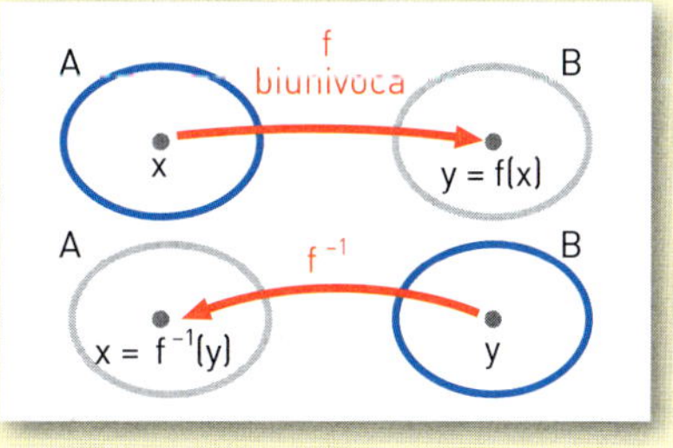

Una funzione f che ammette la funzione inversa f^{-1} è detta **invertibile**.

Nota che f^{-1} indica la funzione inversa di f e non $\frac{1}{f}$!

► Fai almeno due esempi di funzione invertibile. In generale, quali caratteristiche deve avere una funzione per essere invertibile?

Video

La composizione di due funzioni numeriche

Date le funzioni f e g, a ogni x del dominio di g associamo il corrispondente valore $g(x)$ e a ogni valore così ottenuto, se appartiene al dominio di f, associamo il valore che gli corrisponde mediante f.
La funzione così ottenuta si chiama **funzione composta** $f \circ g$ (si legge: *f composto g*).
La indichiamo anche con $y = f(g(x))$.
In modo analogo, definiamo la funzione composta $g \circ f$, cioè $y = g(f(x))$.
In generale, $f \circ g$ e $g \circ f$ *non* sono la stessa funzione: $f \circ g \neq g \circ f$.

ESEMPIO Date le funzioni $f(x) = 4x$ e $g(x) = x^2 + 2$, determiniamo l'espressione analitica di $f \circ g$ e $g \circ f$.

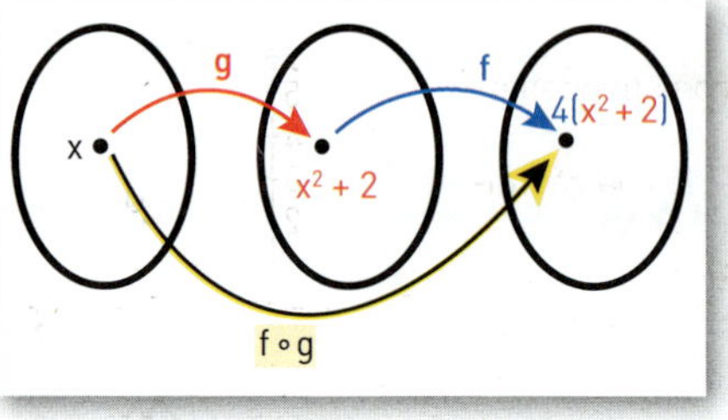

$f(g(x)) = 4(x^2 + 2) = 4x^2 + 8$

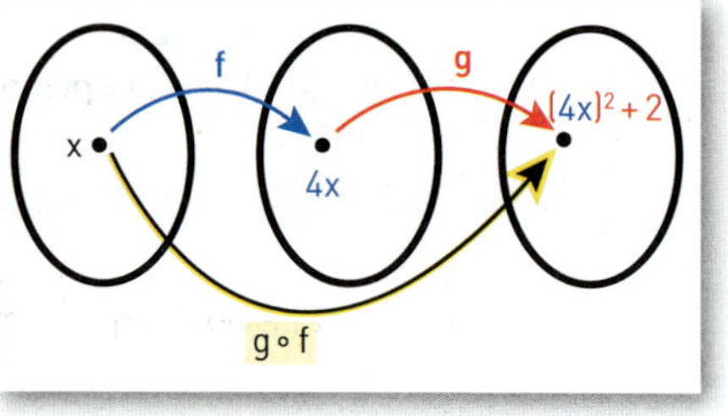

$g(f(x)) = (4x)^2 + 2 = 16x^2 + 2$

▶ Date le funzioni $f(x) = x^2$ e $g(x) = x + 3$, illustra con diagrammi a frecce come quelli dell'esempio come operano $g \circ f$ e $f \circ g$. Determina le espressioni analitiche delle due funzioni composte.

Video

Se si compone una funzione f: $A \to B$ con la sua inversa f^{-1}: $B \to A$ si ottiene la funzione **identità**, che associa a ogni elemento di un insieme se stesso.
In simboli si scrive:

$$f^{-1} \circ f: A \to A.$$

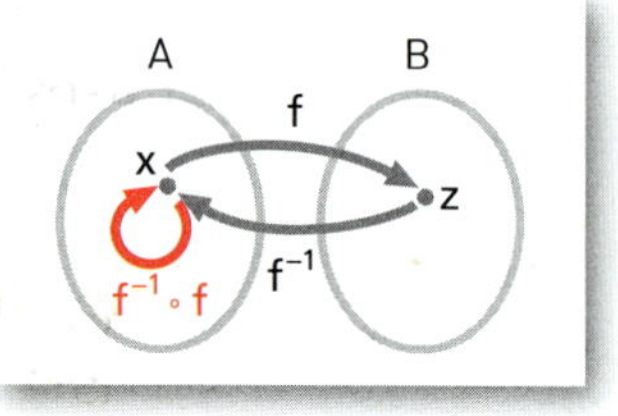

7 Il piano cartesiano e il grafico di una funzione

▶ Esercizi a p. 248

Il piano cartesiano

Poiché una funzione è una relazione, possiamo rappresentarla con un grafico cartesiano. In particolare vediamo come si costruisce il *grafico cartesiano di una funzione numerica* riferendoci alla figura.
L'**asse delle ascisse**, o **asse *x***, e l'**asse delle ordinate**, o **asse *y***, sono due rette perpendicolari, che si incontrano nell'**origine *O***.
Entrambi gli assi sono orientati, su di essi è fissata un'unità di misura, l'origine corrisponde a zero ed è possibile rappresentare su ognuno degli assi un qualsiasi numero reale.
C'è corrispondenza biunivoca fra i punti del piano e le coppie del prodotto cartesiano $\mathbb{R} \times \mathbb{R}$:

- a ogni coppia di numeri reali $(x_P; y_P)$ corrisponde un punto P;
- a ogni punto P corrisponde una coppia $(x_P; y_P)$.

Diciamo che x_P è l'**ascissa** e y_P è l'**ordinata** di P o anche che P ha **coordinate** x_P e y_P.
Indichiamo il punto con $P(x_P; y_P)$, che leggiamo: *P di coordinate* x_P *e* y_P.
Nella figura è rappresentato il punto $P(2; 3)$.

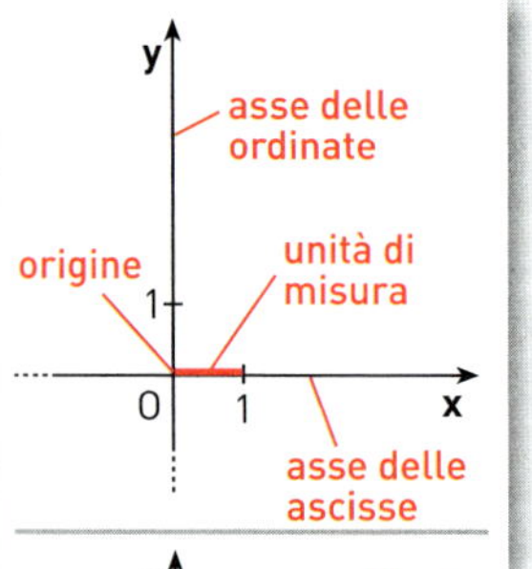

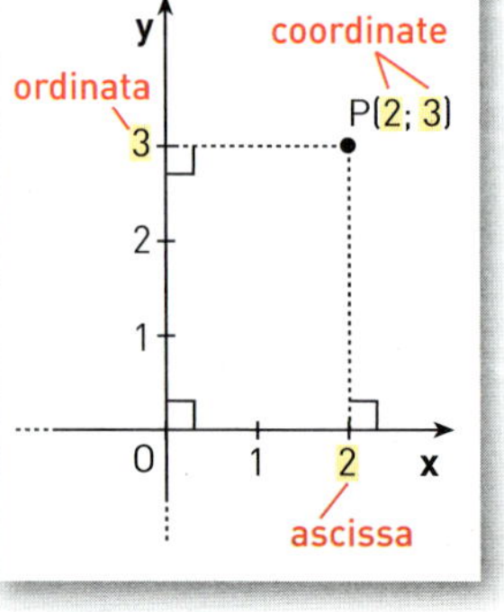

Un piano su cui si introduca un sistema di coordinate cartesiane viene detto **piano cartesiano**.

Chiamiamo **quadranti** i quattro angoli retti in cui il piano cartesiano è diviso dagli assi; ordiniamo i quadranti come in figura.
Se un punto ha:

- ascissa e ordinata positive, appartiene al primo quadrante;
- ascissa negativa e ordinata positiva, appartiene al secondo quadrante;
- ascissa e ordinata negative, appartiene al terzo quadrante;
- ascissa positiva e ordinata negativa, appartiene al quarto quadrante.

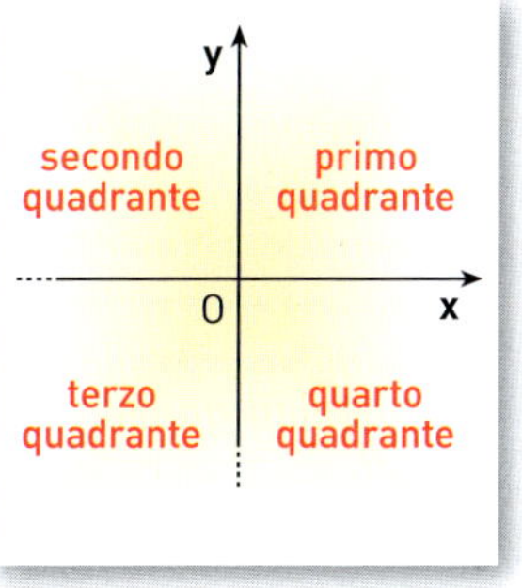

► Esercitati con il piano cartesiano.

a. Date le coordinate (2; 3), segna il punto P corrispondente nel piano cartesiano.

b. Dato il punto Q segnato in figura, determina le sue coordinate.

c. Insieme ai punti precedenti, rappresenta $R(-3; 1)$, $S(-1; -3)$, $T(4; -2)$ e indica i quadranti in cui si trovano.

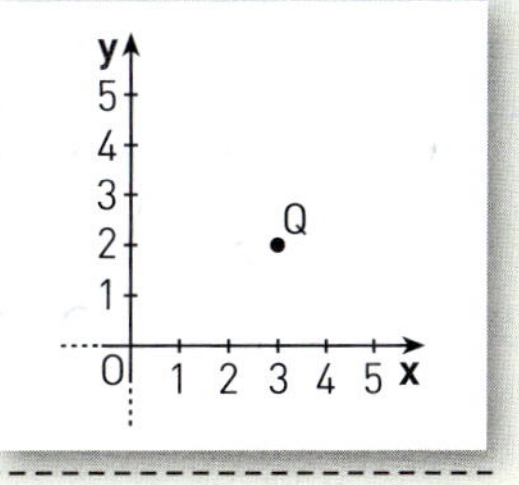

Animazione

Il grafico di una funzione

DEFINIZIONE
Data una funzione reale di variabile reale $y = f(x)$, chiamiamo **grafico** della funzione l'insieme di tutti i punti del piano cartesiano che rappresentano le coppie $(x; y)$ della funzione.

Listen to it
The **graph** of a function f is the set of ordered pairs (x, y) in which $y = f(x)$.

ESEMPIO Rappresentiamo *per punti*, in modo approssimato, il grafico di

$$y = \frac{1}{2}x^2 - 5.$$

Costruiamo una tabella, assegnando a x alcuni valori e determinando i corrispondenti valori di y mediante l'espressione analitica. Le coppie ottenute sono le coordinate di punti del grafico.
Tracciamo la linea del *grafico probabile* che passa per tutti i punti trovati.

x	y
-4	3
-2	-3
-1	$-\frac{9}{2}$
0	-5
1	$-\frac{9}{2}$
2	-3
4	3

$3 = \frac{1}{2}(-4)^2 - 5$

$-\frac{9}{2} = \frac{1}{2}(-1)^2 - 5$

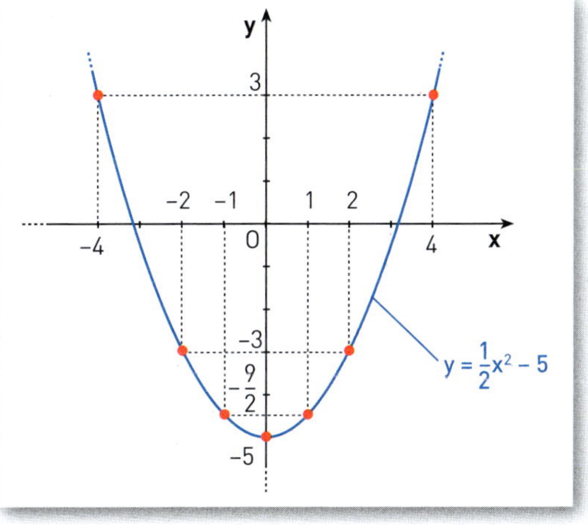

► Rappresenta per punti il grafico delle seguenti funzioni.

- $y = 4x$
- $y = -\frac{3}{2}x - 5$
- $y = -\frac{1}{3}x^2 + 1$

TEORIA

PROBLEMA

Alberi in più, alberi in meno Un impresario ha acquistato una piantagione di 5400 alberi da carta. Decide di tagliare, alla fine di ogni anno, il 30% degli alberi presenti per destinarli alla produzione di carta. Inoltre, per ripopolare la piantagione, stabilisce di piantare dopo ogni taglio 810 nuovi alberi. Nel tempo, gli alberi aumentano o diminuiscono?

► Rappresenta il numero degli alberi in funzione degli anni, con una tabella e con un grafico.

Scheda di lavoro

Analisi di un grafico

Un grafico cartesiano fornisce in modo immediato informazioni.
In particolare, data una relazione da $\mathbb{R}$ a $\mathbb{R}$, se è noto il suo grafico, possiamo capire se è una funzione. Se immaginiamo di far scorrere nel piano una retta parallela all'asse y, essa interseca sempre il grafico di una funzione in un solo punto.

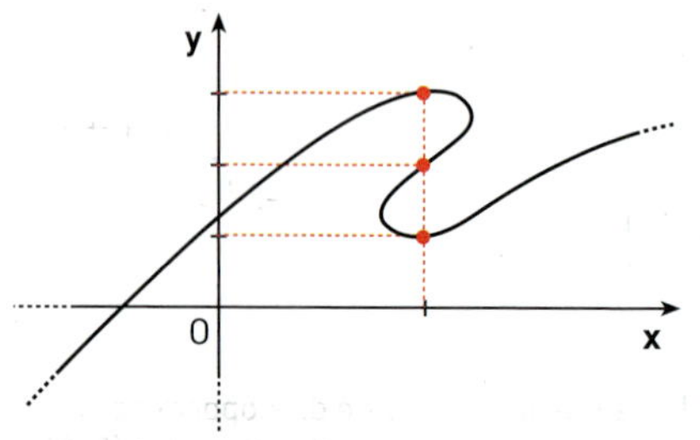

Il grafico non rappresenta una funzione: ci sono valori di x a cui corrispondono più valori di y.

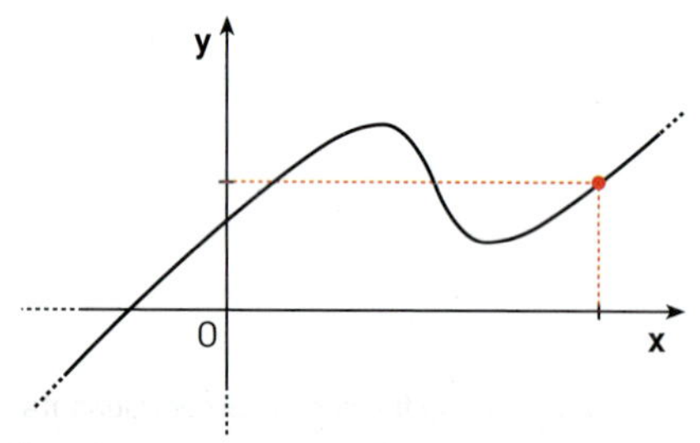

Il grafico rappresenta una funzione: a ogni valore di x corrisponde un solo valore di y.

8 Particolari funzioni numeriche

► Esercizi a p. 251

La proporzionalità diretta

Consideriamo la funzione $f: \mathbb{R} \to \mathbb{R}$ definita dalla legge $y = 2x$.
Costruiamo la tabella della funzione e osserviamo che:

- se x raddoppia anche y raddoppia, se x triplica anche y diventa il triplo ecc.;
- se si esclude la coppia (0; 0), per ogni coppia di punti, (1; 2), (2; 4), (3; 6) ecc., il rapporto $\frac{y}{x}$ è sempre uguale a 2.

x	y
0	0
1	2
2	4
3	6
4	8
5	10
6	12
7	14
...	...

(·2: da 1 a 2 e da 2 a 4; ·3: da 2 a 6 e da 4 a 12)

DEFINIZIONE

Una funzione si dice di **proporzionalità diretta** se la sua espressione analitica è del tipo $\boldsymbol{y = kx}$, con k costante reale ($k \neq 0$).

Le variabili x e y legate da una funzione di proporzionalità diretta si dicono **direttamente proporzionali**.

Scrivendo la funzione $y = kx$ nella forma

$$\frac{y}{x} = k, \quad \text{con } x \neq 0$$

possiamo anche affermare che

due variabili direttamente proporzionali hanno **rapporto costante**.

Listen to it

A function represents **direct proportionality** if it can be represented by an equation in the form $y = mx$, where m is *not* 0.

► Un'automobile consuma 46 litri di benzina per percorrere 667 km. Quanti kilometri percorre con 34 litri di benzina? E quanti litri consuma per percorrere 1073 km? Determina l'espressione analitica della funzione che lega le variabili in gioco.

Video

Il grafico di una funzione di proporzionalità diretta è sempre rappresentato da una retta passante per l'origine degli assi (0; 0).

ESEMPIO

$y = 2x$

x	y
0	0
1	2
−1	−2
2	4
−2	−4
…	…

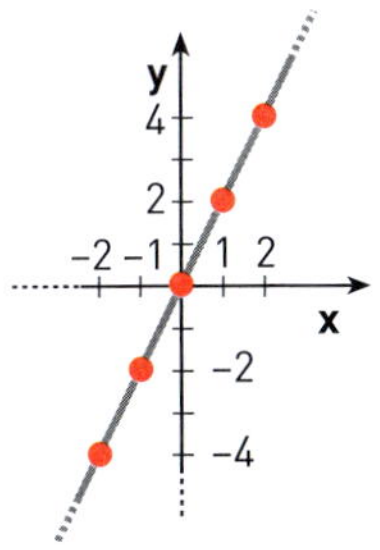

a. $y = 2x$ è una funzione di proporzionalità diretta con $k > 0$. La retta passa per (0; 0).

$y = -2x$

x	y
0	0
1	−2
2	−4
−1	+2
−2	+4
…	…

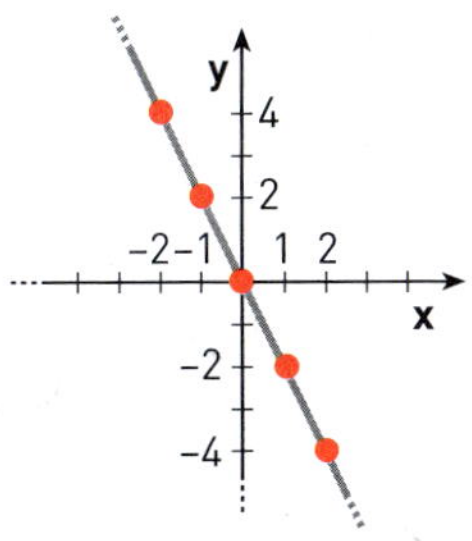

b. La funzione $y = -2x$ è di proporzionalità diretta con $k < 0$. La retta passa per (0; 0).

La proprietà del grafico che abbiamo evidenziato ci dà un buon criterio per stabilire se una funzione è di proporzionalità diretta o meno.

La proporzionalità inversa

Studiamo mediante una tabella la funzione $y = \frac{30}{x}$, D: $x \neq 0$.

Osserviamo che:

- se leggiamo la tabella in verticale, quando x raddoppia y diventa metà, quando x triplica y diventa un terzo e così via;
- se leggiamo la tabella in orizzontale, per ogni coppia di punti, per esempio (1; 30), (2; 15), (3; 10) ecc., il prodotto $x \cdot y$ è sempre uguale a 30.

x	y
−6	−5
−3	−10
−2	−15
−1	−30
1	30
2	15
3	10
6	5
…	…

(·2 da 1 a 2; :2 da 30 a 15; ·3 da 3 a 6... ·3 da 1 a 3; :3 da 15 a 5)

DEFINIZIONE

Una funzione si dice di **proporzionalità inversa** se la sua espressione analitica è del tipo $y = \frac{k}{x}$, con k costante reale ($k \neq 0$).

Le variabili legate da una funzione di proporzionalità inversa si dicono **inversamente proporzionali**.

Scrivendo la funzione $y = \frac{k}{x}$ nella forma

$x \cdot y = k$,

possiamo anche affermare che

due variabili inversamente proporzionali hanno **prodotto costante**.

Il grafico di una funzione di proporzionalità inversa è rappresentato da una particolare curva, detta **iperbole equilatera**.

Ogni punto $(x; y)$ di questa curva rappresenta il vertice di un rettangolo che ha il vertice opposto nell'origine, base x sull'asse delle ascisse e altezza y sull'asse delle ordinate.

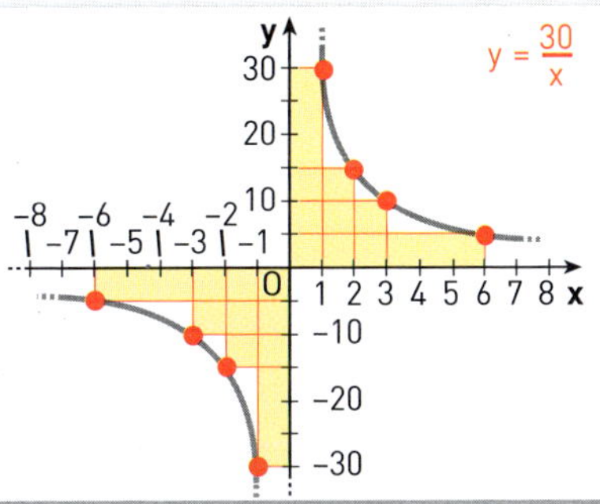

Tutti i rettangoli evidenziati nel grafico hanno area che ha la stessa misura 30, infatti $x \cdot y = 30$.

Listen to it

A function represents **inverse proportionality** if it can be represented by an equation in the form $y = \frac{k}{x}$, where k is *not* 0.

▶ Per percorrere la distanza fra due città, un treno viaggia a 112 km/h e impiega 3 ore. Quanto tempo impiegherebbe viaggiando a 192 km/h? E a quale velocità percorrerebbe la stessa distanza in un'ora e 20 minuti? Determina l'espressione analitica della funzione che lega le variabili in gioco.

Video

TEORIA

x	y
−4	−10
−3	−7
−2	−4
−1	−1
0	2
1	5
2	8
3	11

La funzione lineare

Studiamo la funzione $y = 3x + 2$. Costruiamo la tabella dei valori di x e y.
Riportiamo le coppie di punti sul piano cartesiano. Per esempio nella figura abbiamo segnato i punti $(-2; -4)$, $(-1; -1)$, $(0; 2)$, $(1; 5)$.

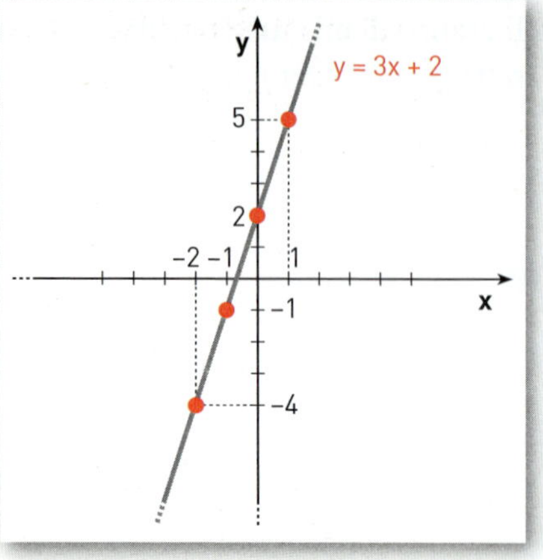

La funzione $y = 3x + 2$ è rappresentata da una retta, tuttavia non è di proporzionalità diretta, infatti non passa dal punto $(0; 0)$.

Diamo la seguente definizione.

DEFINIZIONE
Una **funzione** si dice **lineare** se la sua espressione analitica è del tipo:

$\boldsymbol{y = ax + b}$, con a e b costanti reali.

Nella retta rappresentata dall'espressione analitica $y = ax + b$:

- a è il **coefficiente angolare** della retta;
- il coefficiente b è l'ordinata del punto in cui la retta interseca l'asse y, che ha ascissa 0 ed è detta **ordinata all'origine**.

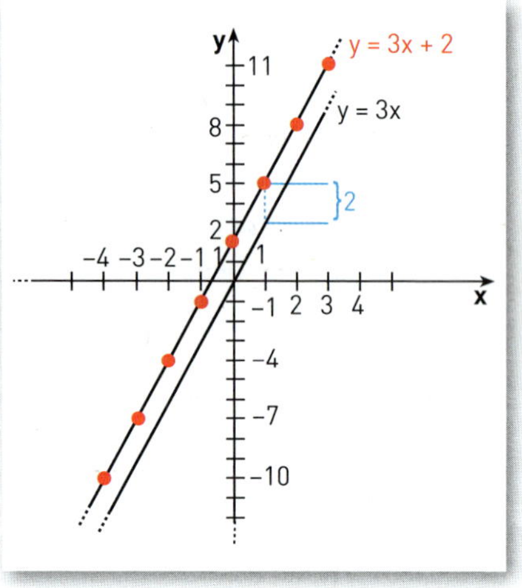

Nell'esempio il coefficiente angolare è $a = 3$, e l'ordinata all'origine è $b = 2$.

Osserviamo che il grafico $y = 3x + 2$ si può ottenere da quello della retta che rappresenta la funzione di proporzionalità diretta $y = 3x$ aggiungendo 2 all'ordinata di ogni suo punto.

Se $a = 0$, la funzione diventa $y = b$ e associa b ad ogni valore di x.
Il grafico corrispondente è una retta parallela all'asse x.
In particolare, l'equazione dell'asse x è $y = 0$.

ESEMPIO $y = 4$ ha per grafico una retta costituita da tutti i punti con ordinata 4.

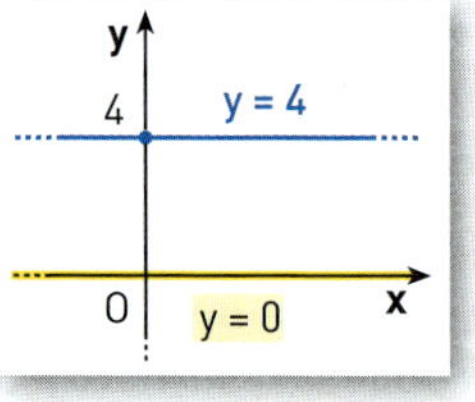

La funzione che ha espressione analitica $y = m$, con $m \in \mathbb{R}$, è una funzione **costante**.

▶ Verifica che i valori delle variabili della tabella sono in dipendenza lineare. Determina l'espressione analitica della funzione.

x	−1	0	1	2
y	−5	−2	1	4

Animazione

La proporzionalità quadratica

Studiamo mediante una tabella la funzione $y = 2x^2$.

Osserviamo che:

- se x raddoppia, y diventa quattro volte più grande; se x triplica, y diventa nove volte più grande; se x viene moltiplicato per n, allora y risulta moltiplicato per n^2;
- se si esclude la coppia (0; 0), per ogni coppia di punti (1; 2), (2; 8), (3; 18), …, i rapporti del tipo $\frac{y}{x^2}$ sono sempre uguali a 2.

x	y
0	0
1	2
2	8
3	18
−1	2
−2	8
…	…

$\cdot 2$, $\cdot 3$ (su x); $\cdot 4$, $\cdot 9$ (su y)

DEFINIZIONE

Una funzione è di **proporzionalità quadratica** se la sua espressione analitica è del tipo $\boldsymbol{y = kx^2}$, con k costante reale ($k \neq 0$).

Listen to it

A function represents a **quadratic relation** if it can be written in the form $y = ax^2$.

Il grafico di una funzione di proporzionalità quadratica è rappresentato da una particolare curva che si chiama **parabola**. Il vertice della parabola si trova nell'origine (0; 0).

Nella figura è riportato il grafico della funzione $y = 2x^2$ che è una parabola il cui vertice è nell'origine degli assi (0; 0).

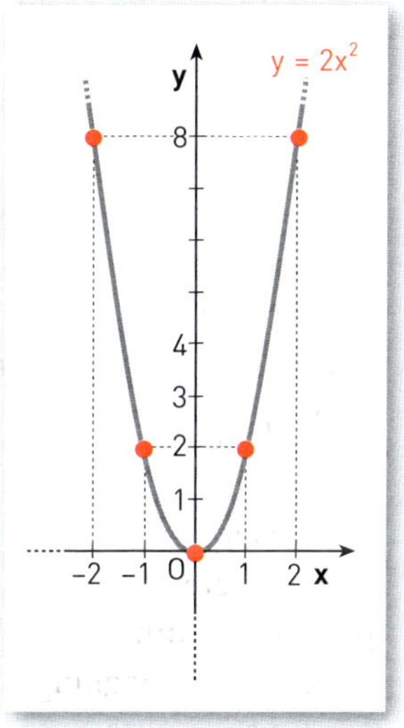

▶ Verifica che i valori delle variabili della seguente tabella sono in proporzionalità quadratica.

x	2	3	4	6
y	$\frac{2}{3}$	$\frac{3}{2}$	$\frac{8}{3}$	6

Traccia il grafico della funzione e determina la sua espressione analitica.

Animazione

Le funzioni definite a tratti

Le **funzioni definite a tratti** sono funzioni definite con espressioni analitiche diverse in sottoinsiemi diversi del loro dominio.

ESEMPIO Rappresentiamo il grafico della funzione:

$$y = \begin{cases} -\dfrac{x}{2} + 1 & \text{se } \; x \leq 0 \\ 1 & \text{se } \; 0 < x \leq 3 \\ x - 2 & \text{se } \; x > 3 \end{cases}$$

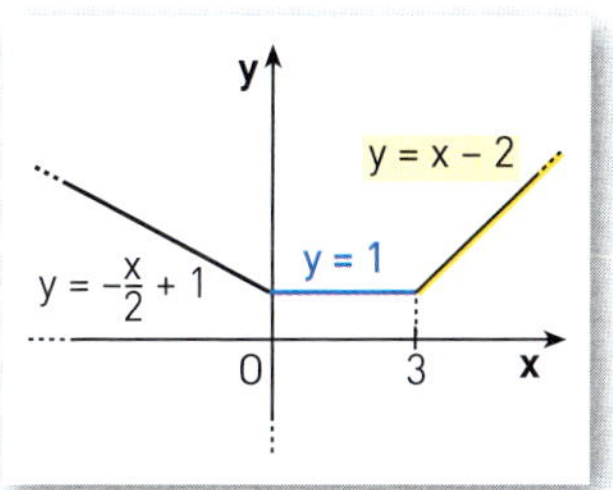

La funzione **valore assoluto** è una funzione definita a tratti nel seguente modo:

$$y = |x| = \begin{cases} x, & \text{se } x \geq 0 \\ -x, & \text{se } x < 0 \end{cases}.$$

MATEMATICA INTORNO A NOI

5, 6, 7, … miliardi Nel secolo scorso la popolazione mondiale ha subito un rapido aumento. I problemi connessi a questa «esplosione» demografica hanno spinto gli studiosi a formulare dei modelli matematici per prevedere l'evoluzione futura della popolazione.

▶ Quanti saremo nel 2025?

La risposta

► Rappresenta le seguenti funzioni definite a tratti.

- $y = \begin{cases} \frac{1}{3}x & \text{se } x \leq 0 \\ -x & \text{se } x > 0 \end{cases}$
- $y = \begin{cases} 3x - 1 & \text{se } x < 1 \\ 0 & \text{se } x = 1 \\ \frac{x+3}{2} & \text{se } x > 1 \end{cases}$
- $y = \begin{cases} 2 - x & \text{se } x < 0 \\ 2 & \text{se } 0 \leq x < 1 \\ -x & \text{se } x \geq 1 \end{cases}$

Animazione

Per qualunque valore di x, il valore corrispondente di y è sempre positivo o nullo (figura **a**), quindi nel grafico della funzione tutti i punti hanno ordinata positiva o nulla, ossia si trovano tutti sopra l'asse x (figura **b**). Le due semirette $y = -x$ per $x < 0$ e $y = x$ per $x \geq 0$ hanno l'origine in comune nel punto $(0; 0)$.

$x < 0$

x	y = −x
−1	1
−2	2
−3	3

$x \geq 0$

x	y = x
0	0
1	1
2	2
3	3

a

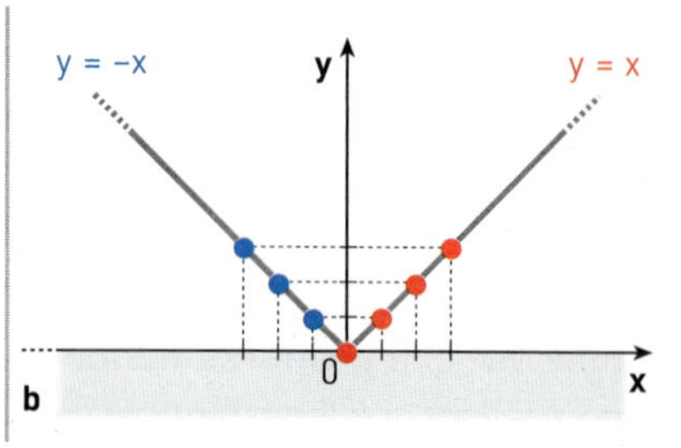

b

9 Le funzioni circolari

► Esercizi a p. 260

La misura degli angoli

La misura in gradi

Nel *sistema sessagesimale*, l'unità di misura degli angoli è il **grado sessagesimale**, definito come la 360ª parte dell'angolo giro.

La misura in radianti

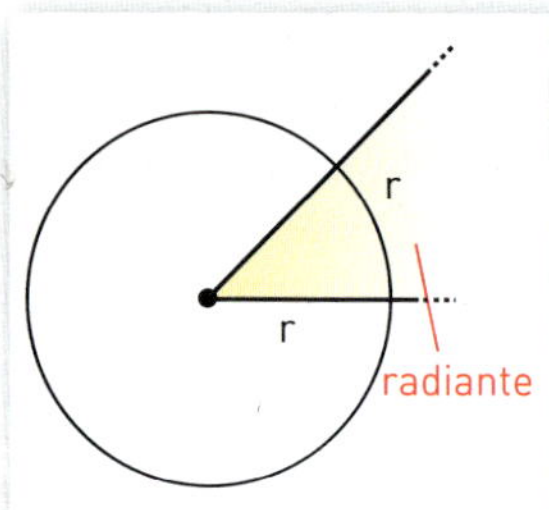

DEFINIZIONE

Data una circonferenza, chiamiamo **radiante** l'angolo al centro che sottende un arco di lunghezza uguale al raggio.

L'unità di misura viene indicata con rad, ma generalmente, se si esprime un angolo in radianti, si è soliti trascurare l'indicazione dell'unità di misura.
Per calcolare la misura in radianti di un angolo, si divide la misura dell'arco sotteso dall'angolo per quella del raggio.

Poiché sottende l'intera circonferenza, l'angolo giro misura $\frac{2\pi r}{r} = 2\pi$. L'angolo piatto, che corrisponde a metà circonferenza, misura π, l'angolo retto misura $\frac{\pi}{2}$ ecc.

Riportiamo in tabella le misure in radianti e in gradi di alcuni angoli.

Misure degli angoli

Gradi	0°	30°	45°	60°	90°	120°	135°	150°	180°
Radianti	0	$\frac{\pi}{6}$	$\frac{\pi}{4}$	$\frac{\pi}{3}$	$\frac{\pi}{2}$	$\frac{2}{3}\pi$	$\frac{3}{4}\pi$	$\frac{5}{6}\pi$	π

Tra la misura degli angoli in gradi e quella in radianti vale la proporzione: $\alpha° : \alpha_{rad} = 360° : 2\pi$.
Per esempio, 30° equivale a $\frac{\pi}{6}$ radianti, perché:

$$30° : \alpha_{rad} = 360° : 2\pi \rightarrow \alpha_{rad} = \frac{\pi}{6}.$$

Un radiante corrisponde a circa 57°.

Gli angoli orientati

Nel piano cartesiano xOy disegniamo una circonferenza con raggio che misura 1 e centro nell'origine. La chiamiamo **circonferenza goniometrica** (figura **a**). Consideriamo sull'asse x la semiretta OA, di origine O.

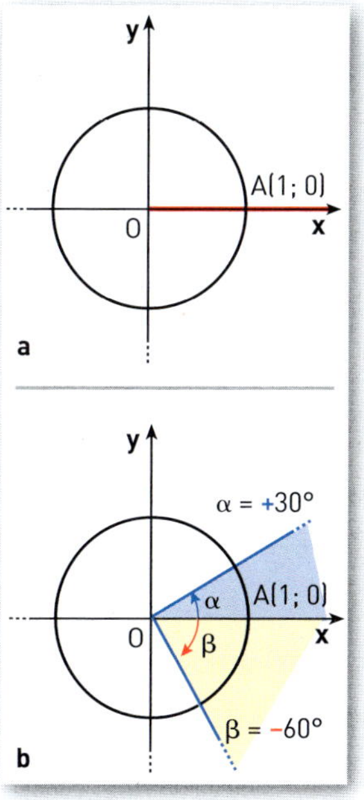

Gli angoli α e β della figura **b** sono **angoli orientati**:

- la semiretta OA viene presa come primo lato o lato origine dell'angolo;
- si pensa di ottenere il secondo lato dal primo con una rotazione.

Se la rotazione è in senso antiorario, l'angolo è di ampiezza positiva; se è in senso orario, l'ampiezza è negativa.

Nella figura **b**: $\alpha = +30°$, $\beta = -60°$.

Legare il concetto di angolo alla rotazione del primo lato fino a ottenere il secondo permette anche di considerare angoli maggiori di 360°.

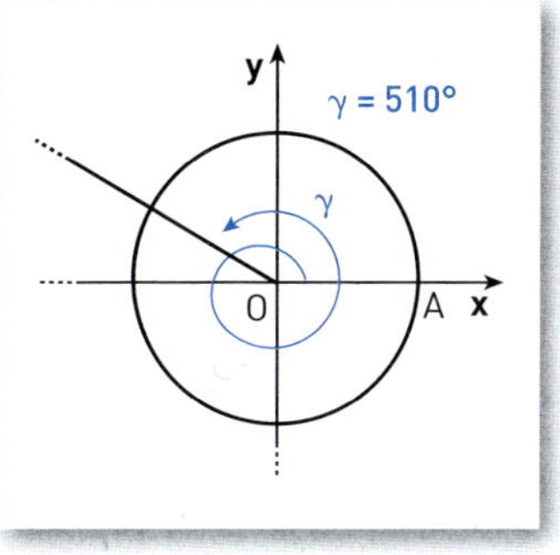

L'angolo γ della figura a lato è di 510°. È ottenuto facendo ruotare in senso antiorario la semiretta OA di un giro completo e poi di ulteriori 150°:

$$510° = 360° + 150°.$$

Per indicare in forma sintetica un angolo α minore di un angolo giro e tutti gli infiniti angoli orientati che da α differiscono di un angolo giro, si scrive:

- $\alpha + k \cdot 360°$, con $k \in \mathbb{Z}$, se α è in gradi;
- $\alpha + k \cdot 2\pi$, con $k \in \mathbb{Z}$, se α è in radianti.

► Rappresenta sulla circonferenza goniometrica i seguenti angoli orientati.
90°; −270°; 540°; −135°; 405°; 810°.

Le funzioni seno, coseno e tangente

Introduciamo alcune **funzioni goniometriche** che alla misura della ampiezza di ciascun angolo associano un numero reale.

DEFINIZIONE

Consideriamo la circonferenza goniometrica e un angolo orientato α, e sia B il punto della circonferenza associato ad α.

Definiamo:

- **coseno** di α, che indichiamo con $\cos\alpha$, la funzione che ad α associa l'ascissa di B, x_B;
- **seno** di α, che indichiamo con $\sin\alpha$, la funzione che ad α associa l'ordinata di B, y_B;
- **tangente** di α, che indichiamo con $\tan\alpha$, la funzione che ad α associa il rapporto, quando esiste, fra l'ordinata e l'ascissa di B, x_B.

$$\cos\alpha = x_B, \quad \sin\alpha = y_B, \quad \tan\alpha = \frac{y_B}{x_B}.$$

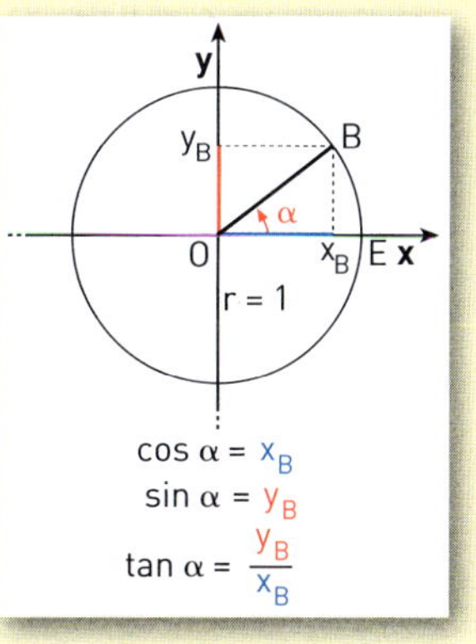

Listen to it

The functions *sine of alpha*, *cosine of alpha* and *tangent of alpha* are also called **circular functions**.

Seno e coseno di un angolo α sono funzioni che hanno come dominio $\mathbb{R}$, perché per ogni valore di $\alpha \in \mathbb{R}$ esiste uno e un solo punto sulla circonferenza.

Il rapporto $\frac{y_B}{x_B}$ non esiste quando $x_B = 0$, perciò il dominio della funzione tangente è $\alpha \neq \frac{\pi}{2} + k\pi$, con $k \in \mathbb{Z}$.

Dalle definizioni date si ricava che:

$$\tan \alpha = \frac{\sin \alpha}{\cos \alpha}, \quad \text{se } \cos \alpha \neq 0.$$

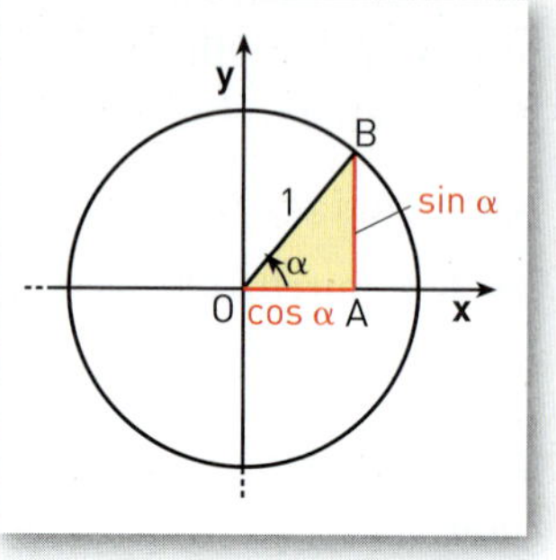

Notiamo inoltre che nel triangolo rettangolo OAB l'ipotenusa misura 1 e i cateti $\sin \alpha$ e $\cos \alpha$, quindi per il teorema di Pitagora:

$$\sin^2 \alpha + \cos^2 \alpha = 1.$$

Funzioni goniometriche e calcolatrice

Si possono ottenere i valori delle funzioni goniometriche utilizzando i tasti *sin*, *cos*, *tan* della calcolatrice. I valori forniti sono spesso valori approssimati. Noi li utilizzeremo con un'ulteriore approssimazione alla seconda cifra decimale.

$$\cos 30° \simeq 0{,}87; \quad \sin 45° \simeq 0{,}71; \quad \tan 60° \simeq 1{,}73.$$

Se la misura dell'angolo è in gradi, sul display deve comparire la scritta DEG (dall'inglese *degree*). È possibile scegliere anche l'opzione RAD per la misura in radianti.

Nella calcolatrice ci sono anche i tasti $\sin^{-1}$, $\cos^{-1}$, $\tan^{-1}$ per le funzioni inverse, che servono per calcolare l'angolo.

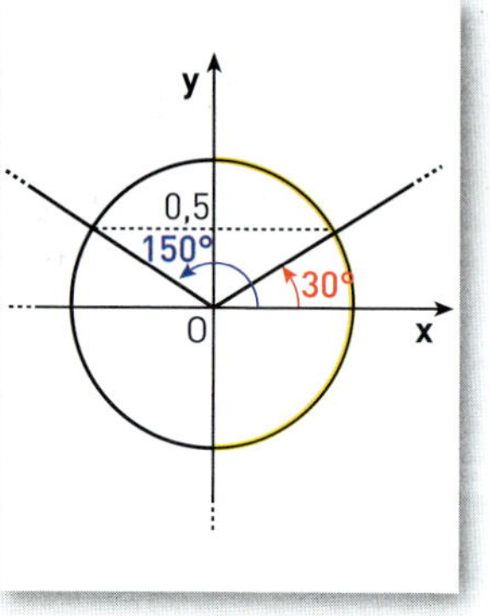

Con la calcolatrice ottieni:

$$\sin^{-1} 0{,}5 = 30°.$$

Come puoi vedere nella figura, sulla circonferenza goniometrica ci sono due angoli, compresi fra 0° e 360°, il cui seno è 0,5. Sono 30° e 150°.

La calcolatrice fornisce solo il valore 30° perché utilizza come codominio di $\sin^{-1}$ l'intervallo fra $-90°$ e $+90°$, ossia i valori del primo e del quarto quadrante.

Il grafico delle funzioni goniometriche

Osserviamo i grafici delle funzioni seno e coseno, i quali vengono detti rispettivamente *sinusoide* e *cosinusoide*.

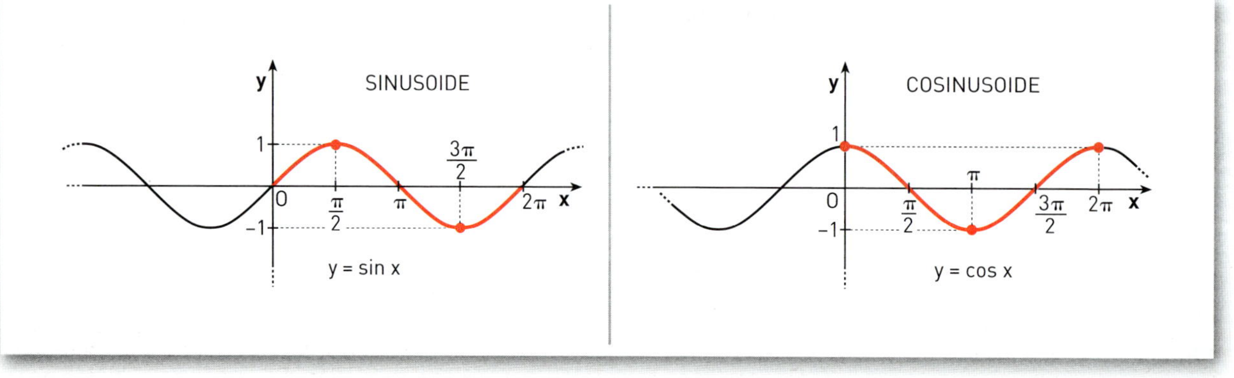

I valori del seno e del coseno sono compresi fra -1 e 1. Le funzioni seno e coseno, perciò, hanno dominio $\mathbb{R}$ e codominio $-1 \leq y \leq 1$. I grafici si ripetono con le stesse caratteristiche a intervalli di ampiezza 2π. Si dice allora che le funzioni seno e coseno sono periodiche di periodo 2π.
Il grafico della tangente, detto *tangentoide* è funzione periodica di periodo π. Il dominio della funzione tangente è $\alpha \neq \frac{\pi}{2} + k\pi$, con $k \in \mathbb{Z}$, il suo codominio è $\mathbb{R}$. Osserviamo il suo grafico.

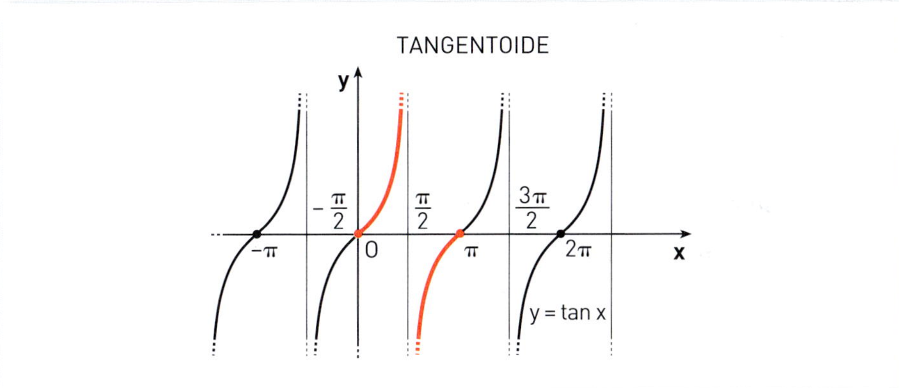

Man mano che x si avvicina a $\frac{\pi}{2}$:

- se assume valori minori di $\frac{\pi}{2}$, il valore della funzione tende a diventare sempre più grande; diremo che tende a $+\infty$;
- se assume valori maggiori di $\frac{\pi}{2}$, il valore della funzione è negativo e tende a diventare sempre più grande in valore assoluto; diremo che tende a $-\infty$.

Lo stesso comportamento si ha vicino agli altri valori di x che non fanno parte del dominio della funzione.

> ► Dopo aver disegnato il grafico della funzione seno, riassumi le sue caratteristiche.
> Scrivi la relazione che lega $\sin\alpha$ a:
> - $\sin(180° - \alpha)$;
> - $\sin(180° + \alpha)$;
> - $\sin(360° - \alpha)$.
>
> **Animazione**

Funzioni goniometriche e triangoli rettangoli

Si può dimostrare che in un triangolo rettangolo la misura di un cateto si calcola come:

- la misura dell'ipotenusa per il seno dell'angolo opposto al cateto;
- la misura dell'ipotenusa per il coseno dell'angolo adiacente al cateto.

Inoltre, la misura del cateto opposto a un angolo è uguale a quella del cateto adiacente per la tangente dell'angolo.

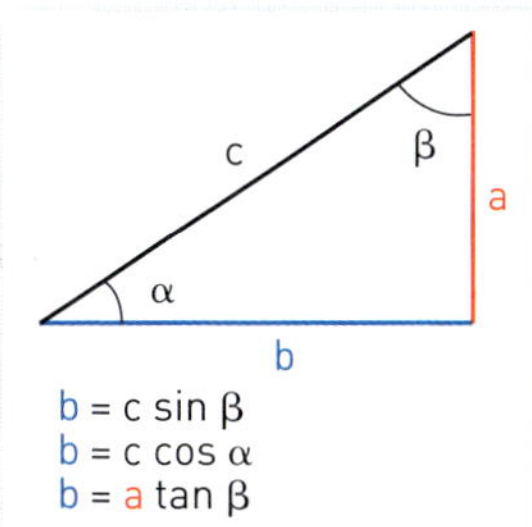

ESEMPIO Calcoliamo le misure dei cateti del triangolo della figura utilizzando la calcolatrice.

$$\overline{AB} = \overline{CB} \cdot \sin A\widehat{C}B = 12 \cdot \sin 25° \simeq 12 \cdot 0,42 = 5,04;$$

$$\overline{AC} = \overline{CB} \cdot \cos A\widehat{C}B = 12 \cdot \cos 25° \simeq 12 \cdot 0,91 = 10,92.$$

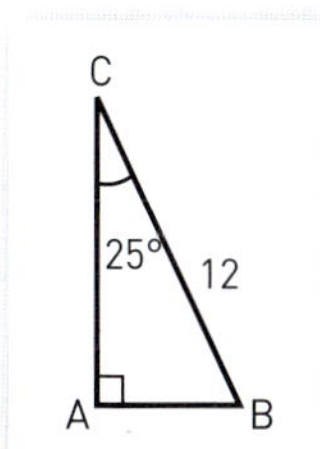

> ► Con riferimento alla figura, utilizzando le misure date, determina quelle incognite. (Le misure di lunghezza sono riferite al centimetro.)
> $c = 38, \beta = 46°, a = ?, b = ?$

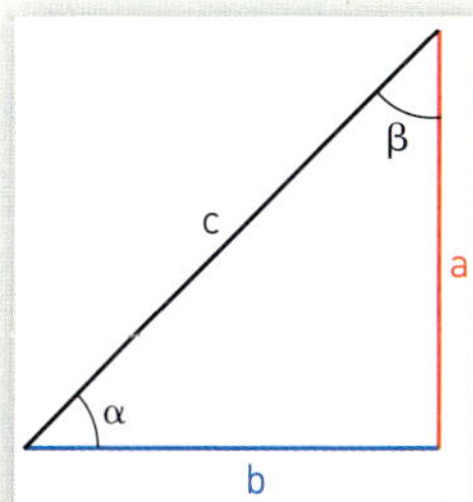

IN SINTESI
Le relazioni e le funzioni

Le relazioni binarie

Una relazione binaria $\mathcal{R}$ fra gli insiemi A e B è un sottoinsieme di $A \times B$.
Se $a \mathcal{R} b$, diciamo che b è immagine di a e a è controimmagine di b.
Data una relazione definita in $A \times B$, il **dominio** è l'insieme di tutti gli elementi di A che hanno almeno un'immagine in B. Il **codominio** è l'insieme di tutti gli elementi di B che sono immagine di almeno un elemento di A.
Ogni relazione $\mathcal{R}$ definita in $A \times B$ ha come **relazione inversa** $\mathcal{R}^{-1}$, l'insieme delle coppie $(b; a) \in B \times A$ e tali che $a \mathcal{R} b$.

Le relazioni definite in un insieme e le loro proprietà

Una relazione $\mathcal{R}$ definita in un insieme A è un sottoinsieme di $A \times A$ e può essere:

- **riflessiva**: $a \mathcal{R} a$ per ogni $a \in A$;
- **simmetrica**: se $a \mathcal{R} b$, allora $b \mathcal{R} a$;
- **transitiva**: se $a \mathcal{R} b$ e $b \mathcal{R} c$, allora $a \mathcal{R} c$;
- **antiriflessiva**: $a \not\mathcal{R} a$ per ogni $a \in A$;
- **antisimmetrica**: con $a \neq b$, se $a \mathcal{R} b$, allora $b \not\mathcal{R} a$.

Le relazioni di equivalenza

Se una relazione definita in un insieme è riflessiva, simmetrica e transitiva, si chiama **relazione di equivalenza**. Essa determina nell'insieme una **partizione in classi di equivalenza**. Ogni classe di equivalenza può essere rappresentata con uno qualsiasi dei suoi elementi. L'insieme delle classi di equivalenza è detto **insieme quoziente**.

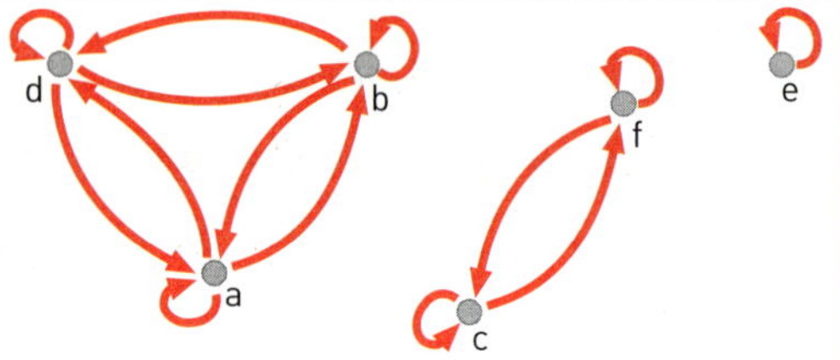

Relazione di equivalenza

Le relazioni d'ordine

Una relazione in un insieme è:

- **d'ordine largo** se è riflessiva, antisimmetrica e transitiva;
- **d'ordine stretto** se è antiriflessiva, antisimmetrica e transitiva.

Una relazione d'ordine in un insieme è:

- **d'ordine totale** se due elementi comunque scelti dell'insieme sono sempre in relazione;
- **d'ordine parziale** in caso contrario.

Le funzioni

Una **funzione** dall'insieme A all'insieme B è una relazione che a **ogni** elemento di A associa **uno e un solo** elemento di B. L'insieme A è detto **dominio** della funzione, il sottoinsieme di B formato dalle **immagini** degli elementi di A, cioè degli elementi corrispondenti, è detto **codominio**.

Una funzione da A a B è:

- **iniettiva** se due qualunque elementi **distinti** di A hanno due immagini distinte in B;
- **suriettiva** quando **tutti** gli elementi di B sono immagini di almeno un elemento di A, ossia quando il codominio coincide con l'insieme di arrivo;
- **biunivoca** o **biiettiva** quando è **iniettiva** e **suriettiva**; in questo caso viene detta anche **corrispondenza biunivoca**.

Le funzioni numeriche

Una **funzione numerica** ha come dominio e come codominio due sottoinsiemi di $\mathbb{R}$.

Data la funzione numerica $y = f(x)$, x si chiama **variabile indipendente** e y **variabile dipendente**.

Il **dominio naturale** o **campo di esistenza** di una funzione numerica è il più ampio sottoinsieme di $\mathbb{R}$ nel quale la funzione può essere definita.

L'**inversa** di una funzione biunivoca $f: A \to B$ è la funzione biunivoca $f^{-1}: B \to A$, che a ogni y in B associa x in A tale che $y = f(x)$.

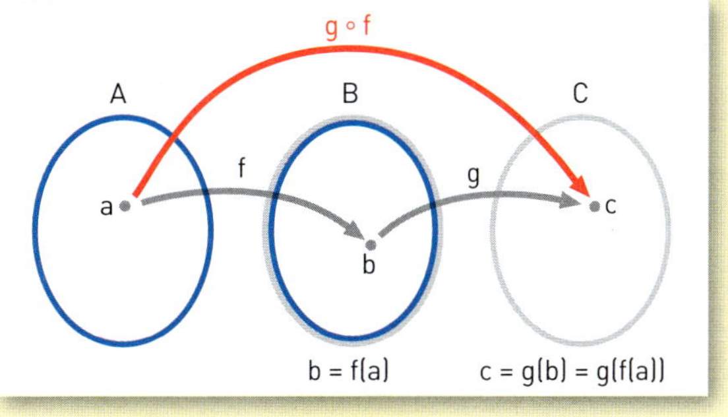

Date le funzioni $f: A \to B$ e $g: B \to C$, si può definire la **funzione composta** $g \circ f: A \to C$, che associa a ogni elemento a di A un elemento c di C così ottenuto:

- ad a si associa $b \in B$ tale che $b = f(a)$;
- a b si associa $c \in C$ tale che $c = g(b)$.

In generale, non è vero che $g \circ f = f \circ g$.

La funzione composta di una funzione e della sua inversa è la **funzione identità**.

Particolari funzioni numeriche

Alcune funzioni numeriche esprimono proporzionalità fra le variabili x e y.

Dato $k \in \mathbb{R} - \{0\}$:

- $\boldsymbol{y = kx}$ esprime la **proporzionalità diretta**;
- $\boldsymbol{y = \frac{k}{x}}$ esprime la **proporzionalità inversa**;
- $\boldsymbol{y = kx^2}$ esprime la **proporzionalità quadratica**;
- $\boldsymbol{y = ax + b}$ con $a, b \in \mathbb{R}$ esprime la **funzione lineare**;
- $\boldsymbol{y = m}$ con $m \in \mathbb{R}$ è una **funzione costante**.

Funzioni definite con espressioni analitiche diverse in sottoinsiemi diversi del loro dominio sono **funzioni definite a tratti**, per esempio il valore assoluto.

La funzione **valore assoluto**: $y = |x| = \begin{cases} x & \text{se } x \geq 0 \\ -x & \text{se } x < 0 \end{cases}$

Le funzioni circolari

Consideriamo un angolo orientato α e chiamiamo B l'intersezione fra il suo lato termine e la circonferenza goniometrica.

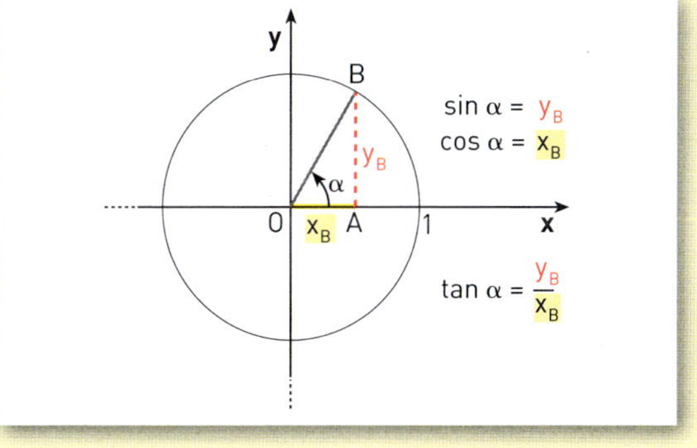

Definiamo:

- **seno** di α ($\sin \alpha$) il valore dell'ordinata di B;
- **coseno** di α ($\cos \alpha$) il valore dell'ascissa di B;
- **tangente** di α ($\tan \alpha$) il rapporto fra l'ordinata e l'ascissa di B.

Le **relazioni fondamentali** della goniometria sono:

$$\sin^2 \alpha + \cos^2 \alpha = 1 \quad \text{e} \quad \tan \alpha = \frac{\sin \alpha}{\cos \alpha}.$$

ESERCIZI

CAPITOLO 5
ESERCIZI

1 Le relazioni binarie

▶ Teoria a p. 204

Le relazioni binarie

1 VERO O FALSO? Sono dati i due insiemi $A = \{0, 1, 2, 3, 8\}$ e $B = \{1, 2, 4, 6, 8\}$ e la relazione $\mathcal{R}$ da A a B:

«x è la metà di y».

Indica quali affermazioni sono *vere* e quali *false*.

a. $4\,\mathcal{R}\,8$. V F

b. $1\,\mathcal{R}\,2$. V F

c. L'immagine di 8 è 4. V F

d. L'insieme delle immagini di $\mathcal{R}$ è $\{2, 4, 6\}$. V F

e. $0\,\mathcal{R}\,1$. V F

f. $\forall y \in B$, si ha $0\,\not\mathcal{R}\,y$. V F

2 Dati gli insiemi $A = \{$Po, Adige, Arno, Tevere$\}$ e $B = \{x \mid x$ è una regione italiana$\}$, determina il sottoinsieme di $A \times B$ relativo alla relazione «a scorre in b».

3 Dati gli insiemi $A = \{0, 1, 2, 3\}$ e $B = \{1, 2, 3\}$, riconosci quali, fra i seguenti insiemi, sono relazioni definite in $B \times A$. Indica il motivo per cui gli altri non lo sono.

$\mathcal{R} = \{(0; 0), (1; 1), (2; 2), (3; 3), (4; 4)\}$;

$\mathcal{R} = \{(0; 1), (0; 2), (0; 3), (1; 2), (2; 3)\}$;

$\mathcal{R} = \{(1; 2), (2; 1), (3; 2)\}$;

$\mathcal{R} = \{(2; 1), (3; 0)\}$;

$\mathcal{R} = \{(1; 1), (2; 0), (0; 2)\}$.

Dati gli insiemi $A = \{1, 2, 3, 4, 5\}$ e $B = \{-1, 0, 1, 2\}$, scrivi le coppie di ognuna delle seguenti relazioni da A a B.

4 $\mathcal{R}_1$: «$x + y = 4$».

5 $\mathcal{R}_2$: «$x = 2y$».

6 $\mathcal{R}_3$: «x è minore o uguale a y».

La rappresentazione di una relazione

7 Fra i tre grafici, solo due rappresentano in maniera corretta la relazione $\mathcal{R} = \{(2; 4), (3; 6), (4; 8)\}$. Individua i grafici corretti. Cosa c'è che non va nel grafico sbagliato?

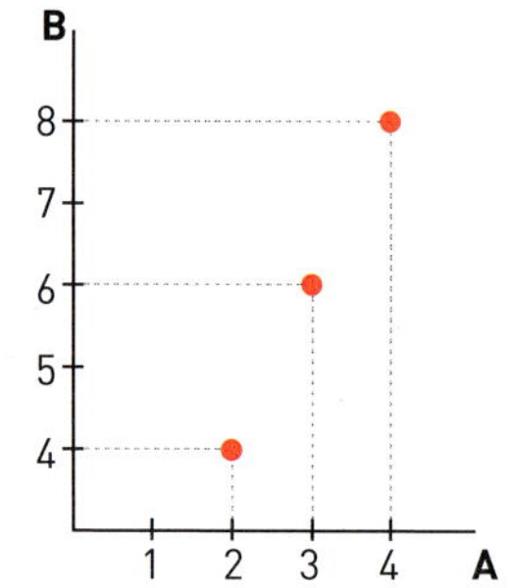

a

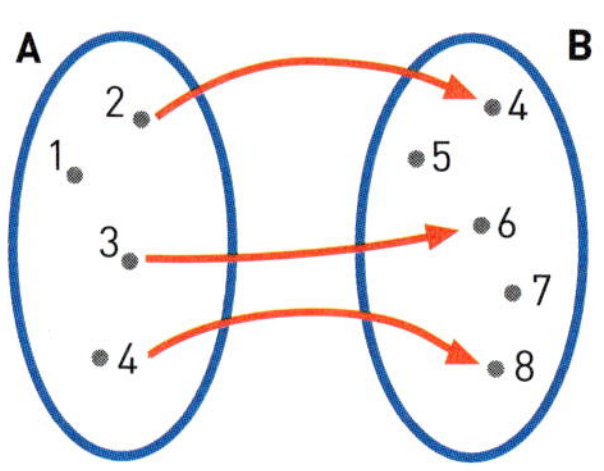

b

A \ B	1	2	3	4
4		X		
5				
6			X	
7				
8				X

c

Dato $A = \{x \in \mathbb{N} \mid x \leq 10\}$, rappresenta mediante grafici cartesiani le seguenti relazioni in $A \times A$.

8 $x = y$.

9 $x > y$.

10 $x \leq y$.

11 «Il prodotto di x e y è dispari».

12 «La somma di x e y è pari».

13 «x e y hanno un divisore comune diverso da 1».

14 ESERCIZIO GUIDA Dati $A = \{0, 1, 2, 3\}$ e $B = \{2, 4, 5\}$, rappresentiamo nei vari modi possibili la relazione da A a B: «La somma di x e y è dispari».

$\mathcal{R} = \{(0; 5), (1; 2), (1; 4), (2; 5), (3; 2), (3; 4)\}$. Rappresentiamo la relazione.

RAPPRESENTAZIONE SAGITTALE

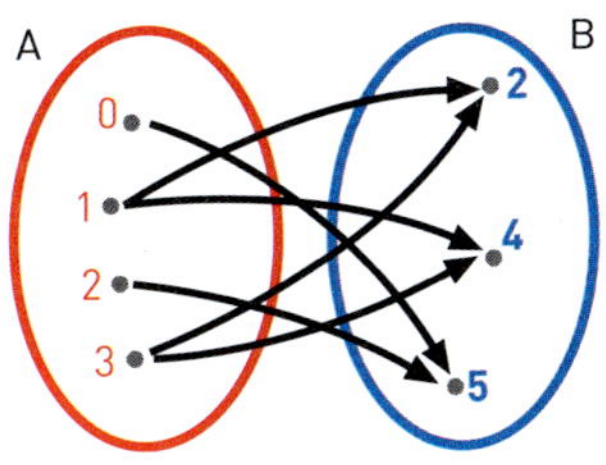

TABELLA A DOPPIA ENTRATA

A \ B	2	4	5
0			x
1	x	x	
2			x
3	x	x	

GRAFICO CARTESIANO

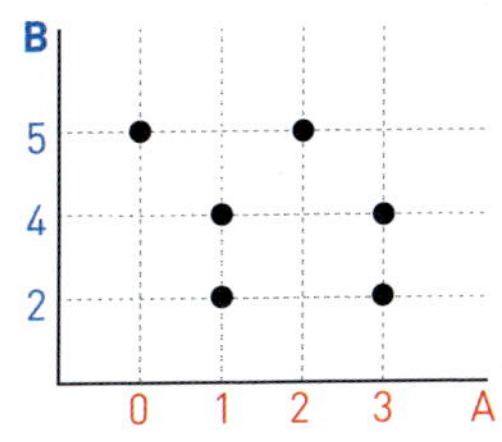

Rappresenta in tutti i modi possibili le seguenti relazioni definite da A a B.

15 ESEMPIO DIGITALE $a\mathcal{R}b \leftrightarrow a : b$ è un numero intero, $A = \left\{-\frac{1}{4}, +2, 0, -\frac{1}{3}\right\}$, $B = \left\{+4, -\frac{1}{4}, +\frac{1}{2}, -1\right\}$.

16 $a\mathcal{R}b \leftrightarrow ab$ è un numero dispari, $A = \{a \in \mathbb{N} \mid 0 < a < 4\}$, $B = \{b \in \mathbb{N} \mid 2 \leq b < 5\}$.

17 Rappresenta in forma sagittale e cartesiana la seguente relazione.

A \ B	4	5	6	7
Pippo		x		x
Pluto			x	
Paperino	x	x		x

18 Data la relazione binaria in figura, scrivi le coppie in relazione e poi rappresenta la relazione in forma cartesiana e con una tabella a doppia entrata.

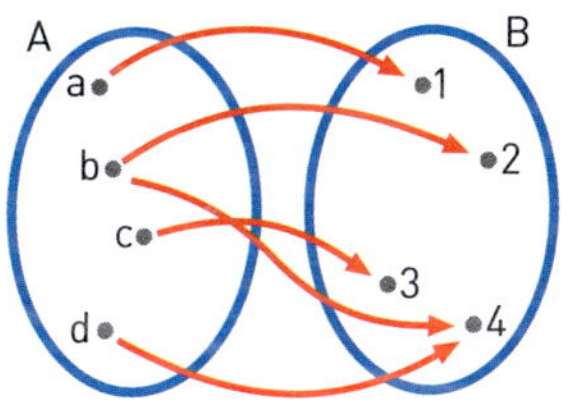

Considerato l'insieme $A = \{x \in \mathbb{Z} \mid -3 \leq x < 4\}$, rappresenta le seguenti relazioni in $A \times A$ per elencazione e mediante una tabella a doppia entrata.

19 «Il prodotto tra x e y è positivo».

20 «Il prodotto fra x e y è 0».

21 «La somma di x e y è 0».

22 «La somma di x e y è minore di 1».

Rappresenta le relazioni seguenti in forma sagittale, con una tabella a doppia entrata e con un grafico cartesiano.

23 $\mathcal{R}$: «x è il triplo di y», $A = \{1, 3, 6, 9, 12\}$.

24 $\mathcal{R}$: «$xy > 0$», $A = \{x \in \mathbb{Z} \mid -2 \leq x \leq 2\}$.

25 $\mathcal{R}$: «x è minore di y», $A = \left\{\frac{3}{2}, \frac{2}{5}, \frac{1}{3}, \frac{3}{7}\right\}$.

26 $\mathcal{R}$: «x è multiplo di y», $A = \{2, 4, 5, 7, 14, 30\}$.

27 $\mathcal{R}$: «x è divisore di y», $A = \{2, 4, 5, 7, 14, 30\}$.

28 $\mathcal{R}$: «x è il quadrato di y», $A = \{0, 1, 2, 3, 4, 12, 16\}$.

29 $\mathcal{R}$: «$x + y$ è un numero pari», $A = \{x \in \mathbb{N} \mid 3 \leq x \leq 8\}$.

ESERCIZI

Dati gli insiemi $A=\{1,2,3,4\}$ e $B=\{2,4,6,8\}$, per ognuna delle seguenti relazioni definite in $A\times B$, disegna la rappresentazione in forma sagittale e il grafico cartesiano, e scrivi dominio e codominio.

30 «x è multiplo di y».

31 «x è divisore di y».

32 «x è il successivo di y».

33 «x è il quadrato di y».

34 $\left\{(x;y)\,|\,(x;y)\in A\times B \text{ e } x=\frac{1}{2}y\right\}$.

35 $\{(x;y)\,|\,(x;y)\in A\times B \text{ e } x=y-1\}$.

36 $\{(x;y)\,|\,(x;y)\in A\times B \text{ e } x=3y\}$.

37 $\{(x;y)\,|\,(x;y)\in A\times B \text{ e } x=\sqrt{y}\}$.

La relazione inversa

38 La rappresentazione in figura indica la relazione $\mathcal{R}$. Scrivi le coppie della relazione inversa e fai la rappresentazione cartesiana.

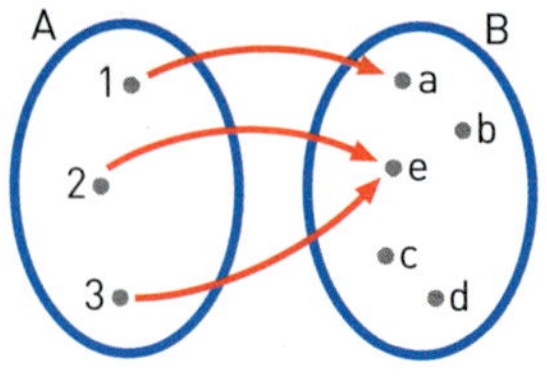

39 La tabella a doppia entrata in figura rappresenta la relazione inversa $\mathcal{R}^{-1}$ di una relazione $\mathcal{R}$. Scrivi le coppie di $\mathcal{R}$ e di $\mathcal{R}^{-1}$.

$\mathcal{R}^{-1}$	a	b	c	d
1	X			
2	X	X		X
4	X		X	

40 ESERCIZIO GUIDA Dati gli insiemi $A=\{x\in\mathbb{N}\,|\,1<x<5\}$ e $B=\{x\in\mathbb{N}\,|\,2\leq x\leq 6\}$, rappresentiamo in forma sagittale la relazione definita in $A\times B$: $\mathcal{R}=\{(x;y)\,|\,2x+y=10\}$. Scriviamo le coppie, dominio e codominio di $\mathcal{R}$. Determiniamo la relazione inversa, scriviamo le coppie, dominio e codominio di $\mathcal{R}^{-1}$.

Ad A appartengono i numeri 2, 3, 4; a B i numeri 2, 3, 4, 5, 6.

Rappresentiamo $\mathcal{R}$ in forma sagittale.
Per ogni elemento x di A dobbiamo calcolare $2x$ e cercare un y in B tale che $2x+y=10$. Per esempio, il corrispondente di $x=2$ è $y=6$, perché $2\cdot 2+6=10$.

Le coppie di $\mathcal{R}$ sono:

$$\mathcal{R}=\{(2;6),(3;4),(4;2)\}.$$

Il dominio di $\mathcal{R}$ è:

$$D=\{2,3,4\}.$$

Il codominio di $\mathcal{R}$ è:

$$C=\{6,4,2\}.$$

Rappresentiamo $\mathcal{R}^{-1}$:

$$\mathcal{R}^{-1}=\{(6;2),(4;3),(2;4)\}.$$

La relazione inversa, definita in $B\times A$, è:

$$x+2y=10.$$

Il dominio di $\mathcal{R}^{-1}$ è:

$$D'=\{6,4,2\}.$$

Il codominio di $\mathcal{R}^{-1}$ è:

$$C'=\{2;3;4\}.$$

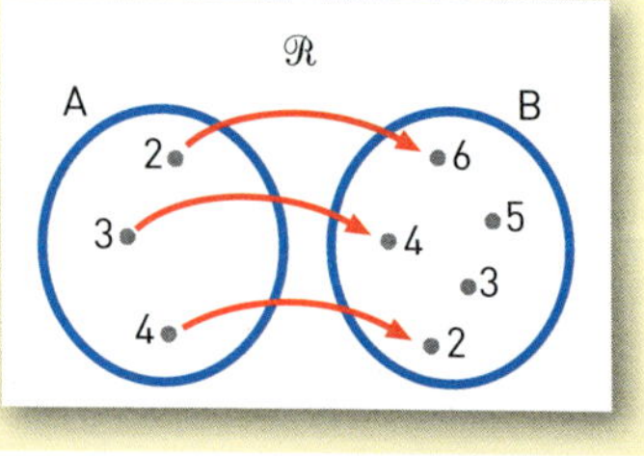

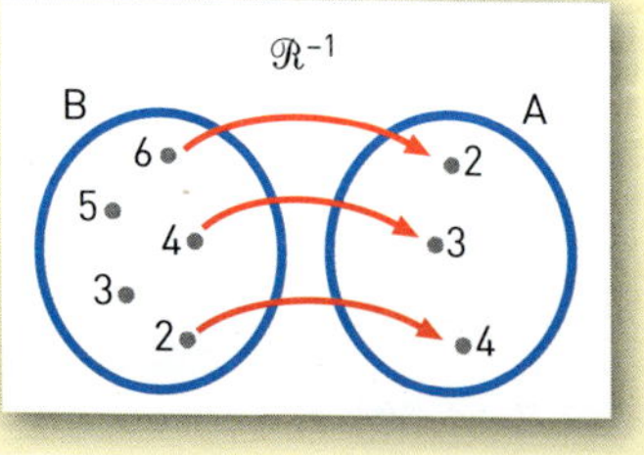

Dati gli insiemi: $A = \{x \in \mathbb{N} \mid 1 < x < 7\}$, $B = \{x \in \mathbb{N} \mid 8 < x < 14\}$, per ognuna delle seguenti relazioni in $A \times B$:

a. esegui la rappresentazione sagittale;

b. determina la relazione inversa;

c. scrivi l'insieme delle coppie di $\mathcal{R}$ e di $\mathcal{R}^{-1}$;

d. scrivi dominio e codominio di $\mathcal{R}$ e di $\mathcal{R}^{-1}$.

41 $\{(x;y) \mid x$ è divisore di $y\}$.

42 $\{(x;y) \mid x = y - 4\}$.

43 $\{(x;y) \mid x + y = 18\}$.

44 $\{(x;y) \mid x - y < 0\}$.

45 $\{(x;y) \mid xy > 10\}$.

46 $\{(x;y) \mid x$ è la metà di $y\}$.

47 $\{(x;y) \mid x = y\}$.

48 $\left\{(x;y) \mid \frac{x}{y} \text{ è una frazione propria}\right\}$.

49 $\{(x;y) \mid x + y > 5\}$.

50 $\{(x;y) \mid x + y > 0\}$.

51 $\{(x;y) \mid xy$ è pari$\}$.

2 Le relazioni definite in un insieme e le loro proprietà

▶ Teoria a p. 206

52 TEST Della relazione rappresentata in figura possiamo dire che:

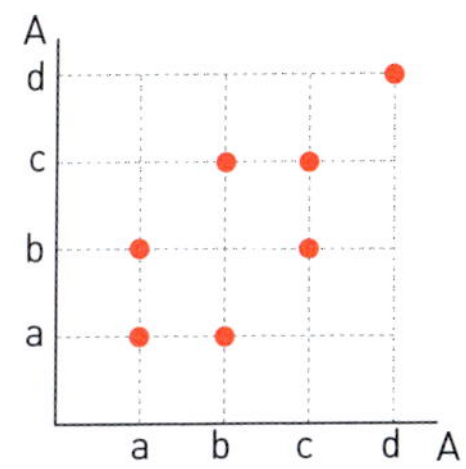

A è riflessiva e simmetrica.

B è antiriflessiva.

C non è riflessiva e non è simmetrica.

D è solo riflessiva.

E è solo simmetrica.

---

53 La relazione definita in $\mathbb{N}$: «x è divisore di y» gode della proprietà riflessiva? E della proprietà antisimmetrica?

54 Scrivi cinque relazioni nell'insieme dei segmenti, disegnando per ognuna alcune coppie.

55 Scrivi tre relazioni nell'insieme formato da dieci studenti della tua classe e rappresenta ognuna con una tabella a doppia entrata.

56 Scrivi tre relazioni definite nell'insieme:

$A = \{1, 2, 3, 4, 5\}$.

Per ciascuna delle relazioni seguenti definite in *A*, traccia il grafo che le rappresenta.

57 ESEMPIO DIGITALE $a\mathcal{R}b \leftrightarrow a + b$ è un numero pari minore di 20, $A = \{a \in \mathbb{N} \mid 6 < a \leq 11\}$.

58 INTORNO A NOI $a\mathcal{R}b \leftrightarrow a$ ha un numero di zampe doppio rispetto a quello di b, con A rappresentato in figura.

59 ESERCIZIO GUIDA Dato l'insieme $A = \{a, b, c, d\}$, stabiliamo di quali proprietà gode la relazione in $A \times A$:

$\mathcal{R} = \{(a;a), (c;a), (b;b), (c;c), (d;d)\}$.

La relazione $\mathcal{R}$:

- è riflessiva, perché contiene *tutte* le coppie del tipo $(x; x)$;
- è antisimmetrica, perché l'unica coppia con i due elementi diversi è $(c; a)$ e manca la coppia simmetrica $(a; c)$;
- è transitiva perché:

  $(c; a), (a; a) \in \mathcal{R}$ e $(c; a) \in \mathcal{R}$;

  $(c; c), (c; a) \in \mathcal{R}$ e $(c; a) \in \mathcal{R}$;

  non esistono altri casi del tipo

  $(x; y), (y; z) \in \mathcal{R}$.

Per comprendere meglio le proprietà illustrate, rappresentiamo la relazione con un grafo.

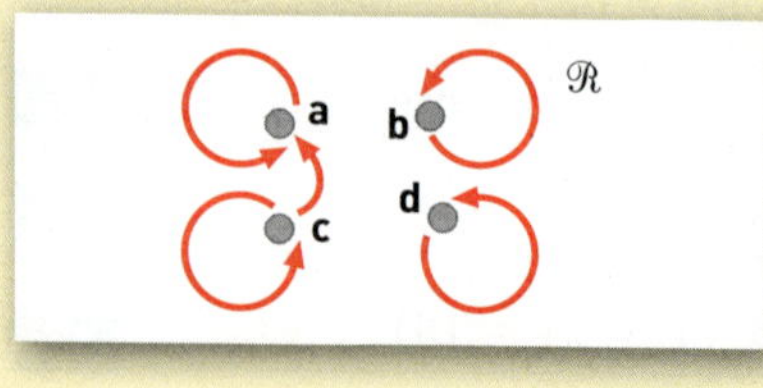

Ogni elemento ha una freccia che lo congiunge con se stesso; dunque $\mathcal{R}$ è riflessiva. $\mathcal{R}$ è antisimmetrica, perché esiste una freccia da c ad a ma non una da a a c. Ogni percorso percorribile con due frecce è percorribile anche con una sola freccia. Per esempio, si può andare da c a c e da c ad a con due frecce, e direttamente da c ad a con una freccia. La relazione $\mathcal{R}$ è quindi transitiva.

Individua le proprietà delle seguenti relazioni definite nell'insieme $A = \{a, b, c\}$.

60 $\mathcal{R} = \{(c; a), (c; b), (b; a)\}$.

61 ESEMPIO DIGITALE $\mathcal{R} = \{(a; b), (b; a), (a; c), (c; b), (c; a), (b; c)\}$.

Dato l'insieme $A = \{a, b, c, d\}$, stabilisci di quali proprietà gode ognuna delle seguenti relazioni definite in A.

62 $\mathcal{R} = \{(a; a), (b; b), (c; c), (b; c)\}$

63 $\mathcal{R} = \{(a; b), (b; a), (b; c)\}$

64 $\mathcal{R} = \{(a; a), (a; b), (b; a), (c; d), (b; d), (d; b), (d; c)\}$

65 $\mathcal{R} = \{(b; b), (b; c), (c; b), (d; a), (a; a)\}$

66 $\mathcal{R} = \{(a; a), (b; b), (c; c), (c; b), (d; d)\}$

---

67 Di quali proprietà godono le relazioni che hanno le seguenti rappresentazioni?

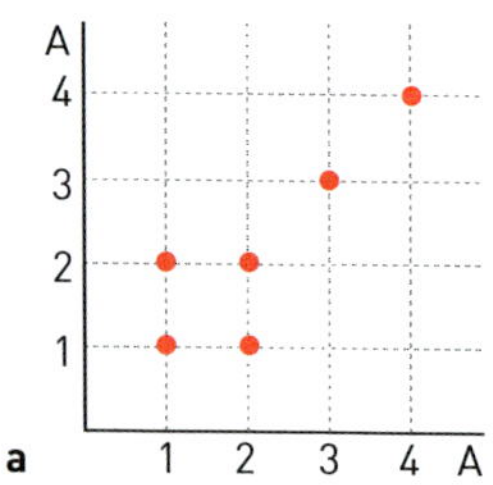

a

b

A \ A	a	b	c	d
a	X			X
b			X	X
c			X	X
d				X

68 COMPLETA la relazione rappresentata, aggiungendo le coppie che mancano affinché la relazione sia riflessiva.

A \ A	a	b	c	d
a	X			X
b			X	
c				X
d				

69 COMPLETA la tabella dell'esercizio 68 in modo che la relazione sia simmetrica.

70 COMPLETA la tabella dell'esercizio 68 in modo che la relazione sia transitiva.

71 COMPLETA la figura in modo che la relazione rappresentata sia riflessiva, simmetrica e transitiva.

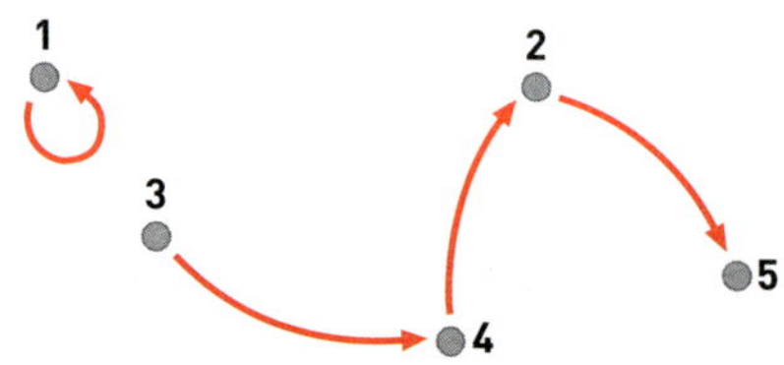

72 ●○ Considera l'insieme $A = \{\text{Molise, Campania, Puglia, Basilicata}\}$ e scrivi le coppie della relazione definita in A: «x confina con y».
Supponi di voler comunicare a una persona che non conosce la geografia dell'Italia quali sono le coppie in relazione.
Non è necessario comunicarle tutte! Sottolinea le coppie sufficienti e spiega perché esse sono la metà di quelle della relazione.

Per ognuna delle relazioni rappresentate dai seguenti grafi indica di quali proprietà gode.

73 ●○

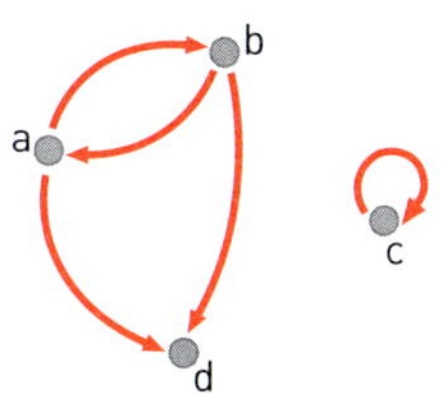

a

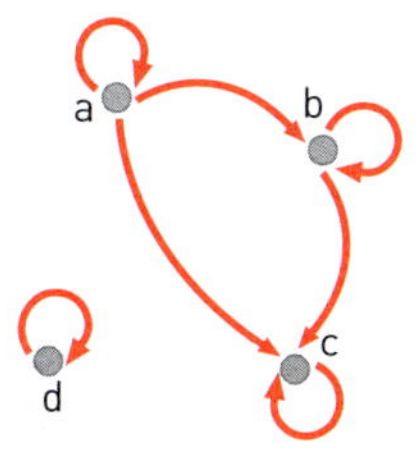

b

75 ●○

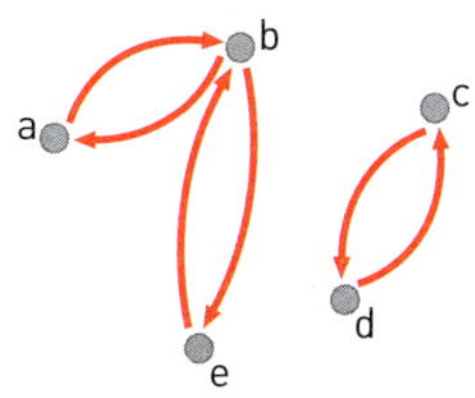

a

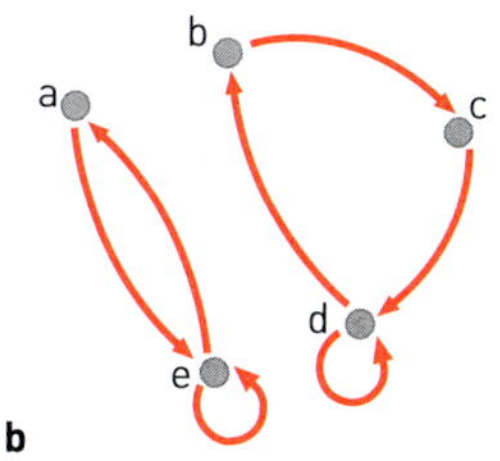

b

74 ●○

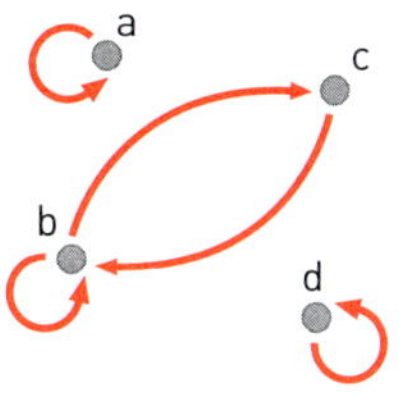

a

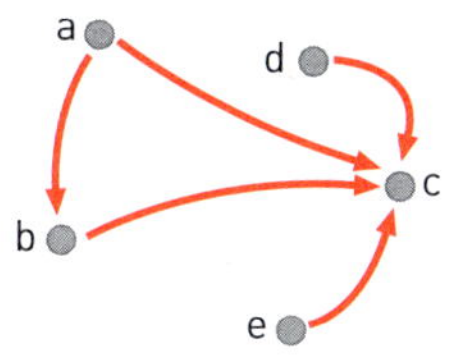

b

76 ●○

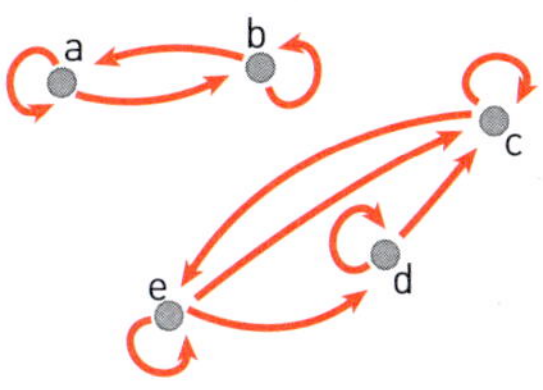

a

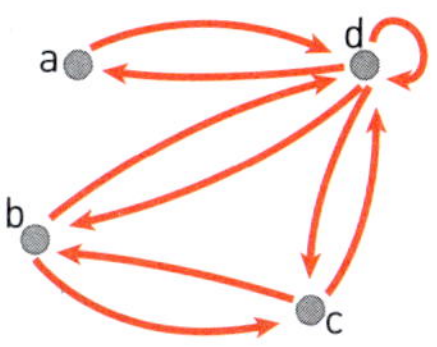

b

---

77 ●○ Dato l'insieme $A = \{a, b, c, d, e\}$, costruisci il grafo di una relazione che abbia almeno la proprietà e il numero di frecce indicati:

a. riflessiva, 6 frecce; **b.** simmetrica, 4 frecce; **c.** transitiva, 3 frecce;

Scrivi le proprietà delle seguenti relazioni definite nell'insieme *A* indicato.

78 ●○ $A = \mathbb{N}$.
a. «x è il doppio di y»;
b. «x è il successivo di y»;
c. «x e y sono divisori dello stesso numero».

79 ●○ A è l'insieme degli studenti della tua scuola.
a. «x è più giovane di y»;
b. «x pratica lo stesso sport di y»;
c. «x non pratica lo stesso sport di y».

80 ●○ A è l'insieme degli studenti della tua classe.
a. «x è compagno di banco di y»;
b. «x è più alto di y»;
c. «x ha lo stesso colore degli occhi di y».

81 ●○ A è l'insieme dei Paesi dell'Unione europea.
a. «x esporta prodotti in y»;
b. «x e y sono nello stesso continente»;
c. «x e y hanno gli stessi colori nella bandiera».

82 ●○ A è l'insieme delle squadre di calcio italiane.
a. «x ha vinto più scudetti di y»;
b. «x è della stessa regione di y»;
c. «x ha giocato con y nell'ultimo anno».

83 ●○ A è l'insieme delle rette di un piano.
a. «a e b hanno un punto in comune»;
b. «a e b sono perpendicolari»;
c. «a e b sono parallele fra loro».

84 ●○ A è l'insieme degli angoli di un piano.
a. «α è congruente a β»;
b. «α è complementare di β»;
c. «α è consecutivo a β».

85 ●○ A è l'insieme dei lati di un esagono regolare:
a. «x ha un vertice in comune con y»;
b. «x non ha un vertice in comune con y»;
c. «x è opposto a y».

86 Considera i quattro insiemi A, B, C e D e la relazione $\subseteq$: «x è sottoinsieme di y». Si sa che $B \subseteq A$, $B \subseteq C$, $B \nsubseteq D$. Disegna gli insiemi con un diagramma di Eulero-Venn che soddisfi le condizioni poste, poi costruisci la tabella a doppia entrata della relazione. Esiste una sola soluzione del problema? Studia le proprietà della relazione.

87 Fra cinque rette di un piano, a, b, c, d, e, sono definite le relazioni: «x è parallela a y» ($x \mathbin{/\!/} y$); «x è perpendicolare a y» ($x \perp y$). Si sa che $a \mathbin{/\!/} d$, $c \mathbin{/\!/} d$, $b \mathbin{/\!/} e$, $a \perp b$. Disegna le cinque rette e scrivi le coppie relative alle due relazioni.
Per ogni relazione studia le eventuali proprietà.

88 EUREKA! **Triangoli in relazione** Considera l'insieme T = {triangoli del piano} e in T la relazione $\mathcal{R}$: $t_1 \mathcal{R} t_2 \leftrightarrow t_1$ e t_2 hanno almeno una coppia di lati ordinatamente congruenti. Quale, tra le proprietà riflessiva, simmetrica, transitiva, è verificata per $\mathcal{R}$? Se la stessa relazione fosse definita nell'insieme T' = {triangoli isosceli}, quali proprietà avrebbe?

89 Scrivi le proprietà delle relazioni definite fra insiemi.

a. «x e y sono disgiunti»;
b. «l'unione di x e y è uguale a x»;
c. «l'intersezione di x e y è uguale a x».

90 Scrivi le proprietà delle relazioni definite nell'insieme $\mathbb{N}$.

a. «$x < y$»;
b. «x e y hanno un divisore comune diverso da 1»;
c. «$x \leq y$».

3 Le relazioni di equivalenza

Teoria a p. 210

Riconoscere le relazioni di equivalenza

91 Stabilisci se i seguenti grafi rappresentano relazioni di equivalenza.

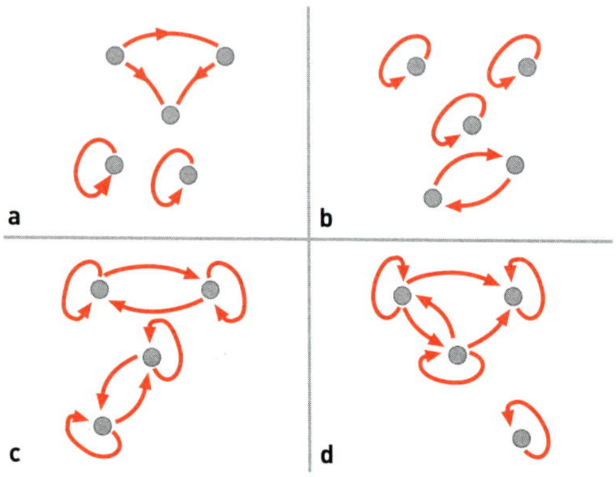

92 Stabilisci se le relazioni rappresentate nei seguenti diagrammi cartesiani sono di equivalenza.

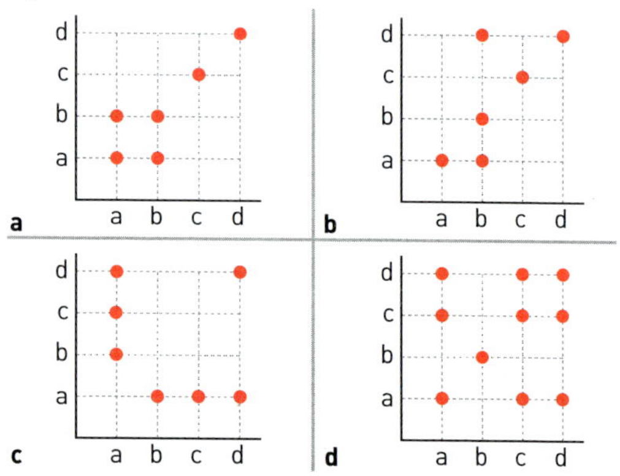

93 COMPLETA le rappresentazioni degli esercizi 91 e 92, in modo da rendere tutte le relazioni di equivalenza.

94 Negli esercizi dal 78 all'85 stabilisci quali sono le relazioni di equivalenza.

Le classi di equivalenza e l'insieme quoziente

95 ESERCIZIO GUIDA Nell'insieme dei giocatori di calcio di serie A, la relazione «x gioca nella stessa squadra di y» è una relazione di equivalenza. Stabiliamo quali sono le classi di equivalenza e l'insieme quoziente.

La relazione dà la possibilità di suddividere l'insieme dei giocatori in tanti sottoinsiemi, ognuno dei quali è una squadra. Ogni squadra è una classe di equivalenza.
L'insieme quoziente è pertanto l'insieme delle squadre di calcio di serie A.

Stabilisci l'insieme quoziente per ogni relazione di equivalenza indicata nel relativo insieme.

96 «x frequenta la stessa scuola di y», nell'insieme degli studenti di una città.

97 «x pratica lo stesso sport di y», nell'insieme degli studenti della tua scuola.

98 «x ha la stessa area di y», nell'insieme dei poligoni del piano.

99 «r e s sono parallele fra loro», nell'insieme delle rette del piano.

Verifica che le seguenti relazioni sono di equivalenza e determina per ognuna di esse le classi di equivalenza e l'insieme quoziente.

100 ESEMPIO DIGITALE In $A = \{4, 13, 14, 16, 22, 32, 43, 63\}$, $\mathcal{R}$: $a\mathcal{R}b \leftrightarrow$ la somma delle cifre di a è uguale alla somma delle cifre di b.

101 In $A = \left\{1{,}\bar{6}, 6^{-2}, 5 \cdot 3^{-1}, \frac{1}{6 \cdot 10^{-1}}, \frac{2^{-2}}{18}, 0{,}02\bar{7}\right\}$, $\mathcal{R}$: $a\mathcal{R}b \leftrightarrow a = b$.

102 EUREKA! **È un'equivalenza?** Per ciascuna delle seguenti relazioni, indica se si tratta di una relazione di equivalenza. In caso affermativo, specifica il numero delle classi di equivalenza che costituiscono l'insieme quoziente.

a. Nell'insieme A = {rette del piano}, $\mathcal{R}$: $r\mathcal{R}s \leftrightarrow r$ e s hanno almeno un punto in comune.
b. Nell'insieme $A = \{-1, 1\}$, $\mathcal{R}$: $x\mathcal{R}y \leftrightarrow x \cdot y = 1$.
c. Nell'insieme $A = \mathbb{Z}$, $\mathcal{R}$: $x\mathcal{R}y \leftrightarrow (x - y)$ è un multiplo di 2.
d. Nell'insieme $A = \mathbb{N} - \{0\}$, $\mathcal{R}$: $x\mathcal{R}y \leftrightarrow x$ è un divisore di y.

4 Le relazioni d'ordine

Teoria a p. 211

TEST

103 La relazione illustrata dal seguente grafo è:

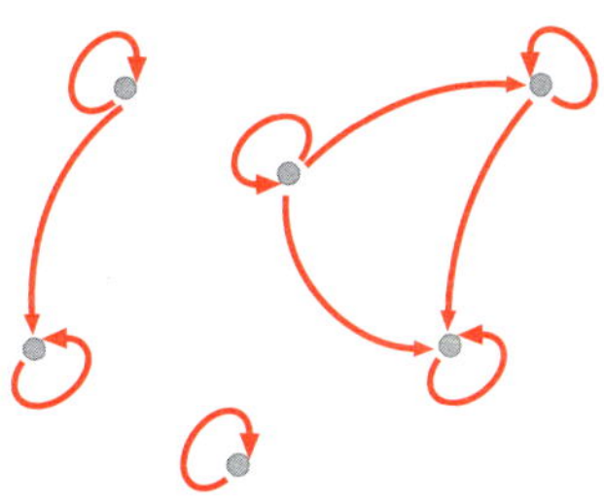

A di ordine totale.
B di ordine largo.
C di ordine stretto.
D di equivalenza.
E solo riflessiva.

104 La relazione definita dal seguente grafo è:

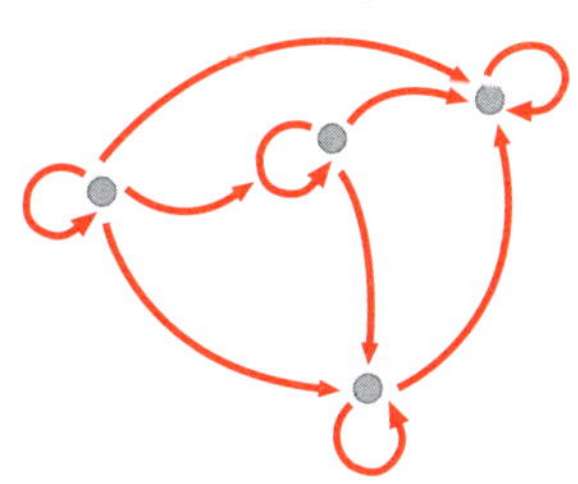

A riflessiva e simmetrica.
B di equivalenza.
C di ordine largo totale.
D di ordine stretto totale.
E di ordine stretto parziale.

105 ●○ INTORNO A NOI Cinque studentesse hanno gareggiato nei 100 metri. Bruno, un loro compagno un po' pasticcione, deve scrivere un articolo per il giornale scolastico. Purtroppo ha smarrito l'ordine d'arrivo. Tuttavia riesce a ricordare che:

- Daniela ha preceduto Elena e Barbara;
- Anna ha preceduto Daniela;
- Carla è arrivata prima;
- Elena ha preceduto Barbara.

Aiuta Bruno, scrivendo l'ordine d'arrivo. Elenca le coppie della relazione «x ha preceduto y» che puoi ricavare dalle quattro informazioni fornite, utilizzando per semplicità le lettere iniziali dei nomi. Indica la proprietà che hai utilizzato per stendere l'ordine d'arrivo.

RISOLVIAMO UN PROBLEMA

Torneo di pallacanestro

A, B, C, D, E sono cinque squadre che partecipano a un torneo di pallacanestro.
Ciascuna squadra gioca una sola partita contro tutte le altre.
Il grafo rappresenta la relazione $\mathcal{R}$: «x vince con y».
A ogni squadra vengono assegnati due punti in caso di vittoria e uno in caso di sconfitta.

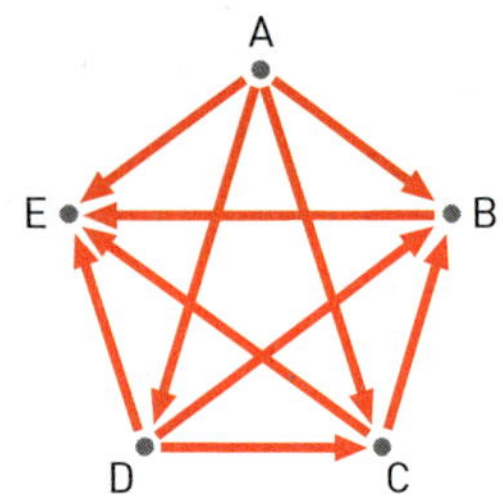

- Determina quante sono le partite giocate.
- Calcola il punteggio finale di ogni squadra.
- Scrivi la classifica.
- Stabilisci se si tratta di una relazione di ordine e di che tipo.

▶ **Determiniamo quante sono le partite giocate.**

Per calcolare il numero delle partite giocate possiamo procedere in due modi.

- Contare le frecce del grafo: 10.
- Fare il seguente ragionamento: ogni squadra gioca 4 partite, perciò $5 \cdot 4 = 20$. In questo modo però si contano le partite due volte (per esempio A contro B e B contro A sono la stessa partita contata due volte) perciò dobbiamo dividere il risultato per 2.

▶ **Calcoliamo il punteggio finale di ogni squadra.**

Costruiamo una tabella in cui per ogni squadra riportiamo le partite vinte e perse e il punteggio finale conseguito, ricavando i dati dal grafo e ricordando che ogni freccia che esce indica partita vinta.

	Giocate	Vinte	Perse	Punti
A	4	4	0	8
B	4	1	3	5
C	4	2	2	6
D	4	3	1	7
E	4	0	4	4

▶ **Determiniamo la classifica.**

1ª classificata squadra A con 8 punti.
2ª classificata squadra D con 7 punti.
3ª classificata squadra C con 6 punti.
4ª classificata squadra B con 5 punti.
5ª classificata squadra E con 4 punti.

▶ **Verifichiamo se si tratta di una relazione di ordine.**

La relazione «x vince con y» nell'insieme delle squadre {A, B, C, D, E} è una relazione antiriflessiva, antisimmetrica (nessuna squadra pareggia) e transitiva. La relazione perciò è una relazione di ordine stretto e totale perché è possibile confrontare tutti gli elementi dell'insieme fra loro.

106 Considera le squadre di pallacanestro dell'esercizio a pagina precedente. Il grafo che rappresenta la relazione $\mathcal{R}$: «x vince con y» è mostrato in figura.
Determina il punteggio di ogni squadra e la classifica.
È ancora una relazione di ordine?

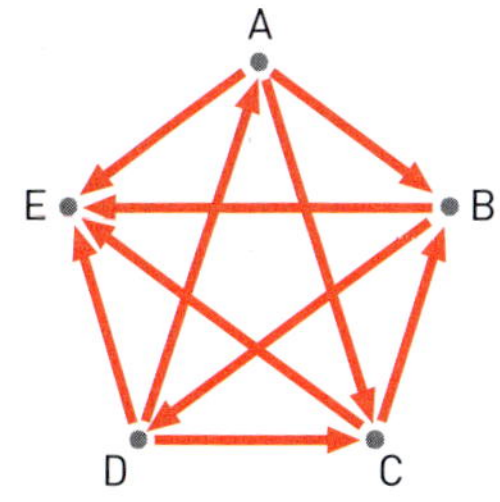

Stabilisci se le seguenti relazioni sono relazioni d'ordine nell'insieme assegnato. In caso affermativo ordina gli elementi dell'insieme e specifica se le relazioni sono di ordine largo o stretto, totale o parziale.

107 INTORNO A NOI Nell'insieme A dei recipienti della figura,
$\mathcal{R}$: $a\mathcal{R}b \leftrightarrow a$ è più capiente di b.

108 In $A = \{\text{acqua, vapore, ghiaccio}\}$,
$\mathcal{R}$: $a\mathcal{R}b \leftrightarrow a$ ha temperatura maggiore o uguale a b.

109 Cerca le relazioni d'ordine fra quelle degli esercizi 78 e 79, precisando se sono di ordine stretto o largo, totale o parziale.

110 Come nell'esercizio precedente ma per gli esercizi 80, 81, 82 e 83.

111 Cerca le relazioni d'ordine parziale nell'esercizio 84.

112 ESERCIZIO GUIDA Nell'insieme $A = \{a, b, c, d, e, f\}$ è data la relazione definita dall'insieme:

$$\mathcal{R} = \{(a; b), (a; c), (a; d), (a; e), (a; f), (b; d), (b; f), (c; f)\}.$$

Verifichiamo se è una relazione d'ordine e in caso affermativo ordiniamo gli elementi di A. La relazione è di ordine largo o stretto? Totale o parziale?

Costruiamo il grafo della relazione.

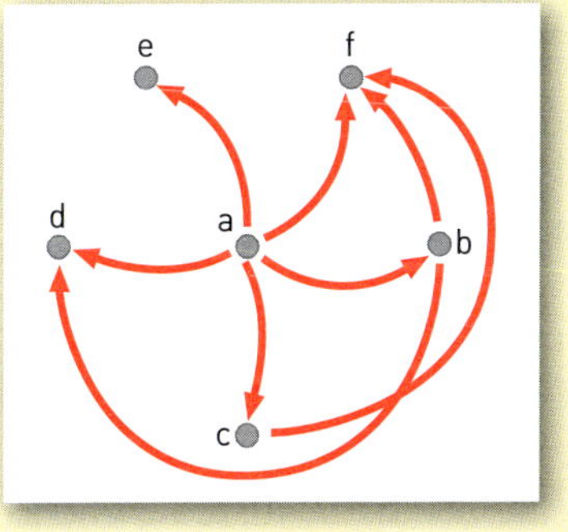

Verifichiamo le proprietà delle relazioni d'ordine.

a. Vale la proprietà transitiva:
- se $a \mathcal{R} b$ e $b \mathcal{R} f$, allora $a \mathcal{R} f$;
- se $a \mathcal{R} c$ e $c \mathcal{R} f$, allora $a \mathcal{R} f$;
- se $a \mathcal{R} b$ e $b \mathcal{R} d$, allora $a \mathcal{R} d$;

non ci sono altre terne in cui possa essere verificata la condizione della proprietà transitiva.

b. Vale la proprietà antiriflessiva: nessun elemento è in relazione con se stesso.

c. Vale la proprietà antisimmetrica: se un elemento è in relazione con un secondo, il secondo non è in relazione con il primo; per esempio, $a \mathcal{R} b$ ma $b \not\mathcal{R} a$.

Poiché la relazione è antiriflessiva, antisimmetrica e transitiva, allora è una relazione d'ordine stretto.
Verifichiamo se è d'ordine totale o parziale.
Mettiamo in ordine gli elementi da sinistra verso destra iniziando con *a*, che ha solo frecce in partenza, e terminando con *e*, *f*, *d*, che hanno solo frecce in arrivo.
Gli elementi che risultano non collegati (come *b* e *c* o come *e*, *f*, *d*) non sono confrontabili. La relazione è dunque d'ordine parziale.

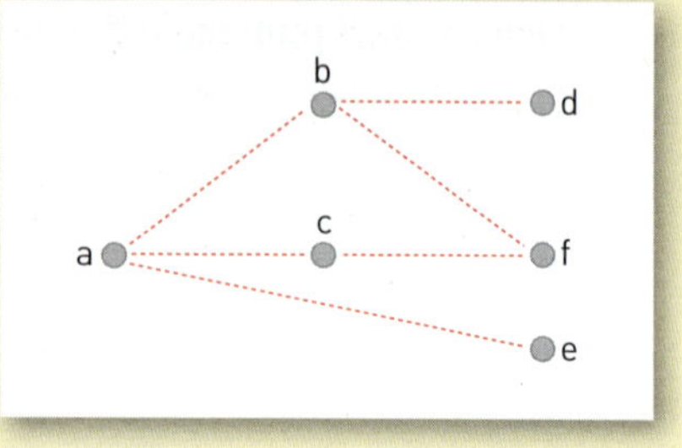

113 Fra i grafi illustrati in basso individua quelli che rappresentano una relazione d'ordine. In tal caso metti in ordine gli elementi con uno schema simile a quello dell'esercizio guida.

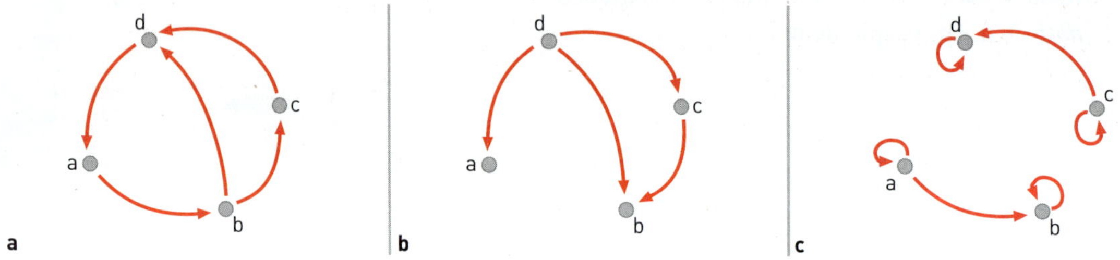

114 **COMPLETA** con il numero minimo di frecce i seguenti grafi, in modo da ottenere la relazione d'ordine indicata.

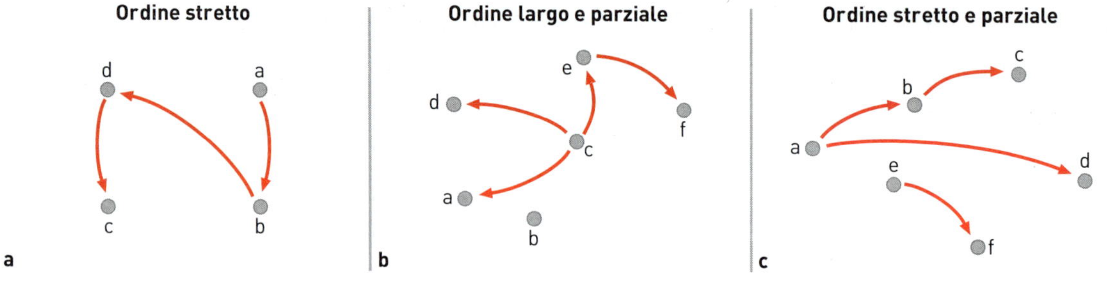

Riepilogo: Le relazioni

115 Nel grafo è descritta la relazione ⊆ fra alcuni insiemi.
Disegna un diagramma di Eulero-Venn con insiemi tali da soddisfare la relazione.

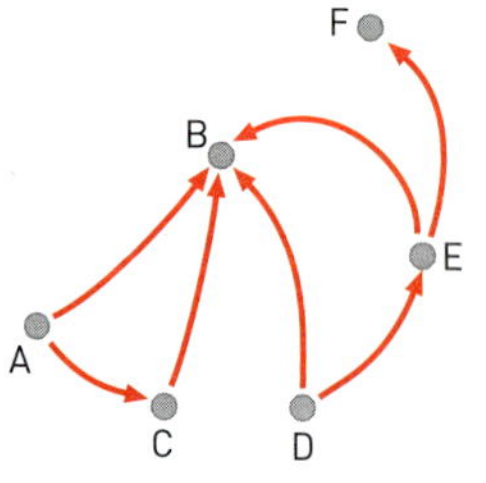

116 Ripeti l'esercizio 115, con il grafo rappresentato in figura.

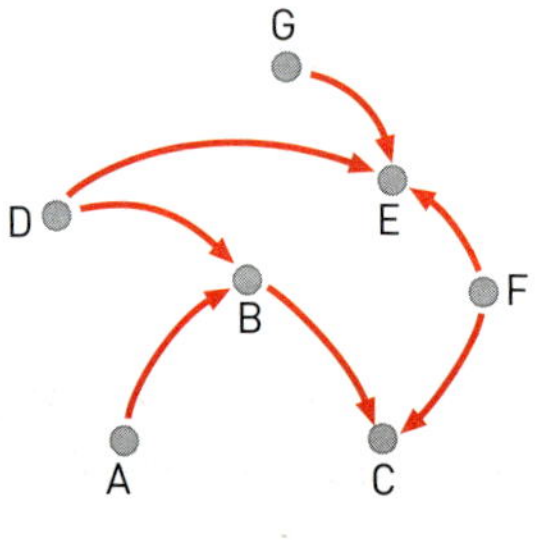

117 Il grafico in figura illustra una relazione.
Se $x \in A$ e $y \in B$, di quale relazione si tratta?
Il dominio coincide con A?
E il codominio coincide con B?
Quali sono le coppie della relazione inversa?

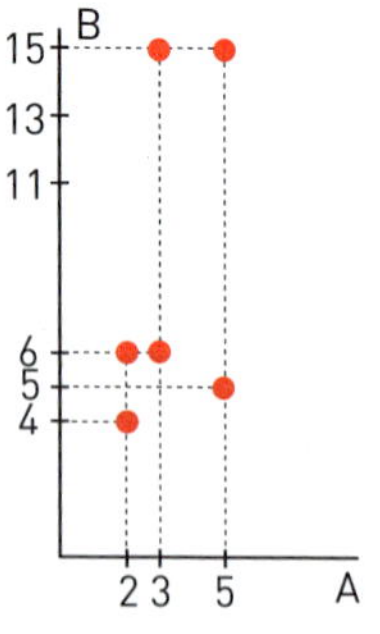

118 Nell'insieme dei segmenti, la lunghezza è una classe di equivalenza generata da una partizione in base a una relazione. Di quale relazione si tratta?

119 Data la tabella in figura, scrivi le coppie relative alla relazione, il dominio e il codominio e fai la rappresentazione sagittale.

A \ B	a	b	c	d
c	X		X	
d				
e		X		
f	X	X	X	

120 Osserva il triangolo in figura, di lati a, b, c e angoli α, β, γ. Se consideri la relazione «essere opposti», quali sono le coppie della relazione? Esiste la relazione inversa?

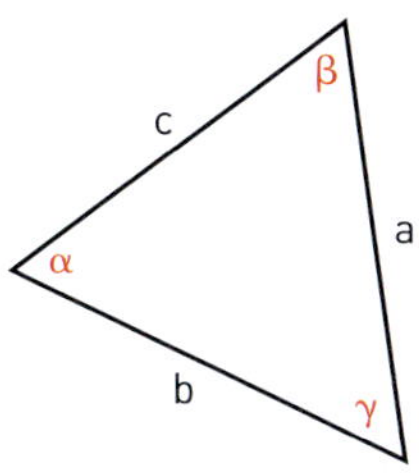

121 Dato il diagramma della figura, determina l'insieme delle coppie della relazione, il dominio e il codominio, e fai la rappresentazione con tabella a doppia entrata.

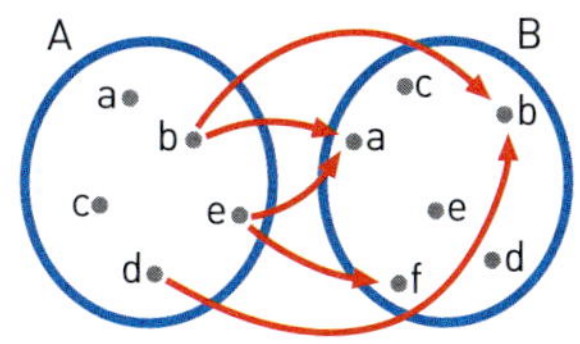

122 Le relazioni illustrate dai grafici in figura sono entrambe riflessive. Perché? Sono pure entrambe simmetriche?

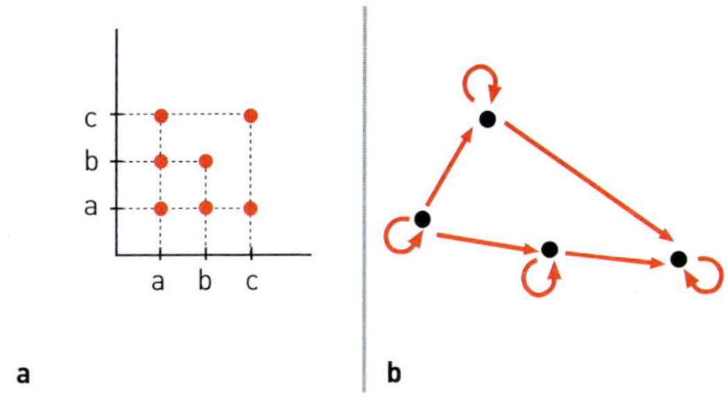

Dati gli insiemi $A = \{1, 2, 3, 4\}$ e $B = \{2, 4, 6, 8\}$, per ognuna delle seguenti relazioni definite in $A \times B$, fai la rappresentazione sagittale e scrivi dominio e codominio.

123 «y è il doppio di x».

124 «x è uguale a y».

125 «x è il precedente di y».

126 «y è il cubo di x».

127 $\left\{(x; y) \mid (x; y) \in A \times B \text{ e } x = \frac{1}{4}y + 1\right\}$.

128 $\{(x; y) \mid (x; y) \in A \times B \text{ e } y = x + 2\}$.

---

129 EUREKA! **I primi cento** Considera nell'insieme $A = \{x \in \mathbb{N} \mid 0 \leq x \leq 99\}$ dei primi 100 numeri naturali, le seguenti relazioni.

$\mathcal{R}_1$: $x\mathcal{R}_1 y \leftrightarrow$ cifra delle decine di $x >$ cifra delle decine di y;

$\mathcal{R}_2$: $x\mathcal{R}_2 y \leftrightarrow 3x > 2y$;

$\mathcal{R}_3$: $x\mathcal{R}_3 y \leftrightarrow x^2 > y^2$.

Quali tra queste sono relazioni d'ordine? Si tratta di ordine totale o parziale?

130 Scrivi le proprietà delle seguenti relazioni definite nell'insieme delle rette dello spazio.

a. «a e b hanno un punto in comune».

b. «a e b passano per un dato punto dello spazio».

c. «a e b sono sghembe (non hanno punti in comune e non sono parallele)».

131 SPIEGA PERCHÉ Nell'insieme delle persone la relazione «x è padre di y» è la relazione inversa di «x è figlio di y»? Motiva la risposta.

132 Stabilisci l'insieme quoziente per ciascuna delle due seguenti relazioni di equivalenza indicate nel relativo insieme.

a. «x abita nella stessa via di y» nell'insieme delle persone.

b. «x ha la stessa lunghezza di y» nell'insieme dei segmenti.

133 Nell'insieme $A = \{x \mid x \in \mathbb{N} \text{ e } x \leq 15\}$ verifica che la relazione

«x e y danno lo stesso resto se sono divisi per 3»

è di equivalenza e rappresenta la relativa partizione.

La classe di equivalenza [1] come può anche essere indicata?

5 Le funzioni

▶ Teoria a p. 213

Le funzioni e la loro rappresentazione

134 TEST Fra i seguenti diagrammi, quali rappresentano una funzione?

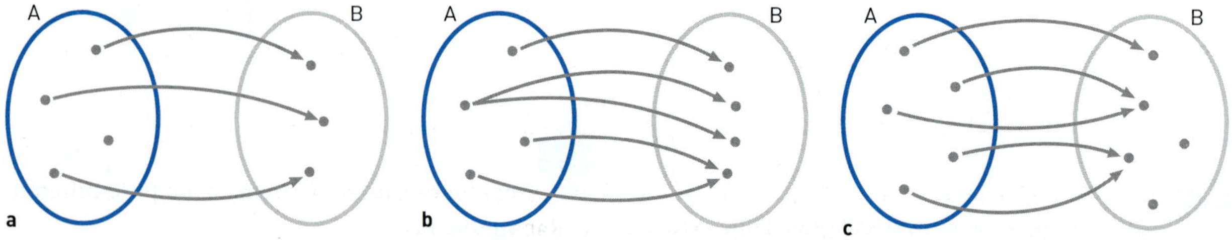

A Solo *a*. **B** Solo *b*. **C** *b* e *c*. **D** *a* e *b*. **E** Solo *c*.

135 Fra i seguenti diagrammi cartesiani, uno solo non rappresenta una funzione. Quale? Quale dei tre rimanenti rappresenta una funzione iniettiva?

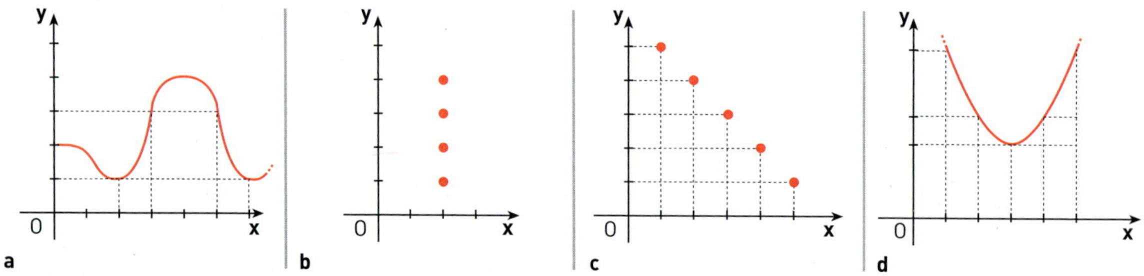

Considera le seguenti relazioni e stabilisci se sono funzioni oppure non lo sono, motivando le risposte.

136 $\mathcal{R}$ associa agli studenti della tua classe i computer che utilizzano nel laboratorio di informatica.

137 $\mathcal{R}$ associa a ogni materia i testi in adozione nella tua classe.

138 $\mathcal{R}$ associa alle capitali degli stati europei le relative nazioni.

139 $\mathcal{R}$ associa ai fiumi di una nazione le città che essi bagnano.

140 Indica per ogni figura se la relazione rappresentata è una funzione da A a B, giustificando la risposta.

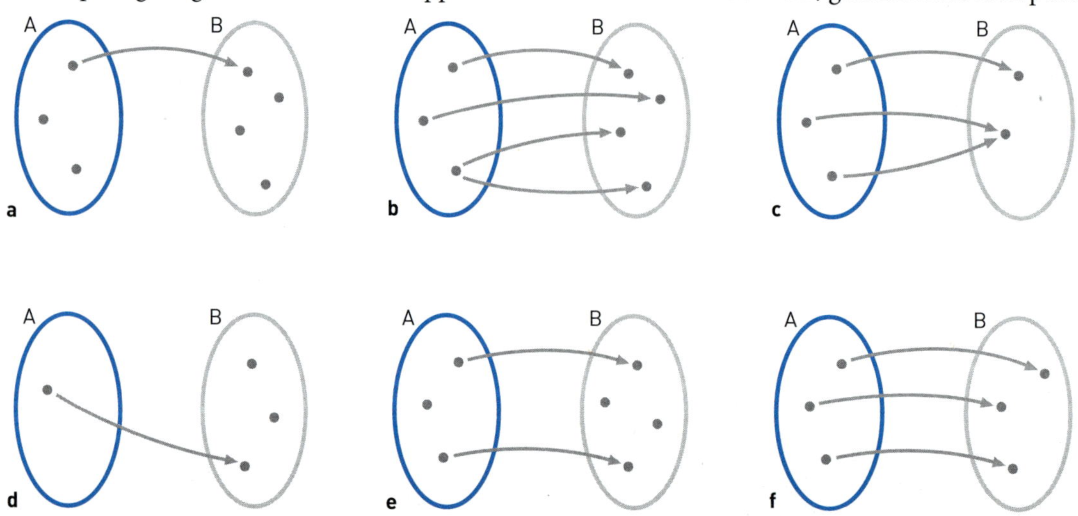

141 ●○ Stabilisci per ogni diagramma cartesiano se la relazione rappresentata è una funzione da A a B, giustificando la risposta.

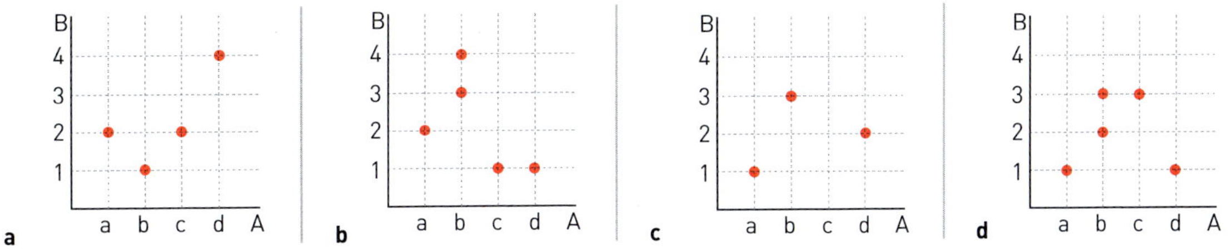

142 ●○ Dati gli insiemi $A = \{1, 2, 3, 4, 5\}$ e $B = \{a, b, c\}$, rappresenta tre funzioni diverse da A a B.

143 ●○ Sono dati i due insiemi $A = \{1, 2, 3\}$ e $B = \{a\}$. Quante funzioni è possibile definire da A a B? Rappresentale. E quante funzioni è possibile definire da B ad A? Rappresentale.

144 ●○ Rappresenta con un diagramma cartesiano le seguenti funzioni, definite mediante rappresentazione sagittale.

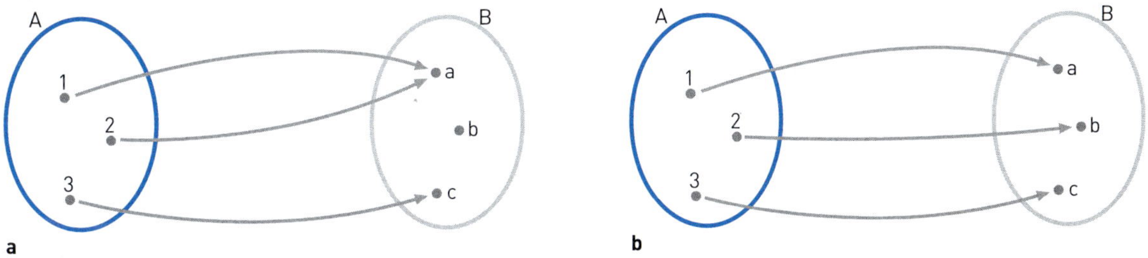

Utilizza i tre modi diversi (sagittale, con grafico cartesiano, con tabella a doppia entrata) per rappresentare le funzioni indicate fra i due insiemi *A* e *B*.

145 ●○ $A = \{\text{Luca, Gianni, Eva}\}$, $B = \{\text{I, II, III, IV, V}\}$; $f(\text{Luca}) = \text{III}$; $f(\text{Gianni}) = \text{IV}$; $f(\text{Eva}) = \text{I}$.

146 ●○ $A = \{a, b, c\}$, $B = \{1, 2, 3\}$; $f(a) = 3$; $f(b) = 1$; $f(c) = 1$.

147 ●○ $A = \{\text{Van Gogh, Renoir, Picasso, Rembrandt}\}$, $B = \{\text{Olanda, Francia, Italia, Spagna}\}$; $f(\text{Van Gogh}) = \text{Olanda}$; $f(\text{Renoir}) = \text{Francia}$; $f(\text{Picasso}) = \text{Spagna}$; $f(\text{Rembrandt}) = \text{Olanda}$.

Per ognuna delle seguenti relazioni $\mathcal{R}$, definite in $A \times B$, indica se è una funzione e, in caso affermativo, scrivi il codominio.

148 ●○ $A = \{a, b, c\}$, $B = \{1, 2, 3, 4\}$; $\mathcal{R} = \{(a; 1), (b; 3), (c; 2)\}$.

149 ●○ $A = \{a, b, c, d\}$, $B = \{1, 2, 3\}$; $\mathcal{R} = \{(a; 2), (b; 3), (d; 1)\}$.

150 ●○ $A = \{1, 2, 3, 4\}$, $B = \{a, b, c, d, e\}$; $\mathcal{R} = \{(1; c), (2; b), (3; a), (1; e), (4; d)\}$.

151 ●○ $A = \{1, 2, 3, 4\}$, $B = \{a, b, c, d, e\}$; $\mathcal{R} = \{(1; b), (3; d), (2; b), (4; b)\}$.

Rappresenta in forma sagittale le funzioni seguenti e scrivi gli elementi del codominio *C*, precisando se è un sottoinsieme proprio dell'insieme di arrivo *B*.

152 ●○ $A = \{a, e, i\}$, $B = \{●, ★\}$; $f(a) = ●$; $f(e) = ●$; $f(i) = ★$.

153 ●○ $A = \{a, b, c, d\}$, $B = \{1, 2, 3, 4\}$; $f(a) = 1$; $f(b) = 2$; $f(c) = 3$; $f(d) = 4$.

Le funzioni suriettive

154 Stabilisci se le seguenti funzioni definite mediante rappresentazione sagittale sono suriettive. Poi modifica le figure aggiungendo o togliendo frecce o elementi, in modo da ottenere funzioni diverse ma suriettive.

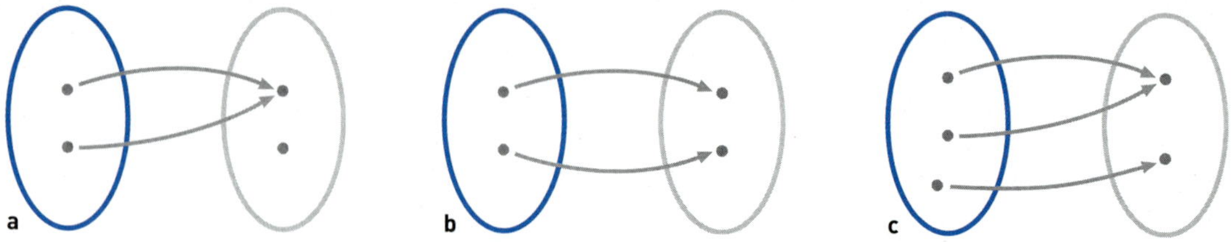

155 Fra le seguenti funzioni, rappresentate con diagramma cartesiano, indica quelle suriettive.

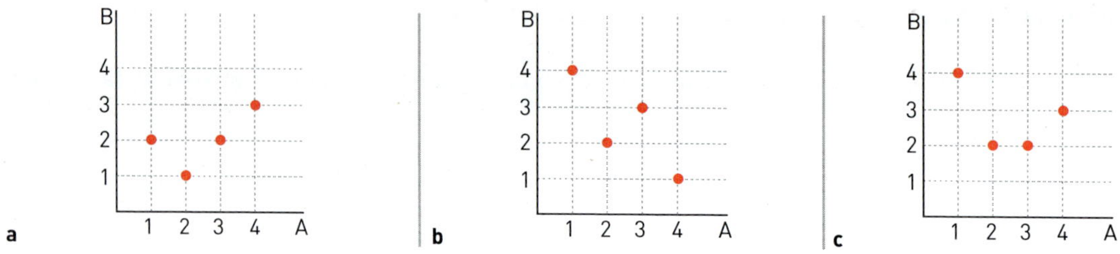

156 Indica quali delle seguenti funzioni da A a B sono suriettive.

a. $A = \{-1, 0, 1\}$, $B = \{0, 1, 2\}$;
$f(-1) = 0$; $f(0) = 2$; $f(1) = 1$.

b. $A = \{-3, 1, 2\}$, $B = \{0, 1, 4\}$;
$f(-3) = 4$; $f(1) = 1$; $f(2) = 4$.

c. $A = \{-2, 0, 5\}$, $B = \{1, 2, 6\}$;
$f(-2) = 6$; $f(0) = 1$; $f(5) = 1$.

d. $A = \{1, 3, 5, 7\}$, $B = \{-1, 0, 1\}$;
$f(1) = -1$; $f(3) = -1$ $f(5) = 1$; $f(7) = 1$.

Le funzioni iniettive

157 Stabilisci se sono iniettive le seguenti funzioni definite mediante rappresentazione sagittale.

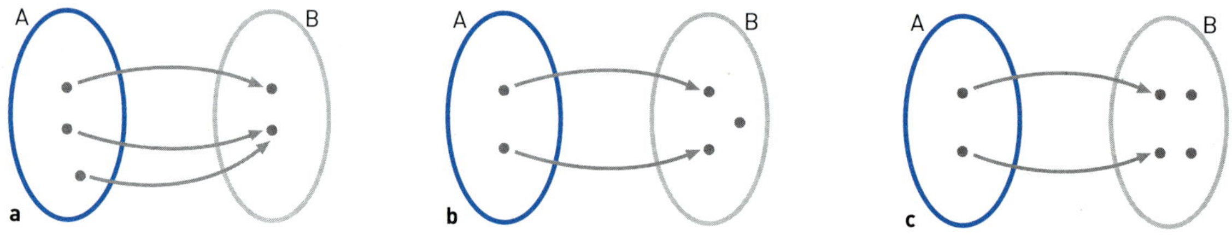

158 Nelle figure dell'esercizio 157, fai il minimo numero di correzioni, aggiungendo o togliendo frecce oppure elementi, in modo da ottenere funzioni diverse ma iniettive.

159 Fra le seguenti funzioni, rappresentate con diagramma cartesiano, due non sono iniettive. Quali?

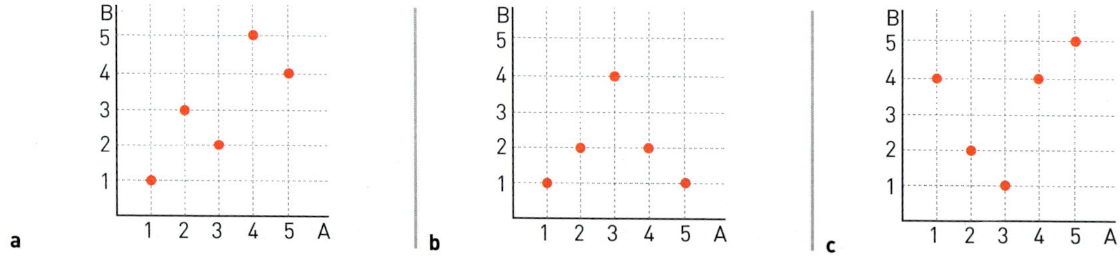

160 Indica quali delle seguenti funzioni da A a B sono iniettive.

a. $A=\{1,2,3,4\}$, $B=\{-1,0,1,2\}$; $f(1)=2$; $f(2)=0$; $f(3)=2$; $f(4)=-1$.

b. $A=\{a,b,c,d\}$, $B=\{a,b,c\}$; $f(a)=c$; $f(b)=a$; $f(c)=b$; $f(d)=c$.

c. $A=\{-2,-1,0,1\}$, $B=\{-1,0,1,2,3\}$; $f(-2)=2$; $f(-1)=0$; $f(0)=-1$; $f(1)=3$.

Le funzioni biunivoche

161 Modifica ogni figura, in modo che dalla funzione rappresentata si ottenga una funzione diversa che sia biunivoca.

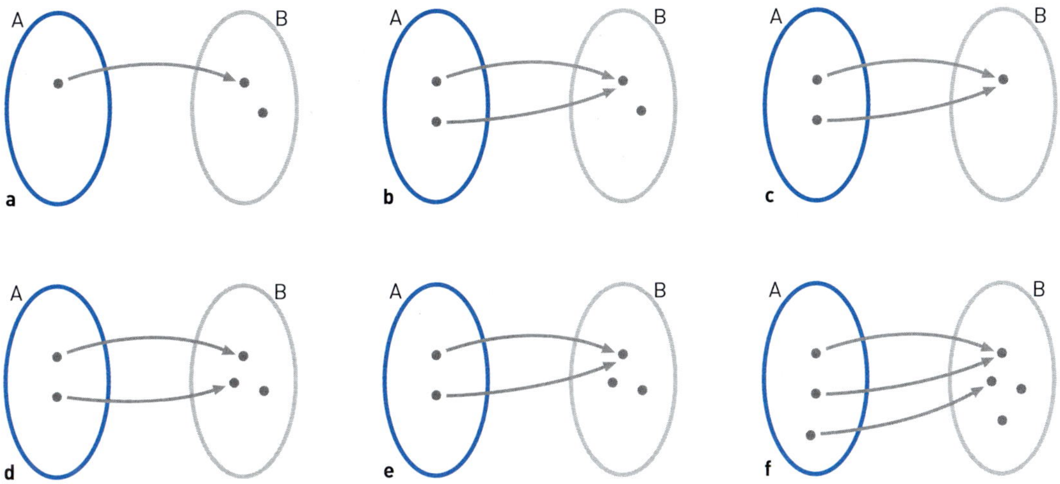

162 Riconosci le funzioni biunivoche fra quelle rappresentate con i seguenti diagrammi cartesiani.

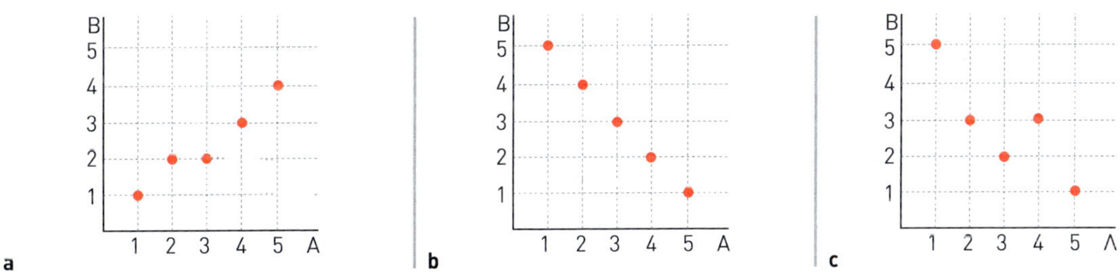

163 TEST Quale delle seguenti funzioni tra $\{a, b, c\}$ e $\{1, 2, 3\}$ è biunivoca?

A $f(a)=1$, $f(b)=1$, $f(c)=1$.

B $f(a)=3$, $f(b)=2$, $f(c)=3$.

C $f(a)=1$, $f(b)=3$, $f(c)=2$.

D $f(a)=1$, $f(b)=2$, $f(c)=2$.

Per ogni coppia di insiemi è descritta una funzione. Stabilisci se essa è suriettiva, iniettiva, biunivoca.

164 $Q=\{$quadrati di un piano$\}$; $P=\{$punti dello stesso piano$\}$; $f{:}Q\to P$, associa a ogni quadrato il suo centro.

165 $R=\{$punti di una retta $r\}$; $R'=\{$punti di una retta r', complanare di $r\}$; $f{:}R\to R'$, associa a ogni punto di r la sua proiezione ortogonale su r'.
Distingui i due casi: **a.** r e r' sono perpendicolari; **b.** r e r' non sono perpendicolari.

6 Le funzioni numeriche

Teoria a p. 216

Il dominio naturale di una funzione

166 ESERCIZIO GUIDA Determiniamo il dominio naturale della seguente funzione definita in $\mathbb{R}$: $y = \sqrt{\frac{1}{x}}$.

Per l'esistenza della frazione $\frac{1}{x}$ dobbiamo porre il denominatore diverso da 0: $x \neq 0$.

La radice quadrata ha significato solo se l'espressione sotto radice, detta radicando, è maggiore o uguale a zero.

Nel nostro caso, quindi, dobbiamo porre

$$\frac{1}{x} \geq 0.$$

Poiché il numeratore della frazione è sempre maggiore di zero, si ricava

$$\frac{1}{x} \geq 0, \text{ se } x > 0.$$

Pertanto il dominio naturale è:

$$D: x > 0.$$

Determina il dominio naturale delle seguenti funzioni definite in $\mathbb{R}$.

167 ESEMPIO DIGITALE $y = 2x^{-1}$; $\quad y = \frac{1}{8x^3}$; $\quad y = \frac{2}{(x-1)^2}$.

168 $y = 2x$; $\quad y = \frac{2}{x}$; $\quad y = 2x + 3$; $\quad y = \sqrt{2x}$.

169 $y = \frac{x}{x+2}$; $\quad y = \frac{x}{x-4}$; $\quad y = \sqrt{\frac{1}{3x}}$; $\quad y = \sqrt{\frac{1}{x-5}}$.

170 $y = \frac{1}{\sqrt{x+1}}$; $\quad y = \frac{2x}{3-2x}$; $\quad y = \frac{x-3}{2}$; $\quad y = \frac{2}{x^2}$.

171 $y = 1 - \sqrt{1-x}$; $\quad y = \frac{3-x}{1-x^2}$; $\quad y = \frac{5}{2x}$; $\quad y = \sqrt{x+3}$.

La funzione inversa

172 Individua tra le seguenti rappresentazioni le funzioni e le funzioni invertibili.

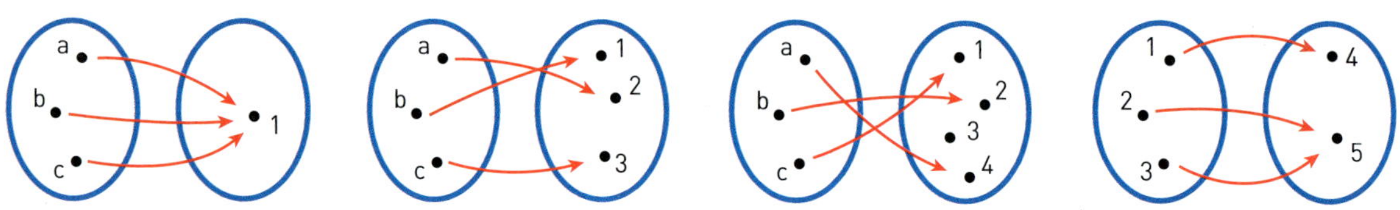

a b c d

173 Negli esercizi dal numero 148 al 151, la relazione inversa a quella data è una funzione?

174 Consideriamo gli insiemi $A=\{0,1,2,3,4\}$ e $B=\{a,b,c,d,e\}$ e la funzione che associa:

$0 \mapsto b;\quad 1 \mapsto c;\quad 2 \mapsto a;\quad 3 \mapsto e.$

Quale elemento di B va associato a 4 affinché la funzione risulti invertibile? [d]

Indica se le relazioni seguenti da *A* a *B* sono funzioni e, in caso affermativo, se sono invertibili.

175 $A=\{2,3,4\}$, $B=\{-4,-5,-6\}$, $\mathcal{R}: x\mathcal{R}y \leftrightarrow x+y=-2$.

176 $A=\{-7,-10,5,7\}$, $B=\{23,98,47\}$, $\mathcal{R}: x\mathcal{R}y \leftrightarrow y=x^2-2$.

La composizione di due funzioni

In ogni esercizio, rappresenta le due funzioni con un diagramma a frecce e stabilisci se sono possibili le due composizioni $f \circ g$ e $g \circ f$.

177 $A=\{a\}$, $B=\{e\}$, $C=\{i\}$; $f: a \mapsto e$; $g: e \mapsto i$.

178 $A=\{m\}$, $B=\{i\}$, $C=\{o\}$; $f: i \mapsto o$; $g: m \mapsto i$.

179 $A=\{u\}$, $B=\{t\}$, $C=\{o\}$; $f: t \mapsto u$; $g: u \mapsto o$.

180 Considera gli insiemi

$A=\{1,3\},\quad B=\{2,4\},\quad C=\{0,1\}$

e le funzioni f e g così definite:

$f: A \to B;\quad f(1)=4,\quad f(3)=2;$

$g: B \to C;\quad g(2)=0,\quad g(4)=1.$

Trova le immagini di 1 e 3 nella funzione $g \circ f$ e la controimmagine di 1 in $g \circ f$.

181 Considera l'insieme $A=\{0,1,2,3\}$ e la funzione $f: A \to A$ così definita:

$f(0)=3,\quad f(1)=2,\quad f(2)=0,\quad f(3)=1.$

Trova l'immagine di A attraverso $f \circ f$.

182 Sono dati gli insiemi $A=\{1,2,3\}$, $B=\{a,b,c\}$ e $C=\{0,1,2,3,4\}$ e le funzioni:

$f: A \to B;\quad 1 \mapsto b,\quad 2 \mapsto c,\quad 3 \mapsto a;$

$g: B \to C;\quad a \mapsto 2,\quad b \mapsto 2,\quad c \mapsto 0.$

La funzione $g \circ f$ che valore fa corrispondere a 1? [2]

COMPLETA i seguenti diagrammi.

183

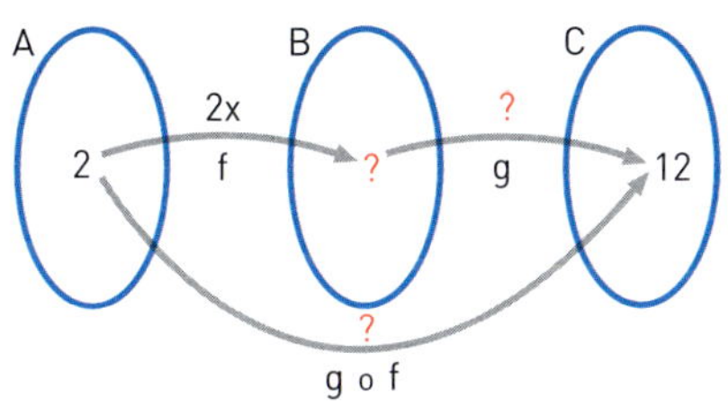

184

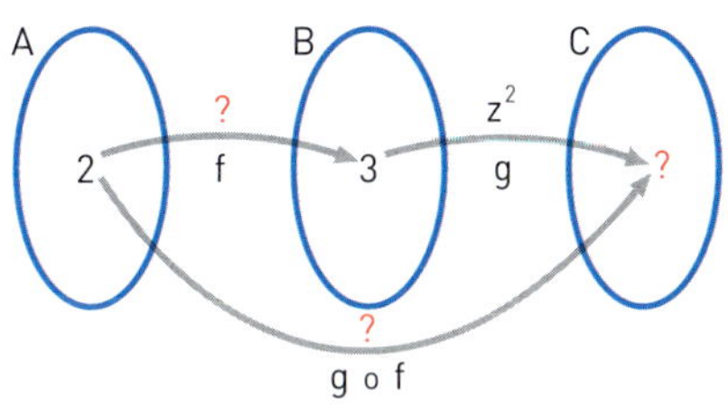

185 Componi la funzione identità $z(x)=x$ con ognuna delle seguenti funzioni $y=g(z(x))$:

a. $y=3z$; **b.** $y=2z^2$; **c.** $y=\frac{1}{2}z+1$; **d.** $y=z^2-1$.

Che cosa puoi affermare sulla composizione della funzione identità con un'altra funzione?

186 Componi la funzione f con la sua inversa f^{-1} in ognuno dei seguenti casi:

a. $f: z = 2x$; $f^{-1}: x = \frac{z}{2}$.

b. $f: z = x - 1$; $f^{-1}: x = z + 1$.

Che cosa puoi affermare sulla composizione $f^{-1} \circ f$?

Date le seguenti funzioni, determina $f \circ g$ e $g \circ f$.

187 $f(x) = 2x$; $g(x) = x^2$.

188 $f(x) = 2x$; $g(x) = 5x$.

189 $f(x) = x^2$; $g(x) = x^3$.

190 $f(x) = x - 3$; $g(x) = \frac{2}{x}$.

---

191 Date le funzioni $f(x) = x + 1$, $g(x) = x + 4$, determina $f(g(3))$ e $g(f(-2))$.

7 Il piano cartesiano e il grafico di una funzione

▶ Teoria a p. 218

Il piano cartesiano

192 VERO O FALSO?

a. L'ascissa del punto $P(-7; 9)$ è 9. V F

b. Il punto $A(-2; -1)$ si trova nel quarto quadrante. V F

c. Se un punto si trova sull'asse y, ha ascissa uguale a 0. V F

d. I punti con coordinate entrambe positive appartengono al primo quadrante. V F

e. Il punto $P\left(2; -\frac{1}{2}\right)$ ha ordinata minore di quella di $Q\left(1; -\frac{3}{8}\right)$. V F

Rappresenta nel piano cartesiano i seguenti punti.

193 $A(-4; 1)$, $B(0; 3)$, $C(5; 2)$, $D(2; -3)$, $E(-3; -3)$.

194 $A(-10; 5)$, $B(0; 25)$, $C(8; 15)$, $D(10; -30)$, $E(0; -10)$.

195 $A\left(-\frac{5}{2}; -2\right)$, $B\left(-\frac{3}{4}; \frac{7}{4}\right)$, $C\left(4; \frac{3}{2}\right)$, $D\left(\frac{7}{4}; 5\right)$, $E(2; -4)$.

Il grafico di una funzione

Traccia per punti i grafici delle seguenti funzioni.

196 ESEMPIO DIGITALE $y = -\frac{3}{2}x + 2$

197 $y = \frac{1}{2}x + 2$

198 $y = 4x + 1$

199 $y = -3x - 4$

200 $y = -\frac{1}{2}x + 3$

201 $y = x - 5$

202 $y = -x - 2$

203 $y = 2x$

204 $y = -2x + 8$

205 $y = \frac{2}{3}x + 1$

206 $y = -\frac{1}{4}x + 4$

207 $y = x^2$

208 $y = -2x^2$

209 $y = x^2 - 1$

210 Data la funzione $y = -4x^2 + 2x$, indica quale dei seguenti punti appartiene al suo grafico:

$$A(-1; 2),\ B(2; -12),\ C\left(\frac{1}{2}; 0\right),\ D\left(\frac{1}{4}; \frac{1}{4}\right).$$

211 Quale dei punti

$$P(0; 1),\ Q\left(1; \frac{1}{2}\right),\ R(-1; 0),$$

$$S\left(-\frac{3}{2}; -2\right),\ T(0; -1)$$

appartiene al grafico di $y = \dfrac{x}{x+1}$?

212 Considera la funzione $f: \mathbb{R} \to \mathbb{R}$ che fa corrispondere a un numero la sua metà aumentata di 3. Scrivi l'espressione analitica di f e rappresentala graficamente nel piano cartesiano. Calcola $f(4), f(0),\ f\left(-\frac{2}{3}\right)$ e indicali nel grafico.

Evidenzia poi nel grafico i punti che hanno entrambe le coordinate negative.

213 Considera la funzione $f: \mathbb{R} \to \mathbb{R}$ che fa corrispondere a un numero i $\frac{2}{5}$ del suo quadrato.

a. Scrivi l'espressione analitica di f.

b. Traccia il grafico della funzione.

c. Evidenzia poi nel grafico i punti di ascissa 0, 5, −5, −1.

d. Esistono punti con ordinata negativa?

214 TEST Considera la funzione $f: A \to B$ rappresentata dal diagramma a frecce della figura.
La sua espressione analitica è:

A $y = 2x + 1$.

B $y = x^2 + 1$.

C $y = \dfrac{8}{x} + 1$.

D $y = x^3 - 3$.

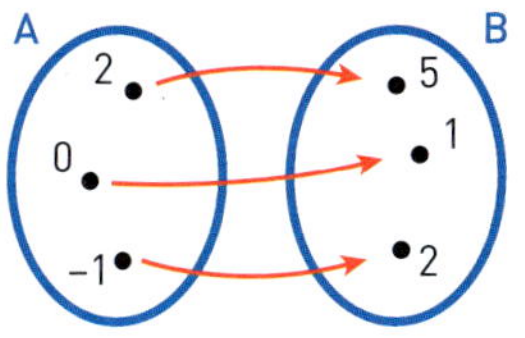

MATEMATICA INTORNO A NOI

25 secondi netti! L'aula di Mario si trova lungo un corridoio che collega la scala principale con la scala secondaria. Mario impiega 25 secondi per percorrere l'intero corridoio...

Problema e risoluzione – 3 esercizi in più.

Analisi di un grafico

Riconoscere le funzioni

Stabilisci se ciascuno dei seguenti grafici rappresenta una funzione. In caso affermativo, indica il codominio.

215 ESEMPIO DIGITALE

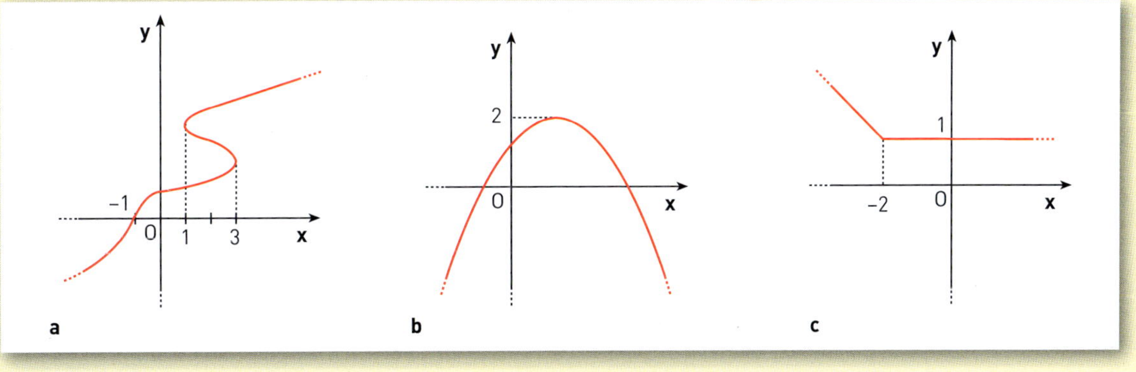

ESERCIZI

216 ●○

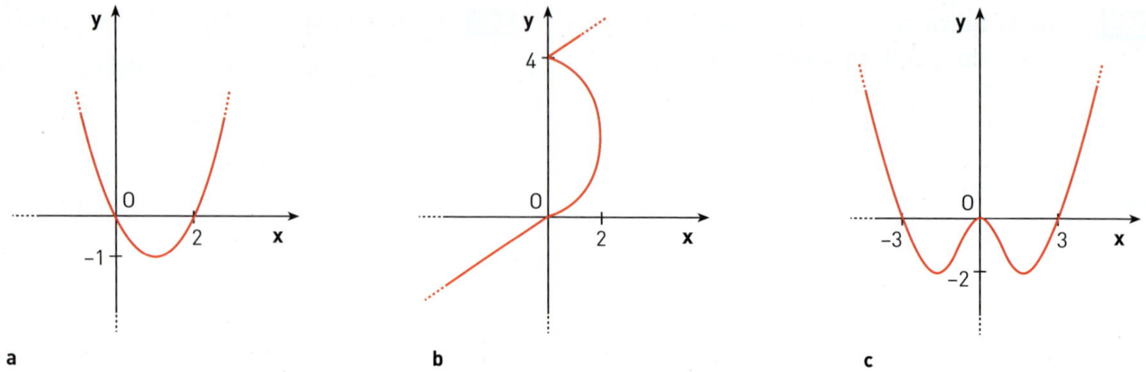

217 ●○

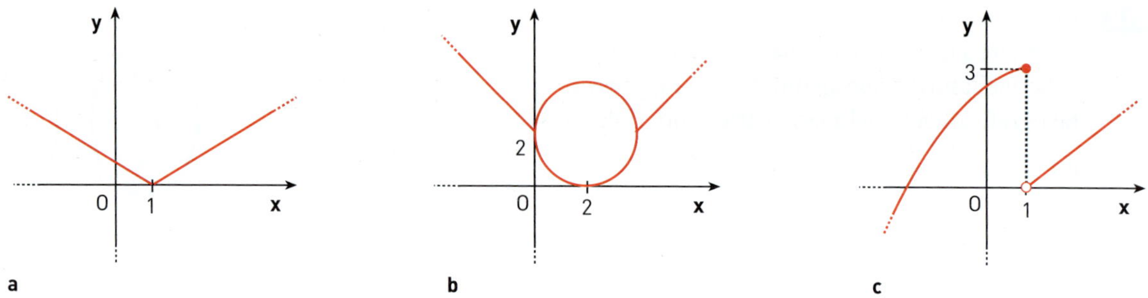

218 ●○ I seguenti grafici rappresentano una funzione? In caso affermativo, determinane il dominio e il codominio.

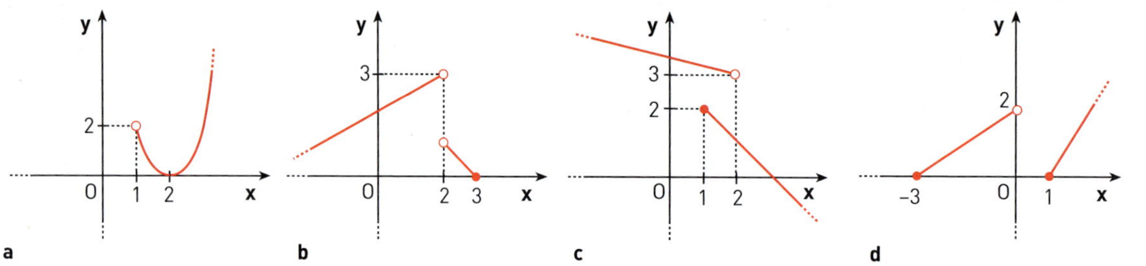

Funzioni iniettive, suriettive, biunivoche

Per ognuna delle seguenti funzioni da $\mathbb{R}$ in $\mathbb{R}$ determina il codominio e stabilisci se sono iniettive, suriettive, biunivoche.

219 ●○ ESEMPIO DIGITALE

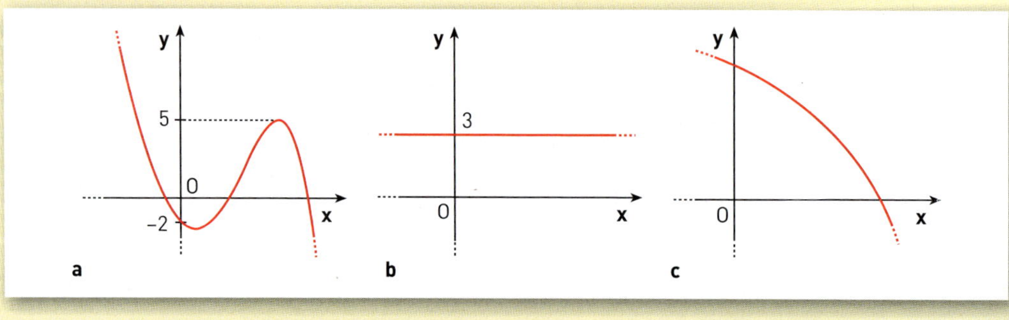

220 ●○

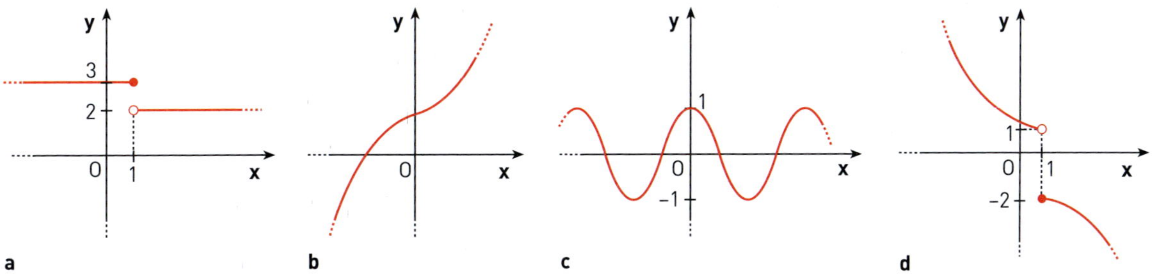

221 ●○

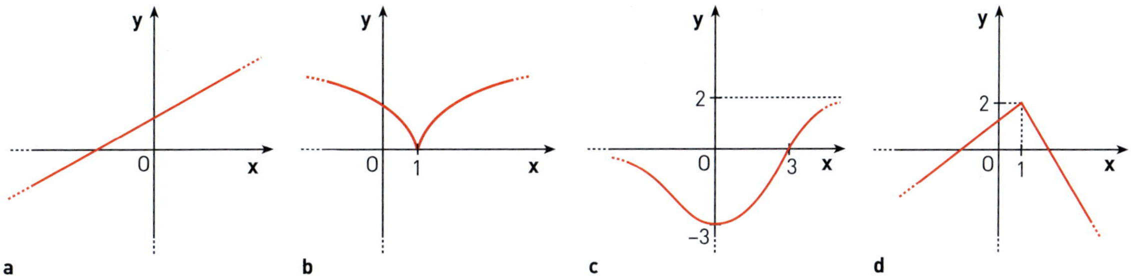

8 Particolari funzioni numeriche

▶ Teoria a p. 220

La proporzionalità diretta

222 ●○ **INVALSI 2005** x e y indicano due grandezze. Quale delle seguenti relazioni *non* rappresenta una proporzionalità diretta fra x e y?

A $\frac{1}{3}y = 3x$ **B** $y = 5x$ **C** $\frac{y}{x} = 2$ **D** $y = \frac{1}{2x}$

223 **ESERCIZIO GUIDA** Analizziamo la tabella per stabilire se le variabili x e y sono direttamente proporzionali. In caso affermativo, scriviamo l'espressione analitica della funzione e la rappresentiamo nel piano cartesiano.

x	−4	−2	4	8	12
y	−5	$-\frac{5}{2}$	5	10	15

Per ognuna delle coppie $(x; y)$ calcoliamo il rapporto $\frac{y}{x}$. Per esempio:

$$\frac{-5}{-4} = \frac{5}{4}, \frac{15}{12} = \frac{5}{4}, \ldots$$

Poiché $\frac{y}{x}$ è costante e uguale a $\frac{5}{4}$, x e y sono direttamente proporzionali e l'espressione analitica della funzione è $y = \frac{5}{4}x$.

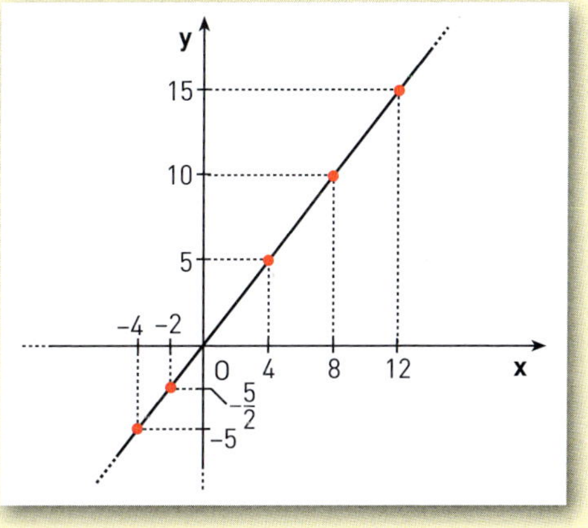

Considera le seguenti tabelle e stabilisci se x e y sono direttamente proporzionali. In caso affermativo, scrivi la funzione di proporzionalità diretta che lega x e y.

224 ●○

x	y
-2	-8
-1	-4
0	0
1	4
2	8

225 ●○

x	y
0	0
1	1
2	4
3	9
4	16

226 ●○

x	y
-2	2
0	1
4	5
6	6
8	7

Problemi INTORNO A NOI

227 ●○ **Confettura di frutta!** Sapendo che esiste una proporzionalità diretta tra la quantità di confettura c e quella di frutta f utilizzata per produrla, e che da 140 g di frutta si sono ottenuti 100 g di prodotto finale:

a. scrivi la legge che esprime c in funzione di f;

b. rappresenta la funzione nel piano cartesiano;

c. calcola quanta frutta occorre per produrre 2 kg di confettura.

$\left[\text{a) } c = \frac{5}{7}f; \text{ c) } 2{,}8 \text{ kg}\right]$

228 ●○ **Tempo di saldi** In un megastore, in tempo di saldi, si decide di scontare il prezzo di tutti gli articoli in vendita del 35%.

a. Se x è il prezzo iniziale, scrivi il nuovo prezzo y in funzione di x.

b. Rappresenta il grafico della funzione y.

c. Se un articolo viene venduto a € 117, qual era il suo prezzo iniziale?

$\left[\text{a) } y = \frac{13}{20}x; \text{ c) } € 180\right]$

229 ●○ YOU & MATHS **Efficiencies of cars** You can measure a car's efficiency in miles (mi) per gallon (gal). Car A gets 200 miles with 4 gallons; car B gets 300 miles with 10 gallons; and car C gets 100 miles with 5 gallons. Draw graphs (distance against gas used) for each type of car and determine which type is the most efficient. Explain your reasoning.

La proporzionalità inversa

230 ●○ TEST Quale tra le seguenti leggi è una funzione di proporzionalità inversa?

A $y - x = 3$

B $y = \frac{1}{5}x$

C $\frac{x}{y} = 4$

D $xy = x - 2$

E $y = \frac{3}{x}$

231 ●○ INVALSI 2007 La relazione: $x \cdot y = k$ tra due variabili positive x e y può essere anche scritta in uno dei seguenti modi. Quale?

A $y = \frac{k}{x}$

B $y = kx$

C $\frac{x \cdot y}{k} = 0$

D $y = \frac{x}{k}$

232 ●● INVALSI 2014 La grandezza y è inversamente proporzionale al quadrato della grandezza x e, per $x = 2$ si ha $y = 4$. Quindi, se $x = 8$, y è uguale a

A $\frac{1}{4}$

B 4

C 16

D $\frac{1}{16}$

233 ESERCIZIO GUIDA Consideriamo le seguenti tabelle e stabiliamo se x e y sono inversamente proporzionali. In caso affermativo, scriviamo la funzione di proporzionalità inversa che lega x e y.

a.

x	-3	-1	$\frac{1}{2}$	1	2
y	$-\frac{1}{2}$	$-\frac{3}{2}$	3	$\frac{3}{2}$	$\frac{3}{4}$

b.

x	1	2	3	4	5
y	6	1	$\frac{1}{3}$	$\frac{1}{8}$	$\frac{1}{25}$

a. Aggiungiamo alla tabella la riga $x \cdot y$:

x	-3	-1	$\frac{1}{2}$	1	2
y	$-\frac{1}{2}$	$-\frac{3}{2}$	3	$\frac{3}{2}$	$\frac{3}{4}$
$x \cdot y$	$\frac{3}{2}$	$\frac{3}{2}$	$\frac{3}{2}$	$\frac{3}{2}$	$\frac{3}{2}$

$x \cdot y$ ha valore costante $\frac{3}{2}$, ossia $x \cdot y = \frac{3}{2}$.

b. Dalla tabella osserviamo che:

- il prodotto xy non è costante, per esempio: $1 \cdot 6 \neq 2 \cdot 1$;
- se raddoppia il valore di x, passando da 2 a 4, il corrispondente valore di y non si dimezza, in quanto passa da 1 a $\frac{1}{8}$ e non a $\frac{1}{2}$.

Ognuna delle precedenti osservazioni è sufficiente per affermare che la tabella non è relativa a una funzione di proporzionalità inversa.

Stabilisci se x e y nelle seguenti tabelle sono inversamente proporzionali. In caso affermativo, scrivi la funzione di proporzionalità inversa che lega x e y.

234

x	y
-3	-4
-2	-6
1	12
2	6
3	4

235

x	y
-5	$-\frac{2}{5}$
-4	$-\frac{1}{2}$
-3	$-\frac{2}{3}$
-2	-1
-1	-2

236

x	y
1	1
2	$\frac{1}{3}$
4	$\frac{1}{6}$
6	$\frac{1}{9}$

237

x	y
1	$\frac{1}{2}$
$\frac{1}{2}$	$\frac{1}{4}$
$\frac{1}{4}$	$\frac{1}{8}$
$\frac{1}{8}$	$\frac{1}{16}$

Problemi INTORNO A NOI

238 **Cuochi a volontà** Per un pranzo si devono preparare dei salatini ed esiste una proporzionalità inversa tra numero dei cuochi a disposizione in cucina e tempo impiegato per completare il lavoro. Sapendo che 10 cuochi impiegherebbero 2 ore per completare il lavoro, scrivi la legge che esprime il tempo y impiegato in funzione del numero x di cuochi e rappresentala nel piano cartesiano. Quanti cuochi dovrebbero essere presenti per terminare il lavoro in 5 ore? $\left[y = \frac{20}{x}; 4 \text{ cuochi}\right]$

239 **Con la cazzuola** Per pavimentare una stanza si può scegliere di utilizzare 125 piastrelle di 12 dm^2 oppure 50 piastrelle di 30 dm^2 o anche 150 piastrelle di 10 dm^2.

a. Scrivi la legge che esprime il numero di piastrelle n in funzione dell'area A di una piastrella.
b. Stabilisci quale tipo di proporzionalità lega n e A.
c. Quante piastrelle di area 20 dm^2 occorrerebbero per pavimentare la stanza? $\left[\text{a) } n = \frac{1500}{A}; \text{c) } 75\right]$

ESERCIZI

240 EUREKA! **Più in fretta** Il tempo richiesto per andare in auto da Duluth a Fargo varia in modo inversamente proporzionale alla velocità dell'auto. Se per il viaggio, alla velocità di 40 mph (miglia orarie), occorrono 6,25 ore, quale velocità è richiesta per fare il viaggio in 4 ore?

A 6,4 mph B 0,625 mph C 25,6 mph D 8,44 mph E 62,5 mph

(USA *Catawba College NCCTM, Mathematics Contest*, 2007)

Problemi geometrici con proporzionalità diretta o inversa

241 TEST Considera l'insieme dei rettangoli con lati a e b, che soddisfano la condizione $\frac{b}{a} = 2$. Quale delle seguenti grandezze *non* è direttamente proporzionale ad a?

A Il lato b.
B Il perimetro del rettangolo.
C L'area del rettangolo.
D Una diagonale del rettangolo.

242 La figura a fianco è stata costruita con quadrati di lato l e semicirconferenze di diametro l:

a. Scrivi la legge che esprime il perimetro p della figura in funzione di l.
b. Stabilisci quale proporzionalità esiste tra p e l e indica la costante di proporzionalità. [a) $p = (2\pi + 4)l$; b) $2\pi + 4$]

243 In un trapezio isoscele la base maggiore è il triplo di quella minore e il lato obliquo è i $\frac{5}{4}$ della base minore.

a. Indica con p e x rispettivamente le misure del perimetro e della base minore, scrivi p in funzione di x e stabilisci quale tipo di proporzionalità esiste tra p e x.
b. Quali valori deve assumere x affinché $p(x) = 65$ e $p(x) = \frac{39}{4}$? $\left[\text{a) } p = \frac{13}{2}x;\ \text{b) } 10, \frac{3}{2}\right]$

Problemi INTORNO A NOI

244 ESEMPIO DIGITALE **Problema al cioccolato** Luisa prepara del budino al cioccolato e lo suddivide in porzioni da 100 g ciascuna.

a. Scrivi la legge che esprime il numero di porzioni n in funzione del peso totale p del budino preparato.
b. Stabilisci che tipo di proporzionalità esiste tra n e p.
c. Calcola quante porzioni si ottengono da 1 kg di budino e che quantità di budino occorre preparare per ottenere 5 porzioni.

245 **Trasferimento dati** Un computer riceve dati da un altro a velocità costante ed esiste una proporzionalità diretta tra la dimensione d del file da trasferire e il tempo t impiegato per la trasmissione. Sapendo che un file di 10 MB impiega 18 secondi per essere trasferito, scrivi la legge che esprime t in funzione di d. Quanto impiega un file di 50 MB per essere trasferito? [$t = 1{,}8d$; 1 minuto e mezzo]

246 **Caro il mio gelato...** Il prezzo del gelato artigianale è costituito per il 60% dal costo della manodopera e per il 40% dal costo degli ingredienti. I costi di produzione subiscono poi degli aumenti: 32% per la manodopera, 52% per gli ingredienti.

a. Scrivi la legge che esprime il prezzo a del gelato dopo gli aumenti in funzione del prezzo b del gelato prima degli aumenti e stabilisci che tipo di proporzionalità esiste tra a e b.
b. Rappresenta la funzione nel piano cartesiano.
c. Qual è l'aumento percentuale totale del prezzo del gelato? $\left[\text{a) } a = \frac{7}{5}b;\ \text{c) } 40\%\right]$

La funzione lineare

247 **ESERCIZIO GUIDA** Data la tabella, stabiliamo se tra i valori di x e y c'è dipendenza lineare. In caso affermativo, scriviamo la funzione corrispondente e rappresentiamola nel piano cartesiano.

x	-3	-1	0	2	3
y	-3	1	3	7	9

Dato che per $x = 0$ si ha $y = 3$, aggiungiamo nella tabella le righe relative a $y - 3$ e $\frac{y-3}{x-0}$, ossia $\frac{y-3}{x}$:

x	-3	-1	0	2	3
y	-3	1	3	7	9
$y-3$	-6	-2	0	4	6
$\frac{y-3}{x}$	2	2	$\nexists$	2	2

Tranne che per la coppia $(0; 3)$, troviamo che $\frac{y-3}{x}$ è uguale al valore costante 2:

$$\frac{y-3}{x} = 2, \qquad x \neq 0,$$

da cui ricaviamo l'espressione della funzione lineare

$$y = 2x + 3,$$

valida per tutte le coppie, compresa $(0; 3)$.
Considerata tale funzione da $\mathbb{R}$ a $\mathbb{R}$, rappresentiamo nel piano cartesiano il suo grafico, una retta che interseca l'asse y nel punto $(0; 3)$.

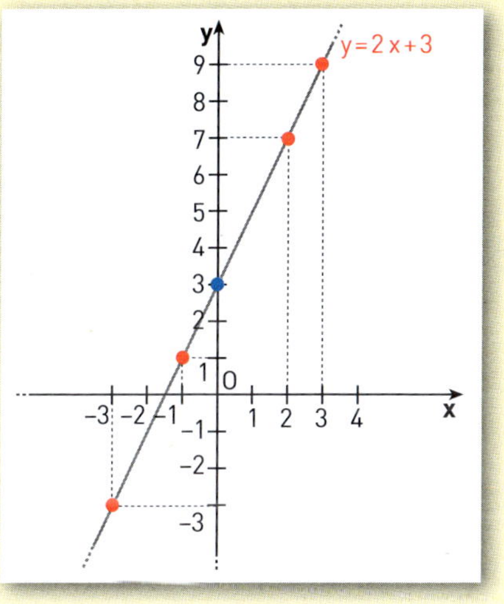

Date le seguenti tabelle, stabilisci se tra x e y c'è una dipendenza lineare. In caso affermativo, scrivi la corrispondente funzione e rappresentala nel piano cartesiano.

248

x	y
0	1
1	2
2	3
4	5
6	7

$[y = x + 1]$

249

x	y
-4	6
-3	5
-1	3
0	2
2	0

$[y = -x + 2]$

250

x	y
-2	7
-1	6
0	5
3	2
4	9

[no]

251 La tabella esprime una relazione tra due grandezze x e y. Quale delle seguenti espressioni analitiche esprime formalmente la relazione tra x e y?

x	1	3	4	6
y	5	9	11	15

A $y = 2x + 3$ **B** $y = 2x - 3$ **C** $y = 3x + 1$ **D** $y = 4x$

252 INVALSI 2015 Uno dei seguenti grafici rappresenta la funzione definita da $y = 1 - 4x$ nell'insieme dei numeri reali. Quale?

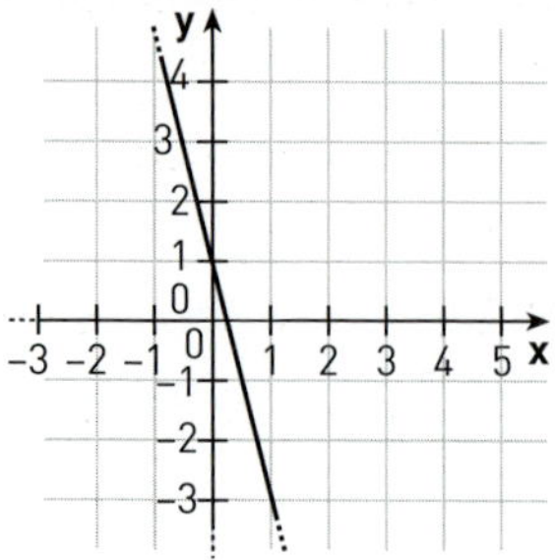

A

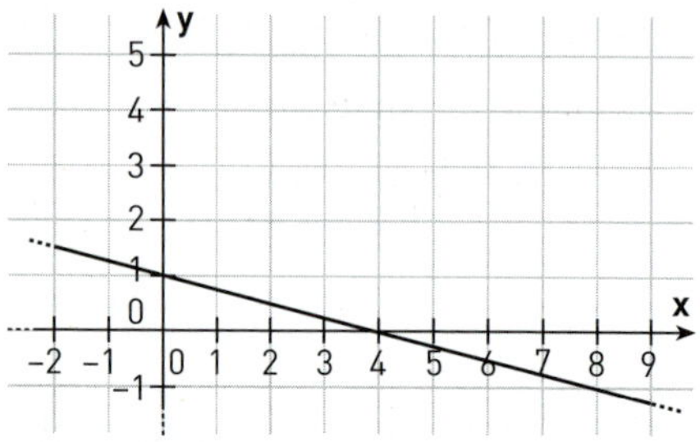

C

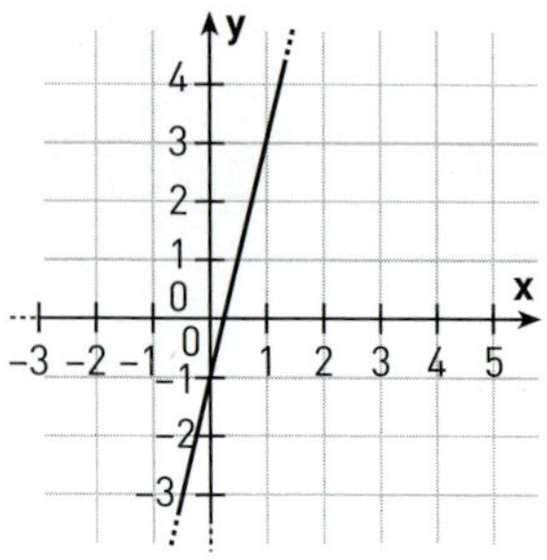

B

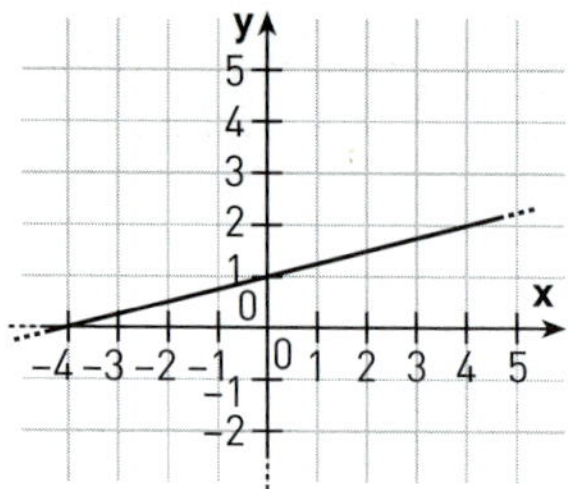

D

253 ESEMPIO DIGITALE Stabilisci se la tabella rappresenta due variabili in dipendenza lineare e, in caso affermativo, scrivi l'espressione analitica della funzione che le lega.

x	−2	−1	0	1	2	3
y	5	3	1	−1	−3	−5

Disegna in un diagramma cartesiano i grafici delle seguenti funzioni lineari.

254 $y = x - 5$; $y = -x - 5$.

255 $y = 3x + 1$; $y = -3x + 1$.

256 $y = \frac{x}{4} - 3$; $y = -\frac{2}{3}x + 4$.

---

257 YOU & MATHS **You got the slope – find a point** Point P has coordinates (1, 3) and the origin O has coordinates (0, 0). Find a point A such that each of the following is true:

a. the slope between P and A is 3;

b. the slope between O and A is 3;

c. the line through P and A has analytical expression $y = -5x + 8$;

d. the line through O and A has analytical expression $y = 7x$.

Problemi INTORNO A NOI

258 TEST Una scatola di cartone di 120 g viene riempita con N biglie di 20 g ciascuna. Come si può esprimere la massa complessiva M, in grammi, della scatola piena di biglie?

A $M = 120 + 20N$

B $M = (120 + 20)N$

C $M = 20N$

D $M = \frac{120}{20}N$

259 EUREKA! **Celsius e Fahrenheit** Esiste una relazione lineare tra i gradi Fahrenheit e i gradi Celsius. Sapendo che il punto di congelamento dell'acqua corrisponde a 0 gradi Celsius e a 32 gradi Fahrenheit, e che l'acqua bolle a 100 gradi Celsius e a 212 gradi Fahrenheit, ricava la temperatura Fahrenheit che corrisponde a 22 gradi Celsius (arrotondata all'intero più vicino).

A 69 gradi Fahrenheit.
B 70 gradi Fahrenheit.
C 71 gradi Fahrenheit.
D 72 gradi Fahrenheit.
E Nessuna delle precedenti.

(USA *Furman University Wylie Mathematics Tournament, Junior Examination*, 1998)

RISOLVIAMO UN PROBLEMA

Retta da un esperimento

Da un cilindro graduato contenente acqua colorata, Pietro ha prelevato più volte con un contagocce la stessa quantità di liquido e ogni volta ha misurato l'acqua rimasta nel cilindro. In tabella ha riportato i seguenti dati.

Numero prelievi	0	1	2	3	4	5	6	7
Quantità acqua (mL)	10	9,6	9,2	8,8	8,4	8,0	7,6	7,2

- Dopo aver prelevato acqua per 15 volte, quanta acqua sarebbe rimasta nel cilindro?
- Ricava la funzione che esprime la quantità d'acqua contenuta nel cilindro in funzione del numero di prelievi.
- Realizza un grafico cartesiano della funzione trovata.
- Dopo quanti prelievi si svuoterebbe il cilindro?

▶ Determiniamo l'acqua rimasta dopo 15 prelievi.

Poiché a ogni prelievo si tolgono 0,4 mL di liquido, effettuando 15 prelievi, la quantità d'acqua contenuta nel cilindro diminuirebbe (in mL) di:

$(0,4 \cdot 15) = 6.$

La quantità d'acqua rimasta sarebbe:

$10 - 6 = 4,$

cioè nel cilindro rimarrebbero 4 mL di acqua.

▶ Ricaviamo la funzione che esprime la quantità di acqua contenuta nel cilindro dopo *n* prelievi.

La quantità d'acqua iniziale è 10 mL, e a ogni prelievo si tolgono 0,4 mL di liquido.
Se indichiamo con y la quantità d'acqua contenuta nel cilindro e con x il numero di prelievi, allora la quantità di acqua prelevata dopo x volte è: $0,4x$.
L'acqua che rimane nel cilindro è espressa da:

$y = 10 - 0,4x.$

▶ Disegniamo il grafico della funzione.

La funzione trovata è lineare, quindi il suo grafico è quello di una retta. Limitiamo il grafico al primo quadrante ($x \geq 0$, perché il numero di prelievi x è un numero nullo o positivo; $y \geq 0$, perché la quantità d'acqua nel cilindro è rappresentata da un numero nullo o positivo). Individuiamo due punti del grafico utilizzando i dati della tabella, per esempio il punto $(0; 10)$ e $(5; 8,0)$. Tracciamo la retta per i due punti.

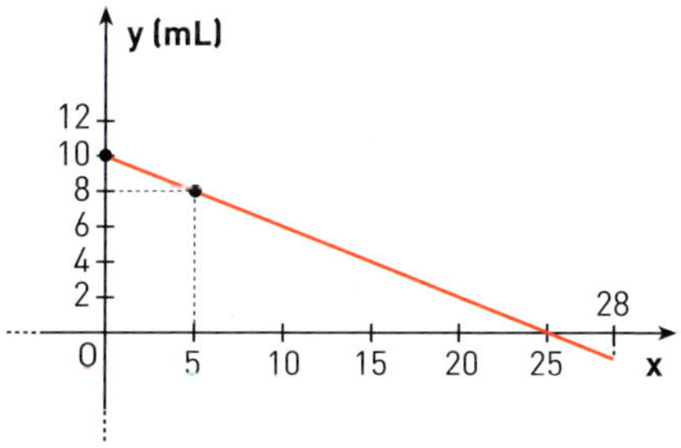

▶ Determiniamo dopo quanti prelievi il cilindro si svuoterebbe.

Dal grafico deduciamo che il cilindro graduato si svuota dopo 25 prelievi.
Si può anche arrivare al risultato considerando che se il cilindro è vuoto $y = 0$, perciò $10 = 0,4x$, da cui si ricava che $x = 25$.

ESERCIZI

260 Nel mercato economico, la domanda d (quantità richiesta) di un bene dipende dal prezzo p secondo la tabella a lato.

a. Rappresenta i dati graficamente.

b. Determina l'espressione analitica della funzione che lega le due variabili. Di che tipo di funzione si tratta?

c. Calcola, secondo tale funzione, la domanda prevista al prezzo di 40 euro.

PREZZO p (euro)	DOMANDA d (numero pezzi)
0	150
15	105
34	48
46	12
50	0

[b) $d = 150 - 3p$; c) 30]

La proporzionalità quadratica

261 TEST Fra le seguenti funzioni, *una sola* è di proporzionalità quadratica. Quale?

A $y = \frac{1}{2}x^2$

B $y = \frac{1}{3}x^3$

C $y = \frac{1}{x^2}$

D $y = x^3 - x^2$

E $y = \frac{3}{4}x^4 + x^2$

262 ESERCIZIO GUIDA Consideriamo le seguenti tabelle e stabiliamo se tra i valori di x e y c'è proporzionalità quadratica. In caso affermativo, scriviamo la funzione di proporzionalità quadratica che lega x con y.

a.

x	-1	0	1	2	3
y	$\frac{1}{2}$	0	$\frac{1}{2}$	2	$\frac{9}{2}$

b.

x	-1	0	1	2	3	4
y	4	0	4	8	12	16

a. Aggiungiamo alla tabella le righe relative a x^2 e $\frac{y}{x^2}$:

x	-1	0	1	2	3
y	$\frac{1}{2}$	0	$\frac{1}{2}$	2	$\frac{9}{2}$
x^2	1	0	1	4	9
$\frac{y}{x^2}$	$\frac{1}{2}$	$\nexists$	$\frac{1}{2}$	$\frac{1}{2}$	$\frac{1}{2}$

$\frac{y}{x^2}$ ha valore costante $\frac{1}{2}$, ossia $\frac{y}{x^2} = \frac{1}{2}$, tranne che per la coppia (0; 0), per la quale non esiste.

D'altra parte, anche tale coppia soddisfa l'uguaglianza $y = \frac{1}{2}x^2$. La tabella è relativa alla funzione di proporzionalità quadratica $y = \frac{1}{2}x^2$.

b. Raddoppiando il valore di x, da 1 a 2, il valore di y, passando da 4 a 8, raddoppia e non quadruplica: la funzione non è di proporzionalità quadratica.

263 ESEMPIO DIGITALE Analizza la tabella per stabilire se tra le variabili x e y esiste proporzionalità quadratica. Scrivi l'espressione analitica della funzione e rappresentala nel piano cartesiano.

x	−4	−2	0	1	2
y	24	6	0	$\frac{3}{2}$	6

264 INVALSI 2006 Considera la tabella.
Quale dei seguenti valori deve essere assegnato a b affinché tutti i numeri della tabella verifichino una relazione del tipo $y = ax^2$, con un valore opportuno di a?

x	0	1	2	3
y	0	b	−2	$-\frac{9}{2}$

A 1 B $-\frac{1}{2}$ C -1 D $-\frac{3}{2}$

Stabilisci se tra *x* e *y* nelle seguenti tabelle c'è proporzionalità quadratica. In caso affermativo, scrivi la funzione di proporzionalità quadratica che lega *x* e *y*.

265

x	y
-1	-2
0	0
$\frac{1}{2}$	1
1	2
3	6

266

x	y
-1	-2
0	0
$\frac{1}{2}$	$-\frac{1}{2}$
1	-2
3	-18

267

x	y
-1	-2
0	0
$\frac{1}{2}$	$\frac{1}{4}$
1	2
2	16

268

x	y
-1	$\frac{1}{3}$
0	0
$\frac{1}{3}$	$\frac{1}{27}$
3	3

Disegna in un diagramma cartesiano i grafici delle seguenti funzioni di proporzionalità quadratica.

269 $y = x^2$; $\quad y = 3x^2$.

270 $y = 4x^2$; $\quad y = 6x^2$.

271 $y = -x^2$; $\quad y = \frac{x^2}{3}$.

272 $y = \frac{3x^2}{4}$; $\quad y = \frac{3x^2}{2}$.

MATEMATICA AL COMPUTER

Disegniamo funzioni I grafici delle funzioni numeriche possono essere disegnati mediante un foglio elettronico, osservando anche quali variazioni si hanno al variare di eventuali parametri presenti.
Costruisci un foglio elettronico che, immessi i tre valori reali *a*, *b* e *c*, tracci i grafici delle funzioni

$$f(x) = ax^2 + bx + c \text{ e } g(x) = |f(x)|$$

nel medesimo riferimento cartesiano, in un dato intervallo $[x_1; x_2]$.

Prova il foglio assegnando ai coefficienti *a*, *b* e *c* rispettivamente i valori 1, -1 e -6, e impostando come intervallo $[x_1; x_2] = [-5; 5]$.

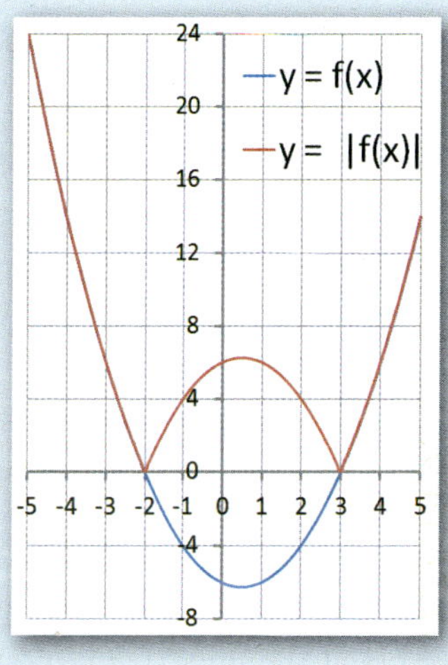

Risoluzione – 2 esercizi in più.

Le funzioni definite a tratti

273 ESEMPIO DIGITALE Rappresenta nel piano cartesiano la funzione seguente e indica il dominio e il codominio. $y = \begin{cases} -x & \text{se} \quad x \le 0 \\ 4x & \text{se} \quad x > 0 \end{cases}$

274 INVALSI 2002 Il grafico rappresenta le distanze rispetto al punto di partenza raggiunte da un'automobile nel corso di 13 ore di viaggio. Indica, in base al grafico, per quante ore in tutto l'automobile è rimasta ferma.

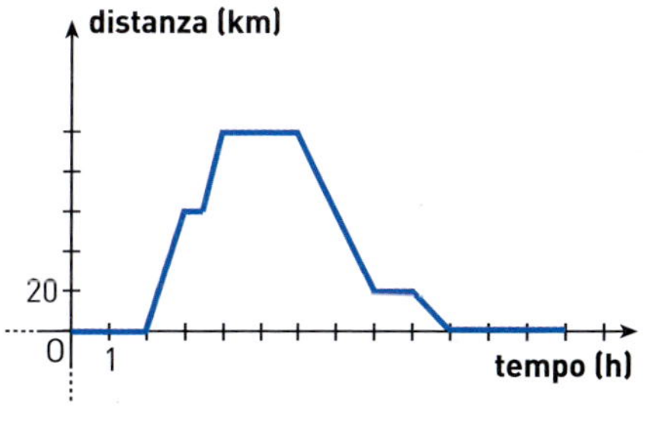

- **A** 1 h
- **B** 8,5 h
- **C** 5 h
- **D** 1,5 h
- **E** Mai

ESERCIZI

275 Per ogni funzione costruisci una tabella con cinque valori di x (positivi, negativi o nulli) e rappresenta il grafico.

a. $y = 2 \cdot |x|$; $y = \frac{1}{2} \cdot |x|$; $y = 3 \cdot |x|$; $y = -2 \cdot |x|$.

b. $y = 1 + |x|$; $y = |x| - 1$; $y = 2 \cdot |x| + 3$; $y = -2 \cdot |x| - 3$.

MATEMATICA INTORNO A NOI

Calcolo dell'IRPEF La tabella riporta le aliquote IRPEF (in percentuale) per scaglioni di reddito (dati al 2013). Ciascuna aliquota non va calcolata sul totale del reddito, ma solo sulla parte eccedente la soglia dello scaglione precedente.

a. Compila una terza colonna, chiarendo a quanto ammonta l'imposta dovuta sui redditi intermedi di ciascuno scaglione e qual è l'imposta massima di ogni fascia di reddito.

b. Giorgio, che ha un reddito imponibile di € 26 000, ritiene che la sua imposta lorda ammonti a € 7020, pari al 27% del reddito. Ha ragione? Calcola la percentuale complessiva dell'imposta sul reddito di Giorgio.

c. Determina la funzione che restituisce l'imposta IRPEF dato il reddito imponibile e rappresenta il suo grafico.

Reddito (per scaglioni)	Aliquota (per scaglioni)
fino a € 15 000	23
oltre € 15 000 e fino a € 28 000	27
oltre € 28 000 e fino a € 55 000	38
oltre € 55 000 e fino a € 75 000	41
oltre € 75 000	43

Risoluzione – 2 esercizi in più.

276 EUREKA! **Compiti insoliti** La professoressa assegna a Giulia e Marco il seguente compito: comunicherà a ciascuno di loro, separatamente, un numero. Giulia dovrà poi sottrarre 2, considerare il valore assoluto del numero ottenuto e consegnare il risultato alla professoressa; Marco dovrà invece limitarsi ad aggiungere 7 al numero ricevuto, dividere per 2 il numero ottenuto e quindi consegnare il risultato.
La professoressa riceve da entrambi lo stesso numero, 9.
Quale delle seguenti conclusioni è *vera*?

A Il numero comunicato a Giulia e a Marco era lo stesso.

B Non è possibile che il numero comunicato a Giulia e a Marco fosse lo stesso.

C Il numero comunicato a Marco era 11.

D Il numero comunicato a Giulia era 11.

9 Le funzioni circolari

Teoria a p. 224

277 VERO O FALSO?

a. Se $\alpha = \frac{9}{4}\pi$, allora $\alpha = 45°$. V F

b. Se $\alpha = 300°$, allora $\alpha = \frac{5}{3}\pi$. V F

c. Sulla circonferenza goniometrica gli angoli che misurano 45° e 405° corrispondono allo stesso arco. V F

d. Sulla circonferenza goniometrica gli angoli che misurano $\frac{\pi}{3}$ e $\frac{4}{3}\pi$ corrispondono allo stesso arco. V F

e. Il dominio naturale della funzione seno è l'insieme dei numeri reali compresi fra -1 e 1. V F

f. Il codominio della funzione tangente, considerata nel suo dominio naturale, è $\mathbb{R}$. V F

Gli angoli e le funzioni goniometriche

278 COMPLETA la seguente tabella scrivendo la misura mancante, in gradi o in radianti.

Gradi	90°	0°		180°		30°		270°		
Radianti			$\frac{\pi}{3}$		$\frac{3}{4}\pi$		$\frac{2}{3}\pi$		$\frac{5}{3}\pi$	$\frac{5}{4}\pi$

279 Disegna i seguenti angoli, facendo riferimento alla circonferenza goniometrica.

$135°$; $210°$; $-180°$; $-45°$; $270°$; $390°$; $765°$; $-420°$; $450°$; $1200°$.

280 Disegna i seguenti angoli, misurati in radianti, facendo riferimento alla circonferenza goniometrica.

$\frac{\pi}{4}$; $\frac{3}{4}\pi$; $\frac{11}{4}\pi$; $\frac{\pi}{8}$; $\frac{\pi}{2}$; $\frac{3}{2}\pi$; $\frac{\pi}{3}$; $\frac{17}{6}\pi$.

Disegna, utilizzando la circonferenza goniometrica, gli angoli a cui corrispondono i seguenti valori.

281 ESEMPIO DIGITALE **a.** $\sin\alpha = \frac{1}{2}$; **b.** $\cos\alpha = -\frac{1}{3}$.

282 $\sin\alpha = \frac{1}{3}$

283 $\cos\alpha = -\frac{2}{5}$

284 $\sin\alpha = -\frac{1}{4}$

285 $\cos\alpha = -\frac{1}{3}$, $\sin\beta = -\frac{1}{2}$.

286 $\sin\beta = \frac{1}{2}$, $\cos\gamma = -\frac{1}{4}$.

287 $\sin\beta = -1$, $\cos\gamma = -\frac{1}{2}$.

Funzioni goniometriche e triangoli rettangoli

288 ESERCIZIO GUIDA A partire dalle misure indicate nelle figure, determiniamo quelle richieste.

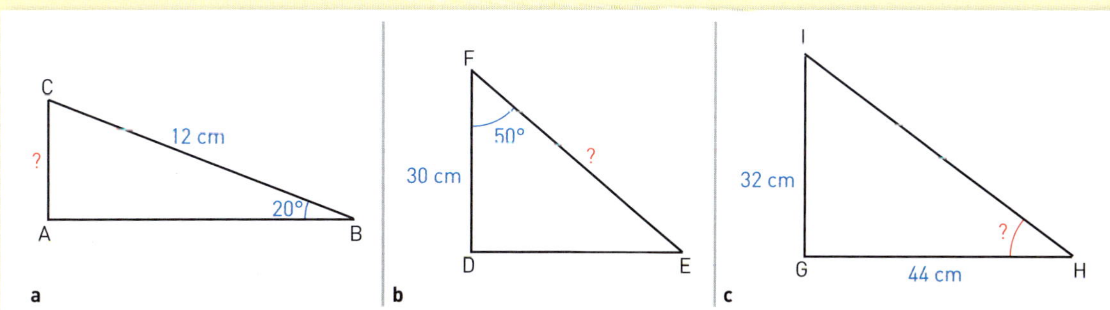

a. La misura del cateto AC, che indichiamo con $\overline{AC}$, è uguale a quella dell'ipotenusa per il seno dell'angolo opposto:

$$\overline{AC} = \overline{CB} \cdot \sin\widehat{B} = 12 \cdot \sin 20°.$$

Con la calcolatrice otteniamo un valore approssimato di sin 20°:

$$\overline{AC} \simeq 12 \cdot 0{,}34 = 4{,}08.$$

La lunghezza di AC è circa uguale a 4,1 cm.

b. La misura del cateto FD è uguale a quella dell'ipotenusa per il coseno dell'angolo adiacente:

$$\overline{FD} = \overline{FE} \cdot \cos \widehat{F}.$$

Per determinare $\overline{FE}$, dividiamo i due membri dell'uguaglianza per $\cos \widehat{F}$ e otteniamo:

$$\frac{\overline{FD}}{\cos \widehat{F}} = \overline{FE} \cdot \frac{\cancel{\cos \widehat{F}}}{\cancel{\cos \widehat{F}}} \to \frac{\overline{FD}}{\cos \widehat{F}} = \overline{FE}.$$

Sostituendo i valori noti e utilizzando la calcolatrice per conoscere il valore del coseno, otteniamo la misura di FE:

$$\overline{FE} = \frac{30}{\cos 50°} \simeq \frac{30}{0{,}64} \simeq 46{,}9.$$

La lunghezza di FE è circa uguale a 46,9 cm.

c. La misura del cateto GI, opposto all'angolo $\widehat{H}$, è uguale a quella del cateto GH, adiacente a $\widehat{H}$, per la tangente dell'angolo $\widehat{H}$:

$$\overline{GI} = \overline{GH} \cdot \tan \widehat{H}.$$

Dividiamo i due membri dell'uguaglianza per $\overline{GH}$:

$$\frac{\overline{GI}}{\overline{GH}} = \frac{\cancel{\overline{GH}} \cdot \tan \widehat{H}}{\cancel{\overline{GH}}} \to \frac{\overline{GI}}{\overline{GH}} = \tan \widehat{H}.$$

Sostituiamo i valori noti, calcolando il quoziente:

$$\tan \widehat{H} = \frac{32}{44} \simeq 0{,}7272.$$

Utilizziamo nella calcolatrice la funzione inversa della tangente (può essere indicata, per esempio, con $\tan^{-1}$ oppure con atan):

$$\widehat{H} \simeq 36°.$$

L'angolo $\widehat{H}$ misura circa 36°.

Con riferimento alla figura, utilizzando le misure date, determina quelle incognite. (Le misure di lunghezza sono riferite al centimetro.)

289 ESEMPIO DIGITALE

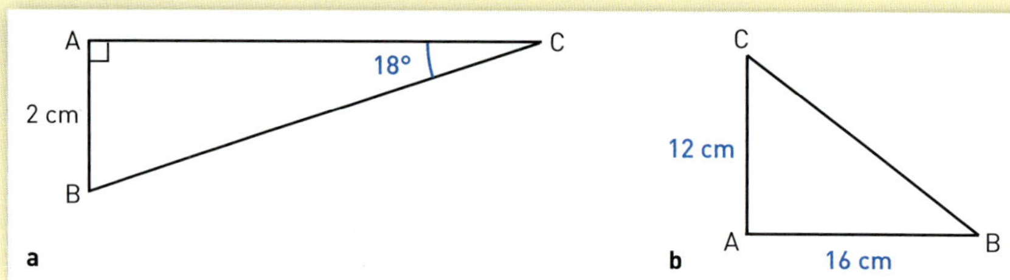

290 $b = 18$, $\alpha = 27°$; $a = ?$, $c = ?$ [9,2; 20,2]

291 $b = 7$, $c = 10$; $\alpha = ?$ [45,6°]

292 $a = 36$, $\alpha = 22°$; $b = ?$, $c = ?$ [89,1; 96,1]

293 $a = 36$, $c = 55$; $\alpha = ?$ [40,9°]

294 $a = 12$, $b = 20$; $c = ?$, $\beta = ?$ [23,3; 59°]

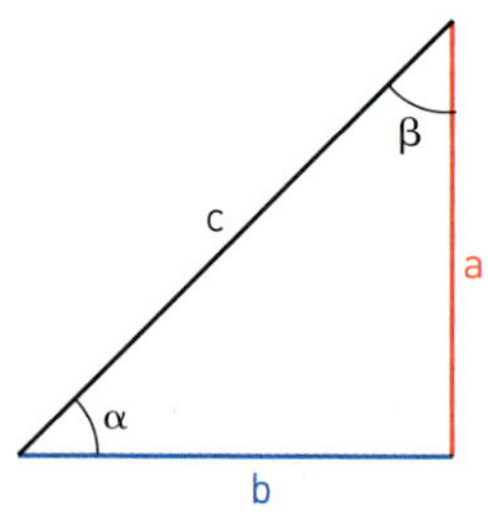

Problemi INTORNO A NOI

295 La pendenza di una strada è il rapporto tra la quota h e lo spostamento in orizzontale l. Se una strada ha la pendenza del 18%, quanto misura l'angolo di inclinazione?

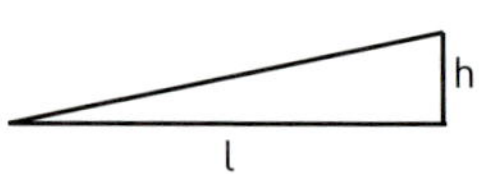

[10,2°]

296 All'inizio di una strada in salita viene posto il cartello a lato che indica la pendenza e la lunghezza della salita.
A che altezza si arriva dopo aver percorso la salita?

[59,3 m]

VERIFICA DELLE COMPETENZE ALLENAMENTO

ANALIZZARE E INTERPRETARE DATI

Relazioni

TEST

1 La relazione illustrata dal grafo è:

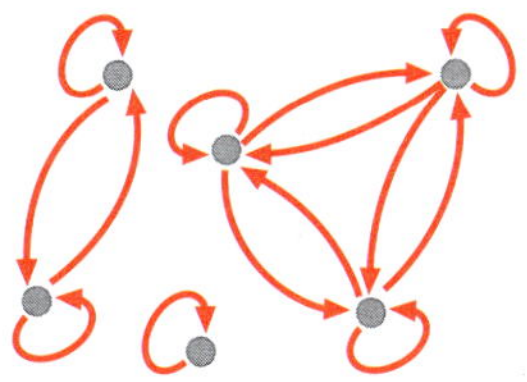

A di ordine totale.
B di ordine largo.
C di ordine stretto.
D di equivalenza.
E solo riflessiva.

2 INVALSI 2004 Come si può esprimere nell'insieme dei numeri interi la relazione «il doppio di y è il numero che precede x»?

A $y = 2x + 1$
B $2y = x - 1$
C $2y = -x - 1$
D $y = 2(x - 1)$

3 INVALSI 2007 È data la tabella di valori.

x	0	1	2
y	2	3	6

Da quale delle seguenti relazioni è rappresentata?

A $y = x + 2$
B $y = x^2 + 2$
C $y = 2x + 2$
D $y = 2x^2 - 2$

Studia le proprietà delle seguenti relazioni. Indica inoltre se sono relazioni di equivalenza e, in caso affermativo, l'insieme quoziente.

4 $\mathcal{R}_1$ e $\mathcal{R}_2$ definite in $A = \{1, 2, 3, 4\}$.

$\mathcal{R}_1$

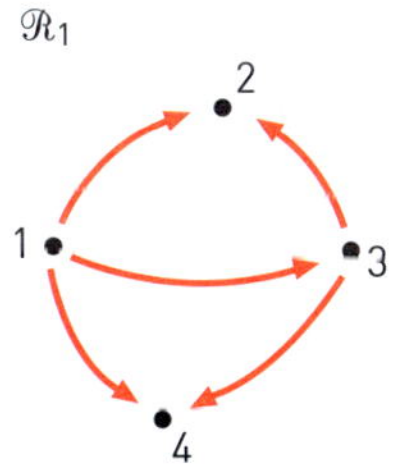

$\mathcal{R}_2$	1	2	3	4
1	X			
2		X		
3	X		X	
4		X		X

5 $\mathcal{R}_1$ e $\mathcal{R}_2$ definite in $A = \{a, b, c, d\}$.

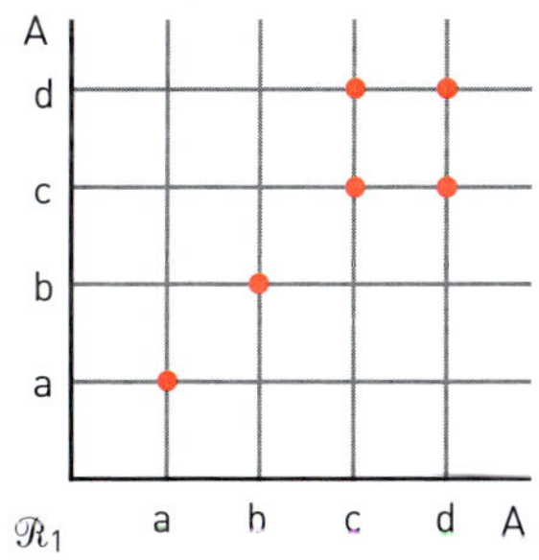

$\mathcal{R}_1$

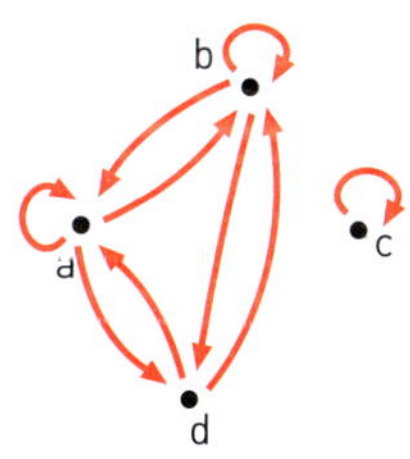

$\mathcal{R}_2$

6 Determina se la relazione seguente gode delle proprietà: riflessiva, simmetrica, transitiva, antiriflessiva, antisimmetrica.
«La somma di x con y è uguale a 7», con $(x; y) \in \mathbb{Z} \times \mathbb{Z}$. [antiriflessiva, simmetrica]

7 Stabilisci quale fra i seguenti grafi rappresenta una relazione di equivalenza.

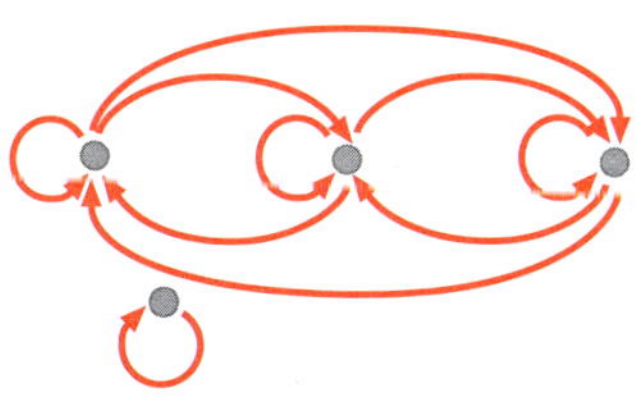

a

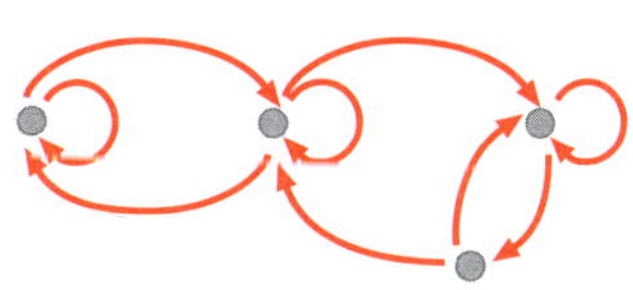

b

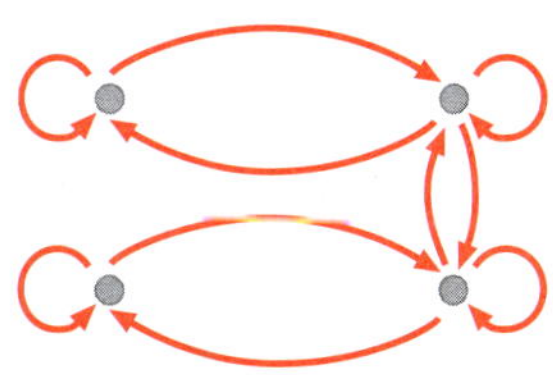

c

[a]

VERIFICA DELLE COMPETENZE

Funzioni

TEST

8 Il dominio della funzione

$f(x) = \dfrac{x-5}{x+1}$ definita da $\mathbb{R}$ in $\mathbb{R}$

è dato da:

A $x \neq 5$.

B $x \neq -1 \wedge x \neq 5$.

C $x \neq -1$.

D $x \neq -1 \vee x \neq 5$.

E $\mathbb{R}$.

9 Considera la seguente tabella associata a una funzione numerica $f: \mathbb{R} \to \mathbb{R}$.

x	2	3	$\frac{1}{2}$	$\frac{1}{3}$
y	4	9	$\frac{1}{4}$	$\frac{1}{9}$

La funzione f potrebbe essere di proporzionalità:

A diretta.

B inversa.

C diretta e inversa.

D quadratica.

E nessuna delle precedenti.

Stabilisci se le seguenti funzioni sono iniettive, suriettive o biunivoche.

10

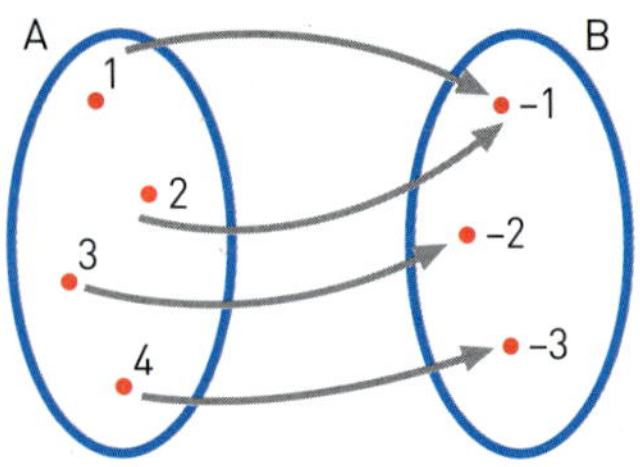

11

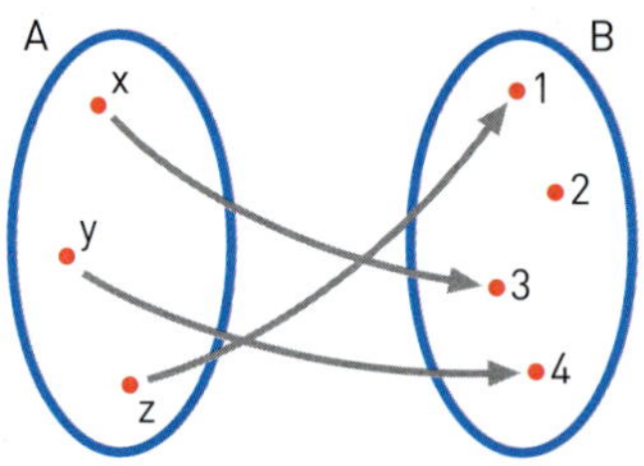

12

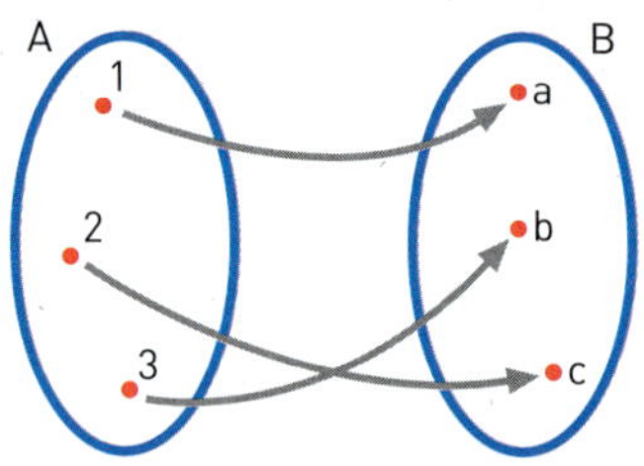

13 È data la funzione f rappresentata in figura. Scrivi il legame fra gli elementi di A e gli elementi di B mediante scritture del tipo: $y = f(x)$, con $x \in A$ e $y \in B$.

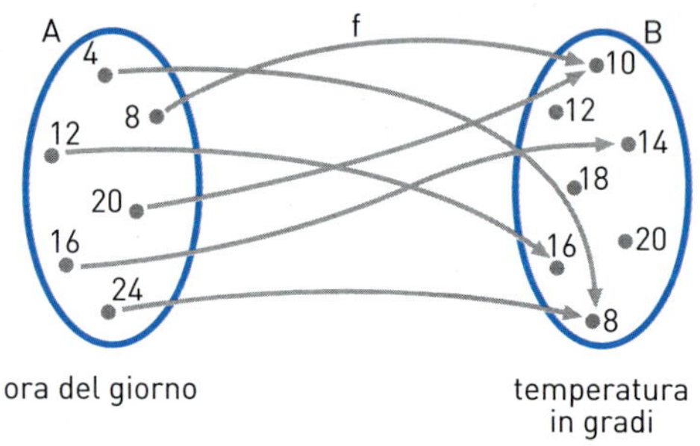

14 Per ognuna delle seguenti funzioni indica quale sottoinsieme di $\mathbb{R}$ si deve prendere come insieme di arrivo se si vuole che la funzione sia suriettiva.

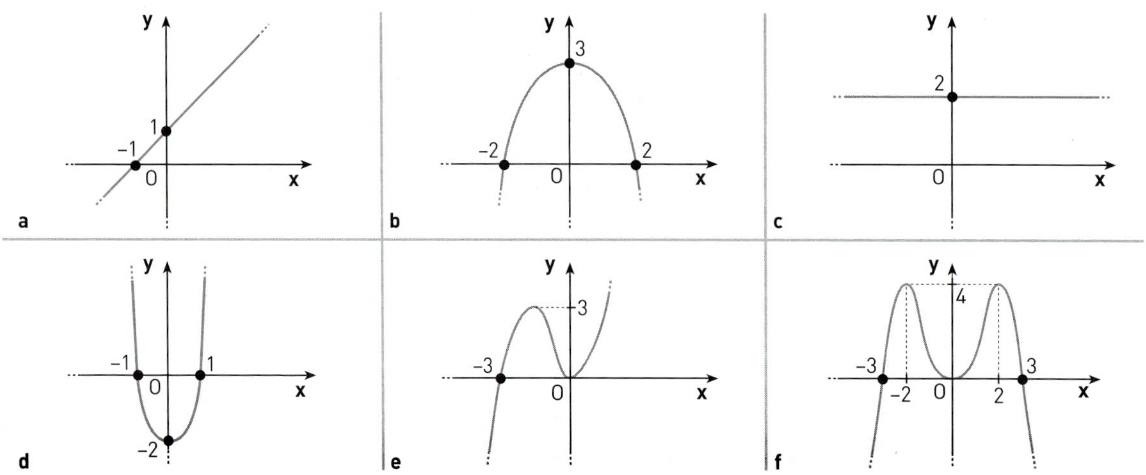

15 ●○ Determina il dominio naturale delle seguenti funzioni.

a. $y = 4$; $\quad y = 2x - 1$.

b. $y = \dfrac{1}{x+3}$; $\quad y = \dfrac{3}{x-6}$.

c. $y = \dfrac{1}{x^2+4}$; $\quad y = x^2 + 2$.

16 ●○ Disegna il grafico delle seguenti funzioni.

a. $y = 2x - 3$; $\quad y = -5$.

b. $y = x^2 + 2$; $\quad y = -2x^2 + 2$.

c. $y = \begin{cases} x - 2 & \text{se } x \geq 2 \\ -x + 2 & \text{se } x < 2 \end{cases}$

17 ●○ Per ognuna delle funzioni dell'esercizio 16, scegli due sottoinsiemi A e B di $\mathbb{R}$ in modo che la funzione da A a B sia biunivoca.

18 ●○ Disegna il grafico delle seguenti funzioni e verifica che siano biunivoche. Traccia poi il grafico delle loro funzioni inverse.

a. $y = 5x$; $\quad y = 2x - 1$.

b. $y = \begin{cases} x^2 & \text{se } x \geq 0 \\ 2x & \text{se } x < 0 \end{cases}$

19 ●○ Per ogni coppia di funzioni f e g determina $f \circ g$, $g \circ f$, $f \circ f$, $g \circ g$.

a. $f(x) = 5x$; $\quad g(x) = x^2$.

b. $f(x) = x - 3$; $\quad g(x) = \dfrac{2}{x}$.

c. $f(x) = x^3$; $\quad g(x) = \sqrt{x+1}$.

20 ●○ INVALSI 2006 Quale relazione esiste tra x e y, se si afferma che x è il 30% di y? Proporzionalità...

A diretta.

B inversa.

C quadratica.

D cubica.

RISOLVERE PROBLEMI

21 ●○ Date le seguenti relazioni, definite negli insiemi indicati, stabilisci quali rappresentano funzioni e, in caso affermativo, specifica se sono suriettive, iniettive, biunivoche.

$\mathcal{R}_1$: $a\mathcal{R}_1b \leftrightarrow b$ è il numero di consonanti di a; $a \in A = \{$ruota, albero, gatto, pirata$\}$, $b \in B = \{2, 3\}$.

$\mathcal{R}_2$: $a\mathcal{R}_2b \leftrightarrow b$ è la terza parte di a; $a \in A = \{66, 3, 9, 21\}$, $b \in B = \{1, 7, 3, 22\}$.

$\mathcal{R}_3$: $a\mathcal{R}_3b \leftrightarrow b$ è il successivo di a; $a \in A = \{a \in \mathbb{N} \mid a < 3\}$, $b \in B = \{b \in \mathbb{N} \mid b < 4\}$.

22 ●○ TEST Dati un insieme A di 13 persone e l'insieme M dei mesi dell'anno, la relazione, definita da A a M, che associa a ogni persona il suo mese di nascita:

A non è una funzione.

B è una funzione iniettiva.

C è una funzione invertibile.

D non è una funzione iniettiva.

23 ●○ Un rettangolo ha i lati che sono uno i $\dfrac{4}{5}$ dell'altro. Se entrambi i lati vengono aumentati del 25%, si ottiene un nuovo rettangolo. Esprimi il perimetro p del nuovo rettangolo in funzione della misura x del lato più lungo del rettangolo originario e rappresenta la funzione ottenuta nel piano cartesiano. $\left[p = \dfrac{9}{2}x\right]$

24 ●○ INVALSI 2010 Il prezzo p (in euro) di una padella dipende dal suo diametro d (in cm) secondo la seguente formula: $p = \dfrac{1}{15}d^2$.

Indica se ciascuna delle seguenti affermazioni è *vera* o è *falsa*.

a. Il prezzo della padella è direttamente proporzionale al suo diametro. V F

b. Il prezzo della padella aumenta all'aumentare del suo diametro. V F

c. Il rapporto fra il diametro della padella e il suo prezzo è 15. V F

25 INTORNO A NOI Per il noleggio di un apparecchio medicale è previsto il pagamento di una quota fissa di € 50, alla quale vengono aggiunti € 3 per ogni giorno di utilizzo del macchinario.

a. Scrivi la legge che esprime il costo y in funzione del numero dei giorni t di utilizzo dell'apparecchio.

b. Rappresenta la funzione $y(t)$ nel piano cartesiano e indica quale dipendenza c'è tra y e t.

c. Qual è la spesa totale se si utilizza l'apparecchio per una settimana? [a) $y = 3t + 50$; c) € 71]

26 TEST Sfogliando una rivista, ti cade l'occhio sul grafico a fianco, che mostra l'andamento della grandezza y in funzione della grandezza x. Quale tra le seguenti situazioni potrebbe descrivere?

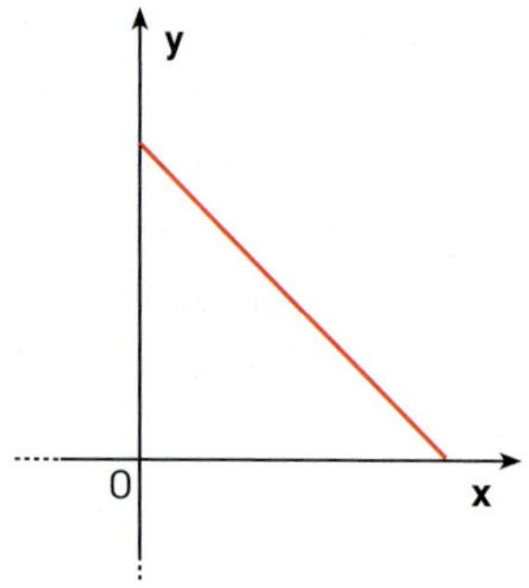

A Il livello y dell'acqua in funzione dei litri x contenuti in una bottiglia.

B Il costo y di un articolo in saldo in funzione del tempo x trascorso dall'inizio della svendita.

C Il costo y pro capite, in funzione del numero x di inquilini presenti, dell'affitto fissato per un appartamento.

D Il credito y nella scheda di un cellulare in funzione del tempo x di utilizzo.

27 INTORNO A NOI **Arriva l'estate!** L'abbonamento a una piscina prevede una quota fissa mensile e una quota aggiuntiva per ogni ingresso. I costi per il mese di giugno e gli aumenti di luglio sono riportati a lato.

a. Scrivi le leggi che esprimono il costo in funzione dei giorni di ingresso per il mese di giugno e per il mese di luglio e rappresentale nel piano cartesiano.

b. Quanto spende una persona che si reca in piscina ogni giorno dal 21 giugno al 18 luglio inclusi? [b) € 143]

28 Da un foglio rettangolare con le dimensioni di 4,6 dm e 3,2 dm viene ritagliato un angolo come in figura.

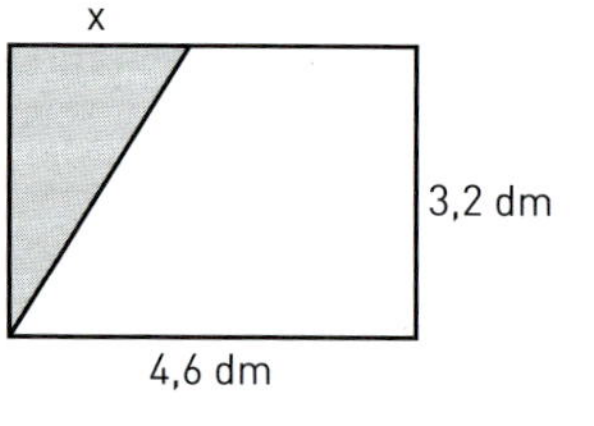

a. Determina al variare di x l'area A della parte di foglio che rimane.

b. Entro quali valori può variare x?

c. Rappresenta la funzione $A(x)$ tenendo conto dei limiti di x e indica che tipo di relazione c'è tra A e x.

d. Per quale valore di x l'area diventa $\frac{1}{4}$ di quella iniziale?

[a) $A = 14{,}72 - 1{,}6x$; b) 0 dm $< x \leq 4{,}6$ dm; d) $x = 6{,}9$ dm non accettabile]

VERIFICA DELLE COMPETENZE PROVE

1 ora

PROVA A

1 Individua le proprietà della relazione $\mathcal{R}$: $a\mathcal{R}b \leftrightarrow ab$ è un numero dispari maggiore o uguale a 15, nell'insieme $A = \{3, 8, 7, 5\}$.

2 Stabilisci se le relazioni $\mathcal{R}_1$ e $\mathcal{R}_2$ sono relazioni d'ordine o di equivalenza nell'insieme assegnato. Se sono di equivalenza, determina l'insieme quoziente; se sono d'ordine, specifica se di ordine largo o stretto, totale o parziale.

$\mathcal{R}_1$: $a\mathcal{R}_1b \leftrightarrow a$ e b hanno la stessa cifra delle decine, in $A = \{5^3, 27, 11^2, 44, 22, 7^2\}$.

$\mathcal{R}_2$: $a\mathcal{R}_2b \leftrightarrow a$ ha meno lati di b, in A = {quadrato, triangolo, pentagono}.

3 Indica se la seguente funzione da A a B è suriettiva, iniettiva, biunivoca.
$f: A \to B$, con $A = \{x \in \mathbb{N} \mid x < 4\}$ e
$B = \{x \in \mathbb{N} \mid 2 \leq x < 9\}$:
$y = f(x) \leftrightarrow y$ è il doppio del successivo di x.

4 Dati gli insiemi

$$A = \{x \in \mathbb{Z} \mid -2 \leq x \leq 3\},$$
$$B = \left\{4, 2, \frac{1}{2}, \frac{1}{4}, 16, 1, \frac{1}{8}, 8\right\}$$

e la relazione $\mathcal{R}$, da A a B, $x\mathcal{R}y \leftrightarrow y = 2^{2-x}$:

a. rappresenta $\mathcal{R}$ con un diagramma a frecce e spiega perché è una funzione;

b. indica il codominio C della funzione.

5 Dati gli insiemi

$A = \{1, 0, -2, -1, 3\}$ e
$B = \{2, -4, -10, -7, -13\}$,

considera la funzione $f: A \to B$ la cui espressione analitica è $y = -7 + 3x$.

a. Rappresenta la funzione con un diagramma a frecce.

b. Determina il codominio della funzione.

c. Stabilisci se la funzione è suriettiva, iniettiva, biunivoca, invertibile.

PROVA B

1 In figura è rappresentata una funzione $f(x)$.

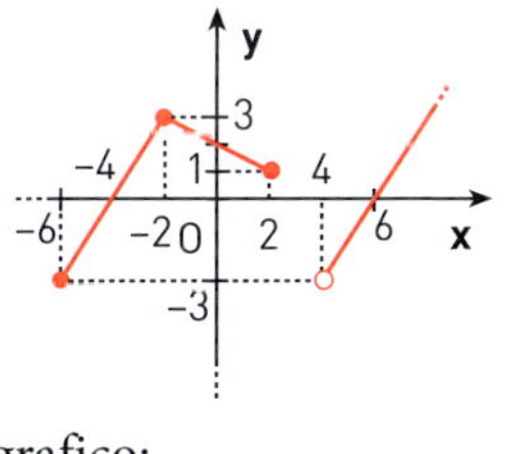

Deduci dal grafico:

a. dominio, codominio e segno di $f(x)$;

b. $f(2)$ e $f(0)$;

c. x tale che $f(x) = -3$.

2 Considera la funzione $f(x) = \frac{1}{2}x + a$.

a. Determina il valore di a tale che $f(-8) = 1$.

b. Rappresenta la funzione nel piano cartesiano per il valore di a trovato.

c. Determina il valore di x tale che $f(x) = 0$.

3 COMPLETA la tabella in modo che rappresenti una funzione di proporzionalità inversa. Scrivi l'espressione analitica della funzione e rappresentala nel piano cartesiano.

x	☐	☐	-2	3	18
y	-1	-3	-9	☐	☐

4 Determina $f \circ g$ e $g \circ f$ se:

$$f(x) = -\frac{1}{3}x - 2 \quad \text{e} \quad g(x) = \frac{3}{4}x^2.$$

5 Il compenso di un venditore è costituito dalla somma di due contributi: una quota fissa mensile di € 900 e il 15% delle entrate del mese. Scrivi la legge che esprime il compenso s in funzione delle entrate x del mese e rappresentala nel piano cartesiano.
A quanto ammonta il compenso del venditore se le entrate del mese sono € 5000?

CAPITOLO 6

I MONOMI

1 Che cosa sono i monomi

▶ Esercizi a p. 275

I *monomi* sono le espressioni letterali più semplici. Li troviamo spesso in leggi matematiche, fisiche o economiche che legano grandezze di tipo diverso.

Per esempio, se indichiamo con b la base di un triangolo e con h la sua altezza, la sua area A è data dalla formula $A = \frac{1}{2}bh$. Il prodotto $\frac{1}{2}bh$ è un monomio.

DEFINIZIONE

Un **monomio** è un'espressione letterale in cui compaiono soltanto moltiplicazioni fra numeri e potenze di lettere con numeri naturali per esponenti.

ESEMPIO Sono monomi: $2aba^3$, $\frac{1}{2}a^6$, $-bxb^2$, $-3x^2y^5y$, $\left(5+\frac{3}{4}\right)a$.

Non sono monomi: $3\frac{x}{y}$, $2(a+b)$, $4a^3-b^2$, $\frac{x-y}{2a}$.

Qualunque numero può essere considerato un monomio.

Per esempio, possiamo scrivere il numero 7 anche in tanti altri modi: $7a^0$ (con $a \neq 0$), $7b^0$ (con $b \neq 0$), $7a^0b^0x^0$ (con $a, b, x \neq 0$), ... Quindi 7 è un monomio.

In particolare, 0 è il **monomio nullo**.

Listen to it

A **monomial** is a *product* of numbers and *powers* of variables, with *positive* integer exponents.

▶ Fra le seguenti espressioni trova quali sono monomi e quali no. Motiva la risposta.

xz^2; -9; $a^{-1}b^2$; $2a-3$; $2xaxy$; $a^3b^2-a^2b^0$; $\frac{2xa^2}{y}$.

La riduzione di un monomio a forma normale

DEFINIZIONE

Un monomio è ridotto a **forma normale** quando è scritto come prodotto fra un numero e una o più lettere, diverse fra loro, con eventuali esponenti.

ESEMPIO Sono monomi ridotti a forma normale: $\frac{4}{3}a^2b$, $-3xz^4$, a^3b^4.

I monomi $6a3ab$ e $12a^2b^3(-2)a^3$ non sono ridotti a forma normale.

Per ridurre a forma normale un monomio, si applicano le proprietà commutativa e associativa della moltiplicazione e la prima proprietà delle potenze: $a^m \cdot a^n = a^{m+n}$.

ESEMPIO Riduciamo a forma normale il monomio $2ab^2\,3b^3a^2$:

$2ab^2\,3b^3a^2 =$

Applichiamo la proprietà commutativa della moltiplicazione:

$2 \cdot 3aa^2b^2b^3 =$

Applichiamo la proprietà associativa della moltiplicazione:

$(2 \cdot 3)(aa^2)(b^2b^3) =$

Calcoliamo il prodotto dei numeri e applichiamo la prima proprietà delle potenze:

$6a^3b^5$.

▸ Scrivi in forma normale i seguenti monomi:

$6a(-6)$; $-\frac{1}{2}a^3b(-8)ab$; $3x^2\left(-\frac{1}{6}\right)$.

DEFINIZIONE

In un monomio ridotto a forma normale, il fattore numerico è il **coefficiente**, le lettere sono la **parte letterale**.

$6\ a^8bc^2$ — **parte letterale**

coefficiente

D'ora in poi, parlando di monomi, intenderemo monomi ridotti a forma normale.

Se il coefficiente di un monomio è uguale a 1 o a -1, il numero 1 non si scrive e viene sottinteso.

Per esempio nel monomio a^3b^2, il coefficiente è uguale a 1 e la parte letterale è a^3b^2. Il monomio $-xz^4$ ha coefficiente uguale a -1.

▸ Riconosci il coefficiente e la parte letterale dei seguenti monomi.

ax^2y; $-\frac{1}{2}a^3bc$; $2a$; $-\frac{1}{3}$; 12; a^2mn.

Il grado di un monomio

DEFINIZIONE

Il **grado di un monomio rispetto a una lettera** è l'esponente che la lettera ha nel monomio.

Il **grado (complessivo) di un monomio** è la somma dei gradi rispetto a tutte le lettere del monomio.

Monomio	Grado	Grado rispetto ad *a*	Grado rispetto a *b*
$\frac{4}{3}a^2b$	3	2	1
$-a^4$	4	4	0
b	1	0	1

Se un monomio è costituito soltanto da un numero, il suo grado è 0. Per esempio, 8 è un monomio di grado 0.

Al monomio nullo non si attribuisce alcun grado.

▸ Completa ciascun monomio in modo che abbia il grado indicato a fianco.

- $2a^{\square}b$, 1° grado
- $-\frac{1}{3}xby^{\square}$, 4° grado
- $2a^4b^2x^{\square}$, stesso grado di a^6y
- $\frac{7}{8}x^2y^{\square}z^4$, 8° grado

TEORIA

2 Le operazioni con i monomi

▶ Esercizi a p. 276

L'addizione e la sottrazione di monomi

Consideriamo l'addizione: $2a^2 + 5a^2$.
Se raccogliamo a fattore comune a^2, otteniamo: $(2 + 5)a^2 = 7a^2$.
Il risultato è un monomio.
Invece, l'addizione $2a^2 + 5a$ non può essere semplificata in modo che il risultato sia un monomio.
Si ottiene un monomio solo quando i monomi addendi hanno la stessa parte letterale.

DEFINIZIONE
Monomi che hanno la stessa parte letterale si dicono **simili**.

ESEMPIO $3a^5$ e $4a^5$ sono simili; $5a^5$ e $5a^4$ non sono simili.

La somma o la differenza di due monomi è ancora un monomio solo se i monomi sono simili fra loro. In questo caso, per calcolare la somma, basta applicare la proprietà del raccoglimento a fattore comune.

Anche per i monomi, come per i numeri relativi, le operazioni di addizione e sottrazione possono essere indicate sinteticamente con *addizione algebrica* e il loro risultato con *somma algebrica*.

▶ Sottolinea i monomi simili nel seguente gruppo. Per ogni monomio scrivi il suo opposto.

$-4a$; $\frac{1}{7}ax^2$; 2^3a; $-\frac{1}{2}a^2x$; $\frac{ax^2}{9}$.

ESEMPIO Calcoliamo la somma algebrica di: $4a^2b + 6a^2b - 8a^2b =$
Raccogliamo la parte letterale a fattore comune: $(4 + 6 - 8)a^2b =$
Calcoliamo la somma algebrica dei coefficienti: $2a^2b$.

REGOLA
La **somma algebrica di** due o più **monomi simili** è un monomio che ha per coefficiente la somma algebrica dei coefficienti e la stessa parte letterale.

▶ Calcola la somma e la differenza dei seguenti monomi.

- $-\frac{1}{2}xyz$; $-\frac{7}{4}xyz$
- $8a^2x$; $-23a^2x$
- $\frac{1}{3}x^3y$; $-\frac{2}{15}x^3y$
- $-10b^4y$; $\frac{7}{2}b^4y$

Due monomi simili sono **opposti** se sono opposti i loro coefficienti. Per esempio, $2a$ e $-2a$ sono monomi opposti. La somma di due monomi opposti è 0.

ESEMPIO
$5ab + (-5ab) = 5ab - 5ab = (5 - 5)ab = 0$.

Come per i numeri relativi, anche per i monomi la sottrazione può essere considerata come un'addizione con l'opposto del sottraendo.
La differenza fra due monomi è data dalla somma del primo con l'opposto del secondo.

La moltiplicazione di monomi

Consideriamo la moltiplicazione fra monomi: $2a^2 \cdot 7a^3$.
Applicando le proprietà commutativa e associativa della moltiplicazione e la prima proprietà delle potenze, otteniamo:

$$2a^2 \cdot 7a^3 = 2 \cdot 7 \cdot a^2a^3 = 14a^5.$$

Prodotto fra monomi
Il prodotto di due o più monomi è un monomio in cui:
- il *coefficiente* è il prodotto dei coefficienti;
- nella *parte letterale* ogni lettera ha per esponente la somma degli esponenti con cui la lettera compare nei fattori.

Il prodotto di due monomi è sempre un monomio.

▶ Semplifica la seguente espressione:

$\left(-\frac{2}{3}x^2y+\frac{4}{5}x^2y\right)\left(-\frac{5}{8}xy^3\right)(-12x^2y)+\left(-x^3y-\frac{1}{2}x^3y\right)(-x^2y^4)-x^4y^5.$

Animazione

▶ Calcola i seguenti prodotti.
- $(-4x)(+2x)$
- $(+5y^2)(-2y)$
- $\left(-\frac{21}{8}a^4b^2c\right)\left(-\frac{40}{49}ab^4c^5\right)$

La potenza di un monomio

Per eseguire la potenza di un monomio si applicano le proprietà delle potenze relative alla potenza di un prodotto $(ab)^n = a^nb^n$ e alla potenza di potenza $(a^m)^n = a^{mn}$.

ESEMPIO
$(7a^3)^2 = 7^2(a^3)^2 = 49a^{3\cdot 2} = 49a^6.$

Potenza di un monomio
Per calcolare la potenza con esponente n di un monomio:
- eleviamo a esponente n il suo coefficiente;
- moltiplichiamo per n ognuno degli esponenti delle sue lettere.

ESEMPIO
$\left(-\frac{3}{2}a^2b^5\right)^3 = \left(-\frac{3}{2}\right)^3(a^2b^5)^3 = \left(-\frac{3}{2}\right)^3 a^{2\cdot 3}b^{5\cdot 3} = -\frac{27}{8}a^6b^{15}.$

La potenza con esponente 0 di un monomio diverso da 0 è uguale a 1.

Per esempio: $(4x^3)^0 = 4^0x^{3\cdot 0} = 1.$

La potenza con esponente 1 di un monomio è uguale al monomio stesso.

Per esempio: $(11y^4)^1 = 11^1\cdot y^{4\cdot 1} = 11y^4.$

▶ Calcola le seguenti potenze di monomi.
$(-2a^3bc^2)^2$; $(5xy^5)^3$; $\left(-\frac{1}{2}x^2y^3\right)^3$; $-(-4x^3yt)^2$; $-\left(\frac{1}{3}a^2bc^3\right)^4$.

La divisione fra due monomi

Consideriamo la divisione fra monomi: $4a^2b^3 : 2b^2$.
Applicando la proprietà invariantiva della divisione e la proprietà commutativa della moltiplicazione, $mx : ny = (m : n)\cdot(x : y)$, possiamo eseguire la divisione fra i coefficienti e la divisione fra le parti letterali: $(4:2)(a^2b^3 : b^2)$.
Utilizzando poi la seconda proprietà delle potenze, $a^m : a^n = a^{m-n}$, si ottiene:

$(4:2)(a^2b^3 : b^2) = 2a^2b^{3-2} = 2a^2b.$

Il risultato è ancora un monomio.

TEORIA

Ripetiamo le stesse operazioni in un altro caso:

$$4a^2b^3 : (2b^5) = (4:2)(a^2b^3 : b^5) = 2a^2b^{3-5} = 2a^2b^{-2}.$$

Il risultato non è un monomio, perché l'esponente di b è negativo.

Divisibilità fra monomi

Un monomio (dividendo) è **divisibile** per un altro monomio (divisore) quando in esso compaiono tutte le lettere del divisore, ognuna con esponente maggiore o uguale a quello con cui compare nel divisore. In questo caso si dice che il monomio dividendo è *multiplo* del monomio divisore.

Il monomio divisore non può essere il monomio nullo. Per esempio, la divisione $3a^2b : 0$ non ha significato.

Listen to it

A **monomial** *P* is **divisible** by a second monomial *Q* if and only if the letters in *P* are all raised to a power *greater or equal* to the corresponding powers in *Q*.

Quoziente fra monomi
Dati i monomi A e B, con A divisibile per B e $B \neq 0$, il quoziente di A diviso B è un monomio in cui:

- il *coefficiente* è il quoziente dei coefficienti;
- nella *parte letterale* ogni lettera ha per esponente la differenza tra gli esponenti con cui la lettera compare in A e B.

ESEMPIO

$$6a^5b^4 : (5a^3b) = (6:5)(a^5 : a^3)(b^4 : b) = \frac{6}{5}a^{5-3}b^{4-1} = \frac{6}{5}a^2b^3.$$

È possibile dividere un monomio per un qualunque numero (*diverso da* 0).

ESEMPIO

$$\frac{3}{2}a : 5 = \left(\frac{3}{2}\cdot\frac{1}{5}\right)a = \frac{3}{10}a.$$

Un numero, infatti, è un particolare monomio in cui la parte letterale ha esponente 0.

▸ Calcola quando esiste il monomio quoziente delle divisioni fra monomi.
- $12a^3b : (-4ab)$; $15x^3y^2 : (3x^4y)$
- $3ab^5c^2 : (2ab^2c^2)$; $5a^4xy^7 : (7a^2xy^5)$

▸ Guarda il video sulle operazioni fra monomi e fornisci esempi per spiegare perché nell'insieme dei monomi la moltiplicazione e la potenza sono operazioni interne, mentre l'addizione e la divisione non lo sono.

Video

▸ Semplifica la seguente espressione:

$$\left(-\frac{3}{2}a^2x^3\right)^3 : \left(\frac{3}{2}ax^3\right)^2 - (-2a^3x^2)^3 : \left(\frac{4}{9}a^5x^5\right)\left(-\frac{2}{3}x\right)^2 + \left(-\frac{1}{2}a\right)^3.$$

Animazione

3 Il massimo comune divisore e il minimo comune multiplo fra monomi

▸ Esercizi a p. 295

I concetti di massimo comune divisore e minimo comune multiplo che abbiamo visto per i numeri naturali si possono estendere anche ai monomi. Esaminiamo le regole che servono per calcolarli.

Il massimo comune divisore

Il **massimo comune divisore (MCD)** di due o più monomi è un monomio che ha:

- come *coefficiente*
  - il MCD dei valori assoluti dei coefficienti, se sono tutti interi,
  - il numero 1 se qualche monomio non ha coefficiente intero;
- come *parte letterale* il prodotto delle lettere comuni a tutti i monomi, ognuna presa una sola volta e con l'esponente minimo.

ESEMPIO Troviamo il MCD di $\frac{3}{2}x^4y^2c, \quad x^6y, \quad \frac{2}{5}x^3y^3c^4$.

Poiché non tutti i monomi hanno coefficiente intero, il coefficiente del MCD è uguale a 1. Mettiamo le lettere in colonna:

$x^4 \quad y^2 \quad c$

$x^6 \quad y$

$x^3 \quad y^3 \quad c^4.$

La lettera c non può comparire nel MCD perché non è comune a tutti e tre i monomi; nella colonna delle x, x^3 ha l'esponente minimo; nella colonna delle y, y ha l'esponente più piccolo. Il MCD è x^3y.

Listen to it

The **greatest common factor** (**GCF**) of two or more monomials is a monomial that has the *highest* possible degree among all the factors of the monomials.

► Calcola il MCD dei seguenti monomi.
- $15abc, \quad 6b^4, \quad 9bc^5$
- $-2x^2y^2, \quad 16xy^4, \quad 4yz$

Il minimo comune multiplo

Il **minimo comune multiplo (mcm)** di due o più monomi è un monomio che ha:

- come *coefficiente*
  - il mcm dei valori assoluti dei coefficienti, se sono tutti interi,
  - il numero 1 se qualche monomio non ha coefficiente intero;
- come *parte letterale* il prodotto di tutte le lettere presenti in almeno uno dei monomi, ognuna presa una sola volta e con l'esponente massimo.

ESEMPIO Troviamo il mcm di $\frac{3}{2}x^4y^2c, \quad x^6y, \quad \frac{2}{5}x^3y^3c^4$.

Il coefficiente è uguale a 1. Mettiamo le lettere in colonna:

$x^4 \quad y^2 \quad c$

$x^6 \quad y$

$x^3 \quad y^3 \quad c^4.$

Nel mcm devono comparire tutte le lettere, ognuna con l'esponente più alto, perché il monomio ottenuto deve essere multiplo di tutti gli altri. Il mcm è $x^6y^3c^4$.

Listen to it

The **least common multiple** (**lcm**) of two or more monomials is a monomial that has the lowest possible degree among the monomials that are divisible by all of the original monomials.

► Calcola il mcm dei seguenti monomi.
- $2a^3x, \quad -ax^3y, \quad 3y^2t$
- $\frac{1}{4}p^2, \quad 8pq, \quad 12q^4$

► Calcola il MCD e il mcm dei seguenti monomi.

a. $-10x^3y^5; \quad 2x^4y; \quad -4x^2y^3.$

b. $\frac{4}{3}a^{10}b^8c^6; \quad 8a^4b^2; \quad 12a^6b^6c^6.$

Animazione

IN SINTESI
I monomi

Che cosa sono i monomi

Un **monomio** è un'espressione letterale in cui compaiono soltanto moltiplicazioni fra numeri e potenze di lettere con numeri naturali per esponenti. Perciò, fra le lettere, **non compaiono addizioni, sottrazioni o divisioni.**

$\frac{3a^4}{2}$ **è un monomio** $\frac{4a^3}{b^2}$ **non è un monomio**

Un monomio in **forma normale** è scritto come prodotto fra un numero (il **coefficiente**) e una o più lettere diverse fra loro, con i relativi esponenti (la **parte letterale**).

Il **grado** di un monomio **rispetto a una lettera** è l'esponente che la lettera ha nel monomio.

Il **grado** (complessivo) **di un monomio** è la somma dei gradi rispetto a tutte le lettere del monomio.

Le operazioni con i monomi

Due monomi sono **simili** quando hanno la stessa parte letterale. Due monomi sono **opposti** se sono simili e hanno coefficienti opposti.

La **somma** o la **differenza** di due monomi simili è un monomio che si ottiene *sommando algebricamente i coefficienti e lasciando invariata la parte letterale*.

ESEMPIO $9a + 3a - 2a = (9 + 3 - 2)a = 10a$

Il **prodotto** di due o più monomi è un monomio in cui il coefficiente è il prodotto dei coefficienti, e la parte letterale è uguale al prodotto delle lettere ciascuna con esponente uguale alla somma degli esponenti con cui compare nei fattori.

ESEMPIO $3a^2 \cdot (4ab^3) = (3 \cdot 4)(a^{2+1}b^3) = 12a^3b^3$

Il **quoziente** di due monomi, con il divisore diverso da zero, è un monomio in cui il coefficiente è il quoziente dei coefficienti, e la parte letterale è uguale al prodotto delle lettere ciascuna con esponente uguale alla differenza degli esponenti con cui compare nei due monomi.

ESEMPIO $12a^{12} : (3a^3) = (12 : 3)a^{12-3} = 4a^9$

Per calcolare la **potenza**, con esponente un numero n, di un monomio si eleva a n il coefficiente e si moltiplica per n l'esponente di ciascuna lettera.

ESEMPIO $(5x^2y)^3 = 5^3x^{2\cdot 3}y^3 = 125x^6y^3$

MCD e mcm fra monomi

- La parte letterale del **massimo comune divisore (MCD)** fra monomi è il prodotto delle sole *lettere comuni* a tutti i monomi, ognuna presa una sola volta e *con l'esponente minimo.*
- La parte letterale del **minimo comune multiplo (mcm)** fra monomi è il prodotto di *tutte le lettere* presenti in almeno uno dei monomi, ognuna presa una sola volta e *con l'esponente massimo.*
- Il coefficiente è rispettivamente il MCD e il mcm dei valori assoluti dei coefficienti, se sono tutti interi; in caso contrario, il coefficiente è 1.

ab^2	a	b^2	
a^2b	a^2	b	
abc^3	a	b	c^3

MCD = ab
lettere comuni con l'esponente minimo

mcm = $a^2b^2c^3$
tutte le lettere con l'esponente massimo

CAPITOLO 6

ESERCIZI

1 Che cosa sono i monomi

▶ Teoria a p. 268

1 SPIEGA PERCHÉ L'espressione $\frac{2m}{n}$ non è un monomio, mentre $\frac{2m}{3}$ lo è. Perché?

2 TEST Fra le seguenti espressioni solo una rappresenta un monomio. Quale?

A $\frac{3ab}{x}$ B 2 C $x-2$ D $2ab^{-1}$ E $-xy+a$

VERO O FALSO?

3
a. Il prodotto tra un numero e una lettera è un monomio. V F
b. Il coefficiente del monomio $-2xy$ è il numero 2. V F
c. Nel monomio ax^2y^3 il coefficiente è 0. V F
d. Un monomio non può avere lettere con esponenti negativi. V F

4
a. Il monomio a^3 non ha coefficiente. V F
b. L'espressione $\frac{3}{4}a^2b$ non è un monomio. V F
c. Un monomio ha sempre il coefficiente intero. V F
d. Qualunque numero è un monomio. V F

Indica quali espressioni sono monomi e spiega perché hai escluso le altre espressioni.

5 $3^{-2}a^2b^3x$; $4a^2xy^{-1}$; $a^0b^0x^0$; $0x^2y^2$; $0a$.

6 $\frac{ax}{2}$; $\frac{x}{2}$; $\frac{1}{3}a$; $\frac{3}{a}$; $\frac{2}{ax}$.

7 ab^2; $-4ab$; $-2a^{-2}b$; $(x+z)^3$; $4^{-3}x^2y^2$.

8 $b(-y)z$; $a-bz$; $(a-b)\cdot 2$; $\frac{a+2}{3}$; $\frac{a}{3}$.

La riduzione a forma normale

9 ESERCIZIO GUIDA Riduciamo a forma normale il monomio: $a^4b\left(-\frac{1}{2}\right)^3a^2\left(\frac{5}{2}\right)b^3(-1)a^2$.

Eseguiamo le operazioni fra i numeri.
Applichiamo la proprietà commutativa e la proprietà associativa della moltiplicazione, in modo da avvicinare i coefficienti e le lettere uguali fra loro: $\left(-\frac{1}{8}\right)\left(+\frac{5}{2}\right)(-4)a^4a^2a^2bb^3=$
Calcoliamo il coefficiente come prodotto dei valori numerici e per ogni lettera applichiamo la prima proprietà delle potenze $a^m\cdot a^n=a^{m+n}$, sommando gli esponenti: $+\frac{5}{4}a^8b^4$.

Riduci a forma normale i seguenti monomi.

10 $2a^2bx^2\frac{1}{2}ax^4\left(-\frac{4}{3}b\right)$; $\left(-\frac{1}{4}x^2\right)(-3)xy^32y^2$.

11 $\frac{a}{2}yc^3\left(-\frac{1}{5}\right)by^2a^2$; $4a^3\left(-\frac{1}{4}\right)a^42(-a^8)$.

Riduci a forma normale i seguenti monomi indicandone poi la parte letterale e il coefficiente.

12 $\frac{6}{5}a\left(-\frac{10}{3}\right)ca^2x^2\left(-\frac{1}{2}\right)a^4$; $-1abxa^2b^33x$.

13 $-\frac{6}{7}a\frac{7}{2}x^2$; $1,\bar{3}a^2x^2yxy^2\left(-\frac{3}{4}\right)a$.

14 $-\frac{1}{3}b^2c3^0bc^3$; $\left(-\frac{1}{5}\right)ab\frac{15}{2}b^2\left(-\frac{2}{3}\right)^2a$.

15 $0,\bar{3}a\left(-\frac{3}{2}\right)^2a^2ab$; $(-2)x^3\left(-\frac{1}{4}\right)x^2xx^4(-2)^3$.

Il grado di un monomio

16 TEST Fra le seguenti espressioni, solo una rappresenta un monomio di terzo grado. Quale?

A $5x^2yx^3$

B $2abx^2$

C $-2x^{-3}$

D abc

E $2ax^2y$

17 VERO O FALSO?

a. Il grado del monomio $2^3a^2b^4$ è 6. V F

b. Nel monomio $5xy^2$ il grado rispetto a x è 1. V F

c. Nel monomio $2x^2y^3$ il grado rispetto alla lettera z è 0. V F

d. Il grado di un monomio è il prodotto degli esponenti delle lettere. V F

Per i seguenti monomi indica il coefficiente, la parte letterale, il grado complessivo e il grado rispetto a ciascuna lettera.

18 $3^2b^7a^3c;\quad 2^2abd^4;\quad -3b^4c^2d^6;\quad \frac{3}{7}a^5b.$

19 $12;\quad 24cd;\quad -\frac{12}{5}c^3d^4;\quad 8abcd.$

20 $3xy^4;\quad -2^2x^2y^3;\quad -5ab^2x^3.$

21 ESEMPIO DIGITALE $9^2x^2y^4;\quad -\frac{yz}{2};\quad 7z^7;\quad 3xyz^2;\quad 4y^3z^3;\quad 25.$

22 Usando le lettere x e y, scrivi tutti i possibili monomi di quarto grado con coefficiente -3.

23 Scrivi due monomi di grado complessivo 6 che siano di terzo grado rispetto alla lettera x e di primo grado rispetto alla lettera y.

2 Le operazioni con i monomi

▶ Teoria a p. 270

Monomi simili, opposti, uguali

24 TEST Fra le seguenti espressioni solo una è un monomio simile a $-2ab^3c^2$. Quale?

A $5a^2bc^3a$ B $2abc^2b$ C $-2x^3$ D $+3abcb^2c$ E $+2ab^2c^3$

25 Che cosa manca al monomio $-\frac{8}{3}ab$ per essere simile a $\frac{2}{3}a^3b$?

26 VERO O FALSO?

a. I monomi $2a$ e $-3a$ sono simili. V F

b. Due monomi simili sono uguali. V F

c. Due monomi simili hanno gradi diversi. V F

d. Due monomi opposti sono simili. V F

27 SPIEGA PERCHÉ I monomi a^n e a^{2n} sono simili? Perché? E a^n e b^n?

Individua i monomi simili nei seguenti gruppi.

28 $xy^3;\quad -\frac{1}{3}axz^2;\quad -2y^3x;\quad -az^2x;\quad \frac{1}{2}xy^2.$

29 $-\frac{1}{2}a^2b;\quad -bx^2;\quad \frac{1}{4}ba^2;\quad \frac{2}{3}x^2b;\quad -12a^2x^2.$

30 $5a^n;\quad -3a^{2n};\quad 6a^n;\quad b^{2n};\quad -\frac{1}{3}a^{2n},\quad$ con $n \in \mathbb{N}$.

31 TEST Sono dati due monomi opposti. Una soltanto delle seguenti proposizioni è *vera*. Quale?

A La loro somma esiste, la loro differenza non esiste.

B La loro somma e la loro differenza sono entrambe uguali al monomio nullo.

C La loro differenza è uguale al doppio del monomio sottraendo e la loro somma è uguale al monomio nullo.

D La loro somma è uguale a 1, la loro differenza è uguale al monomio nullo.

E La loro differenza è il doppio del monomio minuendo, la loro somma è uguale al monomio nullo.

32 SPIEGA PERCHÉ la somma di due monomi di primo grado non sempre è un monomio di primo grado.

33 TEST L'opposto del monomio $3^{-2}ab$ è:

A $-\frac{1}{9}ab$. B $-3ab$. C $3^2a^{-1}b^{-1}$. D $\frac{1}{3^2ab}$. E $-\frac{1}{9}a^{-1}b^{-1}$.

Tra i seguenti monomi stabilisci quali sono opposti e quali sono uguali.

34 xy; $(-3)^0xy$; $(-1)xy$; $(-1)^5xy$.

35 $2ax^2$; $(-2)^0ax^2$; $2a(-x)^2$; $-\frac{2}{3^0}ax^2$.

36 $(-3)^2a^2b^3$; $9(-a)^2(-b)^3$; $(-2)^3a^2b^3$.

37 a^2b; $(-a^2)(-b)$; $(-3^0)a^2(-b)$; $(-a)^2(-b)$.

38 $3a^0x$; $3x$; $-3xy^0$; $\frac{1}{3}x$.

L'addizione e la sottrazione di monomi

39 ESERCIZIO GUIDA Eseguiamo le seguenti addizioni algebriche di monomi:

a. $3y+\frac{2}{5}y-y+17y-\frac{2}{5}y$; b. $2a-b+\frac{7}{2}b+a-\frac{1}{2}b$;

c. $2a^nb^{2m}-(-3a^2b^m)+2a^nb^{2m}-3a^2b^m+a^2b^m$ (con n, $m \in \mathbb{N}$).

a. $3y+\frac{2}{5}y-y+17y-\frac{2}{5}y=$

Tutti i monomi presenti sono simili tra loro. Cancelliamo i monomi opposti, la cui somma è 0:

$$3y+\cancel{\frac{2}{5}y}-y+17y-\cancel{\frac{2}{5}y}=$$

Raccogliamo la parte letterale e calcoliamo il coefficiente (facciamo attenzione a non dimenticare il coefficiente -1):

$$(3-1+17)y=19y.$$

b. $2a-b+\frac{7}{2}b+a-\frac{1}{2}b=$

Segniamo in modo diverso i monomi simili fra loro:

$$\underline{2a}-\underline{b}+\underline{\frac{7}{2}b}+\underline{a}-\underline{\frac{1}{2}b}=$$

Raccogliamo la parte letterale.

Quando introduciamo una parentesi, mettiamole sempre davanti il segno +, evitando così di sbagliare i segni:

$$(2+1)a+\left(-1+\frac{7}{2}-\frac{1}{2}\right)b=3a+2b.$$

Il risultato non è un monomio, poiché contiene un'addizione di monomi non simili.

c. Procediamo come se gli esponenti fossero numeri. Eliminiamo la parentesi e sottolineiamo i monomi simili fra loro:

$$\underline{2a^nb^{2m}}+\underline{3a^2b^m}+\underline{2a^nb^{2m}}+$$
$$-\underline{3a^2b^m}+\underline{a^2b^m}=$$

Raccogliamo a fattore comune:

$$(2+2)a^nb^{2m}+(3-3+1)a^2b^m=$$
$$4a^nb^{2m}+a^2b^m.$$

Il risultato non è un monomio, perché contiene un'addizione di monomi non simili.

ESERCIZI

Esegui le seguenti addizioni algebriche di monomi.

40 $9x + 5x - 10x + x$ $[5x]$

41 $-\frac{2}{3}a + \frac{1}{6}a + \frac{4}{3}a - a + 5a$ $\left[\frac{29}{6}a\right]$

42 $-ab + 4ab - 12ab + \frac{1}{3}ab + 2ab$ $\left[-\frac{20}{3}ab\right]$

43 $\frac{3}{4}b^3 - 0,2b^3 - 1,5b^3 + \frac{1}{5}b^3$ $\left[-\frac{3}{4}b^3\right]$

44 $-\frac{1}{4}a + 2b^2 + 6a - \frac{1}{2}a + \frac{1}{3}b^2 - 6a$ $\left[-\frac{3}{4}a + \frac{7}{3}b^2\right]$

45 $\frac{5}{6}ab - \frac{1}{2}a + 2ab - \frac{1}{3}a + \frac{1}{2}a - ab$ $\left[\frac{11}{6}ab - \frac{1}{3}a\right]$

46 $5x^2 - 7x^2 + \frac{1}{4}x^2 - 8x^2 - \frac{3}{8}x^2 - x^2 + \frac{9}{8}x^2$ $[-10x^2]$

47 $-\frac{1}{2}y + y - \left(-\frac{1}{4}y\right) - (7y) + \frac{3}{4}y$ $\left[-\frac{11}{2}y\right]$

48 $-\frac{1}{4}xy + 3x^2 + 5y - \frac{1}{2}xy - \frac{3}{2}x^2 - 5y$ $\left[-\frac{3}{4}xy + \frac{3}{2}x^2\right]$

49 ESEMPIO DIGITALE $xy - \left(y - \frac{1}{2}y\right) - (-xy) + \left(\frac{1}{2}x + x\right) - \frac{3}{2}y + \frac{1}{2}x - (2xy)$

50 $\frac{3}{2}x^3y^2 + \frac{1}{2} - \frac{5}{2}xy - x^3y^2 - 3 + \frac{1}{2}xy + \frac{1}{2}x^3y^2 + 2xy$ $\left[x^3y^2 - \frac{5}{2}\right]$

51 $3a^2 - 5b^2 - 5b^2 - 3a^2 + \frac{19}{2}b^2 + \frac{5}{3}a^2 - 2a^2 + 4b^2 + \frac{1}{3}a^2 - \frac{5}{2}b^2$ $[b^2]$

52 $2a^2 - (-3a^2) + (-5a^2) - a - (-a)$ $[0]$

53 $-\left[4a^2b + \frac{1}{2}a^2b - \left(-\frac{1}{2}a^2b\right)\right] + 5a^2b - 3ab^2$ $[-3ab^2]$

COMPLETA inserendo il monomio mancante in modo che l'uguaglianza risulti vera.

54 $-7a + 10a + 15a + \square = -4a$

55 $3xy - 5xy + \square + \frac{1}{3}xy = \frac{2}{3}xy$

56 $6a^3b^4 + \square = -5a^3b^4$

57 $\square - 3ab^5 + 5ab^5 = 0$

58 $\frac{3}{4}a^4b^2 - \square = 0$

59 $\frac{7}{2}a^3 + \square + a^3 = \frac{14}{5}a^3$

60 $-\frac{1}{2}x^2y - \frac{1}{3}x^2y + \square = \frac{7}{6}x^2y$

61 $\frac{3}{4}x^2y^3 - \square = \frac{1}{2}x^2y^3$

62 ESERCIZIO GUIDA Dati i monomi $A = \frac{3}{4}a^2b$ e $B = -\frac{1}{2}a^2b$, semplifichiamo le espressioni $A + B$ e $A - B$.

Sostituiamo alle lettere A e B i monomi. Se un monomio è preceduto dal segno di operazione, scriviamo il monomio fra parentesi:

$$A + B = \frac{3}{4}a^2b + \left(-\frac{1}{2}a^2b\right) =$$

Togliamo le parentesi:

$$\frac{3}{4}a^2b - \frac{1}{2}a^2b = \left(\frac{3}{4} - \frac{1}{2}\right)a^2b = \frac{1}{4}a^2b.$$

$$A - B = \frac{3}{4}a^2b - \left(-\frac{1}{2}a^2b\right) =$$

Togliamo le parentesi:

$$\frac{3}{4}a^2b + \frac{1}{2}a^2b = \left(\frac{3}{4} + \frac{1}{2}\right)a^2b = \frac{5}{4}a^2b.$$

Semplifica le seguenti espressioni, dove A, B e C sono i monomi:

$A = \frac{1}{2}x^2y$; $B = -2x^2y$; $C = -\frac{1}{3}x^2y$.

63 $-(A + B)$; $A - C$.

64 $[(A + B) - C] - A + C$.

65 $B - (B - A) - A$; $B + C - 2A$.

La moltiplicazione di monomi

66 VERO O FALSO?

a. Il prodotto fra due monomi è sempre un monomio. V F

b. Moltiplicando un monomio per una frazione non si ottiene un monomio. V F

c. Il monomio prodotto di più monomi ha come grado la somma dei gradi dei monomi. V F

d. Il prodotto di due monomi di primo grado è un monomio di primo grado. V F

67 TEST Quale delle seguenti espressioni è equivalente al monomio $-24a^2b^2x$?

A $6ab \cdot (-2bx) \cdot (3ab)$

B $\frac{2}{3}a^2b^2 \cdot (-36x)$

C $3a \cdot \left(-\frac{2}{3}bx\right) \cdot (12a)$

D $2a \cdot \left(-\frac{3}{2}ab\right) \cdot (-12x)$

E $4a^2b \cdot \left(\frac{4}{3}b^2\right) \cdot (6x)$

68 ESERCIZIO GUIDA Eseguiamo la seguente moltiplicazione:

$$\left(-\frac{3}{4}a^3b^2\right) \cdot (-2ab^3) \cdot \left(+\frac{4}{3}a^2\right).$$

Per procedere rapidamente, svolgiamo i calcoli a mente, distinguendo le tre regole da applicare:

1. Calcoliamo il segno.
2. Moltiplichiamo i valori assoluti dei coefficienti.
3. Sommiamo gli esponenti di ciascuna lettera.

$$(- \cdot - \cdot +)\left(\frac{3}{4} \cdot 2 \cdot \frac{4}{3}\right)a^{3+1+2}b^{2+3} = +2a^6b^5.$$

Esegui le seguenti moltiplicazioni di monomi.

69 $2a^2 \cdot (-4a^5b^3)$; $\quad -4xy^3 \cdot \frac{1}{2}x^3y^2$. $\quad [-8a^7b^3; -2x^4y^5]$

70 $-\frac{3}{4}a^3b^4c \cdot \left(-\frac{1}{2}ab^2c^5\right)$; $\quad \frac{10}{7}ab^5c^7 \cdot \frac{7}{5}a^2b^5c$. $\quad \left[+\frac{3}{8}a^4b^6c^6; 2a^3b^{10}c^8\right]$

71 $-2a^2 \cdot (-3a^5b^3) \cdot \frac{1}{2}a^2$; $\quad -4a^5b^3 \cdot (-ab^3) \cdot \frac{3}{2}a^2b^2$. $\quad [+3a^9b^3; 6a^8b^8]$

72 $-\frac{3}{4}a^3b^4c \cdot \left(-\frac{1}{2}ab^2c^5\right) \cdot 10ab^2c^5 \cdot \frac{1}{5}a^3b^2c$ $\quad \left[+\frac{3}{4}a^8b^{10}c^{12}\right]$

73 $2a^2 \cdot (-2a^4b^2) \cdot \left(-\frac{3}{4}a^3b^5c\right) \cdot \left(-\frac{1}{2}ab^2c^5\right) \cdot 4ab^5c^7$ $\quad [-6a^{11}b^{14}c^{13}]$

74 $-3a^2x \cdot \left(\frac{5}{6}x^2a^2\right) \cdot \left(-\frac{2}{5}a^2x^4\right) \cdot \left(-\frac{5}{8}ab^2x\right)$ $\quad \left[-\frac{5}{8}a^7b^2x^8\right]$

75 ESEMPIO DIGITALE $(-1{,}2x^8)\left(-\frac{5}{4}x^4\right)(2x^3)$; $\quad (-2k^3)\left(\frac{1}{10}k\right)(1{,}5k^8)$.

76 $\frac{1}{4}b \cdot (-8a^3b^4) \cdot 3a^0 \cdot \frac{5}{4}a^2b \cdot \left(-\frac{1}{5}a\right)$ $\quad \left[\frac{3}{2}a^6b^6\right]$

ESERCIZI

77 $\frac{4}{7}b^3\cdot(-0,\bar{7}a^3b)\cdot(-ab^3)\cdot\left(+\frac{3}{2}a^2b^2\right)$ $\left[+\frac{2}{3}a^6b^9\right]$

78 $\frac{5}{11}xy\cdot(-0,2x^3)\left(\frac{11}{3}x^2y^2\right)\left(-\frac{1}{2}xy^3\right)\cdot 1,\bar{3}x$ $\left[\frac{2}{9}x^8y^6\right]$

COMPLETA le seguenti tabelle di moltiplicazione.

79

$\cdot$	$-a$	$3b$
$2a$		
$-\frac{1}{2}y$		

80

$\cdot$	-2	$-x$	$+2y$
-3			
$-4x$			
$\frac{1}{2}y$			

81

$\cdot$	a	-4	$-b^2$
$-\frac{1}{4}$			
ab			
a^2			

82 YOU & MATHS **Pyramids of products** Complete the pyramids below so that each box contains the product of the two boxes below it that touch it.

a

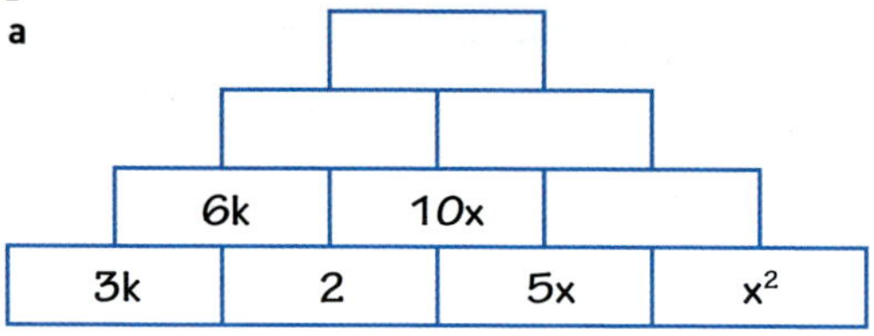

b

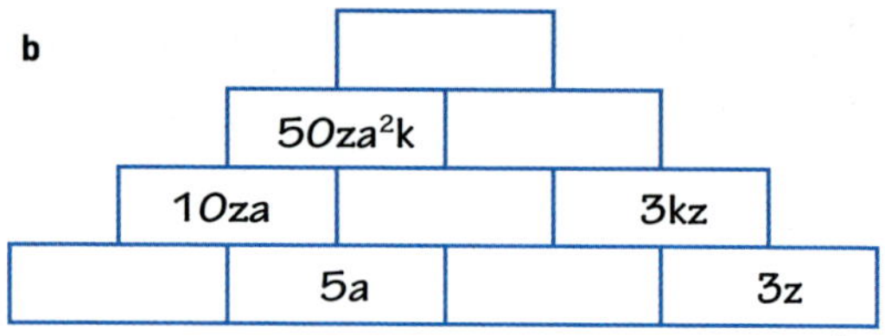

COMPLETA inserendo il monomio mancante in modo che l'uguaglianza sia vera.

83 $2a\cdot\square=-8a^2b^2$

84 $\square\cdot 3s^2t^4=12s^3t^5$

85 $4a^6b^8\cdot\square=\frac{1}{2}a^8b^{12}$

86 $4a^2\cdot(-2)\cdot\square=-5a^3$

87 $(3a^5b^2)\square=9a^{10}b^4$

88 $2ab\cdot\left(-\frac{1}{2}a^2b\right)\cdot\square=a^4b^3$

89 $3xy^2\cdot\left(-\frac{1}{5}xy^2\right)\cdot\square=-3x^5y^5$

90 $\square\cdot(-6a^2b)\left(-\frac{1}{4}ab\right)=9a^4b^5$

91 $-2xy\cdot\left(\frac{2}{3}xy\right)\cdot\square=-\frac{1}{2}x^7y^5$

92 $\left(-\frac{1}{3}x^2y^2\right)(6x)\cdot\square=8x^6y^8$

93 $\left(-\frac{7}{3}a^2b\right)(-x^2y^2)\cdot\left(\frac{3}{5}ab^2\right)\cdot\square=a^3b^4x^2y^3$

94 $\frac{3}{10}c^3x^3y^2\cdot\square=\left(-\frac{13}{3}cx^3y\right)\cdot\left(\frac{1}{30}c^2y\right)$

La semplificazione di espressioni con somme e prodotti di monomi

95 ESERCIZIO GUIDA Semplifichiamo la seguente espressione: $\left(\frac{3}{8}ab\right)\left(-\frac{4}{3}a\right)(-6b)+b^2\left(\frac{1}{2}a\right)-ab^2$.

L'espressione è la somma algebrica di tre termini formati da prodotti di monomi:

$$\boxed{\left(\frac{3}{8}ab\right)\left(-\frac{4}{3}a\right)(-6b)}+\boxed{b^2\left(\frac{1}{2}a\right)}-\boxed{ab^2}=$$

Eseguiamo le moltiplicazioni fra i monomi di ciascun termine:

$$+\left(\frac{\cancel{3}}{\cancel{8}_2}\cdot\frac{\cancel{4}}{\cancel{3}}\cdot\cancel{6}^3\right)a^2b^2+\frac{1}{2}ab^2-ab^2=$$

Calcoliamo i coefficienti ed evidenziamo i monomi simili:

$$3a^2b^2+\underline{\frac{1}{2}ab^2}-\underline{ab^2}=$$

Sommiamo i monomi simili:

$$3a^2b^2+\left(\frac{1}{2}-1\right)ab^2=3a^2b^2-\frac{1}{2}ab^2.$$

Il risultato non è un monomio ma la somma di due monomi.

Semplifica le seguenti espressioni.

96 ●○ $a^2x\cdot\left(\frac{1}{2}x\right)+\left(\frac{1}{2}ax\right)\cdot\left(\frac{2}{3}a\right)-\frac{2}{3}a^2x^2$ $\left[-\frac{1}{6}a^2x^2+\frac{1}{3}a^2x\right]$

97 ●○ $(-2x)\left(-\frac{1}{2}y\right)+(-2y)x+xy+y(-x)+2xy+y(-x)$ $[0]$

98 ●○ $x^2+7x^2-2(-x^2)-2x^2+2(-4)x^2+2x^2+x^2-x(2x)+4x^2-2(2x^2)$ $[x^2]$

99 ●○ $2x^2y^2(3x^2y^2)-(-xy)(5x^3y^3)-(-4x^2y^2)2x^2y^2-7x^4y^4$ $[12x^4y^4]$

100 ●○ $-\frac{7}{2}x(-x^2)+(-x)\left(-\frac{1}{2}x^2\right)+\frac{4}{5}x^2(-5x)+x^3$ $[x^3]$

101 ●○ $\left(x^2+\frac{2}{5}x^2\right)\cdot a+\left(a-\frac{13}{5}a\right)\left(\frac{7}{8}x^2-x^2\right)$ $\left[\frac{8}{5}ax^2\right]$

102 ●○ $\frac{1}{2}a^2(-4b)-\left(-\frac{7}{6}a^2b\right)(ab)-\frac{1}{3}a(-a^2b)\frac{5}{2}b-\frac{a}{4}(-2ab)$ $\left[-\frac{3}{2}a^2b+2a^3b^2\right]$

103 ●○ ESEMPIO DIGITALE $\left(-1-\frac{1}{4}\right)ab^2-\left(-\frac{1}{2}a\right)(+b^2)+\left(-3-\frac{1}{2}\right)\left(-\frac{3}{7}ab^2\right)+\left(-\frac{1}{4}b\right)(-3ab)-2ab^2$

104 ●○ $\frac{2}{3}ab\cdot(-2a^2b)-\left(-\frac{1}{6}a^3\right)\cdot b^2+\left(-\frac{1}{2}ab^2\right)3a+\frac{3}{4}a^2b\cdot(2b)$ $\left[-\frac{7}{6}a^3b^2\right]$

105 ●○ $3{,}5x\left(\frac{1}{7}bx^2\right)+3b(-x^3)-x^2b\left(-\frac{1}{2}x\right)+\left(-\frac{1}{2}x^2\right)(-xb)$ $\left[-\frac{3}{2}bx^3\right]$

106 ●○ $(+y^4)-3y(-y^3)+6xy(-x^3y^3)-4xy^3\left(-\frac{3}{2}x^3y\right)$ $[4y^4]$

107 ●○ ESEMPIO DIGITALE $2x^2-2x^2\left(\frac{1}{4}ax-\frac{3}{2}ax\right)+4\left(-\frac{1}{2}x+\frac{3}{8}x\right)(4x)+\left(-\frac{1}{2}x\right)\left(2ax^2-\frac{7}{8}ax^2\right)$

108 ●○ $\left(-\frac{2}{3}x\right)\left(-\frac{6}{5}y\right)-\frac{4}{5}xy+\left(-\frac{2}{5}\right)\left(\frac{5}{4}xy\right)+xy-2xy$ $\left[-\frac{3}{2}xy\right]$

109 ●○ $x^4y^2-\left(-\frac{5}{4}x^3y\right)\left(-\frac{1}{5}xy\right)+8x^3\left(-\frac{1}{8}xy^2\right)-\frac{3}{2}x^4y^2$ $\left[-\frac{7}{4}x^4y^2\right]$

110 ●○ $3(-x^2y)\left(-\frac{1}{2}\right)-2x^2(2y)+(-y)(2x^2)+x^2y\left(1-\frac{3}{4}\right)$ $\left[-\frac{17}{4}x^2y\right]$

111 ●○ $\left(1-\frac{1}{4}\right)\left(\frac{2}{3}x^2y\right)+\left(-\frac{1}{5}xy\right)\left(\frac{5}{2}x\right)+\frac{1}{2}x^2y-x^2y+2x^2y$ $\left[\frac{3}{2}x^2y\right]$

112 ●○ $x^2-\left(\frac{1}{4}x\right)\left(\frac{2}{3}x\right)+\left(\frac{1}{5}x\right)\left(-\frac{5}{2}x\right)-x^2+\frac{2}{3}x^2+x^2\left(-\frac{1}{4}\right)$ $\left[-\frac{1}{4}x^2\right]$

113 ●● $\left(-\frac{5}{2}b\right)(-b^2)+\left(-\frac{4}{3}b^2\right)\left(\frac{5}{2}b\right)+\frac{3}{2}b(b^2)+\left(-\frac{1}{3}b^2\right)\left(\frac{3}{2}b\right)+\left(-\frac{1}{2}b^2\right)\left(\frac{5}{2}b\right)+b^3$ $\left[-\frac{1}{12}b^3\right]$

114 ●● $\frac{4}{3}xy^2+(-y^2)\left(\frac{4}{3}x\right)+\left(-\frac{1}{3}\right)(xy^2-2xy^2)+2xy^2+\left(-\frac{1}{3}\right)2xy^2+\frac{2}{3}xy^2+xy^2$ $\left[\frac{10}{3}xy^2\right]$

115 ●● $\frac{2}{5}x^2\left(-\frac{1}{2}xy^3\right)+\left(1-\frac{2}{5}\right)x^3y^3-\left(-\frac{2}{3}xy\right)\left(-\frac{3}{10}x^2y^2\right)-2x^3y^3$ $\left[-\frac{9}{5}x^3y^3\right]$

116 ●● $\frac{1}{2}x^4+\left(-\frac{3}{2}x^2\right)\left(\frac{9}{4}x^2\right)+\left(\frac{2}{9}x^2\right)\left(\frac{3}{2}x^2\right)-\left(-\frac{9}{4}x^2\right)\left(\frac{3}{2}x^2\right)+\left(-\frac{1}{3}x\right)\left(\frac{9}{4}x^3\right)-\frac{3}{4}x^4$ $\left[-\frac{2}{3}x^4\right]$

117 ●○ YOU & MATHS **Represent this** A piece of rope is cut into two pieces: one piece is $\frac{3}{2}$ the length of the second piece. Represent the total length of the rope with a monomial with an integer coefficient.

118 ●○ INVALSI 2011 In un prato (rettangolo più grande) è stata costruita una piscina (rettangolo più piccolo) come vedi in figura.

La superficie di prato rimasta è:

A $8a^2$. B $6a^2$. C $9a$. D $3a$.

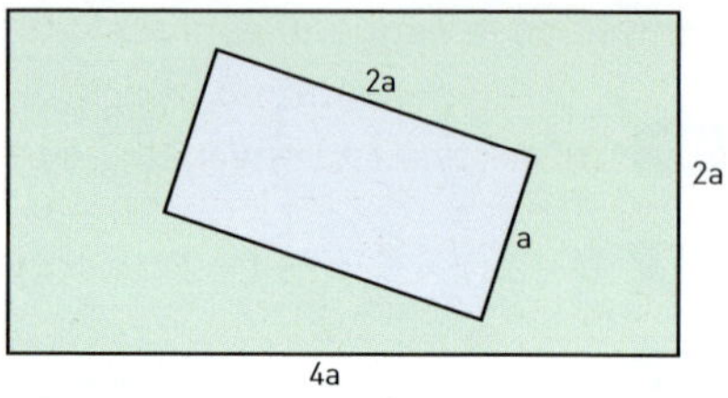

119 ●○ INVALSI 2004 Indicando con A l'area e con P il perimetro della figura a lato: quale tra le seguenti coppie di uguaglianze è *vera*?

A $A = 13x^2$; $P = 16x$.

B $A = 10x^2$; $P = 16x$.

C $A = 36x^2$; $P = 14x$

D $A = 10x^2$; $P = 14x$.

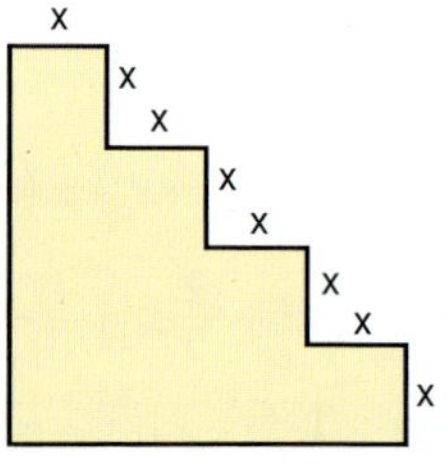

120 ●● EUREKA! **Uno e uno solo** Esiste un monomio A tale che la seguente uguaglianza sia verificata? $\frac{2}{3}x^2y^3 + 2x^2y^3 = \frac{1}{7}xy \cdot A + \frac{5}{7}xy \cdot A$. In caso affermativo, tale monomio è unico?

La potenza di un monomio

SPIEGA PERCHÉ

121 ●○ Non esiste alcun monomio che elevato al quadrato dia come risultato il monomio $4x^3y^2$. Perché?

122 ●○ Qualsiasi monomio elevato a 0 non ha parte letterale. Perché?

123 ESERCIZIO GUIDA Calcoliamo la seguente potenza di un monomio:

$(-3a^3)^2$.

Applichiamo la terza proprietà delle potenze, $(ab)^n = a^n b^n$:

$$(-3a^3)^2 = (-3)^2(a^3)^2 =$$

Calcoliamo il coefficiente e applichiamo la quinta proprietà delle potenze, $(a^m)^n = a^{mn}$:

$$+9a^6.$$

In questi esercizi è importante fare attenzione al segno. Osserva questi esempi:

$(-3a^3)^2 = +9a^6$;

$(-3a^2)^3 = -27a^6$;

$(-3a^3)^3 = -27a^9$;

$-(-3a^3)^3 = -(-27a^9) = +27a^9$.

Calcola le seguenti potenze di monomi.

124 ●○ $(-ax)^2$; $\left(-\frac{1}{2}xy\right)^3$; $(2a^2b)^3$; $(a^2b)^0$.

125 ●○ $(-ab^2)^3$; $-(ab^2)^3$; $(-3a^2b^5c^3)^3$; $\left(-\frac{2}{3}a^6b^2c^3\right)^4$.

126 ●○ $\left(-\frac{1}{2}a^3b^2c\right)^5$; $\left(\frac{3}{4}x^2y^3\right)^0$; $\left(-\frac{3}{2}a^2bc^4\right)^2$; $(3a^2b^5c^3)^3$.

127 ●○ ESEMPIO DIGITALE

$[(-2xy^2)^2]^3$; $[(-3a)^3]^2$; $\left\{\left[-\left(\frac{1}{4}m^2\right)^2\right]^0\right\}^3$.

128 ●○ $(3a^2b^5c^3)^2$; $(-5ab^5)^3$; $(-2a^2b^2c^2)^4$.

129 ●○ $2(a^3c^2)^2$; $-3(a^b)^2$; $(-x^{3y})^3$.

130 ●○ COMPLETA la tabella come indicato nell'esempio svolto nella prima riga. Devi sostituire alle lettere a e b presenti nei monomi della prima colonna i rispettivi monomi posti nella seconda e terza colonna. Nell'ultima colonna scrivi il monomio prodotto in forma normale.

Monomio	a	b	Monomio prodotto	Forma normale
$5ab^2$	$3x^2y$	$2y^3$	$5(3x^2y)(2y^3)^2$	$60x^2y^7$
$3a^2b^3$	$2xy^2$	xy		
$2a^3b^2$	$10x^2y^3$	$4y^2$		
$\frac{1}{2}a^2b$	$-\frac{1}{4}t^4$	$64yt$		
ab	xy	$-xy$		

COMPLETA

131 ●○ $(4a^2xy)^{\square} = 16a^4x^2y^2$

132 ●○ $(\square\, a^3b^4)^{\square} = 36a^6b^8$

133 ●● $\left(-\frac{1}{2}bc^2\right)^{\square} = -\frac{1}{32}b^5c^{10}$

134 ●● $(\square\, x^{\square}y^2)^3 = -8x^9y^6$

Calcola i quadrati e i cubi dei monomi.

135 ●○ $ab^3;\quad -3a^2b;\quad \frac{1}{2}a^3b^2;\quad -2xy.$

136 ●○ $-\frac{3}{5}x^2y^3;\quad -\frac{1}{3}x^2y^2;\quad \frac{2}{3}ab^4.$

137 ●○ YOU & MATHS **Maths is easier** Translate from words into mathematical symbols:

a. the square of a^3;

b. the cube of x^2y;

c. the square of the cube of p^4q^2.

138 ●○ EUREKA! **Un forte aumento** Quale numero aumenta del 500% quando se ne fa il quadrato?

A 6 D 8

B 10 E 5

C 7

(*Kangourou Italia*, 2006)

139 ●○ INVALSI 2012 **Un arco di cubi** L'arco mostrato in figura è formato da sei cubi di lato L e da un parallelepipedo di dimensioni L, L, $4L$.
Si vuole dipingere l'arco; quanto misura la superficie da colorare?

A $42L^2$

B $40L^2$

C $38L^2$

D $36L^2$

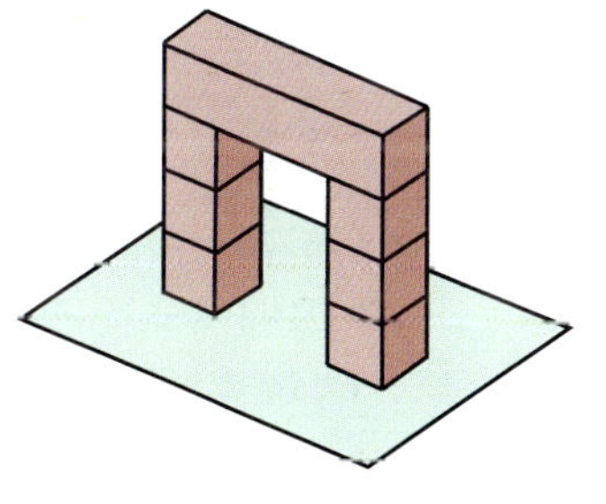

Dalla potenza al monomio

140 ESERCIZIO GUIDA Scriviamo i monomi il cui quadrato è $9a^6b^{18}$.

I monomi richiesti sono due monomi opposti, perché entrambi, elevati al quadrato, forniscono lo stesso risultato.
Calcoliamo il valore assoluto del coefficiente, cioè la radice quadrata di 9.
Determiniamo la parte letterale. Se per elevare al quadrato una lettera dobbiamo moltiplicare il suo esponente per 2, nell'operazione inversa dovremo dividere l'esponente per 2: quindi dobbiamo dividere per 2 gli esponenti 6 e 18.
I monomi richiesti sono $+3a^3b^9$ e $-3a^3b^9$.

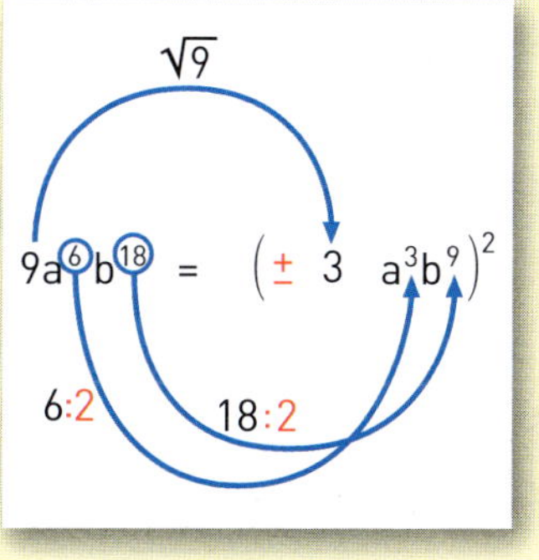

Scrivi i monomi i cui quadrati sono i monomi seguenti.

141 a. $4a^2b^4$; $\quad 25x^6y^2$; $\quad \frac{1}{16}z^8$; $\quad \frac{a^2}{4}$. b. $\frac{4}{25}x^6y^8$; $\quad 81x^2y^{12}$; $\quad a^6b^4c^{12}$.

142 a. $100a^2b^{10}$; $\quad \frac{b^{16}}{9}$; $\quad \frac{25}{16}x^{10}y^8$. b. $\frac{4}{81}a^2b^4c^6$; $25a^{10}b^{14}$; $\quad \frac{49}{9}a^{36}b^{100}$.

Scrivi i monomi i cui cubi sono i monomi seguenti.

143 a. $27a^3b^3$; $\quad x^6y^9$; $\quad \frac{1}{8}a^{12}$. b. $-\frac{8}{27}a^9b^6c^3$; $\quad 0{,}008a^6b^{12}$; $\quad 125a^3x^9$.

COMPLETA quando è possibile.

144 a. $x^6y^6 = (\ldots)^2 = (\ldots)^3$;
b. $y^{12} = (\ldots)^2 = (\ldots)^3$.

145 a. $-4a^2y^2 = (\ldots)^2 = (\ldots)^3$;
b. $-x^6y^6 = (\ldots)^2 = (\ldots)^3$.

COMPLETA

146 $\left(\frac{\ldots}{\ldots}\right)^2 = \frac{1}{4}a^2b^4c^6$

147 $(\ldots)^4 = 16a^8b^{16}$

148 $\left(\frac{\ldots}{\ldots}\right)^4 = \frac{1}{16}a^8b^4$

149 $27b^{27} = (\ldots)^3$

150 $x^6y^{18} = (\ldots)^2 = (\ldots)^6$

151 $\frac{1}{5}\left(\frac{\ldots}{\ldots}\right)^5 = -\frac{a^{10}b^{25}}{160}$

152 $\left(\frac{\ldots}{\ldots}\right)^3 \cdot \frac{1}{2}xy = -\frac{27}{2}x^4y$

153 $-\frac{1}{3}a^2y\left(\frac{\ldots}{\ldots}\right)^2 = -\frac{4}{27}a^4y^5$

154 $-\frac{3}{4}a^3b\left(\frac{\ldots}{\ldots}\right)^2 = -\frac{1}{3}a^5b^5$

155 $\left(\frac{\ldots}{\ldots}\right)^2 \cdot \frac{1}{6}b = \frac{2}{3}a^4b^3$

156 INVALSI 2007 L'espressione $16a^{10}b^6$ è il quadrato di…

A $4a^3b^5$ C $8a^5b^3$
B $-8a^5b^3$ D $-4a^5b^3$

157 INVALSI 2006 Quale delle seguenti espressioni rappresenta un numero intero che è contemporaneamente un cubo e un quadrato se a e x sono numeri naturali qualsiasi?

A $-64a^6x^{12}$ B a^6x^4 C $64a^6x^{12}$ D $64a^8x^6$

158 INVALSI 2004 Se S è l'area di un quadrato di lato a, l'area del quadrato di lato $2a$ è espressa da…

A $8S$ C $3S$ B $4S$ D $2S$

MATEMATICA E GIOCHI

Sulla via dei crucinumeri Il monomio $8a$ indica un numero naturale multiplo di 8: sostituendo ad a i valori 0, 1, 2, … otteniamo, rispettivamente, 0, 8, 16, … In modo simile, 25 è un numero del tipo $8a + 1$, perché lo possiamo scrivere come $8 \cdot 3 + 1$.

a. Scegli i tre numeri del tipo $8a + 1$ fra 56, 65, 77, 81 e 97.
b. Scrivi altri tre numeri del tipo $8a + 1$.
c. Scrivi ora tre numeri naturali del tipo $7b + 6$, tre del tipo d^2 e tre del tipo $3^m \cdot 2^n$.

ORIZZONTALI
1. a^2; **3.** 2^n; **4.** $10h + 1$; **6.** $8a$; **7.** 21^q; **9.** $10a$; **10.** $10k + 2$.
VERTICALI
1. $7b$; **2.** $5 \cdot (2^q)^q$; **3.** d^2; **4.** q^4; **5.** $25b$; **6.** $2n^2 + 1$; **8.** $a^2 - 1$; **9.** $3^q \cdot 2^r$.

Esercizi come questi sono basati sul calcolo dei valori assunti da monomi, e da loro somme, per particolari valori assegnati alle lettere. Possono esserti utili se vuoi risolvere *crucinumeri*, come quello che proponiamo qui.

Risoluzione – 3 esercizi in più.

La semplificazione di espressioni con potenze di monomi

159 **ESERCIZIO GUIDA** Semplifichiamo la seguente espressione:

$$\left(-\frac{1}{2}a^6x^3\right)^2+\left(\frac{5}{4}a^2\right)\left(-\frac{1}{2}a^4x\right)^2(-2a^2x^4)-\left(-\frac{3}{2}a^4x^2\right)^3.$$

L'espressione è la somma algebrica di tre termini formati da potenze e prodotti di monomi:

$$\boxed{\left(-\frac{1}{2}a^6x^3\right)^2}+\boxed{\left(\frac{5}{4}a^2\right)\left(-\frac{1}{2}a^4x\right)^2(-2a^2x^4)}-\boxed{\left(-\frac{3}{2}a^4x^2\right)^3}=$$

In ciascun termine eseguiamo innanzitutto l'elevamento a potenza:

$$+\frac{1}{4}a^{12}x^6+\left(\frac{5}{4}a^2\right)\left(+\frac{1}{4}a^8x^2\right)(-2a^2x^4)-\left(-\frac{27}{8}a^{12}x^6\right)=$$

Proseguiamo come in una normale espressione con moltiplicazioni di monomi:

$$+\frac{1}{4}a^{12}x^6-\left(\frac{5}{4}\cdot\frac{1}{\cancel{4}_{\,2}}\cdot\cancel{2}^{\,1}\right)a^{2+8+2}x^{2+4}+\frac{27}{8}a^{12}x^6=$$

$$+\frac{1}{4}a^{12}x^6-\frac{5}{8}a^{12}x^6+\frac{27}{8}a^{12}x^6=$$

$$\left(\frac{1}{4}-\frac{5}{8}+\frac{27}{8}\right)a^{12}x^6=\frac{2-5+27}{8}a^{12}x^6=\frac{24}{8}a^{12}x^6=3a^{12}x^6.$$

Semplifica le seguenti espressioni.

160 $(-xy^2)^3+\frac{1}{5}xy^4\left(\frac{10}{3}x^2y^2\right)$; $\quad(3a^3b^2)^2\cdot(-2a^4b^3)-(a^2b)^3(-4a^4b^4).$ $\quad\left[-\frac{1}{3}x^3y^6;\ -14a^{10}b^7\right]$

161 $(2x+3x)^2(-x)^3-2x^3(-2x)^2$; $\quad(-3a^2)\left(\frac{1}{2}ab\right)^2-\left(\frac{2}{3}a^2\right)^2(-3b^2).$ $\quad\left[-33x^5;\ \frac{7}{12}a^4b^2\right]$

162 $\left(-\frac{1}{2}ab^3\right)^2+\left(-\frac{1}{2}ab^2\right)\left(-\frac{3}{2}ab\right)(-2b)^3$; $\quad\left(-\frac{2}{3}a^2b^4\right)^2-(-2ab^3)^2\cdot\left(-\frac{1}{3}ab\right)^2.$ $\quad\left[-\frac{23}{4}a^2b^6;\ 0\right]$

163 $2a\left(-\frac{1}{2}a^2b\right)^3-ab(-a^3b)^2+(a^2+2a^2)^4-(-9a^4)^2$ $\quad\left[-\frac{5}{4}a^7b^3\right]$

164 $[3a(-ab^2)^2]^2-\left[\left(-\frac{1}{2}a\right)^3(-2ab^3)\right]^2$ $\quad\left[9a^6b^8-\frac{1}{16}a^8b^6\right]$

165 $6\left(-\frac{1}{3}a^2x^3\right)^3-\left(\frac{1}{2}x^4\right)\left(-\frac{1}{3}a^2x\right)^2(-2a^2x^3)-\left[(-a)^2\left(-\frac{2}{3}x^3\right)\right]^3$ $\quad\left[\frac{5}{27}a^6x^9\right]$

166 $-\left[2(3a^2b-4a^2b)^3\cdot\left(-\frac{1}{3}a^2+\frac{1}{2}a^2\right)^2\right]^0(2a^2)^3$ $\quad[\text{se } a\neq 0 \text{ e } b\neq 0,\ -8a^6]$

167 $\left(\frac{4}{5}a^3\right)^2\cdot\left(\frac{5}{16}b^2\right)+\frac{4}{5}\cdot(a^3b)^2-2(a^2)^3\cdot(-b)^2+a^6b^2$ $\quad[0]$

168 $\frac{3}{2}\left(\frac{3}{5}xy^2\right)^2:\left(\frac{3}{2}y\right)^3-\left(\frac{1}{2}xy\right)\left(-\frac{1}{5}\right)^2(-2x)-[(-xy)^2:(5y)]$ $\quad[0]$

169 $\left[\left(-\frac{5}{2}a^2b\right)^2+(-a)^3(4ab^2)\right]:\left(\frac{3}{4}ab\right)^2-(6ab)^2:(-2b)^2$ $\quad[-5a^2]$

170 $\left(-\frac{1}{3}ay^2\right)^2(-2ay):(-6ay^3)-\{-[(-a)^2(-y^2)]^2\}^2:\left(-\frac{3}{2}a^3y^3\right)^2-\frac{1}{3}a^2y^2$ $\quad\left[-\frac{20}{27}a^2y^2\right]$

171 $5[(xyz^2)^3:(xyz)^2](-xa^5)^2:(-7x^2)+\left[-\frac{1}{2}a^7xz^3:\left(\frac{7}{4}a^2xz\right)\right]^2(-7x)\left(\frac{1}{2}y\right)$ $\quad[-a^{10}xyz^4]$

172 $\left[\left(-\frac{3}{4}a^3\right)^2\cdot\left(\frac{16}{3}b^4\right)^3-3(a^2)^3(b^3)^4\right]^0-2$ $\quad[\text{se } a\neq 0 \text{ e } b\neq 0,\ -1]$

173 $(-2x^3y)^4+[-(-x^3y)^2]^2-y\left(\frac{1}{2}x^3y\right)^3(-2x)^3-(4x^6y^2)^2+(-2x)^4\left(\frac{1}{2}y\right)^2$ $\quad[2x^{12}y^4+4x^4y^2]$

La divisione fra due monomi

174 VERO O FALSO?

a. Se due monomi sono divisibili, il grado del primo è maggiore del grado del secondo. V F

b. Se due monomi sono divisibili, i loro coefficienti sono numeri interi. V F

c. Se due monomi sono divisibili, il coefficiente del primo deve essere divisibile per il coefficiente del secondo. V F

d. Se due monomi sono divisibili, il primo deve contenere tutte le lettere del secondo. V F

175 VERO O FALSO?

a. Dato il monomio $3a^2b$, i monomi a e b sono suoi divisori. V F

b. Dato il monomio $7a$, il monomio $9a^2$ è un suo multiplo. V F

c. Il monomio quoziente di due monomi ha come coefficiente la differenza dei coefficienti dei due monomi. V F

d. Il quoziente di due monomi che hanno la stessa parte letterale è un monomio di grado 1. V F

176 SPIEGA PERCHÉ il monomio $4x^2y^3$ non è divisibile per $3x^4y$.

177 ESERCIZIO GUIDA Eseguiamo, quando è possibile, le seguenti divisioni di monomi:

a. $-24a^7 : 6a^3$;

b. $3ab : 4b$;

c. $10a^3b : 2a^4$;

d. $9a^3 : 2a^2b$.

a. $-24a^7 : 6a^3 =$

Osserviamo gli esponenti di a nel dividendo e nel divisore (ricordiamo che a^m è divisibile per a^n se e solo se $m \geq n$).

$7 \geq 3$, pertanto la divisione è possibile.

Applichiamo la proprietà delle potenze $a^m : a^n = a^{m-n}$: $-\frac{24}{6}a^{7-3} = -4a^4$.

b. $3ab : 4b = 3a^1b^1 : 4a^0b^1 =$

Osserviamo gli esponenti delle due lettere nel dividendo e nel divisore.

Riguardo agli esponenti di a, $1 \geq 0$; riguardo agli esponenti di b, $1 \geq 1$. Pertanto la divisione è possibile.

$$\frac{3}{4}a^{1-0}b^{1-1} = \frac{3}{4}a.$$

c. $10a^3b : 2a^4$.

Considerando gli esponenti della lettera a, abbiamo $3 < 4$, pertanto la divisione non è possibile.

d. $9a^3 : 2a^2b = 9a^3b^0 : 2a^2b^1$.

Riguardo agli esponenti di b, $0 < 1$, pertanto la divisione non è possibile.

Esegui, quando è possibile, le seguenti divisioni.

178 ESEMPIO DIGITALE $-\frac{3}{7}x^5y^8z^8 : \left(-\frac{1}{14}x^5y^6z^6\right)$; $\quad \left(\frac{6}{5}x^3y^4zt^8\right) : \left(\frac{5}{3}x^3y^3zt^7\right)$.

179 $4a^2bc^5 : 2abc$; $\quad -3a^4b^7c : (-3a^4b^5)$.

180 $a:\frac{1}{4}$; $\quad ab^2:\frac{1}{7}a^2b$.

181 $\frac{5}{2}ax^4:(-ax^4)$; $\quad x^{10}y^9:\frac{3}{7}x^{10}y^9$.

182 $\frac{1}{5}ab^6c^2:\left(-\frac{3}{10}b^4c\right)$; $\quad -5x^2y^3:(5xy^2)$.

183 $-\frac{3}{4}a^2b^5:\left(-\frac{1}{4}a^2b^3\right)$; $\quad \frac{1}{2}ab^3:(-2a^2b^3)$.

184 $-\frac{2}{3}(ab^2)^3:(ab^2)^2$; $\quad (a^2b^4)^3:(-2a^2b^3)^2$.

185 $(-15x^3yc^2):(-2xy^2z^3)$; $\quad \left(-\frac{2}{5}a^3b^2c\right):\left(-\frac{2}{5}a^2bc\right)^3$.

186 $\frac{2}{7}x^3y:\left(-\frac{1}{2}x^3y\right)$; $\quad \left(-\frac{2}{8}a^3b^4\right)^2:\left(\frac{1}{3}a^2b^3\right)$.

187 $\left(-\frac{2}{5}a^2b^3c^5\right):\left(\frac{4}{15}ab^2c^3\right)$; $\quad \left(\frac{1}{5}ab^2c^3\right)^2:\left(-\frac{2}{5}ab^2c^5\right)$.

188 $\left(-\frac{3}{4}x^3y^2\right)^2:\left(-\frac{3}{2}xy\right)^2$; $\quad \left[-\left(-\frac{3}{2}a^3\right)^3\right]^4:\left[\left(-\frac{3}{2}a^2\right)^2\right]^6$.

COMPLETA inserendo il monomio mancante in modo che l'uguaglianza sia vera.

189 $(3a^4b):\boxed{}=2a$

190 $(4a^3b^2):\boxed{}=\frac{1}{2}a$

191 $2xy:\boxed{}=1$

192 $12a^3b^5:\boxed{}=24a^2b^3$

193 $\left(\frac{2}{5}a^8b^3\right):\boxed{}=\frac{5}{2}a^4b$

194 $\left(\frac{4}{3}x^7b^5\right):\boxed{}=6x^3b^2$

195 $\boxed{}^3=\frac{4}{9}a^6b^8c^9:\frac{3}{2}a^3b^2c^3$

196 $\left(\frac{2}{3}abx^2\right)^4=\boxed{}:(9axb^4)^2$

197 $\left(\frac{13}{4}a^4b^3x^2\right)=\left(\frac{13}{2}a^6b^3x\right)^2:\boxed{}$

198 $\left(-\frac{3}{7}x^3y^2z\right)^2:\boxed{}^2=\frac{225}{196}x^4z^2$

La semplificazione di espressioni con divisioni di monomi

199 **ESERCIZIO GUIDA** Semplifichiamo la seguente espressione:

$(3a^2b^2)^2:3a^3b-2a(3b)^2+5a^2b^4:2ab^4+5bab^2$.

L'espressione è la somma algebrica di quattro termini formati da divisioni e moltiplicazioni di monomi:

$\boxed{(3a^2b^2)^2:3a^3b}-\boxed{2a(3b)^2}+\boxed{5a^2b^4:2ab^4}+\boxed{5bab^2}=$

Eseguiamo le operazioni all'interno di ciascun termine:

$$9a^4b^4:3a^3b-2a\cdot 9b^2+\frac{5}{2}a+5ab^3=\underline{3ab^3}-18ab^2+\frac{5}{2}a+\underline{5ab^3}=8ab^3-18ab^2+\frac{5}{2}a.$$

Semplifica le seguenti espressioni.

200 $[(2ab-3ab)^2:(2ab)]\cdot a^2b-3a^3b^2$ $\quad \left[-\frac{5}{2}a^3b^2\right]$

201 $(5x^3+3x^3)^2:(-2x)^2+(x+x)\cdot(-x)^3$ $\quad [14x^4]$

202 ESEMPIO DIGITALE $\left(\frac{1}{2}x^6y^2\right):\left(\frac{1}{4}x^4y\right)+\frac{1}{6}(-x)^2y+\frac{5}{3}x^4y:(2x^2)$

203 $\left[\frac{1}{13}(a^8b^7)^2:\left(-\frac{1}{2}a^2b\right)\right]:(a^3b^2)^4-2a^2b^5$ $\left[-\frac{28}{13}a^2b^5\right]$

204 $\left(-\frac{2}{3}a^7b^6\right):\left(\frac{4}{15}a^5b^5\right)-2a^2b+(3ab)[-2a+3(4a)]+\frac{3}{2}a^2b$ $[27a^2b]$

205 ESEMPIO DIGITALE $\left\{\left[\left(\frac{3}{5}xy\right)^2:\left(\frac{3}{5}x\right)\right]^3:\left(\frac{3}{5}x\right)^2\right\}:\left(\frac{3}{5}y^2\right)$

206 $\left[\left(\frac{1}{3}x^2\right)\cdot(-xy)^2-\left(-\frac{2}{3}x^2y\right)^3:\left(\frac{2}{3}xy\right)^2(-y)\right]+x^4y^2$ $\left[\frac{2}{3}x^4y^2\right]$

207 $\left\{(-3x^2yz):\left[2x^2+\frac{1}{4}(-x)^2+\frac{1}{3}x^2\right]\right\}\cdot 31-\frac{1}{4}yz$ $\left[-\frac{145}{4}yz\right]$

208 ESEMPIO DIGITALE $-5(-4b^3x^2)\left(-\frac{1}{3}bx^2\right)^2\left(-\frac{1}{2}b^2\right)^2+\left[-\frac{3}{2}(-b)^3(-x^2)\right]^3-7\left(-\frac{1}{2}b^3x^2\right)^3$

Riepilogo: Le espressioni con i monomi

Semplifica le seguenti espressioni.

209 $\left(-\frac{4}{3}ab\right)\left(-\frac{9}{4}a^2b\right):(-2ab)^2$ $\left[\frac{3}{4}a\right]$

210 $\left(-\frac{25}{9}x^3y^2z\right):\left(-\frac{10}{3}xy^2z\right)\cdot(6xy)^2$ $[30x^4y^2]$

211 $(-3a)^3\cdot\left[\frac{4}{3}a^2b^4:(-4a^2b)\right]^2$ $[-3a^3b^6]$

212 $[(-2xy)^2]^3:(-2xy^2)^3-2(-x)^3$ $[-6x^3]$

213 ESEMPIO DIGITALE $-[7(-a)^2-14a^2]+[4a^2bc:(-4bc)]+\frac{1}{2}a^2-\left(-\frac{3}{2}ab\right)^3:(-3ab^3)\cdot 4$

214 $(-ax)^3:(-2x)^2+x\left(-\frac{1}{2}a\right)^3+x(-a^2)^3:a^3$ $\left[-\frac{11}{8}a^3x\right]$

215 $2ab\left(\frac{1}{2}a-a\right)+(-4a)^2\cdot b+2\left(\frac{1}{2}b-b\right)a^2+a^2b$ $[15a^2b]$

216 $-4xy(-x^2yt)+2xt(-2xy)^2+(-x)^3y^2t$ $[11x^3y^2t]$

217 $[-a(-a)^2+a^5:(-a^2)]+(-a)^3+2a^2(-a)$ $[-5a^3]$

218 $\left(xy-\frac{2}{3}xy\right)y^3-x(-y^2)^3:\left(-\frac{1}{3}y\right)^2+\frac{2}{3}xy^4$ $[10xy^4]$

219 $-a^2(a^5:a^3)+(-3a^2)^2+(2a^3)^2:\left(-\frac{1}{2}a\right)^2+2a^4-(-a^2)^2$ $[25a^4]$

220 $\frac{1}{4}\cdot\left[(3a^3b^3)^2:\left(\frac{1}{9}ab\right)^2\right]:[a^4b^4:(-2ab)^2]+(-9ab)^2$ $[810a^2b^2]$

221 $\left[-3xy\left(\frac{1}{9}x^2y\right)-y^2(-x)^3\right]:(-x)^2+2x^2y^2:(-x)$ $\left[-\frac{4}{3}xy^2\right]$

222 $\left[\left(\frac{5}{2}ab-ab\right)^2\cdot(-a^2b)\right]-(3a^3b^3)^2:(9ab^2)^2+\left(-\frac{3}{2}a^2\right)^2b^3$ $\left[-\frac{1}{9}a^4b^2\right]$

223 $[a^2b-(-2a^2b)]\cdot(-3ab^2)+(-2a^2b^2)^2:\frac{1}{2}ab$ $[-a^3b^3]$

224 $3ab(-2a)^2+\left(4ab^2c:\frac{1}{4}bc\right)\cdot a^2-6a^3b$ $[22a^3b]$

225 $-(-a)^2+[(-ay^3)\cdot(-5a^3y):(-ay)^2]^2:\left(-\frac{5}{3}ay^2\right)^2$ $[8a^2]$

226 $\left[\left(\frac{5}{3}a^3b\right)^5:\left(\frac{5}{6}a^2\right)^5-ab(-2a^2b^2)^2\right]:(-2a)+(4a^2b^3)^2:\frac{8}{7}b$ $[0]$

227 $\left[\frac{3}{4}a^3b^6c^3-\left(\frac{3}{4}ab^2\right)^2\left(\frac{1}{36}ab^2c^3\right)-\left(-\frac{1}{4}ab^2c\right)^3\right]:\left(-\frac{3}{4}ab^2c^2\right)$ $[-a^2b^4c]$

228 $[(-5x^2y)(-x^2y^3):(-xy)^2]^2:(-5x^2y)^2-y^2+(-2y)^2$ $[4y^2]$

229 $\left\{\left[(-2xy^2)^3:(-6xy^2)^2+\frac{5}{9}xy^2\right](-3x^2):(+x^3y^2)\right\}^3$ $[-1]$

230 $\left[\frac{1}{2}x(-4x)^2+4x^3\right]:(+2x)^2+\left\{\left[-\frac{1}{3}y(-3x)^2\right]^2\right\}^2:\left[\left(-\frac{9}{2}x^5y^3\right)(-6x^2y)\right]$ $[6x]$

231 $2x^3-(3x^5):(-2x)^2+\left(\frac{3}{2}x\right)^2\cdot\left(\frac{2}{9}x\right)+[2x^5+(-x^2)^2x]:(-3x^2)$ $\left[\frac{3}{4}x^3\right]$

232 $\left[(+x^3y^3)^3+\left(-\frac{2}{7}x^2y^2\right)^3\left(-\frac{7}{2}xy\right)^3\right]:(-2x^2y^2)^3+\frac{3}{2}x^3y^3$ $\left[\frac{5}{4}x^3y^3\right]$

233 $\left\{a^2b^2c+\left[-\left(-\frac{3}{2}a^2b^2c\right)-\frac{1}{2}a^2b^2c\right]\right\}:\left\{-\left[-\left(-\frac{1}{8}abc\right)+\left(-\frac{1}{2}abc\right)\right]\right\}$ $\left[\frac{16}{3}ab\right]$

234 $(-2a)\cdot\left(-\frac{3}{4}by\right)\cdot(0,\bar{6}ab^2y)\cdot\left(-\frac{5}{4}b^3xy\right)$ $\left[-\frac{5}{4}a^2b^6xy^3\right]$

235 $\left\{a^2b^2c+\left[-\frac{1}{2}a^2b^2c-\left(-\frac{3}{2}a^2b^2c\right)\right]\right\}:\left\{-\left[-(abc)+\left(-\frac{1}{8}abc\right)\right]\right\}$ $\left[\frac{16}{9}ab\right]$

236 $-\frac{2}{3}a^2b(-0,2bc)\cdot\left(-\frac{5}{4}b^3c^2\right)-\frac{3}{4}b^2c\left(-\frac{2}{3}b^3c^2\right)(-a^2)$ $\left[-\frac{2}{3}a^2b^5c^3\right]$

237 $[(-2abx^3)\cdot(-5abx):(-bx)^2]:\left[\frac{5}{3}a^3b^2x:\left(-\frac{1}{3}ab\right)^2\right]$ $\left[\frac{2}{3}ax\right]$

238 ESEMPIO DIGITALE $[(-2p^4q^2)^3:(-2p^5q^2)^2]^3:\left\{[(6p^6)^2:(18p^5)^2]\left(\frac{1}{3}+\frac{1}{6}\right)^{-1}\frac{(-3)^3}{2}\right\}^3$

239 $\left[\left(-\frac{7}{5}bx^3\right)^2:(-2x^2)^3\right]\cdot\left[-\left(-\frac{5}{7}\right)^2\right]+(-b^2)-\left(-\frac{4}{7}b^4x^2\right):\left(-\frac{8}{21}b^2x^2\right)$ $\left[-\frac{19}{8}b^2\right]$

240 $a^6x-x\cdot\{[-(a^4y^7)^3]^2:a^{18}y^{42}\}-x^2y^3:[2bx^6y:b(x^2)^3]+\frac{1}{2}x^2y^2$ $[0]$

241 $\left(-\frac{5}{4}x^2y\right)^3(0,8x^2)^2-(-2x^2)^3\left(\frac{1}{3}x^2y\right)\left(-\frac{3}{2}xy\right)^2$ $\left[\frac{19}{4}x^{10}y^3\right]$

242 ESEMPIO DIGITALE $\frac{1}{5}bc^3+(3b^2c)(-2b^2c^2):\left(-\frac{2}{3}b^3\right)+\left(-\frac{8}{5}b\right)\left[\left(\frac{1}{2}b^2c\right)^2\right]^3:\left(\frac{1}{2}b^4c\right)^3$

243 $\left(\frac{1}{2}xy^3-2xy^3\right)^2:(13x^2y^4-4x^2y^4)+\left(\frac{1}{2}y^2-\frac{4}{5}y^2\right)^2:\left(-\frac{1}{10}y^2\right)$ $\left[-\frac{13}{20}y^2\right]$

244 $\left(-\frac{3}{2}ax^2y\right)^2:\left\{\left(-\frac{2}{5}a^2b\right):\left(\frac{1}{5}ab\right)-[-6a^3b^3:(-b)^2]:(3a^2b)\right\}$ [impossibile]

245 $-abc(-4ac)\cdot\left(-\frac{1}{2}a^2b^3\right)+14ab^2(-2a^2bc^2)\cdot\left(-\frac{3}{7}ab\right)-(4a^2b^2c)^2$ $[-6a^4b^4c^2]$

246 $\left(-\frac{1}{2}a^3xy\right)-\left(\frac{1}{3}a^3xy\right)-(0,\bar{4}a^2x^2)+\left(\frac{5}{6}a^3xy\right)-\left(-\frac{5}{9}a^2x^2\right)$ $\left[\frac{1}{9}a^2x^2\right]$

247 ●○ $\left[(0,\bar{3}a^3b-0,\bar{2}a^3b)\cdot(-b^3+0,5b^3)\cdot(ab^2+4ab^2)\right]:(-0,\bar{3}a^3b+0,\bar{4}a^3b)$ $\left[-\frac{5}{2}ab^5\right]$

248 ●○ $0,\bar{3}x^3y\cdot\left(\frac{3}{5}x\right)+\left(\frac{2}{5}y\right)\left(-\frac{1}{2}x^2\right)\cdot x^2+xy\cdot\left(-\frac{1}{5}\right)y+3xy^2$ $\left[\frac{14}{5}xy^2\right]$

249 ●○ $2,\bar{6}a^4b+3,4ab^4-3,\bar{6}a^4b+1,\bar{3}a^4b+4,6ab^4-9,\bar{3}ab^4$ $\left[\frac{1}{3}a^4b-\frac{4}{3}ab^4\right]$

250 ●○ $\left[\left(\frac{7}{9}x^2y^3\right)^4\cdot\left(\frac{6}{7}x^3y\right)^4:\left(\frac{4}{3}x^3y^3\right)^4-\left(-\frac{x^3y^2}{2}\right)^2\cdot(-x^2)\right]:\left(-\frac{5}{4}x^2y\right)^3$ $\left[-\frac{4}{25}x^2y\right]$

251 ●● $(2mnp)^2\cdot\left(\frac{1}{2}m\right)+m^3n^2p^2+(-3m^3np^2)(2n)-(5m^5n^4p^3):(-2m^2n^2p)+\left(\frac{1}{2}m^2p^2\right)(-3mn^2)$ $[-2m^3n^2p^2]$

252 ●● $\left\{\left[\left(3-\frac{7}{2}\right)x^3y^2z\right]^2:\left(+\frac{1}{2}x^2y\right)^3+3y(-z)^2\right\}:(+2z^2)\left[\left(\frac{7}{6}x^3y-\frac{1}{6}x^3y\right):(-x)^3\right]$ $\left[-\frac{5}{2}y^2\right]$

253 ●● $\left\{\left[-\left(-\frac{3}{2}a^2x\right)^2\right]^2:\left[\left(-\frac{3}{2}a^3\right)^2\cdot\left(-\frac{3}{2}x^2\right)^2\right]-\left(\frac{3}{4}a^2+\frac{3}{2}a^2\right)\right\}:\left[-\left(-\frac{1}{2}a\right)^2\right]$ $[+5]$

254 ●● $\left[(+x)^2\left(-\frac{1}{2}xy^2-\frac{1}{3}xy^2-\frac{1}{6}xy^2\right)^2:(-xy)^3-\frac{3}{2}(-x^6y^2):(x^5y)\right]\left[5x^2\left(-\frac{1}{2}y\right)+\frac{5}{2}x^2y\right]$ $[0]$

255 ●● $-3ab\left(-\frac{2}{3}ab^2\right)^2:\left(+\frac{2}{3}a^3b^3\right)-\left[+\frac{4}{3}ab^2:\left(-\frac{2}{3}a\right)\right]+(-3a^2b)^3:\left(\frac{3}{2}a^2b+\frac{3}{4}a^2b\right)$ $[-12a^4b^2]$

256 ●● $\left[-(-2ax^2)^2:\left(-\frac{5}{2}ax^2\right)-\frac{3}{5}(-a^2x)^3:(-a^5x)\right]^2:\left(-\frac{1}{2}x\right)^3+50x\left(-\frac{1}{5}a\right)^2$ $[-6a^2x]$

257 ●● $\left\{\left(\frac{3}{7}xy^3+\frac{5}{21}xy^3\right)\cdot\left(-\frac{3}{4}x^2y\right):\left[\left(-\frac{2}{3}xy\right)^2+\frac{5}{9}x^2y^2\right]+\frac{3}{4}xy^2\right\}(-2x^2y)+\frac{1}{2}x^3y^3$ $[0]$

258 ●● $\left[(xy)^2\cdot x-2x^3y^2\right]:(-x^2)+\left[2x^2y^3+(-3x^4y^5):\left(-\frac{1}{2}xy\right)^2\right]:\left[(-3x^3y^3):(2xy)^2+2xy\right]$ $[-7xy^2]$

259 ●● $\frac{1}{2}x^6y^3+\left(\frac{2}{3}x^3y^2\right)\cdot\left(\frac{3}{4}x^3y\right)+\left[\left(-\frac{7}{4}x^3y^2\right)^2:\left(-\frac{7}{2}xy\right)^2+\left(-\frac{1}{2}x^2y\right)^2\right]^3:\left(-\frac{1}{2}x^2y\right)^3$ $[0]$

260 ●● $\left[(2xy-3xy)^3-(5xy-3xy)^4:(-4xy)+(-2x^5y^5):\left(\frac{1}{2}xy+\frac{1}{2}xy\right)^2\right]:\left(-\frac{1}{2}x\right)^3$ $[-8y^3]$

261 ●● $(3x)^2:(-5x)+\left\{\left[(2xy)\left(-\frac{1}{2}x\right)(-x)^2-\left(\frac{1}{5}x^5y^2\right):(-2xy)\right]:\left(\frac{1}{2}x\right)\right\}:(-2x^2y)$ $\left[-\frac{9}{10}x\right]$

262 ●● $\{[(-ab^3c)^2\cdot(ab^3c)^5\cdot(-ab^3c)]^7\}^8:\{[(-ab^3c)^8]^7\}^8-\left[\left(-\frac{2}{3}a^3\right)^2\cdot(-a)^2\right]:\left(\frac{2}{3}a^4\right)^2$ $[0]$

263 ●● $2x^2+[(-3x)^{12}:(-27x^2)^4-(x^2y)^4:(-2xy)^4]:(-x)^2+\left(-\frac{1}{4}x\right)^2+3(-x)^2$ $[6x^2]$

264 ●● $\frac{1}{2}a^2b-(-a)^2\cdot(2b)+(6a^4b^3):(-2a^2b^2)+(2a^6b^3):(a^4b^2)-3ab\left(-\frac{1}{2}a\right)$ $[-a^2b]$

265 ●● $(-2ab)^4:(2a)-\frac{3}{2}a^3b^4+\left(-\frac{1}{2}ab^3\right)(5a^2b)-(14a^4b^6):(-7ab^2)+(3ab)(-a^2b^3)$ $[3a^3b^4]$

266 ●● $(-2mn)^2:(-mn^2)+(-4m^2):(-2m)+\left[\left(-\frac{2}{5}m^3n^2\right):\left(-\frac{2}{5}mn\right)^2-\frac{1}{2}m\right]^2:(-2m)$ $\left[-\frac{13}{2}m\right]$

MATEMATICA INTORNO A NOI

Evoluzione e dimensioni corporee In natura tutti gli organismi viventi (compreso l'uomo) necessitano di un equilibrio tra il metabolismo interno e l'ambiente esterno in cui vivono. Negli animali, per esempio, le branchie e i polmoni sono mezzi che permettono di aumentare la superficie di scambio dei fluidi con l'esterno; molti altri fenomeni metabolici, per esempio il consumo di ossigeno, dipendono invece dal volume dell'organismo.

a. Alla luce di quanto detto, secondo te, perché non esistono formiche giganti?

b. In modo simile, perché non possiamo rimpicciolire un uomo di 20 volte, se non con la fantasia?

Risoluzione – 3 esercizi in più.

Dalle parole alle espressioni

Scrivi le seguenti espressioni sotto forma di monomi e, se è necessario, riduci a forma normale.

267 Il doppio prodotto tra il quadrato di a e b.

268 Il prodotto tra il quadrato di un numero e il doppio del cubo dello stesso numero.

269 Il triplo prodotto tra i quadrati di due numeri.

270 ESERCIZIO GUIDA Traduciamo le seguenti frasi mediante l'uguaglianza fra due espressioni con monomi:

a. «Il quadrato del prodotto di due numeri è uguale al prodotto dei loro quadrati»;

b. «L'opposto della somma di due numeri è uguale alla somma degli opposti dei numeri».

a. Indichiamo con a e con b i due numeri.
Traduciamo passo passo la frase nell'uguaglianza richiesta.

«quadrato del prodotto di a per b» = «prodotto dei quadrati di a e di b»;

«quadrato di $a \cdot b$» = «prodotto di a^2 e b^2»;

$(a \cdot b)^2 = a^2 \cdot b^2$.

b. Procediamo come nel punto **a**:

«opposto della somma di a e di b» = «somma degli opposti di a e di b»;

«opposto di $a + b$» = «somma di $-a$ e $-b$»;

$-(a+b) = (-a)+(-b)$.

Traduci le seguenti frasi mediante l'uguaglianza fra due espressioni con monomi.

271 Il prodotto di due numeri è uguale al prodotto dei loro opposti.

272 Il prodotto dei doppi di due numeri è uguale al quadruplo del loro prodotto.

273 Il quadrato del doppio di un numero è uguale al quadruplo del quadrato del numero stesso.

274 Se al quintuplo di un numero si sottrae il suo triplo, si ottiene il suo doppio.

275 Il prodotto del quadrato di un numero per il quadrato del suo opposto è uguale alla quarta potenza del numero stesso.

276 Il triplo del prodotto di un numero e del suo opposto è uguale all'opposto del triplo del quadrato del numero.

277 Il doppio prodotto del quadrato di un primo numero per un secondo è uguale al quadrato del prodotto dei due numeri diviso per la metà del secondo numero.

278 Il quoziente fra il quadrato del doppio del prodotto di due numeri e il doppio del quadrato del secondo è uguale al doppio del quadrato del primo numero.

279 Moltiplicando il quadrato di un numero per il doppio di un secondo numero e dividendo il risultato per il semiprodotto dei due numeri, si ottiene il quadruplo del primo numero.

Monomi e geometria

280 ESERCIZIO GUIDA Rappresentiamo con un monomio il volume di un prisma a base quadrata il cui spigolo di base è $2a$ e la cui altezza è il triplo dello spigolo di base.

Disegniamo la figura riportando dati e relazioni del problema.
Il volume V di un prisma è dato dalla formula $V = A_b \cdot h$, dove A_b indica l'area di base e h l'altezza.
Poiché la base è un quadrato di lato $2a$, l'area di base è:

$$A_b = (2a)^2 = 4a^2.$$

L'altezza del prisma è il triplo del lato del quadrato di base, quindi:

$$h = 3 \cdot (2a) = 6a.$$

Il volume del prisma è:

$$V = 4a^2 \cdot 6a = 24a^3.$$

Il monomio che esprime il volume è $24a^3$.

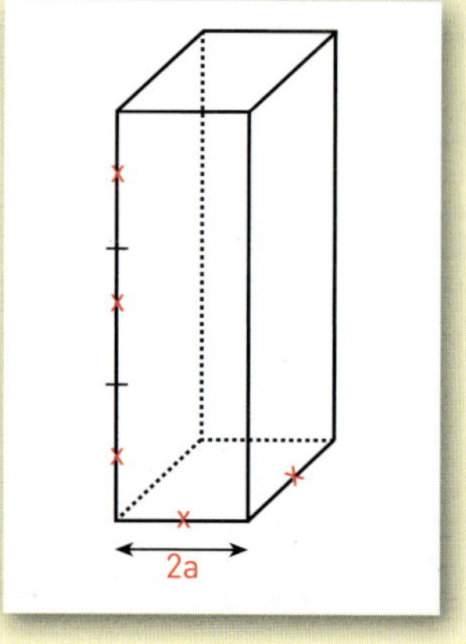

Scrivi la formula che permette di calcolare la grandezza indicata e stabilisci se l'espressione è un monomio.

281 ●○ L'area di un quadrato di lato $3x$.

282 ●○ L'area di un rettangolo di base $3a$ e altezza a.

283 ●○ L'area di un triangolo di base $\frac{3}{4}x$ e altezza $\frac{4}{9}x$.

284 ●○ Il volume di un cilindro il cui raggio di base misura $2a$ e l'altezza è quadrupla del raggio.

285 ●○ L'area di un rombo di diagonali $3a$ e $2b$.

286 ●○ Scrivi le formule per il calcolo delle seguenti grandezze:

a. perimetro di un triangolo isoscele di base $2x$ e lato $3x$;
b. area di un quadrato di lato $3x^2y$;
c. area di un triangolo di base $3ab$ e altezza $4ab$;
d. perimetro di un rettangolo di base $\frac{1}{2}xy$ e altezza $\frac{3}{2}xy$.

287 ESERCIZIO GUIDA La base di un rettangolo è $6a$ e l'altezza è $4b$.

a. Calcoliamo il perimetro e l'area del rettangolo.
b. Se si aumenta la base di $3a$ e si diminuisce l'altezza di $2b$, quanto valgono il perimetro e l'area del nuovo rettangolo?

a. Il perimetro P è la somma dei lati:

$$P = 6a + 4b + 6a + 4b = 12a + 8b.$$

L'area A è il prodotto della base per l'altezza:

$$A = 6a \cdot 4b = 24ab.$$

b. La base del nuovo rettangolo è:

$$6a + 3a = 9a.$$

L'altezza del nuovo rettangolo è:

$$4b - 2b = 2b.$$

Il perimetro P' del nuovo rettangolo è:

$$P' = 9a + 2b + 9a + 2b = 18a + 4b.$$

L'area A' è:

$$A' = 9a \cdot 2b = 18ab.$$

288 Il quadrato in figura ha per lato il monomio l. Determina a quale monomio corrisponde l'area della parte colorata. $\left[\frac{3}{8}l^2\right]$

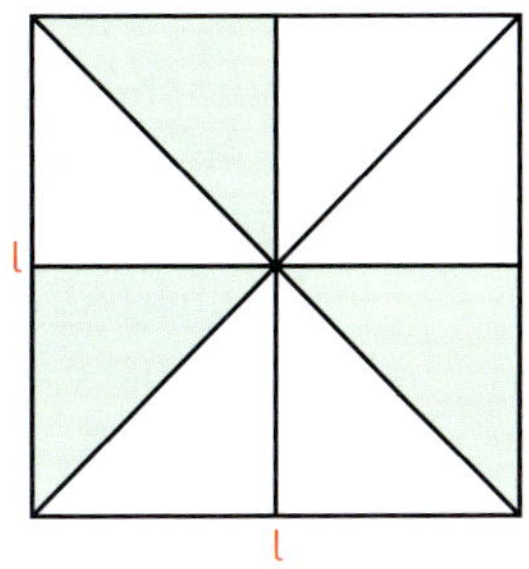

289 Utilizzando i dati della figura, trova l'area della parte colorata del quadrato. $\left[\frac{7}{2}a^2\right]$

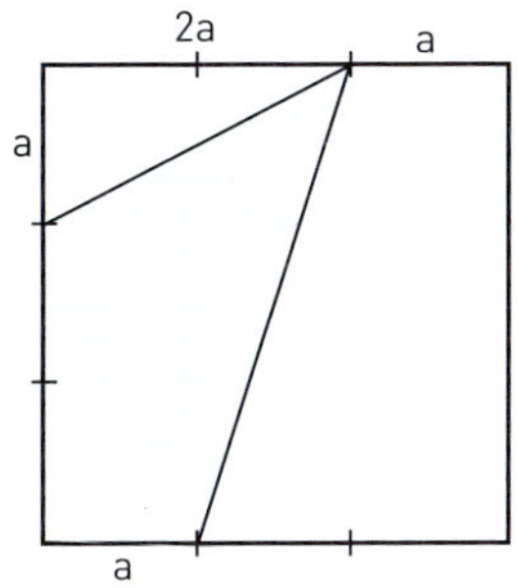

290 In un triangolo la base è $6a$ e l'altezza relativa è $\frac{9}{2}b$. Si aumenta la base di $2a$ e si diminuisce l'altezza di $3b$. Qual è la differenza fra l'area del triangolo nuovo e quella del triangolo dato? $\left[-\frac{15}{2}ab\right]$

291 In un triangolo isoscele la base è $3a$ e il lato obliquo è $\frac{10}{3}a$. Si aumenta la base di $\frac{1}{2}a$ e il lato obliquo di $\frac{1}{3}a$. Di quanto cambia il perimetro del triangolo? $\left[\frac{7}{6}a\right]$

292 La base di un rettangolo è $4a$ e l'altezza è $\frac{3}{4}a$.

a. Calcola il perimetro del rettangolo.

b. Se si diminuisce la base di $\frac{1}{2}a$ e si aumenta l'altezza di $2a$, qual è la differenza fra il perimetro del nuovo rettangolo e il perimetro di quello di partenza? $\left[\text{a) } \frac{19}{2}a\text{; b) } 3a\right]$

293 **ESEMPIO DIGITALE**

a. Considera il quadrato della figura, esprimi l'area di ciascuna delle due sue parti colorate e calcola il loro rapporto.

b. Se si raddoppia l'altezza del trapezio e si dimezza la sua base minore, cambia il rapporto tra le aree delle due parti colorate?

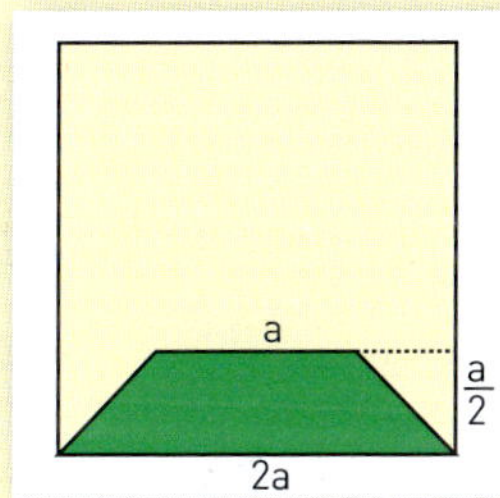

294 Due rettangoli aventi la medesima base $3a$ hanno rispettivamente altezza $\frac{2}{3}b$ e $\frac{4}{3}b$. Calcola area e perimetro di ciascun rettangolo. La somma delle aree è un monomio? La somma dei perimetri è un monomio? [somma aree: $6ab$; sì; somma perimetri: $12a + 4b$; no]

295 I tre lati di un triangolo sono rispettivamente $4b$, $6b$ e $8b$. Si aumenta il primo lato di $2b$, il secondo lato di $\frac{1}{2}b$ e si diminuisce il terzo lato di $\frac{2}{3}b$.

a. Qual è la differenza fra il perimetro del nuovo triangolo e quello del triangolo dato?

b. Calcola la differenza nel caso: $b = 6$ cm.

$\left[\text{a) } \frac{11}{6}b\text{; b) } 11 \text{ cm}\right]$

296 Una piramide retta a base quadrata, con lo spigolo di base uguale a $3a$ e l'altezza uguale a $\frac{2}{3}$ dello spigolo di base, è appoggiata su un cubo che ha una faccia coincidente con la base della piramide. Trova l'area totale S della figura. L'espressione di S è un monomio? Trova il valore di S per $a = 2$ cm. [$60\,a^2$; sì; 240 cm^2]

297 Considera la relazione $\mathcal{R}$ così definita:

$(m, n) \in \mathbb{N} \times \mathbb{N}$: $m\mathcal{R}n \leftrightarrow$ il monomio a^{m+1} è divisibile per il monomio a^{n+1}.

Determina di quali proprietà gode questa relazione. È una relazione d'ordine? Se sì, di che tipo?

[riflessiva, antisimmetrica, transitiva; sì, largo]

ESERCIZI

298 In a giorni 16 operai costruiscono un prefabbricato; in quanti giorni farebbero lo stesso lavoro 12 operai? $\left[\frac{4}{3}a\right]$

299 Abbiamo tre spese: la prima di € c, la seconda pari al triplo della somma della prima e di € $\frac{2}{3}c$, la terza pari al doppio della somma delle prime due. Quanto si è speso in tutto? Quanti euro se c vale 1000? [€ $18c$; € 18 000]

300 EUREKA! **Più bionde che biondi** In una classe gli alunni biondi sono il 40% del totale, mentre i restanti sono castani. Tra tutti gli alunni biondi, il 75% sono femmine. Sapendo che nella classe il numero di femmine è uguale al numero di maschi, qual è la percentuale di maschi castani sul totale degli alunni della classe?

A 20% B 25% C 30% D 40% E 50%

(*Olimpiadi della matematica, Giochi di Archimede*, 2012)

RISOLVIAMO UN PROBLEMA

Fra interessi e tasse

Investendo in banca una quota di x euro per un anno, si ottiene un interesse del 3%.
Sul capitale riscosso si paga però una tassa dello 0,5%. Tre fratelli investono ognuno la propria quota, come indicato a lato.

- Quale cifra avranno a disposizione a fine anno Angelo, Paola e Gianni con gli investimenti indicati?

► **Determiniamo come si calcola la cifra finale a disposizione.**

Indicando con x la cifra investita, l'interesse annuo è dato da:

$$I = x \cdot \frac{3}{100} = \frac{3x}{100}.$$

Esprimiamo il costo della tassa da pagare sul capitale riscosso in funzione di x:

$$\text{tassa} = \frac{3x}{100} \cdot \frac{0,5}{100} = \frac{3x}{20000}.$$

La somma a disposizione a fine anno è uguale al capitale investito, più l'interesse maturato, meno la tassa dovuta:

$$x + \frac{3x}{100} - \frac{3x}{20000}.$$

► **Calcoliamo la cifra che avrà a disposizione a fine anno Angelo.**

$x = 15000$;

$$I = 3 \cdot \frac{15000}{100} = 450;$$

$$\text{tassa} = 3 \cdot \frac{15000}{20000} = \frac{45}{20} = 2,25.$$

$$\text{cifra finale} = 15000 + 3 \cdot \frac{15000}{100} - 3 \cdot \frac{15000}{20000} =$$

$$15000 + 450 - 2,25 = 15447,75.$$

A fine anno, Angelo ha a disposizione € 15 447,75.

► **Calcoliamo la cifra che avrà a disposizione a fine anno Paola.**

$x = 50000$;

$$I = 3 \cdot \frac{50000}{100} = 1500;$$

$$\text{tassa} = 3 \cdot \frac{50000}{20000} = \frac{15}{2} = 7,50.$$

$$\text{cifra finale} = 50000 + 3 \cdot \frac{50000}{100} - 3 \cdot \frac{50000}{20000} =$$

$$50000 + 1500 - 7,50 = 51492,50.$$

A fine anno, Paola ha a disposizione € 51 492,50.

► **Calcoliamo la cifra che avrà a disposizione a fine anno Gianni.**

$x = 78000$;

$$I = 3 \cdot \frac{78000}{100} = 2340;$$

$$\text{tassa} = 3 \cdot \frac{78000}{20000} = \frac{234}{20} = 11,70.$$

$$\text{cifra finale} = 78000 + 3 \cdot \frac{78000}{100} - 3 \cdot \frac{78000}{20000} =$$

$$78000 + 2340 - 11,70 = 80328,30.$$

A fine anno, Gianni ha a disposizione € 80 328,30.

301 Il nonno ha lasciato in eredità una somma S divisa fra quattro nipoti. Aldo riceve € $20a$, Baldo il doppio di Aldo, Carlo invece la semisomma di quanto hanno avuto gli altri due fratelli. Calcola quanto riceverà Donato. Si può esprimere come monomio? Rispondi alle stesse domande se l'eredità è di € $100a$.

[$S - 90a$, no; $10a$, sì]

302 Un'automobile percorre il tragitto fra due città in a ore alla velocità media di 70 km/h; quanto impiega a percorrere lo stesso tragitto alla velocità media di 50 km/h? (Ricorda che la formula che lega lo spazio percorso s, il tempo impiegato t e la velocità media v è: $s = v \cdot t$.)

[$\frac{7}{5}a$]

3 Il massimo comune divisore e il minimo comune multiplo fra monomi

▶ Teoria a p. 272

Il massimo comune divisore

TEST

303 Fra le seguenti espressioni, una sola è un divisore comune dei monomi $5xy^2$ e $-10xy^3z^2$. Quale?

A $10xy^4$
B $5xyz$
C $-5x^2$
D xy
E $5y^3$

304 Fra i seguenti monomi, soltanto uno *non* è divisore di $\frac{4}{5}x^3yz^4$. Quale?

A $\frac{4}{3}x^2yz^4$
B $2xyz^3$
C $\frac{1}{2}yz^4$
D $\frac{2}{5}x^3$
E $\frac{4}{5}x^4yz^3$

VERO O FALSO?

305
a. Il MCD fra due monomi simili è simile al loro mcm. V F
b. Il MCD fra monomi è divisibile per tutti i monomi dati. V F
c. Il MCD fra monomi è divisore di tutti i monomi dati. V F
d. Il MCD fra due monomi simili è simile ai due monomi. V F

306
a. $2a$ è un divisore di $4a$. V F
b. $3a^2$ è un divisore di $3ab$. V F
c. $8ab$ è un divisore di a^2b^3. V F
d. a^2b^3 è un divisore di $6a^4b^6c^2$. V F
e. 5 è un divisore di $10b$. V F

307 Per ogni monomio scrivi cinque monomi divisori.

$\frac{1}{4}a$; $-\frac{3}{5}a^2$; $\frac{1}{6}ab$;

$-a^2b^2$; $\frac{5}{8}a^2bc$; $\frac{1}{9}a^3b^5c^2$.

308 Dati i monomi $3ab^2$, $7a^2b^3$, $-abc^3$, determina:
a. un divisore comune di grado 0;
b. un divisore comune di grado 1;
c. un divisore comune di grado 2.

Il minimo comune multiplo

TEST

309 Fra le seguenti espressioni, solo una è un multiplo comune dei monomi $3xy^3$, $5x^2$ e $-3xy^2$. Quale?

A $15xy$
B $15x^3y^3$
C $-15x^3y^2$
D xy^4
E $15x^2y^2$

310 Fra i seguenti monomi, soltanto uno *non* è multiplo di $\frac{5}{3}ac^2$. Quale?

A $15a^2b^3c^2$
B $-\frac{4}{3}a^2c^2$
C $\frac{5}{3}b^2c^2$
D $\frac{3}{5}ab^2c^2$
E $\frac{5}{3}ab^2c^2$

ESERCIZI

VERO O FALSO?

311 a. Il mcm fra monomi è divisibile per tutti i monomi dati. V F

b. Il mcm fra due monomi ha il grado uguale alla somma dei gradi dei due monomi. V F

c. Il mcm fra due monomi opposti è il quadrato di uno dei due monomi. V F

d. Il mcm fra monomi è divisore di tutti i monomi dati. V F

312 a. $-2a$ è multiplo di $2a$. V F

b. $2a$ è multiplo di 4. V F

c. $6a$ è multiplo di $12a^2$. V F

d. $3ab$ è multiplo di b. V F

e. $-\frac{1}{5}ab^2c^3$ è multiplo di $a^2b^2c^2$. V F

313 Per ogni monomio scrivi cinque suoi multipli: 8; $8a$; $-8a^2$; $\frac{1}{4}ab$; $3ab^2$; $\frac{1}{3}x^2y^3$.

Determinare MCD e mcm

314 ESERCIZIO GUIDA Determiniamo il MCD e il mcm dei seguenti gruppi di monomi.

a. $\frac{3}{4}a^4bc^3$, $\frac{1}{2}a^3c^2d$, $-7a^2b^3c^5$; b. $12x^3y$, $-27xy^3$, $42y^2$.

a. I coefficienti non sono interi, quindi consideriamo solo le parti letterali e mettiamo le lettere uguali nella stessa colonna:

a^4	b	c^3	
a^3		c^2	d
a^2	b^3	c^5	

Il MCD ha per parte letterale tutti i fattori comuni (in questo caso a e c) elevati all'esponente minore: MCD $= a^2c^2$.
Il mcm ha per parte letterale tutti i fattori comuni e non comuni con il massimo esponente:

$$\text{mcm} = a^4b^3c^5d.$$

b. Poiché i coefficienti (trascurando i segni) sono numeri naturali, conviene calcolare anche per essi il MCD e il mcm; scomponiamoli dunque in fattori primi:

$$12 = 2^2 \cdot 3; \quad 27 = 3^3; \quad 42 = 2 \cdot 3 \cdot 7.$$

Calcoliamo ora il MCD e il mcm aggiungendo una colonna per ogni fattore primo dei coefficienti:

2^2	3		x^3	y
	3^3		x	y^3
2	3	7		y^2

MCD $= 3y$; mcm $= 2^2 \cdot 3^3 \cdot 7x^3y^3 = 756x^3y^3$.

Determina il MCD e il mcm fra i seguenti monomi.

315 a^4; a^{10}; a^{16}.

316 $5a$; $20a$; $16a$.

317 $4a^4$; $10a^{10}$; $12a^{12}$.

318 $3a^3b^9$; $12a^4b^6$; $6a^6b^4$.

319 $15a^3b$; $6a^2b^3c$; $10a^2c^2$.

320 $-2xy^3z$; $6x^3yz$; $8x^3z$.

321 $72a^3b^2$; $18a^2b^3x^2$; $15a^4b^4x$.

322 $\frac{1}{4}ab^2c^2$; $-3a^2b^2c^2$; $-\frac{1}{2}a^3b^2c^2$.

323 ESEMPIO DIGITALE

$\frac{1}{3}a^5x^2$; $9a^3xy$; $6a^2xy^3$.

324 $\frac{2}{5}x^2y^2$; $\frac{1}{3}x^2yz^3$; $\frac{1}{2}x^3y^2z^2$.

325 $\frac{1}{4}a^3bc^2$; $-\frac{1}{2}ab^2d$; $3a^2b^3cd$.

326 EUREKA! **Tutte uguali!** Il numero a è un intero positivo tale che la somma $a + 2a + 3a + 4a + \ldots + 9a$ è un numero in cui tutte le cifre sono uguali. Qual è il minimo valore di a? (*Kangourou Italia*, 2004)

VERIFICA DELLE COMPETENZE ALLENAMENTO

UTILIZZARE TECNICHE E PROCEDURE DI CALCOLO

TEST

1 Sono dati i monomi:

$5x^2y^3$, $-2x^2y^3$, $-3x^3y^2$.

Possiamo dire che la loro somma:

A è uguale a 0.
B non è un monomio.
C è uguale a $-30x^7y^8$.
D è uguale a $0 \cdot x^2y^3$.
E è uguale $-25x^3y^2$.

2 Fra le seguenti coppie di monomi, soltanto una ha per prodotto a^3b^3c. Quale?

A $\frac{1}{2}abc$, $\quad -2a^2b^2$.
B $-4a^2$, $\quad \frac{1}{4}ab^3c$.
C $-\frac{5}{7}a^3b^3$, $\quad -\frac{7}{5}c$.
D a^3b^3c, $\quad a^3b^3$.
E $3b^3c$, $\quad -\frac{1}{3}a^3$.

3 Fra i seguenti monomi, solo uno *non* è divisore di $-\frac{7}{8}a^3b^2c^3$. Quale?

A $-5a^3b^3$
B $\frac{7}{8}a^2bc$
C $-\frac{7}{8}ac^3$
D $2a^3b^2c^3$
E $-4abc$

4 Una soltanto delle seguenti uguaglianze è *falsa*. Quale?

A $\frac{5}{7}a^2 - \frac{7}{5}a^2 = -\frac{24}{35}a^2$
B $-\frac{3}{2}a^3 : \left(-\frac{3}{2}a^3\right) = 0$
C $\left(-\frac{2}{5}a^2\right)^3 = -\frac{8}{125}a^6$
D $\frac{15}{7}a^2b \cdot \frac{21}{5}ab^2 = 9a^3b^3$
E $(a^2)^5 : (a^2)^2 = a^6$

5 È data la seguente espressione:

$(3a^3b^2)^3 : (-2ab^2)^3$.

Dopo che si sono eseguiti i calcoli, a quale risultato si perviene?

A $\frac{27}{8}a^6b^6$
B $-\frac{3}{2}a^9b^6$
C $-\frac{27}{8}a^6$
D $-\frac{8}{27}a^6$
E $-\frac{3}{2}a^2$

6 Il mcm dei monomi $2a$, $-6ab$, $4a^2$, $8b^2$ è:

A 2.
B $8a^2b^2$.
C $-2a$.
D $2a$.
E $24a^2b^2$.

Semplifica le seguenti espressioni.

7 $\frac{1}{2}xy^2(-x^3y) + x^2y\left(-\frac{3}{2}x^2y^2\right) - x^4(-y^3) + 2x^2y^2(x^2y)$ $\quad [x^4y^3]$

8 $\frac{1}{2}(-2ab^2)^2 - (ab^2)^2 + \left(1 - \frac{1}{2}\right)^3 a^2b \cdot (-4b^3) - \frac{1}{5}a^5b^6 : \left(-\frac{1}{3}a^3b^2\right)$ $\quad \left[\frac{11}{10}a^2b^4\right]$

9 $\left[\left(-\frac{4}{3}x^2y\right)^2 : \left(\frac{8}{3}x^2y\right)\right]^2 - \left[\left(-\frac{1}{2}x\right)^2 \cdot \left(-\frac{8}{3}y\right)\right]^2$ $\quad [0]$

10 $-\left[-\left(\frac{1}{2}xy^2\right)\right] - (-4x^2) - \frac{4}{3}y^4 - \left\{-\left[-\left(-\frac{1}{3}xy^2\right) - \frac{1}{2}y^4 - \left(-\frac{1}{6}xy^2\right) + \left(-\frac{1}{6}y^4\right)\right]\right\}$ $\quad [4x^2 - 2y^4 + xy^2]$

11 $-xy \cdot \left(-\frac{1}{2}x\right) \cdot 2x^2y \cdot \frac{2}{3}xy^3$; $\qquad 3x^3 \cdot \left(-\frac{1}{6}x^2y\right) \cdot \frac{2}{5}xy^2 \cdot 5xy^3$. $\quad \left[\frac{2}{3}x^5y^5; -x^7y^6\right]$

12 $-5x\cdot(-2xy)^3+4(xy^2)^2-4y(-2x^2y)^2-5x^2(-3y^2)^2+3x(-2xy)^3$ $[-41x^2y^4]$

13 $[-4a^3b^3:(-b)^2]:(+2a^2b)-\left(-\frac{2}{3}a^2b\right):\left(\frac{1}{3}ab\right)$ $[0]$

14 $x\cdot\left(-\frac{1}{2}x^2y\right)\cdot(yx)^3+\frac{1}{4}\cdot(2xy^3)^2\cdot\left(\frac{1}{2}x^2\right)^2:(2y^2)$ $\left[-\frac{3}{8}x^6y^4\right]$

15 $\left[-a^2+\left(\frac{1}{5}a^3b^2\right):\left(-\frac{2}{5}ab^2\right)\right]:(-6a)+[(-2ab)^4:(+2ab^2)^2]:(+4a)$ $\left[\frac{5}{4}a\right]$

16 $[-(-a^3x)^2]^2\cdot\left\{\left[\left(\frac{1}{5}a^6x^9\right)^5\right]^0\right\}^3-x\left(\frac{1}{2}a^3x\right)^3\cdot(-2a^3)+(-2a^3x)^4$ $\left[\frac{69}{4}a^{12}x^4\right]$

Calcola MCD e mcm fra i seguenti monomi.

17 $3x^2y$; $15a^3x^2$; $9ax^2y^2$. $[\text{MCD}=3x^2;\ \text{mcm}=45a^3x^2y^2]$

18 $\frac{1}{4}ab^2x$; $-\frac{2}{3}a^2bx^3$; $\frac{1}{2}a^3b^3x^3$. $[\text{MCD}=abx;\ \text{mcm}=a^3b^3x^3]$

19 $4a^3bc^2$; $16ac^3$; $8b^2c$. $[\text{MCD}=4c;\ \text{mcm}=16a^3b^2c^3]$

20 $15x^5y^4z^6$; $5x^3y^2z^3$; $10x^2y^4z^4$. $[\text{MCD}=5x^2y^2z^3;\ \text{mcm}=30x^5y^4z^6]$

RISOLVERE PROBLEMI

21 Sottrai alla terza parte di un numero a, aumentata di 4, la metà dello stesso numero, aumentata di 6.

a. Che numero devi aggiungere per ottenere un monomio con parte letterale a?

b. Quale monomio aggiunto al precedente dà un monomio con coefficiente 1?

$\left[\text{a) } 2;\ \text{b) } \frac{7}{6}a\right]$

22 Con i dati della figura, trova il perimetro e l'area della zona colorata del rettangolo. $[10a;\ 5a^2]$

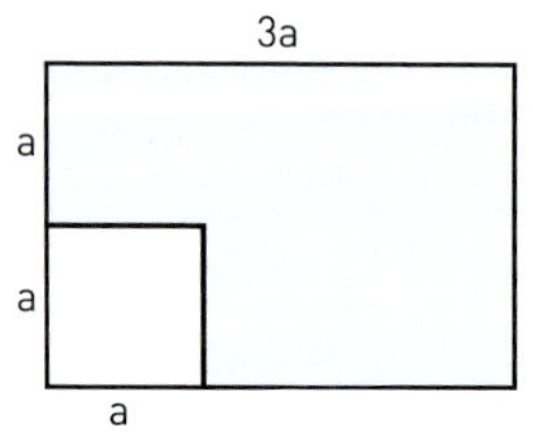

23 Dato il triangolo in figura, se la sua area è il monomio $\frac{1}{2}bh$, quale monomio rappresenta l'area della parte colorata? $\left[\frac{1}{5}bh\right]$

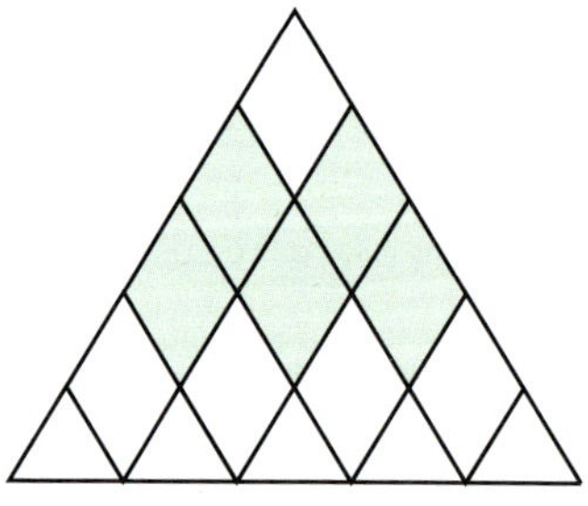

24 INTORNO A NOI Lucia possiede una quantità di francobolli pari a $2x$, Marco ne possiede $\frac{2}{3}x$ e Benedetta $2x$ più di Lucia.

Se Lucia cede una quantità di francobolli pari a $\frac{1}{2}x$ a Benedetta, quanto vale la differenza tra i francobolli di Benedetta e di Marco ora? $\left[\frac{23}{6}x\right]$

25 INTORNO A NOI Approfittando di uno sconto, Marta acquista il triplo delle vaschette di gelato comprate la settimana precedente. Sapendo che le vaschette sono scontate del 40%, questa seconda volta, avrà speso di più o di meno? [di più]

VERIFICA DELLE COMPETENZE PROVE

1 ora

PROVA A

1 COMPLETA

$\frac{1}{2}x^4 - 3x(\square) = -x^4;$

$(-9x^2yz)(\square) = \frac{1}{9}x^3yz^4;$

$\left(-\frac{1}{3}x^9\right)(\square\, x^2y^{\square}) = 8x^{\square}y^6;$

$(\square\, m^8n^5) : (-6m^{\square}n) = \frac{6}{5}m^2n^{\square}.$

Semplifica le seguenti espressioni.

2 $\frac{1}{2}xy - (-x^2) - x^2 - y^2 + \frac{1}{3}y^2 - \frac{1}{3}xy$

3 $\left(\frac{1}{2}a^5y^5\right) : (-5a^2y^2) + (a^3y)\left(\frac{1}{4}y^2\right) - (3a^4y^3) : (-2a)$

4 $\{x^2y^4 - 3(-y^4x)x - [x^7y^2 \cdot (-x^3y^5)] : (-x^8y^3) + 12y^5x^2 : (-3y)\}^2$

5 Trova MCD e mcm dei seguenti monomi.

$4x^2y^2$; $6xy^2z$; $18xy^3z^3$.

6 Esprimi la seguente frase utilizzando i monomi e semplifica l'espressione trovata.
«Dati due numeri, moltiplica il cubo del primo per il doppio del quadrato del secondo e dividi il risultato per il quadrato del prodotto dei due numeri».

PROVA B

1 Un pannello di legno di forma rettangolare viene ritagliato come in figura.

a. Trova perimetro e area della figura in funzione di a.

b. Se la base del pannello misura 48 cm, qual è l'area della sagoma?

c. Che percentuale del pannello iniziale rappresenta la parte colorata?

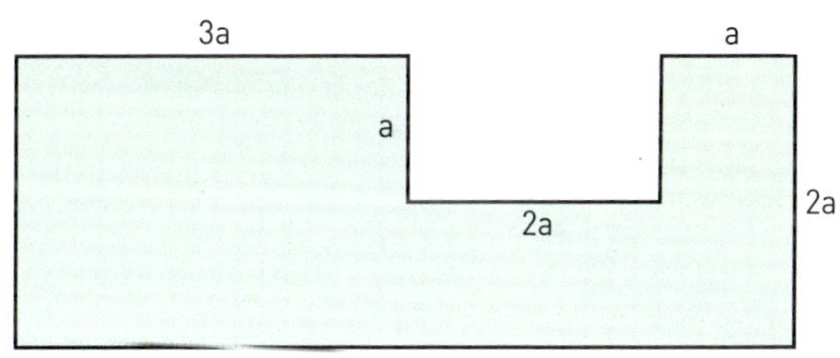

2 INVALSI 2006

Da un quadrato di lato $4a$ sono stati ritagliati quattro triangoli rettangoli isosceli come nella figura. Quanto vale l'area della parte colorata?

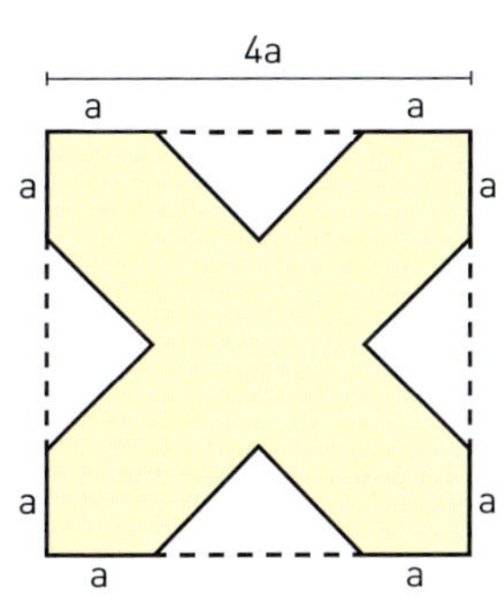

A $8a^2$ **B** $12a^2$ **C** $14a^2$ **D** $15a^2$

3 Grazie a un buono acquisto, Catia riceve un ulteriore sconto del 20% sul prezzo dei jeans, già scontato per saldi.
Qual è lo sconto complessivo? Quanto pagherà Catia?

prezzo di listino: x
sconto saldi: 30%

CAPITOLO 7 I POLINOMI

1 Che cosa sono i polinomi

▶ Esercizi a p. 317

I polinomi

Non sempre l'addizione fra monomi ha come risultato un monomio. Per esempio, $3a + 2b + 5a - 6b = 8a - 4b$, e $8a - 4b$ non è un monomio.

Diamo allora la seguente definizione.

Listen to it

A **polynomial** is an expression made up of monomials, called **terms**. It contains letters and numbers. Letters are combined using algebraic sum and multiplication, *but not division*.

DEFINIZIONE
Si chiama **polinomio** ogni somma algebrica di monomi.

ESEMPIO Sono polinomi: $a + 5b$; $3x^2 - 2ax + 7$; $2cy^3 + 4m^2x - cy^3$.

Non sono polinomi: $\frac{a+b}{a}$; $\frac{2x}{y} - 1$.

Ogni monomio può essere visto come la somma algebrica di se stesso con il monomio nullo. Per esempio: $ab^2c = ab^2c + 0$.
Quindi **ogni monomio** è un **polinomio**. In particolare, ogni numero è un polinomio. 0, oltre che monomio nullo, è considerato anche **polinomio nullo**.
I monomi che compongono un polinomio sono i **termini** del polinomio.

ESEMPIO $2a^2 + 5b^2 - \frac{1}{2}$ è un polinomio formato da tre termini, ossia da tre monomi non simili i cui coefficienti sono 2, 5 e $-\frac{1}{2}$.

La riduzione a forma normale

Un polinomio può contenere monomi simili. Per esempio:

$$6a^4b^2 - 3a^3b^5 + 2a^4b^2.$$

In casi come questo si sommano i monomi simili. Il polinomio che si ottiene,

$$8a^4b^2 - 3a^3b^5,$$

si dice **ridotto a forma normale** (o semplicemente **ridotto**).

ESEMPIO $8x^3y + x^2y^2 - 3x^4$ è un polinomio ridotto a forma normale.

$7 + 4a^2 + 3ab - a^2 + 5ab$ non è ridotto a forma normale. Per ridurlo sommiamo i termini simili, ottenendo:

$$7 + 3a^2 + 8ab.$$

Due polinomi ridotti a forma normale, e non nulli, sono uguali quando i monomi del primo polinomio sono uguali ai monomi del secondo polinomio, indipendentemente dall'ordine in cui sono scritti. Per esempio, $2a + b$ e $b + 2a$ sono polinomi uguali.
I polinomi ridotti a forma normale con 2, 3 e 4 termini hanno nomi particolari. Si chiamano, rispettivamente, **binomi**, **trinomi** e **quadrinomi**.
Per esempio: $a^2 - 3ab^5$ è un binomio; $2a^3 - a^2 + 4a + 1$ è un quadrinomio.

▶ Fra le seguenti espressioni indica i polinomi e quelli ridotti a forma normale.

$\frac{1}{2}x^2 + 4x$; 12;

$y - 2x + 3y$; $\frac{a+3}{a-2}$;

$7a$; $b^2 - b^{-2}$;

$ab^3a^2 - 1$; $a^7 - 1$;

$3 + 5$; $x - \frac{1}{x}$.

Il grado di un polinomio ridotto

Per definire il grado di un polinomio, lo si riduce a forma normale, poi si prende in esame il grado dei singoli monomi da cui è formato.

DEFINIZIONE
Il **grado di un polinomio** ridotto è il grado maggiore fra i gradi dei suoi termini.

Inoltre, il **grado** di un polinomio **rispetto a una lettera** è il maggiore dei gradi dei suoi termini rispetto a tale lettera.

ESEMPIO Il polinomio $6a^4b^2 - 3a^3b^5 + 2a^2b$ è di grado 8. Il grado rispetto ad a è 4, rispetto a b è 5. Il polinomio $2a^4 - a^2b - 2a^4 - 6ab$ non è di quarto grado. Infatti, riducendolo diventa:

$$-a^2b - 6ab.$$

Dunque è un polinomio di terzo grado.

Un polinomio ridotto è **omogeneo** se tutti i suoi termini hanno lo stesso grado.

ESEMPIO $8x^3y + x^2y^2 - 3x^4$ è un polinomio omogeneo: tutti i termini che lo compongono sono di quarto grado.

Un polinomio è **ordinato** rispetto a una lettera se i suoi termini sono disposti in modo tale che gli esponenti di quella lettera siano in ordine crescente o decrescente.

ESEMPIO $3x^4 + 7x^2 - x$ è ordinato secondo le potenze decrescenti di x.

$-5a^3b + a^2b^2 - 3ab^4$ è ordinato secondo le potenze decrescenti di a e anche secondo le potenze crescenti di b.

$6ab^2 + 8a^2b^3 - a^5b$ è ordinato rispetto ad a, ma non rispetto a b.

▶ Indica il grado di ciascuno dei seguenti polinomi e sottolinea quelli omogenei.

$3a^2 + a^4 + 2$; $5 + x - y$;

$4x^3 - 9y^3$; $x^3 + \frac{1}{3}x^2y$;

$1 - b^3$; $5ab + a^2$;

$ax + a^2x^2 - 3$; 6.

Un polinomio è **completo** rispetto a una lettera se per tale lettera presenta tutte le potenze, dal grado massimo fino al grado 0. Il termine di grado 0 di un polinomio, ossia quello in cui non compare nessuna lettera, viene detto **termine noto**.

ESEMPIO $2a^3 - a^2 + 4a + 1$ è un polinomio completo. Infatti, la lettera a è presente dal grado 3 al grado 0 (a^3, a^2, a^1, a^0).
Il termine noto è 1.

▶ Rispetto a ciascuna lettera, scrivi il grado e indica se il polinomio è completo e/o ordinato.

- $x^3y - 4xy^2 + 5$
- $b^5y + b^2y^2 - y^3$
- $a^2x^2 + 2axy + y^2$

TEORIA

2 Le operazioni con i polinomi

▶ Esercizi a p. 320

L'addizione

La **somma di due polinomi** è un polinomio che ha per termini tutti i termini dei polinomi addendi. In generale, il polinomio somma non è ridotto a forma normale.

ESEMPIO

$(5x^3 + 6x^2 - 3) + (7 - 2x + 4x^2 - 6x^3) =$

Il polinomio somma è formato da tutti i termini dei polinomi addendi:

$5x^3 + 6x^2 - 3 + 7 - 2x + 4x^2 - 6x^3 =$

Il polinomio somma non è ridotto; sommiamo i monomi simili:

$-x^3 + 10x^2 - 2x + 4.$

▶ Calcola la somma: $(x^2 - 2a) + (-y - x^2)$.

Cambiando il segno a tutti i termini di un polinomio, si ottiene il **polinomio opposto**. La somma di due polinomi opposti è 0.

ESEMPIO L'opposto di $3x^2 + 2b^2 - 1$ è $-3x^2 - 2b^2 + 1$.

La sottrazione

La **differenza di due polinomi** è un polinomio che si ottiene addizionando al primo (minuendo) l'opposto del secondo (sottraendo).

ESEMPIO

$(3a^3 + 3a^2b + 5b^2) - (5a^4 + 3a^2b - b^2) =$

$(3a^3 + 3a^2b + 5b^2) + (-5a^4 - 3a^2b + b^2) =$

$3a^3 + 3a^2b + 5b^2 - 5a^4 - 3a^2b + b^2 =$

$3a^3 + 6b^2 - 5a^4.$

▶ Calcola la differenza: $(-a + 2) - (4 - 2a)$.

Anche per i polinomi parliamo di **somme algebriche** per indicare sinteticamente somme e differenze di polinomi.

La moltiplicazione di un monomio per un polinomio

Consideriamo la moltiplicazione $5a^3(a^2 + 2ab)$. Per la proprietà distributiva della moltiplicazione rispetto all'addizione:

$$5a^3(a^2 + 2ab) = 5a^3a^2 + 5a^32ab = 5a^5 + 10a^4b.$$

Prodotto di un monomio per un polinomio

Il prodotto di un monomio per un polinomio è un polinomio che ha come termini i prodotti del monomio per ciascun termine del polinomio dato.

$$A \cdot (B + C - D) = A \cdot B + A \cdot C - A \cdot D$$

▶ Calcola i seguenti prodotti.
$-4(x + y)$; $\frac{1}{2}(4b - c)$.

▶ Completa l'uguaglianza algebrica e, se $x > 0$ e $y > 0$, interpretala geometricamente, utilizzando l'uguaglianza fra le aree dei rettangoli.

$y(\boxed{} + 5) = xy + \boxed{}$

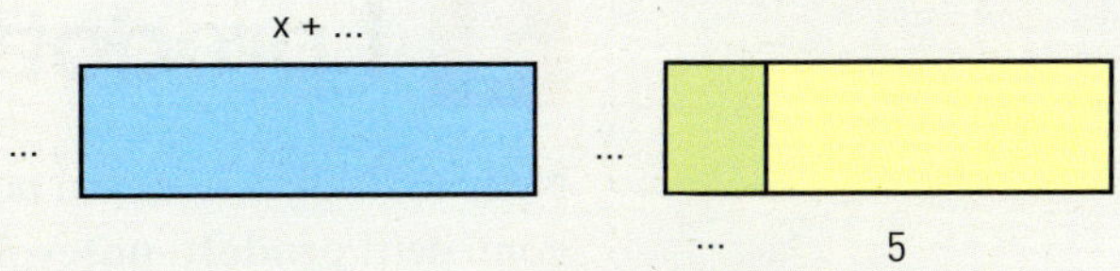

Animazione

La moltiplicazione di due polinomi

Consideriamo la moltiplicazione $(2a^2 - a)(3a^2 - a + 2)$.
Applichiamo la proprietà distributiva, distribuendo il fattore $3a^2 - a + 2$ fra i termini della somma $2a^2 - a$:

$$(2a^2 - a)(3a^2 - a + 2) = 2a^2(3a^2 - a + 2) - a(3a^2 - a + 2) =$$

$$6a^4 - 2a^3 + 4a^2 - 3a^3 + a^2 - 2a = 6a^4 - 5a^3 + 5a^2 - 2a.$$

▶ Spiega perché il grado del polinomio prodotto è la somma dei gradi dei polinomi fattori. In base a quale proprietà puoi affermarlo?

Prodotto di due polinomi

Il prodotto di due polinomi è un polinomio che si ottiene moltiplicando ogni termine del primo polinomio per ogni termine del secondo e addizionando tutti i prodotti ottenuti.

$$(A + B)(C + D) = A \cdot C + A \cdot D + B \cdot C + B \cdot D$$

▶ Semplifica le seguenti espressioni.

- $(2x + a^2)(-3y - 5a)$
- $(a + 1)(2a - 1)$

Video

Interpretazione geometrica

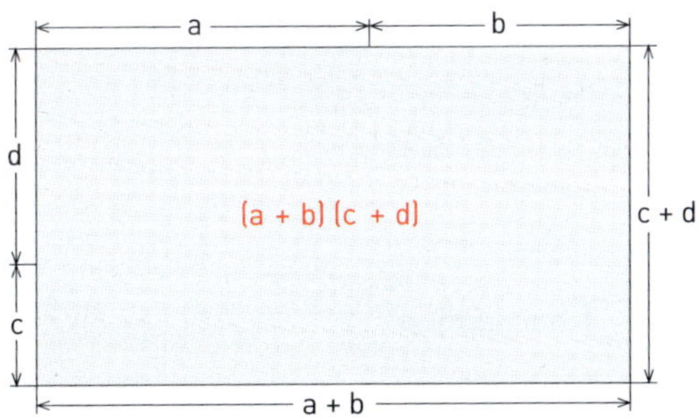

a. La base del rettangolo è la somma di due segmenti di misure a e b; l'altezza è la somma di due segmenti di misure c e d.
L'area del rettangolo è: $S = (a + b)(c + d)$.

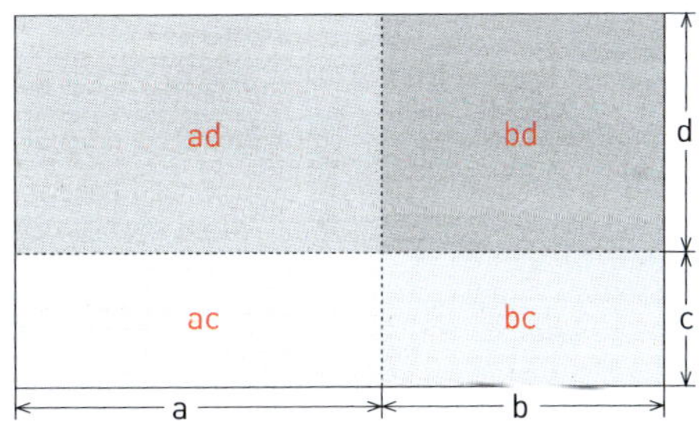

b. Il rettangolo può essere visto come l'unione di quattro rettangoli, le cui aree sono ac, ad, bc, bd:
$S = ac + ad + bc + bd$.
Risulta $(a + b)(c + d) = ac + ad + bc + bd$.

▶ Completa l'uguaglianza algebrica e, se $x > 0$ e $y > 0$, interpretala geometricamente.

$(x + \boxed{})(\boxed{} + 7) = xy + \boxed{} + 3y + \boxed{}$

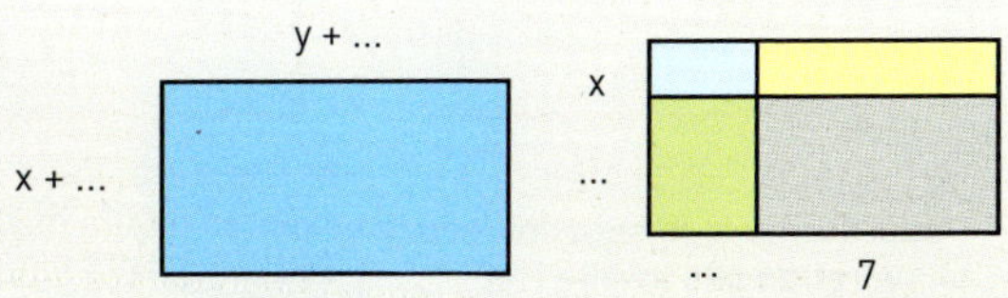

Animazione

TEORIA

3 I prodotti notevoli

▶ Esercizi a p. 333

Nella moltiplicazione fra polinomi ci sono alcuni casi particolari i cui risultati vengono detti **prodotti notevoli**. In questi casi si può scrivere il risultato della moltiplicazione senza passaggi intermedi.

Il prodotto della somma di due monomi per la loro differenza: $(A + B)(A - B)$

Indichiamo con A e B due monomi generici e consideriamo il prodotto della loro somma per la loro differenza: $(A + B)(A - B)$.

La somma di due monomi per la loro differenza

A	B	(A + B)(A − B)	Sviluppo dei calcoli	Risultato
x	3	$(x+3)(x-3)$	$x^2-3x+3x-9$	x^2-9
$2yz$	$\frac{1}{3}c$	$\left(2yz+\frac{1}{3}c\right)\left(2yz-\frac{1}{3}c\right)$	$4y^2z^2-\frac{2}{3}yzc+\frac{2}{3}yzc-\frac{1}{9}c^2$	$4y^2z^2-\frac{1}{9}c^2$
$3x$	y	$(3x+y)(3x-y)$	$9x^2-3xy+3xy-y^2$	$9x^2-y^2$
2	$4a$	$(2+4a)(2-4a)$	$4-8a+8a-16a^2$	$4-16a^2$

PROBLEMA

Un campo da rifare
Antico Egitto: una inondazione del Nilo ha distrutto il campo rettangolare di Mehi.

► Se nel rifarlo ancora rettangolare, Mehi aumenta del 50% una dimensione e diminuisce del 50% l'altra, ottiene la stessa superficie coltivabile?

Scheda di lavoro

Quali che siano i monomi A e B, il risultato è sempre del tipo $A^2 - B^2$:

$$(A + B)(A - B) = A^2 - AB + AB - B^2 = A^2 - B^2.$$

Somma di due monomi per la loro differenza

Il prodotto della somma di due monomi per la loro differenza è il binomio costituito dalla differenza fra il quadrato del primo e il quadrato del secondo.

$$(A + B)(A - B) = A^2 - B^2$$

ESEMPIO

$$(3a + 5b^3)(3a - 5b^3) = (3a)^2 - (5b^3)^2 = 9a^2 - 25b^6$$

Interpretazione geometrica | Animazione

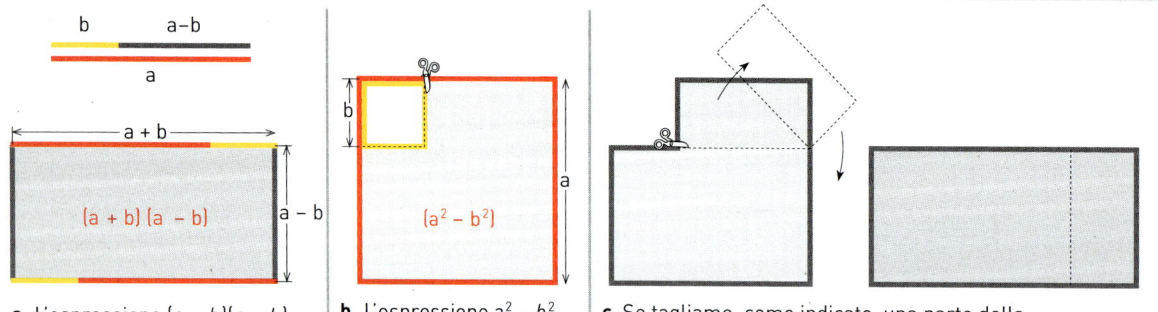

a. L'espressione $(a + b)(a - b)$ rappresenta la misura dell'area di un rettangolo avente i lati che misurano $a + b$ e $a - b$.

b. L'espressione $a^2 - b^2$ rappresenta la misura dell'area della figura che si ottiene «tagliando via» da un quadrato di lato a un quadrato di lato b.

c. Se tagliamo, come indicato, una parte della figura di area $a^2 - b^2$ e la facciamo ruotare e poi traslare, riotteniamo il rettangolo della figura **a**. Dunque $(a + b)(a - b) = (a^2 - b^2)$.

Il quadrato di un binomio: $(A + B)^2$

Il quadrato di un binomio è il prodotto del binomio per se stesso.

Il quadrato di un binomio

A	*B*	$(A + B)^2$	$(A + B)(A + B)$	Sviluppo dei calcoli	Risultato
b	5	$(b + 5)^2$	$(b + 5)(b + 5)$	$b^2 + 5b + 5b + 25$	$b^2 + 10b + 25$
$3x$	$-2y$	$(3x - 2y)^2$	$(3x - 2y)(3x - 2y)$	$9x^2 - 6xy - 6xy + 4y^2$	$9x^2 - 12xy + 4y^2$
$-2a$	$-\frac{1}{2}x$	$\left(-2a - \frac{1}{2}x\right)^2$	$\left(-2a - \frac{1}{2}x\right)\left(-2a - \frac{1}{2}x\right)$	$4a^2 + ax + ax + \frac{1}{4}x^2$	$4a^2 + 2ax + \frac{1}{4}x^2$

Quali che siano i monomi A e B, il risultato è del tipo $A^2 + 2AB + B^2$:

$$(A + B)^2 = (A + B)(A + B) = A^2 + AB + AB + B^2 = A^2 + 2AB + B^2.$$

Quadrato di un binomio

Il quadrato di un binomio è un trinomio che ha come termini il quadrato del primo termine, il doppio prodotto del primo termine per il secondo e il quadrato del secondo.

$$(A + B)^2 = A^2 + 2AB + B^2$$

Listen to it

The **square of a binomial** is the sum of the *squares* of each term *plus twice the product* of the terms.

ESEMPIO

$$(2x + y)^2 = (2x)^2 + 2 \cdot 2x \cdot y + (y)^2 = 4x^2 + 4xy + y^2$$

$$(a^3 - 3)^2 = (a^3)^2 + 2a^3 \cdot (-3) + (-3)^2 = a^6 - 6a^3 + 9$$

Interpretazione geometrica | Animazione

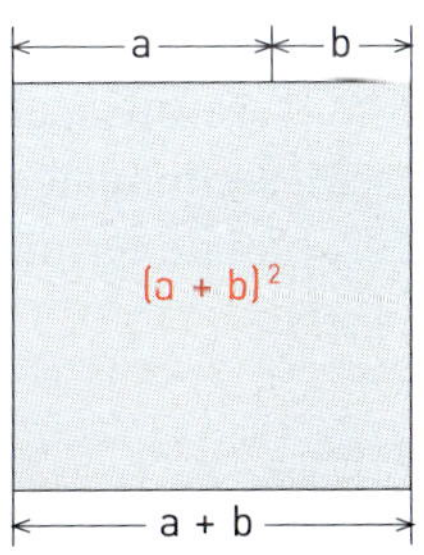

a. Il quadrato di lato $a + b$ ha area: $S = (a + b)^2$.

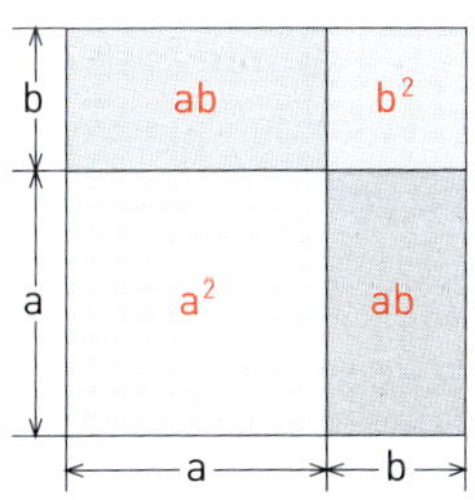

b. Il quadrato precedente è l'unione di:
- un quadrato di lato a (area a^2);
- due rettangoli di lati a e b (area ab);
- un quadrato di lato b (area b^2).

Quindi l'area è $S = a^2 + 2ab + b^2$.

MATEMATICA INTORNO A NOI

A mente Oggi tutti hanno una calcolatrice. Ma a volte capita che non la trovi proprio quando serve e allora devi fare i conti a mente. E anche quando ce l'hai, è meglio controllare i risultati.

▶ Come puoi calcolare a mente 63^2?

La risposta

▶ Calcola i quadrati:

a. $\left(x + \frac{1}{2}\right)^2$; **b.** $(a - 5b)^2$; **c.** $(y^3 + x^4)^2$; **d.** $\left(\frac{1}{4}a - 8\right)^2$; **e.** $(-a^3 + 2)^2$.

Animazione

TEORIA

▶ Calcola i quadrati.

- $(2a+b+1)^2$
- $(x-3y+2)^2$
- $\left(-a+\frac{b}{2}-2\right)^2$

Il quadrato di un trinomio: $(A+B+C)^2$

Per ricavare il quadrato di un trinomio utilizziamo un metodo analogo a quello usato per il quadrato di un binomio:

$$(A+B+C)^2 = (A+B+C)(A+B+C) =$$

$$A^2 + AB + AC + BA + B^2 + BC + CA + CB + C^2 =$$

Sommiamo i termini simili:

$$A^2 + B^2 + C^2 + 2AB + 2AC + 2BC.$$

▶ Prova a ricavare una regola per il quadrato di un quadrinomio. Confrontala con quella del quadrato di un trinomio. C'è qualcosa di analogo? Puoi arrivare a una regola generale per il quadrato di un polinomio? Motiva la risposta.

Quadrato di un trinomio

Il quadrato di un trinomio è un polinomio che ha come termini i quadrati dei tre termini e il doppio prodotto di ciascun termine per ogni termine che lo segue.

$$(A+B+C)^2 = A^2 + B^2 + C^2 + 2AB + 2AC + 2BC$$

ESEMPIO $(3a-b-2c)^2 =$

$$(3a)^2 + (-b)^2 + (-2c)^2 + 2\cdot(3a)\cdot(-b) + 2\cdot(3a)\cdot(-2c) + 2\cdot(-b)\cdot(-2c) =$$

$$9a^2 + b^2 + 4c^2 - 6ab - 12ac + 4bc$$

Il cubo di un binomio: $(A+B)^3$

Per calcolare il cubo di un binomio possiamo moltiplicare il binomio per il suo quadrato:

$$(A+B)^3 = (A+B)^2(A+B) = (A^2+2AB+B^2)(A+B) =$$

$$A^3 + A^2B + 2A^2B + 2AB^2 + AB^2 + B^3 =$$

$$A^3 + 3A^2B + 3AB^2 + B^3.$$

▶ Calcola i cubi di binomio:

a. $(3+a)^3$; **c.** $(x^2-y^2)^3$;

b. $(b-1)^3$; **d.** $\left(-\frac{1}{3}+y\right)^3$.

Animazione

Cubo di un binomio

Il cubo di un binomio è un quadrinomio che ha come termini il cubo del primo termine, il triplo del quadrato del primo termine per il secondo, il triplo del primo termine per il quadrato del secondo, il cubo del secondo termine.

$$(A+B)^3 = A^3 + 3A^2B + 3AB^2 + B^3$$

ESEMPIO

$$(2x^2-y^2)^3 = (2x^2)^3 + 3(2x^2)^2(-y^2) + 3(2x^2)(-y^2)^2 + (-y^2)^3 =$$

$$8x^6 - 12x^4y^2 + 6x^2y^4 - y^6.$$

▶ Interpreta geometricamente la formula del cubo del binomio utilizzando la figura.

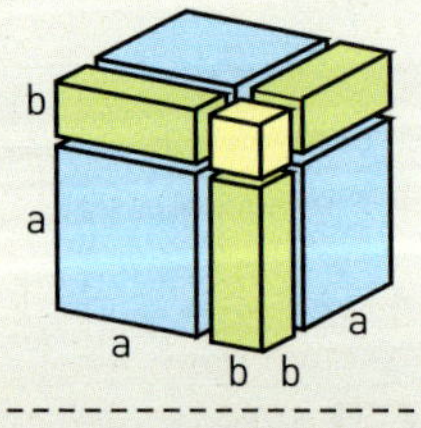

Video

4 Le funzioni polinomiali

▶ Esercizi a p. 344

Consideriamo il polinomio in x, con $x \in \mathbb{R}$: $x^3 + x^2 - 8x - 12$.

Se $x = 2$, il polinomio assume il valore:

$$2^3 + 2^2 - 8 \cdot 2 - 12 = 8 + 4 - 16 - 12 = -16.$$

In generale, sostituendo alla variabile x un qualsiasi numero reale, il polinomio assume uno e un solo valore. A ogni polinomio è quindi associata una funzione che chiamiamo **funzione polinomiale**. La indichiamo con l'espressione $y = P(x)$. Nel nostro esempio:

$$P(x) = x^3 + x^2 - 8x - 12.$$

Possiamo studiare il grafico di una funzione polinomiale per punti, compilando una tabella.

ESEMPIO Disegniamo il grafico di $y = x^3 + x^2 - 8x - 12$.

x	y
−4	−28
−3	−6
−2	0
−1	−4
0	−12
1	−18
2	−16
3	0
4	36

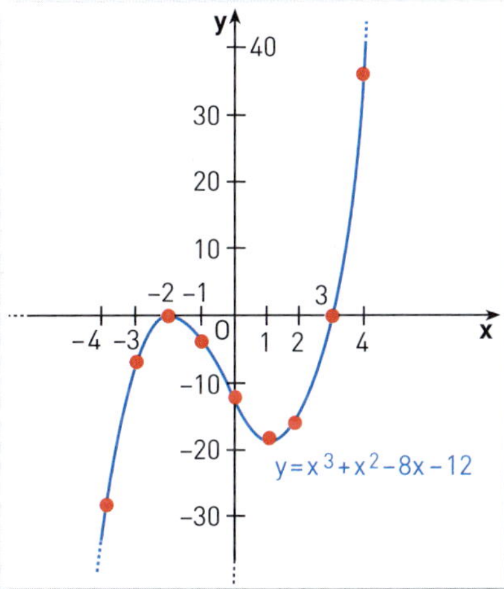

Un polinomio con più lettere è una funzione delle variabili che contiene.
In particolare, un polinomio con due lettere è una funzione con dominio $\mathbb{R} \times \mathbb{R}$.

ESEMPIO $Q(a; b) = 2a + 3b$ è funzione di a e b reali. Al variare di a e b, $Q(a; b)$ assume valori reali.

$$Q(1; -2) = 2 \cdot 1 + 3 \cdot (-2) = -4; \quad Q\left(\frac{1}{3}; \frac{1}{6}\right) = 2 \cdot \frac{1}{3} + 3 \cdot \frac{1}{6} = \frac{7}{6}; \quad \ldots$$

Gli zeri di una funzione polinomiale

DEFINIZIONE
I valori della x per i quali un polinomio $P(x)$ si annulla sono gli **zeri** del polinomio.

ESEMPIO La funzione dell'esempio precedente ha due zeri: -2 e 3.

Per una funzione polinomiale $y = P(x)$ gli zeri del polinomio $P(x)$ corrispondono a quei punti della funzione per i quali $y = 0$. Dal punto di vista grafico, si tratta dei punti di intersezione del grafico della funzione con l'asse delle x, che è l'insieme di tutti i punti con ordinata nulla.

MATEMATICA E STORIA

Il padre dei polinomi
Il primo matematico che si occupò in modo approfondito dell'algebra dei polinomi fu il persiano al-Karaji (953-1029 ca.).

▶ Scopri qual è stato il suo contributo.

La risposta

▶ Il progetto di una villetta con un solo piano ha la pianta della figura.

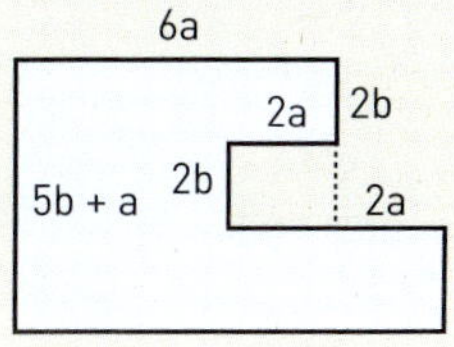

a e b sono le misure in metri di due lunghezze. Per disporre di almeno 150 m², possiamo scegliere $a = 2$ e $b = 3$? E $a = 1$ e $b = 4$?

Video

▶ Dato $P(b) = b^2 - 3b + 1$, calcola $P(1)$, $P(-1)$, $P(3)$, $P\left(\frac{1}{2}\right)$, $P\left(-\frac{4}{3}\right)$, $P(0,1)$. Indica gli eventuali zeri trovati.

▶ Dividi il polinomio per il monomio, quando è possibile.

- $8y^7 - 2y^6 + 10y^4$, $2y^3$
- $6a^2 + 9a + 3$, $3a$
- $4bc^4 - b^2c^2$, $3bc^2$

▶ Ci sono valori di h e k per cui le funzioni polinomiali $P(y) = 4y^5 + (k+2)y^3 + y$ e $Q(y) = (h+1)y^5 + 6y^3 + hy$ sono uguali? Motiva la risposta.

ESEMPIO Data la funzione polinomiale $y = P(x) = x^2 - 3x + 2$, sostituendo a x il valore 1 otteniamo

$$P(1) = 1 - 3 + 2 = 0 \quad \rightarrow \quad 1 \text{ è uno zero della funzione.}$$

Il principio di identità dei polinomi

Ci sono polinomi che assumono lo stesso valore se attribuiamo particolari valori alle loro variabili, come proponiamo nell'esercizio a fianco.
Ci sono poi polinomi che assumono lo stesso valore per qualsiasi valore attribuito alle loro variabili. Li chiamiamo **polinomi identici**.

- Se due polinomi P e Q, nella variabile x, sono uguali, allora senz'altro le corrispondenti funzioni polinomiali $y = P(x)$ e $y = Q(x)$ assumono lo stesso valore per *qualsiasi* valore attribuito a x.
- Viceversa, si può dimostrare che, se due funzioni polinomiali $y = P(x)$ e $y = Q(x)$ assumono valori uguali per qualsiasi valore di x, cioè sono la stessa funzione, allora i polinomi corrispondenti sono uguali.

In sintesi, vale il seguente principio.

Principio di identità dei polinomi
Due polinomi P e Q, nella variabile x, sono uguali se e solo se le corrispondenti funzioni polinomiali $y = P(x)$ e $y = Q(x)$ assumono valori uguali per qualsiasi valore attribuito a x.

5 La divisione fra polinomi

▶ Esercizi a p. 348

Nell'insieme dei numeri naturali la divisione è possibile se il dividendo è un multiplo del divisore; si dice allora che il dividendo è divisibile per il divisore. Per esempio, 6 è divisibile per 3 perché $3 \cdot 2$ dà come prodotto 6.
Procediamo in modo analogo per i polinomi, fornendo prima la definizione di divisibilità e poi il procedimento di calcolo.

La divisione di un polinomio per un monomio

Un polinomio è divisibile per un monomio (non nullo) se esiste un polinomio che, moltiplicato per il monomio divisore, dà il polinomio iniziale.

ESEMPIO Il polinomio $4ab^2 - 6a^2b$ è divisibile per il monomio $2ab$.
Infatti, esiste il polinomio $2b - 3a$ tale che $(2b - 3a)2ab = 4ab^2 - 6a^2b$.
In questo caso, per eseguire la divisione, possiamo applicare la proprietà distributiva della divisione rispetto all'addizione.

$$(4ab^2 - 6a^2b) : (2ab) = (4ab^2 : 2ab) - (6a^2b : 2ab) = 2b - 3a.$$

DEFINIZIONE
Un polinomio è **divisibile** per un monomio, non nullo, se ogni suo termine è divisibile per tale monomio.

Se un polinomio è divisibile per un monomio, il quoziente è il polinomio ottenuto dividendo ogni termine del polinomio per il monomio.

ESEMPIO

$$(5a^6 - 6a^4 + 2a^3) : (2a^2) = \frac{5}{2}a^4 - 3a^2 + a;$$

$$\left(\frac{7}{3}a^3b^2 + \frac{1}{2}a^2b - 5b\right) : b = \frac{7}{3}a^3b + \frac{1}{2}a^2 - 5.$$

Ci sono casi in cui un polinomio non è divisibile per un monomio.

ESEMPIO $a^2 + a + 1$ non è divisibile per a^3.

► Date le funzioni $P(x) = 5x^2 + 2x - 9$ e $Q(x) = x^3 + 15$, per quale o quali fra i valori $x = -2$, $x = 0$, $x = 1$ si ha $P(x) = Q(x)$?

Animazione

La divisione esatta fra due polinomi

DEFINIZIONE

Divisibilità fra polinomi

Un polinomio A è divisibile per un polinomio B, non nullo, se esiste un polinomio Q che, moltiplicato per B, dà A.

$\boldsymbol{A : B = Q}$ **se e solo se** $\boldsymbol{B \cdot Q = A}$.

Listen to it

A polynomial *A* is **divisible** by a polynomial *B*, that is *different from zero*, if there exists a polynomial *Q* such that *A* equals *B* times *Q*.

A è il **dividendo**, B il **divisore**, Q il **quoziente**.

ESEMPIO $A = 2x^7 + x^5 - 6x^3 + 8x^2 - 3x + 4$ è divisibile per $B = 2x^2 + 1$.
Infatti, esiste il polinomio $Q = x^5 - 3x + 4$ tale che

$$(2x^2 + 1)(x^5 - 3x + 4) = 2x^7 - 6x^3 + 8x^2 + x^5 - 3x + 4.$$

► Spiega perché il polinomio $x^3 + 1$ *non* può essere divisibile per $x^5 + 2$.

Il grado del polinomio quoziente

Sappiamo che il grado del polinomio prodotto è la somma dei gradi dei polinomi fattori: dunque, poiché $B \cdot Q = A$, se A è di grado n e B è di grado p, il grado di Q deve essere $n - p$, con $n \geq p$.

ESEMPIO Nell'esempio precedente, il grado di A è 7, il grado di B è 2, il grado del polinomio quoziente Q è 5, cioè $7 - 2$.

La divisione con resto fra due polinomi

Possiamo eseguire la divisione fra due polinomi anche se uno non è divisibile per l'altro. Si può dimostrare la seguente proprietà.

TEOREMA

Dati i polinomi A e B nella variabile x, con B non nullo e con il grado di B minore o uguale al grado di A, esistono sempre i polinomi Q e R tali che:

$\boldsymbol{A = B \cdot Q + R}$.

Q è il polinomio **quoziente** e R il polinomio **resto**.

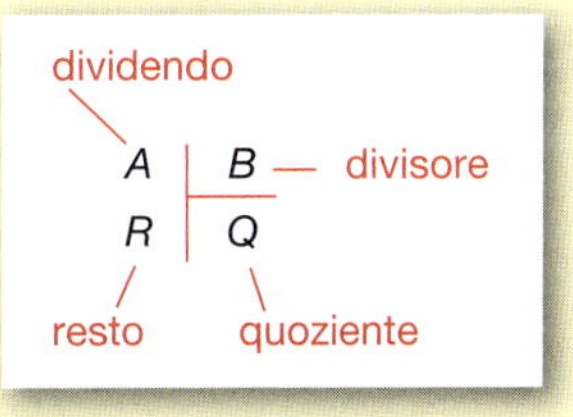

Listen to it

If you divide a polynomial *A*(*x*) by a non-zero polynomial *B*(*x*) whose degree is *less than or equal* to that of *A*(*x*), you will get a quotient polynomial *Q*(*x*) and a remainder *R*(*x*). The degree of *R*(*x*) must be less than the degree of *B*(*x*).

Il grado di Q è la differenza fra il grado di A e il grado di B; il grado di R è minore del grado di B.

Nel caso particolare in cui $R = 0$, si ha $A = B \cdot Q$, ossia A è divisibile per B.

Vediamo ora con un esempio qual è il procedimento per eseguire la divisione tra due polinomi.

ESEMPIO Dividiamo il polinomio di terzo grado $A = 13x^2 + 6x^3 + 6 + 5x$ per il polinomio di secondo grado $B = 2 - x + 3x^2$.
Dobbiamo ordinare i due polinomi secondo le potenze decrescenti di x:

$$(6x^3 + 13x^2 + 5x + 6) : (3x^2 - x + 2).$$

Il quoziente sarà un polinomio di primo grado.

La figura mostra i passaggi della divisione.

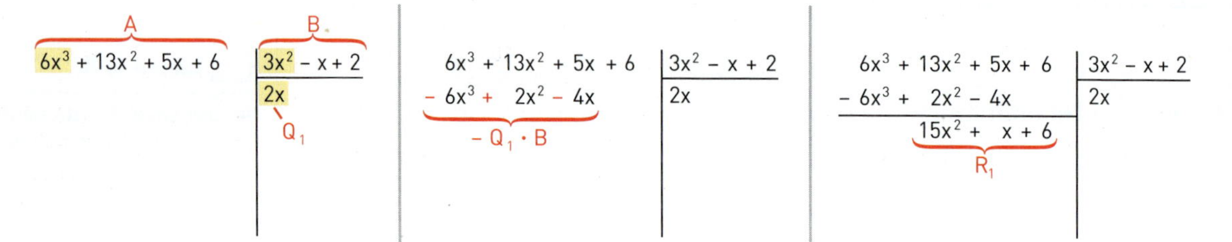

a. Dividiamo $6x^3$ per $3x^2$ e scriviamo il quoziente $2x$, che rappresenta il quoziente parziale Q_1.

b. Moltiplichiamo $2x$ per ogni termine di B e scriviamo con il segno cambiato i risultati al di sotto di A, incolonnati, rispetto al grado, con i termini di A.

c. Sommiamo in colonna i termini, ottenendo un primo resto parziale, R_1. Questo resto è tale che $A = B \cdot Q_1 + R_1$.

d. Ripetiamo il procedimento considerando R_1. Dividiamo $15x^2$ per $3x^2$, ottenendo 5 come secondo quoziente parziale Q_2.

e. Moltiplichiamo 5 per tutti i termini di B e scriviamo i prodotti, con il segno cambiato, in colonna sotto R_1.

f. Eseguiamo l'addizione dei termini in colonna e otteniamo il resto $6x - 4$. Poiché il grado di $6x - 4$ è minore del grado di B, la divisione è terminata e $6x - 4$ è il resto R.
$A = B \cdot Q + R$

Verifica
La definizione di divisione con resto, in base alla quale $A = B \cdot Q + R$, permette di verificare l'esattezza del risultato:

$$B \cdot Q + R = (3x^2 - x + 2)(2x + 5) + (6x - 4) =$$
$$6x^3 + 15x^2 - 2x^2 - 5x + 4x + 10 + 6x - 4 =$$
$$6x^3 + 13x^2 + 5x + 6 = A.$$

▶ Determina il quoziente e il resto di $(a^3 + 2a) : (2 + a)$ tenendo conto che il dividendo non è un polinomio completo: nello schema devi scriverlo con spazi vuoti per le potenze mancanti. Esegui poi la verifica.

Animazione

6 La regola di Ruffini

▶ Esercizi a p. 354

Quando il **polinomio divisore** è un binomio del tipo $x - a$, dove a è un numero reale qualunque, per determinare Q e R possiamo utilizzare un procedimento rapido, detto *regola di Ruffini*, che permette di calcolare i coefficienti del polinomio quoziente Q e il resto R.

ESEMPIO Calcoliamo $(-10x - 9 + 3x^2) : (x - 4)$, con divisore del tipo $x - a$.

La regola di Ruffini

Scriviamo i polinomi ordinati in senso decrescente: $(3x^2 - 10x - 9) : (x - 4)$.

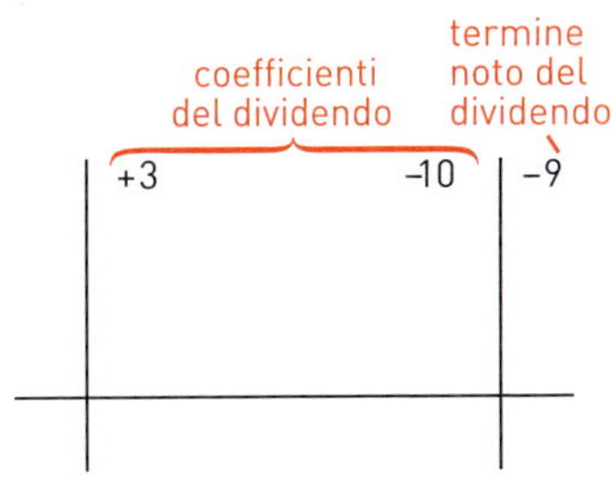

a. Scriviamo su una riga, nell'ordine, i coefficienti dei termini del polinomio dividendo, +3 e −10, e il termine noto −9. Tracciamo due linee verticali, una a sinistra del primo coefficiente e una fra l'ultimo e il termine noto. Lasciamo una riga vuota e tracciamo una linea orizzontale.

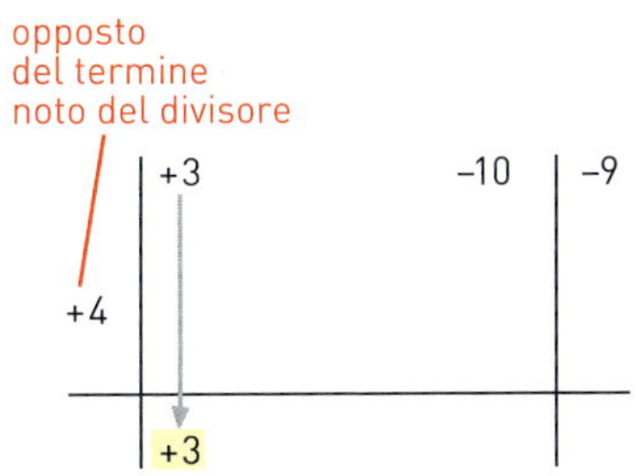

b. A sinistra della prima linea verticale, sulla seconda riga, scriviamo +4, ossia l'opposto del termine noto del polinomio divisore $x - 4$. Abbassiamo + 3, ossia il primo coefficiente del dividendo: esso è anche il primo coefficiente del quoziente.

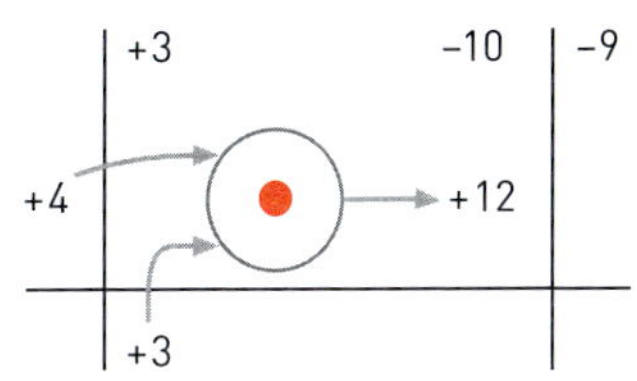

c. Moltiplichiamo +3 per +4 e scriviamo il risultato nella colonna successiva a +3, ossia sotto −10.

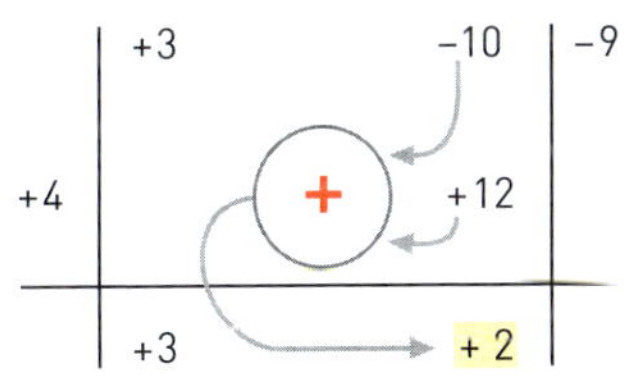

d. Sommiamo −10 e +12 e scriviamo il risultato nella stessa colonna, sotto la linea orizzontale. +2 è il secondo coefficiente del quoziente.

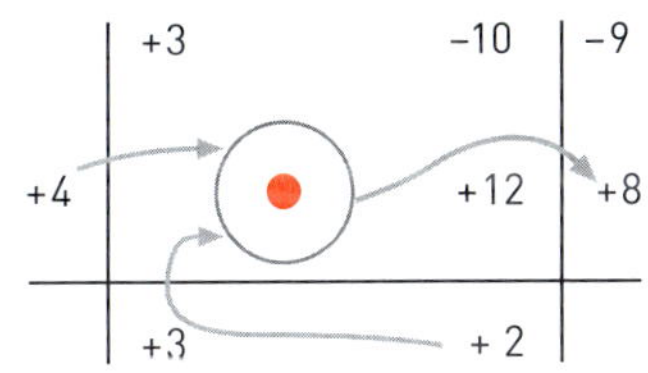

e. Ripetiamo il procedimento, moltiplicando +2 per +4 e scrivendo il risultato nella colonna a destra di +2, sopra la riga orizzontale.

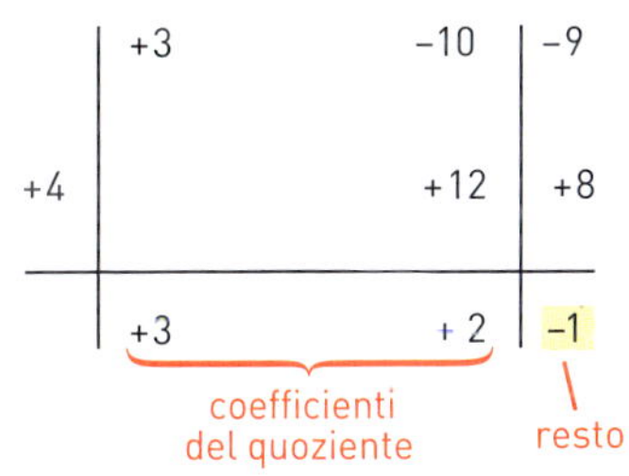

f. Sommiamo −9 e +8 e scriviamo il risultato nella stessa colonna, sotto la linea orizzontale: −1 è il resto.

Scrittura del quoziente

I coefficienti del polinomio quoziente sono 3 e 2. Dividendo un polinomio $A(x)$ di grado n per il binomio $x - a$, di primo grado, otteniamo per quoziente un polinomio $Q(x)$ di grado $n - 1$. Quindi, tenendo conto che il dividendo ha grado 2 e il divisore ha grado 1, il quoziente deve avere grado 1. Quindi:

$$Q = 3x + 2; \quad R = -1.$$

Verifica

Per verificare che il risultato è esatto, controlliamo che sia valida l'uguaglianza $A = B \cdot Q + R$:

$$3x^2 - 10x - 9 = (x - 4)(3x + 2) + (-1).$$

Se il divisore è del tipo $x + a$, osserviamo che: $x + a = x - (- a)$.

ESEMPIO

$$(8x^2 + 2x - 3) : (x + 2) = (8x^2 + 2x - 3) : [x - (- 2)].$$

Si può dunque applicare la regola di Ruffini.

Osservazione. Nello schema costruito nell'esempio a pagina precedente abbiamo messo in riga i coefficienti del polinomio dividendo:

$3x^2 - 10x - 9$, cioè $3, - 10$ e $- 9$.

Se il polinomio dividendo fosse stato incompleto, al posto dei coefficienti mancanti avremmo dovuto inserire alcuni 0.

ESEMPIO Per il polinomio dividendo $2x^4 - x^2 - 1$, i coefficienti da disporre in riga sono:

$2, 0, - 1, 0, - 1.$

I due 0 rappresentano rispettivamente i coefficienti dei termini di terzo e di primo grado.

▶ Dividi il primo polinomio per il binomio.

a. $(y^3 - 4y^4 + 1 - 2y^2 + 5y) : (y + 2)$

b. $\left(\frac{1}{3}x^5 - x^3 - 2x^2 - 6\right) : (x - 3)$

Animazione

▶ La regola di Ruffini sintetizza il procedimento visto nel paragrafo precedente.
Esegui la divisione $(3x^4 - 9x^3 + 2x^2 - 10) : (x - 3)$ con i due metodi che conosci. Confrontali e individua nei due schemi gli stessi coefficienti.

Video

7 Il teorema del resto

▶ Esercizi a p. 359

Eseguiamo mediante la regola di Ruffini la divisione:

$(5x^2 - 3x + 7) : (x - 2)$.

	+ 5	− 3	+ 7
+ 2		+ 10	+ 14
	+ 5	+ 7	+ 21

→ Il resto della divisione è 21.

Calcoliamo il valore che assume il polinomio $5x^2 - 3x + 7$ per $x = 2$, cioè per x uguale all'opposto del termine noto del divisore: $5(2)^2 - 3(2) + 7 = 21$.

Il resto della divisione coincide con il valore assunto dal polinomio per $x = 2$, cioè, nella formula generale, per $x = a$.

Non si tratta di un caso fortunato, ma di una proprietà valida sempre, grazie alla quale, per calcolare il resto, non è necessario eseguire la divisione.

Indichiamo il polinomio dividendo con $A(x)$ per mettere in evidenza che il polinomio A è una funzione della variabile x.

TEOREMA

Teorema del resto

Data la divisione $A(x) : (x - a)$, il resto è dato dal valore che assume $A(x)$ quando alla variabile x si sostituisce il valore a: $R = A(a)$.

Dimostrazione	**Esempio**
Data la divisione $A(x) : (x - a)$, sappiamo che vale: $A(x) = (x - a)Q(x) + R$.	Data la divisione $(3x^3 - 2x^2 - 5) : (x - 2)$, sappiamo che vale: $3x^3 - 2x^2 - 5 = (x - 2) \cdot Q(x) + R$
Sostituendo a x il valore a, otteniamo: $A(a) = (a - a)Q(a) + R$.	Sostituendo a x il valore 2, otteniamo: $3 \cdot 2^3 - 2 \cdot 2^2 - 5 = (2 - 2) \cdot Q(2) + R$
Poiché $a - a = 0$, il prodotto $(a - a) \cdot Q(a)$ si annulla, quindi: $A(a) = R$.	Poiché $2 - 2 = 0$, abbiamo $(2 - 2) \cdot Q(2) = 0$, quindi: $3 \cdot 8 - 2 \cdot 4 - 5 = R \quad \rightarrow \quad R = 11$.

► Calcola il resto senza eseguire le divisioni.

- $(b^6 + 3b^3 - 6) : (b - 1)$
- $(x^2 - 4x + 9) : (x + 3)$

ESEMPIO Calcoliamo il resto della divisione $(- x^4 + 3x^2 - 5) : (x + 2)$.

Poiché $x + 2 = x - (- 2)$, sostituiamo -2 a x:

$$R = A(- 2) = - (- 2)^4 + 3(- 2)^2 - 5 = - 9.$$

8 Il teorema di Ruffini

|► Esercizi a p. 360

Esaminiamo il seguente ragionamento.

Se $A(x) = x^3 + 2x^2 - 13x + 10$ è divisibile per $x + 5$, allora la divisione

$$(x^3 + 2x^2 - 13x + 10) : (x + 5)$$

dà resto 0; quindi, per il teorema del resto, $A(- 5) = 0$.

Il ragionamento è invertibile.

Dato $A(x) = x^3 + 2x^2 - 13x + 10$, poiché $A(- 5) = 0$, la divisione

$$(x^3 + 2x^2 - 13x + 10) : (x + 5)$$

dà resto 0, per il teorema del resto; quindi $x^3 + 2x^2 - 13x + 10$ è divisibile per $x + 5$.

Generalizzazione

Schematizziamo i due ragionamenti, considerando un generico polinomio $A(x)$ e un generico polinomio divisore del tipo $x - a$.

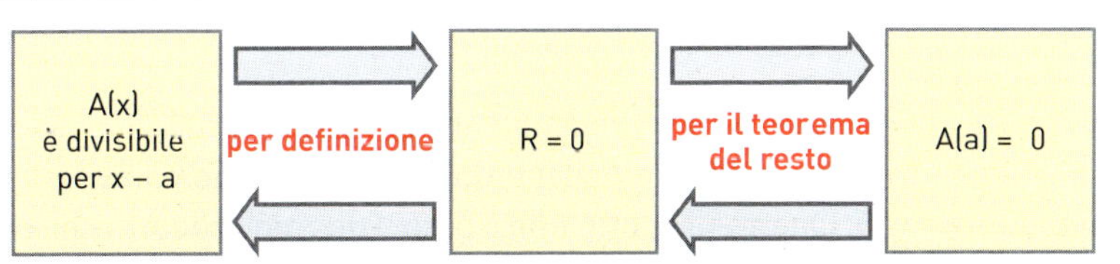

TEORIA

L'utilità del ragionamento inverso (da destra verso sinistra nella figura a pagina precedente) sta nel fatto che si può verificare se un polinomio è divisibile per un generico divisore $x - a$ senza dover eseguire la divisione. Queste considerazioni portano al seguente teorema.

Listen to it

Ruffini's theorem: given a number a, a polynomial $P(x)$ can be divided by $x - a$ if and only if $P(a) = 0$.

TEOREMA

Teorema di Ruffini

Un polinomio $A(x)$ è divisibile per un binomio $x - a$ se e soltanto se $A(a)$ è uguale a 0.

$$\mathbf{A(x) \text{ è divisibile per } x - a \quad \leftrightarrow \quad A(a) = 0}$$

ESEMPIO

$A(x) = 2x^3 + x^2 - 5x + 2$ è divisibile sia per $x - 1$ sia per $x + 2$; infatti:

$$A(1) = 2 + 1 - 5 + 2 = 0;$$

$$A(-2) = 2(-8) + 4 - 5(-2) + 2 = -16 + 4 + 10 + 2 = 0.$$

▸ Rispondi senza eseguire la divisione:
- $2x^2 - 17x - 21$ è divisibile per $x - 1$?
- $a^3 - 27$ è divisibile per $a - 3$?

Due casi particolari

La differenza di due cubi: $x^3 - a^3$

Indichiamo con $A(x)$ il binomio $x^3 - a^3$ e sostituiamo alla variabile x il valore a. Otteniamo: $A(a) = a^3 - a^3 = 0$. Poiché il resto è 0, il binomio considerato è divisibile per $x - a$. Calcoliamo il quoziente di $(x^3 - a^3) : (x - a)$ con la regola di Ruffini, tenendo conto che i coefficienti di x^2 e x sono entrambi 0.

	1	0	0	$-a^3$
a		a	a^2	a^3
	1	a	a^2	0

$$Q(x) = x^2 + ax + a^2.$$

Dunque, il binomio $x^3 - a^3$ può essere scritto come prodotto:

$$x^3 - a^3 = (x - a)(x^2 + ax + a^2).$$

La somma di due cubi: $x^3 + a^3$

Procedendo allo stesso modo, otteniamo che $x^3 + a^3$ è divisibile per $x + a$ e che:

$$x^3 + a^3 = (x + a)(x^2 - ax + a^2).$$

In sintesi:

$$x^3 + a^3 = (x + a)(x^2 - ax + a^2); \quad x^3 - a^3 = (x - a)(x^2 + ax + a^2).$$

ESEMPIO

$$x^3 - 27 = x^3 - 3^3 = (x - 3)(x^2 + 3x + 9);$$

$$a^6 + 1 = (a^2)^3 + 1 = (a^2 + 1)(a^4 - a^2 + 1).$$

I termini $x^2 + ax + a^2$ e $x^2 - ax + a^2$ vengono anche detti *falsi quadrati*, perché assomigliano al quadrato di un binomio, dal momento che hanno come termini due quadrati e un prodotto. Questo prodotto non è però il doppio prodotto che compare nel quadrato di un binomio.

▸ Quale fra i seguenti trinomi è un falso quadrato e quale un quadrato di binomio?
- $4x^2 + 2xy + y^2$
- $4x^2 + 4xy + y^2$

IN SINTESI
I polinomi

Che cosa sono i polinomi

Un **polinomio** è la somma algebrica di più monomi. Ogni monomio è un polinomio.
Un polinomio è **ridotto** a forma normale se lo sono i suoi termini e se fra di essi non ci sono monomi simili.
I polinomi ridotti con due, tre o quattro termini si chiamano rispettivamente **binomi**, **trinomi**, **quadrinomi**.

- Il **grado** di un polinomio ridotto è il grado maggiore dei suoi termini.
- Il **grado rispetto a una lettera** è il maggiore dei gradi dei suoi termini rispetto a quella lettera.

Un polinomio è:

- **omogeneo** quando tutti i suoi termini hanno lo stesso grado;
- **ordinato rispetto a una lettera** se i suoi termini sono disposti con gli esponenti di quella lettera in ordine decrescente o crescente;
- **completo** rispetto a una lettera se questa compare con tutte le potenze, dal grado massimo al grado 0.

Il **termine noto** è il termine formato soltanto da un numero, ossia il monomio di grado 0.

Le operazioni con i polinomi

- La **somma** di due polinomi è un polinomio che ha per termini tutti i termini dei polinomi addendi.
- La **differenza** è un polinomio ottenuto addizionando al primo l'opposto del secondo.

In generale, parliamo di **somma algebrica** di polinomi.

ESEMPIO $(5x+4y)+(2x-y)-(x+8y)=$
$5x+4y+2x-y-x-8y=$
$6x-5y.$

- Il **prodotto di un monomio per un polinomio** si ottiene addizionando i termini ottenuti moltiplicando il monomio per ogni termine del polinomio.
- Il **prodotto di due polinomi** si ottiene moltiplicando ogni termine del primo per ogni termine del secondo e addizionando i prodotti.

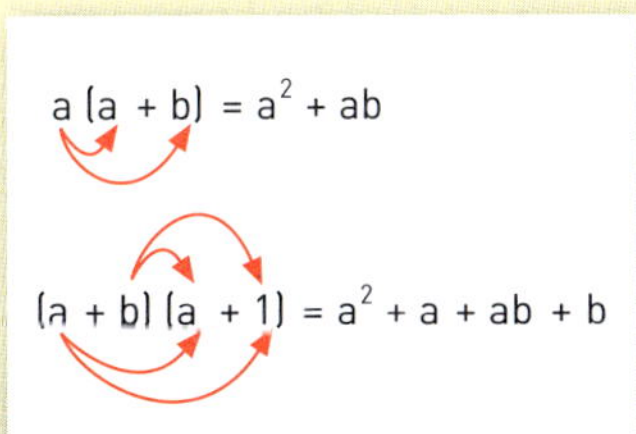

I prodotti notevoli

Prodotto della somma di due monomi per la loro differenza:

$$(A+B)(A-B)=A^2-B^2.$$

Quadrato di un binomio:

$$(A+B)^2=A^2+2AB+B^2.$$

Quadrato di un trinomio:

$$(A+B+C)^2=$$
$$A^2+B^2+C^2+2AB+2AC+2BC.$$

Cubo di un binomio:

$$(A+B)^3=A^3+3A^2B+3AB^2+B^3.$$

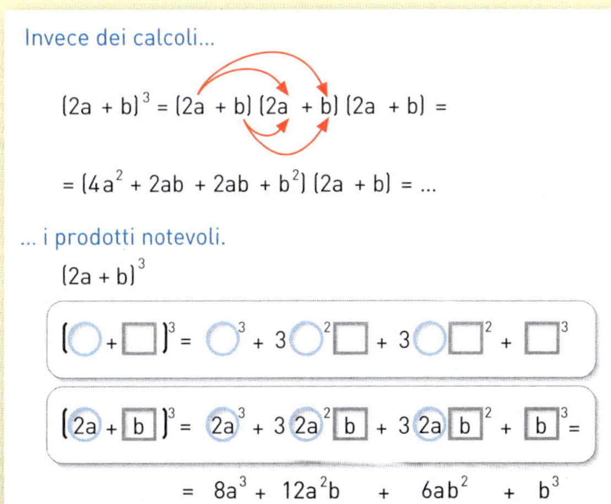

Le funzioni polinomiali

Dato un polinomio $P(x)$, si chiama **funzione polinomiale** la funzione $y = P(x)$. Il suo dominio è $\mathbb{R}$. I valori della variabile indipendente x per i quali un polinomio si annulla sono gli **zeri** del polinomio. Per tali valori la funzione polinomiale $y = P(x)$ assume il valore $y = 0$.

ESEMPIO

$y = -2x^2 - 5x + 3$ è una funzione polinomiale.
$x = -3$ e $x = \frac{1}{2}$ sono zeri della funzione perché
$P(-3) = 0$ e $P\left(\frac{1}{2}\right) = 0$.

Principio di identità dei polinomi
Due polinomi P e Q, nella variabile x, sono uguali se e solo se le corrispondenti funzioni polinomiali $P(x)$ e $Q(x)$ assumono valori uguali per qualsiasi valore attribuito a x.

La divisione fra polinomi

Un polinomio è **divisibile per un monomio** se lo sono tutti i suoi termini.
Il quoziente si ottiene dividendo ogni termine per il monomio.

ESEMPIO

$(6x^4 + 3x^3 - 4x^2) : 2x^2 = 3x^2 + \frac{3}{2}x - 2.$

La divisione con resto: dati i polinomi A e B, con B non nullo e il grado di B minore o uguale al grado di A, è sempre possibile determinare due polinomi Q e R tali che:

$$A = B \cdot \underbrace{Q}_{\text{quoziente}} + \underbrace{R}_{\text{resto}}$$

ESEMPIO $(3x^2 - x - 1) : (x + 2)$.

$$\underbrace{3x^2 - x - 1}_{A} = \underbrace{(x + 2)}_{B}\underbrace{(3x - 7)}_{Q} + \underbrace{13}_{R}.$$

Un polinomio A è **divisibile** per un polinomio B non nullo se e solo se $R = 0$, ossia

$$A : B = Q \leftrightarrow A = B \cdot Q.$$

La regola di Ruffini

Se il divisore di un polinomio è un binomio del tipo $\boldsymbol{x - a}$, possiamo utilizzare la **regola di Ruffini**.
Se il divisore è del tipo $x + a$, possiamo scriverlo nella forma $x - (-a)$ e applicare la stessa regola.

ESEMPIO $(3x^2 - 10x - 9) : (x - 4)$.

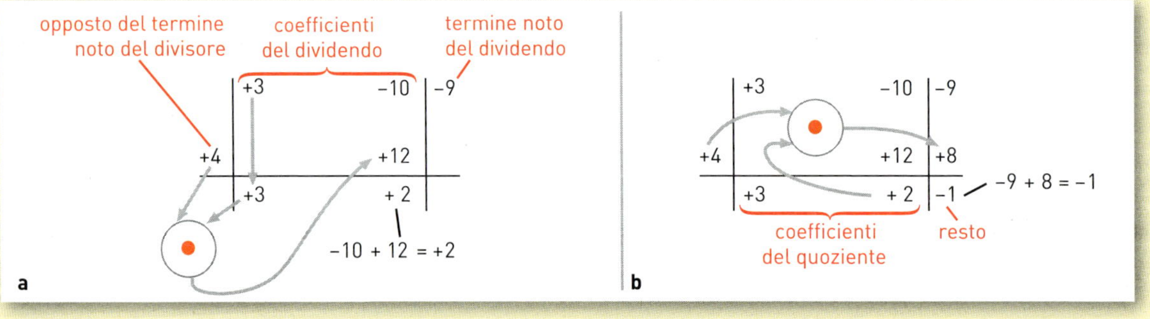

Il teorema del resto

Il resto della divisione di un polinomio $A(x)$ per un binomio $x - a$ è $A(a)$.

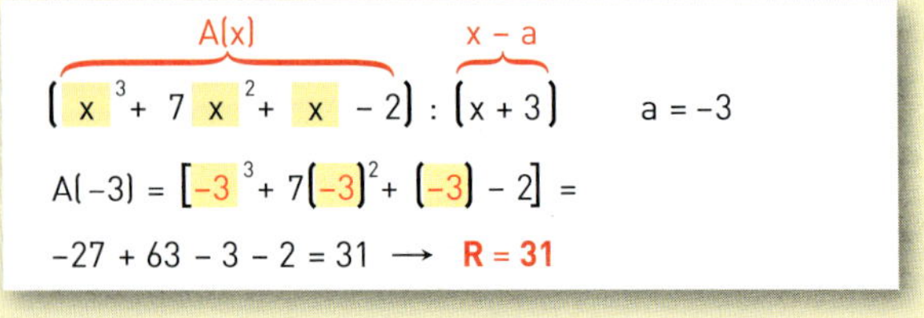

Il teorema di Ruffini

Un polinomio $A(x)$ è divisibile per un binomio $x - a$ se e soltanto se $A(a) = 0$.

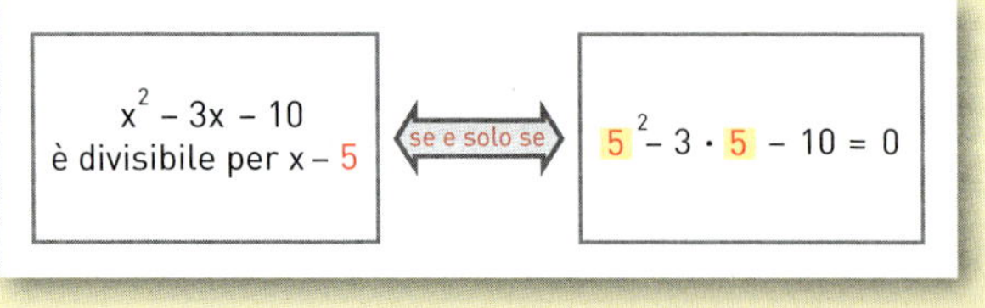

CAPITOLO 7
ESERCIZI

1 Che cosa sono i polinomi

▶ Teoria a p. 300

I polinomi

1 Tra le seguenti espressioni riconosci i polinomi.

a. $2a + \frac{1}{2}a$; $\quad x^2 + 3x$; $\quad \left(\frac{1}{2}x\right)8ay$; $\quad 7b^{-1}$; $\quad 0$.

b. $5a^2x : 3a^3$; $\quad 2 + \frac{a}{b}$; $\quad \frac{8}{5}xt - \frac{8}{5}yt$; $\quad a^2 + \frac{3}{a^2}$; $\quad \frac{a}{3} + 2b^2 - 1$.

2 VERO O FALSO?

a. Ogni monomio è un polinomio. V F

b. La somma di due monomi non è sempre un polinomio. V F

c. Il prodotto di due monomi non è mai un polinomio. V F

d. Il quoziente fra due monomi è sempre un polinomio. V F

e. Il numero 7 è un polinomio. V F

f. $a^3 + b^2 - a^3$ è un trinomio. V F

La riduzione a forma normale

3 ESERCIZIO GUIDA Riduciamo a forma normale $\frac{1}{2}a - 2a^2 + \frac{2}{3}a - a + \frac{1}{2}a^2 + b$.

Sottolineiamo i monomi simili e poi li sommiamo:

$$\underline{\frac{1}{2}a} - \underline{2a^2} + \underline{\frac{2}{3}a} - \underline{a} + \underline{\frac{1}{2}a^2} + \underline{b} = \frac{1}{6}a - \frac{3}{2}a^2 + b.$$

4 Riconosci i polinomi ridotti a forma normale e riduci quelli non ridotti.

$5b^2 - 2 + b^2 - c$; $\quad \frac{3}{5}x^5y^6 + x^4 - 2y^2$; $\quad \frac{1}{2}a^2b^3c^4 - \frac{1}{4}a^2b^3 + c^4$;

$\frac{1}{2}ax^2 + bx^2 - \frac{2}{3}ax^2$; $\quad 6a^2x - 2a^2 + 3a^2x + a^2x - a^2$; $\quad 8ab - 3a^2 + 4a - b + 6a^2 - 9ab + ab$.

Riduci a forma normale i seguenti polinomi e indica quali di essi sono binomi, trinomi, quadrinomi.

5 $a^2b^2 + a^2 - b^2 - 2a^2b^2 + a^2$;

$5ab - 2a^2 + ab - a^2$; $\quad xy - 3x^2y + 2xy + x^2y$;

$1 - 2a + b + 3 + a - 4b$;

$2a - b^2 + \frac{1}{3}b^2 - a + \frac{1}{3}a$;

$\frac{1}{5}ab - 2a + 1 + \frac{1}{3}a - 5 + \frac{4}{5}ab$.

6 $\frac{1}{3} - \frac{1}{3}a^2 + 1 + \frac{1}{6}a - \frac{2}{3}a^2 - a$;

$\frac{4}{5}ab^2 - \frac{2}{5}ab + \frac{1}{5}ab - \frac{2}{3}ab^2$;

$\frac{1}{2}ax - 3a - \frac{1}{4}ax + 2a - \frac{1}{4}ax + x$;

$15ay - \frac{1}{2} + 7ay + 4 - 5a + y$.

Il grado di un polinomio ridotto

7 VERO O FALSO?

a. I polinomi di grado 0 sono numeri. V F

b. Il grado di un polinomio è la somma dei gradi dei suoi termini. V F

c. Il grado di un polinomio è l'esponente maggiore al quale sono elevate le lettere che lo compongono. V F

d. Il grado di un polinomio è il maggiore fra i gradi dei monomi che lo compongono. V F

e. Se i monomi di un polinomio con le lettere a e b hanno tutti grado diverso, il polinomio è ridotto. V F

8 ESERCIZIO GUIDA Stabiliamo il grado del polinomio $2a^4 + 2ab^2 - 3a^4 + b^2 + a^4 + ab$.

Il polinomio non è ridotto a forma normale, quindi occorre ridurlo prima di determinarne il grado:

$$\cancel{2a^4} + 2ab^2 - \cancel{3a^4} + b^2 + \cancel{a^4} + ab = 2ab^2 + b^2 + ab.$$

Il polinomio è formato dai monomi: $2ab^2$ di grado 3; b^2 di grado 2; ab di grado 2.
Poiché il termine di grado più alto è $2ab^2$, il polinomio $2ab^2 + b^2 + ab$ è di terzo grado.

Stabilisci il grado di ciascuno dei polinomi e indica il grado rispetto a ogni lettera.

9 $a + b + 1; \quad -x^2 + ax + 7.$

10 $\frac{1}{3}a^4 + 2a^2b^4 + \frac{1}{2}; \quad 2 + 3a^2 + 5a - a^4.$

11 $x^3 - a; \quad 4ab - 1.$

12 $a + 1; \quad a^2 - b^2.$

TEST

13 Qual è il grado di $2^5 + xy + x$?

A 5

B 2

C 8

D 1

E 12

14 Dati i polinomi $3a^3b^4 - 2a^6b + 5$ e $3a^7 + 2ab^7 + 5a^3b^3$, possiamo affermare che:

A hanno lo stesso grado.

B il primo ha grado 7 e il secondo 6.

C il primo ha grado 7 e il secondo 8.

D hanno entrambi grado 7.

E hanno entrambi grado 3.

15 Riduci a forma normale i seguenti polinomi, scrivi di che tipo sono e determinane il grado rispetto a ciascuna lettera e quello complessivo.

a. $3a - 2b^2 + \frac{1}{2}b^2 - \frac{1}{3}a + \frac{2}{5}b^2;$

b. $\frac{7}{6}ax^2 - \frac{3}{2}ax + \frac{1}{2}a - \frac{1}{6}ax^2 - \frac{3}{2}a + \frac{19}{2}ax.$

[a) $\frac{8}{3}a - \frac{11}{10}b^2$; b) $ax^2 + 8ax - a$]

Polinomi omogenei

16 Indica tra i seguenti polinomi quali sono omogenei.

a. $a^2 + \frac{1}{2}ab; \quad x^3 + 2ax^2 + 3; \quad y^4 + xy^3 + 2x^4a.$

b. $2x^2 + 3xy; \quad a + x; \quad t^2 - 2t + 2.$

17 TEST Solo uno dei seguenti polinomi *non* è omogeneo. Quale?

A $5a^3 - 2ab^2$

B $\frac{3}{7}a^2 - \frac{3}{7}$

C $\frac{12}{5}x^2y - \frac{3}{4}ab^2$

D $x^8 - y^8$

E $-\frac{7}{8}a^5 - \frac{8}{7}a^2b^3$

18 COMPLETA in modo che i polinomi siano omogenei.

$2x^4 - a^{\square}x + 2a^2y^{\square} - a^4$; $\quad 3x^5 - \frac{2}{5}xy^{\square} - 4y^{\square} + 2x^2y^3$; $\quad 7a^2b + 5a^{\square} - 2ab^{\square} + \frac{7}{3}b^3$.

FAI UN ESEMPIO

19 Scrivi un binomio omogeneo di secondo grado con le lettere a e b.

20 Qual è il numero massimo di termini di un polinomio omogeneo ridotto di terzo grado in due lettere? E in tre lettere?

Polinomi ordinati

Fra i seguenti polinomi riconosci quelli ordinati, specificando rispetto a quale lettera.

21 $4x^3 - 2x + 1$; $\quad y^3 - \frac{1}{2}y + 2y^2$; $\quad b - b^2 + b^7$; $\quad 4a^4 - a^3 + 2a$.

22 $a^2b + a$; $\quad x - x^2y - \frac{1}{2}x^3y^2$; $\quad a^3 + a^2b + 2ab^2 + b^3$; $\quad a^2b^3 + ab - b^2$.

23 Ordina i seguenti polinomi secondo potenze decrescenti di x.

$5xy^3 - 5x^3y^2 + 2 - 3x^2y$; $\quad 2x^4 - a^4 + ax^3 + 3a^3x$; $\quad -x^4y + 5x^5 - 9x^2y^3 + 2xy^4$.

Ordina i seguenti polinomi rispetto a ciascuna lettera secondo le potenze decrescenti.

24 $2xy^3 - y^4 + x - 4$; $\quad x^4 - ax^2 + 2a^4 + 2a^2x$; $\quad 2 + ab^2x - 3a^2bx^2$.

25 $3x^2y + 4y^2 - x^3$; $\quad a^2b^2 - a + ba^3$; $\quad 2xy^3 - 4yx^3 - 4x^2y^2 + 4x^4$.

Polinomi completi

26 SPIEGA PERCHÉ il polinomio $3x^2 - 2x$ non è completo e non è neppure omogeneo.

COMPLETA i seguenti polinomi, in modo che siano completi rispetto a ciascuna lettera.

27 $3a^2 + 2\square + 2$; $\quad a^3 + 4a + 1 - a^{\square}$; $\quad \square + \frac{1}{2}x^2 + 5$.

28 $7 + b^4 - b - 3b^2 + 3b^{\square}$; $\quad 6a^3b^{\square} + a^2b^3 + \frac{1}{2}a^{\square}b^2 + 4$; $\quad -a^2 + 2 + a^{\square}b^{\square}$.

29 VERO O FALSO?

a. Un polinomio ordinato non può essere omogeneo. V F

b. Un polinomio omogeneo non può essere completo rispetto a una lettera. V F

c. Un polinomio omogeneo non può essere di primo grado. V F

d. Un polinomio ordinato può essere completo. V F

ESERCIZI

TEST

30 Fra i seguenti polinomi, *soltanto uno* è completo. Quale?

A $a^2 - 2a$ B $a^2 + 2$ C $2a^2 - a$ D $2a^2 + 2$ E $a + 2$

31 I seguenti polinomi sono tutti completi, *tranne* uno. Quale?

A $x^2 - 2x + 1$ B $x^3 + 2x^2 - 3x + 5$ C $x + 1$ D $x^2 + 1$ E $x - 1$

32 Fra i seguenti polinomi, indica quali sono omogenei e quali completi; scrivi inoltre il grado complessivo e il grado rispetto a ciascuna lettera:

$$6x^3y - x^2y^2 + 4x^4; \quad 6a + 3b + c; \quad 3a^3 + a^2 - 4a + 1; \quad 4x^4y - x^3y^2 + 3x^2y^3 - 2xy^4.$$

FAI UN ESEMPIO

33 Scrivi un polinomio ordinato e completo di quarto grado rispetto alla lettera x e di grado zero rispetto a qualunque altra lettera.

34 Scrivi un polinomio omogeneo di quarto grado nelle variabili a e b che sia ordinato rispetto alle potenze crescenti di b e che sia completo.

35 Scrivi un polinomio omogeneo di terzo grado, nelle variabili x e y, ordinato secondo le potenze decrescenti di x e completo.

36 Scrivi un polinomio completo di quarto grado, ordinato secondo le potenze crescenti di x e decrescenti di y.

Indica quali polinomi sono omogenei, quali completi e quali ordinati, specificando rispetto a quale lettera.

37 $\frac{7}{3}a^2 - \frac{5}{4}b^2; \quad a^2b + ab + b; \quad -2a^3 + 4ab^2 - 5a^2b; \quad \frac{2}{3}x^2 - xy + y^2; \quad a^2 + b^2 - 2ab.$

38 $\frac{1}{2} - 3a + \frac{1}{4}a^2 - \frac{1}{3}a^3; \quad ax^3 - a^4 + 3a^3x - 2x^4; \quad -4x^3 + 3x^2y - y^3; \quad a^3 - 2a^2 - a.$

2 Le operazioni con i polinomi

▶ Teoria a p. 302

L'addizione e la sottrazione

SPIEGA PERCHÉ

39 In quale caso la somma di due polinomi è uguale al polinomio nullo?

40 La somma di due polinomi può essere un monomio?

41 **ESERCIZIO GUIDA** Eseguiamo le seguenti operazioni:

a. $\left(\frac{1}{3}x^2 - \frac{1}{2}x - 1\right) + \left(\frac{2}{3}x + \frac{2}{3} - x^2\right)$; **b.** $(a^2 - ab - a^2b) - (a^2b + 2ab - a^2)$.

a. Scriviamo l'addizione dei due polinomi, togliendo le parentesi:

$$\frac{1}{3}x^2 - \frac{1}{2}x - 1 + \frac{2}{3}x + \frac{2}{3} - x^2.$$

Riduciamo a forma normale il polinomio somma:

$$\frac{1}{3}x^2 - \frac{1}{2}x - 1 + \frac{2}{3}x + \frac{2}{3} - x^2 = -\frac{2}{3}x^2 + \frac{1}{6}x - \frac{1}{3}.$$

b. Scriviamo la sottrazione, togliendo le parentesi. Dobbiamo cambiare segno a tutti i termini del secondo polinomio, perché la parentesi è preceduta dal segno $-$:

$$a^2 - ab - a^2b - a^2b - 2ab + a^2.$$

Riduciamo a forma normale il polinomio differenza:

$$\underline{a^2} - \underline{ab} - \underline{a^2b} - \underline{a^2b} - \underline{2ab} + \underline{a^2} = 2a^2 - 3ab - 2a^2b.$$

Esegui le seguenti addizioni e sottrazioni.

42 $a-(2b+a)$ $[-2b]$

43 $a+(3b+a)-(a^2+b)$ $[-a^2+2a+2b]$

44 $2x^2-[xy+2-(x^2-2xy+y^2)+2y^2]$ $[3x^2-y^2-3xy-2]$

45 $x^2+\frac{2}{5}x-2-\left(\frac{1}{3}x^2+\frac{2}{5}x+2\right)$ $\left[\frac{2}{3}x^2-4\right]$

46 $(4x^3-5x^2+2)+(-3x^2+2x^2-2)$ $[4x^3-6x^2]$

47 $(-8a^5+6a^3+3a-2)+(5a^5-3a^3+2a)$ $[-3a^5+3a^3+5a-2]$

48 $(3a^3+5a^2-2a+1)-(3a^3-2a^2+5a-7)$ $[7a^2-7a+8]$

49 $(3x^3-4y^2)+(5y^2-4x^3)+(x^3-y^3)$ $[y^2-y^3]$

50 $(10a^2b+5ab^2+3ab)+(7ab^2-5a^2b+2a^2b)$ $[7a^2b+12ab^2+3ab]$

51 $\left(\frac{2}{3}x^2y+\frac{3}{4}xy^3-\frac{2}{5}x^4\right)-\left(-\frac{1}{4}xy^3-\frac{1}{3}x^2y+\frac{3}{5}x^4\right)$ $[x^2y+xy^3-x^4]$

52 $\left(\frac{1}{5}x^2-\frac{2}{3}x+1\right)+\left(\frac{1}{3}x^2+2x-\frac{1}{2}\right)$ $\left[\frac{8}{15}x^2+\frac{4}{3}x+\frac{1}{2}\right]$

53 $(5a^3b^2-ab^3+a^2b^3)-(a^2b^3+ab^3-a^3b^2)$ $[6a^3b^2-2ab^3]$

54 $(2x^2+y^2-3xy)+\left(y^2-2xy-\frac{1}{3}x^2\right)+\left(3xy-\frac{2}{3}x^2-2y^2\right)$ $[x^2-2xy]$

55 $(3x-2)-(3x+2)-(-2x+1)-(-3x-1)$ $[5x-4]$

56 $-(x^2-y^2)-[-(-x^2-y^2)+(2x^2+xy-y^2)]+(-2x^2)$ $[-6x^2+y^2-xy]$

57 $2a^4-[a^2b^2+2-(b^4-2a^2b^2+a^4)-2b^4]+(3a^2b^2-3b^4)$ $[3a^4-2]$

58 $-\frac{1}{10}x^2y+\left[x^2y^2-\left(\frac{1}{3}x^3y-\frac{1}{10}x^2y\right)\right]-\left(\frac{1}{3}x^3-\frac{1}{3}x^3y\right)$ $\left[x^2y^2-\frac{1}{3}x^3\right]$

59 $2x^2+\left[\frac{1}{3}x-\left(\frac{2}{3}x^2+x-\frac{1}{3}x^2\right)+\frac{1}{2}x^2\right]+\frac{2}{3}x-\frac{1}{6}x^2$ $[2x^2]$

60 $[x^2-xy+(2xy-x^2)]-\{xy-[2xy+(xy-x^2)]\}+x^2$ $[3xy]$

61 ESEMPIO DIGITALE $3x+[(2x^2y)^2:(-x)^3-(5x+1)]+(8x^2y^2+4x^2y^2):(3x)$

ESERCIZI

62 $ab - (2ab)^2 + [(3a^2b)^3 - b(2a^3b)^2 - 2a^6b^3]:(7a^4b) - \frac{1}{2}ab$ $\left[\frac{1}{2}ab - a^2b^2\right]$

63 $\left(x^2 - \frac{1}{2}x\right) - \left[3x + \frac{1}{2}x^3 - \left(\frac{1}{2}x^2 + 7x + x^3\right) + (-2x^3)^2:(2x)^3\right]$ $\left[\frac{3}{2}x^2 + \frac{7}{2}x\right]$

64 $[(-3x)^5:(3x)^4]^2 - (6x - y) - [(3x)^2 - (2x + 3y)] + (8y - 5x)$ $[-9x + 12y]$

65 $-[(-2x)^2 - (-y)^3] + \left\{(xy^2)^3:\left(\frac{1}{2}xy\right)^3 - [x^2y^3 - 2y^3 + 3x(-x) - (-xy)(-xy^2)]\right\}$ $[-x^2 + 9y^3]$

66 $\frac{1}{2}x^2y^2 + 0,5x^3y - 2xy + \left\{-\left[-\left(-\frac{1}{2}x^3y + \frac{1}{3}x^2y^2\right)\right]\right\} - \frac{5}{6}x^2y^2$ $[-2xy]$

67 $-\frac{2}{3}a^2 - \left[-\frac{3}{4}a^2 - \left(\frac{4}{3}a^3 + \frac{1}{4}a^2 - \frac{1}{3}\right) + \left(\frac{2}{5}a^3 - a^2\right)\right] - \frac{14}{15}a^3$ $\left[\frac{4}{3}a^2 - \frac{1}{3}\right]$

Lettere che rappresentano polinomi

Dati i polinomi *A*, *B* e *C*, determina e semplifica le espressioni 2 − *A*, *B* − *C*, 1 − (*A* + *B*) nei casi seguenti.

68 $A = 1 - x, \quad B = 1 + 2x, \quad C = 6y^2 - 3.$

69 $A = 2a^2 - 3a + 1, \quad B = a^2 - 2b, \quad C = b^2 - 1.$

70 $A = a^2 - 1, \quad B = 2a^2 + 4, \quad C = \frac{1}{3}a - \frac{5}{3}b^2.$

Semplifica le espressioni *A* + *B* + *C*, *A* − (*B* + *C*), *A* − (*B* − *C*), *B* − *A* − *C* nei casi seguenti.

71 $A = 3a^2 + 2a + 1, \quad B = a + 2, \quad C = a^2 - 5a + 7.$

72 $A = \frac{1}{3}x^3 + y^3, \quad B = \frac{1}{3}y^3 - x^3, \quad C = \frac{1}{3}y^3 - \frac{1}{3}x^3.$

73 INVALSI 2011 **Chi ha ragione?** L'insegnante chiede: «Se n è un numero naturale qualsiasi, cosa si ottiene addizionando i tre numeri $2n + 1$, $2n + 3$ e $2n + 5$?».
Mario afferma: «Si ottiene sempre il triplo di uno dei tre numeri».
Luisa risponde: «Si ottiene sempre un numero dispari».
Giovanni dice: «Si ottiene sempre un multiplo di 3».
Chi ha ragione?

A Tutti e tre. B Solo Mario. C Solo Luisa. D Solo Giovanni.

74 EUREKA! **Il più grande di undici** La somma di undici numeri consecutivi è p. Allora il più grande di tali numeri vale:

A $\frac{p}{5} + 5.$

B $\frac{p}{11} + 5.$

C $\frac{p}{5} + 10.$

D $\frac{p}{11} + 10.$

E $\frac{p}{6} + 10.$

(*Kangourou Italia*, 2011)

75 Senza svolgere calcoli scritti, indica il risultato delle seguenti espressioni.

$[(x - 3y) + z] - [(x - 3y) - z];$

$(a^3 - b^3) + (a^3 - b^3);$

$(6a^2b + 2b - 3a^2) - (6a^2b + 2b - 3a^2);$

$(a^2 + 4ab) - (4a^2 + 4ab);$

$(b^0 + b^2) + (b^0 - b^2)$, con $b \neq 0$.

MATEMATICA INTORNO A NOI

Il tricolore e lo stemma Sul pavimento dell'atrio di un municipio vi è un mosaico del tricolore italiano e dello stemma comunale. Le tessere del mosaico formano tre quadrati da cui manca un angolo, anch'esso quadrato. La disposizione degli arredi, però, copre lo stemma del Comune. Un architetto…

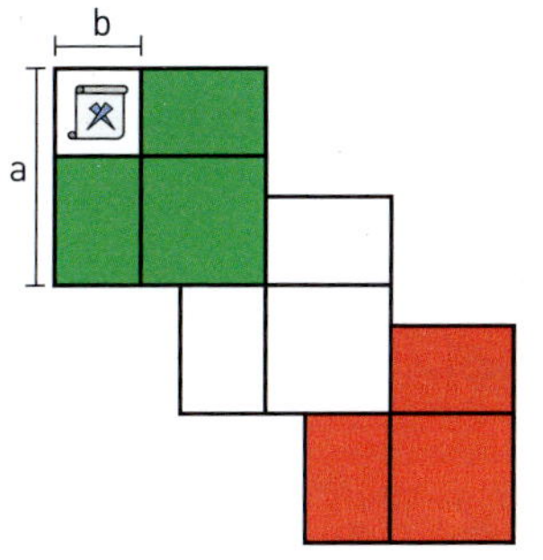

Problema e risoluzione.

La moltiplicazione di un monomio per un polinomio

76 ESERCIZIO GUIDA Calcoliamo: **a.** $(5a^3+2ab-3b^2)(-3a^2b^2)$; **b.** $\frac{3}{8}xy(16xy^2-3x^2y^2)$.

a. $(5a^3+2ab-3b^2)(-3a^2b^2)=$

3 termini

Applichiamo la proprietà distributiva della moltiplicazione rispetto all'addizione:

$5a^3(-3a^2b^2)+2ab(-3a^2b^2)+$

$-3b^2(-3a^2b^2)=$

Eseguiamo le moltiplicazioni:

$-15a^5b^2-6a^3b^3+9a^2b^4$.

3 termini

b. $\frac{3}{8}xy(16xy^2-3x^2y^2)=$

2 termini

Per rendere più veloce il calcolo, evitiamo di indicare le moltiplicazioni. Facciamo però attenzione a moltiplicare il coefficiente del monomio (con il suo segno) per **tutti** i coefficienti dei termini del polinomio:

$6x^2y^3-\frac{9}{8}x^3y^3$.

2 termini

Il numero dei termini del polinomio prodotto è lo stesso di quelli del polinomio di partenza.

Calcola i prodotti.

77 $6(x^2-2y)$; $(-2)\cdot(-3xy+2)$. $[6x^2-12y;\ 6xy-4]$

78 $-\frac{1}{6}(2a-3x)$; $3\left(\frac{1}{9}x^2-2x\right)$. $\left[-\frac{1}{3}a+\frac{1}{2}x;\ \frac{1}{3}x^2-6x\right]$

79 $a(x+a)$; $b(by-1)$. $[ax+a^2;\ b^2y-b]$

80 $(-xy)\cdot(-2x+y)$; $2a(-a^3+8ax)$. $[2x^2y-xy^2;\ -2a^4+16a^2x]$

81 $(-4x^2y)\cdot(-x^3+2xy-y)$; $(a^3-2a^2+1)2a^2$. $[4x^5y-8x^3y^2+4x^2y^2;\ 2a^5-4a^4+2a^2]$

82 $(a^2-3a-1)(2a)$; $(-3x^3+2x-4)(-3x^2)$. $[2a^3-6a^2-2a;\ 9x^5-6x^3+12x^2]$

83 $(-2x^2)\cdot\left(-x^4-2x^2+\frac{1}{2}x+4\right)$ $[2x^6+4x^4-x^3-8x^2]$

84 ESEMPIO DIGITALE $\frac{2}{3}ab\left(\frac{3}{8}a^2-\frac{1}{2}b^2\right)$; $-\frac{3}{4}xy^3\left(2xy-\frac{8}{3}x^2y^2-\frac{4}{9}x^3y^2\right)$.

ESERCIZI

85 $-\frac{4}{3}x^2\left(\frac{1}{4}x^2-\frac{9}{2}x+6\right)$ $\left[-\frac{1}{3}x^4+6x^3-8x^2\right]$

86 $9ab\left(\frac{2}{3}a^2b-\frac{16}{9}ab^2\right)$ $[6a^3b^2-16a^2b^3]$

87 $\frac{5}{2}x^3y\left(4x^2-\frac{1}{5}xy+y^2\right)$ $\left[10x^5y-\frac{1}{2}x^4y^2+\frac{5}{2}x^3y^3\right]$

88 $-3{,}5ab\left(-1+\frac{2}{3}a^2b^2-\frac{2}{7}a^3b-\frac{1}{14}ab^2\right)$ $\left[\frac{7}{2}ab-\frac{7}{3}a^3b^3+a^4b^2+\frac{1}{4}a^2b^3\right]$

Semplifica le seguenti espressioni.

89 $x^2(x+y-1)-x(x-y)-y(x^2-2)-xy$ $[x^3-2x^2+2y]$

90 $[-2a(3a-2)-a]\cdot(-2a^2)-(-2a^3)\cdot(3a-1)-2a(9a^3)$ $[-8a^3]$

91 $(-x^3)[(-x^2)\cdot(2a-3x)-3x^3]-2ax(x^4-1)$ $[2ax]$

92 $[a^2(2a^3-a-2)-2a^5]\cdot(-a)+(-6a)\cdot\left(a+\frac{1}{3}a^2\right)-(-a^2)^2$ $[-6a^2]$

93 $-4x(2x+3y)-3y(-4x+y)-2(4x^2+3y^2)$ $[-16x^2-9y^2]$

94 $-3ab(a^2+b^2)+ab(a^2-b^2)+2ab(a^2+2b^2)$ $[0]$

95 $(3a-2b)\frac{1}{3}a-a^2+\frac{2}{3}b(2a-3b)-4\left(b^2-\frac{1}{3}ab\right)$ $[2ab-6b^2]$

96 $-\frac{2}{3}a^2\left(-\frac{2}{3}a+\frac{3}{2}\right)-\left(5a^2+\frac{5}{2}a\right)\left(-\frac{2}{5}a\right)$ $\left[\frac{22}{9}a^3\right]$

97 $\frac{5}{4}a\left(\frac{8}{15}x^3-\frac{8}{5}x^2y\right)+(xa^2-5)x-\frac{2}{3}x^2a\left(x-3y+\frac{3}{2}a\right)$ $[-5x]$

98 $(a^2-2ab)\left(-\frac{3}{2}a\right)+(-2a+3b)\left(-\frac{1}{2}a^2\right)+\frac{1}{4}a(5ab-8a^2)$ $\left[\frac{11}{4}a^2b-\frac{5}{2}a^3\right]$

99 $\left(\frac{1}{2}x^3+3x^2y+6xy^2-\frac{1}{2}y^3\right)\left(-\frac{1}{3}xy\right)^2-3x^3y^3\left(\frac{1}{9}x+\frac{2}{9}y\right)$ $\left[\frac{1}{18}x^5y^2-\frac{1}{18}x^2y^5\right]$

100 $\left(\frac{2}{3}ab\right)\left(3ab^2-b^3+\frac{3}{2}a^2b\right)\left(-\frac{1}{2}a^2\right)-(-a)^3\left(ab^3+2b^4-\frac{1}{2}b\right)$ $\left[\frac{7}{3}a^3b^4-\frac{1}{2}a^5b^2-\frac{1}{2}a^3b\right]$

101 $1{,}5x^2(x^2+y^2-1)+0{,}2y^2(1{,}5x^2-3y^2+5)+\frac{1}{2}(1{,}2y^4-3x^4)-9x^2\left(\frac{1}{5}y^2\right)$ $\left[y^2-\frac{3}{2}x^2\right]$

TEST

102 Fra i seguenti polinomi, *solo uno* è equivalente al prodotto $2a^2\cdot(ab-b^2)$. Quale?

- A $2a^2b-2a^2b^2$
- B $2a^3b^3-2a^2$
- C $2a^3b-2a^2b^2$
- D $2a^2-b^3$
- E $2a^3-2b^3$

103 Le seguenti espressioni sono fra loro equivalenti, *tranne* una. Quale?

- A $a(ab-b^2+b)$
- B a^2b-ab^2+ab
- C $ab(a-b+1)$
- D $ab(a-b)+1$
- E $b(a^2-ab+a)$

104 Il prodotto del monomio $3ab^2$ per il polinomio P dà come risultato il polinomio $3a^4b^2-6ab^3+12a^2b^3$. Qual è P?

- A $a^3-2b+4ab$
- B $3a^3-2b+4ab$
- C a^3-2b^2+4ab
- D a^3-2b^2+4a
- E a^3-2b^2+4b

105 ●○ YOU & MATHS **Increasing diameters** The length of a circumference is measured in metres. How much does it increase if its diameter increases by a metre? And by a kilometre? What happens when the diameter doubles?

106 ●○ YOU & MATHS **A yellow rectangle** Write an expression that represents the area of the rectangle and simplify it. Then write an expression for its perimeter and simplify it as well.

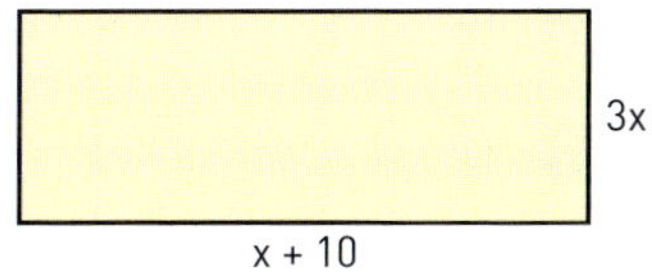

107 ESERCIZIO GUIDA Completiamo inserendo il monomio mancante.

$\square \cdot (2a^2b + 4ab^2) = 4a^3b^3 + 8a^2b^4.$

Poiché sia il risultato sia il secondo fattore sono binomi, il primo fattore deve essere un monomio, che chiamiamo M.

Deve essere $M \cdot 2a^2b = 4a^3b^3$ e $M \cdot 4ab^2 = 8a^2b^4$ → Il monomio mancante è $2ab^2$.

($\cdot 2$, $\cdot b^2$, $\cdot a$)

Verifica: $\mathbf{2ab^2} \cdot (2a^2b + 4ab^2) = 4a^3b^3 + 8a^2b^4.$

COMPLETA inserendo il monomio mancante.

108 ●○ $\square \cdot (ab + 3a) = 2a^2b^2 + 6a^2b$

109 ●○ $(a^2 - a + 2) \cdot \square = -2a^4 + 2a^3 - 4a^2$

110 ●○ $3a^2b(a^2b + \square) = 3a^4b^2 - 6a^5b^2$

111 ●○ $\square \cdot \left(-\frac{2}{3}x^2y + xy\right) = 2x^4y - 3x^3y$

112 ●○ $(x + 3b) \cdot \square = \frac{1}{2}bx^2 + \frac{3}{2}b^2x$

113 ●● $\frac{2}{3}a^2b\left(\frac{9}{4}ab + \square\right) = \frac{3}{2}a^3b^2 + \frac{1}{2}a^3b$

114 ●● $-2xy\left(\frac{1}{2}x^2 - \square\right) = -x^3y + 4x^2y^2$

115 ●● $2x^2 \cdot (-x)^3 \cdot \left(\square\right) = -x^7 + \frac{1}{2}x^5y^2$

La moltiplicazione di due polinomi

116 ESERCIZIO GUIDA Eseguiamo la moltiplicazione:

$(3x^2 - 2y^2)(x^2 + 4y^2).$

$(3x^2 - 2y^2)(x^2 + 4y^2) =$

Moltiplichiamo ogni termine del primo polinomio per ogni termine del secondo:

$3x^4 + 12x^2y^2 - 2x^2y^2 - 8y^4 =$

Sommiamo i monomi simili:

$3x^4 + 10x^2y^2 - 8y^4.$

Esegui le seguenti moltiplicazioni.

117 ●○ $(2a - 3b)(5a + 4b);\quad (x - 3y)(5x + y).$

118 ●○ $(a + 3b)(b - 3a);\quad (x + 1)(x^2 - x + 1).$

ESERCIZI

119 $\left(x+\frac{1}{2}y\right)(x^2-2y^2)$; $\left(\frac{2}{3}a+b\right)\left(\frac{1}{3}b-\frac{4}{3}a\right)$.

120 $\left(\frac{3}{2}a^2-2\right)\left(\frac{1}{3}a^3-1\right)$; $(a^2-5b^2)(-3a^2-4b^2)$.

121 $(a+b+c)(a+b-c)$; $(x^2+4y^2)(x^2-2y^2)$.

122 $(a-1)(2a^2+a+1)$; $(2x+1)(3x^2-x-1)$.

123 $(2x+y)(4x^2+2xy+y^2)$;
$(a^3-3a+2)\left(\frac{1}{2}a+1\right)$.

124 $\left(a+\frac{1}{2}b\right)\left(\frac{1}{4}a^2-ab+b^2\right)$;
$(2x^2+y^2)\left(x^2+\frac{1}{2}xy-\frac{1}{2}y^2\right)$.

Semplifica le seguenti espressioni.

125 $(3a+2)(a-3)+(4a-1)(a+2)$ $[7a^2-8]$

126 $(2a-1)(a+1)-(a-1)(2a-3)$ $[6a-4]$

127 $(a^3+2b)(a^3-2b)-(a^5+a)(a-1)-a(1-a)$ $[a^5-4b^2]$

128 $(4x^2+9y^2)(4x^2-9y^2)-[y^3(16x^2-81y)+16x^4]$ $[-16x^2y^3]$

129 ESEMPIO DIGITALE $(3a^2-5ab+7b^2)-\left[\left(\frac{1}{3}a-b\right)(a+2)-(4a-2)\left(b-\frac{2}{3}a\right)\right]$

130 $(a+b)(a+c)-[(b+c)(a+b)+(a-b)(a+b)]+3$ $[3]$

131 $(x-y)(x^2+xy+y^2)+(x+y)(x^2-xy+y^2)$ $[2x^3]$

132 $\left(\frac{3}{2}a^2-\frac{1}{3}a\right)\left(\frac{9}{4}a^4+\frac{1}{9}a^2\right)-\left(\frac{3}{2}a^2+\frac{1}{3}a\right)\left(\frac{9}{4}a^4-\frac{1}{9}a^2\right)$ $\left[\frac{1}{3}a^4-\frac{3}{2}a^5\right]$

133 $(a^2+ab+b^2)(a^2-ab+b^2)-[-(a^2+b^2)(a^2-b^2)]$ $[2a^4+a^2b^2]$

134 EUREKA! **Trinomi speciali** Ilaria afferma che per moltiplicazioni del tipo

$(x+5)(x+2)$, $(x+3)(x-7)$, $(x-1)(x-6)$, ...

il risultato è sempre un trinomio di secondo grado in cui un coefficiente è 1 e gli altri due si ottengono con particolari operazioni fra i due numeri che compaiono nei fattori della moltiplicazione.

a. Indica e giustifica la regola scoperta da Ilaria.

b. Applicala per calcolare i tre prodotti proposti.

La moltiplicazione fra più polinomi

135 ESERCIZIO GUIDA Eseguiamo $(2x+3)(y-1)(x+2)$.

In base alle proprietà commutativa e associativa, possiamo moltiplicare per primi i fattori più opportuni.
Moltiplichiamo il primo e il terzo fattore, perché ci sono termini simili:

$$(2x^2+\underline{4x}+\underline{3x}+6)(y-1)=$$

Sommiamo i termini simili:

$$(2x^2+7x+6)(y-1)=$$

Moltiplichiamo ancora:

$$2x^2y+7xy+6y-2x^2-7x-6.$$

Abbiamo eseguito sei moltiplicazioni fra monomi. Quante sarebbero state se avessimo calcolato per primo il prodotto $(2x+3)(y-1)$?

Esegui le seguenti moltiplicazioni di più fattori.

136 $(x+1)(2x+3)(x-4)$ $[2x^3-3x^2-17x-12]$

137 $(a+b)(a-b)(a^2+b^2)$ $[a^4-b^4]$

138 $(2x^2+2x+1)(2x^2-2x+1)(4x^4-1)$ $[16x^8-1]$

Le espressioni con i polinomi

Semplifica le seguenti espressioni.

139 $(x^2-6-2x)+(2x^2-3x+7)+(4x-3x^2+5)$ $[6-x]$

140 $(2a^2-b^2-ab)+\left(\frac{1}{3}b^2-3a^2-\frac{1}{4}ab\right)+\left(a^2-\frac{4}{3}b^2\right)$ $\left[-2b^2-\frac{5}{4}ab\right]$

141 $\left(\frac{1}{4}a^2-\frac{1}{2}b^2+\frac{1}{6}ab\right)+\left[-\left(ab-\frac{1}{2}b^2+a^2\right)-\left(\frac{2}{3}ab-b^2-\frac{3}{4}a^2\right)\right]$ $\left[b^2-\frac{3}{2}ab\right]$

142 $\left(0{,}75y^4-\frac{1}{4}xy^3+x^3y+0{,}25x^4\right)+\left(x^3y-\frac{3}{4}y^4-\frac{1}{4}x^4+4xy^3\right)$ $\left[2x^3y+\frac{15}{4}xy^3\right]$

143 $3a(a+2)5a-2a(a+3)(a-1)$ $[13a^3+26a^2+6a]$

144 $(3x-2y)(x-4y)-(5x+3y)(2x-5y)$ $[-7x^2+23y^2+5xy]$

145 $\frac{3}{2}a(1+3a)(3a-1)+3\left(\frac{1}{2}a+\frac{1}{3}\right)\left(a+\frac{1}{3}\right)$ $\left[\frac{27}{2}a^3+\frac{3}{2}a^2+\frac{1}{3}\right]$

146 $\left(2x+\frac{1}{3}y\right)(x-3y)-(2x+y)\left(\frac{1}{2}x-y\right)$ $\left[x^2-\frac{25}{6}xy\right]$

147 $(x+3)(2x-5)+(1-3x)(4-x)+(2-5x)(4-x)$ $[10x^2-34x-3]$

148 $(a+b+1)(a+b-1)-a(a+2b)-(b-1)(b+1)$ $[0]$

149 $a^2-2a^3+\left[3-3a^2-\left(a^3+\frac{1}{2}\right)\right]+\left(3a^3-\frac{5}{2}\right)$ $[-2a^2]$

150 $(2x-y+3)\left(\frac{2}{3}xy\right)-(x+y-2)\left(-\frac{5}{3}xy\right)-3(x^2y-xy^2)$ $\left[-\frac{4}{3}xy+4xy^2\right]$

151 $a^3(a^2+b^2)(a^2-b^2)(-b)^3-a^3b^7$ $[-a^7b^3]$

152 $(b^2-3)(a^2+b^2)-2b^2(1-a^2)-(a^2-1)(b^2-1)-b^4+1$ $[-4b^2-2a^2+2a^2b^2]$

153 $x(x+x^2+x)-\frac{1}{2}x(x^2+2)+x^2\left(-\frac{1}{2}x-1\right)$ $[x^2-x]$

154 $(a+b)(a^2-ab+b^2)(a^3-b^3)-a^6$ $[-b^6]$

155 $(x+1)\left(-0{,}5x+\frac{1}{2}\right)-\left(\frac{1}{2}x+1\right)\left(-\frac{1}{3}x-0{,}\overline{3}\right)$ $\left[-\frac{1}{3}x^2+\frac{1}{2}x+\frac{5}{6}\right]$

ESERCIZI

156 $(a^2+3a+2)(a+3)-(a+1)(a+2)-a^2(a+5)$ $[8a+4]$

157 $(2a+3b)(-2b)\left(-\frac{1}{3}a\right)-\frac{3}{4}ab(2a+b)-ab\left(\frac{1}{2}a+\frac{3}{4}b\right)$ $\left[-\frac{2}{3}a^2b+\frac{1}{2}ab^2\right]$

158 $\left(3a^2+\frac{1}{2}ab+b^2\right)\left(b-\frac{1}{2}a\right)+\left(a-\frac{1}{2}b\right)\left(\frac{3}{2}a^2-3ab\right)$ $\left[-a^2b+\frac{3}{2}ab^2+b^3\right]$

159 $(x+y)\left(4x^2+\frac{1}{9}y^2-\frac{4}{3}xy\right)-x\left(2x-\frac{1}{3}y\right)\left(x+\frac{2}{3}y\right)$ $\left[2x^3+\frac{5}{3}x^2y-xy^2+\frac{1}{9}y^3\right]$

160 $(a-3b)(2a^2-ab-b^2)-(a^2-ab-3b^2)(2a-b)$ $[-4a^2b+7ab^2]$

161 $x(xy-3)(xy+1)-2x(1-x^2y^2)+3x(1-xy)(1+xy)$ $[-2x^2y-2x]$

162 $a(a+b)(2a-b)-(2a+b)(a^2-b)-(a+1)(-b)^2$ $[-2ab^2+2ab]$

163 $a\{3a^3-[(-ab+b^2-2a^2)a+ab(a-b)-b^3]\}-a(5a^3+b^3)$ $[0]$

164 $a\cdot(a^3-1)-(a-1)[a^3(a+1)-a^4]-(a-1)^2(a+1)+(1-a)$ $[a^2-a]$

165 $9(x^2y)^2+\frac{1}{4}x(xy+3y)-\frac{xy}{3}(3x+1)-x^2(3xy)^2$ $\left[-\frac{3}{4}x^2y+\frac{5}{12}xy\right]$

166 $\frac{1}{3}x\left(\frac{1}{2}+y-9x\right)+\frac{y}{2}\left(-\frac{2}{3}x+\frac{y^2x^3}{7}\right)+(2xy)^2+(xy)^2(xy-4)+x^2(y+3)$ $\left[\frac{1}{6}x+x^2y+\frac{15}{14}x^3y^3\right]$

167 $b^2\cdot\left(\frac{1}{3}a^2+b^3\right)\cdot(a^4b^2-1)-\frac{1}{12}(2a^3b^2)^2+b^2\left(\frac{ab}{3}\right)^2-a^2b^4\left(a^2b^3+\frac{1}{4}\right)$ $\left[-\frac{1}{3}a^2b^2-\frac{5}{36}a^2b^4-b^5\right]$

168 $(x^2-y^2)(x^4+y^4+x^2y^2)(x+1)-x^2(x^5+x^4+1)+y^2(y^4+xy^4+1)$ $[-x^2+y^2]$

169 ESEMPIO DIGITALE $b-b\left(3b^2-\frac{1}{4}y^2\right)+y(1{,}5b-0{,}\bar{3}y)\left(\frac{3}{2}y-b\right)-\left(b-\frac{1}{2}y\right)(3b^2+y^2)$

170 $\left\{\left[0{,}\bar{3}y^2+0{,}5xy-y\left(\frac{1}{3}y-x\right)\right](2x+4y)-6xy^2\right\}\left(-\frac{2}{3}y\right)$ $[-2x^2y^2]$

171 $3x^3(-xy)^2-\left[27x^3\left(-\frac{1}{3}xy\right)^2-\left(-\frac{5}{4}x^3y^2\right)^2\right]+3x^5(-2y)^2$ $\left[\frac{25}{16}x^6y^4+12x^5y^2\right]$

172 $\left(\frac{1}{3}x^3y^2\right)^2-\left(\frac{1}{3}x^3y^2+3x\right)\left(\frac{1}{3}x^3y^2-3y\right)+xy(xy+3)(xy-3)-2(xy)^3$ $[-x^4y^2]$

173 $\frac{1}{2}(xy)^2\left(\frac{3}{4}x^3+\frac{x}{3}+\frac{1}{2}\right)-\left(\frac{xy}{2}+3\right)\left(\frac{xy}{2}-3\right)+\frac{x^2}{6}\left(\frac{xy^2}{2}-\frac{9}{4}x^3y^2\right)$ $\left[\frac{1}{4}x^3y^2+9\right]$

Lettere che rappresentano polinomi

Posti $A=\frac{1}{3}x+2y$, $B=y^2-x^2$, $C=2x^2+y^2$, semplifica le espressioni seguenti.

174 $A(C-B)+AC$ $\left[\frac{5}{3}x^3+\frac{1}{3}xy^2+10yx^2+2y^3\right]$

175 $A(3B-C)-2C\left(-\frac{1}{2}A\right)$ $[6y^3-x^3+xy^2-6x^2y]$

176 $(A+B)C-B(A+C)+A(B-C)$ [0]

177 $A(B-C)-AB$ $\left[-\frac{2}{3}x^3-2y^3-\frac{1}{3}xy^2-4x^2y\right]$

Dalle parole alle espressioni

178 ESERCIZIO GUIDA Dati i polinomi $3x^2+5x-6$, $1-x^2$ e x^2-5x, aggiungiamo al secondo polinomio la differenza fra l'ultimo e il primo.

Indicando con A il primo polinomio, con B il secondo e con C il terzo, otteniamo l'espressione:

$$B+(C-A).$$

Eseguiamo la sostituzione:

$$1-x^2+(x^2-5x-3x^2-5x+6)=1-x^2+(-2x^2-10x+6)=$$

$$1-x^2-2x^2-10x+6=-3x^2-10x+7.$$

179 Dati i polinomi $5a^2-2a+1$, $3a+a^2-2$, a^2-1+2a:

a. sottrai al primo la somma del secondo e del terzo;

b. aggiungi al terzo la differenza tra il secondo e il primo.

180 Come nell'esercizio 179, ma con i seguenti polinomi: $\frac{1}{3}a-\frac{1}{4}$, $\frac{1}{3}a^2-\frac{1}{2}$, $\frac{1}{2}a+\frac{1}{3}$.

181 Quale polinomio si deve sommare a $5x^3+2x^2+x+7$ per ottenere $2x^3-3x-1$?

182 Dati i polinomi a^2-b^2, $a^2-2ab+b^2$, $a^2+2ab+b^2$, a^2+b^2, sottrai alla differenza tra il primo e il secondo la differenza fra il terzo e il quarto.

183 Dati i polinomi dell'esercizio 182, all'opposto del secondo aggiungi la somma degli altri tre.

184 Quale polinomio sommato a $\frac{1}{2}x^2-x-5$ dà come risultato $\frac{1}{2}x-1$?

185 Quale polinomio sommato a $3b^3-2b^2-\frac{1}{2}b+3$ dà come risultato b^2-3b+1?

186 Svolgi gli esercizi 184 e 185, ma con «sottratto» al posto di «sommato».

187 A $5x^2-3y^2$ aggiungi l'opposto dei suoi $\frac{4}{5}$. Calcola la somma. $\left[x^2-\frac{3}{5}y^2\right]$

188 Aggiungi al triplo di $4x^2-2x$ il doppio di $x-6x^2$. $[-4x]$

189 A $3a^3-\frac{1}{2}a-1$ aggiungi l'opposto di $\frac{3}{2}a-\frac{1}{2}a^3$. $\left[\frac{7}{2}a^3-2a-1\right]$

ESERCIZI

Problemi con i polinomi

Problemi geometrici

190 COMPLETA scrivendo l'elemento mancante per ogni figura, conoscendo di ognuna il perimetro.

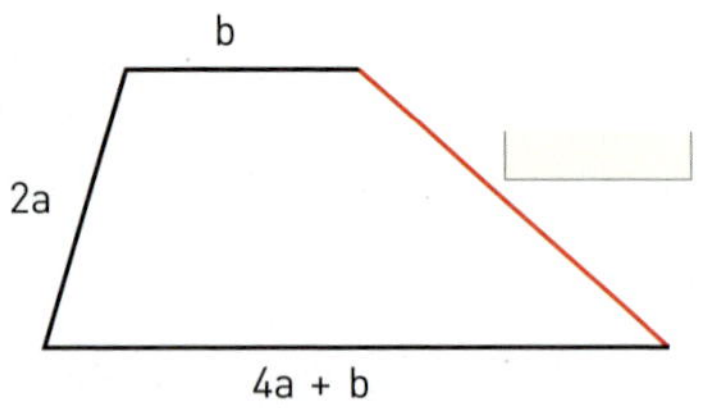

a. $2p = 7a + 3b + 1$

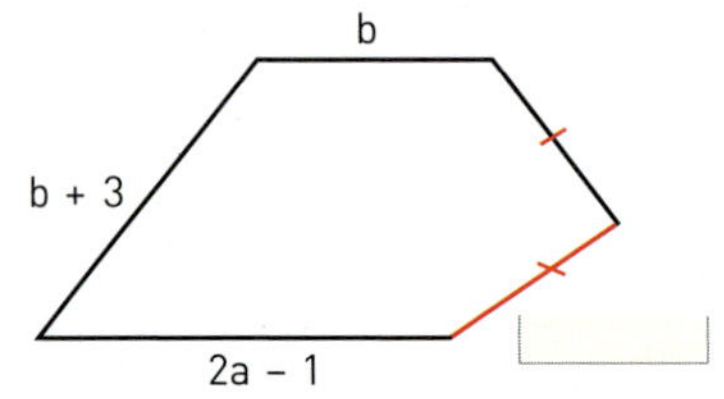

b. $2p = 4a + 4b + 8$

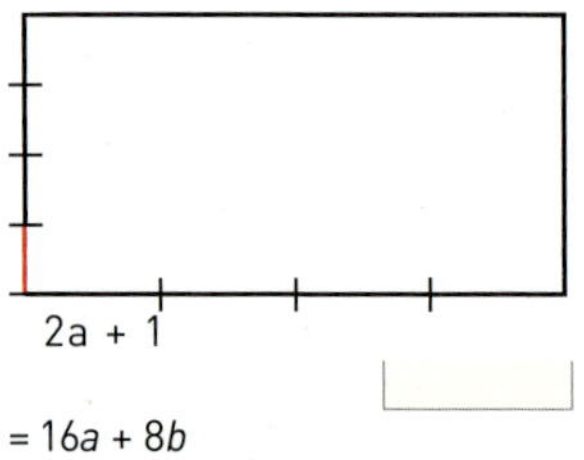

c. $2p = 16a + 8b$

$[a + b + 1; a + b + 3; b - 1]$

Rappresenta attraverso un polinomio ridotto le seguenti grandezze geometriche.

191 L'area di un rettangolo di base $x + 6$ e altezza $2y - 1$.

192 Il perimetro di un parallelogramma di lati $6a + 3$ e $4a - 2$.

193 L'area di un rombo di diagonali $4x + 1$ e $2y + 4$.

194 Il volume di un parallelepipedo rettangolo di spigoli $a + 1$, $2a + 2$, $a + 4$.

195 La superficie totale del parallelepipedo dell'esercizio 194.

196 Il volume di un cilindro di altezza $x + 2$ e raggio di base $4x$.

197 ESERCIZIO GUIDA Date le misure a e b dei segmenti indicati nella figura, troviamo l'espressione che esprime la misura dell'area del quadrato Q.

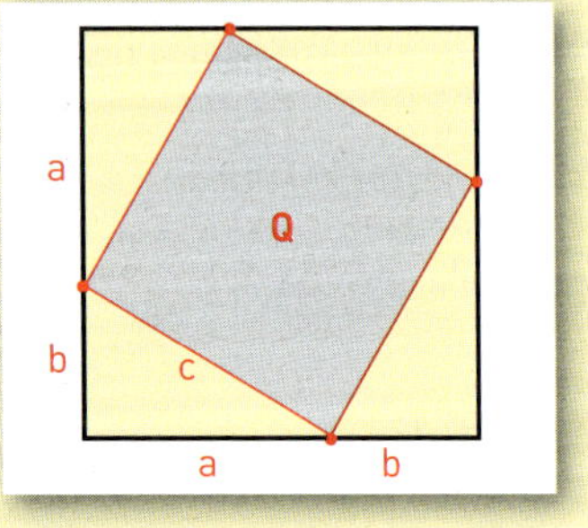

L'area di Q è la differenza fra l'area del quadrato in cui è contenuto e l'area dei quattro triangoli congruenti; quindi:

$$A = (a + b) \cdot (a + b) - 4 \cdot \left(\frac{1}{2} ab\right).$$

Sviluppiamo i calcoli:

$$A = a^2 + ab + ba + b^2 - 2ab = a^2 + b^2.$$

Esprimi mediante polinomi ridotti la misura dell'area e del perimetro delle figure colorate.

198

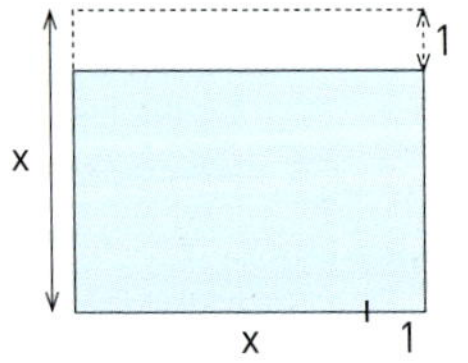

199

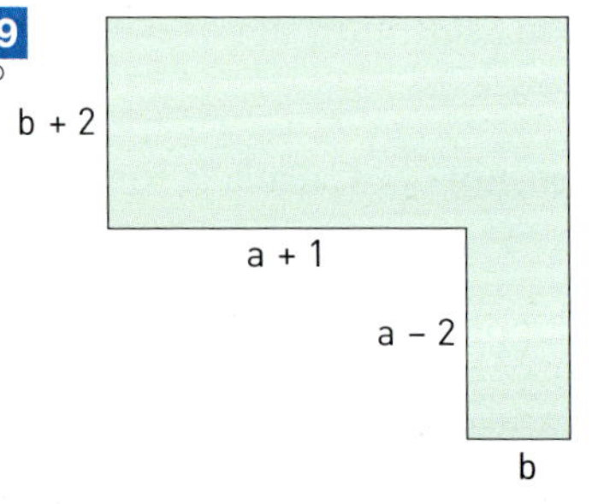

200

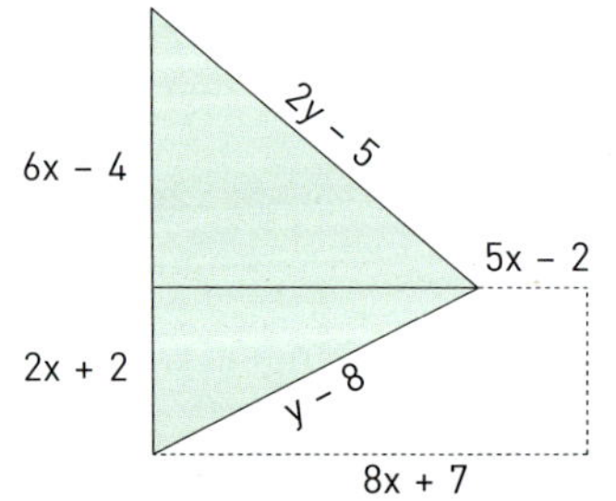

RISOLVIAMO UN PROBLEMA

Quanti fiori!

In un'aiuola rettangolare, di dimensioni a e b, si crea un bordo fiorito di larghezza costante c, mentre la zona centrale è un prato.
Esprimi con un polinomio l'area della zona fiorita.

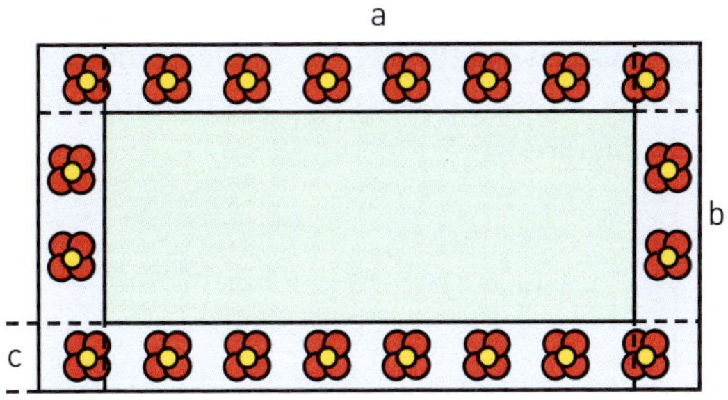

▸ **Esprimiamo le dimensioni del prato in funzione di *a*, *b*, *c*.**

$a-2c$ e $b-2c$.

▸ **Scriviamo l'area cercata.**

L'area della zona fiorita si ricava calcolando la differenza fra l'area dell'aiuola e l'area del prato.
L'area dell'aiuola è uguale a: ab;
l'area del prato è uguale a:
$(a-2c)(b-2c)$;
l'area della zona fiorita è:
$ab-(a-2c)(b-2c)$.

▸ **Svolgiamo i calcoli.**

$ab-(ab-2ac-2bc+4c^2)=$

$ab-ab+2ac+2bc-4c^2=$

$2ac+2bc-4c^2$.

C'è un secondo modo di risolvere il problema.

▸ **Osserviamo che la zona fiorita è costituita da 4 rettangoli.**

- 2 rettangoli orizzontali di dimensioni a e c.
- 2 rettangoli verticali di dimensioni b e c.

I rettangoli orizzontali e verticali si sovrappongono ai 4 angoli su un quadrato di lato c.

▸ **Determiniamo l'area della zona fiorita.**

L'area cercata è data dalla somma dell'area dei due rettangoli orizzontali e dei due rettangoli verticali, meno l'area dei 4 quadrati:

$2ac+2bc-4c^2$.

201 YOU & MATHS **A blue shape** Write an expression for the area of the shape and simplify it.

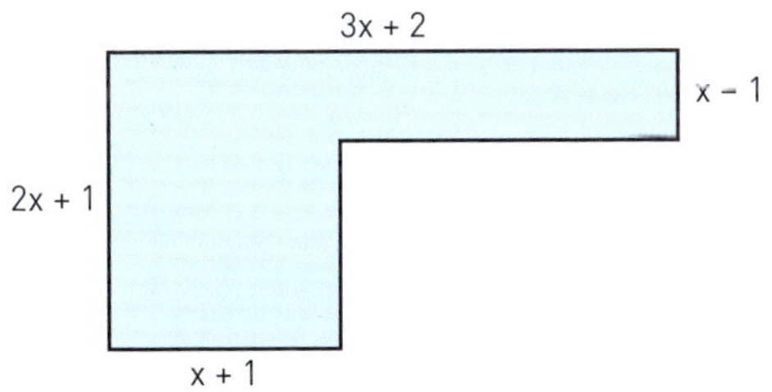

$[4x^2+2x]$

202 Un rettangolo ha la base che supera di 5 cm il doppio dell'altezza. Indica con x la misura dell'altezza. Esprimi con un polinomio ridotto la misura del perimetro e dell'area. $[6x+10;\ 2x^2+5x]$

203 I lati di un rettangolo misurano il doppio e il triplo di una quantità x. Se il primo viene aumentato della metà della quantità y e il secondo della differenza fra x e y (con $x>y$), di quanto aumenta la misura del perimetro? E di quanto aumenta la misura dell'area? $\left[2x-y;\ 2x^2-\frac{1}{2}y^2\right]$

204 In un trapezio rettangolo la base minore misura x e la sua misura supera di 3 quella del lato perpendicolare alle basi. Il lato obliquo misura y ed è la metà della base maggiore. Esprimi con un polinomio ridotto la misura dell'area e del perimetro del trapezio.

$\left[\frac{1}{2}x^2-\frac{3}{2}x+xy-3y;\ 2x+3y-3\right]$

205 ESEMPIO DIGITALE Un triangolo rettangolo ha i cateti che misurano $5a$ e $2a+1$. Se si aumenta il primo di $3a+2$ e si diminuisce il secondo di a, qual è la differenza tra la seconda e la prima area?

206 ESEMPIO DIGITALE In un parallelepipedo rettangolo uno spigolo di base misura $2a+4$, l'altro spigolo supera di 1 la metà del primo e l'altezza è la somma dei due spigoli di base. Trova il volume $V(a)$ ed esprimilo come polinomio ridotto.
Calcola $V(a)$ per $a=0$ e per $a=1$.

ESERCIZI

207 INVALSI 2007 In un triangolo rettangolo un cateto supera l'altro di 3 cm. Indicando con x la misura in centimetri del cateto minore, quale tra le seguenti espressioni rappresenta l'area del triangolo?

A $x \cdot (x+3)$

B $\frac{x+(x+3)}{2}$

C $\frac{x \cdot (x+3)}{2}$

D $x \cdot (x-3)$

208 Determina il polinomio che rappresenta la misura dell'area di $ABCD$.

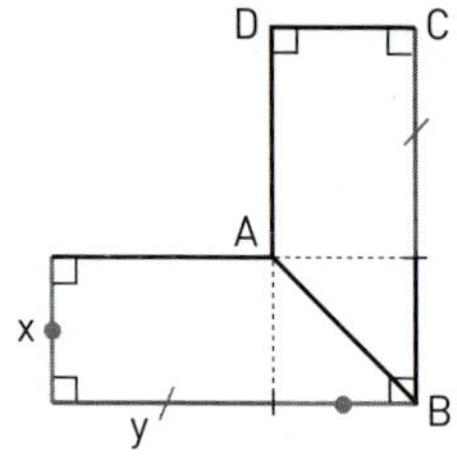

$\left[\frac{1}{2}x^2 + xy\right]$

209 Determina il polinomio che rappresenta la misura dell'area di EFG.

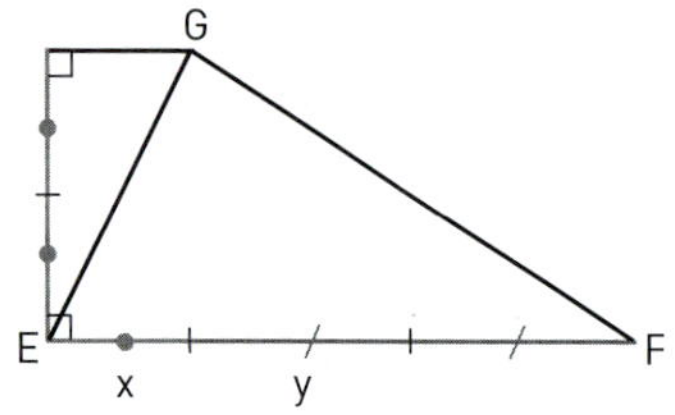

$[x^2 + 2xy]$

210 **a.** Esprimi mediante polinomi le misure $\mathcal{A}_1$ e $\mathcal{A}_2$ delle aree dei trapezi rettangoli T_1 e T_2 della figura.

b. Calcola $\mathcal{A}_1 + \mathcal{A}_2$ e $\mathcal{A}_1 - \mathcal{A}_2$ e verifica con considerazioni geometriche i risultati ottenuti.

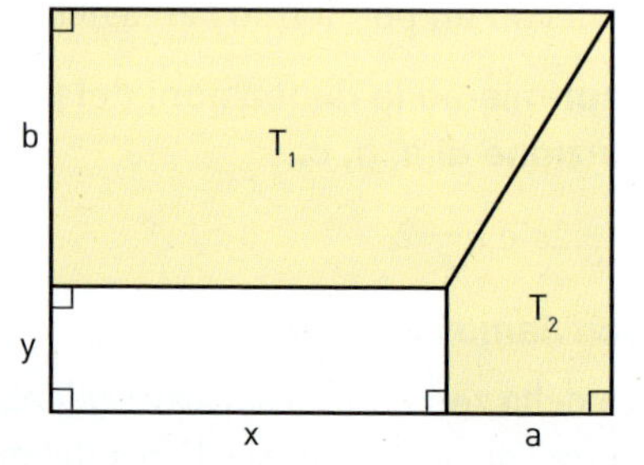

$\left[\text{a) } xb + \frac{1}{2}ab,\ ya + \frac{1}{2}ab;\right.$
$\left.\text{b) } ab + xb + ya,\ xb - ya\right]$

211 In un rombo di lato x la diagonale maggiore supera di 3 il doppio del lato e la diagonale minore supera di 1 la metà del lato. Esprimi con un polinomio ridotto la misura dell'area del rombo e la misura del perimetro del rettangolo avente le diagonali come dimensioni.

$\left[\frac{x^2}{2} + \frac{7}{4}x + \frac{3}{2};\ 5x + 8\right]$

212 EUREKA! **Più 1 e meno 2** Un parallelepipedo rettangolo ha spigoli che misurano x, y e z. Esprimi con un polinomio ridotto la differenza dei volumi V_1 e V_2 dei parallelepipedi che si ottengono rispettivamente aumentando di 1 e diminuendo di 2 ogni spigolo del parallelepipedo di partenza.

$[3xy + 3xz + 3yz - 3x - 3y - 3z + 9]$

Problemi INTORNO A NOI

213 In un garage il numero degli scooter supera di 7 quello delle automobili e le biciclette sono la metà degli scooter. Indica con x il numero delle automobili ed esprimi con un polinomio ridotto il numero delle ruote presenti nel garage.

$[7x + 21]$

214 **Tazze e bicchieri** Un'azienda che produce bicchieri e tazze sostiene, mensilmente, questi costi:

- € 1200, spesa fissa mensile;
- € 0,10 a pezzo prodotto.

Considera il mese di 30 giorni commerciali, indica con y la spesa giornaliera complessiva e con x il numero di oggetti prodotti in un giorno. Scrivi il polinomio che esprime y.

$[y = 0{,}10x + 40]$

215 ●● EUREKA! **A gradoni** Una piramide a gradoni è formata da n parallelepipedi rettangoli a base quadrata sovrapposti, ciascuno alto 1 metro. Il primo gradone ha spigolo di base n metri, il secondo di $(n-1)$ metri e così via fino all'ultimo, che è un cubo di spigolo 1 metro. Esprimi come polinomio ridotto la superficie esterna totale della piramide (esclusa la faccia della base che poggia sul terreno). (SUGGERIMENTO La somma dei primi n numeri naturali positivi è $n(n+1)/2$.)

$[3n^2 + 2n]$

216 ●● EUREKA! **Ricavo e contributi** Una ditta produce e vende automobili. Il ricavo realizzato dalla vendita di ciascuna automobile è di € 6000, al quale si aggiunge un contributo statale per ogni automobile venduta pari a € $\frac{x}{100}$, dove x è il numero di automobili vendute in un anno.

a. Qual è, in media, il ricavo mensile totale della ditta? Esprimilo sotto forma di polinomio.

b. Di quanto aumenterebbe tale ricavo medio mensile se si vendesse un'automobile in più nel corso dell'anno?

$\left[\text{a) } \frac{1}{1200}x^2 + 500x; \text{ b) } \frac{1}{600}x + \frac{600\,001}{1200}\right]$

217 ●● In una famiglia il padre ha ora x anni, la madre ha 3 anni meno del padre e il figlio ha la metà degli anni del padre. Fra 2 anni quale sarà la somma delle loro età?

$\left[\frac{5}{2}x + 3\right]$

218 ●● **Aumenti** In una impresa di costruzioni lavorano n dipendenti con uno stipendio medio mensile di € 1300. Il consiglio di amministrazione decide di incrementare il personale del 4% e inoltre aumenta lo stipendio del 2% a tutti. Scrivi in funzione di n l'aumento di spesa annuale sostenuto dall'azienda.

$[948{,}48n]$

MATEMATICA INTORNO A NOI

Taxi a New York I taxi applicano tariffe diverse in diverse situazioni: di notte, nei festivi, per rallentamenti dovuti al traffico...

Problema e risoluzione.

3 I prodotti notevoli

▶ Teoria a p. 304

Il prodotto della somma di due monomi per la loro differenza: $(A + B)(A - B)$

219 ESERCIZIO GUIDA Calcoliamo:

a. $\left(\frac{1}{3}x^2 + \frac{1}{4}y^3\right)\left(\frac{1}{3}x^2 - \frac{1}{4}y^3\right)$; b. $(-a^2 + 3b)(a^2 + 3b)$; c. $(-2x - 5y)(5y - 2x)$.

Teniamo conto della regola: $(A + B)(A - B) = A^2 - B^2$.

a. $\underbrace{\left(\frac{1}{3}x^2\right.}_{A} + \underbrace{\left.\frac{1}{4}y^3\right)}_{B}\underbrace{\left(\frac{1}{3}x^2\right.}_{A} - \underbrace{\left.\frac{1}{4}y^3\right)}_{B} = \underbrace{\left(\frac{1}{3}x^2\right)^2}_{A^2} - \underbrace{\left(\frac{1}{4}y^3\right)^2}_{B^2} = \frac{1}{9}x^4 - \frac{1}{16}y^6$.

ESERCIZI

b. $(\underline{-a^2}+\underline{3b})(\underline{a^2}+\underline{3b})=(\underline{3b}-\underline{a^2})(\underline{3b}+\underline{a^2})=(3b)^2-(a^2)^2=9b^2-a^4$.
$-B+A \quad B+A \quad A-B \quad A+B$

c. $(\underline{-2x}-\underline{5y})(\underline{5y}-\underline{2x})=(\underline{-2x}-\underline{5y})\cdot(\underline{-2x}+\underline{5y})=(-2x)^2-(5y)^2=4x^2-25y^2$.
$A-B \quad B+A \quad A-B \quad A+B$

220 ☐ YOU & MATHS **A little trick** Calculate these products in your mind. Be careful: they require a little trick! Can you figure it out?
a. $(5+d)(d-5)$; **b.** $(a+k)(-k+a)$; **c.** $(-b+13)(-13-b)$.

Calcola i seguenti prodotti.

221 ☐ ESEMPIO DIGITALE $(ab-3)(3+ab)$; $\left(\frac{a^2}{2}+1\right)\left(\frac{a^2}{2}-1\right)$; $(-x^2-y^3)(-x^2+y^3)$.

222 $(6a+b)(6a-b)$; $(x+3)(x-3)$; $(xy+1)(xy-1)$; $(-a+3)(-a-3)$.

223 $(5x+3y)(3y-5x)$; $(2a-7b)(7b+2a)$; $(x^2-3y)(x^2+3y)$; $\left(\frac{3}{4}x+\frac{1}{2}\right)\left(\frac{3}{4}x-\frac{1}{2}\right)$.

224 $(a-b^2)(b^2+a)$; $\left(x^3-\frac{3}{2}y^5\right)\left(x^3+\frac{3}{2}y^5\right)$; $\left(\frac{1}{2}x^2-b^3\right)\left(\frac{1}{2}x^2+b^3\right)$.

225 $(5ab+b^2)(5ab-b^2)$; $\left(\frac{3}{2}a-b^2\right)\left(\frac{3}{2}a+b^2\right)$; $\left(\frac{3}{5}ab-1\right)\left(\frac{3}{5}ab+1\right)$.

226 $\left(\frac{3}{5}a-\frac{1}{3}b\right)\left(\frac{3}{5}a+\frac{1}{3}b\right)$; $\left(-2a-\frac{4}{5}b\right)\left(2a-\frac{4}{5}b\right)$; $\left(-6x+\frac{1}{8}y\right)\left(\frac{1}{8}y+6x\right)$.

227 $\left(\frac{ab}{2}-1\right)\left(-\frac{ab}{2}-1\right)$; $(-2x^3+a)(2x^3+a)$; $\left(-\frac{1}{3}by-x\right)\left(-\frac{1}{3}by+x\right)$.

228 $(a^2x^3-1)(a^2x^3+1)$; $\left(-\frac{x^4}{4}-2\right)\left(-\frac{x^4}{4}+2\right)$; $(x^3-1)(x^3+1)$.

229 $(3a-b)(b+3a)$; $(y^3+8a)(-y^3+8a)$; $\left(\frac{ax}{3}-\frac{1}{2}y\right)\left(\frac{ax}{3}+\frac{1}{2}y\right)$.

230 $(2x-a)(2x+a)(4x^2+a^2)(16x^4+a^4)$; $(a^2+4)(a-2)(a^4+16)(a+2)$.

231 $(a-1)(a+1)(a^2+1)(a^4+1)$; $\left(\frac{1}{2}y-2\right)\left(\frac{1}{2}y+2\right)\left(\frac{1}{4}y^2+4\right)\left(\frac{1}{16}y^4+16\right)$.

232 ☐ YOU & MATHS **Can you simplify this?** Fully simplify $(1+x)(1+x^2)(1+x^4)(1+x^8)(1-x)$.

(USA *Texas A&M University Math Contest*, 2012)

Semplifica le seguenti espressioni.

233 $3x(x+2)-(x-1)-(x+3)(x-3)-2x^2$ $[5x+10]$

234 $3a^2+(2a-5b)(2a+5b)-b(a-3b)+22b^2+ab$ $[7a^2]$

235 $(xy+1)(1-xy)+(xy+5)[(xy+3)(-3+xy)-(x^2y^2-xy-4)]$ $[-24]$

236 $(1+2a)(1-2a)(1+4a^2)-(a+2)(2-a)(a^2+4)+15$ $[-15a^4]$

237 $\left(-\frac{1}{2}-a\right)\left(\frac{1}{2}-a\right)\left(a^2+\frac{1}{4}\right)+(1-a^2)(a^2+1)$ $\left[\frac{15}{16}\right]$

238 $\left(x^2+\frac{3}{2}y\right)\left(\frac{3}{2}y-x^2\right)\left(\frac{9}{4}y^2+x^4\right)$ $\left[-x^8+\frac{81}{16}y^4\right]$

239 $(a^2-2)(a^2+2)(4+a^4)(a^8+16)$ $[a^{16}-256]$

240 YOU & MATHS **No blanks, please!** Fill in the blanks.

a. $(5+a)(5-a)=\square^2-\square^2$;

b. $(x+\square)(\square-1)=x^2-1$;

c. $(b+3)(b-\square)=\square^2-9$;

d. $(-5+\square)(\square-y)=25-y^2$.

COMPLETA

241 $(x-2y)(x\square)=x^2-4y^2$

242 $(-y+2a)(\square)=y^2-4a^2$

243 $(-3a-x)(\square)=9a^2-x^2$

244 $(4-a)(a\square)=16-a^2$

245 $(-5a^2b+\square)(\square+\square)=4a^6x^2-25a^4b^2$

246 $(\square)\left(\frac{1}{2}+2x\right)=4x^2-\frac{1}{4}$

247 $(a\square)\left(\frac{1}{3}b\square\right)=\frac{1}{9}b^2-a^2$

248 $\left(\frac{1}{3}a-1\right)\left(\frac{1}{3}a+1\right)=\square-1$

249 $\left(\frac{2}{5}x-\frac{1}{3}y\right)(\square)=\frac{4}{25}x^2-\frac{1}{9}y^2$

250 $\left(\frac{7}{4}a\square\right)(\square)=\frac{49}{16}a^2-16$

Calcolo rapido

251 ESERCIZIO GUIDA Calcoliamo alcuni prodotti di numeri che possono essere scritti come somma e differenza di due numeri.

a. $29\cdot 31=(30-1)(30+1)=30^2-1^2=900-1=899$;

b. $48\cdot 52=(50-2)(50+2)=50^2-2^2=2500-4=2496$;

c. $95\cdot 105=(100-5)(100+5)=100^2-5^2=10000-25=9975$.

Calcola rapidamente.

252 $32\cdot 28$; $43\cdot 37$; $19\cdot 21$; $64\cdot 56$.

253 $41\cdot 39$; $107\cdot 93$; $54\cdot 46$; $75\cdot 65$.

Il quadrato di un binomio: $(A+B)^2$

254 YOU & MATHS **In the cloud** Determine the correct answers choosing from the cloud.

$(x-1)^2=\square$

$(9+x)^2=\square$

$(9x-1)^2=\square$

255 ESERCIZIO GUIDA Calcoliamo: **a.** $(3a-2b)^2$; **b.** $(-a^2-3ab^3)^2$.

Teniamo conto della regola $(A+B)^2=A^2+2AB+B^2$.

a. $(3a-2b)^2$. $A=3a$, $B=-2b$, quindi:

$$\underbrace{(3a}_{A}\underbrace{-2b)}_{B}^2=\underbrace{(3a)^2}_{\text{quadrato del 1° termine: } A^2}+\underbrace{2(3a)(-2b)}_{\text{doppio prodotto: } 2AB}+\underbrace{(-2b)^2}_{\text{quadrato del 2° termine: } B^2}=9a^2-12ab+4b^2.$$

b. $(-a^2-3ab^3)^2$. $A=-a^2$, $B=-3ab^3$, quindi:

$$(-a^2-3ab^3)^2=(-a^2)^2+2(-a^2)(-3ab^3)+(-3ab^3)^2=a^4+6a^3b^3+9a^2b^6.$$

Il binomio $-a^2-3ab^3$ è l'opposto del binomio a^2+3ab^3. Pertanto:

$$(-a^2-3ab^3)^2=(a^2+3ab^3)^2.$$

Calcola i seguenti quadrati.

256 $(3x+y)^2$; $(5a+7b)^2$; $(2ab+3)^2$.

257 $(x-3y)^2$; $(6a-2b)^2$; $(2+3ab)^2$.

258 ESEMPIO DIGITALE $(x^3-3b)^2$; $(-y^4-2ab)^2$; $\left(1-\frac{1}{4}ax\right)^2$.

259 $(-x+y^2)^2$; $\left(\frac{1}{2}x^2y+xy^2\right)^2$; $\left(-2a-\frac{1}{3}b\right)^2$.

260 $\left(-\frac{3}{2}a^2b+4b^2\right)^2$; $\left(-\frac{1}{2}x^3-2y^3\right)^2$; $(b^5+2b)^2$.

261 $(-x+x^0y)^2$, con $x\neq 0$; $\left(\frac{2}{7}+\frac{3}{4}x\right)^2$; $(a^6-b^6)^2$.

262 $\left(-2a-\frac{4}{5}b\right)^2$; $\left(1{,}2a^2b^2-\frac{3}{5}ab\right)^2$; $\left(\frac{a^2}{4}+\frac{1}{2}\right)^2$.

263 $\left(\frac{1}{2}a-1\right)^2$; $(3-x^4)^2$; $(-x-2a)^2$.

264 $(a^3-2x)^2$; $(a^4-b^4)^2$; $\left(-\frac{1}{2}y-2\right)^2$.

265 $(-2+3y)^2$; $(-x+8)^2$; $\left(-a^3-\frac{1}{2}\right)^2$.

266 $(3x-y^3)^2$; $\left(\frac{1}{2}a^2-\frac{1}{2}x\right)^2$; $\left(4x^3-\frac{1}{4}\right)^2$.

267 ESERCIZIO GUIDA Calcoliamo $(a+2b+x)(a+2b-x)$.

Applichiamo la proprietà associativa dell'addizione:	$[(a+2b)+x]\cdot[(a+2b)-x]=$
Usiamo la regola $(A+B)(A-B)=A^2-B^2$:	$(a+2b)^2-x^2=$
Sviluppiamo il quadrato:	$a^2+4b^2+4ab-x^2$.

Calcola i seguenti prodotti.

268 ESEMPIO DIGITALE $\left(3z-\frac{1}{2}+b\right)\left(3z-b-\frac{1}{2}\right)$; $(x^3-2x^2+1)(1-2x^2-x^3)$.

269 $(x+a-1)(x+a+1)$; $(x^2-a-1)(x^2-a+1)$.

270 $(2y-1+3a)(2y-3a-1)$; $(-2+2x-y^2)(2x-2+y^2)$.

271 $\left(x^2-\frac{1}{2}xy+y^2\right)\left(x^2+y^2+\frac{1}{2}xy\right)$; $(a-a^2-a^3)(a^3-a^2+a)$.

Semplifica le seguenti espressioni.

272 $(1-2x)^2+(x+2)^2-5(x^2-2)$ $[15]$

273 $\left(\frac{1}{2}-a\right)^2-3\left(a-\frac{1}{2}\right)\left(a+\frac{1}{2}\right)+2(a-1)^2$ $[3-5a]$

274 $(y^2-x)^2+y^2(2x-y^2)-(-x-3)^2$ $[-9-6x]$

275 $[(x+1)(x-1)]^2-(2+x^2)^2+\frac{3}{2}(2x-3)(2x+3)$ $\left[-\frac{33}{2}\right]$

276 $(x-2y)^2+(2x+y)(x-2y)-3x(x-3y)$ $[2xy+2y^2]$

277 $\left(\frac{3}{2}a-2b\right)^2-\left(-\frac{1}{2}a+3b\right)^2-2(-a)^2$ $[-3ab-5b^2]$

278 $(a-1)^2-(a-1)(a+1)(a^2-1)+(a^2+1)^2$ $[5a^2-2a+1]$

279 $[(2a-b)^2+4ab]^2-7a^2(2a^2+b^2)+(2a^2+b^2)(2a^2-b^2)$ $[6a^4+a^2b^2]$

280 ESEMPIO DIGITALE
$4a^2+(2ax+3a^3)^2+4a^2\left(x-\frac{1}{2}a+1\right)\left(\frac{1}{2}a+x-1\right)-3x(-2a^2)^2-a^4(3a-1)(3a+1)$

281 $(a+y-2)(a+y+2)-(a-y)^2-4(ay-1)+1$ $[1]$

282 $(2-x)^2+(x-2)(-2-x)+(x-1+y)(x-1-y)-x(x-6)$ $[9-y^2]$

283 $(x+3)^2-(6+x)(x-6)-(1-x)^2+x(x-8)$ $[44]$

CACCIA ALL'ERRORE Correggi gli errori nei seguenti esercizi.

284 $(2x+y)^2=4x^2+y^2$

285 $(3x^3-a)^2=9x^9-6ax^3+a^2$

286 $\left(\frac{3}{2}xy-\frac{1}{2}x^2\right)^2=\frac{9}{4}x^2y^2+\frac{1}{4}x^4-\frac{3}{4}x^3y$

287 $\left(\frac{1}{2}a-y^3\right)^2=\frac{1}{4}a^2-ay^3-y^6$

288 INVALSI 2005 $(a+b)^2+(a-b)^2=$

A $2a^2+2b^2$ B $(a+b)^2$ C $4ab$ D 0

ESERCIZI

289 INVALSI 2005 Per quali valori di a, b, c vale l'uguaglianza $2x^2+6x+5=a(x+b)^2+c$?

A $a=2$ $b=3$ $c=4$

B $a=2$ $b=6$ $c=5$

C $a=2$ $b=3$ $c=-4$

D $a=2$ $b=\frac{3}{2}$ $c=\frac{1}{2}$

COMPLETA in modo da ottenere un trinomio che derivi dallo sviluppo del quadrato di un binomio.

290 $a^2+6ab+\square$; $4x^2-4x\square$.

291 $4a^2b^2-12a^2b+\square$; $9a^2-6a\square$.

292 $9x^2+2xy\square$; $\frac{9}{4}a^2-3a^3b\square$.

293 $x^8-4x^4y^2+\square$; $1-3xy\square$.

294 $x^4y^6+x^5y^5+\square$; $\frac{1}{4}a^2x^2-2ax+\square$.

295 $4-y^2+\square$; $0,25x^2y^2+4xy\square$.

296 YOU & MATHS **What is missing?** Write the binomial that is missing.

a. $(\square)^2=14a^2+a^4+49$ **b.** $(\square)^2=x^{10}-6x^5+9$ **c.** $(\square)^2=\frac{1}{64}+y^8-\frac{1}{4}y^4$

297 EUREKA! **Grandi numeri** Calcola il valore dell'espressione per $a=1$ e per $a=2000$.

$(2014+a)^2-2(2014+a)(2014-a)+(2014-a)^2$ $[4; 16\cdot 10^6]$

COMPLETA in modo da ottenere un trinomio che derivi dallo sviluppo del quadrato di un binomio. Esiste un solo modo di completare?

298 $x^6+y^6\square$; $4a^4+9b^4\square$.

299 $(\square+1)^2=25x^2+\square+\square$

300 $(-2a-\square)^2=\square+\frac{16}{5}ab+\square$

301 $\frac{25}{4}a^2+\frac{1}{25}\square$; $a^6+16b^4\square$.

302 $(3-5x)^2=9-\square+25x^2$

303 $\left(\square-\frac{1}{4}b\right)^2=\square-\frac{5}{2}ab^2+\square$

Il quadrato di un trinomio: $(A+B+C)^2$

304 ESERCIZIO GUIDA Sviluppiamo $(5a-3b+c)^2$.

Teniamo conto della regola $(A+B+C)^2=A^2+B^2+C^2+2AB+2AC+2BC$.

Per applicare la regola: $A=5a$, $B=-3b$, $C=c$.

Calcoliamo il quadrato:

$$(5a-3b+c)^2=\underbrace{(5a)^2+(-3b)^2+c^2}_{\text{quadrati dei tre monomi}}+\underbrace{2(5a)(-3b)+2(5a)c+2(-3b)c}_{\text{tre doppi prodotti}}=$$

$$25a^2+9b^2+c^2-30ab+10ac-6bc.$$

Calcola i seguenti quadrati.

305 $(3a+2b+c)^2$; $(a-3b+4c)^2$.

306 $(4a^2-3ab+b^2)^2$; $(-3a^2+2a-1)^2$.

307 ESEMPIO DIGITALE $(x^2+x+2)^2$; $\left(a^2-\frac{3}{2}y+b^2\right)^2$.

308 $(-a^2-b^2-2)^2$; $(x^3y-3xy^2+1)^2$.

309 $\left(x-\frac{1}{2}y+2z\right)^2$; $(a+bc+c^2)^2$.

310 $(-x+y-2xy)^2$; $\left(\frac{2}{3}x-\frac{3}{4}y+\frac{1}{3}\right)^2$.

311 $(-a^3-3a^2-2a)^2$; $\left(-3x^3+\frac{3}{2}x-2\right)^2$.

COMPLETA in modo da ottenere un polinomio che derivi dallo sviluppo del quadrato di un trinomio.

312 $4x^2+y^2+9-4xy+12x$ ____

313 $25a^2+20ab-12b+4b^2-30a$ ____

314 x^4+2x^3+2x+1 ____

315 $9a^6+4a^4+a^2-12a^5-6a^4$ ____

316 $a^8+\frac{1}{4}b^4+6a^4c^3-3c^3b^2$ ____

COMPLETA in modo da ottenere un polinomio che derivi dal calcolo del quadrato di un trinomio. Esiste un solo modo di completare?

317 $a^6+9b^6+16c^6$ ____; x^4+x^2+1 ____; $4x^4+y^4+36z^4$ ____; a^2+b^2+1 ____.

318 $4x^{12}+y^4+\frac{1}{16}$ ____; $x^2y^2+1+y^4$ ____; $4a^2+\frac{1}{4}b^4+9c^8$ ____; $4+a^6+a^6b^2$ ____.

Semplifica le seguenti espressioni.

319 $(x+a+2)^2-(x+a)^2-4(2+x+a)$ $[-4]$

320 $(a+1+2y)^2-(a-1)(a+1)-(1+2y)^2-2a$ $[1+4ay]$

321 $4(y-x)+(x-y)^2-(2-x+y)^2$ $[-4]$

322 $(x^3-y^3+3xy)^2-(x^3+y^3+3xy)^2+4xy^3(x^2+3y)$ $[0]$

323 $(a^2-3ab+b^2)^2-(a^2-b^2)(a^2+b^2)-11a^2b^2+6ab(a^2+b^2)$ $[2b^4]$

324 $(a^2+4ab+3b^2)^2-(a+b)(a-3b)(a-b)(a+3b)-4ab(2a^2+7ab+6b^2)$ $[4a^2b^2]$

Il cubo di un binomio: $(A+B)^3$

325 ESERCIZIO GUIDA Calcoliamo: **a.** $(8-2b)^3$; **b.** $\left(-a-\frac{1}{3}b\right)^3$.

Teniamo conto della regola $(A+B)^3 = A^3+3A^2B+3AB^2+B^3$.

a. $(8-2b)^3$. $A=8$, $B=-2b$, quindi:

$$\underbrace{(8}_{A}\underbrace{-2b)^3}_{B} = \underbrace{8^3}_{A^3} + 3\cdot\underbrace{8^2}_{A^2}\underbrace{(-2b)}_{B} + 3\cdot\underbrace{8}_{A}\underbrace{(-2b)^2}_{B^2} + \underbrace{(-2b)^3}_{B^3} = 512-384b+96b^2-8b^3.$$

ESERCIZI

b. $\left(-a-\frac{1}{3}b\right)^3$. $A=-a$, $B=-\frac{1}{3}b$, quindi:

$$\left(-a-\frac{1}{3}b\right)^3=\underbrace{(-a)^3}_{\text{cubo del 1° termine}}+\underbrace{3(-a)^2\left(-\frac{1}{3}b\right)+3(-a)\left(-\frac{1}{3}b\right)^2}_{\text{2 tripli prodotti}}+\underbrace{\left(-\frac{1}{3}b\right)^3}_{\text{cubo del 2° termine}}=$$

$$-a^3-a^2b-\frac{1}{3}ab^2-\frac{1}{27}b^3.$$

Osservazione. Il binomio $-a-\frac{1}{3}b$ è l'opposto del binomio $a+\frac{1}{3}b$. Pertanto:

$$\left(-a-\frac{1}{3}b\right)^3=-\left(a+\frac{1}{3}b\right)^3.$$

326 ●○ COMPLETA la tabella, che fornisce il segno di ogni termine del quadrinomio derivante dallo sviluppo di $(a+b)^3$, al variare dei segni di a e di b.

a	b	a^3	$3a^2b$	$3ab^2$	b^3
+	+	☐	☐	+	☐
+	−	+	−	☐	☐
−	+	☐	☐	☐	☐
−	−	☐	☐	☐	−

Calcola i seguenti cubi.

327 ●○ $(a+2)^3$; $(1+y)^3$.

328 ●○ $\left(xy-\frac{1}{3}\right)^3$; $(a^2+3ab)^3$.

329 ●○ $\left(\frac{1}{2}xy-2\right)^3$; $(2x+3)^3$.

330 ●○ ESEMPIO DIGITALE $(p^2-q)^3$; $(3x^2y+2xy^2)^3$.

331 ●○ $(x-2)^3$; $(3a^6b^9+2)^3$.

332 ●○ $(x^3-1)^3$; $(-5x^3y-3x^4)^3$.

333 ●○ $\left(-a^2-\frac{1}{3}\right)^3$; $(4x^3-y^3)^3$.

334 ●○ $(x^2y-y^2x)^3$; $\left(\frac{1}{3}a^2-ab\right)^3$.

335 ●○ $\left(-3a-\frac{1}{9}ab\right)^3$; $\left(-3y+\frac{x}{3}\right)^3$.

---

336 ●○ TEST $[(a+b)^3-(a-b)^3-2b^3]^2=$

A 0 B $4b^3$ C $36a^4b^2$ D $36a^2b^2+4b^6-24ab^4$

337 ●○ Semplifica l'espressione $(A-B)^3+(A+B)^3-A(3B^2+2A^2)$, dove $A=2xy^2+x^2$, $B=y^2-xy$.

$[3x^2y^4+6x^3y^4+6xy^6-12x^2y^5+3x^4y^2-6x^3y^3]$

Semplifica le seguenti espressioni.

338 ●○ $a^3-(-b)^3-(a+b)^3-\frac{1}{3}a(3b+1)(1-3b)$ $\left[-3a^2b-\frac{1}{3}a\right]$

339 $(x-2y)^3-(2x-y)^3-6xy(x+y)+7y^3+8x^3$ $[x^3]$

340 $[(x+1)^2-2x]^3-(x^2+1)(x+1)(x-1)+2x^2(x^2-1)-(4x^4+2)$ $[x^6+x^2]$

COMPLETA in modo da ottenere un quadrinomio che derivi dallo sviluppo del cubo di un binomio.

341 $8a^6-60a^4-125$ $\square$

342 $x^3-x^6+3x^5$ $\square$

343 $27x^3+9xy^2+y^3$ $\square$

344 a^3-3a^2 $\square$

345 $-8y^3-27x^3-54x^2y$ $\square$

346 $8a^6+6a^2b^4-b^6$ $\square$

347 $12x^2y^2+8+6x^4y^4$ $\square$

348 $x^9-x^7+\frac{1}{3}x^5$ $\square$

349 $6xy^2+\frac{1}{8}x^3-\frac{3}{2}x^2y$ $\square$

350 $\frac{1}{27}a^3+ab^2+b^3$ $\square$

Riepilogo: I prodotti notevoli

351 **VERO O FALSO?**

a. Il quadrato del binomio $(a+3b)$ è uguale ad a^2+9b^2. V F

b. Due binomi opposti hanno lo stesso quadrato. V F

c. Il quadrato di un polinomio è dato dal prodotto del polinomio per se stesso. V F

d. Due binomi opposti hanno cubi opposti. V F

352 **COMPLETA**

a. $\left(\square-\frac{1}{2}x\right)^2=\frac{1}{9}y^2-\square+\square$

b. $(2-\square-\square)(2-\square+\square)=4-4x+x^2-\frac{1}{4}y^2$

c. $(x\square\square)^3=x^3-3x^2+\square-\square$

d. $(a+3-b)(a+\square+\square)=a^2+9+\square-\square$

e. $[(x+2)-(a-b)]\cdot[(x+2)\square]=x^2+\square+\square-a^2-b^2+2ab$

353 È dato il prodotto $(2a^2b+3a^3)\cdot(2a^2b+3ka^3)$. Per quali valori di k il prodotto è notevole? Sostituisci tali valori e sviluppa i prodotti. $[k=1; k=-1]$

CACCIA ALL'ERRORE Non tutte le uguaglianze proposte sono vere. Trova gli errori e correggili.

354
a. $(a+b)(a+b)=a^2+b^2$
b. $(b-a)(a-b)=b^2-a^2$
c. $(a+b)^2=(-b-a)^2$
d. $(a-b)^2=(b-a)^2$
e. $(a+b)^2=-(a-b)^2$

355
a. $(-a+b)(a-b)=-(a-b)^2$
b. $(-a+b)(b-a)=(a-b)^2$
c. $a^3+b^3=(a+b)^3$
d. $(a-b)^3=(b-a)^3$
e. $(-a+b)^3=-(a-b)^3$

ESERCIZI

Semplifica le seguenti espressioni.

356 $(2a-b)^2-(3a+b)(a-2b)+5a^2-ab$ $[6a^2+3b^2]$

357 $(x+y)^2-2y(x-y)-(x+y)(y-x)$ $[2x^2+2y^2]$

358 $(a^2+b^2)(a^2-b^2)-(a^2+b^2)^2+2a^2(a^2+b^2)$ $[2a^4-2b^4]$

359 $(x+1)^3+3(x+1)^2+3(x+1)+1$ $[(x+2)^3]$

360 $2(y-3x)^2+2(2x+y)(y-2x)-9x^2-2xy-(2y-x)^2$ $[-10xy]$

361 $(x^2-3y^2)(2x^2+y^2)-(x^2+2y^2)(x^2-2y^2)-(x^2+y^2)^2$ $[-7x^2y^2]$

362 $[(2-a)(2+a)-2]^3-(2a^2-b+1)^2+a^2(a^2+4)^2+(b-2a^2)^2$ $[14a^4+2b+7]$

363 $(-x+y^2)(-x-y^2)+(-2y)^2(x-y)^2+8xy^3-4x^2(1+y^2)$ $[3y^4-3x^2]$

364 $(x+2)^2-3(x+2)(x-2)+(x-2)^3-x^2(x-8)$ $[16x+8]$

365 $(x-2y)^3-x(x-2y)(x+2y)+2xy(3x+4y)-(-2y)^3$ $[24xy^2]$

366 $a(a^2-3)+(1+6a+a^3)-(a-1)^3+(-a-1)^3$ $[1-3a]$

367 $\{[x^3-y^3+(x+y)^3+2x^2y-x(2x+3y)(x+y)]^2-2\}^3$ $[-8]$

368 $[a+3+(b-1)(2b+a+3)+b(b+2a-1)]a-(b+a)^3$ $[-a^3-b^3]$

369 $(x^2-2xy+3y^2)(x^2+2xy+3y^2)-2(xy-x^2)^2-4x^3y+x^4$ $[9y^4]$

370 $[(x-y)^2(x+y)^2-x^2(x^2-2y^2)]:\frac{(-y)^2}{2}\cdot(x+y)$ $[2y^3+2xy^2]$

371 $\left[(x+3a)^2+(2x-3a)^2+4\left(x-\frac{3}{2}a\right)(3a+x)\right]:(-3)^2-(x-2)^2$ $[4x-4]$

372 $(1-2a^2)(1+2a^2)+(5a^2-1)^2-2(1-4a^2)^2-[-2a^4-(3a^2-1)^2]$ $[1]$

373 $[(x+y)^3-(x+y)(x^2-xy+y^2)]^2-2xy(-3xy)^2$ $[9x^4y^2+9x^2y^4]$

374 $[x^2-(x-y)(x+y)+y^3]^3-(1+y)^3\cdot[(y^3+1)(y^3-1)+(y^2+x^2)^0]$, con $x\neq 0$ o $y\neq 0$ $[0]$

375 $(x^2-xy+y^2)\cdot(x^2+xy-y^2)-x(x-y)^3-3xy(x^2+y^2)$ $[-4x^2y^2-y^4]$

376 $\left(1-\frac{2}{3}a^3\right)^3+\left(2a+\frac{1}{2}a^2\right)^2-\frac{1}{3}(-a)^4\left(\frac{3}{4}-\frac{8}{9}a^5\right)-\frac{4}{3}a^6$ $[1+4a^2]$

377 $[(-x-2y)(-x+2y)(x^2+4y^2)+17y^4]^3-(x^6+y^6)^2-3x^4y^8$ $[3x^8y^4-2x^6y^6]$

378 $x+1+(2x+y+3)^2-(2x+y)^2-2(3y+5)$ $[13x]$

379 $\left(\frac{1}{2}a^2-b^2\right)^2-\left(\frac{1}{2}a^2+b^2\right)^2+(-3ab)^2$ $[7a^2b^2]$

380 $(a+b+2)^2+(a-b)(a+b)-2(a+1)(a+b)$ $[2(2+a+b)]$

381 $a^2(b^2+ab+a^2)(b^2-ab+a^2)-(a^2+b^2)^3$ $[-2a^2b^4-2a^4b^2-b^6]$

382 $\left[(y^2-0,\bar{3})^3+\left(y^2+\frac{1}{3}\right)^3\right]\left(2y^6-\frac{2}{3}y^2\right)+\frac{4}{9}y^4$ $[4y^{12}]$

383 ●○ $(2x+1)(4x^2-2x+1)+2(8x^3+1)-24x^3+x^2+4x+1$ $[x^2+4x+4]$

384 ●○ $(4x^2-y^2)^2-(2x-y)^2(2x+y)^2$ $[0]$

385 ●○ $(a-2)(a^2+2a+4)-3(a^3-8)+2a^3-16$ $[0]$

386 ●○ $(2a+1)^3-(a-2)^3-7(a^3-1)-2(a^2+a-1)(a^2-a-1)+2a^4$ $[24a^2-6a+14]$

387 ●○ $(a+b+c)(a-b-c)+(b-c-a)(b-c+a)+(2b+c)^2$ $[4b^2+c^2]$

388 ●○ $(x+y)^2(x-y)-\left(\frac{2}{3}x-y\right)^3+\left(\frac{2}{3}x+y\right)^3+xy\left(y-\frac{11}{3}x\right)$ $[x^3+y^3]$

389 ●○ $(x^2-1)^4-(x^2-1)^3(x^2+1)+2(x^2-1)^3$ $[0]$

390 ●○ $(x-2y)^3-(x+2y)^3+3(2xy)^2:(-y)+y(4y-3)(4y+3)$ $[-24x^2y-9y]$

391 ●○ $(2a+x-2)^2+4a(2-x)-(x-3)^2-[(-2a)^2-5]$ $[2x]$

392 ●○ $(-x+2y)(x+2y)+[x(y-x)(x+y)-xy^2]:(-x)-(1-2y)^2$ $[4y-1]$

393 ●● $\left(\frac{1}{2}a+ab\right)^2-\left(\frac{1}{2}a\right)^2-a^2[(b+1)^2-(b+1)]+\frac{2}{3}a[b(a+b)(a-b)+b^3]$ $\left[\frac{2}{3}a^3b\right]$

394 ●● $\left[(x+y+1)(x+y-1)-\left(x+y-\frac{2}{3}\right)\left(x+y+\frac{2}{3}\right)\right](3x^2-2y)(2y-3x^2)$ $\left[\frac{5}{9}(3x^2-2y)^2\right]$

395 ●● $(a-2b)^3(a+2b)^3+(a^3+8b^3)^2-4a^2b^2(-3a^2+12b^2+4ab)$ $[2a^6]$

396 ●● $(1-2x)^3-x\left[6\left(2x-\frac{1}{2}\right)-2(-2x)^2\right]+(x-1)(x+1)+3x$ $[x^2]$

397 ●● $(x+1+a)(x+1-a)-[(2-x)^2-(a+2-x)^2-2a(x-2)]-(-x)^2$ $[2x+1]$

Problemi con i prodotti notevoli

Traduci in espressioni le frasi seguenti e sviluppa i calcoli.

398 ●○ **a.** La somma di tre numeri dispari consecutivi.
b. La differenza fra i quadrati di due numeri dispari consecutivi.

399 ●○ **a.** La somma dei quadrati di due numeri pari consecutivi.
b. La differenza fra i cubi di due numeri dispari consecutivi.

400 ●○ Dati i numeri a e b, moltiplica la somma dei loro opposti per la somma dei due numeri e sottrai il doppio del prodotto dei due numeri.

401 ●○ Dati i numeri a e b, al quadrato della loro somma togli il doppio del prodotto fra la loro somma e la loro differenza.

402 ●○ Al quadrato della somma del cubo di un numero x e del suo doppio togli il cubo della somma del quadrato del numero e $\frac{4}{3}$.

403 ●○ Dati i numeri x e y, al cubo della loro differenza aggiungi il cubo della loro somma e togli il doppio del prodotto del primo per il quadrato del secondo.

404 ●○ Al cubo della somma di 1 e del quadrato di un numero b sottrai il quadrato della stessa somma e aggiungi l'opposto del triplo del quadrato di b.

405 ●○ Verifica che, aggiungendo all'opposto della somma dei quadrati di due numeri il quadrato della loro somma, si ottiene il doppio prodotto dei due numeri.

RISOLVIAMO UN PROBLEMA

Quadruplo prodotto

Dati due numeri a e b dimostriamo che la differenza fra il quadrato della loro somma e il quadrato della loro differenza è uguale al quadruplo del loro prodotto.

► **Scriviamo l'espressione cercata.**

Il quadrato della somma è: $(a+b)^2$.
Il quadrato della differenza è: $(a-b)^2$.
La differenza fra i due quadrati è:

$$(a+b)^2-(a-b)^2.$$

► **Svolgiamo i calcoli.**

$$a^2+2ab+b^2-(a^2-2ab+b^2)=$$
$$a^2+2ab+b^2-a^2+2ab-b^2=4ab.$$

Abbiamo così ottenuto il quadruplo del prodotto di a per b.

MATEMATICA AL COMPUTER

Wiris e le operazioni con i polinomi Con Wiris, letti i polinomi P_1 e P_2, calcola e semplifica l'espressione $P_1^3+3P_1\cdot P_2-2P_2^2$.
Per verifica, sostituisci il valore $a=-5$ alla x sia nei polinomi iniziali sia nel risultato della semplificazione ed esegui con i valori ottenuti le medesime operazioni.

a. Dopo aver compreso il significato delle diverse istruzioni, utilizza lo stesso blocco di Wiris con gli stessi polinomi ma per altri valori di a.
Per esempio, $a=\frac{1}{4}$.

b. Verifica poi che il blocco funziona anche con polinomi diversi. Per esempio, $P_1=x^2$ e $P_2=x+3$.

c. Invece di $P_1^3+3P_1\cdot P_2-2P_2^2$, semplifica l'espressione $P_1(P_1^2+2P_2)+P_2(P_1-2P_2)$. Cosa cambia? Perché?

Operazioni con i polinomi
$P = [3-x, 2\cdot x^2-2\cdot x-12];$
$S = P_1^3+3\cdot P_1\cdot P_2-2\cdot P_2^2$
$a=-5;$
$V = \text{sostituire}(P, x, a)$
$\text{sostituire}(S, x, a)$
$V_1^3+3\cdot V_1\cdot V_2-2\cdot V_2^2$

Risoluzione – 4 esercizi in più.

4 Le funzioni polinomiali

▶ Teoria a p. 307

Il valore di una funzione polinomiale

406 ESERCIZIO GUIDA Data la funzione polinomiale $A(x)=-3x^2+2x+1$, calcoliamo $A(-1)$, $A(0)$ e $A(2)$, ossia i valori che assume il polinomio quando a x si sostituiscono i valori -1, 0 e 2.

Sostituiamo a x i tre valori:

$$A(-1)=-3\cdot(-1)^2+2\cdot(-1)+1=-3-2+1=-4;$$
$$A(0)=-3\cdot(0)^2+2\cdot(0)+1=1;$$
$$A(2)=-3\cdot(2)^2+2\cdot(2)+1=-12+4+1=-7.$$

Per ogni funzione calcola il valore che essa assume se sostituisci alla variabile i valori scritti a fianco.

407 $A(x)=2x^2-x;\quad -1, 0, \frac{1}{2}, 1.$ $[3; 0; 0; 1]$

408 $B(x)=x^3-x+1;\quad -2, 0, 1, 3.$ $[-5; 1; 1; 25]$

409 $C(a)=-a^3+2a;\quad -\frac{1}{2}, -1, 1, 2.$ $\left[-\frac{7}{8}; -1; 1; -4\right]$

410 $D(y)=-y^4-y+2;\quad -2, -\frac{1}{2}, 0, 1.$ $\left[-12; \frac{39}{16}; 2; 0\right]$

TEST

411 Se $P(x) = \frac{1}{2}x^3 - 2x + 1$, i valori $P(2)$ e $P(-2)$ sono:

A 1 e 1.

B -7 e 1.

C -1 e -1.

D 2 e -2.

E 1 e -7.

412 Se $P(x) = 2x^2 - 3x - 3$, allora $P(1)$ vale:

A 4.

B -2.

C -4.

D 0.

E 2.

413 Il valore di un polinomio $A(x)$ per $x = 0$ è -4. Fra i seguenti polinomi, quale potrebbe essere $A(x)$?

A $-4x + 2$

B $x^2 - 4x$

C $-4x^2$

D $-4x^2 + 4$

E $x^2 - 2x - 4$

414 **INTORNO A NOI** **Polmoni** La capacità polmonare (in litri) di una donna può essere stimata dal seguente polinomio:

$$0{,}041\,h - 0{,}018\,A - 2{,}69,$$

dove h è l'altezza in centimetri e A è l'età.
Trova la tua capacità polmonare (se sei un ragazzo, trova la capacità polmonare di tua madre).

MATEMATICA INTORNO A NOI

Fra ossa e polinomi Una antropologa studia una tibia umana, rinvenuta in una fattoria abbandonata, e si chiede: «È di una donna o di un uomo?». I polinomi possono aiutarla a trovare la risposta. Infatti…

Problema e risoluzione – Un esercizio in più – Attività di ricerca: *Bones*.

Per ciascuno dei seguenti polinomi, indica se i valori scritti a fianco sono zeri del polinomio.

415 $x^3 + 3x^2 - x - 3$; $\quad -1, 0, 3$.

416 $a^3 - 4a^2 + 2a - 1$; $\quad -1, 0, 2$.

417 **TEST** Uno degli zeri di $\frac{2}{3}x^2 \quad \frac{4}{3}x + \frac{1}{2}$ è:

A $\frac{1}{2}$.

B $-\frac{1}{2}$.

C $\frac{1}{3}$.

D -1

E $+1$.

Esprimi perimetro e area delle seguenti figure in funzione di x e trova il loro valore per i valori di x indicati.

418 ESEMPIO DIGITALE

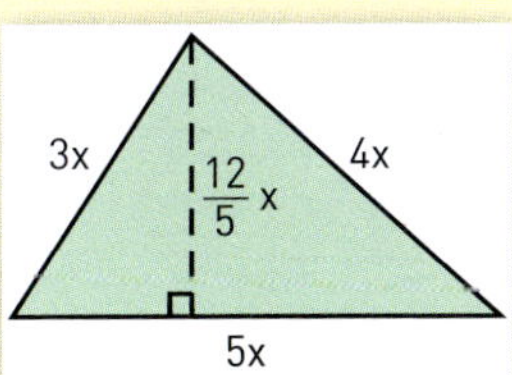

$x = 2,\ x = 5,\ x = 0{,}4.$

419

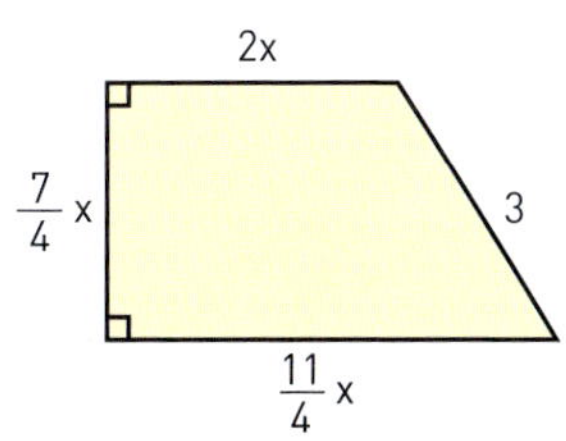

$x = 2,\ x = 4,\ x = 1{,}5.$

$\left[2p = \frac{13}{2}x + 3;\ A = \frac{133}{32}x^2;\ 16, \ldots\right]$

Problemi INTORNO A NOI

420 **A fine mese** Lo stipendio mensile di Luca è composto da una parte fissa di € 400 più il 12% del ricavo x delle vendite mensili.

a. Scrivi lo stipendio di Luca in funzione di x.

b. Calcola quanto riceve nei mesi di gennaio, febbraio e dicembre, in cui ha ricavato dalle vendite rispettivamente € 7500, € 8200 e € 11 000.

c. Per avere uno stipendio di € 2500, quanto dovrebbe ricavare dalle vendite?

[b) € 1300, € 1384, € 1720; c) € 17 500]

421 **A ciascuno il suo** Una somma di $10x$ euro viene divisa fra tre amici: il primo riceve x euro e il secondo ottiene una quota che supera di $4a$ i $\frac{3}{5}$ della prima. Quanto riceve il terzo? Se $x = 100$ e $a = 50$, quali sono le tre quote?

$\left[\frac{42}{5}x - 4a; 100, 260, 640\right]$

422 **Adesso chi paga?** Una vetrata si è rotta. Trova l'area della finestra in dm^2 in funzione di a; calcola il suo valore per $a = 1{,}5$.
Quanto si spende a sostituire il vetro se il costo è € 28 al m^2 ($\pi \simeq 3{,}14$) e se puoi comprare solo mattonelle di 1 m^2?

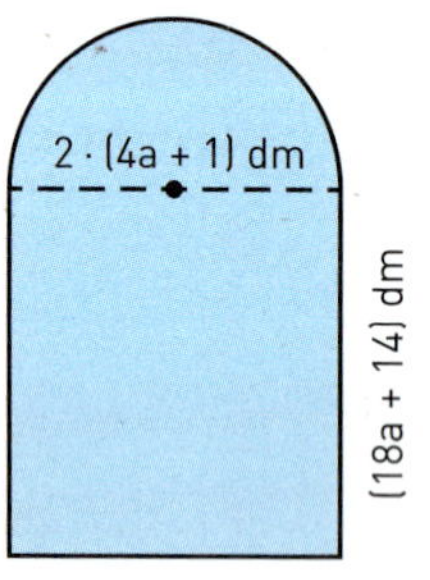

$\left[(144 + 8\pi)a^2 + (148 + 4\pi)a + 28 + \frac{\pi}{2}; \left(574 + \frac{49}{2}\pi\right) dm^2; € 196\right]$

423 **Vacanze in cornice** Laura vuole inserire una foto scattata in vacanza in una cornice di legno larga x.

a. Trova l'area della cornice in funzione di x.

b. Se $x = 5$ cm e il costo della cornice è di € 4,50 al dm^2, quanto spende?

c. Dato che la foto è molto nitida, Laura pensa di farla ingrandire raddoppiandone le dimensioni. Se usa lo stesso tipo di cornice, la spesa relativa raddoppia rispetto alla precedente?

[a) $A(x) = 4x^2 + 120x$; b) € 31,50; c) no]

424 **Rifare il parquet** La figura rappresenta la pianta di una stanza dell'appartamento del signor Ferri.

a. Calcola l'area in funzione di a.

b. Se $a = 2{,}2$ m, quanto spende il signor Ferri per sostituire la pavimentazione con un parquet che costa € 90 + IVA (10%) al m^2?

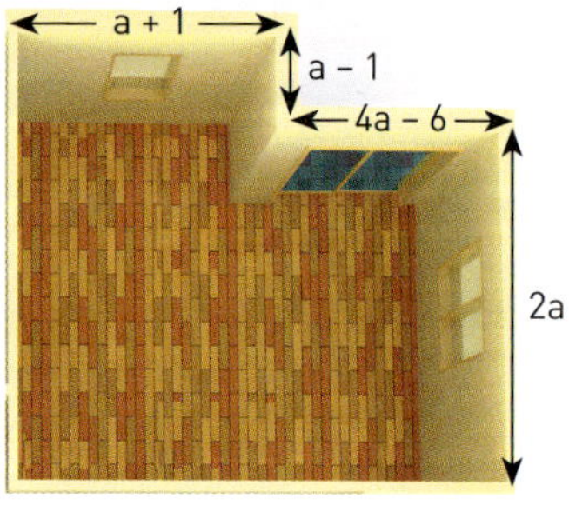

[$11a^2 - 10a - 1$; € 2993,76]

425 **Cuscinetti** Un'azienda che produce cuscinetti deve affrontare questi costi mensili:

- € 1200, per ogni dipendente;
- € 1500, per acqua e luce.

a. Indicata con y la spesa mensile complessiva e con x il numero di dipendenti, scrivi il polinomio che descrive y.

b. Quanto spende in un anno l'azienda se ha 20 dipendenti?

[a) $y = 1200x + 1500$; b) € 306 000]

I polinomi identici

426 **ESERCIZIO GUIDA** Verifichiamo se è possibile trasformare in polinomi identici le espressioni

$$(a+b)^3 - 3ab(a+b) \quad \text{e} \quad a^2(a+9b) + b(b-3a)(b+3a).$$

Eseguiamo i calcoli nella prima espressione:

$$(a+b)^3 - 3ab(a+b) = a^3 + 3a^2b + 3ab^2 + b^3 - 3a^2b - 3ab^2 = a^3 + b^3.$$

Eseguiamo i calcoli nella seconda espressione:

$$a^2(a+9b) + b(b-3a)(b+3a) =$$

Poiché $(b-3a)(b+3a)$ è un prodotto notevole:

$$a^3 + 9a^2b + b(b^2 - 9a^2) = a^3 + 9a^2b + b^3 - 9a^2b = a^3 + b^3.$$

Poiché le espressioni forniscono come risultato lo stesso polinomio, $a^3 + b^3$, esse sono identiche.

Verifica se le coppie di espressioni si trasformano in polinomi identici.

427 $x^3 + a^3 \quad \text{e} \quad (x-a)(x^2+ax+a^2)$ [no]

428 $x^6 - 1 \quad \text{e} \quad (x^3 - 2x^2 + 2x - 1)(x^3 + 2x^2 + 2x + 1)$ [sì]

429 $(ab^2 + b^3)^2 - ab(ab^3 - 2b^4) \quad \text{e} \quad (a+b)^2 \cdot b^4 - 2ab^5$ [no]

430 $(x+y+z)^2 + (x-y+z)^2 \quad \text{e} \quad 3x^2 + 2y^2 + 6z^2 - (x-2z)^2$ [sì]

431 $(x^2 - a^2)^2 + (x^2 + a^2)^2 \quad \text{e} \quad (x+a)(2x-2a)(x^2+a^2)$ [no]

Verifica se le seguenti uguaglianze sono identità.

432 $(a+b)^2 - 8ab = a^2 + b(b-6a).$ [sì]

433 $[4a^3b^3 : (-b^2)] : (2a^2b) = \left(-\frac{2}{3}a^2b\right) : \left(\frac{1}{3}ab\right)$ [sì]

434 $\left(\frac{1}{4}a - \frac{1}{5}a\right)3a + a^2 = \frac{3}{4}a^2 + \frac{2}{5}a^2$ [sì]

435 $3(a-2)^2 - 3a(a-4) = 3a(2a-a) + 12(1-6a)$ [no]

ESERCIZI

5 La divisione fra polinomi

Teoria a p. 308

La divisione di un polinomio per un monomio

TEST

436 Le seguenti espressioni sono tutte polinomi, *tranne* una. Quale?

A $(3a^5+a^2):2a^2$
B $(3a^4+2a^3):(-2a^3)$
C $(a^3-2a^2):3$
D $(3a^3+a^2):2a^4$
E $(a^3-2a^2):3a$

437 In quale caso è possibile la divisione fra il polinomio $6a^2b^3-2a^3b^4$ e uno dei seguenti monomi?

A $3ab$ B $6a^2b^4$ C $12a^3b^2$ D $2a^4b^3$ E $5a^3b^4$

438 SPIEGA PERCHÉ la divisione $(x^3y^4+x^2y^3+2xy^2):(-2x^2y^2)$ non è possibile.

439 ESERCIZIO GUIDA Eseguiamo, se è possibile, le seguenti divisioni:

a. $(12x^4y^3-3x^3y^4+2x^2y):(2x^2y)$; **b.** $(5ab^2+3a^3b^3-3a^4):(2a^2b^2)$.

a. La divisione $(12x^4y^3-3x^3y^4+2x^2y):(2x^2y)$ è possibile, perché ogni termine del dividendo contiene le variabili del divisore, con esponente maggiore o uguale.
Non è necessario, invece, che i coefficienti dei termini del dividendo siano multipli del coefficiente del divisore. Dividiamo per $2x^2y$ ogni termine del polinomio dividendo:

$$12x^4y^3:(2x^2y)=6x^{4-2}y^{3-1}=6x^2y^2;$$

$$-3x^3y^4:(2x^2y)=-\frac{3}{2}x^{3-2}y^{4-1}=-\frac{3}{2}xy^3;$$

$$2x^2y:(2x^2y)=1.$$

Il risultato è quindi: $(12x^4y^3-3x^3y^4+2x^2y):(2x^2y)=6x^2y^2-\frac{3}{2}xy^3+1$.

Verifica: $\underbrace{\left(6x^2y^2-\frac{3}{2}xy^3+1\right)}_{\text{quoziente}}\cdot\underbrace{2x^2y}_{\text{divisore}}=\underbrace{12x^4y^3-3x^3y^4+2x^2y}_{\text{dividendo}}$.

b. La divisione $(5ab^2+3a^3b^3-3a^4):(2a^2b^2)$ non è possibile per due motivi:

- $5ab^2$ ha grado rispetto ad a minore di $2a^2b^2$;
- $-3a^4$ ha grado rispetto a b minore di $2a^2b^2$ (il grado rispetto a b di $-3a^4$ è 0).

Esegui, se è possibile, le seguenti divisioni e fai la verifica.

440 $(20a^4-12a^3+6a^2):(+2a^2)$ $[10a^2-6a+3]$

441 $(x^3-x^2+x):\left(-\frac{1}{2}x\right)$ $[-2x^2+2x-2]$

442 ESEMPIO DIGITALE $\left(-\frac{3}{2}b^6+\frac{3}{4}b^5-\frac{1}{8}b^4\right):\left(-\frac{3}{4}b^3\right)$

443 $\left(a^4+a^3b-\frac{1}{5}ab^3+a^2b^2\right):\left(-\frac{1}{5}a\right)$ $[-5a^3-5a^2b+b^3-5ab^2]$

444 $(7x^4 - 3x^2y^3 + 5x^3y^2) : (-3x^2)$ $\left[-\frac{7}{3}x^2 + y^3 - \frac{5}{3}xy^2\right]$

445 $\left(2a^3b^3 + \frac{1}{4}a^4b^4 - 2a^3b^2\right) : \left(\frac{2}{3}a^2b^3\right)$ [impossibile]

446 $\left(-\frac{2}{3}a^6 + \frac{1}{3}a^4 + \frac{4}{15}a^3\right) : \left(-\frac{2}{9}a^3\right)$ $\left[3a^3 - \frac{3}{2}a - \frac{6}{5}\right]$

447 $\left(\frac{2}{5}y^5z^3 - \frac{3}{4}y^3z^2 + \frac{1}{2}y^2z^5\right) : \left(-\frac{2}{3}y^2z^2\right)$ $\left[-\frac{3}{5}y^3z + \frac{9}{8}y - \frac{3}{4}z^3\right]$

448 $\left(1{,}2x^6y^6 - 1{,}4x^4y^4 + \frac{1}{5}x^2y^2\right) : (-0{,}2xy^2)$ $[-6x^5y^4 + 7x^3y^2 - x]$

449 **TEST** L'espressione $(9a^2x^2 - 6ab^2x + 12abx) : 6ax$ è equivalente a una delle seguenti. Quale?

A $\frac{3}{2}ax - b(b+2)$

B $\frac{3}{2}ax - b(b-2)$

C $\frac{3}{2}a^3x^2 - a^2b^2x^2 + 2a^2bx^2$

D $\frac{2}{3}ax - b(b+2)$

E $\frac{2}{3}ax - b(b-2)$

450 **ESERCIZIO GUIDA** Completiamo la divisione, scrivendo i termini mancanti, supponendo che il dividendo sia un polinomio ordinato in ordine decrescente:

$(3a^6b^9 \square) : (\square) = -a^4b^7 - \frac{4}{3}a^3b^4 + \frac{1}{6}a^2.$

dividendo — divisore — quoziente

Cerchiamo il **divisore**.
Abbiamo $3a^6b^9 : \square = -a^4b^7$. Basta eseguire la divisione $3a^6b^9 : (-a^4b^7) = -3a^2b^2$, quindi:

$$(3a^6b^9 \square) : (-3a^2b^2) = -a^4b^7 - \frac{4}{3}a^3b^4 + \frac{1}{6}a^2.$$

Completiamo ora il **dividendo**.
Poiché il quoziente è un trinomio, anche il dividendo è un trinomio, di cui conosciamo il primo termine. Dobbiamo determinare gli altri due termini.
Per avere il dividendo, moltiplichiamo il quoziente per il divisore:

$$\left(-a^4b^7 - \frac{4}{3}a^3b^4 + \frac{1}{6}a^2\right) \cdot (-3a^2b^2) = 3a^6b^9 + 4a^5b^6 - \frac{1}{2}a^4b^2.$$

I termini mancanti sono: $\left(3a^6b^9 + 4a^5b^6 - \frac{1}{2}a^4b^2\right) : (-3a^2b^2) = -a^4b^7 - \frac{4}{3}a^3b^4 + \frac{1}{6}a^2.$

COMPLETA le seguenti divisioni.

451 $(\square) : (3a) = a + \frac{5}{3}b - \frac{7}{3}a^2b$

452 $(12x^5 - 6x^4 + 18x^3) : (\square) = 4x^3 \square$

453 $(4a^4b^6 \square) : (\square) = 2a^2b^4 + 3ab^2 - 1$

454 $(\square - 6a^4b^3 + \square) : (\square) = \frac{5}{2}ab - a^2b^2 + \frac{1}{6}b$

455 $(x^2y^2 + 2xy + \square) : (\square) = -2xy^2 - \square - \frac{1}{2}x^4$

456 $(-\square + \square + 7x^4y^2) : \square = -\frac{2}{9}y + 3y^2 + \frac{7}{4}xy$

ESERCIZI

Semplifica le seguenti espressioni.

457 $[(3x^3+6x^2):2x-x]:x$ $\left[\frac{3}{2}x+2\right]$

458 $\{[(a+b)^3-(a-b)^3]:(6b)\}:\left(-\frac{3}{2}\right)$ $\left[-\frac{2}{3}a^2-\frac{2}{9}b^2\right]$

459 $(-2x^2y+4x^4y^2-x^4y):[(x+y)^2-(x+y)(x-y)-2y^2]$ $\left[-x+2x^3y-\frac{1}{2}x^3\right]$

460 $\{[b(2a-b)(2a+b)+b^2(b+4ab)]:(-2ab)+2(a+b^2)\}:\frac{1}{2}b$ $[0]$

461 $[(2x+1)(2x-1)(4x^2+1)+1]:(-2x)^3+3x+y$ $[x+y]$

462 $[(3x-y)^3+y^3]:(3x)-(3x-y)^2$ $[2y^2-3xy]$

463 $[(x^2-y^2)^3-(x^2+y^2)(x^2-y^2)y^2-x^6]:(x^2y)$ $[-4x^2y+3y^3]$

464 $\left[2a^3b\left(\frac{1}{4}a^2b+\frac{3}{2}ab-b\right)-b^2(3a^4-2a^3)\right]^3:\left[a^2b\left(\frac{1}{2}a^3b+1\right)-a^2b\right]$ $\left[\frac{1}{4}a^{10}b^4\right]$

465 $[(2x^2y-4xy^2)^3-8y^3(-2xy)^3]:(-2x^2y)^2$ $[2x^2y-12xy^2+24y^3]$

466 $[(2a-b)^2-(b+4a^2)^2+4a(b+4a^3)-4a^2(1-2b)]:[b^2-(b-2a)(b+2a)]$ $[0]$

467 $\left\{[x^6+1-(x^3+1)^2(x^3-1)^2]:\left(\frac{1}{2}x^2\right)\right\}:\left(-\frac{2}{3}x\right)$ $[-9x^3+3x^9]$

468 $[(x-y)(x+y)^2-(x+y)(x-y)^2]:[x^3+(x^2y)^3:(-xy)^3]$ [impossibile]

469 $[(3a-2b)^2(3a+2b)^2-(9a^2-4b^2-ab)^2+8ab^3]:[(a^2-3b)^2-a^4-9b^2]$ $\left[\frac{1}{6}b-3a\right]$

470 $\left\{[(a+2b)(a-2b)(a^2+4b^2)+(a^2-4b^2)^2]:(4a^2)-\frac{1}{2}(a+2b)(a-2b)\right\}:(-b^3)$ $[0]$

La divisione fra polinomi a coefficienti numerici

471 In una divisione tra polinomi il divisore è $x-4$, il quoziente è x^2-6x+2 e il resto è -1. Qual è il dividendo? $[x^3-10x^2+26x-9]$

472 In quale caso il resto di una divisione fra due polinomi è uguale a 0?

473 FAI UN ESEMPIO Il grado del resto di una divisione fra polinomi può essere uguale o maggiore del grado del divisore? Fornisci un esempio.

474 YOU & MATHS **Dividing polynomials** Use $q(x)=2x+3$ and $p(x)=2x^2+3x-5$. Find $s(x)$ and $r(x)$ such that $p(x)=s(x)\cdot q(x)+r(x)$.

475 EUREKA! Un numero di due cifre viene sommato al numero ottenuto invertendo le sue cifre. Si divide quindi la somma ottenuta per la somma delle cifre del numero dato e si eleva al quadrato il risultato. Che numero si ottiene?

A 36
B 49
C 100
D 121
E Dipende dalle cifre del numero dato.

(*Olimpiadi della matematica, Giochi di Archimede*, 2002)

476 ESERCIZIO GUIDA Calcoliamo quoziente e resto di $(x^3-8):(x-2)$.

$$\begin{array}{rrrr|l} x^3 & 0 & 0 & -8 & x-2 \\ \hline & & & & x^2 \end{array}$$

a. Mettiamo 0 nella posizione di x^2 e di x. Dividiamo x^3 per x.

$$\begin{array}{rrrr|l} x^3 & 0 & 0 & -8 & x-2 \\ \cline{5-5} -x^3 & +2x^2 & & & x^2 \\ \cline{1-4} // & 2x^2 & 0 & -8 & \end{array}$$

b. Moltiplichiamo x^2 per $x-2$, cambiamo segno, incolonniamo sotto il dividendo e sommiamo.

$$\begin{array}{rrrr|l} x^3 & -0 & 0 & -8 & x-2 \\ \cline{5-5} -x^3 & +2x^2 & & & x^2+2x \\ \cline{1-4} // & 2x^2 & 0 & -8 & \\ & -2x^2 & +4x & & \\ \cline{1-4} & & 4x & -8 & \end{array}$$

c. Dividiamo $2x^2$ per x, moltiplichiamo il risultato $2x$ per $x-2$, cambiamo segno, incolonniamo e sommiamo.

$$\begin{array}{rrrr|l} x^3 & 0 & 0 & -8 & x-2 \\ \cline{5-5} -x^3 & +2x^2 & & & \underbrace{x^2+2x+4}_{Q(x)} \\ \cline{1-4} // & 2x^2 & 0 & -8 & \\ & -2x^2 & +4x & & \\ \cline{1-4} & & 4x & -8 & \\ & & -4x & +8 & \\ \cline{1-4} & & & 0 = R & \end{array}$$

d. Dividiamo $4x$ per x, moltiplichiamo il risultato 4 per $x-2$, cambiamo segno e sommiamo.
Il resto è 0.

Calcola quoziente e resto delle seguenti divisioni.

477 $(3y^4+3y^3-2y+1):(y+5)$ $[Q=3y^3-12y^2+60y-302;\ R=1511]$

478 $(x^4+3x^2-4):(x^2-4)$ $[Q=x^2+7;\ R=24]$

479 $(15a^3-8a^2-9a+2):(3a+2)$ $[Q=5a^2-6a+1;\ R=0]$

480 $(5a^6+15a^5+20+5a):(a+3)$ $[Q=5a^5+5;\ R=5]$

481 $(7a-a^3+2+a^2):(a^2+2)$ $[Q=-a+1;\ R=9a]$

482 ESEMPIO DIGITALE $\left(-\frac{1}{2}x^4+\frac{1}{4}x^3-x-3\right):\left(\frac{1}{4}x^2+x\right)$

483 $(8x^3-4x+1):\left(x-\frac{1}{2}\right)$ $[Q=8x^2+4x-2;\ R=0]$

484 $(16x^5-8x^3+2x-1):(x^3-1)$ $[Q=16x^2-8;\ R=16x^2+2x-9]$

485 $(x^2-6x+3):(1-x^3)$ [impossibile]

486 $\left(-y^2+\frac{3}{2}y^3-2\right):(3y^2+2y)$ $\left[Q=\frac{1}{2}y-\frac{2}{3};\ R=\frac{4}{3}y-2\right]$

487 $(2a^3-4a^2+a+2):(2a^2+a-1)$ $\left[Q=a-\frac{5}{2};\ R=\frac{9}{2}a-\frac{1}{2}\right]$

488 $(a^4+6a^2-4a^3-4a+1):\left(-\frac{2}{3}+a^3\right)$ $\left[Q=a-4;\ R=6a^2-\frac{10}{3}a-\frac{5}{3}\right]$

ESERCIZI

489 $\left(b^6+\frac{4}{3}b^3+\frac{3}{4}b^4-\frac{2}{3}b^2-\frac{1}{6}\right):\left(-\frac{2}{3}b^2-\frac{1}{2}\right)$ $\left[Q=-\frac{3}{2}b^4-2b+1;\ R=-b+\frac{1}{3}\right]$

490 $(x^5-x^3+1):(x^2+1)$ $[Q=x^3-2x;\ R=2x+1]$

491 ESEMPIO DIGITALE $(2+x+3x^2+x^3):(x^2+2)$

492 $(x^5-3x^4+5x^3-2x^2+6x-10):(x^3-2)$ $[Q=x^2-3x+5;\ R=0]$

493 $\left(\frac{1}{4}x^4+\frac{1}{2}x^2-2x-2\right):(x^2-2)$ $\left[Q=\frac{1}{4}x^2+1;\ R=-2x\right]$

494 $\left(9b^4-6b^3+\frac{2}{3}\right):\left(\frac{3}{4}b-\frac{1}{2}\right)$ $\left[Q=12b^3;\ R=+\frac{2}{3}\right]$

495 $(0{,}5x^3+1{,}5x-x^2-1):(1-3x+2x^2)$ $\left[Q=\frac{1}{4}x-\frac{1}{8};\ R=\frac{7}{8}x-\frac{7}{8}\right]$

496 $(-3y^4+14y^3-13y^2+2):(3y^2-2y-1)$ $[Q=-y^2+4y-2;\ R=0]$

497 $(4x^3+18-3x):\left(-x+\frac{1}{2}\right)$ $[Q=-4x^2-2x+2;\ R=17]$

498 $\left(a^4+\frac{1}{3}a^3+6a+2\right):\left(2a^3+\frac{2}{3}\right)$ $\left[Q=\frac{1}{2}a+\frac{1}{6};\ R=\frac{17}{3}a+\frac{17}{9}\right]$

499 $(24y^5-4y^4-18y^2+15y-2):(6y-1)$ $[Q=4y^4-3y+2;\ R=0]$

Calcola quoziente e resto delle seguenti divisioni fra polinomi. Esegui la verifica.

500 $(y^3-5y^2+3y-6):(y^2+1-2y)$ $[Q=y-3;\ R=-4y-3]$

501 $(-3y^3+11y^2-9y-2):(3y^2-5y-1)$ $[Q=2-y;\ R=0]$

502 $(2x^4-14x^2+12x-5):(2x^2-x)$ $\left[Q=x^2+\frac{1}{2}x-\frac{27}{4};\ R=\frac{21}{4}x-5\right]$

503 $(4a^2-3a+6a^3-2):(1+2a)$ $\left[Q=3a^2+\frac{1}{2}a-\frac{7}{4};\ R=-\frac{1}{4}\right]$

La divisione fra polinomi a coefficienti letterali

TEST

504 È data la divisione:

$(5a^3-6a^2-3a+4):(ka+4)$.

Per quale valore di k il quoziente è a^2-2a+1?

A 2
B −3
C 0
D 5
E −5

505 È data la divisione:

$(2a^3+3a^2-2a-3):(ka+3)$.

Per quale valore di k il quoziente è a^2-1?

A 1
B 2
C 3
D −2
E −3

506 ESERCIZIO GUIDA Eseguiamo $(5a^2b + a^3 - 2ab^2 + b^3):(a^2 - 4ab + b^2)$ considerando come variabile la lettera a.

Ordiniamo secondo le potenze decrescenti della variabile a:

$$(a^3 + 5a^2b - 2ab^2 + b^3):(a^2 - 4ab + b^2).$$

Eseguiamo la divisione:

$$\begin{array}{rrrr|l} a^3 & +5a^2b & -2ab^2 & +b^3 & a^2 - 4ab + b^2 \\ -a^3 & +4a^2b & -ab^2 & & \hline a + 9b \\ \hline & +9a^2b & -3ab^2 & +b^3 & \\ & -9a^2b & +36ab^2 & -9b^3 & a^3 : a^2 \quad 9a^2b : a^2 \\ \hline & & +33ab^2 & -8b^3 & \end{array} \quad \to \quad Q = a + 9b;\ R = 33ab^2 - 8b^3.$$

Esegui le seguenti divisioni, considerando come variabile quella indicata.

507 $(a^2 - 3b^2 - 2ab):(b + a)$ [variabile: a] $[Q = a - 3b]$

508 $(x^6 - y^4):(3x^3 + 3y^2)$ [variabile: x] $\left[Q = \frac{1}{3}(x^3 - y^2)\right]$

509 $(x^3 - 2x^2y + xy^2):(x^2 - 2xy + y^2)$ [variabile: x] $[Q = x]$

510 $(4b^3 - 20ab^2 - 9a^2b + 45a^3):(b - 5a)$ [variabile: b] $[Q = 4b^2 - 9a^2]$

511 $\left(x^3 + \frac{5}{2}x^2y - 4xy^2 - 3y^3\right):(2x - 3y)$ [variabile: x] $\left[Q = \frac{1}{2}x^2 + 2xy + y^2\right]$

512 $(a^6 - b^6 + a^4b^2 - a^2b^4):(a^4 + 2a^2b^2 + b^4)$ [variabile: a] $[Q = a^2 - b^2]$

513 $(2x^3y - 9x^2y + 8y + 2xy):(xy - 4y)$ [variabile: x] $[Q = 2x^2 - x - 2]$

514 $(-b^2 - 1 + a^2 - 2b):(a - 1 - b)$ [variabile: a] $[Q = a + 1 + b]$

515 $(a^3 - 2a^2b - 14ab^2 + 3b^3):(a^2 - 5ab + b^2)$ [variabile: a] $[Q = a + 3b]$

516 $\left(4x^2 + \frac{1}{4}y^2 + 9 - 2xy + 12x - 3y\right):\left(2x - \frac{1}{2}y + 3\right)$ [variabile: x] $\left[Q = 2x - \frac{1}{2}y + 3\right]$

517 $\left(-\frac{1}{2}b^3 - b^2c^2 + 3bc^4 - c^6\right):(b - c^2)$ [variabile: b] $\left[Q = -\frac{1}{2}b^2 - \frac{3}{2}bc^2 + \frac{3}{2}c^4;\ R = \frac{1}{2}c^6\right]$

518 $(3y^3 - 14ay^2 + 21a^2y - 12a^3):(3y - 8a)$ [variabile: y] $\left[Q = y^2 - 2ay + \frac{5}{3}a^2;\ R = \frac{4}{3}a^3\right]$

519 $(36x^2y + 12xy^2 + y^3):(6x + y)$ [variabile: x] $[Q = 6xy + y^2]$

520 $\left(a^4b - \frac{1}{3}a^3b^2 - 2b^3 + 6ab^2\right):\left(\frac{2}{3}b - 2a\right)$ [variabile: a] $\left[Q = -\frac{1}{2}a^3b - 3b^2\right]$

521 $(6a^4 - 2a^3b - 24a^2b + 20ab^2 - 4b^3):(3a - b)$ [variabile: a] $[Q = 2a^3 - 8ab + 4b^2]$

522 $\left(\frac{9}{4}ab^2 + 27a^3 + \frac{27}{2}a^2b + \frac{1}{8}b^3\right):(b + 6a)$ [variabile: b] $\left[Q = \frac{1}{8}b^2 + \frac{3}{2}ab + \frac{9}{2}a^2\right]$

523 $\left[-x^4 + x^3\left(\frac{3}{2}a + 4a^2\right) - 6a^3x^2 - 6a^3x + 9a^4\right]:(2x - 3a)$ [variabile: x] $\left[Q = -\frac{1}{2}x^3 + 2a^2x^2 - 3a^3\right]$

524 $\left(a^3 + \frac{5}{2}a^2b - 4ab^2 - 3b^3\right) : (2a - 3b)$ [variabile: a] $\left[Q = \frac{1}{2}a^2 + 2ab + b^2\right]$

525 $(x^4 - 4x^3y + 5x^2y^2 - 3xy^3 + 2y^4) : (-2y^2 + x^2)$ [variabile: x]
$[Q = x^2 - 4xy + 7y^2; R = -11xy^3 + 16y^4]$

Esegui le seguenti divisioni. Scegli come variabile prima una lettera, poi l'altra.

526 $(x^3 - y^3) : (x^2 - xy + y^2)$ $[Q(x) = x + y; R(x) = -2y^3. Q(y) = -y - x; R(y) = 2x^3]$

527 $(2a^4 + a^3b - ab^3 + 2b^4) : (a^2 - ab + 2b^2)$
$\left[Q(a) = 2a^2 + 3ab - b^2; R(a) = -8ab^3 + 4b^4. Q(b) = b^2 - \frac{1}{2}a^2; R(b) = \frac{1}{2}a^3b + \frac{5}{2}a^4\right]$

528 $(4x^3 - 3x^2y + 7xy^2 + 2y^3) : (4x + y)$ $[Q(x) = x^2 - xy + 2y^2; R(x) = 0. Q(y) = 2y^2 - xy + x^2; R(y) = 0]$

529 **VERO O FALSO?**

a. La divisione fra un polinomio e un monomio è sempre possibile. V F

b. La divisione fra un monomio e un polinomio è sempre possibile. V F

c. Non è possibile eseguire divisioni fra polinomi se il divisore è il monomio nullo o il polinomio nullo. V F

d. Se si divide il polinomio nullo per un monomio non nullo, il risultato è uguale a 0. V F

e. Se la divisione fra il polinomio A e il polinomio B dà come quoziente Q e come resto R, allora è valida la relazione $A = B \cdot Q + R$. V F

6 La regola di Ruffini

Teoria a p. 311

La divisione fra polinomi a coefficienti numerici

530 **SPIEGA PERCHÉ** è possibile eseguire la divisione $(x^3 - 8) : (x - 2)$ mediante la regola di Ruffini, mentre non è possibile utilizzare questa regola nella divisione $(x^3 - 8) : (x^2 + 4x - 2)$.

TEST

531 Nella divisione $(4x^2 - 15x - 2) : (4x + 1)$ il quoziente è $x - 4$ e il resto è 2.
Nella divisione $\left(x^2 - \frac{15}{4}x - \frac{1}{2}\right) : \left(x + \frac{1}{4}\right)$ il quoziente e il resto sono, rispettivamente:

A $\frac{1}{4}x - 1$ e $\frac{1}{2}$.

B $\frac{1}{4}x - 1$ e 2.

C $x - 4$ e 2.

D $x - 4$ e $\frac{1}{2}$.

E $x + \frac{1}{4}$ e $\frac{1}{2}$.

532 Fra le seguenti divisioni, quale si può eseguire mediante la regola di Ruffini?

A $(3a^3 - 2a^2 + 1) : (a^2 - 1)$

B $(2b^2 + 2) : (b^2 + 1)$

C $(4x^2 - 2x + 3) : (2x - 1)$

D $(a^4 - 1) : (a^3 - a^2)$

E $(x^3 - 2x^2) : (2x^2 - 1)$

533 **ESERCIZIO GUIDA** Eseguiamo la divisione $(2x^3+3x-8):(x+2)$, applicando la regola di Ruffini.

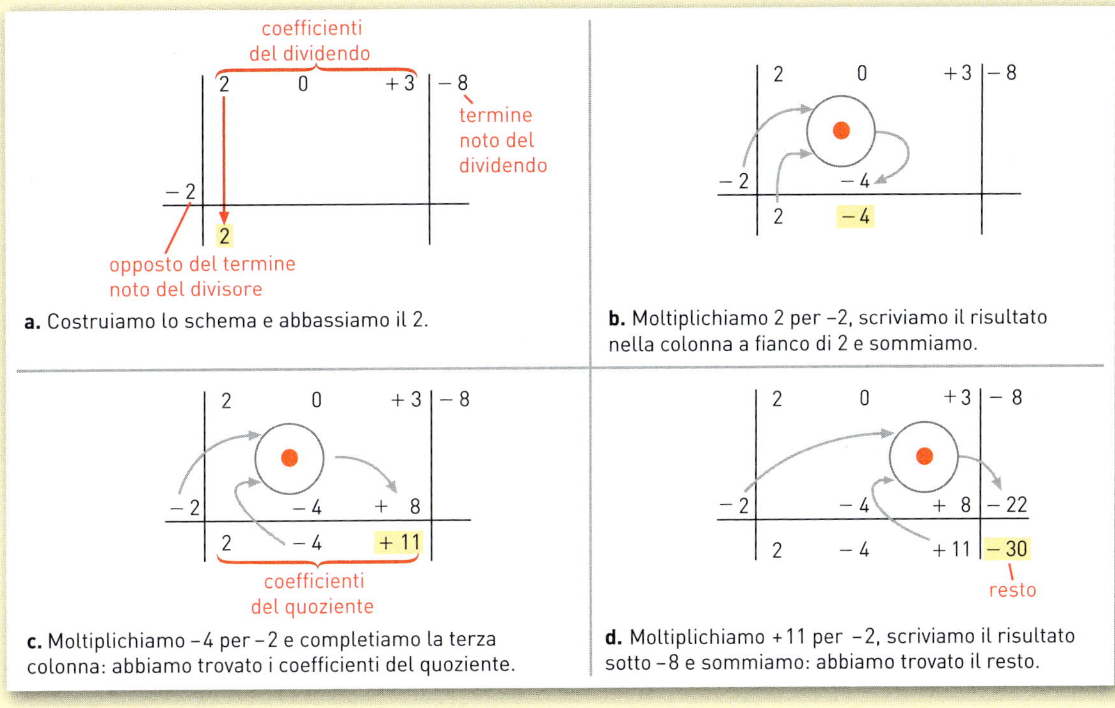

a. Costruiamo lo schema e abbassiamo il 2.

b. Moltiplichiamo 2 per −2, scriviamo il risultato nella colonna a fianco di 2 e sommiamo.

c. Moltiplichiamo −4 per −2 e completiamo la terza colonna: abbiamo trovato i coefficienti del quoziente.

d. Moltiplichiamo +11 per −2, scriviamo il risultato sotto −8 e sommiamo: abbiamo trovato il resto.

I coefficienti del quoziente sono 2, −4 e 11. Poiché il dividendo è di terzo grado, il polinomio quoziente è di secondo grado.

$Q(x)=2x^2-4x+11; \quad R=-30.$

Esegui le seguenti divisioni, applicando la regola di Ruffini. Indica il resto *R* se diverso da 0.

534 $(a^2-a-12):(a-4)$ $[Q=a+3]$

535 $(2x^3-9x+1):(x-3)$ $[Q=2x^2+6x+9;\ R=28]$

536 $(3x^3+x^2-8x+4):(x+2)$ $[Q=3x^2-5x+2]$

537 $(b^3+b^2-b+15):(b+3)$ $[Q=b^2-2b+5]$

538 $(-3x^2+2x^3-x+2):(x-1)$ $[Q=2x^2-x-2]$

539 **ESEMPIO DIGITALE** $(x^3+17x-7x^2-18):(x-4)$

540 $(x^5+x^2-x^4-x):(x-1)$ $[Q=x^4+x]$

541 $(b^4-2b^2+3):(b-2)$ $[Q=b^3+2b^2+2b+4;\ R=11]$

542 $(5x^3-3x^2+4x-2):(x-1)$ $[Q=5x^2+2x+6;\ R=4]$

543 $(x^3-3x+2):(x+2)$ $[Q=x^2-2x+1]$

544 $(2x^3-13x^2+4+19x):(x-4)$ $[Q=2x^2-5x-1]$

ESERCIZI

545 $\left(\frac{1}{4}x^5-4x^3+8x+2\right):(x-2)$ $\left[Q=\frac{1}{4}x^4+\frac{1}{2}x^3-3x^2-6x-4;\ R=-6\right]$

546 $\left(2b^3-\frac{11}{3}b^2-\frac{1}{3}+2b\right):\left(b-\frac{1}{3}\right)$ $[Q=2b^2-3b+1]$

547 $\left(7a^3+\frac{27}{2}a^2+\frac{3}{2}+\frac{11}{2}a\right):\left(a+\frac{3}{2}\right)$ $[Q=7a^2+3a+1]$

548 $\left(4a^4+2a^2+4a^3+a+\frac{1}{4}\right):\left(a+\frac{1}{2}\right)$ $\left[Q=4a^3+2a^2+a+\frac{1}{2}\right]$

549 $\left(\frac{1}{2}a^5-\frac{1}{2}a^4-a^2-\frac{2}{9}a^3-\frac{1}{2}a-\frac{1}{18}\right):\left(a+\frac{1}{3}\right)$ $\left[Q=\frac{1}{2}a^4-\frac{2}{3}a^3-a-\frac{1}{6}\right]$

550 $\left(\frac{1}{2}x^5-\frac{3}{4}x^4-2x^2+3\right):(x-2)$ $\left[Q=\frac{1}{2}x^4+\frac{1}{4}x^3+\frac{1}{2}x^2-x-2;\ R=-1\right]$

551 $(a^5-10a-12):(a-2)$ $[Q=a^4+2a^3+4a^2+8a+6]$

552 $(2a^3-3a^2-1):(a+3)$ $[Q=2a^2-9a+27;\ R=-82]$

553 $\left(-\frac{3}{2}b^3+9b^2-17b+20\right):(b-4)$ $\left[Q=-\frac{3}{2}b^2+3b-5\right]$

554 $\left(a^4-\frac{1}{25}a^2+a+\frac{2}{5}\right):\left(a+\frac{1}{5}\right)$ $\left[Q=a^3-\frac{1}{5}a^2+1;\ R=\frac{1}{5}\right]$

555 $\left(2x^5-4x^3-\frac{5}{8}x+\frac{3}{4}\right):\left(x+\frac{3}{2}\right)$ $\left[Q=2x^4-3x^3+\frac{1}{2}x^2-\frac{3}{4}x+\frac{1}{2}\right]$

556 $\left(2y^5+2y^3-y^2+\frac{7}{8}y-4y^4-\frac{1}{4}\right):\left(y-\frac{1}{2}\right)$ $\left[Q=2y^4-3y^3+\frac{1}{2}y^2-\frac{3}{4}y+\frac{1}{2}\right]$

La divisione fra polinomi a coefficienti letterali

557 **ESERCIZIO GUIDA** Eseguiamo la divisione $(2a^2x-3ax^2-2a^3+x^3):(x-2a)$ applicando la regola di Ruffini.

Ordiniamo il polinomio dividendo rispetto alla variabile x:

$$(x^3-3ax^2+2a^2x-2a^3):(x-2a).$$

	$+1$	$-3a$	$+2a^2$	$-2a^3$
$2a$		$2a$	$-2a^2$	0
	$+1$	$-a$	0	$-2a^3$

Otteniamo così:

$$Q=x^2-ax;\ R=-2a^3.$$

Esegui le seguenti divisioni, applicando la regola di Ruffini e considerando come variabile la prima lettera che compare al dividendo. Indica il resto *R* se diverso da 0.

558 $(a^3+2a^2b-4ab^2-8b^3):(a+2b)$ $[Q=a^2-4b^2]$

559 $(y^4+x^3y-9x^2y^2+3x^4):(y+3x)$ $[Q=y^3-3xy^2+x^3]$

560 $(2x^4+5x^3y+2x^2y^2+x+2y):(x+2y)$ $[Q=2x^3+x^2y+1]$

561 $\left(-b^3+4x^2b-\frac{21}{8}x^3\right):\left(b-\frac{3}{2}x\right)$ $\left[Q=-b^2-\frac{3}{2}xb+\frac{7}{4}x^2\right]$

562 $(y^3-8x^3-y^2+2xy):(y-2x)$ $[Q=y^2+2xy-y+4x^2]$

563 $\left(4y^3+7y^2b+3yb^2+\frac{1}{2}yb+\frac{15}{2}b^2-b\right):(y+b)$ $\left[Q=4y^2+3by+\frac{1}{2}b;\ R=7b^2-b\right]$

564 $(2x^4-5a^2x^2+4ax^3-3a^3x+2a^5):(x-a)$ $[Q=2x^3+6ax^2+a^2x-2a^3;\ R=2a^5-2a^4]$

565 $(a^6-3a^2b^4-4a^4b^2+12b^6):(a+2b)$ $[Q=a^5-2a^4b-3ab^4+6b^5]$

566 $(x^3-xy^2+x^2y-y^3+2x^2-2y^2):(x+y)$ $[Q=x^2+2x-y^2-2y]$

567 $[y^4a-(a^2+1)y^3+(a^2+1)y-a]:(y-a)$ $[Q=ay^3-y^2-ay+1]$

568 $[-y^5(b-1)-b^2y^3+(b^4+4)y^2-4by]:(y-b)$ $[Q=(1-b)y^4-(b^2-b)y^3-b^3y^2+4y]$

Esegui, se possibile, le seguenti divisioni con la regola di Ruffini rispetto alla variabile indicata a fianco.

569 $[2x^2-2x(a-2)-4a]:(x-a)$ [variabile: x] $[Q=2x+4]$

570 $\left(a^3-\frac{27}{8}b^6\right):\left(a-\frac{3}{2}b^2\right)$ [variabile: a] $\left[Q=a^2+\frac{3}{2}ab^2+\frac{9}{4}b^4\right]$

571 $(x^6+x^2y^2-x^4y-y^3):(y-x^2)$ [variabile: y] $[Q=-y^2-x^4]$

572 $[y^4+(a-4)y^2-4a^2]:(y-2)$ [variabile: y] $[Q=y^3+2y^2+ay+2a;\ R=4a-4a^2]$

Problemi

573 Un rettangolo ha l'altezza pari a $x-2$. Qual è la misura della base, se l'area del rettangolo è uguale a $2x^2+(3a-4)x-6a$? $[2x+3a]$

574 In un triangolo ABC l'area e l'altezza BH relativa al lato AC misurano rispettivamente a^3+4a^2+4a+3 e $a+3$, con $a>0$. Trova la misura di AC. $[2a^2+2a+2]$

575 Trova l'altezza del trapezio $ABCD$, sapendo che la sua area misura $2a^3+6a^2+\frac{1}{2}a-\frac{7}{2}$, con $a>1$. $[4a^2+8a-7]$

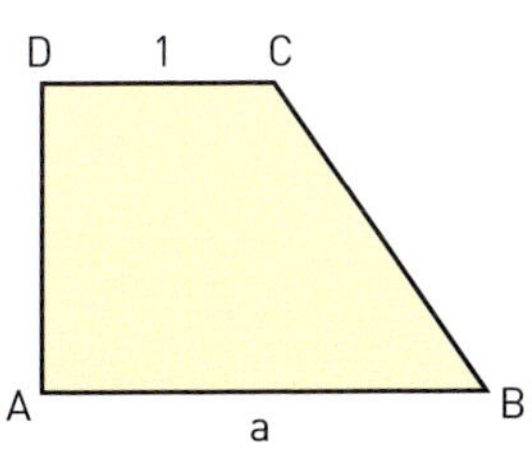

576 L'area del rettangolo $AEFG$ è $x^2-10x+21$. Determina il perimetro di $ABCDEFG$, sapendo che il triangolo BCD è equilatero.

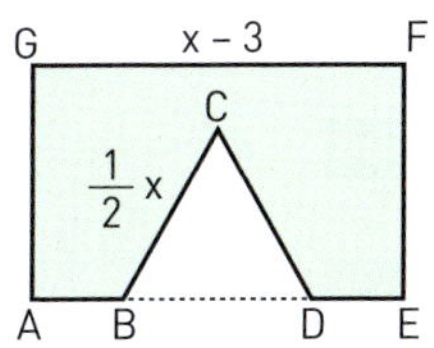

$\left[\frac{9}{2}x-20\right]$

577 L'area di un rettangolo R è $a^2+5ab+6b^2$ e la base misura $a+3b$, con $a, b>0$. Trova l'area di un secondo rettangolo che ha altezza doppia rispetto a quella di R e base uguale a quella di R aumentata di $3b$. $[2a^2+16ab+24b^2]$

Il divisore $cx - b$

578 ESERCIZIO GUIDA Calcoliamo quoziente e resto della divisione $(3x^2 + 2x - 5) : (2x - 1)$ mediante la regola di Ruffini.

Per applicare la regola di Ruffini occorre che il divisore sia della forma $x - a$, con $a \in \mathbb{R}$.
Sappiamo poi che, se in una divisione dividiamo sia il dividendo sia il divisore per uno stesso numero, anche il resto viene diviso per lo stesso numero, mentre il quoziente non cambia. In generale, vale cioè:

A	B	$A:n$	$B:n$
R	Q	$R:n$	Q

Nel nostro esempio, poiché il divisore è $2x - 1$, dividiamo dividendo e divisore per 2 per applicare la regola di Ruffini:

$$\left(\frac{3}{2}x^2 + x - \frac{5}{2}\right) : \left(x - \frac{1}{2}\right).$$

Applichiamo la regola di Ruffini:

	$\frac{3}{2}$	1	$-\frac{5}{2}$
$+\frac{1}{2}$		$\frac{3}{4}$	$\frac{7}{8}$
	$\frac{3}{2}$	$\frac{7}{4}$	$-\frac{13}{8}$

coefficienti del quoziente

$R:2$

$$Q(x) = \frac{3}{2}x + \frac{7}{4}.$$

Il resto si ottiene moltiplicando per 2 il resto $-\frac{13}{8}$ trovato:

$$R = -\frac{13}{4}.$$

Esegui le seguenti divisioni applicando la regola di Ruffini.

579 $(12x^3 - 54x^2 + 21x - 3) : (3x - 12)$ $[Q = 4x^2 - 2x - 1;\ R = -15]$

580 $(12y^3 + 36y^2 - 38y + 42) : (2y + 8)$ $[Q = 6y^2 - 6y + 5;\ R = 2]$

581 $(6a^4 - 24a^3 + 24a^2 + 12a - 19) : (6a - 12)$ $[Q = a^3 - 2a^2 + 2;\ R = 5]$

582 $(6b^5 + 30b^4 - 14b^2 - 4b^3 - 49 + 20b) : (2b + 10)$ $[Q = 3b^4 - 2b^2 + 3b - 5;\ R = 1]$

583 $(5x^4 - 50x + 85x^2 - 40x^3 + 3) : (5x - 25)$ $[Q = x^3 - 3x^2 + 2x;\ R = 3]$

584 $(12a^2 + 5a - 2) : (4a - 1)$ $[Q = 3a + 2]$

585 $(9x^5 - 21x^3 - 27x + 24) : (3x + 6)$ $[Q = 3x^4 - 6x^3 + 5x^2 - 10x + 11;\ R = -42]$

586 $(4y^4 - 6y^3 - 18y^2 - 10) : (2y - 6)$ $[Q = 2y^3 + 3y^2;\ R = -10]$

587 $\left(5a^3 + \frac{1}{4}a^2 + \frac{13}{12}a + \frac{1}{3}\right) : \left(2a + \frac{1}{2}\right)$ $\left[Q = \frac{5}{2}a^2 - \frac{1}{2}a + \frac{2}{3};\ R = 0\right]$

588 $\left(\frac{4}{5}x^3 - \frac{1}{2}x^2 - \frac{19}{4}x + \frac{5}{2}\right) : (2x - 5)$ $\left[Q = \frac{2}{5}x^2 + \frac{3}{4}x - \frac{1}{2};\ R = 0\right]$

Esegui le seguenti divisioni considerando come variabile la lettera indicata a fianco.

589 $(-3x^2 - 4xy + 4y^2) : (3x - 2y)$, x $[Q = -x - 2y;\ R = 0]$

590 $\left(-3a^3 + 4ab^2 - \frac{1}{2}b^3\right) : (2a - b)$, a $\left[Q = -\frac{3}{2}a^2 - \frac{3}{4}ab + \frac{13}{8}b^2;\ R = \frac{9}{8}b^3\right]$

591 ●● $(2a^3 - ba^2 - b^3 + b^2a):(-a-b)$, a $[Q = -2a^2 + 3ab - 4b^2;\ R = -5b^3]$

MATEMATICA AL COMPUTER

Applichiamo Ruffini Con Wiris, costruiamo un blocco che, letto il polinomio $P(x) = 2x^4 + kx^3 + 5x^2 - 7x + 3$, contenente il parametro k fra i suoi coefficienti, e assegnato il valore $a = \frac{1}{2}$, usa la regola di Ruffini per visualizzare i coefficienti del polinomio quoziente $P(x):(x-a)$ e l'eventuale resto.

Problema e risoluzione – 3 esercizi in più.

7 Il teorema del resto

▶ Teoria a p. 312

TEST

592 ●○ Per calcolare il resto di $(x^3 - 2x + 5):(x+2)$, occorre sostituire a x, nel dividendo, il valore:

A 2. B -2. C $-\frac{1}{2}$. D 5. E $\frac{1}{2}$.

593 ●○ Il resto della divisione $P(x):(x+2)$ è 3. Quale, fra i seguenti polinomi, può essere $P(x)$?

A $x^2 + x - 2$ B $x^2 + 1$ C $x^2 + x + 1$ D $x^2 + 3$ E $x^2 + x + 3$

594 ESERCIZIO GUIDA Calcoliamo il resto di $(x^3 - 1):\left(x + \frac{1}{2}\right)$.

Scriviamo il divisore nella forma $x - a$:

$$x - \underbrace{\left(-\frac{1}{2}\right)}_{a}.$$

Dunque $a = -\frac{1}{2}$.

Possiamo applicare il teorema del resto: nel dividendo $x^3 - 1$ sostituiamo la variabile con il valore di a, cioè $-\frac{1}{2}$, e otteniamo il resto della divisione:

$$R = \left(-\frac{1}{2}\right)^3 - 1 = -\frac{1}{8} - 1 = -\frac{9}{8}.$$

Calcola il resto delle seguenti divisioni.

595 ●○ $(2x^3 - 9x + 1):(x-3)$

596 ●○ $(a^2 - a + 3 - 2a^3):(a-1)$

597 ●○ $\left(2x^3 - \frac{11}{3}x^2 + 2x - \frac{1}{3}\right):\left(x - \frac{1}{3}\right)$

598 ●○ $(5b^6 + 15b^5 + 20 + 5b):(b+3)$

599 ●○ ESEMPIO DIGITALE $\left(\frac{1}{2}y^5 - y^3 + 2y - 4\right):(y+2)$

600 ●○ $(2x^3 - 5x + 4):(x+1)$

601 ●○ $(2x^4 + x^3 - 6x + 1):(x-1)$

602 ●○ $(-x^3 + 2x^2 - 2):(x+2)$

603 ●○ $(2y^5 + y^2 - y - 26):(y-2)$

604 ●○ $\left(a^4 + \frac{1}{2}a^3 - \frac{1}{2} + \frac{7}{4}a - 2a^2\right):(a+2)$

605 ●○ $(x^3 + 4x^2y - x + 3xy^2 - 3y):(x+3y)$

ESERCIZI

606 Trova per quale valore di b la divisione $(4x^4 - 5x^2 + x + b - 1) : (x - 1)$ ha resto 0. [1]

607 Determina a in modo che $x^3 + ax - 2$ diviso per $(x + 1)$ dia resto -3. [0]

608 Stabilisci per quale valore di k il polinomio $x^3 + 2x^2 + x + k - 1$ diviso per $(x + 2)$ dà come resto -4. [-1]

YOU & MATHS

609 **Find a quadratic that fits** Find a quadratic polynomial $P(x)$ such that $P(2) = 0$.

610 **Which are divisors?** Consider the polynomial $P(x) = 4x^2 + 5x - 6$. Which of the following polynomials are divisors of $P(x)$?

a. $x + 1$

b. $4x - 3$

c. $x + 2$

d. $x - 2$

8 Il teorema di Ruffini

Teoria a p. 313

TEST

611 $2x^3 - 5x^2 + x + 2$ è divisibile per *uno solo* dei seguenti binomi. Quale?

A $x + 2$

B $x - 3$

C $2x - 1$

D $2x + 1$

E $2x - 5$

612 $x^4 - x^3 - 7x^2 + x + 6$ è divisibile per ognuno dei seguenti binomi, *tranne* uno. Quale?

A $x - 1$

B $x + 1$

C $x + 2$

D $x - 2$

E $x - 3$

Determina, senza eseguire la divisione, se i seguenti polinomi sono divisibili per i binomi scritti a fianco.

613 $x^3 + 6x^2 + 11x + 6$ $\quad x + 1;\quad x - 1.$

614 $a^5 + y^5$ $\quad a - 2y;\quad a + 2y.$

615 $x^2 - 4y^2 - x^3 - 8y^3$ $\quad x + 2y;\quad x - 2y.$

616 $2a^2 + 7a - 4$ $\quad a + 2;\quad 2a + 1.$

617 $2a^4 - 3a^2 + 2a - 1$ $\quad 2a + 1;\quad a - \frac{1}{2}.$

618 $\frac{1}{27}x^3 - 1 - \frac{1}{3}x^2 + 4x$ $\quad x + 3;\quad x - 1.$

619 $a^2 - 2ab + a^2b - 4b^3$ $\quad a + b;\quad a - 2b.$

620 ESERCIZIO GUIDA Dato il polinomio $A(x) = 5x^3 + 2ax^2 - 3x - a + 1$, determiniamo per quale valore della lettera a esso è divisibile per il binomio $x - 1$.

Per il teorema di Ruffini deve risultare

$A(1) = 0$,

per il teorema del resto sappiamo che

$R = A(1)$.

Pertanto calcoliamo:

$R = A(1) = 5 + 2a - 3 - a + 1 = a + 3$.

Poniamo:

$R = 0$,

ossia $a + 3 = 0$, dunque $a = -3$.

Per $a = -3$ il resto si annulla e il polinomio

$5x^3 - 6x^2 - 3x + 4$

è divisibile per $x - 1$.

Determina per quale valore della lettera *a* i seguenti polinomi sono divisibili per i binomi scritti a fianco.

621 $y^2 + 4y - 2a$ $\quad (y - 2)$ $\quad [6]$

622 $x^3 - ax^2 - ax + 1$ $\quad (x + 1)$ $\quad [\forall a \in \mathbb{R}]$

623 $x^3 + 3ax^2 - \frac{3}{2}ax + a$ $\quad (x + 2)$ $\quad \left[\frac{1}{2}\right]$

624 $x^3 + 4ax^2 - 4a + 3$ $\quad (x - 1)$ $\quad [\nexists\, a \in \mathbb{R}]$

625 $3ax^2 - 2x - 2a$ $\quad (3x - 2)$ $\quad [-2]$

626 $5ay^2 + y - 3a$ $\quad (4y - 3)$ $\quad [4]$

627 $y^4 - 5y^2 + ay - 26a$ $\quad (y - 4)$ $\quad [8]$

628 $ax^3 + 2ax^2 + x - \frac{10}{9}$ $\quad \left(x + \frac{2}{3}\right)$ $\quad [3]$

Verifica se i seguenti binomi somma o differenza di cubi sono divisibili per i binomi scritti a fianco.

629 **a.** $x^3 - 125,\quad x - 5;$ **b.** $x^3 - 1,\quad x + 1;$ **c.** $x^3 + 8,\quad x + 2.$

630 **a.** $x^3 + 64,\quad x + 8;$ **b.** $27x^3 - 1,\quad 3x - 1;$ **c.** $8x^3 + 27,\quad 2x + 3.$

631 **a.** $\frac{1}{27}a^3 + 1,\quad \frac{1}{3}a + 1;$ **b.** $b^6 - 8,\quad b + 2;$ **c.** $125a^3 - 64,\quad 5a - 4.$

Trova i binomi di primo grado divisori dei seguenti binomi somma o differenza di cubi.

632 $a^3 + 1;\quad a^3 + 125;\quad a^3 - 64.$

633 $8x^3 + 1;\quad 27x^3 - 216;\quad x^3 \quad 27.$

---

634 INVALSI 2014 Il polinomio $x^3 - 8$ è divisibile per

- **A** $x + 8$
- **B** $x - 2$
- **C** $x + 4$
- **D** $x - 4$

COMPLETA

635 $x^3 - \frac{1}{8} = (x - \underline{\qquad}) \cdot (\underline{\qquad\qquad})$

636 $a^3 + 27 = (\underline{\qquad} 3) \cdot (\underline{\qquad\qquad})$

637 $27x^3 - 8 = (\underline{\qquad}) \cdot (\underline{\qquad\qquad})$

638 $64b^3 - 1 = (\underline{\qquad}) \cdot (\underline{\qquad\qquad})$

639 $\frac{1}{27}y^3 - 8 = (\underline{\qquad}) \cdot (\underline{\qquad\qquad})$

640 $125x^3 + 8 = (\underline{\qquad}) \cdot (\underline{\qquad\qquad})$

VERIFICA DELLE COMPETENZE

VERIFICA DELLE COMPETENZE ALLENAMENTO

UTILIZZARE TECNICHE E PROCEDURE DI CALCOLO

Addizione, sottrazione, moltiplicazione

TEST

1 La differenza fra i polinomi $b^3-2a^2b-3ab^2$ e $4ab^2+2a^2b+b^3$ è:

- A $12b^3-7ab^2$.
- B $2b^3-4ab^2+a^2b$.
- C $4a^2b-ab^2$.
- D $-4a^2b-7ab^2$.
- E a^3b^3.

2 Moltiplicando $5a^2x-3a^3x^2y-2abx$ per il monomio M si ottiene come risultato

$$\frac{1}{6}a^3x^2-\frac{1}{10}a^4x^3y-\frac{1}{15}a^2bx^2.$$

Qual è M?

- A $30ab$
- B $\frac{1}{30}ab$
- C $-30ax$
- D $-\frac{1}{30}abx$
- E $\frac{1}{30}ax$

Semplifica le seguenti espressioni.

3 $\left(\frac{1}{3}a^2+2b\right)(3a^2-b)-\left(\frac{1}{2}a^2-b\right)(a^2+2b)$ $\left[\frac{1}{2}a^4+\frac{17}{3}a^2b\right]$

4 $\left(\frac{1}{6}x^2+xy-\frac{3}{2}y^2\right)\left(x-\frac{1}{3}y\right)-xy\left(x-\frac{1}{3}y\right)-\frac{1}{6}x^3$ $\left[\frac{1}{2}y^3-\frac{1}{18}x^2y-\frac{3}{2}xy^2\right]$

5 $\{[(x-1)(x+3)+3](x-x^2+1)-2x\}:x^2+x(x+2)$ $[x+3]$

6 $2x^3-\left\{\frac{1}{2}xy(2x+3y)-\left[\frac{1}{2}x^2(2y-3x)+\frac{1}{2}x(x^2+3y^2)\right]\right\}$ $[x^3]$

7 $\{[(a-3)(a+2)+6](a^2+a-1)-a\}\left(\frac{1}{4}a\right)+\frac{1}{2}a^3$ $\left[\frac{1}{4}a^5\right]$

8 $\left[\left(\frac{3}{2}x+y\right)\left(\frac{4}{3}y+2x\right)-xy\right]\left(\frac{3}{4}x^2-\frac{1}{3}y^2\right)+\frac{2}{3}y\left(\frac{2}{3}y^3-\frac{27}{8}x^3\right)$ $\left[\frac{9}{4}x^4-xy^3\right]$

9 $6a^3-\{2ab(2a-3b)-[2a^2(2b-3a)+2a(a^2-3b^2)]\}$ $[2a^3]$

10 $\{[(m-1)(m+2)+2](m+m^2-1)+m\}\left(-\frac{1}{2}m\right)+m^4$ $\left[-\frac{1}{2}m^5\right]$

11 $\left[\left(\frac{1}{2}x+y\right)\left(\frac{2}{3}y-2x\right)+\frac{4}{3}xy\right]\left(\frac{2}{3}y^2+x^2\right)+\left(\frac{5}{9}y^4+x^4+\frac{1}{3}x^3y\right)$ $\left[y^4-\frac{2}{9}xy^3\right]$

Prodotti notevoli

TEST

12 Gli sviluppi di $(a-b)^2$ e $(-a-b)^2$ danno come risultati due polinomi:

- A opposti.
- B che hanno opposto solo il doppio prodotto.
- C che hanno opposto solo il quadrato di a.
- D uguali.
- E che hanno opposti i quadrati di a e di b.

13 Una delle seguenti espressioni *non* è equivalente a $(3x-y)^3$. Quale?

- A $27x^3-9xy(3x-y)-y^3$
- B $(3x-y)(9x^2-6xy+y^2)$
- C $27x^3-27x^2y+9xy^2-y^3$
- D $3x(3x-y)^2-y(3x-y)^2$
- E $27x^3+9xy(3x-y)+y^3$

TEST

14 $(a+b)(a^2+b^2)$ è uguale a:

A a^3+b^3.
B $a+a^2b+b^3$.
C $(a+b)^3$.
D $a^2(a+b)+b^2(a+b)$.
E $a^3+a^2b+b^2$.

15 Quale delle seguenti espressioni è equivalente a $(a-b)^4$?

A a^4-b^4
B $(a^2-b^2)^2$
C $a^4-a^3b+a^2b^2-a^3b+b^4$
D $(a-b)^2(a-b)^2$
E $a^4-2a^2b^2+b^4$

Utilizza i prodotti notevoli per semplificare le seguenti espressioni.

16 $\left(3x-\frac{1}{2}\right)\left(3x+\frac{1}{2}\right)-\frac{1}{9}(x^2+9)+\left(\frac{1}{3}x-1\right)^2$ $\left[9x^2-\frac{2}{3}x-\frac{1}{4}\right]$

17 $(x^2-3)^2+(x^2-3)(x^2+3)-2x^2(x^2+3)$ $[-12x^2]$

18 $\left(\frac{1}{2}x^2-\frac{1}{3}y\right)\left(\frac{1}{2}x^2+\frac{1}{3}y\right)+\left(\frac{3}{4}x^2-\frac{2}{3}y\right)^2-\frac{1}{3}y^2+x^2y$ $\left[\frac{13}{16}x^4\right]$

19 $3(a+b+1)^2-2(a+1)^3+(2a^3-3b^2)$ $[1-3a^2+6ab+6b]$

20 $(2x-y)(2x+y)+(2x-y)^2+4xy$ $[8x^2]$

21 $(xy+x+1)^2-xy(xy+2x)-x(2y+x+2)$ $[1]$

22 $\left(\frac{1}{2}x+3y\right)^3-\left(3y-\frac{1}{2}x\right)^3-27xy^2-\frac{1}{4}x^3$ $[0]$

23 $x(x^2+3)-(x+1)^3+(x-1)(x+1)$ $[-2x^2-2]$

24 $[(x+y)^3-(x-y)(x^2+y^2+xy)-3xy(x+y)]^2-(2y^2)^3$ $[-4y^6]$

25 $\left[\left(x+\frac{1}{3}y\right)\left(x-\frac{1}{3}y\right)\left(x^2+\frac{1}{9}y^2\right)+\left(x^2-\frac{1}{9}y^2\right)^2\right]:\left(-\frac{1}{3}x\right)^2$ $[18x^2-2y^2]$

26 $\left[\left(x-\frac{1}{2}y\right)^3+\frac{3}{2}xy\left(x-\frac{1}{2}y\right)\right]\left(\frac{1}{8}y^3+x^3\right)-\left(-\frac{1}{4}y^2\right)^3$ $[x^6]$

27 $(x+y)^2-(x-y)(x+y)-2y^2$ $[2xy]$

28 $[(x^2-2y)^2+(x^3+2y)(x^3-2y)]:\left(\frac{1}{2}x^2\right)-2x^2$ $[2x^4-8y]$

29 $[2ab(-a+b)+6a^2b]:(-2ab)+[2a(a-b)-6ab]:[ax+a(1-x)]$ $[-9b]$

30 $[x(x-y)(x+y)-2xy^2]:\left(\frac{1}{3}x\right)+9y^2+[x^2(x-2)-4x^2]:[-x^5:(2x^4)]$ $[x^2+12x]$

31 $(a^2x-2a^4y+a^2xy):(a^5:a^3-2a^2)+x(1+y)+(a^3y-ax):(-a)$ $[a^2y+x]$

Divisione

32 **VERO O FALSO?**

a. Se un polinomio è divisibile per $48x^4y-3y$, allora è divisibile per $4x^2+1$. V F

b. Se il polinomio x^2-5x+6 è divisibile per $x-3$, allora $-x^2+5x-6$ è divisibile per $x-3$. V F

c. Se un polinomio $A(x)$ è divisibile per $B(x)=x^2-4$, allora è divisibile anche per $-B(x)$ e per $B(-x)$. V F

d. Se due polinomi sono divisibili per lo stesso polinomio, allora sono identici. V F

Esegui le seguenti divisioni, determinando quoziente e resto.

33 ●○ $(2x^5 - 5x - x^3 - 4):(x^2 - 2x + 1)$ $[Q = 2x^3 + 4x^2 + 5x + 6; R = 2x - 10]$

34 ●○ $\left(\frac{2}{3}x^4 - \frac{1}{2}x^3 + 3x - 2\right):(2x^2 - 1)$ $\left[Q = \frac{1}{3}x^2 - \frac{1}{4}x + \frac{1}{6}; R = \frac{11}{4}x - \frac{11}{6}\right]$

Esegui le seguenti divisioni, determinando quoziente e resto mediante la regola di Ruffini.

35 ●○ $(x^2 - x + 3 - 2x^3):(x - 1)$ $[Q = -2x^2 - x - 2; R = 1]$

36 ●○ $(b^4 - 3b^2 + 2):(b - 2)$ $[Q = b^3 + 2b^2 + b + 2; R = 6]$

37 ●○ $(3y^2 - 22 + 5y):(3y + 11)$ $[Q = y - 2; R = 0]$

38 ●○ $(12x^4 + 5x^3 + 2x + 1):(2x + 1)$ $\left[Q = 6x^3 - \frac{1}{2}x^2 + \frac{1}{4}x + \frac{7}{8}; R = \frac{1}{8}\right]$

39 ●○ $\left(4a^3 - \frac{7}{3}a^2 + \frac{1}{3} - a\right):\left(a - \frac{1}{2}\right)$ $\left[Q = 4a^2 - \frac{1}{3}a - \frac{7}{6}; R = -\frac{1}{4}\right]$

40 ●○ $\left(2x^4 - x^3 - \frac{3}{2}x\right):\left(x + \frac{1}{2}\right)$ $[Q = 2x^3 - 2x^2 + x - 2; R = 1]$

Per ogni polinomio calcola il valore che assume sostituendo alla variabile i valori scritti a fianco.

41 ●○ $P(x) = 3x^2 + 4x - 1$ $x = 0,$ $x = 1,$ $x = -2.$

42 ●○ $Q(x) = \frac{4}{3}x^2 - \frac{1}{2}x + 4$ $x = \frac{3}{2},$ $x = 2,$ $x = -\frac{1}{2}.$

Determina il resto senza eseguire la divisione.

43 ●○ $(2x^3 + 4x^2 + 3x - 1):(x + 2)$ $[R = -7]$

44 ●○ $\left(\frac{1}{3}x^4 - \frac{2}{3}x^3 - 4x - 1\right):(x + 1)$ $[R = 4]$

45 ●○ $\left(x^3 + \frac{4}{3}x^2 - 2x + 1\right):\left(x - \frac{2}{3}\right)$ $\left[R = \frac{5}{9}\right]$

46 ●○ $(a^4 - 4a^3 - 2a^2 + 3a):(a - 2)$ $[R = -18]$

TEST

47 ●○ La divisione $(x^2 + x - a^2 - 1):(x - a)$ ha resto 0 se a è uguale a:

- A 1.
- B −1.
- C 0.
- D 2.
- E −2.

48 ●○ $P(x) = 2x^3 + 2x^2 - 3x - 3$ è divisibile per:

- A $x - 1$.
- B $x + 1$.
- C $x + 2$.
- D $x + 3$.
- E $x - 2$.

49 ●○ Scrivi il polinomio $P(x)$ che diviso per $x^2 - x + 2$ dà come quoziente $x^2 - 2x + 2$ e come resto $-6x + 4$. Dimostra poi che $P(x)$ è divisibile per $x^2 + 4$. $[P(x) = x^4 - 3x^3 + 6x^2 - 12x + 8]$

50 ●● Trova per quale valore di k i polinomi $P(x) = x^3 + kx^2 - (k + 3)x$ e $Q(x) = x^4 - x + 1$ divisi per $x + 1$ danno lo stesso resto e poi trova i quozienti delle due divisioni. $\left[\frac{1}{2}; x^2 - \frac{1}{2}x - 3, x^3 - x^2 + x - 2\right]$

RISOLVERE PROBLEMI

Problemi numerici

51 Dati due numeri x e y, al cubo della loro somma sottrai la somma dei loro cubi e aggiungi il prodotto del quadrato del primo per il secondo.

52 Dati due numeri a e b, alla differenza dei loro quadrati aggiungi il quadrato della loro somma e dividi tale risultato per il doppio del primo numero.

Problemi geometrici

53 In un rettangolo la base supera di 10 cm la metà dell'altezza. Indica con x la misura dell'altezza ed esprimi con un polinomio ridotto la misura dell'area e del perimetro.

54 Un recinto ha forma rettangolare e le sue misure sono 4 m e 6 m. Si aumenta la misura di ciascun lato del recinto di un segmento lungo x. Che cosa rappresenta per il nuovo recinto il polinomio $x^2 + 10x + 24$? [l'area]

55 L'area di un triangolo ABC è $3a^3 + 7a^2 + 3a + 2$, con $a > 0$, e il lato AB misura $a + 2$.
Trova l'altezza CH relativa ad AB.
[$6a^2 + 2a + 2$]

56 Un rettangolo ha l'area che misura: $2a^3 + 5a^2 - 4a - 3$ e base $2a + 1$, con $a > 0$. Trova il perimetro di un triangolo in cui due lati hanno le stesse misure dei lati del rettangolo e il terzo lato è 8.
[$a^2 + 4a + 6$]

57 La figura sotto, di area $2x^2 + 13x + 20$, è formata da un quadrato di lato $x + 4$ e da un triangolo. Trova l'altezza CH del triangolo.

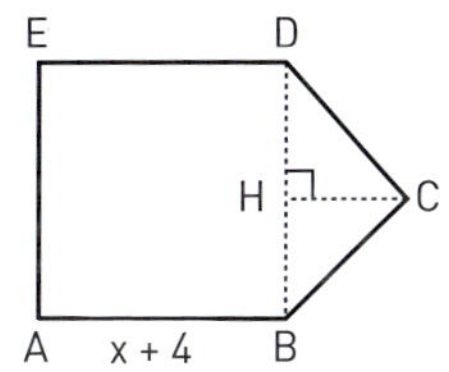

[$2x + 2$]

Problemi INTORNO A NOI

58 Un imprenditore acquista una quantità q di merce al costo unitario x e, dopo averla lavorata, la rivende al prezzo unitario y. Sapendo che durante la lavorazione perde il 2% della merce e che sostiene ulteriori costi per un ammontare complessivo pari a k, esprimi, con un polinomio, il guadagno dell'imprenditore.
[$0{,}98qy - qx - k$]

59 **Una casa nel verde** In un'area di 2500 m^2 l'architetto Enrico vuole costruire un edificio lasciando spazio per un parcheggio e un giardino. Nella pianta della figura le dimensioni sono espresse in metri.

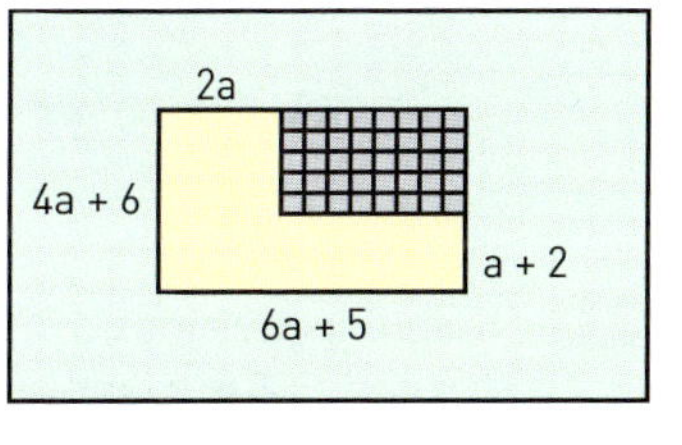

a. Scrivi la superficie $P(a)$ occupata dal parcheggio (area quadrettata) esprimendola, in funzione di a, con un polinomio ridotto.
b. Se $a = 6$, il giardino occupa più spazio del parcheggio? Quali sono le percentuali rispetto all'area complessiva?
c. Se $a = 8$, quanto spazio è dedicato al giardino?
d. Se $a = 10$, il progetto si può realizzare?

[a) $P(a) = 12a^2 + 31a + 20$; b) sì, $\simeq 51\%$, $\simeq 26\%$; c) 486 m^2; d) no, perché...]

VERIFICA DELLE COMPETENZE PROVE

1 ora

PROVA A

1 Semplifica le espressioni:

a. $(x-4a)(a+x)+x(3a-x)-(-2a)^3$;

b. $b-b\left(3b^2-\frac{1}{4}y^2\right)-(b+2)(1-3b^2)-2b(3b-y^2)$.

2 Dati i polinomi $P(x)=x^4-\frac{x}{2}+1$ e $Q(x)=3x^3-4x$, calcola:

a. $P(2)-\frac{1}{4}Q(x)-Q(2)$;

b. $Q(-2)\cdot P\left(-\frac{1}{2}\right)$.

3 Calcola le espressioni applicando le regole dei prodotti notevoli.

a. $\left(2x-\frac{1}{4}y\right)^2$;

b. $(a-2x)(2x+a)$;

c. $(b+y-2)^2$;

d. $(x-3y)^3$.

Semplifica le espressioni applicando, se possibile, le regole dei prodotti notevoli.

4 $(2ax-3)^2+4ax(3-x)+\left(x-\frac{3}{2}\right)\left(x+\frac{3}{2}\right)-x^2(2a-1)^2$

5 $\left(\frac{2}{3}-by\right)^2+\left(by-\frac{1}{3}\right)^3-by[(by-2)(by+2)+3]+3\left(\frac{4}{9}-by\right)\left(by+\frac{4}{9}\right)$

6 Verifica che, se sottrai 3 al triplo di un numero naturale n e moltiplichi il risultato per il successivo di n, ottieni il triplo del precedente del quadrato di n.

PROVA B

1 Esegui, se possibile, la divisione di $4b^3x^5-3b^4x^3-\frac{1}{2}b^2x^2+b^3x^4$ per ciascuno dei monomi $2b^2x^4$, $-\frac{1}{2}b^2x^2$, $\frac{4}{3}b$.

2 È data la divisione $(14x^3-2x^2+kx-1):(2x^2+1)$. Trova il valore di k per cui risulta esatta. Scrivi il quoziente.

---

3 Esegui la divisione

$$\left(-\frac{3}{2}x^3+x^4-\frac{1}{2}x^2+x\right):\left(\frac{1}{4}x^2+3\right)$$

e poi verificala.

4 Esegui le divisioni con la regola di Ruffini:

a. $(4x^4-3x^2+2x-1):(x-3)$;

b. $\left(9a^5-\frac{1}{9}a\right):(3a+2)$.

5 Calcola $(ax^2+2a^2x+x+3a):(x+2a)$, rispetto alla variabile x.

6

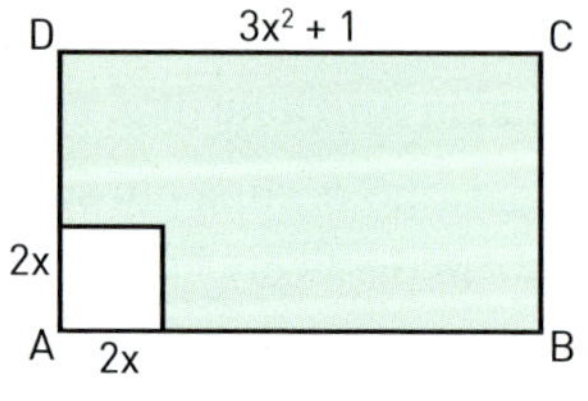

L'area della zona colorata misura

$3x^3+8x^2+x+4$.

Utilizza i dati della figura per determinare la misura di CB.

PROVA C

L'operatore più conveniente

Devi scegliere il piano tariffario per il tuo cellulare. Cercando in Internet, trovi le seguenti offerte fornite da un noto operatore del mercato.

- La tariffa TELE SEMPLICE propone un costo di 23 centesimi/min, senza scatto alla risposta e con tariffazione al secondo, 10 centesimi per ogni SMS e possibilità di utilizzare Internet senza limiti a € 3 alla settimana.
- La tariffa TELE12 propone un costo di 12 centesimi/min, con scatto alla risposta di 16 centesimi e tariffazione ogni 30 secondi, 12 centesimi per ogni SMS e possibilità di utilizzare Internet senza limiti a € 12 al mese.

a. Considerando la tariffa TELE SEMPLICE, scrivi un'espressione letterale che ti permetta di calcolare la tua spesa mensile, indicando con a il numero delle telefonate che effettui mediamente ogni giorno, con b la durata media in secondi della telefonata, con c il numero di SMS che invii mediamente in un giorno.

b. Calcola quanto spenderesti mensilmente con la tariffa TELE SEMPLICE, considerando che effettui in media 2 telefonate al giorno, ciascuna di 3 minuti e 10 secondi, e invii 7 SMS.

c. Valuta se ti conviene di più la tariffa TELE SEMPLICE o la TELE12.

d. Mostra come imposteresti un foglio elettronico per rispondere ai quesiti precedenti.

PROVA D

La festa

Mario, titolare di una discoteca, con l'aiuto dei suoi collaboratori Luca, Fabio e Paola organizza una festa di Capodanno con il metodo del «passaparola». Mario contatta n persone; ognuna di queste chiama n amici, i quali a loro volta invitano n amici ciascuno. Anche Luca, Fabio e Paola contattano ciascuno n persone, ognuna delle quali invita altri n amici. Mario offre poi due biglietti omaggio ai suoi collaboratori e a ciascuna delle persone contattate da lui direttamente, i quali li distribuiranno come meglio credono (ovviamente Mario, Luca, Fabio e Paola, in quanto organizzatori, non devono acquistare il biglietto).

a. Scrivi l'espressione che rappresenta il numero dei biglietti d'ingresso che venderà Mario.

b. Oltre ai biglietti così venduti, all'ultimo momento acquistano il biglietto altre 14 persone: scrivi l'espressione che rappresenta il nuovo numero di biglietti venduti.

c. Come rimborso spese forfettario, un quarto del ricavo dei biglietti venduti verrà diviso in parti uguali tra Mario, le n persone da lui chiamate direttamente, Luca, Fabio e Paola. Calcola a quanto ammonta il rimborso spese per ciascuna persona (i biglietti vengono venduti a € 40 l'uno).

d. Calcola il numero dei biglietti venduti nell'ipotesi $n = 7$ e la corrispondente quota rimborso individuale.

T

CAPITOLO

8

LA SCOMPOSIZIONE IN FATTORI

1 La scomposizione in fattori dei polinomi

▶ Esercizi a p. 376

Scomporre in fattori un polinomio significa scriverlo sotto forma di prodotto di polinomi di grado inferiore. La scomposizione in fattori viene anche chiamata *fattorizzazione*.

ESEMPIO

$$x^4 - 1 = (x^2 - 1)(x^2 + 1).$$

$(x^2 - 1)$ può essere scomposto ulteriormente in $(x + 1)(x - 1)$. Quindi:

$$x^4 - 1 = (x + 1)(x - 1)(x^2 + 1).$$

Invece, $x^2 + 1$ non è scomponibile. Puoi verificarlo applicando il teorema di Ruffini.

Listen to it

If a polynomial can be written as the product of polynomials of lower degree (*factors*), then it can be **factorised**.

DEFINIZIONE
Un polinomio in una o più variabili è **riducibile** quando può essere scomposto nel prodotto di polinomi, tutti di grado minore.
Un polinomio non riducibile si chiama **irriducibile**.

▶ Tra i seguenti polinomi, indica quelli scomposti in fattori.
- $x^3(1 + x^2)$
- $a \cdot a + b \cdot b$
- $x \cdot (a + b) \cdot y$
- $(x^3 + 2)(y^2 + 3)$
- $3a(a + 1) - 3b$

ESEMPIO Il polinomio $x^2 - 2x + 1$ è riducibile. Infatti:

$$x^2 - 2x + 1 = (x - 1)(x - 1) = (x - 1)^2.$$

Sono irriducibili i polinomi: $x^2 + 25$, $x + 4$, $2x^2 + 5$.

Possiamo fare un'analogia fra i polinomi irriducibili e i numeri primi. Come la scomposizione di un numero naturale in fattori primi è unica (a meno dell'ordine), così anche la scomposizione di un polinomio in polinomi irriducibili è unica (a meno dell'ordine).

I metodi per la scomposizione dei polinomi

Non esiste un metodo generale per ottenere la scomposizione di un polinomio riducibile, ma esistono diversi metodi da applicare di volta in volta.

I metodi più comuni di fattorizzazione, basati su regole algebriche che conosciamo, sono:

- raccogliere a fattore comune;
- raccogliere parzialmente;
- individuare prodotti notevoli;
- riconoscere particolari trinomi di secondo grado;
- utilizzare la regola di Ruffini.

Il raccoglimento a fattore comune

Il raccoglimento a fattore comune si basa sulla proprietà distributiva della moltiplicazione rispetto all'addizione.

Se in tutti i termini di un polinomio è contenuto uno stesso fattore, che può anche essere un numero, allora è possibile mettere in evidenza tale fattore con un raccoglimento a fattore comune.

ESEMPIO

$ab + ac + ad = a(b + c + d);$ mettiamo in evidenza a

$3(a + b) + x(a + b) = (a + b)(3 + x).$ mettiamo in evidenza $(a + b)$

► Scomponi in fattori mediante raccoglimento a fattor comune.

a. $\frac{3}{4}a^3b + \frac{3}{2}ab^2$

b. $4a(x+y) - 2(x+y)^3$

Animazione

Dagli esempi si può dedurre che a è MCD dei termini del polinomio così come $(a + b)$ lo è nel secondo caso. Possiamo perciò dedurre la procedura di scomposizione:

1. si determina il MCD fra tutti i termini del polinomio;
2. si divide ciascun termine del polinomio per il MCD (fattore comune) e si calcolano i quozienti;
3. si riscrive il polinomio come prodotto fra il fattore comune e la somma algebrica dei quozienti ottenuti.

PROBLEMA

Ragionar con lettere Che cosa si può dire, rispetto alla divisibilità, della somma tra il quadrato di un numero pari e il doppio di quel numero?

► Prova con qualche esempio, poi dimostra con il calcolo letterale la congettura che formuli.

Scheda di lavoro

ESEMPIO

$$5x^4 - 10x^3 - 35x^2$$

$$\text{MCD}(5x^4, 10x^3, 35x^2) = 5x^2$$

Dividendo ciascun termine del polinomio per $5x^2$ si ottiene: $x^2 - 2x - 7$.
Perciò:

$$5x^4 - 10x^3 - 35x^2 = 5x^2(x^2 - 2x - 7).$$

Il raccoglimento parziale

Consideriamo il seguente polinomio P:

$$P = ac + bc + ad + bd + ae + be.$$

I primi due termini hanno in comune il fattore c, il terzo e il quarto il fattore d, il quinto e il sesto il fattore e.
Raccogliamo i fattori comuni:

$$P = c(a + b) + d(a + b) + e(a + b).$$

► Scomponi in fattori tramite raccoglimento parziale.

a. $4x^2 - 8bx + 3x - 6b$

b. $(x-y)(x+y) + 4x - 4y + (x-y)^2$

Animazione

► Scomponi in fattori tramite raccoglimento parziale.

a. $8a^3 - 24a - 2a^4 + 6a^2$
b. $(2a + 2b)^3 - 3a - 3b$

Animazione

Il metodo che applichiamo percorre in verso contrario i passaggi che utilizziamo nella moltiplicazione di due polinomi.
Il polinomio è ora formato da una somma di tre termini, che hanno in comune il fattore $(a + b)$. Raccogliamo $(a + b)$:

$$P = (a + b)(c + d + e).$$

Siamo giunti al prodotto di due fattori. Questo metodo di scomposizione viene detto **raccoglimento parziale**.
Il raccoglimento parziale è una scomposizione in fattori che avviene sempre in due fasi.

ESEMPIO

$$\underline{5ab} - \underline{10b^2} + \underline{3a^2b} - \underline{6ab^2} =$$

$$\underline{5b}(a - 2b) + \underline{3ab}(a - 2b) = (a - 2b)(5b + 3ab).$$

► Scomponi in fattori.

a. $8a^9 + 36a^6 + 54a^3 + 27$
b. $x^3 - 6x^2 + 12x - 8$

Animazione

La scomposizione riconducibile a prodotti notevoli

Riscriviamo le uguaglianze che esprimono le regole dei prodotti notevoli già incontrati, ma scambiamo il primo con il secondo membro:

$$\mathbf{A^2 - B^2 = (A - B)(A + B)}$$ differenza di quadrati

$$\mathbf{A^2 + 2AB + B^2 = (A + B)^2}$$
$$\mathbf{A^2 - 2AB + B^2 = (A - B)^2}$$ quadrato di un binomio

$$\mathbf{A^2 + B^2 + C^2 + 2AB + 2AC + 2BC = (A + B + C)^2}$$ quadrato di un trinomio

$$\mathbf{A^3 + 3A^2B + 3AB^2 + B^3 = (A + B)^3}$$
$$\mathbf{A^3 - 3A^2B + 3AB^2 - B^3 = (A - B)^3.}$$ cubo di un binomio

► Scomponi in fattori.

a. $xy^2 - x - 2y^2 + 2$
b. $(x - 6)^2 - 4$
c. $a^4 - 2a^2b + b^2 - 4a^2$
d. $x^4 - 18x^2 + 81$

Animazione

Analogamente, per la differenza o la somma di due cubi abbiamo:

$$\mathbf{A^3 - B^3 = (A - B)(A^2 + AB + B^2)}$$ differenza di due cubi

$$\mathbf{A^3 + B^3 = (A + B)(A^2 - AB + B^2).}$$ somma di due cubi

Questo modo di scrivere le uguaglianze fornisce delle regole di scomposizione in fattori. Infatti, nel primo membro di ogni uguaglianza troviamo la somma algebrica di più termini, nel secondo un prodotto di più fattori.

MATEMATICA E STORIA

1729 Salire su un taxi numero 1729 lascerebbe indifferente la maggior parte delle persone. Ma per il matematico indiano Srinivasa Ramanujan un episodio apparentemente banale fu l'occasione di una celebre scoperta.

► Che cosa ha di speciale un numero così?

La risposta

ESEMPIO

$$9x^2 - y^4 = (3x)^2 - (y^2)^2 = (3x - y^2)(3x + y^2).$$

Quindi: $9x^2 - y^4 = (3x - y^2)(3x + y^2)$.

Si ha anche

$$9x^2 = (-3x)^2 \text{ e } y^4 = (-y^2)^2,$$

perciò possiamo scrivere:

$$9x^2 - y^4 = (-3x + y^2)(-3x - y^2).$$

La scomposizione di particolari trinomi di secondo grado

Il trinomio di secondo grado

$$x^2 + 8x + 15$$

è particolare per due motivi:

- il coefficiente di x^2 è 1;
- i numeri 8 e 15 sono, rispettivamente, la somma e il prodotto di 3 e 5:

$$8 = 3 + 5 \quad \text{e} \quad 15 = 3 \cdot 5.$$

Ebbene, se proviamo a moltiplicare i due binomi $(x + 3)$ e $(x + 5)$, otteniamo proprio il trinomio $x^2 + 8x + 15$.
In generale, un trinomio di secondo grado del tipo $x^2 + sx + p$ è scomponibile nel prodotto $(x + a)(x + b)$ se $s = a + b$ e $p = ab$.
In altri termini:

$$\boldsymbol{x^2 + (a + b)x + ab = (x + a)(x + b).}$$

Dimostriamo questa uguaglianza mediante i seguenti passaggi:

$$x^2 + (a + b)x + ab =$$

$$x^2 + ax + bx + ab =$$

Operiamo un raccoglimento parziale:

$$x(x + a) + b(x + a) = (x + a)(x + b).$$

ESEMPIO Scomponiamo in fattori $y^2 - 8y + 15$.

Iniziamo dal termine noto: cerchiamo y_1 e y_2 tali che il loro prodotto sia $y_1 \cdot y_2 = \underline{15}$.

Le coppie possibili sono: $+1, +15$; $\quad -1, -15$; $\quad +3, +5$; $\quad -3, -5$.

Consideriamo le somme dei numeri di ogni coppia e scegliamo la coppia che ha somma -8:

$$+1 + 15 = +16; \quad -1 - 15 = -16; \quad +3 + 5 = +8; \quad \underline{\mathbf{-3 - 5 = -8}}.$$

Riscriviamo il polinomio:

$$y^2 - 8y + 15 = y^2 - \mathbf{3}y - \mathbf{5}y + 15 = y(y - 3) - 5(y - 3) = \underline{(y - \mathbf{3})(y - \mathbf{5})}.$$

raccogliamo parzialmente y e -5 — raccogliamo $(y - 3)$

> ▸ Scomponi in fattori.
> **a.** $x^2 + x - 12$
> **b.** $2x^2 - x - 10$
>
> Video

> ▸ Scomponi in fattori.
> **a.** $x^2 + 5x - 14$
> **b.** $3x^2 + 5x - 2$
> **c.** $x^2 - 2bx - 8b^2$
>
> Animazione

> ▸ Scomponi in fattori.
> **a.** $b^2 - 4b - 21$
> **b.** $2x^2 + 19x + 9$
> **c.** $y^2 - 6xy - 16x^2$
>
> Animazione

La scomposizione mediante il teorema e la regola di Ruffini

Il teorema di Ruffini permette spesso di scomporre in fattori un polinomio. Sappiamo infatti che se un polinomio $A(x)$ assume il valore 0 quando alla variabile x si sostituisce un valore a, allora il polinomio è divisibile per $x - a$.

Eseguendo la divisione $A(x):(x-a)$, otteniamo il polinomio quoziente $Q(x)$ e, poiché il resto è zero, scriviamo $A(x)$ come prodotto di due fattori:

$$A(x)=(x-a)\,Q(x).$$

ESEMPIO

$$2x^3-5x^2+5x-6$$

assume il valore 0 per $x=2$, quindi è divisibile per $x-2$. In altre parole, 2 è uno zero del polinomio iniziale.
Calcoliamo il quoziente applicando la regola di Ruffini.

	2	−5	5	−6
2		4	−2	6
	2	−1	3	0

$$Q(x)=2x^2-x+3.$$

$$(2x^3-5x^2+5x-6):(x-2)=2x^2-x+3.$$

Quindi:

$$2x^3-5x^2+5x-6=(x-2)(2x^2-x+3).$$

Il polinomio iniziale è stato scomposto nel prodotto di due fattori.

Dunque, se troviamo uno **zero *a* di un polinomio** $A(x)$, cioè un valore a tale che $A(a)=0$, sappiamo anche scomporre il polinomio di partenza nel prodotto di due fattori.
Ma come trovare gli zeri di un polinomio? Per farlo può essere utile considerare la seguente regola.

Zeri interi di un polinomio

Se un numero intero annulla un polinomio a coefficienti interi, allora esso è divisore del termine noto.

Dalla regola possiamo dedurre un metodo per la ricerca degli zeri interi di un polinomio: se esistono, essi sono fra i divisori del termine noto.

ESEMPIO Dato il polinomio:

$$A(x)=5x^2-x-4,$$

i divisori di -4 sono: $1, 2, 4, -1, -2, -4$.
Sostituendo a x il valore 1, otteniamo:

$$A(1)=5-1-4=0,$$

quindi 1 è uno zero di $A(x)$, perciò il polinomio è divisibile per $x-1$.

Calcoliamo il quoziente applicando la regola di Ruffini.

► Cerca tutti gli zeri interi dei seguenti polinomi.
- $a^4+a^3-5a^2+a-6$
- $2y^3+10+5y+4y^2$
- $6b^2-2+b$

	5	−1	−4
1		5	4
	5	4	0

$Q(x) = 5x + 4$.

Pertanto, $5x^2 - x - 4 = (x - 1)(5x + 4)$.

Più in generale si ha la seguente regola.

Tutti gli **zeri razionali di un polinomio** a coefficienti interi possono essere cercati tra le frazioni $\pm\frac{m}{n}$, dove m è un divisore del termine noto e n è un divisore del coefficiente del termine di grado massimo.

Nell'esempio precedente tutti i possibili casi sono:

$$\pm\frac{1}{1},\ \pm\frac{2}{1},\ \pm\frac{4}{1},\qquad \pm\frac{1}{5},\ \pm\frac{2}{5},\ \pm\frac{4}{5}.$$

▶ Scomponi in fattori:
$36a^2y^4 - 48ay^3 + 16y^2$,
poi guarda il video, che ti aiuterà a capire come procedere nella scomposizione con più metodi.

Video

▶ Scomponi in fattori con il metodo di Ruffini.
$x^3 - 6x^2 + 3x + 10$

Video

▶ Cerca tutti gli zeri razionali dei polinomi.
- $2x^5 + 2x - x^4 - 1$
- $3y^3 - 2y^2 - 3y + 2$
- $18a^2 + 9a^3 - a - 2$

▶ Scomponi in fattori con il metodo di Ruffini.
$3x^3 - 4x^2 - 5x + 2$

Animazione

2 Il MCD e il mcm fra polinomi

▶ Esercizi a p. 395

DEFINIZIONE

Il **massimo comune divisore** (**MCD**) fra due o più polinomi è il polinomio di grado massimo che è divisore di tutti i polinomi dati.

ESEMPIO

$$\text{MCD}[(x-3)(x+1)^3;\ (x-3)^2(x+1)^2] = (x-3)(x+1)^2$$

DEFINIZIONE

Il **minimo comune multiplo** (**mcm**) fra due o più polinomi è il polinomio di grado minimo che è divisibile per tutti i polinomi dati.

ESEMPIO

$$\text{mcm}[(x-3)(x+1)^3;\ (x-3)^2(x+1)^2] = (x-3)^2(x+1)^3$$

Per calcolare il massimo comune divisore e il minimo comune multiplo fra polinomi, utilizziamo il procedimento già illustrato per i numeri naturali e per i monomi. Scomponiamo innanzitutto i polinomi in fattori irriducibili, raccogliendo anche gli eventuali coefficienti numerici in comune.

Listen to it

The **greatest common factor** (GCF) of two or more polynomials is a polynomial that has the *highest* possible degree among all the polynomials that divide the original polynomials.
The **least common multiple** (lcm) of two or more polynomials is a polynomial that has the *lowest* possible degree among the polynomials that are divisible by all of the original polynomials.

Il calcolo del MCD

Il MCD fra due o più polinomi è il prodotto dei loro **fattori irriducibili comuni**, presi una sola volta, con l'esponente minore.

ESEMPIO Determiniamo il MCD fra i seguenti polinomi:

$a^2b - b^3, \quad a^3 - b^3, \quad a^3 - 2a^2b + ab^2.$

Scomponiamo in fattori:

$a^2b - b^3 = b(a^2 - b^2) = b(a-b)(a+b);$

$a^3 - b^3 = (a-b)(a^2 + ab + b^2);$

$a^3 - 2a^2b + ab^2 = a(a^2 - 2ab + b^2) = a(a-b)^2.$

Mettiamo in colonna i fattori:

	b	$a-b$	$a+b$	
		$a-b$		a^2+ab+b^2
a		$(a-b)^2$		

L'unico fattore in comune è $(a-b)$, che prendiamo con l'esponente minore:

MCD $= a - b$.

Il calcolo del mcm

Il mcm fra due o più polinomi è il prodotto dei loro **fattori irriducibili comuni e non comuni**, presi una sola volta, con l'esponente maggiore.

ESEMPIO Determiniamo il mcm fra i tre polinomi dell'esempio precedente.
Dopo avere incolonnato i fattori, scegliamo quelli comuni e non comuni, ciascuno preso con l'esponente maggiore.

	b	$a-b$	$a+b$	
		$a-b$		a^2+ab+b^2
a		$(a-b)^2$		

Pertanto:

mcm $= a \cdot b \cdot (a-b)^2 \cdot (a+b) \cdot (a^2+ab+b^2)$.

▶ Determina MCD e mcm dei seguenti polinomi.
- $4x^5 - 4x^3$
- $6x^3 + 12x^2 + 6x$
- $8x^3 + 8x^2$

Video

▶ Determina MCD e mcm dei seguenti polinomi.
- $2x^2 + 5x - 3$
- $4x^5 + 24x^4 + 36x^3$
- $x^3 + 3x^2 - 4x - 12$

Animazione

IN SINTESI
La scomposizione in fattori

La scomposizione in fattori dei polinomi

Scomporre un polinomio in fattori significa scriverlo come prodotto di polinomi. Se un polinomio si può scomporre, diciamo che è **riducibile**. Altrimenti è **irriducibile**.

I principali **metodi di scomposizione** sono i seguenti:

- Il **raccoglimento a fattore comune**.

ESEMPIO $ab + ac = a(b + c)$.

- Il **raccoglimento parziale**.

ESEMPIO $ax + ay + bx + by =$
$a(x + y) + b(x + y) =$
$(x + y)(a + b)$.

- La scomposizione riconducibile a prodotti notevoli:
  - la **differenza di due quadrati**:
    $a^2 - b^2 = (a + b)(a - b)$.
  - il **quadrato di un binomio**:
    $a^2 + 2ab + b^2 = (a + b)^2$.
  - il **quadrato di un trinomio**:
    $a^2 + b^2 + c^2 + 2ab + 2ac + 2bc = (a + b + c)^2$.
  - il **cubo di un binomio**:
    $a^3 + 3a^2b + 3ab^2 + b^3 = (a + b)^3$.
  - la **somma** o la **differenza di due cubi**:
    $a^3 + b^3 = (a + b)(a^2 - ab + b^2)$;
    $a^3 - b^3 = (a - b)(a^2 + ab + b^2)$.

ESEMPIO $27 - y^3 = (3 - y)(9 + 3y + y^2)$.

- La scomposizione di **particolari trinomi di secondo grado**:

$$x^2 + sx + p = (x + x_1)(x + x_2),$$

essendo $s = x_1 + x_2$, $\quad p = x_1 \cdot x_2$.

ESEMPIO $a^2 + 7a + 6 = (a + 1)(a + 6)$.

- La scomposizione mediante **il teorema e la regola di Ruffini**.

ESEMPIO Dato il polinomio

$$P(a) = 3a^2 + a - 2,$$

cerchiamo i suoi zeri fra i divisori del termine noto, ossia $+1$, -1, $+2$, -2, e fra le frazioni

$\frac{1}{3}, -\frac{1}{3}, \frac{2}{3}, -\frac{2}{3}$.

$$P(1) = 3(1)^2 + 1 - 2 = 2 \neq 0;$$
$$P(-1) = 3(-1)^2 + (-1) - 2 = 0.$$

-1 è uno zero di $P(a)$, quindi $P(a)$ è divisibile per $a + 1$.

	3	+1	−2
−1		−3	+2
	3	−2	0

$3a - 2$ è il quoziente della divisione, quindi:

$$3a^2 + a - 2 = (a + 1)(3a - 2).$$

Il MCD e il mcm fra polinomi

La ricerca del MCD e del mcm fra polinomi avviene in modo analogo a quello visto per i monomi. I polinomi devono essere scomposti in fattori irriducibili.

Il **MCD** è il prodotto di tutti i fattori comuni, presi ciascuno con l'esponente minore.

Il **mcm** è il prodotto di tutti i fattori irriducibili, comuni e non comuni, presi ciascuno con l'esponente maggiore.

ESEMPIO

Polinomi	Fattori
$a^2 - 1$	$(a + 1)(a - 1)$
$a^2 + 2a + 1$	$(a + 1)^2$
$a^2 + 3a + 2$	$(a + 1)(a + 2)$

MCD $= a + 1$; mcm $= (a + 1)^2(a - 1)(a + 2)$.

CAPITOLO 8
ESERCIZI

1 La scomposizione in fattori dei polinomi

▶ Teoria a p. 368

Il raccoglimento a fattore comune

1 ESERCIZIO GUIDA Quando è possibile, scomponiamo in fattori i seguenti polinomi, raccogliendo a fattore comune:

a. $14a^4 - 8a^2b^2$; **c.** $a(2a-b)+(2a-b)^2$;

b. $\frac{2}{3}x^2y + \frac{2}{9}y$; **d.** $x(a-b)+(b-a)$.

a. Scomponiamo $14a^4 - 8a^2b^2$.
Calcoliamo il MCD fra i termini del polinomio:

$$\text{MCD}(14a^4; 8a^2b^2) = 2a^2.$$

Raccogliamo $2a^2$ nel polinomio dato:

$$14a^4 - 8a^2b^2 = 2a^2(\ldots\ldots\ldots\ldots).$$

Dividiamo il primo termine per il MCD:

$$14a^4 : 2a^2 = 7a^2$$
$$14a^4 - 8a^2b^2 = 2a^2(7a^2\ldots\ldots).$$

Dividiamo il secondo termine per il MCD:

$$-8a^2b^2 : 2a^2 = -4b^2$$
$$14a^4 - 8a^2b^2 = 2a^2(7a^2 - 4b^2).$$

Dunque si ha:

$$14a^4 - 8a^2b^2 = 2a^2(7a^2 - 4b^2).$$

b. Scomponiamo $\frac{2}{3}x^2y + \frac{2}{9}y$.

$$\text{MCD}\left(\frac{2}{3}x^2y; \frac{2}{9}y\right) = y.$$

In presenza di coefficienti frazionari, come in questo caso, il coefficiente del MCD è pari a 1 per definizione. Notiamo però che possiamo raccogliere un ulteriore fattore $\frac{2}{3}$.

Raccogliamo quindi $\frac{2}{3}y$ nel polinomio dato: $\frac{2}{3}x^2y + \frac{2}{9}y = \frac{2}{3}y\left(x^2 + \frac{1}{3}\right)$.

Avremmo anche potuto raccogliere $\frac{2}{9}y$, ottenendo: $\frac{2}{3}x^2y + \frac{2}{9}y = \frac{2}{9}y(3x^2+1)$.

c. Scomponiamo $a(2a-b)+(2a-b)^2$. In questo caso non c'è bisogno di calcolare il MCD, perché il binomio scritto fra parentesi è già messo in evidenza ed è comune ai due termini del polinomio.

Raccogliamo $(2a-b)$:

$$a(2a-b)+(2a-b)^2=(2a-b)\cdot[a+(2a-b)]=(2a-b)(3a-b).$$

$a(2a-b):(2a-b)$ $\quad$ $(2a-b)^2:(2a-b)$

d. Scomponiamo $x(a-b)+(b-a)$. I due termini entro parentesi sono $(a-b)$ e $(b-a)$. Essi sono opposti, pertanto possiamo raccogliere in uno dei due, per esempio in $b-a$, il fattore -1 e scrivere $(b-a)=-(a-b)$.

Raccogliamo $(a-b)$: $\quad x(a-b)-(a-b)=(a-b)(x-1)$.

$x(a-b):(a-b)$ $\quad$ $-(a-b):(a-b)$

COMPLETA

2 $2a^2+8x^2=2(\square+\square)$; $\quad -5a+25b=-5(\square-\square)$; $\quad 3x^3-9x^9=3x^3(\square-3\square)$.

3 $-4ax-4x=-4x(a+\square)$; $\quad 5x^2+5y^2=\square(x^2+\square)$; $\quad -2a+\square=-2(\square-2b)$.

4 $-y-9y^2=\square(\square+9y)$; $\quad -10x^2+20xy=-10x(\square-\square)$; $\quad 9a^2-3ax=\square(3a-\square)$.

5 $by^2+2b^2y-by=\square(\square+\square-1)$; $\quad -a^2x^4-a^3x^3+2a^4x^2=-a^2x^{\square}(x^{\square}+\square-\square)$.

6 $3\square+9x^{\square}-x^{\square}=x(3+9x-x^2)$; $\quad \frac{2}{7}xy+\frac{4}{21}x^2=\square x(\square+\square)$.

Quando è possibile, scomponi in fattori, raccogliendo a fattore comune.

7 $3x+6y$; $\quad a^3x^2-a^3y$; $\quad x^3+4x$.

8 $8a^4-4a^3+2a^2$; $\quad 3xy+6x^2-9y^2$; $\quad a^2b-ab$.

9 $2ab-4a^2$; $\quad \frac{1}{2}a^3+\frac{1}{2}a$; $\quad 2ax-4a+2a^2$.

10 $2x^2y+6xy^2+4y^3$; $\quad -3x^2-15x-21$; $\quad a^3x^3-x+ax^2$.

11 $-2a^2-4a-8$; $\quad a^2x+12ax+9ax^2$; $\quad -5y^2+15xy^2-25y$.

12 $x^4+x^7+x^5$; $\quad 2x^2y^2+2x^2y^3-4xy^2$; $\quad \frac{1}{4}x^2y-\frac{1}{16}x^2$.

13 $5x-10xy+15y$; $\quad -27a^2+9ay-18a$; $\quad -6a^3+9a^2b+3a^2$.

14 $-2a^2+4ab-2a^3$; $\quad cx^2-4cx+c^2x^2$; $\quad 6xy^2-4x^2+10xy$.

15 $3a+9b-15$; $\quad 4a^4-2a^3-2a^6$; $\quad -3a^5+12a^3b-6a^2$.

16 $6ax+2a-4a^2x^2$; $\quad 125x^2-25x+25xy$; $\quad 12a^2b^3+30a^3b+6ab$.

17 $\frac{2}{3}a^2y^3+\frac{1}{3}ay^2$; $\quad 4x-2x^2-2$; $\quad \frac{2}{5}ax^2+\frac{4}{5}a$.

18 $18a^3y-4a^4y^3+10a^5y^2$; $\quad 4x^3+3x^2y$; $\quad \frac{1}{9}y^3-3y^2$.

ESERCIZI

19 $\frac{1}{3}x^2y - \frac{1}{9}x^3y^2$; $5x^3 - 15x^2y + 20x^4$; $4x^2y^5 - 12xy^6 - 6xy^5$.

20 $\frac{1}{2}a^2bc - \frac{1}{4}a^4bc + \frac{1}{8}a^3b^3$; $\frac{1}{3}a^4 - 3a^3$; $\frac{1}{2}x^2 + \frac{3}{4}xy^2 - \frac{3}{2}xy^4$.

21 $\frac{5}{2}a^2b - \frac{15}{4}ab^2 + \frac{3}{4}ab$; $\frac{4}{9}x^{18} - \frac{2}{3}x^6 + x^3$; $-2a^9 + 8a^4 + 2a^3$.

22 $15a^4 + 6a^2b + 3a$; $2ac + 14ab$; $\frac{2}{3}a^2b + \frac{10}{9}ab^2$.

23 $3z^2 - 27y^3z + 12y^2z^2$; $12x^3y^2 + 3x^2y^2$; $a^3 - a^2 - a + 2a^2$.

24 $a(x+y) + b(x+y)$; $4a(x+2y) - 2(x+2y)$; $x(a+b) - (a+b)$.

25 ESEMPIO DIGITALE $m^2n + mn^3 - 2n$; $-5ab^2 + ab^3 - 3a^4b^2$.

26 $(x+3y) - (x+3y)^2$; $(a-b)^2 - (a-b)$; $(2x-3y^2)^3 + (2x-3y^2)^2$.

27 $(a+1)(a+2) + (-a-1)(a+3)$; $2(x+y)(a+b) + \frac{1}{2}(x+y)$.

28 $(a^2-b)^4 + 2(a^2-b)^3 - (a^2-b)^2$; $(a+b)^2(2b-3) - 2(a+b)(2b-3)^2$.

29 $(2a+b)^2 - 3(b+2a)$; $x(a-1) - y(1-a)$; $3(a-2x) - 2y(2x-a)$.

30 ESEMPIO DIGITALE $2(c-d) + 6c(d-c) - (c-d)^2$; $x(x^2+1) - x^2(x^2+1)$.

---

31 TEST Una delle seguenti uguaglianze è *falsa*. Quale?

A $mx + my = (x+y)m$

B $ax + bx + x = x(a+b+1)$

C $x^2 + x = x(x+1)$

D $am + mb + m = m(a+b)$

E $ax^2 + bx^2 = (a+b)x^2$

32 INVALSI 2012 L'espressione $a^{37} + a^{38}$ è uguale a:

A $2a^{75}$

B a^{75}

C $a^{37}(a+1)$

D $a^{37 \cdot 38}$

Trova l'area della parte colorata usando il dato inserito nella figura e scrivi il risultato come prodotto di fattori.

33

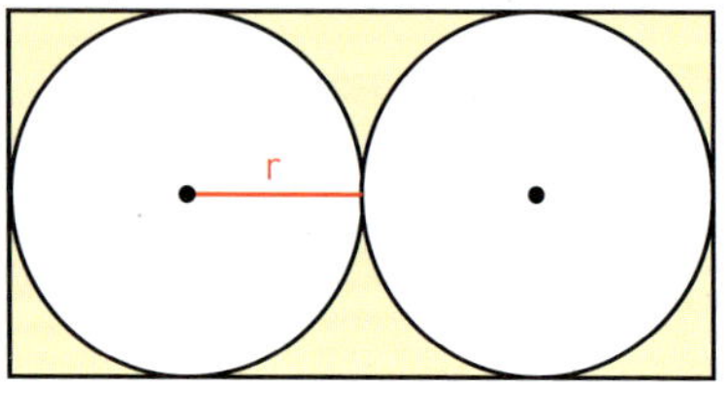

$[2r^2(4-\pi)]$

34

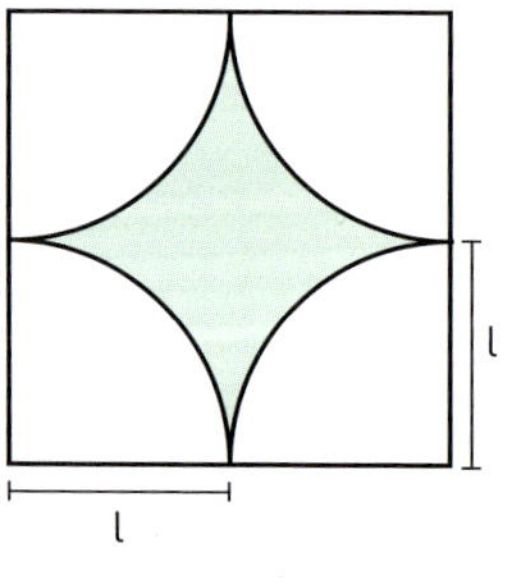

$[l^2(4-\pi)]$

Il raccoglimento parziale

35 ESERCIZIO GUIDA Scomponiamo in fattori i seguenti polinomi:

a. $3bc + 2ab - 2a - 3c$; **b.** $2bx^3 - 2bx^2 - x^3 + x^2$.

a. Scomponiamo $3bc + 2ab - 2a - 3c$.
Possiamo procedere in due modi alternativi.

1. $3bc + 2ab - 2a - 3c =$

Raccogliamo fra i termini sottolineati rispettivamente in blu e in rosso i monomi $3c$ e $2a$:

$$3c(b-1) + 2a(b-1) =$$

Raccogliamo il binomio $(b-1)$:

$$(b-1)(3c+2a).$$

2. $3bc + 2ab - 2a - 3c =$

Raggruppiamo diversamente i termini e raccogliamo b e -1:

$$b(3c+2a) - 1(3c+2a) =$$

Conviene indicare il fattore 1 per rendere più facile il raccoglimento finale:

$$(3c+2a)(b-1).$$

b. Scomponiamo $2bx^3 - 2bx^2 - x^3 + x^2$.

Raccogliamo prima il monomio x^2 nel polinomio dato:

$$x^2(2bx - 2b - x + 1) =$$

Nel polinomio tra parentesi raccogliamo poi $2b$ fra i primi due termini e -1 fra gli altri due:

$$x^2[2b(x-1) - 1(x-1)] =$$

Raccogliamo il binomio $(x-1)$:

$$x^2(2b-1)(x-1).$$

COMPLETA

36 $3ab + ax + 3by + xy = a(\square + \square) + y(\square + \square) = (3b + \square)(\square + \square)$

37 $x^4 + x^3 + 4x + 4 = x^3(\square + \square) + \square(x+1) = (\square + \square)(\square + \square)$

38 $ax - 4x - \square a + \square = x(a-4) - 5(a-4) = (x - \square)(a - \square)$

39 $\frac{1}{3}a + ax^2 - \frac{2}{3} - 2x^2 = \frac{1}{3}(\square - 2) + x^2(a - \square) = (\square + \square)(\square - \square)$

Scomponi in fattori mediante il metodo del raccoglimento parziale.

40 $5ay - y - 5a + 1$

41 $x^2y^2 + 1 + x^2 + y^2$

42 $5ax + 2ay + 5bx + 2by$

43 $3a^2b - 2a + 12ab - 8$

44 $x^3 + 12x^2 + 6x + 72$

45 $9ax - 6a + 12bx - 8b$

46 $(a-b)y - b + a$

47 $5ax + ay^2 - y^2 - 5x$

48 ESEMPIO DIGITALE $3bx + x - 6b^2 - 2b$

49 $x^3y^2 + 2x^3y - ay - 2a$

50 $3ab - 6ac + b^2 - 2bc$

51 $12a^2 - 21b^3 - 28ab^2 + 9ab$

52 $(a+b)^2 - ax - bx$

53 $\frac{3}{4}xy - \frac{3}{2}yz - \frac{1}{4}x + \frac{1}{2}z$

54 $\frac{4}{3}x^2y + \frac{2}{3}x - 4xy - 2$

ESERCIZI

55 $\frac{3}{4}xy + \frac{1}{2}y + 3x + \frac{1}{8}y^2$

56 $3(a+b) + x(a-b) - 3(a-b) - x(a+b)$

57 $x^2 + xy + x + y$

58 $ay - 4a - 3y + 12$

59 $2ax + 4x - 3a - 6$

60 $ax - 4a + x - 4 + xy - 4y$

61 $3ax^2 - 6x^2 + 3a - 6$

62 $x^4 + 4x^2 - x^3y - 4xy$

63 $a^2bx + a^2b + bxy^2 + by^2$

64 $12a^2 - 4a - 3a + 1$

65 $x^3y - x^2y^2 + 2x - 2y$

66 $2a^3b^2 - 12a^2b^4 + 4ab^6 - 24b^8$

67 ESEMPIO DIGITALE

$(x+7)(y-5) + (y-5)^2 + 10 - 2y$

68 $2(6a - 15b) - 2a^2 + 5ab$

69 $(5-x)(5+x) + (x-5)^2 + (2x-10)(x+3)$

70 $(a+3b)^2 - 2a^2 - 6ab - 9b - 3a$

71 Trova l'area della figura ed esprimila come prodotto di fattori.

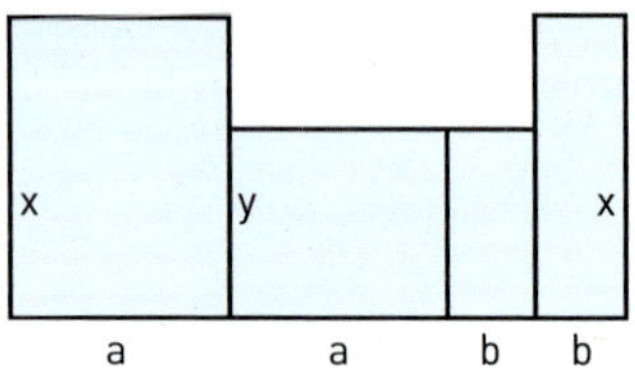

$[(a+b)(x+y)]$

La scomposizione mediante la differenza di due quadrati

$A^2 - B^2 = (A+B)(A-B)$

72 ESERCIZIO GUIDA Scomponiamo in fattori, riconoscendo la differenza di due quadrati:

a. $25a^2 - 9$; **b.** $16a^4 - 1$; **c.** $5x^3 - 45xy^2$; **d.** $(5x-2)^2 - 4x^2$.

quadrato di 5a, quadrato di 3

a. $25a^2 - 9 = (5a+3)(5a-3)$.

quadrato di $4a^2$, quadrato di 1, quadrato di 2a, quadrato di 1

b. $16a^4 - 1 = (4a^2+1)(4a^2-1) =$
$(4a^2+1)(2a+1)(2a-1)$.

c. $5x^3 - 45xy^2 =$

Raccogliamo $5x$:

$5x(x^2 - 9y^2) = 5x(x+3y)(x-3y)$.

d. $(5x-2)^2 - 4x^2 =$
$[(5x-2)+2x][(5x-2)-2x] =$
$(5x-2+2x)(5x-2-2x) = (7x-2)(3x-2)$.

COMPLETA

73 $81x^2y^4 - 25 = (\square\, xy^2)^2 - (\square)^2$; $x^2 - \square = (\square + 2a)(\square - 2a)$.

74 $16a^2x^6 - 9 = (\square)^2 - (\square)^2$; $\square - \square = (3a + \square)(\square - \frac{1}{2})$.

75 $\square - y^8 = (x^3 - \square)(\square + \square)$; $4a^6 - \square = (2a^{\square} - b^2)(\square + \square)$.

Scomponi in fattori, riconoscendo la differenza di due quadrati.

76 x^2-49y^2; $\quad 9-a^2b^2$.

77 $4x^2-9y^2$; $\quad 25a^6b^8-\frac{1}{4}$.

78 $81-a^2$; $\quad 16x^2-a^4$.

79 a^4-16b^2; $\quad -y^2+64x^6$.

80 ESEMPIO DIGITALE
$\frac{1}{4}a^2b^2-1$; $\quad 4-9x^6$.

81 $a^2-(a+b)^2$; $\quad x^6-4$.

82 $\frac{1}{81}-x^2y^4$; $\quad 4a^8-\frac{1}{16}$.

83 $2a^4-8$; $\quad 3x^3y^2-27x$.

84 $121y^8-49x^2y^4$; $\quad x^3-\frac{49}{9}a^2x$.

85 ESEMPIO DIGITALE
$b^6-9(c-2)^2$; $\quad (x+2y)^2-16y^2$.

86 $\frac{5}{4}b-125b^3$; $\quad \frac{3}{2}x^5y^3-\frac{27}{8}x^3y^5$.

87 $(a+3b)^2-25b^2$; $\quad 25x^6-\frac{1}{9}x^2y^4$.

Scomponi in fattori.

88 $5z^2-5$; $\quad x^3-9xy^2$; $\quad 25a^5b^3-a^3b$.

89 $100x^6-16x^2y^8$; $\quad 12a^4-12$; $\quad 7x^{12}-7y^8$.

90 $2(2a^2-3)^2-8$; $\quad 3xy^2-3x^3$; $\quad 5b^2(b-3)-b^2+9$.

91 $-a^4-16b^4+16+a^4b^4$; $\quad 1-x^2-y^2+x^2y^2$; $\quad 12x^4+4x^3-3x^2-x$.

92 $\left(\frac{7}{4}+x\right)^2+\frac{21}{4}+3x$; $\quad \frac{1}{2}ax-x-\left(\frac{3}{2}ac-3c\right)$; $\quad 6(x-2)^2-a(2-x)^2$.

93 $x^4y^4-81+81x^4-y^4$; $\quad 3(a+2b)^2-3a^2$; $\quad (x^2+a)^2+4(3x^2+3a)^2$.

94 $6a^2(x+y)-6a^2(x-y)$; $\quad ax-2ay+bx-2by+2x-4y$; $\quad 75-3(a+2y)^2$.

95 $a^2x-b^2x+a^2y-b^2y-a^2+b^2$; $\quad (3a-x)^3-4(3a-x)$; $\quad 12(a+b)^3-27(a+b)(a-6b)^2$.

96 $16a^4x-36b^2x$; $\quad (a-3x)^2+2(a-3x)(a+3x)$; $\quad b^6-b^4+2b^2-2$.

97 $(xy+2)^2-4$; $\quad x^7-25x^3y^2$; $\quad 5ax+25x-5a-25$.

98 $6ab-16ax$; $\quad 2a^3+4a^2-3a-6$; $\quad \left(3a-\frac{1}{2}x\right)^2-15a+\frac{5}{2}x$.

99 $2(a-1)^2-8(x+3)^2$; $\quad 4a-4b-ab^2+b^3$; $\quad \frac{4}{27}x^3-\frac{1}{3}x$.

100 $4a^3-4a^2-4a+4$; $\quad \frac{x^4}{5}-\frac{16}{5}$; $\quad 9b-18-(b^2-4)$.

101 $\frac{4}{49}x^3-\frac{16}{25}xy^2$; $\quad -\frac{8}{125}a^2y^5+\frac{16}{25}a^2y^4+\frac{1}{10}y-1$; $\quad 8a^5b^2-12a^5+48a^3b^2-32a^3b^4$.

102 $(x-y^2)+6(2x-2y^2)^2$; $\quad \frac{3}{5}x^2y-\frac{1}{5}xy^2+\frac{3}{2}x^2-\frac{1}{2}xy$; $\quad a^3-a^2-a+1$.

103 $\left(-\frac{3}{2}a+\frac{3}{4}b\right)^2-\left(\frac{1}{2}a+\frac{1}{4}b\right)^2$; $\quad 27(x+y)^3-12(2x-y)^2(x+y)$; $\quad a-4-ax^4+4x^4$.

ESERCIZI

Polinomio scomponibile nel quadrato di un binomio

$A^2 + 2AB + B^2 = (A + B)^2$

104 ESERCIZIO GUIDA Quando è possibile, scomponiamo in fattori, riconoscendo in modo opportuno il quadrato di un binomio:

a. $25a^2+30ab+9b^2$; c. $a^4+2a^2b^2+4b^4$; e. $(a+b)^2-2c(a+b)+c^2$.
b. $x^2y^2-2xy+1$; d. $6x^2-x^4-9$;

a. Individuiamo i due termini del trinomio che possono essere dei quadrati e ricaviamone le basi:

quadrato di 5a — quadrato di 3b

$25a^2 + 30ab + 9b^2$.

Controlliamo che il doppio prodotto delle basi trovate sia uguale all'altro termine del trinomio:
$2(5a \cdot 3b) = 30ab$.

Allora possiamo scrivere il trinomio come:
$25a^2+30ab+9b^2=(5a+3b)^2$.

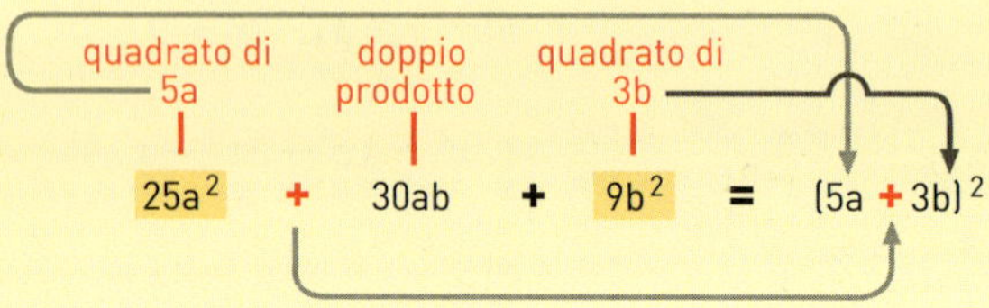

b. $x^2y^2 - 2xy + 1 = (xy-1)^2$

Nota che avremmo potuto anche scrivere $(1-xy)^2$.

c. $a^4+2a^2b^2+4b^4$ non è il quadrato di un binomio, perché il doppio prodotto di a^2 e $2b^2$ non è $2a^2b^2$, ma $4a^2b^2$.

d. $6x^2-x^4-9$.
È riconducibile a un quadrato di binomio raccogliendo il segno − nel trinomio dato:
$-(-6x^2+x^4+9)=-(x^2-3)^2$.

e. $(a+b)^2-2c(a+b)+c^2=$
$[(a+b)-c]^2=(a+b-c)^2$.

COMPLETA

105 $9x^2-30x+25=(\square\, x-\square)^2$; $a^2+8ay+\square=(\square+4y)^2$.

106 $x^4+\square+9=(\square+3)^2$; $x^8+2x^4+\square=(x^{\square}+\square)^2$.

107 $\frac{1}{9}x^2+\square+9=(\square+3)^2$; $\square-\square+4=(x^2-2)^2$.

CACCIA ALL'ERRORE Trova gli errori e spiega perché le uguaglianze sono sbagliate.

108 $x^2+y^2=(x+y)^2$

109 $a^2+4x^2+2ax=(a+2x)^2$

110 $x^2-4y^2-4xy=(x-2y)^2$

111 $x^2-4a^2=(x-2a)^2$

112 $x^4+4x^2y^2+4y^2=(x^2+2y^2)^2$

113 $\frac{1}{4}a^2+y^2=\left(\frac{1}{2}a-y\right)^2$

Quando è possibile, scomponi in fattori, riconoscendo il quadrato di un binomio.

114 $9x^2+6x+1$; $a^2+4ab+4b^2$; $x^2-10x+25$.

115 y^2-6y+9; $4+9b^2-12b$; $6ab^3+b^6+9a^2$.

116 ESEMPIO DIGITALE $b^8 + 16b^4 + 64$; $9y^2 - 12y + 4$.

117 $4a - 4a^2 - 1$; $9y^2 + \frac{1}{4} - 3y$; $25x^2 + 49y^2 - 35xy$.

118 $\frac{4}{25}y^2 - 2y + \frac{25}{4}$; $-x^4 - 16x^2 - 64$; $25 - 15b + 9b^2$.

119 $\frac{4}{9}a^6 - \frac{4}{3}a^3 + 1$; $1 + 2(x-2) + (x-2)^2$; $(m^2+2)^2 - 12(m^2+2) + 36$.

120 $\frac{4}{9}b^2 + \frac{9}{4}a^2 - 2ab$; $a^4 + 4a^2x^2 + 4x^4$; $x^2 + 6ax + 9a^2$.

121 $a^3 - 8a^2b + 16ab^2$; $7x^2 + 14xy + 7y^2$; $x^2 + xy + \frac{1}{4}y^2$.

122 $\frac{x^2}{4} - \frac{x}{3} + \frac{1}{9}$; $a^2 - ab + \frac{1}{4}b^2$; $5bc^3 - \frac{25}{4}b^2 - c^6$.

123 $x^3 + 14x^2y + 49xy^2$; $\frac{9}{7}a^2b^2c^2 + \frac{6}{7}a^2b^2c + \frac{1}{7}a^2b^2$.

124 SPIEGA PERCHÉ Se al quadrato di un numero naturale aggiungiamo 1 e il doppio del numero stesso troviamo il quadrato del suo successivo. Perché?

COMPLETA in modo che il polinomio che si ottiene sia il quadrato di un binomio.

125 $x^2 - 2ax + \square$; $y^2 + 9 + \square$; $a^2 - ab + \square$.

126 $\frac{1}{4}a^2 + 2ax + \square$; $a^2 - 3ab + \square$; $x^2 + xy + \square$.

127 $4x^2y^2 + y^4 + \square = (2x^2 + \square)^2$; $1 + 4x^2 + \square = (\square + 2x^2)^2$.

La differenza di quadrati quando almeno un quadrato non è un monomio

128 ESERCIZIO GUIDA Riconducendoci alla differenza di due quadrati, scomponiamo in fattori i seguenti polinomi:

a. $a^2 + 2ab - c^2 + b^2$; b. $x^2 - y^2 - 1 - 2y$; c. $(a+b)^2 + 4(a+b) + 4 - b^2$.

a. $a^2 + 2ab - c^2 + b^2$.

Segniamo i termini che corrispondono al quadrato di un binomio: $\underline{a^2} + \underline{2ab} - c^2 + \underline{b^2}$.

Notiamo una differenza di quadrati:

$$\boxed{(a+b)}^2 - ⓒ^2 = (\boxed{a+b} + ⓒ)(\boxed{a+b} - ⓒ).$$

b. $x^2 - y^2 - 1 - 2y$.

Raccogliamo un segno $-$ tra gli ultimi tre monomi:

$x^2 - (y^2 + 1 + 2y) =$

$x^2 - (y+1)^2 = [x - (y+1)][x + (y+1)] =$

$(x - y - 1)(x + y + 1)$.

c. $(a+b)^2 + 4(a+b) + 4 - b^2 =$

$[(a+b)+2]^2 - b^2 =$

$[(a+b)+2-b]\cdot[(a+b)+2+b] =$

$(a+2)(a+2b+2)$.

Scomponi in fattori mediante la differenza di due quadrati.

129 ●● ESEMPIO DIGITALE $16 - k^2 - 4ky - 4y^2$.

130 ●○ $4a^2 + 4ab + b^2 - c^2$; $\quad 25x^2 - y^2 - 10x + 1$; $\quad a^2 - x^2 + 2xy - y^2$.

131 ●● $x^4y^6 - x^6y^4 + 1 - 2x^2y^3$; $\quad 25 + 9a^2b^2 - \frac{81}{4}b^4 - 30ab$; $\quad x^2 + 4y^2 - 4xy - 9z^2$.

132 ●● $4a^2b^2 + \frac{1}{16} - ab - b^6$; $\quad \frac{4}{9} - \frac{9}{4}y^4 - 4x^2y^2 - \frac{16}{9}x^4$; $\quad 9z^2 - 12yz + 4y^2 - 16(ax-1)^2$.

Polinomio scomponibile nel quadrato di un trinomio
$A^2 + B^2 + C^2 + 2AB + 2AC + 2BC = (A + B + C)^2$

133 ESERCIZIO GUIDA Scomponiamo in fattori, se possibile, i seguenti polinomi, riconoscendo il quadrato di un trinomio:

a. $9a^2 + 4b^2 + 1 - 12ab + 6a - 4b$; $\quad$ b. $4a^2 + 4b^2 + c^2 + 4ab + 4ac + 4bc$.

a. Individuiamo i tre termini del polinomio che possono essere dei quadrati e ricaviamone le basi:

quadrato di $3a$ — quadrato di $2b$ — quadrato di 1

$$9a^2 + 4b^2 + 1 - 12ab + 6a - 4b.$$

Controlliamo che i valori assoluti dei doppi prodotti corrispondano ai valori assoluti dei termini rimanenti:

$2(3a \cdot 2b)$ — $2(3a \cdot 1)$ — $2(2b \cdot 1)$

$$9a^2 + 4b^2 + 1 - 12ab + 6a - 4b.$$

Analizziamo allora i segni dei doppi prodotti:

$3a$ e $2b$ discordi — $3a$ e 1 concordi — $2b$ e 1 discordi

$$9a^2 + 4b^2 + 1 - 12ab + 6a - 4b.$$

Dunque $3a$ e 1 hanno lo stesso segno, mentre $2b$ ha segno opposto. Abbiamo perciò due soluzioni possibili:

$$9a^2 + 4b^2 + 1 - 12ab + 6a - 4b = (3a - 2b + 1)^2$$
oppure $$9a^2 + 4b^2 + 1 - 12ab + 6a - 4b = (-3a + 2b - 1)^2.$$

b. $4a^2 + 4b^2 + c^2 + 4ab + 4ac + 4bc$

quadrato di $2a$ — quadrato di $2b$ — quadrato di c

Controlliamo se i valori assoluti dei doppi prodotti coincidono con i valori assoluti degli altri termini:

$$4a^2 + 4b^2 + c^2 + 4ab + 4ac + 4bc.$$

$2(2a \cdot 2b) = 8ab \neq 4ab$

Dunque il polinomio **non** è riconducibile al quadrato di un trinomio.

134 COMPLETA

$a^2 + b^2 + 4a + 2ab + 4 + 4b = (a + b + \square)^2$;

$a^2 + x^2 + 9 - 2ax - 6a + \square = (a - x - \square)^2$.

135 Aggiungi il termine che manca affinché il polinomio $a^2 + \frac{1}{4}b^2 + 4c^2 - ab - 4ac$ sia il quadrato di un trinomio.

Quando è possibile, scomponi in fattori riconoscendo il quadrato di un trinomio.

136 $a^2 + 4b^2 + 9c^2 - 6ac - 12bc + 4ab$

137 $x^2 + 4y^2 + 4xy - 4x - 8y + 4$

138 $25x^2 - 9y^2 + 4 - 30xy + 10x - 12y$

139 ESEMPIO DIGITALE $9a^2+b^2+\frac{1}{4}-6ab+3a-b$

140 $4x^2 + \frac{2}{3}xy + \frac{1}{36}y^2 + 12x + y + 9$

141 $x^2 + y^4 + 1 + 2xy^2 - 2x - 2y^2$

142 $x^6 + 4x^8 - 4x^7 + x^3 + \frac{1}{4} - 2x^4$

143 $8a - 8 + 8x - 4ax - 2a^2 - 2x^2$

144 $a^8 - 2a^6 - 2a^5 + a^4 + 2a^3 + a^2$

145 $8a^4 + 18a^2b^2 + 2b^4 + 8a^2b^2 - 24a^3b - 12ab^3$

La scomposizione mediante il cubo di un binomio
$A^3 + 3A^2B + 3AB^2 + B^3 = (A + B)^3$

146 ESERCIZIO GUIDA Scomponiamo in fattori, se possibile, riconoscendo il cubo di un binomio:

a. $x^3 + 3x^2 + 3x + 1$; **b.** $8a^3 - 6a^2b + 6ab^2 - b^3$.

a. Individuiamo i due termini del quadrinomio che possono essere dei cubi e ricaviamone le basi:

cubo di x, cubo di 1

$x^3 + 3x^2 + 3x + 1$.

Verifichiamo la presenza dei relativi tripli prodotti:

$3 \cdot x^2 \cdot 1$, $3 \cdot x \cdot 1^2$

$x^3 + 3x^2 + 3x + 1$.

Pertanto: $x^3 + 3x^2 + 3x + 1 = (x + 1)^3$.

b. Individuiamo i due termini del quadrinomio che possono essere dei cubi e ricaviamone le basi:

cubo di $2a$, cubo di $-b$

$8a^3 - 6a^2b + 6ab^2 - b^3$.

ESERCIZI

Verifichiamo la presenza dei relativi tripli prodotti:
Dunque il quadrinomio **non** è riconducibile al cubo di un binomio.

$3 \cdot (2a)^2(-b) = -12a^2b \neq -6a^2b$

$8a^3 - 6a^2b + 6ab^2 - b^3.$

COMPLETA

147 $27x^3 + 27x^2 + 9x + 1 = (\square + 1)^3$; $\quad 8x^6 + 12x^4 + 6x^2 + 1 = (\square\, x^{\square} + \square)^3$.

148 $y^3 - \square + \square - 8 = (y-2)^3$; $\quad 27 + 9a + \square + \frac{1}{27}a^3 = (\square + \square)^3$.

149 $8b^3 - \square + 6b - \square = (\square - \square)^3$; $\quad x^3y^3 + \square + 3x^5y + x^6 = (\square + \square)^3$.

150 CACCIA ALL'ERRORE Trova gli errori e spiega perché le uguaglianze sono sbagliate.

$a^3 - 8b^3 = (a-2b)^3$;

$a^3 + 3a^2x^2 + x^3 = (a+x)^3$;

$\frac{1}{8}x^3 + 8 + 3x^2 + 3x = \left(\frac{1}{2}x + 2\right)^3$;

$x^3y^3 - 9x^2y^2 - 27xy - 27 = (xy-3)^3$;

$1 - 2x + 4x^2 - 8x^3 = (1-2x)^3$;

$a^3 - 1 + 3a^2 + 3a = (a-1)^3$.

Quando è possibile, scomponi in fattori, riconoscendo il cubo di un binomio.

151 $27x^3y^3 + 27x^2y^2 + 9xy + 1$; $\quad a^3 - 6a^2b + 12ab^2 - 8b^3$; $\quad -a^3 + 3a^2b - 3ab^2 + b^3$.

152 $\frac{1}{8} - \frac{1}{4}x + \frac{1}{6}x^2 - \frac{1}{27}x^3$; $\quad x^6 + 1 + 3x^4 + 3x^2$; $\quad a^3b^3 + 3a^2b^2 + 3ab - 1$.

153 $x^3 + 15x^2 + 75x + 125$; $\quad -1 - 3a - 3a^2 - a^3$; $\quad 6a + 8a^3 - 1 - 12a^2$.

154 $y^3 + y^2 + \frac{1}{3}y + \frac{1}{27}$; $\quad x^3 - 3x^2y^2 - y^6 + 3xy^4$; $\quad a^6x^9 - 6a^4x^6 + 12a^2x^3 - 8$.

155 ESEMPIO DIGITALE $a^9b^9 + \frac{1}{8} + \frac{3}{2}a^6b^6 + \frac{3}{4}a^3b^3$

156 $\frac{1}{5}a^3 + \frac{6}{5}a^2 + \frac{12}{5}a + \frac{8}{5}$; $\quad \frac{1}{8}a^6 - \frac{1}{2}a^4x - \frac{8}{27}x^3 + \frac{2}{3}a^2x^2$; $\quad a^3 + \frac{1}{27}b^3 + a^2b + \frac{1}{9}ab^2$.

COMPLETA in modo che il polinomio che si ottiene sia il cubo di un binomio.

157 $-a^3 + 3a^2x - \square + x^3$; $\quad 8a^3 - \square + 6a - 1$; $\quad 1 + 3x^2 + \square + x^6$.

158 $\square + 12a^2b + 6ab^2 + b^3$; $\quad 1 - 0{,}3a + \square - 0{,}001a^3$; $\quad \frac{1}{27}x^3 + x^2y + \square + 27\,\square$.

La scomposizione mediante la somma o la differenza di due cubi

$A^3 \pm B^3 = (A \pm B) \cdot (A^2 \mp AB + B^2)$

159 ESERCIZIO GUIDA Scomponiamo in fattori, riconoscendo la somma o la differenza di due cubi.

a. $8a^3 + b^3$.
Abbiamo i cubi di $A = 2a$, $B = b$:

$$(2a)^3 + b^3 = (2a + b)[(2a)^2 - 2ab + b^2] = (2a + b)(4a^2 - 2ab + b^2).$$

b. $27x^3 - 1$.
Abbiamo i cubi di $A = 3x$, $B = 1$:

$$(3x)^3 - 1^3 = (3x - 1)(9x^2 + 3x + 1).$$

c. $(a - b)^3 + (a + b)^3$.
Abbiamo i cubi dei binomi $A = (a - b)$, $B = (a + b)$:

$$(a - \cancel{b} + a + \cancel{b})[(a - b)^2 - (a - b)(a + b) + (a + b)^2] =$$
$$2a(\cancel{a^2} - \cancel{2ab} + b^2 - \cancel{a^2} + b^2 + a^2 + \cancel{2ab} + b^2) = 2a(a^2 + 3b^2).$$

Scomponi in fattori, riconoscendo la somma o la differenza di due cubi.

160 $x^3 + 27$; $a^3b^3 + 1$; $125a^3 + 8b^3$; $\frac{8}{27}a^3 - 1$.

161 $x^3 + 64y^3$; $\frac{1}{8}a^3b^3 + x^3$; $y^9 - 8$; $\frac{1}{27} - b^6y^6$.

162 $x^6 + 64$; $x^6 + a^3$; $3x^4 + 81x$; $2a^5 - 250a^2$.

163 $3m^3x^6 - 3$; $27a^3 + b^6c^9$; $5y^3 - 40x^6$; $\frac{27}{8}t^9p^6 - 125$.

164 $-a^3b^3 - 27$; $81a^{10} - 24a$; $1 + (1 + b)^3$; $2x + 16x^4$.

165 $\frac{3}{8} + 81y^3$; $\frac{1}{2}b^3 + \frac{27}{16}c^6$; $x^6 + y^3$; $\frac{3}{125}x^8 - \frac{24}{27}x^5$.

166 $(a - 2b)^3 + (a + b)^3$; $125b^3 - (b - 3)^3$; $27y^3 - (x - 4y)^3$; $(x + 2y)^3 + x^3$.

COMPLETA

167 $-27 + a^9 - 9a^6 + 27a^3 = (\square\square\square)^3$

168 $\square + \frac{3}{4}a^2b^2 + \square + \square = \left(\frac{1}{2}a + \square\right)^3$

169 $-x^3 + \frac{1}{8} + \square - \square = (\square - \square)^3$

170 $\frac{8}{27}x^6 - 1 - \square + \square = (\square - \square)^3$

MATEMATICA AL COMPUTER

Divisibilità e scomposizione di polinomi Con Wiris, costruiamo un blocco che:

- legge due polinomi *D* e *V*, con *V* che dipende dai parametri *h* e *k*;
- mostra, se esistono, le coppie di numeri interi, appartenenti a due intervalli, che sostituiti a *h* e *k* rendono *D* divisibile per *V*.

Ti proponiamo inoltre alcuni esercizi di applicazione alle scomposizioni.

Problema e risoluzione – 5 esercizi in più.

ESERCIZI

La scomposizione di trinomi del tipo $x^2 + sx + p$

171 ESERCIZIO GUIDA Scomponiamo in fattori i seguenti trinomi:

a. $x^2 + x - 6$; **b.** $y^4 - 5y^2 - 6$; **c.** $a^2 - 7ab + 12b^2$.

a. Per scomporre in fattori, cerchiamo due numeri x_1 e x_2 tali che: $x_1 + x_2 = +1$, $x_1 \cdot x_2 = -6$.
Le coppie di numeri interi che hanno come somma $+1$ (o qualsiasi altro numero) sono infinite, mentre quelle che hanno come prodotto -6 (o qualsiasi altro numero diverso da 0) sono finite. Conviene perciò partire dal prodotto, compilando la tabella seguente fino a trovare i valori cercati:

Moltiplicazioni con prodotto $p = -6$	Somma s dei fattori
$(+1)(-6)$	-5
$(-1)(+6)$	$+5$
$(+2)(-3)$	-1
$(-2)(+3)$	$+1$

Dunque $x_1 = -2$ e $x_2 = +3$, quindi: $x^2 + x - 6 = (x - 2)(x + 3)$.

b. Il trinomio $y^4 - 5y^2 - 6$ è di quarto grado. Trasformiamolo in un trinomio di secondo grado:

$$y^4 - 5y^2 - 6 = (y^2)^2 - 5y^2 - 6.$$

Ponendo $y^2 = t$, otteniamo: $t^2 - 5t - 6$.
Possiamo proseguire come nel caso **a.** Cerchiamo t_1 e t_2 tali che: $t_1 + t_2 = -5$, $t_1 \cdot t_2 = -6$.
Osservando la prima riga della tabella del caso **a.**, vediamo che $t_1 = +1$ e $t_2 = -6$. Dunque:

$$t^2 - 5t - 6 = (t + 1)(t - 6).$$

Sostituiamo nuovamente $t = y^2$: $y^4 - 5y^2 - 6 = (y^2 + 1)(y^2 - 6)$.

c. Cerchiamo due monomi x_1 e x_2 tali che: $x_1 + x_2 = -7b$ e $x_1 \cdot x_2 = +12b^2$.

Moltiplicazioni con prodotto $p = 12b^2$	Somma s dei fattori
$(+6b)(+2b)$	$+8b$
$(-6b)(-2b)$	$-8b$
$(+3b)(+4b)$	$+7b$
$(-3b)(-4b)$	$-7b$

Dunque $x_1 = -3b$ e $x_2 = -4b$, quindi: $a^2 - 7ab + 12b^2 = (a - 3b)(a - 4b)$.

172 COMPLETA le seguenti tabelle.

Polinomio	Scomposizione
$x^2 + 10x + 9$	$(x + 1)(x + 9)$
$x^2 - 10x + 9$	$(x - 9)(x - 1)$
$x^2 + 15x - 16$	$(x + 16)(x - 15)$

Polinomio	Scomposizione
$a^2 - 2a - 15$	$(a - 5)(a + 3)$
$y^2 - 15y + 54$	$(y - 9)(y - 6)$
$b^2 + 6b - 7$	$(b - 1)(b + 7)$

Scomponi in fattori i seguenti trinomi.

173 $a^2+8a+15$; $a^2+4a-21$; $a^2-14a+48$; $-x^2+7x-12$.

174 $-x^2+4x+5$; a^2+a-20; $y^2+3y-40$; b^2+2b-8.

175 $x^2+21x+80$; $x^2-5x-14$; a^4-a^2-20; x^4+x^2-2.

176 x^6+5x^3-14; $-y^6+7y^3-10$; $x^2-6ax-16a^2$.

177 $z^2-7x^3z+6x^6$; $a^2-2ab-3b^2$; $x^2-4ax-12a^2$.

La scomposizione mediante il teorema e la regola di Ruffini

178 ESERCIZIO GUIDA Scomponiamo $P(x)=2x^3+3x^2-17x-30$, utilizzando la regola di Ruffini.

Cerchiamo, se ci sono, dei numeri che annullano il polinomio. Tali numeri vanno cercati fra i divisori del termine noto, ossia

$$+1, -1, +2, -2, +3, -3, +5, -5, \ldots$$

e fra le frazioni

$$+\frac{1}{2}, -\frac{1}{2}, +\frac{3}{2}, -\frac{3}{2}, +\frac{5}{2}, -\frac{5}{2}, \ldots$$

$$P(+1)=2+3-17-30=-42\neq 0;$$

$$P(-1)=-2+3+17-30=-12\neq 0;$$

$$P(+2)=16+12-34-30=-36\neq 0;$$

$$P(-2)=-16+12+34-30=0.$$

Il polinomio è divisibile per $x+2$.
Calcoliamo il quoziente con la regola di Ruffini:

	2	3	−17	−30
−2		−4	+2	+30
	2	−1	−15	0

$$2x^3+3x^2-17x-30=$$
$$(x+2)(2x^2-x-15).$$

Ripetendo il procedimento con il polinomio

$$2x^2-x-15,$$

troviamo che esso non è divisibile per $x+2$, mentre lo è per $x-3$.
Notiamo che non è necessario ripetere il procedimento per 1 e per −1, perché se $(x-1)$ e $(x+1)$ dividessero $2x^2-x-15$, dividerebbero anche il polinomio originale, mentre abbiamo già verificato che non succede.
Applichiamo di nuovo la regola di Ruffini:

	2	−1	−15
+3		+6	+15
	2	+5	0

$$2x^2-x-15=(x-3)(2x+5).$$

La scomposizione richiesta è quindi:

$$2x^3+3x^2-17x-30=$$
$$(x+2)(2x^2-x-15)=$$
$$(x+2)(x-3)(2x+5).$$

Scomponi in fattori, utilizzando la regola di Ruffini.

179 $5x^2-4x-1$ $[(x-1)(5x+1)]$

180 $2x^2+3x-2$ $[(x+2)(2x-1)]$

181 $2a^3-a^2-5a-2$ $[(a+1)(a-2)(2a+1)]$

182 ESEMPIO DIGITALE $y^4-y^3+y^2-3y+2$

183 x^3-x^2-3x-9 $[(x-3)(x^2+2x+3)]$

184 $2b^3+5b^2-4b-3$ $[(b-1)(b+3)(2b+1)]$

SE NON HAI SCALA (B³ - B² - B IL B³ VALE 0)

185 $3b^3 - 4b^2 + 5b - 4$ $[(b-1)(3b^2 - b + 4)]$

EQUIVALE A 1 E SCHEMA SI METTE 0 CHE STA PER IL b²

186 $t^3 - 39t + 70$ $[(t-2)(t-5)(t+7)]$

187 $3a^3 - 2a^2 - 5a - 6$ $[(a-2)(3a^2 + 4a + 3)]$

188 $x^3 - 2x^2 - 5x + 6$ $[(x-1)(x+2)(x-3)]$

189 $4b + 16 + b^4 - 2b^3 - 10b^2$ $[(b+2)(b-4)(b^2-2)]$

190 $y^4 - 4y^3 - 2y^2 + 9y - 4$ $[(y-4)(y-1)(y^2+y-1)]$

191 $a^5 + 32$ $[(a+2)(a^4 - 2a^3 + 4a^2 - 8a + 16)]$

192 $x^5 - x^4 - 10x^3 - 8x^2$ $[x^2(x+1)(x+2)(x-4)]$

193 $6x^4 - 5x^3 - 2x^2 + x$ $[x(x-1)(2x+1)(3x-1)]$

194 $a^3 - a^2b - 3ab^2 - b^3$ $[(a+b)(a^2 - 2ab - b^2)]$

195 $b^3 - 5ab^2 + 7a^2b - 2a^3$ $[(b-2a)(b^2 - 3ab + a^2)]$

Riepilogo: La scomposizione dei polinomi

Guida alla scomposizione di un polinomio

La «tabella di marcia» seguente può esserti utile per scomporre un polinomio.
Se un metodo non ti serve, procedi passando al successivo.

1. Raccoglimento a fattore comune.
2. Raccoglimento parziale.
3. Scomposizione con prodotti notevoli.

   Se il polinomio ha:
   - 2 termini, può essere
     - una differenza di quadrati $a^2 - b^2 = (a+b)(a-b)$
     - una differenza di cubi $a^3 - b^3 = (a-b)(a^2 + ab + b^2)$
     - una somma di cubi $a^3 + b^3 = (a+b)(a^2 - ab + b^2)$
   - 3 termini, può essere
     - un quadrato di binomio $a^2 \pm 2ab + b^2 = (a \pm b)^2$
     - un trinomio speciale $x^2 + (a+b)x + ab = (x+a)(x+b)$
   - 4 termini, può essere un cubo di binomio $a^3 \pm 3a^2b + 3ab^2 \pm b^3 = (a \pm b)^3$
   - 6 termini, può essere un quadrato di trinomio $a^2 + b^2 + c^2 + 2ab + 2ac + 2bc = (a+b+c)^2$
4. Scomposizione con il metodo di Ruffini.

CACCIA ALL'ERRORE Trova l'eventuale errore e spiega perché l'uguaglianza è sbagliata.

196 $a^4 + a^3 + a^2 = a^2(a^2 + a)$

197 $3a^3 + 9a = 3a(a^2 + 6)$

198 $9a^4 - b^9 = (3a^2 - b^3)(3a^2 + b^3)$

199 $a^3 - 8 = (a-2)(a^2 + 2a + 4) = (a-2)(a+2)^2$

200 $8a^2b - 5ab^2 + ab = ab(8a - 5b)$

201 $16x^2y^2 + 9z^4 = (4xy + 3z^2)^2$

202 $b^4 - 20b^2 + 25 = (b^2 - 5)^2$

203 $a^2 + 11a - 12 = (a+1)(a-12)$

Calcola mentalmente i seguenti quozienti, utilizzando le scomposizioni in fattori.

204 $(a^2 - b^2) : (a - b)$

205 $(x^3 + 8) : (x + 2)$

206 $(x^3 + 3x^2 + 3x + 1) : (x + 1)$

207 $(a^4 - 25a^2) : (a + 5)$

208 ASSOCIA a ogni polinomio la sua scomposizione.

1. $x^3+9x+3x^2$	a. $(x-3)(x+9)$
2. x^3-27	b. $x(x^2+3x+9)$
3. x^2-6x+9	c. $(x-3)^2$
4. $x^2+6x-27$	d. $(x-3)(x^2+3x+9)$
5. x^2-9	e. $(x-3)(x+3)$
6. $x^3-3x^2+9x-27$	f. $(x-3)(x^2+9)$

Scomponi in fattori.

209 $x^9-x^5+6x^4-6$

210 $x^3+6x^2y+12xy^2+8y^3$

211 $3a^2-a^2b-12+4b$

212 $x^3-13x-12$

213 $3a^2+11a-4+(3a-1)^2$

214 $a(a-2)^3-8a$

215 $a^{12}-x^8$

216 $x^6y^6+x^3y^3-6$

217 $30a^2b^3-25a^3b^2$

218 $25x^2-1$

219 $4x^2+25-20x$

220 $-7x^2y^2+14x^5y^6$

221 $8x^3+27+36x^2+54x$

222 $bx-ax+a-b$

223 $27x^3+64$

224 $x^2-12x-13$

225 $9y^2-4$

226 $9y^2+4+12y$

227 $8-60y-125y^3+150y^2$

228 $16x^2+\frac{1}{4}+4x$

229 $\frac{y^3}{8}-1-\frac{3}{4}y^2+\frac{3}{2}y$

230 $\frac{x^4}{4}+x^2+1$

231 $a^2+b^2+4c^2-2ab-4ac+4bc$

232 $\frac{1}{2}x^3-\frac{1}{2}x^2+\frac{1}{2}x$

233 $x^2-2x-35$

234 $\frac{4}{9}+y^2+\frac{9}{4}x^2-\frac{4}{3}y+2x-3xy$

235 $\frac{9}{16}a^2b^2+\frac{16}{9}+2ab$

236 $3ax+3xy+2a+2y$

237 $8x^3+12x^2+6x+1$

238 $(2x-y)^2-\frac{1}{25}$

239 $\frac{8}{125}x^3-y^3$

240 $\frac{1}{27}a^3b^3-\frac{1}{2}a^2b^2+\frac{9}{4}ab-\frac{27}{8}$

241 $4x^2+\frac{1}{4}y^2+z^2+2xy-4xz-yz$

242 $y^3z^{12}-a^9$

243 $3b^2+b-10$

244 $x^2-4x-77$

245 $\frac{1}{4}+t^2+z^2-t+z-2tz$

246 $125a^3-27b^9$

247 $2a^2b-6a$

248 $2a^{45}+4a^{15}$

249 $2a^4-2a^3-12a^2$

ESERCIZI

250 YOU & MATHS Factor completely:

a. $x^2 - 11xy + 30y^2$

b. $4x^5 - 12x^4 - 40x^3$

c. $x^2 - 2x + 5x - 10$

(CAN *John Abbott College, Final Exam*, 2000)

$[(x-6y)(x-5y);\ 4x^3(x-5)(x+2);\ (x+5)(x-2)]$

251 YOU & MATHS Which is a factor of $5x^4 - 135xy^3$?

A $x^2 + 6xy + 9y^2$

B $x^2 - 6xy - 9y^2$

C $x^2 - 3xy + 9y^2$

D $x^2 + 3xy + 9y^2$

E $x^2 - 6xy + 9y^2$

(USA *Tennessee Mathematics Teachers Association: 39th Annual Mathematics Contest*, 1995)

SPIEGA PERCHÉ

252 Considera l'uguaglianza

$Ax^3 + Bx^2 + Cx + D = (x+a)(x+b)(x+c)$.

Che relazione esiste tra i valori di D e a, b, c? Come deve essere A? Spiega perché.

253 I polinomi

$x^4 + 3x^2 - 28$ e $x^2 + 7x + 10$

hanno un binomio fattore comune. Quale?

Scomponi in fattori.

254 $3a^3 - 2b^2 + 2a^2b - 3ab$ $[(3a+2b)(a^2-b)]$

255 $1-(1+a)^2$ $[-a(a+2)]$

256 $10a^2 - 4ab + 15a - 6b$ $[(5a-2b)(2a+3)]$

257 $a^2(x+y+z) - a(x+y+z)$ $[a(x+y+z)(a-1)]$

258 $x^3 - 2x^2 + 4x - 3$ $[(x-1)(x^2-x+3)]$

259 $32x - 12x^2 - 16$ $[-4(x-2)(3x-2)]$

260 $\frac{9}{4}abc^2 - \frac{3}{2}ab + \frac{3}{2}c^2 - 1$ $\left[\left(\frac{3}{2}ab+1\right)\left(\frac{3}{2}c^2-1\right)\right]$

261 $8ab - ax + 2a^2 - 4bx$ $[(4b+a)(2a-x)]$

262 $3x^5 - 81x^2$ $[3x^2(x-3)(x^2+3x+9)]$

263 $\frac{1}{4}x^2y^2z^2 + \frac{2}{3}xy - \frac{1}{4}xyz^2 - \frac{2}{3}$ $\left[\left(\frac{1}{4}xyz^2+\frac{2}{3}\right)(xy-1)\right]$

264 $y - 2 - x^2y + 2x^2$ $[(x+1)(1-x)(y-2)]$

265 $(a+1)(a^2+1) - (a+1)(a^2-1)$ $[2(a+1)]$

266 $(2x+y)^2 - (3y-x)^2$ $[(3x-2y)(x+4y)]$

267 $\frac{1}{4}(4x-y)(4x+y) + (4x+y)^2$ $\left[(4x+y)\left(5x+\frac{3}{4}y\right)\right]$

268 $9x^2 - (x-5)^2$ $[(2x+5)(4x-5)]$

269 $x^6 - x^4 + x^2 - 1$ $[(x+1)(x-1)(x^4+1)]$

270 $x^2 - 4x^2y + 4xy^2 - y^2$ $[(x-y)(x+y-4xy)]$

271 $(a+b)3x^2 - (a-b)3x^2$ $[6bx^2]$

272 $ax^2 + bx^2 - 4ay^2 - 4by^2$ $[(a+b)(x+2y)(x-2y)]$

273 $(4-a^2)(2-b) + (2-a)(4-b^2)$ $[(4+a+b)(2-a)(2-b)]$

274 $3ax - 3bx - 6ay + 6by$ $[3(x-2y)(a-b)]$

275 $\frac{2}{3}ax - x - \left(\frac{4}{3}ab - 2b\right)$ $\left[(x-2b)\left(\frac{2}{3}a-1\right)\right]$

276 $\left(3x+\frac{1}{2}y\right)^2 + 3x + \frac{1}{2}y$ $\left[\left(3x+\frac{1}{2}y\right)\left(3x+\frac{1}{2}y+1\right)\right]$

277 $x(x-2y^3)^2 - (2y^3-x)^2$ $[(x-2y^3)^2(x-1)]$

278 $(2b-c)^3 - 9(2b-c)$ $[(2b-c)(2b-c+3)(2b-c-3)]$

279 $12(a+b) - 6(a^2-b^2)$ $[6(a+b)(2-a+b)]$

280 $24 - 6(x-y)^2$ $[6(2-x+y)(2+x-y)]$

281 $x^3 + 4x^2 - 9x - 36$ $[(x+4)(x-3)(x+3)]$

282 $x^4 - 4x^2y^2 + 4y^6 - x^2y^4$ $[(x+2y)(x-2y)(x+y^2)(x-y^2)]$

283 $(a+2)^2 - 1$ $[(a+1)(a+3)]$

284 $3x^4 - 12ax^2 + 12a^2$ $[3(x^2-2a)^2]$

285 $-49a^3 - 14a^2b - ab^2$ $[-a(7a+b)^2]$

286 $-2xb^2 - 4xb - 2x$ $[-2x(b+1)^2]$

287 $x^5 - 10x^4 + 25x^3$ $[x^3(x-5)^2]$

288 $a^2(x+1)-2a(x+1)+x+1$ $[(x+1)(a-1)^2]$

289 $4a^4+4-8a^2$ $[4(a+1)^2(a-1)^2]$

290 $2x+2y+x^2+2xy+y^2$ $[(x+y)(2+x+y)]$

291 $a^3-a^2b-ab-a$ $[a(a+1)(a-b-1)]$

292 $(2a+3b)^2-(4a+6b)(a+b)$ $[b(2a+3b)]$

293 $(a^2+2b)(2x-y)-b(b+2)(2x-y)$ $[(2x-y)(a+b)(a-b)]$

294 $x^2-y^2-3(x-y)^2$ $[2(2y-x)(x-y)]$

295 x^5-x-2x^4+2 $[(x-2)(x^2+1)(x+1)(x-1)]$

296 $a-b-a^2+2ab-b^2$ $[(a-b)(1-a+b)]$

297 $a^6+a^4b^2-a^2b^4-b^6$ $[(a^2+b^2)^2(a+b)(a-b)]$

298 $(x-3y)(2x-y)^2+27y-9x$ $[(x-3y)(2x-y+3)(2x-y-3)]$

299 $2a^3-2a^3b-18a+18ab$ $[2a(1-b)(a+3)(a-3)]$

300 $a^9-3a^6+3a^3-1$ $[(a-1)^3(a^2+a+1)^3]$

301 $2ax^3-bx^3-2ay^3+by^3$ $[(2a-b)(x-y)(x^2+xy+y^2)]$

302 $x^3y^3-x^6y^3-z^3+x^3z^3$ $[(1-x)(1+x+x^2)(xy-z)(x^2y^2+xyz+z^2)]$

303 $x^4-4x^3+4x^2+x-2$ $[(x-1)(x-2)(x^2-x-1)]$

304 $\frac{1}{8}a^7-\frac{3}{2}a^8+6a^9-8a^{10}$ $\left[a^7\left(\frac{1}{2}-2a\right)^3\right]$

305 $y^2-(x+2)y+2x$ $[(y-x)(y-2)]$

306 $\frac{1}{3}x^2-\frac{2}{9}xy+\frac{1}{27}y^2$ $\left[\frac{1}{3}\left(x-\frac{1}{3}y\right)^2\right]$

307 $16a^2b-\frac{1}{9}b$ $\left[b\left(4a-\frac{1}{3}\right)\left(4a+\frac{1}{3}\right)\right]$

308 x^6+16x^3+64 $[(x+2)^2(x^2-2x+4)^2]$

309 $a^4(x^2+1)-2a^4$ $[a^4(x+1)(x-1)]$

310 $x^6-12x^4+48x^2-64$ $[(x+2)^3(x-2)^3]$

311 $\frac{3}{8}x^5-\frac{24}{125}x^2y^3$ $\left[3x^2\left(\frac{x}{2}-\frac{2}{5}y\right)\left(\frac{x^2}{4}+\frac{4}{25}y^2+\frac{xy}{5}\right)\right]$

312 x^3+x^2y-x-y $[(x-1)(x+1)(x+y)]$

313 $7x^4-7$ $[7(x-1)(x+1)(x^2+1)]$

314 $3(a^2+b^2)-9(a^2+b^2)^2$ $[3(a^2+b^2)(1-3a^2-3b^2)]$

315 $x^4-4x^2+5x^3-20x$ $[x(x-2)(x+2)(x+5)]$

316 $6a^2b^4-4ab^2+4a^2b-6a^3b^3$ $[2ab(b-a)(3ab^2-2)]$

317 a^4-5a^2+4 $[(a-1)(a+1)(a-2)(a+2)]$

318 $\frac{1}{4}a^4+a^2+1-b^2$ $\left[\left(\frac{1}{2}a^2+1-b\right)\left(\frac{1}{2}a^2+1+b\right)\right]$

319 $a^5-a-2+2a^4$ $[(a+2)(a^2+1)(a+1)(a-1)]$

320 a^3-6a^2-a+30 $[(a+2)(a-3)(a-5)]$

321 $x^8+2x^6-x^4-2x^2$ $[x^2(x^2+1)(x^2+2)(x-1)(x+1)]$

322 $3x^4-4x^3-17x^2+6x$ $[x(x+2)(x-3)(3x-1)]$

323 $x^4-y^4+2x^3y-2xy^3$ $[(x+y)^3(x-y)]$

324 x^6-9x^3+8 $[(x-2)(x-1)(x^2+2x+4)(x^2+x+1)]$

325 $2t^5+4t^4-10t^3-12t^2$ $[2t^2(t+1)(t+3)(t-2)]$

326 a^8-2a^4+1 $[(a^2+1)^2(a+1)^2(a-1)^2]$

327 $x^3-7x^2+16x-12$ $[(x-2)^2(x-3)]$

328 $a^2b-9ab^2+20b^3$ $[b(a-5b)(a-4b)]$

329 $x^2-9+6a-a^2$ $[(x-a+3)(x+a-3)]$

330 $2ab^4-2ab^3c+xb^4-xb^3c$ $[b^3(b-c)(2a+x)]$

331 $2ax^2(3a-x)^2-2a$ $[2a(3ax-x^2+1)(3ax-x^2-1)]$

332 $(2x+1)^2-4(4x^2-1)$ $[(2x+1)(5-6x)]$

333 $36x^4+y^2-9x^2-4x^2y^2$ $[(2x+1)(2x-1)(3x+y)(3x-y)]$

334 $xy^2+\frac{16}{81}xy^6-\frac{8}{9}xy^4$ $\left[xy^2\left(\frac{2}{3}y+1\right)^2\left(\frac{2}{3}y-1\right)^2\right]$

335 $x^2-4x+4-16a^4$ $[(x-2+4a^2)(x-2-4a^2)]$

336 $(2x-y)^2-(x^2+6xy+9y^2)$ $[(3x+2y)(x-4y)]$

337 $a^3-8+3a^2+6a+12$ $[(a^2+2a+4)(a+1)]$

338 $16+4x+x^2-(x^3-64)$ $[(x^2+4x+16)(5-x)]$

ESERCIZI

339 ●● $6a^4 - 24a^2b^2 + 3a^3 - 12ab^2$ $[3a(a+2b)(a-2b)(2a+1)]$

340 ●● $2a^2 - 4ab + 2b^2 - 50x^2$ $[2(a-b+5x)(a-b-5x)]$

341 ●● $a^2 - a - 20 + 2ax + 8x$ $[(a+4)(a-5+2x)]$

342 ●● $(1+x)^2 + x^2(1+x)^2 + 2x(1+2x+x^2)$ $[(1+x)^4]$

343 ●● $(3a-b)^2 - (a+b)(3a-b) - 9a^2 + b^2$ $[-(3a-b)(a+3b)]$

344 ●● $12x^3 - 14x^4 + 2x^6$ $[2x^3(x-1)(x-2)(x+3)]$

345 ●● $y^4 - z^4 + 2y^3z - 2yz^3$ $[(y+z)^3(y-z)]$

346 ●● $x^2 - 1 - 2(x^2 + 4x + 3)$ $[-(x+1)(x+7)]$

347 ●● $3x^3 - 9x^2 - 18x + 24$ $[3(x-1)(x-4)(x+2)]$

348 ●● $x^4 - 7x^3 + 11x^2 - 7x + 10$ $[(x^2+1)(x-5)(x-2)]$

349 ●● $a^2 + ab + b^2 + a^3 - b^3$ $[(a-b+1)(a^2+ab+b^2)]$

---

350 ●● EUREKA! **Come scomporre?** Scomponi in fattori il polinomio $x^4 + x^2 + 1$ nel prodotto di due polinomi non costanti a coefficienti interi.

(USA *Texas A&M University Math Contest – BC Exam*, 2012)

$\left[(x^2 - x + 1)(x^2 + x + 1)\right]$

Calcola rapidamente il valore dei seguenti polinomi per i valori indicati a fianco, usando la scomposizione in fattori.

351 ●○ $8a^3 + 12a^2b + 6ab^2 + b^3$, $a = \frac{1}{2}$, $b = 4$.

352 ●○ $a^5 + 8a^4 + 16a^3$, $a = -4$.

353 ●○ $\frac{1}{4}a^2 + \frac{2}{3}ab + \frac{4}{9}b^2$, $a = 2$, $b = \frac{3}{2}$.

354 ●○ $-x^3 + 9x^2 - 27x + 27$, $x = 2$.

355 ●○ $5a^2 - 25a + 30$, $a = 5$.

356 ●○ $a^2b + 2ab + b - b^3$, $a = -1$, $b = -\frac{1}{3}$.

---

357 ●● EUREKA! **Qualsiasi binomio?** Verifica che il polinomio

$$P(x) = 3x^4 + 5x^3 - 4x^2 - 2x - 2$$

è divisibile per il binomio $x - 1$. Si può affermare che allora il polinomio è divisibile per qualsiasi binomio del tipo $ax - a$, con a numero reale diverso da 0? Giustifica la risposta. [sì]

Problemi

358 ●○ Indica con un polinomio scomposto in fattori l'area della zona colorata in figura ($b > 0$).

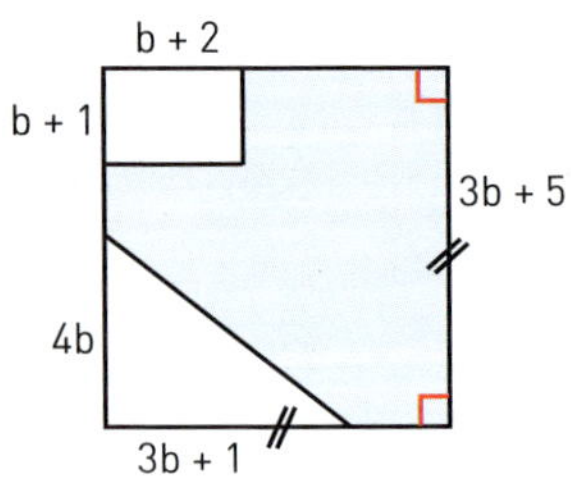

$[(b+1)(2b+23)]$

359 ●● Le misure della base e dell'altezza di un rettangolo sono rappresentate da due polinomi a coefficienti interi. L'area del rettangolo vale $3a^2 + 14ab + 8b^2$, con $a, b > 0$.

a. Quanto misurano base e altezza?

b. Qual è la misura del perimetro del rettangolo? $[a)(3a+2b), (a+4b); b)4(2a+3b)]$

ESERCIZI

RISOLVIAMO UN PROBLEMA

Un quadrato in un triangolo

La figura rappresenta un triangolo in cui è stato ritagliato un quadrato.

Indica con un polinomio scomposto in fattori l'area della zona colorata in figura ($a > 0$).

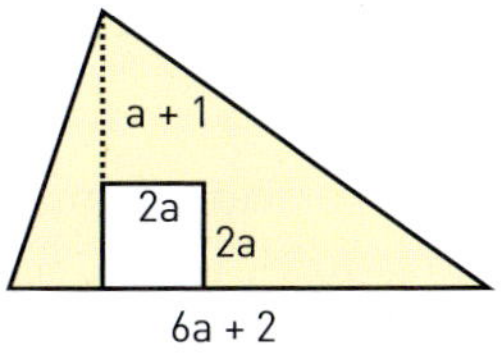

▶ **Determiniamo l'area del quadrato.**

Il quadrato ha lato $2a$, quindi la sua area è:

$$A_q = 4a^2.$$

▶ **Determiniamo l'area del triangolo.**

Il triangolo ha:

altezza $h = (a+1) + 2a = 3a + 1$;

base $b = 6a + 2$.

La sua area è quindi:

$$A_t = \frac{b \cdot h}{2} = \frac{(6a+2)}{2} \cdot (3a+1) =$$

$$\frac{2(3a+1)}{2} \cdot (3a+1) = (3a+1)^2 =$$

$$9a^2 + 6a + 1.$$

▶ **Calcoliamo la differenza tra le due aree.**

$A_c = A_t - A_q = 9a^2 + 6a + 1 - 4a^2 = 5a^2 + 6a + 1.$

▶ **Scomponiamo il polinomio in fattori.**

Il polinomio può essere scomposto utilizzando il metodo di Ruffini.

Poiché il coefficiente di a^2 è diverso da 1, i possibili divisori del polinomio sono: $\pm 1, \pm \frac{1}{5}$.

Calcoliamo:

$P(+1) = 5 + 6 + 1 \neq 0;$
$P(-1) = 5 - 6 + 1 = 0.$

Deduciamo che $(a+1)$ è divisore di $P(0)$. Effettuiamo la divisione tra il polinomio e $(a+1)$:

	5	6	1
−1		−5	−1
	+5	+1	//

$Q(a) = (5a + 1)$

Il polinomio scomposto è:

$$5a^2 + 6a + 1 = (a+1)(5a+1).$$

2 Il MCD e il mcm fra polinomi

▶ Teoria a p. 373

Il calcolo del MCD e del mcm

TEST

360 Il MCD di una coppia di polinomi è x. Quali sono i due polinomi?

A $x^2 + x^3$ e $x^3 - x^2$

B $4x^2 - 4x$ e $2x(x+1)$

C $x^2 + x$ e $3x^2 + 3x$

D $x^3 + 2x^2 - x$ e $4x^2 + 8x$

E $x^3 + 2x^2 + x$ e $x^2 + x$

361 Il mcm e il MCD di $3(x+1)^3$ e $9(x+1)^2$ sono:

A $3(x+1)^3$ e $9(x+1)^2$.

B $9(x+1)^3$ e $3(x+1)^2$.

C $9(x+1)^2$ e $3(x+1)^3$.

D $9(x+1)$ e $3(x+1)$.

E $9(x+1)^5$ e $3(x+1)$.

362 SPIEGA PERCHÉ Il MCD di polinomi è sempre un polinomio? Il MCD fra due polinomi è sempre divisibile per entrambi i polinomi?

ESERCIZI

363 ESERCIZIO GUIDA Determiniamo il MCD e il mcm fra i polinomi: a^3+2a^2-3a; $5a^3-5a$; a^2-a^3.

Scomponiamo in fattori i tre polinomi.

1. $a^3+2a^2-3a=a(a^2+2a-3)=$

   Non possiamo fermarci qui, perché il secondo fattore è ancora scomponibile:

   $a(a-1)(a+3)$.

2. $5a^3-5a=5a(a^2-1)=$

   Il secondo fattore è ancora scomponibile:

   $5a(a+1)(a-1)$.

3. $a^2-a^3=a^2(1-a)=$

   Poiché nelle scomposizioni precedenti abbiamo incontrato il fattore $(a-1)$, raccogliamo -1 nel secondo fattore:

   $-a^2(a-1)$.

$\text{MCD}(a^3+2a^2-3a; 5a^3-5a; a^2-a^3)=a(a-1)$;

$\text{mcm}(a^3+2a^2-3a; 5a^3-5a; a^2-a^3)=5a^2(a-1)(a+3)(a+1)$.

Determina MCD e mcm fra i seguenti polinomi.

364 ESEMPIO DIGITALE $3x^2y+6xy$; $3x^2y-12y$; $6x^2y^2+24xy^2+24y^2$.

365 $3a^2b+3ab^2$; $6a^3+6a^2b$; $2a^2b^2+2ab^3$. $[\text{MCD}=a(a+b); \text{mcm}=6a^2b^2(a+b)]$

366 $2x-2$; x^2-1; $3x+3$. $[\text{MCD}=1; \text{mcm}=6(x-1)(x+1)]$

367 $2x^2-x$; $4x^2-4x+1$; $6x-3$. $[\text{MCD}=2x-1; \text{mcm}=3x(2x-1)^2]$

368 $6x^3$; $3x^4-27x^2$; $2x^3+6x^2$. $[\text{MCD}=x^2; \text{mcm}=6x^3(x-3)(x+3)]$

369 x^2-xy; $xy-y^2$; x^2-y^2. $[\text{MCD}=x-y; \text{mcm}=xy(x-y)(x+y)]$

370 $2x+2y$; x^2-y^2; x^2+y^2+2xy. $[\text{MCD}=x+y; \text{mcm}=2(x+y)^2(x-y)]$

371 x^4-2x^2+1; x^3+x^2-x-1; x^2-1. $[\text{MCD}=(x+1)(x-1); \text{mcm}=(x+1)^2(x-1)^2]$

372 $8-x^3$; $6x^2-x^3-12x+8$; x^2-4x+4. $[\text{MCD}=2-x; \text{mcm}=(2-x)^3(4+2x+x^2)]$

373 $a^3b-2a^2b^2$; $a^3-4a^2b+4ab^2$; $a^2b^2-4b^4$. $[\text{MCD}=a-2b; \text{mcm}=a^2b^2(a-2b)^2(a+2b)]$

374 $3x^2-3x-18$; $4x^5-16x^3$; $x^2+4x+ax+2a+4$. $[\text{MCD}=x+2; \text{mcm}=12x^3(x+2)(x-2)(x-3)(x+2+a)]$

375 $3a^3-18a^2b+27ab^2$; $9a^3-81ab^2$; $18a^2b-6a^3$. $[\text{MCD}=3a(a-3b); \text{mcm}=18a^2(a-3b)^2(a+3b)]$

376 $8x^3-2x+1-4x^2$; $4x^2-4x+1$; $1-4x^2$. $[\text{MCD}=1-2x; \text{mcm}=(1-2x)^2(1+2x)]$

377 $a^2-ab-2a+2b$; $b^2-2b-ab+2a$; $4-2a+ab-2b$. $[\text{MCD}=1; \text{mcm}=(a-b)(a-2)(b-2)]$

378 $(x^2-4)(x^2+9)$; $(x^3+9x)(x^2+4x+4)$; x^3-4x. $[\text{MCD}=x+2; \text{mcm}=x(x+2)^2(x^2+9)(x-2)]$

379 EUREKA! **Senza scomporre** È possibile che il MCD dei polinomi $A(x)=x^2-4x+4$, $B(x)=x^4-16$, $C(x)=x^5-4x^3-x^2+2$ sia $x-2$?
Motiva la risposta senza scomporre i polinomi in fattori. [no]

VERIFICA DELLE COMPETENZE ALLENAMENTO

UTILIZZARE TECNICHE E PROCEDURE DI CALCOLO

TEST

1 Considera i polinomi

a. $3x-3y$, b. $x-y$, c. $bx+by$.

Sono riducibili:

- A soltanto **a** e **b**.
- B soltanto **a** e **c**.
- C tutti e tre.
- D nessuno dei tre.
- E soltanto **b** e **c**.

2 Se -2 e $+1$ sono zeri del polinomio $P(x)$, allora nella scomposizione di $P(x)$ si hanno i fattori:

- A $x-2$ e $x+1$.
- B $x+2$ e $x-1$.
- C $x-2$ e $x-1$.
- D $x+2$ e $x+1$.
- E $2-x$ e $1-x$.

3 Nel polinomio $2x^2y^3-8x^2y^4$ si può raccogliere a fattore comune al più:

- A 2.
- B xy.
- C $2x^2y^3$.
- D $8x^2y^4$.
- E $2x^2y^2$.

4 L'espressione $\frac{4}{3}ab\left(a^2b-\frac{1}{2}xy^2\right)$ è una possibile scomposizione di uno dei polinomi seguenti. Quale?

- A $\frac{4}{3}a^2b^2-\frac{1}{2}xy^2$
- B $\frac{4}{3}a^2b-\frac{1}{2}abxy^2$
- C $a^2b-\frac{2}{3}xy^2$
- D $\frac{4}{3}a^3b^2-\frac{2}{3}abxy^2$
- E $\frac{4}{3}a^3b^2+\frac{2}{3}abxy^2$

5 Con il raccoglimento parziale, è possibile scomporre il polinomio $2x+6y-5ax-15ay$ in *uno solo* dei seguenti modi. Quale?

- A $(x+3y)(2+5a)$
- B $(x+3y)(2-5a)$
- C $(x-3y)(2+5a)$
- D $(x-3y)(2-5a)$
- E $(x+3y)(5a-2)$

6 La scomposizione in fattori del trinomio $4x^2-8xy+4y^2$ è:

- A $(4x+4y)^2$.
- B $4(x-y)^2$.
- C $4(x^2+y^2)-8xy$.
- D $(2x+2y)^2$.
- E $2(x-y)^2$.

7 Quale dei seguenti trinomi *non* è il quadrato di un binomio?

- A $4x^2+9a^2+12ax$
- B $a^4+16x^4+4a^2x^2$
- C $4a^2+x^2-4ax$
- D $25+20a+4a^2$
- E $9x^2+4+12x$

8 Il binomio $27a^3x^3-8a^3$ è scomponibile in *uno solo* dei seguenti modi. Quale?

- A $(3ax-2a)^3$
- B $(-3ax+2a)^3$
- C $(3ax-2a)\cdot(9a^2x^2+4a^2)$
- D $(3ax-2a)\cdot(9a^2x^2-12a^2x+4a^2)$
- E $a^3(3x-2)\cdot(9x^2+6x+4)$

Scomponi in fattori i seguenti polinomi.

9 $\frac{1}{25}a^2b^2-\frac{25}{4}$; $b^2-7b+10$; $8x^3+y^6$.

10 $\frac{1}{4}x^4y^4-\frac{4}{9}$; $4a^2b+a^4+4b^2$; $x^2+4z^2+y^2+2xy-4xz-4zy$.

11 $\frac{1}{8}+\frac{3}{4}x+\frac{3}{2}x^2+x^3$; $\frac{1}{4}a^2+9b^2-3ab$; $\frac{2}{3}a^2b^2+\frac{1}{9}a^4+b^4$.

12 $x^3-6x^2+12x-8$; $\frac{1}{729}y^6-x^6z^6$; $x^2-2x-15$.

13 $2a^5x^4-32a$; $x^3+x^2-17x+15$; $x^3-4xy^2+3x^2-12y^2$.

$[2a(ax-2)(ax+2)(a^2x^2+4); (x-1)(x-3)(x+5); (x+3)(x-2y)(x+2y)]$

14 $2x^2y+16xy+32y$; $\quad 2x+6y+ax+3ay$; $\quad x^3(x+1)-y^3(x+1)$.

$[2y(x+4)^2; (2+a)(x+3y); (x+1)(x-y)(x^2+xy+y^2)]$

15 $8ax^2+2ay^2+8axy$; $\quad 3a^2b^4-12$; $\quad 2ax-4ay+bx-2by$.

$[2a(2x+y)^2; 3(ab^2-2)(ab^2+2); (2a+b)(x-2y)]$

16 $2a^2b-4ab+8ab^2$; $\quad (x+2y)(2x-y)+(x+2y)(2y-3x)$; $\quad 3ax+6bx+2ay+4by$.

$[2ab(a-2+4b); (x+2y)(y-x); (a+2b)(3x+2y)]$

17 $2x^4+54x$; $\quad a^3+6a^2-7a$; $\quad 4a^3+ax^2+4a^2x$. $\quad [2x(x+3)(x^2-3x+9); a(a-1)(a+7); a(2a+x)^2]$

18 $a^4+b^4-2a^2b^2-c^4+a^2-b^2+c^2$; $\quad 4x^2+12x-4y^2-12y$; $\quad x^8+64$.

$[(a^2-b^2+c^2)(a^2-b^2-c^2+1); 4(x-y)(x+y+3); (x^4-4x^2+8)(x^4+4x^2+8)]$

19 $t^4+t^2y+y^2+t^6-y^3$; $\quad 3c^2-27d^2-12c+12$; $\quad a^2+2ax-a+x^2-x$.

$[(t^4+t^2y+y^2)(t^2-y+1); 3(c+3d-2)(c-3d-2); (a+x)(a+x-1)]$

Calcola il MCD e il mcm dei seguenti polinomi.

20 $x^4-x^3-6x^2$; $\quad x^4+8x$; $\quad x^3+4x^2+4x$. $\quad [\text{MCD}=x(x+2);\ \text{mcm}=x^2(x-3)(x+2)^2(x^2-2x+4)]$

21 a^3-2a+1; $\quad a^4-2a^2+1$; $\quad a^4+a^3-a^2$. $\quad [\text{MCD}=1;\ \text{mcm}=a^2(a-1)^2(a+1)^2(a^2+a-1)]$

22 b^2-7b+6; $\quad ab-2b+4a-8$; $\quad b^3+2b^2-7b+4$. $\quad [\text{MCD}=1;\ \text{mcm}=(b-6)(b-1)^2(b+4)(a-2)]$

RISOLVERE PROBLEMI

23 Esprimi l'area della figura colorata mediante il prodotto di due fattori.

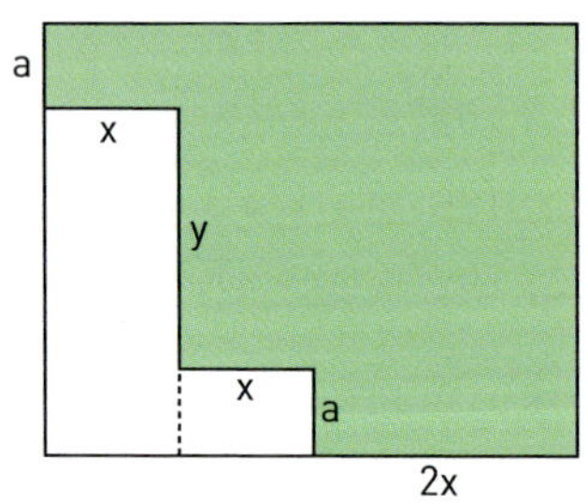

$[3x(2a+y)]$

24 Determina il lato del quadrato che ha l'area equivalente a quella della figura colorata.

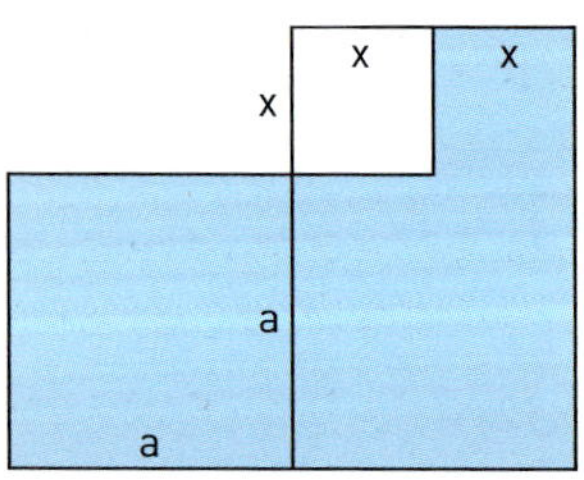

$[x+a]$

25 Indica con un polinomio scomposto in fattori l'area della zona colorata.

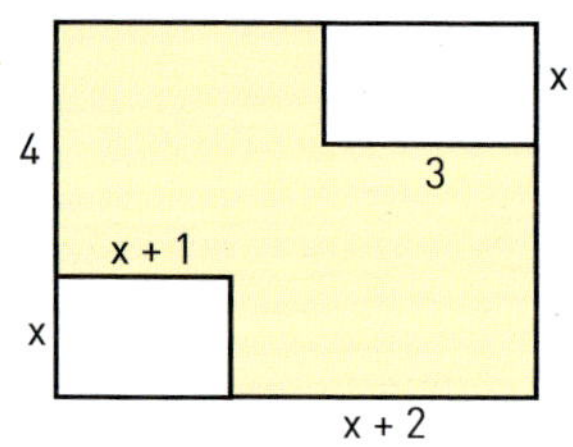

$[(x+4)(x+3)]$

26 **a.** Trova il perimetro P di un quadrato che ha area $A=4x^4+\frac{1}{16}a^4+a^2x^2$.

b. Se $x=2$ e $a=2$, calcola A e P.

$[\text{a) } 8x^2+a^2; \text{ b) } 81, 36]$

27 Determina l'area della zona colorata come prodotto di fattori.

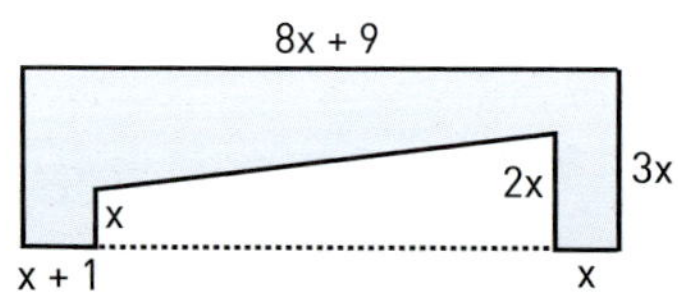

$[15x(x+1)]$

VERIFICA DELLE COMPETENZE PROVE

1 ora

PROVA A

1 VERO O FALSO?

a. $x^7 - x$ si può scomporre in cinque fattori. V F

b. $x^4 + 16x^2 + 64$ è il quadrato di un binomio. V F

c. $4^n - 1$ non è scomponibile in fattori, con $n \in \mathbb{N}$. V F

d. Il MCD tra $a^3 - 4a^2 + 4a$ e $a^3 - a^2 - 2a$ è $a(a-2)$. V F

e. Il resto della divisione di $9x^3 - 3x^2 + x + 1$ per $3x - 1$ è $\frac{8}{3}$. V F

2 Scomponi in fattori la seguente espressione:

$$a^2c^2 - 9c^2b^2 + a^2 - 9b^2 - 18cb^2 + 2a^2c.$$

3 L'area di un triangolo è

$$2a^2 + \frac{13}{2}ab + \frac{3}{2}b^2, \text{ con } a, b > 0,$$

e la base e l'altezza sono rappresentate da due binomi a coefficienti interi.
Trova:

a. la base e l'altezza del triangolo;

b. l'area di un quadrato che ha perimetro uguale al doppio della somma di base e altezza del triangolo.

4 Scomponi in fattori:

a. $a^6 + 4a^3y + 4y^2$;

b. $a^5b - 3a^4b^2 + 3a^3b^3 - a^2b^4$;

c. $3ak^4 - 12a$;

d. $y^3 + 5y^2 - 9y - 45$.

5 Scomponi in fattori:

a. $\frac{36}{25}a^2y - 0{,}04y^5$;

b. $t^2 - 3t - 18$;

c. $k^3 - 2k^2 - 5k + 6$;

d. $ax^2 - 4a + 3(x^2 + 4x + 4)$.

6 Calcola MCD e mcm di:

$$x^4 - 4x^2, \quad x^4 - 8x^2 + 16, \quad x^5 - 8x^2.$$

PROVA B

Passione patchwork

Luisa ha a disposizione molti scampoli di stoffa quadrati e rettangolari, di misure diverse, e con questi vuole confezionare delle tovagliette multicolori rettangolari. Aiuta Luisa a trovare la giusta combinazione degli scampoli da assemblare.

a. Esprimi in funzione di x l'area totale di ogni tovaglietta che si ottiene componendo: un quadrato di lato x, un rettangolo con un lato uguale a quello del quadrato e l'altro di 40 cm, un rettangolo di misure 10×30 cm.

b. Scomponi in fattori il polinomio che rappresenta l'area totale.

c. Che cosa rappresenta geometricamente ogni fattore?

d. Per formare una tovaglietta rettangolare con i tre pezzi di stoffa e con le dimensioni indicate dalla scomposizione, uno degli scampoli deve essere tagliato: quale? Disegna come comporre i vari pezzi per ottenere la tovaglietta.

e. Se vuoi allargare la tovaglietta di 10 cm su ogni lato, puoi completarla con un bordo formato da altri scampoli di 10×30 cm. Come deve essere il lato del quadrato di base per inserire il bordo senza dover tagliare nessuno degli scampoli aggiunti, e quanti rettangoli servono?

CAPITOLO

9

LE FRAZIONI ALGEBRICHE

1 Le frazioni algebriche

▶ Esercizi a p. 406

Abbiamo già osservato che, nella divisione fra polinomi, non sempre il risultato è un polinomio.

Per esempio, $\frac{x-1}{x}$, $\frac{x}{2x+1}$, $\frac{3x^2}{x^2-1}$ non sono polinomi.

È quindi necessario introdurre un nuovo tipo di espressione letterale, che chiameremo *frazione algebrica*.

Listen to it

An **algebraic fraction** is the quotient of two polynomials with a non-zero denominator.

DEFINIZIONE

Dati i polinomi A e B, con B diverso dal polinomio nullo, la frazione $\frac{A}{B}$ viene detta **frazione algebrica**.

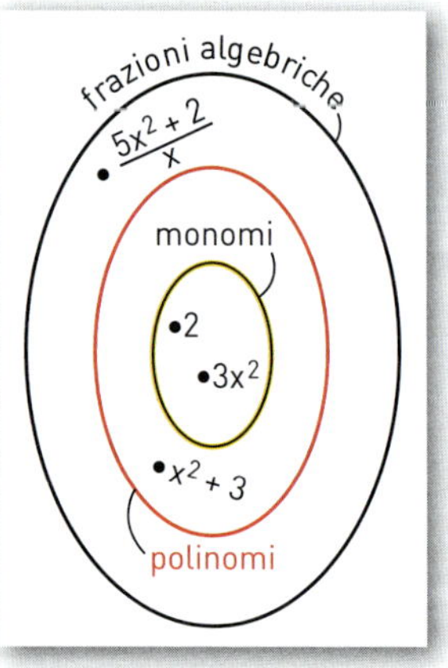

Ogni monomio o polinomio può essere considerato una frazione algebrica il cui denominatore è il monomio 1. Dunque l'insieme delle frazioni algebriche include l'insieme dei polinomi.

Per esempio, $4a + b$ si identifica con la frazione algebrica $\frac{4a+b}{1}$.

Le condizioni di esistenza delle frazioni algebriche

Una frazione algebrica assume valori che dipendono da quelli assegnati alle lettere che vi compaiono, quindi è una funzione rispetto alle variabili contenute nei suoi polinomi. Essa può perdere significato per particolari valori dati alle lettere. Per esempio, la frazione:

$$\frac{x-3}{x-2}$$

non ha significato per $x = 2$, poiché non può avere denominatore nullo.

Una frazione algebrica perde significato per tutti e soli quei valori delle lettere che annullano il denominatore.

Le **condizioni di esistenza** di una frazione algebrica sono tutte le disuguaglianze che le variabili devono verificare affinché il denominatore non sia nullo.
Indichiamo le condizioni di esistenza con la sigla «C.E.».

ESEMPIO La frazione $\frac{x-1}{x(x-4)}$ perde significato quando $x = 0$ e $x = 4$.
Scriviamo: C.E.: $x \neq 0 \wedge x \neq 4$.

Per operare con le frazioni algebriche dobbiamo sempre scrivere le C.E.

2 Il calcolo con le frazioni algebriche

Esercizi a p. 407

Le frazioni equivalenti

Nel capitolo 3 abbiamo definito *equivalenti* due frazioni numeriche nelle quali risultano uguali i due prodotti «in croce».

Per esempio, sono equivalenti le frazioni $\frac{4}{5}$ e $\frac{8}{10}$ perché $8 \cdot 5 = 10 \cdot 4$.

Analogamente, diciamo che anche due frazioni algebriche sono equivalenti se e solo se sono uguali i due prodotti «in croce».

Equivalenza

	Frazioni numeriche	Frazioni algebriche
Definizione di equivalenza	$\frac{a}{b} \sim \frac{c}{d} \leftrightarrow ad = bc$ a, b, c, d rappresentano numeri interi	$\frac{A}{B} \sim \frac{C}{D} \leftrightarrow AD = BC$ A, B, C, D rappresentano polinomi
Esempio	$\frac{3}{5} \sim \frac{21}{35}$, infatti: $3 \cdot 35 = 105$; $5 \cdot 21 = 105$.	$\frac{a-b}{a} \sim \frac{a^2-b^2}{a^2+ab}$, infatti: $(a-b)(a^2+ab) = a^3 + \cancel{a^2b} - \cancel{a^2b} - ab^2 = a^3 - ab^2$; $a(a^2-b^2) = a^3 - ab^2$.

La semplificazione delle frazioni algebriche

Come per le frazioni numeriche, passiamo da una frazione algebrica a una equivalente applicando la **proprietà invariantiva**, cioè moltiplicando o dividendo numeratore e denominatore per uno stesso polinomio, diverso dal polinomio nullo.

ESEMPIO

$$\frac{a-1}{a} \underset{\cdot(a+1)}{\overset{\cdot(a+1)}{=}} \frac{(a-1)(a+1)}{a(a+1)} = \frac{a^2-1}{a^2+a}, \text{ con C.E.: } a \neq 0 \land a \neq -1.$$

Applicando la proprietà invariantiva, possiamo semplificare una frazione algebrica per **ridurla ai minimi termini**.
È necessario scomporre in fattori numeratore e denominatore e poi dividere numeratore e denominatore per i fattori comuni, dopo averli posti diversi da 0.

ESEMPIO

$$\frac{ab-a}{b^2-6b+5} = \frac{a\cancel{(b-1)}}{\cancel{(b-1)}(b-5)} = \frac{a}{b-5}, \text{ con C.E.: } b \neq 1 \land b \neq 5.$$

raccogliamo a (numeratore); scomponiamo il trinomio speciale (denominatore); semplifichiamo; da determinare **prima** di semplificare (C.E.)

▶ Semplifica la seguente frazione algebrica.
$$\frac{x^4-3x^3-4x^2+12x}{x^4-5x^3+6x^2}$$
Animazione

▶ Semplifica la seguente frazione algebrica.
$$\frac{9x^3-x}{3x^4-x^3+3x^2-x}$$
Animazione

La tabella seguente illustra il procedimento, che è lo stesso che si segue per semplificare una frazione numerica.

Semplificazione		
Procedimento	**Frazioni numeriche**	**Frazioni algebriche**
La frazione data è	$\frac{126}{54}$	$\frac{a^3b+2a^2b^2+ab^3}{a^4+3a^3b+3a^2b^2+ab^3}$
Scomponiamo in fattori numeratore e denominatore e poniamo le C.E.	$\frac{2\cdot 3^2\cdot 7}{2\cdot 3^3}$	$\frac{ab(a^2+2ab+b^2)}{a(a^3+3a^2b+3ab^2+b^3)}=\frac{ab(a+b)^2}{a(a+b)^3}$ C.E.: $a\neq 0$ e $a+b\neq 0$
Dividiamo numeratore e denominatore per i fattori comuni	$\frac{\cancel{2}\cdot \cancel{3^2}\cdot 7}{\cancel{2}\cdot 3^{\cancel{3}}}$	$\frac{\cancel{a}b\cancel{(a+b)^2}}{\cancel{a}(a+b)^{\cancel{3}}}$
La frazione semplificata è	$\frac{7}{3}$	$\frac{b}{a+b}$

Nella semplificazione occorre fare attenzione a semplificare solo i fattori, **mai gli addendi**.

Non possiamo semplificare $\frac{\cancel{b}}{a+\cancel{b}}$. Se hai dei dubbi, prova a sostituire alle lettere dei numeri. Per esempio, se $a=2$ e $b=9$, $\frac{9}{2+9}=\frac{9}{11}$ mentre $\frac{\cancel{9}}{2+\cancel{9}}=\frac{1}{2+1}=\frac{1}{3}$.

La riduzione allo stesso denominatore

La proprietà invariantiva serve anche per ridurre più frazioni algebriche allo stesso denominatore. È necessario determinare il mcm dei denominatori.

► Riduci allo stesso denominatore.
- $\frac{6}{a^2+a}$
- $\frac{b}{a^2+3a+2}$
- $a+1$

Animazione

ESEMPIO Riduciamo a denominatore comune $\frac{x+3}{x^2}$ e $\frac{2}{xy}$.

Calcoliamo il mcm$(x^2; xy) = x^2y$, con C.E.: $x\neq 0 \wedge y\neq 0$:

$$\frac{x+3}{x^2}=\frac{(x+3)y}{x^2y};\quad \frac{2}{xy}=\frac{2x}{x^2y}.$$

(moltiplicando numeratore e denominatore rispettivamente per $\cdot y$ e per $\cdot x$)

L'addizione e la sottrazione di frazioni algebriche

DEFINIZIONE

La **somma algebrica di** due o più **frazioni algebriche** che hanno lo stesso denominatore è la frazione algebrica che ha per denominatore lo stesso denominatore e per numeratore la somma algebrica dei numeratori:

$$\frac{A}{D}+\frac{B}{D}-\frac{C}{D}=\frac{A+B-C}{D}.$$

ESEMPIO

$$\frac{3a}{a-2}+\frac{5a}{a-2}-\frac{7a}{a-2}=\frac{3a+5a-7a}{a-2}=\frac{a}{a-2};$$

C.E.: $a\neq 2$.

Per sommare due o più frazioni con denominatore diverso bisogna prima ridurle allo stesso denominatore, poi sommare i numeratori, come avviene per le frazioni numeriche.

Video | La tabella seguente riassume i vari passaggi, affiancando un esempio numerico a uno algebrico. Nel video ti proponiamo un secondo esempio.

Somma algebrica

Procedimento	Frazioni numeriche	Frazioni algebriche
La somma data è	$\frac{5}{6}+\frac{3}{28}-\frac{1}{21}$	$\frac{5}{a^2+ab}+\frac{a+b}{a^2b}-\frac{1}{ab+b^2}$
Scomponiamo in fattori i denominatori e poniamo le C.E.	$\frac{5}{2\cdot 3}+\frac{3}{2^2\cdot 7}-\frac{1}{3\cdot 7}$	$\frac{5}{a(a+b)}+\frac{a+b}{a^2b}-\frac{1}{b(a+b)}$ C.E.: $a\neq 0 \wedge b\neq 0 \wedge a+b\neq 0$
Riduciamo le frazioni allo stesso denominatore, cioè al mcm fra i denominatori	$\frac{2\cdot 7\cdot 5+3\cdot 3-2^2\cdot 1}{2^2\cdot 3\cdot 7}$	$\frac{5ab+(a+b)(a+b)-a^2}{a^2b(a+b)}$
Eseguiamo le moltiplicazioni al numeratore	$\frac{70+9-4}{2^2\cdot 3\cdot 7}$	$\frac{5ab+a^2+2ab+b^2-a^2}{a^2b(a+b)}$
Eseguiamo le somme algebriche al numeratore	$\frac{75}{2^2\cdot 3\cdot 7}$	$\frac{7ab+b^2}{a^2b(a+b)}$
Scomponiamo in fattori il numeratore, per semplificare la frazione	$\frac{\cancel{3}\cdot 5^2}{2^2\cdot\cancel{3}\cdot 7}$	$\frac{\cancel{b}(7a+b)}{a^2\cancel{b}(a+b)}$
Scriviamo il risultato	$\frac{25}{28}$	$\frac{7a+b}{a^2(a+b)}$

La moltiplicazione di frazioni algebriche

DEFINIZIONE

Il **prodotto di** due o più **frazioni algebriche** è una frazione algebrica che ha per numeratore il prodotto dei numeratori e per denominatore il prodotto dei denominatori:

$$\frac{A}{B}\cdot\frac{C}{D}=\frac{A\cdot C}{B\cdot D}.$$

Animazione

Nell'animazione ti proponiamo un esempio di prodotto di tre frazioni algebriche.

Moltiplicazione

Procedimento	Frazioni numeriche	Frazioni algebriche
La moltiplicazione data è	$\frac{25}{21}\cdot\frac{14}{40}$	$\frac{a^2+2ab+b^2}{ab-b^2}\cdot\frac{a^2-ab}{a^4+a^3b}$
Scomponiamo in fattori i numeratori e i denominatori e poniamo le C.E.	$\frac{5^2}{3\cdot 7}\cdot\frac{2\cdot 7}{2^3\cdot 5}$	$\frac{(a+b)^2}{b(a-b)}\cdot\frac{a(a-b)}{a^3(a+b)}$ C.E.: $a\neq 0\wedge b\neq 0\wedge a+b\neq 0\wedge a-b\neq 0$
Semplifichiamo	$\frac{5^{\cancel{2}}}{3\cdot\cancel{7}}\cdot\frac{\cancel{2}\cdot\cancel{7}}{2^{\cancel{3}2}\cdot\cancel{5}}$	$\frac{(a+b)^{\cancel{2}}}{b\cancel{(a-b)}}\cdot\frac{\cancel{a}\cancel{(a-b)}}{a^{\cancel{3}2}\cancel{(a+b)}}$
Moltiplichiamo numeratori e denominatori	$\frac{5}{12}$	$\frac{a+b}{a^2b}$

TEORIA

La divisione di frazioni algebriche

Listen to it

The **quotient** of two algebraic fractions is the product of the first algebraic fraction times the reciprocal of the second one.

DEFINIZIONE

Il **quoziente** di due **frazioni algebriche** è la frazione algebrica che si ottiene moltiplicando la prima frazione per la reciproca della seconda:

$$\frac{A}{B} : \frac{C}{D} = \frac{A}{B} \cdot \frac{D}{C}.$$

Le condizioni di esistenza sono $B \neq 0$ e $D \neq 0$ per l'esistenza delle frazioni algebriche, $C \neq 0$ perché sia possibile eseguire la divisione.

ESEMPIO

1. $\frac{6a^2b}{5cd} : \frac{8a^2}{d^2} = \frac{{}^{3}\cancel{6}\cancel{a^2}b}{5c\cancel{d}} \cdot \frac{d^{\cancel{2}}}{{}_{4}\cancel{8}\cancel{a^2}} = \frac{3db}{20c}$; C.E.: $c \neq 0 \wedge d \neq 0 \wedge a \neq 0$.

2. $\frac{x+y}{x^2y - xy^2} : \frac{xy}{x^2-y^2} = \frac{x+y}{xy(x-y)} : \frac{xy}{(x+y)(x-y)} =$

   C.E.: $x \neq 0 \wedge y \neq 0 \wedge x \neq y \wedge x \neq -y$,

   $\frac{x+y}{xy\cancel{(x-y)}} \cdot \frac{(x+y)\cancel{(x-y)}}{xy} = \frac{(x+y)^2}{x^2y^2}$.

▸ Semplifica la seguente espressione.

$$\frac{3x^2+xy+3x+y}{x^3+3x^2+3x+1} : \frac{12x^2+4xy}{x^2y^2+2xy^2+y^2}$$

Animazione

La potenza di frazioni algebriche

DEFINIZIONE

La **potenza di una frazione algebrica** è la frazione algebrica che ha per numeratore la potenza del numeratore e per denominatore la potenza del denominatore:

$$\left(\frac{A}{B}\right)^n = \frac{A^n}{B^n}.$$

ESEMPIO

1. $\left(\frac{a+b^2}{a^2-2b}\right)^3 = \frac{(a+b^2)^3}{(a^2-2b)^3}$, C.E.: $(a^2-2b) \neq 0$;

2. $\left(\frac{x}{y}\right)^2 = \frac{x^2}{y^2}$, C.E.: $y \neq 0$;

3. $\left(\frac{2a}{\underline{b}}\right)^{-3} = \left(\frac{b}{\underline{2a}}\right)^3 = \frac{b^3}{8a^3}$, C.E.: $\underline{a \neq 0} \wedge \underline{b \neq 0}$.

▸ Semplifica la seguente espressione.

$$\left(\frac{x+1}{2x^2+x-3} - \frac{2x}{4x^2+6x}\right)^3 \cdot \left(\frac{4x^2+12x+9}{4}\right)^2$$

Animazione

IN SINTESI
Le frazioni algebriche

Le frazioni algebriche

Una **frazione algebrica** è una frazione che ha dei polinomi al numeratore e al denominatore. Il polinomio al denominatore non può essere il polinomio nullo. Una frazione algebrica non esiste per quei valori delle lettere che annullano il denominatore.

Le **condizioni di esistenza** (C.E.) sono tutte le disuguaglianze che le variabili devono verificare affinché il denominatore non sia nullo.

ESEMPIO $\frac{2x+3}{x-5}$ ha come condizione di esistenza C.E.: $x \neq 5$, perché per $x = 5$ si ricava:

$$\frac{2(5)+3}{(5)-5} = \frac{13}{0},$$

che non ha significato.

Il calcolo con le frazioni algebriche

Due frazioni sono **equivalenti** se sono uguali i prodotti in croce

$$\frac{A}{B} \sim \frac{C}{D} \quad \rightarrow \quad AD = BC \text{ con } B \neq 0 \text{ e } D \neq 0.$$

Per le frazioni algebriche vale la **proprietà invariantiva**. Se moltiplichiamo o dividiamo numeratore e denominatore per uno stesso polinomio, diverso dal polinomio nullo, otteniamo una frazione equivalente. Applicando la proprietà invariantiva si semplifica una frazione algebrica per ridurla ai **minimi termini** e si riducono più frazioni allo stesso denominatore.

È possibile semplificare le espressioni con frazioni algebriche facendo uso di **regole di calcolo** analoghe a quelle delle frazioni numeriche.

ESEMPIO

1. $\frac{a^2+ab}{ab-b^2} \cdot \frac{a^2-b^2}{a^2+2ab+b^2} + \frac{b}{a} =$

Scomponiamo in fattori e semplifichiamo:

$$\frac{a\cancel{(a+b)}}{b\cancel{(a-b)}} \cdot \frac{\cancel{(a+b)}\cancel{(a-b)}}{\cancel{(a+b)^2}} + \frac{b}{a} =$$

C.E.: $a \neq 0 \wedge b \neq 0 \wedge a \neq b \wedge a \neq -b$.

Moltiplichiamo:

$$\frac{a}{b} + \frac{b}{a} =$$

Addizioniamo:

$$\frac{a^2+b^2}{ab}.$$

2. $\frac{x+y}{x^2-y^2} : \frac{x^2y-x^2}{x^3-yx^2} - \frac{1}{x} =$

Scomponiamo in fattori e semplifichiamo:

$$\frac{\cancel{x+y}}{(\cancel{x+y})(x-y)} : \frac{\cancel{x^2}(y-1)}{\cancel{x^2}(x-y)} - \frac{1}{x} =$$

C.E.: $x \neq -y \wedge x \neq y \wedge x \neq 0 \wedge y \neq 1$.

Moltiplichiamo la prima frazione per la reciproca della seconda e semplifichiamo:

$$\frac{1}{\cancel{x-y}} \cdot \frac{\cancel{x-y}}{y-1} - \frac{1}{x} =$$

Moltiplichiamo e sottraiamo:

$$\frac{1}{y-1} - \frac{1}{x} = \frac{x-y+1}{(y-1)x} = \frac{x-y+1}{xy-x}.$$

ESERCIZI

CAPITOLO 9 ESERCIZI

1 Le frazioni algebriche

Teoria a p. 400

Le condizioni di esistenza delle frazioni algebriche

1 ESERCIZIO GUIDA Determiniamo le condizioni di esistenza delle seguenti frazioni algebriche:

a. $\frac{x+y}{2xy}$; b. $\frac{5x-1}{2x+3}$; c. $\frac{2x-5}{x^2-4}$; d. $\frac{4a}{a^2+1}$; e. $\frac{a-4}{a^5-27a^2}$; f. $\frac{3a+2b}{a+b}$.

a. Dobbiamo porre il denominatore diverso da 0:

$2xy \neq 0$.

Per la legge di annullamento del prodotto, nessuno dei fattori deve essere uguale a 0, quindi:

C.E.: $x \neq 0 \wedge y \neq 0$.

b. $2x+3 \neq 0 \rightarrow$ C.E.: $x \neq -\frac{3}{2}$.

c. $x^2-4 \neq 0 \rightarrow (x+2)(x-2) \neq 0$.

Per la legge di annullamento del prodotto, il prodotto è 0 se e soltanto se almeno uno dei due fattori è 0, quindi deve essere:

$x+2 \neq 0 \quad x-2 \neq 0$, ossia
C.E.: $x \neq -2 \wedge x \neq +2$.

In modo equivalente scriviamo:

C.E.: $x \neq \pm 2$.

d. $a^2+1 \neq 0$.

Questo è vero per ogni numero reale a, infatti essendo sempre $a^2 \geq 0$, la somma a^2+1 è sempre un numero positivo.

C.E.: $\forall a \in \mathbb{R}$.

e. Scomponiamo in fattori il denominatore:

$a^5-27a^2 = a^2(a^3-27) =$
$a^2(a-3)(a^2+9+3a)$.

Per la legge di annullamento del prodotto, nessuno dei fattori deve essere uguale a 0, quindi:

$a^2 \neq 0 \wedge a-3 \neq 0 \wedge a^2+9+3a \neq 0$.

Poiché un numero al quadrato è uguale a 0 solo se il numero è 0, allora $a \neq 0$.
Inoltre a^2+9+3a, essendo un falso quadrato, non è nullo per qualsiasi valore di a.
In conclusione,

C.E.: $a \neq 0 \wedge a \neq 3$.

f. $a+b \neq 0$, ossia C.E.: $a \neq -b$.

La scrittura $a \neq -b$ significa che i valori di a e di b non devono essere opposti.
Per esempio, sono escluse le coppie:

$\begin{cases} a=+1 \\ b=-1 \end{cases} \begin{cases} a=-0,5 \\ b=+0,5 \end{cases} \begin{cases} a=+100 \\ b=-100 \end{cases}$ ecc.

Determina le condizioni di esistenza delle seguenti frazioni algebriche.

2 $\frac{5}{a}$; $\frac{1}{x}$; $\frac{a+b}{2a}$; $\frac{2a}{a-1}$; $\frac{3a+x}{x-3}$.

3 $\frac{x+1}{6xy}$; $\frac{3}{2(x-1)}$; $\frac{a+1}{5a^3x}$.

4 $\frac{2}{xy^3t}$; $\frac{4}{9(x+3)}$; $\frac{x}{a^2b^2}$.

5 $\frac{2a}{3x+6}$; $\frac{1}{2x-2}$; $\frac{2x+3}{2x+4}$; $\frac{a^2x}{3x+1}$.

6 $\frac{x+2}{2x-3}$; $\frac{4x^2}{3x+2}$; $\frac{4ab}{2b-1}$; $\frac{2}{a^3x}$.

7 $\frac{2}{(x-1)(x+5)}$; $\frac{x}{a(a+6)}$; $\frac{b}{3x^2}$.

8 $\frac{6}{x^2+x}$; $\frac{1}{ax^2y}$; $\frac{5}{2a^2-4a}$; $\frac{b}{ax+2x}$.

9 $\frac{3}{b+1}$; $\frac{3a+b}{x}$; $\frac{3ax}{x^2+1}$; $\frac{4a^2-3}{4a^2-16}$.

10 $\frac{4a^2}{a+5}$; $\frac{5x}{4x^2+3}$; $\frac{2b-b^2}{9b^2+1}$; $\frac{1}{1-x^2}$.

11 $\frac{3x}{2x+1}$; $\frac{4a+b}{3a^3-75a}$; $\frac{4}{5a}$; $\frac{2a-1}{x^4-81}$.

12 $\frac{5-x}{6x-9}$; $\frac{1-x}{2x^2+1}$; $\frac{1}{y^2-25}$.

13 $\frac{2a}{a^2-1}$; $\frac{a-1}{a^2-6a+9}$; $\frac{6}{5x^2-45}$.

14 $\frac{2}{a^2-a}$; $\frac{3b}{2b-b^2}$; $\frac{2a-1}{(a^2-1)(a+7)}$.

15 $\frac{1}{3x^2-12x+12}$; $\frac{1}{x^2-x-2}$; $\frac{6}{a^3+4a^2}$.

16 $\frac{2}{(x-1)^3}$; $\frac{x}{a(a^2-4)}$; $\frac{a+1}{27x^3}$.

17 $\frac{6ax}{x^2+2x}$; $\frac{1}{y^3+1}$; $\frac{a-3}{(a^2-4)(a^3-a^2)}$.

18 $\frac{2a}{a-b}$; $\frac{1}{x-y}$; $\frac{a+b}{2a+b}$.

19 $\frac{2ax}{x-a}$; $\frac{3x+b}{x^2-b^2}$; $\frac{ax^2+1}{x^2-4a^2}$.

20 INVALSI 2004 Per quale valore di x l'espressione $\frac{x-2}{3x+1}$ perde significato?

A $-\frac{1}{3}$
B 0
C $\frac{1}{3}$
D 2

21 INVALSI 2007 Per quali valori di a la frazione $\frac{a+1}{a^2+5a+6}$ perde significato?

A $a=1$ e $a=5$
B $a=-3$ e $a=-2$
C $a=2$ e $a=3$
D $a=5$ e $a=6$

VERO O FALSO?

22 La frazione algebrica $\frac{x-1}{4x}$:

a. si annulla per $x=1$ e per $x=0$; V F
b. perde significato per $x=-4$; V F
c. assume valore $+\frac{1}{8}$ per $x=2$; V F
d. assume valori reali per $x \neq 0$. V F

23 La frazione $\frac{a-4}{a^2-4}$:

a. perde significato per $a=-2$. V F
b. si annulla per $a=4$. V F
c. ha come C.E.: $a \neq \pm 2$. V F
d. per $a=1$ assume il valore -1. V F
e. per $a=0$ vale 1. V F

Indica per quali valori di x le seguenti frazioni si annullano e per quali perdono significato.

24 $\frac{x^2+3x}{x+1}$; $\frac{2x}{x^2-4}$; $\frac{x+1}{x^2+1}$; $\frac{x-2}{x^2+9}$; $\frac{7x^3}{1-x}$; $\frac{2x^2+10x}{(x+5)(3x-1)}$.

25 $\frac{x \quad 6}{x^2-6x}$; $\frac{x^2-1}{x^2+3x}$; $\frac{x}{-x^2-4}$; $\frac{8-2x^2}{x+2}$; $\frac{(x^2+1)^3}{3x}$; $\frac{8x^2+1}{2x-1}$.

26 EUREKA! **Quasi le stesse** Quale delle seguenti frazioni algebriche ha come C.E. $x \neq 2 \wedge x \neq -1$?

A $\frac{x^2-1}{(x+1)(x+2)}$
B $\frac{x^2-1}{(x^2+1)(2x^2-2x-4)}$
C $\frac{x}{x^3-x^2-2x}$
D $\frac{x^2+x-2}{(x^2-4)(x+1)}$

2 Il calcolo con le frazioni algebriche

▶ Teoria a p. 401

Le frazioni equivalenti

27 Una frazione algebrica può essere equivalente a un polinomio?

28 SPIEGA PERCHÉ il prodotto di una frazione algebrica per la sua reciproca è equivalente a 1.

29 La frazione $\frac{x+2}{2}$ è equivalente a x?

30 SPIEGA PERCHÉ Sono equivalenti due frazioni algebriche se non hanno le stesse C.E.? Motiva la risposta.

ESERCIZI

Dalle frazioni con segno − alle frazioni equivalenti con segno +

31 ESERCIZIO GUIDA Trasformiamo in una frazione equivalente preceduta dal segno + la frazione:

$$-\frac{x+y}{(x-y)(a-1)}.$$

Poiché $-\frac{a}{b}=\frac{-a}{b}=\frac{a}{-b}$, otteniamo:

$$-\frac{x+y}{(x-y)(a-1)} \text{ equivalente a } \frac{-x-y}{(x-y)(a-1)} \text{ oppure a } \frac{x+y}{(-x+y)(a-1)} \text{ oppure a } \frac{x+y}{(x-y)(-a+1)}.$$

Trasforma le seguenti frazioni con segno − in equivalenti frazioni con segno +.

32 $-\frac{1}{a-2}$; $\quad -\frac{1}{2a+1}$; $\quad -\frac{3a}{x-a}$; $\quad -\frac{3a-5}{-a^2-b^2}$.

33 $-\frac{2x-a^2}{ab-1}$; $\quad -\frac{ax+b}{-x-1}$; $\quad -\frac{5x-a^2}{3-x^2}$; $\quad -\frac{2x-a^2-b^2+1}{3a^2-6a}$.

34 $-\frac{+x+y}{2y}$; $\quad -\frac{20+27x}{+9x+9}$; $\quad -\frac{40x-19}{4ax^2}$; $\quad -\frac{2a-c}{(a-1)(a+1)^2}$.

Quali di queste frazioni valgono 1 per ogni valore del campo di esistenza?

35 $\frac{x-2}{2-x}$; $\quad -\frac{(a-1)^2}{-(1-a)^2}$; $\quad -\frac{6+x}{-x-6}$.

36 $-\frac{-a+2b}{2b-a}$; $\quad -\frac{-2a}{2a}$; $\quad \frac{(x-2)^2}{-(2-x)^2}$.

La semplificazione delle frazioni algebriche

37 ESERCIZIO GUIDA Dopo aver determinato le condizioni di esistenza, semplifichiamo le frazioni algebriche

a. $\frac{15a^3b^5}{3a^4b^2}$, **b.** $\frac{x^2-4x+4}{3x^2-12}$, **c.** $\frac{x^3-7x+6}{x^2+x-6}$.

a. Una frazione con denominatore nullo non è definita. Dunque dobbiamo imporre:

$3a^4b^2 \neq 0$,

ottenendo le condizioni di esistenza:

C.E.: $a \neq 0 \wedge b \neq 0$.

Semplifichiamo i coefficienti numerici: $\frac{\overset{5}{\cancel{15}}a^3b^5}{\underset{1}{\cancel{3}}a^4b^2}$.

Dividiamo per a^3, MCD di a^3 e a^4: $\frac{5\overset{1}{\cancel{a^3}}b^5}{\underset{a^{4-3}}{\cancel{a^4}}b^2}$.

Dividiamo per b^2, MCD di b^2 e b^5: $\frac{5\overset{b^{5-2}}{\cancel{b^5}}}{a\underset{1}{\cancel{b^2}}}$.

In sintesi: $\frac{15a^3b^5}{3a^4b^2}=\frac{\overset{5}{\cancel{15}}\cancel{a^3}\overset{b^3}{\cancel{b^5}}}{\cancel{3}\underset{a}{\cancel{a^4}}\cancel{b^2}}=\frac{5b^3}{a}$.

b. C.E.: $3x^2-12 \neq 0$.

Scomponiamo $3x^2-12$ raccogliendo 3 fra i termini del polinomio e riconoscendo la differenza di due quadrati:

$3x^2-12=3(x^2-4)=3(x-2)(x+2)$.

Imponendo $3(x-2)(x+2)\neq 0$ si ottiene:

C.E.: $x \neq 2 \wedge x \neq -2$.Scomponiamo il numeratore x^2-4x+4:

$x^2-4x+4=(x-2)^2$.

Scomponiamo il numeratore x^2-4x+4:

$x^2-4x+4=(x-2)^2$.

Riscriviamo la frazione data e semplifichiamo:

$$\frac{x^2-4x+4}{3x^2-12}=\frac{(x-2)^2}{3(x-2)(x+2)}=\frac{x-2}{3(x+2)}.$$

c. C.E.: $x^2+x-6\neq 0$.

Scomponiamo il trinomio x^2+x-6. Poiché $-2+3=+1$ e $(-2)\cdot(+3)=-6$, si ha:

$$x^2+x-6=(x-2)(x+3).$$

$$(x-2)(x+3)\neq 0 \quad \begin{cases} x-2\neq 0 \rightarrow x\neq 2 \\ x+3\neq 0 \rightarrow x\neq -3 \end{cases}$$

C.E.: $x\neq 2 \wedge x\neq -3$.

Inoltre, applicando la regola di Ruffini:

$$x^3-7x+6=(x-1)(x^2+x-6).$$

Riscriviamo la frazione data e semplifichiamo:

$$\frac{x^3-7x+6}{x^2+x-6}=\frac{(x-1)(x^2+x-6)}{x^2+x-6}=x-1.$$

38 YOU & MATHS Simplify: $\left(\frac{25x^{-9}y^8z^3}{5x^{-3}y^{-8}z^3}\right)^{-2}$.

(Write your answer without negative exponents.)

$\left[\frac{1}{25}\frac{x^{12}}{y^{32}}\right]$

(USA *Southeast Missouri State University: Math Field Day*, 2005)

Quando è possibile, semplifica le seguenti frazioni algebriche dopo avere determinato le condizioni di esistenza, che per brevità non scriviamo nei risultati.

39 $\frac{a^3b^2c}{ac^2}$; $\frac{5x^2y}{10x^3y}$; $-\frac{9y^4z^5}{12yz^7}$; $\frac{6x^6}{3x^3}$.

40 $-\frac{2abc}{a^2b^3c^4}$; $\frac{7a^2x}{a^2x^2}$; $-\frac{4bx^2}{6b}$; $\frac{12b^2y^2}{6b^2y^4}$.

41 $\frac{6a^5b^4c^6}{12a^4c^6}$; $\frac{26x^2y^2}{13x^3y}$; $-\frac{5ax^2}{125x^2}$; $-\frac{3a^2xy^5}{6ax^3y^7}$.

42 $\frac{2a^6b^4}{4a^6b^3}$; $-\frac{3a^5y^3}{27a^5y^4}$; $-\frac{5x^2y^3}{10x^3y^3}$.

---

43 $\frac{2x-2y}{y-x}$; $\frac{x^2-x}{x-1}$; $\frac{x^2+3x}{3x}$. $\left[-2;\ x;\ \frac{x+3}{3}\right]$

44 $\frac{2a-2}{5a-5}$; $\frac{-x-y}{x+y}$; $\frac{4x^2-2x}{4x^2}$. $\left[\frac{2}{5};\ -1;\ \frac{2x-1}{2x}\right]$

45 $\frac{6a-3b}{6a}$; $\frac{2x-2y}{2x+2y}$; $\frac{a+b}{a^2+ab}$. $\left[\frac{2a-b}{2a};\ \frac{x-y}{x+y};\ \frac{1}{a}\right]$

46 $\frac{a^2-2a}{a-2}$; $\frac{x}{2x^2-x}$; $\frac{x^3-x^2}{4x^2y}$. $\left[a;\ \frac{1}{2x-1};\ \frac{x-1}{4y}\right]$

47 $\frac{y-y^2}{a-ay}$; $\frac{ax}{x^2-ax}$; $\frac{4xy}{2x^2y-2xy}$. $\left[\frac{y}{a};\ \frac{a}{x-a};\ \frac{2}{x-1}\right]$

48 $\frac{a+ax}{y+xy}$; $\frac{2a^2-10a}{ax-5x}$; $\frac{xy}{x^2-xy}$. $\left[\frac{a}{y};\ \frac{2a}{x};\ \frac{y}{x-y}\right]$

49 $\frac{6x^2-12x+6}{x^2-1}$; $\frac{xy^2-x}{1-y}$; $\frac{4a^2-4}{2a+2}$. $\left[\frac{6(x-1)}{x+1};\ -x(1+y);\ 2(a-1)\right]$

50 $\frac{6ax-6a^2}{x^2-a^2}$; $\frac{12a-3a^2}{4y-ay}$; $\frac{2x^6+2x^2}{2x^2}$. $\left[\frac{6a}{x+a};\ \frac{3a}{y};\ x^4+1\right]$

51 $\frac{-24abx}{8ax-12bx}$; $\frac{4a^2-b^2}{b^3-2b^2a}$; $\frac{x^3-y^3}{x^3y^3}$. $\left[\frac{-6ab}{2a-3b}; -\frac{2a+b}{b^2}; \text{non semplif.}\right]$

52 $\frac{a^3-8}{a^2+2a+4}$; $\frac{a^2-5a+6}{2a-6}$; $\frac{3xy+3y^2}{x^2-y^2}$. $\left[a-2; \frac{a-2}{2}; \frac{3y}{x-y}\right]$

53 $\frac{3x^5}{12x+12x^2}$; $\frac{8a^3+4a}{4a^2+1}$; $\frac{y^2-2y-3}{y^2-1}$. $\left[\frac{x^4}{4(1+x)}; \text{non semplif.}; \frac{y-3}{y-1}\right]$

54 $\frac{x^4+16}{x^4+16-8x^2}$; $\frac{14a-7b}{4a^2-b^2}$; $\frac{4x-4y+(x-y)^2}{(x-y)^2}$. $\left[\text{non semplif.}; \frac{7}{2a+b}; \frac{4+x-y}{x-y}\right]$

55 $\frac{a^4-1}{a^3-1}$; $\frac{ax+2x-a-2}{ax-2x-a+2}$; $\frac{a^2-4}{a^2-4a+4}$. $\left[\frac{(a+1)(a^2+1)}{a^2+a+1}; \frac{a+2}{a-2}; \frac{a+2}{a-2}\right]$

56 $\frac{9a^2-9}{3a+3}$; $\frac{ay+ax+2y+2x}{4ay+4ax}$; $\frac{9-3y}{3a^2-a^2y}$. $\left[3(a-1); \frac{a+2}{4a}; \frac{3}{a^2}\right]$

57 $\frac{x^2-9}{6a+2ax}$; $\frac{a^2x+2ax+x}{2x+2ax}$; $\frac{x^2-2x-3}{x^2-6x+9}$. $\left[\frac{x-3}{2a}; \frac{a+1}{2}; \frac{x+1}{x-3}\right]$

58 $\frac{4x^2-4x+1}{2ax+2x-a-1}$; $\frac{x^2-4}{x^2-x-2}$; $\frac{a^4-16}{2a^2+8}$. $\left[\frac{2x-1}{a+1}; \frac{x+2}{x+1}; \frac{a^2-4}{2}\right]$

59 $\frac{ax-x+3a-3}{x^2+4x+3}$; $\frac{y^2-9}{y^3-3y^2}$; $\frac{x^3+4x^2+4x}{4-x^2}$. $\left[\frac{a-1}{x+1}; \frac{y+3}{y^2}; \frac{x(x+2)}{2-x}\right]$

60 $\frac{x^2y-4y}{-2y-xy}$; $\frac{a^2-10a+25}{a^2-25}$; $\frac{6x^3-6xy^2}{x^2+xy}$. $\left[2-x; \frac{a-5}{a+5}; 6(x-y)\right]$

61 $\frac{2a^2-a^2x}{4y-2xy}$; $\frac{6x^2y-12xy}{9x^4y-18x^3y}$; $\frac{x^3-a^3}{3x-3a}$. $\left[\frac{a^2}{2y}; \frac{2}{3x^2}; \frac{x^2+ax+a^2}{3}\right]$

62 $\frac{2a^4-2x^4}{4a^2+4x^2}$; $\frac{x^2-2x}{x^2+2x-8}$; $\frac{6ax^2-6ay^2}{3x^3-3y^3}$. $\left[\frac{a^2-x^2}{2}; \frac{x}{x+4}; \frac{2a(x+y)}{x^2+xy+y^2}\right]$

63 $\frac{4a^3-4a^2}{a^3-2a^2+a}$; $\frac{(x-2)^2+2x}{2(x^3+8)}$; $\frac{30a^2b^2}{a^2b-ab^2}$. $\left[\frac{4a}{a-1}; \frac{1}{2(x+2)}; \frac{30ab}{a-b}\right]$

64 $\frac{x^2-1}{(x+1)(x^2-2x+1)}$; $\frac{a^3-b^3}{a^2-b^2}$; $\frac{x^3-2x^2+x}{x^3-3x^2+3x-1}$. $\left[\frac{1}{x-1}; \frac{a^2+ab+b^2}{a+b}; \frac{x}{x-1}\right]$

65 $\frac{4x^2+3x}{4x^3-x^2-3x}$; $\frac{2x^2+x-10}{(x^2-4)(2x^2+5x)}$; $\frac{y^3-9y}{y^3+4y^2+3y}$. $\left[\frac{1}{x-1}; \frac{1}{x(x+2)}; \frac{y-3}{y+1}\right]$

66 $\frac{x^3+4x^2+x-6}{x^2-x}$; $\frac{x^2-2xy+y^2}{9x-9y}$. $\left[\frac{x^2+5x+6}{x}; \frac{x-y}{9}\right]$

67 $\frac{2x^2+2x-12}{x^3-7x+6}$; $\frac{8y^2-8}{4ay+12y+4a+12}$. $\left[\frac{2}{x-1}; \frac{2(y-1)}{a+3}\right]$

68 ESEMPIO DIGITALE $\frac{6x^5-4x^4-24x^3+16x^2}{3x^3+4x^2-4x}$; $\frac{x^3-2x-1}{x^2-x-2}$.

69 $\frac{2x^5+6x^4-36x^3}{2ax^3-x^3-18ax+9x}$; $\frac{(x^2+4x^4-4x^3)(2x+1)}{64x^6-1}$. $\left[\frac{2x^2(x+6)}{(2a-1)(x+3)}; \frac{x^2(2x-1)}{(4x^2+2x+1)(4x^2-2x+1)}\right]$

70 $\frac{2x^3+2}{x^3+x^2+x+1}$; $\frac{a^3-3a^2+4}{a^2-a-2}$. $\left[\frac{2(x^2-x+1)}{x^2+1}; a-2\right]$

71 ●○ **ASSOCIA** a ogni frazione della prima colonna la sua frazione equivalente scelta nella seconda colonna, tenendo conto delle condizioni di esistenza.

1. $\frac{a-x}{3a^2-3ax}$;
2. $\frac{3a+9}{3a}$;
3. $\frac{9a-81}{a-9}$;
4. $\frac{-9a-9}{27a^2+27a}$.

a. $-\frac{1}{3a}$;
b. $\frac{a+3}{a}$;
c. $\frac{1}{3a}$;
d. 9.

72 ●○ **CACCIA ALL'ERRORE** Trova l'eventuale errore e, nel caso ci sia, spiega perché l'uguaglianza è falsa.

a. $\frac{\cancel{x}+y}{\cancel{x}} = y$;

b. $\frac{\cancel{x}(1+y)}{\cancel{x}} = 1+y$;

c. $\frac{x^{\cancel{3}}-1}{\cancel{x^{2}}} = x-1$;

d. $\frac{4x^2-ax}{x^2} = \frac{\cancel{x}(4x-a)}{x^{\cancel{2}}} = \frac{4\cancel{x}-a}{\cancel{x}} = 4-a$;

e. $\frac{x^{\cancel{4}}y}{\cancel{x^{2}}} = x^2y$;

f. $\frac{x\cancel{(x+y)}-1}{(x+y)^{\cancel{2}}} = \frac{x-1}{x+y}$;

g. $\frac{a^{\cancel{6}}b^{\cancel{4}}}{a^{\cancel{3}}b^{\cancel{2}}} = a^2b^2$;

h. $\frac{(x-y)^3}{(y-x)^3} = 1$;

i. $\frac{\cancel{a}+\cancel{b}}{\cancel{a}-\cancel{b}} = -1$.

73 ●○ **EUREKA!** **Interno fratto esterno** Ricava il rapporto tra l'area del quadrato interno e l'area del rettangolo esterno.

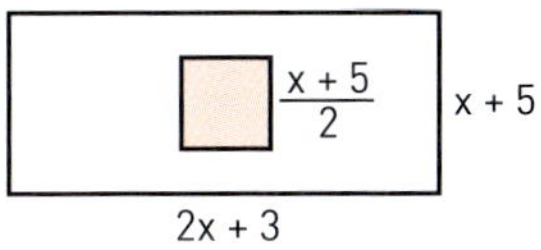

A $\frac{x+5}{4(2x+3)}$

B $\frac{2x+3}{2(x+5)}$

C $\frac{(x+5)^2}{2(2x+3)}$

D $\frac{2x+3}{4(x+5)}$

E Nessuna delle precedenti.

(USA *Catawba College NCCTM Mathematics Contest*, 2007)

74 ●○ **INVALSI 2005** Quale affermazione fra le seguenti è *vera* per le espressioni $\frac{13}{13}xy$ e $\frac{13xy}{13xy}$, con x e y due numeri diversi da 0?

A La prima vale xy e la seconda vale 0.

B Entrambe valgono 1.

C Entrambe valgono xy.

D La prima vale xy e la seconda vale 1.

Frazioni equivalenti con denominatori opposti

75 **ESERCIZIO GUIDA** Trasformiamo la frazione $\frac{5x^2-a-2}{1-a^2}$ in una equivalente con il denominatore opposto.

Se cambiamo segno al denominatore per avere una frazione equivalente alla data, dobbiamo cambiare segno anche al numeratore $\left(\frac{-N}{-D}\right)$; in alternativa, lasciamo il numeratore invariato e cambiamo segno davanti alla linea di frazione $\left(-\frac{N}{-D}\right)$.

Quindi $\frac{N}{D} = \frac{-N}{-D} = -\frac{N}{-D}$.

$$\frac{5x^2-a-2}{1-a^2} = \frac{-5x^2+a+2}{a^2-1} = -\frac{5x^2-a-2}{a^2-1}.$$

Trasforma le seguenti frazioni in frazioni equivalenti con il denominatore opposto.

76 $\frac{1}{2-a}$; $\frac{4-a}{a^2-b^2}$; $\frac{ax^2+b}{-a-b}$; $\frac{2b+1}{b^2+1}$; $\frac{a^2-b^2}{a^3+1}$; $\frac{bx+5}{2x-b}$.

77 $\frac{3a+b}{b-a}$; $\frac{1}{y^2-xy}$; $\frac{3a-b}{a-b}$; $\frac{x-3}{x-x^3}$; $\frac{b}{1-b}$; $\frac{x-1}{9x^2-9}$.

78 $\frac{3x^2-1}{1-x^3}$; $\frac{2-2x^2}{x^2+9}$; $\frac{6a-b}{a(a-b)}$; $\frac{7a^2-12}{b^2(a-2)}$; $\frac{4-2x}{(x+2)(x-2)}$; $\frac{b-a}{a^3-b^3}$.

Equivalenze da completare

79 ESERCIZIO GUIDA Completiamo l'uguaglianza:

$$\frac{3a^2-2b}{a+b}=\frac{?}{ab+b^2}.$$

- Il denominatore $ab+b^2$ si scompone in $b(a+b)$. Ciò significa che la seconda frazione ha il denominatore uguale a quello della prima frazione, moltiplicato per b.

  C.E.: $a\neq -b \wedge b\neq 0$.

- Per ottenere una frazione equivalente dobbiamo moltiplicare per b anche il numeratore:

$$\frac{3a^2-2b}{a+b}=\frac{b(3a^2-2b)}{b(a+b)}=\frac{3a^2b-2b^2}{ab+b^2}.$$

COMPLETA le seguenti uguaglianze.

80 $\frac{2a+3}{4a}=\frac{\square}{4a^2}$; $\frac{3x+2}{x-1}=\frac{3x^2+2x}{\square}$.

81 $\frac{x-2}{x+4}=\frac{x^2-4}{\square}$; $\frac{a-3b}{3b^2}=\frac{\square}{3ab^3}$.

82 $\frac{x+y}{4y}=\frac{\square}{4xy-4y^2}$; $\frac{3b^3-a^3}{3a+b}=\frac{\square}{(3a+b)^2}$.

83 $\frac{b-a}{a+b}=\frac{\square}{(a+b)^2}$; $\frac{3x^2+5}{3x^2}=\frac{9x^4+15x^2}{\square}$.

84 $\frac{x-1}{x^2+x+1}=\frac{\square}{x^3-1}$; $\frac{x-2y}{x+2y}=\frac{4x^2-8xy}{\square}$.

85 $\frac{3x}{x+4}=\frac{\square}{x^2+3x-4}$; $\frac{xy+1}{1-xy}=\frac{\square}{1-x^2y^2}$.

86 $\frac{a+b-c}{3a^2}=\frac{(a+b)^2-c^2}{\square}$; $\frac{2a-3}{3a-2}=\frac{\square}{27a^3-8}$.

87 $\frac{a-b}{a+b}=\frac{a^3-b^3}{\square}$; $\frac{x+y}{x^2-2xy+y^2}=\frac{\square}{(x-y)^3}$.

Una delle frazioni non è equivalente alle altre. Trovala.

88 $\frac{a^2}{b^2}$; $\frac{a^3}{b^3}$; $\frac{a^3}{ab^2}$; $\frac{a^4}{a^2b^2}$; $\frac{a^2b^2}{b^4}$.

89 $\frac{2}{a+b}$; $\frac{2a}{a^2+ab}$; $\frac{2a+2b}{(a+b)^2}$; $\frac{2a-2b}{a^2-b^2}$; $\frac{6a^2}{3a^2+3b}$.

90 $\frac{4x^2+8xy}{4x^2-8xy}$; $\frac{x+2y}{x-2y}$; $\frac{(x+2y)^2}{(x-2y)^2}$; $\frac{x^2-4y^2}{(x-2y)^2}$; $\frac{(x+2y)^2}{x^2-4y^2}$.

91 $\frac{9x^2-y^2}{3x^2y+xy^2}$; $\frac{6xy^4-2y^5}{2xy^4}$; $\frac{3x-y}{xy}$; $\frac{3x^3y^3-x^2y^4}{x^3y^4}$; $\frac{(3x-y)^2}{3x^2y-xy^2}$.

92 $\frac{x^2-2xy+y^2}{x^2-y^2}$; $-\frac{y^3-xy^2}{y^3+xy^2}$; $-\frac{xy-x^2}{xy+x^2}$; $-\frac{xy^2-x^2y}{x^2y-xy^2}$; $-\frac{y^2-x^2}{(y+x)^2}$.

La riduzione di frazioni algebriche allo stesso denominatore

93 ESERCIZIO GUIDA Riduciamo allo stesso denominatore le seguenti frazioni algebriche:

$$\frac{a+1}{5ab}, \quad \frac{6a-b}{4b^2}, \quad ax.$$

Le condizioni di esistenza delle frazioni sono C.E.: $a \neq 0 \wedge b \neq 0$.
Riscriviamo le frazioni date, ponendo il numeratore fra parentesi ed esplicitando il denominatore:

$$\frac{(a+1)}{5ab}, \quad \frac{(6a-b)}{4b^2}, \quad \frac{(ax)}{1}.$$

Il denominatore comune sarà il mcm fra i denominatori. Calcoliamolo: $\text{mcm}(5ab; 4b^2; 1) = 20ab^2$.
Ciascuna frazione è equivalente alla frazione che ha come *denominatore* il mcm appena trovato e come *numeratore* il prodotto fra il suo numeratore e il quoziente fra il mcm e il suo denominatore.

Dunque le tre frazioni, ridotte allo stesso denominatore, sono rispettivamente:

$$\frac{4b(a+1)}{20ab^2}, \quad \frac{5a(6a-b)}{20ab^2}, \quad \frac{20ab^2(ax)}{20ab^2}.$$

Riduci allo stesso denominatore le seguenti frazioni algebriche.

94 $\frac{a}{b}$; $\quad b$; $\quad \frac{1}{a}$.

95 $\frac{1}{2x}$; $\quad x$; $\quad \frac{1}{6x^2}$.

96 $\frac{2}{3x^2}$; $\quad \frac{3}{4x^3}$; $\quad x^2$.

97 $\frac{3}{x^2y}$; $\quad \frac{1}{2xy^2}$; $\quad \frac{7}{5x^2y^3}$.

98 $\frac{11}{2ax^2}$; $\quad 1$; $\quad \frac{3}{4a^2x}$.

99 $\frac{1}{a}$; $\quad \frac{1}{a+b}$; $\quad \frac{1}{b}$.

100 $\frac{1}{xy^2-x^3}$; $\quad \frac{1}{x}$; $\quad \frac{1}{y-x}$.

101 $\frac{1}{(a+b)^2}$; $\quad \frac{1}{(a-b)^2}$; $\quad \frac{2}{a^2-b^2}$.

102 $\frac{x-y}{xy+x^2y^2}$; $\quad \frac{5}{xy+1}$; $\quad \frac{3x}{xy}$.

103 $\frac{2}{a^3-ab^2}$; $\quad \frac{1}{(a+b)^2}$; $\quad \frac{5}{a}$.

104 $\frac{a^2-4b^2}{2a-4b}$; $\quad \frac{a}{a+2b}$; $\quad \frac{5a+3b}{8a^2+16ab}$.

105 $\frac{a(a+2)}{a^2+a-2}$; $\quad \frac{2a^2}{a^2-1}$; $\quad \frac{a-1}{a^2-2a+1}$.

L'addizione e la sottrazione di frazioni algebriche

106 ESERCIZIO GUIDA Eseguiamo le seguenti addizioni e sottrazioni di frazioni algebriche:

a. $\frac{2}{a^2b}+\frac{3b}{ab^2}-1$; **b.** $\frac{a}{a+1}+\frac{a^2-ab+2a}{ab-a+b-1}-\frac{b}{1-b}$.

a. $\frac{2}{a^2b}+\frac{3b}{ab^2}-1=$ C.E.: $a \neq 0 \wedge b \neq 0$.

Riduciamo le frazioni allo stesso denominatore:

$(a^2b^2 : a^2b) \cdot 2 \quad (a^2b^2 : ab^2) \cdot 3b \quad a^2b^2 \cdot 1$

$$\frac{2b+3ab-a^2b^2}{a^2b^2} =$$ ← mcm fra i denominatori

Scomponiamo in fattori il numeratore:

$$\frac{\cancel{b}(2+3a-a^2b)}{a^2b^{\cancel{2}}} =$$

Semplifichiamo il risultato:

$$\frac{2+3a-a^2b}{a^2b}.$$

b. Nella seconda frazione scomponiamo il denominatore mediante raccoglimento parziale (che svolgiamo a parte):

$$ab-a+b-1=a(b-1)+1(b-1)=(b-1)(a+1)$$

Quindi otteniamo:

$$\frac{a}{a+1}+\frac{a^2-ab+2a}{(b-1)(a+1)}-\frac{b}{\underbrace{1-b}_{-(b-1)}}=$$

C.E.: $a\neq-1\wedge b\neq 1$.

$$\frac{a}{a+1}+\frac{a^2-ab+2a}{(b-1)(a+1)}+\frac{b}{b-1}=$$

$$\frac{\cancel{ab}-a+a^2-\cancel{ab}+2a+ab+b}{(b-1)(a+1)}=$$

$$\frac{a^2+a+ab+b}{(b-1)(a+1)}=\frac{a(a+1)+b(a+1)}{(b-1)(a+1)}=$$

$$\frac{\cancel{(a+1)}(a+b)}{(b-1)\cancel{(a+1)}}=\frac{a+b}{b-1}.$$

Esegui le seguenti addizioni e sottrazioni di frazioni algebriche, semplificando il risultato quando è possibile.

107 ESEMPIO DIGITALE $\frac{x-2}{x+1}-\frac{3x}{1-x}-\frac{3(x^2+1)}{x^2-1}$

108 $-\frac{5}{2a}+\frac{3}{a}-\frac{2}{7a}$; $\quad \frac{1}{6b}-\frac{2}{3b}+\frac{1}{2b}$. $\quad \left[\frac{3}{14a};\,0\right]$

109 $\frac{1}{6a}+\frac{b}{3a^2}-\frac{5}{2ab}$; $\quad x-\frac{1}{x}+\frac{2}{x^2}$. $\quad \left[\frac{ab+2b^2-15a}{6a^2b};\,\frac{x^3-x+2}{x^2}\right]$

110 $\frac{3}{4a}+\frac{1}{2a}-\frac{2}{3a}$; $\quad \frac{4x^2+1}{x^2}-\frac{x-2}{x}-3$. $\quad \left[\frac{7}{12a};\,\frac{2x+1}{x^2}\right]$

111 $\frac{11}{2a^2x^2}-1-\frac{3}{4a^2x^2}$; $\quad \frac{a+b}{2a}-\frac{2a-b}{3b}-\frac{3b-a}{6a}$. $\quad \left[\frac{19-4a^2x^2}{4a^2x^2};\,\frac{3b-2a}{3b}\right]$

112 $\frac{x+2y}{2x}+\frac{x-y}{3x}-\frac{x+4y}{6x}$; $\quad \frac{a^2-b^2}{ab}+\frac{2b}{a}+2-\frac{(a+b)^2}{ab}$. $\quad \left[\frac{2}{3};\,0\right]$

113 $\frac{2}{a+1}-\frac{5}{a+1}$; $\quad \frac{2x}{3x+1}-\frac{1-x}{3x+1}$. $\quad \left[-\frac{3}{a+1};\,\frac{3x-1}{3x+1}\right]$

114 $\frac{x-3}{x+5}-\frac{2x-7}{x+5}$; $\quad \frac{a+9}{a+3}-\frac{6-a}{a+3}$. $\quad \left[\frac{4-x}{x+5};\,\frac{2a+3}{a+3}\right]$

115 $2a-\frac{3-4a}{a-2}$; $\quad \frac{x}{x+y}+\frac{y}{y+x}+\frac{1}{2}$. $\quad \left[\frac{2a^2-3}{a-2};\,\frac{3}{2}\right]$

116 $x-y-\frac{x^2}{x+y}$; $\quad \frac{3a-b}{3a+b}-\frac{3a+b}{3a-b}$. $\quad \left[-\frac{y^2}{x+y};\,-\frac{12ab}{9a^2-b^2}\right]$

117 $\frac{2}{3x+3}-\frac{x-1}{9-9x^2}-3$; $\quad \frac{2a}{b-a}+\frac{5a^2-ab}{a^2-b^2}-\frac{3a}{b+a}$. $\quad \left[-\frac{27x+20}{9(x+1)};\,0\right]$

118 $\frac{x}{3x-3y}+\frac{y}{2x-2y}+\frac{x+4y}{6y-6x}$; $\quad \frac{4y^2+4y+1}{4y-8y^2}-\frac{4y^2+1}{4y}+y$. $\quad \left[\frac{1}{6};\,\frac{2y+3}{2-4y}\right]$

119 $\frac{a^2}{ab-b^2}-\frac{a^2+b^2}{a^2-b^2}-\frac{b^2}{ab+b^2}$; $\quad \frac{a+1}{ab^2}-\frac{a-1}{a^2b}+\frac{a^2b-a^3+a+b}{a^2b^2(a-1)}$. $\quad \left[\frac{a}{b};\,\frac{2}{ab(a-1)}\right]$

120 $\frac{a+2}{a^2+a}-\frac{1}{a}+\frac{a+1}{-a^2-2a-1}$; $\quad \frac{3x}{y+3x}-\frac{y^2}{3xy-9x^2}+\frac{y^2+9x^2}{y^2-9x^2}$. $\quad \left[\frac{1-a}{a(a+1)};\,-\frac{y}{3x}\right]$

121 $\frac{2+x}{x+3}-\frac{3x-1}{x^2+x-6}-\frac{x}{x+3}$; $\quad \frac{a-1}{1+a}-\frac{2a^3+6}{a^3-a^2-a+1}+\frac{a^2+2a+1}{a^2-2a+1}$. $\left[\frac{1}{2-x};\ \frac{6}{a^2-1}\right]$

122 $\frac{2x-5}{x+7}+\frac{2x+4}{x-9}-\frac{3x^2+13x-8}{x^2-2x-63}$; $\quad \frac{1}{y+5}-\frac{y^2-5y}{y^3+125}-\frac{5-y}{y^2-5y+25}$. $\left[\frac{x-9}{x+7};\ \frac{y^2}{y^3+125}\right]$

123 $\frac{x-y}{x+y}-\frac{x+y}{x-y}+\frac{6xy}{x^2-y^2}$; $\quad \frac{4a+4a^2+1}{4a-8a^2}+a-\frac{4a^2+1}{4a}$. $\left[\frac{2xy}{(x+y)(x-y)};\ \frac{2a+3}{2-4a}\right]$

124 $\frac{x+2}{x^2+x-2}+\frac{x}{x+2}-\frac{1}{x-1}$; $\quad 2x+\frac{x}{x^2-3x+2}-\frac{x^2-x}{x-2}$. $\left[\frac{x}{x+2};\ \frac{x(x-2)}{x-1}\right]$

125 $\frac{x+3}{x^2-xy}+\frac{y-3}{xy-y^2}-\frac{2}{x-y}$; $\quad \frac{2}{x^2-2x-3}+\frac{1}{x^2-4x+3}-\frac{1}{x-3}$. $\left[-\frac{3}{xy};\ -\frac{x}{x^2-1}\right]$

126 $\frac{1}{(a-b)(a-x)}+\frac{1}{(b-a)(b-x)}+\frac{1}{(x-a)(x-b)}$ $[0]$

127 $\frac{x^2}{x^2-y^2}+\frac{y^2}{y^2-x^2}-\frac{xy-y^2}{2xy-x^2-y^2}$ $\left[\frac{x}{x-y}\right]$

128 $x^2+2x+1-\frac{1}{x^2-2x+1}+\frac{2x^2(x-1)}{x^3-3x^2+3x-1}$ $\left[\frac{x^4}{(x-1)^2}\right]$

129 $\frac{2}{x+2}+\frac{9x^2-3x}{3x^2+5x-2}+\frac{1}{-x-2}$ $\left[\frac{3x+1}{x+2}\right]$

130 $\frac{a-1}{(a-2)^2-(a-3)^2}+\frac{3a-6}{2a-5}-\frac{6a-15}{25+4a^2-20a}$ $[2]$

131 $\frac{a^2+2b^2}{a^3+b^3}-\frac{1}{a}+\frac{a+2b}{a^2+b^2-ab}+\frac{b^2-4ab}{a^3+ab^2-a^2b}$ $\left[\frac{1}{a+b}\right]$

TEST

132 Fra le seguenti frazioni algebriche, *solo una* è equivalente alla somma di $\frac{a+x}{ax}$ e $\frac{1-a}{a^2}$. Quale?

A $\frac{a^3-ax}{a^3x}$

B $\frac{a^2+x}{a^2x}$

C $\frac{x+1}{a^3ax}$

D $\frac{a^2+2ax+x}{a^2x}$

E $-\frac{1}{a}$

133 La somma algebrica di due frazioni è $\frac{2a+3}{a-2}$. Quali sono le frazioni?

A $\frac{a+3}{a-2}$ e $\frac{a}{2-a}$

B $\frac{a}{a-2}$ e $\frac{3-a}{a-2}$

C $\frac{a^2+a-6}{(2-a)^2}$ e $\frac{a}{2-a}$

D $\frac{a}{a-2}$ e $\frac{-3-a}{2-a}$

E $\frac{a^2+a-6}{(2-a)^2}$ e $\frac{a+3}{a-2}$

MATEMATICA INTORNO A NOI

Bimbi in festa! Un gruppo di genitori decide di organizzare una festa per i bambini in un locale con animatore. Il gruppo è formato tutto da coppie con un figlio, tranne cinque coppie che ne hanno due.

a. Sapendo che il costo della sala è suddiviso per il numero di famiglie mentre il costo dell'animazione per il numero di bambini, scrivi le frazioni che, in funzione del numero di famiglie, rappresentano quanto dovrà pagare ogni famiglia con un figlio e quanto ogni famiglia con due figli.

b. Se le famiglie che organizzano la festa sono 20, quanto pagherà ciascuna?

Problema e risoluzione.

134 ●○ EUREKA! **Rapporti geometrici** Su un segmento AB di misura $x > 0$ sono costruiti un quadrato $ABCD$ e un rettangolo $ABC'D'$ la cui altezza $C'B'$ supera di 2 unità la base AB. Detto $R(x)$ il rapporto tra l'area del rettangolo e l'area del quadrato, e detto $P(x)$ il rapporto tra i loro perimetri, esprimi la somma $R(x) + P(x)$ come frazione algebrica ridotta ai minimi termini.

$\left[\frac{2x+3}{x}\right]$

CACCIA ALL'ERRORE Trova gli errori e spiega perché le uguaglianze sono sbagliate.

135 ●○ **a.** $\frac{2}{a}+\frac{2}{b}=\frac{2}{a+b}$; **b.** $\frac{1}{x^3}-\frac{1}{x}=\frac{1}{x^2}$.

136 ●○ **a.** $\frac{1}{2x}+\frac{1}{3x}=\frac{1}{5x}$; **b.** $\frac{2a}{b}+\frac{b}{a}=\frac{2ab}{a+b}$.

MATEMATICA AL COMPUTER

Operiamo con le frazioni algebriche Con Wiris possiamo eseguire calcoli con le frazioni algebriche. Per esempio, se dobbiamo calcolare la somma di tre frazioni algebriche, dopo aver scritto i passaggi sul quaderno, li possiamo verificare al computer, uno dopo l'altro.

Problema e risoluzione – 7 esercizi in più.

La moltiplicazione di frazioni algebriche

137 ESERCIZIO GUIDA Eseguiamo le seguenti moltiplicazioni:

a. $\frac{a}{3b^3}\cdot\frac{9b^9}{2a^2}$; **b.** $\frac{x^2+4x+4}{x^2-4}\cdot\frac{2x-x^2}{2x}\cdot\frac{x}{2x+x^2}$; **c.** $\left(\frac{1}{a}-\frac{1}{a^2}\right)\cdot\frac{a}{a-1}$.

a. Dividiamo i coefficienti 3 e 9 per il fattore comune 3; dividiamo le parti letterali per i fattori comuni eseguendo la *differenza* degli esponenti:

$$\frac{a}{3b^3}\cdot\frac{9b^9}{2a^2}=\frac{3b^6}{2a},$$

C.E.: $a \neq 0 \wedge b \neq 0$.

b. $\frac{x^2+4x+4}{x^2-4}\cdot\frac{2x-x^2}{2x}\cdot\frac{x}{2x+x^2}=$

Scomponiamo e semplifichiamo:

$$\frac{(x+2)^2}{(x-2)(x+2)}\cdot\frac{x(2-x)}{2x}\cdot\frac{x}{x(2+x)}=$$

C.E.: $x \neq 0 \wedge x \neq \pm 2$,

$$\frac{2-x}{2(x-2)}=-\frac{x-2}{2(x-2)}=-\frac{1}{2}.$$

c. Occorre svolgere prima i calcoli dentro le parentesi tonde e, in ultimo, la moltiplicazione:

$$\left(\frac{1}{a}-\frac{1}{a^2}\right)\cdot\frac{a}{a-1}=$$

$$=\left(\frac{a-1}{a^2}\right)\cdot\frac{a}{a-1}=\frac{1}{a},$$

C.E.: $a \neq 0 \wedge a \neq 1$.

Esegui le seguenti moltiplicazioni di frazioni algebriche.

138 ●○ $\frac{5a^2b}{3}\cdot\frac{6}{10a^3b^2}$; $\frac{2a^2x^3}{3xy^2}\cdot\frac{12b^4y}{a^5b}$. $\left[\frac{1}{ab};\frac{8x^2b^3}{a^3y}\right]$

139 ●○ $\frac{25x^3y}{81y^2}\cdot\left(-\frac{54y^2}{75x^4}\right)$; $\frac{7x^2y}{8a}\cdot\left(-\frac{16a^2b}{28x^3y^3}\right)\cdot\frac{6xy^2}{5ab}$. $\left[-\frac{2y}{9x};-\frac{3}{5}\right]$

140 ●○ $\frac{0{,}5x^3y^3}{3ab^2}\cdot\frac{15a^3y}{7x^4y^2}\cdot\frac{x^3}{5a^2y}$; $-9b^3y^2\cdot\frac{3ax^2}{2by}\cdot\frac{2y}{45a^2x^2}$. $\left[\frac{x^2y}{14b^2};-\frac{3b^2y^2}{5a}\right]$

141 ●○ $\frac{12a^2b^4}{-5x^3y^4}\cdot\left(-\frac{1}{2a}\right)\cdot\left(-\frac{10x^2y^3}{ab^3}\right)$; $\left(-\frac{5b^4}{a^3}\right)\cdot 10a^3b^3\cdot\frac{1}{15b^{12}}$. $\left[-\frac{12b}{xy};-\frac{10}{3b^5}\right]$

142 ●○ $\frac{3y-3x}{2b-a}\cdot\frac{a^2-4b^2}{2x-2y}$; $\frac{x^2-y^2}{x^2+y^2}\cdot\frac{x^4-y^4}{x+y}$. $\left[\frac{3(2b+a)}{2};(x+y)(x-y)^2\right]$

143 $\frac{4a^2}{a^2-x^2}\cdot\frac{x+a}{2a}$; $\quad\frac{x^2-2x+1}{y^2}\cdot\frac{3y^3-3xy^3}{(1-x)^3}$. $\quad\left[\frac{2a}{a-x}; 3y\right]$

144 $\frac{x-1}{x^2-4}\cdot\frac{x^2+x-6}{3x-3}$; $\quad\frac{2a^2+2a}{2a-1}\cdot\frac{6-12a}{a^2-a-2}$. $\quad\left[\frac{x+3}{3(x+2)}; \frac{12a}{2-a}\right]$

145 $3x\cdot\frac{x+y}{x-y}\cdot\frac{2xy-x^2-y^2}{x^2+y^2+2xy}$; $\quad\frac{b^3-8}{8+b^3}\cdot\frac{b+2}{4+2b+b^2}$. $\quad\left[\frac{3x(y-x)}{x+y}; \frac{b-2}{4-2b+b^2}\right]$

146 $\frac{13xy}{32(9a^2-b^2)}\cdot(24ax-8xb)$; $\quad\frac{x^2+9y^2-6xy}{xy+y^2}\cdot\frac{xy^2+y^3}{3xy-x^2}$. $\quad\left[\frac{13x^2y}{4(3a+b)}; \frac{y(3y-x)}{x}\right]$

147 ESEMPIO DIGITALE $\frac{8-12x+6x^2-x^3}{9x^2-6x+1}\cdot\frac{-3x}{4-x^2}\cdot\frac{3x^2+5x-2}{x^2-4x+4}$

148 $\frac{b^2-2b-3}{b^2-15+2b}\cdot\frac{b^2+4-4b}{b+2}\cdot\frac{b^2+10+7b}{b^2-b-2}$; $\quad\frac{2x}{1-4x^2}\cdot\frac{4x+1+4x^2}{2x-6}$. $\quad\left[b-2; \frac{x(1+2x)}{(1-2x)(x-3)}\right]$

Semplifica le seguenti espressioni.

149 $\left(\frac{x+2a}{a}+\frac{4a}{x-2a}\right)\cdot\frac{ax-3a^2}{x^3}$; $\quad\left(1+\frac{1}{x}\right)\left(1-\frac{1}{1-x^2}\right)$. $\quad\left[\frac{x-3a}{x(x-2a)}; \frac{x}{x-1}\right]$

150 $\left(3a+\frac{3a-1}{2}\right)\cdot\left(3a-\frac{3a}{1-3a}\right)\cdot\frac{6a-2}{9a-1}$; $\quad\left(\frac{1}{3}a-2b+\frac{3b^2}{a}\right)\cdot\frac{12ab}{a-3b}$. $\quad[9a^2; 4b(a-3b)]$

151 $\frac{2a^3}{a+b}\cdot\frac{a^2+2ab+b^2}{4ab}\cdot\left(-\frac{2b}{b^2-a^2}\right)$; $\quad\left(a-\frac{a-1}{a+3}\right)\cdot\frac{a^2-9}{a+1}$. $\quad\left[\frac{a^2}{a-b}; (a+1)(a-3)\right]$

152 $\left(b-\frac{1}{b}\right)\left(1+\frac{2}{b}\right)\cdot\frac{b^2}{b^2+2+3b}$; $\quad\frac{x^2-4y^2}{x}\cdot\left(\frac{1}{x-2y}+\frac{1}{2y+x}\right)$. $\quad[b-1; 2]$

153 $\left(x-\frac{1}{y}\right)\left(x+\frac{1}{y}\right)\cdot\frac{y^2}{x^2y^2+2xy+1}$; $\quad\left(x-2+\frac{6}{x+3}\right)\cdot\frac{x^2+6x+9}{2x+6}\cdot\frac{1}{x+x^2}$. $\quad\left[\frac{xy-1}{xy+1}; \frac{1}{2}\right]$

154 $\left(\frac{2a}{a-3}-\frac{12}{a^2-8a+15}\right)\cdot\frac{a-5}{a-6}$; $\quad\left(\frac{1}{a^2}+\frac{1}{b^2}-\frac{1}{ab}\right)\cdot\frac{a^3b^2}{a^3+b^3}$. $\quad\left[\frac{2(a+1)}{a-3}; \frac{a}{a+b}\right]$

155 ESEMPIO DIGITALE $\left(\frac{1}{y^2+y}-\frac{1}{y^2-y-2}-\frac{1}{y^2+2y+1}\right)\cdot\frac{y^3+2y^2+y}{2+y^2}$

156 $\left(1+\frac{2x}{y}+\frac{x^2}{y^2}\right)\cdot\frac{y^3}{x^3+3x^2y+3xy^2+y^3}$; $\quad\left(\frac{x}{x^2-1}-\frac{x}{1+x^2}\right)\cdot\frac{x^3-x^2+x-1}{3x+1}$. $\quad\left[\frac{y}{x+y}; \frac{2x}{(x+1)(3x+1)}\right]$

157 $\left(\frac{4}{x^3-3x^2}+\frac{1}{x^3+3x^2}\right)\cdot\frac{x^4-9x^2}{25x^2-81}$; $\quad\left(\frac{xy}{x+y}-x\right)\left(\frac{xy}{x+y}-y\right)\left(\frac{x^2+2xy+y^2}{xy}\right)$. $\quad\left[\frac{1}{5x-9}; xy\right]$

158 $(x^4-2x^3)\left(1+\frac{2}{x}+\frac{4}{x^2}\right)\cdot\frac{1}{x}$; $\quad\left(x+\frac{4}{x}+4\right)\left(2x-\frac{x^2+x}{x+2}\right)\cdot\frac{1}{x+3}$. $\quad[x^3-8; (x+2)]$

159 $\left(\frac{4}{b-3}-\frac{3b-5}{b^2-4b+3}\right)\cdot\frac{b^3+3b-4b^2}{b^2+3b}$; $\quad 4z^2y\left(1-\frac{z-y}{2z}-\frac{2y}{z+y}\right)\cdot\left(\frac{z^2+3zy}{zy-y^2}-1\right)$. $\quad\left[\frac{b+1}{b+3}; 2z(z^2-y^2)\right]$

160 $\left(\frac{a+2}{a^2+a}-\frac{1}{a}-\frac{a+1}{a^2+2a+1}\right)(1+a)$; $\quad\left(x^2-\frac{1}{x^2}\right)\left(\frac{1}{x}-x\right)\left(1-\frac{x^2+3x+1}{x^2+1}\right)$. $\quad\left[\frac{1-a}{a}; \frac{3(x^2-1)^2}{x^2}\right]$

161 $\left(\frac{1}{x-x^2}+\frac{2x}{1-x^2}-\frac{1}{1-x}\right)\cdot\frac{x^2+1+2x}{x^2+1}\cdot\frac{x}{x+1}$; $\quad 1+\frac{2ab}{a^2-ab+b^2}\cdot\frac{a^3+b^3}{a^2+ab}$. $\quad\left[\frac{1}{1-x}; 1+2b\right]$

La divisione di frazioni algebriche

162 ESERCIZIO GUIDA Eseguiamo le seguenti divisioni e determiniamo le condizioni di esistenza:

a. $\dfrac{a^2+3a}{a-3} : \dfrac{a}{a^2-9}$; **b.** $\dfrac{a^2-b^2}{6ab} : \dfrac{a+b}{12a} : \dfrac{4a^2-8ab+4b^2}{3b^2}$.

a. $\dfrac{a^2+3a}{a-3} : \dfrac{a}{a^2-9} =$

Scomponiamo in fattori:

$$\frac{a(a+3)}{a-3} : \frac{a}{(a+3)(a-3)}.$$

Le frazioni algebriche hanno le seguenti condizioni di esistenza: C.E.: $a \neq \pm 3$.
Inoltre il numeratore della seconda frazione deve essere diverso da 0:

$$\text{C.E.: } a \neq \pm 3 \wedge a \neq 0.$$

Moltiplichiamo per il reciproco del divisore e semplifichiamo:

$$\frac{a(a+3)}{a-3} \cdot \frac{(a+3)(a-3)}{a} = (a+3)^2.$$

L'espressione $(a+3)^2$ esiste per ogni valore di a, ma essa è quoziente delle frazioni iniziali solo se: $a \neq \pm 3 \wedge a \neq 0$.
Per esempio, per $a = 5$ il quoziente vale $(5+3)^2 = 64$, ma per $a = 0$, pur essendo $(0+3)^2 = 9$, il quoziente non esiste.

b. Le divisioni devono essere eseguite da sinistra verso destra, come se la prima divisione fosse racchiusa fra parentesi:

$$\left(\frac{a^2-b^2}{6ab} : \frac{a+b}{12a}\right) : \frac{4a^2-8ab+4b^2}{3b^2} =$$

$$\left(\frac{(a+b)(a-b)}{6ab} \cdot \frac{12a}{a+b}\right) : \frac{4(a-b)^2}{3b^2} =$$

C.E.: $a \neq 0 \wedge b \neq 0 \wedge a \neq -b \wedge a \neq b$.

$$\frac{2(a-b)}{b} \cdot \frac{3b^2}{4(a-b)^2} = \frac{3b}{2(a-b)}.$$

Se la divisione fosse stata

$$\frac{a^2-b^2}{6ab} : \left(\frac{a+b}{12a} : \frac{4a^2-8ab+4b^2}{3b^2}\right),$$

avremmo dovuto eseguire per primi i calcoli all'interno delle parentesi tonde.

Esegui le seguenti divisioni di frazioni algebriche.

163 $\dfrac{1}{x} : \dfrac{3y}{2x}$; $\dfrac{a+b}{a-5} : \dfrac{a-b}{2a-10}$. $\left[\dfrac{2}{3y}; \dfrac{2(a+b)}{a-b}\right]$

164 $\dfrac{2}{a} : \dfrac{a-1}{a+1}$; $\dfrac{5a-5b}{3ab} : \dfrac{a^2}{a-b}$. $\left[\dfrac{2(a+1)}{a(a-1)}; \dfrac{5(a-b)^2}{3a^3b}\right]$

165 $\dfrac{a^4b^2}{3} : \dfrac{ab^3}{6}$; $\dfrac{a^3x}{by^2} : \dfrac{a^4x^2}{b^2y}$. $\left[\dfrac{2a^3}{b}; \dfrac{b}{axy}\right]$

166 $-12ab : \left(-\dfrac{2}{3}ab\right)$; $\dfrac{7bx}{2ay} : \dfrac{5bx}{4ay}$. $\left[18; \dfrac{14}{5}\right]$

167 $1 : \dfrac{1}{z-t}$; $\dfrac{3a^2b^3}{2c^2} : (-2ab^2)$. $\left[z-t; -\dfrac{3ab}{4c^2}\right]$

168 $\left(-\dfrac{3x^2y}{2z}\right) : \left(\dfrac{9xy^2}{4z}\right)$; $\dfrac{x^0}{y^0} : \dfrac{x}{y}$. $\left[-\dfrac{2x}{3y}; \dfrac{y}{x}\right]$

169 $\dfrac{x-2y}{x+2y} : \dfrac{x-2y}{x+2y}$; $10x^3y^3 : \left(-\dfrac{5y^4}{x^3}\right)$. $\left[1; -\dfrac{2x^6}{y}\right]$

170 $\dfrac{54(b-3)^2}{7(b+3)} : 36(b-3)$; $\dfrac{3x}{2x-2} : \dfrac{7x}{3x-3}$. $\left[\dfrac{3(b-3)}{14(b+3)}; \dfrac{9}{14}\right]$

ESERCIZI

171 $\frac{4x^3y^2}{15ab} : \left(\frac{16x^4y^4}{35a^3y^2} : \frac{8x^2y^2}{49ab}\right)$; $\frac{4x^3y^2}{15ab} : \frac{16x^4y^4}{35a^3y^2} : \frac{8x^2y^2}{49ab}$. $\left[\frac{2axy^2}{21b^2}; \frac{343a^3}{96x^3y^2}\right]$

172 $\frac{x^2-1}{15x} : \left(\frac{x-1}{6x^3} : \frac{x^2+x}{12}\right)$; $\frac{x^2-1}{15x} : \frac{x-1}{6x^3} : \frac{x^2+x}{12}$. $\left[\frac{x^3(x+1)^2}{30}; \frac{24}{5}x\right]$

173 $\frac{4x^2y^3}{5x-5} : \frac{8x^5y^3}{10x-10} : \frac{y}{x^4}$; $\frac{4x^2y^3}{5x-5} : \left(\frac{8x^5y^3}{10x-10} : \frac{y}{x^4}\right)$. $\left[\frac{x}{y}; \frac{y}{x^7}\right]$

174 $\frac{3x}{x-5} : \frac{x-1}{2x-10} : \frac{6x}{x^2-1}$; $\frac{3x}{x-5} : \left(\frac{x-1}{2x-10} : \frac{6x}{x^2-1}\right)$. $\left[x+1; \frac{36x^2}{(x-1)^2(x+1)}\right]$

Espressioni con addizioni, moltiplicazioni e divisioni

175 TEST Quale fra le seguenti divisioni ha per risultato -1?

A $\frac{(a+4)^2}{a+1} : \frac{a+1}{(a-4)^2}$

B $\frac{a+2}{a-2} : \frac{a-2}{a+2}$

C $\frac{(a-1)^2}{a+1} : \frac{(1-a)^2}{a+1}$

D $\frac{(a-2)^2}{1-b} : \frac{(2-a)^2}{b-1}$

E $\frac{a}{a+b} : \frac{a}{a-b}$

Semplifica le seguenti espressioni.

176 $\frac{3ab-b}{2a} : (9a^2-3a)$; $\frac{3x^2-6xy}{2y^4} : \frac{x^2-4y^2}{y^3}$. $\left[\frac{b}{6a^2}; \frac{3x}{2y(x+2y)}\right]$

177 $\frac{(x+2y^2)^3}{(1-x)^2} : \frac{(2y^2+x)^2}{(x-1)^3}$; $(4x^2-2x) : \frac{4x^2+1-4x}{x}$. $\left[(x+2y^2)(x-1); \frac{2x^2}{2x-1}\right]$

178 $\frac{x^2-x}{x^2+4x+4} : \frac{2x^2+6x}{x^2-4}$; $\frac{x^3+1+3x^2+3x}{x^2+5x} : \left(1+\frac{2}{x}+\frac{1}{x^2}\right)$. $\left[\frac{(x-1)(x-2)}{2(x+2)(x+3)}; \frac{x(x+1)}{x+5}\right]$

179 $\frac{a^3-ab^2}{a^2+2ab+b^2} : \frac{a^2-2ab+b^2}{a^2b-b^3} : ab$; $\frac{a^3-ab^2}{a^2+2ab+b^2} : \left(\frac{a^2-2ab+b^2}{a^2b-b^3} : ab\right)$. $[1; a^2b^2]$

180 $\left(\frac{1}{a}-\frac{a}{b}\right) : \left(1-\frac{b-a^2+2ab}{2ab}\right) : \left(-\frac{1}{a}\right)$; $\left(1-\frac{x-3y}{x+y}\right) : \left(\frac{3x+y}{x-y}-3\right)$. $\left[2a; \frac{x-y}{x+y}\right]$

181 $\left(\frac{2y^2}{1+y}-y+1\right) : \frac{y^2+y^4}{4yz^2+4z^2}$; $\left(x-\frac{y^2+x^2}{x}\right) : \left(\frac{1}{y}-\frac{1}{x}\right)$. $\left[\frac{4z^2}{y^2}; \frac{y^3}{y-x}\right]$

182 ESEMPIO DIGITALE $\frac{1}{x+5}\left(3+\frac{4}{x-2}\right) : \left(\frac{9x^2-4}{x^2+3x-10}\right)$

183 $3 : \frac{x+y}{x-y}+\frac{x-y}{x+y}$; $3 : \left(\frac{x+y}{x-y}+\frac{x-y}{x+y}\right)$. $\left[\frac{4(x-y)}{(x+y)}; \frac{3(x^2-y^2)}{2(x^2+y^2)}\right]$

184 $\frac{2}{a}\left(\frac{a+b}{2b}+\frac{b}{a-b}\right) : \frac{a^2+b^2}{ab-b^2}$; $\left(1+\frac{2}{x-1}\right)\cdot\frac{x^2+x-2}{x^2+x} : (x^2-4)$. $\left[\frac{1}{a}; \frac{1}{x(x-2)}\right]$

185 $\frac{z}{z^2-a^2}\cdot(z-a) : \left[\left(1-\frac{a}{z}\right)\frac{az}{z^2-a^2}\right]$; $\left(\frac{a+3}{a-3} : \frac{a^2+2a-3}{a^2-2a-3}+1\right) : (a-1)$. $\left[\frac{z}{a}; \frac{2a}{(a-1)^2}\right]$

186 $\left[\left(\frac{1}{x^2}-\frac{1}{y^2}\right) : \left(\frac{1}{x}-\frac{1}{y}\right)\right] : \frac{x+y}{xy}$ $[1]$

187 $\frac{a}{a+1} : \left(\frac{2a-1}{a+3}-\frac{2a-5}{a+1}-\frac{14}{a^2+4a+3}\right)$ [impossibile, perché...]

188 $x(2x-1) : \left(2x + \frac{1}{2x-2} + \frac{2x-1}{2x-2}\right)$ $[x-1]$

189 $\frac{x^2-3x}{x^2-1} : \left(\frac{x}{x+1} - \frac{2x}{3x-3} + \frac{9-x}{3x^2-3}\right)$ $\left[\frac{3x}{x-3}\right]$

190 $\frac{x^2-3x}{x^2-1} : \frac{x}{x+1} - \frac{2x}{3x-3} + \frac{9-x}{3x^2-3}$ $\left[\frac{x(x-9)}{3(x^2-1)}\right]$

Problemi geometrici

RISOLVIAMO UN PROBLEMA

Il cartamodello

Per realizzare una gonna «a quattro teli» per la tua amica Chiara, devi tracciare un cartamodello con la forma della figura. Le misure sono:

- girovita: $v = 72$ cm;
- circonferenza bacino: $b = 90$ cm;
- altezza: $a = 165$ cm;
- lunghezza gonna: $l = 65$ cm.

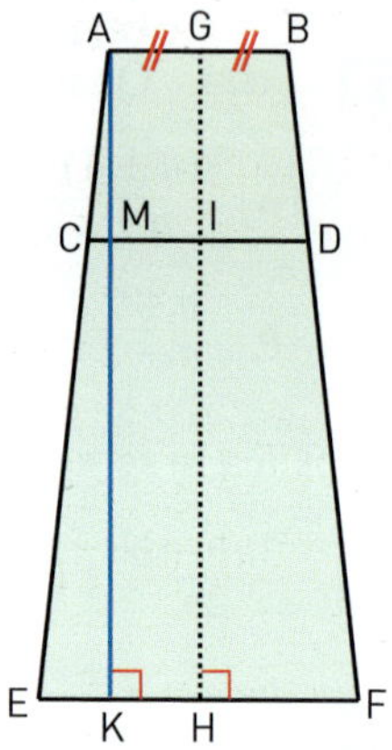

Inoltre sai che AB è un quarto della misura del girovita; GH è uguale alla lunghezza della gonna; GI è 2 cm in più di un decimo dell'altezza; CI e ID sono un ottavo della circonferenza di bacino.

- Scrivi con dei monomi le misure di AB, AG, GH, CI e con un polinomio quella di GI.
- Sapendo che vale la proporzione $EK : CM = AK : AM$, esprimi la misura di EK e quella dell'area del trapezio $ABFE$ in funzione di l, b, v, a.

▸ **Esprimiamo con i monomi le misure richieste.**

Utilizzando i simboli indicati nel testo, otteniamo:

$$\overline{AB} = \frac{1}{4}v, \quad \overline{AG} = \frac{1}{8}v, \quad \overline{GH} = l,$$

$$\overline{CI} = \frac{1}{8}b, \quad \overline{GI} = \frac{1}{10}a + 2.$$

▸ **Esprimiamo la misura di *EK*.**

Dalla proporzione $EK : CM = AK : AM$ abbiamo:

$$\overline{EK} = \frac{\overline{CM} \cdot \overline{AK}}{\overline{AM}}.$$

Dalla figura ricaviamo: $\overline{AK} = \overline{GH}$; $\overline{AG} = \overline{MI}$; $\overline{AM} = \overline{GI}$, da cui $\overline{CM} = \overline{CI} - \overline{MI} = \overline{CI} - \overline{AG}$.

$$\overline{EK} = \frac{(\overline{CI} - \overline{AG}) \cdot \overline{GH}}{\overline{GI}} = \frac{\left(\frac{1}{8}b - \frac{1}{8}v\right)l}{\frac{1}{10}a + 2} =$$

$$\frac{\frac{1}{8}l(b-v)}{\frac{a+20}{10}} = \frac{1}{8}l(b-v) \cdot \frac{10}{a+20} = \frac{5l(b-v)}{4(a+20)}.$$

▸ **Calcoliamo l'area del trapezio.**

Per calcolare l'area del trapezio, determiniamo prima la misura della base maggiore:

$$\overline{EF} = 2(\overline{EK} + \overline{KH}) = 2\left[\frac{5l(b-v)}{4(a+20)} + \frac{1}{8}v\right] =$$

$$\frac{5l(b-v)}{2(a+20)} + \frac{1}{4}v.$$

Quindi

$$A_{ABFE} = \frac{(\overline{EF} + \overline{AB}) \cdot \overline{GH}}{2} =$$

$$\frac{\left[\frac{5l(b-v)}{2(a+20)} + \frac{1}{4}v + \frac{1}{4}v\right]l}{2} =$$

$$\frac{\left[\frac{5l(b-v)}{2(a+20)} + \frac{1}{2}v\right]l}{2} = \frac{1}{4}vl + \frac{5l^2(b-v)}{4(a+20)}.$$

191 Un rettangolo ha un lato che misura $\frac{a+1}{3}$ cm e area $\frac{2a^2+2a}{3a+6}$ cm². Trova il lato mancante. $(a > 0)$ $\left[\frac{2a}{a+2}\text{ cm}\right]$

192 Calcola l'area della figura. ($b \geq 2$)

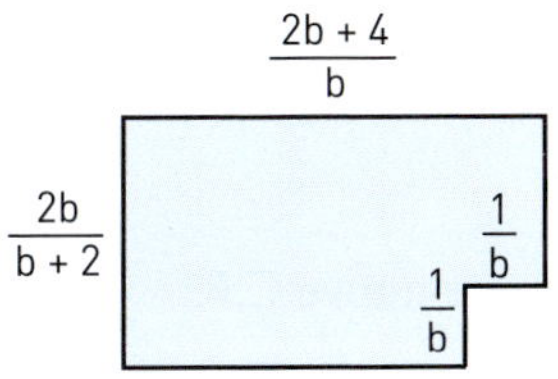

$\left[\frac{4b^2-1}{b^2}\right]$

193 Il perimetro del triangolo in figura è $\frac{2(x-1)}{x-3}$. Trova il lato mancante.

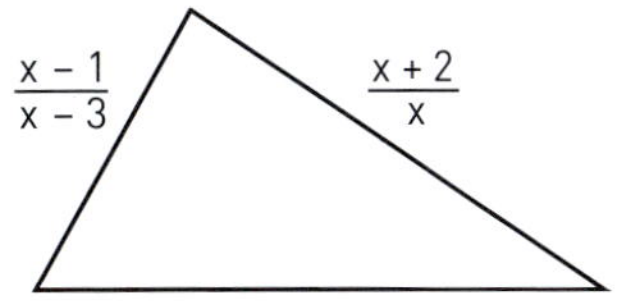

$\left[\frac{6}{x(x-3)}\right]$

La potenza di frazioni algebriche

194 **ESERCIZIO GUIDA** Semplifichiamo le seguenti potenze di frazioni algebriche:

a. $\left(-\frac{3ab^5}{2a^2c^3}\right)^2$; **b.** $\left(-\frac{a^2-b^2}{a^2+2ab+b^2}\right)^3$.

a. L'esponente è pari, quindi il risultato è positivo. Eleviamo al quadrato il numeratore e il denominatore, dopo aver semplificato la frazione algebrica:

$$\left(\frac{-3\overset{1}{\cancel{a}}b^5}{2a^{\cancel{2}}c^3}\right)^2 = +\frac{(3b^5)^2}{(2ac^3)^2} = \frac{9b^{10}}{4a^2c^6},$$

C.E.: $a \neq 0 \wedge c \neq 0$.

b. L'esponente è dispari, quindi resta il segno della base. Prima di eseguire la potenza, semplifichiamo la frazione algebrica:

$$\left(-\frac{a^2-b^2}{a^2+2ab+b^2}\right)^3 = \left(-\frac{(a-b)\overset{1}{\cancel{(a+b)}}}{(a+b)^{\cancel{2}}}\right)^3 =$$

$$-\frac{(a-b)^3}{(a+b)^3}, \text{ C.E.: } a \neq -b.$$

Semplifica le seguenti frazioni algebriche.

195 $\left(\frac{3a^2b^3}{4c^4}\right)^2$; $\left(-\frac{2xy^2}{3z^3}\right)^3$. $\left[\frac{9a^4b^6}{16c^8}; -\frac{8x^3y^6}{27z^9}\right]$

196 $\left(-\frac{27a^4b^5c^8}{9a^2b^6c^5}\right)^2$; $\left(\frac{6x^3y^2z}{12xy^5z^7}\right)^3$. $\left[\frac{9a^4c^6}{b^2}; \frac{x^6}{8y^9z^{18}}\right]$

197 $\left(\frac{2a+2b}{a^2+2ab+b^2}\right)^3$; $\left(\frac{4a^2-4b^2}{2b-2a}\right)^3$. $\left[\frac{8}{(a+b)^3}; -8(a+b)^3\right]$

198 $\left(x-\frac{xy}{x+y}\right)^3$; $\left[2pq^3\cdot\left(-\frac{1}{2p^2q}\right)\right]^5$. $\left[\frac{x^6}{(x+y)^3}; -\frac{q^{10}}{p^5}\right]$

199 $\left(\frac{x^3-y^3}{x^2+xy+y^2}\right)^2$; $\left(\frac{x^2-10xy+25y^2}{10y-2x}\right)^2$. $\left[(x-y)^2; \frac{(x-5y)^2}{4}\right]$

200 $\left(\frac{x^3+x^2y}{x^2+2xy+y^2}\right)^3$; $\left(\frac{2a^2b^3-2ab^4}{2a^2b^2-2a^3b}\right)^5$. $\left[\frac{x^6}{(x+y)^3}; -\frac{b^{10}}{a^5}\right]$

201 $\left(\frac{a^2+1}{a^2-3a-4}-\frac{a+1}{a-4}\right)^2$; $\left(\frac{b}{b-1}\right)^2\cdot\left(b-\frac{1}{b}\right)^2$. $\left[\frac{4a^2}{(a-4)^2(a+1)^2}; (b+1)^2\right]$

202 $\left(\frac{a+b}{b}-1 : \frac{b}{a+b}\right)^0$; $\left(1-\frac{x^2-2x}{x^2-2x+1}\right)^2$. $\left[\text{impossibile perché...}; \frac{1}{(x-1)^4}\right]$

ESERCIZI

Potenze con esponente intero negativo

203 ESERCIZIO GUIDA Semplifichiamo l'espressione $\left(\frac{5xy}{a^2}\right)^{-2}$.

C.E.: $a \neq 0$.

Poiché, per definizione, $x^{-n} = \frac{1}{x^n}$,

possiamo scrivere:

$$\left(\frac{5xy}{a^2}\right)^{-2} = \frac{1}{\left(\frac{5xy}{a^2}\right)^2} = \left(\frac{a^2}{5xy}\right)^2.$$

Dobbiamo aggiungere nuove C.E.:

$x \neq 0 \wedge y \neq 0$.

Dunque:

$$\left(\frac{5xy}{a^2}\right)^{-2} = \frac{a^4}{25x^2y^2};$$

C.E.: $a \neq 0, x \neq 0, y \neq 0$.

Semplifica le seguenti espressioni.

204 $\left(-\frac{2ac^2}{3b^4}\right)^{-2}$; $\left(\frac{a-3}{a^2-4a+3}\right)^{-1}$. $\left[\frac{9b^8}{4a^2c^4}; a-1\right]$

205 $\left[-\frac{1}{2(a+2b)^3}\right]^{-3}$; $\left[\left(\frac{x+3}{x^2-2x-15}\right)^{-1}\right]^{-2}$. $\left[-8(a+2b)^9; \frac{1}{(x-5)^2}\right]$

206 $\left(-\frac{a^2b^3}{1-2a+a^2}\right)^{-3}$; $\left[\left(\frac{a+b}{a^2-b^2}\right)^2\right]^{-1}$. $\left[-\frac{(1-a)^6}{a^6b^9}; (a-b)^2\right]$

207 $\left(\frac{x-y}{x+y}-1\right)\left(1+\frac{x+y}{x-y}\right)^{-1}$; $\left[\left(\frac{b^2+3b+9}{b^3-27}\right)^{-2}\right]^3$. $\left[-\frac{y(x-y)}{x(x+y)}; (b-3)^6\right]$

208 $\left(\frac{x^2-y^2}{x+y}\right)^3 \cdot \left(\frac{x^2-y^2}{x+y}\right)^{-4}$; $\left(\frac{a^3}{a^2-2a+4}\right)^2 \cdot (a^2+2a)^{-3} \cdot \left(\frac{a^3+8}{a}\right)^2$. $\left[\frac{1}{x-y}; \frac{a}{a+2}\right]$

209 EUREKA! **Alla meno uno** Data l'espressione $\left[\frac{x+1}{\left(\frac{x}{x-1}\right)^{-1}}\right]^{-1}$ ricava la frazione algebrica equivalente, dopo aver determinato le condizioni di esistenza. $\left[\frac{x-1}{x(x+1)}; \text{C.E.: } x \neq 0 \wedge x \neq \pm 1\right]$

Riepilogo: Le espressioni con le frazioni algebriche

TEST

210 Solo una tra le seguenti espressioni è equivalente a $\left(\frac{-1}{a-1}\right)^{-1}$, con $a \neq 1$. Quale?

- A $a-1$
- B $\frac{1}{a-1}$
- C $\frac{1}{1-a}$
- D $1-a$
- E 1

211 La divisione tra $\left(\frac{x-1}{x+2}\right)^{-2}$ e $\left(\frac{x+2}{1-x}\right)^3$ ha come quoziente:

- A $\frac{x+2}{1-x}$.
- B $\frac{x-1}{x+2}$.
- C $\frac{1-x}{2+x}$.
- D $-\frac{x+1}{x+2}$.
- E $-\frac{x+2}{x-1}$.

Semplifica le seguenti espressioni dopo aver determinato le condizioni di esistenza, che per brevità non scriviamo nei risultati.

212 $\frac{a^3-2}{4a^2y}+\frac{1}{2}-\frac{a}{4y}+\frac{1}{2a^2y}$ $\left[\frac{1}{2}\right]$

213 $\frac{z^3+t^3}{z^2-t^2} : \frac{z^3-z^2t+zt^2}{2z-2t}$ $\left[\frac{2}{z}\right]$

214 $\frac{(a-1)(a+1)}{a^2b^2} - \frac{1+2a^2}{a^2} + \frac{b^2+1}{a^2b^2}$ $\left[\frac{1-2b^2}{b^2}\right]$

215 $1-\frac{1}{x^2}-\frac{x}{3y^2}+\frac{2x^3+y^3}{6x^2y^2}-\frac{y}{6x^2}$ $\left[\frac{x^2-1}{x^2}\right]$

216 $\frac{x^3-4x}{x^2+4x+4} : \frac{x^2-4x+4}{2x^2-8} : 4x^2$ $\left[\frac{1}{2x}\right]$

217 $\frac{(x+y)^2}{2x^2y}+3-\frac{(x-y)^2}{2x^2y}-\frac{1}{x}$ $\left[\frac{1+3x}{x}\right]$

218 $\frac{2b+2}{b^4+b^3+8b+8}\cdot\left(\frac{4}{b^2}-1\right)\left(b+\frac{4}{b-2}\right)$ $\left[-\frac{2}{b^2}\right]$

219 $\frac{1}{2}\left(\frac{a-x}{m}\right)+\frac{11}{5x}+\frac{5x^2-2m}{10mx}-\frac{a}{2m}$ $\left[\frac{2}{x}\right]$

220 $\frac{a+3b}{2a}-\frac{2a-b}{3b}-\frac{4a^2+9b^2}{6ab}+\frac{a-b}{b}$ $\left[-\frac{2a+b}{6b}\right]$

221 $\left(\frac{2a+2b}{a}+\frac{a^2-b^2}{ab}-\frac{(a+b)^2}{ab}\right) : \frac{a+1}{9-9a^2}$ $[0]$

222 $\frac{4b^2+1}{2b^3}-\frac{1}{12a^2}+\frac{b-36a^4}{12a^2b}-\frac{1}{2b^3}$ $\left[\frac{2-3a^2}{b}\right]$

223 $\frac{x^2-4}{y^3-4y^2-5y} : \frac{2y-10-xy+5x}{y+y^2}$ $\left[-\frac{x+2}{(y-5)^2}\right]$

224 $\frac{(k+x)(k-x)}{5k^2x^2}-\frac{2-kx}{7x^2}+\frac{4}{35k^2}-\frac{k}{7x}$ $\left[-\frac{3(k^2+x^2)}{35k^2x^2}\right]$

225 $\frac{2a^4-3b^2}{12a^4b^2}-\frac{2a^2-3}{12a^2b^2}-\left(\frac{3}{6a^2}\right)^2$ $\left[\frac{a^2-2b^2}{4a^4b^2}\right]$

226 $\left[\left(\frac{z}{t}+\frac{m}{y}\right) : \frac{mt+zy}{t^2y^2}+\frac{1}{z}\right]-ty$ $\left[\frac{1}{z}\right]$

227 ESEMPIO DIGITALE $\left\{\left(\frac{1}{by-1}-\frac{1}{by-b}\right)^{-1}\cdot\left[1-\frac{1}{b}+\frac{(1-y)(1-b)}{1-by}\right]\right\} : (1-b^2)$

228 $\left[\frac{(a+2)^2}{a^2+2a+4} : \left(\frac{a^3-8}{a+2}\right)^{-1}\right]^2$ $[(a^2-4)^2]$

229 $\frac{x^2-y^2}{16y^4-(y+1)^2}\cdot\frac{4y^2+y+1}{3x-3y}\cdot\frac{4y^2-y-1}{x+y}$ $\left[\frac{1}{3}\right]$

230 $\frac{2}{a}+\frac{a^2+a}{a^2+4a+3}+\frac{4a+3}{a^2+3a}$ $\left[\frac{a+3}{a}\right]$

231 $\left(1-\frac{t-y}{t}\right) : \left(\frac{t+1}{t^2-ty}+\frac{y+1}{y^2-ty}+\frac{1}{ty}\right)$ [priva di senso perché...]

232 $\left(1-\frac{x^3}{y^3}\right)\cdot\frac{y}{y-x}-\frac{y^2+2xy+x^2}{y^2}$ $\left[-\frac{x}{y}\right]$

233 $\frac{8x^3}{x^3-y^3} : \frac{4x^2y}{x^2+xy+y^2} : \frac{2x}{xy-y^2}$ $[1]$

234 $\frac{8x^3}{x^3-y^3} : \left(\frac{4x^2y}{x^2+xy+y^2} : \frac{2x}{xy-y^2}\right)$ $\left[\frac{4x^2}{y^2(x-y)^2}\right]$

235 $\left(\frac{1}{a+b}-\frac{b}{a^2-ab}+\frac{b^2}{a^3-ab^2}\right):\left(\frac{1}{a+b}+\frac{b}{a^2-b^2}\right)$ $\left[\frac{a-2b}{a}\right]$

236 $\frac{3x}{x^3-x^2-x+1}-\frac{3x}{2-2x^2}+\frac{x-2}{4x-2x^2-2}$ $\left[\frac{x+1}{(x-1)^2}\right]$

237 $\left(\frac{x^2}{y^2}+\frac{x}{y}+1\right)\left(\frac{x^2}{y^2}-\frac{x}{y}+1\right)$ $\left[\frac{x^4+x^2y^2+y^4}{y^4}\right]$

238 $\left[\frac{2(x-y)^2}{(x+y)}\cdot\frac{28}{3(y-x)}\cdot\left(-\frac{x+y}{8}\right)-\frac{x-y}{3}\right]:(x-y)$ $[2]$

239 $\frac{1}{x-y}-\frac{x-y}{x^2+xy+y^2}+\frac{y^2}{y^3-x^3}$ $\left[\frac{y(3x-y)}{x^3-y^3}\right]$

240 $\left(1+\frac{1}{a^2+a}\right)\left(1+\frac{1}{a^2-a}\right):\left(\frac{a+1}{a^2}+1\right):\frac{1}{a^2-1}$ $[a^2-a+1]$

241 $\frac{5}{a^2-2a+1}-\frac{a^2-14a-7}{2a^2-a^4-1}-\frac{2}{a^2+2a+1}$ $\left[\frac{4}{(a+1)(a-1)}\right]$

242 $\frac{x^2+5x+4}{x^2+7x+12}:\frac{2x+2}{3x+9}:\frac{14x+14y}{9}$ $\left[\frac{27}{28(x+y)}\right]$

243 $\frac{x^2+5x+4}{x^2+7x+12}:\left(\frac{2x+2}{3x+9}:\frac{14x+14y}{9}\right)$ $\left[\frac{7}{3}(x+y)\right]$

244 $\frac{2a}{a^2b-b^3}-\frac{a-b}{2a^2b+2ab^2}-\frac{a+b}{2a^2b-2ab^2}$ $\left[\frac{1}{ab}\right]$

245 $\left(\frac{y}{x^2+xy}+\frac{x^2+xy}{x^2y-y^3}-\frac{1}{x}\right)\left(1-\frac{2y^2}{x^2+y^2}\right)$ $\left[\frac{1}{y}\right]$

246 $\left(\frac{a}{a-2}-\frac{a}{a+2}\right):\frac{4}{a^2-a-2}:\frac{a^2-1}{a^2+a-2}$ $[a]$

247 $\frac{a}{a-2}-\frac{a}{a+2}:\frac{4}{a^2-a-2}:\frac{a^2-1}{a^2+a-2}$ $\left[\frac{a^2(4-a)}{4(a-2)}\right]$

248 $\frac{1+x}{1-x}-\frac{1-x}{1+x}:\frac{1+x}{1-x}-\left(1-\frac{1}{1+x}\right)$ $\left[\frac{3x^3+5x}{(1-x)(1+x)^2}\right]$

249 $\left(\frac{4}{2z+1}+\frac{2}{1+z-2z^2}\right)\cdot\frac{2z^2+3z+1}{3+z-2z^2}$ $\left[\frac{2}{1-z}\right]$

250 $\left(\frac{a}{b}+\frac{b}{a}+2\right)\left(\frac{1}{a-b}+\frac{1}{a+b}\right)\cdot\frac{b^3-ab^2}{2a+2b}$ $[-b]$

251 $\frac{6}{1-m^2}+\frac{2}{m^2-3m+2}-\frac{6}{m^2-m-2}$ $\left[\frac{10}{1-m^2}\right]$

252 $\frac{x^2-5x+6}{x^3-6x^2+12x-8}\cdot\left(\frac{4-x}{x-3}+2\right)$ $\left[\frac{1}{x-2}\right]$

253 $\frac{2a+7}{a^3+2a^2-a-2}-\frac{3}{a^2+a-2}+\frac{2}{a^2+3a+2}$ $\left[\frac{1}{a^2-1}\right]$

254 $\left(\frac{a+1}{a-2}+\frac{3a-5}{a+3}-\frac{3a^2+7}{a^2+a-6}\right)\frac{a^2+4a+3}{a^2-4a-12}$ $\left[\frac{a^2-1}{a^2-4}\right]$

255 $\frac{a^4-b^4}{a^2+b^2-2ab}:\frac{a^2+ab}{a-b}:\left(a+\frac{b^2}{a}\right)$ $[1]$

256 $\left[\left(\frac{1}{1+b}+\frac{b}{1-b}\right):\left(\frac{1}{1-b}-\frac{b}{1+b}\right)-a\right]:(1-a^2)$ $\left[\frac{1}{1+a}\right]$

257 $\left(\frac{1+x}{1-x}-\frac{1-x}{1+x}\right):\left[\left(\frac{1+x}{1-x}-1\right)\cdot\left(1-\frac{1}{1+x}\right)\right]$ $\left[\frac{2}{x}\right]$

258 $\left[\left(\frac{a}{b}-1\right):\left(1-\frac{b}{a}\right)\right]:\left[\left(1-\frac{a^2}{b^2}\right):\left(\frac{b^2}{a^2}-1\right)\right]-\frac{a}{b}$ $\left[\frac{b^2-a^2}{ab}\right]$

259 $\left(\frac{6a}{a^2-9}+\frac{a}{a+3}+\frac{3}{3-a}\right)^3:\left(\frac{b}{b-2}+\frac{8}{4-b^2}-\frac{2}{b+2}\right)^4$ $[1]$

260 $\left[\left(\frac{x+y}{x-y}-\frac{x-y}{x+y}\right)(x+y)\right]^2$ $\left[\frac{16x^2y^2}{(x-y)^2}\right]$

261 $\frac{2y+2}{y^2-4}+\frac{3y}{y^2-4y+4}-\frac{4y^2+4y}{y^3-2y^2-4y+8}$ $\left[\frac{1}{y-2}\right]$

262 $\left[ab\left(1-\frac{a-b}{a+b}\right)\left(\frac{1}{a}+\frac{1}{b}\right)\right]^2:\left[b^2\left(1-\frac{a+b}{a-b}\right)\left(\frac{1}{a}-\frac{1}{b}\right)\right]^2$ $\left[\frac{a^2}{b^2}\right]$

263 $\left(y^2+2y+1-\frac{1}{y^2-2y+1}\right):\left(\frac{y}{y-1}+y\right)$ $\left[\frac{y^2-2}{y-1}\right]$

264 $\frac{y-1}{y+1}+\frac{2y-y^2-1}{1+2y+y^2}+\frac{3+3y+y^2+y^3}{y^3+1+3y^2+3y}$ $[1]$

265 $\left(\frac{1}{2x}-\frac{2x}{y^2}\right):\left(1+\frac{y^2+4x^2+2xy}{2xy}\right):\left(1-\frac{2x}{y}\right)$ $\left[\frac{1}{2x+y}\right]$

266 $\frac{x^2}{1-x^3}+\frac{x}{x^2-1}-\frac{1}{x-1}+\frac{x^3+x^2}{x^4+x^3-x-1}$ $\left[\frac{1}{1-x^2}\right]$

267 $\left(\frac{x+5}{x^2+5x+6}+\frac{2}{x+3}-\frac{2}{x+2}\right)^2:\left(\frac{1}{x+2}\right)^3$ $[x+2]$

268 $\left[\frac{(m+1)(m-1)+2}{m^2-2m+1}+\frac{2}{m-1}-\frac{2m^2}{m^3-2m^2+m}\right]\cdot\frac{m+\frac{1}{m}}{m^2+1}:\frac{1}{m-1}$ $\left[\frac{m+1}{m}\right]$

269 $\left(\frac{2x^2+2xy}{4y^2-4xy}\cdot\frac{24y^3-8xy^2}{6x^3+6x^2y}\right):\left(\frac{y}{2x-2y}+\frac{x}{3x-3y}-\frac{4x+3y}{6y-6x}-\frac{x+y}{x-y}\right)$ [impossibile]

270 $\left[\left(1-\frac{x}{x+1}\right)^2-\left(1-\frac{x}{x-1}\right)^2-4(x^2-1)^{-2}\right]:\left(\frac{2x}{x-1}-1\right)^2$ $\left[-\frac{4}{(x+1)^3}\right]$

271 $\left(\frac{t^2+p^2}{2tp}+1\right)\cdot\frac{tp}{t^2+p^2}\cdot\left(\frac{t+p}{t-p}+\frac{t-p}{t+p}\right)$ $\left[\frac{t+p}{t-p}\right]$

272 $\frac{x+2y}{2x-4y}+\frac{2y-x}{4y+2x}+\frac{8y^2}{x^2-4y^2}:\frac{8y}{x-2y}$ $\left[\frac{y(5x-2y)}{x^2-4y^2}\right]$

273 $\left(\frac{x+2y}{2x-4y}+\frac{2y-x}{4y+2x}+\frac{8y^2}{x^2-4y^2}\right):\frac{8y}{x-2y}$ $\left[\frac{1}{2}\right]$

274 $\left(\frac{x-8}{x^2+5x-6}-\frac{2}{x+6}+\frac{2}{x-1}\right):\frac{1}{x^2-1}$ $[x+1]$

275 $\left[\left(\frac{2a-b}{a^2-b^2}-\frac{2}{a+b}\right)^2:\left(\frac{a^2}{a^2-b^2}-1\right)^2\right]^2$ $\left[\frac{1}{b^4}\right]$

276 $\left[\left(\frac{x}{y}+1\right)^2:\left(\frac{x}{y}-1\right)\right]\cdot\left(\frac{x}{y}-1\right)^2:\left(\frac{x}{y}+1\right)+2+\frac{2x}{y}$ $\left[\left(\frac{x+y}{y}\right)^2\right]$

277 $\left[\left(x+\frac{1}{x+2}\right)^2-\left(x-\frac{1}{x+2}\right)^2\right]\cdot\left(\frac{2}{x^3}+\frac{1}{x^2}\right)$ $\left[\frac{4}{x^2}\right]$

278 $\left(\frac{a-4}{a^2-5a+6}-\frac{a+2}{a^2+a-12}\right):\frac{12}{a^2+2a-8}$ $\left[-\frac{1}{a-3}\right]$

279 $\left(1+\frac{2y}{x-y}\right)\cdot\left[\left(1-\frac{2xy}{x^2+xy+y^2}\right):\frac{x^3+y^3}{x^3-y^3}\right]^2$ $\left[\frac{x-y}{x+y}\right]$

280 $\left[\left(\frac{a}{b}+\frac{b}{a}+1\right):\left(\frac{1}{a}+\frac{1}{b}\right)\right]^2:\left(\frac{a^3-b^3}{a^2-b^2}\right)^2$ $[1]$

281 ●○ $\left[\left(\frac{a}{2}-\frac{2a}{b^2}\right)^{-2}:\left(\frac{a}{2}-\frac{2a}{b^2}\right)^{-1}\right]:\left(\frac{b}{a}\cdot\frac{1}{b^2-4}\right)$ $[2b]$

282 ●○ $\left\{\left[\left(\frac{1}{a}+\frac{1}{b}-\frac{2}{a+b}\right):\left(\frac{a}{b}+\frac{b}{a}\right)\right]^2-\frac{2}{(a+b)^2}\right\}^3$ $\left[-\frac{1}{(a+b)^6}\right]$

283 ●○ $\left[\left(\frac{x-2y}{x^2-y^2}-\frac{2}{x+y}\right):\left(\frac{x}{x+y}-1\right)\right]^2:\left(1+\frac{y}{x-y}\right)$ $\left[\frac{x}{(x-y)y^2}\right]$

284 ●○ $\left(\frac{2xy}{x^2+y^2+2xy}-1\right)\cdot\left[\left(\frac{x}{y}-2+\frac{y}{x}\right):\left(\frac{x}{y}+2+\frac{y}{x}\right)+1\right]^{-1}$ $\left[-\frac{1}{2}\right]$

285 ●○ $\left[\left(\frac{2a}{2a-b}-\frac{b}{2a+b}\right)\cdot\frac{4a^2-2ab}{16a^4-b^4}\cdot\left(1+\frac{b}{2a}\right)\right]:\frac{1}{2ab-b^2}-1$ $\left[-\frac{2a}{2a+b}\right]$

286 ●○ EUREKA! **Un'espressione particolare** Semplifica la seguente espressione dopo averne determinato le condizioni di esistenza:

$$\frac{1}{1+\frac{1}{1+\frac{1}{x}}}-\frac{1}{1-\frac{1}{1-\frac{1}{x}}}.$$

$\left[\text{C.E.: } x\neq 0\wedge x\neq -\frac{1}{2}\wedge x\neq\pm 1;\ \frac{2x^2}{2x+1}\right]$

287 ●● $\left[\left(\frac{3x^2-2}{x-1}+\frac{6x-2}{x-3}\cdot\frac{9-x^2}{3x-1}\right)\cdot\frac{1}{x-2}+1\right]^2\cdot\left(1+\frac{x-2}{x-1}\right)^{-3}$ $\left[\frac{x-1}{2x-3}\right]$

288 ●● $\left\{\left[\left(\frac{1}{x-3}+\frac{1}{1-x}\right)(x^2-4x+3)-\frac{4}{3x-1}\right]\cdot\frac{1}{6}\right\}^2:\frac{x^2-2x+1}{3x^2-4x+1}$ $\left[\frac{x-1}{3x-1}\right]$

289 ●● $\left\{\left[\left(1-\frac{1}{a}\right)^2:\left(1+\frac{1}{a}\right)\right]\left(1+\frac{1}{a}\right)^2:\left(1-\frac{1}{a}\right)+\frac{2}{a^2}-\frac{2}{a}\right\}:\left[\left(1-\frac{1}{a}\right)\left(1+\frac{1}{a}+\frac{1}{a^2}\right)-\frac{3(a-1)}{a^2}\right]$ $\left[\frac{a}{a-1}\right]$

Problemi

290 ●○ Un cubo ha lato $\frac{x+1}{3+x}$ e una cavità cubica di lato $\frac{x}{2x+6}$. Calcola il volume del solido. $(x>0)$

$\left[\frac{7x^3+24x^2+24x+8}{8(x+3)^3}\right]$

291 ●○ Trova il volume del parallelepipedo utilizzando i dati della figura.
Se a è un numero razionale positivo, quali sono i valori che non può assumere affinché esista il volume?

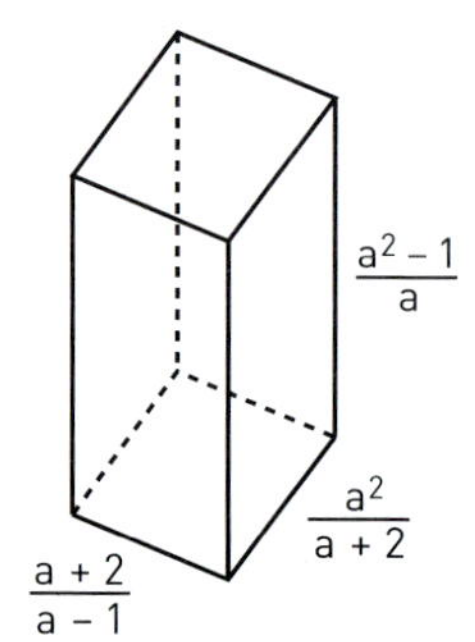

$[a(a+1)$; se $0<a\leq 1$, il volume non esiste$]$

292 ●● La base di un rettangolo è lunga $\frac{a}{b}$, con a, $b>1$, mentre l'altezza supera la base di 1.

a. Trova area e perimetro del rettangolo.

Un secondo rettangolo, con la base sempre uguale ad $\frac{a}{b}$, con a, $b>1$, ha l'altezza la cui misura si ottiene dalla base aumentando di 1 sia a sia b.

b. Trova area e perimetro di questo secondo rettangolo.

c. Quale dei due rettangoli ha area maggiore?

$\left[\text{a) } \frac{a(a+b)}{b^2}, \frac{2(2a+b)}{b}; \text{ b) } \frac{a(a+1)}{b(b+1)}, \frac{2(2ab+a+b)}{b(b+1)}; \text{ c) il primo}\right]$

VERIFICA DELLE COMPETENZE ALLENAMENTO

UTILIZZARE TECNICHE E PROCEDURE DI CALCOLO

Semplificazioni e condizioni di esistenza

TEST

1 La condizione di esistenza della frazione algebrica $\frac{b+1}{2b-3}$ è:

A $b \neq \frac{3}{2}$.   C $b \neq -1$.   E $b \neq 3$.

B $b \neq 2$.   D $b \neq -\frac{3}{2}$.

2 La divisione $\frac{5a+b}{a^2} : \frac{5a^2+a+5ab+b}{a-b}$ è eseguibile se:

A $a \neq 0$.   D $a \neq 0 \wedge a \neq b$.

B $a \neq 0 \wedge b \neq 0$.   E $a \neq 0 \wedge a \neq -b$.

C $a \neq 0 \wedge a \neq \pm b \wedge a \neq -\frac{1}{5}$.

Semplifica le seguenti frazioni algebriche dopo aver determinato le condizioni di esistenza.

3 $\frac{30a^2x}{5ax^2}$; $\frac{2x^2+x}{2ax+a}$; $\frac{6b^3}{3ab^2-3b^3}$. $\left[\frac{6a}{x}; \frac{x}{a}; \frac{2b}{a-b}\right]$

4 $\frac{x^2-x}{ax-a}$; $\frac{4a^2b^2}{2a^2b^2-2ab}$; $\frac{y^2-4}{y^2+4y+4}$. $\left[\frac{x}{a}; \frac{2ab}{ab-1}; \frac{y-2}{y+2}\right]$

5 $\frac{16x^2-9y^2}{8x^2-6xy}$; $\frac{a^2+2a+1}{a^2+4a+3}$; $\frac{a^2b+9b-6ab}{a^2b-9b}$. $\left[\frac{4x+3y}{2x}; \frac{a+1}{a+3}; \frac{a-3}{a+3}\right]$

6 $\frac{a^2-a-6}{a^2-2a-8}$; $\frac{a^2-4ay+ax}{-4xy+x^2+ax}$; $\frac{x^2-10x+25}{x^2-8x+15}$. $\left[\frac{a-3}{a-4}; \frac{a}{x}; \frac{x-5}{x-3}\right]$

7 $\frac{36x^2-4}{36x^3-24x^2+4x}$; $\frac{x^2+a^2+1+2ax+2x+2a}{x^2-a^2-2a-1}$. $\left[\frac{3x+1}{x(3x-1)}; \frac{x+a+1}{x-a-1}\right]$

Operazioni con le frazioni algebriche

TEST

8 Il risultato della divisione

$$\frac{3x+yx}{x+2} : \frac{x-xy^2}{x+2+xy+2y}$$

(con $x \neq -2 \wedge x \neq 0 \wedge y \neq \pm 1$) è:

A $\frac{3+y}{x+2}$.   C $\frac{1-y^2}{y+2}$.   E $\frac{1-y}{x+2}$.

B $\frac{1-y}{3+y}$.   D $\frac{3+y}{1-y}$.

9 La somma delle frazioni $\frac{1}{a+b} + \frac{2b}{a^2-b^2}$ (con $a \neq \pm b$) è:

A $\frac{2b+1}{a^2-b^2}$.   D $\frac{a+b}{a-b}$.

B $\frac{1}{a-b}$.   E $\frac{1+2b}{(a+b)(a^2-b^2)}$.

C $\frac{a^2-b^2+2b}{(a+b)(a^2-b^2)}$.

Semplifica le seguenti espressioni dopo aver determinato le condizioni di esistenza.

10 $\frac{1}{a-b} + \frac{b}{ab-a^2}$ $\left[\frac{1}{a}; \text{C.E.: } a \neq b \wedge a \neq 0\right]$

11 $\frac{b}{b+2x} + \frac{4bx}{b^2-4x^2} + \frac{2x}{b-2x}$ $\left[\frac{b+2x}{b-2x}; \text{C.E.: } b \neq \pm 2x\right]$

12 $\frac{x+1}{x^2-x} - \frac{1}{x^2-1} + \frac{1-x}{x^2+x}$ $\left[\frac{3}{x^2-1}; \text{C.E.: } x \neq \pm 1 \wedge x \neq 0\right]$

13 $\frac{a^2-6a+9}{a^2-9} \cdot \frac{1}{3a-a^2} : \frac{3a}{3a+a^2}$ $\left[-\frac{1}{3a}; \text{C.E.: } a \neq 0 \wedge a \neq \pm 3\right]$

VERIFICA DELLE COMPETENZE

14 $(a+b)\left(\frac{a}{b}+\frac{b}{a}-1\right):\left(\frac{1}{a}-\frac{1}{b}\right)\cdot\frac{a^2b^2}{a^3+b^3}$ $\left[\frac{a^2b^2}{b-a}; \text{C.E.: } a\neq 0 \wedge b\neq 0 \wedge a\neq\pm b\right]$

15 $\left(\frac{a-1}{a+1}-\frac{2a^2}{a^2-1}-\frac{a+1}{1-a}\right)\cdot\left(1-\frac{1}{a^2}\right):\left(1+\frac{a}{2-a}\right)$ $\left[\frac{2-a}{a^2}\right]$

16 $\frac{2}{b^2-b-2}+\frac{1}{b^2+3b+2}+\frac{1}{b^3+b^2-4b-4}$ $\left[\frac{3}{b^2-4}\right]$

17 $\left(\frac{2}{a-2}-\frac{2}{a+3}-\frac{5a}{a^2+a-6}\right)\cdot\left(1+\frac{3}{a}\right)$ $\left[-\frac{5}{a}\right]$

18 $\left(\frac{2+xy}{3x+y+3x^2+xy}-\frac{x}{x+1}\right)\cdot\frac{3x+y}{6x^2-4}:\left(\frac{y}{2}+1\right)$ $\left[-\frac{1}{(x+1)(y+2)}\right]$

RISOLVERE PROBLEMI

19 Un rettangolo ha l'altezza lunga $x-2$, con $x>2$. Qual è la misura della base, se l'area del rettangolo è uguale a $2x^2+(3a-4)x-6a$? $[2x+3a]$

Siano *c* e *d* due numeri reali. Determina le condizioni di esistenza e semplifica l'espressione che si ottiene traducendo in simboli le frasi seguenti. Calcola poi il valore che esse assumono per $c=1$ e $d=-2$.

20 Dividi la differenza tra il reciproco di c e il reciproco della somma di c e d per il rapporto tra il quadrato di d e il doppio di c. $\left[\text{C.E.: } c\neq 0 \wedge d\neq 0 \wedge c\neq -d; \frac{2}{d(c+d)}; 1\right]$

21 Eleva alla -2 il rapporto tra l'opposto di c e la differenza tra c e d e dividi il risultato per il reciproco dell'opposto del prodotto tra c e d. $\left[\text{C.E.: } c\neq 0 \wedge d\neq 0 \wedge c\neq d; -\frac{d(c-d)^2}{c}; 18\right]$

---

22 Considera il polinomio $P(x)=x^2-2x+3$.
Calcola $\frac{P(a)-P(1)}{P(a+1)-P(0)}$ e trova le condizioni di esistenza. $\left[\frac{a-1}{a+1}; \text{C.E.: } a\neq\pm 1\right]$

23 INVALSI 2005 Fra due numeri razionali positivi a e b può essere definita una particolare operazione, che si indica con $\Diamond$, che funziona così:

$$a\Diamond b=\frac{a\cdot b}{a+b}.$$

Dati due generici numeri razionali positivi a e b, quale delle seguenti relazioni è *falsa*?

A $a\Diamond 1=1$

B $\frac{1}{a}\Diamond\frac{1}{b}=\frac{1}{a+b}$

C $a\Diamond b=b\Diamond a$

D $a\Diamond a=\frac{a}{2}$

24 Verifica che il rapporto tra l'area della superficie totale e quella della superficie laterale di un parallelepipedo a base quadrata è uguale alla somma tra 1 e il rapporto tra il lato di base e il doppio dell'altezza.

25 La base di un triangolo misura $4ax^2$ e la sua altezza $7x^2$, con $a>0$ e $x\neq 0$; se diminuisci la base di $4a$ e aumenti l'altezza di 7, qual è il rapporto fra l'area del triangolo così ottenuto e l'area del triangolo dato?
Determina poi, per quale valore di a la differenza tra l'area del triangolo dato e quella del triangolo ottenuto vale 7. $\left[\frac{(x^4-1)}{x^4}; a=\frac{1}{2}\right]$

VERIFICA DELLE COMPETENZE PROVE

1 ora

PROVA A

1 VERO O FALSO?

a. $\dfrac{2x+1}{2x+y} = 1 + \dfrac{1}{y}$ V F

b. Le frazioni $-\dfrac{x-2}{2-x}$ e $\dfrac{(x-2)^2}{(2-x)^2}$ hanno entrambe valore 1. V F

c. Una frazione algebrica perde significato per i valori che annullano il denominatore. V F

d. $\dfrac{1}{4x} - \dfrac{1}{3x} = \dfrac{1}{x}$ V F

2 Esegui le seguenti operazioni:

a. $\dfrac{1}{y-1} - \dfrac{2}{y-2}$; b. $\dfrac{4a^2b^3}{a+b} \cdot \dfrac{a^2-b^2}{2ab^3}$.

3 Determina le condizioni di esistenza delle frazioni algebriche:

a. $\dfrac{b-1}{4b-6}$; b. $\dfrac{1}{x^4-4x^2}$; c. $\dfrac{8x}{3ax^2}$.

4 Semplifica le frazioni algebriche:

a. $\dfrac{9a^2-a}{9a^2}$; b. $\dfrac{x^2-6x+8}{x^2-4x+4}$.

Semplifica le seguenti espressioni.

5 $\dfrac{x^2+x-6}{x^2+6x+9} \cdot \dfrac{x^2+ax+2x+2a}{3a+3} : \dfrac{x^2-4}{a^2+2a+1}$

6 $25y \cdot \left(\dfrac{x-y}{x^2-y^2}\right)^2 : \dfrac{25x-50}{x^2-2x+xy-2y} - \left(\dfrac{1}{x} - \dfrac{1}{y}\right) \cdot \dfrac{xy}{y^2-x^2}$

PROVA B

1 Dopo aver determinato le condizioni di esistenza, semplifica le seguenti frazioni algebriche:

a. $\dfrac{y^3-4y^2+4y}{y^3+3y^2-10y}$; b. $\dfrac{x^3-3x^2+3x-1}{4x^2-8x+4}$; c. $\dfrac{a^2-9}{3a^2b-9ab}$.

Semplifica le seguenti espressioni.

2 $\left(\dfrac{a}{a-2} - \dfrac{a+1}{1-a} - \dfrac{3+2a^2}{a^2-3a+2}\right) \cdot \dfrac{a^2-4}{2a+5}$

3 $\left[\left(\dfrac{ax+a-2x-2}{x^2-1}\right)^{-1} \cdot \dfrac{a^2+4a-12}{ax+6x-a-6}\right]^{-2} : \dfrac{0,\bar{4}x^2}{0,6xy}$

4 $\dfrac{x^3-3x+2}{x^2-4} \cdot \dfrac{x^2-4x+4}{3x^2+3x-6} : \left(\dfrac{x^2-3x+2}{3x+6}\right)^2$

5 Calcola il perimetro della figura a lato. $(a > 0)$

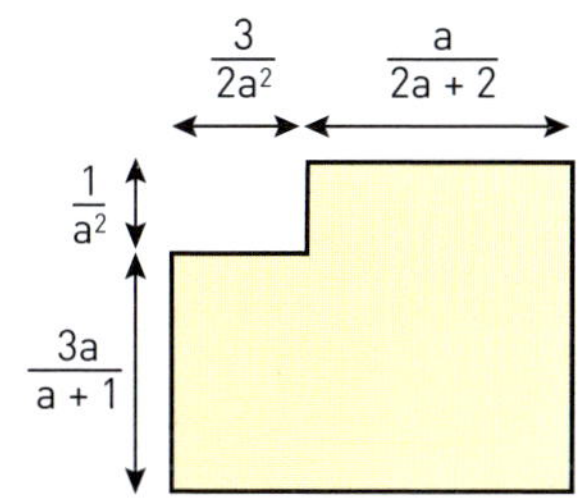

6 Trova per quale valore del parametro b le frazioni $\dfrac{x-x^2-b+bx}{x^2-x}$ e $\dfrac{x^2-1}{x-x^2}$ sono equivalenti.

CAPITOLO 10

LE EQUAZIONI LINEARI

1 Le identità

Esercizi a p. 447

Listen to it

An **identity** is an open equality that is true for each possible value for the variables.

DEFINIZIONE
Un'**identità** è un'uguaglianza dove compaiono espressioni letterali verificata per qualunque valore attribuito alle lettere contenute nelle espressioni.

Sono esempi di identità:

$$a + a = 2a; \quad ab^2 \cdot a^3b = a^4b^3; \quad (a + b)^2 = a^2 + 2ab + b^2.$$

Ciascuna delle due espressioni che costituiscono l'uguaglianza viene detta **membro** dell'identità; l'espressione di sinistra è detta **primo membro**, quella di destra **secondo membro**.

$$\underbrace{a(b - c)}_{\text{primo membro}} = \underbrace{ab - ac}_{\text{secondo membro}}$$

Per stabilire se una relazione di uguaglianza rappresenta un'identità occorre eseguire per entrambe le espressioni i calcoli possibili, sommando poi i termini simili ed eventualmente semplificando le frazioni algebriche.
Confrontando quindi i due membri dell'uguaglianza si può affermare che è un'identità se essi contengono gli stessi termini.

ESEMPIO L'uguaglianza

$$4a(a + b) = (a + 2b)^2 + 3a^2 - 4b^2$$

è un'identità; infatti, eseguendo i calcoli, si ha

$$4a^2 + 4ab = a^2 + 4b^2 + 4ab + 3a^2 - 4b^2$$

e, sommando i termini simili, si ottiene

$$4a^2 + 4ab = 4a^2 + 4ab,$$

dove ogni termine presente al primo membro è presente anche al secondo e viceversa.

Le condizioni di esistenza di un'identità

Di solito sottintendiamo che l'insieme numerico in cui consideriamo vera un'identità è $\mathbb{R}$, privato eventualmente dei valori per cui le espressioni letterali non hanno significato.

È necessario in questo caso precisarne le **condizioni di esistenza** (C.E.).

ESEMPIO La frazione algebrica $\frac{ab}{a}$ ha significato **solo se** $a \neq 0$, in quanto una frazione non può avere denominatore nullo.
Possiamo quindi dire che l'uguaglianza

$$\frac{ab}{a} = b$$

è un'identità **solo se** $a \neq 0$, ossia C.E.: $a \neq 0$.

In generale, se il concetto di identità viene applicato a espressioni contenenti frazioni algebriche, si deve tener conto che i loro denominatori devono essere diversi da 0.

▸ Indica le c esistenza, se delle seguen

- $\frac{(x-1)^3}{x-1} = (x-1)^2$
- $(a+2)^4 = (a+2)^3(a+2)$

2 Le equazioni

▸ Esercizi a p. 448

Che cos'è un'equazione

L'uguaglianza $2 + 3x = 5x$ non è un'identità, perché esistono valori di x per i quali non è verificata: per esempio, $x = -1, x = 0, x = \frac{1}{2}, \dots$

Si può dimostrare che esiste un solo valore che, sostituito a x, rende vera l'uguaglianza. Questo valore è il numero 1: infatti $2 + 3 \cdot 1 = 5 \cdot 1$.

In generale, data un'uguaglianza fra due espressioni in cui compaiono delle variabili, ci si può chiedere per quali valori delle variabili essa è vera.

DEFINIZIONE
Un'**equazione** è un'uguaglianza fra due espressioni letterali per le quali si cercano i valori, da attribuire a una o più lettere, che rendono vera l'uguaglianza.

Listen to it

An **equation** is an equality between two expressions (called *terms*) containing letters, which can be true for certain numbers substituted to the letters.

Per esempio, l'uguaglianza $3x + 5 = x - 3$ è vera per $x = -4$.

Come per l'identità l'espressione a sinistra del segno di uguaglianza è il primo membro, quella a destra il secondo membro.

Chiamiamo **soluzioni** o **radici** i valori, da attribuire alle lettere, che rendono uguali il primo e il secondo membro dell'equazione; **incognite** le lettere per le quali cerchiamo le soluzioni.

ESEMPIO $2 - 3y = 5$ è un'equazione nell'incognita y;

$x + 3y = 7$ è un'equazione in due incognite, x e y.

Il valore delle incognite va ricercato nell'insieme che si considera, detto **insieme di definizione** o **dominio**.

Quando non daremo indicazioni diverse, cercheremo le soluzioni di un'equazione nell'insieme dei numeri reali $\mathbb{R}$.

In questo capitolo ci occuperemo di equazioni con una sola incognita.

TE...

Le soluzioni di un'equazione

Risolvere un'equazione significa determinare **tutte** le sue soluzioni, cioè tutti i valori che verificano l'uguaglianza. Tali valori costituiscono l'**insieme delle soluzioni** dell'equazione.

ESEMPIO L'equazione $x^2 = 4$ ha due soluzioni: $x = 2$ e $x = -2$.
Infatti, $(2)^2 = 4$ e $(-2)^2 = 4$.

L'insieme delle soluzioni si può indicare anche con S. Nell'esempio, $S = \{2, -2\}$.

Per **verificare** se un numero è soluzione, basta sostituirlo e calcolare separatamente i valori del primo e secondo membro, per controllare se sono uguali.

ESEMPIO L'equazione nell'incognita x

$$2x = 3$$

ha soluzione $x = \frac{3}{2}$ in $\mathbb{R}$. Infatti, sostituendo $\frac{3}{2}$ nell'equazione, si ottiene l'uguaglianza vera

$$2 \cdot \frac{3}{2} = 3.$$

► Stabilisci quale dei valori indicati è soluzione dell'equazione $-x(x+3)^2 = -5(x+8)$.
a. $x = -3$
b. $x = 2$

Animazione

Un'equazione può avere soluzione in un insieme numerico, ma non averla in un insieme più ristretto.

ESEMPIO L'equazione $2x - 1 = 0$ ha soluzione nell'insieme $\mathbb{Q}$, ma non ha soluzione nell'insieme $\mathbb{N}$.

Infatti, la soluzione dell'equazione, $x = \frac{1}{2}$, è un numero razionale.

I diversi tipi di equazioni

Un'equazione può essere:

- **intera** se l'incognita è presente soltanto nei numeratori; per esempio:

$$\frac{x}{2} = 1 + 7x;$$

- **fratta** se l'incognita compare in uno o più denominatori nelle frazioni presenti per esempio:

$$\frac{1}{x-3} = \frac{x}{4} - 1.$$

Considerando le **lettere**, un'equazione è:

- **numerica** se oltre all'incognita contiene solo numeri; per esempio:

$$2x - \frac{3}{2} = \frac{1}{3x};$$

- **letterale** se oltre all'incognita contiene altre lettere che indicano coefficienti. Le lettere che non sono incognite sono dette **parametri** e possono assumere qualsiasi valore nell'insieme numerico considerato. Per esempio, è letterale l'equazione nell'incognita x con a come parametro:

$$(1 - 2a)x = 3a + \frac{1}{4}.$$

► Per ognuna delle seguenti equazioni nell'incognita x, indica se è numerica o letterale, intera o fratta.

- $\frac{x+2}{a} = 1$
- $\frac{1}{x} = 8$
- $\frac{12}{x+2} = a + 3$
- $4x + 3 = \frac{x}{4}$

Considerando le **soluzioni**, un'equazione è:

- **determinata** se ha un numero finito di soluzioni,
per esempio: $x + 5 = 8$ ha per soluzione 3;
- **indeterminata** se ha infinite soluzioni,
data l'equazione $x + x = 2x$, l'insieme delle soluzioni è $S = \mathbb{R}$, cioè l'uguaglianza è vera per ogni valore reale di x. In simboli:

$$x + x = 2x \quad \forall x \in \mathbb{R};$$

- **impossibile** se non ha soluzioni,
per esempio: $x + 1 = x$ non ha soluzioni, perché la somma fra un numero e 1 non può essere uguale al numero stesso.

La forma normale di un'equazione e il suo grado

Consideriamo il polinomio $P = 3x^2 - 2x + 5$, ridotto in forma normale, ovvero nella forma in cui non compaiono monomi simili fra loro.

Se poniamo $P = 0$, otteniamo un'equazione scritta in **forma normale** (o **forma canonica**):

$$3x^2 - 2x + 5 = 0.$$

Il termine senza l'incognita si chiama **termine noto**.

Il **grado** dell'equazione è il grado del polinomio ridotto, ossia il massimo esponente con cui l'incognita compare nell'equazione in forma normale: l'equazione considerata in precedenza è di secondo grado.

ESEMPIO

1. $3x - 6 = 0$ è un'equazione di primo grado.
2. L'equazione $3x^2 + 5x - 1 - 3x - 2x^2 - x^2 = 0$ non è di secondo grado.
Infatti, l'equazione non è scritta in forma normale e, se riduciamo i termini simili, diventa $2x - 1 = 0$, che è un'equazione di primo grado.

In questo capitolo ci occuperemo soltanto della risoluzione di equazioni di primo grado, dette anche **equazioni lineari**.

3 I princìpi di equivalenza

|▶ Esercizi a p. 450

Le equazioni equivalenti

Consideriamo le equazioni:

$$4x - 2 = 10 \quad \text{e} \quad 4x = 12.$$

Entrambe hanno come unica soluzione $x = 3$. Diciamo che le due equazioni sono *equivalenti*.

DEFINIZIONE

Due **equazioni** definite nello stesso insieme e contenenti le stesse incognite, si dicono **equivalenti** se hanno lo stesso insieme delle soluzioni.

Listen to it

Equivalent equations are equations that have the same unknowns and the same solutions.

L'equivalenza tra equazioni è una relazione di equivalenza nell'insieme delle equazioni perché gode delle proprietà riflessiva, simmetrica e transitiva.

Le equazioni

$$x - 1 = 4 \quad \text{e} \quad 2x - 3 = -1$$

non sono equivalenti, perché la soluzione della prima equazione è $x = 5$ e la soluzione della seconda è $x = 1$.

Le equazioni $3x - 2 = 4$ e $x^2 - 4 = 0$, definite in $\mathbb{Z}$, **non** sono equivalenti, pur avendo una soluzione in comune. Infatti la prima equazione ha come unica soluzione $x = 2$, mentre la seconda ha due soluzioni, $x = 2$ e $x = -2$.
Definendo le stesse equazioni in $\mathbb{N}$, entrambe hanno un'unica soluzione in comune, $x = 2$, quindi sono equivalenti.

Per risolvere un'equazione cercheremo di trasformarla in equazioni equivalenti, via via più semplici, fino a giungere a un'equazione in cui sia immediato trovare l'insieme delle soluzioni.

Indicheremo il passaggio da un'equazione a una equivalente con una freccia. Per esempio:

$$4x - 2 = 0 \quad \rightarrow \quad 4x = 2.$$

Le regole di trasformazione di un'equazione in altre equazioni a essa equivalenti sono stabilite da due princìpi, chiamati **princìpi di equivalenza**.

Il primo principio di equivalenza

Il primo principio di equivalenza si basa sulla prima legge di monotonia.

Listen to it

You can obtain an *equation equivalent* to a given one by **adding or subtracting** the same number or expression with letters from both terms.

Primo principio di equivalenza
Aggiungendo o sottraendo a entrambi i membri di un'equazione, definita in un insieme, uno stesso numero o espressione letterale, definiti nello stesso insieme, otteniamo un'equazione equivalente.

ESEMPIO L'equazione $2x = 6$ ha come soluzione $x = 3$.
Addizioniamo a entrambi i membri 5 e otteniamo

$$2x \underline{+5} = 6 \underline{+5}, \quad \text{ossia} \quad 2x + 5 = 11.$$

La soluzione di questa equazione è $x = 3$, quindi è equivalente a quella data.

Se addizioniamo a entrambi i membri dell'equazione precedente, $2x = 6$, la frazione algebrica $\frac{1}{x-3}$, otteniamo:

$$2x + \frac{1}{x-3} = 6 + \frac{1}{x-3}.$$

La soluzione di quest'ultima equazione non è $x = 3$, perché per tale valore dell'incognita la frazione $\frac{1}{x-3}$ perde significato. L'equazione ottenuta *non è equivalente* a quella data. Infatti mentre $2x = 6$ è definita nell'insieme dei numeri reali $\mathbb{R}$, perché la frazione $\frac{1}{(x-3)}$ abbia significato dobbiamo considerare l'insieme $\mathbb{R} - \{3\}$. Perciò le due espressioni letterali non sono definite nello stesso insieme.

In generale, **il primo principio può essere applicato solo se le espressioni che si addizionano soddisfano le condizioni di esistenza dell'equazione**.

Per **condizioni di esistenza** di un'equazione intendiamo le condizioni da porre sull'incognita affinché abbiano significato entrambi i membri dell'equazione.

Le applicazioni del primo principio

Dal primo principio derivano due regole pratiche, utili nella risoluzione delle equazioni.

ESEMPIO Risolviamo l'equazione:

$$7x - 2 = 6x + 1.$$

Per eliminare il termine $+ 6x$ dal secondo membro, addizioniamo a entrambi i membri il termine $- 6x$:

$$7x - 2 \underline{- 6x} = 6x + 1 \underline{- 6x} \quad \to \quad 7x - 2 - 6x = + 1.$$

Svolgiamo i calcoli al primo membro e otteniamo l'equazione:

$$x - 2 = 1.$$

Poiché abbiamo applicato il primo principio, l'equazione ottenuta è equivalente a quella iniziale.
Per eliminare $- 2$ dal primo membro, addizioniamo ai due membri $+ 2$:

$$x - 2 \underline{+ 2} = 1 \underline{+ 2}.$$

Otteniamo l'equazione

$$x = 3,$$

che per il primo principio è equivalente alle precedenti.

Poiché le equazioni

$$7x - 2 = 6x + 1 \qquad \text{e} \qquad x = 3$$

sono equivalenti, il valore 3, soluzione immediata della seconda equazione, è anche soluzione della prima.

Si può rendere più rapido il procedimento notando che, quando si elimina da un membro un termine, grazie al primo principio di equivalenza, esso ricompare nell'altro con il segno cambiato. Si può quindi formulare la seguente regola.

Il trasporto
Data un'equazione, se ne ottiene una equivalente se si trasporta un termine da un membro all'altro, cambiandolo di segno.

Applicando il primo principio di equivalenza:

$$A(x) \boxed{+a} = B(x) \quad \to \quad A(x) = B(x) \boxed{-a}$$

aggiungiamo $- a$ a entrambi i membri
$A(x) + a - a = B(x) - a$

ESEMPIO

$$7x + 2 = 6x + 1 \quad \to \quad 7x = 6x + 1 - 2$$

Con considerazioni analoghe si giunge alla seguente regola.

La cancellazione
Termini uguali presenti in entrambi i membri di un'equazione possono essere cancellati, ottenendo un'equazione equivalente.

Applicando il primo principio di equivalenza:

$$A(x)+a = B(x)+a \rightarrow A(x) = B(x)$$

aggiungiamo $-a$ a entrambi i membri
$A(x) + \cancel{a} - \cancel{a} = B(x) + \cancel{a} - \cancel{a}$

ESEMPIO

$$x+9=4+9 \rightarrow x+\cancel{9}=4+\cancel{9} \rightarrow x=4.$$

Il secondo principio di equivalenza

Il secondo principio di equivalenza si basa sulla seconda legge di monotonia.

Listen to it

You can obtain an *equation equivalent* to a given one by **multiplying or dividing** both terms by the same number or expression with letters (different from zero).

Secondo principio di equivalenza
Moltiplicando o dividendo entrambi i membri di un'equazione, definita in un insieme, per uno stesso numero o espressione letterale, definiti nello stesso insieme e diversi da zero, otteniamo un'equazione equivalente.

ESEMPIO $\frac{2}{3}x = 10$ ha come soluzione $x = 15$, perché $\frac{2}{3} \cdot 15 = 10$.

Moltiplichiamo i due membri per 3 e otteniamo l'equazione:

$$3 \cdot \frac{2}{3}x = 3 \cdot 10, \qquad \text{ossia} \qquad 2x = 30.$$

La soluzione di questa equazione è 15, quindi è equivalente a quella data.

Osservazione. Non possiamo dividere i membri di un'equazione per 0 perché la divisione per 0 non ha significato. Potremmo invece moltiplicare entrambi i membri per 0. Prendiamo, per esempio, l'equazione $3x = 6$, che ha come soluzione 2. Moltiplichiamo per 0 i due membri:

$$0 \cdot 3x = 0 \cdot 6 \rightarrow 0 \cdot x = 0.$$

Questa equazione ha come soluzione tutti i numeri reali. L'equazione ottenuta **non** è quindi equivalente a quella data.

Le applicazioni del secondo principio

Il secondo principio ha due utili applicazioni.

1. Se tutti i termini di un'equazione hanno un fattore numerico comune (*diverso da* 0), dividendo tutti i termini per quel fattore si ottiene un'equazione equivalente.

ESEMPIO Nell'equazione $3x + 9 = 24$, i termini $3x$, 9 e 24 sono tutti divisibili per 3; pertanto possiamo dividere ciascun termine per 3, ottenendo l'equazione

$x + 3 = 8$, equivalente a quella data.

2. Se in un'equazione sono presenti termini con coefficienti frazionari si ottiene un'equazione equivalente a coefficienti interi riducendo tutti i termini allo stesso denominatore e moltiplicando entrambi i membri per il mcm.

ESEMPIO Data l'equazione: $\frac{x}{2} = x + \frac{5}{3}$,

6 è il mcm fra i denominatori che compaiono nei due membri.

Scriviamo i termini con denominatore 6: $\frac{3x}{6} = \frac{6x+10}{6}$.

Applichiamo il secondo principio, moltiplicando i due membri per 6: $\frac{3x}{\cancel{6}} \cdot \cancel{6} = \frac{6x+10}{\cancel{6}} \cdot \cancel{6}$.

Otteniamo l'equazione equivalente: $3x = 6x + 10$.

Dal secondo principio di equivalenza deriva la seguente regola.

Il cambiamento di segno
Cambiando segno a tutti i termini di un'equazione, si ottiene un'equazione equivalente.

$$A(x) = B(x) \quad \rightarrow \quad -A(x) = -B(x)$$

Cambiare il segno a tutti i termini dell'equazione equivale a *moltiplicare i due membri dell'equazione per* -1.

ESEMPIO

$$-5x + 8 = -23 \quad \rightarrow \quad 5x - 8 = 23.$$

MATEMATICA INTORNO A NOI

Un po' di equilibrio
Una bilancia a bracci uguali è in equilibrio quando su entrambi i piatti sono posti oggetti di uguale peso. Per stabilire quanto pesano gli oggetti che confrontiamo, è necessario avere a disposizione qualche peso noto. Per questo le bilance vengono vendute con pesi di ottone di 5, 10, 20, 40, 50, 100, 200, 500 g.

► Hai una bilancia e due pesi, da 10 g e da 40 g. Come puoi separare con tre sole pesate 1800 g di mais in due mucchi, da 400 g e da 1400 g?

La risposta

4 Le equazioni numeriche intere

► Esercizi a p. 453

Le **equazioni numeriche intere** sono le equazioni a coefficienti numerici in cui l'incognita non è presente in alcun denominatore.

ESEMPIO

$$\frac{1}{2}x - 3 = \frac{1}{5}.$$

Osservazione. L'aggettivo «intere» è riferito all'incognita e non ai coefficienti, che possono essere frazionari.

La risoluzione di un'equazione numerica intera

Applicando i princìpi di equivalenza, è sempre possibile trasformare un'equazione di primo grado intera in un'equazione equivalente scritta nella forma

$$ax = b,$$

ossia tale che il primo membro contenga il termine con l'incognita e il secondo membro contenga il termine noto.

Se $a \neq 0$, per risolvere un'equazione scritta in questa forma, grazie al secondo principio di equivalenza basta dividere entrambi i membri per il coefficiente di x, ottenendo:

$$x = \frac{b}{a}.$$

ESEMPIO Risolviamo l'equazione:

$$4x - 9 + (x - 1)(x + 1) = (x - 3)^2 + 2x + 5.$$

Svolgiamo i calcoli e applichiamo la regola di cancellazione:

$$4x - 9 + \cancel{x}^2 - 1 = \cancel{x}^2 - 6x + 9 + 2x + 5;$$

$$4x - 9 - 1 = -6x + 9 + 2x + 5.$$

Riduciamo i termini simili:

$$4x - 10 = -4x + 14.$$

Applichiamo la regola del trasporto, spostando nel primo membro i termini con l'incognita e nel secondo membro i termini noti. Cambiamo segno a ogni termine che viene trasportato da una parte all'altra dell'uguale:

$$4x + 4x = 14 + 10.$$

Sommiamo i termini simili:

$$8x = 24.$$

Siamo giunti a un'equazione di primo grado scritta nella forma $ax = b$.

Per risolverla, applichiamo il secondo principio di equivalenza, dividendo i due membri per 8, cioè per il coefficiente di x:

$$\frac{8x}{8} = \frac{24}{8} \quad \rightarrow \quad x = 3.$$

La soluzione è $x = 3$.

▶ Risolvi la seguente equazione numerica intera applicando i princìpi di equivalenza. Confronta la tua risoluzione con quella proposta nel video.

$$\frac{4}{5}x - \frac{7}{15} - 8x = \frac{2}{3}x - 8x$$

Video

▶ Risolvi le seguenti equazioni precisando per ogni passaggio quale principio di equivalenza, o regola da esso derivata, applichi.

- $8x - 5 = 5 + 3x$
- $4\left(x + \frac{1}{2}\right) = 2 + 3x$

Le equazioni determinate, indeterminate, impossibili

Data un'equazione numerica nella forma $\boldsymbol{ax = b}$, a seconda dei valori assunti da a e da b, l'equazione può essere determinata, indeterminata, impossibile.

▶ Risolvi la seguente equazione.

$$\frac{x-3}{4} - \left[2\left(x - \frac{1}{3}\right) + 2\right] = \frac{1-x}{2} - \frac{1}{12}$$

Animazione

Equazione determinata

Se $\boldsymbol{a \neq 0}$, $\quad \boldsymbol{x = \frac{b}{a}}$.

Poiché il risultato della divisione è unico, l'equazione ha **una** e **una sola soluzione**.

Equazione indeterminata

Se si verificano entrambe le condizioni $\boldsymbol{a = 0}$ e $\boldsymbol{b = 0}$, abbiamo $0x = 0$.

Sostituendo a x un qualunque numero, l'uguaglianza è verificata. Infatti, moltiplicando qualsiasi numero per 0 si ottiene 0. Poiché l'equazione $0x = 0$ ha **infinite soluzioni**, l'equazione è **indeterminata** e l'insieme delle soluzioni è $\mathbb{R}$.

ESEMPIO Risolviamo l'equazione:

$$4x - 12 - 3x = 5 + x - 17 \rightarrow 4x - 3x - x = 12 + 5 - 17 \rightarrow 0x = 0.$$

L'equazione è indeterminata.

▶ Risolvi le seguenti equazioni.
a. $6x - 1 + 2(4 - x) = -3(1 - 2x) - 2x$
b. $-2(x - 1) = 8 + 2(2x - 3) - 6x$

Animazione

Equazione impossibile

Se si verificano le due condizioni

$\boldsymbol{a = 0}$ e $\boldsymbol{b \neq 0}$,

abbiamo $0x = b$, con $b \neq 0$.

Questa equazione non ha soluzioni, poiché non esiste un numero che, moltiplicato per 0, dia come risultato un numero diverso da 0.

Poiché **non ha soluzioni**, l'equazione è **impossibile** e l'insieme delle soluzioni è l'insieme vuoto: $S = \varnothing$.

ESEMPIO Risolviamo la seguente equazione:

$$2(x - 1) - 2x = 0 \rightarrow 2x - 2 - 2x = 0 \rightarrow 0x - 2 = 0 \rightarrow 0x = 2.$$

Poiché nessun numero, moltiplicato per 0, può dare 2, l'equazione è impossibile.

In sintesi:

$\boldsymbol{ax = b}$
- $\boldsymbol{a \neq 0}$: $\boldsymbol{x = \frac{b}{a}}$ — equazione determinata
- $\boldsymbol{a = 0}$
  - $\boldsymbol{b = 0}$ — equazione indeterminata
  - $\boldsymbol{b \neq 0}$ — equazione impossibile

MATEMATICA E STORIA

Il Papiro di Ahmes

Il primo documento con un problema la cui soluzione richiede un'equazione di primo grado si trova su un papiro egiziano del 1700 a.C. circa, il Papiro di Ahmes, conservato al British Museum di Londra.

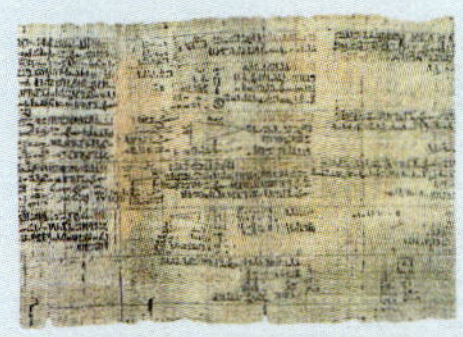

Approfondimento

5 Equazioni e problemi

▶ Esercizi a p. 459

Un problema numerico

Un mattone pesa 1 kg più mezzo mattone. Quanto pesa il mattone?

Poiché un mattone è costituito da due mezzi mattoni, 1 kg corrisponde al peso di mezzo mattone: quindi il mattone pesa 2 kg.

Dal problema all'equazione

Possiamo risolvere il problema anche scrivendo un'equazione. È sufficiente tradurre il testo del problema in un'uguaglianza in cui figura l'incognita.

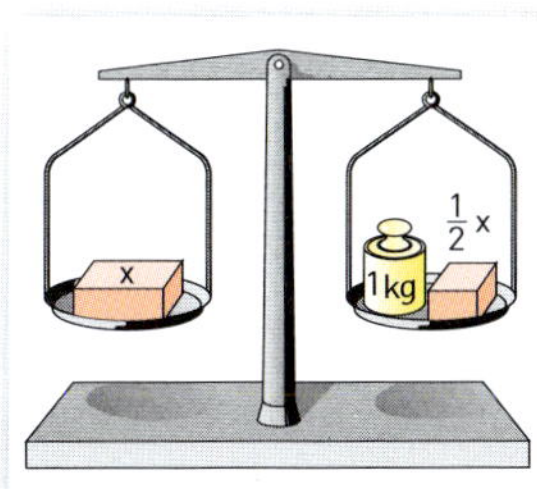

Indichiamo con x il peso di un mattone, scriviamo l'equazione e risolviamola mediante le tecniche incontrate:

$$x = 1 + \frac{1}{2}x \rightarrow 2x - x = 2 \rightarrow x = 2.$$

Pertanto il mattone pesa 2 kg.

In generale, le equazioni aiutano a risolvere problemi come questo o anche molto più complicati in modo relativamente semplice.

La scelta dell'incognita

Dalla scelta dell'incognita dipende spesso la maggiore o minore difficoltà dell'equazione. Il problema precedente può essere risolto scegliendo un'incognita diversa. Per esempio, possiamo indicare con x il peso di mezzo mattone. Il peso di un mattone è allora $2x$. L'equazione che risolve il problema diventa:

$$2x = 1 + x \quad \rightarrow \quad x = 1.$$

Mezzo mattone pesa 1 kg, un mattone pesa 2 kg.

Il controllo della soluzione

Un problema può anche non ammettere soluzione.

ESEMPIO

Problema

Cerchiamo due numeri naturali tali che la loro somma sia 20 e uno superi il doppio dell'altro di 26.

Soluzione

Se chiamiamo a e b i due numeri, in simboli abbiamo:

$a \in \mathbb{N}, b \in \mathbb{N}$;

prima relazione: $a + b = 20$;

seconda relazione: $b = 2a + 26$.

Se pensiamo a come incognita, utilizzando la prima relazione come equazione e sostituendo a b l'espressione data dalla seconda relazione, otteniamo:

$$a + \underbrace{(2a + 26)}_{b} = 20.$$

Risolviamo l'equazione:

$$a + (2a + 26) = 20 \rightarrow 3a + 26 = 20 \rightarrow 3a = 20 - 26 \rightarrow 3a = -6 \rightarrow a = -2.$$

Se $a = -2$, allora $b = 2 \cdot (-2) + 26 = 22$.

Poiché a non è un numero naturale, come richiesto dal problema, il problema non ammette soluzione ossia è *impossibile*.

▶ In un numero di due cifre, la cifra delle decine supera di 2 quella delle unità. Scambiando le cifre si ottiene un numero il cui doppio differisce dal numero iniziale di 28. Qual è il numero?

Animazione

▶ Per Natale, i nonni prelevano in banca € 1800 per i regali ai nipoti. Dopo pochi giorni, con il 27% di ciò che è rimasto sul conto, acquistano un'automobile. Nel conto restano € 13 286. Quanto c'era prima dei due prelievi? Qual è stata la spesa per l'auto?

Video

PROBLEMA

Occhio al trucco! Riccardo propone più volte ai suoi compagni un gioco con un mazzo da 54 carte. Scrive su un foglio una carta e fa scegliere a un compagno un numero maggiore di 10 e minore di 20. Poi prende una alla volta, togliendole dalla cima del mazzo e mettendole una sopra l'altra, tante carte quante dice il numero scelto. Mette via le altre e afferma che quella indicata nel foglio si trova nel mazzetto che ha in mano, nel punto indicato dalla somma delle cifre del numero scelto. Non sbaglia mai!

(Da un'idea di Ennio Peres)

▶ Spiega perché il trucco funziona.

Scheda di lavoro

Equazioni e problemi geometrici

Problema

La somma delle lunghezze di due segmenti *AB* e *CD* è 41 cm. Il segmento *AB* supera di 8 cm la metà del segmento *CD*. Determina la misura dei due segmenti.

Soluzione

1. Di solito, nei problemi geometrici è consigliabile disegnare una figura.

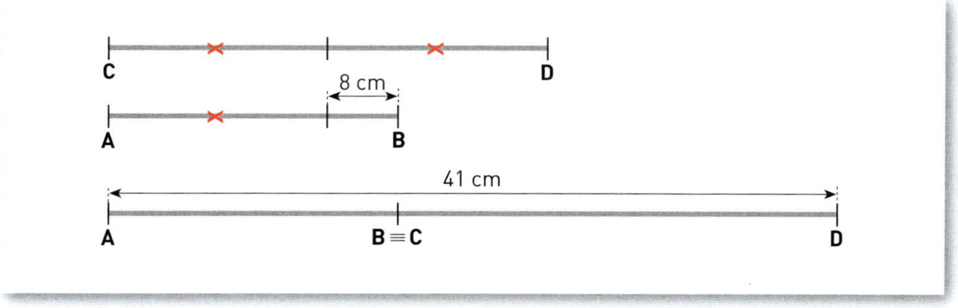

2. Le richieste del problema sono le misure delle lunghezze di *AB* e di *CD*.

3. Scegliamo l'incognita: $x = \overline{AB}$.
Scriviamo per quali condizioni è accettabile la soluzione.
Poiché x è la misura della lunghezza di un segmento, si deve avere $x > 0$.

4. Scriviamo le relazioni fornite dal problema:

$$\overline{AB} + \overline{CD} = 41 \quad \text{e} \quad \overline{AB} = \frac{1}{2}\overline{CD} + 8.$$

Sostituiamo ad $\overline{AB}$ l'incognita x:

$$x + \overline{CD} = 41 \qquad x = \frac{1}{2}\overline{CD} + 8.$$

Determiniamo $\overline{CD}$ in funzione di x dalla prima relazione:

$$\overline{CD} = 41 - x.$$

5. Sostituiamo l'espressione trovata nella seconda relazione, ottenendo l'equazione risolvente:

$$x = \frac{1}{2}(41 - x) + 8.$$

6. Risolviamo l'equazione:

$$x = \frac{41}{2} - \frac{x}{2} + 8 \rightarrow 2x = 41 - x + 16 \rightarrow 3x = 57$$

$$x = \frac{57}{3}, \qquad \text{ossia} \qquad x = 19.$$

7. Verifichiamo se la soluzione è accettabile. Poiché $x > 0$, la soluzione è accettabile.

8. Scriviamo la risposta al problema:

$$\overline{AB} = 19, \quad \overline{CD} = 41 - 19 = 22.$$

Se consideriamo la lunghezza, scriviamo:

$$AB = 19 \text{ cm}, \qquad CD = 22 \text{ cm}.$$

► Risolvi lo stesso problema scegliendo come incognita $x = \overline{CD}$.

► In un triangolo *ABC* l'angolo α è il doppio dell'angolo β e β supera γ di 20°. Determina i tre angoli.

Animazione

6 Le equazioni fratte

▶ Esercizi a p. 469

Un'equazione è **fratta** se l'incognita compare in almeno un denominatore dei suoi termini.

Listen to it

A **rational equation** is an equation in which the unknown appears in the denominator of *at least* one of the terms.

ESEMPIO

$$\frac{x}{x-1} = \frac{1}{x-1} \quad \text{e} \quad 3 + \frac{2x}{x+1} = 0$$

sono equazioni numeriche fratte.

La risoluzione di un'equazione numerica fratta

Prima di risolvere un'equazione numerica fratta, dobbiamo determinare le condizioni di esistenza delle frazioni algebriche presenti.
Poi possiamo procedere alla risoluzione applicando i princìpi di equivalenza. La soluzione trovata sarà accettabile solo se rispetta le condizioni di esistenza.

ESEMPIO Risolviamo l'equazione:

$$\frac{x-1}{x} = \frac{x-3}{x+1}$$

Le due frazioni algebriche contenute nell'equazione hanno significato solo se $x \neq 0$ e $x+1 \neq 0$, cioè $x \neq -1$:

C.E.: $x \neq 0$; $x \neq -1$.

Riduciamo entrambi i membri allo stesso denominatore, mcm dei due denominatori:

$$\frac{(x-1)(x+1)}{x(x+1)} = \frac{x(x-3)}{x(x+1)}.$$

Moltiplichiamo entrambi i membri per il mcm $x(x+1)$ e semplifichiamo:

$$(x-1)(x+1) = x(x-3).$$

Risolviamo l'equazione trovata:

$$x^2 - 1 = x^2 - 3x \quad \rightarrow \quad 3x = 1.$$

Otteniamo la soluzione

$$x = \frac{1}{3}.$$

La soluzione trovata soddisfa le C.E., quindi è accettabile.

L'equazione è determinata, con soluzione $x = \frac{1}{3}$.

▶ Risolvi la seguente equazione.

$$\frac{x+16}{x^2-3x-10} + 2 = \frac{x-2}{x-5} + \frac{x}{x+2}$$

Animazione

Anche le equazioni fratte, come quelle intere, possono essere determinate, indeterminate o impossibili.

ESEMPIO Risolviamo l'equazione:

$$\frac{x}{x-1} = \frac{1}{x-1}.$$

Le due frazioni algebriche hanno significato solo se $x - 1 \neq 0$, cioè se $x \neq 1$:

C.E.: $x \neq 1$.

Applichiamo il secondo principio di equivalenza, moltiplicando entrambi i membri per $x - 1$:

$$\frac{x}{x-1}(x-1) = \frac{1}{x-1}(x-1).$$

Otteniamo la soluzione:

$$x = 1.$$

Controlliamo che le soluzioni siano accettabili.

Poiché la soluzione $x = 1$ non soddisfa le C.E. non può essere accettata, quindi l'equazione è impossibile.

In sintesi, per risolvere un'equazione numerica fratta dobbiamo:

- determinare le condizioni di esistenza delle frazioni algebriche presenti nell'equazione, che hanno incognita al denominatore;
- portare tutte le frazioni algebriche a denominatore comune;
- moltiplicare entrambi i membri dell'equazione per tale denominatore, in modo da ottenere un'equazione intera;
- calcolare le soluzioni dell'equazione intera;
- controllare che tali soluzioni siano accettabili, cioè che sodisfino le C.E.: solo le soluzioni accettabili sono soluzioni dell'equazione fratta.

▶ Risolvi la seguente equazione:

$$\frac{x-2}{x^2-x} - \frac{1}{x^2-3x+2} = \frac{x-1}{x(x-2)}.$$

Video

7 Le equazioni letterali

▶ Esercizi a p. 474

Le equazioni letterali presentano, oltre all'incognita, una o più lettere, i **parametri**.

ESEMPIO L'equazione, nell'incognita x,

$$\frac{(a+1)x}{2a} = \frac{5a(b-3)}{6b}$$ è letterale intera.

Per particolari valori numerici attribuiti ai parametri, un'equazione letterale diventa numerica e, in genere, le soluzioni dell'equazione dipendono dai valori attribuiti ai parametri.

La risoluzione di un'equazione letterale intera

Per risolvere un'**equazione letterale intera** dobbiamo arrivare, mediante i princìpi di equivalenza, alla forma $Ax = B$ e determinare poi per quali valori dei parametri l'equazione è determinata, indeterminata o impossibile.

ESEMPIO Risolviamo l'equazione, nell'incognita x, con parametro a:

$$ax - 3a = 2x.$$

Portiamo al primo membro i termini con l'incognita e al secondo gli altri:

$$ax - 2x = 3a.$$

Raccogliamo x:

$$(a-2)x = 3a.$$

▶ Risolvi e discuti la seguente equazione nell'incognita x, al variare del parametro in $\mathbb{R}$.

$$2 - \frac{x}{b-2} = \frac{x+2}{b}$$

Animazione

Discussione

Prima di dividere i due membri per $(a-2)$ dobbiamo porre la condizione:

$a-2 \neq 0$, ossia $\boldsymbol{a \neq 2}$.

Se questa condizione è verificata, possiamo dividere i due membri per $a-2$. In tal caso l'equazione è determinata e la soluzione è:

$$x = \frac{3a}{a-2}.$$

La soluzione dell'equazione è una funzione di a: se $a = 5$, la soluzione è $x = 5$; se $a = 3$, la soluzione è $x = 9$ e così via.

Per analizzare il caso $\boldsymbol{a = 2}$, sostituiamo 2 ad a nell'equazione $(a-2)x = 3a$. Troviamo:

$0x = 3 \cdot 2 \rightarrow 0x = 6 \rightarrow$ l'equazione è impossibile.

In sintesi:

- se $a \neq 2$, l'equazione è determinata e la soluzione è $x = \frac{3a}{a-2}$;
- se $a = 2$, l'equazione è impossibile.

▶ Risolvi e discuti la seguente equazione nell'incognita x, al variare del parametro in $\mathbb{R}$.

$$\frac{2}{a-2} + \frac{x-2}{a^2-2a} = \frac{ax+4}{a-2}$$

Video

La risoluzione di un'equazione letterale fratta

Un'**equazione letterale fratta** ha l'incognita che compare in almeno uno dei denominatori dei suoi termini. Oltre alle eventuali C.E. per parametri presenti nei denominatori, dobbiamo quindi tener conto delle C.E. dovute alla presenza dell'incognita al denominatore.

ESEMPIO Risolviamo la seguente equazione, nell'incognita x e parametro a:

$$\frac{a+1}{ax-a} = \frac{1}{2a} \rightarrow \frac{a+1}{a(x-1)} = \frac{1}{2a}.$$

Determiniamo le C.E. del parametro e dell'incognita.

C.E. parametro: $\boldsymbol{a \neq 0}$; C.E. incognita: $\boldsymbol{x \neq 1}$.

$2(a+1) = x-1 \rightarrow x = 2a+2+1 \rightarrow x = 2a+3$

Osservando le condizioni di esistenza dell'incognita x dobbiamo porre:

$2a+3 \neq 1 \rightarrow 2a \neq -2 \rightarrow a \neq -1.$

Pertanto:

- se $a = 0$, l'equazione perde di significato;
- se $a = -1$, l'equazione è impossibile;
- se $a \neq 0 \wedge a \neq -1$, l'equazione è determinata e la soluzione è $x = 2a+3$.

▶ Risolvi e discuti la seguente equazione nell'incognita x, al variare di a in $\mathbb{R}$.

$$\frac{1}{x+1} = \frac{5}{4x} - \frac{a}{8x(x+1)}$$

Animazione

▶ Risolvi e discuti la seguente equazione nell'incognita x, al variare di a in $\mathbb{R}$.

$$\frac{a+3}{3x} - \frac{4a}{a-3} = \frac{1-a}{x}$$

Animazione

PROBLEMA

Il principe e il messaggero «Partito per esplorare il regno di mio padre, percorrevo 40 leghe al giorno. Già all'inizio del secondo giorno di viaggio mi preoccupai di poter comunicare con i miei cari. Fra i cavalieri scelsi il migliore, Alessandro, e gli chiesi di fare la spola tra la nostra posizione e il castello. Ogni giorno Alessandro percorreva 80 leghe... Oggi partirà di nuovo per il castello. Ho calcolato che lo potrei rivedere solo fra più di trent'anni.» Quando il principe pronuncia questa frase, quanti giorni sono trascorsi dalla partenza? (Liberamente ispirato al racconto *I sette messaggeri*, Dino Buzzati, *Sessanta racconti*, Mondadori, 2001)

▶ Rappresenta la situazione con una tabella e un grafico. Se un incontro avviene a una certa distanza dal castello, a quale distanza avviene l'incontro successivo? E in che giorno?

Scheda di lavoro

IN SINTESI
Le equazioni lineari

Le identità

Un'**identità** è un'uguaglianza fra due espressioni letterali che risulta verificata per qualunque valore attribuito alle lettere contenute nelle espressioni.

Le equazioni

Un'**equazione** è un'uguaglianza fra due espressioni letterali per la quale si cercano i valori da attribuire alle lettere per renderla vera. Tali valori sono le **soluzioni** o **radici** dell'equazione.

ESEMPIO $x - 1 = 0$

incognita (x) — soluzione dell'equazione (1)

è verificata solo se $x = 1$.

Un'equazione $P(x) = 0$ è in **forma normale** se il polinomio $P(x)$, nella variabile x, non contiene termini simili. Il **grado** dell'equazione è il grado del polinomio ridotto.

Un'**equazione lineare** è un'equazione di primo grado. Le equazioni possono essere **numeriche** o **letterali** a seconda che, oltre all'incognita, contengano soltanto numeri o anche altre lettere dette *parametri*. Possono essere **intere** o **fratte** a seconda che l'incognita sia presente solo nei numeratori oppure anche nei denominatori.

Un'equazione è **determinata** se ha un numero finito di soluzioni; è **indeterminata** se ha infinite soluzioni; è **impossibile** se non ha soluzioni.

Tipi di equazioni

numerica intera	numerica fratta	letterale intera	letterale fratta
$\frac{1}{2}x - 1 = \frac{x+3}{5}$	$\frac{1}{x} = 2 - x$	$ax = \frac{1}{2}$	$\frac{a}{x} = b$

I princìpi di equivalenza

Due equazioni definite nello stesso insieme e contenenti le stesse incognite sono **equivalenti** se hanno lo stesso insieme di soluzioni.

ESEMPIO $x + 5 = 9$ e $x - 4 = 0$
sono equivalenti.
Entrambe hanno come unica soluzione 4.

Primo principio di equivalenza delle equazioni. Aggiungendo o sottraendo a entrambi i membri di un'equazione, definita in un insieme, uno stesso numero o espressione letterale, definiti nello stesso insieme, otteniamo un'equazione equivalente.

ESEMPIO $3x + 2 = 7$ è equivalente a
$3x + 2 - 2 = 7 - 2$.

Dal primo principio discendono due regole.

- **Regola del trasporto**. Data un'equazione, se ne ottiene una equivalente se si trasporta un termine da un membro all'altro, cambiandolo di segno.
- **Regola di cancellazione**. Termini uguali presenti in entrambi i membri di un'equazione possono essere cancellati, ottenendo un'equazione equivalente.

Secondo principio di equivalenza delle equazioni. Moltiplicando o dividendo entrambi i membri di un'equazione, definita in un insieme, per uno stesso numero o espressione letterale, definiti nello stesso insieme e diversi da zero, otteniamo un'equazione equivalente.

Dal secondo principio discendono due applicazioni e una regola.

1. Se tutti i termini di un'equazione hanno un fattore numerico comune, si possono dividere tutti i termini per tale fattore, ottenendo un'equazione equivalente.

2. Se in un'equazione sono presenti termini con coefficienti frazionari si ottiene un'equazione equivalente a coefficienti interi riducendo tutti i termini allo stesso denominatore e moltiplicando entrambi i membri per il mcm.

- **Regola del cambiamento di segno**. Moltiplicando entrambi i membri di un'equazione per -1 è possibile cambiare segno a **tutti** i termini, ottenendo un'equazione equivalente.

ESEMPIO $-3x+2=+5$

$$\downarrow \quad \downarrow \quad \downarrow$$

$$+3x-2=-5.$$

Le equazioni numeriche intere

È sempre possibile scrivere un'equazione di primo grado nella forma $ax=b$.

- Se $a \neq 0$, allora $\frac{ax}{a}=\frac{b}{a}$:
  la soluzione è $x=\frac{b}{a}$,
  l'equazione è **determinata**.
- Se $a=0$ e $b=0$, allora $0 \cdot x=0$:
  l'equazione è **indeterminata**.
- Se $a=0$ e $b \neq 0$, allora $0 \cdot x=b$:
  l'equazione è **impossibile**.

Equazioni e problemi

Risolvere un problema significa tradurre le frasi che compongono il testo del problema in un'equazione utilizzando simboli matematici. La soluzione dell'equazione, se esiste, è la soluzione del problema.

Il testo del problema deve fornire le informazioni necessarie per individuare un'incognita (x) e le relazioni con gli altri dati. Trovare il valore dell'incognita è la richiesta del problema.

La relazione fra i dati e la x, permettono di individuare le condizioni che rendono accettabili i risultati ottenuti.

Una volta risolta l'equazione, infatti, è necessario verificare se la soluzione trovata soddisfa le condizioni poste.

Il problema perciò a seconda della soluzione trovata e delle condizioni poste può essere determinato se ha un numero finito di soluzioni, indeterminato se ne ha infinite, impossibile se non ne ha nessuna.

Le equazioni fratte

Prima di risolvere un'**equazione numerica fratta**, dobbiamo determinare le **condizioni di esistenza** delle frazioni algebriche presenti.

Al termine della risoluzione dobbiamo **controllare se le soluzioni sono accettabili**.

ESEMPIO $\frac{3x-1}{x}=2$; C.E.: $x \neq 0$.

controllo della soluzione: accettabile

$$3x-1=2x \rightarrow 3x-2x=1 \rightarrow x=1.$$

Le equazioni letterali

Quando risolviamo un'**equazione letterale intera**, dobbiamo eseguire la discussione.

ESEMPIO $ax=2$.

Discussione

- Se $a \neq 0$, $x=\frac{2}{a}$: l'equazione è determinata.
- Se $a=0$, $0 \cdot x=2$: l'equazione è impossibile.

Anche quando risolviamo le **equazioni letterali fratte**, dobbiamo eseguire la discussione.

ESEMPIO $\frac{a+2}{x}=1$; C.E.: $x \neq 0$.

$$\frac{a+2}{x}=1 \rightarrow x=a+2.$$

Poniamo $a+2 \neq 0 \rightarrow a \neq -2$.

Discussione

- Se $a \neq -2$, $x=a+2$: l'equazione è determinata.
- Se $a=-2$: l'equazione è impossibile.

CAPITOLO 10 ESERCIZI

1 Le identità

▶ Teoria a p. 430

Identità e condizioni di esistenza di un'identità

1 Quando si devono porre le condizioni di esistenza di un'identità?

2 Scrivi un'identità che abbia significato per ogni valore di $a \in \mathbb{R}$.

3 **ESERCIZIO GUIDA** Stabiliamo se la seguente uguaglianza è un'identità:

$$(a+b)^2 - 8ab = a^2 + b(b-6a).$$

Semplifichiamo l'espressione al primo membro:

$$a^2 + b^2 + 2ab - 8ab = \underline{a^2 + b^2 - 6ab}.$$

Semplifichiamo l'espressione al secondo membro:

$$a^2 + b(b-6a) = \underline{a^2 + b^2 - 6ab}.$$

L'uguaglianza è un'identità perché il primo e il secondo membro, semplificati, forniscono la stessa espressione.

Stabilisci se le seguenti uguaglianze sono identità.

4 $[4a^3b^3 : (-b^2)] : (2a^2b) = \left(-\frac{2}{3}a^2b\right) : \left(\frac{1}{3}ab\right)$ [sì]

5 $-a + b^2 + 2(a-b) + (a-b)(a+b) = a + b^2 - (2b - a^2 + b^2)$ [sì]

6 $\left(\frac{1}{4}a - \frac{1}{5}a\right)3a + a^2 = \frac{3}{4}a^2 + \frac{2}{5}a^2$ [sì]

7 $3(a-2)^2 - 3a(a-4) = 3a(2a-a) + 12(1-6a)$ [no]

8 $3(a+b)^2 - 6ab + (a-b)(a+b) = 4(a^2-1) + 2(2-b^2)$ [no]

9 **YOU & MATHS** **Making an identity** Make the following equalities into identities.

a. $6x + 2 = \boxed{} + \frac{5}{3} - \frac{1}{2}x$

b. $\frac{1}{3} + 2x = x + \boxed{} + x^2$

COMPLETA l'espressione in modo che l'uguaglianza risulti un'identità.

10 $9\left(x - \frac{1}{3}\right)^2 - (1-3x)(1+3x) = 6x \cdot \boxed{}$

11 $2x\left(x + \frac{3}{2}\right) - \boxed{} = (x-2)^2 - 4$

Le condizioni di esistenza di un'identità

12 ESERCIZIO GUIDA Stabiliamo se l'uguaglianza

$$\frac{1}{a-1}+2a=\frac{2a^2}{a-1}-\frac{2a-1}{a-1}$$

è un'identità e, in caso affermativo, scriviamo sotto quali condizioni ha significato.

Semplifichiamo il primo membro:

$$\frac{1}{a-1}+2a=\frac{1+2a(a-1)}{a-1}=\frac{1+2a^2-2a}{a-1}=\underline{\frac{2a^2-2a+1}{a-1}}.$$

Semplifichiamo il secondo membro:

$$\frac{2a^2}{a-1}-\frac{2a-1}{a-1}=\underline{\frac{2a^2-2a+1}{a-1}}.$$

Affinché le frazioni algebriche nei due membri abbiano significato, bisogna che il denominatore sia diverso da 0, cioè che $a-1\neq 0$, quindi $a\neq 1$.

Se $a\neq 1$, l'uguaglianza è un'identità, poiché i due membri risultano uguali.

Stabilisci se le seguenti uguaglianze sono identità e, in caso affermativo, scrivi sotto quali condizioni hanno significato.

13 $\frac{a+2}{2a}=\frac{1}{a}+\frac{1}{2}$ [sì; $a\neq 0$]

14 $\frac{1}{a}+\frac{1}{b}=\frac{a+b}{ab}$ [sì; $a\neq 0 \wedge b\neq 0$]

15 $\frac{1}{b}+\frac{b+1}{2b^2}=\frac{b-2}{2b}+\frac{1}{b^2}$ [no]

16 $\frac{a}{bx}-\frac{a+1}{x}+b=-\frac{1}{x}-\frac{a-b^2}{b}+1$ [no]

17 $\frac{1}{a}+a(a+1)=\frac{1+a^2(a+1)}{a}$ [sì; $a\neq 0$]

18 $\frac{a}{a-2}+\frac{1}{a}=-\frac{2}{a^2-2a}+\frac{a+1}{a-2}$ [sì; $a\neq 0 \wedge a\neq 2$]

19 $\frac{2y}{y^2-9}-1=\frac{y-1}{y-3}-\frac{3}{y+3}$ [no]

2 Le equazioni

Teoria a p. 431

Le soluzioni di un'equazione

20 TEST Quale, fra le seguenti, è soluzione dell'equazione $x^2-4x+4=0$?

A $x=1$ B $x=2$ C $x=3$ D $x=-1$ E $x=-2$

Di fianco a ogni equazione sono scritti alcuni valori; verifica se sono soluzioni dell'equazione.

21 $1-x=2x+7$ $x=3$; $x=-2$.

22 $2x+1-6x=13$ $x=-4$; $x=-3$.

23 $(y-2)^2+14=8y-3y$ $y=3$; $y=-2$.

24 ESEMPIO DIGITALE $\frac{2-3x}{4}+\frac{1}{2}=\frac{x}{4}$ $\quad x=\frac{1}{4};\quad x=-1;\quad x=1.$

25 $4t+5=7t-2(t-4)-2t$ $\quad t=-1;\quad t=3.$

26 TEST $x=0$ è soluzione di *una sola* delle seguenti equazioni. Quale?

A $\frac{3}{x}=0$

B $\frac{x^2-x}{x}=0$

C $4x=0$

D $x=4+x$

27 INVALSI 2008 Qual è il valore di x che soddisfa l'equazione $3(2x-1)+2x=21$?

A -3

B $-\frac{11}{4}$

C $\frac{11}{4}$

D 3

I diversi tipi di equazioni

28 ESERCIZIO GUIDA Indichiamo per ogni equazione nell'incognita x il tipo al quale essa appartiene.

$\frac{3}{2}x-\frac{1}{5}=6x$ equazione numerica intera.

$\frac{3}{2x}-\frac{1}{5x}=6$ equazione numerica fratta.

$\frac{x}{a}-\frac{2}{a-1}=8ax$ equazione letterale intera.

$\frac{2}{ax+b}=\frac{3ax}{x+1}$ equazione letterale fratta.

Indica per ogni equazione nell'incognita x il tipo al quale essa appartiene.

29 $\frac{1}{2}x-\frac{1}{3}=6;\quad ax-2+x=5-3(ax+1);\quad \frac{3}{2}x-3+\frac{2}{3}x=\frac{1}{2}x+1.$

30 $\frac{1}{a}=x+1;\quad \frac{x}{-a}-\frac{2x}{b}=\frac{3}{ab};\quad \frac{1}{x}=6x+3.$

31 $\frac{1}{x-1}=\frac{3a}{2x-2};\quad \frac{2}{a}=\frac{5}{x};\quad \frac{2ax}{a+b}=\frac{a-b}{x}.$

La forma normale di un'equazione e il suo grado

32 TEST Fra le seguenti uguaglianze solo *una* è un'equazione lineare intera. Quale?

A $x^2+2x+1=0$

B $\frac{x+1}{x-1}=2$

C $\frac{1}{x+1}=\frac{1}{3}$

D $\frac{3}{x}+1=4x$

E $2x-3=3^2(1-x)$

Fra le seguenti equazioni nell'incognita x, riconosci quelle scritte in forma normale e, per ognuna di queste, scrivi il grado e il termine noto.

33
$x=1;$
$x^2-1=0;$
$3x+2=1-5x;$
$6x-x^3=0;$
$(2x-3)^2+4x=0;$
$a^3+x^2=0.$

34
$x^2-5x+6=0;$
$ax+x-1=0;$
$x^3-3x^2=2x+1;$
$4x^2-6x=2;$
$b^2+bx+x=0;$
$\frac{3}{5}x^4-2x^3+\frac{1}{2}=0.$

35
$a^3x+x^2+a-1=0;$
$4x+2x^2-x-x^2+1=0;$
$\frac{3}{8}x-\frac{1}{2}x=0;$
$5x-8x+1-6x+10=0;$
$1-3x^2+2x=0.$

36 Qual è il grado dell'equazione $4x^2-x+x(7+4x)=6$? E di $4x^2-x-x(7+4x)=6$?

Riduci a forma normale le seguenti equazioni numeriche e scrivi il grado e il termine noto di ciascuna.

37 $(2x-3)^2 - x(4x^2+3) - 9 = 0$

38 $2x - 1 + x(x+1) - x^2 + 8x = 0$

39 $(x+3)\left(x-\frac{1}{2}\right) - x^2 + \frac{3}{2}x = 0$

40 $(1+2x)(1-2x) + (2x-1)^2 = 0$

41 $\left(1-\frac{1}{2}x\right)^2 - \left(4x+\frac{3}{8}\right) = 0$

42 $(1-x)^3(x+2) - x(3-x^5) + 2 = 0$

43 ESEMPIO DIGITALE $x + (1-2x)^2 - 6x(1-x)(1+x) = 0$

3 I princìpi di equivalenza

▶ Teoria a p. 433

Le equazioni equivalenti

44 ASSOCIA ogni equazione a sinistra a quella equivalente a destra.

1. $2x+1=1$
2. $2x-1=0$
3. $x-2=0$
4. $-x-2=0$

a. $x=2$
b. $x=-2$
c. $x=\frac{1}{2}$
d. $x=0$

45 TEST Le seguenti equazioni sono equivalenti a $x=-2$, *tranne* una. Quale?

A $x+1=2x+3$
B $-x=2$
C $2x+1=-3$
D $2x+3=0$
E $3(x+2)=2(x+2)$

Stabilisci se le seguenti coppie di equazioni sono equivalenti, sapendo che hanno una sola soluzione, che è uguale a uno dei numeri scritti a fianco.

46 $3x-15=0$ e $-3x+15=0$; $\quad -5, 5, \frac{1}{5}$.

47 $2x+10=0$ e $x+10=0$; $\quad -5, 5, -10$.

48 $5x+10=0$ e $15x+30=0$; $\quad 2, -2, 3$.

49 $2x+8=0$ e $-2x+8=0$; $\quad 4, 0, -4$.

50 $3x-2=0$ e $6x-4=0$; $\quad -1, 2, \frac{2}{3}$.

51 $-8x+\frac{1}{4}=0$ e $32x-1=0$; $\quad \frac{1}{8}, \frac{1}{4}, \frac{1}{32}$.

Il primo principio di equivalenza

52 TEST È data l'equazione $\frac{3}{2}x+1=x+\frac{1}{2}$. Quale, fra le seguenti equazioni, è stata ricavata applicando in modo corretto il primo principio di equivalenza?

A $\frac{3}{2}x+1-x-1=x+\frac{1}{2}-x-1$

B $\frac{3}{2}x+1+x=\frac{1}{2}$

C $\frac{3}{2}x+x=\frac{1}{2}+1$

D $3x+2=2x+1$

E $\frac{3}{2}x+1-1=x+\frac{1}{2}-x$

Per ogni equazione proposta, scrivine altre due a essa equivalenti, applicando il primo principio di equivalenza.

53 $6x+10=8x+6;\quad 3x+7=x-5.$

54 $x^2-3x+1=x^2+5-6x;$ $\frac{3}{4}x^3-2x^2+\frac{1}{2}=0.$

55 $2ax-3b=-3b;\quad 6ax-\frac{1}{3}ab=\frac{1}{3}ab.$

56 $\frac{x-1}{2a}-\frac{a}{b}=\frac{ax}{2b};\quad \frac{1}{x}-\frac{3a}{x-1}=1+\frac{2}{x}.$

57 ESERCIZIO GUIDA Data l'equazione $4x-2=3x+5$, applichiamo due volte il primo principio di equivalenza, nel seguente modo:

a. aggiungiamo 2 ai due membri;

b. sottraiamo $3x$ da entrambi i membri. Troveremo la soluzione dell'equazione.

a. Aggiungiamo 2:

$$4x-2+2=3x+5+2$$

$$4x=3x+7.$$

b. Sottraiamo $3x$:

$$4x-3x=3x+7-3x$$

$$x=7.$$

Per risolvere ogni equazione applica due volte il primo principio di equivalenza, seguendo le indicazioni scritte a fianco.

58 $6-8x=3-9x$ **1.** aggiungi $9x$; **2.** sottrai 6. $[x=-3]$

59 $2x-3x+1+8x=2x+5+4x-3$ **1.** sottrai $6x$; **2.** sottrai 1. $[x=1]$

60 $10x-8-3x=4x+2+2x$ **1.** aggiungi 8; **2.** sottrai $6x$. $[x=10]$

61 $-8x+6+5x-1=3-14x-7+10x$ **1.** aggiungi $4x$; **2.** sottrai 5. $[x=-9]$

Le applicazioni del primo principio

62 ESERCIZIO GUIDA Risolviamo l'equazione $(4x-1)^2-x(1-2x)=2x[5x-(5-4x)]$.
Scriviamo quando utilizziamo la regola del trasporto o la regola di cancellazione.

Eseguiamo i calcoli per eliminare le parentesi:

$$16x^2-8x+1-x+2x^2=2x(5x-5+4x).$$

Sommiamo i termini simili e completiamo i calcoli:

$$18x^2-9x+1=18x^2-10x.$$

Applichiamo la **regola di cancellazione**:

$$\cancel{18x^2}-9x+1=\cancel{18x^2}-10x.$$

Trasportiamo al primo membro i termini con l'incognita, al secondo membro quelli senza:

$$-9x+10x=-1 \quad \textbf{regola del trasporto}.$$

La soluzione dell'equazione è $x=-1$.

Risolvi le seguenti equazioni nell'incognita x, scrivendo quando utilizzi la regola del trasporto o quella di cancellazione.

63 $3x-2=2(x-1)+8$ $[8]$

64 $10x+7-6(x-1)=3(x+3)$ $[-4]$

65 $3(2-x)+2+4x=1-[x-(2+x)-1]$ $[-4]$

66 $5-x[4-(1-x)5]=5(1-x)(x+1)$ $[0]$

67 $(x+1)(1+a)=2ax-a(x-3)$ $[2a-1]$

68 $5a(x+2)+3(x+a)=4(x+3a)-5(1-ax)$ $[5+a]$

ESERCIZI

Il secondo principio di equivalenza

69 TEST È data l'equazione $2x-1=3x-\frac{1}{3}$. Solo una delle seguenti equazioni è stata ottenuta applicando in modo corretto il secondo principio di equivalenza. Quale?

A $3(2x-1)=9x$

B $6x-3=9x-1$

C $\frac{1}{3}(2x-1)=\frac{1}{3}(3x-1)$

D $2x-1+\frac{1}{3}=3x$

E $2x-3x=-\frac{1}{3}+1$

Per ogni equazione proposta scrivine altre due a essa equivalenti, applicando il secondo principio di equivalenza.

70 $-x-3=4;\quad -10x=2;\quad -\frac{1}{2}x=-2.$

71 $\frac{x-5}{6}=\frac{1}{6};\quad 1+\frac{x-5}{6}=\frac{1}{6};\quad 1+\frac{x-5}{6}=\frac{1}{6}+\frac{2}{3}.$

Per ogni equazione proposta scrivine altre due a essa equivalenti, applicando entrambi i princìpi di equivalenza.

72 $-3x+5=-4;\quad \frac{1}{2}x-\frac{3}{2}=1;\quad 1-\frac{1}{2}x-\frac{3}{2}=\frac{1}{3}x+\frac{3}{4}.$

73 $\frac{x-5}{2}=\frac{1-3x}{4};\quad 2+\frac{x-5}{2}=\frac{1-3x}{4}-1;\quad \frac{6x+1}{3}=1-\frac{1-2x}{6}.$

74 YOU & MATHS **Become aware of your process** Solve the following equation and write down each move you make during the process. Explain why your moves are correct.

$3x+7=x-1$

Per risolvere le seguenti equazioni applica il secondo principio di equivalenza seguendo e completando le indicazioni scritte a fianco.

75 $2x=10$ dividi per 2.

76 $-x=15$ moltiplica per -1.

77 $\frac{1}{3}x=\frac{6}{5}$ moltiplica per 3.

78 $-\frac{2}{3}x=5$ **1.** moltiplica per -1; **2.** moltiplica per 3; **3.** dividi per ______.

79 $\frac{3}{2}x=-\frac{1}{5}$ moltiplica per $\frac{2}{3}$.

80 $-\frac{6}{11}x=\frac{12}{11}$ moltiplica per $-\frac{11}{6}$.

81 $\frac{1}{3}a^2x=\frac{1}{2}b$ **1.** moltiplica per 3; **2.** dividi per $a^2\neq 0$.

82 $(a+1)x=3a$ dividi per $a+1\neq 0$.

Le applicazioni del secondo principio

83 ESERCIZIO GUIDA Risolviamo l'equazione $4x-12=24x+8$, scrivendo quali regole applichiamo.

$4x-12=24x+8.$

Dividiamo entrambi i membri per 4: $x-3=6x+2$ **secondo principio**

Trasportiamo x al secondo membro, per avere il coefficiente di x positivo, e i termini numerici al primo membro: $-3-2=6x-x \rightarrow -5=5x$ **regola del trasporto**

Dividiamo entrambi i membri per 5:

$-1=x$ **secondo principio**

La soluzione è $x=-1$.

Risolvi le seguenti equazioni, scrivendo quali regole applichi.

84 ●○ ESEMPIO DIGITALE $5\left(3x+\frac{1}{2}\right)=-10(1-3x)$

85 ●○ $8x-24=48x+16;$ $\quad 5(1-x)+10(2-2x)=15-20x.$ $\quad [-1;2]$

86 ●○ $27x-9=18(x-1)+45x;$ $\quad 6(x+2)-12(1-x)=18(4-2x)+24.$ $\quad \left[\frac{1}{4};\frac{16}{9}\right]$

87 ●○ SPIEGA PERCHÉ per cambiare i segni a entrambi i membri di un'equazione si applica il 2° principio di equivalenza. Questo vale anche nel caso dell'equazione $-2x=0$? Perché?

4 Le equazioni numeriche intere

▶ Teoria a p. 437

Le equazioni numeriche intere

88 ●○ TEST Quale, fra le seguenti equazioni, *non* è numerica intera?

A $\frac{1}{3}x-\frac{1}{4}=\sqrt{2}$

B $\frac{1}{\sqrt{2}}+\frac{1}{2}=\frac{1}{x}$

C $\sqrt{2}x-1=x$

D $(\sqrt{5}+1)^2x=\frac{1}{\sqrt{5}}$

E $(x-1)^2=\sqrt{3}$

CACCIA ALL'ERRORE Trova gli errori commessi nella risoluzione delle seguenti equazioni e correggili.

89 ●○ $6x-6=0 \rightarrow 6x=6 \rightarrow x=0;$ $\quad 4x=4-1 \rightarrow \not{4}x=\not{4}-1 \rightarrow x=-1.$

90 ●○ $\frac{1}{4}x-\frac{1}{4}=2 \rightarrow x-1=2 \rightarrow x=3;$ $\quad \frac{1}{3}x=0 \rightarrow x=3.$

Le equazioni determinate, indeterminate, impossibili

TEST

91 ●○ Fra le quattro equazioni numeriche intere

1. $0=2x+1,$
2. $x=x+x+1,$
3. $x=x+2,$
4. $2x=x+1,$

quali sono impossibili?

A La 1 e la 2.
B La 2 e la 4.
C Solamente la 1.
D Solamente la 2.
E Solamente la 3.

92 ●○ Fra le quattro equazioni numeriche intere

1. $x+1=2x+2,$
2. $2x+1=2x+1,$
3. $x+1=2x+1,$
4. $2x+2=2x+1,$

quali sono indeterminate?

A La 1 e la 3.
B La 2 e la 1.
C La 3 e la 4.
D La 4 e la 1.
E Solamente la 2.

ESERCIZI

93 ●○ TEST Considera l'equazione $2(5x-3)=7x+3$.
Quale, fra le seguenti, è la soluzione?

A Impossibile.
B $x=0$
C $x=1$
D Indeterminata.
E $x=3$

94 ●○ INTORNO A NOI Flavio vuole distribuire 24 matite in due portapenne in modo che nel primo siano il doppio di quelle contenute nel secondo. Ci riesce?
Giustifica la tua risposta mediante un'equazione.

95 ●○ SPIEGA PERCHÉ due equazioni impossibili possono considerarsi equivalenti.

96 ●○ SPIEGA PERCHÉ Che cosa si intende per «equazione indeterminata»? Stabilisci se l'equazione letterale, nell'incognita x, $ax+4=2ax+6a$ risulta indeterminata per $a=0$.

97 ●○ COMPLETA inserendo un numero in modo che l'equazione $4x+\square=5$ abbia soluzione:

a. in $\mathbb{N}$;
b. in $\mathbb{Z}$ ma non in $\mathbb{N}$;
c. in $\mathbb{Q}$ ma non in $\mathbb{Z}$.

98 ●○ Risolvi le seguenti equazioni nell'insieme dei numeri naturali.

a. $2x=10x+8$;
b. $3(1-x)=2x-2$;
c. $6x-1=2(x-3)$.

[a) impossibile; b) 1; c) impossibile]

99 ●○ Risolvi le seguenti equazioni nell'insieme dei numeri interi.

a. $x-1=6x+9$;
b. $-(1+x)=2x-6$;
c. $-x+6=2(x-1)$.

[a) -2; b) impossibile; c) impossibile]

100 ●○ INVALSI 2015 Un palo verticale è piantato in uno stagno. Un quinto del palo è interrato nel fondale, un sesto è immerso in acqua e la parte del palo che esce dall'acqua è lunga 8,9 metri.

a. Quale delle seguenti equazioni consente di determinare la lunghezza totale x del palo?

A $\frac{1}{5}+\frac{1}{6}+8{,}9=x$
B $\frac{1}{5}x+\frac{1}{6}x=x+8{,}9$
C $\frac{1}{5}x+\frac{1}{6}x+x=8{,}9$
D $\frac{1}{5}x+\frac{1}{6}x+8{,}9=x$

b. Qual è la lunghezza totale x del palo?
Scrivi i calcoli che fai per trovare la risposta e poi riporta il risultato.

....

....

Risultato: ______ m.

101 ESERCIZIO GUIDA Risolviamo le seguenti equazioni nell'insieme dei numeri reali ed eseguiamo la verifica di quelle determinate:

a. $\frac{2}{3}\left[x-\frac{1}{4}(3-x)\right]+\frac{1}{4}(1-x)+\frac{1}{3}=\frac{1}{12}(1+6x)$;

b. $4x-5=2(x-2)+2x-1$;

c. $5(x-2)+1-2x=2+3(x-2)$.

---

a. Eseguiamo i calcoli per eliminare le parentesi:

$$\frac{2}{3}\left(x-\frac{3}{4}+\frac{1}{4}x\right)+\frac{1}{4}-\frac{1}{4}x+\frac{1}{3}=\frac{1}{12}+\frac{1}{2}x \quad \rightarrow$$

$$\frac{2}{3}x-\frac{1}{2}+\frac{1}{6}x+\frac{1}{4}-\frac{1}{4}x+\frac{1}{3}=\frac{1}{12}+\frac{1}{2}x.$$

Possiamo evitare di eseguire addizioni e sottrazioni di frazioni se «eliminiamo» i denominatori. Calcoliamo il mcm fra i denominatori:

$$\text{mcm}(2, 3, 4, 6, 12)=12.$$

Riduciamo tutte le frazioni allo stesso denominatore:

$$\frac{8x-6+2x+3-3x+4}{12}=\frac{1+6x}{12}.$$

Applichiamo il secondo principio di equivalenza moltiplicando per 12 i due membri:

$$8x-6+2x+3-3x+4=1+6x.$$

Riduciamo i termini simili e applichiamo i princìpi di equivalenza:

$$7x\cancel{+1}=6x\cancel{+1} \rightarrow 7x-6x=0 \rightarrow x=0.$$

La soluzione è $x=0$.

L'equazione è determinata.

Eseguiamo la verifica sostituendo alla x il valore 0 e confrontiamo i due membri.

Primo membro	Secondo membro
$\frac{2}{3}\left[0-\frac{1}{4}(3-0)\right]+\frac{1}{4}(1-0)+\frac{1}{3}=$	$\frac{1}{12}(1+6\cdot 0)=$
$\frac{\cancel{2}^{1}}{\cancel{3}}\left(-\frac{\cancel{3}}{\cancel{4}_{2}}\right)+\frac{1}{4}+\frac{1}{3}=$	$\frac{1}{12}$.
$-\frac{1}{2}+\frac{1}{4}+\frac{1}{3}=$	
$\frac{-6+3+4}{12}=\frac{1}{12}$.	

L'uguaglianza è verificata.

b. $4x-5=2(x-2)+2x-1 \quad \rightarrow \quad 4x-5=2x-4+2x-1 \quad \rightarrow$
$4x-5=4x-5 \quad \rightarrow \quad 4x-4x=5-5 \quad \rightarrow \quad 0x=0.$

L'equazione è indeterminata.

c. $5(x-2)+1-2x=2+3(x-2) \quad \rightarrow \quad 5x-10+1-2x=2+3x-6 \quad \rightarrow$
$3x-9=3x-4 \quad \rightarrow \quad 3x-3x=9-4 \quad \rightarrow \quad 0x=5.$

L'equazione è impossibile; infatti, nessun numero moltiplicato per 0 dà come risultato 5.

ESERCIZI

Risolvi le seguenti equazioni numeriche.

102 $3x-1=2x+5;$ $\quad 4(1-x)-2x=3x+1.$ $\left[6; \frac{1}{3}\right]$

103 $-6x+7=7-6x;$ $\quad 2x-5=x+4+x.$ [indeterminata; impossibile]

104 $8x-3+2x=6x+1+4x;$ $\quad -3(x+1)-2-4x=2.$ [impossibile; -1]

105 $8(x-1)-2(x+3)=3(2x-1)-5-17x$ $\left[\frac{6}{17}\right]$

106 $3(2x-1)+(2x-7)=3(x+1)-(-3x-1)+3x+2$ $[-16]$

107 ESEMPIO DIGITALE $(a-2)^3+(a-5)(a+5)-a(1+a^2)=-5a^2+4a-2$

108 $1-[2-3(x+1)]=2(2+x)-4x$ $\left[\frac{2}{5}\right]$

109 $2x^2-2-x=x(2x-3)+6$ $[4]$

110 $7+3x-[1-x+x(x-3)]=x(1-x)$ $[-1]$

111 $6-(1-2x)+x(4-x)=1-x(2+x)$ $\left[-\frac{1}{2}\right]$

112 $3[x-6-(2-x)]+1=-[-(-2+6x)]$ [impossibile]

113 $(x-2)^2-8+x=x(x-6)$ $\left[\frac{4}{3}\right]$

114 $(2x+1)(x-3)-2x=2(x-1)^2+1$ $[-2]$

115 $(x-3)(x+3)-[-(2-x)+5]=2+x(x+1)$ $[-7]$

116 $6-2x-(2-x^2)=1+(x-3)^2$ $\left[\frac{3}{2}\right]$

117 $x(x+7)+9=x+(x+3)^2$ [indeterminata]

118 $4x^2-x(x-3)-(1-x)(1+x)=1-2[1-2x(x-1)]$ $[0]$

119 $x(x^2-2)-(x+1)^3=3x(1-x)-2$ $\left[\frac{1}{8}\right]$

120 $\frac{1}{8}[(x-2)(x-3)]-\frac{15}{4}=\frac{1}{4}\left[(x^2-6x)-\frac{1}{2}x(x+1)\right]-1$ $[2]$

121 $\frac{x+1}{3}-\frac{2(x-1)}{5}+\frac{2}{3}=\frac{x-4}{5}-\frac{4}{15}x$ [impossibile]

122 $(3x-1)^2+2x(1-x)+2=x-7(1-x)x$ $\left[-\frac{3}{2}\right]$

123 $3\left(\frac{1}{2}x-1\right)-(1+x)+\frac{1}{3}\left(2x+\frac{1}{2}\right)=\frac{1}{2}x+1$ $\left[\frac{29}{4}\right]$

124 $\frac{1}{2}(1+2x)-x+\frac{2}{5}(x+2)=\frac{3}{10}x-\frac{1}{2}$ $[-18]$

125 $2(x-1)(1+x)+(2-x)^3+12x=2(2x-1)(1+2x)-x^3+8$ [indeterminata]

126 $2(x+1)-3(x-1)=(x+1)^2-x(x+2)+6$ $[-2]$

127 $\frac{x+1}{2}-3x(x-1)=\frac{-6(x-1)(x+1)-5}{2}$ $[0]$

128 $\frac{1}{3}(x-3)-\left(\frac{x+1}{3}-\frac{3+x}{3}\right)=\frac{1}{3}-\frac{2-x}{3}+\frac{x}{3}+1$ $[-3]$

129 $\frac{2}{3}\left[(2x-1)(x-4)+3\left(x-\frac{1}{3}\right)\left(\frac{1}{3}+x\right)\right]=\frac{2}{3}(5x^2-x)+\frac{14}{9}$ $\left[\frac{1}{6}\right]$

130 $\left(\frac{x}{2}+2\right)(x-1)+\frac{8}{5}=\frac{x^2}{2}+\frac{1}{5}(4x+1)-\frac{3}{10}(x-1)-\frac{2}{5}$ $\left[\frac{1}{2}\right]$

131 $\frac{7}{3}[(1-x)(1+x)]+3x^2+2=\frac{2}{3}x(1+x)+\frac{1}{3}(x+4)$ $[3]$

132 $\frac{1}{3}-\left[\frac{x}{3}-\frac{1}{3}(2+x)-\frac{1}{3}(1-3x)\right]=(2-x)-\frac{1}{3}(x-2)$ $[4]$

133 ESEMPIO DIGITALE $\frac{0,1}{0,\bar{6}}x=\frac{0,5x+0,3}{0,\bar{3}+1}$

134 $0,\bar{3}x=\frac{2}{3}\left(x-\frac{1}{0,\bar{6}}\right)+1$ $[0]$

135 $\frac{1}{5}x\left(1-\frac{1}{3}\right)+\frac{1}{10}(1-x)-\frac{1}{6}=\frac{1}{6}\left(1+\frac{1}{5}-\frac{7}{5}\right)$ $[1]$

136 $\frac{x}{4}-\frac{1}{2}\left(\frac{1}{2}x+\frac{x-3}{2}-\frac{x+2}{3}-\frac{x}{4}\right)=\frac{1}{12}(1-3x)-\frac{11}{24}$ $[-5]$

137 $\frac{(3-2x)(3x-2)}{6}=\frac{-3x^2-7}{3}-\frac{3}{2}(4-3x)-\frac{2(x-10)}{6}$ $[2]$

138 $\frac{2x-1}{3}\left(x-\frac{1}{3}\right)-\frac{1}{3}\left[x^2+x\left(x-\frac{1}{4}\right)\right]=\frac{1}{4}\left(x+\frac{2}{3}\right)$ $\left[-\frac{1}{13}\right]$

139 $\frac{2}{5}(x-1)(2x-3)+\frac{x-1}{7}-\frac{1}{5}(x-3)(2x-3)=\frac{2}{5}x^2+\frac{1}{7}$ $\left[-\frac{31}{2}\right]$

140 $\frac{1}{5}(x-11)-2x\left(\frac{1}{3}-\frac{1}{5}\right)=\frac{3}{4}x-2-x-\frac{1}{60}x$ $[1]$

141 $\frac{3x+2}{5}+\frac{1}{2}x-\frac{1}{5}\left[x+2-\frac{1}{2}\left(x-\frac{2}{3}\right)\right]=\frac{3x+1}{10}+\frac{2}{3}x$ $[5]$

142 $\frac{1-2x}{2}-\frac{(1-4x)(1-2x)}{6}=\frac{5}{6}-\frac{(2x-1)^2}{3}$ $\left[\frac{1}{8}\right]$

143 $\frac{5}{3}+x-\frac{x+2}{3}+\left(x-\frac{3}{2}\right)\left(x+\frac{3}{2}\right)=(x+1)^2-\frac{9}{4}$ $[0]$

144 $\frac{2}{3}x+\frac{(3-2x)^2}{18}-\frac{(2x-1)(2x+1)}{18}=\frac{x-5}{3}+\frac{x+4}{6}-\frac{5}{9}x$ $[-28]$

145 $\frac{x}{10}+\frac{(2-3x)^2}{30}+\frac{x}{10}(1-x)+\frac{2}{15}(1+5x)=\frac{x}{5}(3+x)-\frac{x-2}{6}$ $[2]$

146 $\frac{(2x^2+3)-x(2x-1)}{2}+\frac{5(x-1)(x+1)-5(x+1)^2}{15}=x+2-\frac{4}{3}x$ $[7]$

147 $\frac{x}{6}+\left[\left(3x-\frac{1}{3}\right)^2-\left(3x-\frac{1}{3}\right)\left(3x+\frac{1}{3}\right)\right]+\frac{7}{3}x=\frac{3x-1}{6}-\frac{7}{18}$ [impossibile]

148 $\frac{13}{48}+\frac{x}{2}-\frac{2x+1}{6}=1-\left(\frac{1}{4}-x\right)\left(x+\frac{1}{4}\right)-\left(x+\frac{1}{2}\right)^2$ $\left[\frac{1}{2}\right]$

ESERCIZI

149 $\frac{(2x+2)(1-x)}{3} = \frac{2(1-2x)^2 - 6(x-1)^2}{2} - 3 + \frac{1}{3}(17-5x^2) - 2x$ [indeterminata]

150 $(x-2)^3 + (x+2)(x+1)(x-2) + 13x^2 = 2x(x+2)^2 - 12$ [indeterminata]

151 ESEMPIO DIGITALE $\left(\frac{2}{3}-\frac{1}{2}\right)^{-1} + 3x(x-2) = 3\left[\left(x-\frac{1}{2}\right)^2 - \left(x-\frac{1}{3}\right)\left(x+\frac{1}{3}\right)\right] + 3x^2$

152 $\frac{4}{5}(2^{-3}x + 4^{-2}) - \frac{1}{5}[2x - (-2)^{-3}] = \frac{5^{-1}}{2^{-3}}$ $\left[-\frac{21}{4}\right]$

153 $\frac{9^{-1}-3^{-3}}{9^{-2}} + 3^{-2}\left(\frac{x-2}{18^{-1}}\right) = 9^{-1}\left\{3x - \left[3 + \left(\frac{3^{-1}+3^{-2}}{3}\right)\left(\frac{x+1}{9^{-2}}\right)\right]\right\}$ $\left[-\frac{11}{9}\right]$

154 $\left(x-\frac{1}{3}\right)^3 - \left(\frac{2}{5}x - 1\right)(2-x) - x\left(\frac{2}{5}x+3\right) = x^2(x-1) - \frac{1}{3}(2-x) - \frac{1}{27}$ $\left[\frac{5}{9}\right]$

155 $\frac{2}{3}(x-7)^2 + 5\left(x-\frac{1}{3}\right) + \frac{4}{6} = \frac{2}{3}(x-1)(x+1) + \frac{129}{6}$ $\left[\frac{5}{2}\right]$

156 $\left(\frac{1}{2}x-2\right)^2 - \left(-\frac{1}{2}x-2\right)^2 + 3x\left(\frac{1}{2}x-2\right)^2 + 6x(x-4) = \frac{3}{4}x(x^2-2)$ [0]

157 $\frac{4}{3}\left[(4+3x)(4-3x) - 6x\left(\frac{1}{3}-\frac{1}{2}\right)\right] - \frac{7+4x}{3} - 25 + 2(1-8x) = \frac{1-(6x+4)^2}{3}$ [impossibile]

Le equazioni di grado superiore al primo

158 ESERCIZIO GUIDA Risolviamo:

a. $3x^2 - 24x = 0$; **b.** $x^2 - 4x + 4 = 0$; **c.** $x^3 + 2x^2 - 3x = 0$.

a. $3x^2 - 24x = 0$.
Raccogliamo il fattore comune $3x$:

$$3x(x-8) = 0.$$

Il primo membro può essere visto come il prodotto di due fattori: $3x$ e $x-8$. Per la legge di annullamento del prodotto, il prodotto è nullo se e solo se almeno uno dei fattori è nullo.
Quindi dobbiamo avere:

$$3x = 0 \quad \text{oppure} \quad x - 8 = 0.$$

Risolviamo separatamente le due equazioni:

$$3x = 0 \rightarrow x = 0,$$
$$x - 8 = 0 \rightarrow x = 8.$$

Le soluzioni dell'equazione sono due: 0 e 8.

b. $x^2 - 4x + 4 = 0$.
Il primo membro è il quadrato di un binomio, quindi:

$$(x-2)^2 = 0.$$

Possiamo vederlo anche come il prodotto di due fattori uguali,

$$(x-2)(x-2) = 0,$$

e, applicando la legge di annullamento del prodotto, otteniamo che ognuno dei fattori è nullo se $x = 2$. Si può dire che l'equazione ha due soluzioni coincidenti, entrambe pari a 2.

c. $x^3 + 2x^2 - 3x = 0$.
Scomponiamo il primo membro in fattori:

$$x(x^2 + 2x - 3) = 0 \rightarrow$$
$$x(x+3)(x-1) = 0.$$

Per la legge di annullamento del prodotto poniamo ognuno dei tre fattori uguale a 0:

$$x = 0;$$
$$x + 3 = 0 \rightarrow x = -3;$$
$$x - 1 = 0 \rightarrow x = 1.$$

Le soluzioni dell'equazione sono tre: 0, −3 e 1.

Risolvi le seguenti equazioni utilizzando la legge di annullamento del prodotto.

159 $(x-3)(x+6)=0$ $[-6;3]$

160 $x(x^2-36)=0$ $[0;\pm 6]$

161 $x^3-9x=0$ $[0;\pm 3]$

162 $x^2-5x+6=0$ $[2;3]$

163 $2x^4-162=0$ $[\pm 3]$

164 $3a^2-a^3=0$ $[0;3]$

165 $x-5=x^2-25$ $[-4;5]$

166 $2a^3-4a^2=16a$ $[-2;0;4]$

5 Equazioni e problemi

▶ Teoria a p. 439

Dal problema all'incognita

167 ESERCIZIO GUIDA Scegliendo opportunamente un'incognita x, traduciamo le seguenti frasi, che compaiono molto spesso nei problemi.

a. «*Determina due numeri consecutivi tali che...*»
Il primo numero si indica con x, il secondo con $x+1$.

b. «*Determina due numeri pari (o dispari) consecutivi...*»
Il primo numero si indica con x, il secondo con $x+2$.

c. «*Dividi il numero 30 in due parti tali che...*»
La prima parte si indica con x, la seconda con $30-x$, perché la somma delle due parti deve dare 30.

d. «*La terza parte di un numero equivale al suo doppio diminuito di...*»
La terza parte del numero si indica con $\frac{x}{3}\left(\text{o } \frac{1}{3}x\right)$, il doppio con $2x$; «equivale a» si traduce con il simbolo di uguale =, «diminuito di» con il simbolo −. Si ottiene: $\frac{x}{3}=2x-\ldots$

e. *Calcola due numeri sapendo che il primo supera di 10 il secondo e che...*»
Il primo numero è x, il secondo numero è $x-10$; oppure il secondo è x e il primo $x+10$.

Traduci le seguenti frasi mediante un'incognita.

168 Aggiungi a un numero il suo triplo.

169 Scrivi il prodotto di un numero per il suo precedente.

170 Scrivi il prodotto di un numero per il suo successivo.

171 Dividi il numero 60 in due parti.

172 Scrivi il quadrato del precedente di un numero aumentato di 10.

173 Dividi il numero 140 in tre parti tali che la prima sia doppia della seconda e la seconda sia doppia della terza. (Indica la terza parte con x.)

174 TEST Considera l'equazione $2(x-5)+x=8$. Solo una, fra le seguenti affermazioni, è la frase che traduce in modo corretto l'equazione. Quale?

A Il doppio della differenza tra un numero e 5, sommato al numero stesso, dà 8.

B Il doppio di un numero meno 5, sommato al numero stesso, dà 8.

C Sottraendo 5 al doppio di un numero e aggiungendo il numero stesso, si ottiene 8.

D È dato un numero. Aggiungendo allo stesso il suo doppio e sottraendo 5 si ottiene 8.

E È dato un numero tale che il doppio della sua differenza con 5 è uguale a 8.

ESERCIZI

175 INVALSI 2006 Quale tra le seguenti espressioni algebriche corrisponde all'espressione verbale: «Aggiungendo 3 a un numero n e moltiplicando il risultato per 4 si ottiene 20»?

A $4 \cdot n + 3 = 20$ B $4 \cdot (n+3) = 20$ C $4 + n \cdot 3 = 20$ D $4 + n \cdot 3 = 20$

Le equazioni di primo grado e la risoluzione dei problemi

Problemi sui numeri

176 INVALSI 2003 La somma fra i $\frac{5}{6}$ di un numero e 5 è uguale al numero aumentato di $\frac{1}{2}$. Di quale numero si tratta?

A 21
B 27
C 30
D 33
E 39

RISOLVIAMO UN PROBLEMA

Un numero, il precedente, il successivo

Moltiplicando un numero per il suo successivo si ottiene il quadrato del suo precedente aumentato di 26.

- Qual è il numero cercato?

▶ **Individuiamo l'incognita del problema.**

Il problema richiede di trovare il numero che soddisfa le relazioni date. Poniamo perciò uguale a x il numero richiesto.
Poiché il concetto di «successivo di un numero» si applica ai numeri interi, dobbiamo porre:

$$x \in \mathbb{Z}.$$

▶ **Traduciamo le relazioni date in espressioni algebriche.**

Il successivo è dato da: $x + 1$;

il precedente è dato da: $x - 1$;

il numero moltiplicato per il suo successivo:

$$x(x+1);$$

il quadrato del precedente aumentato di 26:

$$(x-1)^2 + 26.$$

▶ **Troviamo l'equazione risolvente.**

Se eguagliamo le due espressioni trovate, otteniamo un'equazione la cui soluzione è il numero richiesto.

$$x(x+1) = (x-1)^2 + 26.$$

▶ **Risolviamo l'equazione.**

$$x(x+1) = (x-1)^2 + 26 \quad \rightarrow$$
$$x^2 + x = x^2 - 2x + 1 + 26 \quad \rightarrow$$
$$x^2 + x - x^2 + 2x = +1 + 26 \quad \rightarrow$$
$$3x = 27 \quad \rightarrow$$
$$x = \frac{27}{3} = 9.$$

Il numero richiesto è 9.

Risolvi i seguenti problemi tramite equazioni.

177 Qual è quel numero che sommato alla sua metà è uguale a 21? [14]

178 Se moltiplico un numero per 7 e aggiungo la sua quinta parte, ottengo 72. Determina il numero. [10]

179 Se a un numero si aggiunge il suo quadruplo e si sottrae la sua quarta parte, si ottiene 38. Determina il numero. [8]

180 Sommando un numero con la sua metà e con i $\frac{3}{5}$ della sua metà, si ottiene 9. Qual è il numero? [5]

181 La somma di due numeri pari consecutivi è 26. Calcola i due numeri. [12; 14]

182 La somma di tre numeri consecutivi è 72. Calcola i tre numeri. [23; 24; 25]

183 La somma di due numeri dispari consecutivi è 84. Calcola i due numeri. [41; 43]

184 Se a un numero si aggiunge il suo triplo e si sottrae la sua metà, si ottiene 28. Qual è il numero? [8]

185 Se a un numero si aggiunge la sua terza parte e si sottrae 4, si ottiene 40. Qual è il numero? [33]

186 Determina due numeri, sapendo che la loro somma vale 43 e la loro differenza è 19. [31; 12]

187 Determina due numeri, sapendo che la loro somma vale 39 e la loro differenza è 17. [11; 28]

188 Determina due numeri, sapendo che la loro somma aumentata di 3 vale 55 e la loro differenza diminuita di 6 è 32. [45; 7]

189 ESEMPIO DIGITALE La somma di due numeri vale 39. Se si divide il maggiore per il minore, si ottiene come quoziente 2 e come resto 3. Determina i due numeri.

190 Dividi il numero 35 in tre parti tali che la prima sia doppia della seconda e la seconda sia doppia della terza. [5; 10; 20]

191 Dividi il numero 50 in due parti tali che una sia i $\frac{2}{3}$ dell'altra. [20; 30]

192 Dividi il numero 34 in tre parti tali che la prima superi di 6 la seconda e la seconda superi di 2 la terza. [16; 10; 8]

193 Trova tre numeri naturali consecutivi tali che il loro prodotto sia uguale al cubo del secondo diminuito di 3. [2; 3; 4]

194 La somma della quarta parte di un numero con il doppio del numero stesso equivale al numero aumentato di 15. Determina il numero. [12]

195 Dividendo un numero per 4 o sottraendo 7 alla metà del numero, si ottiene lo stesso risultato. Determina il numero. [28]

196 Il prodotto tra un numero diminuito di 3 e lo stesso numero aumentato di 2 equivale al quadrato del numero stesso diminuito di 30. Determina il numero. [24]

197 La somma della metà di un numero con la sua quinta parte equivale al numero stesso diminuito di 6. Determina il numero. [20]

198 Determina un numero, sapendo che il prodotto tra il numero stesso e il suo precedente equivale al quadrato del suo successivo diminuito di 22. [7]

199 Sottrarre 21 alla metà di un numero equivale a calcolare la quinta parte del numero stesso. Determina il numero. [70]

200 Dividendo un numero per 3, o sottraendo $\frac{5}{4}$ al numero, si ottiene lo stesso risultato. Qual è il numero? $\left[\frac{15}{8}\right]$

201 Determina due numeri naturali consecutivi tali che la differenza dei loro quadrati sia 13. [6; 7]

202 Determina due numeri naturali consecutivi, sapendo che la differenza dei loro quadrati è uguale a 31. [15; 16]

203 Calcola un numero, sapendo che il suo quadruplo equivale al doppio della somma tra 45 e la metà del numero stesso. [30]

204 Calcola un numero, sapendo che la sua quarta parte equivale al triplo della differenza fra il numero stesso e 33. [36]

205 Calcola due numeri, sapendo che la loro somma vale 70 e che il secondo supera di 16 il doppio del primo. [18; 52]

206 Determina due numeri, sapendo che il secondo supera di 17 il triplo del primo e che la loro somma è 101. [21; 80]

ESERCIZI

207 ●○ La somma di due numeri è 46. Dividendo il primo per il secondo, si ottengono come quoziente 3 e come resto 6. Calcola i due numeri. [36; 10]

208 ●○ La somma di due numeri vale 63. Dividendo il primo per il secondo, si ottengono come quoziente 4 e come resto 3. Calcola i due numeri. [51; 12]

209 ●○ Calcola due numeri la cui somma vale $\frac{78}{35}$ e il cui rapporto è $\frac{5}{21}$. $\left[\frac{3}{7}; \frac{9}{5}\right]$

210 ●● ESEMPIO DIGITALE In un numero di due cifre la cifra delle decine supera di 2 quella delle unità. Scambiando tra loro le due cifre, si ottiene un numero che sommato a quello iniziale dà 66. Trova il numero iniziale.

211 ●● In un numero di due cifre, la cifra delle unità supera di 5 la cifra delle decine e il numero è il triplo della somma delle due cifre. Trova il numero. [27]

212 ●● In un numero di due cifre, la cifra delle unità supera di 7 quella delle decine. Scambiando le cifre, si ottiene un numero la cui metà aumentata di 12 è uguale al doppio del numero di partenza. Determina il numero di partenza. [29]

213 ●● In un numero di due cifre, la cifra delle decine è la metà di quella delle unità. Scambiando le cifre, si ottiene un numero la cui differenza da quello dato è 27. Determina il numero di partenza. [36]

214 ●● Un numero intero è formato da due cifre la cui somma è 7. Se si sottrae al triplo della cifra delle decine la metà della cifra delle unità, si ottiene 14. Qual è il numero? [52]

Problemi INTORNO A NOI

215 ●○ INVALSI 2007 Durante la mattinata un commerciante vende metà delle uova che aveva in bottega; nel pomeriggio ne vende prima altre due dozzine e poi la metà del rimanente.
Sapendo che un uovo si è rotto e che alla fine della giornata in bottega c'erano solo dodici uova, quante uova erano in bottega a inizio giornata?

A 200
B 148
C 100
D 99

216 ●○ INVALSI 2013 La stampante laser L in un minuto stampa il triplo delle pagine della stampante deskjet D. Quando L e D lavorano contemporaneamente, stampano in tutto 24 pagine al minuto. Se D viene sostituita con una stampante laser identica a L, quante pagine potranno essere stampate complessivamente in un minuto?

A 30
B 36
C 48
D 24

217 ●○ È possibile distribuire 38 palline in due scatole in modo che in una ce ne sia un numero triplo rispetto all'altra? [no]

218 ●○ Distribuisci 25 persone in due stanze in modo che nella prima ve ne sia il doppio che nella seconda. [impossibile, perché...]

219 ●○ In un albergo per animali ci sono al momento dei cani e alcuni pappagalli: le teste sono 27 e le zampe 100. Quanti sono i cani e quanti i pappagalli? [23; 4]

220 ●● YOU & MATHS The world's largest sheep ranch is located in Australia. There are three times as many sheep as kangaroos on the ranch, for a total of 87,000 animals.
How many sheep are there on this ranch?
(CAN *John Abbott College, Final Exam,* 2000)
[65,250]

221 ●○ In un parcheggio ci sono scooter e automobili. Sapendo che le ruote sono 94 e che in tutto ci sono 36 veicoli, calcola il numero degli scooter e quello delle auto. [25; 11]

222 Luca e Andrea posseggono rispettivamente € 200 e € 180; Luca spende € 10 al giorno e Andrea € 8. Dopo quanti giorni avranno la stessa somma? [10 giorni]

223 YOU & MATHS **From words to symbols** Translate the following text into an equation and solve it. Also visualize the situation with a graphic representation.
A man is on a diet and goes into a shop to buy some turkey slices. He is given 3 slices which together weigh $\frac{1}{3}$ of a pound, but his diet allows him to eat $\frac{1}{4}$ of a pound. How much of the 3 slices can he eat while staying true to his diet?

224 Trecento persone, tra uomini, donne, ragazzi e ragazze, partecipano a una festa in discoteca. Il numero delle donne è $\frac{6}{5}$ di quello degli uomini e sia i ragazzi sia le ragazze sono ciascuno $\frac{1}{3}$ delle donne. Determina il loro rispettivo numero. [100; 120; 40; 40]

225 In una palestra ci sono 40 studenti divisi in tre gruppi; determina il numero degli allievi del primo gruppo, sapendo che sono 3 in più del secondo e che nel terzo gruppo ci sono 5 alunni in meno che nel secondo. [17]

226 In una classe, metà degli allievi preferisce la matematica, $\frac{1}{4}$ preferisce l'italiano e $\frac{1}{7}$ predilige l'inglese, mentre tre alunni preferiscono attività sportive. Determina il numero degli alunni. [28]

227 Un libro costa i $\frac{2}{3}$ del prezzo di un CD. Sapendo che la spesa totale è di € 30, quanto costa il CD? [€ 18]

228 Una pista da sci lunga 7 km ha tre gradi di difficoltà. Quanti kilometri di pista di difficoltà media ci sono, sapendo che il tratto difficile è la metà del medio e il doppio di quello facile? [4]

229 La somma delle età di Sara, Elisa e Silvia è 45. Sapendo che Sara ha 3 anni in più di Elisa e che Silvia ha i $\frac{2}{3}$ degli anni di Sara, determina le loro età. [15; 18; 12]

230 INVALSI 2014 Un parcheggio propone ai clienti tre tariffe:
tariffa A: 15 euro per tutta la giornata (24 ore)
tariffa B: 1 euro all'ora
tariffa C: la prima ora gratis e 1,20 euro per ogni ora successiva.

a. Mario deve lasciare al parcheggio l'auto per 8 ore. Quale tariffa gli conviene scegliere?
Risposta: la tariffa ______.

b. Qual è il numero h di ore di parcheggio per cui le tariffe B e C si equivalgono? Scrivi i calcoli che hai fatto per trovare la risposta e poi riporta il risultato.

....

....

....

Risultato: $h =$ ______ ore.

231 A inizio anno Elena decide di investire nella sua banca € 48 000. Alla fine dello stesso anno il deposito raggiunge il valore di € 49 305,6. Durante l'anno, la banca ha diminuito il tasso di interesse iniziale portandolo dal 3,2% al 2,4%. Per quanti giorni è stato applicato il primo tasso? [146]

232 I dipendenti di un'azienda ricevono uno stipendio medio mensile di € 1300. Poiché l'azienda aumenta la produzione, vengono assunti nuovi dipendenti in numero pari al 14% del personale e viene concesso un aumento di stipendio del 4% a tutti. Se mensilmente l'azienda spende ora € 231 192, quanti erano inizialmente i dipendenti? [150]

MATEMATICA INTORNO A NOI

Obiettivo Ibiza Marco sta risparmiando sulla «paghetta» che gli danno i genitori in vista di un viaggio a Ibiza da fare con gli amici dopo l'esame di maturità...

Problema e risoluzione.

RISOLVIAMO UN PROBLEMA

Il punto di rendez-vous

Un aereo dopo un'ora di volo percorre $\frac{1}{7}$ della distanza D tra New York e Londra, dopo due ore i $\frac{2}{7}$ e così via.

Un secondo aereo dopo un'ora percorre $\frac{1}{8}$ della distanza tra Londra e New York, dopo due ore i $\frac{2}{8}$ ecc.

- Qual è la distanza percorsa dal primo aereo dopo x ore dal decollo? E quella percorsa dal secondo aereo? Quanto varrà la somma delle due distanze nel momento in cui i due aerei si incontreranno?
- Se gli aerei partono nello stesso momento, stabilisci dopo quanto tempo (in ore e minuti) si incontrano.

▶ Determiniamo graficamente la distanza percorsa da ciascun aereo.

Visualizziamo la situazione utilizzando frecce di lunghezza proporzionale alla distanza New York-Londra (e viceversa) percorsa da ciascuno dei due aerei dopo una, due e tre ore.

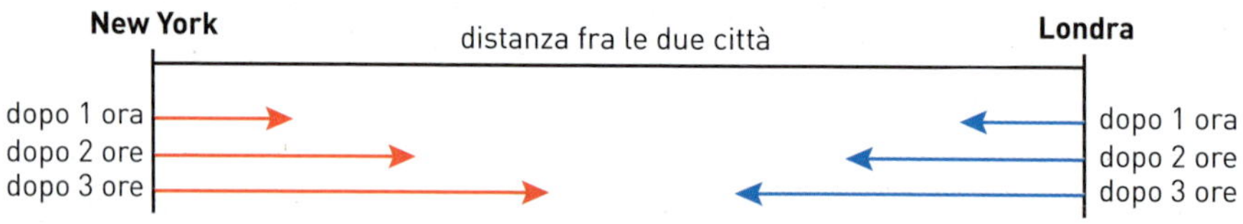

Osserviamo che gli aerei si incontreranno dopo un intervallo di tempo (dal decollo) superiore alle 3 ore.

▶ Determiniamo la distanza percorsa dal primo e dal secondo aereo dopo x ore dal decollo.

Se D indica la distanza fra le due città, allora la distanza percorsa dal primo aereo dopo x ore dal decollo è data da $\frac{x}{7} \cdot D$.

Quella percorsa dal secondo aereo nello stesso tempo è $\frac{x}{8} \cdot D$.

▶ Determiniamo la somma delle due distanze nel momento in cui gli aerei si incontrano.

La somma delle distanze percorse dai due aerei, nel momento in cui si incontrano, è uguale alla distanza che separa le due città, vale a dire D.

▶ Calcoliamo dopo quanto tempo gli aerei si incontrano.

Per trovare l'equazione che traduce la richiesta si somma l'espressione che indica la distanza percorsa dal primo aereo dopo x tempo, con quella della distanza percorsa dal secondo aereo dopo lo stesso intervallo x e si pone uguale alla distanza complessiva fra New York e Londra.

$$\frac{x}{7} \cdot D + \frac{x}{8} \cdot D = D,$$

dove x indica l'intervallo di tempo (in ore) trascorso dal decollo contemporaneo degli aerei.

Risolvendo l'equazione, otteniamo:

$$\frac{x}{7} + \frac{x}{8} = 1 \to \frac{8x + 7x}{56} = 1 \to$$

$$\frac{15x}{56} = 1 \to x = \frac{56}{15}.$$

Calcoliamo a quante ore e minuti corrisponde la frazione trovata.

Mettiamo in evidenza la parte intera, che rappresenta le ore:

$$\frac{56}{15} = \frac{45}{15} + \frac{11}{15} = 3 + \frac{11}{15}.$$

La frazione $\frac{11}{15}$ rappresenta la frazione d'ora trascorsa; per trasformarla in minuti, moltiplichiamo per 60:

$$\frac{11}{15} \cdot 60 = 44.$$

Quindi, i due aerei si incontrano dopo 3 ore e 44 minuti dal decollo (contemporaneo).

233 A una gita in barca partecipano 48 persone. Il prezzo del biglietto è € 15 per gli adulti e ridotto di $\frac{3}{5}$ per i bambini. Se l'incasso è di € 576, quanti sono gli adulti e i bambini? [32; 16]

234 ESEMPIO DIGITALE Giovanni alla nascita di suo figlio Marco aveva 36 anni. 8 anni fa l'età di Giovanni era tripla di quella di Marco. Quanti anni hanno ora Giovanni e Marco?

235 Nicola, che deve allenarsi per una gara ciclistica, decide di effettuare un percorso in tre tappe: nella prima percorre i $\frac{2}{5}$ del numero complessivo di kilometri, nella seconda i $\frac{5}{8}$ del tratto rimanente, nella terza gli ultimi 27 km. Quanto è lungo il percorso complessivo? [120 km]

236 Per andare da Pistoia a Lucca, due amici decidono di percorrere, ognuno per proprio conto, la stessa strada utilizzando entrambi tutti e tre i seguenti mezzi di trasporto: pullman di linea, automobile, bicicletta.
Il primo percorre la metà del percorso con l'automobile, una parte con il pullman di linea e gli ultimi 5 km con la bicicletta. Il secondo, invece, utilizza l'automobile per percorrere gli $\frac{8}{5}$ del tratto percorso in pullman dall'amico e del tratto restante percorre solo 1 km in bicicletta. Sapendo che i km percorsi in pullman sono gli stessi per entrambi, calcola quanto distano le due città. [40 km]

237 Due treni viaggiano sulla stessa linea in verso opposto alle velocità medie indicate in figura. Se sono partiti nello stesso momento, a quale distanza dalla stazione A si incontreranno? Dopo quanti minuti?

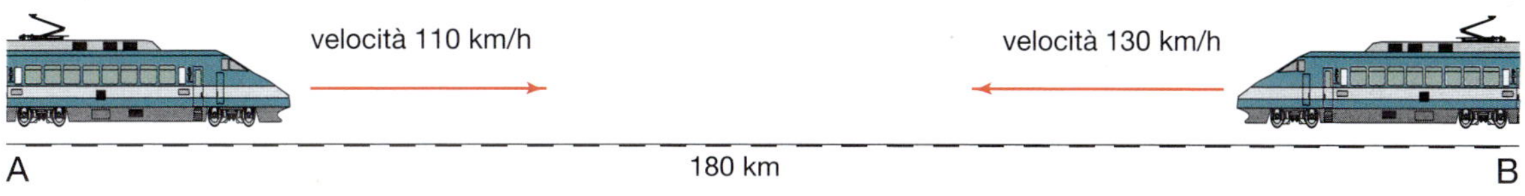

[82,5 km; 45 minuti]

238 Una banca mi offre il 2% di interesse all'anno sui capitali depositati. L'interesse viene accreditato alla fine di ogni anno.

a. Quanto dovrei investire ora per avere € 12 500 fra un anno?

b. Quale dovrebbe essere il tasso d'interesse per ricevere € 13 000 fra un anno, investendo sempre lo stesso capitale iniziale?

[a) € 12 254,90; b) 6,08%]

239 Giulia compra un paio di scarpe a € 80. Con la metà dei soldi che le sono rimasti acquista un cappotto sul quale c'è uno sconto del 20%; compra poi una maglietta con $\frac{1}{10}$ dei soldi che ha ancora nel portafoglio. Infine spende € 66 per 3 CD e scopre che le mancano € 25 per acquistare l'abbonamento a teatro, che costa € 175.
Qual era il prezzo originale del cappotto prima che il negoziante vi applicasse lo sconto? [€ 300]

240 EUREKA! **Tra ragazzi** Luigi ha 4 anni più di Silvio, che, a sua volta, ha 3 anni più di Carlo. Se complessivamente hanno 34 anni, quanti anni ha il più grande?

A 12
B 15
C 17
D 18
E 20

(*Olimpiadi della matematica, Giochi di Archimede*, 2004)

241 EUREKA! **Tagliare in tre** Sam ha una fune lunga 72 piedi e deve tagliarla in tre pezzi, in modo tale che il secondo pezzo sia due volte più lungo del primo. Il pezzo più lungo deve avere una lunghezza pari alla somma degli altri due. Quale sarà la lunghezza del pezzo più lungo?

(USA *Southern Illinois University Carbondale, Final Exam*, 2002)

[36 piedi]

Equazioni e problemi geometrici

Segmenti, perimetri e aree

242 Determina le lunghezze dei segmenti AB e CD, sapendo che AB supera CD di 18 cm e che $5AB = 11CD$. [33 cm; 15 cm]

243

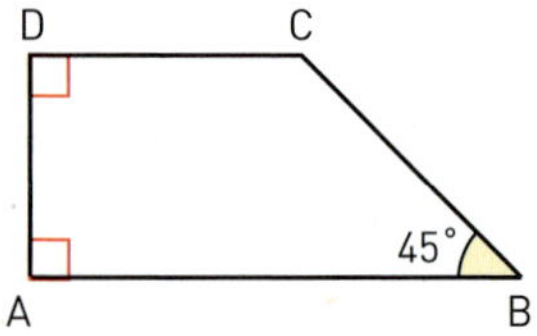

$AB - CD = 24$ cm

$\overline{CD} = \frac{5}{7}\overline{AB}$

Area? [1728 cm^2]

244

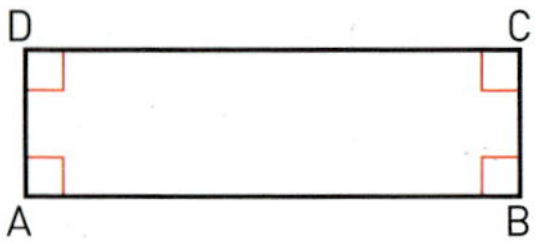

$\overline{AB} = \frac{7}{2}\overline{AD}$

$\frac{1}{2}AD + \frac{4}{7}AB = 20$ cm

Perimetro? Area? [72 cm; 224 cm^2]

245 Due segmenti sono uno i $\frac{5}{3}$ dell'altro e la loro differenza è pari a 16 cm. Determina la lunghezza dei due segmenti. [24 cm; 40 cm]

246 Sono dati due segmenti, di cui uno supera l'altro di 6 cm e il maggiore è il triplo del minore. Calcola la lunghezza dei due segmenti. [3 cm; 9 cm]

247 Calcola la lunghezza dei segmenti AB e CD, sapendo che la loro differenza è 4 cm e la loro somma è 26 cm. [11 cm; 15 cm]

248 La somma delle lunghezze di tre segmenti è 78 dm. Sapendo che il segmento maggiore è doppio del minore e che il terzo segmento è i $\frac{4}{3}$ della differenza degli altri due, calcola la lunghezza dei tre segmenti. [18 dm; 36 dm; 24 dm]

249 Dividi il segmento AB, lungo 42 cm, in due parti AC e CB, tali che il loro rapporto sia uguale a $\frac{5}{2}$. [30 cm; 12 cm]

250 Dividi in tre parti un segmento lungo 33 cm. La prima è i $\frac{2}{5}$ della seconda e la seconda i $\frac{5}{4}$ della terza. Calcola la lunghezza dei tre segmenti. [6 cm; 15 cm; 12 cm]

251 Trova la lunghezza di due segmenti tali che la loro differenza sia di 5 cm e che il triplo del primo superi di 20 cm il doppio del secondo. La soluzione è unica? Motiva la risposta. [No, perché...; 10 cm, 5 cm; 30 cm, 35 cm]

252 INVALSI 2005 Un lato di un quadrato e un lato di un triangolo equilatero, di uguale perimetro, hanno lunghezze la cui somma è 14 m. Quanto misurano rispettivamente il lato del quadrato e quello del triangolo?

- **A** 5 m e 9 m.
- **B** 6 m e 8 m.
- **C** 7 m e 7 m.
- **D** 8 m e 6 m.

253 Il perimetro di un triangolo è di 580 cm. Determina la lunghezza dei tre lati, sapendo che: la lunghezza del lato minore è uguale ai $\frac{7}{13}$ di quella del lato maggiore; la lunghezza del terzo lato supera di 60 cm la differenza tra la lunghezza del lato maggiore e quella del lato minore. [140 cm; 180 cm; 260 cm]

254 Determina l'area di un rettangolo il cui perimetro è di 144 cm, sapendo che la lunghezza di una dimensione è i $\frac{5}{7}$ di quella dell'altra. [1260 cm^2]

255 Nel triangolo isoscele ABC, il rapporto tra la lunghezza del lato AB e quella della base BC è $\frac{3}{2}$, e la lunghezza del lato AB supera di 3 cm quella della base BC. Determina l'area del quadrato che ha perimetro uguale a quello del triangolo. [36 cm^2]

MATEMATICA AL COMPUTER

Un problema di geometria In un triangolo di perimetro p, i lati hanno misure a, b e c tali che b supera h volte a di s metri e c è k volte a.
Con un foglio elettronico raccogliamo i dati h, k, s e p, che devono essere positivi, calcoliamo a, b, c e verifichiamo se possono essere i lati di un triangolo.

Problema e risoluzione – 5 esercizi in più.

Con il teorema di Pitagora

Nei seguenti esercizi considera le figure geometriche disegnate e determina gli elementi richiesti, utilizzando le informazioni fornite.

256

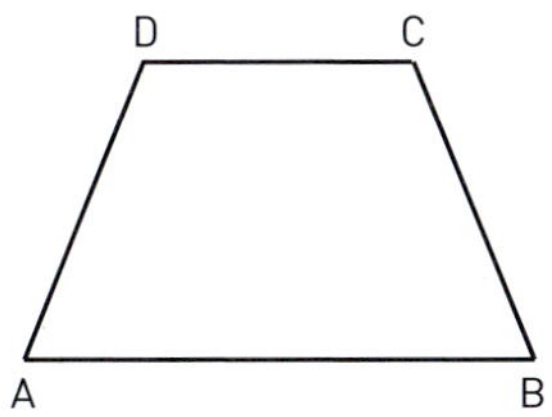

ABCD trapezio isoscele
perimetro = 124 cm

$\overline{AD} = \frac{3}{5}\overline{AB}$

$\overline{CD} + \frac{1}{2}\overline{AB} = 39$ cm

Area? [768 cm²]

257

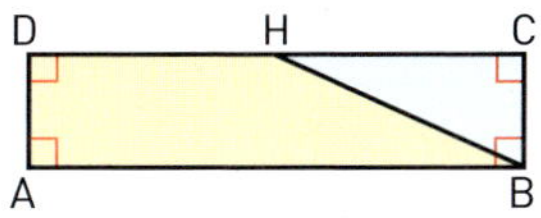

AB = 36 cm AD = 8 cm
Area (ABHD) = 3 Area (HCB)

Perimetro (*ABHD*)? [81,7 cm]

258

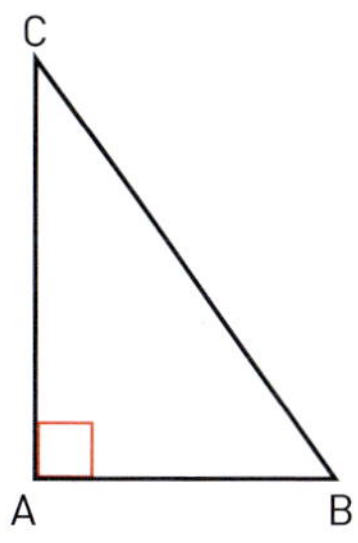

$\overline{AC} = \frac{4}{5}\overline{CB}$

perimetro = 288 cm

Area? [3456 cm²]

---

259 ESEMPIO DIGITALE *ABCD* è un trapezio rettangolo nei vertici *A* e *D*. La base *CD* è $\frac{2}{3}$ della base *AB* e l'area è 480 m². Sapendo che l'altezza è lunga 16 m, calcola il perimetro del trapezio.

260 In un rombo, la somma delle due diagonali è di 84 cm. Sapendo che la differenza tra la diagonale minore e i $\frac{5}{12}$ della maggiore è uguale a 16 cm, trova il perimetro e l'area del rombo. [120 cm; 864 cm²]

261 Un trapezio rettangolo ha il perimetro di 108 cm e l'altezza è pari ai $\frac{4}{3}$ della proiezione del lato obliquo sulla base maggiore. Se la somma dell'altezza e della proiezione è uguale a 49 cm, trova l'area del trapezio. [630 cm²]

262 Determina le lunghezze delle diagonali e dei lati obliqui di un trapezio isoscele, di altezza 8 cm, sapendo che l'area vale 160 cm² e che la differenza delle basi è di 12 cm. [21,5 cm; 10 cm]

263 In un trapezio rettangolo *ABCD* la lunghezza della differenza delle basi è di 36 cm; essa corrisponde ai $\frac{9}{25}$ della lunghezza della base maggiore *AB*. Sapendo che l'altezza del trapezio misura 48 cm, calcola il perimetro del trapezio e la lunghezza della diagonale *AC*. [272 cm; 80 cm]

264 Calcola l'area e il perimetro di un triangolo rettangolo *ABC*, sapendo che la mediana *AM* relativa all'ipotenusa è i $\frac{5}{6}$ del cateto *AB* e che la somma di questo e dell'ipotenusa è di 64 cm. [384 cm²; 96 cm]

Angoli

265 La differenza tra le ampiezze di due angoli complementari è di 36°. Calcola l'ampiezza di ciascun angolo. [27°; 63°]

266 In un triangolo isoscele, ciascuno degli angoli alla base è pari ai $\frac{2}{5}$ dell'angolo al vertice. Determina l'ampiezza di ciascun angolo del triangolo. [40°; 40°; 100°]

267 Calcola l'ampiezza di due angoli, sapendo che l'ampiezza della loro somma è di 240° e che il supplementare del primo angolo è equivalente al doppio del supplementare del secondo. [100°; 140°]

268 La somma di un angolo e del supplementare del proprio complementare ha un'ampiezza di 120°. Calcola l'ampiezza dell'angolo. [15°]

RISOLVIAMO UN PROBLEMA

Angoli e triangoli

In un triangolo ABC, l'angolo $\widehat{A}$ è i $\frac{9}{4}$ di $\widehat{B}$, e l'angolo $\widehat{C}$ è il triplo di $\widehat{B}$ aumentato di 5.

- Qual è l'ampiezza di ciascun angolo del triangolo?

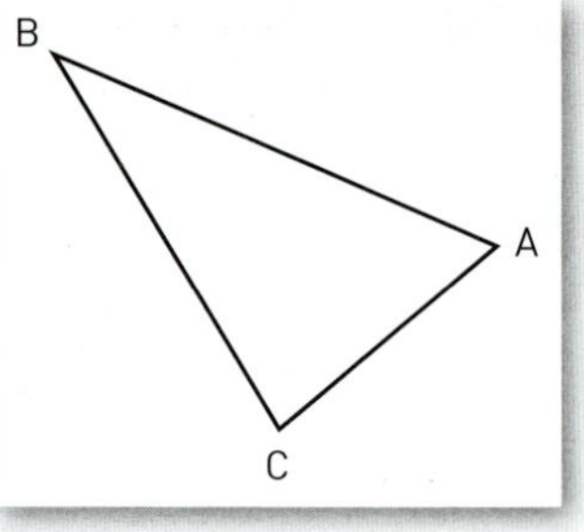

► Individuiamo l'incognita.

Sia l'ampiezza di $\widehat{A}$ sia l'ampiezza di $\widehat{C}$ sono messe in relazione con l'ampiezza di $\widehat{B}$. Poniamo perciò come incognita la misura in gradi di $\widehat{B}$:

$$\widehat{B} = x.$$

Poiché $\widehat{B}$ è l'angolo interno di un triangolo, la sua ampiezza, misurata in gradi, è compresa fra 0° e 180°. Pertanto le condizioni di esistenza di x sono:

$$\text{C.E.} \qquad 0° < x < 180°.$$

► Scriviamo le relazioni fornite dal problema.

Esprimiamo $\widehat{A}$ e $\widehat{C}$ rispetto all'incognita x:

$$\widehat{A} = \frac{9}{4}x; \qquad \widehat{C} = 3x + 5°.$$

► Ricaviamo l'equazione risolvente.

Per trovare l'equazione si utilizza il fatto che la somma degli angoli interni di un triangolo è uguale a un angolo piatto (ossia 180°). Quindi:

$$\widehat{A} + \widehat{B} + \widehat{C} = 180° \rightarrow \frac{9}{4}x + x + 3x + 5° = 180°.$$

► Risolviamo l'equazione.

$$\frac{9}{4}x + x + 3x + 5° = 180° \rightarrow$$

$$9x + 4x + 12x + 20° = 720° \rightarrow$$

$$25x = 700° \rightarrow$$

$$x = \frac{700°}{25} = 28°.$$

Il valore trovato è compreso nelle C.E., infatti:

$$0° < 28° < 180°,$$

perciò la soluzione $\widehat{B} = 28°$ è accettabile.

► Ricaviamo le ampiezze di $\widehat{A}$ e $\widehat{C}$.

$$\widehat{A} = \frac{9}{4}x \rightarrow \widehat{A} = \frac{9}{4} \cdot 28° = 63°.$$

$$\widehat{C} = 3x + 5° \rightarrow \widehat{C} = 3 \cdot 28° + 5° = 89°.$$

Le ampiezze dei tre angoli sono quindi, rispettivamente:

63°, 28°, 89°.

269 ●○ Un angolo piatto $A\widehat{O}B$ viene diviso, da due semirette con origine in O, in tre angoli: $\widehat{C}$, $\widehat{D}$, $\widehat{E}$. Sapendo che i $\frac{3}{5}$ di $\widehat{D}$ equivalgono ai $\frac{2}{5}$ di $\widehat{C}$ e che l'ampiezza di $\widehat{E}$ supera la metà di $\widehat{C}$ di 50°, calcola l'ampiezza di $\widehat{C}$, $\widehat{D}$ ed $\widehat{E}$. [60°; 40°; 80°]

270 ●○ In un triangolo ABC, l'ampiezza dell'angolo $\widehat{A}$ supera di 20° quella dell'angolo $\widehat{C}$, e l'angolo esterno all'angolo $\widehat{B}$ ha un'ampiezza uguale ai $\frac{5}{3}$ di quella di $\widehat{A}$. Calcola l'ampiezza dei tre angoli del triangolo. [60°; 80°; 40°]

271 ●○ Due angoli adiacenti sono uno i $\frac{2}{7}$ dell'altro. Determina l'ampiezza dell'angolo formato dalle loro bisettrici. Il risultato ottenuto può essere generalizzato per qualsiasi coppia di angoli adiacenti? [90°; sì perché...]

272 ●● Un angolo α viene diviso da due semirette, uscenti dal vertice di α, in tre angoli: $\widehat{A}$, $\widehat{B}$, $\widehat{C}$. L'ampiezza di $\widehat{A}$ supera di 20° $\frac{1}{6}$ dell'ampiezza dell'angolo iniziale, l'ampiezza di $\widehat{B}$ equivale ai $\frac{2}{5}$ dell'ampiezza dell'angolo $\alpha - \widehat{A}$ e infine $\widehat{C}$ ha un'ampiezza corrispondente ai $\frac{2}{5}$ dell'angolo α. Qual è l'ampiezza di α? [120°]

ESERCIZI

Problemi di geometria solida

273 In un cilindro, la differenza tra l'altezza e il raggio di base è di 12 cm, mentre il loro rapporto è $\frac{7}{3}$. Calcola il volume del cilindro. [1701π cm^3]

274 In un cilindro, il rapporto tra l'altezza e il raggio di base è $\frac{7}{4}$, mentre $\frac{1}{4}$ della loro somma è uguale a 11 cm.
Trova l'area della superficie totale e il volume del cilindro.
[1408π cm^2; 7168π cm^3]

275 Nella scatola della figura, a forma di parallelepipedo, la somma delle tre dimensioni è di 41 cm. Il lato minore differisce di 3 cm dal secondo, mentre il maggiore è uguale ai $\frac{5}{3}$ del secondo.

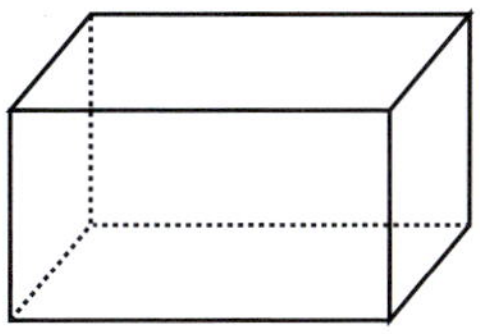

Se verso nella scatola 2 litri di acqua, questa fuoriesce? [no]

276 In una piramide retta a base quadrata il lato di base è pari a $\frac{8}{15}$ dell'altezza. Sapendo che la loro somma è di 138 cm, calcola il volume e la superficie totale della piramide.
[69 120 cm^3; 11 245,92 cm^2]

277 Determina gli elementi richiesti, utilizzando le informazioni fornite.

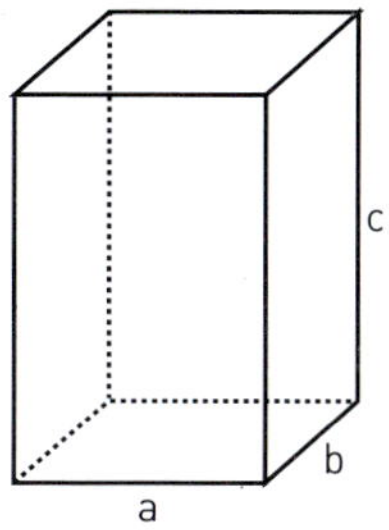

$a + b + c = 95$ cm

$a = \frac{7}{12}b$

c uguale a $\frac{3}{4}$ del perimetro di base

Superficie totale? [5004 cm^2]

278 Trova il volume di un cilindro che ha altezza 10 cm e superficie laterale 100π cm^2. [250π cm^3]

279 Un parallelepipedo ha gli spigoli di base che si ottengono rispettivamente aumentando e diminuendo di 2 cm il lato di un cubo e altezza uguale al lato del cubo stesso. Calcola la lunghezza del lato del cubo il cui volume supera di 60 cm^3 quello del parallelepipedo. [15 cm]

280 In un rombo, una diagonale è i $\frac{2}{5}$ dell'altra e la loro somma è di 28 cm. Trova il volume del solido che si ottiene facendo ruotare il rombo intorno alla diagonale maggiore. $\left[\frac{320}{3}\pi \text{ cm}^3\right]$

6 Le equazioni fratte

▶ Teoria a p. 442

Le condizioni di esistenza delle equazioni numeriche fratte

281 **ASSOCIA** ogni equazione alle corrispondenti condizioni di esistenza.

1. $\frac{x}{x+2} - 1 = 0$ 2. $1 + \frac{x-1}{x+1} - \frac{2x}{x-2} = 0$ 3. $\frac{1}{(x+1)^2} - \frac{1}{x^2} = 0$ 4. $\frac{x^2}{(x-2)^2} = \frac{x}{x-2}$

a. $x \neq -1, \quad x \neq 2$ b. $x \neq -1, \quad x \neq 0$ c. $x \neq -2$ d. $x \neq 2$

Trova le condizioni di esistenza per le seguenti equazioni fratte.

282 $\frac{2}{9x} + \frac{1}{6x^2} = 1$ [$x \neq 0$]

283 $\frac{1}{x} + \frac{2}{3x} + \frac{5}{4x} = 2$ [$x \neq 0$]

284 $\frac{x-1}{x+3} - \frac{2}{x} = \frac{5}{x-1}$ [$x \neq -3, x \neq 0, x \neq 1$]

285 $\frac{1}{x^2+4x} + \frac{4}{5x^2} = 3$ [$x \neq 0, x \neq -4$]

ESERCIZI

286 $\frac{6}{3x-1}-\frac{1}{2x+3}=\frac{1}{2x}$ $\left[x\neq 0, x\neq -\frac{3}{2}, x\neq \frac{1}{3}\right]$

287 $\frac{7}{(x-1)(x-2)}+\frac{1}{x^2-1}+\frac{1}{2x-4}=0$ $[x\neq +1, x\neq -1, x\neq 2]$

288 $\frac{x}{x^2+4}+\frac{1}{x^3+x^2+4x+4}=\frac{1}{x^3}$ $[x\neq 0, x\neq -1]$

289 $\frac{1}{x^2-2x-3}+\frac{1}{x^2-9}-\frac{1}{x^2+x}=0$ $[x\neq -3, x\neq +3, x\neq 0, x\neq -1]$

Risoluzione di equazioni numeriche fratte

290 YOU & MATHS **Find it** Does there exist a number x such that $\frac{x-1}{x+2}=4$? If so, find it; otherwise explain why not.

291 ESERCIZIO GUIDA Risolviamo l'equazione fratta $\frac{3}{x^2-x-6}+\frac{5}{x^2+2x}=\frac{2}{x+2}-\frac{2}{x-3}$.

Scomponiamo i denominatori: $x^2-x-6=(x+2)(x-3)$; $x^2+2x=x(x+2)$.
Riscriviamo l'equazione con i denominatori scomposti:

$$\frac{3}{(x+2)(x-3)}+\frac{5}{x(x+2)}=\frac{2}{x+2}-\frac{2}{x-3}.$$

Determiniamo le condizioni di esistenza: C.E.: $x\neq -2$, $x\neq 3$, $x\neq 0$.

Per eliminare i denominatori dobbiamo:

1. determinare il mcm: mcm $= x(x+2)(x-3)$;
2. ridurre le frazioni allo stesso denominatore e moltiplicare per il mcm:

$$\cancel{x(x+2)(x-3)}\frac{3x+5(x-3)}{\cancel{x(x+2)(x-3)}}=\frac{2x(x-3)-2x(x+2)}{\cancel{x(x+2)(x-3)}}\cancel{x(x+2)(x-3)}.$$

Otteniamo:

$$\underline{3x}+\underline{5x}-15=\cancel{2x^2}\underline{-6x}-\cancel{2x^2}\underline{-4x}$$

$$8x-15=-10x \rightarrow 8x+10x=15 \rightarrow 18x=15 \rightarrow 6x=5 \rightarrow x=\frac{5}{6}.$$

Eseguiamo il controllo della soluzione.
Il valore $\frac{5}{6}$ è diverso da 0, -2 e 3; quindi la soluzione $x=\frac{5}{6}$ è accettabile e l'equazione è determinata.

Risolvi le seguenti equazioni numeriche fratte (nelle soluzioni sono omesse le condizioni di esistenza).

292 $2+\frac{3}{x}=0$ $\left[-\frac{3}{2}\right]$

293 $\frac{9}{x-2}=3$ $[5]$

294 $\frac{x-1}{x+5}-4=0$ $[-7]$

295 $\frac{2x-8}{3x^2}=0$ $[4]$

296 $\frac{3x-9}{2x-6}=0$ [impossibile]

297 $\frac{1}{x}+\frac{1}{2}=2$ $\left[\frac{2}{3}\right]$

298 $\frac{1}{4x}+1-\frac{1}{6x}=0$ $\left[-\frac{1}{12}\right]$

299 $\frac{2(x-1)}{x+2}=1$ $[4]$

300 $\frac{6}{x-5}+\frac{x}{5-x}=1$ $\left[\frac{11}{2}\right]$

301 $\frac{1}{4-x}-\frac{2x}{x-4}=0$ $\left[-\frac{1}{2}\right]$

302 $\frac{1}{2}\left(4-\frac{1}{x}\right)-6=\frac{3}{x}$ $\left[-\frac{7}{8}\right]$

303 $2\left[\frac{1}{3}(x-2)+\frac{5}{x}\right]=\frac{1+2x}{3}$ $[6]$

304 $\frac{1}{x-1}=\frac{2}{x-2}$ $[0]$

305 $\frac{3}{x+3}-\frac{2}{4-x}=0$ $\left[\frac{6}{5}\right]$

306 $\frac{x^2}{x-3} - x - 1 = \frac{1}{2}$ $\quad[-3]$

307 $\frac{x}{2x+2} + x + 1 = \frac{x^2}{x+1}$ $\quad\left[-\frac{2}{5}\right]$

308 $x + \frac{4}{4-x} = \frac{x}{4-x} + x + 4$ $\quad$[impossibile]

309 $\frac{2x-3}{2x+4} = \frac{x}{x+2} - \frac{1}{x}$ $\quad[4]$

310 $3 - \frac{1}{2x} = \frac{6+10x}{2x+4} - 2$ $\quad\left[\frac{2}{13}\right]$

311 $\frac{3}{x} + \frac{1}{2} = \frac{2x-1}{x}$ $\quad\left[\frac{8}{3}\right]$

312 $\frac{x+1}{3x} = \frac{x}{3x+1}$ $\quad\left[-\frac{1}{4}\right]$

313 $\frac{1+3x}{4x+4} - \frac{5-x}{x+1} = 2$ $\quad[-27]$

314 $\frac{5}{2-2x} - \frac{x}{x^2-2x+1} = 0$ $\quad\left[\frac{5}{7}\right]$

315 ESEMPIO DIGITALE

$\frac{x+2}{2x} - \frac{4-x}{2x-x^2} = \frac{3x}{6x-12}$

316 $\frac{x-1}{x^2+3x} + \frac{2}{x} + \frac{9}{2x+6} = 0$ $\quad\left[-\frac{2}{3}\right]$

317 $\frac{2x}{x-3} - \frac{5}{x} = \frac{6x}{3x-9} + \frac{2}{3x}$ $\quad$[impossibile]

318 $\frac{3x}{x+2} + \frac{2x}{x-7} = \frac{5x+6}{x+2}$ $\quad\left[-\frac{7}{2}\right]$

319 $\frac{2}{1-x} = \frac{1}{x-x^2} + \frac{1}{x}$ $\quad\left[\frac{2}{3}\right]$

320 $\frac{4}{x^2-4} + \frac{1}{x^2-2x} = \frac{3}{x^2+2x}$ $\quad[-4]$

321 $\frac{x-1}{2x-6} + \frac{6}{x^2-9} - \frac{x}{2x+6} = 0$ $\quad\left[-\frac{9}{5}\right]$

322 $\frac{1}{2x-4} - \frac{2}{x+2} = \frac{x+5}{3x^2-12}$ $\quad\left[\frac{20}{11}\right]$

323 $\frac{2}{x^2-1} + \frac{7}{x-1} = \frac{1}{x+1}$ $\quad\left[-\frac{5}{3}\right]$

324 $\frac{6x+1}{x^2-4} - \frac{6}{x} = \frac{3}{x^3-4x}$ $\quad[-21]$

325 $\frac{4}{3x} + \frac{1}{3x+12} - \frac{x-1}{2x^2+8x} = 0$ $\quad[-5]$

326 $\frac{x-1}{x^2+4x+4} + \frac{1}{2+x} = \frac{5}{4x+8}$ $\quad[2]$

327 $\frac{7x-10}{x^2+x-6} + \frac{6}{x-2} = \frac{5}{x+3}$ $\quad\left[-\frac{9}{4}\right]$

328 $\frac{2}{x^2-x} - \frac{4}{x^2-1} = \frac{1}{x^2+x}$ $\quad$[impossibile]

329 $\frac{x+5}{2x-8} + \frac{x-2}{x} = \frac{3x+1}{2x} + \frac{x+1}{x(x-4)}$ $\quad[-9]$

330 $\frac{x}{x+4} - \frac{3x+4}{2(x-3)} = -\frac{7+4x}{8+2x} + \frac{3}{2}$ $\quad\left[-\frac{1}{30}\right]$

331 $\left(\frac{1}{3}x+1\right) : (x+1) = \frac{2}{3} + \frac{1}{x} : \left(1+\frac{1}{x}\right)$ $\quad[-2]$

---

332 $3 - 2x - \frac{1}{5x-1} = 2 - \frac{x(1+6x)}{3x+2}$ $\quad\left[\frac{4}{7}\right]$

333 $\frac{7x+2}{2x-3} + \frac{5x+4}{x} - \frac{34x^2+43x-2}{4x^2-9} + \frac{10-x}{2x^2-3x}$ $\quad\left[-\frac{11}{9}\right]$

334 $\frac{3(4x+1)}{3x+2} \quad \genfrac{}{}{0pt}{}{6x+2}{3x-1} = \frac{6x+4}{3x-1} - \frac{15}{9x+6}$ $\quad$[impossibile]

335 $\frac{3}{x} + (6x+5) - \frac{6x+1}{3x-1} = 3x + \frac{9x+6}{3x-1} + \frac{3x^2+1}{x}$ $\quad\left[-\frac{1}{3}\right]$

336 $\left(\frac{x^3-x^2}{1-x^2} + x - 1\right) : \left(1 - \frac{x}{x+1}\right) = x^2(-x)^{-1} - 2$ $\quad$[impossibile]

337 $\frac{5x+2}{2(x^2-4)} + \frac{x}{2x+3} = \frac{x+4}{2x+3} + \frac{1}{2(x-2)}$ $\quad\left[-\frac{8}{3}\right]$

338 $\frac{2x^2+1}{x^2-x-20} + 6x + 2 = \frac{6x^2-26x-15}{x-5}$ $\quad[7]$

339 $\frac{128x+16}{x^2+12x} - 6 + \frac{8x^2+2}{x} = 8x + \frac{10-6x}{x}$ $\quad\left[\frac{2}{3}\right]$

340 $\frac{2x^3+4x^2+18}{x^2+8x+15} + \frac{2x+2}{x+3} = -1 + \frac{15-9x}{x+5} + 2x$ $\quad[1]$

341 $\left(\frac{6x+2}{x^2-4x+4} + \frac{2}{2x-x^2}\right) \cdot \left(1 - \frac{2}{x}\right) = \frac{6x-1}{x^2-2x}$ $\quad[-4]$

342 ●● ESEMPIO DIGITALE $\left(\frac{3x+5}{6x+4}-2\right):\left(\frac{3x+8}{3x+2}+\frac{2x-10}{9x+6}\right)=1$

343 ●● $\left(\frac{x+2}{x}+\frac{x+2}{2}\right):\left(\frac{x-2}{x}+\frac{1}{2}x-1\right)-1=\frac{16}{x^2-4}-\frac{4}{x+2}$ [impossibile]

344 ●● $\frac{3x+5}{6x^2+3x}+\frac{4x^2+9}{4x^2-1}=\frac{x+\frac{3}{2}}{3x}-\frac{8}{3}\frac{x^2}{(1-4x^2)}$ $\left[\frac{1}{10}\right]$

345 ●● $3x^2+5x+7+\frac{2x^3+3x+16}{x^2+x}=\frac{10x^3+12x+4}{x}-\frac{2+7x^3}{x+1}$ [3]

346 ●● $\frac{3x+3}{2x}+\frac{5x^2+4x+1}{(x-2)}=\frac{61x-116}{2(x-2)^2}+5x+\frac{31}{2}$ [1]

347 ●● $x\left[\left(\frac{1}{x^2}+\frac{2}{3x}+\frac{1}{9}\right):\frac{x+3}{3x}\right]:\left(\frac{x+6}{2x^2-3x-9}-\frac{x}{2x^2+9x+9}-\frac{6}{x^2-9}+1\right)=3$ [6]

---

348 ●○ SPIEGA PERCHÉ Loredana: «Ho risolto le due equazioni $\frac{x-5}{3}=\frac{1}{2}(x-3)$ e $\frac{2x^2+1}{x^2-1}=-\frac{6x}{-3-3x}+\frac{3+2x}{1-x^2}$ e ho visto che sono equivalenti». Simone: «Dopo aver risolto la prima, posso già dirti che ti sbagli!». Spiega perché Simone ha ragione.

Problemi numerici

349 ●○ ESEMPIO DIGITALE In una frazione a termini positivi il triplo del denominatore supera di 19 il doppio del numeratore. Trova la frazione, sapendo che diminuendo di 3 il numeratore e aumentando di 3 il denominatore si ottiene la frazione $\frac{5}{9}$.

350 ●○ Il rapporto tra i $\frac{2}{5}$ di un numero aumentati di 4 e la metà del numero diminuita di 1 è uguale a 1. Determina il numero. [50]

351 ●○ La somma di numeratore e denominatore di una frazione è 31; sottraendo 10 a entrambi, si ottiene una frazione equivalente a $\frac{12}{21}$. Calcola numeratore e denominatore. [14; 17]

352 ●○ Quale numero si deve sottrarre a ciascun termine della frazione $\frac{3}{2}$ per ottenere una frazione equivalente a $\frac{21}{24}$? [10]

353 ●○ La somma di un numero con il suo consecutivo sta al numero aumentato di 5 come 5 sta a 7. Determina il numero. [2]

354 ●○ La somma di un numero con il suo doppio, divisa per la differenza fra il triplo del numero stesso e 4, vale $\frac{6}{5}$. Qual è il numero? [8]

355 ●○ Il rapporto fra la somma di tre numeri consecutivi e la differenza fra il primo numero e 5 è uguale a 9. Determina i tre numeri. [8; 9; 10]

356 ●○ La somma di due numeri è 19; determina i due numeri, sapendo che, aggiungendo a entrambi 3, il rapporto tra i numeri ottenuti è $\frac{3}{2}$. [12; 7]

357 ●○ La somma di numeratore e denominatore di una frazione è 12; sottraendo 2 a entrambi, si ottiene $\frac{3}{5}$. Calcola numeratore e denominatore. [5; 7]

358 ●○ La somma di due numeri è 26. Calcola i due numeri, sapendo che il rapporto tra il primo numero diminuito di 4 e il secondo numero aumentato di 4 è il reciproco del rapporto tra il primo e il secondo. [15; 11]

359 ●● In un numero di due cifre, la cifra delle unità è 6. Il rapporto tra il numero e quello ottenuto scambiando tra loro le due cifre è $\frac{23}{32}$. Trova il numero. [46]

RISOLVIAMO UN PROBLEMA

Due soluzioni, una frazione

Si sa che sommando il numeratore e il denominatore di una frazione si ottiene 28. Se si aggiunge 1 al numeratore e si sottrae 9 al denominatore si ottiene una frazione equivalente a $\frac{1}{4}$.

- Qual è la frazione cercata?

▶ **Scegliamo l'incognita.**

Per determinare la frazione dobbiamo trovare il valore sia del numeratore (che indichiamo con N) sia del denominatore (che indichiamo con D). Possiamo scegliare come incognita sia N sia D.
Poniamo $x = D$.
Poiché x è il denominatore della frazione, dobbiamo porre le condizioni di esistenza:

C.E. $\quad x \neq 0, x \in \mathbb{R}$.

▶ **Scriviamo le relazioni fornite dal problema.**

Sappiamo che la somma di numeratore e denominatore è uguale a 28:

$$N + D = 28 \quad \to \quad N + x = 28,$$

quindi ricaviamo un'espressione per N:

$$N = 28 - x.$$

La seconda parte del problema si può risolvere con l'equazione $\frac{N+1}{x-9} = \frac{1}{4}$.

Se sostituiamo l'espressione di N otteniamo:

$$\frac{28 - x + 1}{x - 9} = \frac{1}{4}.$$

Imponiamo le C.E. per il denominatore:

C.E. $\quad x \in \mathbb{R}; x \neq 0; x \neq 9$.

▶ **Risolviamo l'equazione.**

$$\frac{29 - x}{x - 9} = \frac{1}{4}$$

Moltiplichiamo entrambi i membri per il mcm $= 4(x - 9)$:

$$4(29 - x) = x - 9 \quad \to \quad 116 - 4x = x - 9 \quad \to$$
$$4x + x = 116 + 9 \quad \to \quad 5x = 125 \quad \to$$
$$x = \frac{125}{5} = 5.$$

▶ **Controlliamo la soluzione.**

La soluzione $x = 25$ è accettabile perché diversa da 0 e da 9.

▶ **Determiniamo la frazione cercata.**

La frazione cercata ha denominatore uguale a 25.
Il numeratore è dato da:

$$N = 28 - x \quad \to \quad N = 28 - 25 \quad \to \quad N = 3.$$

Pertanto la frazione è $\frac{3}{25}$.

Secondo svolgimento.

Vediamo com cambia la risoluzione se poniamo il numeratore $N = x$. In questo caso x può assumere qualsiasi valore, perciò $x \in \mathbb{R}$.

▶ **Scriviamo le relazioni fornite dal problema.**

$$N + D = 28 \quad \to \quad x + D = 28$$

L'espressione per il denominatore è: $D = 28 - x$.
Otteniamo l'equazione:

$$\frac{N+1}{D-9} = \frac{1}{4} \quad \to \quad \frac{x+1}{(28-x)-9} = \frac{1}{4}.$$

Poiché $(28 - x) - 9$ è il denominatore di una frazione dobbiamo porre le C.E.:

C.E. $\quad 28 - x - 9 \neq 0 \quad \to \quad x \neq 19$.

▶ **Risolviamo l'equazione.**

$$\frac{x+1}{19-x} = \frac{1}{4}.$$

Moltiplichiamo entrambi i membri per il mcm $= 4(19 - x)$:

$$4(x+1) = 19 - x \quad \to \quad 4x + 4 = 19 - x \quad \to$$
$$4x - x = 19 - 4 \quad \to \quad 5x = 15 \quad \to$$
$$x = \frac{15}{5} = 3.$$

▶ **Controlliamo la soluzione.**

La soluzione $x = 3$ è accettabile perché diversa da 19.

▶ **Determiniamo la frazione cercata.**

La frazione cercata ha numeratore $N = 3$; il denominatore è dato da $D = 28 - 3 = 25$.
Pertanto la frazione cercata è $\frac{3}{25}$.

Problemi geometrici

360 ●○ Nel trapezio isoscele $ABCD$ la differenza fra la base maggiore AB e la minore DC misura 6 cm. Sapendo che

$$\frac{3\overline{AB}+2\overline{CD}}{\overline{AB}+\overline{CD}}=\frac{34}{13},$$

determina le misure delle basi del trapezio.

[16 cm, 10 cm]

361 ●● La somma fra la base maggiore e l'altezza di un trapezio rettangolo è 60 cm; la base minore è uguale alla base maggiore diminuita della metà dell'altezza; il rapporto fra la somma della base minore con l'altezza e la base maggiore diminuita dell'altezza è uguale a $\frac{5}{2}$. Calcola l'area del trapezio. [700 cm^2]

362 ●● In un rettangolo, la base è i $\frac{4}{3}$ dell'altezza e il rapporto tra il perimetro e l'altezza aumentata di 4 cm è $\frac{14}{5}$. Calcola l'area del rettangolo.

[48 cm^2]

363 ●● In un triangolo isoscele ABC, il lato supera la base AB di 6 cm. Determina il perimetro del triangolo sapendo che: $\frac{\overline{CB}+5\overline{AB}}{2\overline{AB}}=\frac{10}{3}$.

[39 cm]

364 ●○ **INTORNO A NOI** Un automobilista ha suddiviso un viaggio in due tratti, come indicato in figura. Se il rapporto fra i tempi di percorrenza dei due tratti è $\frac{28}{15}$, quali sono state le corrispondenti velocità medie?

[120 km/h; 90 km/h]

MATEMATICA INTORNO A NOI

Il trenino elettrico Il trenino elettrico di Roberto, quando l'impianto è acceso, si muove con velocità (espressa in m/s)

$v=-0,05R+1,05$

dove R è la resistenza del circuito che serve per regolare la velocità.
A sua volta, R è costituita da due resistenze R_1 e R_{var}, una fissa e una variabile, collegate in parallelo e pertanto vale la relazione $\frac{1}{R}=\frac{1}{R_1}+\frac{1}{R_{var}}$.

Problema e risoluzione.

7 Le equazioni letterali

▶ Teoria a p. 443

Le equazioni letterali intere

365 ●○ **TEST** Quale, fra le seguenti equazioni, ha come soluzione $x=1$ se $a\neq 0$ ed è indeterminata se $a=0$?

A $ax=1$
B $ax=a$
C $x-1=a$
D $ax-x=0$
E $ax=a-1$

366 ESERCIZIO GUIDA Risolviamo l'equazione nell'incognita x: $ax + 4 = x + 4a^2$.

Scriviamo l'equazione nella forma $Ax = B$:

$$ax - x = 4a^2 - 4 \rightarrow (a-1)x = 4a^2 - 4.$$

Consideriamo il coefficiente $a - 1$ di x.

Discussione

- Se $\mathbf{a - 1 \neq 0 \rightarrow a \neq 1}$, dividiamo entrambi i membri per $a - 1$:

$$\frac{(a-1)x}{a-1} = \frac{4a^2-4}{a-1} \rightarrow x = \frac{4(a-1)(a+1)}{a-1}$$

$x = 4(a+1)$: **equazione determinata.**

- Se $\mathbf{a - 1 = 0 \rightarrow a = 1}$, sostituendo 1 ad a otteniamo:

$(1-1)x = 4 \cdot 1 - 4$

$0x = 0$: **equazione indeterminata.**

Risultati

- Se $a \neq 1$, $x = 4(a+1)$.
- Se $a = 1$, equazione indeterminata.

Risolvi e discuti, quando è necessario, le seguenti equazioni letterali intere nell'incognita *x*.

367 $bx + b = 0$ $[b \neq 0, x = -1; b = 0, \text{indet.}]$

368 $ax - 3a^2 = 0$ $[a \neq 0, x = 3a; a = 0, \text{indet.}]$

369 ESEMPIO DIGITALE $(b^2 - 2b - 3)x = b^2 - 3b - 4$

370 $ax = x + a$ $\left[a \neq 1, x = \frac{a}{a-1}; a = 1, \text{imp.}\right]$

371 $bx - 2 = 0$ $\left[b \neq 0, x = \frac{2}{b}; b = 0, \text{imp.}\right]$

372 $2ax - a = 0$ $\left[a \neq 0, x = \frac{1}{2}; a = 0, \text{indet.}\right]$

373 $2a - 3x = 7a - 5x$ $\left[x = \frac{5a}{2}\right]$

374 $b(x-2)+b+1=0$ $\left[b \neq 0, x = \frac{b-1}{b}; b = 0, \text{imp.}\right]$

375 $6x - 3(x + 2a) = a + 4(x - 2a)$ $[x = a]$

376 $2x - 4(3x - a) = 6(a - 2x) + 6a$ $[x = 4a]$

377 $(a+1)x = 3$ $\left[a \neq -1, x = \frac{3}{a+1}; a = -1, \text{imp.}\right]$

---

378 $(a^2 - 3a)x = a(a^2 - 9)$ $[a \neq 0 \wedge a \neq 3, x = a + 3; a = 0, a = 3, \text{indet.}]$

379 $b^2x + b^2 = b^4 + bx$ $[b \neq 0 \wedge b \neq 1, x = b(b+1); b = 0, b = 1, \text{indet.}]$

380 $a(5 - 4x) = 4 + a^2(1 - x)$ $\left[a \neq 0 \wedge a \neq 4, x = \frac{a-1}{a}; a = 0, \text{imp.}; a = 4, \text{indet.}\right]$

381 $a(x - a - 1) + bx(2 + x) - 3bx^2 = 2(x - 3) - 2bx(x - 1)$ $[a \neq 2, x = a + 3; a = 2, \text{indet.}]$

382 $abx = b$ $\left[b \neq 0 \wedge a \neq 0, x = \frac{1}{a}; b = 0, \text{indet.}; b \neq 0 \wedge a = 0, \text{imp.}\right]$

383 $3x - 2a(1 + x) = x(1 + 2b) - 2x(b - 1)$ $[a \neq 0, x = -1; a = 0, \text{indet.}]$

384 ESEMPIO DIGITALE $2\{[t + (t-1)^2]x + 1\} = 6x + t$

385 $2[3 + (b+3)x] + 2bx = 3 - 3(2x - 1)$ $[b \neq -3, x = 0; b = -3, \text{indet.}]$

386 $a(ax - a - 3) = x(6 - a)$ $\left[a \neq -3 \wedge a \neq 2, x = \frac{a}{a-2}; a = -3, \text{indet.}; a = 2, \text{imp.}\right]$

387 $\left(\frac{2}{5} + a\right)x + 3x^2 - x(x + 5a) = 1 + 2x(x - 2b) + x(4b - 5a)$ $\left[a \neq -\frac{2}{5}, x = \frac{5}{5a+2}; a = -\frac{2}{5}, \text{imp.}\right]$

388 $a(2x - 5b) + \frac{3}{2}bx - 3ab = 3b\left(\frac{1}{2}x - a\right) + b(x - 3b) + 2a^2$ $[b \neq 2a, x = a + 3b; b = 2a, \text{indet.}]$

389 ●○ **COMPLETA** indicando a fianco di ogni caso un opportuno coefficiente di x in modo che l'equazione $\square x = 2a(a+1)$ nell'incognita x sia:

a. indeterminata se $a = 0$; $\square$

b. impossibile se $a = 2$; $\square$

c. indeterminata se $a = -1$ e impossibile per $a = 5$; $\square$

d. indeterminata se $a = 0$ e $a = -1$. $\square$

Equazioni letterali intere in cui le lettere sono presenti al denominatore

390 **ESERCIZIO GUIDA** Risolviamo $\frac{2x-1}{3a} + \frac{x}{3} = \frac{2}{a}$, nell'incognita x.

Per l'esistenza delle frazioni abbiamo la condizione:

C.E.: $a \neq 0$.

Svolgiamo i calcoli:

$$\frac{2x-1+ax}{3a} = \frac{6}{3a}$$

$$2x + ax = 6 + 1.$$

Raccogliamo x a fattore comune:

$$(2+a)x = 7.$$

Discussione

- Se $2 + a \neq 0 \rightarrow a \neq -2$, dividiamo entrambi i membri per $2 + a$:

$$\frac{\cancel{(2+a)}x}{\cancel{2+a}} = \frac{7}{2+a} \rightarrow x = \frac{7}{2+a}.$$

Tenendo conto della C.E., diciamo che, per $a \neq 0 \wedge a \neq -2$, l'**equazione è determinata**.

- Se $2 + a = 0 \rightarrow a = -2$, sostituiamo -2 ad a:

$$(2-2)x = 7$$

$0x = 7$: **equazione impossibile.**

Risultati

- Se $a = 0$, equazione priva di significato.
- Se $a = -2$, equazione impossibile.
- Se $a \neq 0 \wedge a \neq -2$, $x = \frac{7}{2+a}$, equazione determinata.

Risolvi le seguenti equazioni nell'incognita *x* (nelle soluzioni talvolta le discussioni sono omesse o non riportate per intero).

391 ●○ $\frac{4}{a} - \frac{x+1}{2} = 0$ $\left[a = 0, \text{ senza significato}; a \neq 0, x = \frac{8-a}{a}\right]$

392 ●○ $\frac{1-x}{6} = \frac{2}{a}$ $\left[a = 0, \text{ senza significato}; a \neq 0, x = \frac{a-12}{a}\right]$

393 ●○ $\frac{1-ax}{a} + \frac{x}{2} = x$ $\left[a = 0, \text{ senza significato}; a \neq 0, x = \frac{2}{3a}\right]$

394 ●○ $\frac{x+1}{2a} - 1 = \frac{x}{4}$ $\left[a = 0, \text{ senza significato}; a \neq 0 \wedge a \neq 2, x = \frac{2(2a-1)}{2-a}; a = 2, \text{ imp.}\right]$

395 ●○ $\frac{x-1}{b} + \frac{2x+3}{4b} = \frac{x}{4}$ $\left[b = 0, \text{ senza significato}; b \neq 0 \wedge b \neq 6, x = \frac{1}{6-b}; b = 6, \text{ imp.}\right]$

396 ●○ $\frac{2-(x+a)}{a} + 1 = \frac{2}{a} - \frac{x}{b} - 1$ $\left[a \neq 0 \wedge b \neq 0 \wedge a \neq b, x = -\frac{ab}{a-b}; a = b \wedge a \neq 0, \text{ imp.}\right]$

397 ●○ $\frac{2x+16b}{(b^2-16)} - \frac{3x+1}{b+4} = \frac{5-3x}{b-4}$ $\left[b \neq 4 \wedge b \neq -4, x = \frac{8-5b}{13}\right]$

398 ●○ $\frac{x}{a} + \frac{2x}{2-a} = \frac{a-x+2}{2a-a^2}$ $\left[a \neq 0 \wedge a \neq 2 \wedge a \neq -3, x = \frac{a+2}{a+3}; a = -3, \text{ imp.}\right]$

399 ●○ $\frac{x}{a-3} + \frac{a+3}{(a-3)^2} = +(2-a)(a+2) + a^2 - 3$ $\left[a \neq 3, x = \frac{(a-1)(a-6)}{a-3}\right]$

400 $\frac{x+4b}{b^2+2b+1}=\frac{x}{b+1}$ $[b \neq 0 \wedge b \neq -1, x=4; b=0, \text{indet.}; b=-1, \text{senza significato}]$

401 ESEMPIO DIGITALE $\frac{ax-1}{a+3}-\frac{x-1}{2-a}=\frac{3(x-1)}{a^2+a-6}$

402 $\frac{x+1}{b+2}+\frac{bx-1}{b-3}=\frac{b-3x-6}{b^2-b-6}$

$\left[b \neq 0 \wedge b \neq -3 \wedge b \neq 3 \wedge b \neq -2, x=\frac{b-1}{b(b+3)}; b=0 \vee b=-3, \text{imp.}; b=3 \vee b=-2, \text{senza significato}\right]$

403 $\frac{x}{3(b-1)}=\frac{3a}{3a+b}+\frac{b}{3a+b}$ $[b=1 \vee b=-3a, \text{senza significato}; b \neq 1 \wedge b \neq -3a, x=3(b-1)]$

404 $\frac{x+2a}{2+a}-\frac{x-6}{a+4}+\frac{x-4}{-2-a}=3$ $[a=-2 \vee a=-4, \text{senza significato}; a \neq -2 \wedge a \neq -4, x=2-a]$

405 $\frac{3ax+2b}{a^2}+\frac{8b-2b^3}{a^2(b^2-4b+4)}=\frac{6ax+10b}{2a^2-a^2b}$ $\left[a \neq 0 \wedge b \neq 2 \wedge b \neq 0, x=-\frac{2}{3a}; a \neq 0 \wedge b=0, \text{indet.}\right]$

406 $\frac{4bx+b+3}{b^2-25}+\frac{x+2}{5-b}=\frac{3x-1}{5+b}+\frac{2}{b}$ $\left[b \neq 0 \wedge b \neq \pm 5, x=\frac{b^2+6b-25}{5b}\right]$

Le equazioni letterali fratte

407 ESERCIZIO GUIDA Risolviamo $\frac{2(a-4)}{(x-1)(3x-1)}=\frac{3ax}{x-1}\cdot\frac{a-4}{3x-1}$, nell'incognita x.

Le condizioni di esistenza sono: $x \neq 1 \wedge x \neq \frac{1}{3}$.
Eliminiamo i denominatori e scriviamo l'equazione con la x a primo membro:

$$2(a-4)=3ax(a-4) \rightarrow 3a(a-4)x=2(a-4).$$

Discussione

- Se $a=0$, $0x=-8$, allora l'equazione è impossibile.
- Se $a-4=0$, ossia $a=4$, $0x=0$, allora l'equazione è indeterminata, ma con $x \neq 1$ e $x \neq \frac{1}{3}$.
- Se $a \neq 0 \wedge a \neq 4$, $x=\frac{2}{3a}$, la soluzione trovata è accettabile solo se $x \neq 1 \wedge x \neq \frac{1}{3}$, quindi solo se:

$$\frac{2}{3a} \neq 1 \rightarrow a \neq \frac{2}{3}; \quad \frac{2}{3a} \neq \frac{1}{3} \rightarrow a \neq 2.$$

Risultati

- Se $a=0$, l'equazione è impossibile.
- Se $a=\frac{2}{3}$, $x=\frac{2}{3a}=1$, la soluzione non è accettabile.
- Se $a=2$, $x=\frac{2}{3a}=\frac{1}{3}$, la soluzione non è accettabile.
- Se $a=4$, l'equazione è indeterminata, con $x \neq 1 \wedge x \neq \frac{1}{3}$.
- Se $a \neq 0 \wedge a \neq \frac{2}{3} \wedge a \neq 2 \wedge a \neq 4$, $x=\frac{2}{3a}$, l'equazione è determinata.

Risolvi le seguenti equazioni letterali fratte nell'incognita x (nelle soluzioni talvolta sono omesse le discussioni).

408 $\frac{2}{2-x} - 1 = \frac{bx}{2-x}$ $[b = 1, \text{indet. con } x \neq 2; b \neq 1, x = 0]$

409 $\frac{ax}{x^2 - 2x + 1} - \frac{2a}{x-1} = 0$ $[a \neq 0, x = 2, a = 0, \text{indet. con } x \neq 1]$

410 ESEMPIO DIGITALE $\frac{(a^2-9)x + 3a - a^2}{(a^2-a)x} = 0$

411 $x + \frac{x+1}{x-2b} = -\left(\frac{1}{x-2b} - x\right)$ $[b \neq -1, x = -2; b = -1, \text{imp.}]$

412 $x + \frac{x-a}{x-2} = -\left(\frac{2a}{x-2} - x\right)$ $[a \neq -2, x = -a; a = -2, \text{imp.}]$

413 $\frac{x}{x+b} - \frac{x^2}{x^2-b^2} = \frac{b}{x-b}$ $\left[b \neq 0, x = -\frac{b}{2}; b = 0, \text{indet. con } x \neq 0\right]$

414 $\frac{2a}{x-4} + \frac{2b}{x+4} = \frac{16a}{x^2-16}$ $[a = -b, \text{indet. con } x \neq \pm 4; a \neq -b, \text{imp.}]$

415 $\frac{1-2a}{x} + \frac{a-2}{x} = \frac{a-1}{x-1}$ $\left[a \neq -1 \wedge a \neq 1 \wedge a \neq 0, x = \frac{a+1}{2a}; a = 0 \vee a = -1 \vee a = 1, \text{imp.}\right]$

416 $\frac{2m - 2(m-1)}{1-mx} = -\frac{1}{2+mx}$ $\left[m \neq 0, x = -\frac{5}{m}; m = 0, \text{imp.}\right]$

417 ESEMPIO DIGITALE $\frac{2b}{x^2+x} + \frac{3}{x^2-x} = \frac{7}{1-x^2}$

418 $\frac{a}{x+2} = \frac{a+4}{x^2+x-2} - \frac{1}{x-1}$ $[a \neq -1, x = 2; a = -1, \text{indet. con } x \neq -2 \wedge x \neq 1]$

419 $\frac{x^4 - a^4}{(x+a)^2} : \frac{x^2 - ax}{x+a} = x + \frac{a^2}{x}$ $[\forall x \neq 0 \wedge x \neq \pm a]$

420 $\frac{a}{x} - \frac{b}{x-1} = \frac{a}{x-1} + \frac{b}{x}$ $\left[x = \frac{b-a}{2b} \text{ se...}\right]$

421 $\frac{(a^2-a)x}{x^2-4} = \frac{a}{x+2} \cdot \frac{6}{x-2}$ $\left[a \neq 0 \wedge a \neq 1 \wedge a \neq 4 \wedge a \neq -2, x = \frac{6}{a-1};\right.$ $\left. a = 0, \text{indet. con } x \neq \pm 2; a = 1 \vee a = 4 \vee a = -2, \text{imp.}\right]$

422 $\frac{1-b}{x-1} + \frac{2b}{b+2} = \frac{3b+1}{x-1}$ $[b \neq 0 \wedge b \neq -2, x = 2b + 5; b = 0, \text{indet. con } x \neq 1; b = -2, \text{senza significato}]$

423 $\frac{x^2}{x-a} + \frac{3x - 3x^2 + 2ax - 2a}{x^2 - ax - x + a} - \frac{4x - x^2}{a-x} = \frac{3a}{x-a}$ [imp.]

424 $\frac{1-2a}{x} + \frac{a-2}{x} = \frac{2(a+1)}{a-1}$ $\left[a \neq \pm 1, x = \frac{1-a}{2}; a = -1, \text{indet. con } x \neq 0; a = 1, \text{senza significato}\right]$

425 $\frac{2a - 6(a-1)}{1-3x} = \frac{a}{2+3x}$ $\left[x = \frac{3a-4}{3(2-a)} \text{ se...}\right]$

426 $\frac{2}{2b-x} - 1 = \frac{bx}{2b-x}$ $[b \neq \pm 1, x = -2; b = 1, \text{indet.}; b = -1, \text{imp.}]$

427 $a\left(\frac{x-a}{x}\right) - 1 = -\frac{1}{a}\left(1 - \frac{1}{x}\right)$ $[a \neq 0 \wedge a \neq -1, x = a + 1; a = -1, \text{imp.}; a = 0, \text{senza significato}]$

428 $\frac{4x^2 + 4bx}{x^2 + 2bx + b^2} \cdot \left(1 + \frac{b}{x}\right) = 4 + b(x-2)$ $[b \neq 0 \wedge b \neq -2, x = 2; b = 0, \forall x \neq 0; b = -2, \text{imp.}]$

429 $\frac{x}{a(x^2 - 2x + 1)} - \frac{2a}{ax - a} = 0$ $\left[a \neq \frac{1}{2} \wedge a \neq 0, x = \frac{2a}{2a-1}; a = \frac{1}{2}, \text{imp.}; a = 0, \text{senza significato}\right]$

Risolvere un'equazione rispetto a una lettera indicata

430 Considera l'equazione letterale $ax + by + c = 0$.

a. Se l'incognita è x, per quali valori di a l'equazione è determinata?

b. Se l'incognita è y, per quali valori di b l'equazione è impossibile o indeterminata?

c. Se l'incognita è c, l'equazione può risultare indeterminata?

Risolvi le seguenti equazioni rispetto a ogni lettera che vi compare.

431 $2x - 4y + 1 = 0$; $\quad x = 3 + 2a$.

432 $y = 2x + 6 - 2y$; $\quad 2kx + \frac{x}{2} = 0$.

433 $a = \frac{a}{2b} + 1$; $\quad \frac{2}{a} + \frac{b+1}{2} = 1$.

434 $ab + x = 5ab$; $\quad 3ax - a + b = 2a$.

435 $\frac{1}{2}x - 3a = 0$; $\quad 2x + \frac{2}{5}a = -\frac{1}{5}a$.

436 $3ax - x + 3a = 1$; $\quad 2x - \frac{2}{3}ax = 1$.

437 La formula dell'area del trapezio è:

$$A = \frac{(b+B)\cdot h}{2}.$$

Trova la base minore b supponendo note le altre grandezze.

438 Risolvi l'equazione $A = \frac{d_1 \cdot d_2}{2}$, che esprime l'area di un rombo, rispetto a d_2.

439 Nel moto uniforme, la formula $s = vt + s_0$ esprime la posizione s in funzione del tempo t, della velocità v e della posizione iniziale s_0.
Trova v conoscendo le altre grandezze.

440 La formula $V = \frac{1}{3}\pi r^2 h$ esprime il volume del cono in funzione del raggio di base r e dell'altezza h. Trova h sapendo che V e r sono noti.

441 EUREKA! **Da un rapporto a un altro** Se $\frac{x-y}{x+y} = \frac{5}{2}$, ricava $\frac{x}{y}$. $\left[\frac{x}{y} = -\frac{7}{3}\right]$

(USA *Texas A&M University Math Contest*, 2003)

442 YOU & MATHS **Is it a line?** Solve for y in the equation $\frac{y-3}{y-2} = \frac{x+1}{x}$ and let $y = f(x)$. Draw a graph of the function f.

443 EUREKA! **Un parametro in tasca** Marco dice ad Anna: «Ora io ho in tasca k euro e tu ne hai 10 in più di me. Se entrambi ricevessimo x euro, il rapporto tra la tua somma e la mia diminuirebbe di 2 rispetto a prima». Quanto vale x? Perché il problema non ha soluzione se $k \geq 5$? Quanto vale x se $k = 4$?

$\left[x = \frac{k^2}{5-k} \text{ per } 0 < k < 5;\ k > 5 \rightarrow x < 0,\ k > 5 \rightarrow \nexists x;\ x = 16\right]$

VERIFICA DELLE COMPETENZE ALLENAMENTO

UTILIZZARE TECNICHE E PROCEDURE DI CALCOLO

Equivalenze, identità e condizioni di esistenza

TEST

1 Solo una delle seguenti equazioni *non* ammette soluzioni in $\mathbb{Z}$. Quale?

A $3x=-6$

B $-12x+4=-8$

C $-\frac{3}{8}x=\frac{9}{4}$

D $-\frac{3}{8}x=11$

E $-3x=0$

2 Solo una delle seguenti equazioni ammette soluzioni in $\mathbb{N}$. Quale?

A $5x=-10$

B $-\frac{4}{3}x=\frac{2}{5}$

C $\frac{x-12}{2}=22$

D $3x+2=7$

E $ax=5$, con $a=2$

3 Tra le seguenti equazioni, *una* soltanto è equivalente a $3x-4=5$. Quale?

A $6x=18$

B $3x+4=-5$

C $3x-4=4-3x$

D $1=3x$

E $\frac{x}{3}+7=6$

4 Le equazioni

a. $5x-3=7$,

b. $\frac{3x-1}{5}=1$,

c. $\frac{x-3}{x-2}=-\frac{1}{x-2}$:

A sono tutte e tre equivalenti.

B **a** è equivalente a **b** ma non a **c**.

C **a** è equivalente a **c** ma non a **b**.

D **b** è equivalente a **c** ma non ad **a**.

E nessuna è equivalente a un'altra.

5 L'equazione $(a-2)x=b$ nell'incognita x è indeterminata se:

A $a\neq 2$.

B $a\neq 2 \wedge b\neq 0$.

C $a=2 \wedge b=0$.

D $a=2 \wedge b\neq 0$.

E $a\neq 2 \wedge b=0$.

6 INVALSI 2007 Quale delle seguenti è la soluzione dell'equazione $2x=0$?

A $x=\frac{1}{2}$ B $x=0$ C $x=-\frac{1}{2}$ D $x=-2$

7 INVALSI 2009 Nel risolvere l'equazione scritta alla riga 1, è stato commesso un errore.

$-10x-2+4x-4=0$ (1)

$-10x+4x=2+4$ (2)

$6x=6$ (3)

$x=\frac{6}{6}$ (4)

$x=1$ (5)

In quale passaggio è stato commesso l'errore?

A Nel passaggio dalla riga 1 alla riga 2.

B Nel passaggio dalla riga 2 alla riga 3.

C Nel passaggio dalla riga 3 alla riga 4.

D Nel passaggio dalla riga 4 alla riga 5.

Equazioni numeriche intere

Risolvi le seguenti equazioni numeriche intere.

8 $(x+6)-(x-1)^2=6-x(x-1)$ $\left[\frac{1}{2}\right]$

9 $(2x+3)^2-2x(x+3)=5x-2(1-x)x$ $[-3]$

10 $\frac{1}{2}(x-2)(x+2)-\frac{2}{3}(x-1)=x\left(\frac{1}{2}x-3\right)$ $\left[\frac{4}{7}\right]$

11 $\frac{(x+1)^2}{4}-\frac{x-4}{12}=\frac{5x(x+1)}{36}+\frac{(x+2)^2}{9}$ $\left[\frac{5}{6}\right]$

12 $x-(x-3)^2-8=2(1-x)-(x-4)^2$ $[3]$

13 $x(x+1)-2(x+4)(x-3)+2x=(2-x)(x+1)$ [impossibile]

14 $\frac{x}{3}+\frac{1}{2}=\left[\frac{1-x}{3}+\left(\frac{x}{3}+\frac{2-6x}{3}\right)-\frac{x+1}{2}\right]+\frac{1}{3}x$ $[0]$

15 $x(1-2x)-\left(\frac{4x+2}{2}\right)(1-x)+2\left[3\left(x-\frac{1}{3}\right)-\frac{2x+1}{2}\right]=4x-4$ [indeterminata]

16 $\frac{4}{3}\cdot\left\{x-3\cdot\left[1-x+\frac{1}{3}\cdot\left(x-\frac{5}{2}\right)-2\cdot\left(2x+\frac{1}{2}\right)\right]\right\}=21x+\frac{10}{3}$ $[0]$

17 $3\cdot(x-1)^2-2\cdot[(x-2)\cdot(x+2)-2x]=(3-x)^2-3\cdot(2x-1)$ $\left[\frac{1}{10}\right]$

18 $(x+1)^3-x^2\cdot(x+3)=3\cdot(x+1)$ [impossibile]

19 $2x\cdot(x+1)+(x-2)\cdot\left(2x-\frac{1}{2}\right)=\left(2x-\frac{1}{2}\right)^2-\frac{7}{6}x$ $\left[-\frac{9}{8}\right]$

Equazioni numeriche fratte

Risolvi le seguenti equazioni numeriche fratte.

20 $\frac{2-x}{3x+6}+\frac{1-3x}{2+x}=2$ $\left[-\frac{7}{16}\right]$

21 $\frac{x+3}{x-3}-\frac{x-3}{x+3}=\frac{5x}{x^2-9}$ $[0]$

22 $1+\frac{x+1}{x-2}=\frac{2(x^2+2)}{x^2-4}$ [impossibile]

23 $\frac{1}{x^2+2x-3}+\frac{1}{(x-2)\cdot(x+3)}=\frac{1}{x^2-3x+2}$ $[6]$

24 $\frac{(x-1)^3+8}{(x^2+7x+6)}-x+1=\frac{-9x+67}{x}$ [impossibile]

25 $\left(\frac{x+1}{x-1}-\frac{x-1}{x+1}\right):\left(\frac{x-1}{x+1}+\frac{x+1}{x-1}\right)=\frac{2x}{x^2+1}$ $[\forall x\neq\pm1]$

Equazioni letterali

Risolvi le seguenti equazioni letterali nell'incognita x.

26 $ax-a=a^2$ $[a=0,\text{ indeterminata; } a\neq0,\ x=a+1]$

27 $kx-x=k^2-1$ $[k\neq1,\ x=k+1; k=1,\text{ indeterminata}]$

28 $a^2x-ax-a+1=0$ $\left[a\neq1\wedge a\neq0,\ x=\frac{1}{a}; a=1,\text{ indeterminata; } a=0,\text{ impossibile}\right]$

29 $\frac{x}{a}-\frac{x-1}{2}=\frac{1-x}{1-a}+\frac{1-a}{2}$ $[a \neq 0 \wedge a \neq 1, x=a]$

30 $3x(a+1)+3(a+1)-2(x+1)=-(3a-1)(3a+1)$ $\left[a \neq -\frac{1}{3}, x=-3a; a=-\frac{1}{3}, \text{indeterminata}\right]$

31 $\frac{3x+a}{a^2-4}+\frac{6x}{a-2}=\frac{5x}{a+2}$ $\left[a \neq 2 \wedge a \neq -2 \wedge a \neq -25, x=\frac{-a}{a+25}; a=-25, \text{impossible}\right]$

32 $\frac{3x}{3-a}=\frac{a-x+2}{3a-a^2}-\frac{x}{a}$ $\left[a \neq -2 \wedge a \neq 0 \wedge a \neq 3, x=\frac{1}{2}; a=-2, \text{indeterminata}\right]$

33 $\frac{x}{x-2a}-\frac{x^2}{x^2-4a^2}=-\frac{2a}{x+2a}$ $[a \neq 0, x=a; a=0, \text{indeterminata}]$

RISOLVERE PROBLEMI

34 INVALSI 2007 Qual è il numero che, sommato alla sua terza parte, dà 108?

A 36 C 72

B 37 D 81

35 SPIEGA PERCHÉ se i membri di un'equazione $A(x)=B(x)$, dove $A(x)$ e $B(x)$ sono espressioni che contengono l'incognita x, vengono moltiplicati per l'espressione $C(x)$, l'equazione ottenuta non è sempre equivalente all'equazione data.

36 INVALSI 2005 Carla e Anna sono due sorelle nate rispettivamente nel 1989 e nel 1997. In che anno Carla avrà il doppio dell'età di Anna?

A Nel 2021. C Nel 2005.

B Nel 2013. D Mai.

37 INVALSI 2012 È data l'equazione $(3k-6)x-5k+2=0$, in cui x è l'incognita e k è un numero reale.
La soluzione dell'equazione è 0 per $k=$ ☐.

Problemi numerici

38 Determina due numeri naturali consecutivi, sapendo che la differenza dei loro quadrati è 17. [8;9]

39 Trova un numero, sapendo che, sommando 2 alla sua metà, si ottiene il doppio del numero stesso diviso per 3. [12]

40 Qual è il numero che elevato al quadrato equivale al quadrato del suo successivo diminuito di 53? [26]

41 Se moltiplico un numero per 4 e sottraggo la sua terza parte, ottengo 22. Determina il numero. [6]

42 Se a un numero si aggiunge il suo doppio e si sottrae la sua terza parte, si ottiene 24. Determina il numero. [9]

Problemi geometrici

43 Determina la misura del lato di un quadrato, sapendo che, aumentando di 3 cm la lunghezza del lato, l'area aumenta di 51 cm^2. [7 cm]

44 In un trapezio la somma delle due basi è di 97 cm; la base maggiore supera la minore di 47 cm e l'altezza è la metà della base maggiore. Trova la misura dell'area del trapezio. [1746 cm^2]

45 In un rettangolo la base supera l'altezza di 26 cm. Sapendo che la differenza tra il doppio della base e il triplo dell'altezza è di 34 cm, trova la misura del perimetro e l'area del rettangolo. [124 cm; 792 cm^2]

46 ●● Un trapezio rettangolo ha il perimetro che misura 50 cm. Si sa che la base minore è i $\frac{2}{3}$ della maggiore, l'altezza i $\frac{6}{5}$ della base minore e, aggiungendo 8 cm a $\frac{1}{3}$ della base maggiore, si ottiene il lato obliquo. Determina l'area del trapezio. [150 cm^2]

Problemi INTORNO A NOI

47 ●○ Un ragazzo alle 17:50 vuole telefonare a un amico, ma ha solo € 1. La sua compagnia telefonica gli propone le seguenti tariffe: tariffa diurna dalle 8 alle 18, il primo minuto è gratis, poi paga € 0,01 ogni 4 secondi; tariffa notturna e festivi, € 0,01 ogni 10 secondi.
Per parlare più a lungo, gli conviene telefonare subito o aspettare le 18? Quanto tempo parlerebbe nei due casi con le diverse tariffe? [notturna; diurna, 7'40", notturna, 16'40"]

48 ●○ Un gruppo di 54 tifosi organizza un viaggio in pullman per seguire la squadra del cuore in trasferta. Per coprire i costi del viaggio, si fanno pagare € 11 agli adulti e € 5 ai bambini. All'ultimo momento disdicono la prenotazione tre adulti e due bambini, perciò gli organizzatori decidono di far pagare € 1 in più agli adulti e € 0,50 in più ai bambini. Così facendo, però, mancano ancora € 4 per coprire le spese.
Quanti adulti avevano inizialmente prenotato il viaggio? [32]

49 ●○ Andrea acquista un'automobile convenendo di pagare subito il 32% e dopo un anno i $\frac{2}{5}$ del rimanente (senza interessi). Restano così da versare € 14 688 per saldare il debito. Quanto costa l'auto? [€ 36 000]

50 ●○ Negli ultimi giorni dei saldi invernali, Giovanna decide di acquistare un cappotto che in vetrina risulta scontato del 24%. Dato che è l'ultimo pezzo, il proprietario del negozio pratica sul prezzo scontato un ulteriore sconto del 7%, così Giovanna spende € 176,7. Quanto costava il cappotto prima dei saldi? [€ 250]

51 ●● Un allevatore decide di allevare conigli. Ne compra un certo numero. Dopo una settimana ne muore l'8%. Da quel giorno a oggi, considerate le nascite, gli animali sono aumentati del 50% e sono in totale 69. Quanti conigli erano stati comprati inizialmente? Qual è stato l'incremento percentuale? [50; 38%]

52 ●● Il corso per ottenere il brevetto di pilota di 1° grado costa € 5200 ed è costituito da un pacchetto di lezioni teoriche e pratiche. Ogni ora di volo eccedente quelle del pacchetto costa € 160. Paolo ha conseguito il brevetto spendendo € 6800. Quante ore extra di volo ha effettuato? [10]

TEST

53 ●● La nonna Lucia ha portato un cestino con 120 ciliegie ai suoi tre nipoti, Jacopo di 4 anni, Martino di 7 anni e Duccio di 9 anni. La nonna distribuisce tutte le ciliegie ai nipoti secondo questo criterio: dà a ciascun nipote un numero di ciliegie ottenuto moltiplicando l'età del nipote per un certo fattore, e questo fattore è lo stesso per tutti e tre i nipoti. Quante ciliegie vengono date a Jacopo?

A 20 B 21 C 22 D 23 E 24

(*Olimpiadi della matematica, Giochi di Archimede*, 2005)

54 ●● Un padre ha 46 anni e la somma delle età dei suoi tre figli è 22. Entro quanti anni l'età del padre sarà uguale alla somma delle età dei figli?

A 6 B 8 C 10 D 12 E Mai

(*Olimpiadi della matematica, Giochi di Archimede*, 1990)

VERIFICA DELLE COMPETENZE PROVE

1 ora

PROVA A

1 **VERO O FALSO?**

a. $3(x+2)-1=0$ e $x+2=\frac{1}{3}$ sono equazioni equivalenti. V F

b. $(x-1)(1+x)+5=4x+(x-2)^2$ è un'identità. V F

c. L'equazione $2[(1+3x)+8]=-3x$ è determinata in $\mathbb{Z}$ e impossibile in $\mathbb{N}$. V F

d. L'equazione $3(3x-2)=6x+2(x-3)$ è impossibile. V F

e. L'equazione $7x=4(x-2)+3(4+x)$ è indeterminata. V F

Risolvi le seguenti equazioni.

2 $(x-3)^2-[2(x-1)-3]=x(x-1)-7$

3 $3+\frac{x-2}{2}-\frac{1-2x}{4}=\frac{7}{4}-x$

4 $14-7t+3(t-2)(t+2)=2(1-t)^2+t(t-3)$

---

5 Giovanni e Marika ogni mattina fanno colazione al bar. Entrambi prendono una pasta, Marika con una spremuta e Giovanni con un caffè. Sapendo che il caffè costa € 1, una spremuta costa € 1,50 e una pasta € 1,10, dopo quanti giorni Marika avrà speso esattamente € 4 in più di Giovanni?

6 In un rettangolo l'altezza è i $\frac{2}{3}$ della base e la somma tra il 25% dell'altezza e i $\frac{7}{8}$ della base è 88 cm. Trova perimetro e area del rettangolo.

PROVA B

1 **TEST** L'equazione $a^2x+ax=a^2+2a+1$ nell'incognita x è:

A indeterminata se $a=0$.

B impossibile se $a=-1$.

C determinata se $a\neq 0 \wedge a\neq -1$.

D indeterminata se $a=1$.

Risolvi le seguenti equazioni.

2 $\frac{x+4}{3x^2+x}=\frac{6x}{9x^2-1}+\frac{1}{1-3x}$

3 $\frac{x-1}{x^2-x}=0$

4 $\frac{(x^2-4x)(x+2)}{x^2-8x+16}=0$

---

5 Risolvi la seguente equazione nell'incognita x al variare di k:

$3(k^2x+2)-k(9x+2)=0.$

6 Trova due numeri, sapendo che il maggiore supera il minore di 4 e il triplo del reciproco del loro prodotto è uguale alla somma dei loro reciproci.

7 In un trapezio l'altezza misura a e la differenza tra le basi misura $2a$. Trova le basi del trapezio, sapendo che l'area è $6a(a+1)$.

PROVA C

1 **Fino a mezzanotte** In un casello autostradale, mediamente, il numero dei camion che attraversa il casello è il doppio del numero delle automobili e quest'ultimo supera di 20 il numero delle motociclette.
In un'ora, 140 veicoli hanno complessivamente attraversato il casello autostradale. Quanti di questi sono motociclette?
Supponendo che la stima oraria dell'afflusso medio dei veicoli al casello sia stata effettuata alle 7 del mattino e che rimanga invariata durante l'intera giornata, quante automobili hanno attraversato il casello allo scoccare della mezzanotte?

2 **Tante focacce** Un forno industriale produce focacce uguali.
Il costo complessivo della produzione settimanale, in euro, è espresso dalla relazione

$$C = 500 + k \cdot q,$$

dove q indica il numero dei pezzi prodotti, k il costo del singolo pezzo e 500 le spese fisse, in euro, indipendenti dal numero dei pezzi. Producendo 1000 pezzi il ricavo è di € 3000 e il costo unitario è di € 1,20. Portando la produzione a 1500 pezzi, il ricavo sale a € 3900 e il guadagno aumenta del 30%. Di quanto varia il costo unitario?

3 **Il giorno più bello** In un ristorante, in occasione di un matrimonio, sono state disposte 10 sedie in più del numero di invitati previsti dalla lista. Durante gli ultimi preparativi, però, il 5% degli invitati ha comunicato la propria assenza, così gli sposi, per evitare che ci fossero posti vuoti nei tavoli del ristorante, hanno invitato altre 20 persone al ricevimento. Sapendo che, al momento del pranzo, tutte le sedie del ristorante erano occupate, quanti erano gli invitati previsti inizialmente dalla lista?

PROVA D

Il torneo di calciobalilla

Alessandro, per il decimo anniversario del proprio bar, organizza un torneo di calciobalilla a coppie. Mette in palio un biliardino semiprofessionale del valore di € 410 per la squadra vincitrice, tre coppe del valore di € 65 per le prime tre classificate e due fascette tergisudore del valore di € 2,50 per ogni partecipante.

a. Imposta l'equazione letterale che, in funzione della quota di iscrizione a persona al torneo, determina quanti partecipanti sono necessari per raccogliere la somma voluta.

b. Se si fissa la quota di iscrizione in € 10 a persona, quanti iscritti al torneo sono necessari?

c. Se si vuole un numero di iscritti al torneo pari a 50, quanto deve essere chiesto a ogni giocatore per raccogliere la somma voluta?

T

CAPITOLO 11

LE DISEQUAZIONI LINEARI

1 Le disuguaglianze numeriche

▶ Esercizi a p. 499

Listen to it

You can express **strict inequalities** between numbers with the symbols $<$ and $>$.

Le disuguaglianze numeriche stabiliscono relazioni fra numeri utilizzando i simboli:

$>$ (maggiore),

$\geq$ (maggiore o uguale),

$<$ (minore),

$\leq$ (minore o uguale).

Come nelle uguaglianze, il **primo membro** è l'espressione che sta a sinistra del simbolo di relazione e il **secondo membro** quello a destra.

Due disuguaglianze con lo stesso simbolo ($<$ o $>$) sono dello **stesso verso** (o dello **stesso senso**); altrimenti sono di **verso** (o di **senso**) **contrario**.

ESEMPIO

$-2<5$	e	$12<27$	sono dello stesso verso,
$-3>-8$	e	$0<10$	sono di verso contrario.

La disuguaglianza $a>b$ è equivalente a $b<a$, la disuguaglianza $a \geq b$ è equivalente a $b \leq a$. Per esempio è equivalente scrivere $8>7$ oppure $7<8$.

Le disuguaglianze numeriche godono di tre proprietà. Esaminiamole.

Monotonia dell'addizione
Sommando uno stesso numero, positivo o negativo, a entrambi i membri di una disuguaglianza numerica si ottiene una disuguaglianza con lo stesso verso.

$$a<b \nearrow a+c<b+c$$
$$a<b \searrow a-c<b-c$$

ESEMPIO Consideriamo la disuguaglianza: $-9<5$.

Aggiungiamo $+10$ a entrambi i membri:

$-9+10<5+10$,

cioè $1<15$.

Moltiplicazione (divisione) per un numero
Moltiplicando (o dividendo) entrambi i membri di una disuguaglianza per uno stesso numero:

- se è positivo, si ottiene una disuguaglianza con lo stesso verso:

$$\text{se } a < b \quad \text{e} \quad c > 0 \;\begin{cases} a \cdot c < b \cdot c \\ \dfrac{a}{c} < \dfrac{b}{c} \end{cases}$$

- se è negativo, si ottiene una disuguaglianza con verso contrario:

$$\text{se } a < b \quad \text{e} \quad c < 0 \;\begin{cases} a \cdot c > b \cdot c \\ \dfrac{a}{c} > \dfrac{b}{c} \end{cases}$$

ESEMPIO Consideriamo la disuguaglianza: $2 < 5$.

Moltiplichiamo per $+3$ entrambi i membri: $2 \cdot 3 < 5 \cdot 3$, cioè $6 < 15$.

Moltiplicando invece per -4, dobbiamo cambiare il verso della disuguaglianza:
$2 \cdot (-4) > 5 \cdot (-4)$, cioè $-8 > -20$.

La proprietà **non** vale se si moltiplica o si divide per zero. Partendo da $2 < 5$ si avrebbe

$$2 \cdot 0 < 5 \cdot 0,$$

cioè $0 < 0$, che è una disuguaglianza non vera, oppure $\frac{2}{0} < \frac{5}{0}$, disuguaglianza priva di significato.

Caso particolare. Data la disuguaglianza $a < b$, se moltiplichiamo entrambi i membri per -1, otteniamo: $-a > -b$. Per esempio:

$$9 > 4 \quad \rightarrow \quad -9 < -4.$$

Possiamo quindi cambiare i segni nei due membri di una disuguaglianza, ma dobbiamo anche cambiare il verso.

Proprietà dei reciproci di numeri concordi
Dati due numeri concordi e diversi da 0, la disuguaglianza fra i loro reciproci ha verso contrario rispetto a quella fra i numeri stessi.

ESEMPIO

$$2 < 3 \quad \text{e} \quad \frac{1}{2} > \frac{1}{3}; \qquad -2 < -1 \quad \text{e} \quad -\frac{1}{2} > -1.$$

La proprietà dei reciproci **non** è vera se i numeri sono **discordi**.

Per esempio, da $-4 < 8$ si ottiene: $-\frac{1}{4} < \frac{1}{8}$.

▶ Scrivi la disuguaglianza che si ottiene da quella data, operando sui due membri come indicato.

a. $-5 < +8$, aggiungi 2

b. $-4 > -8$, dividi per 4

c. $+9 > -6$, moltiplica per $-\frac{1}{3}$

d. $-3 < -2$, considera i reciproci

e. $+\frac{1}{5} > +\frac{1}{6}$, considera i reciproci

f. $+\frac{1}{2} > +\frac{1}{3}$, eleva al cubo

Animazione

2 Le disequazioni

▶ Esercizi a p. 500

Che cos'è una disequazione

Consideriamo una disuguaglianza in cui compare una variabile.
Per esempio: $x - 3 < 5$.

Procedendo per tentativi, attribuiamo alla lettera x alcuni valori e verifichiamo se la disuguaglianza che otteniamo è vera o falsa:

$x = 1$: $1 - 3 < 5$ vera, $x = 5$: $5 - 3 < 5$ vera,

$x = 8$: $8 - 3 < 5$ falsa, $x = 9$: $9 - 3 < 5$ falsa, …

Come si può intuire, la disuguaglianza è vera per tutti i valori di x minori di 8, mentre è falsa per i valori di x maggiori o uguali a 8.

Listen to it

In an **inequality** letters can appear on both sides, and you can look for numbers that, substituted to the letters, make the inequality *true*.

DEFINIZIONE
Una **disequazione** è una disuguaglianza in cui compaiono espressioni letterali per le quali cerchiamo i valori di una o più lettere che rendono la disuguaglianza vera.

Le lettere per le quali si cercano i valori che rendono vera la disuguaglianza sono le **incognite** della disequazione.

Tutti i valori che soddisfano una disequazione costituiscono l'**insieme delle soluzioni**. Di solito, cercheremo le soluzioni nell'insieme $\mathbb{R}$ dei numeri reali.

ESEMPIO Nella disequazione

$$x - 3 < 5$$

l'insieme delle soluzioni è

$$\{x \in \mathbb{R} \mid x < 8\},$$

che per brevità indicheremo con:

$$x < 8.$$

La rappresentazione delle soluzioni

Spesso le soluzioni delle disequazioni sono sottoinsiemi di $\mathbb{R}$ costituiti da tutti i valori che precedono un certo numero, o da quelli che lo seguono, o dai valori compresi fra due numeri. Per scrivere o rappresentare graficamente le soluzioni di una disequazione è necessario spiegare che cosa è un **intervallo**.

Dati due numeri reali a e b, con $a < b$, si dice:

- **intervallo limitato** l'insieme dei numeri reali compresi fra a e b, con a estremo inferiore e b estremo superiore;
- **intervallo illimitato** l'insieme dei numeri che precedono un certo numero a (intervallo illimitato **inferiormente**) o seguono a (intervallo illimitato **superiormente**).

L'intervallo *limitato* si rappresenta graficamente con un segmento; se gli estremi sono compresi l'intervallo è **chiuso**, se gli estremi non sono compresi l'intervallo è **aperto**.

L'intervallo *illimitato* si rappresenta graficamente con una semiretta. Per indicare che una semiretta è illimitata a destra si utilizza il simbolo $+\infty$ (si legge «più infinito»), per indicare che è illimitata a sinistra si utilizza $-\infty$ («meno infinito»).

L'intervallo può essere indicato dalla coppia degli estremi, ordinati dal più piccolo al più grande, racchiusi fra parentesi quadre. Per esempio, l'intervallo comprendente gli estremi a e b, con $a < b$, si indica $[a; b]$.

L'orientamento delle parentesi indica se gli estremi sono inclusi o esclusi:

- $[a; b]$ estremi inclusi, intervallo chiuso;
- $]a; b[$ estremi esclusi, intervallo aperto;
- $[a; b[$ estremo di sinistra incluso (chiuso a sinistra), mentre è escluso quello di destra, (aperto a destra);
- $]a; b]$ estremo di sinistra escluso (aperto a sinistra), mentre è incluso quello di destra (chiuso a destra).

$-\infty$ e $+\infty$ non sono numeri, quindi, come estremi di un intervallo, vanno **sempre esclusi**. L'intervallo $]-\infty; +\infty[$ è l'insieme $\mathbb{R}$.

In ognuno degli esempi della figura sono proposti i tre modi di rappresentare le soluzioni della rispettiva disequazione.

$x \geq -2$

$[-2; +\infty[$

a. -2 è compreso fra le soluzioni: il simbolo di disuguaglianza è $\geq$, sulla retta è rappresentato da un cerchietto pieno; la parentesi quadra è rivolta verso -2.

$x < -\frac{1}{2}$

$]-\infty; -\frac{1}{2}[$

b. $-\frac{1}{2}$ non è soluzione: il simbolo di disuguaglianza è $<$, sulla retta è rappresentato da un cerchietto vuoto; la parentesi è rivolta dalla parte opposta a $-\frac{1}{2}$.

$4 \leq x < 10$

$[4; 10[$

c. La scrittura $4 \leq x < 10$ significa che devono essere contemporaneamente vere le due condizioni $4 \leq x$ e $x < 10$. Le soluzioni sono comprese fra 4 (incluso) e 10 (escluso).

È possibile anche scrivere le soluzioni di una disequazione utilizzando i simboli della logica o degli insiemi.

ESEMPIO Per scrivere le soluzioni

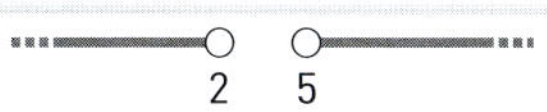

possiamo usare la scrittura:

$x < 2 \lor x > 5$,

dove $\lor$ è il simbolo di disgiunzione logica;

oppure $]-\infty; 2[\cup]5; +\infty[$,

dove $\cup$ è il simbolo di unione di insiemi.

▶ Indica le caratteristiche dei seguenti intervalli e rappresentali graficamente.

- $x > -3$
- $2 \leq x < 6$
- $x \leq \frac{1}{5}$

I vari tipi di disequazioni

Buona parte della terminologia e delle definizioni usate per le disequazioni è analoga a quella usata per le equazioni.

Una disequazione è:

- **intera** se l'incognita non compare nei denominatori, altrimenti è **fratta**;
- **numerica** se non contiene altre lettere oltre all'incognita, altrimenti è **letterale** e, in questo caso, le altre lettere sono i *parametri* della disequazione.

ESEMPIO

$3x - 1 < 5$ è una disequazione numerica intera;

$5a + \frac{x}{2} \geq \frac{1}{a+1}$, nell'incognita x, è una disequazione letterale intera con parametro a;

$\frac{7}{x+1} \leq \frac{5}{x-1}$ è una disequazione numerica fratta;

$\frac{1}{x} > b$, nell'incognita x, è una disequazione letterale fratta, con parametro b.

Dato un polinomio $P(x)$, ridotto in forma normale, ossia che non presenta monomi simili fra loro, ponendo $P(x) > 0$ o $P(x) < 0$, otteniamo una disequazione scritta in **forma normale** o **forma canonica**.

Per esempio, $3x^2 + 5x + 7 > 0$ è una disequazione scritta in forma normale.

Il **grado** della disequazione è il grado del polinomio ridotto, ossia il massimo esponente dell'incognita presente nella disequazione ridotta in forma canonica.

In questo capitolo ci occupiamo della risoluzione di disequazioni di primo grado, dette anche **disequazioni lineari**, a un'incognita.

Le disequazioni equivalenti

Per risolvere le disequazioni utilizziamo concetti e princìpi analoghi a quelli già visti per le equazioni.

Listen to it

Two inequalities are **equivalent** if they have the same solutions.

DEFINIZIONE

Due **disequazioni** definite nello stesso insieme sono **equivalenti** se hanno lo stesso insieme di soluzioni.

ESEMPIO La disequazione $x + 1 < 3$ è equivalente alla disequazione $x < 2$. Infatti sono entrambe soddisfatte per tutti i valori di x minori di 2.

Per risolvere le disequazioni, si usano regole che derivano dalle proprietà delle disuguaglianze numeriche, che abbiamo esaminato nel paragrafo 1.

Primo principio di equivalenza

Data una disequazione, si ottiene una disequazione a essa equivalente aggiungendo a entrambi i membri uno stesso numero o una stessa espressione che abbia significato nello stesso insieme di definizione.

ESEMPIO La disequazione $2x - 3 > x + 5$ è equivalente alla disequazione $x - 3 > 5$, ottenuta aggiungendo $-x$ a entrambi i membri.

Dal primo principio si deduce che:

- un termine può essere *trasportato* da un membro all'altro cambiandogli il segno;
- un termine può essere *cancellato* se presente in entrambi i membri.

Secondo principio di equivalenza

Per trasformare una disequazione in una equivalente si può:

- moltiplicare (o dividere) entrambi i membri per uno stesso numero positivo;
- moltiplicare (o dividere) entrambi i membri per uno stesso numero negativo e cambiare il verso della disequazione.

Dal secondo principio si deduce che:
se *si cambia il segno di tutti i termini, si deve cambiare il verso* della disequazione.

$$-x+2<5 \quad \to \quad x-2>-5.$$

Se si moltiplica o si divide per un'espressione letterale, oltre alle C.E., occorre aggiungere la condizione che l'espressione non si annulli e distinguere se assume segno positivo o negativo.

$$\frac{x}{a}>2 \quad \begin{cases} \text{se } a>0: \cancel{a}\dfrac{x}{\cancel{a}}>2a \to x>2a \\ \text{se } a<0: \cancel{a}\dfrac{x}{\cancel{a}}<2a \to x<2a \end{cases} \qquad \text{C.E.: } a \neq 0.$$

► Se le disequazioni sono equivalenti, indica il principio di equivalenza applicato. Se non lo sono, spiega l'errore commesso.

- $9-6x \leq 3 \to 9-3 \leq 6x$
- $-\frac{x}{2}<\frac{5}{2} \to x<-5$
- $5x>7 \to \frac{5}{3}x>\frac{7}{3}$

3 Le disequazioni intere

► Esercizi a p. 502

Le disequazioni numeriche intere

Per risolvere una disequazione di primo grado numerica intera, utilizziamo i princìpi di equivalenza fino a giungere a una delle forme seguenti:

$$ax<b, \qquad ax \leq b, \qquad ax>b, \qquad ax \geq b.$$

Per l'insieme delle soluzioni distinguiamo tre casi: la disequazione può essere determinata, impossibile o sempre verificata.

ESEMPIO

1. Risolviamo la disequazione:

$$\frac{1}{3}x-4+2x>\frac{3+x}{2}.$$

Eliminiamo i denominatori, moltiplicando entrambi i membri per 6 (il mcm dei denominatori); dato che moltiplichiamo per un numero positivo, il verso della disequazione non cambia:

$$2x-24+12x>9+3x.$$

Trasportiamo i termini con l'incognita al primo membro, quelli noti al secondo membro e poi sommiamo i termini simili:

$$11x>33.$$

TEORIA

▶ Ogni valore di x maggiore di 3 è soluzione della disequazione data nell'esempio. Verifica che 6 e 10 sono soluzioni.

Dividiamo i due membri per 11, cioè per il coefficiente di x:

$$x > 3.$$

L'insieme delle soluzioni è l'intervallo illimitato $]3; +\infty[$.

2. Risolviamo la disequazione:

$$\frac{3}{2}x - 4 < \frac{(x-2)}{2} + \frac{(5x+3)}{5}.$$

$$15x - 40 < 5x - 10 + 10x + 6$$

$$0 \cdot x < 36.$$

Qualunque valore sostituiamo a x, il prodotto $0 \cdot x$ vale sempre 0. Poiché la disuguaglianza $0 < 36$ è vera, la disequazione di partenza risulta **sempre verificata**. In tal caso, l'insieme delle soluzioni è $\mathbb{R}$.

3. Risolviamo la disequazione:

$$3x - 2 - x > 4 + 2x + 1$$

$$2x - 2 > 5 + 2x$$

$$2x - 2x > 5 + 2$$

$$0 \cdot x > 7.$$

Qualunque valore sostituiamo a x, otteniamo sempre $0 > 7$, che è una disuguaglianza falsa, quindi la disequazione di partenza non risulta **mai verificata**. L'insieme delle soluzioni è l'insieme vuoto; la disequazione è **impossibile** e come soluzione scriviamo:

$$\nexists\, x \in \mathbb{R}.$$

MATEMATICA INTORNO A NOI

Ad alta quota! Non sempre un'equilibrata uguaglianza è una condizione desiderabile. Nel mondo fisico, solo le disuguaglianze possono produrre movimento ed energia: dislivelli, variazioni, tensioni, spinte verso il basso e controspinte verso l'alto.

▶ Fino a che quota può volare una mongolfiera?

La risposta

▶ Risolvi le seguenti disequazioni.

a. $-3(x+1)+5 \leq 7-x$

b. $6x-3(x+1) > 5+3x$

c. $2(-4-x)+x^2 < (x-1)^2-6$

Animazione

▶ Risolvi la seguente disequazione, indicando i princìpi di equivalenza applicati.

$$-\frac{2+x}{3}+x^2 < (x+1)(x-1)+\frac{5}{6}x$$

Animazione

4 I sistemi di disequazioni

▶ Esercizi a p. 508

Date le disequazioni $x - 1 > 0$ e $4 - x > 0$ ci chiediamo se esistono valori di x che soddisfano **contemporaneamente** le due disequazioni.

Per esempio: $2, \frac{3}{2}, 3, \frac{7}{3}, \dots$ sono soluzioni di entrambe le disequazioni?

Un modo più rapido di procedere è quello di risolvere le disequazioni e rappresentare gli intervalli delle soluzioni in uno schema come quello della figura.
La prima disequazione è soddisfatta per $x > 1$, la seconda per $x < 4$.

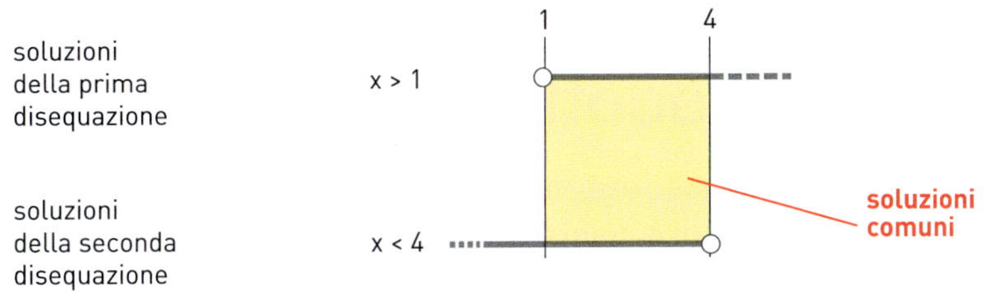

La semiretta di origine 1 rappresenta le soluzioni della prima disequazione; la semiretta di origine 4 rappresenta le soluzioni della seconda. Sottintendiamo i simboli $-\infty$ e $+\infty$. Le soluzioni comuni alle due disequazioni sono rappresentate dal tratto comune alle due semirette.

Le due disequazioni sono soddisfatte contemporaneamente nell'intervallo aperto $]1; 4[$. Diremo che i valori di x tali che $1 < x < 4$ risolvono il **sistema** formato dalle due disequazioni.

DEFINIZIONE

Un **sistema di disequazioni** è un insieme di due o più disequazioni in cui compaiono le stesse incognite, per il quale si cercano i valori da attribuire alle incognite che verificano contemporaneamente tali disequazioni.

Un sistema per il quale non esistono soluzioni è detto **impossibile**.

ESEMPIO Per risolvere il seguente **sistema di tre disequazioni** determiniamo le soluzioni di ognuna delle disequazioni:

$$\begin{cases} 2x+4>0 \\ x-3\geq 0 \\ 5-x>0 \end{cases} \rightarrow \begin{cases} x>-2 \\ x\geq 3 \\ x<5 \end{cases}$$

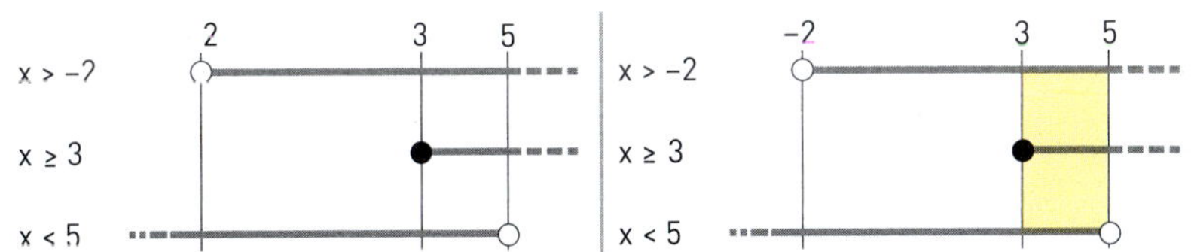

a. Costruiamo uno schema grafico con gli intervalli che rappresentano gli insiemi delle soluzioni.

b. Determiniamo l'intersezione dei tre insiemi di soluzioni, segnando in colore la zona del grafico in cui abbiamo soluzioni comuni alle tre disequazioni.

Le soluzioni del sistema di disequazioni sono date dall'intervallo $[3; 5[$, ossia dai valori di x tali che $3 \leq x < 5$.

► Risolvi il seguente sistema.

$$\begin{cases} x<2x+3 \\ 4x-2<6 \\ 3x+1\geq 0 \end{cases}$$

Video

► Risolvi il seguente sistema.

$$\begin{cases} x^2+3\leq (x+2)^2 \\ 8x-3(x-2)<2x \end{cases}$$

Animazione

MATEMATICA INTORNO A NOI

Spese e ricavi nella produzione Quando un'impresa produce qualcosa - bulloni o automobili, libri o pizze - deve cercare di avere un utile da questa produzione. Deve cioè evitare di andare in perdita.

► In generale, quali sono i limiti che deve tenere in considerazione?

La risposta

5 Lo studio del segno di un prodotto

▶ Esercizi a p. 513

Consideriamo la disequazione seguente, di secondo grado, in cui il primo membro si presenta come prodotto di binomi di primo grado:

$$(x-3)(2x+5)>0.$$

Possiamo risolvere la disequazione studiando il segno del prodotto al variare di x. Sappiamo che il segno del prodotto di due fattori è positivo se i fattori sono concordi. Studiamo perciò il segno dei due fattori singolarmente e rappresentiamo i risultati in uno schema grafico:

$$x-3>0 \quad \rightarrow \quad x>3$$

$$2x+5>0 \quad \rightarrow \quad x>-\frac{5}{2}$$

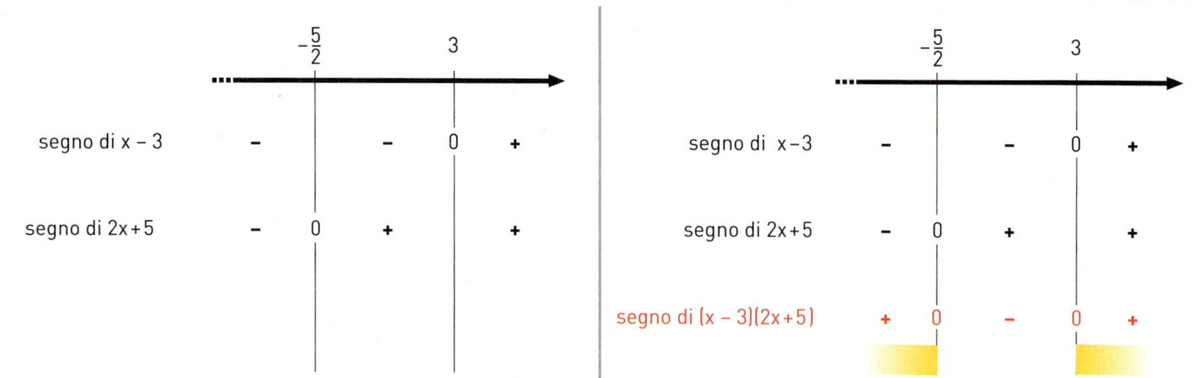

a. Rappresentiamo i valori $-\frac{5}{2}$ e 3 sulla retta orientata e, per indicare il segno di $x-3$ e di $2x+5$, mettiamo il segno + negli intervalli con segno positivo e il segno − negli intervalli con segno negativo. Scriviamo 0 dove i binomi si annullano.

b. Applichiamo la regola dei segni in ognuno degli intervalli. Per esempio, per $x<-\frac{5}{2}$, si ha $-\cdot-=+$. Per $x=-\frac{5}{2}$ e $x=3$, il prodotto è 0.

La disequazione richiede che il prodotto sia positivo, quindi l'insieme delle soluzioni è dato da:

$$x<-\frac{5}{2} \vee x>3.$$

Possiamo rappresentare le soluzioni anche negli altri modi che conosciamo:

- *rappresentazione grafica*:

- *rappresentazione con intervalli*: $x \in \left]-\infty; -\frac{5}{2}\right[\cup]3; +\infty[$

▶ Risolvi le seguenti disequazioni:
- $(x-2)(x+2)>0$
- $(4x-2)(3x+2)\leq 0$

6 Le disequazioni fratte

Esercizi a p. 514

Le **disequazioni** sono **fratte** (o **frazionarie**) quando contengono l'incognita in almeno un denominatore.

Listen to it

If the unknown is in the denominator, the inequality is called a **rational inequality**.

Le disequazioni numeriche fratte

Le disequazioni fratte sono sempre trasformabili applicando i princìpi di equivalenza in una forma normale, del tipo:

$$\frac{N(x)}{D(x)} < 0, \quad \frac{N(x)}{D(x)} > 0, \quad \text{oppure} \quad \frac{N(x)}{D(x)} \leq 0, \quad \frac{N(x)}{D(x)} \geq 0,$$

dove $N(x)$ e $D(x)$ rappresentano due polinomi nella variabile x.

ESEMPIO Scriviamo la disequazione $\frac{2x-4}{1-x} > 1$ nella forma $\frac{N(x)}{D(x)} > 0$:

$$\frac{2x-4}{1-x} - 1 > 0.$$

Riduciamo allo stesso denominatore:

$$\frac{2x-4-1+x}{1-x} > 0 \quad \rightarrow \quad \frac{3x-5}{1-x} > 0.$$

La disequazione è scritta nella forma $\frac{N(x)}{D(x)} > 0$, con:

$$N(x) = 3x - 5 \quad \text{e} \quad D(x) = 1 - x.$$

Quando abbiamo una disequazione nella forma $\frac{N(x)}{D(x)} > 0$, non possiamo eliminare il denominatore, come quando operiamo con le equazioni, perché il segno complessivo della frazione dipende anche dal segno del denominatore.

Per risolvere la disequazione dobbiamo determinare per quali valori di x la frazione è positiva, nulla o negativa.

Questa parte della risoluzione prende il nome di *studio del segno della frazione*.

Per esaminare il segno di una frazione del tipo $\frac{N(x)}{D(x)}$, occorre studiare separatamente il segno del numeratore e quello del denominatore.

Studiare il segno di un polinomio nella variabile x vuol dire cercare per quali valori di x il polinomio è positivo, per quali è negativo, per quali si annulla.

La risoluzione di una disequazione fratta

Per risolvere la disequazione

$$\frac{N(x)}{D(x)} > 0,$$

si può porre $N(x) > 0$ e $D(x) > 0$, e controllare in quali intervalli risultano concordi i segni di $N(x)$ e $D(x)$.
Per brevità indichiamo $N(x)$ con N e $D(x)$ con D.

TEORIA

ESEMPIO Risolviamo la seguente disequazione:

$$\frac{3x-5}{1-x} > 0.$$

Studiamo il segno del numeratore N, ponendo $N > 0$.

$$N > 0 \rightarrow 3x - 5 > 0 \rightarrow x > \frac{5}{3}.$$

Analogamente, studiamo il segno del denominatore D, ponendo $D > 0$.

$$D > 0 \rightarrow 1 - x > 0 \rightarrow x < 1.$$

(Per studiare il segno, è del tutto equivalente porre $N < 0$ e $D < 0$.)

Rappresentiamo i risultati con uno schema grafico, che ci permette di studiare facilmente il segno di $\frac{N}{D}$.

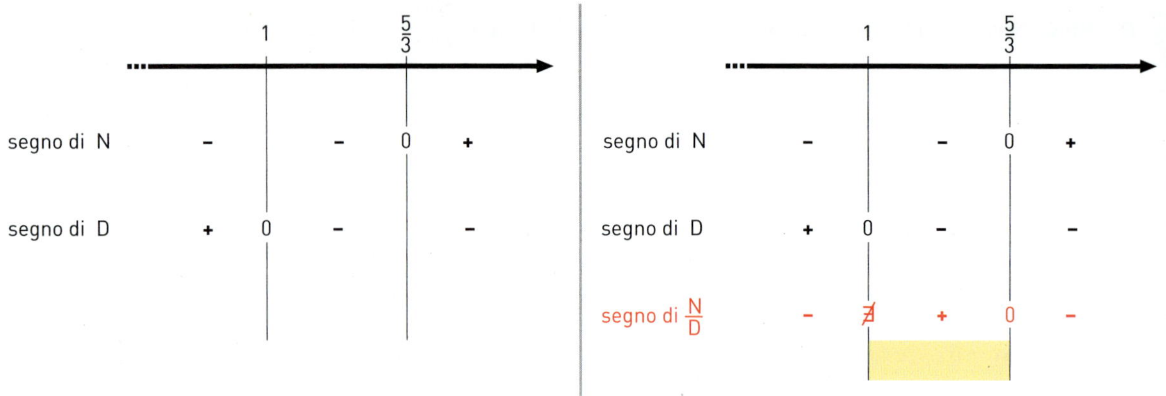

a. Rappresentiamo sulla retta orientata i valori di x per i quali $N = 0$, cioè $\frac{5}{3}$, e $D = 0$, cioè 1. Mettiamo il segno + negli intervalli con segno positivo e il segno − negli intervalli con segno negativo. Scriviamo 0 dove si annullano N e D.

b. Applichiamo le regole dei segni in ognuno degli intervalli. Per esempio, per $x < 1$ si ha $- \cdot + = -$. Poiché per $x = 1$ si ha $D = 0$, $\frac{N}{D}$ non esiste. Per $x = \frac{5}{3}$, $N = 0$, quindi anche $\frac{N}{D} = 0$. L'insieme delle soluzioni è $\left]1; \frac{5}{3}\right[$.

La disequazione richiede che la frazione sia positiva, quindi l'insieme delle soluzioni è l'intervallo aperto:

$$\left]1; \frac{5}{3}\right[.$$

▶ Risolvi le seguenti disequazioni.

a. $\frac{4-x}{x+7} > 0$ **b.** $\frac{x^2-1}{x^2+x} \geq 0$

Animazione

▶ Spiega le differenze nella risoluzione del sistema di disequazioni e della disequazione fratta seguenti.

- $\begin{cases} x-5>0 \\ x+2>0 \end{cases}$
- $\frac{x-5}{x+2} > 0$

Video

IN SINTESI
Le disequazioni lineari

Le disuguaglianze numeriche

Proprietà delle disuguaglianze, valide $\forall a, b \in \mathbb{R}$:

- monotonia dell'addizione:

$$a < b \begin{cases} a + c < b + c \\ a - c < b - c \end{cases} \qquad (\forall c \in \mathbb{R})$$

- moltiplicazione per un numero positivo:

$$\text{se } a < b \text{ e } c > 0 \begin{cases} a \cdot c < b \cdot c \\ \dfrac{a}{c} < \dfrac{b}{c} \end{cases}$$

- moltiplicazione per un numero negativo:

$$\text{se } a < b \text{ e } c < 0 \begin{cases} a \cdot c > b \cdot c \\ \dfrac{a}{c} > \dfrac{b}{c} \end{cases}$$

- reciproci di numeri concordi:

$$a < b \rightarrow \frac{1}{a} > \frac{1}{b} \qquad (\forall a, b \neq 0)$$

Le disequazioni

Una **disequazione** è una disuguaglianza in cui compaiono espressioni letterali per le quali cerchiamo i valori di una o più lettere che rendono la disuguaglianza vera.
Tutti i valori che soddisfano una disequazione costituiscono l'insieme delle **soluzioni** della disequazione, che può essere rappresentato in diversi modi.

ESEMPIO L'insieme delle soluzioni della disequazione $x - 3 > 0$ è:

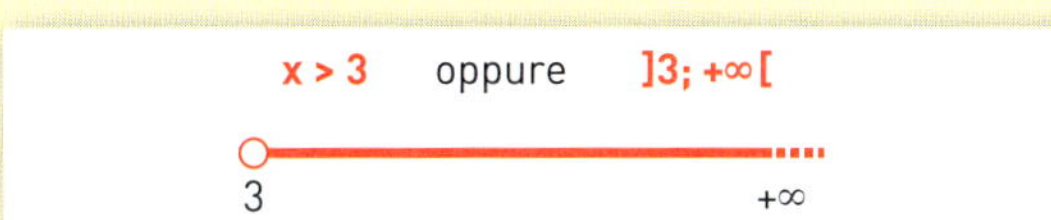

Per risolvere le disequazioni applichiamo i **princìpi di equivalenza**, trasformando la disequazione data in disequazioni a essa equivalenti, via via più semplici.

Se in una disequazione moltiplichiamo (o dividiamo) ambedue i membri per uno stesso numero negativo, dobbiamo cambiare il verso della disequazione.

Le disequazioni intere

Una disequazione è **intera** se non contiene l'incognita al denominatore. Può avere soluzioni, oppure no. In alcuni casi può essere sempre verificata.

ESEMPIO L'intervallo delle soluzioni di
$x + 3 > 0$ è $x > -3$;
$0 \cdot x < 2$ è sempre verificata;
$0 \cdot x < -2$ non è mai verificata.

I sistemi di disequazioni

Un **sistema di disequazioni** è un insieme di due o più disequazioni in cui compaiono le stesse incognite, per il quale si cercano i valori da attribuire alle incognite che rendono tali disequazioni verificate *contemporaneamente*.
Per trovare le soluzioni di un sistema di disequazioni si rappresentano su rette orizzontali le soluzioni di ogni disequazione. Le soluzioni del sistema sono date dagli intervalli comuni a tutte le soluzioni.

ESEMPIO $\begin{cases} x > 0 \\ x < 1 \\ x \geq -3 \end{cases}$

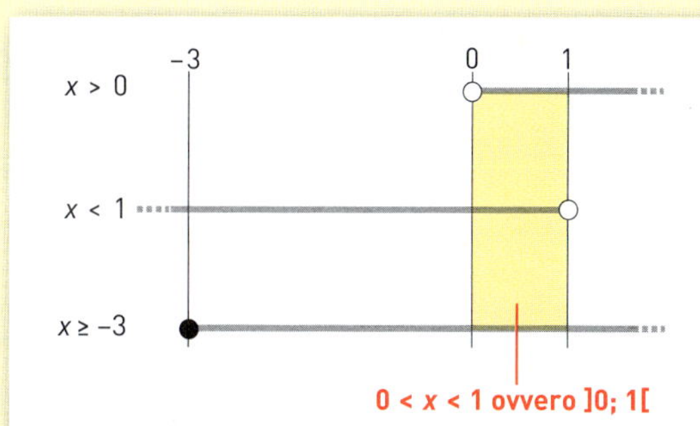

Un sistema che non ha soluzioni si dice **impossibile**.

Lo studio del segno di un prodotto

Una disequazione che al primo membro presenta il prodotto di binomi di primo grado e zero al secondo membro si risolve studiando singolarmente il segno di ciascun fattore e rappresentandolo con uno schema grafico. L'insieme delle soluzioni è dato dall'unione degli intervalli dove compare il segno complessivo dei fattori che verifica la disequazione data.

ESEMPIO $(x-1)(x+2) \geq 0$

$x-1>0 \rightarrow x>1$

$x+2>0 \rightarrow x>-2$

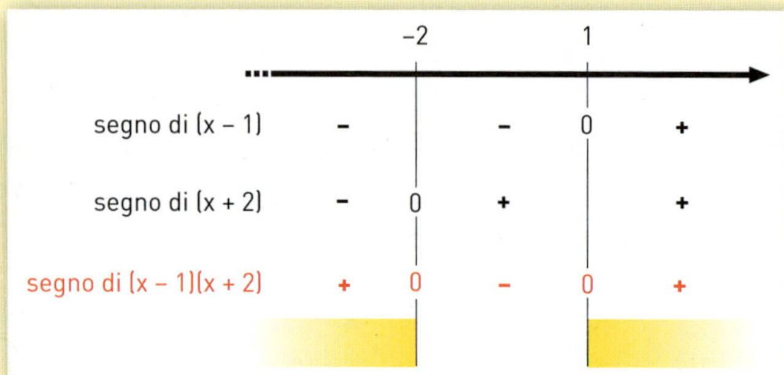

Soluzioni: $x \leq -2 \vee x \geq 1$.

Le disequazioni fratte

In una disequazione fratta **non** si possono eliminare i denominatori contenenti l'incognita. Bisogna invece:

1. trasformare la disequazione in modo che il primo membro sia una frazione del tipo $\frac{N(x)}{D(x)}$, in cui $N(x)$ e $D(x)$ sono polinomi in x, e il secondo membro sia 0;
2. risolvere $N(x)>0$ e $D(x)>0$ per studiare il segno del numeratore e del denominatore;
3. studiare graficamente il segno della frazione, come nell'esempio seguente.

ESEMPIO $\frac{5}{x}-2<0 \rightarrow \frac{5-2x}{x}<0$

$N(x)>0 \rightarrow 5-2x>0 \rightarrow x<\frac{5}{2}$;

$D(x)>0 \rightarrow x>0$.

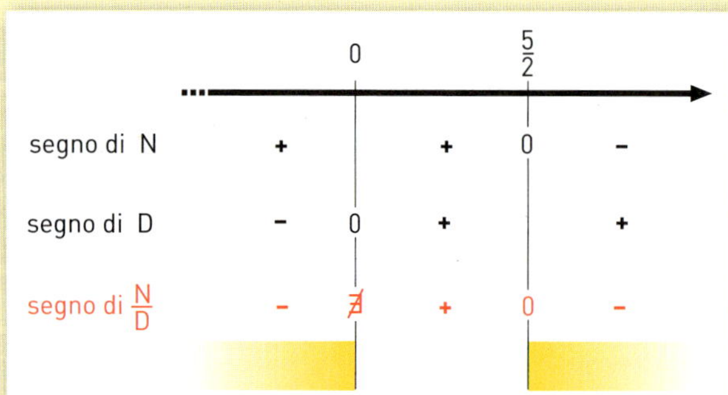

Soluzioni: $x<0 \vee x>\frac{5}{2}$.

Se una disequazione fratta è letterale, si procede come per le disequazioni fratte numeriche, però occorre aggiungere la discussione sui parametri letterali quando si risolvono le due disequazioni $N(x)>0$ e $D(x)>0$.

CAPITOLO 11
ESERCIZI

1 Le disuguaglianze numeriche

Teoria a p. 486

Le disuguaglianze come relazioni tra numeri

COMPLETA inserendo i simboli $<$, $>$.

1 $\frac{7}{3} \square 2$; $0 \square -4$; $\frac{1}{4} \square \frac{1}{3}$; $-\frac{2}{5} \square 1$.

2 $-8 \square -3$; $-6 \square 0$; $\frac{6}{7} \square \frac{5}{8}$; $-3 \square -5$.

3 Se $a > b$: $-3a \square -3b$; $-a \square -b$; $a-4 \square b-4$.

4 Se $a < b$: $\frac{1}{5}a \square \frac{1}{5}b$; $a+9 \square b+9$; $-a \square -b$.

5 ESEMPIO DIGITALE Una tra le seguenti proposizioni, in cui x e y rappresentano numeri reali qualsiasi, è *falsa*. Quale?

A x è maggiore del suo opposto se e solo se x è positivo.

B Poiché $5 > 3$, allora $5x > 3x$.

C Se $x > y$, allora $\frac{x}{3} > \frac{y}{3}$.

D Se $x > y$, allora $-x < -y$.

6 YOU & MATHS **From words to symbols** Translate the following sentences into mathematical sentences.

a. Roger's father must be at least 40 years old.

b. Silvia scored 64 500 points and John beat her by less than 200 points.

Le proprietà delle disuguaglianze

7 COMPLETA la seguente tabella, scrivendo quali passaggi devono essere effettuati e quale proprietà deve essere applicata per giungere, dalla disuguaglianza $-8 < 2$, a ciascuna delle disuguaglianze scritte nella prima colonna.

Disuguaglianza	Passaggio	Proprietà
$-9 < 1$	$-8-1 < 2-1$	monotonia dell'addizione
$-10 < 0$		
$-4 < 1$		
$16 > -4$		
$8 > -2$		
$0 < 10$		

8 TEST Se fra tre numeri $x, y, z \in \mathbb{R}$ vale la relazione $0 < x < y < z$, quale delle seguenti affermazioni è *falsa*?

A $\frac{1}{z} < \frac{1}{x}$

B $z - y > 0$

C $x^2 < y^2$

D $2z - y - x > 0$

E $x - 2y > 0$

Per ogni disuguaglianza fra due numeri concordi, scrivi quella soddisfatta dai reciproci dei numeri. Verifica le due disuguaglianze posizionando i quattro numeri su una stessa retta.

9 $1 < 2$; $-8 > -10$.

10 $10 < 100$; $-4 > -5$.

Somma membro a membro le seguenti coppie di disuguaglianze dello stesso verso e verifica che si ottiene ancora una disuguaglianza dello stesso verso.

11 $7 > 5$; $3 > 2$.

12 $8 - 1 < 8 \cdot 2$; $-5 \cdot 2 < -6 - 2$.

Moltiplica membro a membro le seguenti coppie di disuguaglianze fra numeri positivi e verifica che ottieni ancora disuguaglianze dello stesso verso.

13 $4 > 1$; $7 > 5$.

14 $\frac{3}{2} > 1$; $\frac{17}{8} > 2$.

15 EUREKA! **Di sicuro** Supponiamo che siano entrambe vere le seguenti disuguaglianze, con $a, b, c, d \in \mathbb{R}$:

$a > b$, $c > d$.

Quali tra le seguenti disuguaglianze sono sicuramente vere e quali no?

a. $a + c > b + d$. **b.** $a - c > b - d$. **c.** $a \cdot c > b \cdot d$. **d.** $a + d > b + c$.

[a) vera; b) falsa; c) falsa; d) falsa]

2 Le disequazioni

▶ Teoria a p. 488

Le soluzioni di una disequazione

16 TEST Solamente uno dei seguenti numeri appartiene all'insieme delle soluzioni della disequazione $-x < -6$. Quale?

A 10 B 6 C $\frac{1}{6}$ D $-\frac{1}{6}$ E -6

Di fianco a ogni disequazione sono scritti alcuni valori. Determina quali sono soluzioni e quali non lo sono.

17 $a - 3 > 5$ — $a = 8$; $a = \frac{9}{2}$; $a = \frac{17}{2}$; $a = \frac{28}{3}$.

18 $y + 4 \leq 6$ — $y = 2$; $y = \frac{3}{2}$; $y = \frac{1}{3}$; $y = 0$.

19 $b + 4 < 6$ — $b = 2$; $b = 3$; $b = 1$; $b = 0$.

20 $1 - x \geq 0$ — $x = 1$; $x = 0$; $x = \frac{1}{2}$; $x = \frac{3}{2}$.

21 $2x - 4 > 5x + 8$ — $x = -5$; $x = -4$; $x = 0$; $x = \frac{1}{2}$.

La rappresentazione delle soluzioni

22 ESERCIZIO GUIDA Scriviamo i seguenti intervalli (o unioni di intervalli) utilizzando le parentesi quadre e rappresentiamoli graficamente:

a. $x > 1$; **b.** $0 < x < 2$; **c.** $-1 \leq x \leq 1$.

a. $]1; +\infty[$

L'estremo 1 è **escluso**: abbiamo scritto $]1; +\infty[$; graficamente, 1 è rappresentato da un cerchietto vuoto.
Poiché $+\infty$ non è un numero reale, ma un simbolo che rappresenta una quantità «più grande» di qualsiasi numero reale, abbiamo scritto $]1; +\infty[$.

b. $]0; 2[$

I due estremi sono esclusi: abbiamo scritto $]0; 2[$ e i due cerchietti sono vuoti.

c. $[-1; 1]$

Gli estremi -1 e 1 sono **inclusi**: abbiamo scritto $[-1; 1]$ e i due cerchietti sono pieni.

23 ESEMPIO DIGITALE Rappresenta i seguenti intervalli con le parentesi quadre e sulla retta orientata.

$x \le -\frac{1}{2}$; $\quad -3 < x \le 2$; $\quad x \le 1 \vee x > \frac{7}{3}$.

Rappresenta graficamente gli insiemi dei valori di $x \in \mathbb{R}$ che soddisfano le seguenti disuguaglianze. Scrivili poi mediante le parentesi quadre.

24 $0 < x < 1$; $\quad -3 \le x \le 1$; $\quad \frac{4}{5} < x \le \frac{5}{4}$; $\quad -\frac{1}{2} \le x < 6$.

25 $x > 3$; $\quad x \le 0$; $\quad x \ge \frac{7}{5}$; $\quad x < \frac{7}{5}$.

26 $-\frac{1}{2} \le x < 1$; $\quad x \ge -\frac{1}{2}$; $\quad x < 0$; $\quad x \ge 0$.

27 $x \le a$; $\quad x > b$; $\quad b < x \le c$; $\quad x \ge b$.

28 È dato un intervallo di estremi -2 e 3, dove -2 è escluso e 3 è incluso. Rappresenta l'intervallo mediante le parentesi quadre e poi graficamente.

COMPLETA scrivendo accanto a ogni grafico l'intervallo corrispondente.

29 

30 

31 

32 

33 

34 

Le disequazioni equivalenti

35 **ASSOCIA** ogni disequazione della prima riga con la sua equivalente della seconda riga.

1. $2x - 1 < 1$ $\quad$ **2.** $2x < 1$ $\quad$ **3.** $-2x < -1$ $\quad$ **4.** $-1 > 2x$

a. $x < -\frac{1}{2}$ $\quad$ **b.** $x > \frac{1}{2}$ $\quad$ **c.** $x < 1$ $\quad$ **d.** $x < \frac{1}{2}$

36 TEST Sono date le tre disequazioni:

a. $3(x-3) > 7x+5$; **b.** $3(x-3) > 7$; **c.** $3(3-x) > 7(x-3)$.

Fra le seguenti, qual è l'unica affermazione *vera*?

A $x = 0$ appartiene alle soluzioni di **a**.

B $x = 5$ appartiene alle soluzioni di **b**.

C $x = 4$ non appartiene né alle soluzioni di **a**, né a quelle di **b**, né a quelle di **c**.

D **a** e **b** sono equivalenti perché hanno il primo membro uguale.

E **a** e **c** sono equivalenti perché hanno lo stesso verso.

Indica in base a quale principio le seguenti coppie di disequazioni sono equivalenti.

37 $-2x < 3$ $\quad x > -\frac{3}{2}$

38 $\frac{1}{3} + x > 0$ $\quad x > -\frac{1}{3}$

39 $6 + x \geq -1$ $\quad x \geq -7$

40 $-x < 6$ $\quad 2x > -12$

41 $9x > 0$ $\quad 2x - 1 > -1$

42 $6x + 2 < 0$ $\quad x < -\frac{1}{3}$

43 VERO O FALSO?

a. Se $-2x > 0$, allora $x < 2$. V F

b. Se $4x > \frac{1}{3}$, allora $x > \frac{1}{12}$. V F

c. Se $-x < 4$, allora $2x < -8$. V F

d. Se $\frac{1}{2}x < 3$, allora $x < 6$. V F

e. Se $-6x < -18$, allora $3 < x$. V F

f. Se $3x > 0$, allora $x > \frac{1}{3}$. V F

44 YOU & MATHS **Make up an inequality** Write at least 3 inequalities that have the following interval as their solution: $x > 5$.

3 Le disequazioni intere

Teoria a p. 491

Le disequazioni numeriche intere

TEST

45 Le seguenti disequazioni sono tutte verificate $\forall x \in \mathbb{R}$, *tranne* una. Quale?

A $x < x+1$ B $x \leq x+1$ C $2x > 1 - 2(1-x)$ D $2x \geq 1 - 2(1-x)$ E $3(x+1) < 2(x+1)$

46 Quale, fra le seguenti disequazioni, ha come soluzione $\left[\frac{2}{3}; +\infty\right[$?

A $2 - 3x > 0$ B $2 \leq 3x$ C $3 - 2x < 0$ D $3 \leq 2x$ E Nessuna delle precedenti.

47 ASSOCIA ogni disequazione della prima riga con l'intervallo delle sue soluzioni sulla seconda riga.

1. $4x > 6$ **2.** $-x - 4 < 6$ **3.** $-4x < +6$ **4.** $-x + 4 > -6$

a. $\left]-\frac{3}{2}; +\infty\right[$ **b.** $\left]\frac{3}{2}; +\infty\right[$ **c.** $]-10; +\infty[$ **d.** $]-\infty; 10[$

48 CACCIA ALL'ERRORE Qual è l'errore nella seguente sequenza di passaggi? Motiva la risposta.

$(x+1)(3x-2) < x^2 - 1 \ \rightarrow\ (x+1)(3x-2) < (x-1)(x+1) \ \rightarrow\ 3x - 2 < x - 1 \ \rightarrow$

$3x - x < 2 - 1 \ \rightarrow\ 2x < 1 \ \rightarrow\ x < \frac{1}{2}$

[nel secondo passaggio i due membri sono stati divisi per $x+1$, ma...]

49 **ESERCIZIO GUIDA** Risolviamo la seguente disequazione: $\frac{x-5}{3}-\frac{2x+7}{2}\leq 6x-8-\frac{3x-2}{4}$.

Eliminiamo i denominatori, moltiplicando entrambi i membri per il loro minimo comune multiplo:

$\text{mcm}(2;3;4)=12$.

$4(x-5)-6(2x+7)\leq 12\cdot 6x-12\cdot 8-3(3x-2)$

$4x-20-12x-42\leq 72x-96-9x+6$

$-8x-62\leq 63x-90 \quad\rightarrow\quad -8x-63x\leq -90+62 \quad\rightarrow\quad -71x\leq -28$.

Cambiamo segno, invertendo il verso della disequazione:

$71x\geq 28 \quad\rightarrow\quad x\geq\frac{28}{71}$ oppure $\left[\frac{28}{71};+\infty\right[$

Risolvi le seguenti disequazioni numeriche intere.

50 $3x-5<-2$ $[x<1]$

51 $x-2<7x$ $\left[x>-\frac{1}{3}\right]$

52 $5(x-1)<2(x-3)$ $\left[x<-\frac{1}{3}\right]$

53 $4[2(1-x)-3]>5x+1$ $\left[x<-\frac{5}{13}\right]$

54 $-x-\frac{1}{2}+\frac{x+1}{2}>0$ $[x<0]$

55 $4x-3>5x+1$ $[x<-4]$

56 $7x-2>3x-1$ $\left[x>\frac{1}{4}\right]$

57 $2(x-1)+3(x-2)<-7$ $\left[x<\frac{1}{5}\right]$

58 $\frac{1}{2}x-(1+x)>\frac{3}{2}$ $[x<\ 5]$

59 $4x-3<-\frac{2}{3}x+3$ $\left[x<\frac{9}{7}\right]$

60 $x-4(x+2)\leq 2x-[x-(3-4x)]$ $[\forall x\in\mathbb{R}]$

61 $x\left(1-\frac{1}{3}x\right)<-\frac{1}{3}x^2+2$ $[x<2]$

62 $6x+7>\frac{1}{3}(9x-3)$ $\left[x>-\frac{8}{3}\right]$

63 $\frac{3}{2}\left(x+\frac{1}{2}\right)>2\left(x+\frac{1}{2}\right)-\frac{1}{2}\left(x-\frac{1}{2}\right)$ [impossibile]

64 $x-\frac{1}{3}<2\left(x-\frac{3}{2}\right)$ $\left[x>\frac{8}{3}\right]$

65 $3\left[(x+3)+\frac{1}{3}x\right]<7x$ $[x>3]$

66 $\frac{7x-1}{2}>-\frac{2x+1}{4}$ $\left[x>\frac{1}{16}\right]$

67 $\frac{x-3}{10}+\frac{1}{2}\left(x-\frac{2}{3}\right)>\frac{2}{3}\left(x-\frac{1}{2}\right)$ $\left[x<\ \frac{9}{2}\right]$

68 $(x-1)(x+2)+(1-x)(2x+3)\leq 2-x^2$ $[\forall x\in\mathbb{R}]$

---

69 $5(3-4x)+14x-\frac{11}{6}<-10x-\frac{10}{3}\left(\frac{8x-15}{20}\right)$ $[x<-2]$

70 $(x-1)(x+1)-(x-3)^2<3$ $\left[x<\frac{13}{6}\right]$

71 $(x-1)^2-3x<(x-3)(x+3)$ $[x>2]$

72 $4(5x-1)+2(3x+1)^2>3x(6x+5)-2x-3$ $\left[x>-\frac{1}{19}\right]$

73 $(2x-1)^2-3(2+x)\leq(2x+3)(2x-3)+2(x+3)$ $\left[x\geq-\frac{2}{9}\right]$

74 $(3x-1)(3x+1)-\left(1-\frac{1}{2}x\right)^2+\frac{1}{4}(x+1)^2-9x^2<0$ $\left[x<\frac{7}{6}\right]$

75 $x^2(2-x)+(x-2)^3\leq-5(1-2x)+(2x+1)(1-2x)$ $[x\leq 2]$

ESERCIZI

76 $\left(\frac{1}{2}-x\right)^2-(x+1)^2<-\left[1-\left(\frac{2x+1}{6}\right)\right]+\frac{1+2x}{3}$ $\left[x>-\frac{1}{16}\right]$

77 $\left(\frac{1}{3}-\frac{5}{3}x\right)^2<\frac{5}{9}x(x-2)+\left(x-\frac{4}{9}x\right)4x$ [impossibile]

78 $\frac{(x-1)(x+1)}{2}+\left[\frac{x-5}{4}-\left(\frac{1}{2}x+1\right)\right]-\frac{(x-3)^2}{2}>0$ $\left[x>\frac{29}{11}\right]$

79 $\frac{1}{2}\left(x-\frac{4}{3}\right)+\left(3-\frac{x}{2}\right)^2<\frac{x^2}{4}+\frac{x-1}{3}-\frac{2x+5}{2}+2$ $[x>5]$

80 $\frac{4}{9}\left[x+\frac{3(x-1)}{4}\right]+\left(x+\frac{1}{3}\right)^2\geq\frac{1}{3}+\left(x-\frac{1}{3}\right)(x+2)$ $\left[x\leq\frac{1}{2}\right]$

81 $2(2x-1)(2x+1)-6(x-2)^2\leq(x-3)^2-[3(3+x)(3-x)-2(x+1)(1-x)]$ $\left[x\leq\frac{1}{3}\right]$

82 $3\left(x-\frac{1}{3}\right)(x+2)+(5x-1)^2<9x\left(\frac{1}{3}x-1\right)+40+(5x+1)^2$ $[x>-7]$

83 $\frac{1}{3}\left(9-\frac{3x}{2}\right)-\frac{2}{5}\left(\frac{15+5x}{2}\right)>(3-2x)^2-(2x+1)(2x-1)-6$ $\left[x>\frac{8}{21}\right]$

84 $(x+3)^3-4[x+5-(x+8)]^3>(x-3)^2(x+3)+12(x+1)^2$ $[x>-8]$

85 $(x-1)^3-(x+1)^3>2x-2-6x^2+2(x+1)(x-1)-2(x-2)^2$ $[x<1]$

86 $3(x-1)-1<\frac{x-2}{3}-\left(x-\frac{x-1}{3}\right)$ $\left[x<\frac{9}{10}\right]$

87 $\frac{x}{3}-\frac{1}{2}\left(x+\frac{2}{3}\right)<\frac{1}{3}-2\left(x+\frac{1}{3}\right)$ $[x<0]$

88 $\frac{5}{2}x+\frac{2x-2}{3}-\frac{1-x}{3}-\left(\frac{3x+1}{2}+2x\right)\geq\frac{3}{2}$ [impossibile]

89 ESEMPIO DIGITALE $\frac{3}{7}x-\frac{3x+2}{14}>\frac{5x+1}{2}-\frac{x-6}{7}$

90 $\frac{2}{3}\left(x-2-\frac{x-1}{2}\right)\geq1-\frac{2}{3}x-\frac{2}{3}\left(x-\frac{x}{2}\right)+2\left(\frac{2}{3}x-1\right)$ $[\forall x\in\mathbb{R}]$

91 $\frac{1}{4}(3x-5)+\frac{1}{2}\left(\frac{x+1}{3}-x\right)<\frac{2}{3}(x-7)-\frac{1}{3}\left(x-\frac{1+x}{4}\right)$ [impossibile]

92 $\frac{1-x}{1-\frac{1}{3}}+\frac{1-\frac{2x}{3}}{1+\frac{1}{3}}>7x+(1-x)^2-(x+1)(x-1)$ $\left[x<\frac{1}{28}\right]$

93 $\frac{(x-1)^2}{2}-\frac{x^2-6x}{4}\geq\left(\frac{x-1}{2}\right)^2-2$ $\left[x\geq-\frac{9}{4}\right]$

94 $\left(\frac{1}{2}-x\right)^2-\frac{1-2x}{3}\leq(1+x)^2-\left(1-\frac{3x-1}{6}\right)$ $\left[x\geq\frac{1}{34}\right]$

95 $2\left(x-\frac{1}{2}\right)\left(x+\frac{1}{4}\right)-x(x+2)\leq\left(x-\frac{1}{2}\right)^2-\frac{1}{2}$ $[x\geq0]$

96 YOU & MATHS **Which values?** What values of a would make the following inequality true?

$9a-5\geq3a+5$

Represent the solutions on the real number line.

97 INVALSI 2015 Lorenza afferma: «La disequazione $\frac{1}{2}x < x$ è soddisfatta per ogni numero reale x».
Lorenza ha ragione?
Scegli la risposta corretta e completa la frase.

☐ Lorenza ha ragione perché… ☐ Lorenza non ha ragione perché…

MATEMATICA INTORNO A NOI

Un problema di costi Un artigiano, per produrre vasi in ceramica, deve acquistare una nuova attrezzatura e ha due possibilità:
A) spendere subito € 256 e avere poi un costo di produzione stimato in € 3,50 al pezzo, oppure
B) spendere subito € 110 e poi € 3,75 per ogni pezzo prodotto.
Egli riflette: «Se il numero delle formelle sarà basso, il costo minore ce l'avrò con l'opzione B, ma producendone un buon numero diventerebbe minore il costo A...».

a. Riporta in una tabella i costi sostenuti nei due casi al variare del numero x di pezzi prodotti (per esempio per $x = 0, 100, 200, \ldots, 800$).
b. Illustra con un diagramma in quale intervallo il «costo A» è sicuramente superiore al «costo B» e in quale intervallo è vero il contrario.
c. Traduci in disuguaglianze la situazione illustrata dal diagramma.

Risoluzione – 3 esercizi in più.

La risoluzione dei problemi mediante le disequazioni lineari

98 ESERCIZIO GUIDA La somma di tre numeri naturali dispari consecutivi è minore di 27. Determiniamo il massimo valore possibile dei tre numeri.

- Indichiamo con x il minore di tre numeri dispari.
- Il secondo numero, dispari consecutivo di x, è: $x + 2$.
- Il terzo numero, dispari consecutivo di $x + 2$, è: $x + 4$.
- La somma dei tre numeri è minore di 27:

$$x + (x + 2) + (x + 4) < 27 \rightarrow$$
$$3x + 6 < 27 \rightarrow$$
$$3x < 21 \rightarrow$$
$$x < 7.$$

Il più grande numero naturale dispari minore di 7 è 5; quindi, i tre numeri richiesti sono 5, 7 e 9.

Problemi sui numeri

99 Aggiungendo alla somma di due numeri pari consecutivi il triplo del maggiore dei due numeri, si ottiene una quantità maggiore di 108. Calcola quali sono i valori più piccoli che possono assumere i due numeri. [22; 24]

100 La somma di due numeri naturali, di cui uno è il quadruplo dell'altro, è minore di 75. Determina il massimo valore possibile dei due numeri. [14; 56]

101 La somma di due numeri dispari consecutivi è maggiore di 45. Trova quali sono i due numeri naturali più piccoli che soddisfano la relazione. [23; 25]

102 Determina i valori di $x \in \mathbb{R}$ tali che la somma tra x, la sua metà e la metà della sua metà superi il triplo di x di almeno 10. [$x \leq -8$]

ESERCIZI

Problemi geometrici

103 Un'aiuola rettangolare deve essere costruita con un perimetro minore o uguale a 18 m. Sapendo che la lunghezza dovrà superare di 3 m la larghezza, determina quale può essere la larghezza massima dell'aiuola. [3 m]

104 I lati di un triangolo misurano, in metri, rispettivamente $2x$, $x+2$ e 8. Per quali valori di x il triangolo ha perimetro minore di 100 m? $[2 < x < 10]$

105 I lati di un rettangolo misurano, in centimetri, rispettivamente $2x$ e $x+1$. Se il perimetro del rettangolo deve risultare maggiore di 42 cm, come deve essere scelto il valore di x? $\left[x > \frac{20}{3}\right]$

106 Le diagonali di un rombo sono lunghe rispettivamente $(6x-2)$ cm e $(5x+10)$ cm. Quali valori può assumere x affinché la prima diagonale sia maggiore della metà della seconda? $[x > 2]$

107 In un triangolo isoscele, la lunghezza della base è $\frac{1}{3}$ di quella del lato diminuita di 2 cm. Quale valore deve assumere la misura x del lato affinché il perimetro sia minore di 19 cm? $[6 < x < 9]$

108 Sono dati due percorsi: il primo lungo un triangolo equilatero di lato $(3x+1)$ cm; il secondo lungo un triangolo isoscele di base 5 cm e lato $(2x+1)$ cm. Stabilisci per quale valore di x il primo percorso è più lungo del secondo. $\left[x > \frac{4}{5}\right]$

109 In un triangolo ABC l'angolo $\widehat{A}$ ha ampiezza pari ai $\frac{4}{5}$ dell'angolo $\widehat{B}$. Determina quali valori può assumere l'ampiezza di $\widehat{A}$ affinché $\widehat{C}$ sia maggiore di 90°. $[0° < \widehat{A} < 40°]$

Problemi INTORNO A NOI

110 La sosta in un parcheggio a pagamento costa € 1,80 l'ora. Quanto tempo posso lasciare parcheggiata la macchina se non posso spendere più di € 4,50? [al massimo 2 ore e mezza]

111 Il noleggio di una tavola e di un paio di scarponi da snowboard costa € 11,00 per un'intera mattina fino a mezzogiorno. Ogni mezzora in più costa € 0,80. Matteo ha € 15,00; fino a che ora può fare snowboard? [fino alle 14:30]

112 INVALSI 2010 In un laboratorio si devono riempire completamente 7 contenitori da un litro travasando il liquido contenuto in flaconi da 33 cL ciascuno. Il liquido rimanente viene gettato via.

a. Qual è il numero minimo di flaconi che occorrono per riempire tutti i sette contenitori?

b. Quanto liquido viene gettato via?

113 YOU & MATHS A consultant can be paid in two manners. Plan A: \$ 30 per hour; Plan B: \$ 400 plus \$ 20 per hour.
Suppose the job takes n hours. For what values of n is Plan A better for the consultant than Plan B? $[n > 40]$

114 Per noleggiare un'automobile, una compagnia di noleggi offre due opzioni. Con l'opzione A si pagano € 15,00 di quota fissa più € 0,20 per kilometro percorso. L'opzione B prevede € 10,00 di quota fissa e € 0,25 per kilometro.
Per quale tipo di viaggi è più conveniente l'opzione B? [per viaggi di percorrenza inferiore ai 100 km]

115 INVALSI 2012 Un turista italiano in viaggio in Svizzera, prima di cambiare i suoi euro in franchi, esamina le seguenti proposte fatte da due banche:
Banca A: 1 euro viene scambiato con 1,412 franchi senza spese.
Banca B: 1 euro viene scambiato con 1,416 franchi con una commissione fissa di 2 franchi.

a. Se il turista cambia 300 euro, quanti franchi ottiene presso la banca A?

Carlo afferma che, qualunque sia la somma che si vuole cambiare, è sempre più conveniente la banca A.

b. Carlo ha ragione? Scegli una delle due risposte e completa la frase.
   - ☐ Carlo ha ragione perché…
   - ☐ Carlo non ha ragione perché…

RISOLVIAMO UN PROBLEMA

Mobilità sostenibile

Tutte le mattine Jacopo, per andare da casa all'ufficio, può scegliere fra auto, bicicletta o pullman. Velocità medie e tempi «morti» sono indicati a lato.
Con quale mezzo Jacopo arriva prima al lavoro, in funzione della distanza tra casa e ufficio?

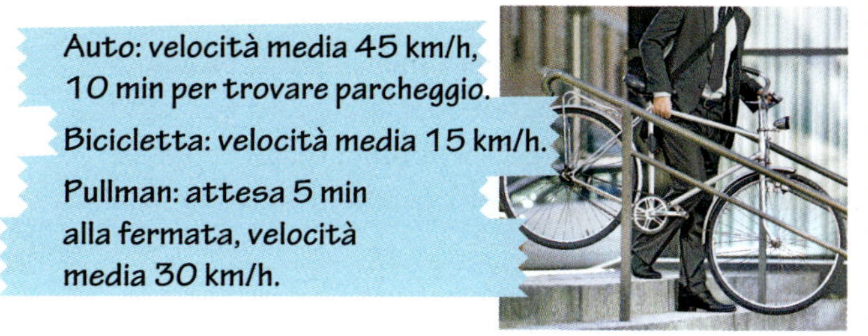

▶ **Determiniamo i tempi di percorrenza in funzione della distanza casa-ufficio.**

Indichiamo con x la distanza casa-ufficio, espressa in kilometri (perciò $x > 0$).
La velocità media che Jacopo mantiene in auto è di 45 km/h; esprimendola in km/min otteniamo:

$$45\ \text{km/h} = 45\frac{\text{km}}{\text{h}} = 45\frac{\text{km}}{60\ \text{min}} =$$

$$\frac{45}{60}\ \text{km/min} = \frac{3}{4}\text{km/min}.$$

Il tempo (in min) che Jacopo trascorre alla guida (senza considerare il tempo perso per parcheggiare) è dato dallo spazio percorso (in km) fratto la velocità (in km/min), quindi:

$$\text{tempo} = \frac{\text{spazio}}{\text{velocità}} = \frac{1}{\text{velocità}} \cdot \text{spazio} = \frac{4}{3} \cdot x.$$

Tenuto conto anche del tempo perso per parcheggiare, il tempo totale t_A (in min) che Jacopo impiega per andare da casa all'ufficio in auto è dato dalla relazione lineare:

$$t_A = 10 + \frac{4}{3}x.$$

In modo analogo, i tempi t_B e t_P (in min) impiegati per andare da casa all'ufficio rispettivamente in bicicletta e pullman sono espressi dalle seguenti relazioni:

$$t_B = \frac{60}{15}x \to t_B = 4x,$$

$$t_P = 5 + \frac{60}{30}x \to t_P = 5 + 2x.$$

▶ **Confrontiamo i tempi dei tre mezzi.**

Per capire quale mezzo risulta più rapido, dobbiamo impostare delle disuguaglianze.
Iniziamo col confrontare *auto e bicicletta*:

$$t_A \leq t_B \to 10 + \frac{4}{3}x \leq 4x \to 4x - \frac{4}{3}x \geq 10$$

$$\frac{8}{3}x \geq 10 \to x \geq \frac{15}{4} \to x \geq 3{,}75.$$

Quindi, nel confronto auto-bicicletta, conviene prendere l'auto se la distanza casa-ufficio è $\geq 3{,}75$ km, altrimenti è meglio utilizzare la bicicletta.
Confrontiamo adesso *auto e pullman*:

$$t_A \leq t_P \to 10 + \frac{4}{3}x \leq 5 + 2x \to$$

$$2x - \frac{4}{3}x \geq 10 - 5 \to \frac{2}{3}x \geq 5 \to x \geq \frac{15}{2}$$

$$x \geq 7{,}5.$$

Quindi, nel confronto auto-pullman, conviene prendere l'auto se la distanza casa-ufficio è $\geq 7{,}5$ km, altrimenti è meglio utilizzare il pullman.
Procediamo al confronto tra *bicicletta e pullman*:

$$t_B \leq t_P \to 4x \leq 5 + 2x \to 4x - 2x \leq 5 \to$$

$$2x \leq 5 \to x \leq \frac{5}{2} \to x \leq 2{,}5.$$

Quindi, nel confronto bicicletta-pullman, conviene prendere la bicicletta se la distanza casa-ufficio è $\leq 2{,}5$ km, altrimenti è meglio prendere il pullman.

▶ **Concludiamo.**

- Se la distanza è minore di 2,5 km, è meglio prendere la bicicletta;
- se la distanza è uguale a 2,5 km, è indifferente prendere la bicicletta o il pullman;
- se la distanza è maggiore di 2,5 km ma minore di 7,5 km, è meglio prendere il pullman;
- se la distanza è uguale a 7,5 km, è indifferente prendere l'auto o il pullman;
- se la distanza è maggiore di 7,5 km, è meglio prendere l'auto.

116 In una fabbrica di giocattoli, si producono pupazzi che vengono rivenduti a € 7 l'uno. Sapendo che i costi fissi mensili ammontano a € 2100 e che il costo del materiale per ogni pupazzo è di € 3,50, determina quanti pupazzi devono essere prodotti perché il bilancio non vada in perdita. [almeno 600]

117 **Disequazione rock** Una rock band vuole far produrre delle magliette da vendere durante i concerti al prezzo di € 8 ciascuna. Se la band spende € 500 iniziali e € 5 per ogni maglietta, quante magliette deve vendere per raggiungere il guadagno minimo di € 400? [almeno 300]

118 **Fare shopping** Letizia e Caterina decidono di fare shopping nel periodo dei saldi. Entrambe vogliono comperare un paio di pantaloni che costa € 53 e una maglia da € 64. Sapendo che Letizia e Caterina hanno rispettivamente € 52 e € 68, qual è lo sconto minimo che ciascuna delle due ragazze dovrà chiedere al negoziante per poter acquistare i due capi? [56%; 42%]

119 Mi fermo al distributore per mettere nel motore dell'auto mezzo litro di olio, che costa € 17,60 al litro, e per fare benzina, che costa € 1,28 al litro. Quanti litri di benzina posso mettere al massimo nel serbatoio se ho soltanto € 28? [15 L]

120 Andrea, per andare in piscina, può scegliere tra due diverse possibilità: € 140 di iscrizione annuale più € 2 per ogni ingresso; € 20 per la tessera di socio più € 8 per ogni ingresso.
Per quanti ingressi risulta preferibile la seconda possibilità? [meno di 20]

121 YOU & MATHS **Text messaging** At the end of last month Marge had sent 27 more text messages than her older sister, 52 fewer than her friend Julia, and 135 more than her mother. How many messages could Marge have sent if all together her family did not go over the monthly limit of 250 messages?

4 I sistemi di disequazioni

▶ Teoria a p. 492

La risoluzione dei sistemi di disequazioni numeriche

122 ESERCIZIO GUIDA Risolviamo i seguenti sistemi di disequazioni.

a. $\begin{cases} 3(1-x) < 2x+1 \\ 2x-6 > 5x-2 \end{cases}$

b. $\begin{cases} \frac{3}{2}x - \frac{4}{3} + 5x \le \frac{1}{2}x + 11 - \frac{1}{3} \\ \frac{6}{5}x + 1 - x < 2 + \frac{1}{2}x + \frac{7}{10}x \end{cases}$

a. Risolviamo le due disequazioni:

$$\begin{cases} 3-3x < 2x+1 \\ 2x-5x > -2+6 \end{cases} \to \begin{cases} -3x-2x < 1-3 \\ -3x > 4 \end{cases} \to \begin{cases} -5x < -2 \\ -3x > 4 \end{cases} \to \begin{cases} 5x > 2 \\ 3x < -4 \end{cases} \to \begin{cases} x > \frac{2}{5} \\ x < -\frac{4}{3} \end{cases}$$

Rappresentiamo le soluzioni delle disequazioni:

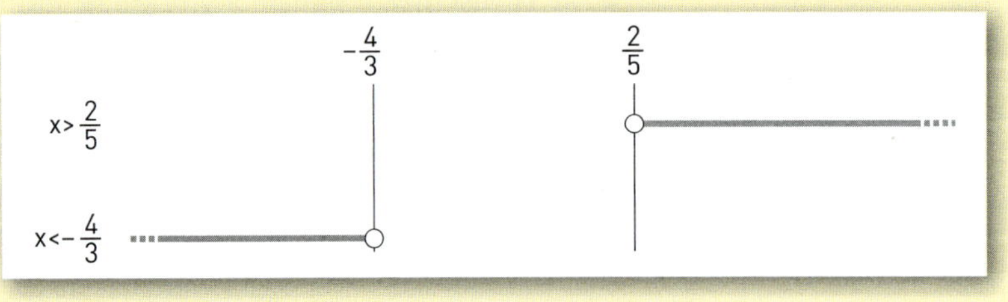

Non esistono valori di x per cui le due disequazioni sono verificate *contemporaneamente*, quindi il sistema è impossibile. L'insieme delle soluzioni è vuoto.

b. Risolviamo le due disequazioni:

$$\begin{array}{l} \cdot 6 \\ \cdot 10 \end{array} \begin{cases} 9x - 8 + 30x \leq 3x + 66 - 2 \\ 12x + 10 - 10x < 20 + 5x + 7x \end{cases}$$

$$\begin{cases} 39x - 3x \leq 64 + 8 \\ 2x - 12x < 20 - 10 \end{cases} \rightarrow \begin{cases} 36x \leq 72 \\ -10x < 10 \end{cases} \rightarrow \begin{cases} x \leq \frac{72}{36} \\ 10x > -10 \end{cases} \rightarrow \begin{cases} x \leq 2 \\ x > -1 \end{cases}$$

Rappresentiamo le soluzioni delle disequazioni:

La soluzione è: $-1 < x \leq 2$, ossia $]-1; 2]$.

Risolvi i seguenti sistemi di disequazioni.

123 $\begin{cases} x - 1 > 0 \\ x - 6 > 0 \end{cases}$ $[x > 6]$

124 $\begin{cases} 4x + 6 < 0 \\ 6x \geq 0 \end{cases}$ [impossibile]

125 $\begin{cases} x + 4 < 0 \\ 3x < 1 \end{cases}$ $[x < -4]$

126 $\begin{cases} x + 1 > 0 \\ -2x \geq 0 \\ 3x + 2 > 0 \end{cases}$ $\left[-\frac{2}{3} < x \leq 0\right]$

127 $\begin{cases} x - 4 < 0 \\ 2 - x > 0 \\ x + 3 > 0 \end{cases}$ $[-3 < x < 2]$

128 $\begin{cases} 3x + 9 + 2 < x - 1 \\ 2x - 3 > x + 7 \end{cases}$ [impossibile]

129 $\begin{cases} x - 6 - x(x-1) > 2 - x^2 \\ 2x - 1 < 3 \end{cases}$ [impossibile]

130 $\begin{cases} x + 7 - 3x \geq -x(x+1) + x^2 - 3 - 2x \\ 2x + 3 < 7 \end{cases}$ $[-10 \leq x < 2]$

131 $\begin{cases} \frac{1}{3}(9x + 12) - 10 > 12 \\ 4x(x-1) + 10 < 4x(x+1) - 6 \end{cases}$ $[x > 6]$

132 $\begin{cases} 2x(x-1) - 2x^2 + x < 2 - x \\ 7x - 1 - 6x > x - 3 \end{cases}$ $[\forall x \in \mathbb{R}]$

133 $\begin{cases} \frac{x+3}{2} - \frac{2}{3} < \frac{x-1}{6} - 1 \\ 2x - 2 > x + 1 \end{cases}$ [impossibile]

134 $\begin{cases} 3x - 5 < 2x + 4 \\ -4x > 2 + 8\left(x - \frac{5}{8}\right) - 6x \end{cases}$ $\left[x < \frac{1}{2}\right]$

ESERCIZI

135 $\begin{cases} 7x-1+x(x-3)+6 \le x^2-7x+1 \\ 4x-7 < 8x+2 \end{cases}$ $\left[-\frac{9}{4} < x \le -\frac{4}{11}\right]$

136 $\begin{cases} \frac{1}{2}(2+x)-1 > -\frac{1}{3}(x-1) \\ \frac{1}{5}(x+10) < \frac{1}{3}(x+6) \end{cases}$ $\left[x > \frac{2}{5}\right]$

137 $\begin{cases} 2x(x-1)-x^2+x-3 \le x(x-2)+7 \\ 2x+3-x+x^2 > x(x+2)-3 \end{cases}$ $[x < 6]$

138 $\begin{cases} 2x+(x-1)^2+x > x^2+3 \\ 6x-3 < x+2 \end{cases}$ [impossibile]

139 $\begin{cases} \frac{1}{2}x+\frac{3}{4}x < 8+x-\frac{x+3}{3} \\ 3x+2 \ge 2x+1 \end{cases}$ $[-1 \le x < 12]$

140 $\begin{cases} (2x-1)(x+2)-2x^2 < x+7 \\ 3x-1 > x+3 \end{cases}$ $\left[2 < x < \frac{9}{2}\right]$

141 $\begin{cases} (x+2)^2-x(x+2)-7 \le 4 \\ 2x-3 > 1 \end{cases}$ $\left[2 < x \le \frac{7}{2}\right]$

142 $\begin{cases} 2x-3 < (x+1)^2-x(x-1) \\ x+3-2x \ge 4 \end{cases}$ $[-4 < x \le -1]$

143 $\begin{cases} (x-1)^2+2x-7 < 1+x^2 \\ 7x+1 < 7+x(x-2)-x^2+9x \end{cases}$ $[\forall x \in \mathbb{R}]$

144 $\begin{cases} x^2+6x-3 < 2x(x+2)-x^2 \\ (x-2)^2+3x-3 > -2x+1+x^2 \end{cases}$ $\left[0 < x < \frac{3}{2}\right]$

145 $\begin{cases} (x+3)^2-x^2-7 < x+2 \\ 2x > x(x+1)+4-x^2 \end{cases}$ [impossibile]

146 $\begin{cases} (x-5)(x+3) > x^2+2x-5 \\ \frac{1}{9}(8-x)+1 < 2\left(\frac{1}{3}x+1\right) \end{cases}$ [impossibile]

147 $\begin{cases} 4\left(\frac{1}{8}x-2\right)-\frac{x}{4} \le -\frac{x+3}{3} \\ \frac{1}{3}x+2 > \frac{1}{2}x-\frac{x-5}{6}+1 \end{cases}$ $[x \le 12]$

148 $\begin{cases} 9x-15-2(x+1) \ge -2(x-3)-20 \\ \frac{1-x}{2}+1 \ge \frac{2}{3}x-\frac{4}{3} \end{cases}$ $\left[\frac{1}{3} \le x \le \frac{17}{7}\right]$

149 $\begin{cases} 2\left(\frac{2}{5}x-1\right)+\frac{1}{2}x > \frac{2}{5}x-1 \\ x^2+x\left(\frac{1}{3}x-4\right) > x(x-2)+\frac{x^2}{3} \end{cases}$ [impossibile]

150 $\begin{cases} \frac{1}{4}[1+x(x^2-1)]+\frac{1}{4} > \left(3+\frac{1}{2}\right)x-\frac{1-x^3}{4}-\frac{1}{2} \\ 3x-\frac{1}{2} \ge x+2-\frac{5}{2} \end{cases}$ $\left[0 \le x < \frac{1}{3}\right]$

151 $\begin{cases} \frac{x-1}{2}-\frac{2x(x+1)}{3} < \frac{1-2x^2}{3}+1 \\ \frac{2}{3}\left(x-\frac{1}{4}\right)+\frac{1}{6}-(x-1)(x+1) \le 1-x^2 \end{cases}$ $[-11 < x \le 0]$

152 ●●
$$\begin{cases} \frac{1}{2}\left[\frac{11}{4}(6x-1)-3\left(x-\frac{1}{4}\right)\right]+2x > 11x \\ \frac{x}{2}+3(x-6)-x+1 > \frac{5(x-7)}{2} \end{cases}$$
$\left[x < -\frac{4}{9}\right]$

153 ●●
$$\begin{cases} \frac{1}{3}\left(x+2-\frac{x+5}{2}\right) < \frac{x+4}{5}-\frac{x+3}{4} \\ 4[(4x-1)^2+x]+(6x-1)^2 \leq 4x+(10x-1)^2 \end{cases}$$
$\left[\frac{1}{6} \leq x < 1\right]$

154 ●●
$$\begin{cases} (2-x)(x+1)+\frac{(x+2)^2}{3} > x \cdot \frac{3-2x}{3}+x+2 \\ \frac{x+1}{5}-3(2x+1) < \frac{3-2x}{2}+\frac{1}{2} \end{cases}$$
$[x > -1]$

---

155 ●○ **YOU & MATHS** Solve the simultaneous inequalities:
$$\begin{cases} -4x-2 \leq -2x+3 \\ \frac{2}{3}x+9 \geq x+6 \end{cases}$$
Graph the solution set on a number line.
$\left[-\frac{5}{2} \leq x \leq 9\right]$

156 ●○ **EUREKA!** **Aggiungi una disequazione** Dato il seguente sistema di disequazioni lineari, con $x \in \mathbb{R}$:
$$\begin{cases} x-\frac{1}{5} > 2-\frac{2x}{5} \\ x+12 \geq 5(x-1) \end{cases}$$
è possibile aggiungere una disequazione lineare in modo che il nuovo sistema risulti impossibile? Se sì, fai un esempio.
$\left[x-\frac{11}{7} \leq 0\right]$

Problemi sui numeri e problemi geometrici

157 ●● Determina quali possibili coppie di numeri dispari consecutivi verificano contemporaneamente le seguenti proprietà:

a. la loro somma non è minore di 30;

b. la differenza fra il triplo del maggiore e il doppio del minore, diminuita di 11, non supera 14.

[15 e 17; 17 e 19; 19 e 21]

158 ●● Due numeri dispari consecutivi sono tali che:

a. la loro somma diminuita di 8 non supcra 12;

b. la differenza tra il quadruplo del primo e la metà del secondo è maggiore di $\frac{33}{2}$.

Trova le coppie di numeri che soddisfano tali condizioni.
[7 e 9; 9 e 11]

---

159 ●● Un trapezio isoscele ha la base maggiore che è il triplo di quella minore e l'altezza che è $\frac{1}{3}$ della base minore. Quali valori può assumere la misura b della base minore affinché la differenza tra l'area del trapezio e i $\frac{2}{3}$ dell'area del quadrato di lato $b-1$ sia non negativa?
$[b > 1]$

160 ●● Il lato di un quadrato misura $3x-1$. Sapendo che il lato obliquo del trapezio isoscele isoperimetrico al quadrato misura 10 dm e che l'altezza è uguale al lato obliquo diminuito di 2, determina x in modo che l'area del trapezio non superi 144 dm^2.
$\left[\frac{1}{3} < x \leq 5\right]$

161 ●● Trova quali valori può assumere x affinché il triangolo della figura possa esistere.

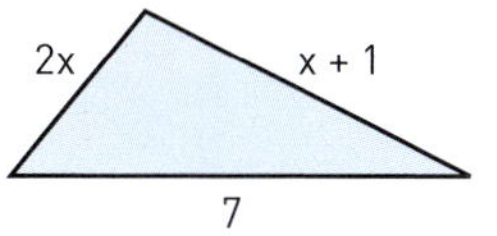

$[2 < x < 8]$

162 ●● La base di un triangolo isoscele misura $x-3$ e l'altezza è pari alla somma tra 1 e i $\frac{2}{3}$ della base. Determina x in modo che l'area del triangolo sia maggiore della differenza tra l'area del quadrato costruito sulla base del triangolo e i $\frac{3}{2}$ dell'area del quadrato costruito sull'altezza.
$[x > 3]$

RISOLVIAMO UN PROBLEMA

Triangoli e triangoli

Per quali valori di x le quantità x, $3x-1$, $2-x$ possono rappresentare le misure dei lati di un triangolo? Se x è misurato in cm, per quali valori, tra quelli consentiti, il perimetro del triangolo risulta di almeno 3,5 cm?

▸ Imponiamo le condizioni affinché i valori possano essere le misure dei lati di un triangolo.

I valori devono essere tutti positivi, in quanto misure:

$x > 0$;

$3x-1>0 \rightarrow 3x>1 \rightarrow x>\frac{1}{3}$;

$2-x>0 \rightarrow x<2$.

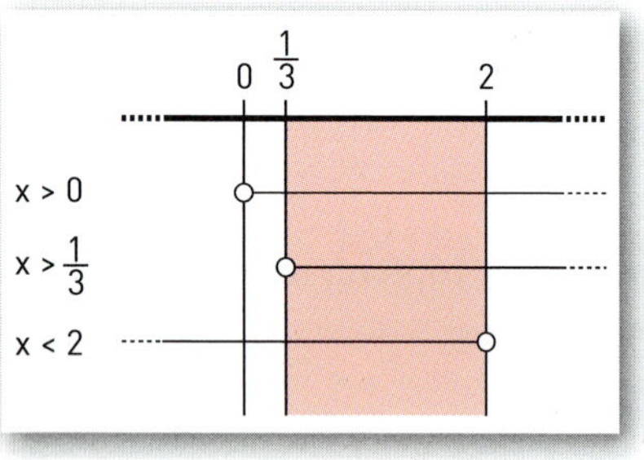

I valori sono tutti positivi nell'intervallo $\frac{1}{3}<x<2$.

Inoltre, per la disuguaglianza triangolare, in un triangolo la lunghezza di un lato è sempre minore della somma degli altri due. Scriviamo le tre disuguaglianze:

$x+3x-1>2-x \rightarrow 5x>3 \rightarrow x>\frac{3}{5}$;

$x+2-x>3x-1 \rightarrow 3x<3 \rightarrow x<1$;

$3x-1+2-x>x \rightarrow x>-1$.

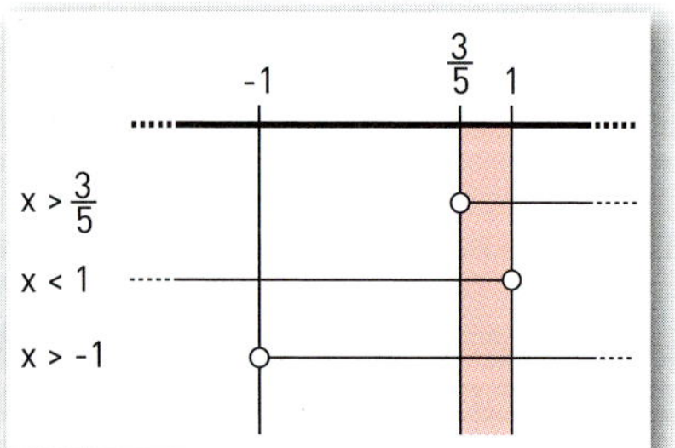

Le tre disuguaglianze sono verificate nell'intervallo $\frac{3}{5}<x<1$.

▸ Determiniamo i valori di *x* che verificano tutte le condizioni.

Tutte le condizioni sono verificate dalle soluzioni del sistema: $\begin{cases} \frac{1}{3}<x<2 \\ \frac{3}{5}<x<1 \end{cases}$

Rappresentiamo graficamente gli intervalli.

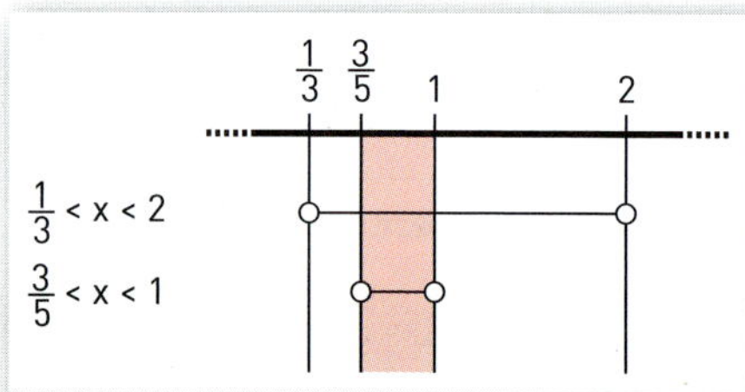

I valori che possono essere le misure dei lati di un triangolo sono compresi nell'intervallo $\frac{3}{5}<x<1$.

▸ Calcoliamo i valori per cui il perimetro è maggiore o uguale a 3,5 cm.

Impostiamo e risolviamo la disuguaglianza:

$x+3x-1+2-x \geq 3,5$

$x+3x-x \geq 3,5+1-2$

$3x \geq 2,5 \rightarrow x \geq \frac{25}{10}\cdot\frac{1}{3} \rightarrow x \geq \frac{5}{6}$

Imponiamo la condizione trovata al punto precedente.

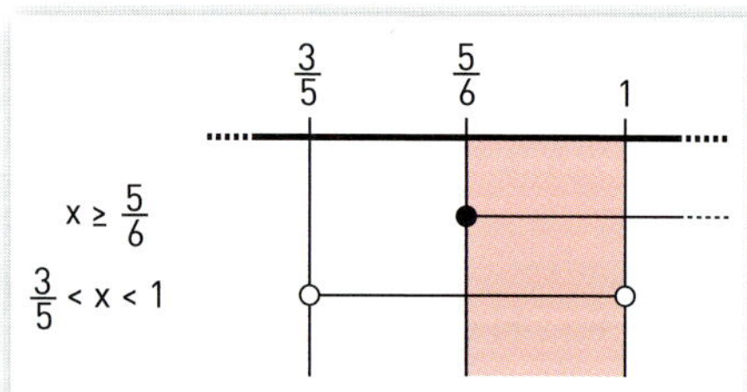

Il perimetro del triangolo è maggiore o uguale a 3,5 cm se $\frac{5}{6} \leq x < 1$.

5 Lo studio del segno di un prodotto

▶ Teoria a p. 494

Risoluzione delle disequazioni intere

163 **ESERCIZIO GUIDA** Risolviamo la disequazione: $(x+3)(6-x) \leq 0$.

Studiamo il segno di ognuno dei fattori, cercando i valori di x per i quali ciascun fattore è positivo:

- $x+3>0 \quad \rightarrow \quad x>-3$;
- $6-x>0 \quad \rightarrow \quad -x>-6 \quad \rightarrow \quad x<6$.

Compiliamo il quadro dei segni (figura a lato).

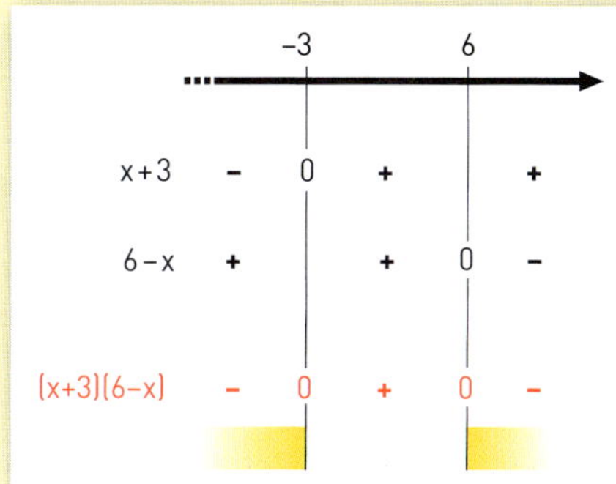

Poiché si richiede che il prodotto sia negativo o nullo, le soluzioni della disequazione sono le seguenti.

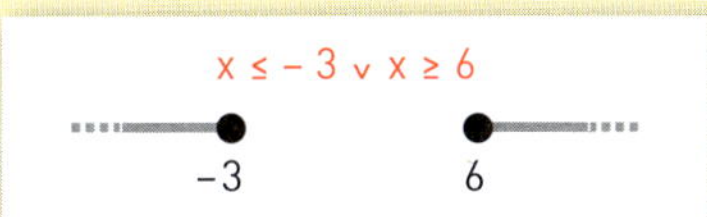

Risolvi le seguenti disequazioni.

164 $(x-5)(x+2)>0$ $\quad [x<-2 \vee x>5]$

165 $x(7x-2) \geq 0$ $\quad \left[x \leq 0 \vee x \geq \frac{2}{7}\right]$

166 $3x(2x-6)<0$ $\quad [0<x<3]$

167 $(x-1)(x+6)(x-6) \leq 0$ $\quad [x \leq -6 \vee 1 \leq x \leq 6]$

168 $x(x-1)(x+1)>0$ $\quad [-1<x<0 \vee x>1]$

169 $(x-3)(2x+8)(5x-1)<0$ $\quad \left[x<-4 \vee \frac{1}{5}<x<3\right]$

170 $-6x(5x-2)(x+4)(x-2)<0$ $\quad \left[x<-4 \vee 0<x<\frac{2}{5} \vee x>2\right]$

Risoluzione delle disequazioni intere e scomposizioni in fattori

171 **INVALSI 2015** Nell'insieme dei numeri reali la disequazione $x^2+1 \geq 0$ è verificata

A solo per $x \geq 0$. B solo per $x \geq -1$. C per ogni x. D per nessun x.

172 **ESERCIZIO GUIDA** Risolviamo la seguente disequazione: $x^3-9x>0$.

Scomponiamo in fattori il polinomio al primo membro:

$$x(x^2-9)>0 \quad \rightarrow \quad x(x-3)(x+3)>0.$$

Studiamo il segno dei fattori:

- $x>0$;
- $x-3>0 \quad \rightarrow \quad x>3$;
- $x+3>0 \quad \rightarrow \quad x>-3$.

L'insieme delle soluzioni della disequazione è l'intervallo in cui il polinomio è positivo:

$$-3<x<0 \vee x>3.$$

Questo è il quadro dei segni:

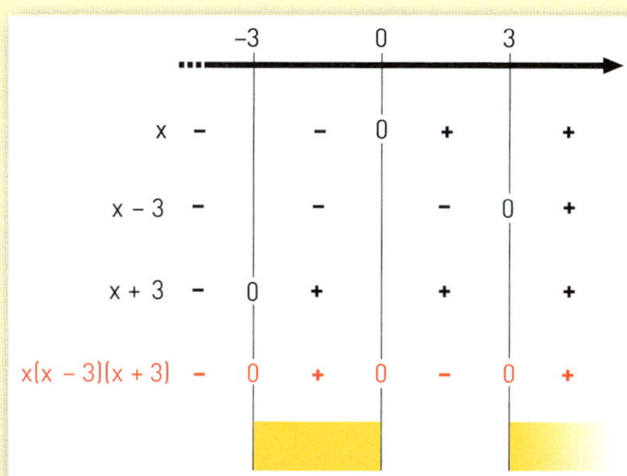

Risolvi le seguenti disequazioni.

173 ●○ $x^2 - 64 \geq 0$ $[x \leq -8 \vee x \geq 8]$

174 ●○ $4x^2 - 4x + 1 > 0$ $\left[x \neq \frac{1}{2}\right]$

175 ●○ $x^2(x^2 - 25) < 0$ $[-5 < x < 0 \vee 0 < x < 5]$

176 ●○ $\frac{1}{4}x^2 - 4x \geq 0$ $[x \leq 0 \vee x \geq 16]$

177 ●○ $4x^4 - 64 \leq 0$ $[-2 \leq x \leq 2]$

178 ●○ $x^3 + x^2 - 25x - 25 > 0$ $[-5 < x < -1 \vee x > 5]$

179 ●○ $2x^4 - 4x^3 \geq 0$ $[x \leq 0 \vee x \geq 2]$

180 ●○ $x^3 + 6x^2 + 12x + 8 > 0$ $[x > -2]$

181 ●○ $x^3 - 7x^2 + 11x - 5 \leq 0$ $[x \leq 5]$

182 ●○ $16x^4 \leq 0$ $[x = 0]$

183 ●○ $6x^2 + 3x^4 > 0$ $[x \neq 0]$

184 ●○ $x^3 - 5x^2 - 4x + 20 \leq 0$ $[x \leq -2 \vee 2 \leq x \leq 5]$

185 ●○ $(x^2 - 6x + 9)(x + 2) \geq 0$ $[x \geq -2]$

186 ●○ $2x(x - 1)^2(x^2 + 4) \leq 0$ $[x \leq 0 \vee x = 1]$

6 Le disequazioni fratte

▶ Teoria a p. 495

Le disequazioni numeriche fratte

TEST

187 ●○ Qual è l'insieme delle soluzioni della disequazione $\frac{-1}{x} \geq 0$?

A $x < 0$

B $x < -1$

C $x > 1$

D $\varnothing$

E Nessuno dei precedenti.

188 ●○ È data la disequazione $\frac{x-1}{x} \leq 0$. Qual è l'insieme delle soluzioni?

A $x \leq 1$

B $x < 0 \vee x \geq -1$

C $x < 0 \vee x \geq 1$

D $0 < x \leq 1$

E $x > 0$

189 ESERCIZIO GUIDA Risolviamo la disequazione fratta: $\frac{2x+3}{4x+4} - 1 \leq \frac{x-1}{x+1}$.

Scomponiamo in fattori il primo denominatore e calcoliamo:

$$\text{mcm}[4(x+1); (x+1)] = 4(x+1)$$

C.E.: $x \neq -1$.

Dobbiamo scrivere la disequazione in modo da avere una sola frazione al primo membro e 0 al secondo membro, ossia $\frac{N}{D} \leq 0$:

$$\frac{2x+3}{4(x+1)} - 1 - \frac{x-1}{x+1} \leq 0 \rightarrow$$

$$\frac{2x+3-1\cdot(4x+4)-4(x-1)}{4(x+1)} \leq 0 \rightarrow$$

$$\frac{2x+3-4x-4-4x+4}{4(x+1)} \leq 0 \rightarrow$$

$$\frac{-6x+3}{4(x+1)} \leq 0.$$

Per studiare il segno della frazione, studiamo i segni del numeratore N e del denominatore D, ponendo $N > 0$ e $D > 0$, tenendo presente che la frazione è uguale a 0 *solo* se $N = 0$:

$$N > 0 \rightarrow -6x + 3 > 0 \rightarrow$$

$$-6x > -3 \rightarrow x < \frac{3}{6} \rightarrow \quad x < \frac{1}{2}$$

$$D > 0 \rightarrow 4(x+1) > 0 \rightarrow x > -1.$$

Compiliamo il quadro dei segni.

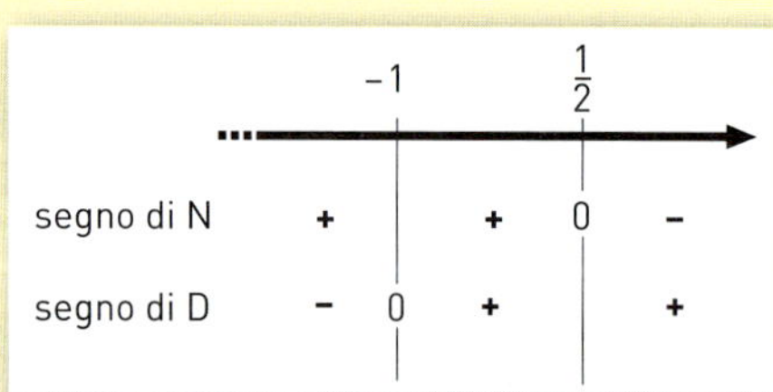

Il numeratore è positivo per $x < \frac{1}{2}$, è nullo per $x = \frac{1}{2}$, è negativo per $x > \frac{1}{2}$.

Il denominatore è negativo per $x < -1$, è nullo per $x = -1$, è positivo per $x > -1$.

Aggiungiamo al quadro dei segni il segno della frazione $\frac{-6x+3}{4(x+1)}$. La frazione è negativa se $x < -1$ o se $x > \frac{1}{2}$, non esiste se $x = -1$, è positiva se $-1 < x < \frac{1}{2}$, è nulla se $x = \frac{1}{2}$.

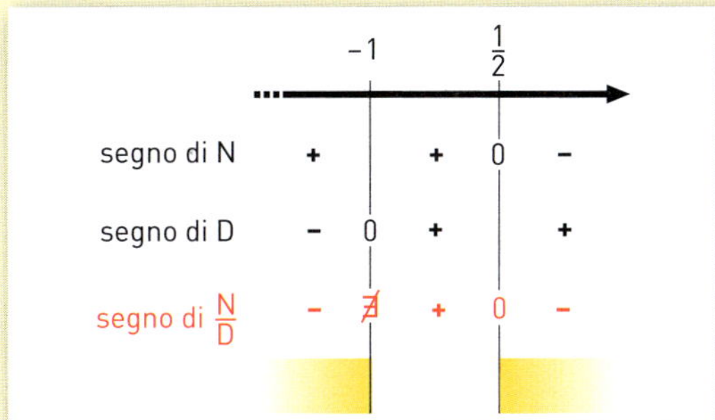

Abbiamo applicato le regole di segno della moltiplicazione fra numeratore e denominatore.

La disequazione richiede che la frazione sia negativa o nulla, quindi scegliamo le zone evidenziate in giallo.
Le soluzioni si ottengono dall'unione di due intervalli:

$$x < -1 \vee x \geq \frac{1}{2}.$$

-1 è escluso perché annulla il denominatore, quindi la frazione non esiste in corrispondenza di tale valore dell'incognita x.

Risolvi le seguenti disequazioni numeriche fratte.

190 $\frac{1}{x} < 0$ $[x < 0]$

191 $\frac{1}{x-1} > 0$ $[x > 1]$

192 $\frac{x+1}{x} > 0$ $[x < -1 \vee x > 0]$

193 $\frac{1-x}{2x} \geq 0$ $[0 < x \leq 1]$

194 ESEMPIO DIGITALE $\frac{x+3}{1-2x} \leq 0$

195 $\frac{3x-6}{2x+1} \geq 0$ $\left[x < -\frac{1}{2} \vee x \geq 2\right]$

196 $\frac{1}{x} \leq 1$ $[x < 0 \vee x \geq 1]$

197 $\frac{8}{3x} \leq -16$ $\left[-\frac{1}{6} \leq x < 0\right]$

198 $\frac{3}{2x} \leq \frac{1-2x}{6x}$ $[-4 \leq x < 0]$

199 $\frac{7}{6} > \frac{4x+2}{x-7}$ $\left[-\frac{61}{17} < x < 7\right]$

200 $\frac{1}{5}x - \frac{1}{x-5} > \frac{x+1}{5} - \frac{x-1}{x-5}$ $\left[x < \frac{5}{4} \vee x > 5\right]$

201 $\frac{x-3}{x} > 0$ $[x < 0 \vee x > 3]$

202 $\frac{x}{x+1} \geq 0$ $[x < -1 \vee x \geq 0]$

203 $\frac{1-x}{1+x} \leq 0$ $[x < -1 \vee x \geq 1]$

204 $\frac{5-2x}{2+x} < 0$ $\left[x < -2 \vee x > \frac{5}{2}\right]$

205 $\frac{4}{x} < \frac{1}{2}$ $[x < 0 \vee x > 8]$

206 $\frac{10}{7x} > \frac{5}{14}$ $[0 < x < 4]$

207 $\frac{6x}{x-1} < 1$ $\left[-\frac{1}{5} < x < 1\right]$

208 $\frac{x+1}{x-1} > \frac{3}{4}$ $[x < -7 \vee x > 1]$

209 $\frac{3x-1}{2-5x} < 0$ $\left[x < \frac{1}{3} \vee x > \frac{2}{5}\right]$

210 $\frac{6x}{1-\frac{1}{3}x} > 0$ $[0 < x < 3]$

211 ESEMPIO DIGITALE $\frac{2}{x+4} \leq \frac{3}{2x+8} + \frac{1}{2}$

212 $\frac{3x+2}{3} < \frac{2x^2-6}{2x+1}$ $\left[-\frac{20}{7} < x < -\frac{1}{2}\right]$

213 $1 - \frac{3}{x+2} < \frac{3x}{6+3x}$ $[x > -2]$

ESERCIZI

214 $\frac{x-3}{2x-1}+1 \leq \frac{3}{2}$ $\left[x > \frac{1}{2}\right]$

215 $\frac{6+(3-x)^2}{x+2}-1 \geq \frac{2-x^2}{-x-2}$ $\left[-2 < x \leq \frac{15}{7}\right]$

216 $\frac{2}{3x} > \frac{4}{9}$ $\left[0 < x < \frac{3}{2}\right]$

217 $x-\frac{1}{2-3x} > \frac{2x-1}{2}+\frac{6x+1}{3x-2}$ $\left[-\frac{2}{9} < x < \frac{2}{3}\right]$

218 $\frac{2x-1}{2x+1} \leq 0$ $\left[-\frac{1}{2} < x \leq \frac{1}{2}\right]$

219 $\frac{x-1}{x-2} \geq \frac{3}{4-2x}$ $\left[x \leq -\frac{1}{2} \vee x > 2\right]$

220 $\frac{3}{2}\cdot\frac{2x-1}{6-x} \geq \frac{3}{2(x-6)}$ $[0 \leq x < 6]$

221 $\frac{5x-1}{2x-4}-\frac{x-1}{3x-6} > 2+\frac{1}{2-x}$ $[x < -29 \vee x > 2]$

---

222 EUREKA! **Una sola è vera** Se $0 < \frac{x}{y} < 1$, quale tra le seguenti deve essere vera?

A $x < y < 0$.

B $x < 1$ e $y > 1$.

C $0 < xy < y$.

D $0 < x < y$.

E $1 < \frac{y}{x}$.

(USA *North Carolina State High School Mathematics Contest*, 2002)

224 YOU & MATHS Solve the inequality:

$$\frac{(x+1)(x-\sqrt{2})}{(x+5)^2} \geq 0$$

Express your answer in interval notation or graph your solution on the number line.

(USA *Southern Illinois University Carbondale, Final Exam*, 2001)

$[]-\infty, -5[\cup]-5, -1]\cup[\sqrt{2}, +\infty[]$

223 ASSOCIA ogni disequazione a sinistra con l'insieme delle sue soluzioni a destra.

1. $\frac{1}{x} \geq 0$
2. $\frac{1}{x} < 0$
3. $\frac{x}{x-1} \geq 0$
4. $\frac{x-1}{x} \geq 0$
5. $\frac{x}{x^2+1} \geq 0$

a. $x < 0 \vee x \geq 1$

b. $x < 0$

c. $x > 0$

d. $x \geq 0$

e. $x \leq 0 \vee x > 1$

MATEMATICA INTORNO A NOI

Il pontile Osservando un pontile, Elisa e Maria si accorgono che i galleggianti sui quali appoggia la struttura sono blocchi parallelepipedi in calcestruzzo! Le due amiche sono veramente stupite...

densità acqua di mare = circa 1030 kg/m^3

massa singolo blocco = 960 kg

Problema e risoluzione – 2 esercizi in più.

Risolvi le seguenti disequazioni fratte utilizzando le scomposizioni in fattori.

225 $\frac{x^2-2x}{x^2-1} \geq 0$ $[x < -1 \vee 0 \leq x < 1 \vee x \geq 2]$

226 $\frac{x^2+4x+4}{x} < 0$ $[x < 0 \wedge x \neq -2]$

227 $x+\frac{6}{x} \geq 5$ $[0 < x \leq 2 \vee x \geq 3]$

228 $x-3 \leq \frac{5}{3-x}$ $[x < 3]$

229 $\frac{4x^2}{(2x-3)^2} > 0$ $\left[x \neq 0 \wedge x \neq \frac{3}{2}\right]$

230 $\dfrac{x^3-7x+6}{x+1}<0$ $[-3<x<-1 \vee 1<x<2]$

231 $\dfrac{x^3-4x^2-9x+36}{x^3-9x}\geq 0$ $[x<0 \vee x\geq 4 \wedge x\neq -3]$

232 $\dfrac{x(x^2+1)}{(x-3)(x+1)}\leq 0$ $[x<-1 \vee 0\leq x<3]$

233 $\dfrac{16-x^4}{x^3+x^2}\geq 0$ $[x\leq -2 \vee -1<x\leq 2 \wedge x\neq 0]$

234 $\dfrac{(x-3)(4-x^2)}{x^2-6x+9}>0$ $[x<-2 \vee 2<x<3]$

---

235 EUREKA! **Disequazione impossibile** *Una sola* tra le seguenti disequazioni è impossibile: quale?

A $\dfrac{x^2-1}{1+x}\geq 0$

B $\dfrac{x^3-x^4}{1-x}\leq 0$

C $\dfrac{x-1}{x^2-x^3}\geq 0$

D $\dfrac{x^2(1-x)}{1-x}\geq 0$

Sistemi di disequazioni

Risolvi i seguenti sistemi di disequazioni fratte.

236 ESEMPIO DIGITALE $\begin{cases}\dfrac{3}{5-2x}\leq 0\\[2mm] \dfrac{2x-3}{x+1}>0\end{cases}$

237 $\begin{cases}\dfrac{3}{4}x\geq -\dfrac{9}{2}\\[2mm] \dfrac{2}{x-2}>1\end{cases}$ $[2<x<4]$

238 $\begin{cases}\dfrac{3x-1}{x+1}<3\\[2mm] x(x-2)<(x-1)^2+x\end{cases}$ $[x>-1]$

239 $\begin{cases}\dfrac{1}{1-x}+\dfrac{2}{x-1}>1\\[2mm] \dfrac{2}{1-x}\leq 0\end{cases}$ $[1<x<2]$

240 $\begin{cases}2\leq \dfrac{4}{x}\\[2mm] \dfrac{3x^2-7x}{x^2-4x+4}\leq 0\end{cases}$ $[0<x<2]$

241 $\begin{cases}\dfrac{1}{2}(x+1)-x\left(x-\dfrac{1}{2}\right)<(1-x)(x-3)\\[2mm] \dfrac{x}{x-3}+\dfrac{2x-1}{2x-6}>2\end{cases}$ $[x>3]$

VERIFICA DELLE COMPETENZE ALLENAMENTO

UTILIZZARE TECNICHE E PROCEDURE DI CALCOLO

Disequazioni intere

TEST

1 È data la disequazione: $5x + 3 > 2x - 4$. Soltanto una delle seguenti *non* è equivalente a essa. Quale?

A $5x + 4 + \frac{1}{x} > 2x - 4 + \frac{1}{x}$

B $3x > -7$

C $5x + 3 - 2x > 2x - 4 - 2x$

D $\frac{5x+3}{5} > \frac{2x-4}{5}$

E $\frac{5x+3}{2} > x - 2$

2 È data la disequazione $-3x - 5 \geq 3$. Moltiplicando i due membri per -1, si ottiene:

A $3x + 5 \geq -3$.

B $3x + 5 \leq -3$.

C $-3x - 5 \leq 3$.

D $-3x + 5 \leq -3$.

E $3x - 5 \leq 3$.

3 È data la disequazione $3x - 2 < 7$. Fra i seguenti valori, uno solo *non* la soddisfa. Quale?

A 0 B $\frac{1}{2}$ C 2 D 1 E 4

Risolvi le seguenti disequazioni numeriche intere.

4 $\frac{4}{3}\left(x + \frac{1}{3}\right) > 3\left(x + \frac{1}{3}\right) - \frac{1}{3}\left(5x - \frac{1}{3}\right)$ [impossibile]

5 $\frac{(3x-1)^2}{3} + \frac{x+3}{6} > 3x(x-1) - \frac{2-7x}{4}$ $\left[x < \frac{16}{7}\right]$

6 $(3x+1)(1-3x) + 2(1-3x) \geq (x-1)^3 - x^2(6+x)$ $\left[x \leq \frac{4}{9}\right]$

7 $2x\left(x - \frac{2}{9}x\right) - \frac{x}{3}\left(\frac{10}{3}x + 4\right) > \left(1 - \frac{2}{3}x\right)^2$ [impossibile]

8 $\frac{(x-2)^2}{4} - \left[\frac{1-x}{2} - \left(\frac{1}{4}x - 1\right)\right] + \frac{(3-x)(3+x)}{4} > 0$ $[x < 7]$

9 $\frac{1}{4} + (x-1)\left(x - \frac{1}{4}\right) \leq \left(x + \frac{1}{2}\right)^2 - \frac{3}{16}\left[2x + \frac{4(x-2)}{3}\right]$ $\left[x \geq -\frac{2}{13}\right]$

10 $\frac{1-2x}{3} + \frac{1}{2} < 2x + \frac{1}{3}\left(1 - \frac{x}{2}\right) + 8$ $[x > -3]$

Risolvi i seguenti sistemi di disequazioni nell'incognita *x*.

11 $\begin{cases} x - 1 > 3 \\ 2x - 6 < 4 \end{cases}$ $[4 < x < 5]$

12 $\begin{cases} (2x-1)^2 < 2(2x+1)(x-3) \\ (x-1)(x+1) > 2 + x^2 - 2(x-1) \end{cases}$ [impossibile]

13 $\begin{cases} (x+1)^2 + 2(x^2-2) \leq 3(x+1)(x-1) \\ 2x(x-3) + (x+2)^2 > 5 + 3x^2 \end{cases}$ $\left[x < -\frac{1}{2}\right]$

14 $\begin{cases} \dfrac{4(x-1)}{3} - 2x(x-1) \geq -2(x^2+3) \\ \dfrac{2}{3}x - (1-x)(1+x) \leq x^2+1 \end{cases}$ $\left[-\frac{7}{5} \leq x \leq 3\right]$

15 $\begin{cases} (x+3)(x-2) < (x+1)^2 + 1 \\ \dfrac{3x-1}{9} - \dfrac{6x-2}{6} + \dfrac{3x-1}{6} > x - \dfrac{1}{3} \end{cases}$ $\left[-8 < x < \frac{1}{3}\right]$

16 $\begin{cases} \dfrac{(a+1)(a-2)}{3} \leq \dfrac{(2a+1)^2}{12} \\ (3a+1)\dfrac{1}{6}a > 2\left(\dfrac{1}{4}a^2+1\right) \end{cases}$ $[a > 12]$

17 $\begin{cases} (a+1)(a-2) \leq a^2+1 \\ 7a + 5(a-3) < 12a \end{cases}$ $[a \geq -3]$

18 $\begin{cases} \dfrac{1}{3} + \dfrac{3-4x}{2} < \dfrac{5x-4}{6} + \dfrac{x-5}{2} \\ \dfrac{7(x-2)}{6} + \dfrac{5(3x-2)}{4} - \dfrac{1}{2}(4x+1) < \dfrac{11}{12}x - \dfrac{2(x+4)}{3} \end{cases}$ [impossibile]

19 $\begin{cases} x^2 - 1 - \dfrac{2x+11}{6} \geq \dfrac{(3-2x)^2-1}{4} \\ \dfrac{(2x-1)^3 + (6x-1)(2x+3)}{4} - \dfrac{40x-5}{6} \leq \dfrac{1-2x}{3} + \dfrac{2x(3x^2-1)}{3} \end{cases}$ $\left[\frac{29}{16} \leq x \leq 3\right]$

Disequazioni fratte e sistemi di disequazioni fratte

TEST

20 È data la disequazione: $\dfrac{3}{x} > 1$.
Soltanto *una* delle seguenti è equivalente a essa. Quale?

- **A** $\dfrac{x-3}{x} < 0$
- **B** $\dfrac{x}{3} > 1$
- **C** $\dfrac{3-1}{x} > 0$
- **D** $3 - x > 0$
- **E** $x - 3 > 0$

21 Osserva la figura. 

Essa rappresenta l'insieme delle soluzioni di una delle seguenti disequazioni. Quale?

- **A** $\dfrac{x+1}{x-2} > 0$
- **B** $\dfrac{x+1}{x-2} < 0$
- **C** $\dfrac{x-2}{x+1} \geq 0$
- **D** $\dfrac{x-2}{x+1} \leq 0$
- **E** $\dfrac{x+2}{x-1} \leq 0$

Risolvi le seguenti disequazioni numeriche fratte.

22 $\dfrac{2x+1}{x-5} < 0$ $\left[-\frac{1}{2} < x < 5\right]$

23 $\dfrac{3-2x}{x+3} > 0$ $\left[-3 < x < \frac{3}{2}\right]$

24 $\dfrac{3x-6}{x+3} \geq \dfrac{1}{2}$ $[x < -3 \vee x \geq 3]$

25 $\dfrac{(x-3)(x+6)-(x-8)}{x+4} \geq x+1$ $\left[-\frac{14}{3} \leq x < -4\right]$

26 $\dfrac{4}{x-3} \geq 2 - \dfrac{5x-4}{x-3}$ $[x \leq -2 \vee x > 3]$

27 $\dfrac{x-2}{2x+1} + \dfrac{2}{4x+2} \geq 0$ $\left[\left]-\infty; -\frac{1}{2}\right[\cup [1; +\infty[\right]$

28 $\dfrac{4x}{1-x} > \dfrac{2}{x-1} - 2$ $[\,]-2; 1[\,]$

29 $\begin{cases} \dfrac{x+3}{2-x} > 0 \\ -3x - 9 \leq 0 \end{cases}$ $[-3 < x < 2]$

30 $\begin{cases} \dfrac{x+3}{2-x} \leq 0 \\ \dfrac{x-4}{2x} > 0 \end{cases}$ $[x \leq -3 \vee x > 4]$

RISOLVERE PROBLEMI

31 ●○ La terza parte della somma di due numeri consecutivi è minore di 7. Qual è il maggior valore possibile dei due numeri? [9; 10]

32 ●○ In un rettangolo la base è lunga $(2x+1)$ cm e l'altezza 6 cm. Determina x in modo che il rettangolo abbia area minore di quella di un quadrato di lato 4 cm. $\left[-\frac{1}{2} < x < \frac{5}{6}\right]$

33 ●○ In un triangolo la base è lunga $(2+4x)$ cm e l'altezza 20 cm. Determina x in modo tale che il triangolo abbia area minore di quella del quadrato che ha per lato la metà dell'altezza. $\left[-\frac{1}{2} < x < 2\right]$

34 ●○ Indicata con x la misura degli angoli congruenti di un triangolo isoscele, sapendo che l'angolo al vertice è maggiore di 30°, esprimi, attraverso una disequazione, quali valori può assumere x. $[0° < x < 75°]$

35 ●○ Sia x la misura in gradi di un angolo acuto di un triangolo rettangolo; sapendo che l'altro angolo acuto è maggiore del doppio di x, determina quali valori può assumere x. $[0° < x < 30°]$

36 ●○ Se al quadrato di un numero k si aggiunge il doppio del quadrato della somma di k con 3 e si divide l'espressione ottenuta per il prodotto della somma per la differenza del numero k con 2, per quali valori di k il quoziente ottenuto risulta maggiore o uguale a 3? $\left[-\frac{5}{2} \le k < -2 \vee k > 2\right]$

Problemi INTORNO A NOI

37 ●○ Il noleggio di un'automobile costa € 60 al giorno più € 1 per ogni kilometro percorso. Qual è il numero massimo di kilometri da percorrere quotidianamente per non spendere più di € 180 al giorno? [120 km]

38 ●○ INVALSI 2011 L'insegnante di inglese dà ai suoi studenti un test formato da 25 domande e spiega che il punteggio totale p è calcolato assegnando 4 punti per ogni risposta esatta e togliendo 2 punti per ogni risposta sbagliata o mancante.

a. Il punteggio massimo possibile è ______.

b. Scrivi la formula che fornisce il punteggio p complessivo, indicando con n il numero di risposte esatte.

$p =$ ______

c. Se la sufficienza si ottiene con più di 60 punti, qual è il numero minimo di domande a cui occorre rispondere correttamente per avere la sufficienza?

39 ●● Due compagnie telefoniche offrono le seguenti tariffe: la compagnia A offre il primo minuto gratis, poi € 0,01 ogni 4 secondi di telefonata. La compagnia B offre le telefonate a € 0,01 ogni 6 secondi più il costo di € 0,02 alla risposta. Quale deve essere la durata di una telefonata affinché la compagnia A sia più conveniente della B? [durata < 3′24″]

40 ●● In un lavoro a cottimo il compenso consiste in € 8 per ogni pezzo perfettamente realizzato e nella richiesta di un risarcimento di € 2 per ogni pezzo che risulterà difettoso. Dopo 100 pezzi realizzati, il lavoratore si trova a non riscuotere nulla. Quanti sono i pezzi risultati difettosi?
Quanto devono essere al massimo questi ultimi affinché egli guadagni almeno € 500? [80; 30]

VERIFICA DELLE COMPETENZE

VERIFICA DELLE COMPETENZE PROVE

1 ora

PROVA A

1 VERO O FALSO?

a. $\frac{1}{2}$ è soluzione della disequazione $4a-5\leq -3$. V F

b. La disequazione $2x-4-3(x+2)\leq -x$ è verificata $\forall\, x\in\mathbb{R}$. V F

c. Il sistema $\begin{cases} x-1\leq 3 \\ 2x-8\geq 0 \end{cases}$ è impossibile. V F

Risolvi le seguenti disequazioni.

2 $\frac{6x-1}{4}-\left(x+\frac{1}{2}\right)^2\leq\frac{(2x+1)(1-2x)}{8}-\frac{1}{2}x^2$

3 $\frac{1}{2}\left(x-\frac{2}{3}\right)(1-3x)>0$

4 Risolvi il seguente sistema di disequazioni.

$$\begin{cases} x[(x-0,5)(0,5+x)+3x]\geq (x+1)^3-3x \\ \frac{4}{3}(x-6)\geq -8\left(x-\frac{1}{4}\right)-\left(1-\frac{x}{3}\right) \end{cases}$$

5 Trova l'intervallo dei numeri reali che verificano entrambe le condizioni:

a. la differenza fra il triplo e la metà di un numero è minore del numero aumentato di 2;

b. la somma tra 2 e la terza parte del numero è maggiore della differenza tra il numero e 4.

PROVA B

1 VERO O FALSO?

a. La disequazione $\frac{2}{x}>1$ è equivalente a $\frac{x}{2}<1$. V F

b. La disequazione $-\frac{4}{x^2}<0$ è verificata $\forall x\in\mathbb{R}$. V F

c. Se $k<0$, la disequazione $\frac{k}{2x}\geq 0$ ha come soluzione $x\leq 0$. V F

Risolvi le seguenti disequazioni.

2 $\frac{1-3x}{x-2}-1\geq 0$

3 $\frac{x^2+5x+6}{x^2-4}+1<\frac{2x-1}{x-2}$

4 Risolvi il sistema: $\begin{cases} \frac{x}{x-2}\geq 1 \\ 2-\frac{1}{3}x<x+1 \end{cases}$

5 Risolvi la disequazione nell'incognita x al variare di a in $\mathbb{R}$: $a(x-2)\leq 3(x-2)$.

6 Sul lato DC del rettangolo $ABCD$ in figura considera un punto P.

a. Posto $\overline{DP}=x$, quali valori può assumere $\overline{DP}$?

b. Quali valori può assumere x affinché l'area del trapezio $ABPD$ non superi i $\frac{2}{3}$ dell'area del rettangolo $ABCD$?

c. Quali valori può assumere x affinché $\frac{\overline{DP}}{\overline{PC}}\leq 2$?

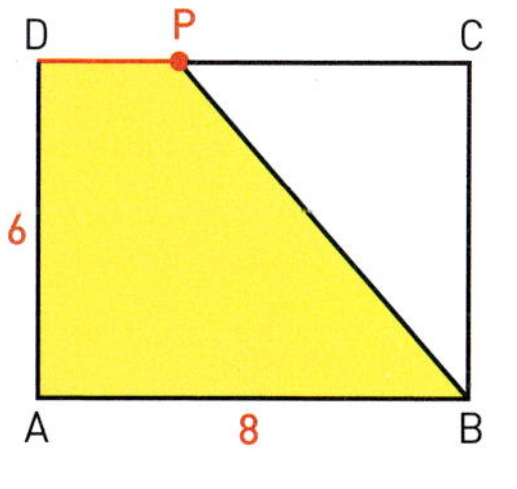

CAPITOLO

12 ELEMENTI DI INFORMATICA

L'informatica ha una duplice natura di scienza e tecnologia. Come scienza è figlia della matematica: i suoi padri, Alan Turing e John von Neumann, sono illustri matematici del secolo scorso. Come tecnologia influenza ogni giorno di più la nostra vita e fornisce alla matematica nuovi strumenti di lavoro.

In questo capitolo affronteremo tre argomenti di cui qui proponiamo una breve anteprima.

Il capitolo completo è nell'eBook

1 Numeri e informazione digitale

Oggi un solo dispositivo permette la fruizione di contenuti di forma diversa, ma fino a pochi anni fa erano necessari supporti materiali specifici come libri, stampe, dischi, pellicole, nastri magnetici... Che cosa ha permesso questa rivoluzione digitale?

La risposta è che, nonostante la varietà di forma, tutti i contenuti digitali sono costituiti da numeri. *Digitale* deriva infatti dal termine *digit*, che significa *cifra*.

ESEMPIO Ogni singolo *pixel* di una fotografica digitale è codificato mediante uno o più valori numerici che ne rappresentano il colore o, nel caso di immagini in bianco e nero, la gradazione di grigio.

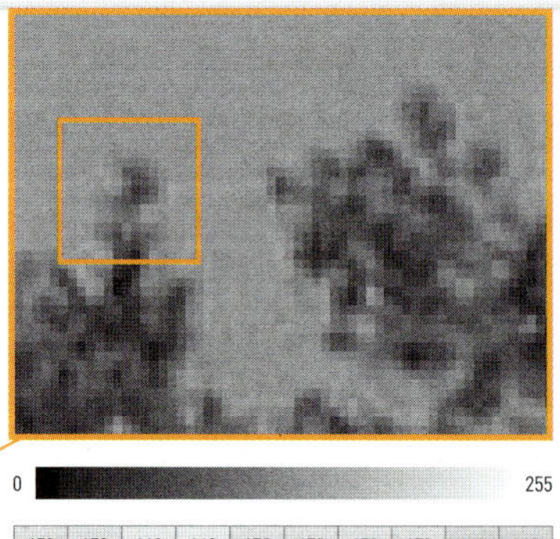

150	150	160	160	150	150	150	150	140	140
150	140	150	150	150	140	140	150	160	150
150	140	150	150	150	140	140	150	160	150
150	150	140	130	120	140	150	150	150	150
150	150	140	130	120	110	100	120	130	150
150	150	140	130	120	110	90	100	110	140
150	150	160	180	160	100	80	90	90	130
140	160	140	160	100	90	60	90	110	130
150	150	140	130	120	110	90	100	110	140
150	150	140	130	120	140	150	150	150	150

Nel mondo digitale, testi, immagini, suoni e video sono indistintamente rappresentati in forma di **codici numerici**. Questi, infatti, sono gli unici memorizzabili, riproducibili e manipolabili da parte di un computer, di un tablet o di uno smartphone.

2 Problemi e algoritmi

Un **algoritmo** è un insieme di istruzioni la cui esecuzione risolve un problema.
Un algoritmo esprime un procedimento risolutivo in termini di azioni chiare, realizzabili da un **esecutore**, che può essere un uomo ma anche una macchina, per esempio un computer.
Vediamo un esempio provando a risolvere uno dei problemi di Alcuino di York, dal quale viene il modo di dire «Salvare capra e cavoli».

ESEMPIO Un contadino deve trasportare da una riva all'altra di un fiume una capra, un lupo e un cavolo, ma ha un'unica barca con due soli posti. Non può lasciare la capra da sola con il lupo, perché esso la divorerebbe, e allo stesso modo non può lasciare il cavolo con la capra, perché questa se lo mangerebbe.

Una possibile soluzione del problema è data dal seguente **procedimento**.

1. Carica la capra sulla barca e portala sull'altra sponda.
2. Torna indietro.
3. Carica il cavolo sulla barca e portalo sull'altra sponda.
4. Torna indietro portando via la capra, per non lasciarla da sola col cavolo.
5. Scarica la capra e carica il lupo, per portarlo sulla sponda in cui si trova il cavolo.
6. Torna indietro.
7. Carica la capra e portala sull'altra sponda del fiume.

A partire dalla situazione iniziale, in cui il contadino, il lupo, la capra e il cavolo sono su una sponda, si arriva alla situazione finale, in cui il contadino, il lupo, la capra e il cavolo si trovano sulla sponda opposta.

Vediamo ora come possiamo descrivere mediante un algoritmo il procedimento ideato da Euclide per la ricerca del MCD fra due numeri a e b, quando usiamo il metodo delle **divisioni successive**.

Consideriamo a e b, con $a > b$:

1. determiniamo il resto della divisione tra a e b;
2. se il resto è uguale a 0, allora b è il MCD tra a e b e ci fermiamo;
3. altrimenti, poniamo a uguale al valore di b;
4. poniamo b uguale al valore del resto e ripetiamo il procedimento dal passo 1.

È possibile sperimentare il funzionamento dell'algoritmo di Euclide tenendo traccia delle variazioni dei valori variabili di a e b nel corso dell'esecuzione delle istruzioni che lo compongono.

TEORIA

ESEMPIO Calcoliamo il MCD tra 42 e 24.

Istruzione	*a*	*b*	Resto divisione	Istruzione successiva	MCD
Inizio	**42**	**24**		1.	
1.	42	24	18	2.	
2.	42	24	18	3.	
3.	24	24	18	4.	
4.	24	18	18	1.	
1.	24	18	6	2.	
2.	24	18	6	3.	
3.	18	18	6	4.	
4.	18	6	6	1.	
1.	18	6	0	2.	
2.	18	6	0	**Fine**	**6**

Il procedimento risolutivo fa concludere che il MCD tra 42 e 24 è 6.

L'algoritmo di Euclide può essere rappresentato in forma grafica mediante un **diagramma di flusso.**

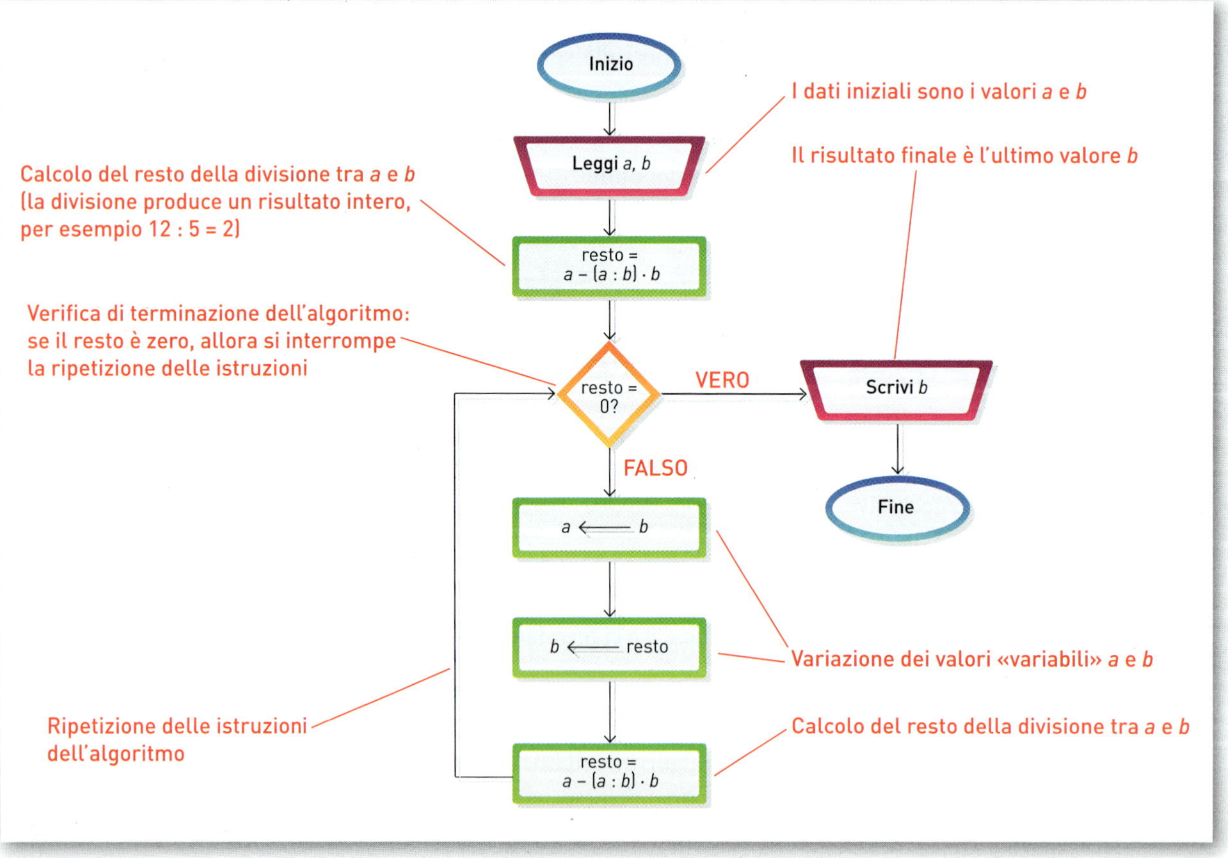

3 Programmare con Python

Per fare in modo che un algoritmo sia eseguito da un computer è necessario tradurlo in una sequenza di comandi comprensibili da un calcolatore elettronico, cioè in un **programma**.

A questo scopo esistono numerosi linguaggi di programmazione che risultano più semplici da utilizzare rispetto al *linguaggio macchina* di un computer, basato su codici numerici.

I programmi scritti in questi linguaggi devono essere poi convertiti nel linguaggio macchina dal computer stesso, prima di essere eseguiti.

Python è uno di questi linguaggi. Le sue istruzioni sono abbastanza simili a un linguaggio naturale.

La finestra di *shell* di Python consente di inserire comandi che sono immediatamente eseguiti.

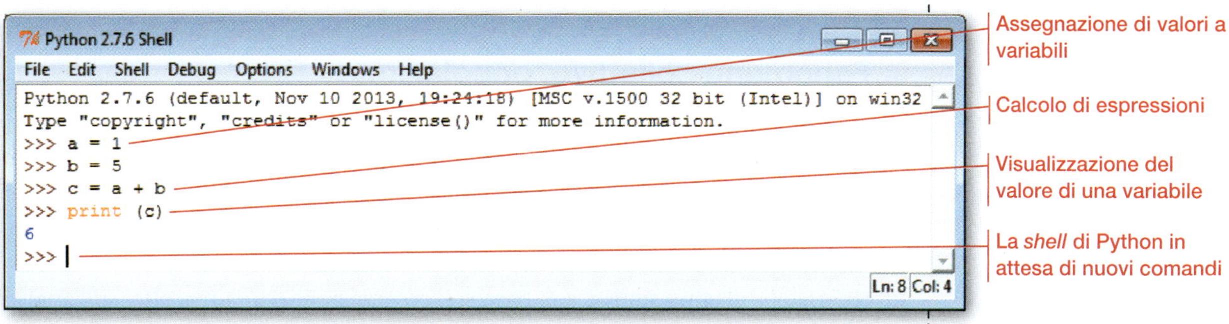

Per scrivere un vero e proprio programma che implementi un algoritmo si deve aprire una finestra di *editing* con il comando *New File* del menu *File*. Qui è possibile inserire le istruzioni che costituiscono l'algoritmo, come per esempio quelle per calcolare con l'algoritmo di Euclide il massimo comune divisore tra due numeri a e b forniti come dati.

Il simbolo // in Python calcola la divisione intera. Per esempio, se scriviamo 42 //24, Python fornisce il valore 1, cioè la parte intera di 1,75.

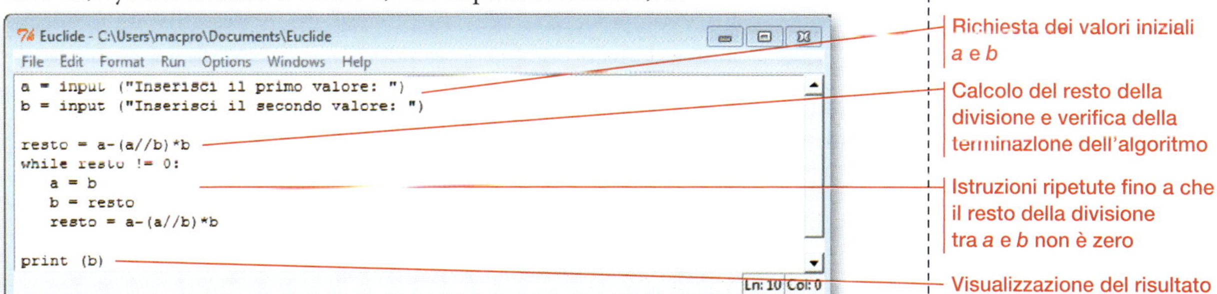

L'esecuzione del programma si avvia con il comando *Run module* del menu *Run*; i dati iniziali e il risultato finale sono gestiti tramite la finestra di *shell*.

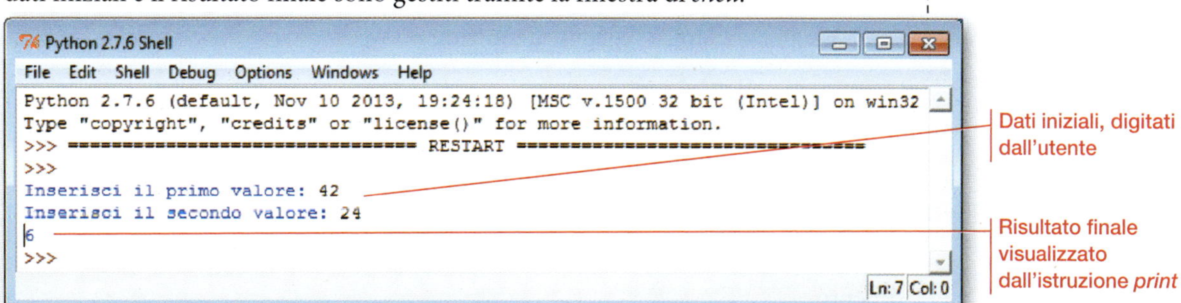

CAPITOLO α

INTRODUZIONE ALLA STATISTICA

1 I dati statistici

▶ Esercizi a p. α19

Fenomeno collettivo, popolazione

Vuoi organizzare una serata con i tuoi amici per festeggiare il tuo compleanno.
Per te è importante che partecipi il maggior numero di persone, quindi chiedi a ciascuno quale, fra tre possibili date, è quella che preferisce. In base alle risposte ottenute decidi quale sarà il giorno in cui si terrà la serata.
Quello che hai fatto è, in piccolo, un'*indagine statistica.*
In generale l'indagine statistica si basa sull'osservazione, sulla raccolta, sull'analisi e sull'interpretazione di dati relativi a determinate situazioni o fatti, detti *fenomeni collettivi.*

Per **fenomeno** di solito si intende ciò che capita intorno a noi. È possibile distinguere fra fenomeni che si presentano sempre con le stesse caratteristiche, chiamati fenomeni *tipici*, e fenomeni che si manifestano ogni volta con caratteristiche diverse, sul cui comportamento è difficile fare previsioni, detti fenomeni *atipici*.

Per esempio: sono fenomeni tipici quelli che possono essere descritti con una legge fisica, come la caduta di un corpo; sono fenomeni atipici gli eventi meteorologici.

In alcuni casi di fenomeni atipici, se si effettuano numerose osservazioni, si possono evidenziare delle caratteristiche uniformi. In questo caso si parla di fenomeni *collettivi*.

ESEMPIO Sono fenomeni collettivi:
- il numero di nascite in un ospedale in un anno;
- le età dei residenti di un certo paese;
- l'altezza di alberi di pioppo in una piantagione.

MATEMATICA E STORIA
Dai censimenti ai sondaggi d'opinione L'utilizzo di dati statistici per ottenere informazioni utili per il governo degli stati, quali il numero di abitanti, di soldati, di addetti ai vari mestieri ecc., risale ai popoli antichi, in particolare ai Cinesi e agli Egizi.
Approfondimento

Possiamo perciò dare la seguente definizione.

I **fenomeni collettivi** sono fenomeni che interessano un numero abbastanza grande di individui, che presentano caratteristiche uguali o simili fra loro.

Definiamo **popolazione o universo** l'insieme di elementi che viene preso in considerazione in un'indagine con una o più caratteristiche in comune.

Se il rilevamento dei dati avviene su tutta la popolazione l'indagine si definisce **censimento**.

Se l'indagine viene condotta solo su una parte di popolazione, la porzione considerata è detta **campione**. Per essere attendibile, un campione deve essere *rappresentativo* della popolazione, ossia deve riprodurre su scala ridotta gli stessi dati rilevati per l'intera popolazione.

Ogni elemento della popolazione è detto **unità statistica**. Ogni unità può essere *semplice*, se consiste in una singola persona od oggetto, oppure *composta*, per esempio un nucleo famigliare.

Si dice **dato statistico** il risultato di un rilevamento su una unità statistica.

ESEMPIO Si vuole svolgere un'indagine sul numero di studenti assenti in un determinato giorno in una scuola.

Popolazione: tutti gli studenti iscritti a quella scuola;
Unità statistica: ogni singolo studente;
Dato statistico: ciascun alunno assente in quel giorno.

A seconda del tipo di popolazione che si prende in considerazione, si suddivide la statistica in:

- **statistica descrittiva**, che ha lo scopo di raccogliere e di elaborare i dati per descrivere fenomeni collettivi relativi a una popolazione nel suo complesso;
- **statistica induttiva** (o *inferenza statistica*), che si occupa dei metodi che, partendo dall'analisi delle caratteristiche di una parte della popolazione (campione), permettono di estendere i risultati all'intera popolazione.

In questo capitolo ci occuperemo di statistica descrittiva.

I caratteri qualitativi e i caratteri quantitativi

Per ogni unità è possibile studiare diverse caratteristiche. Ogni caratteristica rappresenta un **carattere** della popolazione.
Ogni carattere viene descritto mediante le **modalità** con cui esso si può manifestare.
I caratteri possono essere di due tipi:

- caratteri **qualitativi**, detti anche **mutabili statistiche**, quelli le cui modalità sono costituite da attributi (aggettivi o espressioni verbali);
- caratteri **quantitativi**, detti anche **variabili statistiche**, quelli le cui modalità sono espresse da numeri che possono essere il risultato di un'operazione di conteggio o di misurazione.

ESEMPIO Il carattere «mezzo di trasporto» è qualitativo e le sue modalità sono, per esempio, treno, auto, aereo e nave.

Il carattere «i giorni di assenza in un anno degli studenti di un liceo» è un carattere quantitativo, che può assumere modalità: 1, 2, 3, 4...

Le variabili statistiche si possono suddividere in discrete e continue.

- **Le variabili discrete** sono variabili quantitative le cui modalità derivano da un'operazione di conteggio. Possono assumere un numero finito di valori, per esempio: il carattere «giorni di assenze degli studenti a scuola» assume valori n, che appartengono a un intervallo di numeri naturali.
- **Le variabili continue** sono variabili quantitative che derivano da un'operazione di misurazione. Possono assumere infiniti valori in un intervallo reale. Per esempio «l'altezza» dei ragazzi che frequentano una scuola assume valori x che appartengono a un determinato intervallo di $\mathbb{R}$.

Listen to it

A **sample** is a set of observations taken from a subset of a *population*.

MATEMATICA INTORNO A NOI
L'indagine statistica
► Come si effettua un'indagine statistica?
Approfondimento

TEORIA

Listen to it

The **frequency** of a specific quality is the *number* of statistical units within the considered population that present that quality.

Le tabelle di frequenza

DEFINIZIONE
La **frequenza** F è il numero delle unità statistiche che presentano una determinata modalità qualitativa o quantitativa.

ESEMPIO Un'indagine svolta su 28 studenti di una classe, relativa ai mezzi di trasporto con cui si recano a scuola, ha dato i seguenti risultati.

Legenda: A-automobile; M-motorino o scooter; P-a piedi; C-bicicletta; B-autobus o pullman.

A, B, M, M, P, A, A, B, P, B, C, A, B, B, B, C, P, B, A, C, C, A, M, B, M, B, A, C.

Contando la frequenza di ciascuna modalità costruiamo la relativa tabella.

Modalità	Frequenza
automobile	7
a piedi	3
autobus/pullman	9
motorino/scooter	4
bicicletta	5
totale delle unità statistiche	*28*

L'insieme delle coppie ordinate di cui il primo elemento è la modalità e il secondo la frequenza corrispondente viene detto **distribuzione di frequenza**.

Spesso interessa il valore della frequenza confrontato con il numero totale delle unità statistiche. Infatti siamo in situazioni diverse se, per esempio, la frequenza di una modalità è 7 rispetto a un totale di 28 o se, invece, è 7 rispetto a un totale di 280. Per questo motivo viene calcolata la **frequenza relativa**, di cui diamo la definizione.

DEFINIZIONE
La **frequenza relativa** f di una particolare modalità è il rapporto fra la frequenza della modalità stessa e il numero totale n delle unità statistiche: $f = \frac{F}{n}$.

Nell'esempio precedente la frequenza della modalità «automobile» è 7, ossia 7 studenti su 28 raggiungono la scuola in automobile; pertanto la frequenza relativa è

$$f = \frac{7}{28} = \frac{1}{4} = 0,25.$$

La frequenza relativa può essere espressa anche in **percentuale**, moltiplicandola per 100: la frequenza percentuale della modalità automobile è 25%. Questo significa che, in una distribuzione con le stesse caratteristiche di quella data, su un campione di 100 studenti 25 vanno a scuola in automobile.

▶ In un campione di 3500 persone, il 27% ha guardato una certa trasmissione televisiva. Calcola, utilizzando la formula inversa $F = f \cdot n$, il numero delle persone del campione che ha guardato la trasmissione.

ESEMPIO

Distribuzione delle frequenze relative			
Modalità	**Frequenza F**	**Frequenza relativa f**	**Frequenza relativa percentuale $f_{\%}$**
automobile	7	1/4	25%
a piedi	3	3/28	11%
autobus/pullman	9	9/28	32%
motorino/scooter	4	1/7	14%
bicicletta	5	5/28	18%
totale	*28*	*1*	*100%*

Le frequenze relative percentuali della tabella sono approssimate alle unità.

La somma delle frequenze relative alle diverse modalità è uguale a 1, la somma delle frequenze relative percentuali è uguale a 100%.

▶ Chiamiamo x_1, x_2, x_3 e x_4 i valori che descrivono la modalità di una rilevazione. Sappiamo che $F_1 = 25$, $f_2 = 6\%$, $f_4 = 12\%$ e che il totale delle frequenze è 500. Determina le altre frequenze assolute e relative e compila la tabella con tutte le frequenze.

Animazione

Le classi di frequenza

Studiamo l'altezza di un gruppo di studentesse di 15 anni (→ tabella 1).

In casi come questo, è utile raggruppare le modalità in classi, determinando la frequenza di ogni classe. Abbiamo suddiviso le misure in cinque classi (→ tabella 2).

↓ **Tabella 2**

Classe	Frequenza	Frequenza relativa percentuale
1,55-1,60	2	11%
1,60-1,65	5	26%
1,65-1,70	7	37%
1,70-1,75	4	21%
1,75-1,80	1	5%

Di solito l'estremo inferiore di ciascuna classe viene considerato escluso dalla classe, mentre quello superiore incluso. Per esempio, nella tabella precedente il valore 1,60 è relativo alla classe 1,55-1,60 e non alla classe 1,60-1,65.

Il raggruppamento in classi fornisce meno informazioni (per esempio, non sappiamo quanto misurano esattamente le 7 altezze comprese fra 1,65 e 1,70 m), però fornisce una sintesi più leggibile del fenomeno.

Di ogni classe è spesso utile calcolare il **valore centrale**, che si ottiene dividendo per 2 la somma degli estremi della classe. Per esempio, il valore centrale della classe 1,60-1,65 è $\frac{1,60 + 1,65}{2}$, ossia 1,625.

↓ **Tabella 1**

Numero d'ordine	Misura altezza (in metri)
1	1,56
2	1,64
3	1,62
4	1,68
5	1,69
6	1,76
7	1,75
8	1,72
9	1,61
10	1,69
11	1,65
12	1,73
13	1,68
14	1,67
15	1,66
16	1,60
17	1,64
18	1,67
19	1,74

Le serie statistiche

Listen to it

A **statistical series** is a set of data categories with their frequencies.

Una **serie statistica** è una tabella che riporta nella prima colonna le modalità di un carattere qualitativo (mutabile statistica) e nella seconda colonna le frequenze corrispondenti o le misure (intensità) corrispondenti. Anche l'intensità, infatti, può essere considerata come un tipo particolare di frequenza.

Le serie statistiche sono dette:

- **rettilinee**: quando le modalità hanno un ordine logico di successione, da una posizione iniziale a una finale (per esempio il titolo di studio);
- **cicliche**: quando è stabilito un ordine con cui si succedono le modalità, ma non è possibile stabilire qual è il primo termine, a meno di non stabilire una convenzione (per esempio le stagioni); il ciclo può essere ripetuto;
- **sconnesse**: quando l'ordine con cui si succedono le modalità indicate nella prima colonna della tabella è del tutto arbitrario (per esempio un elenco di attività sportive).

Una serie è detta **dicotomica** quando la mutabile statistica presenta solo due modalità, una opposta all'altra (per esempio il genere maschile/femminile).

ESEMPIO Nella prima tabella sono riportati, per ogni ordine di scuola, il numero di iscritti (*frequenza*) nell'anno scolastico 2012/2013.
La serie è rettilinea.

Tipo di scuola	Numero iscritti
Scuola dell'infanzia	1 686 095
Scuola primaria di primo grado	2 828 240
Scuola secondaria di primo grado	1 779 758
Scuola secondaria di secondo grado	2 652 448

La seconda tabella riporta per quattro famiglie il reddito annuo (*intensità*) relativo all'anno 2014.
La serie è sconnessa.

Famiglia	Reddito (€)
Rossi	27 000
Bruni	41 050
Bianchi	37 820
Neri	29 400

Un caso frequente di serie statistica è la **serie storica**, dove la modalità qualitativa è rappresentata da una successione temporale (anni, mesi, ...).
Queste serie sono importanti perché permettono di studiare l'andamento di un fenomeno nel tempo (*trend*), individuare componenti cicliche più o meno regolari e isolare elementi anomali o anormali.
L'individuazione del trend permette di formulare previsioni per il futuro. Un esempio è proposto nella tabella a lato in cui è riportato l'andamento della produzione di mais in un'azienda agricola.

Anno	Produzione di mais (t)
2008	540
2009	320
2010	610
2011	680
2012	590

Le seriazioni statistiche

Una **seriazione statistica** è una tabella che riporta nella prima colonna le modalità di un carattere quantitativo (variabile statistica) e nella seconda colonna le frequenze corrispondenti.

Le modalità di un carattere quantitativo possono essere *discrete* (se possono assumere soltanto un numero finito di valori) o *continue* (se possono assumere un qualsiasi valore all'interno di un intervallo preso nell'insieme dei numeri reali).

Un esempio di seriazione statistica è proposto nella tabella a fianco, in cui i 250 appartamenti gestiti da un'agenzia immobiliare sono stati suddivisi secondo la modalità «numero di locali».

Numero di locali	Numero di appartamenti
1	10
2	42
3	76
4	80
5	34
6	8

Listen to it

A **variate** is a *quantity* which may take any of the values of a specified set with a specified relative frequency.

Le tabelle a doppia entrata

Nella tabella di seguito riportiamo il voto finale in inglese e in tedesco dei quindici alunni promossi di una classe.

Numero d'ordine	1	2	3	4	5	6	7	8	9	10	11	12	13	14	15
Voto in inglese	7	6	8	6	8	7	7	8	8	6	6	6	7	7	7
Voto in tedesco	8	6	6	6	6	7	8	7	9	6	7	6	7	6	8

Per interpretare l'andamento dei due voti possiamo procedere alla costruzione di una tabella che può essere letta sia nel senso delle righe sia nel senso delle colonne (tabella sotto).

Questa **tabella a doppia entrata** permette di conoscere quanti sono complessivamente gli alunni che hanno un determinato voto in inglese e in tedesco, ma anche di leggere immediatamente quanti sono gli alunni che hanno un certo voto in tedesco e contemporaneamente un altro voto in inglese. Per esempio, se vogliamo sapere quanti studenti hanno 7 in tedesco e 8 in inglese, leggiamo il valore che si trova all'incrocio fra la terza riga e la seconda colonna, ossia 1.

Voto in inglese \ Voto in tedesco	6	7	8	9
6	4	1		
7	1	2	3	
8	2	1		1

Le tabelle a doppia entrata ci permettono l'osservazione delle unità statistiche sotto due modalità. Quando entrambe le modalità sono quantitative, come nell'esempio precedente, si hanno **tabelle di correlazione**. Se almeno una delle modalità è qualitativa, si hanno **tabelle di contingenza**.

TEORIA

2 La rappresentazione grafica dei dati

▶ Esercizi a p. α21

L'ortogramma

Riportiamo su un asse verticale le frequenze della tabella di pagina α4 riferita alla modalità di trasporto degli studenti. Sull'asse orizzontale segniamo tanti segmenti quante sono le modalità, *tutti della stessa lunghezza.* Per ogni segmento tracciamo un rettangolo che ha per altezza la corrispondente frequenza (→ figura 1*a*).
La rappresentazione che otteniamo è detta **ortogramma**. In esso a ogni frequenza corrisponde un rettangolo che ha *l'**altezza** proporzionale alla frequenza* stessa.

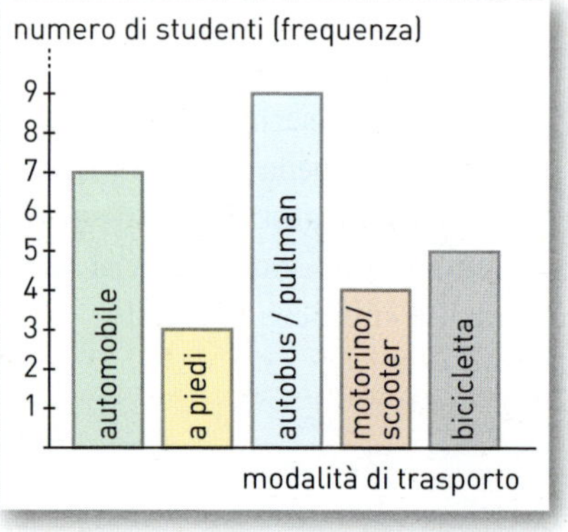

↑ Figura 1*a*

I rettangoli possono anche essere disposti con la base sull'asse verticale. Le frequenze sono riportate sull'asse orizzontale e le modalità sono segnate sull'asse verticale. In questo caso la rappresentazione si chiama **diagramma a blocchi** (→ figura 1*b*).

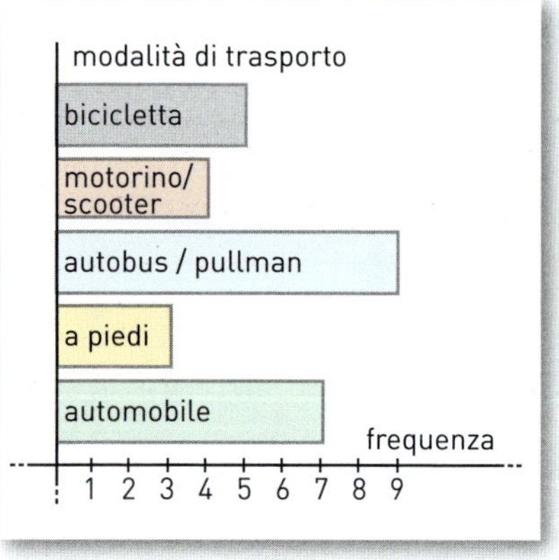

↑ Figura 1*b*

▶ Un'agenzia utilizza 25 guide turistiche, ognuna specializzata in una sola lingua straniera: 9 in inglese, 6 in francese, 4 in tedesco e 6 in spagnolo. Rappresenta la serie statistica con una tabella, un ortogramma e un diagramma a blocchi.

Animazione

L'istogramma

Per rappresentare la distribuzione della → tabella 2, riportiamo sull'asse orizzontale i valori degli estremi delle classi, ottenendo così dei segmenti le cui lunghezze rappresentano le ampiezze degli intervalli (→ figura 2).
Disegniamo poi dei rettangoli che hanno per basi tali segmenti e la cui *area è proporzionale alla frequenza* della classe. Otteniamo così una rappresentazione detta **istogramma**.
Se le classi, come nel nostro esempio, *hanno tutte la stessa ampiezza*, anche in un istogramma, come in un ortogramma, è sufficiente prendere rettangoli con le altezze proporzionali alle frequenze.
Se in un istogramma si congiungono i punti medi dei lati superiori dei rettangoli, si ottiene una spezzata, chiamata anche **poligono delle frequenze** (→ figura 3). Ogni vertice del poligono delle frequenze corrisponde al valore centrale di una classe.

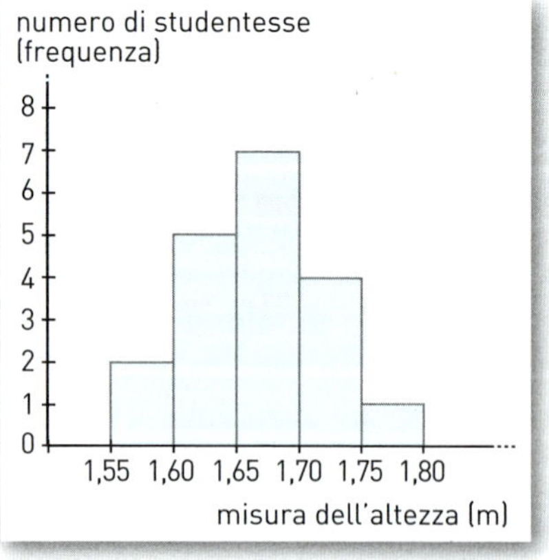

↑ Figura 2

Listen to it

A **histogram** is a type of *statistical graph* in which rectangles proportional in area to the class frequencies are erected on sections of the horizontal axis. The width of each section represents the corresponding class interval of the variate.

▶ Abbiamo misurato l'altezza di piante di mais, a partire da 140 cm e fino a 180 cm. Con intervalli di ampiezza 10 cm, otteniamo le frequenze 20, 90, 150, 40. Rappresenta la seriazione con una tabella e con un istogramma. Traccia il poligono delle frequenze.

Animazione

Se le classi hanno la stessa ampiezza, di solito si considerano come vertici della spezzata anche i punti corrispondenti ai valori centrali delle classi immediatamente preceden-

te e immediatamente successiva a quelle per le quali la frequenza è diversa da 0. Queste classi hanno frequenza 0.
Per esempio, nell'istogramma della → figura 3, consideriamo anche 1,525 e 1,825.

Si può verificare che in tal modo la somma delle aree dei rettangoli dell'istogramma è uguale all'area delimitata dall'asse orizzontale e dal poligono delle frequenze (→ figura 4).

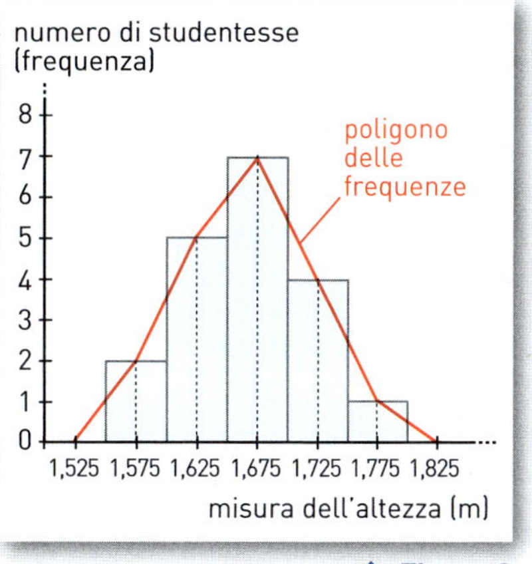

↑ Figura 3

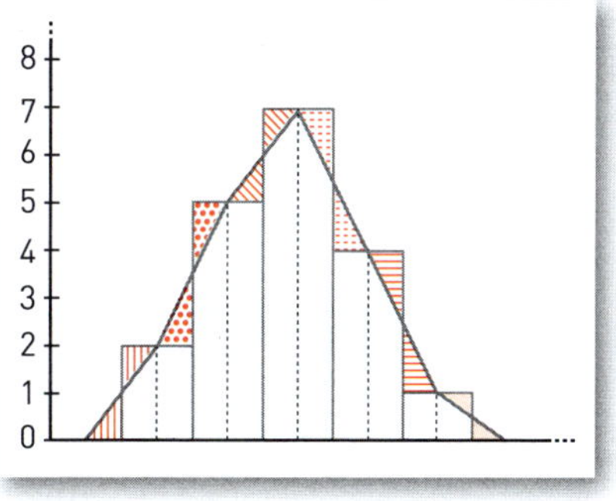

↑ Figura 4

I diagrammi cartesiani

Consideriamo la seguente distribuzione di frequenze, che descrive quante imprese artigiane, fra quelle scelte come campione, hanno un certo numero di dipendenti (tabella di seguito). Riportiamo sull'asse delle ascisse il numero dei dipendenti delle imprese artigiane e sull'asse delle ordinate le frequenze. Dopo aver segnato i punti, li colleghiamo, e la spezzata che otteniamo mette in risalto la **forma della distribuzione** delle frequenze. La spezzata in figura descrive la forma della distribuzione di frequenza.

Numero dipendenti imprese artigiane	Frequenza
2	2
3	8
4	6
5	2

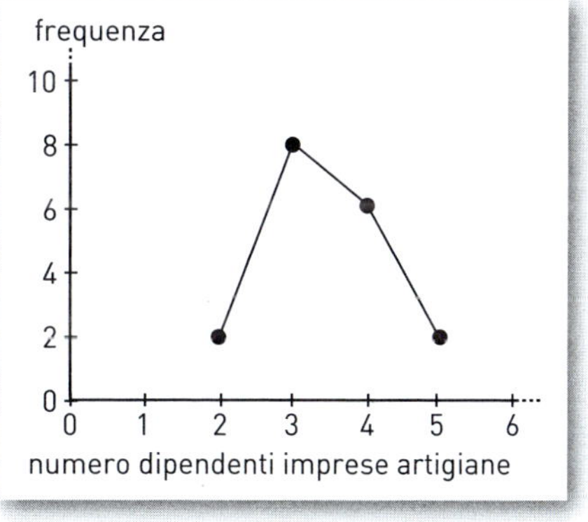

Con i diagrammi cartesiani si rappresentano spesso i fenomeni storici, dove la spezzata evidenzia l'andamento di un fenomeno nel tempo. Per esempio, la seguente spezzata mette in evidenza l'andamento dei prezzi di un prodotto in tempi successivi.

Anno	Prezzo (€)
2006	5,81
2007	6,41
2008	6,61
2009	6,21
2010	6,81

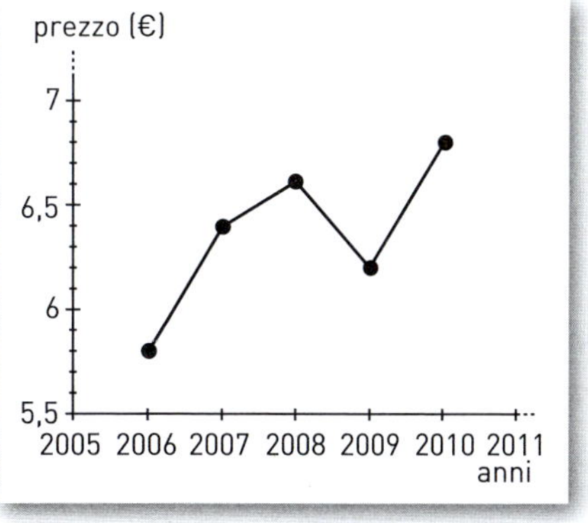

► Rappresenta i seguenti dati, relativi a consegne di pacchi per giorno lavorativo, con un istogramma che li raggruppi in modo efficace.
21, 26, 12, 18, 13, 13, 18, 26, 26, 21, 21, 13, 26, 21, 18, 16, 18, 21, 18, 16, 21, 18, 23, 16, 16, 16, 20, 25, 17, 20, 25, 13, 16, 18.
Confronta la tua soluzione con quella proposta nel video.

Video

► Le seguenti coppie sono relative all'andamento annuale del numero dei residenti in un Comune:
(2007; 8450);
(2008; 8490);
(2009; 8460);
(2010; 8485);
(2011; 8496);
(2012; 8502).
Rappresenta la serie storica mediante una tabella e un diagramma cartesiano.

TEORIA

Listen to it

A **pie chart** is a diagram in which a circle is broken down into its constituent parts. A number of degrees out of the total of 360° is allocated *proportionally* to the total represented by each part.

L'areogramma

L'**areogramma**, detto anche **diagramma circolare** o **diagramma a torta**, è particolarmente utile per rappresentare le frequenze relative percentuali.
Si presenta come un cerchio che viene suddiviso in tanti settori circolari. Ognuno di questi settori corrisponde a una modalità qualitativa o quantitativa e ha un'ampiezza (e quindi una superficie) proporzionale alle frequenze.

Gli angoli al centro dei diversi settori hanno ampiezza proporzionale alle frequenze percentuali.

ESEMPIO Consideriamo le frequenze relative percentuali dell'altezza delle studentesse nella tabella 2. Per determinare l'ampiezza x corrispondente a una certa frequenza relativa percentuale $f_{\%}$ si utilizza la proporzione:

$$x : 360° = f_{\%} : 100 \rightarrow x = \frac{360° \cdot f_{\%}}{100}.$$

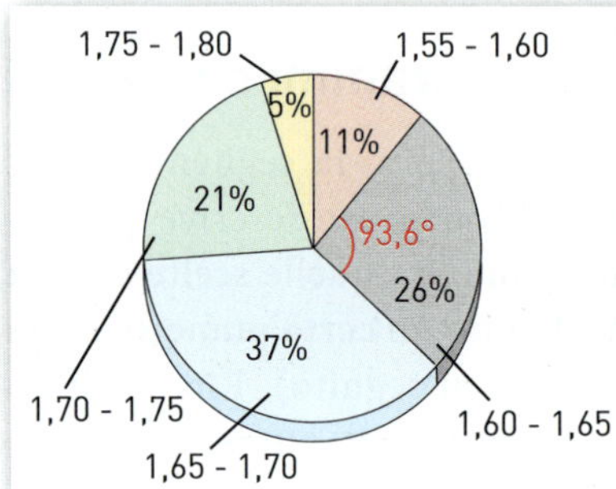

Calcoliamo l'ampiezza dell'angolo relativo alla frequenza relativa alla classe 1,60-1,65:

$$x = \frac{360° \cdot 26}{100} = 93,6°.$$

Il settore circolare ha angolo al centro di ampiezza uguale a 93,6°. Allo stesso modo si ricavano le ampiezze degli altri settori.

▶ Rappresenta con un areogramma la seriazione statistica descritta nella tabella.

Durata vacanza (n. giorni)	N. persone
0-7	24
7-14	36
14-21	12
21-28	8
Totale	*80*

Animazione

Gli ideogrammi e i cartogrammi

Gli **ideogrammi** utilizzano figure che richiamano il contenuto del fenomeno e ne danno una visione immediata. Le figure hanno dimensioni diverse, con aree proporzionali ai dati che rappresentano.
Consideriamo la serie storica della tabella di seguito, che riporta il numero di automobili vendute da un concessionario. Possiamo così disegnare il seguente ideogramma. Si nota subito che il numero di automobili vendute è aumentato negli anni.

Automobili vendute	
Anno	**Numero automobili vendute**
2007	161
2008	194
2009	215
2010	257

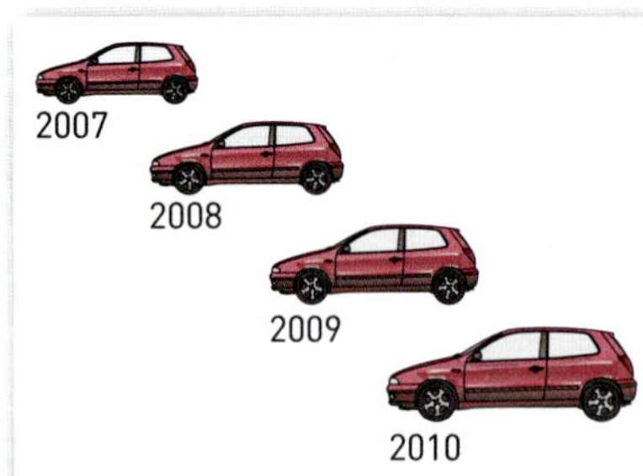

I **cartogrammi** sono grafici utilizzati per rappresentare dati relativi ad aree geografiche. Si costruiscono utilizzando una carta geografica del territorio considerato e segnando le varie aree con colori diversi o con segni convenzionali come puntini più o meno fitti, tratteggio. Una legenda accompagna la rappresentazione per consentire la lettura del fenomeno considerato.

MATEMATICA INTORNO A NOI

Il fumo fa male? Il fumo rappresenta uno dei principali fattori di rischio nell'insorgenza di numerose patologie che colpiscono in primo luogo l'apparato respiratorio e quello cardiovascolare.

▶ Perché possiamo affermare che, in chi smette di fumare, il rischio si riduce progressivamente fino ad avvicinarsi a quello dei non fumatori?

La risposta

ESEMPIO Numero di operatori del settore formaggi DOP per regione (anno 2009).
Il cartogramma fa risaltare, più della serie da cui proviene, l'assenza di operatori in Liguria e Abruzzo. In effetti in queste regioni, secondo questa rilevazione, non esistono formaggi DOP.

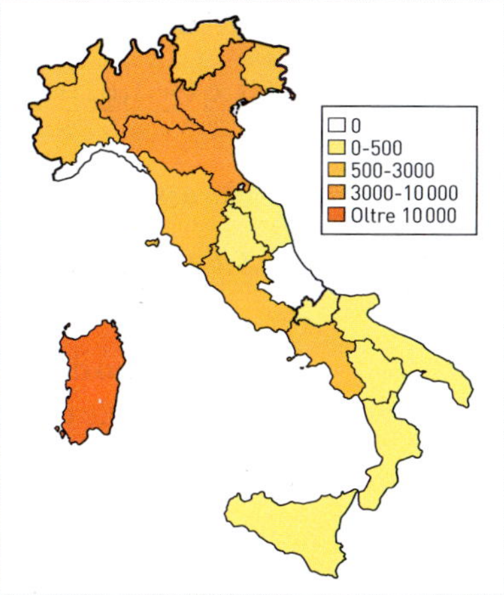

3 Gli indici di posizione centrale

Esercizi a p. α24

In statistica si cerca di riassumere una serie di dati con un valore medio (compreso tra il minimo e il massimo valore della distribuzione) che possa esprimere sinteticamente il fenomeno.
Esistono *medie di calcolo*, che si determinano tenendo conto di tutti i valori della distribuzione (media aritmetica, media ponderata), e *medie di posizione*, che si calcolano tenendo conto solo di alcuni valori (mediana e moda).

La media aritmetica

Supponiamo di voler confrontare l'altezza del gruppo A di studentesse del paragrafo 1 con quella delle studentesse di un secondo gruppo (gruppo B), di cui riportiamo i valori nella → tabella 3.

Affiancando le tabelle delle frequenze dei due gruppi (→ tabella 4), scopriamo che non è facile effettuare un confronto.

Classe	Frequenza gruppo A	Frequenza gruppo B
1,55-1,60	2	0
1,60-1,65	5	2
1,65-1,70	7	7
1,70-1,75	4	4
1,75-1,80	1	3

↑ Tabella 4

Numero d'ordine	Misura altezza (in metri)
1	1,77
2	1,69
3	1,69
4	1,73
5	1,62
6	1,70
7	1,68
8	1,64
9	1,76
10	1,68
11	1,72
12	1,75
13	1,68
14	1,77
15	1,73
16	1,66

↑ Tabella 3

Calcolando, invece, la *media aritmetica* relativa ai due gruppi di dati, otteniamo un'informazione sintetica della distribuzione dei dati.

DEFINIZIONE
La **media aritmetica** M, o media, di una sequenza di n numeri $x_1, x_2, ..., x_n$ è il quoziente fra la loro somma e il numero n.

$$M = \frac{x_1 + x_2 + \ldots + x_n}{n}$$

Listen to it
The **arithmetic mean**, or **mean**, is defined as the sum of the terms divided by the number of terms.

MATEMATICA INTORNO A NOI

Partite di calcio Il calcio è lo sport più seguito e amato in Italia. Le partite del campionato appassionano migliaia di tifosi, spesso disposti ad andare anche in trasferta pur di seguire la propria squadra del cuore.

► È vero che è più facile vincere una partita in casa che in trasferta?

La risposta

La media aritmetica M_A dei dati del gruppo A è

$$M_A = \frac{1,56 + 1,64 + 1,62 + \ldots + 1,64 + 1,67 + 1,74}{19} \simeq 1,672,$$

mentre la media aritmetica M_B dei dati del gruppo B è

$$M_B = \frac{1,77 + 1,69 + 1,69 + \ldots + 1,77 + 1,73 + 1,66}{16} \simeq 1,704.$$

Poiché $M_B > M_A$, possiamo dire che le studentesse del gruppo B hanno mediamente un'altezza maggiore di quelle del gruppo A.

Negli esempi precedenti abbiamo utilizzato la media come **valore di sintesi**, ossia come un valore che riassume una caratteristica di un insieme di dati. Inoltre possiamo notare che, in questi esempi, la media si trova proprio nella zona della distribuzione dove si addensano maggiormente i risultati. Quando un valore di sintesi ha questa proprietà, diciamo che è un buon **indice di posizione centrale**. Come vedremo, non sempre la media è un buon indice di posizione centrale.

► Un negozio di scarpe, durante il periodo dei saldi estivi, ha rilevato il numero dei giorni in cui vi è stato un certo flusso di clienti.

N. clienti	4	5	6	7	8	9	10
N. giorni	12	11	14	8	7	12	11

Calcola il numero medio giornaliero dei clienti che hanno effettuato acquisti nel periodo considerato.

La media ponderata

Reti	Frequenza
0	2
1	0
2	7
3	3
4	4
5	2
6	2

Consideriamo la tabella a sinistra, relativa al numero di reti per partita nelle prime due giornate di un campionato di calcio di serie A in cui si giocano 10 partite per ogni giornata. Calcoliamo la media:

$$M = \frac{0+0+2+2+2+2+2+2+2+3+3+3+4+4+4+4+5+5+6+6}{20}.$$

Al numeratore possiamo anche scrivere $0 \cdot 2 + 2 \cdot 7 + 3 \cdot 3 + 4 \cdot 4 + 5 \cdot 2 + 6 \cdot 2$: ogni numero di reti viene moltiplicato per la sua frequenza. La media è allora:

$$M = \frac{0 \cdot 2 + 2 \cdot 7 + 3 \cdot 3 + 4 \cdot 4 + 5 \cdot 2 + 6 \cdot 2}{2 + 7 + 3 + 4 + 2 + 2} = 3,05.$$

Le frequenze rappresentano i diversi «pesi» che devono avere i singoli valori nel calcolo della media. Più grande è la frequenza di un valore, maggiore è l'influenza che esso ha sul valore medio.

La media calcolata in questo modo può essere considerata come caso particolare di un più generale tipo di media.

DEFINIZIONE

Data una sequenza di numeri $x_1, x_2, \ldots, x_n$ e associati a essi i numeri $p_1, p_2, \ldots, p_n$, detti *pesi*, chiamiamo **media aritmetica ponderata *P*** il quoziente fra la somma dei prodotti dei numeri per i loro pesi e la somma dei pesi stessi.

$$P = \frac{x_1 p_1 + x_2 p_2 + \ldots + x_n p_n}{p_1 + p_2 + \ldots + p_n}$$

La media aritmetica è un caso particolare di media ponderata in cui tutti i pesi sono uguali a 1.

▶ Da una popolazione formata da 40 famiglie, si è ottenuta la seguente distribuzione relativa al numero dei componenti del nucleo familiare.

N. componenti del nucleo familiare	1	2	3	4	*Totale n. famiglie*
Frequenza	4	14	19	3	40

Calcola la media (ponderata) del numero dei componenti del nucleo familiare.

[2,525]

Se calcoliamo la media aritmetica ponderata nel caso di dati raggruppati in classi, possiamo assumere come valori $x_1, x_2, ..., x_n$ i valori centrali di ogni classe e come pesi le frequenze. In questo caso il valore ottenuto per la media aritmetica ponderata può essere diverso dalla media aritmetica dei dati.

ESEMPIO Calcoliamo la media aritmetica ponderata relativa alla tabella 4, gruppo *A*:

$$P = \frac{1{,}575 \cdot 2 + 1{,}625 \cdot 5 + 1{,}675 \cdot 7 + 1{,}725 \cdot 4 + 1{,}775 \cdot 1}{2+5+7+4+1} \simeq 1{,}667.$$

Il valore ottenuto è diverso, anche se di poco, dalla media aritmetica 1,672, che si ottiene facendo la somma delle singole altezze e dividendo per 19, in quanto in ogni classe abbiamo sostituito ai valori della classe il valore centrale moltiplicato per la relativa frequenza.

La media ponderata tuttavia è particolarmente significativa quando i pesi servono per indicare l'*importanza* dei diversi valori.

ESEMPIO Ai cinque quesiti di una prova sommativa viene attribuita una diversa importanza.
I punti ottenuti per ogni quesito da uno studente sono quelli della tabella a destra, dove sono anche riportati i pesi da attribuire a ciascun quesito.

Calcoliamo la media ponderata:

$$P = \frac{2 \cdot 1 + 4 \cdot 2{,}5 + 4 \cdot 1 + 2 \cdot 1 + 8 \cdot 2{,}5}{1 + 2{,}5 + 1 + 1 + 2{,}5} = 4{,}75.$$

Il valore che otteniamo è maggiore di quello della media aritmetica semplice ($M = 4$), perché i punteggi più alti sono stati conseguiti nei quesiti ai quali è stata data maggiore importanza.

Punti	Peso
2	1
4	2,5
4	1
2	1
8	2,5

La mediana

Consideriamo i sette valori seguenti: 8, 12, 7, 9, 4, 10, 55.
Calcoliamo la media aritmetica:

$$M = \frac{8 + 12 + 7 + 9 + 4 + 10 + 55}{7} = 15.$$

15 non è un buon indice di posizione centrale in quanto tutti i numeri, tranne 55, sono minori di 15. È proprio la presenza del numero 55, molto maggiore degli altri, che «sposta» il valore medio rispetto alla posizione centrale.

PROBLEMA

Tasse Le aliquote IRPEF determinano l'imposta progressiva sul reddito che un cittadino deve pagare all'erario. Nel 2004 il sistema di aliquote era: per il reddito fino a 15 000 euro, aliquota del 23%; da 15 001 a 29 000 euro, aliquota del 29%; da 29 001 a 32 600 euro, aliquota del 31%; da 32 601 a 70 000, aliquota del 39%; per i redditi superiori, aliquota del 45%.

▶ Quanto ha pagato all'erario un cittadino con un reddito, nel 2004, di 40 000 euro?

▶ Qual è stata la sua aliquota media?

Scheda di lavoro

▶ I prezzi delle banane (in €/kg), rilevati in un certo giorno al mercato di una città, erano i seguenti: 1,98; 1,90; 1,85; 1,95; 2,10; 1,80; 2,20. Calcola il valore della mediana e della media.

[1,95; 1,97]

TEORIA

Preferiamo allora scegliere un indice di posizione centrale nel seguente modo:

- disponiamo i numeri in ordine crescente (o decrescente):

  4, 7, 8, 9, 10, 12, 55;

- scegliamo il valore 9, che sta al centro. Tale valore è detto **mediana**.

La mediana di una sequenza dispari di numeri suddivide la sequenza in due gruppi contenenti lo stesso numero di elementi.

Si può determinare la mediana anche nel caso in cui il numero dei dati è pari. Cerchiamo, per esempio, la mediana degli otto valori seguenti:

36, 22, 41, 8, 33, 46, 38, 44.

Dopo averli disposti in ordine crescente, 8, 22, 33, 36, 38, 41, 44, 46, prendiamo come mediana la media dei due valori centrali, 36 e 38.

La mediana è: $\frac{36+38}{2} = 37$.

Listen to it

The **median** is that value of the variate which divides the total frequency into two halves.

DEFINIZIONE

Data la sequenza ordinata di n numeri $x_1, x_2, ..., x_n$, la **mediana** M_e è:

- il valore centrale, se n è dispari;
- la media aritmetica dei due valori centrali, se n è pari.

La moda

Consideriamo i valori

3, 8, 2, 3, 5, 1, 7, 3, 5, 3, 15, 2, 10, 3, 12, 4

e ordiniamoli in senso crescente:

1, 2, 2, 3, 3, 3, 3, 3, 4, 5, 5, 7, 8, 10, 12, 15.

Osserviamo che il 3 ha una frequenza molto maggiore rispetto agli altri e che vicino al 3 si trovano molti degli altri valori presenti. In questo caso si preferisce assumere come indice di posizione centrale tale numero, che viene chiamato **moda**.

Listen to it

The **mode** is that value of the variate which is assumed by the greatest number of members of the population.

DEFINIZIONE

Date le modalità $x_1, x_2, ..., x_n$, si chiama **moda** M_o la modalità qualitativa o quantitativa a cui corrisponde la frequenza massima.

La moda indica il valore più «presente» nella distribuzione. Ci sono serie di dati che hanno più di una moda. Consideriamo, per esempio, i risultati di un compito in classe riportati nella tabella a fianco.

Voti di un compito

Voti	4	5	6	7	8
Frequenza	2	9	3	9	2

La distribuzione risulta *bimodale*, ossia ha due valori distinti per la moda, infatti ha per moda sia 5 sia 7. Ciò significa che nella classe si possono distinguere due gruppi di studenti: uno sufficiente e uno insufficiente. Questo tipo di informazione sarebbe andato perso se avessimo riassunto i risultati del compito con la media o la mediana, che, come puoi verificare, valgono entrambe 6.

Possiamo calcolare la moda anche nel caso di distribuzioni di frequenze i cui valori sono raggruppati in classi. In tal caso si parla di **classe modale**.

▶ La seriazione statistica rappresentata nella tabella è relativa al numero di guasti meccanici riportati da 26 automezzi di un'impresa di spedizioni nei primi 30 000 km. Calcola la media aritmetica, la mediana e la moda.

N. guasti	0	1	2	3	4
N. automezzi	5	8	7	4	2

Animazione

4 Gli indici di variabilità

▶ Esercizi a p. α31

Le due sequenze di valori:

a. 12, 24, 32, 43, 56, 74, 88; *b*. 42, 43, 44, 46, 49, 52, 53

sono costituite dallo stesso numero di valori e, per entrambe, la media è 47. Tuttavia, la distribuzione dei valori intorno al valore medio 47 è diversa per le due sequenze: i valori della seconda sequenza sono più vicini al valore medio, mentre quelli della prima sono più sparsi.
In statistica, per indicare questo fatto, si dice che le due sequenze hanno diversa **dispersione** o **variabilità**.

Per misurare la dispersione si usano **indici di variabilità** quali il campo di variazione, lo scarto semplice medio e la deviazione standard.

Il campo di variazione

DEFINIZIONE
Il **campo di variazione** di una sequenza di numeri è la differenza fra il valore maggiore e il valore minore.

Per esempio, nella sequenza *a* il campo di variazione è $88 - 12 = 76$, nella sequenza *b* è $53 - 42 = 11$.

▶ Calcola la media e il campo di variazione dei periodi di passaggio della cometa di Halley, che hanno intervalli diseguali a causa dell'effetto gravitazionale dei pianeti Giove e Saturno. I periodi, in anni, degli ultimi dodici passaggi sono stati: 75,8; 74,4; 76,9; 76,3; 74,9; 76,1; 75,2; 77,6; 77,0; 79,1; 77,4; 79,1.

Lo scarto semplice medio

Il campo di variazione non è un indice molto accurato, in quanto tiene conto soltanto del primo e dell'ultimo valore e non di quelli intermedi. Inoltre non tiene conto delle frequenze.

Consideriamo le due sequenze di numeri:

c. 1, 4, 5, 5, 6, 6, 7, 7, 7, 12;

d. 1, 1, 1, 1, 2, 10, 10, 11, 11, 12

che hanno lo stesso numero di valori, la stessa media, 6, e lo stesso campo di variazione, 11. Tuttavia i valori della sequenza *d* sono più lontani dal valore della media 6 di quelli della sequenza *c*.

Cerchiamo un indice che permetta di rilevare questa differenza.

Per ogni valore di c calcoliamo lo **scarto assoluto dalla media**, che è la differenza in valore assoluto fra il valore stesso e la media. Indichiamo con S_1 il primo scarto, con S_2 il secondo e così via.

$$S_1 = |1-6| = 5, \qquad S_6 = |6-6| = 0,$$
$$S_2 = |4-6| = 2, \qquad S_7 = |7-6| = 1,$$
$$S_3 = |5-6| = 1, \qquad S_8 = |7-6| = 1,$$
$$S_4 = |5-6| = 1, \qquad S_9 = |7-6| = 1,$$
$$S_5 = |6-6| = 0, \qquad S_{10} = |12-6| = 6.$$

Calcoliamo ora la media aritmetica degli scarti, che chiamiamo **scarto semplice medio** e indichiamo con S_c, poiché riferito alla sequenza c:

$$S_c = \frac{5+2+1+1+0+0+1+1+1+6}{10} = 1{,}8.$$

Il valore dello scarto semplice medio di 1,8 ci dice che, mediamente, i valori della sequenza si discostano di 1,8 dalla media.

Ripetendo il procedimento per la sequenza d, otteniamo lo scarto semplice medio S_d:

$$S_d = \frac{5+5+5+5+4+4+4+5+5+6}{10} = 4{,}8.$$

Osserviamo che $S_d > S_c$: in d i valori sono mediamente più lontani dalla loro media.

▸ È stato rilevato per dieci giorni consecutivi il prezzo (in €/kg) della zucca «piacentina» in un mercato generale all'ingrosso di frutta e verdura:

1,25; 1,10; 1,10; 1,15; 1,10; 1,05; 1,00; 0,95; 0,90; 1,05.

Calcola lo scarto semplice medio.

DEFINIZIONE

Lo **scarto** (o **scostamento**) **semplice medio** S di una sequenza di numeri $x_1, x_2, \dots, x_n$ è la media aritmetica dei valori assoluti degli scarti dei numeri stessi dalla loro media aritmetica M.

$$\boldsymbol{S = \frac{|x_1 - M| + |x_2 - M| + \dots + |x_n - M|}{n}}$$

Osservazione. Gli scarti dalla media vanno presi in valore assoluto, perché ciò che interessa è lo scostamento di ogni dato dalla media e non se il dato è minore o maggiore del valore medio stesso. Infatti, **la media aritmetica degli scarti, non considerati in valore assoluto, è sempre uguale a 0** (*prima proprietà della media aritmetica*).

Questa proprietà si può dimostrare come segue. Indicati con $x_1, x_2, \dots, x_n$ i diversi dati e con M la loro media aritmetica, la media degli scarti è:

$$\frac{(x_1 - M) + (x_2 - M) + \dots + (x_n - M)}{n} =$$

$$\frac{x_1 + x_2 + \dots + x_n \overbrace{-M - M - \dots - M}^{n \text{ volte}}}{n} =$$

$$\frac{x_1 + x_2 + \dots + x_n - nM}{n} = \frac{x_1 + x_2 + \dots + x_n}{n} - M = M - M = 0.$$

▸ Sono stati misurati i seguenti tempi in un esperimento nel quale una sfera è rotolata lungo un piano inclinato alto 5 cm e lungo 100 cm.

Tempo (s)	2,04	2,05	2,06	2,07	2,08
Frequenze	4	6	18	10	2

Verifica che la somma degli scarti dalla media aritmetica è nulla.

La deviazione standard

Più spesso si utilizza la **deviazione standard**, perché è un indice più sensibile del precedente, anche per piccole variazioni nella distribuzione dei dati intorno alla media.

Questo indice si basa sulla *seconda proprietà della media aritmetica*: la somma dei quadrati degli scarti dalla media aritmetica è sempre minore della somma dei quadrati degli scarti da un valore diverso dalla media aritmetica. Se si tiene come valore di riferimento la media aritmetica, la somma dei quadrati degli scarti assume il valore minimo.

Consideriamo la sequenza di otto valori 4, 7, 9, 13, 14, 18, 21, 34, la cui media aritmetica è 15.

Per ogni valore calcoliamo lo scarto e lo eleviamo al quadrato. I valori che si ottengono vengono detti **scarti quadratici**.

$$(4-15)^2 = 121; \quad (7-15)^2 = 64; \quad (9-15)^2 = 36; \quad (13-15)^2 = 4;$$

$$(14-15)^2 = 1; \quad (18-15)^2 = 9; \quad (21-15)^2 = 36; \quad (34-15)^2 = 361.$$

Calcoliamo la media degli scarti quadratici, chiamata **varianza**, che si indica con σ^2 (si legge «sigma al quadrato»):

$$\sigma^2 = \frac{121+64+36+4+1+9+36+361}{8} = 79.$$

Otteniamo la deviazione standard, che indichiamo con la lettera greca σ (si legge «sigma»), eseguendo la radice quadrata della varianza:

$$\sigma = \sqrt{79} \simeq 8,8882.$$

DEFINIZIONE

La **deviazione standard σ** o **scarto quadratico medio** di una sequenza di numeri $x_1, x_2, ..., x_n$ è la radice quadrata della media aritmetica dei quadrati degli scarti dei numeri stessi dalla loro media aritmetica.

$$\sigma = \sqrt{\frac{(x_1-M)^2+(x_2-M)^2+\ldots+(x_n-M)^2}{n}}$$

▶ Calcola la deviazione standard della seguente seriazione statistica relativa a un test attitudinale di un gruppo di studenti in una prova di velocità di lettura.

Pagine lette in 30 minuti	10	12	16	18
Numero studenti	3	13	9	5

Animazione

▶ Un'azienda agricola in provincia di Bologna ha prodotto in sei anni le seguenti quantità di patate (espresse in quintali).

Anni	2009	2010	2011	2013	2014	2015
Produzione (q)	1500	1400	1600	1300	1200	1400

Calcola la deviazione standard della produzione negli anni considerati.

IN SINTESI
Introduzione alla statistica

I dati statistici

La statistica si occupa di analizzare **fenomeni collettivi**, cioè fenomeni che interessano un numero abbastanza grande di individui e che presentano caratteristiche uguali o simili fra loro.
La **popolazione o universo** è l'insieme delle **unità statistiche** che vengono prese in considerazione in un'indagine con una o più caratteristiche in comune.

Un **carattere** di una popolazione statistica è descritto mediante **modalità** di tipo **qualitativo** o **quantitativo**. In una **distribuzione di dati**, la **frequenza** di una modalità è il numero di volte in cui si è presentata tale modalità. La **frequenza relativa** è il quoziente tra la frequenza e il numero totale delle unità statistiche. Può anche essere espressa in **percentuale**.

La rappresentazione grafica dei dati

Esistono vari tipi di grafici per rappresentare i dati statistici e le loro frequenze, fra i quali l'**ortogramma**, l'**istogramma**, il **diagramma cartesiano** e l'**areogramma**.

ESEMPIO

Voto	Frequenza F	Frequenza relativa percentuale $f_{\%}$
4	3	30%
5	1	10%
6	2	20%
7	4	40%

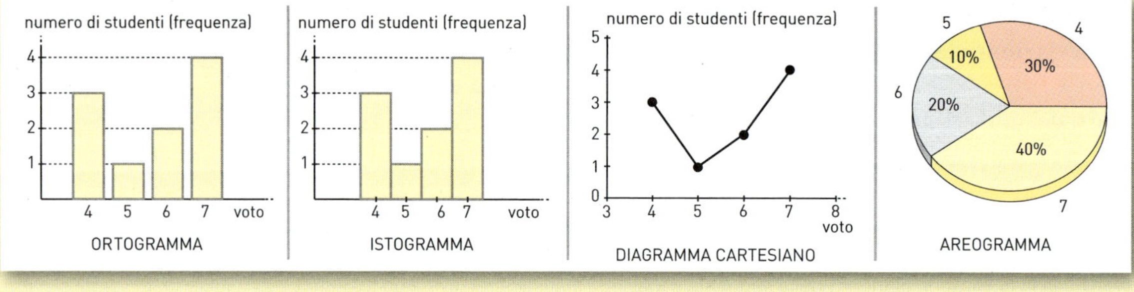

Gli indici di posizione centrale

Indici di posizione centrale sono la media, la mediana e la moda.
La **media aritmetica** di una sequenza di n numeri è il quoziente fra la loro somma e il numero n.
La **media ponderata** di una sequenza di n numeri è il quoziente fra la somma dei prodotti di ciascun numero per il proprio peso e la somma dei pesi.

Se i numeri sono disposti in una sequenza ordinata, la **mediana** è il valore centrale quando n è dispari, o la media aritmetica dei due valori centrali quando n è pari.
La **moda** di una sequenza è il valore (o i valori) a cui corrisponde la frequenza massima.

Gli indici di variabilità

Il **campo di variazione** di una sequenza di numeri è la differenza fra il maggiore e il minore.
Lo **scarto semplice medio** è la media aritmetica dei valori assoluti degli scarti dei numeri dalla loro media aritmetica.
La **deviazione standard** è la radice quadrata della media aritmetica dei quadrati degli scarti dei numeri dalla loro media aritmetica.

CAPITOLO α ESERCIZI

1 I dati statistici

Teoria a p. α2

Popolazione, unità statistiche, carattere, modalità

1 SPIEGA PERCHÉ nella situazione seguente il carattere utilizzato è qualitativo: «Gli alunni di una classe sono stati classificati secondo il mezzo di trasporto con cui si recano a scuola».

2 ESERCIZIO GUIDA In una biblioteca viene effettuata un'indagine sulla durata del prestito dei libri. Quali sono la popolazione, le unità statistiche, il carattere e le modalità?

Possiamo assumere come popolazione di questa indagine le persone che frequentano la biblioteca; quindi l'unità statistica è il singolo utente della biblioteca. Il carattere da rilevare è la durata di un prestito; tale carattere è di tipo quantitativo. Le modalità potrebbero essere: da 1 a 7 giorni, da 8 a 15 giorni, da 16 a 30 giorni, oltre 30 giorni.

In ognuna delle seguenti indagini statistiche indica quali sono la popolazione, le unità statistiche e il carattere. Indica, inoltre, se il carattere è di tipo qualitativo o quantitativo e fai esempi di modalità possibili.

3 In una scuola viene svolta un'indagine sul peso degli studenti iscritti.

4 All'Università di Bologna è stata effettuata una rilevazione sui diversi tipi di scuola superiore da cui provenivano gli iscritti al primo anno.

5 A Milano è stata effettuata un'indagine sull'età delle persone che si sono recate allo stadio per il derby cittadino.

6 In un comune si svolge un'indagine sull'uso dei diversi mezzi di trasporto.

7 All'interno di un parco naturale viene fatta un'indagine sul tipo di uccelli presenti.

8 Un'indagine rileva il numero di partite pareggiate ogni anno nel campionato di calcio di serie A negli ultimi trent'anni.

9 In un'azienda viene fatta un'indagine sul tipo di abitazione dei dipendenti.

10 In una provincia è stata effettuata una rilevazione sul numero delle abitazioni occupate dai rispettivi proprietari.

11 INVALSI 2015 Andrea, Beatrice, Carlotta e Dario vogliono effettuare un'indagine statistica sui gusti musicali degli studenti delle scuole superiori della loro città.

- Andrea propone di intervistare tutti i 245 alunni delle classi quinte di due scuole superiori della città;
- Beatrice propone di intervistare un numeroso gruppo, scelto a caso, di ragazzi all'uscita da una discoteca della città;
- Carlotta propone di intervistare 200 studenti, scelti a caso tra tutti gli studenti delle scuole superiori della città;
- Dario propone di pubblicare le domande dell'intervista sul giornalino della sua scuola e di raccogliere le risposte pervenute.

In assenza di altre informazioni, il campione più rappresentativo per l'indagine è quello proposto da:

A Andrea   B Beatrice   C Carlotta   D Dario

ESERCIZI

Le tabelle di frequenza

12 ESERCIZIO GUIDA I dati che seguono si riferiscono all'età, in anni compiuti, di persone che hanno conseguito la patente presso un'autoscuola in un certo periodo. Compiliamo la tabella di frequenza e calcoliamo le frequenze relative, esprimendole anche in percentuale: 18, 20, 18, 19, 21, 24, 18, 30, 31, 24, 19, 20, 19, 18, 18, 18, 25, 22, 25, 24, 18, 19, 27, 21, 32, 28, 18, 21, 24, 23, 25, 30, 18, 23.

Raggruppiamo i dati in tre classi (estremi inclusi): 18-22, 23-27, 28-32.

Contiamo poi il numero delle persone per ogni classe e compiliamo la tabella.

Classi	Numero di persone
18-22	19
23-27	10
28-32	5
Totale	*34*

Ovviamente avremmo potuto anche scegliere classi diverse.

Per calcolare le frequenze relative, dividiamo il numero di persone di ogni classe per il numero totale. Otteniamo i seguenti valori (approssimati):

età: 18-22: $\frac{19}{34} = 0,56$;

23-27: $\frac{10}{34} = 0,29$;

28-32: $\frac{5}{34} = 0,15$.

Le frequenze percentuali si ottengono moltiplicando per 100 le frequenze relative calcolate:

età: 18-22: $0,56 \cdot 100 = 56\%$;

23-27: $0,29 \cdot 100 = 29\%$;

28-32: $0,15 \cdot 100 = 15\%$.

Per ognuno dei seguenti esercizi raggruppa i dati in classi, compila la tabella di frequenza, poi calcola le frequenze relative e percentuali.

13 ●○ Pioggia caduta quotidianamente nel mese di marzo in una certa località, espressa in millimetri: 2, 3, 3, 4, 6, 8, 5, 5, 0, 0, 0, 1, 1, 4, 2, 5, 1, 0, 0, 0, 1, 2, 2, 0, 1, 0, 1, 2, 4, 0, 3.

14 ●○ Numero delle autovetture noleggiate quotidianamente da una società nel corso di un mese: 4, 10, 12, 25, 20, 22, 25, 13, 12, 12, 10, 20, 25, 25, 10, 10, 13, 10, 10, 22, 22, 20, 13, 12, 10, 14, 13, 2, 5, 8.

15 ●○ INVALSI 2005 A un Esame di Stato i candidati hanno conseguito il diploma con i seguenti punteggi (in centesimi):

Punteggio	60	64	70	72	78	80	84	88	94	100
N. di candidati	1	2	4	1	2	5	3	2	3	2

Per poter partecipare a un concorso occorre aver conseguito il diploma con un punteggio di almeno 80/100. Qual è la percentuale dei candidati che può partecipare al concorso?

A 20% B 50% C 60% D 80%

16 ●● EUREKA! **È l'ora del caffè** Una macchina riempie scatole di capsule di caffè. Si effettua un controllo della quantità di caffè contenuta in 20 capsule confezionate singolarmente per verificare se è possibile indicare 240 g come il contenuto complessivo delle confezioni da 30 capsule. I valori rilevati in g sono:

8,1; 7,8; 8,8; 7,9; 7,9; 8,1; 8,0; 8,0; 7,7; 7,4; 8,1; 8,6; 8,3; 8,0; 7,9; 8,3; 8,3; 8,1; 7,9; 7,7.

a. Effettua lo spoglio dei dati utilizzando 4 classi di intervallo.

b. Determina le frequenze e le frequenze relative.

c. Ritieni che sia corretto indicare 240 g come contenuto della confezione?

17 ●● ESEMPIO DIGITALE I cani pastore scozzesi (Collie) presentano fra le caratteristiche proprie della loro razza un'altezza media di 60 cm. In un allevamento sono state misurate le altezze e si sono ottenuti i seguenti valori espressi in cm.

58,1	60,8	61,7	60,5	61,4	60,1	60,2	55,5	63,5	59,3	56,2	59,3	58	60,2	55,3
55,5	58,9	59,2	53,0	59,7	58,9	59,1	56,2	57,7	58,3	59,6	61	61,7	57,7	62,1
58,8	56,3	64,9	59	56,2	54,9	54,8	61,2	62,7	59,4	63,6	59,5	60,2	61,7	62,9

a. Effettua lo spoglio delle unità statistiche con classi di ampiezza 2 cm.
b. Individua la classe che ha la frequenza maggiore.
c. Calcola quanti cani hanno un'altezza inferiore a 59 cm o superiore a 61 cm.
d. I valori esaminati confermano la caratteristica tipica dell'altezza? Motiva la tua risposta.

Serie e seriazioni statistiche

18 ●○ FAI UN ESEMPIO Fai almeno tre esempi di serie statistiche e tre di seriazioni statistiche.

19 ●● Una macchina produce ogni giorno dispositivi meccanici di precisione molto delicati e una percentuale variabile ogni giorno non è accettata in quanto difettosa. Sapendo che nel corso di una settimana lavorativa, dal lunedì al venerdì, i pezzi prodotti sono stati 150, 160, 200, 180 e 120, e che le percentuali di pezzi scartati sono state 20%, 15%, 25%, 15% e 10%, determina le serie delle frequenze assolute dei dispositivi conformi alle specifiche e di quelli non accettati.

COMPLETA le tabelle degli esercizi seguenti.

20 ●○ In una biblioteca sono presenti 1200 volumi.

Genere	Quantità	Percentuale
Gialli	☐	30%
Fantascienza	180	☐
Narrativa	☐	35%
Avventura	240	☐

21 ●○ Un negozio di abbigliamento ha venduto un modello di cappotto nelle varie taglie.

Taglia	Numero	Percentuale
46	☐	10%
48	15	25%
50	21	☐
52	☐	☐

2 La rappresentazione grafica dei dati

▶ Teoria a p. α8

22 ●○ VERO O FALSO?

a. Negli istogrammi l'altezza dei rettangoli è proporzionale alla frequenza. V F
b. Il poligono delle frequenze mette in risalto la forma della distribuzione del fenomeno. V F
c. I diagrammi cartesiani sono utilizzati solo per rappresentare seriazioni statistiche con modalità quantitative continue. V F
d. In un cartogramma le frequenze o le intensità di un fenomeno vengono fatte corrispondere a segni convenzionali o a colori diversi secondo una legenda convenzionale. V F
e. L'areogramma è utilizzato solo per rappresentare serie storiche. V F

In ognuno dei seguenti esercizi, dopo aver compilato la tabella di frequenza e calcolato le percentuali, rappresenta graficamente i dati.

23 Età dei partecipanti a un convegno di agenti di commercio:
38, 40, 41, 40, 43, 40, 40, 40, 42, 43, 45, 43, 48, 46, 45, 48, 50, 51, 40, 42, 40, 40, 42, 45, 43, 43, 46, 48, 48, 41, 50, 48, 46, 46, 43, 44, 44, 46.

24 La crescita di piante ornamentali, espressa in centimetri al mese:
10, 12, 11, 8, 9, 8, 8, 10, 11, 12, 15, 15, 8, 20, 20, 10, 16, 16, 9, 9, 10, 10, 10, 10, 11, 12, 12, 12, 18, 18, 18, 9, 9, 15, 15, 16, 16, 15, 16, 16, 15, 16, 16, 16, 9, 9, 8, 11, 16, 12, 20, 18, 18, 18, 20, 22, 20.

25 Voti conseguiti nell'ultimo compito di matematica in una classe:
6, 7, 6, 7,5, 7, 4, 5, 5,5, 6, 8, 8,5, 3, 4, 4,5, 5, 6, 7, 7,5, 8, 5, 6, 7, 8, 9.

26 Le consonanti presenti nei nomi di 5 dei tuoi compagni di classe.

27 Le altezze di un gruppo di giocatori di pallacanestro, espresse in centimetri:
190, 185, 195, 190, 192, 195, 198, 186, 198, 197, 191, 200, 201, 192, 193, 195, 196.

28 ESEMPIO DIGITALE Un'azienda avicola ripartisce la produzione di uova in quattro categorie. È stata cambiata la marca del mangime e viene confrontata la produzione prima del cambiamento con quella successiva, esaminando la produzione di 80 uova con entrambi i mangimi. Confronta graficamente le due produzioni.

Categoria	I	II	III	IV
Mangime A	12	25	30	13
Mangime B	8	30	36	6

29 La serie storica studia l'andamento del numero dei correntisti presso un'agenzia bancaria in un Comune dove quell'agenzia nei primi tre anni ha operato in condizioni di monopolio.

Anni	2005	2006	2007	2008	2009	2010	2011
N. correntisti	63	89	115	72	95	118	125

Effettua la rappresentazione grafica dell'andamento con un diagramma cartesiano.

Fai la rappresentazione grafica che ritieni più opportuna per i dati contenuti nelle seguenti tabelle.

30 Abitanti di un quartiere suddivisi per titolo di studio.

Titolo di studio	Numero
Licenza elementare	350
Licenza di scuola media	620
Diploma di maturità	550
Laurea	102

31 Studenti di una classe suddivisi per statura.

Statura (cm)	Studenti
141-145	4
146-150	8
151-155	6
156-160	4
161-165	2
oltre 165	1

32 Contravvenzioni per eccesso di velocità effettuate su una strada di rilevante traffico nel corso di un anno, suddivise in base al mese in cui sono state notificate.

Mese	gen.	feb.	mar.	apr.
N. contravvenzioni	15	18	30	20
Mese	mag.	giu.	lug.	ago.
N. contravvenzioni	15	40	16	10
Mese	set.	ott.	nov.	dic.
N. contravvenzioni	14	18	20	23

33 INVALSI 2004 La tabella mostra la superficie delle varie province della Campania.

Provincia	Superficie (km^2)	Legenda
Avellino	2792	bianco
Benevento	2071	tratteggio obliquo
Caserta	2639	grigio chiaro
Napoli	1171	quadrettato
Salerno	4922	grigio scuro

Quale dei seguenti diagrammi descrive graficamente i dati della tabella?

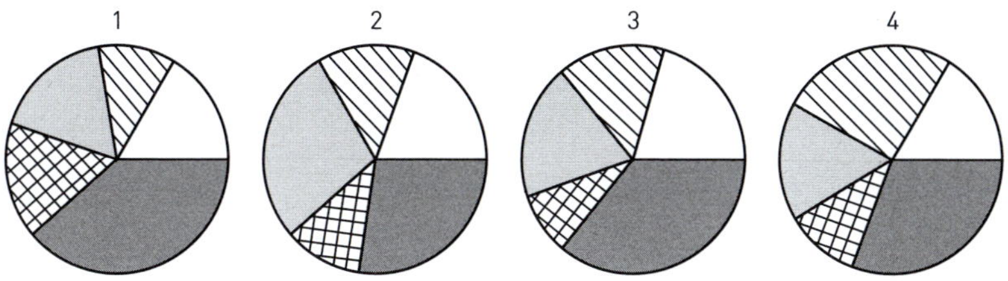

A 1

B 2

C 3

D 4

34 INVALSI 2015 Un sondaggio condotto su un gruppo di 51 studenti sul numero di televisori presenti in casa ha dato i seguenti risultati.

N. di televisori in casa	N. di studenti
1	10
2	15
3	18
4	8
Totale	*51*

a. Quale percentuale di studenti ha in casa meno di 3 televisori?

Risposta: ____ %

b. Dalla tabella iniziale è stato ricavato il seguente grafico «a settori circolari». Associa a ciascun settore il numero di televisori presenti in casa.

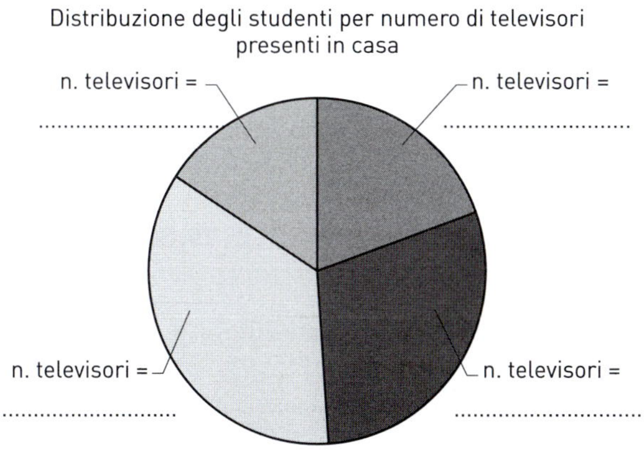

35 COMPLETA la tabella seguente, dove sono riportate le risorse di un Paese; poi rappresenta i dati mediante un areogramma.

Attività	Percentuale	Ampiezza del settore
Industria	45%	
Agricoltura	30%	
Servizi	15%	
Altro	10%	

MATEMATICA AL COMPUTER

La valutazione di una verifica Per valutare una verifica svolta da 20 studenti, imposta un foglio elettronico che:

a. permetta di registrare i voti ottenuti;
b. dia in uscita le frequenze dei voti raggruppati in classi;
c. rappresenti la situazione con un areogramma.

Risoluzione – 4 esercizi in più.

ESERCIZI

36 ●● EUREKA! **Chi produce più grano?** I seguenti cartogrammi sono relativi alla resa per ettaro del grano duro e alla superficie coltivata a grano duro in Italia nel 2008. (Fonte: elaborazione BMTI su dati ISTAT.)

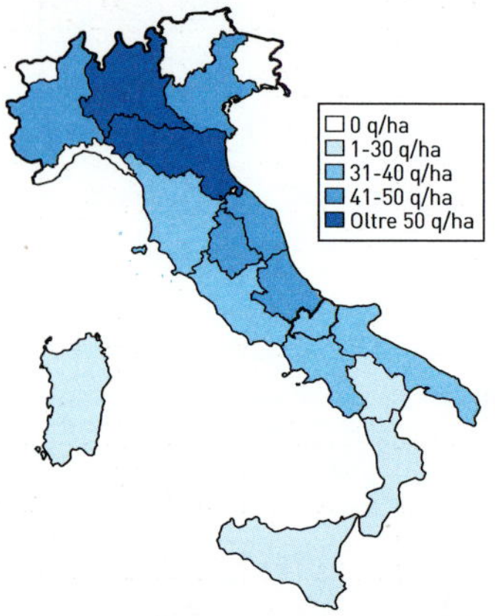

a. Quali regioni hanno una resa più alta di produzione per ettaro?

b. Compila una seriazione statistica del numero delle regioni secondo la produzione per ettaro.

c. Quali regioni hanno una superficie maggiore destinata alla coltivazione di grano duro?

d. Compila una seriazione statistica del numero delle regioni secondo la superficie destinata al grano duro.

e. Quale situazione apparentemente contraddittoria viene messa in evidenza?

3 Gli indici di posizione centrale

▶ Teoria a p. α11

La media aritmetica

37 ●○ Determina la media aritmetica delle seguenti sequenze di numeri.

a. 6; 14; 8; 23; 4.

b. $3 \cdot 10^{-2}$; $5 \cdot 10^{-3}$; $2 \cdot 10^{-2}$.

c. 2,4; 1,3; 5,6; 4,9.

d. 2; 0; 2; 0.

e. -2; -1; 0; 1; 2.

f. -7; 3; -4; $-1{,}3$; 5,4; 6,3.

[a) 11; b) $1{,}8\overline{3} \cdot 10^{-2}$; c) 3,55; d) 1; e) 0; f) 0,4]

38 ●○ Sono dati i seguenti numeri: 3, 6, 9, 12, 15.

a. Calcola la media aritmetica, indicandola con M.

b. Se ogni numero viene aumentato di 3, anche il valore di M risulta aumentato di 3?

c. Che cosa succede alla media M se ogni numero viene diminuito di 3?

[a) $M = 9$; b) sì, $M = 12$; c) $M = 6$]

39 ●○ Uno studente universitario ha ottenuto nei suoi primi esami i seguenti voti: 24, 28, 25, 29, 30, 18.

a. Qual è la media dello studente?

b. Quale voto avrebbe dovuto ottenere nell'ultimo esame affinché la media fosse 26?

c. Quale voto dovrà ottenere nel prossimo esame per portare la media a 26?

[a) $25,\overline{6}$; b) 20; c) 28]

40 Alcuni amici hanno conseguito nello scrutinio finale i voti riportati nella tabella a lato.

a. Calcola la media aritmetica dei voti di ogni studente.

b. Calcola la media aritmetica dei voti per ogni materia.

Alunno	Italiano	Storia	Matematica	Fisica	Scienze
Luca	7	6	8	6	5
Sara	4	5	6	6	5
Marco	5	6	6	7	7
Elisa	6	6	7	7	8

41 INVALSI 2012 In una stazione meteorologica sulle Alpi sono state registrate le temperature alle ore 8:00 per una settimana e riportate nella tabella qui a lato. Calcola la media aritmetica delle temperature riportate in tabella.

Giorno	Temperatura alle 8:00
lunedì	−7 °C
martedì	−3 °C
mercoledì	+1 °C
giovedì	−5 °C
venerdì	0 °C
sabato	+3 °C
domenica	−3 °C

42 EUREKA! **Togliendo 10**

a. La media aritmetica di 11 numeri è 4850. Se ciascuno degli 11 numeri viene diminuito di 10, la loro media diventa:

A 4740.
B 4840.
C 4830.
D 4850.
E i dati del problema non sono sufficienti a determinarla.

b. Generalizza la soluzione.

(*Giochi di Archimede*, 2012)

La media ponderata

43 ESERCIZIO GUIDA Due amici, A e B, partecipano a un concorso sostenendo quattro prove. A ogni prova vengono assegnati un punteggio e un peso diverso, come indicato nelle tabelle. Per superare il concorso bisogna riportare una media ponderata superiore a 18. Chi supera il concorso?

A	Prova 1	Prova 2	Prova 3	Prova 4
Punteggio	27	22	25	16
Peso	2	4	1	3

B	Prova 1	Prova 2	Prova 3	Prova 4
Punteggio	24	26	27	18
Peso	2	4	1	3

Media ponderata del candidato A:

$$M_A = \frac{27 \cdot 2 + 22 \cdot 4 + 25 \cdot 1 + 16 \cdot 3}{2+4+1+3} = 21,5.$$

Media ponderata del candidato B:

$$M_B = \frac{24 \cdot 2 + 26 \cdot 4 + 27 \cdot 1 + 18 \cdot 3}{2+4+1+3} = 23,3.$$

Entrambi i candidati superano il concorso.

44 Sono dati i numeri 10, 12, 15, 13, 20 e i rispettivi pesi 1, 2, 3, 4, 5.

a. Calcola la media ponderata.

b. Aggiungi 20 a ogni numero, poi calcola nuovamente la media ponderata.

c. Confronta le due medie ponderate.

[a) 15,4; b) 35,4]

ESERCIZI

COMPLETA

45 In ciascuna riga della tabella determina la media ponderata dei numeri, a fianco dei quali abbiamo scritto i rispettivi pesi.

Numeri	Pesi	Media ponderata
2; 7; 9; 1.	1; 4; 4; 1.	
2; 7; 9; 1.	4; 1; 1; 4.	
3; 6; 9; 12; 24.	8; 6; 4; 2; 1.	
3; 6; 9; 12; 24.	1; 2; 4; 6; 8.	
1; −2; 2; 0; −1.	3; 1; 7; 5; 2.	

46 Compila la tabella che segue e calcola la media ponderata per gli studenti di una classe suddivisi secondo il loro peso in kilogrammi.

Classi di peso	Frequenza	Valore centrale
50-55	7	
55-60	10	
60-65	8	
65-70	3	

[58,75]

47 Un'azienda spende per gli stipendi del personale le seguenti quote mensili: 920 € per 12 operai, 1240 € per 8 tecnici, 1350 € per 4 impiegati e 1950 € per 2 dirigenti.
Qual è lo stipendio medio pagato dall'azienda? [1163,85 €]

48 INVALSI 2014 Lo stesso test di matematica è stato proposto a due diversi gruppi di studenti. Il primo gruppo, composto da 20 studenti, ha ottenuto un punteggio medio di 85 e il secondo, composto da 80 studenti, ha ottenuto un punteggio medio di 65. Qual è il punteggio medio ottenuto dai 100 studenti dei due gruppi? Scrivi i calcoli che fai per trovare la risposta e poi riporta il risultato. ______

49 ESEMPIO DIGITALE A un concorso 200 candidati hanno dovuto rispondere a 50 quesiti. Le risposte esatte hanno avuto la distribuzione mostrata in tabella.
Effettua la rappresentazione grafica e determina la media delle risposte esatte.

Risposte esatte	0-10	10-20	20-30	30-40	40-50
N. candidati	8	25	34	95	38

50 INVALSI 2011 La tabella riporta il peso alla nascita, suddiviso in 4 classi, di 30 neonati.
Quale delle seguenti espressioni devi usare per trovare il peso medio dei 30 neonati?

Classi di peso	N. neonati
da 1 kg e fino a 2 kg	7
più di 2 kg e fino a 3 kg	8
più di 3 kg e fino a 4 kg	12
più di 4 kg e fino a 5 kg	3

A $\frac{1,5+2,5+3,5+4,5}{30}$

B $\frac{7+8+12+3}{4}$

C $\frac{1,5\cdot 7+2,5\cdot 8+3,5\cdot 12+4,5\cdot 3}{30}$

D $\frac{1,5\cdot 7+2,5\cdot 8+3,5\cdot 12+4,5\cdot 3}{4}$

MATEMATICA INTORNO A NOI

La velocità media Un'auto di Formula 1 è impegnata, per un test, a percorrere 30 giri di un circuito: percorre i primi 15 a una velocità media di 150 km/h e gli altri 15 a una velocità media di 210 km/h.

a. Qual è la velocità media della vettura sui 30 giri?
b. Il risultato cambierebbe se i giri percorsi fossero 22 a 150 km/h e 22 a 210 km/h?

Risoluzione – Approfondimento: Non esiste solo la media aritmetica – 3 esercizi in più.

La mediana

51 Determina la mediana dei seguenti gruppi di numeri:

a. 4; 1; 4; 1; 3; 8; 10.

b. 21; 3; 18; 7; 15; 12; 1.

c. −2; 3; − 5; 0; 1; 4; 7.

d. 22; 28; 30; 40.

[a) 4; b) 12; c) 1; d) 29]

52 Scrivi sei numeri tali che la loro media aritmetica sia 10 e la loro mediana 8.

53 Scrivi tre numeri tali che la loro media sia 8 e la loro mediana 10.

54 ESEMPIO DIGITALE È data la distribuzione del numero dei dipendenti di un'impresa industriale assenti per malattia nel corso del mese di maggio 2012. Determina la mediana.

N. giorni assenza	2	3	4	5	6	7
N. dipendenti	5	4	8	7	4	2

La moda

Determina la moda delle seguenti sequenze di numeri.

55 a. 1; 4; 3; 1; 1; 2; 4; 1, 3; 5; 3.

b. 21; 18; 16; 21; 19; 16; 18; 16; 21; 18; 16.

[a) 1; b) 16]

56 a. 18; 19; 21; 18; 19; 18; 17; 19; 20; 19.

b. −5; 0; 1; − 2; − 3; 0; 1; − 2; − 2.

[a) 19; b) − 2]

Riepilogo: Gli indici di posizione

57 Inventa una sequenza di numeri tali che abbiano media, moda e mediana diverse tra loro e una sequenza con moda e mediana coincidenti.

58 Nella gara dei 100 metri maschili disputata durante le Olimpiadi di Sydney nel 2000, i finalisti hanno registrato i seguenti tempi (in secondi): 9,87, 9,99, 10,04, 10,08, 10,09, 10,13, 10,17. Calcola la media aritmetica e la mediana.

[10,0529 s; 10,08 s]

59 COMPLETA la seguente tabella.

Dati	Media	Moda	Mediana
2, 4, 5, 7, 5, 3, 8			
13, 15, 12, 13, 20, 9			

Per ognuna delle seguenti serie di dati, calcola la media aritmetica, la mediana e la moda.

60 Numero di biglietti venduti in un cinema nei diversi giorni della settimana:
250, 280, 300, 320, 250, 500, 600. [357,1; 300; 250]

61 Numero di scooter venduti in ciascuna delle ultime dieci settimane da un concessionario:
10, 20, 6, 8, 4, 6, 6, 8, 10, 10. [8,8; 8; 10 e 6]

62 Tempo (in minuti) impiegato da alcuni ragazzi a percorrere un tracciato di corsa campestre:
10, 8, 8, 9, 9, 8, 8, 9, 9, 9, 9, 8. [$8,\overline{6}$; 9; 9]

63 Il cambio fra euro e dollaro nel corso di nove giorni è stato 1,2874; 1,2796; 1,2805; 1,2834; 1,2812; 1,2798; 1,2932; 1,2897; 1,2936. Determina la mediana.

[1,2834]

RISOLVIAMO UN PROBLEMA

I furti

In una regione italiana, in due anni successivi, è avvenuto il numero di furti indicati in tabella. Devi scrivere un articolo per un giornale sull'aumento dei furti.

- Per comunicare con maggior efficacia i dati della tabella, decidi di inserire un grafico all'interno dell'articolo. Determina quale dei grafici proposti è più opportuno utilizzare.

anno	numero furti
2011	507
2012	515

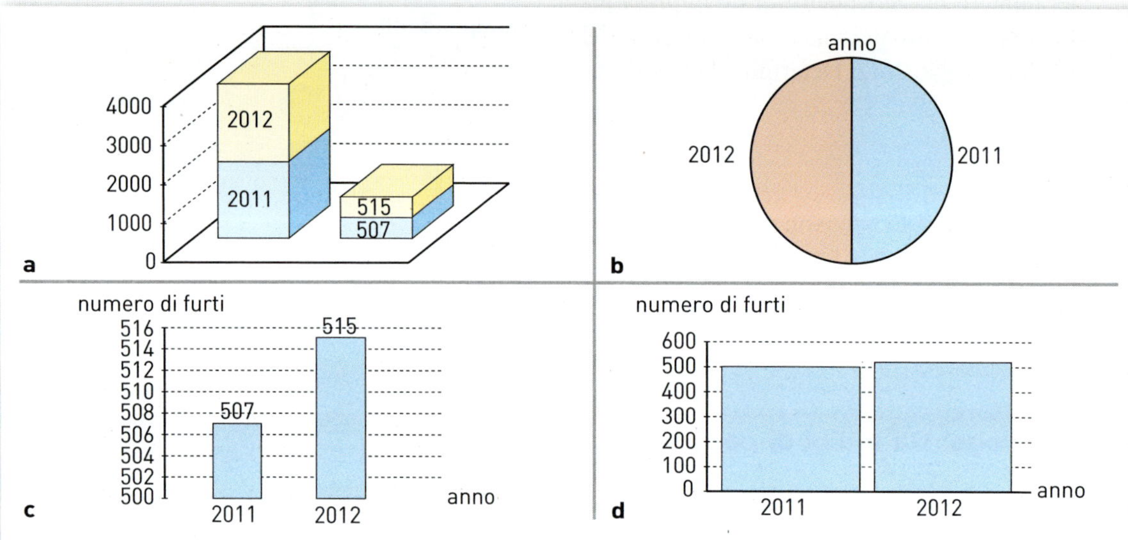

- Nell'articolo vengono forniti anche i seguenti dati:
  - tra il 2012 e il 2013 i furti sono diminuiti di 35 unità;
  - nel 2014 e nel 2015 ci sono stati complessivamente 1012 furti;
  - il numero di furti del 2015 è stato identico a quello del 2012.

  Costruisci una tabella con i dati relativi ai furti dal 2011 al 2015.

- Utilizzando esclusivamente i dati della tabella, determina quali fra le seguenti affermazioni sono vere e quali sono false.
  a. Nel quinquennio considerato, ogni anno sono avvenuti in media più di 500 furti.
  b. Il numero di furti aumenta ogni anno rispetto al precedente.
  c. Nel 2013 ci sono stati pochi furti perché i ladri che avevano rubato nel 2012 erano in prigione.
  d. Il numero di furti di ogni anno non si è mai discostato più del 5% dalla media del numero di furti del quinquennio.

- Costruisci un grafico che rappresenti i dati relativi al numero di furti del quinquennio considerato, tenendo conto che il diagramma deve essere:
  - coerente con i dati disponibili e sufficientemente preciso;
  - facilmente leggibile.

▶ **Stabiliamo quale grafico è più opportuno.**

Analizziamo ciascun grafico.
Il grafico **a** mette sullo stesso asse orizzontale sia gli anni sia il numero di furti, pertanto non ha significato.
Il grafico **b** suddivide i furti sui due anni, avrebbe significato solo se volessimo fare un confronto fra i due anni. Anche in questo caso tuttavia, poiché il numero dei furti non si discosta molto, la rappresentazione è di difficile lettura.
Il grafico **c** fornisce una rappresentazione corretta dei dati, mettendo sull'asse orizzontale gli anni e sull'asse verticale il numero dei furti.
Anche il grafico **d** è corretto, ma la scelta della scala sull'asse verticale è poco efficace per rappresentare i dati.

▶ **Costruiamo la tabella con i dati relativi ai furti dal 2011 al 2015.**

I dati relativi ai primi due anni sono rispettivamente 507 e 515.
Per calcolare i furti nel 2013, utilizziamo la prima informazione che ci dice che nel 2013 i furti sono stati 35 in meno che nel 2012. Quindi:

$$515 - 35 = 480.$$

Il numero dei furti nel 2015 è stato uguale a quelli nel 2012, quindi 515.
Nel 2014 i furti si calcolano:

$$1012 - 515 = 497.$$

Riportiamo i dati in tabella.

Anno	N. furti
2011	507
2012	515
2013	480
2014	497
2015	515

▶ **Determiniamo quali affermazioni sono vere e quali false.**

Per rispondere alla domanda **a.** calcoliamo la media:

$$M = \frac{507 + 515 + 480 + 497 + 515}{5} = 502{,}8.$$

L'affermazione è vera.

L'affermazione **b.** è falsa perché dalla tabella si deduce che nel 2013 c'è stata una diminuzione dei furti.

L'affermazione **c.** è falsa. Dalle informazioni date non si può stabilire se l'affermazione sia vera o falsa, perciò non è vero quanto si afferma.

Per quanto riguarda l'affermazione **d.**, lo scostamento percentuale per ciascun anno si calcola trovando la differenza fra il numero dei furti e la media, dividendo poi il risultato per 502,8 e moltiplicandolo successivamente per 100.

2011: $507-502{,}8=4{,}2$;

$$\left(\frac{4{,}2}{502{,}8}\right)\cdot 100 = 0{,}8\%$$

2012: $515-502{,}8=12{,}2$;

$$\left(\frac{12{,}2}{502{,}8}\right)\cdot 100 = 2{,}4\%$$

2013: $480-502{,}8=-22{,}8$;

$$\left(-\frac{22{,}8}{502{,}8}\right)\cdot 100=-4{,}5\%$$

2014: $490-502{,}8=-12{,}8$;

$$\left(-\frac{12{,}8}{502{,}8}\right)\cdot 100=-2{,}6\%$$

2015: il numero dei furti è uguale all'anno 2012, perciò lo scostamento è uguale a 2,4%.
Lo scostamento percentuale dalla media è sempre inferiore al 5%, perciò l'affermazione è vera.

▶ **Costruiamo il grafico richiesto.**

Un grafico che soddisfa le richieste è simile al grafico **c**, in cui si considerano i 5 anni e la scala deve partire da un valore inferiore a 500 per tenere conto dei valori relativi agli anni 2013 e 2014.
Si può poi suddividere la scala in intervalli di 10.

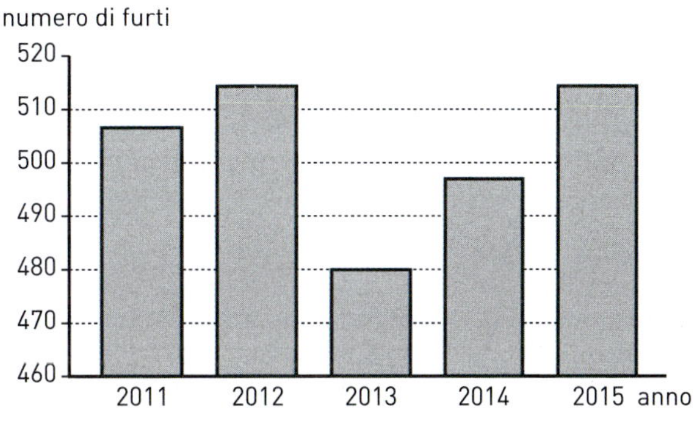

64 INVALSI 2014 Osserva la seguente tabella, che riporta la distribuzione di frequenza degli stipendi mensili dei dipendenti di un'azienda.

Indica se ciascuna delle seguenti affermazioni è *vera* (V) o *falsa* (F).

a. La moda della distribuzione è 145. V F

b. La mediana della distribuzione è 1300 euro. V F

c. La media aritmetica della distribuzione è minore di 1800 euro. V F

Stipendio (in €)	N. dipendenti
1000	12
1300	145
1800	20
3500	8
5000	6

65 YOU & MATHS **Non-smoking mothers** Below is a table with the numbers of non-smoking mothers in one year at delivery in a small town called Pureville. Calculate the average age of the non-smoking mothers in Pureville. What is their median age?

Age	21	22	23	24	25	26	27	28	29	30	31	32	33	34	35
Number	7	8	9	10	12	3	2	5	4	5	2	4	2	0	1

66 Il resoconto mensile delle vendite di quattro negozi di elettrodomestici, facenti parte della stessa catena commerciale, è il seguente:

Negozio	Lavatrici	Lavastoviglie	Televisori	Forni
A	25	15	20	8
B	5	10	15	2
C	12	18	12	10
D	18	8	32	6

Calcola la media aritmetica dei prodotti venduti:

a. per ogni negozio;

b. per ogni tipo di prodotto. [a) 17; 8; 13; 16; b) 15; 12,75; 19,75; 6,5]

67 Gli stipendi di 20 dipendenti di un'azienda sono stati suddivisi in classi (tabella a lato). Rappresenta i dati attraverso un istogramma e determina la media ponderata.

Classi di stipendio (€)	Frequenza
750-1000	6
1000-1250	8
1250-1500	4
1500-1750	2

[1150]

68 Considera la distribuzione relativa al numero di libri di testo che ogni studente della tua classe ha portato a scuola in un certo giorno. Calcola la media, la mediana e la moda. Confronta i tre valori e spiega a parole il loro significato.

69 Come nell'esercizio 68, ma con il numero di quaderni che ogni studente ha portato a scuola in un certo giorno.

70 Come nell'esercizio 68, ma con il numero di quaderni che tu hai portato a scuola nei 6 giorni della settimana.

MATEMATICA E STORIA

Quanti bambini nascevano a Londra nel '700? La tabella riporta il numero di battezzati a Londra all'inizio del '700. In prima approssimazione, possiamo interpretare questi dati come il numero di nati nella stessa città in quegli anni.

a. Quale tipo di rappresentazione useresti per visualizzare, e allo stesso tempo confrontare, il numero dei battezzati maschi e quello delle femmine, negli anni dal 1701 al 1710? Discuti la tua scelta con un compagno e assieme cercate almeno un altro tipo di grafico che soddisfi la richiesta.

b. Qual è il totale dei battezzati per ciascun anno? Che tipo di grafico utilizzeresti per rappresentare questi nuovi valori?

c. In media, quanti maschi sono stati battezzati ogni anno? E quante femmine? Qual è il numero annuale medio del totale dei battezzati?

d. Piero afferma: «Per trovare il numero annuale medio del totale dei battezzati, calcolo prima il numero medio dei maschi, poi il numero medio delle femmine; infine, faccio la somma dei due numeri che ho trovato». Secondo te, è corretto questo procedimento? Perché?

Anno	Maschi battezzati	Femmine battezzate
1701	8102	7514
1702	8031	7656
1703	7765	7683
1704	6113	5738
1705	8366	7779
1706	7952	7417
1707	8379	7687
1708	8239	7623
1709	7840	7380
1710	7640	7288

Risoluzione – Un esercizio in più – Attività di ricerca: Eventi storici e popolazione.

4 Gli indici di variabilità

Teoria a p. α15

Il campo di variazione

71 Determina il campo di variazione delle seguenti sequenze di numeri.

a. 10; 4; 1; 7; 9; 6.

b. 27; 12; 37; 48; 15.

c. 0; 3; − 4; 5; − 8.

d. − 5; − 7; − 1; − 2.

e. 4; 1; 3; 1; 3; 5.

f. − 5; − 5; − 5.

[a) 9; b) 36; c) 13; d) 6; e) 4; f) 0]

72 Confronta, insieme ai tuoi compagni di classe, i campi di variazione dei voti degli ultimi tre compiti di matematica.

73 Come nell'esercizio 72, ma per i voti dell'ultimo compito in classe di almeno tre materie diverse.

74 La quantità di mele (in kg) venduta in una settimana da un negoziante è indicata nella tabella.
Calcola il peso medio giornaliero di mele vendute e il campo di variazione. [26,1$\overline{6}$ kg; 20 kg]

Giorno	Lu	Ma	Me	Gi	Ve	Sa
kg di mele	18	23	28	25	25	38

75 INVALSI 2015 Una stazione meteorologica nelle Alpi ha misurato le temperature, in gradi centigradi (°C), durante un giorno di dicembre. I dati raccolti sono riportati nella tabella.

Ora	1	4	7	10	13	16	19	22
Temperatura	−8	−10	−10	−3	+1	−1	−3	−6

a. Qual è l'escursione termica, cioè la differenza tra la temperatura massima e la temperatura minima, nel giorno considerato?
Risposta: ____ °C.

b. Qual è la temperatura media T_M relativa alle misure riportate in tabella?
Risposta: T_M = ____ °C.

Lo scarto semplice medio

76 Determina lo scarto semplice medio nelle seguenti sequenze di numeri.

a. 2; 4; 7; 12; 21.
b. 2; 0; 1; 1; 2; 0.
c. 3; 3; 3; 3; 3; 3.
d. −1; −2; −4; 1; 5; 4.
e. −20; −12; −5; 0; 2; 8; 34.
f. 3; 5; 3; 6; 3; 1.

[a) 5,84; b) $0,\overline{6}$; c) 0; d) $2,8\overline{3}$; e) 11,71; f) $1,\overline{3}$]

77 Nelle seguenti sequenze di numeri, verifica che la media aritmetica degli scarti, non in valore assoluto, è uguale a 0.

a. 5; 3; 4; 6; 8; 1.
b. −3; −4; 1; −7; 2; 9.

78 Calcola la media e lo scarto semplice medio del numero di viaggiatori che hanno utilizzato il treno nel corso di una settimana in un determinato tratto della linea ferroviaria.

Giorno	Lu	Ma	Me	Gi	Ve	Sa	Do
Viaggiatori	205	200	270	280	320	180	88

[220; 59,57]

79 Nella tabella seguente è riportata la distribuzione del numero dei figli dei dipendenti di un'impresa; calcola lo scarto semplice medio.

Figli	0	1	2	3	4
Frequenza	5	18	11	4	2

[0,825]

80 Si è rilevato il consumo di pane in kg in un campione di 30 persone; calcola lo scarto semplice medio.

Consumo pane (kg)	0-0,2	0,2-0,4	0,4-0,6	0,6-0,8	0,8-1
N. persone	4	18	4	3	1

[0,141 kg]

La deviazione standard

81 ESERCIZIO GUIDA In un'impresa di confezioni si sono impiegati i seguenti tempi, espressi in minuti, per effettuare il controllo di qualità della produzione:

12, 14, 13, 10, 17, 11, 19, 15, 16, 18.

Considerando i tempi impiegati, determiniamo:

a. il tempo medio;
b. il campo di variazione;
c. lo scarto semplice medio;
d. la deviazione standard.

a. Il tempo medio è la media aritmetica M dei tempi impiegati:

$$M = \frac{12+14+13+10+17+11+19+15+16+18}{10} = \frac{145}{10} = 14,5.$$

Il tempo medio è di 14,5 minuti.

b. Il campo di variazione è la differenza fra il valore massimo e il valore minimo:

$$19 - 10 = 9.$$

c. Per rispondere a questa domanda e alla successiva, disponiamo i dati nella prima colonna di una tabella, poi completiamo la tabella calcolando gli scarti, gli scarti in valore assoluto, i quadrati degli scarti.

Lo scarto semplice medio è:

$$S = \frac{25}{10} = 2,5.$$

d. La deviazione standard è:

$$\sigma = \sqrt{\frac{82,50}{10}} \simeq 2,87.$$

Tempo	Scarto	Scarto assoluto	Scarto al quadrato
12	−2,5	2,5	6,25
14	−0,5	0,5	0,25
13	−1,5	1,5	2,25
10	−4,5	4,5	20,25
17	+2,5	2,5	6,25
11	−3,5	3,5	12,25
19	+4,5	4,5	20,25
15	+0,5	0,5	0,25
16	+1,5	1,5	2,25
18	+3,5	3,5	12,25
totale 145	*0*	*25*	*82,50*

82 Calcola la deviazione standard delle seguenti sequenze di numeri.

a. 5; 7; 9; 11.

b. 0,3; 1,2; 3,2; 4,5; 6,3.

c. 1; 1; 1; 1.

d. 22; 25; 27; 30; 31.

e. −2; −3; −4; −7.

f. −1; 1; −2; 2; −3; 3.

[a) 2,24; b) 2,18; c) 0; d) 3,29; e) 1,87; f) 2,16]

83 Durante una settimana di misurazioni, una stazione di monitoraggio del campo elettromagnetico situata a Bologna ha rivelato i seguenti dati (il valore di riferimento normativo è 6 V/m):

Valore massimo misurato (V/m)	0,67	0,68	0,78	0,69
Frequenza	1	4	1	1

Calcola la deviazione standard della distribuzione descritta dalla tabella. [0,0357 V/m]

84 INVALSI 2012 **Martina ha ragione?** La professoressa Rossi vuole verificare il livello delle conoscenze in scienze nelle classi 1A e 1B. Decide di somministrare lo stesso test nelle due classi. Elaborando i punteggi del test, ottiene i seguenti risultati.

	Classe 1A	Classe 1B
Media aritmetica	6,5	6,5
Scarto quadratico medio (o deviazione standard)	1,1	2,3

La professoressa chiede a Martina, una sua alunna di 1B, di commentare i risultati ottenuti dagli alunni delle due classi. Martina afferma che i risultati indicano che gli alunni delle due classi hanno lo stesso livello medio di conoscenze, ma gli studenti della classe 1A hanno ottenuto complessivamente punteggi più vicini alla media. Martina ha ragione? Scegli una delle due risposte e completa la frase.

☐ Sì, perché... ☐ No, perché...

85 In occasione della finale dei 10 000 metri maschili dei Mondiali di Atletica 2007, si sono registrati i seguenti tempi a ogni passaggio ai 1000 metri:

2:44,15; 5:27,32; 8:12,93; 10:57,82; 13:42,98; 16:28,83; 19:12,74; 21:54,58; 24:35,57; 27:05,90.

Calcola il tempo medio impiegato per percorrere 1000 metri e la deviazione standard.
(SUGGERIMENTO I tempi sono espressi in minuti: secondi, centesimi di secondo. Per svolgere i calcoli può esserti utile trasformare tutti i tempi in centesimi di secondo.) [2:42,59; 0:04,35]

ESERCIZI

Riepilogo: Gli indici di posizione centrale e di variabilità

86 VERO O FALSO?

a. Il campo di variazione di una sequenza di valori è la differenza fra l'ultimo numero e il primo. V F

b. La media degli scarti dalla media ha valore nullo. V F

c. La somma dei quadrati degli scarti dalla media aritmetica è minore rispetto alla somma dei quadrati degli scarti da qualsiasi altro valore. V F

87 SPIEGA PERCHÉ la deviazione standard è definita come la media quadratica degli scarti.

88 All'esame di maturità sei amici hanno ottenuto i seguenti risultati: 78, 91, 84, 98, 69, 90.

a. Qual è la media dei punteggi?

b. Quale punteggio avrebbe dovuto ottenere l'ultimo candidato affinché la media fosse 86?

[a) 85; b) 96]

89 In un'azienda i valori relativi al numero di dipendenti per quattro anni successivi sono i seguenti: 178, 183, 185, 191. Calcola il tasso medio di variazione del numero di dipendenti.

[2,38%]

90 Un capitale è stato investito per 6 anni ai seguenti tassi: 4% per il primo anno, 3% per ognuno dei due anni successivi e 5% per ciascuno degli ultimi tre anni. Calcola il tasso medio di investimento.

[4,17%]

91 Nel campionato di calcio 2003/04 il Parma ha giocato 34 partite, realizzando 58 punti. I goal segnati sono stati 57, quelli subiti 46.

a. Calcola la media dei punti a partita.

b. Calcola la media dei goal segnati per partita e quella dei goal subiti.

[a) 1,71; b) 1,68; 1,35]

92 La tabella illustra la suddivisione per età dei partecipanti a un esame.

Età	Numero
19	11
20	8
21	4

Calcola l'età media dei partecipanti e confrontala con la media dei valori delle età. [19,7; 20]

93 La tabella riporta i voti nelle prove scritte di matematica di tre studenti.

Studente	Voti
A	4; 5; 7; 5,5
B	4,5; 6; 7; 6
C	7; 8; 6,5; 7

Calcola il campo di variazione e la media aritmetica per ogni studente.

[*A*: 3; 5,375; *B*: 2,5; 5,875; *C*: 1,5; 7,125]

94 Abbiamo investito per quattro giorni consecutivi € 10 000 nell'acquisto di azioni della Società Alfa. Il costo di un'azione nei quattro giorni è stato di € 8,25, € 7,92, € 7,88 e € 7,95. Calcola il costo medio pagato per azione. [€ 7,997]

95 Dato il tasso di incremento percentuale del prodotto nazionale lordo (PIL) di un certo Paese, determina il tasso medio di incremento.

Anno	2003	2004	2005	2006	2007
Tasso incremento	2,3	2,1	2,9	2,6	2,9

[2,56%]

96 ESEMPIO DIGITALE I tempi, in secondi, ottenuti in una gara di corsa dei 100 m tra 10 studenti sono stati i seguenti:

14,4; 13,5; 16,2; 15,8; 14,0; 15,2; 16,9; 15,6; 16,5; 15,0.

a. Verifica che la somma degli scarti dalla media è nulla e verifica con un esempio che la somma dei loro quadrati è minima.

b. Calcola la deviazione standard.

97 La durata in giorni del periodo di incubazione di una forma influenzale per 50 soggetti ha avuto la seguente distribuzione.

Giorni di incubazione	1	2	3	4	5	6
N. ammalati	2	5	18	13	10	2

Calcola il campo di variazione e lo scarto semplice medio. [5; 0,96]

---

98 COMPLETA la tabella e calcola la media ponderata. Gli studenti di una classe sono suddivisi secondo la loro altezza in centimetri.

Classe di altezza	Frequenza	Valore centrale
150-155	6	
155-160	11	
160-165	9	
165-170	4	

[$159,\overline{3}$]

99 Gli studenti di una classe sono stati suddivisi secondo il tempo settimanale dedicato allo sport.

N. ore	N. studenti
0-2	6
2-3	8
3-4	6
4-5	2
oltre 5	2

Ponendo la chiusura dell'ultima classe a 7, calcola la media aritmetica e la classe modale. [2,83; classe modale 2-3]

100 Un «lunedì nero» in Borsa ha fatto registrare in chiusura le seguenti perdite in percentuale: Tokyo $-4,84\%$, Hong Kong $-3,60\%$, Parigi $-2,73\%$, Francoforte $-2,85\%$, Zurigo $-3,19\%$, Londra $-2,29\%$, Milano $-2,07\%$, New York $-1,30\%$. Determina il campo di variazione e la variazione media. [3,54%; − 2,86%]

101 Data la tabella, relativa all'andamento dei prezzi di un prodotto, determina lo scarto semplice. [0,47]

Anno	Prezzo (€)
2004	5,31
2005	5,66
2006	5,80
2007	6,45
2008	6,68
2009	6,22
2010	6,84

102 In una certa località, nel corso di una giornata estiva sono state rilevate le seguenti temperature in gradi Celsius: 19,0; 22,5; 26,0; 28,0; 26,0; 21,0; 24,0; 27,5; 28,0; 24,0. Determina: la temperatura media, il campo di variazione (escursione termica), lo scarto semplice medio, la deviazione standard. [24,6 °C; 9,0 °C; 2,5 °C; 2,91 °C]

MATEMATICA INTORNO A NOI

La quotazione dell'oro Il mercato dell'oro è sempre influenzato dalla situazione economica, ma il prezzo di acquisto di questo metallo...

Problema e risoluzione.

VERIFICA DELLE COMPETENZE ALLENAMENTO

ANALIZZARE E INTERPRETARE DATI

Rappresentazione dei dati e indici di posizione centrale

TEST

1 I risultati di un'indagine sul colore dei capelli, raccolti su un campione di 40 persone, sono riportati nel seguente ortogramma. Qual è la frequenza relativa del carattere «capelli biondi»?

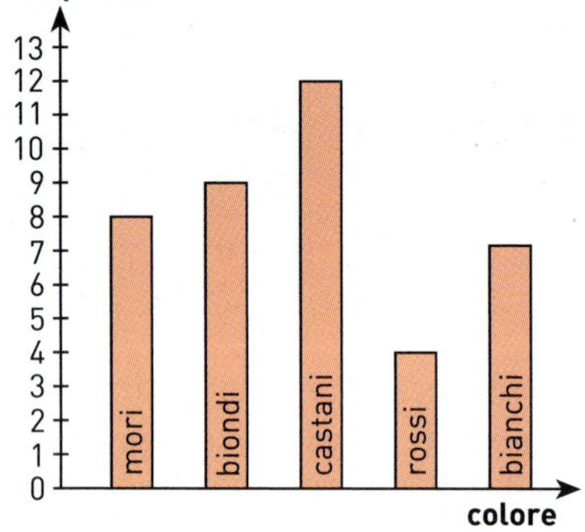

A 18,59%
B 12%
C 40%
D 22,5%
E 9%

2 In una stanza ci sono cinque persone che hanno un'età media di 32 anni. Se le età di quattro persone sono rispettivamente 25, 35, 40, 26, qual è l'età della quinta persona?

A 26
B 30
C 34
D 38
E 42

3 Un esame consiste in una prova di laboratorio, una prova orale e una prova scritta. Ai voti delle tre prove vengono assegnati rispettivamente i pesi 2, 3, 5. Un candidato riceve 8 nella prova di laboratorio, 6 nella prova orale e 7 nella prova scritta. Quanto vale la media aritmetica ponderata dei voti?

A 6,9
B 7,2
C 6,5
D 7,4
E 6,7

4 Della serie di dati 7, 5, 4, 2, 7, la media, la moda e la mediana sono rispettivamente:

A 5, 5, 5.
B 5, 7, 5.
C 5, 7, 4.
D 5, 5, 7.
E 7, 5, 4.

5 Dati due numeri generici x e y, attribuendo nell'ordine i pesi y e x, la media ponderata risulta:

A $\frac{x+y}{xy}$.
B $\frac{xy}{x+y}$.
C $\frac{2xy}{x+y}$.
D $\frac{x+y}{2}$.
E $\frac{xy}{2(x+y)}$.

6 INVALSI 2005 Il seguente grafico visualizza l'andamento delle temperature rilevate a mezzogiorno per una settimana (nel grafico L = lunedì, M = martedì, Mer = mercoledì ecc.) in due città italiane: Firenze (linea tratteggiata) e Napoli (linea continua).

Quale tra le seguenti affermazioni è *vera*?

A Per cinque volte, a mezzogiorno, a Napoli faceva più caldo che a Firenze.
B Da lunedì a venerdì, a mezzogiorno, a Napoli faceva più caldo che a Firenze.
C In tre giorni, a mezzogiorno, la temperatura nelle due città era la stessa.
D Nelle due città non si è mai registrata la stessa temperatura.

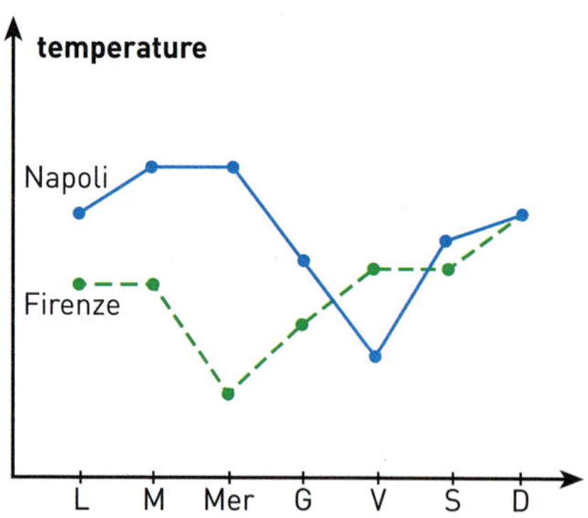

7 INVALSI 2002 I 4 grafici seguenti rappresentano l'andamento delle vendite effettuate da altrettanti venditori, nel corso di sette settimane.

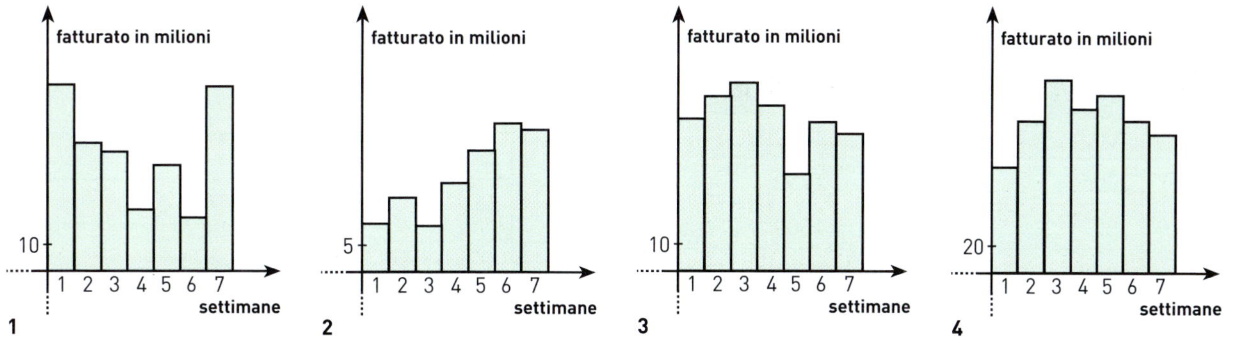

Qual è stato il miglior venditore?

A 1
B 2
C 3
D 4
E Non si può rispondere in base ai grafici.

8 Un gruppo di operai è stato intervistato sul tempo impiegato per recarsi da casa al lavoro. I dati raccolti, espressi in minuti, sono: 30, 15, 10, 25, 30, 15, 20, 60, 15, 120, 30, 15, 60, 30, 30. Calcola la media, la moda e la mediana dei tempi. [33,67; 30; 30]

9 Un gruppo di 16 studenti è stato intervistato sulle attività sportive praticate. I risultati sono i seguenti: calcio, tennis, ciclismo, calcio, pallacanestro, ciclismo, tennis, pallavolo, ciclismo, pallacanestro, calcio, tennis, pallavolo, pallacanestro, ciclismo, tennis. Raggruppa i dati e compila la tabella di frequenza; poi calcola le frequenze relative e percentuali.

10 Osserva la seguente tabella e rappresenta graficamente i dati utilizzando un istogramma.

Colore del tavolo da cucina	Bianco	Noce	Faggio	Nero
Frequenza	5	7	3	2

11 Le preferenze sul formato della pasta di 10 persone intervistate sono state riportate nella seguente tabella.

Formato	Pasta lunga	Pasta corta	Pastina
Frequenza	50%	30%	20%

Rappresenta graficamente, utilizzando un ortogramma, la situazione emersa dai dati.

Indici di variabilità

TEST

12 La deviazione standard è:

A il quadrato dello scarto semplice medio.
B la somma dei quadrati degli scarti dalla media.
C la radice quadrata dello scarto semplice medio.
D la radice quadrata della varianza.
E la radice quadrata della media.

13 Nella serie di dati 10, 12, 15, 8, 5, 10, lo scarto semplice medio e la deviazione standard sono rispettivamente:

A 2,34 e 2,38.
B 3,12 e 2,34.
C 2 e 3.
D 2,33 e 3,12.
E 2,33 e 3,11.

VERIFICA DELLE COMPETENZE

14 L'andamento della produzione di un'azienda è riepilogato nella tabella. Calcola il campo di variazione della produzione e lo scarto semplice medio.

Anno	Pezzi prodotti
2005	1500
2006	1750
2007	1600
2008	1550
2009	1700
2010	1750

[250; 91,67]

15 Il numero di copie di un quotidiano vendute nei diversi giorni della settimana è, in migliaia: 250, 245, 310, 245, 250, 245, 260. Calcola il numero medio di copie vendute ogni giorno e la deviazione standard. [257,86; 21,85]

16 I voti riportati da uno studente universitario sono:

Voto	Frequenza
18	2
23	2
25	8
26	4
28	7
30	1

Determina tutti i possibili indici di variabilità.

[campo variazione = 12; $S = 2$; $\sigma = 2{,}8$]

17 Considera i seguenti valori: 12, 17, 19, 8, 21, 14, 19, 12, 13. Calcola:

a. la media aritmetica;

b. il campo di variazione;

c. lo scarto semplice medio e la deviazione standard.

[a) 15; b) 13; c) $3,\overline{5}$; 4]

RISOLVERE PROBLEMI

18 Calcola la media dei voti che uno studente ha riportato nello scrutinio finale: italiano: 8; storia: 6; matematica: 6; fisica: 7; educazione fisica: 9; scienze: 6; inglese: 7; diritto: 6. Che voto avrebbe dovuto prendere in matematica per avere la media del 7? [6,875; 7]

19 Considera i mesi dell'anno non bisestile e a ogni mese associa il numero dei giorni. Determina la media, la moda e la mediana della sequenza di numeri così ottenuta. [30,42; 31; 31]

20 La quantità di pioggia caduta nei diversi mesi dell'anno, espressa in mm, è: 12, 13, 10, 15, 15, 12, 9, 2, 5, 6, 9, 10. Calcola il campo di variazione, la media e la deviazione standard.

[13; 9,8; 3,8]

21 Le età dei giocatori titolari di una squadra di rugby sono le seguenti: 23, 24, 24, 25, 23, 22, 29, 24, 26, 28, 25, 26, 26, 22, 22. Determina: l'età media, il campo di variazione, lo scarto semplice medio, la deviazione standard.

[24,6; 7; 1,71; 2,059]

22 TEST Michele si prepara all'ultimo compito in classe di matematica dell'anno; lo affronta con tranquillità, sapendo che se prenderà 10 avrà la media del 9, mentre prendendo 5 la media diverrà 8. Quanti compiti ha già fatto quest'anno Michele?

A 2

B 3

C 4

D 5

E I dati non sono sufficienti per dare la risposta.

(*Olimpiadi della matematica, Giochi di Archimede*, 2004)

23 Secondo una recente statistica, in Italia una persona ogni 76 è allergica alle fragole e, tra quelle che lo sono, 2 su 3 sono donne. Sulla base di queste informazioni, e supponendo che in Italia il numero di donne sia uguale a quello degli uomini, si può concludere che è allergico alle fragole un uomo ogni X uomini. Determinare X.

(*Olimpiadi della matematica, Gara provinciale*, 2004)

[114]

VERIFICA DELLE COMPETENZE PROVE

1 ora

PROVA A

1 Data la seguente tabella, effettua la rappresentazione grafica e calcola le frequenze relative.

Giorni di assenza per malattia (mese di febbraio 2014)	0	1	2	3	4	5
N. dipendenti	9	4	7	5	4	3

2 Data la seriazione statistica dell'esercizio 1, calcola la media aritmetica e la deviazione standard.

3 Nel corso di un mese si è rilevata la temperatura alle ore 12. Sono stati ottenuti i seguenti dati statistici: per 4 giorni 18 °C, per 5 giorni 21 °C, per 6 giorni 22 °C, per 7 giorni 23 °C e per 8 giorni 25 °C. Determina il valore della mediana e il campo di variazione.

4 A un estremo di una molla lunga 20 cm viene applicato un peso di 100 g per 8 volte successive. Le misure degli allungamenti in cm sono: 3,4; 3,5; 3,3; 3,6; 3,5; 3,4; 3,5; 3,4.
Calcola il campo di variazione, lo scarto semplice medio e la deviazione standard.

PROVA B

I tentacoli delle meduse

La forma del corpo di una medusa è quella di un ombrello con un'apertura nella parte inferiore dalla quale l'acqua e le sostanze nutritive entrano in una cavità digerente. Da qui partono i canali radiali che trasportano il nutrimento in tutto l'organismo.
Un campione formato da 50 meduse ha determinato la seguente distribuzione del numero dei canali radiali.

N. canali radiali	2	3	4	5	6	7	8
N. esemplari	2	4	8	18	12	4	2

a. Effettua la rappresentazione grafica della distribuzione delle frequenze.
b. Determina la media aritmetica, la mediana e la moda.
c. Calcola lo scarto semplice medio e la deviazione standard.
d. Indica per ciascuna delle seguenti affermazioni se è vera o falsa o se non si può ricavare dai dati conosciuti.

		V	F	Non si può ricavare
1.	38 meduse del campione hanno un numero di canali radiali che va da 4 a 6.			
2.	Gli indici di variabilità indicano una rilevante variabilità del fenomeno.			
3.	Nel campione le meduse con non più di 5 canali radiali sono 14.			
4.	Un campione da 100 meduse ha la stessa media aritmetica.			

I dati statistici

▶ Teoria a p. α4

Frequenza	F	
Frequenza relativa	$f = \frac{F}{n}$, n numero delle unità esaminate	

ESEMPIO

N. acquisti	0-5	oltre 5	Totale
F	37	163	200
f	18,5%	81,5%	100%

La rappresentazione grafica dei dati

▶ Teoria a p. α8

Ortogramma

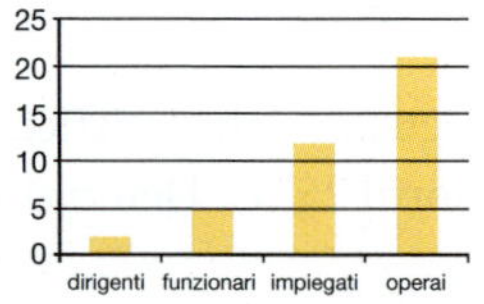

Diagramma a blocchi

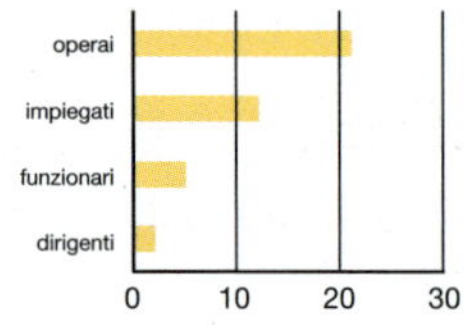

Diagrammi cartesiani

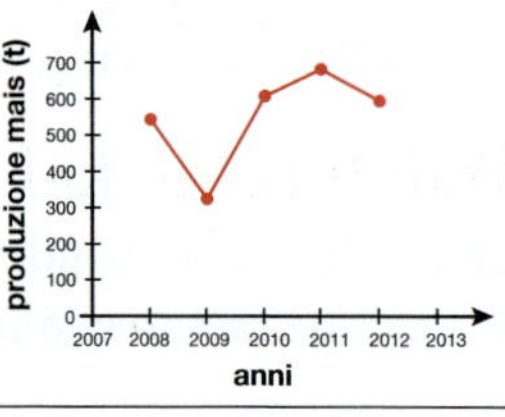

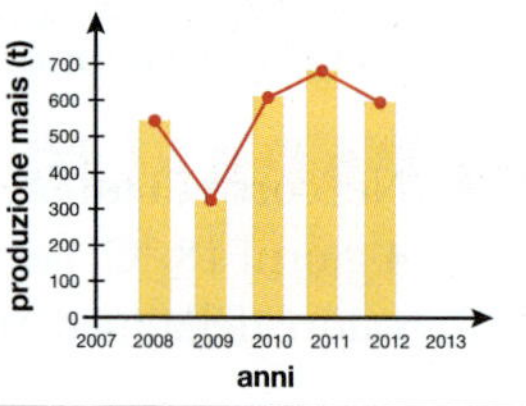

Diagramma cartesiano (per modalità discrete)

N. caffè x_i	N. persone F_i
1	28
2	12
3	6
4	3
5	1
Totale	50

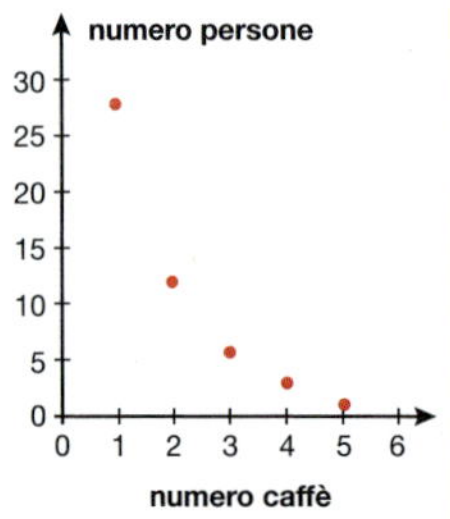

Istogramma (per modalità continue)

Fatturato (€) x_i	N. imprese artigiane F_i
10 000-20 000	4
20 000-30 000	10
30 000-40 000	28
40 000-50 000	5
50 000-60 000	3
Totale	50

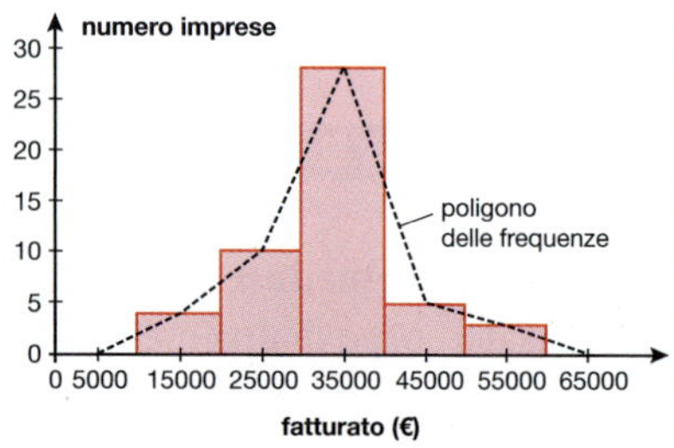

Areogramma

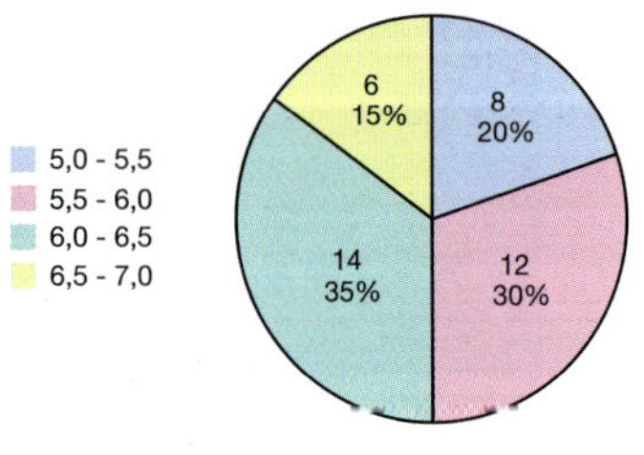

Ideogramma

Anno	Lunghezza (km)
2008	12
2009	17
2010	25
2011	38

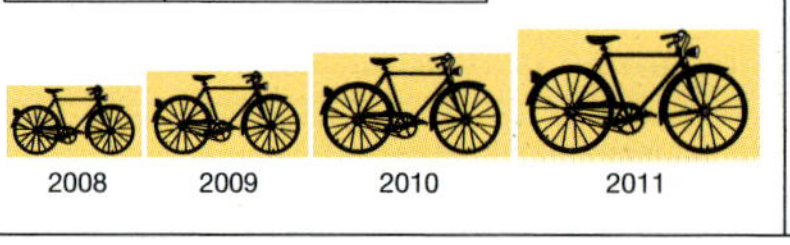

Cartogramma

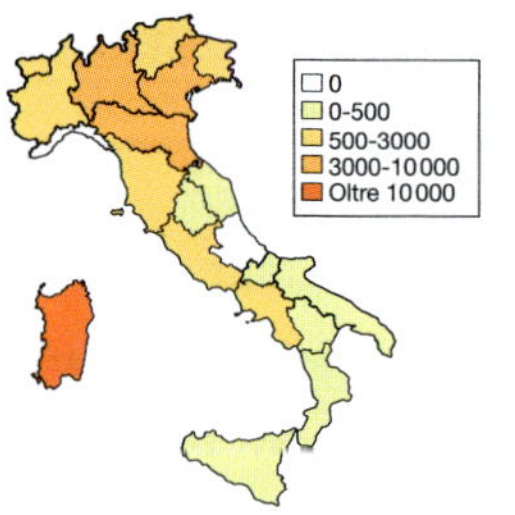

Gli indici di posizione centrale e di variabilità

▶ Teoria a p. α11

		ESEMPIO: Dati i valori 1, 2, 2, 3, 4, 4, 4:
Media aritmetica	$M = \frac{x_1 + x_2 + \ldots + x_n}{n}$	$M = \frac{1+2+2+3+4+4+4}{7} \simeq 2{,}86$
Media aritmetica ponderata	$M = \frac{x_1 \cdot p_1 + x_2 \cdot p_2 + \ldots + x_n \cdot p_n}{p_1 + p_2 + \ldots p_n}$	$M = \frac{1 + 2 \cdot 2 + 3 + 4 \cdot 3}{7} \simeq 2{,}86$
Mediana	il valore di posizione centrale	1, 2, 2, **3**, 4, 4, 4 → $M_e = 3$
Moda	il valore che compare più volte	1, 2, 2, 3, **4**, **4**, **4** → $M_o = 4$
Campo di variazione	$K = x_n - x_1$	$K = 4 - 1 = 3$
Scarto semplice medio	$S = \frac{\lvert x_1 - M \rvert + \ldots + \lvert x_n - M \rvert}{n}$	$S \simeq 2{,}00$
Deviazione standard	$\sigma = \sqrt{\frac{(x_1 - M)^2 + \ldots + (x_n - M)^2}{n}}$	$\sigma \simeq 2{,}17$
Varianza	σ^2	$\sigma^2 \simeq 4{,}71$

GEOMETRIA

- LA GEOMETRIA DEL PIANO
- I TRIANGOLI
- PERPENDICOLARI E PARALLELE
- I PARALLELOGRAMMI E I TRAPEZI

CAPITOLO G1 LA GEOMETRIA DEL PIANO

1 Oggetti geometrici e proprietà

▶ Esercizi a p. G24

MATEMATICA E STORIA

Matematica e democrazia Come mai il metodo dimostrativo è nato proprio in Grecia?

La risposta

Le definizioni

La geometria si occupa di studiare le relazioni fra **enti geometrici**, cioè oggetti ideali che rappresentano aspetti della realtà.
Gli enti sono descritti da **definizioni**. Una definizione è una frase nella quale viene associato un nome a un ente e ne vengono elencate le proprietà.
Per dare una definizione è necessario conoscere il significato di alcuni termini. Per esempio, se diamo come definizione di rettangolo: «un rettangolo è un parallelogramma che ha i quattro angoli congruenti», per stabilire che cos'è un rettangolo dobbiamo sapere che cosa significano le parole «parallelogramma», «angoli», «congruenti».

Se i termini usati non sono conosciuti, si devono dare altre definizioni. Anche in queste saranno utilizzati altri enti, che a loro volta dovranno essere definiti...

Gli enti primitivi

Per interrompere questo procedimento non si può fare altro che supporre che alcuni enti non vengano definiti, ma siano accettati come noti. Questi enti sono detti **enti primitivi**. In geometria consideriamo come enti primitivi: il **punto**, la **retta**, il **piano**.

Indichiamo i punti con lettere maiuscole (A, B, C...), le rette con lettere minuscole (r, s, t...) e i piani con lettere minuscole dell'alfabeto greco (α, β, γ...).

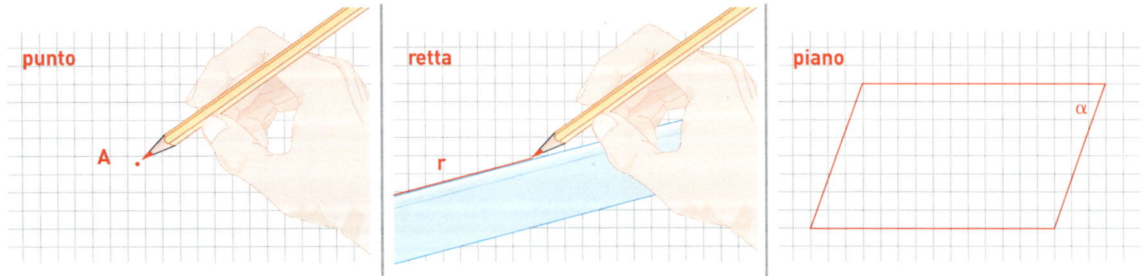

a. Il punto ideale non ha dimensione, mentre quello che disegniamo con la matita, per quanto piccolo, ha un'estensione!

b. La retta che disegniamo ha per forza uno spessore, mentre la retta ideale è illimitata da entrambe le parti e non ha spessore.

c. Il piano ideale è illimitato in tutte le direzioni. Possiamo disegnarne sul foglio solo una parte che lo rappresenta.

Le figure geometriche

Un insieme qualsiasi di punti costituisce una **figura geometrica**; lo **spazio** è l'insieme di tutti i punti e contiene quindi tutte le figure. Una figura che appartiene a un piano si chiama **figura piana**, altrimenti si chiama **figura solida**.

I postulati

In geometria ci sono alcune proprietà alle quali affidiamo un ruolo simile a quello assunto dagli enti primitivi rispetto alle figure geometriche. Nella geometria razionale vogliamo ricavare, mediante deduzioni, delle proprietà da altre proprietà. In questo procedimento dobbiamo accettare che alcune proprietà vengano assunte come «primitive», ossia non siano dedotte ma accettate come vere. A queste proprietà viene dato il nome di **postulati** o **assiomi**.

Listen to it

Within a given theory, a **postulate** or **axiom** is a statement assumed to be true, while a **theorem** is a statement that can be proved.

I teoremi

I teoremi sono enunciati la cui verità può essere *dimostrata* a partire dai postulati o da altri teoremi. Una **dimostrazione** è una sequenza di deduzioni che, partendo da affermazioni considerate vere (**ipotesi**), fa giungere a una nuova affermazione (**tesi**).

In seguito scriveremo spesso l'enunciato dei teoremi mediante la struttura linguistica «Se..., allora...».

La frase che segue il «se» è l'ipotesi, ossia ciò che supponiamo vero; quella dopo «allora» è la tesi, ossia l'affermazione da dimostrare.

ESEMPIO Enunciato del teorema:

«Se un triangolo è isoscele, allora ha due angoli congruenti».

Ipotesi «Un triangolo è isoscele».

Tesi «(Il triangolo) ha due angoli congruenti».

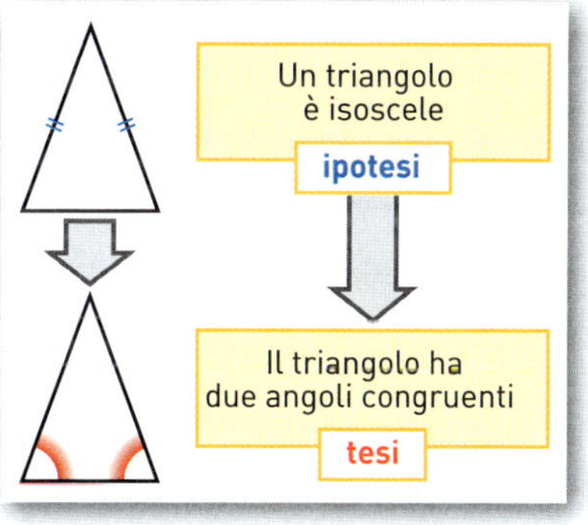

Un teorema che è l'immediata conseguenza di un altro teorema si dice **corollario**.

Se in un teorema vengono scambiate l'ipotesi e la tesi, si ottiene la proposizione inversa che, se risulta valida, prende il nome di **teorema inverso** (o **reciproco**).

ESEMPIO Inverso del teorema precedente:

«Se in un triangolo due angoli sono congruenti, allora esso è isoscele».

Ipotesi «Due angoli di un triangolo sono congruenti».

Tesi «(Il triangolo) è isoscele».

La geometria razionale, fondata su definizioni, enti primitivi, postulati e teoremi, trovò la sua prima sistemazione nell'opera di Euclide, matematico greco del III secolo a.C.; per questo motivo, per indicarla, si usa anche il termine **geometria euclidea**.

▸ Dopo aver individuato l'ipotesi e la tesi dei seguenti teoremi, scrivili nella forma: *se..., allora...*

- La somma di due numeri naturali dispari è un numero pari.
- In un quadrato le diagonali sono congruenti.
- Due numeri interi opposti hanno per somma 0.
- Due rettangoli con la stessa base e la stessa altezza hanno area uguale.

2 I postulati di appartenenza e d'ordine

Esercizi a p. G24

Abbiamo detto che punto, retta e piano sono enti primitivi. Come possiamo allora conoscerne le caratteristiche se non sono definiti?
Ciò è possibile mediante i postulati di appartenenza e di ordine che possono essere pensati come «definizioni implicite» degli enti primitivi.

Listen to it

In Euclidean geometry there are postulates describing relations between points, lines and planes.

I postulati di appartenenza

Poiché la retta è un insieme di punti, possiamo utilizzare il concetto di appartenenza. Dire che un punto P *appartiene* a una retta r è equivalente a dire che P *sta su* r o anche che r *passa per* P.
Il concetto di appartenenza è utile anche per rette e piani.
Se tutti i punti di una retta r appartengono a un piano α, diciamo che r *appartiene* ad α, o anche che r *sta su* α, o che α *passa per* r.
Diciamo poi che tre o più punti sono **allineati** se appartengono a una stessa retta.
Valgono i seguenti postulati.

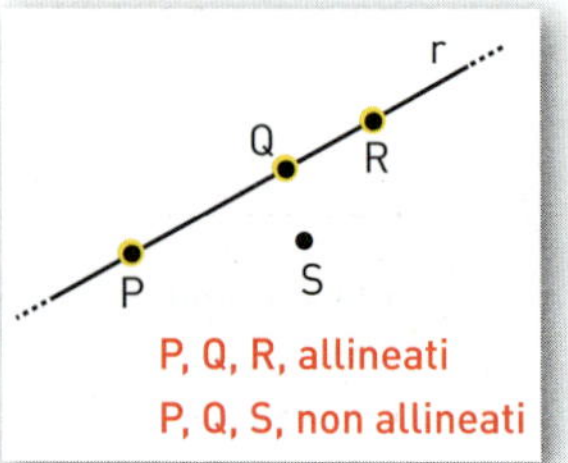

Postulati di appartenenza

1. A una retta appartengono *almeno* due punti distinti e a un piano *almeno* tre punti distinti non allineati.
2. Due punti distinti appartengono a *una* e *una sola* retta.
3. Tre punti distinti e non allineati appartengono a *uno* e *un solo* piano.
4. Considerata una retta su un piano, c'è *almeno* un punto del piano che non appartiene alla retta.
5. Se una retta passa per due punti di un piano, allora appartiene al piano.

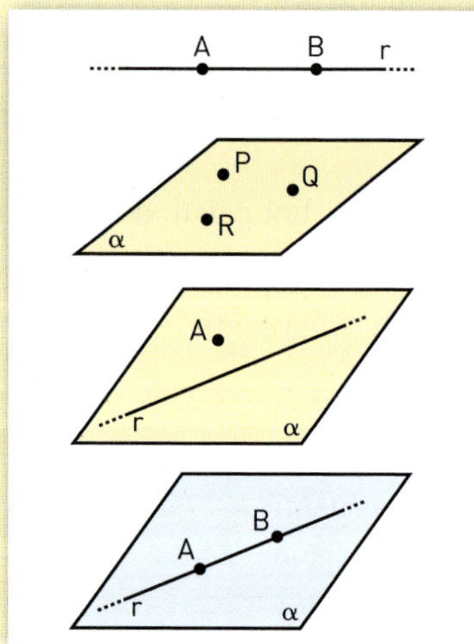

▶ Dimostra che per una retta r e un punto P che non le appartiene passa un piano e uno solo, utilizzando i postulati di appartenenza.

Animazione

Analizziamo l'espressione «una e una sola» che compare nel secondo postulato:

- *una*: esprime il concetto di **esistenza**. Dati due punti distinti A e B *esiste* una retta che passa per A e B, ossia A e B appartengono alla retta.
- *una sola*: esprime il concetto di **unicità**. La retta passante per A e B è unica, e A e B appartengono a una sola retta.

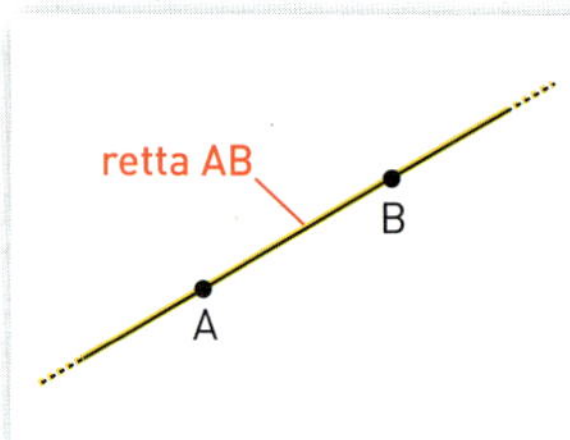

Possiamo quindi affermare che A e B *individuano* una retta, che chiamiamo *retta AB*.

Se diciamo: «Per due punti passa una e una sola retta», escludiamo che tutte e tre le linee disegnate nella figura a lato siano rette.

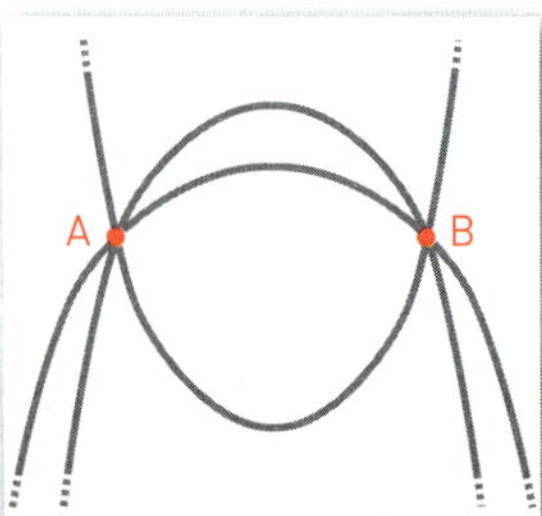

Una conseguenza del secondo postulato è che due rette distinte possono avere al più un punto in comune. In questo caso chiamiamo le rette **incidenti**.

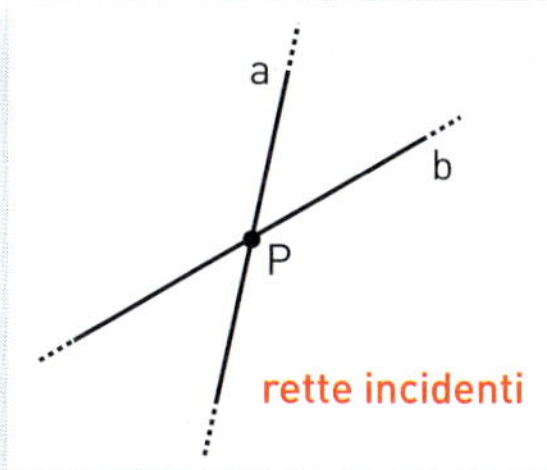

I postulati d'ordine

Ogni retta può essere **orientata** stabilendo su di essa un verso di percorrenza. Nell'esempio della figura a lato, diciamo che A *precede* B, oppure che B *segue* A, perché, percorrendo la retta nel verso fissato, incontriamo prima A e poi B.
Valgono i seguenti postulati.

PROBLEMA

Mettere in bolla La livella a bolla è uno strumento che verifica l'orizzontalità di un piano.

Quando la livella è posta su un piano orizzontale, la bolla d'aria compare al centro di una zona prestabilita dello strumento.

► Prova a usare una livella a bolla per mettere un piano in orizzontale. Indica il procedimento usato e i postulati su cui si basa.

Scheda di lavoro

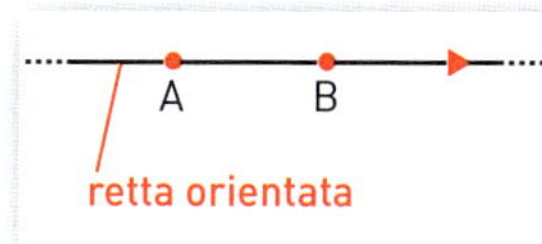

Postulati d'ordine

1. Se A e B sono due punti distinti di una retta, o A precede B, o B precede A.
2. Se A precede B e B precede C, *allora* A precede C.
3. Preso un punto A su una retta, c'è *almeno* un punto che precede A e uno che segue A.
4. Presi due punti B e C su una retta, con B che precede C, c'è *almeno* un punto A della retta che segue B e precede C.

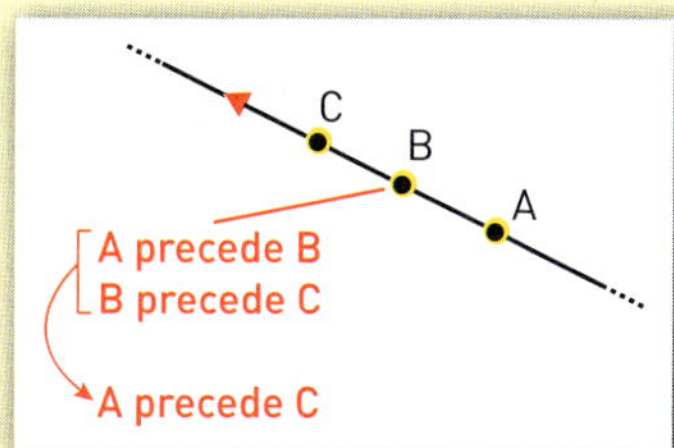

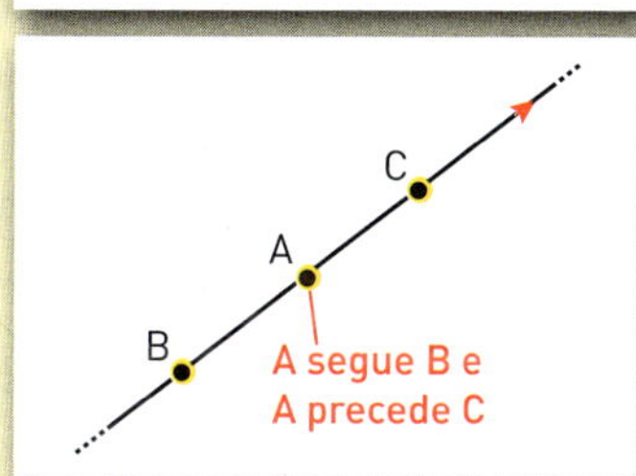

► Spiega perché, se diciamo che fra due punti su una retta ce n'è almeno uno, possiamo anche dire che fra i due punti ce ne sono infiniti.

Per il postulato 1, non ci sono punti di una retta che non possono essere confrontati e vale la *proprietà antisimmetrica*; per il postulato 2, vale la *proprietà transitiva*, quindi la relazione considerata è una *relazione d'ordine totale*.
Il postulato 3 dice che una retta è **illimitata**: su una retta non esistono né un primo punto, né un ultimo.
Il postulato 4 afferma invece che la retta è un **insieme denso**: fra due punti distinti esiste sempre un altro punto. Dai postulati d'ordine, considerati insieme a quelli di appartenenza, si può dedurre che:

- per un punto di un piano passano infinite rette;
- ogni piano contiene infiniti punti e infinite rette.

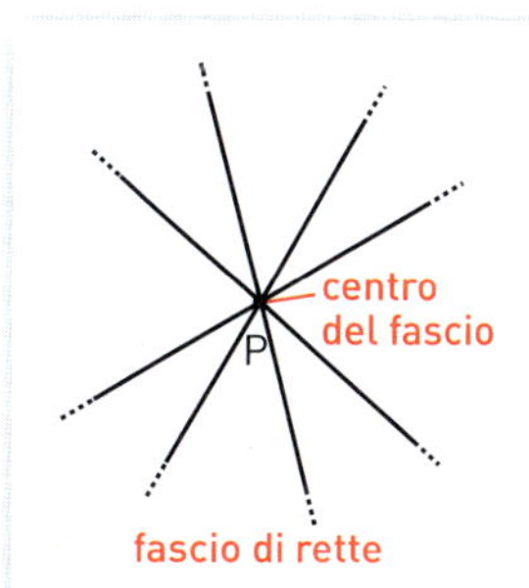

L'insieme delle infinite rette di un piano che passano per un punto P del piano stesso si chiama *fascio proprio di rette* e P è il *centro del fascio*.

► Due rette orientate r e s si intersecano nel punto P. I punti A, C, D appartengono alla retta r e i punti B e F appartengono alla retta s. Rappresenta graficamente le due rette, sapendo che:

- B segue P ma non segue F;
- C precede P e segue D;
- A segue C ma non precede P.

TEORIA

3 Gli enti fondamentali

▶ Esercizi a p. G26

Le semirette

DEFINIZIONE

Data una retta orientata e un suo punto *O*, chiamiamo **semirette**:

- l'insieme formato da *O* e da tutti i punti che lo seguono;
- l'insieme formato da *O* e da tutti i punti che lo precedono.

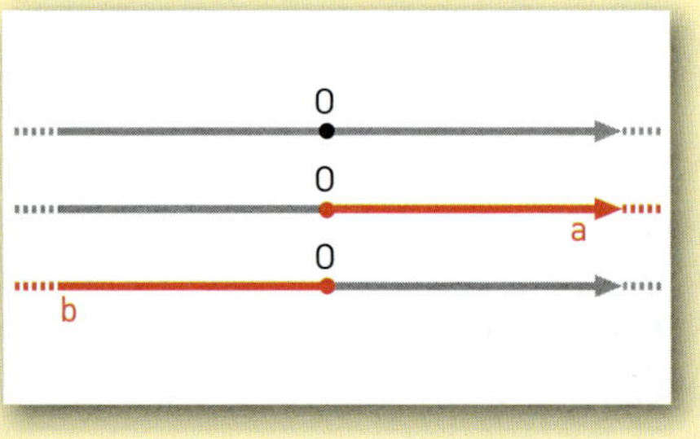

Il punto *O* si chiama **origine** della semiretta. La definizione afferma che su una retta esistono due *semirette opposte*, aventi la stessa origine. L'origine è il solo punto che due semirette opposte hanno in comune.

Listen to it

A **ray** is the set of points on a line that either all precede or all follow a given point.

I segmenti

DEFINIZIONE

Data una retta orientata e due suoi punti *A* e *B*, con *A* che precede *B*, chiamiamo **segmento** *AB* l'insieme dei punti della retta formato da *A*, da *B* e dai punti che seguono *A* e precedono *B*.

Listen to it

A **segment** is the set of points of a line contained between two points, the end-points of the segment.

I punti *A* e *B* si chiamano **estremi** del segmento, i punti compresi fra *A* e *B* sono i **punti interni** del segmento. Un segmento è **nullo** se i suoi estremi coincidono, ossia se è privo di punti interni. Il segmento nullo è costituito da un solo punto.

Fissati due punti *A* e *B*, possiamo anche pensare alla retta *AB* divisa in tre parti: il segmento *AB*, la semiretta di origine *A* che non contiene *B* e la semiretta di origine *B* che non contiene *A*. Queste due semirette vengono dette **prolungamenti** del segmento *AB*.

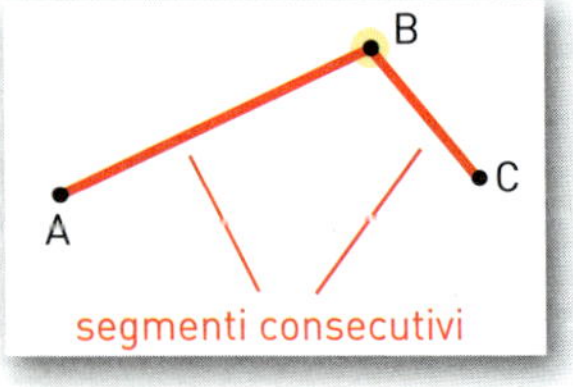

Due segmenti sono **consecutivi** se hanno in comune soltanto un estremo; sono **adiacenti** quando sono consecutivi e appartengono alla stessa retta.

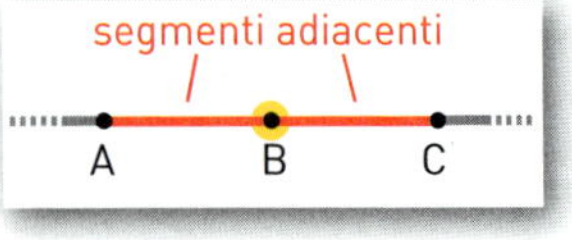

Le poligonali

DEFINIZIONE

Si dice **poligonale** una figura costituita da un insieme ordinato di segmenti in cui ciascun segmento e il successivo sono consecutivi.

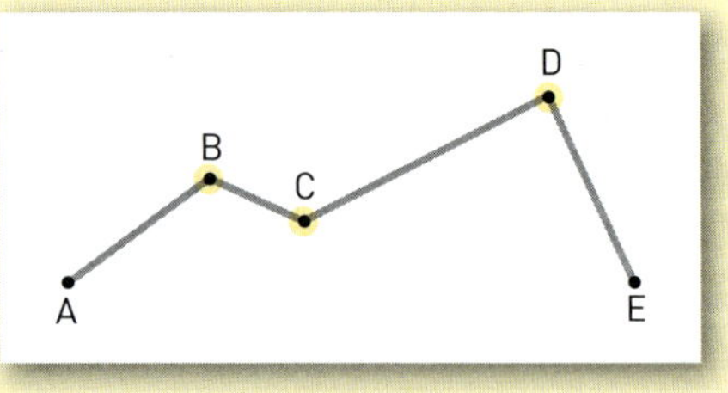

Una poligonale è **chiusa** se l'ultimo estremo coincide con il primo. In caso contrario la poligonale è **aperta**. I segmenti di una poligonale si dicono anche **lati** della poligonale. Una poligonale è **intrecciata** se almeno due suoi lati (non consecutivi) si intersecano.

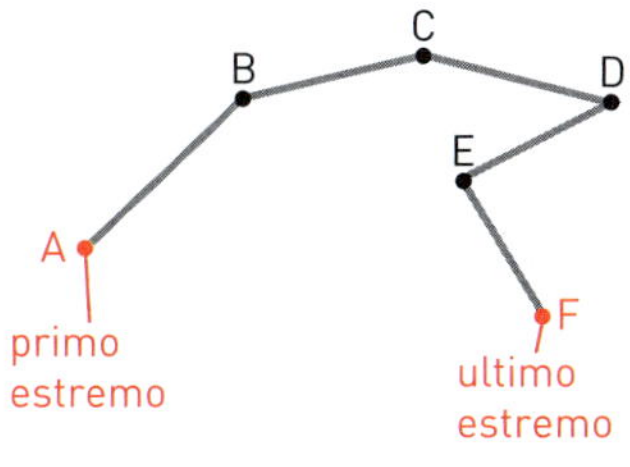

a. Poligonale aperta.

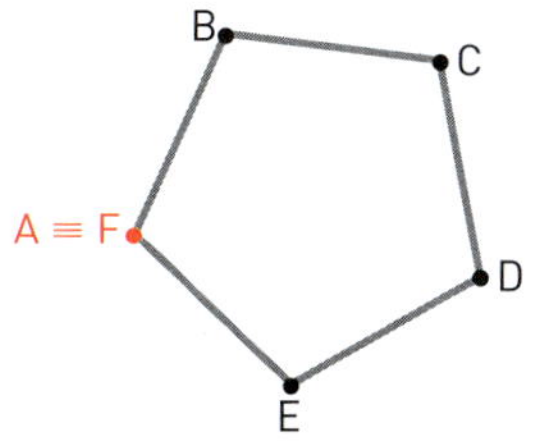

b. Poligonale chiusa.

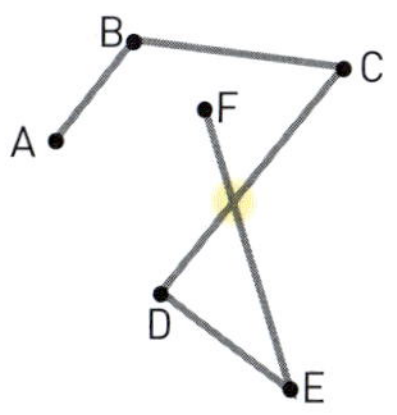

c. Poligonale intrecciata.

I semipiani

La definizione di semiretta è possibile perché un punto divide una retta in modo che, «muovendosi» sulla retta, per passare da una semiretta all'altra bisogna «attraversare» il punto.
Il postulato di **partizione del piano mediante una retta** serve per introdurre un concetto analogo per il piano.

POSTULATO
Una retta di un piano divide i punti del piano che non le appartengono in due insiemi distinti, in modo che, se due punti appartengono allo stesso insieme, allora il segmento di cui sono estremi non interseca la retta; se appartengono a insiemi diversi, allora il segmento interseca la retta.

Il postulato dice che, se consideriamo una retta r (figura a lato), essa divide i punti del piano in due insiemi α e β in modo che, per passare dall'insieme α all'insieme β, dobbiamo «attraversare» r; mentre questo non succede se «restiamo», per esempio, in β.

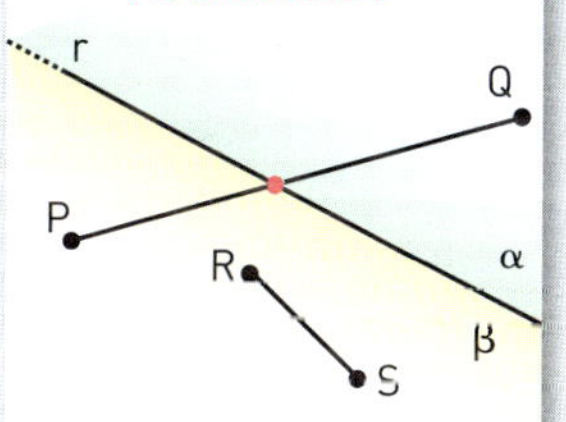

DEFINIZIONE
Considerata una retta r di un piano, un **semipiano** di **origine** r è l'insieme dei punti di r e di uno dei due insiemi in cui il piano è diviso da r.

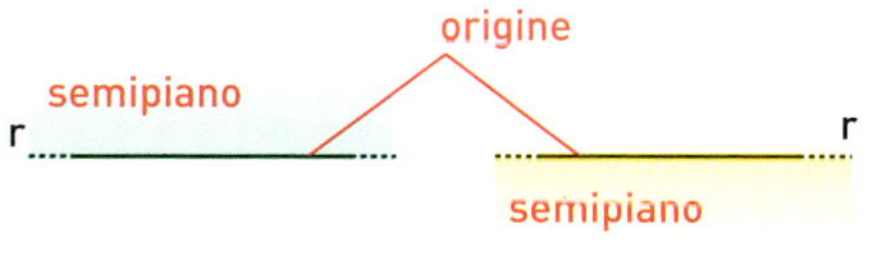

Diciamo che i due semipiani originati da una retta in un piano sono **opposti**. La retta origine di entrambi è la loro intersezione.

Figure convesse, figure concave

DEFINIZIONE
Una **figura** è **convessa** se due suoi punti qualsiasi sono estremi di un segmento tutto contenuto nella figura.
In caso contrario la figura è **concava**.

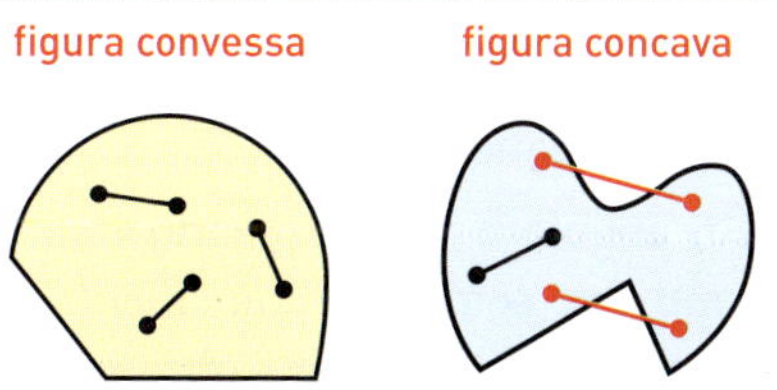

► Spiega perché la figura costituita da due rette è una figura concava.

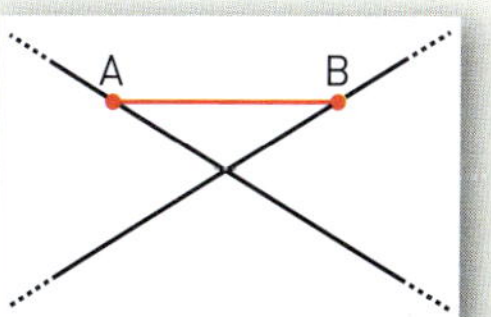

TEORIA

Gli angoli

DEFINIZIONE

Un **angolo** è ciascuna delle due parti di piano individuate da due semirette aventi la stessa origine, incluse le due semirette.

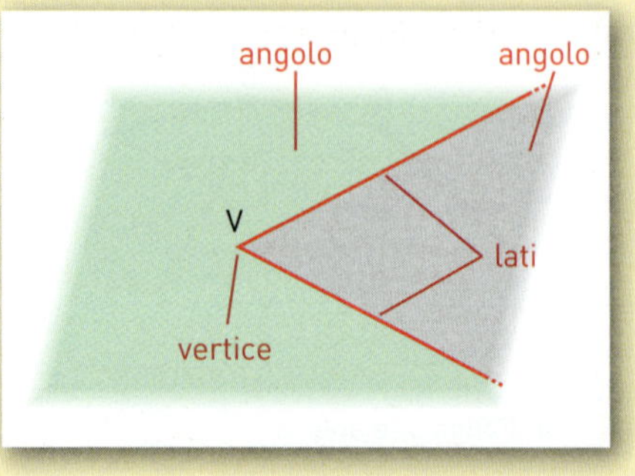

Listen to it

An **angle** can be considered as either of the two parts of the plane bordered by two rays with a common endpoint.

Le due semirette sono i **lati** dell'angolo; il punto di origine in comune è il **vertice** dell'angolo.

I punti che appartengono all'angolo, ma non ai suoi lati, sono i **punti interni** dell'angolo. Per indicare un angolo di vertice O e con lati le semirette a e b, usiamo il simbolo $a\widehat{O}b$.

Un angolo si può anche indicare con una lettera greca (per esempio: α, β, γ).

Quando due angoli hanno in comune soltanto il vertice e un lato, si dicono **consecutivi**.
Due angoli consecutivi i cui lati non comuni appartengono alla stessa retta si dicono **adiacenti**.

▶ In un piano traccia due rette a e b che si intersecano in O. Considera le possibili intersezioni fra un semipiano di origine a e uno di origine b. Quali figure ottieni?

Animazione

ESEMPIO

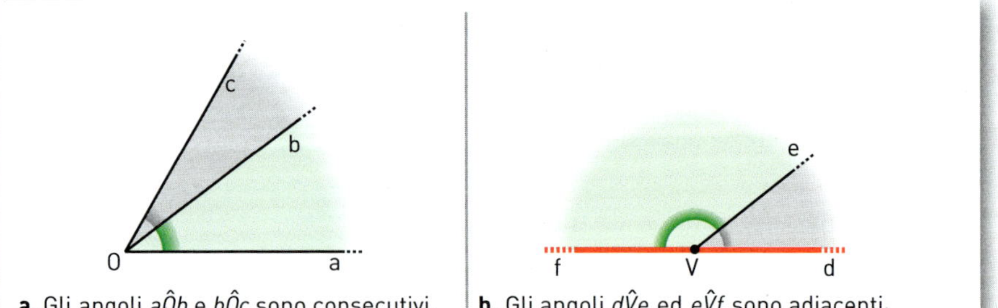

a. Gli angoli $a\widehat{O}b$ e $b\widehat{O}c$ sono consecutivi.

b. Gli angoli $d\widehat{V}e$ ed $e\widehat{V}f$ sono adiacenti.

Angolo piatto, angolo giro, angolo nullo

- Un angolo è **piatto** quando i suoi lati sono due semirette opposte; coincide con un semipiano e spesso lo indicheremo con π.
- L'angolo **giro** è l'angolo i cui lati sono semirette coincidenti e che coincide con l'intero piano.
- Un angolo è **nullo** quando i suoi lati sono due semirette coincidenti e non comprende altri punti oltre quelli dei lati.

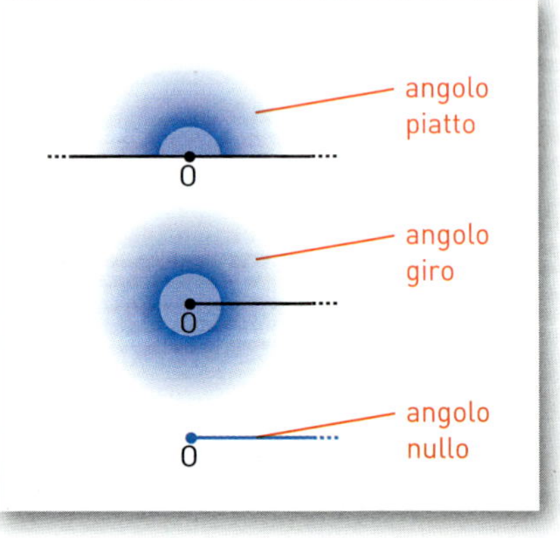

Gli angoli possono essere sia figure concave sia figure convesse. Per decidere se un angolo è concavo o convesso, anziché ricorrere alla definizione precedente, possiamo considerare i prolungamenti dei suoi lati.

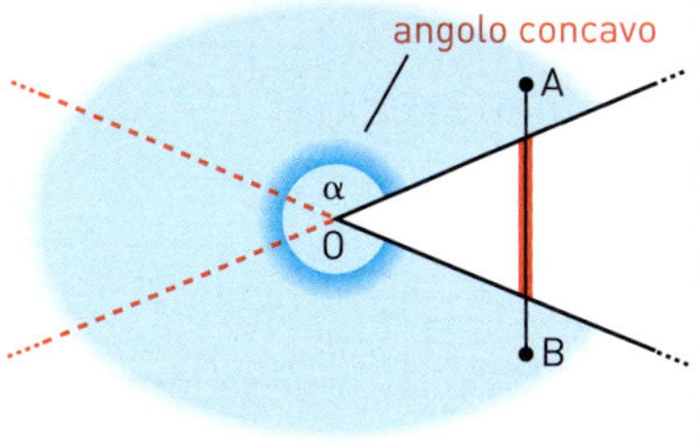

a. A eccezione dell'angolo giro, se un angolo contiene al proprio interno i prolungamenti dei lati, allora è concavo.
Infatti è possibile scegliere due punti in modo che il segmento che li unisce non sia contenuto interamente nell'angolo.

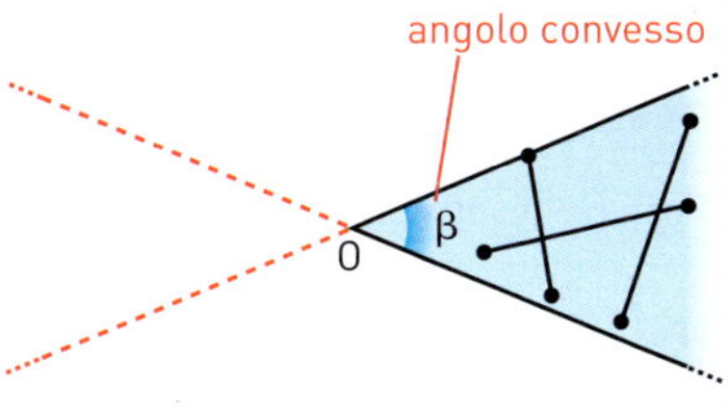

b. Se un angolo non contiene al proprio interno i prolungamenti dei lati, allora è convesso.
Infatti, comunque scegliamo due punti, il segmento che li unisce è contenuto sempre interamente nell'angolo.

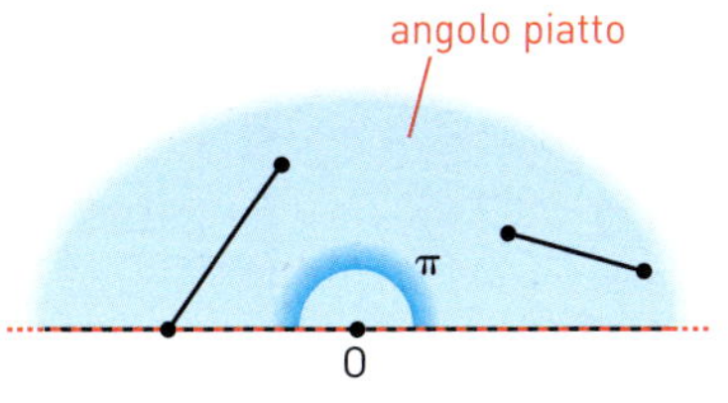

c. L'angolo piatto è convesso.
π contiene il prolungamento dei suoi lati, ma non al proprio interno.

La congruenza delle figure

Quando parliamo di *movimento rigido* intendiamo dire che nell'ambito della geometria euclidea si può pensare di *spostare le figure senza deformarle*. È un concetto che deve essere considerato primitivo.

In geometria utilizzeremo la parola **uguaglianza** (e il simbolo =) soltanto per indicare la *coincidenza* punto a punto di due figure.

Useremo invece la parola **congruenza** per indicare la *sovrapponibilità* punto a punto di una figura a un'altra mediante un *movimento rigido*.

DEFINIZIONE
Due **figure** sono **congruenti** se sono sovrapponibili punto a punto l'una all'altra mediante un movimento rigido.

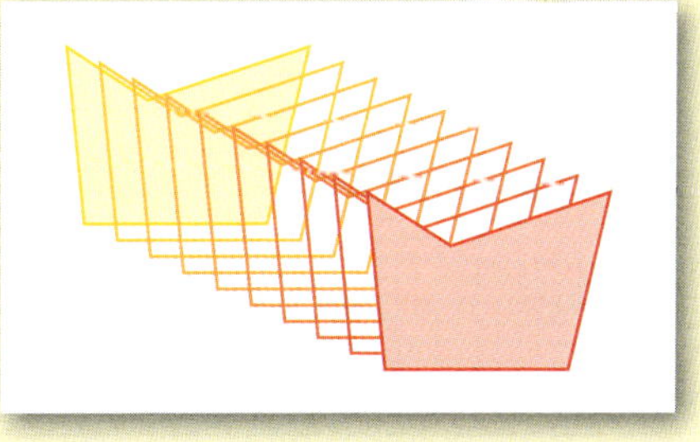

Per indicare la congruenza di due figure useremo il simbolo ≅.

ESEMPIO Nel triangolo isoscele *ABC* (figura a lato) la mediana e l'altezza relative alla base sono *uguali*, perché coincidono, mentre i lati *AC* e *CB* sono *congruenti*. Lo indichiamo con: $AC \cong CB$.

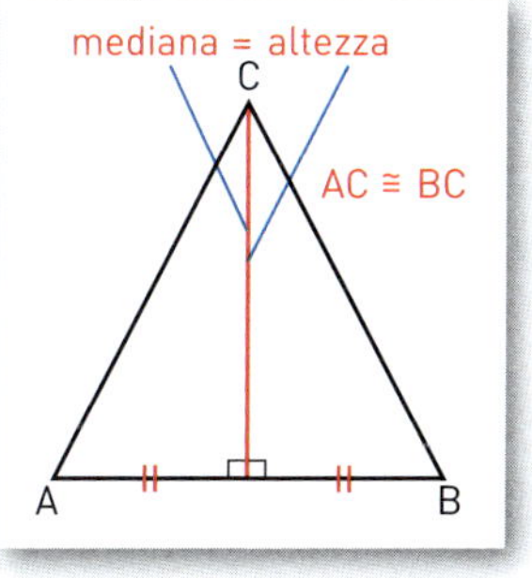

Per la congruenza di figure valgono le seguenti proprietà che assumiamo come postulati.

▶ Verifica le tre proprietà con i triangoli della figura.

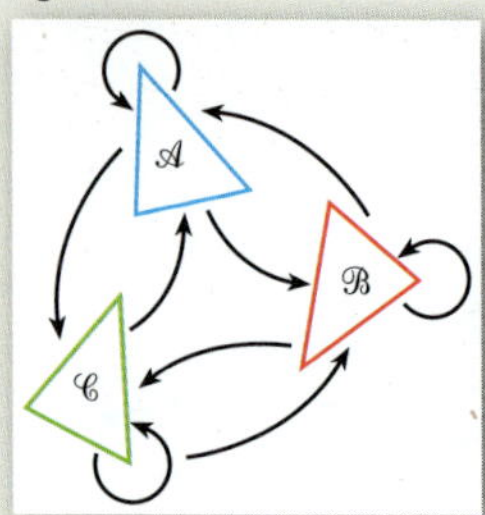

POSTULATI

- Proprietà riflessiva: ogni figura è congruente a se stessa: $\mathcal{A} \cong \mathcal{A}$.
- Proprietà simmetrica: se $\mathcal{A} \cong \mathcal{B}$, allora $\mathcal{B} \cong \mathcal{A}$.
- Proprietà transitiva: se $\mathcal{A} \cong \mathcal{B}$ e se $\mathcal{B} \cong \mathcal{C}$, allora $\mathcal{A} \cong \mathcal{C}$.

Pertanto la relazione di congruenza è una *relazione di equivalenza*.

Inoltre vale anche il seguente postulato.

POSTULATO

Sono congruenti fra loro: due rette, due semirette, due piani, due semipiani.

Le linee piane

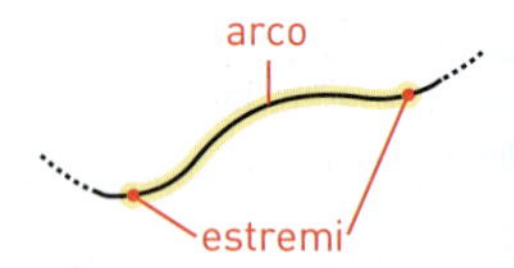

Se disegniamo un punto su un foglio e muoviamo la matita, senza staccarla dal foglio, otteniamo una linea. Diremo che una **linea piana** è un insieme di punti ottenuti dal movimento *continuo* di un punto del piano.

La retta può essere vista come un caso particolare di linea. Ogni linea che non sia una retta, una semiretta o un segmento viene detta **linea curva** o semplicemente **curva**. Un tratto di curva compreso fra due suoi punti viene detto **arco**; i due punti si chiamano **estremi**.

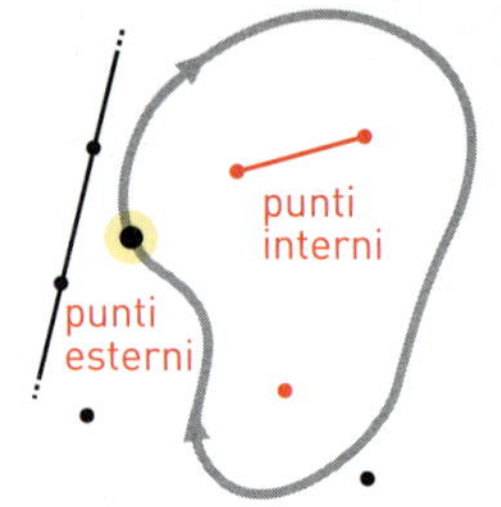

Linea semplice chiusa.

Ogni linea è percorribile in due versi opposti. Immaginiamo di percorrere una linea, partendo da un suo punto, sempre nello stesso verso. Se a fine percorso arriviamo nuovamente al punto di partenza, la linea è **chiusa**; in caso contrario la linea è **aperta**. Se poi, durante il percorso, incontriamo uno stesso punto più di una volta, allora la linea è **intrecciata**. In caso contrario è **semplice**.

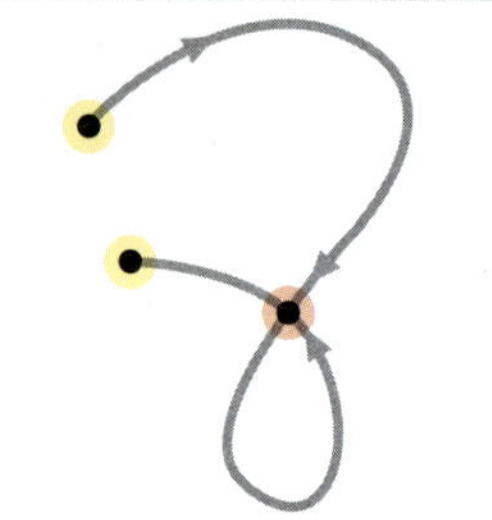
Linea intrecciata aperta.

Ogni linea semplice chiusa divide l'insieme dei punti del piano che non le appartengono in due regioni: una che contiene segmenti, ma non rette; l'altra che contiene anche rette. I punti della prima regione si dicono **interni** alla linea, quelli della seconda si dicono **esterni**.

POSTULATO

Partizione del piano mediante una linea chiusa
Una linea che congiunge un punto interno e un punto esterno di una linea chiusa la interseca in almeno un punto.

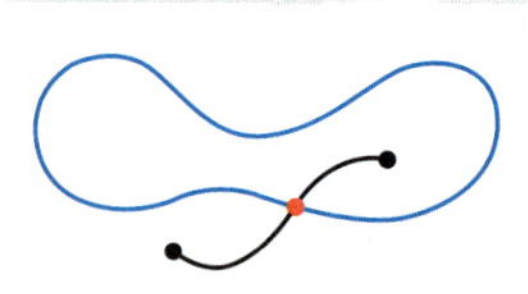

Consideriamo un punto C e tutti i punti P, Q, R,... tali che $CP \cong CQ \cong CR$...

Diciamo anche che P, Q, R,... hanno distanza uguale da C. L'insieme di tali punti è una particolare linea chiusa non intrecciata: la circonferenza.

Listen to it

A **circle** can be defined as the set of points with the same distance from a point.

DEFINIZIONE

Dati su un piano i punti C e P, la **circonferenza** di **centro** C e **raggio** CP è l'insieme dei punti del piano che hanno da C distanza uguale a quella di P.

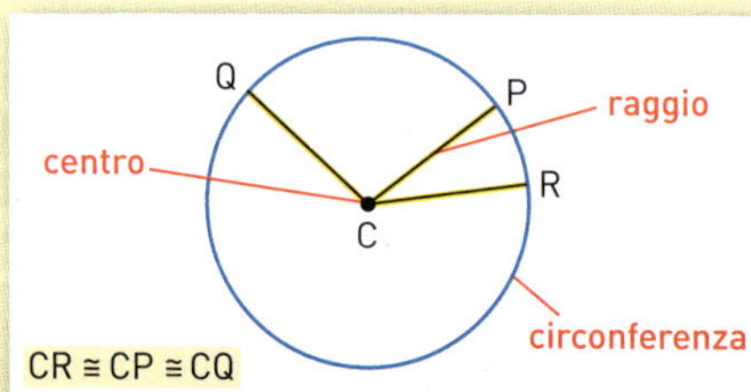

La parte di circonferenza compresa fra due suoi punti è un **arco**.
L'insieme dei punti di una circonferenza e di tutti quelli interni a essa è un **cerchio**.

► Una circonferenza, un arco di circonferenza, un cerchio sono figure concave o convesse? Accompagna le risposte con esempi.

Ammettiamo il seguente **postulato della circonferenza**.

POSTULATO
Presi a piacere, in un piano, un punto e un segmento, esiste una sola circonferenza che ha per centro quel punto e per raggio quel segmento.

I poligoni

Nello studio della geometria euclidea hanno particolare importanza le figure che si generano tracciando poligonali chiuse e non intrecciate.

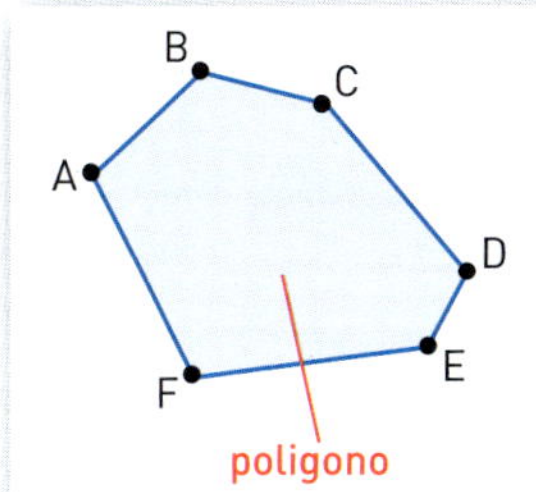

DEFINIZIONE
Un **poligono** è l'insieme dei punti di una poligonale chiusa e non intrecciata e di tutti i suoi punti interni.

In generale, un poligono può essere convesso o concavo. Per brevità, se non faremo altre precisazioni, useremo il termine *poligono* per indicare un poligono convesso.

In un poligono:

- i segmenti che formano la poligonale sono i **lati**; i loro estremi sono i **vertici**;
- gli angoli convessi formati dalle semirette di lati consecutivi sono gli **angoli** del poligono, o **angoli interni**;
- gli angoli adiacenti agli angoli interni sono gli **angoli esterni**; a ciascun angolo interno corrispondono due angoli esterni;
- i segmenti che hanno per estremi due vertici del poligono che non appartengono allo stesso lato sono le **diagonali**.

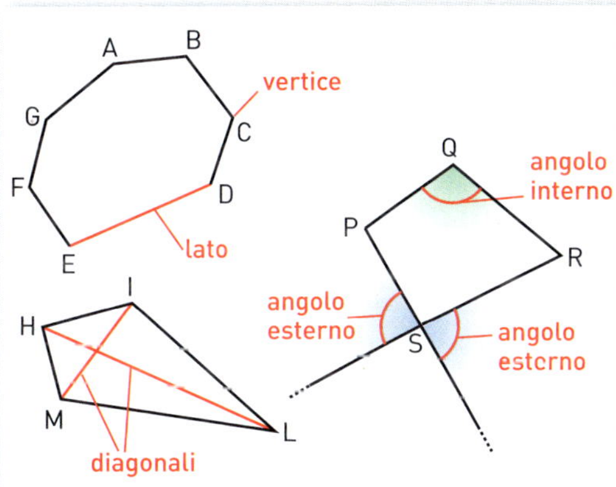

► Disegna sei punti *A*, *B*, *C*, *D*, *E*, *F* in modo che *ABCD* sia un quadrilatero convesso, con *A*, *B*, *C*, *D* disposti in senso orario, *E* un punto interno ad *ABCD* e *F* un punto esterno, con *EF* che interseca soltanto *BC*. Indica se i poligoni *DABE*, *DEBC*, *ABFCD*, *ABECD* sono figure concave o convesse.

Un poligono con tutti i lati congruenti è **equilatero**, con tutti gli angoli congruenti è **equiangolo**.
Un poligono è **regolare** se è equilatero ed equiangolo.
Classifichiamo i poligoni in base al numero dei lati: un triangolo ha 3 lati, un quadrilatero 4, un pentagono 5, un esagono 6, un ettagono 7, un ottagono 8, un ennagono 9, un decagono 10 e via dicendo.

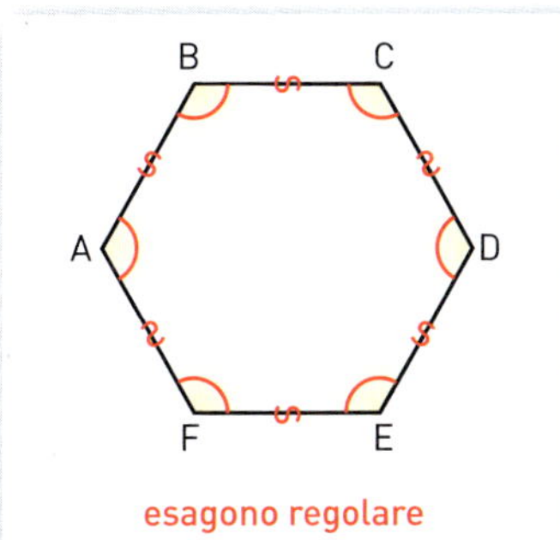

Si può dimostrare che in un poligono di n lati il numero d delle diagonali è:

$$d = \frac{n(n-3)}{2}.$$

► Abbiamo affermato che in un poligono di n lati il numero delle diagonali d è dato dalla formula
$d = \dfrac{n(n-3)}{2}$.
Verificalo per $n = 3$, 4, 5, 6.
Dimostra la validità della legge per n qualsiasi.

Animazione

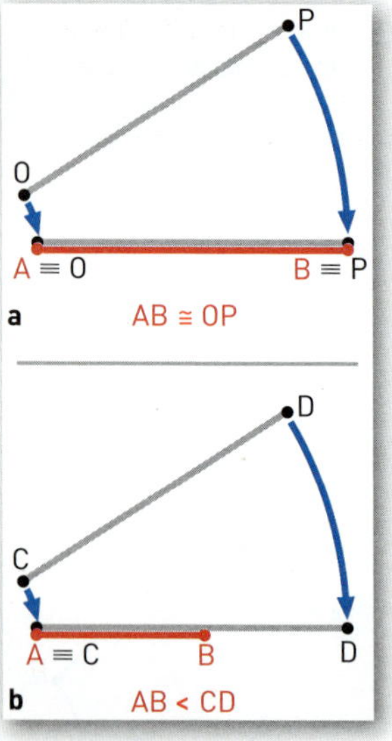

4 Le operazioni con i segmenti e con gli angoli

▶ Esercizi a p. G28

Il confronto di segmenti

Confrontare due segmenti significa stabilire se sono o non sono congruenti e, in quest'ultimo caso, quale dei due è maggiore.
Per effettuare il confronto basta sovrapporre i segmenti in modo che un estremo dell'uno coincida con un estremo dell'altro.

- Se anche il secondo estremo coincide, i segmenti sono **congruenti**. Nell'esempio in figura **a**, scriviamo: $AB \cong OP$.
- Se il secondo estremo di uno risulta interno all'altro (figura **b**), i due segmenti **non** sono **congruenti**. Scriviamo:

$$AB < CD \ (AB \text{ minore di } CD), \ CD > AB \ (CD \text{ maggiore di } AB).$$

▶ Completa inserendo uno dei simboli $<$, $\cong$, $>$.
Fai il confronto tra i segmenti con il compasso.

- AB ☐ EF
- FG ☐ DC
- FQ ☐ FG
- PF ☐ AB
- AB ☐ EG

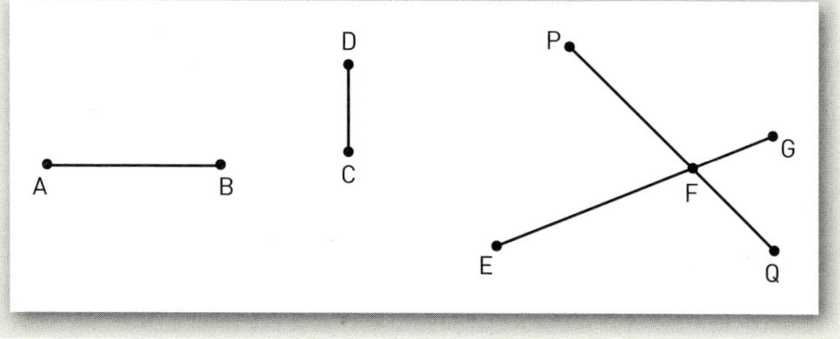

L'addizione e la sottrazione fra segmenti

Somma di segmenti
Dati due segmenti *adiacenti* AB e BC, la loro **somma** è il segmento AC, che ha per estremi i loro estremi non comuni.

Scriviamo: $AB + BC = AC$.

Per estendere questa definizione a due segmenti qualsiasi, basta considerare due segmenti adiacenti che siano congruenti a quelli dati.

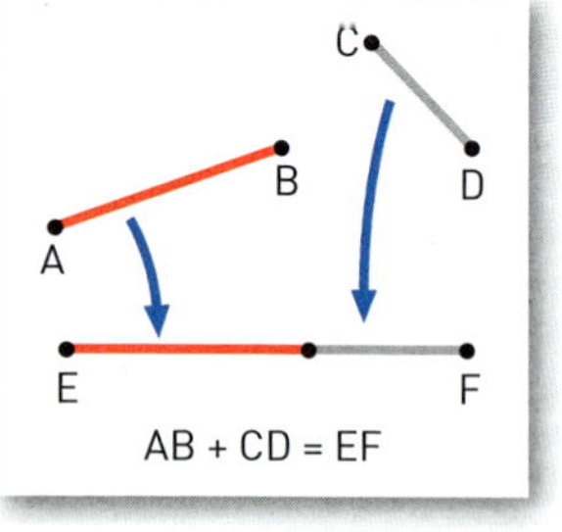

L'addizione fra segmenti gode delle proprietà commutativa e associativa. Inoltre, esiste l'elemento neutro, che è il segmento nullo.

▶ Verifica con esempi che l'addizione fra segmenti gode delle proprietà commutativa e associativa.

Valgono inoltre le seguenti proprietà.
Dati quattro segmenti AB, CD, EF, GH:

1. se $AB \cong CD$ ed $EF \cong GH$, allora $AB + EF \cong CD + GH$, ossia somme di segmenti ordinatamente congruenti sono congruenti;
2. se $AB > CD$ ed $EF > GH$, allora $AB + EF > CD + GH$, se $AB < CD$ ed $EF < GH$, allora $AB + EF < CD + GH$, ossia somme di segmenti disuguali nello stesso senso sono disuguali nello stesso senso.

Differenza di segmenti
Dati i segmenti AB e AC (con $AC > AB$ o $AC \cong AB$), la **differenza** fra AC e AB è il segmento che, addizionato ad AB, dà come somma AC.

Scriviamo: $AC - AB = BC$.
Dati quattro segmenti AB, CD, EF, GH, vale la seguente proprietà: se $AB \cong CD$ ed $EF \cong GH$ (con $AB > EF$), allora $AB - EF \cong CD - GH$, ossia differenze di segmenti ordinatamente congruenti sono congruenti.

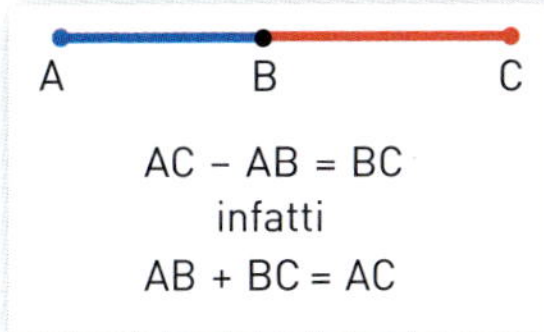

I multipli e i sottomultipli di segmenti

Si chiama **multiplo** di un segmento a, secondo il numero naturale $n > 1$, un segmento b congruente alla somma di n segmenti congruenti ad a.

Scriviamo $b = na$.
Se $n = 1$, possiamo estendere la definizione, considerando in questo caso, come multiplo di a, a stesso. Se $n = 0$, b è il segmento nullo.

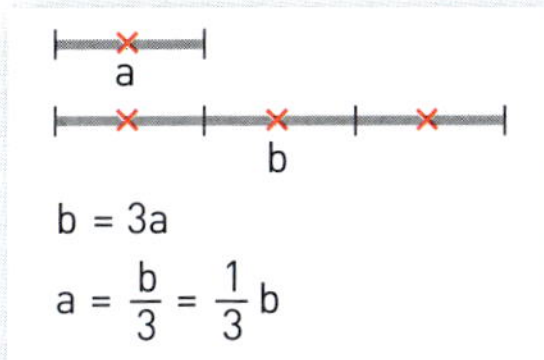

Nella relazione precedente possiamo anche dire che a è **sottomultiplo** di b secondo il numero n (con $n \neq 0$).
Scriviamo $a = \frac{b}{n}$ oppure $a = \frac{1}{n}b$.

Inoltre, con m numero naturale, la scrittura $c = \frac{m}{n}b$ (con $n \neq 0$) significa $c = \frac{m}{n}b = m\left(\frac{b}{n}\right)$.

ESEMPIO Il segmento a si ottiene dal segmento b considerando il multiplo secondo 2 del sottomultiplo secondo 3 di b:

$$a = 2\left(\frac{b}{3}\right) = \frac{2}{3}b.$$

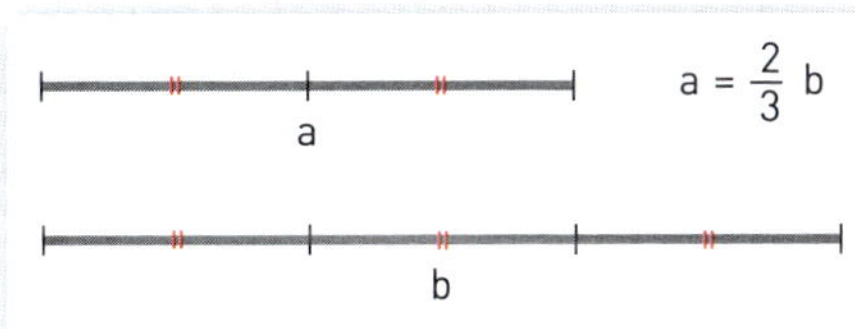

▶ Dati i segmenti MN, PQ, RS, tali che $PQ \cong \frac{2}{5}RS$ e $MN \cong \frac{3}{2}PQ$, dimostra che:
$\frac{1}{2}PQ + \frac{4}{5}RS - MN \cong PQ$.

Animazione

Il punto medio di un segmento

DEFINIZIONE
Punto medio di un segmento
Il punto medio di un segmento è il punto che lo divide in due segmenti congruenti.

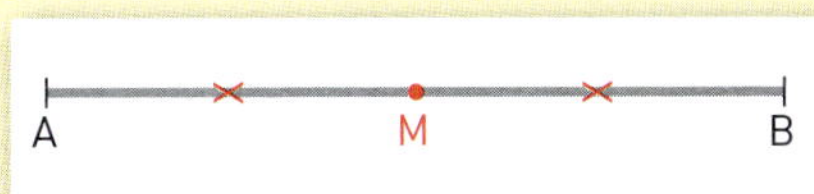

Vale il seguente postulato.

POSTULATO
Unicità del punto medio
Esiste sempre il punto medio di un segmento ed è unico.

▶ Descrivi il procedimento per ottenere con riga e compasso la seguente costruzione per individuare il **punto medio** di un segmento e utilizzala con un segmento scelto da te. (Esamineremo le giustificazioni delle costruzioni nei prossimi capitoli.)

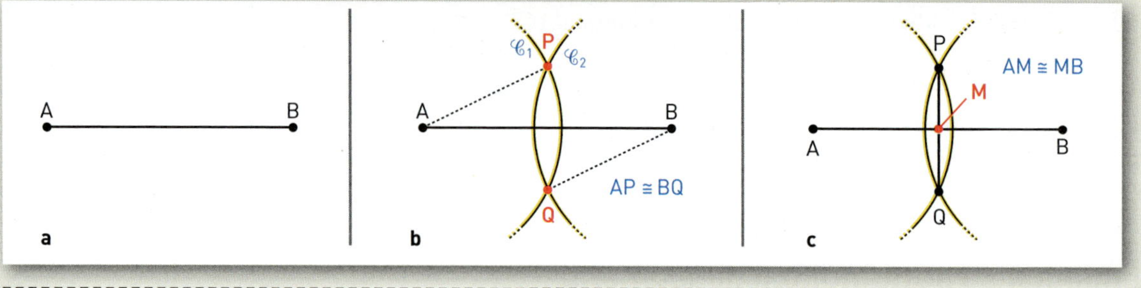

Video

Il confronto di angoli

Confrontare due angoli significa stabilire se sono o non sono congruenti e, in quest'ultimo caso, verificare quale dei due è maggiore.

Per effettuare il confronto basta sovrapporre un angolo all'altro, in modo che coincidano i due vertici e un lato.

- Se anche il secondo lato risulta sovrapposto, come nella figura **a**, i due angoli sono **congruenti**. Scriviamo: $\alpha \cong \beta$.
- Se il secondo lato di un angolo risulta interno all'altro, come nella figura **b**, i due angoli **non** sono **congruenti**. Scriviamo:

$$\alpha < \beta \ (\alpha \text{ minore di } \beta) \qquad \text{oppure} \qquad \beta > \alpha \ (\beta \text{ maggiore di } \alpha).$$

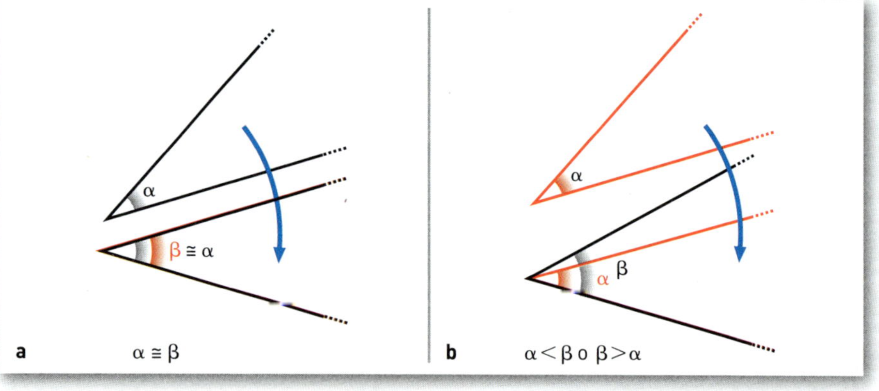

▶ Descrivi il procedimento, che puoi osservare nella figura, per la costruzione con riga e compasso di un **angolo congruente** a un angolo dato e utilizzalo con un angolo scelto da te. (Nell'animazione c'è anche la giustificazione della costruzione: la esamineremo nel prossimo capitolo.)

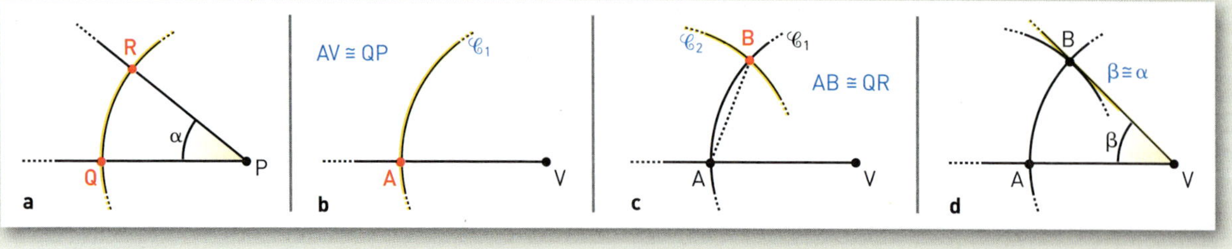

Animazione

L'addizione e la sottrazione fra angoli

Somma di angoli
Dati due angoli *consecutivi* $a\widehat{V}b$ e $b\widehat{V}c$, la loro somma è l'angolo $a\widehat{V}c$, che ha per lati i loro lati non comuni.

Scriviamo: $a\widehat{V}b + b\widehat{V}c = a\widehat{V}c$.

Se due angoli non sono consecutivi, otteniamo la somma con la seguente costruzione.

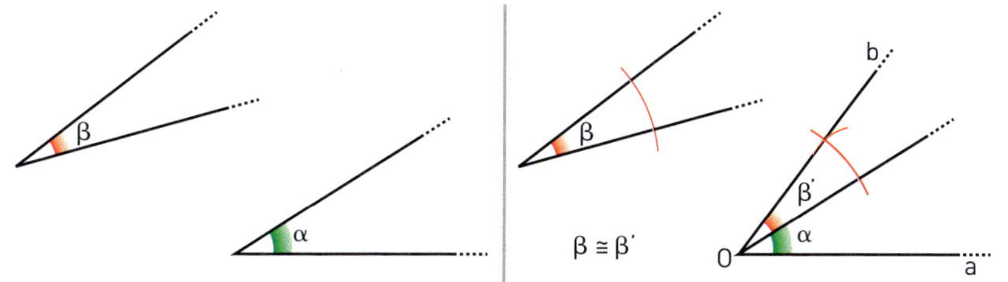

a. Disegniamo i due angoli α e β.

b. Costruiamo un angolo consecutivo ad α e congruente a β: $a\hat{O}b = \alpha + \beta$.

Dati quattro angoli α, β, γ, δ, per l'addizione valgono le seguenti proprietà:

1. se $\alpha \cong \beta$ e $\gamma \cong \delta$ allora $\alpha + \gamma \cong \beta + \delta$, ossia somme di angoli ordinatamente congruenti sono congruenti;
2. se $\alpha > \beta$ e $\gamma > \delta$ allora $\alpha + \gamma > \beta + \delta$, se $\alpha < \beta$ e $\gamma < \delta$ allora $\alpha + \gamma < \beta + \delta$, ossia somme di angoli disuguali nello stesso senso sono disuguali nello stesso senso.

Differenza di angoli
Dati gli angoli α e β (con $\alpha > \beta$ o $\alpha \cong \beta$), la differenza fra α e β è l'angolo che, addizionato a β, dà come somma α.

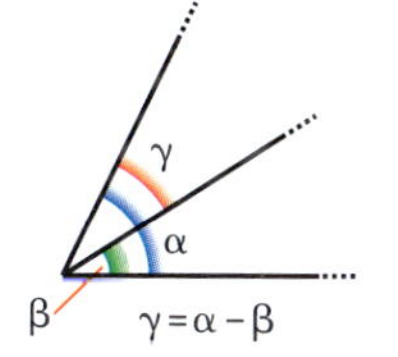

Scriviamo: $\alpha - \beta = \gamma$.

Dati quattro angoli α, β, γ, δ, vale la seguente proprietà: se $\alpha \cong \beta$ e $\gamma \cong \delta$ (con $\alpha > \gamma$), allora $\alpha - \gamma \cong \beta - \delta$, ossia differenze di angoli ordinatamente congruenti sono congruenti.
La differenza di due angoli congruenti è l'angolo nullo.

I multipli e i sottomultipli di angoli

Per gli angoli valgono considerazioni analoghe a quelle viste per i segmenti, ma, per poter ottenere sempre i multipli, è necessario estendere il concetto di angolo in modo da poter ottenere angoli maggiori di un angolo giro.

Consideriamo un angolo $a\widehat{V}b$ e un verso di rotazione, per esempio quello antiorario, come nella figura **a**. L'angolo può essere pensato come l'insieme delle semirette che si ottengono facendo ruotare, nel verso scelto, la semiretta *a* fino a farla coincidere con la semiretta *b*.

a

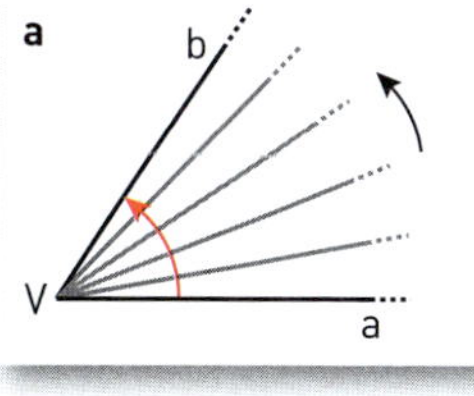

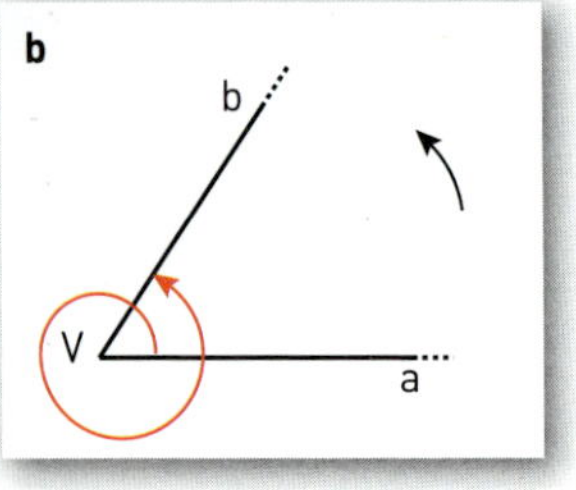

Consideriamo ora tutte le semirette che si ottengono da una rotazione della semiretta a, come quella della figura **b**: l'angolo $a\widehat{V}b$ ottenuto dal movimento di a fino a sovrapporsi a b dopo aver effettuato un giro completo è un angolo maggiore di un angolo giro.

La diversa e più ampia definizione di angolo che abbiamo esaminato permette di ottenere *sempre* la somma di due angoli.

ESEMPIO Considerati gli angoli $\widehat{ab}$ e $\widehat{cd}$ della figura, l'angolo $\widehat{pq} = \widehat{ab} + \widehat{cd}$ esiste ed è maggiore di un angolo giro.

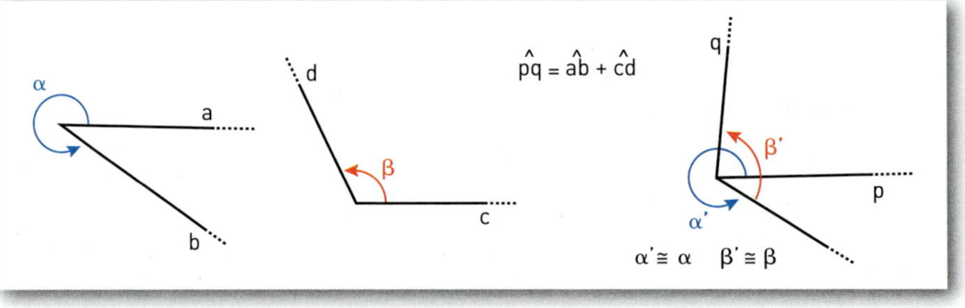

Questo modo di considerare gli angoli permette anche di definire un multiplo β di un angolo α secondo un numero n qualsiasi.

Si chiama **multiplo** di un angolo α, secondo il numero naturale $n > 1$, un angolo β che sia la somma di n angoli congruenti ad α.

Scriviamo:

$$\beta = n\alpha.$$

Se $n = 1$, possiamo estendere la definizione, considerando in questo caso, come multiplo di α, α stesso. Se $n = 0$, β è l'angolo nullo.

Nella relazione precedente possiamo anche dire che α è **sottomultiplo** di β secondo il numero n (con $n \neq 0$).

Scriviamo:

$$\alpha = \frac{\beta}{n} \quad \text{oppure} \quad \alpha = \frac{1}{n}\beta.$$

Inoltre, con m numero naturale, la scrittura $\gamma = \frac{m}{n}\beta$ (con $n \neq 0$) significa $\gamma = \frac{m}{n}\beta = m\left(\frac{1}{n}\beta\right)$.

▶ Disegna gli angoli α, β, γ tali che $\alpha = 4\beta$ e $\gamma = \frac{1}{3}\alpha$.

Completa:

- $\alpha \cong$ ☐ γ;
- $\beta \cong$ ☐ α;
- $\beta \cong$ ☐ γ;
- $\gamma \cong$ ☐ β.

ESEMPIO L'angolo β è multiplo dell'angolo α secondo $n = 3$. L'angolo γ è multiplo secondo $m = 2$ del sottomultiplo secondo $n = 3$ dell'angolo β.

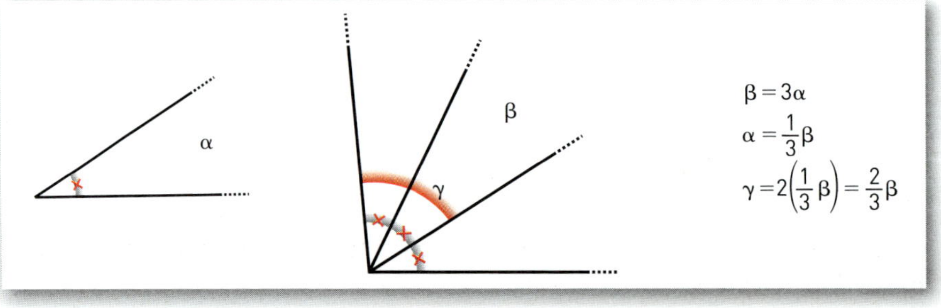

La bisettrice di un angolo

DEFINIZIONE

La **bisettrice di un angolo** è la semiretta uscente dal vertice che divide l'angolo in due angoli congruenti.

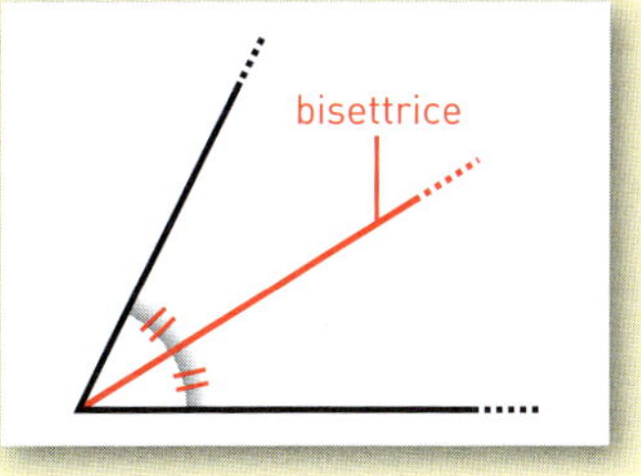

Vale inoltre il seguente postulato.

Unicità della bisettrice
Per un qualsiasi angolo esiste ed è unica la bisettrice.

▶ Descrivi il procedimento per ottenere con riga e compasso la seguente costruzione per trovare la **bisettrice** di un angolo e utilizzala con un angolo scelto da te. (Esamineremo le giustificazioni delle costruzioni nei prossimi capitoli.)

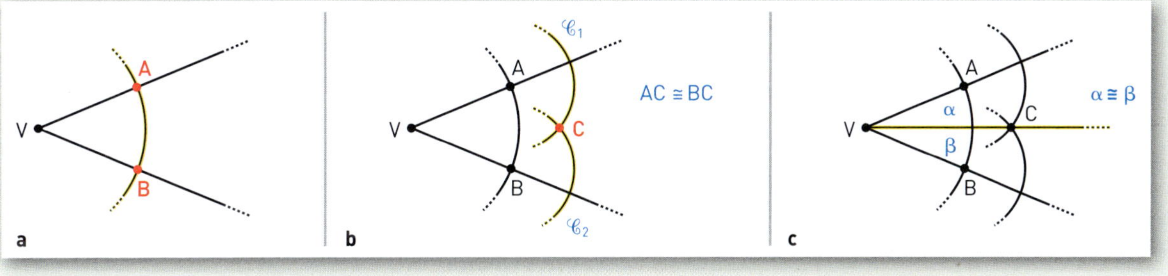

Video

Angoli retti, acuti, ottusi

DEFINIZIONE

Un angolo che sia:

- metà di un angolo piatto è un angolo **retto**;
- minore di un angolo retto è un angolo **acuto**;
- maggiore di un angolo retto e minore di un angolo piatto è **ottuso**.

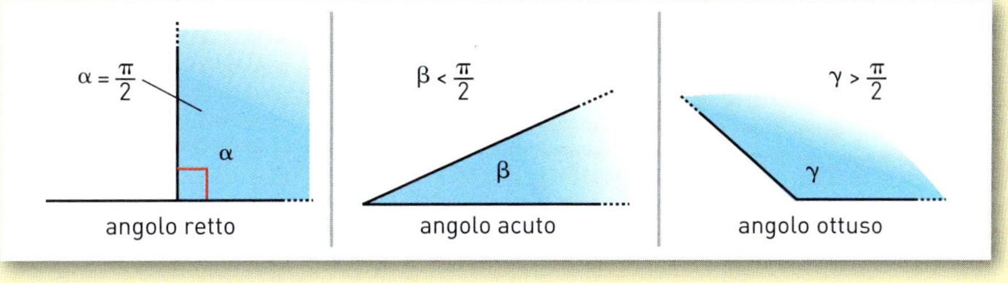

Indicheremo l'angolo retto con $\frac{\pi}{2}$.

Poiché tutti gli angoli piatti sono congruenti, anche tutti gli angoli retti sono congruenti fra loro.

Inoltre, possiamo vedere l'angolo giro come il doppio di un angolo piatto e quindi lo indichiamo con 2π.

▶ Dimostra che tutti gli angoli retti sono congruenti.

Due angoli sono **supplementari** se la loro somma è un angolo piatto.
Due angoli sono **complementari** se la loro somma è un angolo retto.
Due angoli sono **esplementari** se la loro somma è un angolo giro.

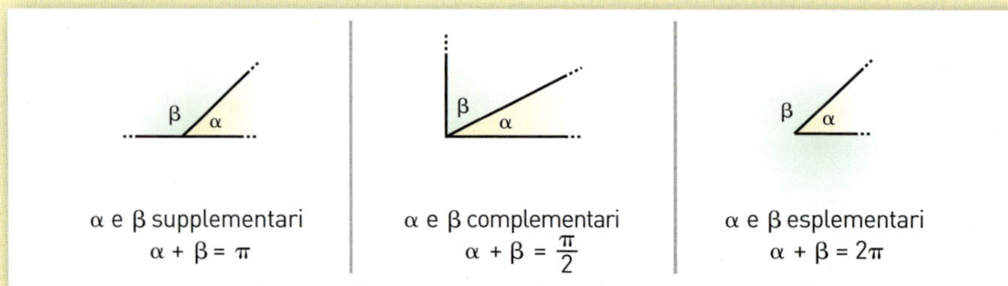

Angoli complementari di uno stesso angolo

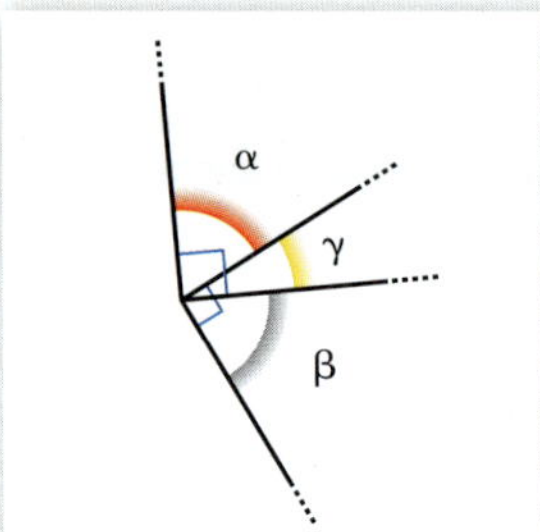

TEOREMA
Se due angoli sono complementari di uno stesso angolo, o di angoli ordinatamente congruenti, allora sono congruenti.

Ipotesi **1.** $\alpha + \gamma \cong \frac{\pi}{2}$; **2.** $\beta + \gamma \cong \frac{\pi}{2}$. **Tesi** $\alpha \cong \beta$.

DIMOSTRAZIONE
Per l'ipotesi 1: $\alpha + \gamma \cong \frac{\pi}{2}$, da cui $\alpha \cong \frac{\pi}{2} - \gamma$.

Per l'ipotesi 2: $\beta + \gamma \cong \frac{\pi}{2}$, da cui $\beta \cong \frac{\pi}{2} - \gamma$.

Poiché tutti gli angoli retti sono congruenti fra loro e differenze di angoli ordinatamente congruenti sono congruenti, si deduce che $\alpha \cong \beta$.

Gli angoli opposti al vertice

▶ Verifica con un disegno che l'unione dei punti di due angoli opposti al vertice è una figura concava.

DEFINIZIONE
Due angoli si dicono **opposti al vertice** se hanno in comune il vertice e i lati di un angolo sono i prolungamenti dei lati dell'altro.

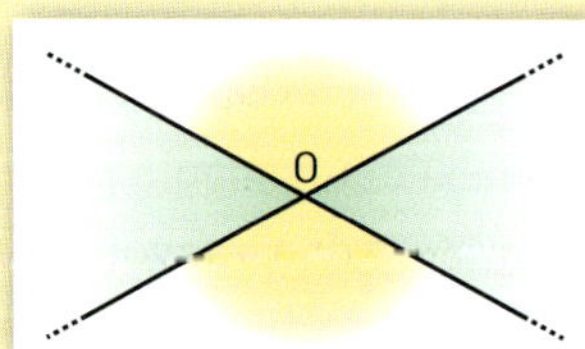

Se due angoli sono opposti al vertice, hanno in comune il vertice e i loro lati appartengono alle stesse rette.

Il teorema degli angoli opposti al vertice

Listen to it

Opposite angles are congruent.

TEOREMA
Se due angoli sono opposti al vertice, allora sono congruenti.

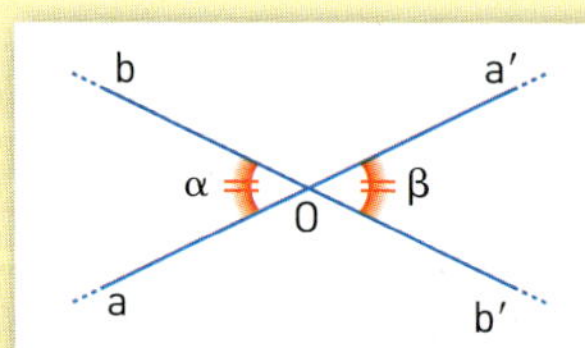

Ipotesi α e β opposti al vertice. **Tesi** $\alpha \cong \beta$.

DIMOSTRAZIONE

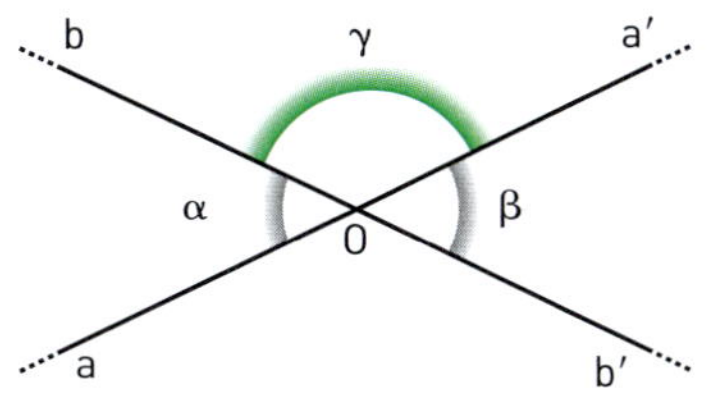

a. Indichiamo con γ l'angolo $b\hat{O}a'$.

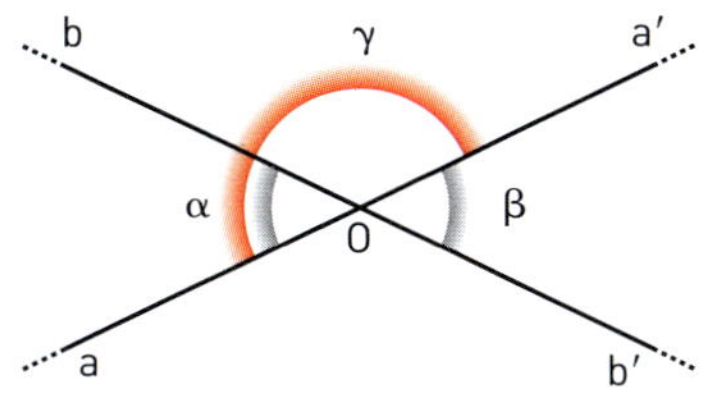

b. Osserviamo che α e γ sono supplementari: $\alpha + \gamma \cong \pi$.

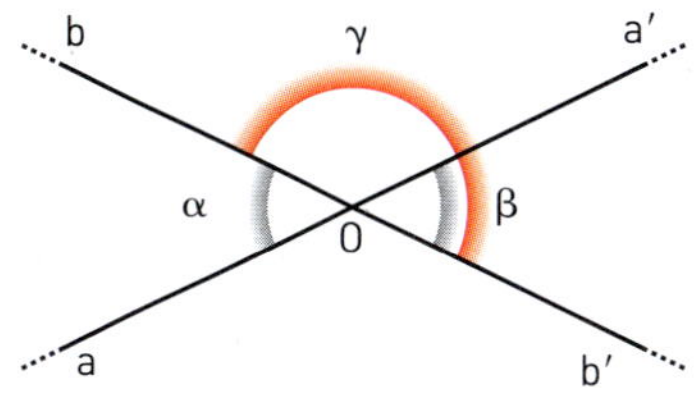

c. Osserviamo che anche β e γ sono supplementari: $\beta + \gamma \cong \pi$.

$\alpha + \gamma \cong \pi$ poiché adiacenti, *quindi* $\alpha \cong \pi - \gamma$;

$\beta + \gamma \cong \pi$ poiché adiacenti, *quindi* $\beta \cong \pi - \gamma$.

Poiché tutti gli angoli piatti sono congruenti fra loro e differenze di angoli congruenti sono congruenti, si deduce che $\alpha \cong \beta$.

Nel dimostrare il teorema precedente abbiamo anche dimostrato che **angoli supplementari dello stesso angolo, o di angoli congruenti, sono congruenti**, utilizzando uno schema analogo a quello del teorema degli angoli complementari di uno stesso angolo o di angoli congruenti.

Si può anche dimostrare che gli angoli esplementari dello stesso angolo o di angoli congruenti sono congruenti.

5 Lunghezze, ampiezze, misure

▶ Esercizi a p. G37

Le lunghezze e le ampiezze

La relazione di congruenza fra segmenti è una relazione di equivalenza.
Possiamo allora dividere l'insieme dei segmenti in classi di equivalenza, ognuna contenente tutti i segmenti fra loro congruenti. Ogni classe di equivalenza indica una proprietà comune ai segmenti che le appartengono: la lunghezza.

DEFINIZIONE
La **lunghezza** di un segmento è la classe di equivalenza, della relazione di congruenza fra segmenti, a cui appartiene il segmento.

Due segmenti congruenti hanno lunghezza uguale.
Indichiamo una lunghezza con una lettera minuscola (a, b, c, ...) o precisando gli estremi di un segmento che abbia quella lunghezza (AB, PQ, EF, ...).
Le lunghezze si possono confrontare, sommare e sottrarre riferendosi ai segmenti relativi.

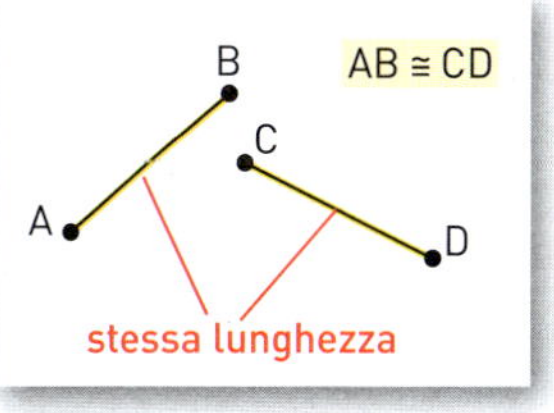

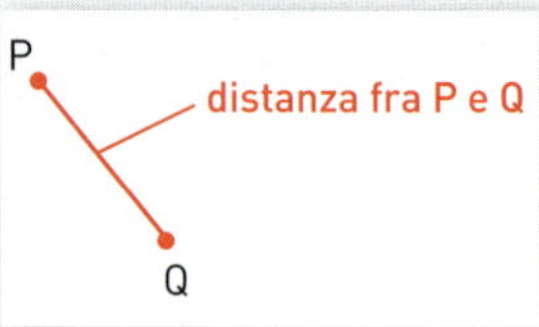

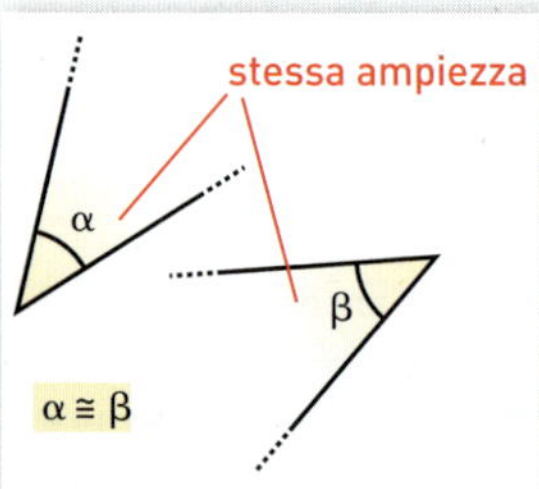

DEFINIZIONE
La **distanza fra due punti** è la lunghezza del segmento che congiunge i due punti.

Quanto detto per segmenti e lunghezze può essere ripetuto per angoli e ampiezze.

DEFINIZIONE
L'**ampiezza** di un angolo è la classe di equivalenza, della relazione di congruenza fra angoli, a cui appartiene l'angolo.

Due angoli congruenti hanno ampiezza uguale.
Indichiamo le ampiezze come gli angoli ($A\widehat{B}C$, $\widehat{ab}$, α, ...).

Le misure

Per misurare la lunghezza di un segmento PQ, fissiamo la lunghezza di un altro segmento AB, non nullo, come **unità di misura**: se $PQ = \frac{m}{n}AB$, con $\frac{m}{n}$ numero razionale positivo o nullo, diciamo che $\frac{m}{n}$ è la **misura** della lunghezza di PQ rispetto ad AB e che le lunghezze PQ e AB sono **commensurabili**.
Possiamo scrivere l'uguaglianza come rapporto $\frac{PQ}{AB} = \frac{m}{n}$ e dire che il rapporto fra le lunghezze PQ e AB è $\frac{m}{n}$.

Indichiamo le misure con simboli come $\overline{PQ}$, $\overline{ED}$, $\overline{AC}$, ...
Le misure sono dei numeri, quindi questi simboli non vanno confusi con PQ, ED, AC, ..., che indicano segmenti o lunghezze.

ESEMPIO Se consideriamo i segmenti della figura e prendiamo come unità di misura la lunghezza di AB, indicandola con u:

$$PQ = \frac{3}{4}AB = \frac{3}{4}u \quad \rightarrow \quad \frac{PQ}{AB} = \frac{3}{4}; \quad \overline{PQ} = \frac{3}{4}.$$

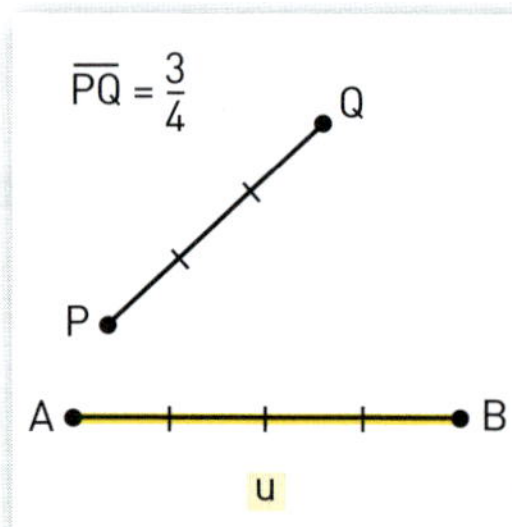

Di solito utilizziamo come unità di misura per le lunghezze il metro (m) e i suoi multipli o sottomultipli. Per esempio, il centimetro (cm) è il sottomultiplo del metro secondo un fattore 100.
Il concetto di misura può essere esteso anche al caso di lunghezze incommensurabili, tali cioè che la misura di una rispetto all'altra non è un numero razionale. In questo caso la misura è un numero reale di cui, nei problemi, si può utilizzare un valore approssimato.

ESEMPIO Calcoliamo la misura di BC, sapendo che ABC è un triangolo rettangolo e che $\overline{AB} = 3$ e $\overline{AC} = 4$.
Applichiamo il teorema di Pitagora:

$$\overline{BC} = \sqrt{\overline{AC}^2 - \overline{AB}^2} = \sqrt{4^2 - 3^2} = \sqrt{7} \simeq 2{,}6.$$

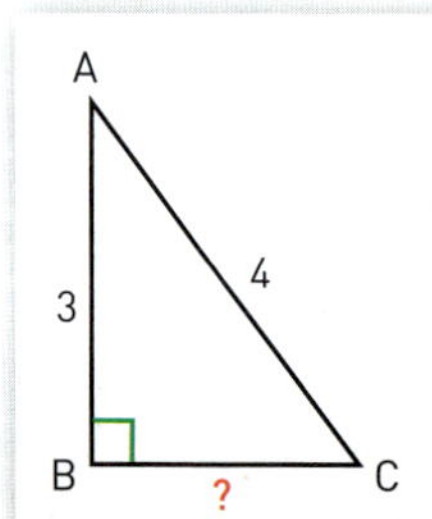

Per le misure delle ampiezze degli angoli valgono considerazioni analoghe a quelle viste per le lunghezze e le loro misure.

Se α e β sono le ampiezze di due angoli e $\alpha = \frac{m}{n}\beta$, con $\frac{m}{n}$ numero razionale positivo o nullo, diciamo che $\frac{m}{n}$ è la **misura** di α rispetto a β.

Indichiamo la misura dell'ampiezza α di un angolo ancora con α.

Utilizziamo come unità di misura delle ampiezze degli angoli il grado sessagesimale, sottomultiplo rispetto a 360 dell'angolo giro.
Un angolo piatto ha ampiezza 180°, un angolo retto 90°.

MATEMATICA INTORNO A NOI

Senza bussola Esistono varie tecniche di orientamento per riconoscere la propria posizione anche in un luogo inesplorato e forse quella più comune è l'uso della bussola. Non sempre però si ha a disposizione questo strumento.

► Riusciresti a trovare il Nord usando solo un comune orologio da polso e il Sole?

La risposta

► In un triangolo rettangolo il cateto AB è $\frac{3}{4}$ del cateto AC e la loro somma è 35 cm. Qual è la lunghezza in centimetri dell'ipotenusa? Quanto misura rispetto ad AB?

Animazione

► Determina le ampiezze di due angoli sapendo che la loro differenza è 30° e la loro somma è 66°. Qual è la misura dell'ampiezza del minore rispetto a quella del maggiore?

IN SINTESI
La geometria del piano

Oggetti geometrici e proprietà

Una **figura geometrica** è un qualsiasi insieme di punti. Lo **spazio** è l'insieme di tutti i punti. Fra le proprietà geometriche, alcune sono espresse mediante **postulati**: proprietà che accettiamo come vere. Le altre sono descritte da **teoremi**, ossia proposizioni che devono essere dimostrate.

I postulati di appartenenza e d'ordine

Postulati di appartenenza

1. A una retta appartengono *almeno* due punti distinti e a un piano *almeno* tre punti distinti non allineati.
2. Due punti distinti appartengono a *una* e *una sola* retta.
3. Tre punti distinti e non allineati appartengono a *uno* e *un solo* piano.
4. Considerata una retta su un piano, c'è *almeno* un punto del piano che non appartiene alla retta.
5. Se una retta passa per due punti di un piano, allora appartiene al piano.

Postulati d'ordine

1. Se A e B sono due punti distinti di una retta, o A precede B, o B precede A.
2. Se A precede B e B precede C, *allora* A precede C.
3. Preso un punto A su una retta, c'è *almeno* un punto che precede A e uno che segue A.
4. Presi due punti B e C su una retta, con B che precede C, c'è *almeno* un punto A della retta che segue B e precede C.

Gli enti fondamentali

Data una retta orientata e un suo punto O, sono **semirette**:

- l'insieme formato da O e da tutti i punti che lo precedono;
- l'insieme formato da O e da tutti i punti che lo seguono.

Data una retta orientata e i suoi punti A e B, con A che precede B, il **segmento** AB è l'insieme dei punti della retta formato da A, da B e dai punti che seguono A e precedono B.

Due segmenti sono:

- **consecutivi** se hanno in comune solo un estremo;
- **adiacenti** se sono consecutivi e appartengono alla stessa retta.

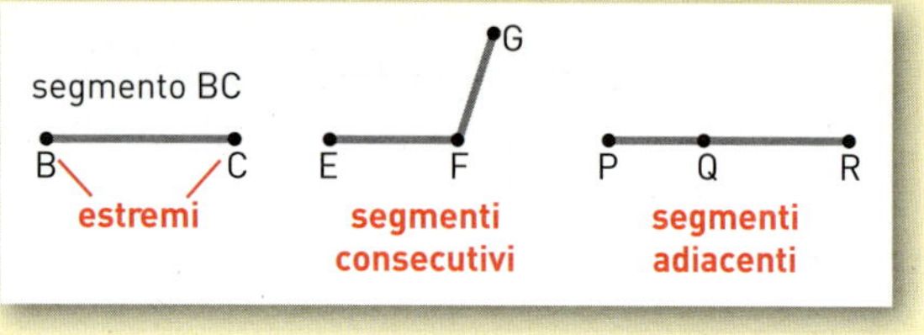

Data una retta r di un piano, un **semipiano** di origine r è l'insieme dei punti di r e di uno dei due insiemi in cui il piano è diviso da r.

In una **figura convessa**, presi due punti qualsiasi, il segmento che li congiunge è contenuto tutto nella figura. In una **figura concava** questa proprietà non è vera per almeno due punti.

Un **angolo** è ciascuna delle due parti di piano individuate da due semirette aventi la stessa origine, incluse le due semirette.

Due angoli sono:

- **consecutivi** se hanno in comune il vertice e un lato e giacciono da parti opposte rispetto al lato in comune;
- **adiacenti** se sono consecutivi e i lati non comuni appartengono alla stessa retta.

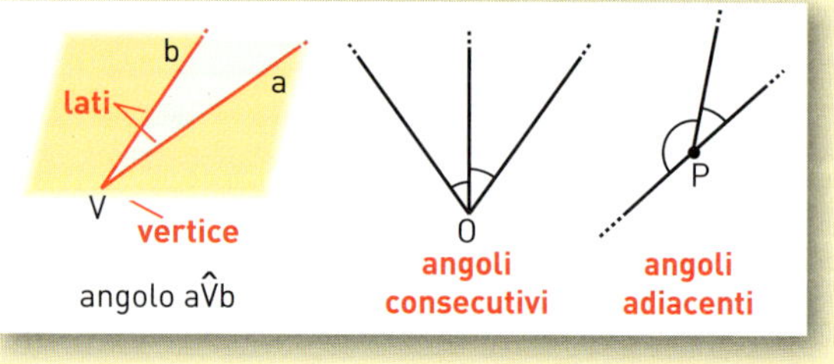

Un **angolo** è **piatto** quando i suoi lati appartengono alla stessa retta. L'**angolo giro** è l'angolo che coincide con l'intero piano.

Due **figure** sono **congruenti** se sono sovrapponibili mediante un **movimento rigido**.

Dati nel piano i punti O e A, la **circonferenza** di centro O e raggio OA è l'insieme dei punti del piano che hanno da O distanza uguale a quella di A. L'insieme dei punti di una circonferenza e dei suoi punti interni si chiama **cerchio**.

Un **poligono** è l'insieme dei punti di una poligonale chiusa e non intrecciata e di tutti i suoi punti interni.
Un poligono con tutti i lati congruenti è **equilatero**, con tutti gli angoli congruenti è **equiangolo**. Un poligono è **regolare** se è equilatero ed equiangolo.

Le operazioni con i segmenti e con gli angoli

Per i segmenti è possibile fare il **confronto** ed eseguire le operazioni di **addizione** e di **sottrazione**. Inoltre, definiamo **multiplo** del segmento a secondo il numero naturale n il segmento b:

- somma di n segmenti congruenti ad a, se $n > 1$;
- uguale ad a, se $n = 1$;
- uguale al segmento nullo, se $n = 0$.

Scriviamo: $b = na$.

Se $n \neq 0$, possiamo anche dire che a è **sottomultiplo** di b e scriviamo $a = \frac{b}{n}$.

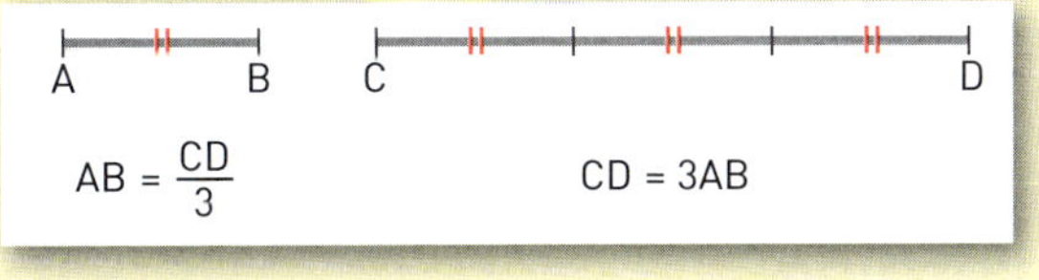

Il **punto medio** di un segmento è il punto che lo divide in due segmenti congruenti.

Anche per gli angoli è possibile fare il **confronto**, eseguire le operazioni di **addizione** e di **sottrazione**, definire **multipli** e **sottomultipli**.

La **bisettrice** di un angolo è la semiretta uscente dal vertice che divide l'angolo in due angoli congruenti.

Un **angolo retto** è la metà di un angolo piatto.
Un **angolo acuto** è minore di un angolo retto.
Un **angolo ottuso** è maggiore di un angolo retto e minore di un angolo piatto.

Due angoli sono:

- **complementari** se la loro somma è un angolo retto;
- **supplementari** se la loro somma è un angolo piatto;
- **esplementari** se la loro somma è un angolo giro.

Teorema. Se due angoli sono complementari di uno stesso angolo, allora sono congruenti.

Due **angoli** sono **opposti al vertice** se hanno in comune il vertice e i lati di un angolo sono i prolungamenti dei lati dell'altro.

Teorema. Se due angoli sono opposti al vertice, allora sono congruenti.

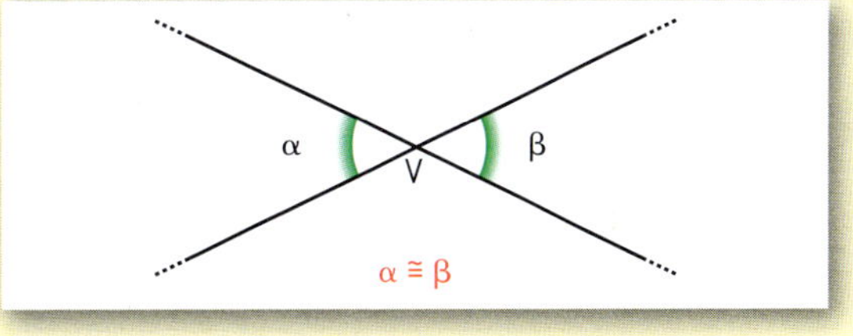

Lunghezze, ampiezze, misure

La **lunghezza** di un segmento è la classe di equivalenza, della relazione di congruenza fra segmenti, a cui appartiene il segmento.

La **distanza fra due punti** è la lunghezza del segmento che congiunge i due punti.

L'**ampiezza** di un angolo è la classe di equivalenza, della relazione di congruenza fra angoli, a cui appartiene l'angolo.

Per misurare la lunghezza di un segmento PQ, fissiamo la lunghezza di un altro segmento AB, non nullo, come **unità di misura**: se $PQ = \frac{m}{n} AB$, con $\frac{m}{n}$ numero razionale positivo o nullo, diciamo che $\frac{m}{n}$ è la **misura** della lunghezza di PQ rispetto ad AB e che le lunghezze PQ e AB sono **commensurabili**.

Per misurare l'ampiezza di un angolo α fissiamo l'ampiezza di un angolo β, non nullo, come unità di misura.

Se $\alpha = \frac{m}{n}\beta$, con $\frac{m}{n}$ numero razionale positivo o nullo, diciamo che $\frac{m}{n}$ è la **misura** di α rispetto a β.

CAPITOLO G1
ESERCIZI

1 Oggetti geometrici e proprietà

Teoria a p. G2

1 VERO O FALSO?

a. Un ente geometrico primitivo non viene definito. V F

b. Un punto è una figura geometrica. V F

c. Un teorema è una proposizione che si deduce dai postulati. V F

d. Postulati e teoremi sono enunciati accettati come veri. V F

2 TEST Quale tra i seguenti è il teorema **inverso** del seguente: «*Il prodotto di due numeri naturali è pari se almeno uno dei due fattori è pari*»?

A Il prodotto di due numeri naturali pari è un numero pari.

B Se il prodotto di due numeri naturali è pari, allora almeno uno dei due fattori è dispari.

C Se il prodotto di due numeri naturali è pari, allora almeno uno dei due fattori è pari.

D Il prodotto di due numeri naturali è dispari se i due fattori sono entrambi dispari.

3 Trasforma nella forma «Se..., allora...» i seguenti enunciati.

a. «Ogni corpo non vincolato cade verso il centro della Terra.»

b. «Immergendo un corpo caldo in acqua fredda, essa si riscalda.»

c. «Una pallina lanciata verso l'alto ricade a terra.»

d. «Toccando il fuoco, ci si brucia.»

4 Scrivi di fianco a ogni enunciato se è una **definizione** o una **proprietà**.

a. «Azimut è l'angolo compreso tra il circolo verticale di un astro e il meridiano del luogo di osservazione.»

b. «Il cielo è azzurro.»

c. «Il poliuretano è una materia plastica usata per le fibre sintetiche e nella preparazione di vernici e adesivi.»

2 I postulati di appartenenza e d'ordine

Teoria a p. G4

I postulati di appartenenza

5 VERO O FALSO?

a. Tre punti distinti definiscono sempre un piano. V F

b. Esiste un solo piano che passa per due punti. V F

c. Per due punti distinti passano una sola retta e un solo piano. V F

d. Esiste sempre un solo piano che passa per una retta e per un punto che non appartiene alla retta. V F

Utilizza gli assiomi di appartenenza per giustificare le seguenti affermazioni.

6 Tre punti non allineati individuano tre rette distinte.

7 Una retta è un sottoinsieme proprio del piano.

8 Due rette distinte che si intersecano in un punto appartengono allo stesso piano.

I postulati d'ordine

9 VERO O FALSO? Considera la seguente figura e scrivi di fianco a ogni affermazione se è *vera* o *falsa* (il verso di percorrenza della retta è indicato dalla freccia).

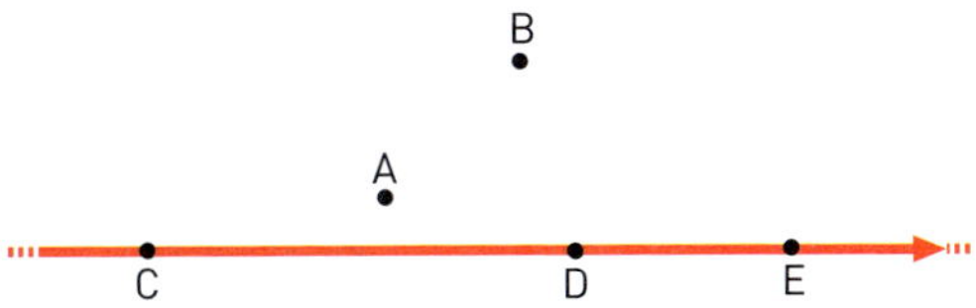

a. *C* precede *E*. V F
b. *E* precede *D*. V F
c. *D* segue *C*. V F
d. *A* precede *C*. V F
e. *B* segue *A*. V F
f. *E* segue *B*. V F

10 COMPLETA le seguenti frasi, stabilendo l'ordine fra i punti indicati: specifica se un punto precede o segue un altro punto (il verso di percorrenza della retta in figura è indicato dalla freccia).

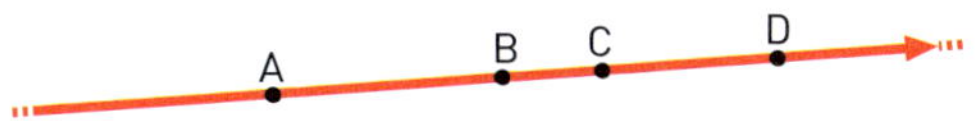

A ______ *B*; *B* ______ *A*;

A ______ *D*; *D* ______ *A*;

C segue ______; *C* ______ *A*;

C precede ______; *D* precede ______.

11 FAI UN ESEMPIO Indica su quali delle seguenti figure è possibile definire una relazione d'ordine e, quando non è possibile, mostra un esempio che giustifichi la tua risposta.

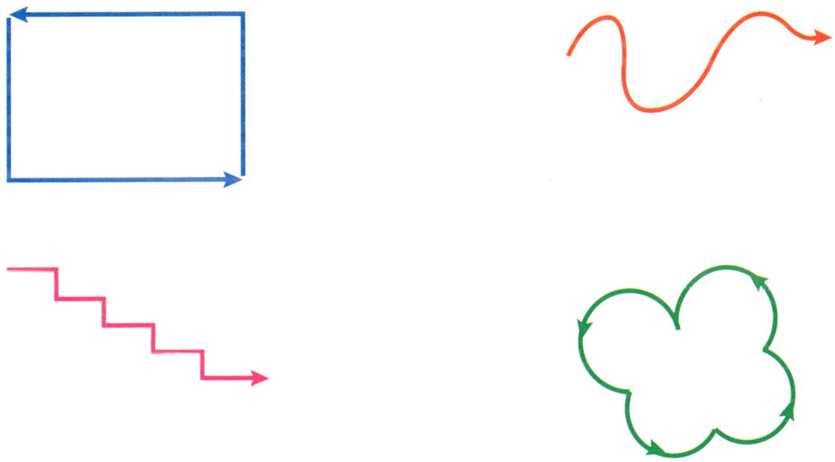

12 Rappresenta su una retta orientata i punti *A*, *B*, *C*, *D*, *E*, *F* in modo che: *A* preceda *F* ma non *B*; *C* segua *B* e preceda *A*; *E* segua *A* ma non preceda né *F* né *D*.

Giustifica mediante i postulati di appartenenza e d'ordine le seguenti affermazioni, aiutandoti con un disegno.

13 Due rette distinte hanno al più un solo punto in comune.

14 Ogni piano contiene infiniti punti.

15 Ogni piano contiene infinite rette.

16 ESEMPIO DIGITALE Per un punto di un piano passano infinite rette.

17 Date due rette, esiste almeno un punto che non appartiene a nessuna delle due.

ESERCIZI

3 Gli enti fondamentali

▶ Teoria a p. G6

Semirette, segmenti e poligonali

18 VERO O FALSO?

a. Due segmenti con un estremo in comune si dicono consecutivi. V F

b. Due segmenti adiacenti possono avere anche più di un punto in comune. V F

c. Se due segmenti consecutivi appartengono alla stessa retta, sono adiacenti. V F

d. Due segmenti che appartengono alla stessa retta si dicono adiacenti. V F

19 SPIEGA PERCHÉ Alessandro: «In un segmento ci sono infiniti punti». Carlo: «Allora è illimitato!».
Spiega perché Alessandro ha ragione e Carlo no.

20 VERO O FALSO?

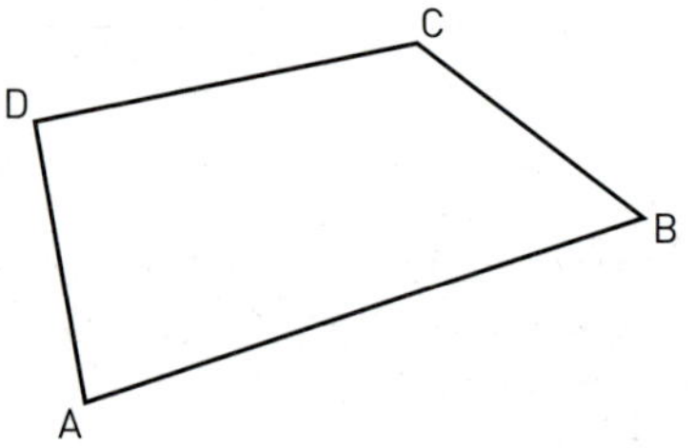

a. A e B sono punti interni del segmento AB. V F

b. AB e BC sono segmenti adiacenti. V F

c. AD e DC sono segmenti consecutivi. V F

d. $ABCD$ è una poligonale chiusa. V F

e. AB e CD sono segmenti adiacenti. V F

21 TEST A che ora la lancetta delle ore e quella dei minuti possono essere descritte come due segmenti *adiacenti*?

A Alle 17. C Alle 19. B Alle 18. D Alle 20.

Semipiani e angoli

22 VERO O FALSO?

a. $ABCDEF$ è una figura concava. V F

b. $E\widehat{F}A$ è convesso. V F

c. γ è concavo. V F

d. β è concavo. V F

e. α è convesso. V F

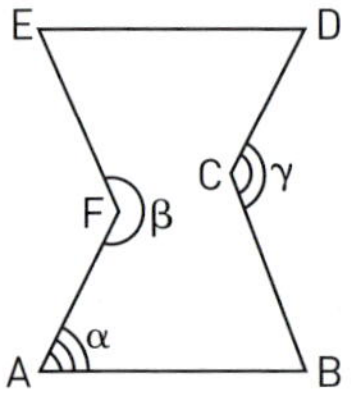

23 TEST Osserva la figura. Quali angoli sono consecutivi?

A $a\widehat{V}e$ ed $e\widehat{V}d$.

B $a\widehat{V}e$ e $a\widehat{V}d$.

C $e\widehat{V}d$ e $c\widehat{V}b$.

D $d\widehat{V}b$ e $c\widehat{V}b$.

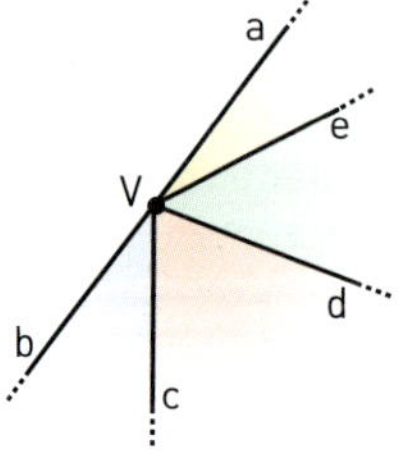

24 VERO O FALSO?

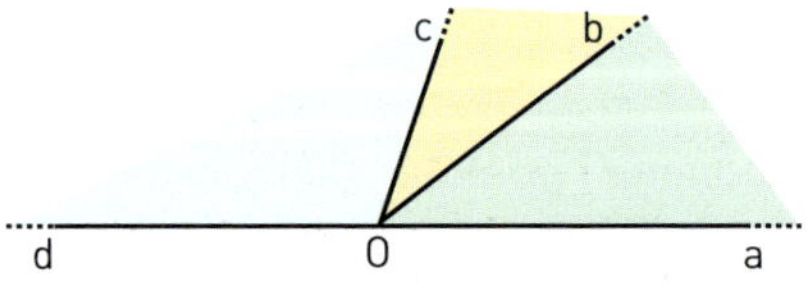

a. L'angolo $a\widehat{O}d$ è un semipiano. V F

b. $a\widehat{O}b$ e $b\widehat{O}c$ sono adiacenti. V F

c. $a\widehat{O}b$ e $c\widehat{O}d$ sono consecutivi. V F

d. $b\widehat{O}c$ e $c\widehat{O}d$ sono consecutivi. V F

25 ●○ VERO O FALSO?

a. Due angoli consecutivi sono anche adiacenti. V F

b. Due angoli adiacenti sono anche consecutivi. V F

c. Se due angoli hanno il vertice in comune, allora sono consecutivi. V F

d. Se un angolo ha i lati coincidenti, allora è nullo. V F

e. In un angolo piatto i lati coincidono. V F

26 ●○ Scrivi tutte le coppie di angoli consecutivi e di angoli adiacenti che vedi nella figura.

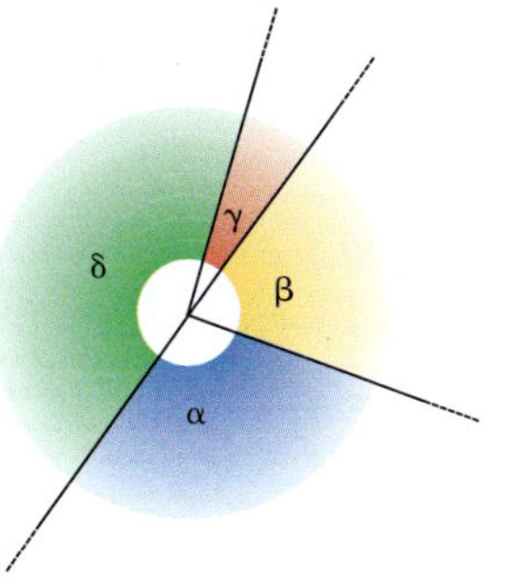

MATEMATICA E STORIA

Che cos'è un angolo? Andiamo a leggere alcune righe tratte dagli *Elementi* di Euclide e riguardanti il concetto di angolo...

Euclide ritratto nella «Scuola d'Atene» di Raffaello con le sembianze di Donato Bramante (Vaticano, Stanza della Segnatura, 1508-1511).

Problema e Risoluzione – Un esercizio in più – Attività di ricerca: Angoli, astronomia, orologi.

I poligoni

27 ●○ VERO O FALSO?

a. L'insieme dei segmenti che costituiscono il bordo di un poligono è una poligonale. V F

b. In un poligono il numero dei lati è uguale al numero dei vertici. V F

c. In un poligono il numero degli angoli esterni è maggiore di quello degli angoli interni. V F

d. Un poligono è equilatero se e solo se è equiangolo. V F

e. I poligoni regolari sono convessi. V F

28 ●○ TEST Il numero delle diagonali di un poligono con n lati:

A è sempre superiore a n.

B può essere uguale a n.

C è $n - 2$.

D è sempre un numero pari.

29 ●○ VERO O FALSO?

a. Se un poligono è concavo, ha almeno una diagonale esterna al poligono. V F

b. Un quadrilatero non può essere concavo. V F

c. Un poligono convesso non può avere un angolo concavo. V F

d. Un esagono ha 6 diagonali. V F

e. Se un poligono ha gli angoli congruenti, è regolare. V F

30 ●○ Determina il numero delle diagonali di un poligono di:

a. 10 lati;
b. 11 lati;
c. 12 lati;
d. 13 lati.

31 ●○ Riesci, deducendolo dai risultati ottenuti nell'esercizio 30, a determinare il numero delle diagonali di un poligono di 14 lati senza applicare la formula?

ESERCIZI

4 Le operazioni con i segmenti e con gli angoli

▶ Teoria a p. G12

Il confronto di segmenti

32 VERO O FALSO?

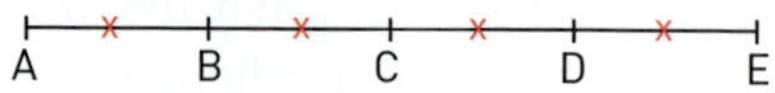

a. $AC < BE$. V F

b. $AC > CE$. V F

c. $BE > AB$. V F

33 Dato il segmento AB, disegna su r con il compasso un segmento $CD \cong AB$.

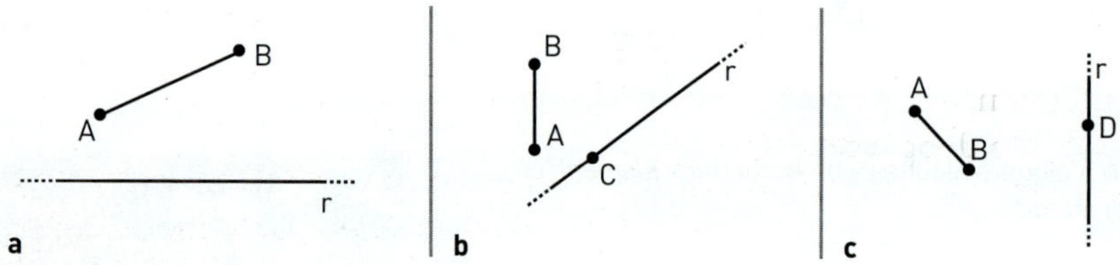

34 COMPLETA Utilizzando il compasso, confronta i seguenti segmenti e inserisci in ogni vaschetta uno dei tre simboli $\cong$, $>$, $<$.

AB ☐ CD AB ☐ EF

AB ☐ GH CD ☐ EF

CD ☐ GH EF ☐ MN

GH ☐ MN CD ☐ MN

AB ☐ MN EF ☐ GH

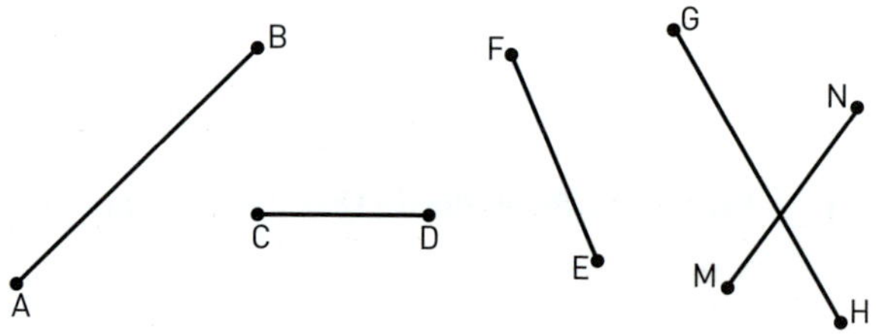

TEST Gli esercizi 35 e 36 si riferiscono alla figura riportata sotto. I segmenti contrassegnati con lo stesso simbolo sono tra loro congruenti.

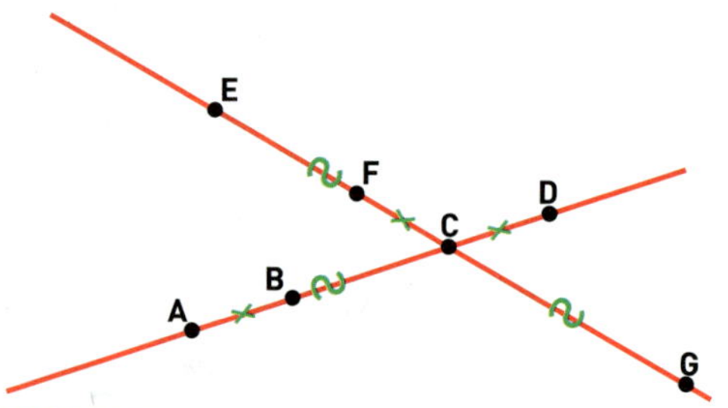

35 Il segmento somma $AB + BC$ è congruente a:

A $AB + CD$. B $AB + CG$. C $BC + CD$. D FG.

36 Il segmento $EC - CD$ è minore di:

A $CG - BC$ B AB. C BC. D AD.

I multipli e i sottomultipli di segmenti

37 COMPLETA Scrivi le relazioni esistenti fra le seguenti coppie di segmenti.

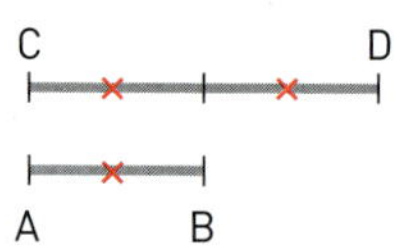

CD = 2AB

$AB =$ ☐

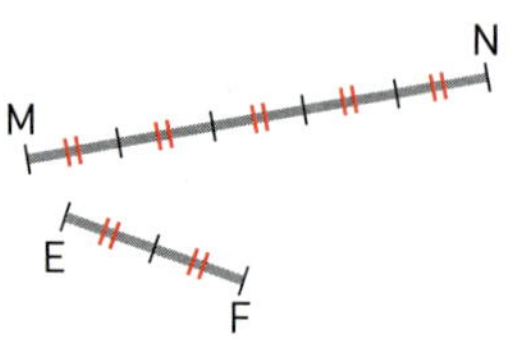

$EF =$ ☐

$MN =$ ☐

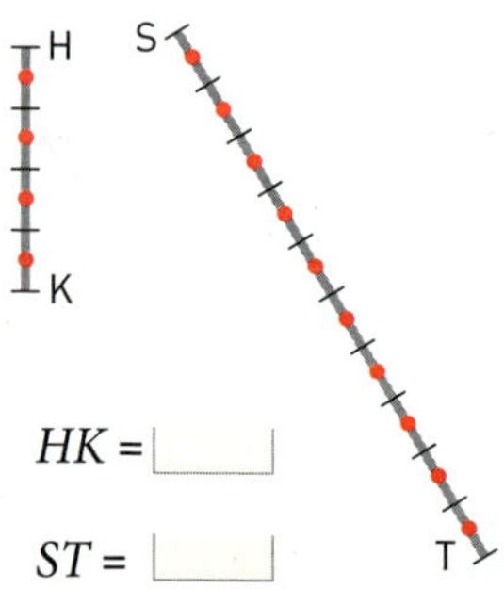

$HK =$ ☐

$ST =$ ☐

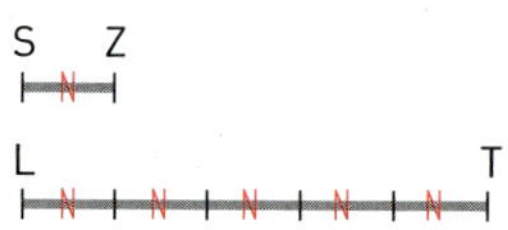

$SZ =$ ☐

$LT =$ ☐

38 VERO O FALSO?

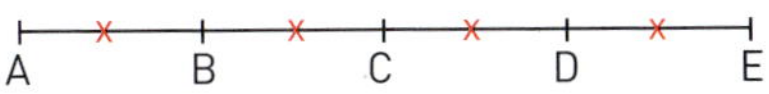

a. $AB \cong \frac{1}{2}CE.$ V F

b. $\frac{1}{2}AE - \frac{1}{3}AD \cong AB.$ V F

c. $\frac{4}{3}BE \cong 3CD.$ V F

Costruzioni

39 Disegna un triangolo e, utilizzando riga e compasso, costrusci il punto medio di ognuno dei suoi lati.

40 Disegna quattro segmenti consecutivi ma non adiacenti tali che la somma dei primi due sia congruente alla differenza tra il doppio del terzo e la metà del quarto.

41 Dato un segmento AB scelto a piacere, disegna i segmenti congruenti a $2AB$, $\frac{1}{3}AB$ e $\frac{2}{7}AB$.

42 Disegna due segmenti adiacenti e di ognuno determina il punto medio utilizzando riga e compasso.

MATEMATICA INTORNO A NOI

Calcio a 5 Nicola e i suoi amici si allenano in un vecchio campo da calcio e decidono di rifare tutte le linee. Serve un compasso...

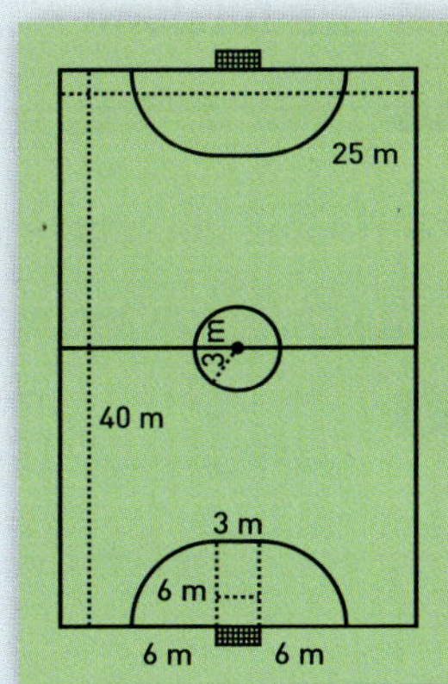

Problema e risoluzione.

43 Disegna sulla stessa retta tre segmenti AB, CD e BF tali che C sia il punto medio del segmento AB, D sia il punto medio del segmento BF e valga $BF \cong \frac{2}{3}AB$. Esprimi CD come multiplo del segmento AB.

44 Sapendo che la differenza di due segmenti AB e CD è congruente alla somma tra i $\frac{2}{3}$ di AB e $\frac{1}{6}$ di CD, determina secondo quale numero n AB è multiplo di CD. Disegna poi i due segmenti AB e CD trovati e verifica graficamente la relazione del testo.

Il confronto di angoli

45 COMPLETA le relazioni confrontando gli angoli in figura.

$\alpha <$ [β]

ω [>] δ

γ [<] ω

ω [>] β

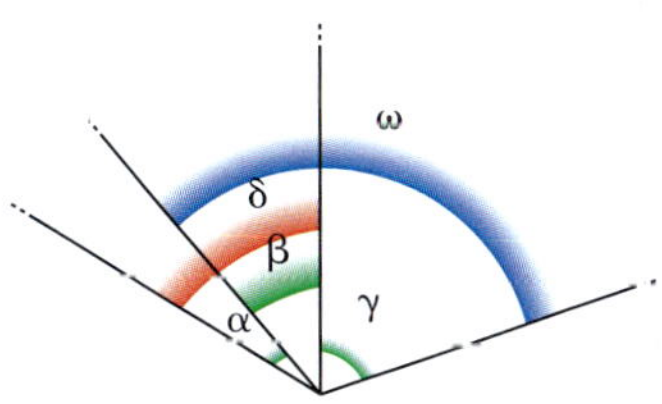

46 COMPLETA Utilizzando riga e compasso, confronta gli angoli illustrati e scrivi le relazioni esistenti fra essi mediante i simboli $\cong$, $>$, $<$.

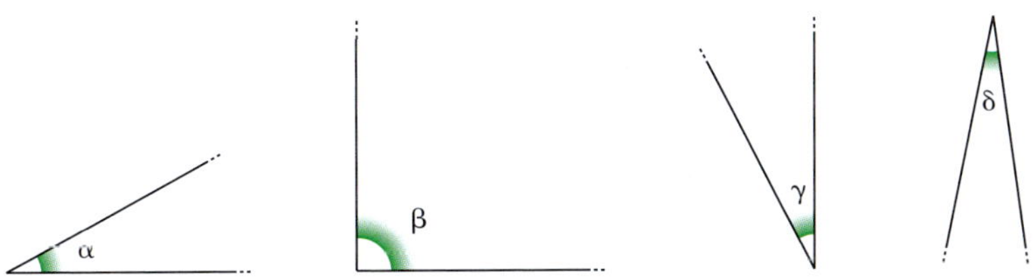

ESERCIZI

L'addizione e la sottrazione fra angoli

47 SPIEGA PERCHÉ La somma di due angoli acuti è sempre un angolo convesso?

Costruzioni con riga e compasso

In ognuna delle seguenti situazioni esegui, se possibile, le operazioni richieste.

48

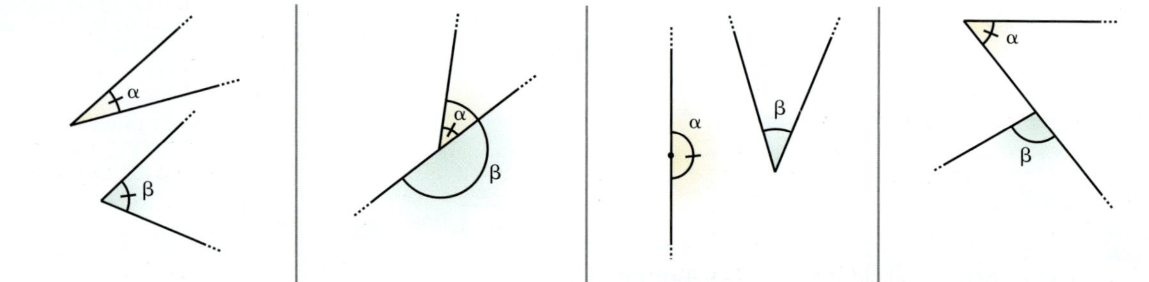

a. $\alpha + \beta$; $\alpha - \beta$.
b. $\alpha + \beta$; $\beta - \alpha$.
c. $\alpha - \beta$; $\beta - \alpha$.
d. $\alpha + \beta$; $\alpha - \beta$.

49

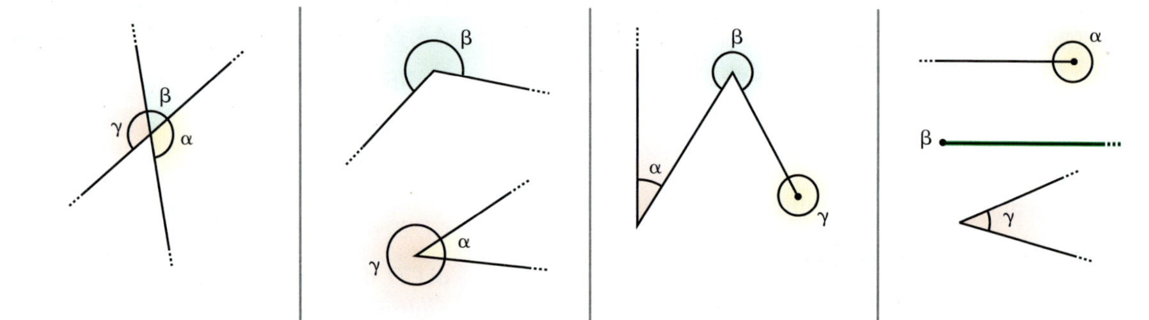

a. $\alpha + \beta$; $\alpha - \gamma$; $\beta + \gamma$.
b. $\beta - \alpha$; $\beta + \gamma$; $\gamma - \alpha$.
c. $\alpha - \beta$; $\beta - \alpha$; $\beta + \gamma$.
d. $\alpha + \beta$; $\alpha - \beta$; $\beta + \gamma$.

50 Disegna due angoli, uno minore e uno maggiore di un angolo piatto e con riga e compasso costruisci un angolo congruente a ognuno dei due.

51 Disegna due angoli in modo che la loro somma sia un angolo piatto e che la loro differenza sia congruente a uno dei due.

52 Disegna tre angoli con il vertice in comune in modo che la loro somma sia un angolo giro e che la differenza tra il primo e il terzo angolo sia congruente al secondo angolo.

53 Disegna tre angoli α, β, γ in modo che sia verificata la relazione:

$$\alpha + (\beta - \gamma) < \beta.$$

I multipli e i sottomultipli di angoli

54 COMPLETA osservando la figura.

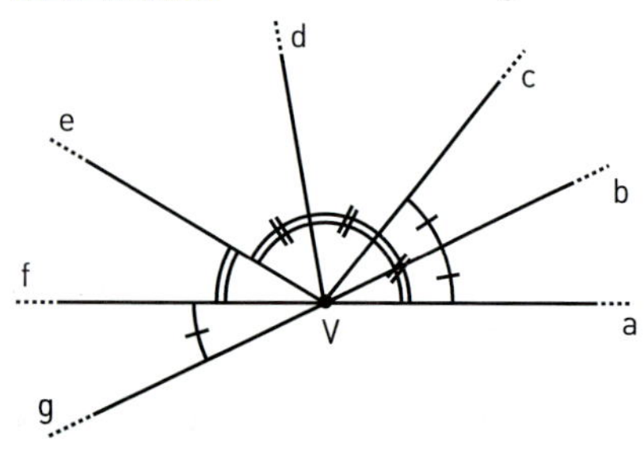

a. $a\widehat{V}c \cong$ ____ $a\widehat{V}b$
b. $a\widehat{V}c \cong$ ____ $a\widehat{V}e$
c. $f\widehat{V}g \cong$ ____
d. $d\widehat{V}c \cong$ ____ $b\widehat{V}c$
e. $a\widehat{V}f - e\widehat{V}f \cong 6$ ____
f. $f\widehat{V}g \cong \frac{1}{4}$ ____

55 **VERO O FALSO?**

a. $\alpha \cong \beta$. V F

b. $\alpha + \beta \cong \frac{1}{3} a\widehat{O}d$. V F

c. $\beta + \gamma > \alpha$. V F

d. $\beta < a\widehat{O}d - \alpha$ V F

e. $\frac{2}{3} a\widehat{O}d \cong \beta + \gamma$. V F

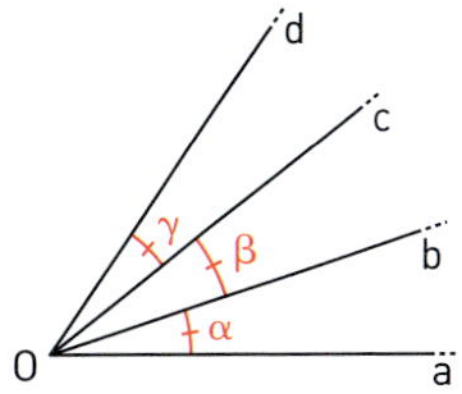

La bisettrice di un angolo

56 Disegna due angoli, uno maggiore e uno minore di un angolo piatto e per ognuno costruisci la bisettrice, utilizzando riga e compasso.

57 **VERO O FALSO?** Dalla figura deduciamo che:

a. $a\widehat{O}b \cong d\widehat{O}c$. V F

b. c è bisettrice di $b\widehat{O}d$. V F

c. c è bisettrice di $a\widehat{O}e$. V F

d. $a\widehat{O}b - 2b\widehat{O}d$ è l'angolo nullo. V F

e. $b\widehat{O}d \cong \frac{1}{2} a\widehat{O}e$. V F

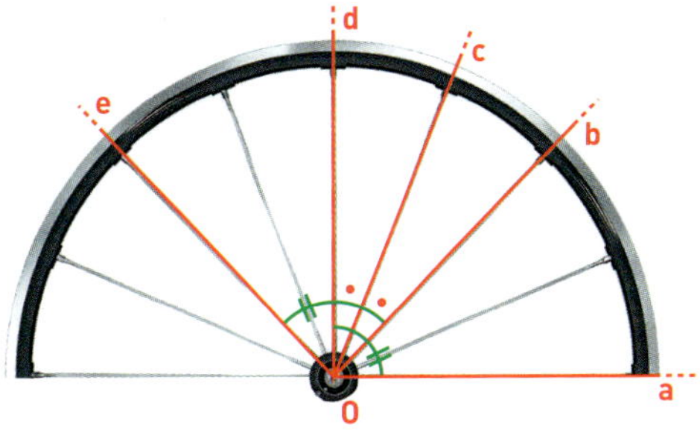

Le definizioni relative agli angoli

58 Disegna un angolo acuto e un suo complementare, un angolo retto e un suo supplementare, un angolo ottuso e un suo supplementare.

59 **VERO O FALSO?**

a. La differenza fra due angoli acuti è sempre un angolo acuto. V F

b. A volte due angoli acuti sono complementari. V F

c. A volte due angoli ottusi sono supplementari. V F

d. La somma di due angoli acuti è sempre un angolo acuto. V F

e. Se due angoli sono supplementari, uno è acuto e uno è ottuso. V F

60 Per ogni figura scrivi il termine relativo all'angolo considerato, scegliendolo fra i seguenti (più termini possono essere validi per la stessa figura): giro, retto, acuto, ottuso, convesso, concavo, angoli adiacenti, angoli consecutivi, angoli complementari, angoli supplementari.

a 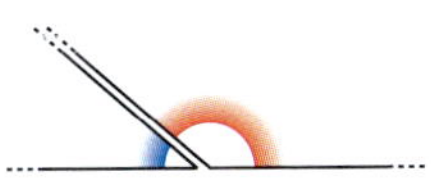

b 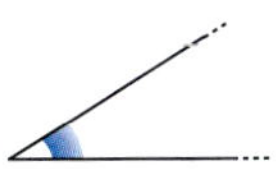

c 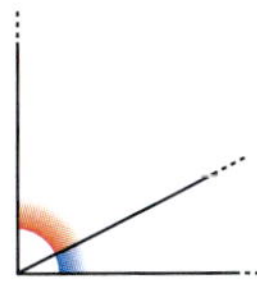

d 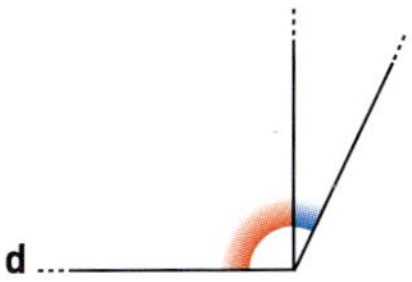

e 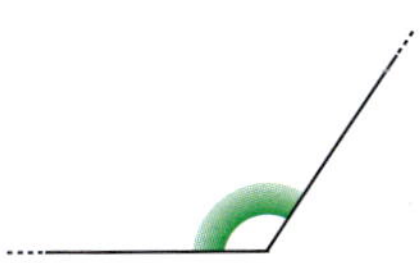

f 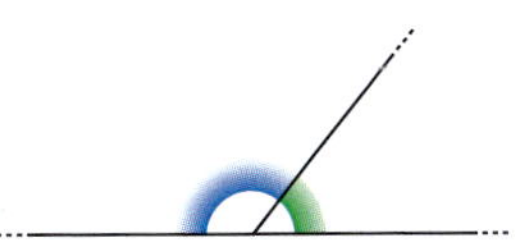

g 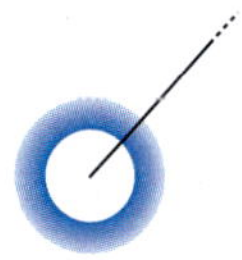

h 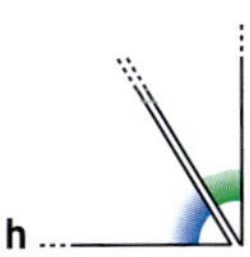

ESERCIZI

61 VERO O FALSO? Rispondi osservando la figura.

a. α è complementare di γ. V F
b. $\gamma \cong \varepsilon$. V F
c. β è supplementare di δ. V F
d. $\varphi \cong \delta$. V F
e. δ è complementare di α. V F

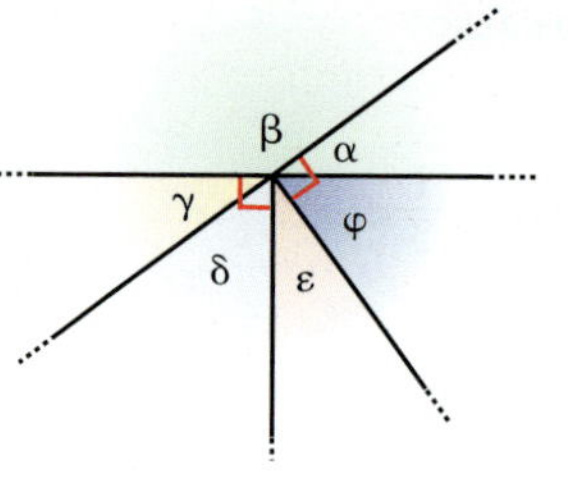

62 Per ogni angolo indicato disegna un suo supplementare.

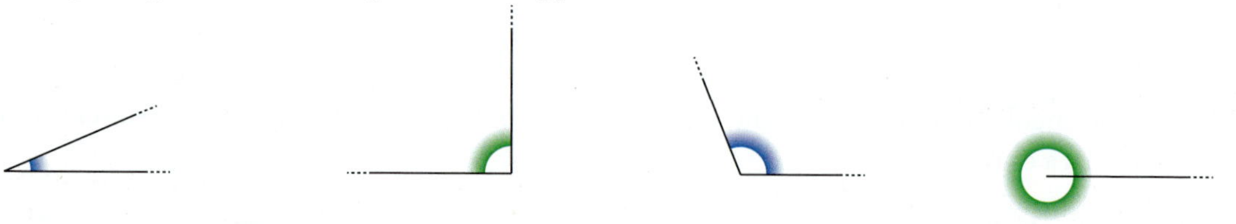

63 Per ogni angolo indicato disegna, se possibile, un suo complementare.

64 COMPLETA Di fianco a ogni coppia di angoli scrivi se essi sono adiacenti, consecutivi, supplementari o complementari.

α, β ____ $\alpha + \beta, \alpha' + \beta'$ ____
γ, δ ____ α, δ' ____
β', α' ____ $\alpha' + \beta, \delta + \beta'$ ____

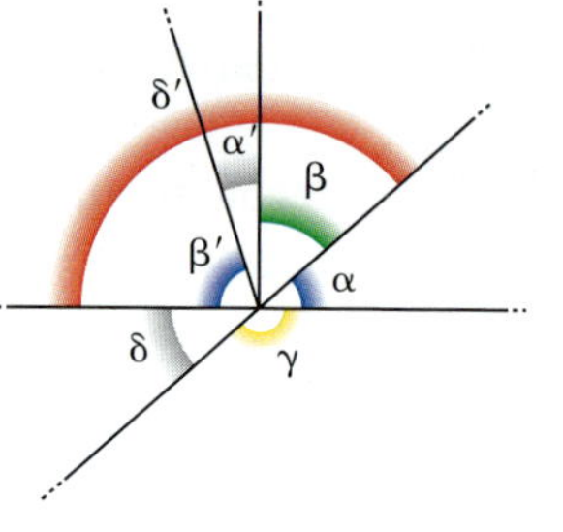

Figure e dimostrazioni

Dalla figura alla sua descrizione

65 ESERCIZIO GUIDA Dopo aver osservato la figura, cerchiamo di descriverla in modo che essa possa essere riprodotta da una persona che non la vede.

Per descrivere questa figura è necessario specificare che:

- c'è un segmento AB;
- il punto D sta sul segmento AB e AD è la quarta parte di AB;
- il punto C non appartiene alla retta AB;
- sono tracciati i segmenti CD e BC, che risultano consecutivi e non adiacenti.

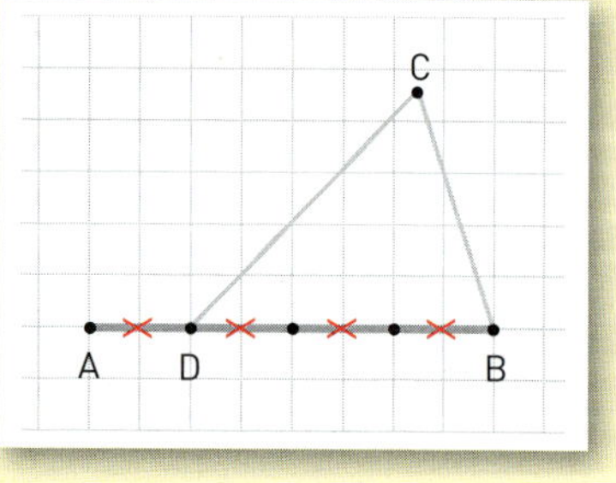

In modo sintetico possiamo scrivere: $D \in AB$; $AD = \frac{1}{4} AB$.
CD e BC sono segmenti consecutivi non adiacenti.
Queste informazioni sono sufficienti per riprodurre non una figura *identica* alla precedente, ma una figura *che abbia tutte le proprietà che ci interessano*.

Negli esercizi seguenti, per ogni figura proposta descrivi le proprietà presenti, in modo che possa essere riprodotta da un tuo compagno che non la vede.

66 ●○

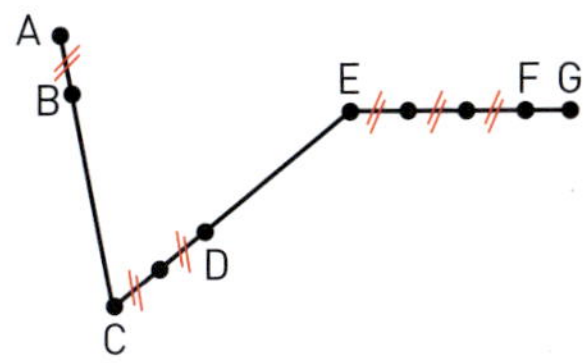

67 ●○

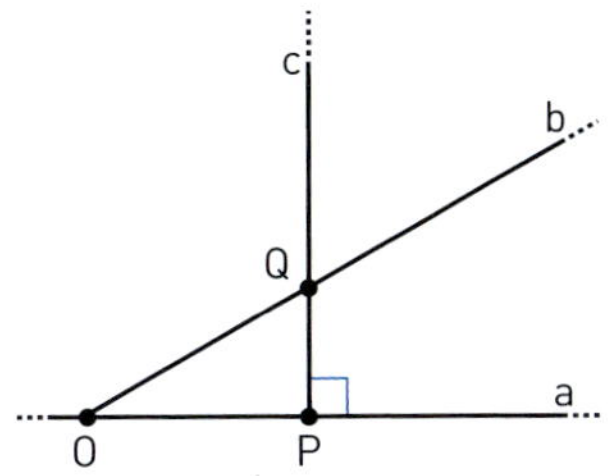

68 ●○

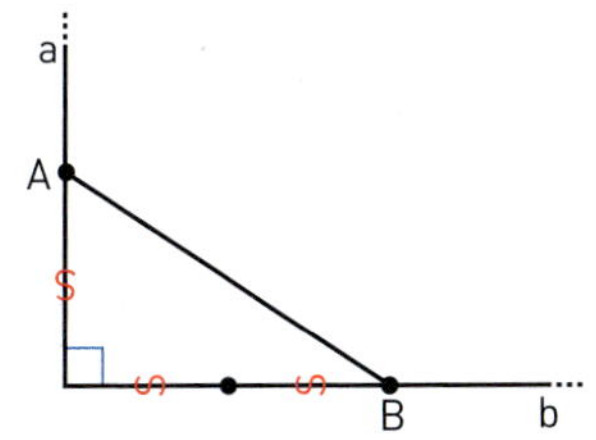

Dal testo alla figura

69 **ESERCIZIO GUIDA** Tenendo presente la descrizione simbolica, disegniamo la figura corrispondente:
AB, BC, CD, DE sono segmenti; $D \in AB$; $E\widehat{D}C = \frac{1}{2}\pi$.

Le informazioni permettono di dire che la figura è composta da quattro segmenti consecutivi, di cui gli ultimi due formano un angolo retto.
L'estremo D del terzo segmento sta su AB. Poiché non è specificato che $AD \cong DB$, il punto D non si deve scegliere in modo particolare, ossia non deve essere il punto medio di AB.
Allo stesso modo il segmento BC non deve essere adiacente ad AB.
Le figure **a** e **b**, pur soddisfacendo le condizioni poste, non sono accettabili in quanto sono presenti delle proprietà in più rispetto a quelle descritte. La figura richiesta è la **c**.

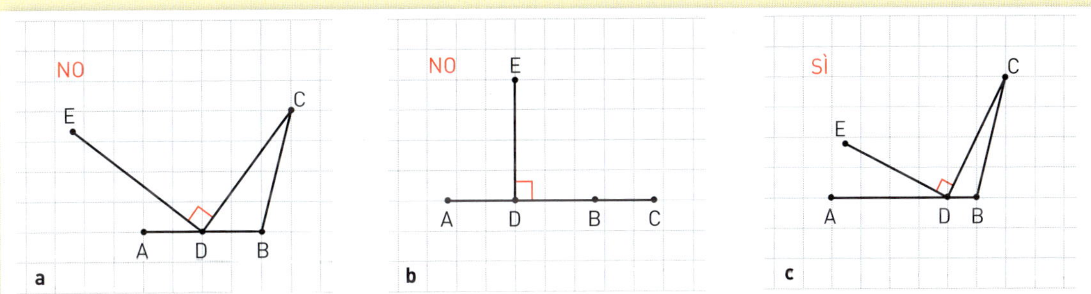

CHE COSA NON DEVI FARE In generale, quando si deve tradurre in rappresentazione grafica un testo fatto di parole o di simboli, è bene **non disegnare mai i casi particolari, a meno che non siano proprio quelli richiesti**. Esempi:

a. «Disegna un punto P sul segmento AB.»

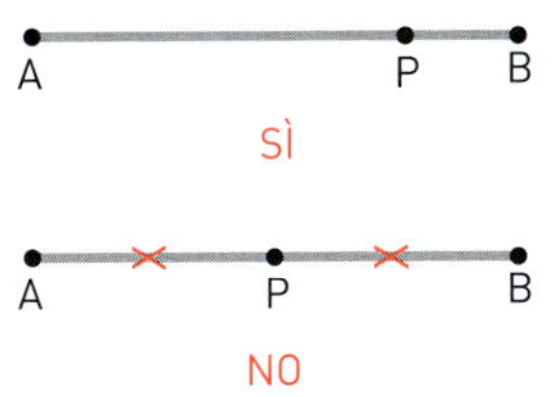

Il punto P non deve essere il punto medio di AB.

b. «Disegna una semiretta interna all'angolo $a\hat{O}b$.»

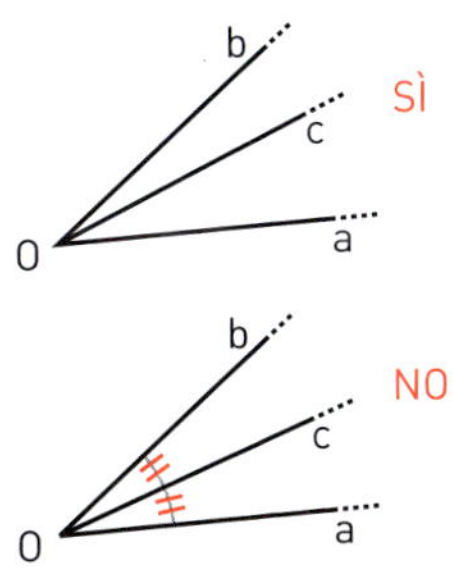

La semiretta non deve essere la bisettrice dell'angolo.

c. «Disegna un angolo $a\hat{O}b$.»

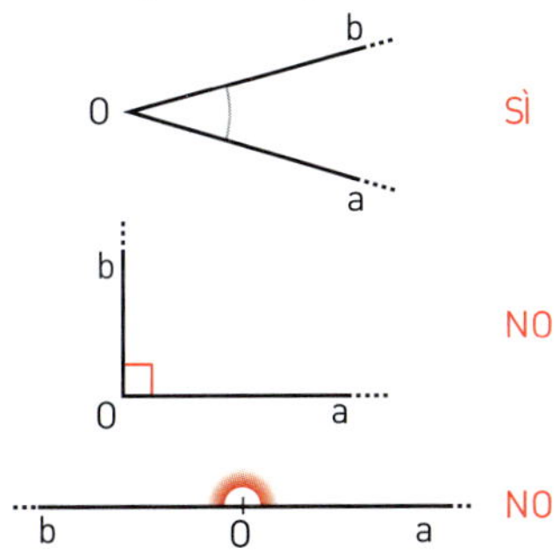

L'angolo non deve essere particolare, per esempio non deve essere retto o piatto.

Negli esercizi seguenti, per ogni descrizione, disegna la figura corrispondente.

70 AB, BC, CD, DE sono segmenti; $E \in BC$; $BE \cong EC$.

71 AB è un segmento; Ca, $C \in AB$, $AB = 4BC$; $A\widehat{C}a = \frac{1}{4}\pi$.

72 $a\widehat{O}b + b\widehat{O}c + c\widehat{O}d = \pi$; $a\widehat{O}b = \frac{1}{2} b\widehat{O}d$.

73 $a\widehat{O}b$, $b\widehat{O}c$, $c\widehat{A}d$, $A \in Oc$; Ad non è interna ad $a\widehat{O}c$.

Teoremi sui segmenti

74 ESERCIZIO GUIDA Sulla retta r disegniamo, nell'ordine, tre punti A, B e C, e il punto medio M di BC. Dimostriamo che:

$$BM = \frac{AC - AB}{2}.$$

Disegniamo la figura:

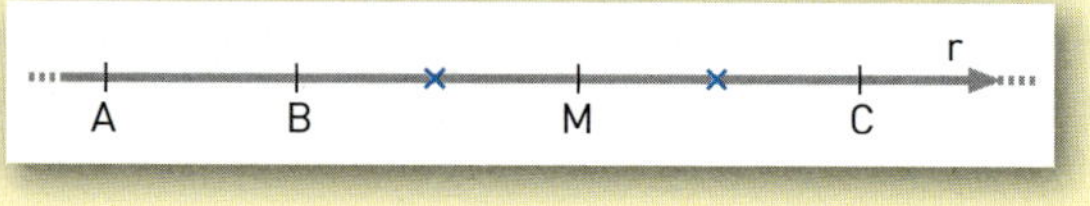

Scriviamo l'ipotesi e la tesi:

Ipotesi 1. $A, B, C, M \in r$;
2. $BM \cong MC$.

Tesi $BM = \frac{AC - AB}{2}$.

Scriviamo la dimostrazione, giustificando ogni passaggio.

Dimostrazione
Per la definizione di somma di segmenti:

$$AC = AB + BM + MC.$$

Per l'ipotesi 2:

$$AC = AB + BM + BM.$$

Per la definizione di multiplo di un segmento:

$$AC = AB + 2BM.$$

Per la prima legge di monotonia:

$$AC - AB = AB - AB + 2BM$$
$$AC - AB = 2BM.$$

Per la seconda legge di monotonia:

$$\frac{AC - AB}{2} = BM.$$

Per la proprietà simmetrica della congruenza:

$$BM = \frac{AC - AB}{2}.$$

Scriviamo una seconda dimostrazione.

Dimostrazione alternativa
Invece di dimostrare la tesi richiesta, per la definizione di multiplo e sottomultiplo di un segmento, è equivalente dimostrare la seguente tesi:

Tesi $AC - AB = 2BM$.

Osserviamo che:

- $AC - AB = BC$ per la definizione di differenza fra segmenti;
- $BC = BM + MC$ per la definizione di somma fra segmenti.

Dall'ipotesi 2 deduciamo:

$$BC = BM + BM$$

e, per la definizione di multiplo di un segmento, vale che:

$$BC = 2BM.$$

Dalla prima relazione concludiamo che:

$$AC - AB = BC = 2BM.$$

75 ●○ ESEMPIO DIGITALE Il segmento AC è diviso dal punto medio B in due segmenti AB e BC. Siano M e N i punti medi di questi segmenti. Dimostra che $MN \cong AM + NC$.

76 ●○ Disegna sulla stessa retta i segmenti congruenti AB e CD. Dimostra che anche AC e BD sono congruenti. (SUGGERIMENTO Devi utilizzare la proprietà secondo la quale somme di segmenti congruenti sono congruenti.)

77 ●○ Disegna due segmenti adiacenti fra loro congruenti, AO e OB, e considera i loro punti medi D e C. Dimostra che $DC = AD + CB$.

78 ●○ Su una retta considera, nell'ordine, i punti A, B e C in modo che sia $AB = 2BC$ e disegna il punto medio M di AB.
Dimostra che i segmenti AC e MB hanno lo stesso punto medio.

79 ●○ Considera tre segmenti adiacenti, AB, BC e CD, con $AB \cong CD$. Dimostra che il punto medio M di BC è anche punto medio di AD.

80 ●○ Disegna sulla stessa retta i segmenti congruenti AB e CD. Dimostra che il punto medio di AD è anche punto medio di BC. (SUGGERIMENTO Devi utilizzare la proprietà secondo la quale differenze di segmenti congruenti sono congruenti.)

81 ●○ Disegna due segmenti, AB e CD, appartenenti alla stessa retta, uno interno all'altro, in modo che abbiano lo stesso punto medio. Dimostra che i segmenti AC e BD sono congruenti.

82 ●○ Sulla semiretta Oa disegna tre punti, A, B, C, in modo che sia $OA \cong BC$.
Dimostra che:

a. $OB \cong AC$;

b. i segmenti OC e AB hanno lo stesso punto medio.

Teoremi sugli angoli

83 ESERCIZIO GUIDA Disegniamo due angoli, $a\widehat{O}b$ e $c\widehat{O}d$, il secondo interno al primo, in modo che entrambi abbiano la stessa bisettrice Os.
Dimostriamo che:

$a\widehat{O}c \cong d\widehat{O}b$.

Disegniamo la figura, indicando con α l'angolo e $a\widehat{O}s$ con α' l'angolo $s\widehat{O}b$, con β l'angolo $c\widehat{O}s$ e con β' l'angolo $s\widehat{O}d$, con γ l'angolo $a\widehat{O}c$ e con γ' l'angolo $d\widehat{O}b$.

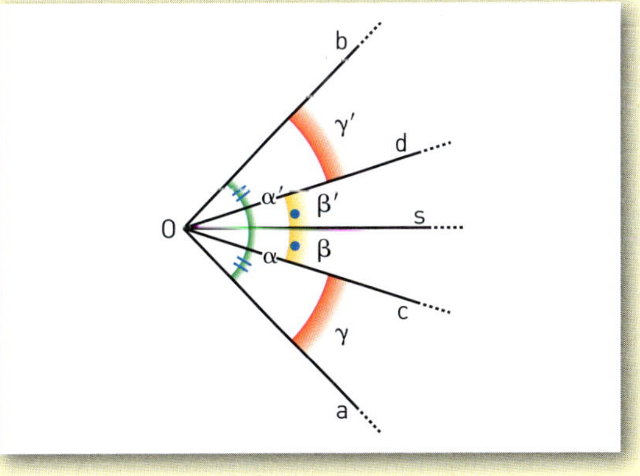

Scriviamo l'ipotesi e la tesi:

Ipotesi 1. $\alpha \cong \alpha'$;
2. $\beta \cong \beta'$.

Tesi $\gamma \cong \gamma'$.

Scriviamo la dimostrazione, spiegando i vari passaggi.

Dimostrazione
Eseguendo la sottrazione fra angoli risulta che:

$\gamma = \alpha - \beta$ e $\gamma' = \alpha' - \beta'$.

Le due sottrazioni hanno congruenti il minuendo, per l'ipotesi 1, e il sottraendo, per l'ipotesi 2, quindi

$\gamma \cong \gamma'$,

perché differenze di angoli congruenti.

84 DIMOSTRAZIONE GUIDATA Sono dati due angoli consecutivi $a\widehat{O}b$ e $b\widehat{O}c$ e le rispettive bisettrici Os e Ot.

Dimostra che: $s\widehat{O}t \cong \frac{a\widehat{O}b + b\widehat{O}c}{2}$.

Scriviamo l'ipotesi e la tesi:

Ipotesi 1. $a\widehat{O}s \cong s\widehat{O}b$;

2. $b\widehat{O}t \cong$ ☐.

Tesi $s\widehat{O}t \cong \frac{☐ + ☐}{2}$.

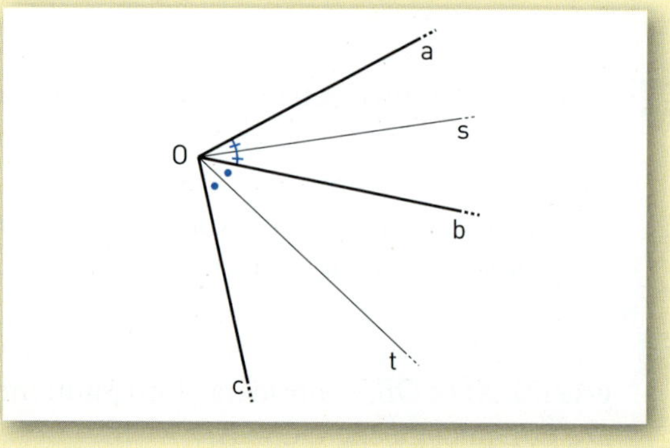

Dimostrazione

- *Esprimiamo gli angoli $s\widehat{O}b$ e $b\widehat{O}t$ come sottomultipli rispettivamente di $a\widehat{O}b$ e $b\widehat{O}c$.*

  L'angolo $s\widehat{O}b$ è sottomultiplo dell'angolo $a\widehat{O}b$ secondo il numero ☐, perciò $s\widehat{O}b \cong \frac{1}{☐} a\widehat{O}b$.

  Analogamente $b\widehat{O}t \cong \frac{1}{☐} b\widehat{O}c$.

- *Dimostriamo la tesi.*

  L'angolo $s\widehat{O}t$ si può esprimere come somma degli angoli $s\widehat{O}b$ e ☐, pertanto:

  $$s\widehat{O}t \cong s\widehat{O}b + ☐ \cong \frac{1}{2} a\widehat{O}b + ☐ \cong \frac{1}{2}(a\widehat{O}b + ☐).$$

85 ●○ Due angoli congruenti, $a\widehat{O}b$ e $c\widehat{O}d$, hanno in comune l'angolo $c\widehat{O}b$. Dimostra che la bisettrice Os dell'angolo $c\widehat{O}b$ è anche bisettrice dell'angolo $a\widehat{O}d$.

86 ●○ Disegna tre angoli consecutivi $a\widehat{O}b$, $b\widehat{O}c$ e $c\widehat{O}d$, di cui $a\widehat{O}b$ e $c\widehat{O}d$ siano congruenti. Dimostra che la bisettrice di $a\widehat{O}d$ è anche bisettrice di $b\widehat{O}c$.

87 ●○ Dimostra che, se le bisettrici di due angoli consecutivi formano fra loro un angolo retto, allora gli angoli sono adiacenti.

88 ●○ Due angoli retti, $a\widehat{O}b$ e $c\widehat{O}d$, hanno in comune l'angolo $c\widehat{O}b$. Dimostra che $c\widehat{O}b$ e $a\widehat{O}d$ sono supplementari.

89 ●○ Due angoli, $a\widehat{O}b$ e $b\widehat{O}c$, sono adiacenti, come indicato nella figura. Dimostra che le loro bisettrici formano un angolo retto.
(SUGGERIMENTO Considera $\delta + \alpha$ e $\gamma + \beta$...)

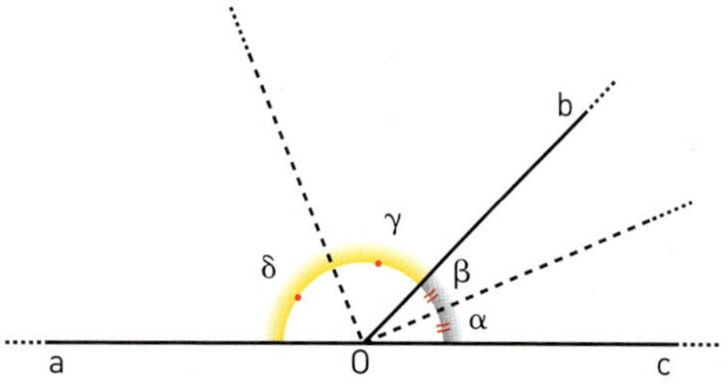

90 ●○ YOU & MATHS **Deducing angle measures** Knowing that $A\widehat{O}C$ and $B\widehat{O}D$ are right angles, as shown in the figure, fill in the table and provide the missing reasons in order to prove that $A\widehat{O}B \cong C\widehat{O}D$.

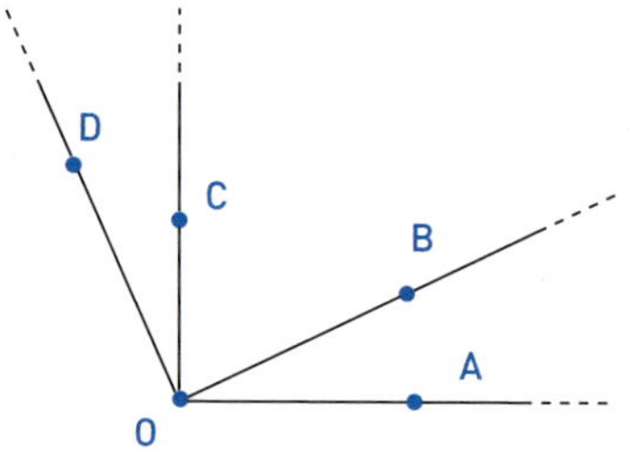

Statement	Reasons
☐ $= A\widehat{O}C - B\widehat{O}C$	given
$A\widehat{O}B =$ ☐ $-$ ☐	
$C\widehat{O}D =$ ☐ $-$ ☐	

91 ●○ Le bisettrici Os e Ot dei due angoli consecutivi $a\widehat{O}b$ e $b\widehat{O}c$ sono perpendicolari. Disegna gli angoli e dimostra che due punti qualsiasi, presi rispettivamente uno su Oa e l'altro su Oc, sono allineati con O.

92 Considera tre punti A, B e C allineati, con B interno al segmento AC. Nei due semipiani opposti individuati dalla retta AC, individua rispettivamente un punto D e un punto E, in modo tale che $D\widehat{B}A$ sia congruente a $C\widehat{B}E$. Dimostra che i punti D, B ed E sono allineati.

MATEMATICA AL COMPUTER

La geometria del piano Verifichiamo la validità del seguente teorema usando un software di geometria dinamica. «Gli angoli opposti al vertice sono congruenti».

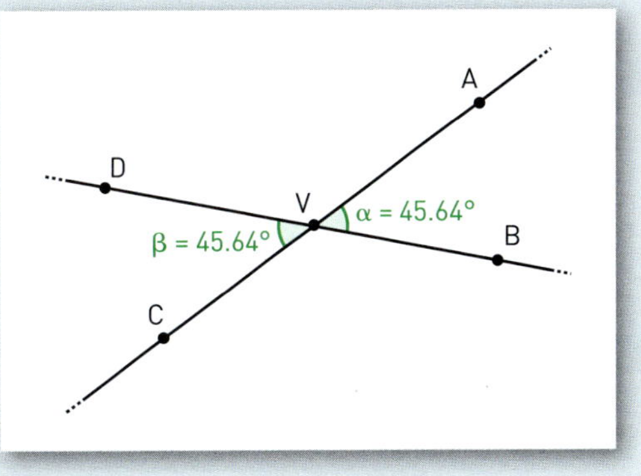

Esercitazione guidata – 7 esercizi in più.

5 Lunghezze, ampiezze, misure

Teoria a p. G19

Segmenti

RISOLVIAMO UN PROBLEMA

Un segmento tripartito

I punti P e Q dividono il segmento AB in tre parti in modo che $AP \cong \frac{1}{3}PB$ e $AQ \cong PB$.
Sapendo che $QB = 5{,}5$ cm, trova la lunghezza di AB e di PQ.

▶ **Disegniamo la figura seguendo le indicazioni del problema.**

Tracciamo il segmento AB, segniamo il punto P vicino all'estremo A e il punto Q tra P e B.

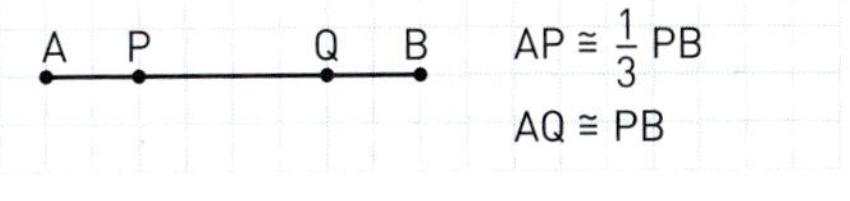

$AB = AP + PB$, perciò dobbiamo determinare prima la lunghezza di AP e di PB.

▶ **Calcoliamo la lunghezza di *AP*.**

Osserviamo che:

- $AQ \cong AP + PQ$ per costruzione;
- $PB \cong PQ + QB$ per costruzione;
- $AQ \cong PB$ per ipotesi.

Quindi:

$$AQ \cong PB \rightarrow AP + PQ \cong PQ + QB.$$

Osservando che PQ appare a entrambi i membri e che per ipotesi $QB = 5{,}5$ cm, otteniamo:

$$AP \cong QB \rightarrow AP = 5{,}5 \text{ cm}.$$

▶ **Calcoliamo la lunghezza di *PB*.**

Per ipotesi $AP \cong \frac{1}{3}PB$, quindi:

$$PB \cong 3AP.$$

Sostituendo il valore trovato per la lunghezza di AP:

$$PB = 3 \cdot 5{,}5 \text{ cm} = 16{,}5 \text{ cm}.$$

▶ **Calcoliamo la lunghezza di *AB*.**

Per costruzione $AB \cong AP + PB$, quindi:

$$AB = 5{,}5 \text{ cm} + 16{,}5 \text{ cm} = 22 \text{ cm}.$$

▶ **Calcoliamo la lunghezza di *PQ*.**

Per costruzione $PQ \cong AB - AP - QB$, quindi:

$$PQ = 22 \text{ cm} - 5{,}5 \text{ cm} - 5{,}5 \text{ cm} = 11 \text{ cm}.$$

ESERCIZI

93 ●○ 

$AC - BC \cong \frac{3}{2}BC$, $AB = 6$ cm.

$AC = ?$

94 ●○ $AC \cong \frac{7}{4}AB$,

$AC + AB = 33$ cm.

$AB = ?$

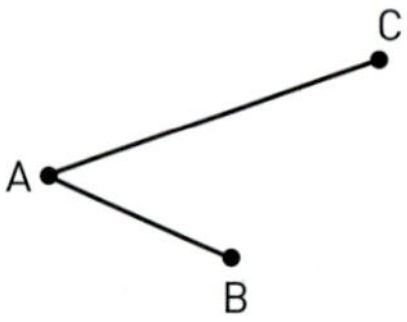

95 ●○ $AB \cong \frac{4}{5}CH$,

$CH - AB = 3$ cm.

$BC = ?$

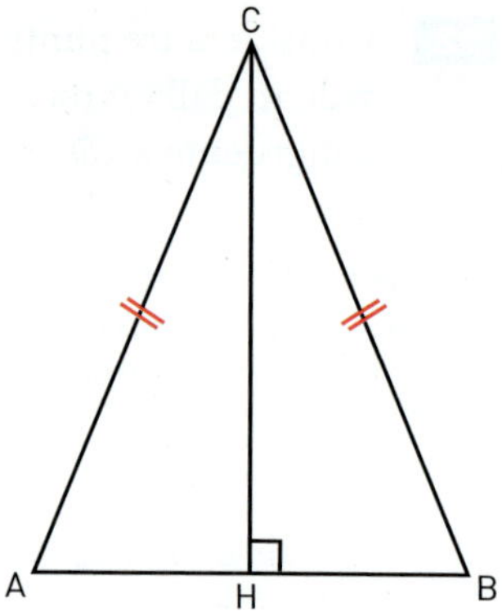

96 ●○ Su una semiretta orientata di origine O, considera, nell'ordine, i punti A, B, C, D. Sapendo che $OA \cong CD$, $AB \cong 2BC$, $BC + CD = 20$ cm e che $OD = 46$ cm, determina le lunghezze dei segmenti AC e OA.

[$AC = 18$ cm; $OA = 14$ cm]

97 ●○ Siano AB, BC e CD tre segmenti adiacenti e M, N e O i rispettivi punti medi. Sapendo che $MO = 60$ cm, $MN \cong CD$ e $AB = 24$ cm, determina le lunghezze dei segmenti BC e CD.

[33,6 cm; 28,8 cm]

98 ●● **TEST** Se D è il punto medio di AC e C è il punto medio di AB, sapendo che $BD = 12$ cm, qual è la lunghezza di AB?

A 4 cm.

B 12 cm.

C 16 cm.

D 32 cm.

E Nessuna delle precedenti.

(USA *Catawba College NCCTM Mathematics Contest*, 2005)

MATEMATICA INTORNO A NOI

Taxi in città Un tassista lavora in una città statunitense in cui le vie sono tutte parallele e perpendicolari, formando un reticolo quadrettato come in figura...

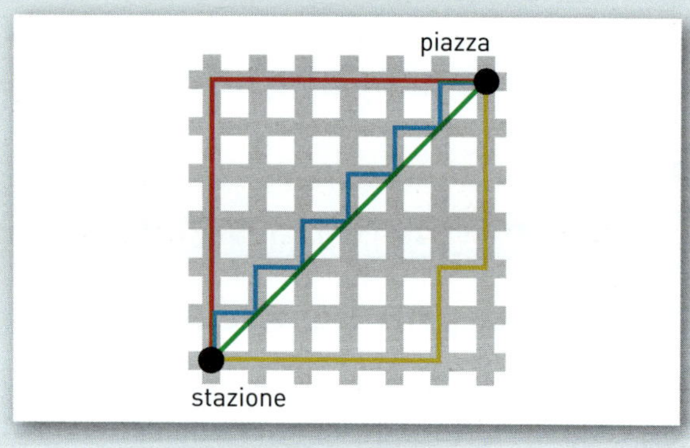

Problema e risoluzione

Angoli

99 ●○ **COMPLETA** se è possibile, inserendo le misure delle ampiezze degli angoli indicati.

Angolo	Complementare	Supplementare	Esplementare
27°			
	40°		
		118°	
			278°
80°			
		70°	

100 ●○ **TEST** Il tuo orologio da polso segna le 11:40. Qual è l'angolo tra la lancetta delle ore e quella dei minuti?

A 90° B 100° C 110° D 120°

101 ●● **EUREKA!** **Complementare e supplementare** Ricava la misura di un angolo tale che la differenza tra il suo supplementare e il doppio del suo complementare sia 48°.

[48°]

(CAN *John Abbott College, Final Exam*, 2003)

102 ●● EUREKA! **Un ventaglio di angoli** Se BD è la bisettrice dell'angolo $A\widehat{B}C$ e BE è la bisettrice dell'angolo $A\widehat{B}D$, sapendo che la misura dell'angolo $D\widehat{B}C$ è 24°, qual è la misura dell'angolo $E\widehat{B}C$?

- A 36°
- B 48°
- C 12°
- D 24°
- E Nessuna delle precedenti.

(USA *Catawba College NCCTM Mathematics Contest*, 2005)

103 ●○ INVALSI 2006 La lancetta delle ore di un orologio è passata dalle 3 alle 12.
Qual è l'ampiezza dell'angolo descritto?

- A 270°
- B 180°
- C 120°
- D 90°

104 ●○ YOU & MATHS **Maths in English** Translate the following statements from symbols to words:

a. $A\widehat{B}C = 45.9°$; **b.** $JK \cong AQ$.

105 ●○ COMPLETA inserendo la misura.

a. Il complementare di $\alpha = 27°$ è ____.

b. La quarta parte di un angolo piatto è ____.

c. Il supplementare di $\beta = 115°$ è ____.

d. La metà della terza parte di un angolo piatto è ____.

106 ●○ ESEMPIO DIGITALE Calcola le ampiezze di tre angoli consecutivi α, β e γ, sapendo che la loro somma è un angolo concavo che misura 290° e che α e γ sono entrambi supplementari di β.

107 ●● EUREKA! **Computer vs cervello** Roberto ha scritto un programma A che, dato un angolo, ne restituisce il supplementare e un programma B che, dato un angolo, ne calcola il complementare. Per divertirsi, reitera 1021 volte consecutivamente il programma A partendo da un angolo di 30° (applica ogni volta il programma al risultato ottenuto dall'applicazione precedente). Infine, al risultato ottenuto applica una volta il programma B. Che output avrà?

108 ●○ Osservando le figure, determina le misure degli angoli incogniti.

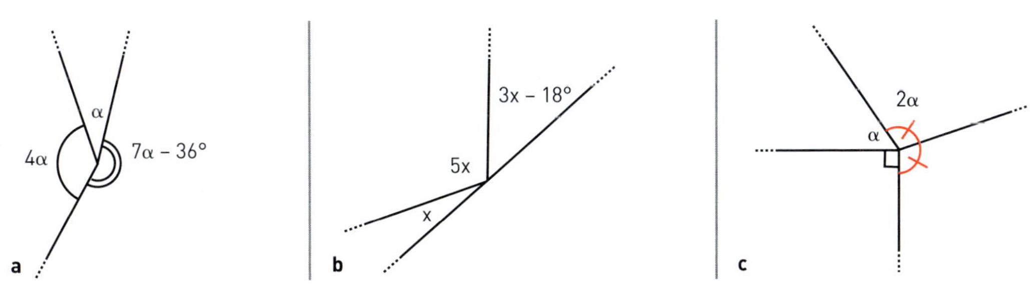

109 ●○ L'ampiezza della somma di due angoli consecutivi è 112°. Sapendo che un angolo è congruente ai $\frac{3}{4}$ dell'altro, determina le ampiezze dei due angoli e dei loro supplementari.

[64°; 48°; 116°; 132°]

110 ●○ Le semirette a, b, c, d hanno origine comune nel vertice O e sono disposte in modo tale che b sia la bisettrice dell'angolo $a\widehat{O}c$ e c sia la bisettrice dell'angolo $a\widehat{O}d$. Determina l'ampiezza dell'angolo formato dalle due bisettrici, sapendo che $a\widehat{O}b$ è il complementare di $c\widehat{O}d$.

[30°]

ESERCIZI

111 Determina le misure delle ampiezze degli angoli α, β, γ e δ della figura, sapendo che β e β' sono complementari e che α e δ sono opposti al vertice.

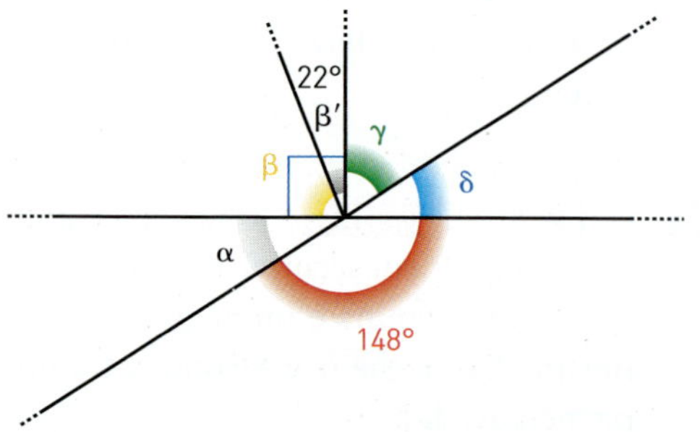

112 Determina le misure delle ampiezze di α, β e δ, sapendo che r è bisettrice di γ e che β e ε sono opposti al vertice.

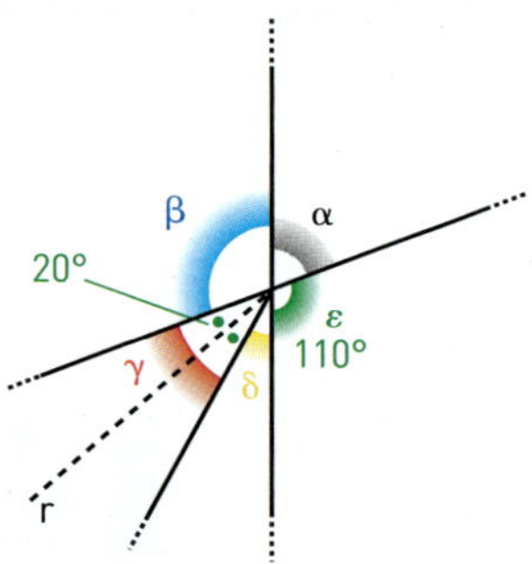

113 YOU & MATHS **Opposite angles** Look at the figure and complete the statements by filling in the missing parts.

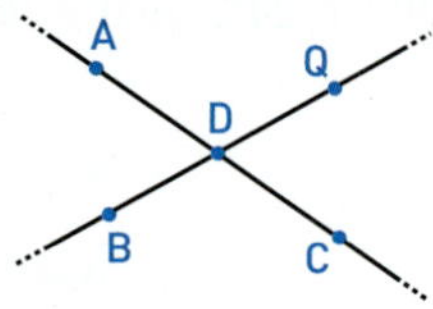

a. If $B\widehat{D}C = 65°$, then $B\widehat{D}A =$ ______, since $B\widehat{D}C$ and $B\widehat{D}A$ are ______.

b. If the measure of $C\widehat{D}Q$ is α, then $B\widehat{D}A =$ ______, since $C\widehat{D}Q$ and $B\widehat{D}A$ are ______.

114 INTORNO A NOI **Non tutte rettangolari...**
Nella bandiera in figura è $45\alpha \cong 58\delta$ e β è il complementare di 58°. Sapendo che γ e δ sono esplementari e che la somma di α con β è congruente a un terzo della differenza tra γ e δ, determina le ampiezze degli angoli α, β, γ e δ.

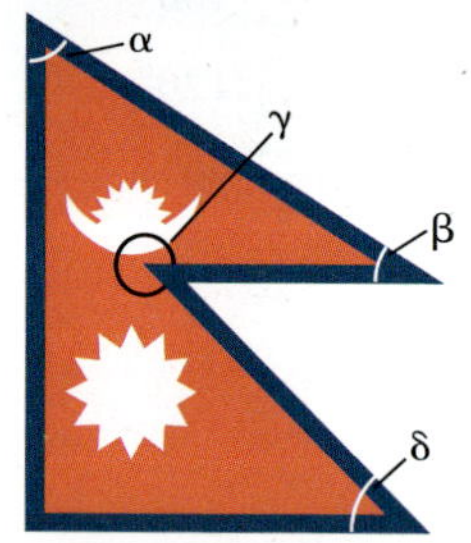

[$\alpha = 58°$; $\beta = 32°$; $\gamma = 315°$; $\delta = 45°$]

MATEMATICA INTORNO A NOI

La mappa del tesoro Camilla e Lorenzo trovano in soffitta una mappa del tesoro, eredità del bisnonno, appassionato esploratore. Nella mappa è illustrato come raggiungere un forziere colmo d'oro e pietre preziose appartenuto a qualche pirata. Incuriositi, chiedono ai nonni di aiutarli a capire le origini della mappa e soprattutto se il luogo descritto è reale e raggiungibile! I nonni però sono lontani ed è possibile sentirli solo tramite telefono...

Risoluzione – 2 esercizi in più.

VERIFICA DELLE COMPETENZE ALLENAMENTO

CONFRONTARE E ANALIZZARE FIGURE GEOMETRICHE

Segmenti

TEST

1 Osserva la figura. Quale fra le seguenti relazioni è *vera*?

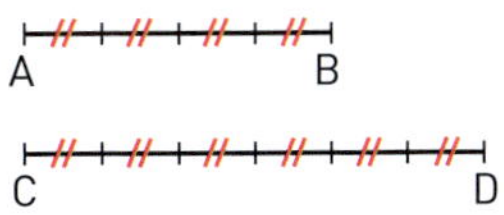

A $AB = \frac{2}{3}$

B $AB = \frac{4}{4}$

C $CD = \frac{2}{3}AB$

D $AB = \frac{2}{3}CD$

E $AB = \frac{3}{2}CD$

2 I segmenti MN e PQ della retta r hanno lo stesso punto medio C. Allora possiamo dire che:

A $MP \cong PC$ e $CQ \cong QN$.

B $MP \cong CQ$ e $PC \cong QN$.

C $MN \cong PQ$.

D $MP \cong CN$ e $QN \cong MC$.

E $MP \cong QN$ e $PC \cong CQ$.

Dimostrazioni

3 Dati due segmenti, AB e CD, con $AB > CD$, dimostra che:

a. la differenza fra la loro somma e la loro differenza è congruente al doppio di CD;

b. la somma fra la loro somma e la loro differenza è congruente al doppio di AB.

4 Considera un segmento AB e prendi un punto interno P in modo che $AP > PB$. Traccia il punto medio M di AB e dimostra che $MP \cong \frac{1}{2}(AP - PB)$.

Angoli

5 Due rette, a e b, si intersecano formando quattro angoli. Se uno di questi angoli ha un'ampiezza di $\frac{1}{6}$ di angolo piatto, qual è l'ampiezza degli altri angoli?

6 Due angoli consecutivi hanno, rispettivamente, ampiezza $\frac{1}{3}$ di angolo retto e $\frac{1}{4}$ di angolo retto. Qual è l'ampiezza dell'angolo formato dalle loro bisettrici?

7 TEST Osserva la figura. Se Os è la bisettrice di $a\widehat{O}b$ e Ot di $b\widehat{O}c$, allora risulta:

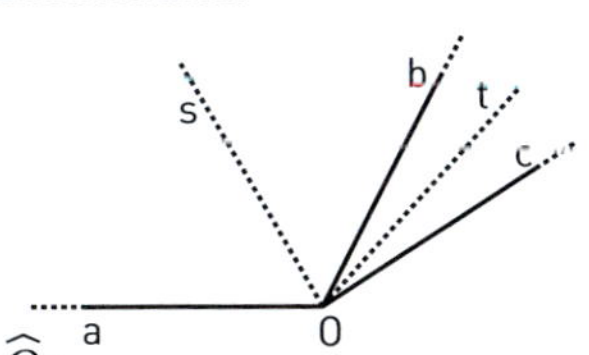

A $a\widehat{O}s \cong b\widehat{O}c$.

B $a\widehat{O}c \cong 3b\widehat{O}c$.

C $s\widehat{O}b \cong b\widehat{O}t$.

D $a\widehat{O}c + b\widehat{O}c \cong 2c\widehat{O}s$.

E $s\widehat{O}b$ complementare di $b\widehat{O}t$.

Dimostrazioni

8 Sia $A\widehat{O}B$ un angolo acuto di vertice O e sia OC la sua bisettrice. Internamente all'angolo $A\widehat{O}C$, conduci una semiretta OD e dimostra che l'angolo $D\widehat{O}C$ è congruente alla semidifferenza degli angoli $B\widehat{O}D$ e $A\widehat{O}D$.

9 Considera gli angoli consecutivi α, β, γ, δ tali che la loro somma sia congruente a un angolo piatto e che gli angoli $\alpha + \beta$, $\beta + \gamma$ e $\gamma + \delta$ siano tutti congruenti ad angoli retti. Dimostra che $\alpha \cong \gamma$ e $\beta \cong \delta$.

RISOLVERE PROBLEMI

Segmenti

10 Considera i due segmenti AB e CD della figura e determina:

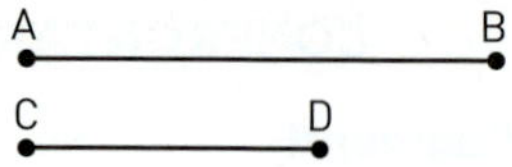

a. il segmento somma $AB + CD$ e il segmento differenza $AB - CD$;

b. il segmento MN ottenuto congiungendo il punto medio M di AB con il punto medio N di CD, dopo aver disposto AB e CD uno adiacente all'altro;

c. il segmento $\frac{1}{5}AB + \frac{2}{3}CD$.

Rispondi alle precedenti richieste nel caso che AB e CD misurino rispettivamente 12 cm e 8 cm.

11 Due segmenti AB e CD giacciono sulla stessa retta e sono tali che $AB \cong \frac{1}{3}CD$ e $MN \cong \frac{7}{3}CD$, con M punto medio di AB e N punto medio di CD. Determina le lunghezze di AB e CD, sapendo che la distanza tra A e D è 18 cm.

[$AB = 2$ cm; $CD = 6$ cm]

12 Considera, sulla stessa retta, nell'ordine indicato, i punti A, C, P, Q e i punti medi M, N dei segmenti AC e PQ. Sapendo che $MN \cong 3AC$ e che $PN \cong \frac{1}{3}AM$, esprimi CP come multiplo di NQ. Se la misura di NQ è 0,5 cm, qual è la misura di CP?

[$CP \cong 14NQ$; 7 cm]

13 Nella poligonale intrecciata della figura $DE \cong \frac{3}{2}BC$, $DC \cong EF$, $EP \cong 4FP$ e $FP = \frac{1}{2}AP$.

Sapendo che $AP = 2$ cm, determina le lunghezze dei segmenti.

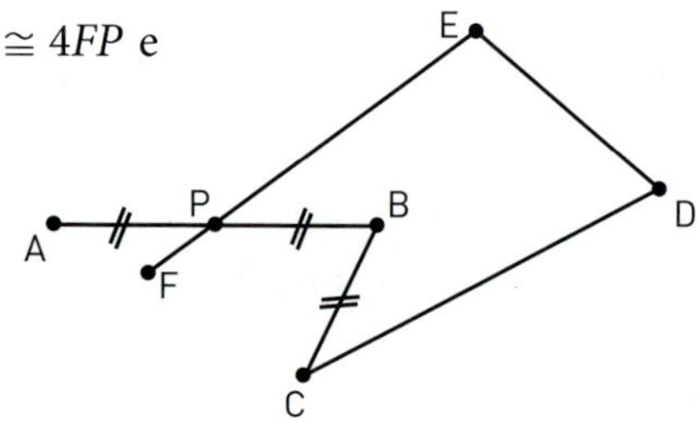

[$AB = 4$ cm; $BC = 2$ cm; $CD = EF = 5$ cm; $DE = 3$ cm]

Angoli

14 Considera due angoli convessi e consecutivi $a\widehat{O}b$ e $b\widehat{O}c$ e traccia le rispettive bisettrici Op e Oq. Sapendo che $a\widehat{O}q \cong \frac{7}{5}a\widehat{O}b$, esprimi l'angolo $p\widehat{O}q$ come multiplo di $p\widehat{O}b$. Se l'ampiezza di $p\widehat{O}q$ è 45°, qual è l'ampiezza di $a\widehat{O}p$? E di $q\widehat{O}c$?

[$p\widehat{O}q \cong \frac{9}{5}p\widehat{O}b$; 25°; 20°]

15 Determina le ampiezze di tre angoli consecutivi, sapendo che due di essi sono adiacenti e che la loro somma, congruente al triplo del doppio di uno dei due angoli adiacenti, è 210°.

[35°; 145°; 30°]

16 Tre angoli sono tali che $\alpha < \beta < \gamma$. Determina le loro ampiezze, sapendo che $2\alpha + \beta = 250°$, α e γ sono complementari e β è multiplo di γ secondo 4.

[$\alpha = 55°$; $\beta = 140°$; $\gamma = 35°$]

17 Osserva la figura e trova le misure di α, β, γ, δ.

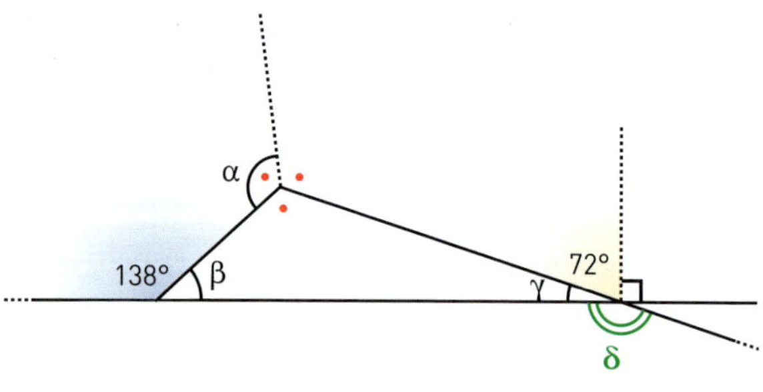

18 INTORNO A NOI **Angoli nel buio** Un faro emette nello stesso istante tre segnali luminosi diretti in tre distinte direzioni. Sapendo che due dei tre angoli individuati dai raggi luminosi sono tra loro complementari e che la differenza tra il maggiore e il minore dei tre misura 228°, calcola le ampiezze dei tre angoli.

[42°; 48°; 270°]

VERIFICA DELLE COMPETENZE PROVE

1 ora

PROVA A

1 Considera il teorema «Il supplementare di un angolo acuto è ottuso».

a. Scrivilo nella forma «Se... allora...» e indica ipotesi e tesi.

b. Stabilisci se vale il teorema inverso.

c. Che cosa puoi concludere in base al teorema sul supplementare di un angolo *non* acuto?

2 Individua tutte le coppie di segmenti:

a. adiacenti;

b. consecutivi ma non adiacenti.

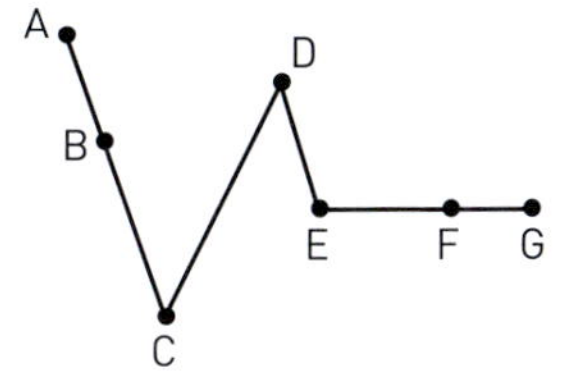

La poligonale in figura è aperta o chiusa? È intrecciata?

3 Dati due segmenti adiacenti AB e BC, indica con M e N i rispettivi punti medi e dimostra che il segmento MN è congruente alla metà di AC.

4 Due segmenti sono tali che la loro somma è 12 cm e uno è multiplo secondo 3 dell'altro. Determina le lunghezze dei due segmenti.

5 Due angoli α e β sono tali che $\alpha \cong 5\beta$. Determina le loro ampiezze nel caso siano:

a. complementari;

b. supplementari;

c. esplementari.

PROVA B

1 VERO O FALSO?

a. Il supplementare del complementare di un angolo acuto è ottuso. V F

b. Il complementare del supplementare di un angolo acuto è acuto. V F

c. Gli angoli complementari di due angoli opposti al vertice sono congruenti. V F

d. Due angoli complementari non possono essere congruenti. V F

2 Nel piano considera una retta t e due segmenti consecutivi ma non adiacenti PQ e QT che intersecano entrambi in un loro punto interno la retta t. Spiega perché si può affermare che l'intersezione tra il segmento PT e la retta t è vuota.

3 Tre segmenti AB, CD ed EF sono tali che $AB \cong \frac{7}{2}CD$ ed $EF \cong \frac{1}{2}CD$. Esprimi AB come multiplo di EF e determina le lunghezze di CD ed EF se la lunghezza di AB è 14 cm.

4 Disegna una poligonale aperta non intrecciata di cinque lati, sapendo che, di essi, il primo, il terzo e il quinto sono tra loro congruenti, mentre il secondo è multiplo del primo secondo 4 e il quarto è sottomultiplo del secondo lato secondo 2. Determina quale deve essere la lunghezza del primo lato affinché la somma dei lati sia 18 cm.

5 Gli angoli $A\widehat{O}B$ e $C\widehat{O}D$ hanno il vertice in comune e le loro bisettrici sono tali che l'una è il prolungamento dell'altra.
Dimostra che $B\widehat{O}C \cong D\widehat{O}A$.

6 Determina α.

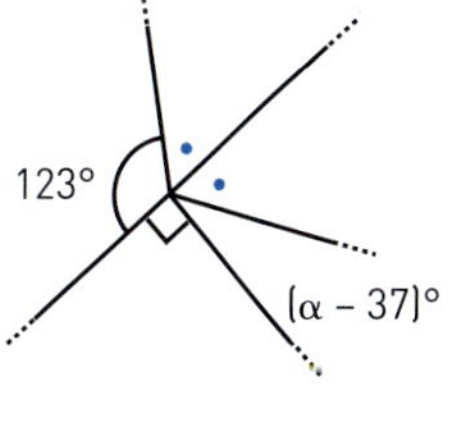

T

CAPITOLO

G2 I TRIANGOLI

1 Prime definizioni sui triangoli

▶ Esercizi a p. G58

Listen to it

A **triangle** is a polygon with three sides and three vertices.

DEFINIZIONE

Un **triangolo** è un insieme di punti del piano costituito da una poligonale chiusa di tre lati e dai suoi punti interni.

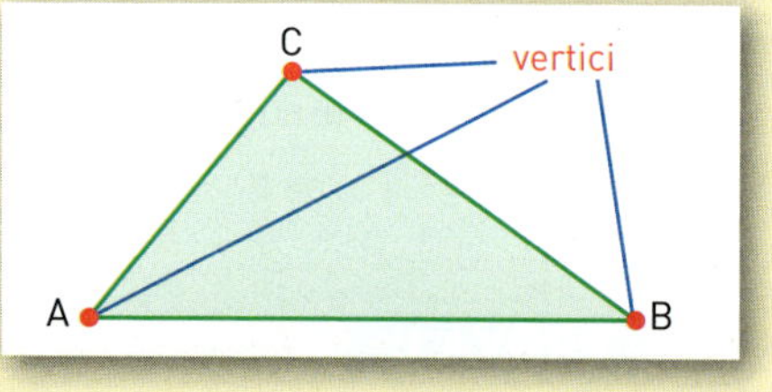

I punti estremi dei tre lati si chiamano **vertici** del triangolo.

Un vertice del triangolo viene detto **opposto** a un lato se non appartiene al lato stesso. Per esempio l'angolo $\widehat{A}$ è opposto al lato BC.

Gli angoli convessi individuati da ciascuna delle coppie dei lati del triangolo vengono detti **angoli interni** (o semplicemente **angoli**) del triangolo (figura **a**) e spesso si indicano utilizzando solo la lettera relativa al vertice (per esempio $\widehat{A}$). Essi hanno per vertice un vertice del triangolo e per lati le semirette che contengono i lati del triangolo.

Un angolo interno è **compreso fra due lati** quando i lati dell'angolo contengono i due lati del triangolo (figura **b**).

Un angolo interno è **adiacente a un lato** quando uno dei due lati dell'angolo contiene quel lato del triangolo (figura **c**).
Per ogni lato di un triangolo ci sono due angoli adiacenti.

▶ Fai un esempio che mostri che un triangolo è l'intersezione di tre angoli convessi che hanno per vertici tre punti non allineati.

Animazione

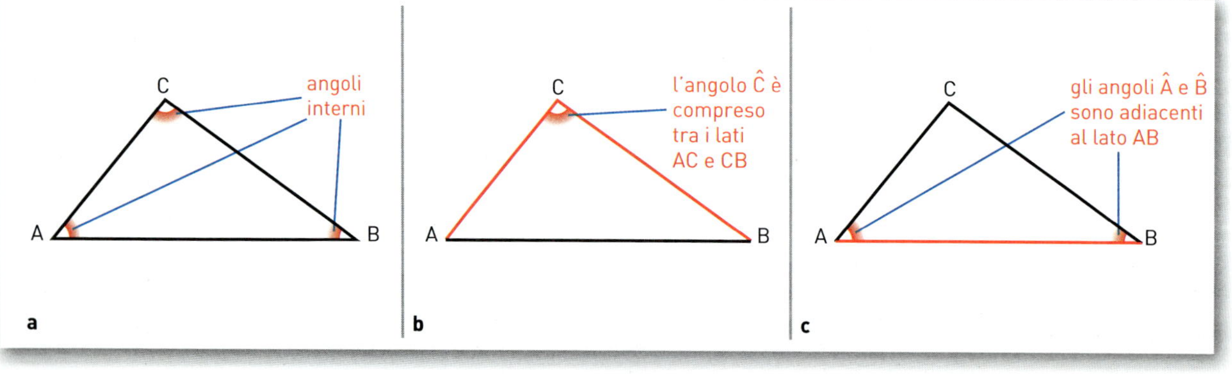

Gli **angoli esterni** di un triangolo sono quelli adiacenti agli angoli interni. Per ogni angolo interno di un triangolo ci sono due angoli esterni a esso corrispondenti.
Per disegnare un angolo esterno occorre prolungare uno dei due lati del triangolo che individuano l'angolo interno.
L'angolo esterno è quello compreso fra il prolungamento e l'altro lato.

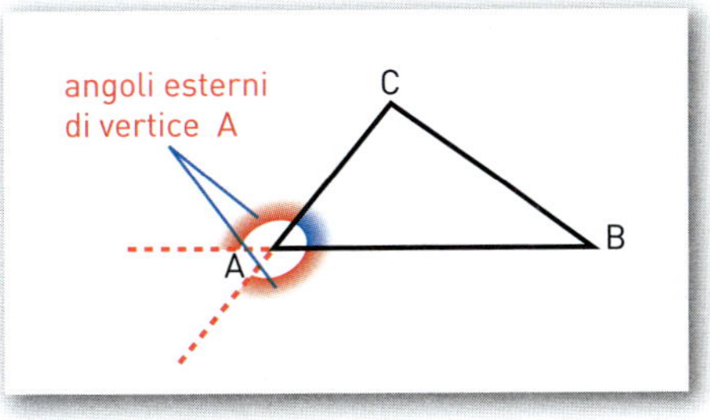

Bisettrici, mediane, altezze

DEFINIZIONE
In un triangolo *ABC*, la **bisettrice di un angolo** è il segmento, formato dai punti della bisettrice dell'angolo che appartengono al triangolo, che ha come estremi un vertice del triangolo e il punto di intersezione con il lato opposto.

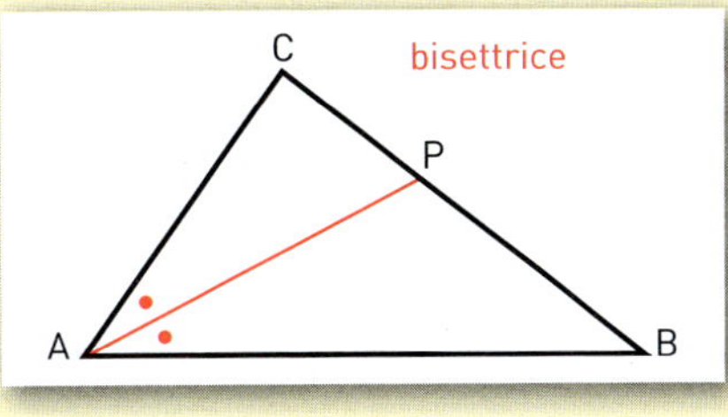

DEFINIZIONE
In un triangolo *ABC*, **la mediana relativa a un lato** è il segmento che ha per estremi il punto medio del lato stesso e il vertice opposto a quel lato.

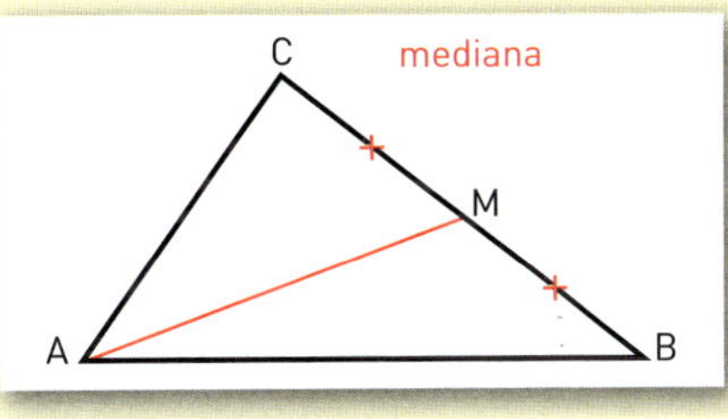

DEFINIZIONE
In un triangolo *ABC*, l'**altezza relativa a un lato** è il segmento che ha un estremo nel vertice opposto al lato e l'altro estremo sul lato stesso (o sul suo prolungamento) preso in modo da formare due angoli retti.

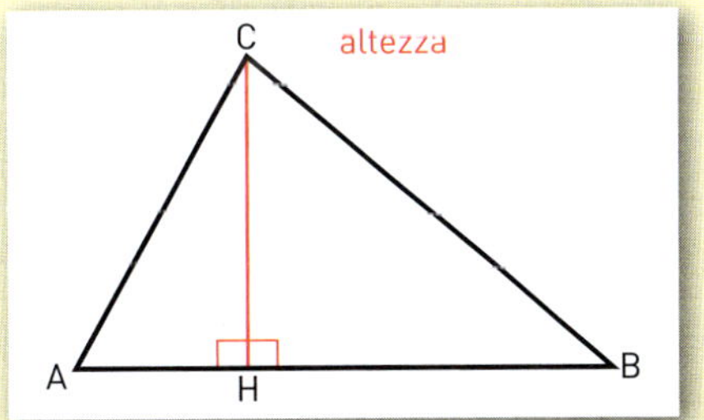

L'altezza può essere un segmento esterno al triangolo. Ciò non è mai vero per la bisettrice e la mediana.

Spesso si pone l'attenzione su un solo lato e sulla relativa altezza. In questo caso si è soliti chiamare *base* il lato.
Questo non deve far dimenticare che le **altezze di un triangolo**, così come le **bisettrici** e le **mediane, sono tre**.

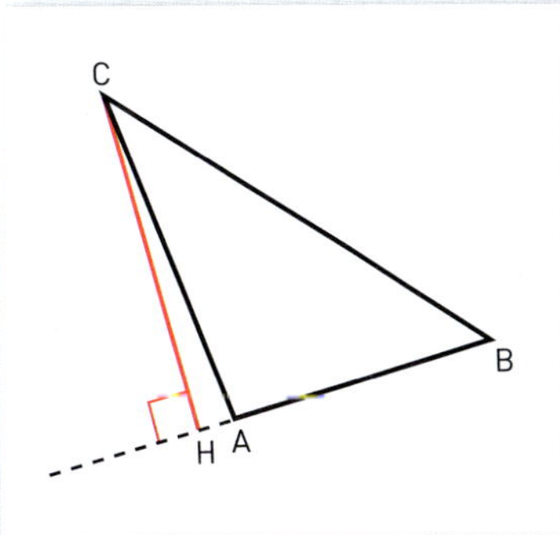

▶ Disegna in ognuno dei triangoli le bisettrici, le mediane e le altezze.

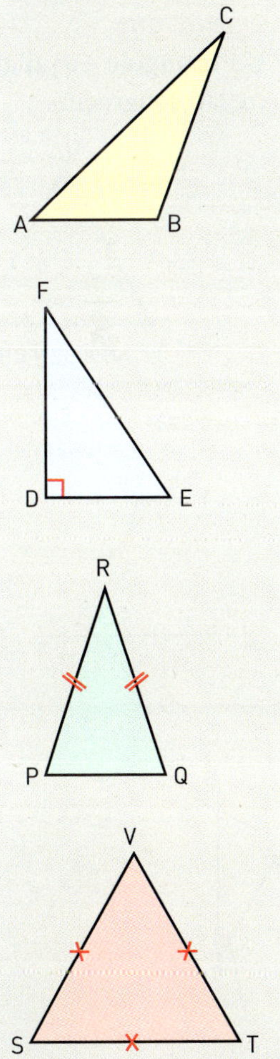

Esaminiamo un procedimento per la **costruzione di un'altezza**.

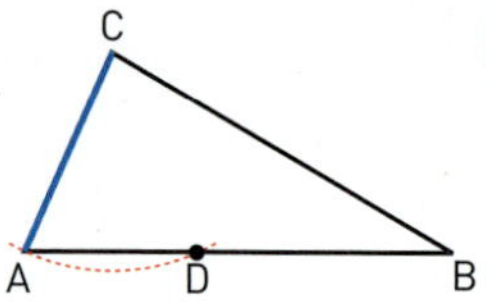

a. Costruiamo l'altezza relativa al lato *AB*. Puntiamo il compasso in *C* e con apertura *CA* tracciamo un arco che interseca la retta *AB* in un punto *D*.

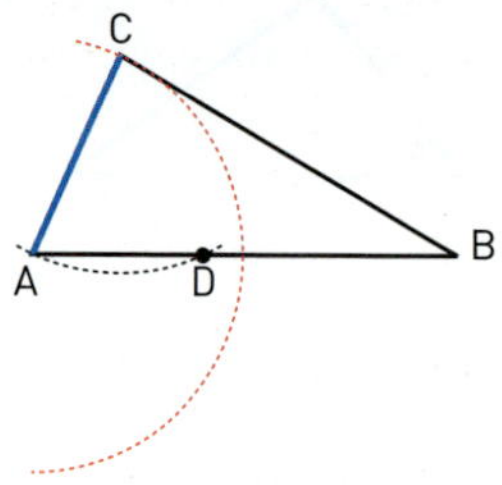

b. Puntiamo il compasso in *A* e, con apertura uguale alla precedente, tracciamo un arco.

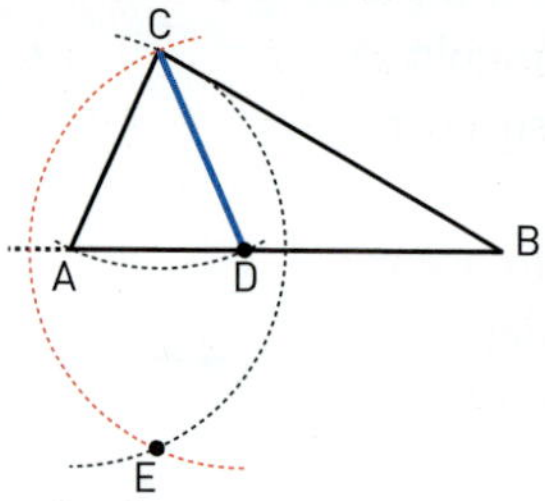

c. Con la stessa apertura, puntiamo il compasso in *D* e tracciamo un altro arco, che interseca il precedente nei punti *C* ed *E*.

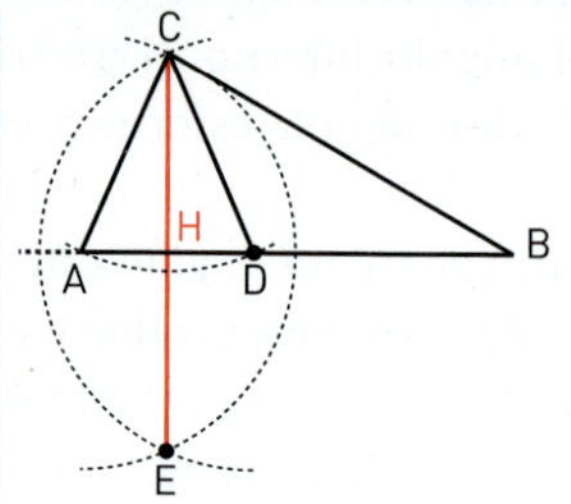

d. Congiungiamo *C* con *E* e indichiamo con *H* l'intersezione tra *CE* e *AB*: il segmento *CH* è l'altezza cercata.

La costruzione si basa sul fatto che disegniamo un rombo *CDEA* e le sue diagonali *CE* e *DA*. Studieremo che le diagonali di un rombo, incontrandosi, formano quattro angoli retti.

La classificazione dei triangoli rispetto ai lati

Un criterio per classificare i triangoli si basa sulla congruenza dei lati.

DEFINIZIONE

Un **triangolo** è **equilatero** se ha i tre lati congruenti.

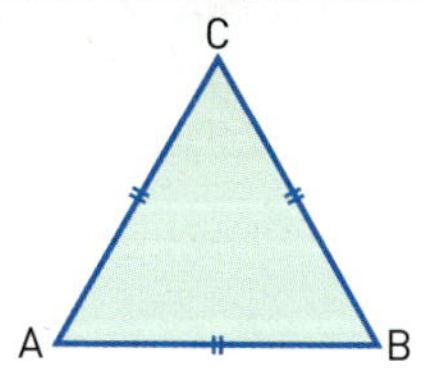

AB ≅ BC ≅ CB

Un **triangolo** è **isoscele** se ha due lati congruenti.

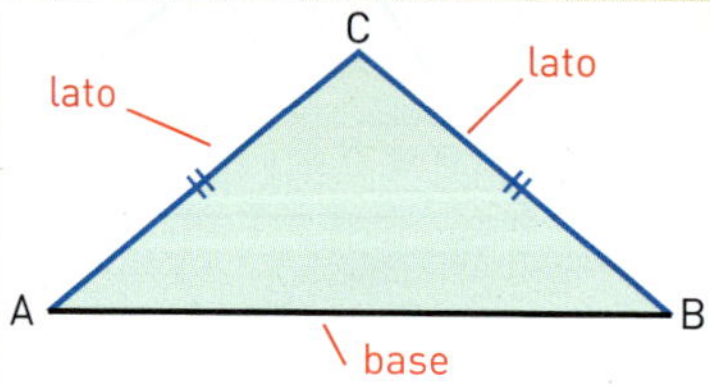

AB ≇ BC ≅ AC

Un **triangolo** è **scaleno** se ha i tre lati fra loro non congruenti.

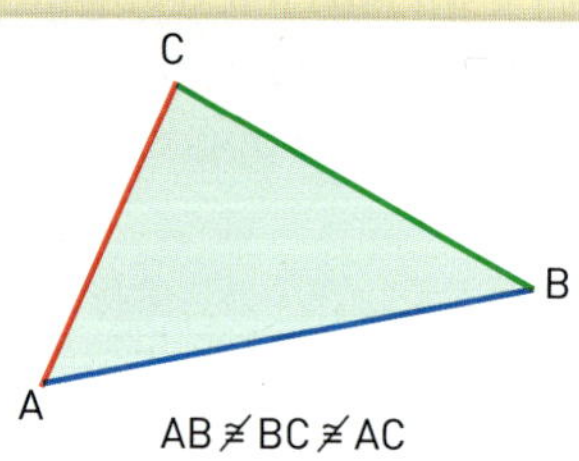

AB ≇ BC ≇ AC

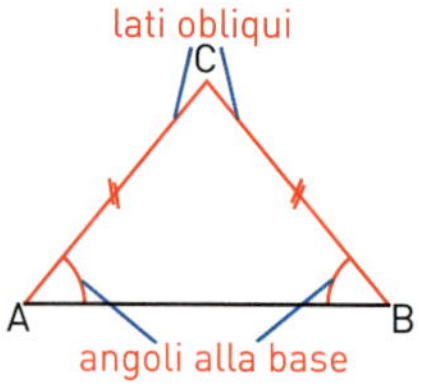

Nel triangolo isoscele *ABC*, con $AC \cong BC$, il lato non congruente *AB* viene detto **base** e i due angoli a esso adiacenti $A\widehat{B}C$ e $C\widehat{A}B$ si chiamano **angoli alla base**.
I lati congruenti, per la loro posizione rispetto alla base, vengono anche chiamati **lati obliqui**. Nel nostro caso si può anche dire: «Il triangolo isoscele di vertice *C*».

2 Il primo criterio di congruenza

▶ Esercizi a p. G59

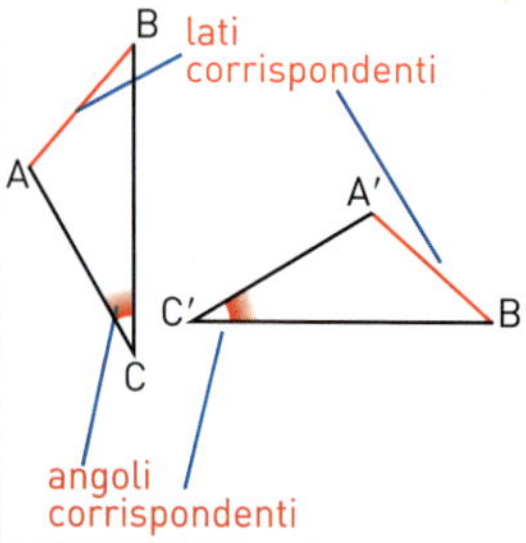

Due triangoli sono congruenti quando sono *sovrapponibili* punto a punto. Tuttavia esistono tre criteri, noti come **criteri di congruenza dei triangoli**, che permettono di stabilire la congruenza in modo «più economico», confrontando fra loro coppie di lati e coppie di angoli e non tutte le coppie di punti che si possono individuare nei due triangoli.
Questi criteri mettono in relazione tre elementi del primo triangolo con i tre corrispondenti del secondo triangolo (figura a lato).

Se sappiamo che due triangoli ABC e $A'B'C'$ hanno congruenti i lati AB e $A'B'$, i lati AC e $A'C'$ e gli angoli $\widehat{A}$ e $\widehat{A'}$ compresi fra essi, possiamo pensare di sovrapporre i triangoli, punto per punto, spostando $A'B'C'$ con un movimento rigido, in modo che A' coincida con A e si sovrappongano i lati $A'C'$ e AC e gli angoli $\widehat{A'}$ e $\widehat{A}$.

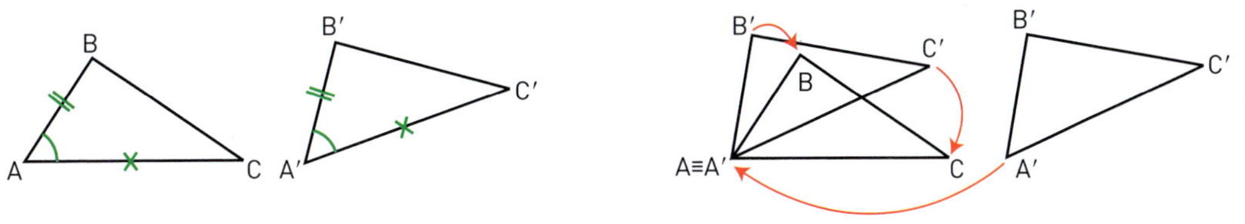

Osserviamo che:

- $AC \cong A'C'$, quindi il punto C' coincide con C;
- $\widehat{A} \cong \widehat{A'}$, quindi il lato $A'B'$ coincide con il lato AB;
- $AB \cong A'B'$, quindi il punto B' coincide con B.

Essendo sovrapposti i tre vertici dei triangoli, lo sono anche tutti i lati e tutti gli angoli: i triangoli sono congruenti.

Possiamo allora accettare come postulato il seguente criterio.

POSTULATO

Primo criterio di congruenza
Due triangoli sono congruenti se hanno ordinatamente congruenti due lati e l'angolo compreso fra i due lati.

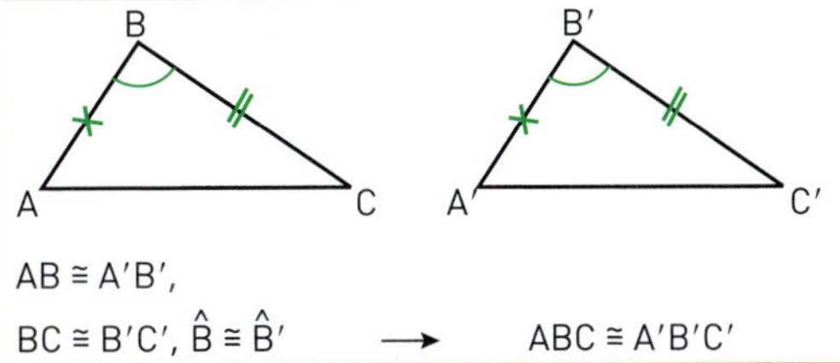

Listen to it

Two triangles are congruent if two of their sides and the angles between them are respectively congruent. This is sometimes called the **side-angle-side (SAS) criterion**.

► Nel triangolo PQR, considera M, punto medio di QR. Prolunga PM di un segmento MS, in modo che $PM \cong MS$, e traccia il segmento RS. Dimostra che PQ e RS sono congruenti.

Animazione

Per esprimere il primo criterio di congruenza, la frase «due triangoli, aventi ordinatamente congruenti *due lati e un angolo*, sono congruenti» non è corretta. Puoi capire perché esaminando l'esempio.

ESEMPIO Animazione

Se l'angolo congruente non è quello compreso fra i lati congruenti, i due triangoli possono essere diversi.

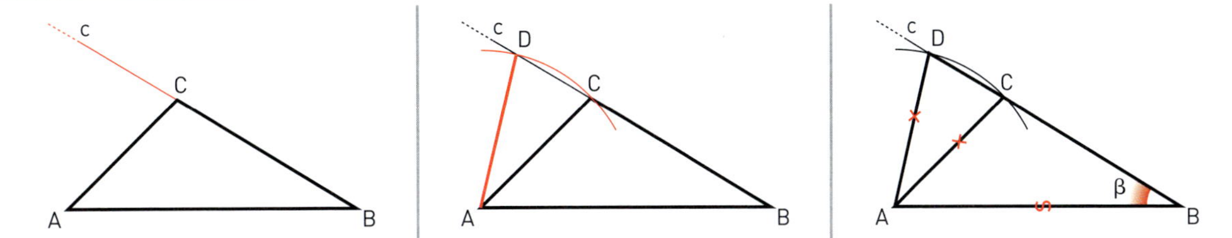

a. Disegniamo il triangolo ABC e prolunghiamo il lato BC nella semiretta Bc.

b. Puntiamo il compasso in A con apertura AC. Disegniamo un arco che interseca Bc in un secondo punto D.

c. ABC e ABD hanno due lati e un angolo congruenti. ABC e ABD non sono congruenti.

I triangoli ABC e ABD hanno: il lato AB in comune; $AC \cong AD$ per costruzione; l'angolo β in comune.
L'angolo β non è l'angolo compreso fra AB e AC e infatti la figura mostra che ABC e ABD non sono congruenti.

La dimostrazione per assurdo

Una **dimostrazione per assurdo** segue il seguente procedimento:

- **si suppone falsa la tesi**, cioè si considera vera la sua negazione;
- sulla base di **tale verità si fanno deduzioni** come nelle dimostrazioni dirette;
- a un certo punto **si giunge a un risultato contraddittorio**, ossia alla negazione di qualche teorema dimostrato in precedenza, o alla negazione di un postulato o della stessa ipotesi; risultato che, per questo motivo, chiamiamo assurdo;
- dalla contraddizione ottenuta è possibile dedurre che **la tesi è vera**.

La figura illustra i passi logici della dimostrazione per assurdo. Useremo questo schema nella dimostrazione del prossimo criterio di congruenza.

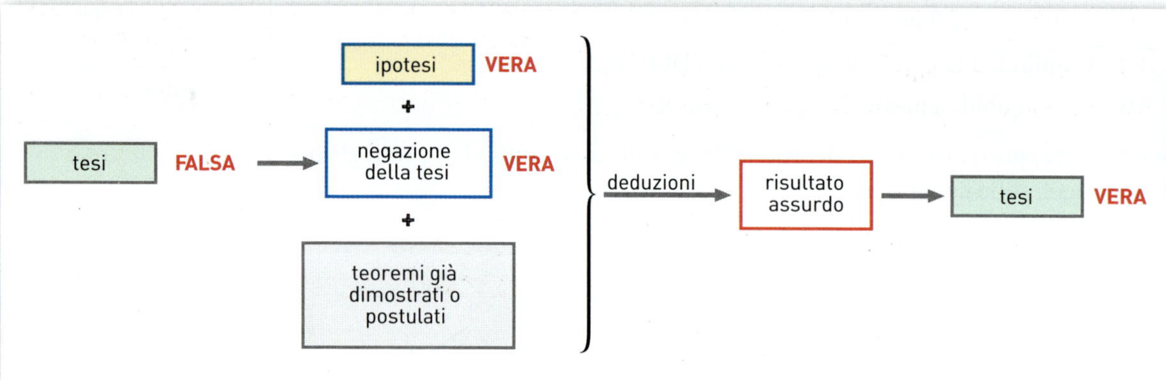

▸ Per comprendere meglio come si procede in una dimostrazione per assurdo, prova ad applicarla in questo esempio. Sull'isola vivono soltanto persone che dicono sempre la verità e persone sempre bugiarde. Sull'isola si trova un cartello con scritto: «Io sono bugiardo!». Dimostra che non può averlo scritto un abitante dell'isola.

Video

3 Il secondo criterio di congruenza

▸ Esercizi a p. G60

Utilizzando il metodo di dimostrazione per assurdo, dimostriamo il secondo criterio di congruenza.

TEOREMA

Secondo criterio di congruenza

Due triangoli sono congruenti se hanno ordinatamente congruenti un lato e gli angoli adiacenti al lato.

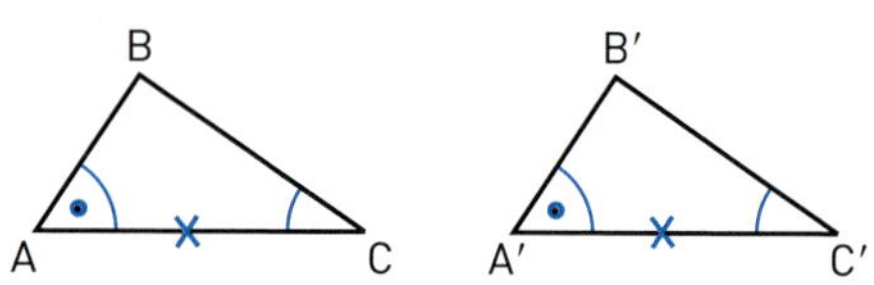

Ipotesi 1. $AC \cong A'C'$
2. $\hat{A} \cong \hat{A}'$
3. $\hat{C} \cong \hat{C}'$

Tesi $ABC \cong A'B'C'$

Listen to it

Two triangles are congruent if a side and its two adjacent angles are respectively congruent. This is sometimes called the **angle-side-angle (ASA) criterion**.

DIMOSTRAZIONE Animazione

Ragioniamo per assurdo negando la tesi, supponendo cioè che i triangoli *non* siano congruenti. Deduciamo subito che non può essere $AB \cong A'B'$, altrimenti i triangoli sarebbero congruenti per il primo criterio. Infatti avrebbero ordinatamente congruenti i lati AB e AC e l'angolo $\widehat{A}$ compreso tra i due lati.

Supponiamo allora che $AB < A'B'$.
Dovrebbe esistere un punto P, interno ad $A'B'$, con $A'P \cong AB$.

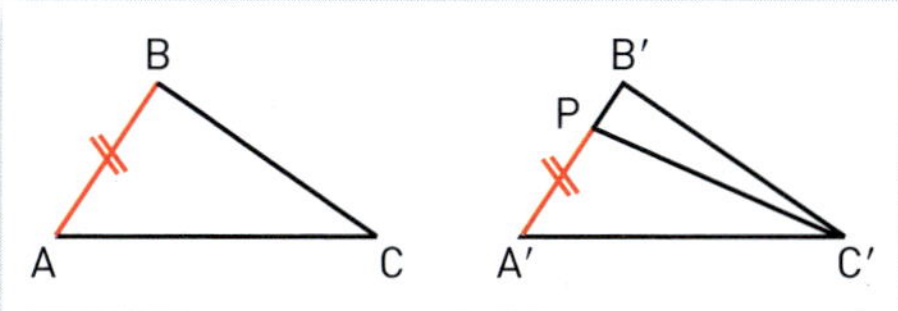

I triangoli $A'PC'$ e ABC sarebbero congruenti per il primo criterio, avendo $A'P \cong AB$, $A'C' \cong AC$, $\widehat{A'} \cong \widehat{A}$.
In particolare, sarebbe $P\widehat{C'}A' \cong B\widehat{C}A$.
Ma per ipotesi $B\widehat{C}A \cong B'\widehat{C'}A'$, quindi per la proprietà transitiva: $P\widehat{C'}A' \cong B'\widehat{C'}A'$.
Poiché l'angolo $B'\widehat{C'}A'$ non può essere congruente a una sua parte, siamo giunti a una contraddizione. Allora la negazione della tesi è falsa e i triangoli ABC e $A'B'C'$ sono congruenti.
Si procede in modo analogo se si suppone $AB > A'B'$.

▶ Dimostra che, se in un triangolo una bisettrice è anche altezza, allora il triangolo è isoscele.

Animazione

▶ Dimostra che in due triangoli congruenti le bisettrici di angoli congruenti sono congruenti.

Animazione

4 Le proprietà del triangolo isoscele

▶ Esercizi a p. G62

Il teorema del triangolo isoscele

TEOREMA
Se un triangolo è isoscele, allora ha due angoli congruenti.

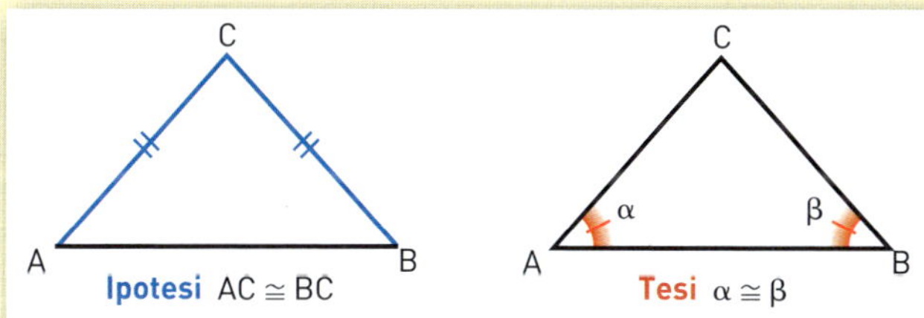

Listen to it

An **isosceles** triangle has two congruent sides and two congruent angles.

DIMOSTRAZIONE
Tracciamo la bisettrice CD dell'angolo $\widehat{C}$.
I triangoli ACD e BCD hanno:

- $AC \cong BC$ per ipotesi;
- CD in comune;
- $A\widehat{C}D \cong B\widehat{C}D$ perché CD è bisettrice di $\widehat{C}$.

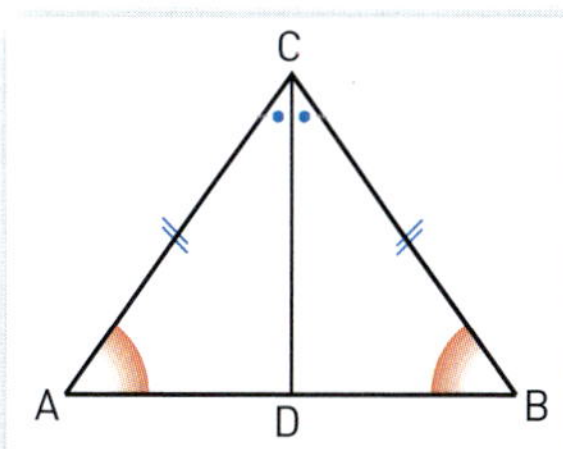

I triangoli sono congruenti per il primo criterio di congruenza.
In particolare:

$$C\widehat{A}D \cong C\widehat{B}D.$$

Il teorema precedente esprime una *condizione necessaria* affinché un triangolo sia isoscele: perché un triangolo sia isoscele è necessario che abbia due angoli congruenti.

La dimostrazione ha messo in evidenza che nel triangolo isoscele **gli angoli congruenti sono gli angoli alla base**.

L'inverso del teorema del triangolo isoscele

Se nel teorema del triangolo isoscele scambiamo l'ipotesi con la tesi, otteniamo il teorema inverso.

▶ Nel triangolo isoscele *ABC* prolunga la base *AB* di due segmenti congruenti *AD* e *BE*. Dimostra che *DCE* è isoscele.

Animazione

TEOREMA

Se un triangolo ha due angoli congruenti, allora è isoscele.

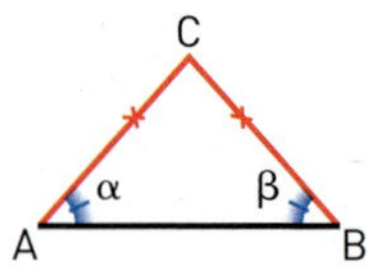

Ipotesi $\alpha \cong \beta$

Tesi $AC \cong BC$

Il teorema precedente esprime una *condizione sufficiente* affinché un triangolo sia isoscele: perché un triangolo sia isoscele è sufficiente che abbia due angoli congruenti.
I due teoremi finora dimostrati in questo paragrafo si possono allora riassumere nel seguente.

▶ Fai un esempio di condizione necessaria ma non sufficiente, uno di condizione sufficiente ma non necessaria e uno di condizione necessaria e sufficiente.

Video

TEOREMA

Condizione necessaria e sufficiente affinché un triangolo sia isoscele è che abbia due angoli congruenti.

Condizione necessaria e sufficiente

1. Condizione sufficiente: se *A*, allora *B*.
«Se *A*, allora *B*» significa che *A* è condizione sufficiente perché si verifichi *B*, ma non detto che sia l'unica condizione possibile: se si verifica *A* si verifica *B*, tuttavia *B* potrebbe verificarsi anche se non si verifica *A*.
Per esempio, in «se Marco è nato a Roma è nato in Italia», diciamo che «Marco è nato a Roma» è una condizione sufficiente: che Marco sia nato a Roma è sufficiente per dire che è nato in Italia. Tuttavia ciò sarebbe vero anche se fosse nato a Genova, Bologna e via dicendo...

2. Condizione necessaria: solo se *A*, allora *B*.
L'espressione «solo se *A*, allora *B*» significa che *A* è necessario perché si verifichi *B*, ossia *B* non può verificarsi senza *A*. Tuttavia, *A* potrebbe non essere sufficiente.
Per esempio: «solo se il treno è in orario, Anna arriverà in tempo a scuola».
Il fatto che il treno sia in orario è una condizione necessaria affinché Anna arrivi in tempo a scuola. Tuttavia anche se il treno è in orario Anna potrebbe non arrivare in tempo a scuola, per altri motivi.

3. Condizione necessaria e sufficiente: se e solo se *A*, allora *B*.
«Se e solo se *A*, allora *B*» significa che *B* si verifica solo se si verifica *A* e *A* è sufficiente al verificarsi di *B*.
Per esempio: «se e solo se la squadra *A* segna più gol della squadra *B*, *A* vince la partita». Per vincere una partita è necessario segnare un numero maggiore di gol, ma questo fatto è anche sufficiente, ossia non occorre nient'altro.
La condizione necessaria e sufficiente permette di scambiare la tesi con l'ipotesi, «se e solo se la squadra *A* ha vinto la partita, *A* ha segnato più gol della squadra *B*».
Dato un teorema nella forma «se *A*, allora *B*», il suo teorema inverso, in cui l'ipotesi e la tesi sono scambiate, assume la forma «se *B*, allora *A*». Dimostrato un teorema, possiamo dire che il suo teorema inverso è vero solo se il teorema è una condizione necessaria e sufficiente.

La bisettrice nel triangolo isoscele

TEOREMA

Se un triangolo è isoscele, allora la bisettrice dell'angolo al vertice è anche altezza e mediana rispetto alla base.

Ipotesi 1. $AC \cong BC$;
2. CH è bisettrice dell'angolo $\widehat{C}$.

Tesi 1. CH è altezza;
2. CH è mediana.

DIMOSTRAZIONE

Nella dimostrazione del teorema del triangolo isoscele abbiamo già ricavato che i triangoli AHC e CHB sono congruenti.

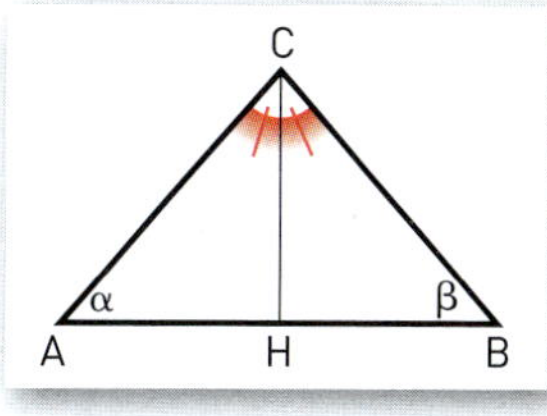

In particolare, i due triangoli hanno:

- $AH \cong BH$, cioè H è punto medio di AB, *pertanto* CH è **mediana**;
- $A\widehat{H}C \cong C\widehat{H}B$.

$A\widehat{H}C$ e $C\widehat{H}B$ sono adiacenti, quindi supplementari, ed essendo congruenti sono dunque entrambi angoli retti.
Pertanto, la bisettrice CH è anche **altezza**.

Le proprietà del triangolo equilatero

Poiché un triangolo equilatero può essere visto come isoscele su tre basi diverse, dal teorema del triangolo isoscele e da quello della bisettrice appena dimostrato si deducono le seguenti proprietà.

Corollario 1
Condizione necessaria e sufficiente affinché un triangolo sia equilatero è che abbia tutti gli angoli congruenti.

Corollario 2
In un triangolo equilatero ogni bisettrice è anche mediana e altezza.

MATEMATICA INTORNO A NOI

Quanto distano le stelle? Nel 1838 Friedrich Wilhelm Bessel misurò, per la prima volta, la distanza di una stella dal Sole: era la stella 61 Cygni, distante 11,40 anni-luce.

► Come si fa a calcolare a quale distanza dal Sole si trova una stella?

☐ La risposta

5 Il terzo criterio di congruenza

► Esercizi a p. G64

TEOREMA

Terzo criterio di congruenza dei triangoli
Se due triangoli hanno ordinatamente congruenti i tre lati, allora sono congruenti.

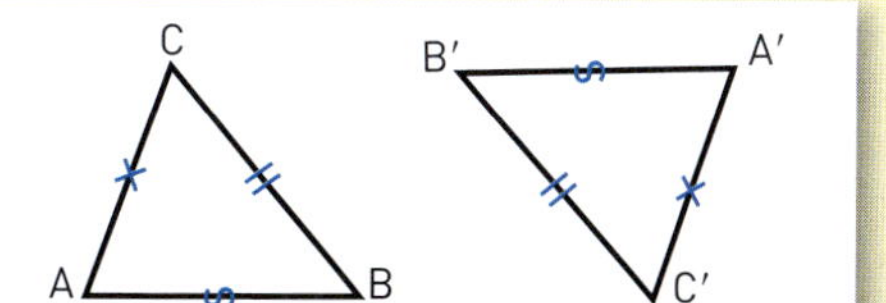

Ipotesi 1. $AB \cong A'B'$;
2. $BC \cong B'C'$;
3. $AC \cong A'C'$.

Tesi $ABC \cong A'B'C'$.

Listen to it

If two triangles have all three sides respectively congruent, they are congruent. This is sometimes called the **side-side-side (SSS) criterion**.

TEORIA

▶ Giustifica con il terzo criterio di congruenza le seguenti costruzioni, che abbiamo esaminato nel capitolo G1.

- Costruzione della bisettrice di un angolo.

Video

- Costruzione di un angolo congruente a un angolo dato.

Animazione

DIMOSTRAZIONE Animazione

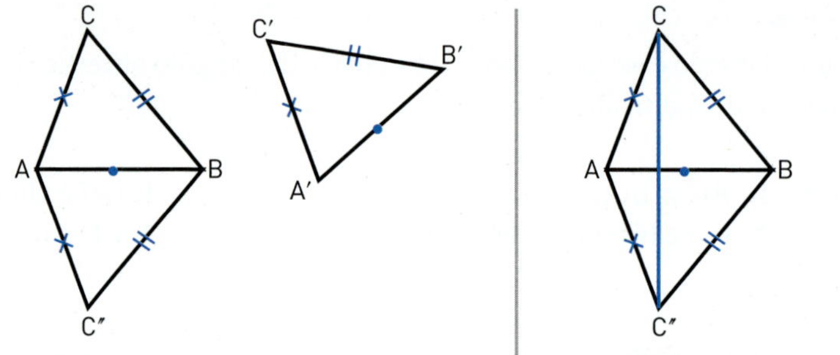

a. Disegniamo il triangolo $ABC'' \cong A'B'C'$.

b. Congiungiamo C con C''.

Il triangolo ACC'' è isoscele sulla base CC'', perché $AC \cong A'C' \cong AC''$, *quindi* $A\widehat{C''}C \cong A\widehat{C}C''$, perché angoli alla base di un triangolo isoscele.

Anche il triangolo $C''BC$ è isoscele sulla base CC'', perché $BC \cong B'C' \cong BC''$, *quindi* $C''\widehat{C}B \cong C\widehat{C''}B$, in quanto anch'essi sono angoli alla base di un triangolo isoscele.

Sommando coppie di angoli congruenti, otteniamo ancora angoli congruenti, *quindi* $A\widehat{C''}C + C\widehat{C''}B \cong A\widehat{C}C'' + C''\widehat{C}B$, cioè $\widehat{C} \cong \widehat{C''}$.

I triangoli ABC e ABC'' hanno:

- $\widehat{C} \cong \widehat{C''}$ per la deduzione precedente;
- $AC \cong AC''$ perché ACC'' è isoscele;
- $BC \cong BC''$ perché BCC'' è isoscele.

Pertanto, sono congruenti per il primo criterio.

Essendo $ABC'' \cong A'B'C'$ per costruzione, per la proprietà transitiva concludiamo che $ABC \cong A'B'C'$.

▶ I triangoli ABC e DEF hanno congruenti:
- AB e DE;
- BC ed EF;
- le mediane AP e DQ dei lati BC ed EF.

Dimostra che $ABC \cong DEF$.

Animazione

È possibile ripetere la costruzione e la dimostrazione anche nel caso in cui i due triangoli abbiano un angolo ottuso oppure un angolo retto.

6 Le disuguaglianze nei triangoli

▶ Esercizi a p. G66

Il teorema dell'angolo esterno (maggiore)

TEOREMA
In un triangolo, ogni angolo esterno è maggiore di ciascuno dei due angoli interni non adiacenti a esso.

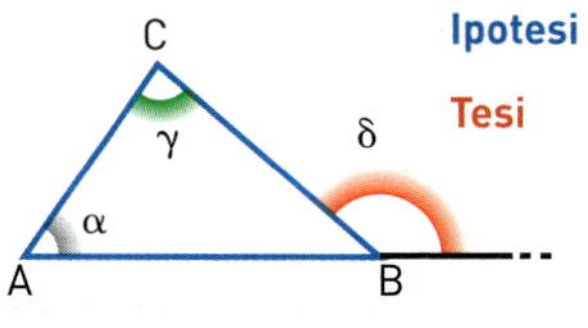

Ipotesi ABC è un triangolo.

Tesi $\delta > \gamma$ e $\delta > \alpha$.

DIMOSTRAZIONE Animazione

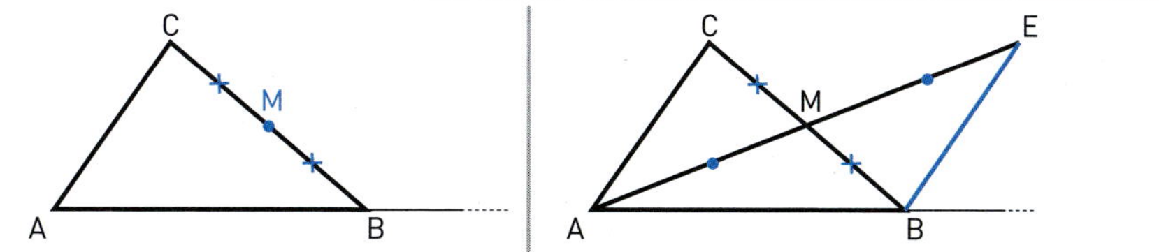

a. Disegniamo il punto medio M del lato BC.

b. Prolunghiamo il segmento AM di un segmento $ME \cong AM$ e congiungiamo E con B.

I triangoli AMC e BME hanno:

- $MC \cong BM$ per costruzione;
- $AM \cong ME$ per costruzione;
- gli angoli $A\widehat{M}C$ e $B\widehat{M}E$ opposti al vertice per costruzione, *quindi* congruenti.

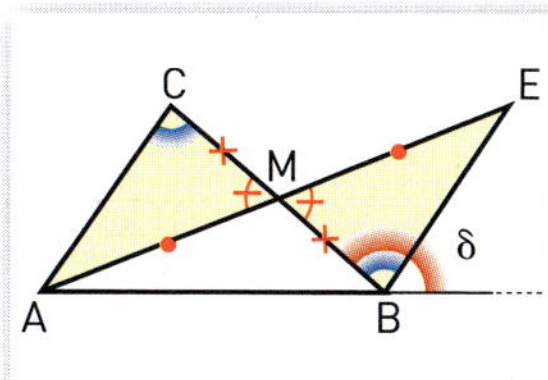

Pertanto i triangoli sono congruenti per il primo criterio.

In particolare *deduciamo* che:

- $M\widehat{B}E \cong M\widehat{C}A$;
- per la costruzione eseguita, la semiretta BE è interna all'angolo δ; anche $M\widehat{B}E$ è interno a δ, *quindi* $M\widehat{B}E < \delta$.

Concludiamo che, nel triangolo dato, l'angolo esterno δ è maggiore dell'angolo interno $M\widehat{C}A \cong B\widehat{C}A$.

Ripetendo la stessa costruzione a partire dal lato AB, anziché da BC, si dimostra che vale la disuguaglianza $\delta > N\widehat{A}C \cong B\widehat{A}C$. *Pertanto*, l'angolo esterno δ risulta maggiore sia dell'angolo interno $B\widehat{A}C$ sia dell'angolo interno $B\widehat{C}A$.

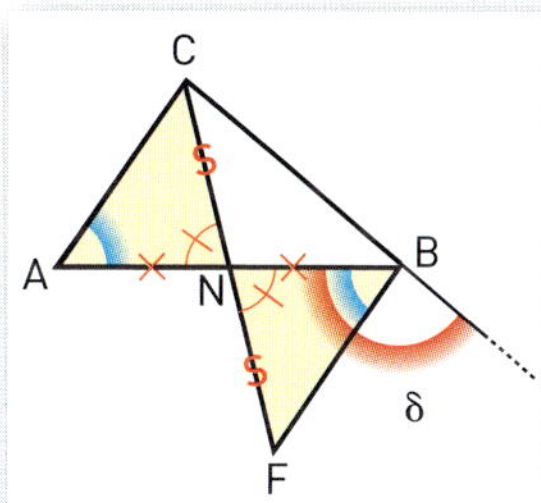

Corollari

1. La somma di due angoli interni di un triangolo è minore di un angolo piatto.

Animazione | Considerando la figura del teorema precedente, essendo δ angolo esterno, esso è maggiore di $A\widehat{C}B$, *quindi* $A\widehat{C}B < \delta$. Aggiungendo ai due membri della disuguaglianza l'angolo interno $A\widehat{B}C$, la disuguaglianza si conserva. Risulta che $A\widehat{C}B + A\widehat{B}C < \delta + A\widehat{B}C$. Poiché $\delta + A\widehat{B}C \cong \pi$, abbiamo $A\widehat{C}B + A\widehat{B}C < \pi$.

2. Un triangolo non può avere due (o più) angoli retti, né due (o più) angoli ottusi, né un angolo retto e uno ottuso, cioè in un triangolo due angoli sono sempre acuti.

In ciascuno dei tre casi, la somma di due angoli sarebbe maggiore o uguale a un angolo piatto, in contrasto con il corollario 1.

3. Gli angoli alla base di un triangolo isoscele sono acuti.

Per il corollario precedente, gli angoli alla base, essendo congruenti, non possono essere retti né ottusi.

PROBLEMA

Triangoli e SMS

Disegna un triangolo. Quante e quali informazioni relative ai suoi elementi (angoli e lati) devi mandare in un SMS a un amico perché possa disegnare un triangolo congruente al tuo?

► Considera i casi possibili con due elementi e dimostra che mandare le misure di due elementi non è sufficiente.

Scheda di lavoro

► Nel triangolo isoscele ABC di base AB, considera il punto P interno al lato BC. Dimostra che $C\widehat{P}A > P\widehat{A}C$.

Animazione

La classificazione dei triangoli rispetto agli angoli

Il secondo corollario del teorema precedente suggerisce un altro criterio di classificazione dei triangoli, basato sugli angoli.

DEFINIZIONE

Un **triangolo rettangolo** è un triangolo con un angolo retto.

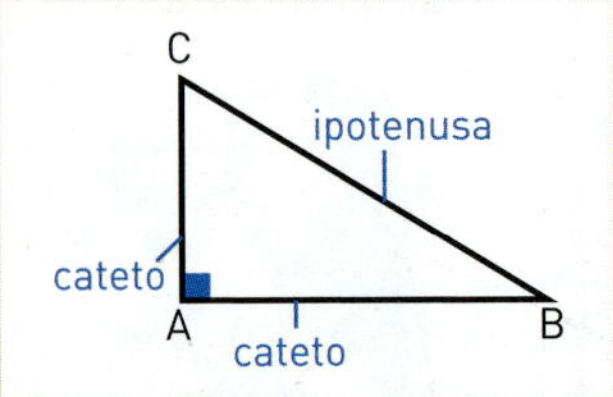

Un **triangolo ottusangolo** è un triangolo che ha un angolo ottuso.

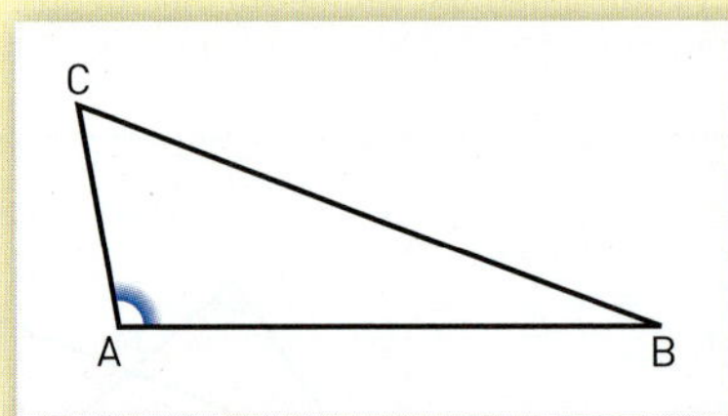

Un **triangolo acutangolo** è un triangolo con tutti gli angoli acuti.

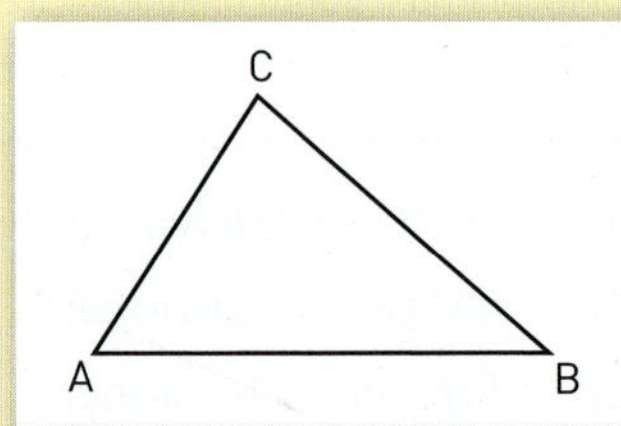

In un triangolo rettangolo, i due lati che formano l'angolo retto vengono chiamati **cateti**, il lato opposto all'angolo retto si chiama **ipotenusa**.

La relazione fra lato maggiore e angolo maggiore

TEOREMA

In ogni triangolo non equilatero, a lato maggiore è opposto angolo maggiore.

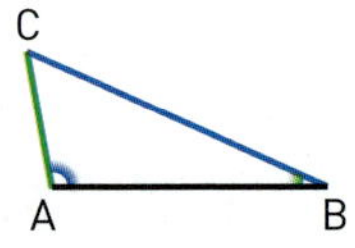

Ipotesi **1.** ABC è un triangolo; **2.** $BC > AC$.

Tesi $\widehat{A} > \widehat{B}$.

DIMOSTRAZIONE Animazione

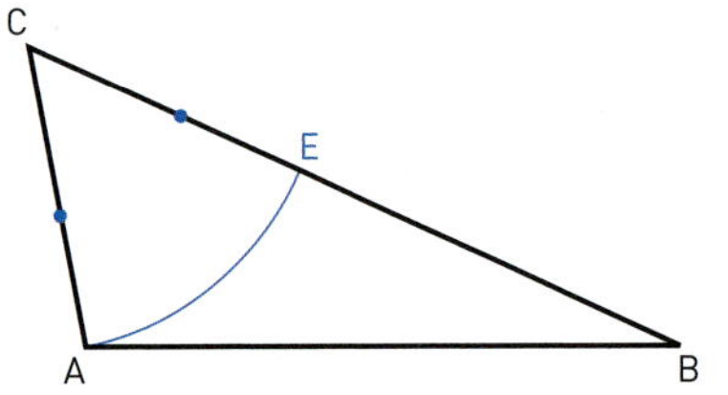

a. Puntiamo il compasso in *C* con apertura *AC* e segniamo sul lato *CB* il punto *E*, ottenendo il segmento $CE \cong AC$.

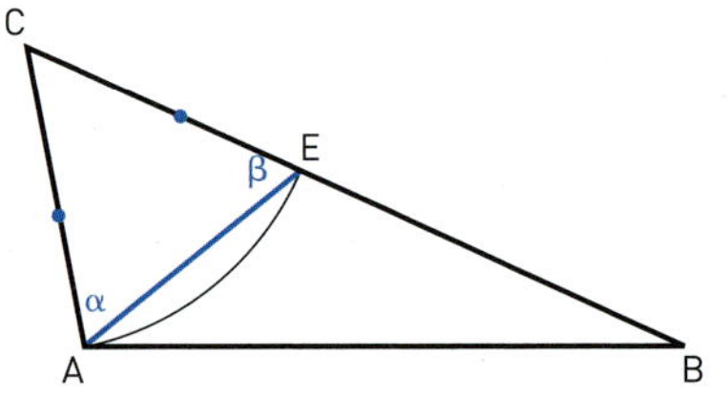

b. Congiungiamo *A* ed *E*. Indichiamo con α l'angolo $C\widehat{A}E$, con β l'angolo $A\widehat{E}C$.

Il triangolo *ACE* è isoscele sulla base *AE* per costruzione, *quindi* gli angoli alla base α e β sono congruenti.

Inoltre, l'angolo β è angolo esterno del triangolo *ABE*, *perciò* $\beta > \widehat{B}$.
Se $\beta > \widehat{B}$, poiché $\alpha \cong \beta$, *deduciamo* che anche $\alpha > \widehat{B}$.

Dal momento che α è interno all'angolo $\widehat{A}$, risulta $\widehat{A} > \alpha$, *quindi*, a maggior ragione, concludiamo che $\widehat{A} > \widehat{B}$.

Vale anche il teorema *inverso* del precedente.

TEOREMA

In ogni triangolo non equilatero, ad angolo maggiore si oppone lato maggiore.

► Dimostra le seguenti proprietà:
1. in ogni triangolo rettangolo l'ipotenusa è maggiore di ciascun cateto;
2. in ogni triangolo ottusangolo il lato opposto all'angolo ottuso è maggiore di ciascuno degli altri due.

Le relazioni fra i lati di un triangolo

TEOREMA

In ogni triangolo un lato è minore della somma degli altri due e maggiore della loro differenza.

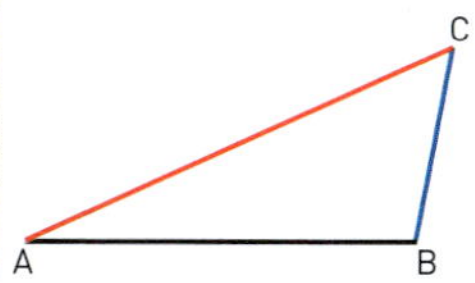

Ipotesi 1. ABC è un triangolo;
2. $AC \geq AB$.

Tesi 1. $AC < AB + BC$;
2. $BC > AC - AB$.

DIMOSTRAZIONE Animazione

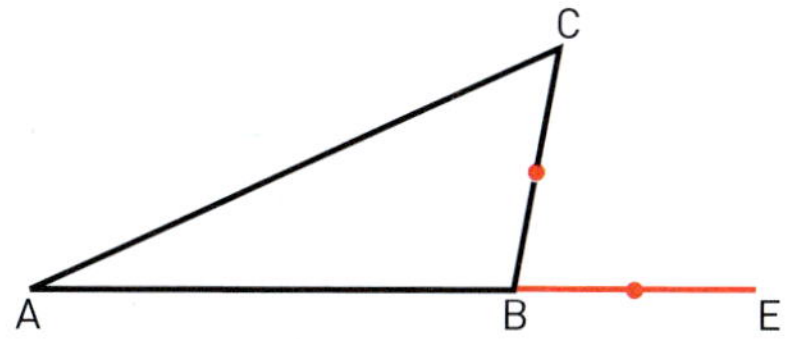

a. Prolunghiamo il lato AB in modo che risulti $BC \cong BE$.

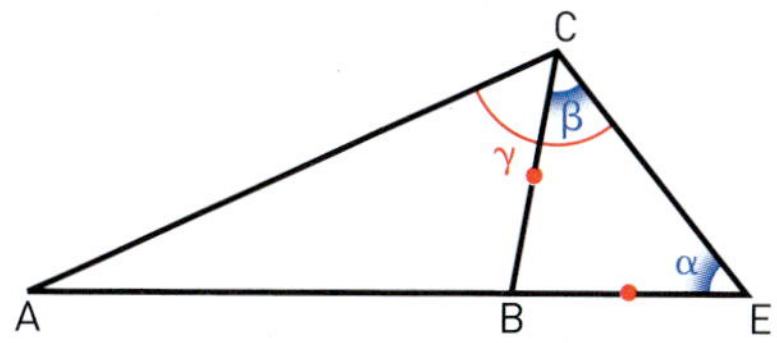

b. Congiungiamo C con E. Chiamiamo α l'angolo $B\hat{E}C$, β l'angolo $B\hat{C}E$, γ l'angolo $A\hat{C}E$.

Dimostriamo la tesi 1

Il triangolo BEC è isoscele per costruzione, *quindi* $\alpha \cong \beta$, perché angoli alla base.

Osserviamo che l'angolo β è minore di γ, perché BC è interno all'angolo $A\widehat{C}E$, *di conseguenza* anche $\alpha < \gamma$.

Nel triangolo ACE, poiché $\alpha < \gamma$, il lato che si oppone all'angolo α risulta minore del lato che si oppone all'angolo γ. Quindi, $AC < AE$ in quanto ad angolo maggiore si oppone lato maggiore.

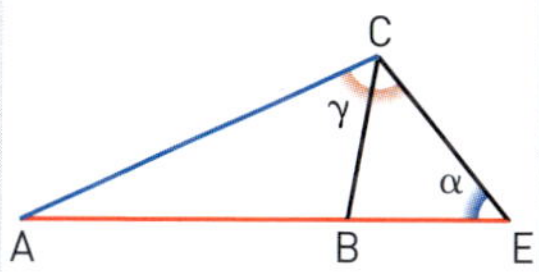

Il segmento AE risulta uguale alla somma dei segmenti AB e BE, *perciò* possiamo scrivere $AC < AB + BE$. Ma $BE \cong BC$, *quindi* $AC < AB + BC$.

Dimostriamo la tesi 2

Nella disuguaglianza $AC < AB + BC$, sottraendo ai due membri la stessa quantità AB, otteniamo:

$$AC - AB < AB + BC - AB, \quad \text{ossia} \quad AC - AB < BC \rightarrow BC > AC - AB.$$

Le disuguaglianze della tesi di questo teorema vengono di solito chiamate **disuguaglianze triangolari**.

Osservazione. Assegnati tre segmenti, se ognuno di essi non è minore della somma degli altri due, non è possibile costruire un triangolo avente per lati i tre segmenti.

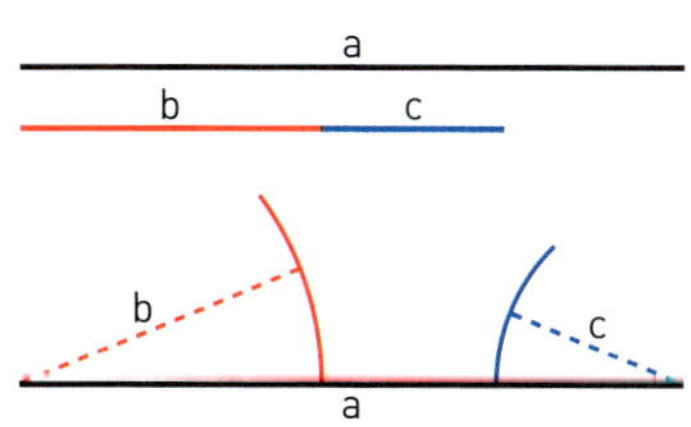

a. I due archi non si intersecano.

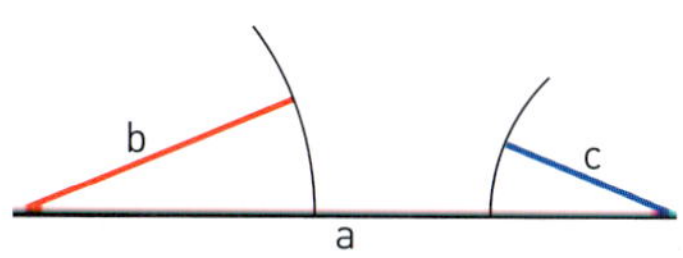

b. Il triangolo «non si chiude».

IN SINTESI
I triangoli

Prime definizioni sui triangoli

Un **triangolo** è un sottoinsieme del piano costituito da una poligonale chiusa di tre lati e dai suoi punti interni. In un triangolo sono segmenti particolari: le bisettrici, le mediane, le altezze. Questi segmenti hanno per estremi un vertice e un punto del lato opposto a tale vertice (o del suo prolungamento).

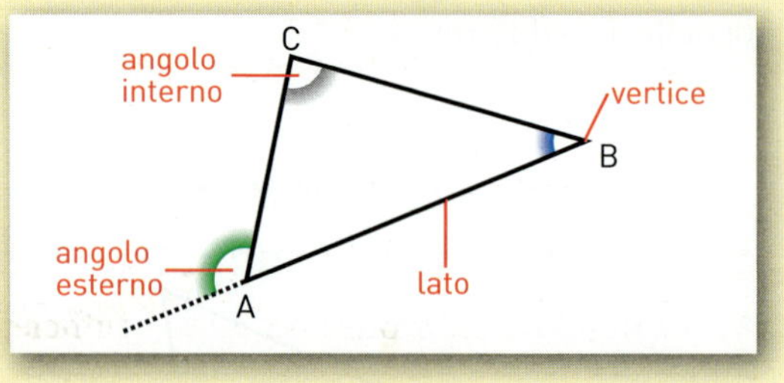

La **bisettrice** è il segmento che giace sulla retta che divide ciascun angolo del triangolo in parti congruenti; la **mediana** è un segmento che ha per estremi un vertice e il punto medio del lato opposto; l'**altezza** relativa a un lato ha un estremo in un vertice e l'altro sul lato opposto (o sul suo prolungamento) e forma con esso due angoli retti.

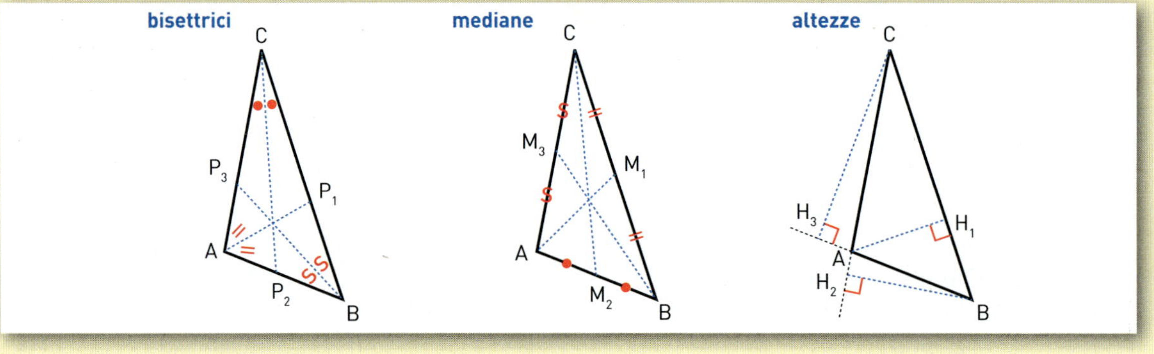

I triangoli possono essere classificati rispetto ai lati.

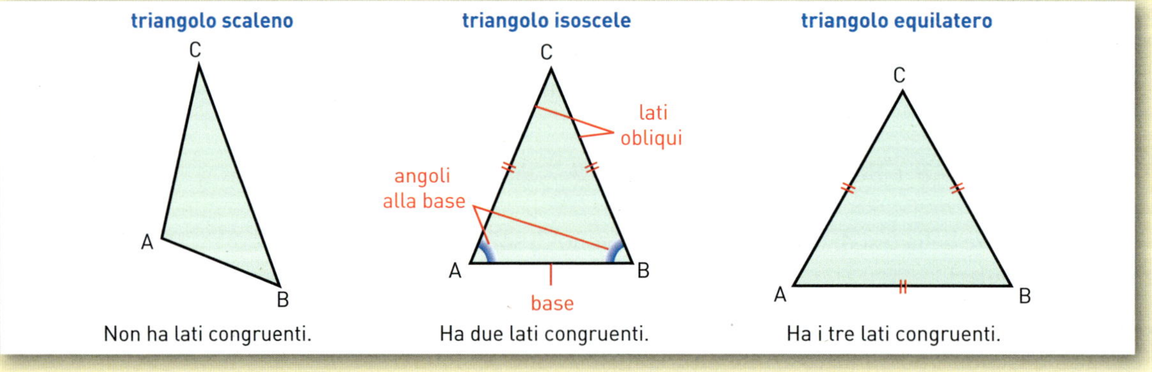

Il primo criterio di congruenza

Due triangoli sono **congruenti** se sono sovrapponibili punto a punto.

Primo criterio di congruenza dei triangoli
Due triangoli sono congruenti se hanno ordinatamente congruenti due lati e l'angolo fra essi compreso.

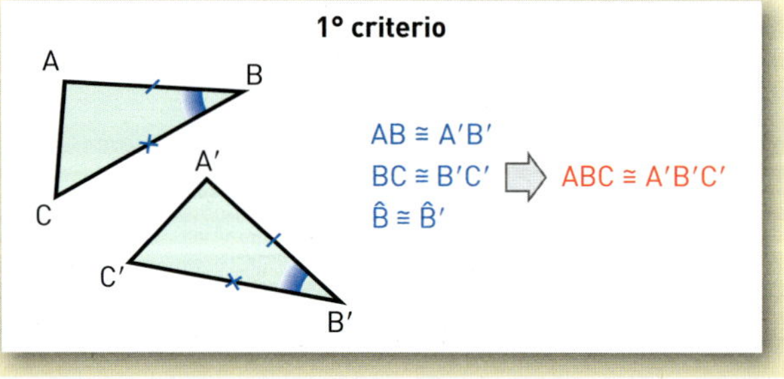

Il secondo criterio di congruenza

Due triangoli sono congruenti se hanno ordinatamente congruenti un lato e i due angoli a esso adiacenti.

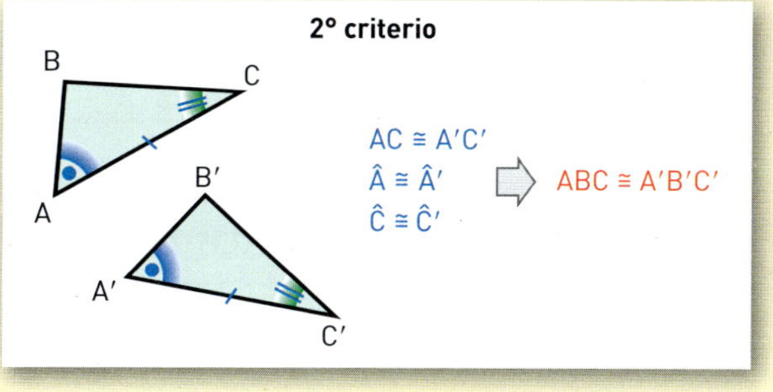

Le proprietà del triangolo isoscele

Teorema. Condizione necessaria e sufficiente affinché un triangolo sia **isoscele** è che abbia due angoli congruenti.

Teorema. La bisettrice, l'altezza e la mediana relative alla base di un triangolo isoscele coincidono.

Proprietà del triangolo equilatero
Corollario. Condizione necessaria e sufficiente affinché un triangolo sia **equilatero** è che abbia i tre angoli congruenti.

Il terzo criterio di congruenza

Due triangoli sono congruenti se hanno ordinatamente congruenti i tre lati.

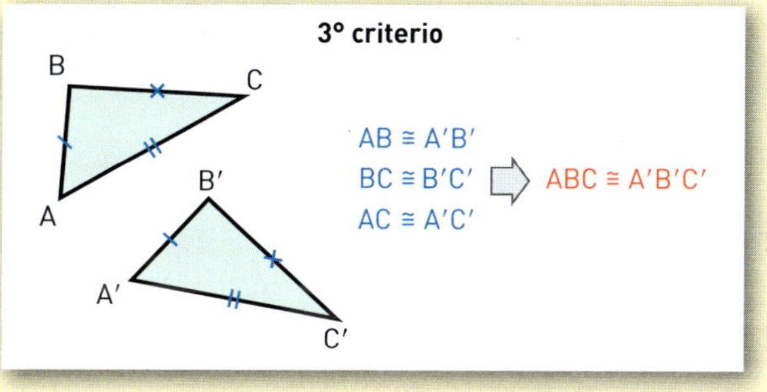

Le disuguaglianze nei triangoli

Teorema dell'angolo esterno (maggiore). Ogni angolo esterno di un triangolo è maggiore dei due angoli non adiacenti.
Corollario 1. La somma di due angoli interni è minore di un angolo piatto.
Corollario 2. In un triangolo ci sono sempre due angoli acuti.
Corollario 3. Gli angoli alla base di un triangolo isoscele sono acuti.

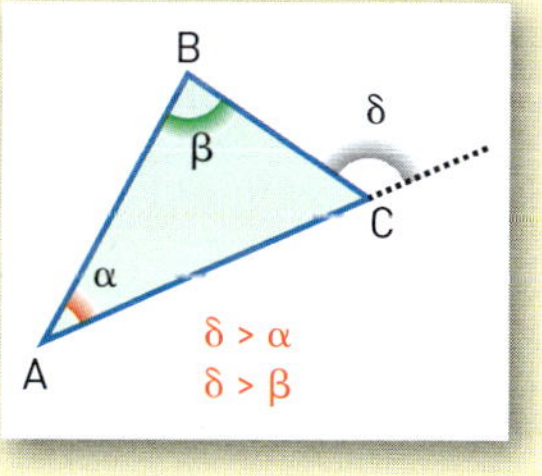

Teorema. In ogni triangolo, non equilatero, a lato maggiore è opposto angolo maggiore e viceversa.

$AB > BC \leftrightarrow \gamma > \alpha$

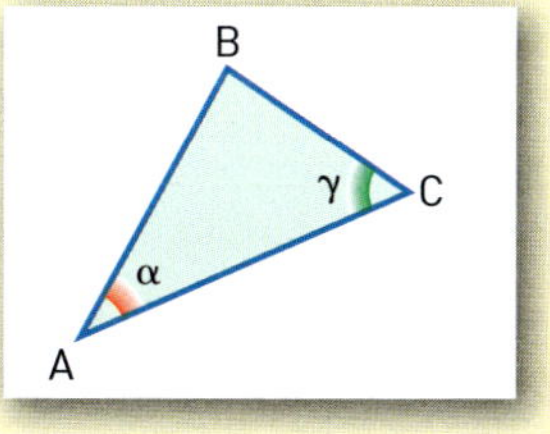

Teorema. In ogni triangolo un lato è minore della somma degli altri due e maggiore della loro differenza.

$AC < AB + BC; AC > AB - BC$

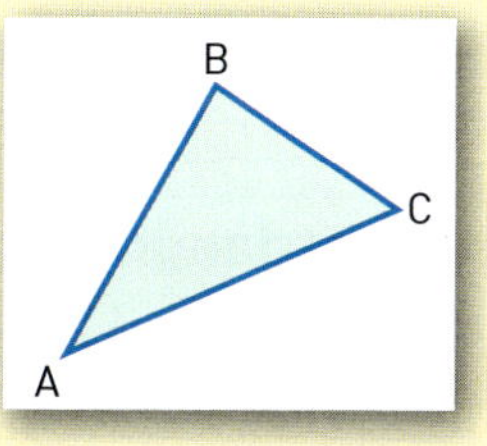

I triangoli possono essere classificati anche rispetto agli angoli: un triangolo è **rettangolo** se ha un angolo retto, è **ottusangolo** se ha un angolo ottuso, è **acutangolo** se tutti gli angoli sono acuti.

CAPITOLO G2
ESERCIZI

1 Prime definizioni sui triangoli

▶ Teoria a p. G44

Con riferimento ai triangoli della figura, risolvi ciascuno dei quattro esercizi seguenti.

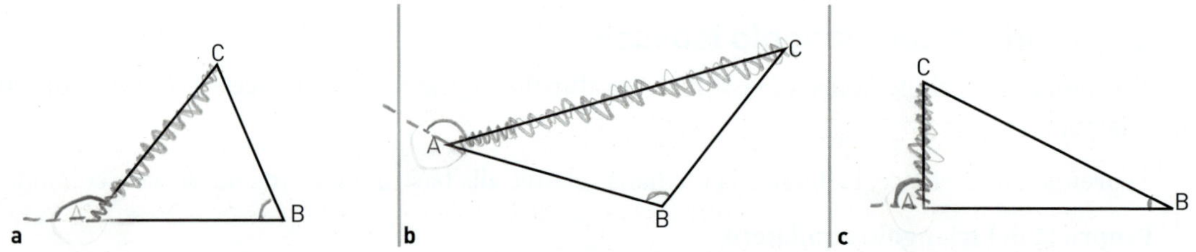

1 In ogni triangolo colora il lato opposto al vertice B.

2 In ogni triangolo colora gli angoli adiacenti al lato AB.

3 In ogni triangolo colora l'angolo compreso fra i lati AB e BC.

4 In ogni triangolo disegna un angolo esterno di vertice A.

---

5 Disegna un triangolo e mostra che a ogni angolo interno corrispondono due angoli esterni. Spiega perché essi sono congruenti.

Bisettrici, mediane e altezze

Costruzioni con riga e compasso

Svolgi i seguenti esercizi tenendo presente la costruzione della bisettrice di un angolo a pagina G17 e quella del punto medio di un segmento a pagina G14.

6 Disegna un triangolo a piacere e costruisci con riga e compasso le bisettrici degli angoli interni.

7 Disegna un triangolo a piacere e costruisci le sue mediane.

8 In un triangolo ABC qualsiasi, costruisci la bisettrice di un angolo esterno di vertice B.

9 YOU & MATHS **The three heights of a triangle**

a. Use dynamic geometry software to construct a triangle.

b. Then construct its heights.

c. Drag the triangle's vertices.

d. What do you notice?

La classificazione dei triangoli rispetto ai lati

10 Costruisci un triangolo scaleno su ogni segmento disegnato.

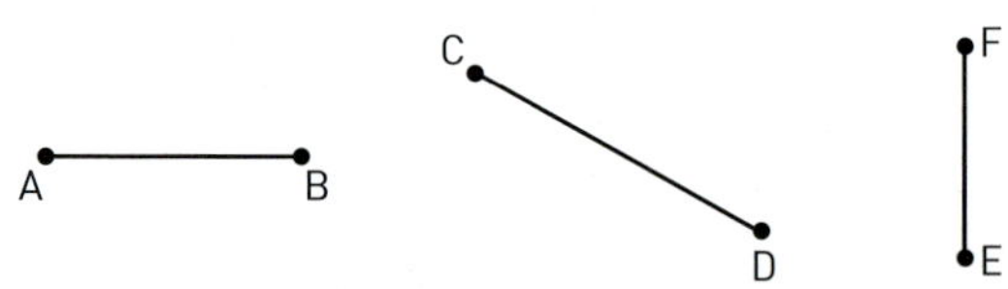

11 ●○ Con riga e compasso costruisci un triangolo equilatero e uno isoscele sul segmento in figura.

MATEMATICA E GIOCHI

Gli esaflexagoni Gli *esaflexagoni*, strani oggetti geometrici costruiti con triangoli equilateri, sono stati inventati attorno agli anni '40 del secolo scorso da uno studente di Princeton, Arthur Stone, e da alcuni suoi colleghi fisici e matematici, tra cui il premio Nobel Richard Feynman. Prova a capire le loro proprietà con le attività che proponiamo.

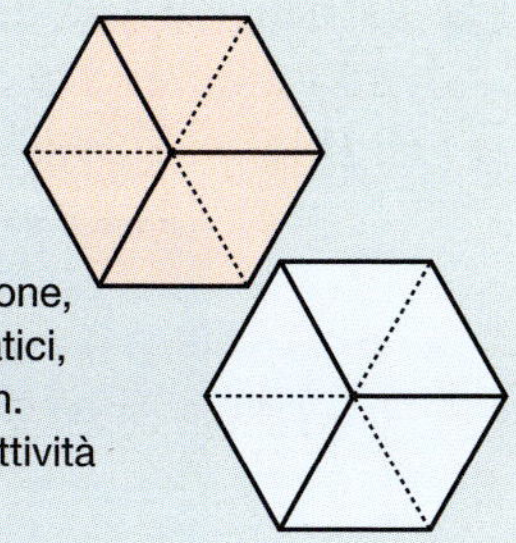

Attività guidata – Un esercizio in più – Spunti di ricerca.

2 Il primo criterio di congruenza

▶ Teoria a p. G46

12 ●○ In ciascuna delle seguenti figure, utilizzando le informazioni segnate in colore, indica le coppie di triangoli che sono congruenti in base al primo criterio.

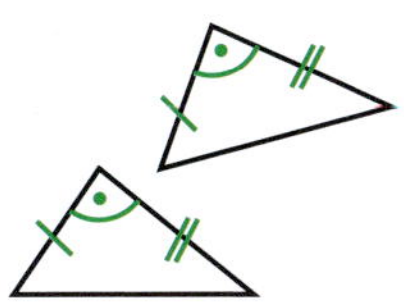
a

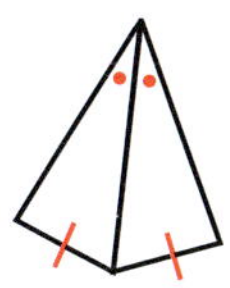
b

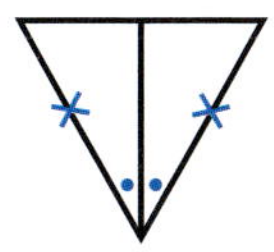
c

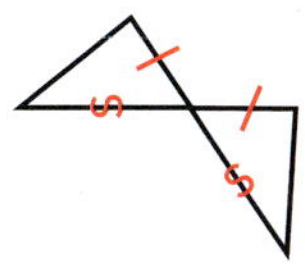
d

13 **DIMOSTRAZIONE GUIDATA** Sono dati un segmento AB e una qualunque retta passante per il punto medio M del segmento. Su tale retta scegli due segmenti congruenti, ME e MF, da parte opposta rispetto ad AB e congiungi A con F e B con E. Dimostra che i triangoli AMF e MBE sono congruenti.

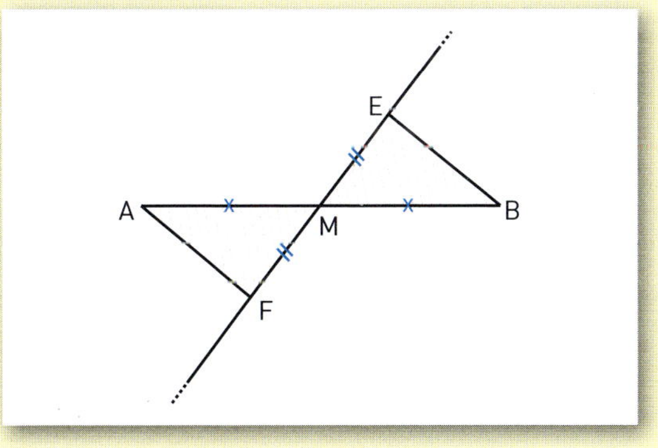

Ipotesi 1. $AM \cong$ MB; **Tesi** $AMF \cong$ ___.
2. $ME \cong$ MF.

Dimostrazione

- *Dimostra che i triangoli AMF e MBE sono congruenti.*
  Essi hanno:
  $AM \cong$ MB per l'ipotesi 1;
  $ME \cong$ MF per 2;
  $E\widehat{M}B \cong$ AMF perché CONGRUENTI.
  Quindi i triangoli AMF e EMB sono congruenti per il 1 criterio di congruenza dei triangoli.

14 ●○ Disegna due triangoli ABC e DEF che abbiano $AB \cong DE$, $AC \cong DF$ e in cui l'angolo esterno di vertice A sia congruente a quello esterno di vertice D. Dimostra che i triangoli sono congruenti.

15 ●○ Nell'angolo $a\widehat{O}b$ disegna la bisettrice Os. Sui lati dell'angolo $a\widehat{O}b$ scegli due punti, rispettivamente A su Oa e B su Ob, in modo che risulti $OA \cong OB$. Congiungi un punto E della bisettrice con A e con B. Dimostra che la semiretta Os è anche bisettrice dell'angolo $A\widehat{E}B$.

ESERCIZI

16 Il triangolo ABC della figura è isoscele sulla base AC e inoltre è $DB \cong EB$. Dimostra che i triangoli DAC ed ECA sono congruenti.

17 Dato l'angolo $a\widehat{O}b$ non piatto, sul lato Oa fissa due punti, A e B, e sul lato Ob altri due punti, C e D, in modo che risulti $OA \cong OC$ e $OB \cong OD$. Dimostra che i triangoli OCB e OAD sono congruenti.

18 Nel triangolo ABC indica con M il punto medio del lato BC. Congiungi A con M e prolunga AM di un segmento $ME \cong AM$. Congiungi B con E. Dimostra che $AC \cong BE$.

19 Disegna due triangoli congruenti ABC e $A'B'C'$. Sui lati congruenti AB e $A'B'$, considera i punti D e D' in modo che $AD \cong A'D'$. Dimostra che gli angoli $C\widehat{D}B$ e $C'\widehat{D'}B'$ sono congruenti.

20 ESEMPIO DIGITALE Nel triangolo isoscele ABC di base BC prolunga i lati AB e AC dei segmenti congruenti AD e AE. Dimostra che $B\widehat{E}C \cong B\widehat{D}C$ ed $E\widehat{C}B \cong D\widehat{B}C$.

21 EUREKA! **Su e giù** Dimostra che l'altezza massima raggiunta da due bambini che dondolano sul gioco nella foto è la stessa. (Il perno è posizionato nel punto medio dell'asse e il terreno è perfettamente orizzontale.)

YOU & MATHS

The airport problem The administrations of three neighbouring cities, named A, B, and C, decided to build an airport dividing the costs of implementation. The condition on the choice of the most suitable place is that the sum of the distances from each city to the airport is as small as possible. The team of experts in charge of the work has created a model to get a preliminary idea of where to place the structure. At their disposal there are wooden board, some small nails, a thick metal ring, and a long twine...

Problem and resolution – 5 more exercises.

3 Il secondo criterio di congruenza

▶ Teoria a p. G48

22 In ciascuna delle seguenti figure, utilizzando le informazioni segnate in colore, indica le coppie di triangoli che sono congruenti in base al secondo criterio.

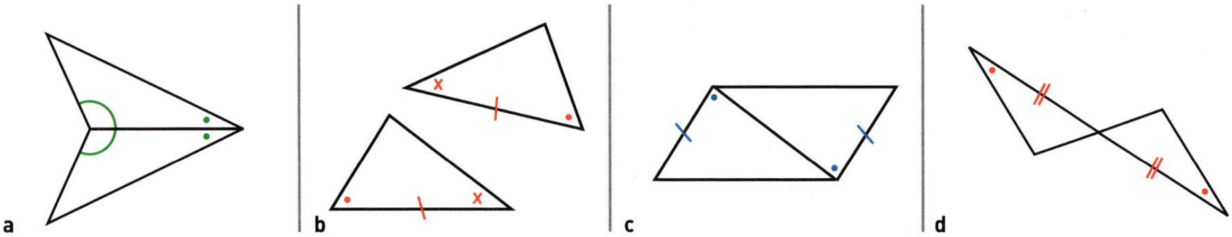

23 DIMOSTRAZIONE GUIDATA Nel triangolo ABC la bisettrice dell'angolo $\widehat{A}$ interseca il lato BC in D. Traccia da D la semiretta che interseca AB in E, in modo tale da formare l'angolo $E\widehat{D}A$ congruente ad $A\widehat{D}C$. Dimostra che CD e DE sono congruenti.

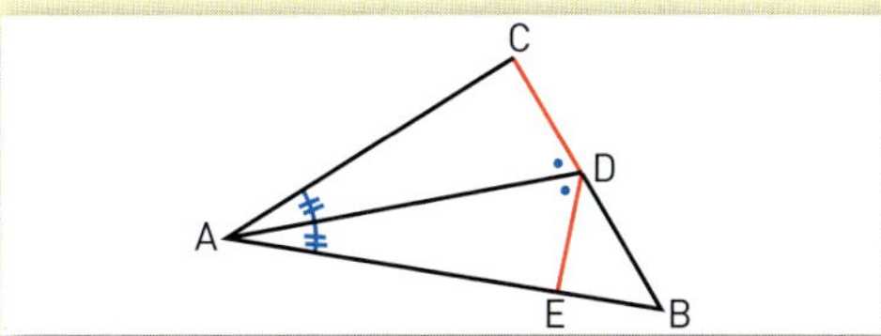

Ipotesi 1. ABC triangolo qualunque;
2. AD è ☐ dell'angolo $\widehat{A}$;
3. $E\widehat{D}A \cong$ ☐.

Tesi $CD \cong$ ☐.

Dimostrazione

- *Dimostra che i triangoli ACD e AED sono congruenti.*
  Essi hanno:
  $D\widehat{A}C \cong$ ☐, perché AD è ☐;
  $A\widehat{D}C \cong$ ☐, per ☐; il lato ☐ in ☐.
  Quindi i triangoli ACD e ☐ sono congruenti per il ☐ criterio di ☐ dei triangoli.
- *Deduci la congruenza dei segmenti.*
  In particolare i triangoli hanno ☐ $\cong$ ☐.

RISOLVIAMO UN PROBLEMA

Anelli spezzati

Nella figura è:

$$OE \cong EB \cong OD \cong DA.$$

Dimostra che i triangoli ADC e BEC sono congruenti.

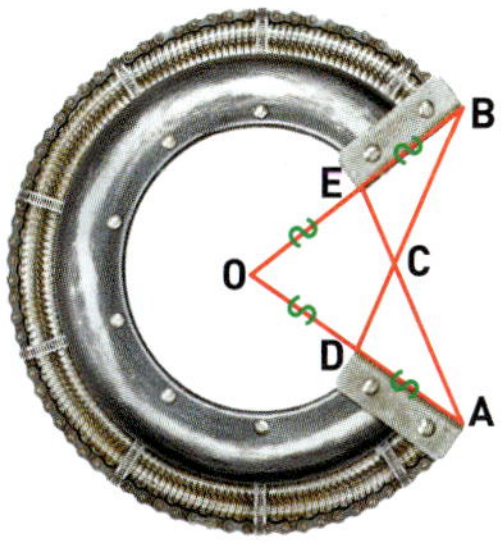

▶ **Leggiamo la figura.**

Dalla figura possiamo ricavare che i triangoli ADC e BEC hanno un lato congruente: $DA \cong EB$ per ipotesi, ma non abbiamo altre informazioni su lati e angoli. Dobbiamo ricavare altri dati.
Osserviamo che nella figura sono presenti altri due triangoli: OBD e OAE.

▶ **Troviamo la relazione fra i due triangoli *OBD* e *OAE*.**

I due triangoli hanno:

- $OD \cong OE$;
- $OA \cong OB$;
- l'angolo $A\widehat{O}B$ in comune.

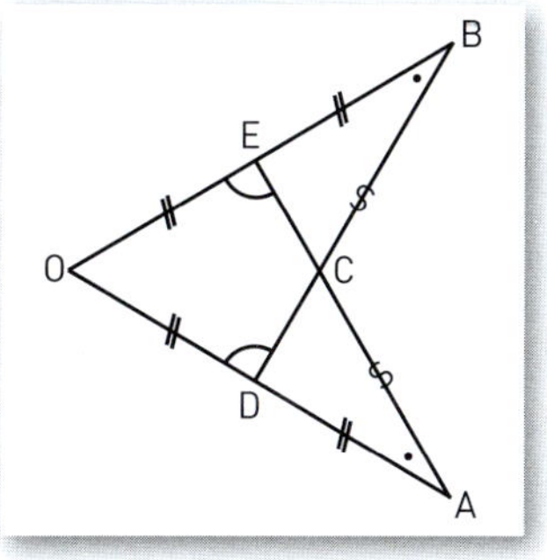

Quindi per il primo criterio di congruenza sono congruenti.

Di conseguenza abbiamo anche $O\widehat{A}E \cong O\widehat{B}D$ e $O\widehat{D}B \cong O\widehat{E}A$.

▶ **Usiamo questi dati per ricavare informazioni su *ADC* e *BEC*.**

Dall'ipotesi e dalle osservazioni precedenti, abbiamo che:

$$DA \cong EB;\ O\widehat{A}E \cong O\widehat{B}D.$$

Quindi i triangoli ADC e BEC hanno un lato e un angolo congruenti. Per poter affermare che i triangoli sono uguali abbiamo bisogno di un'altra coppia di elementi congruenti. Dimostriamo che sono congruenti gli angoli $B\widehat{D}A$ e $A\widehat{E}B$.

Sappiamo che:

$$O\widehat{A}E \cong O\widehat{B}D;$$
$$O\widehat{D}B + B\widehat{D}A = \pi \text{ e } O\widehat{E}A + A\widehat{E}B = \pi.$$

$B\widehat{D}A$ e $A\widehat{E}B$ sono supplementari di angoli congruenti, perciò:

$$B\widehat{D}A \cong A\widehat{E}B.$$

▶ **Dimostriamo che *ADC* e *BEC* sono congruenti.**

I triangoli ADC e BEC sono quindi congruenti per il secondo criterio:

$$DA \cong EB;\ O\widehat{A}E \cong O\widehat{B}D;\ B\widehat{D}A \cong A\widehat{E}B.$$

24 ●○ Sulla bisettrice Oc dell'angolo acuto $a\widehat{O}b$ scegli un punto E. Traccia poi la retta per E, che formi con la bisettrice stessa quattro angoli retti e intersechi i lati dell'angolo nei punti A e B. Dimostra che $OA \cong OB$.

25 ●○ Disegna i triangoli ABC e RST in modo che $AB \cong RS$ e che siano congruenti gli angoli esterni di vertici A e R e quelli di vertici B e S. Dimostra che i triangoli sono congruenti.

26 ●○ Disegna un segmento AB e due semirette a e b, di origine A e B da parti opposte rispetto ad AB, che formano con AB angoli congruenti. Per il punto medio P di AB traccia una retta r che interseca a in C e b in D. Dimostra che:

a. $A\widehat{C}P \cong P\widehat{D}B$; b. $P\widehat{C}B \cong A\widehat{D}P$.

27 ●● Dato un triangolo ABC, sia K il punto in cui la bisettrice dell'angolo $\widehat{A}$ incontra il lato BC. Da K traccia una retta che formi due angoli retti con AK e che intersechi la retta AB in E e la retta AC in D. Dimostra che il triangolo ADE è isoscele.

28 ●●
a. Dimostra che i triangoli ABC e ACD della figura sono congruenti.
b. Tracciate le bisettrici BP e DQ rispettivamente degli angoli $A\widehat{B}C$ e $A\widehat{D}C$, dimostra che $BP \cong DQ$.

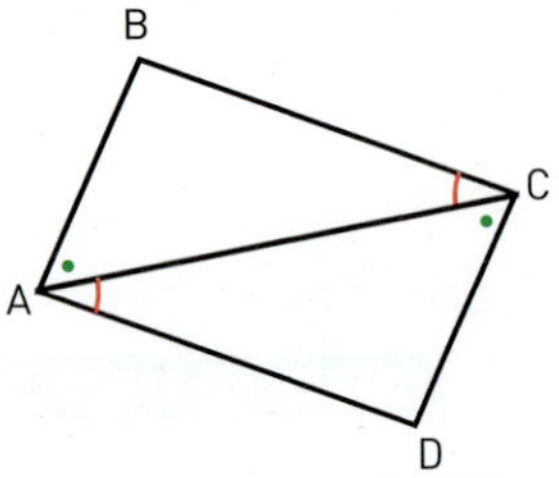

4 Le proprietà del triangolo isoscele

▶ Teoria a p. G49

Il teorema del triangolo isoscele

29 ●○ Dimostra che due triangoli isosceli sono congruenti se hanno congruenti l'angolo al vertice e un lato a esso adiacente.

30 ●○ Dimostra che due triangoli isosceli sono congruenti se hanno congruenti la base e un angolo a essa adiacente.

31 ●○ Disegna un triangolo isoscele di base AB e vertice C. Sui lati obliqui scegli due punti, S su AC e T su CB, in modo che risulti $CS \cong CT$. Dimostra che:

a. i triangoli SBC e ACT sono congruenti;
b. i triangoli ABT e ABS sono congruenti.

32 ●○ Congiungendo i punti medi dei tre lati di un triangolo isoscele si ottiene un nuovo triangolo. Dimostra che anche il triangolo ottenuto è isoscele.

33 ●○ Il triangolo ABC è isoscele sulla base AB, $DA \cong BE$ e $F\widehat{D}A \cong F\widehat{E}B$. Dimostra che i triangoli DCE e AFB sono isosceli.

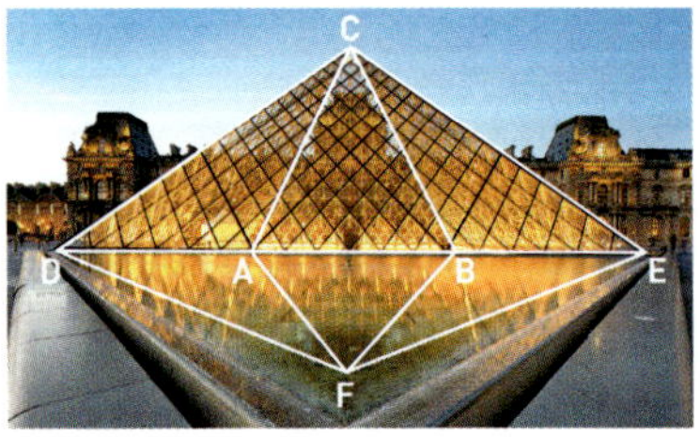

34 ●○ YOU & MATHS **A robust isosceles triangle**
a. Use dynamic geometry software to construct an isosceles triangle (make sure it remains an isosceles triangle whenever you drag a vertex!).
b. Describe how you made the construction.
c. Do two of its angles remain congruent as you drag it? Explain why or why not.

35 ●○ ESEMPIO DIGITALE Sui lati obliqui AC e BC del triangolo isoscele ABC considera i punti D ed E in modo che $CD \cong CE$. Prolunga la base AB di due segmenti congruenti PA e BQ. Dimostra che:

a. $DP \cong EQ$; b. $EP \cong DQ$.

L'inverso del teorema del triangolo isoscele

36 DIMOSTRAZIONE GUIDATA Nel triangolo isoscele ABC, le bisettrici AE e BF degli angoli alla base si incontrano nel punto M. Dimostra che $AM \cong MB$.

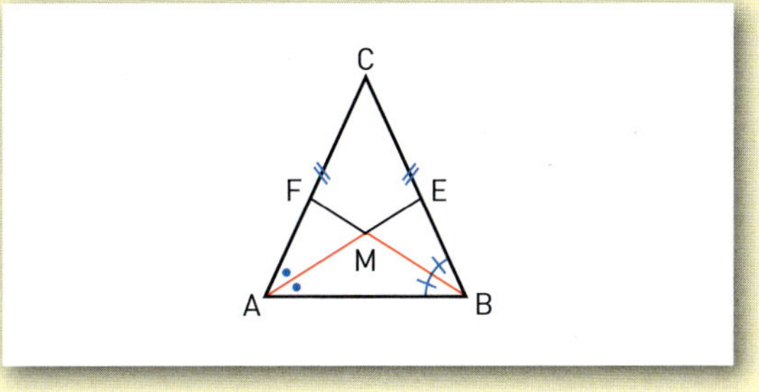

Ipotesi 1. ABC è un ______;
2. AE è ______ dell'angolo ___;
3. ___ è ___ dell'angolo ___.

Tesi ___ $\cong$ ___.

Dimostrazione

- *Dimostra che il triangolo ABM è isoscele.*
Il triangolo isoscele ABC ha gli angoli alla base ______, ossia ___ $\cong \widehat{B}$.
Poiché AE è bisettrice dell'angolo ___, risulta $M\widehat{A}B \cong \frac{1}{2}$ ___; in modo analogo, per l'ipotesi 3, risulta ___ $\cong \frac{1}{2}$ ___.
Quindi $M\widehat{A}B \cong$ ___.
Il triangolo ABM ha gli angoli alla base ______, *quindi* è ______.

- *Deduci la congruenza dei segmenti.*
In particolare, nel triangolo ABM risulta ___ $\cong$ ___.

37 ●○ Nel triangolo isoscele ABC, di vertice C, disegna le bisettrici AE e BF degli angoli alla base, indicando con M il loro punto di intersezione. Dimostra che $ME \cong MF$.

38 ●○ I segmenti AB e CD si intersecano nel punto H, distinto dal loro punto medio, in modo che $AH \cong HD$ e $CH \cong HB$. Detto K il punto di intersezione delle rette AC e BD, dimostra che il triangolo CKB è isoscele.

39 ●○ Sui lati congruenti del triangolo isoscele ABC, di vertice C, disegna due segmenti congruenti CE e CF. Congiungi E con B, poi A con F; indica con D il punto di intersezione dei segmenti BE e AF. Dimostra che anche il triangolo ABD è isoscele.

40 ●○ Nel triangolo ABC prolunga il lato AC di un segmento $CE \cong CB$ e il lato BC di un segmento $CF \cong CA$. Indica con D il punto di intersezione dei prolungamenti di AB e di FE.
Dimostra che il triangolo ADF è isoscele.

Con le misure

41 ●● Nella figura, OE è la bisettrice dell'angolo $A\widehat{O}B$, e i triangoli OAE e OBC sono isosceli.

a. Dimostra che il triangolo DCE è isoscele.
b. Sapendo che $A\widehat{O}B = 70°$, calcola la misura di $O\widehat{C}D$.
c. Il perimetro del triangolo OBC è 22 cm e la base supera di 4 cm il lato obliquo. Sapendo che $BC \cong AD$ e $OA = 8$ cm, calcola la lunghezza di CD. [b) 145°; c) 2 cm]

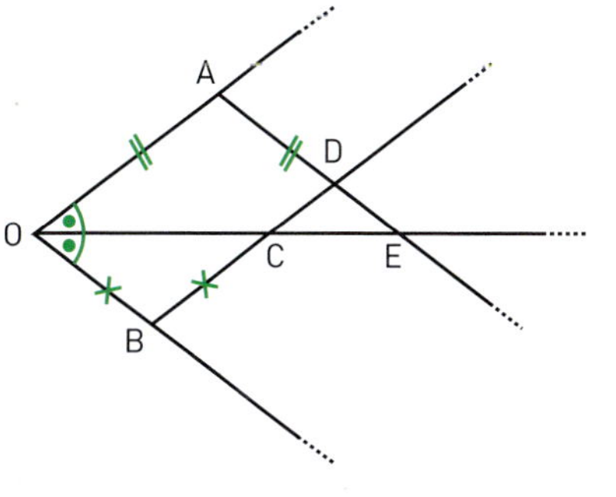

La bisettrice nel triangolo isoscele

42 ●○ Disegna due triangoli isosceli diversi fra loro, ABC e ABD, posti sulla stessa base AB, con i vertici C e D opposti rispetto alla base. Dimostra che il segmento DC divide a metà la base AB.

43 ●○ Nel triangolo isoscele ABC di base AB segna sulla bisettrice CH un punto P. La semiretta AP incontra BC nel punto E e la semiretta BP incontra AC nel punto F. Dimostra che $P\widehat{F}C \cong P\widehat{E}C$.

44 ●● ESEMPIO DIGITALE Dimostra che, se in un triangolo la bisettrice di un angolo è anche la mediana del lato opposto, allora il triangolo è isoscele. (SUGGERIMENTO Prolunga la bisettrice, oltre il lato opposto, di un segmento congruente al segmento di bisettrice e congiungi l'estremo ottenuto con uno dei vertici della base.)

45 ●● ESEMPIO DIGITALE Sia *ABC* un triangolo isoscele di base *AB*, e siano *r* e *s* le rette perpendicolari ad *AB* passanti rispettivamente per i vertici *A* e *B*. Chiama *D* ed *E* i punti in cui le bisettrici degli angoli alla base $\widehat{B}$ e $\widehat{A}$ incontrano le rette *r* e *s*, e *F* il punto di incontro di tali bisettrici. Dimostra che:

a. i triangoli *FAD* e *FEB* sono congruenti;

b. i triangoli *CEA* e *DCB* sono congruenti;

c. il triangolo *DEC* è isoscele.

Le proprietà degli angoli del triangolo equilatero

46 ●○ Sui tre lati di un triangolo equilatero *ABC* considera tre punti, *R*, *S* e *T*, in modo che risulti $AR \cong BS \cong CT$. Congiungi i tre punti. Dimostra che il triangolo *RST* è equilatero.

47 ●○ Prolunga i lati del triangolo equilatero *ABC* (nello stesso verso) rispettivamente dei segmenti *AD*, *BE* e *CF* congruenti fra loro. Dimostra che il triangolo *DEF* è equilatero.

48 ●○ Nel triangolo equilatero *ABC*, costruisci sui tre lati, esternamente al triangolo, tre triangoli isosceli congruenti aventi per basi i lati di *ABC*. Dimostra che i loro vertici individuano un triangolo equilatero.

49 ●○ Disegna un triangolo equilatero, poi traccia le mediane e dimostra che sono congruenti.

50 ●○ EUREKA! **Un triangolo... tossico!** Il tricloruro di boro BCl_3 ha una struttura planare tale per cui gli angoli di legame Cl—B—Cl sono di 120° e le distanze di legame B—Cl sono uguali. Dimostra che gli atomi di cloro sono i vertici di un triangolo equilatero.

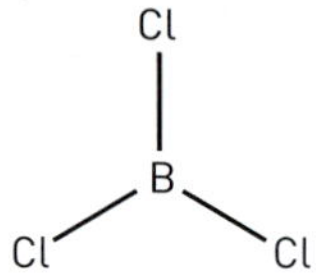

5 Il terzo criterio di congruenza

Teoria a p. G51

51 ●○ VERO O FALSO?

a. Due triangoli equilateri sono sempre congruenti per il terzo criterio. V F

b. Due triangoli isosceli aventi la base in comune sono congruenti per il terzo criterio. V F

c. Due triangoli aventi ordinatamente congruenti i tre angoli sono congruenti. V F

d. Due triangoli rettangoli aventi congruenti ipotenuse e cateti sono congruenti. V F

52 ●○ In ciascuna delle seguenti figure, utilizzando le informazioni segnate in colore, indica le coppie di triangoli che sono congruenti in base al terzo criterio.

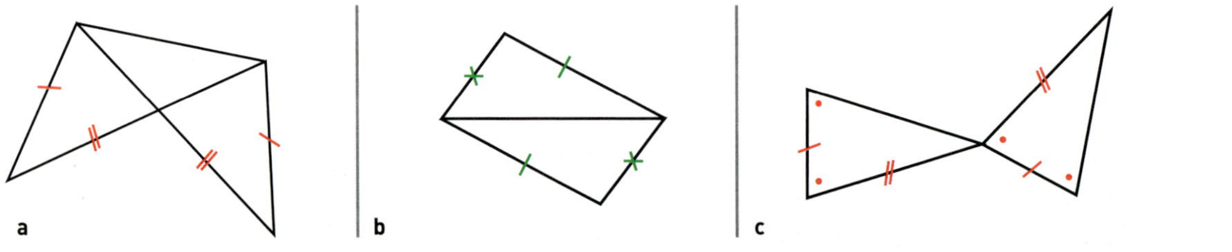

53 ESERCIZIO GUIDA Dimostriamo che due triangoli, che hanno rispettivamente congruenti due lati e la mediana relativa a uno dei due, sono congruenti.

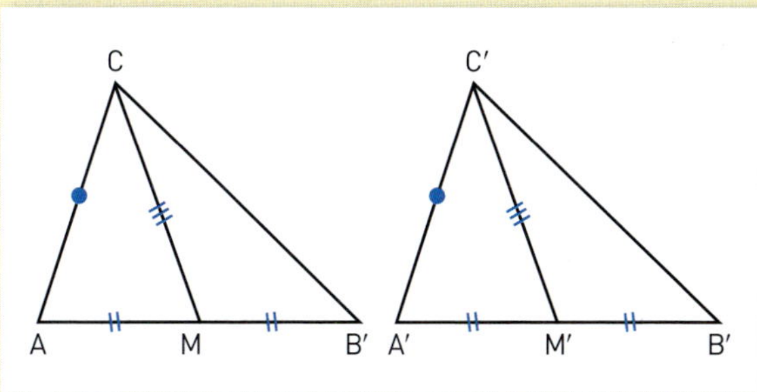

Ipotesi
1. ABC, $A'B'C'$ triangoli;
2. $AB \cong A'B'$;
3. $AC \cong A'C'$;
4. CM mediana di AB $(AM \cong MB)$ e $C'M'$ mediana di $A'B'(A'M' \cong M'B')$;
5. $CM \cong C'M'$.

Tesi $ABC \cong A'B'C'$.

Dimostrazione

I triangoli ACM e $A'C'M'$ hanno:
- $AM \cong A'M'$ per le ipotesi 2 e 4 (metà di segmenti congruenti sono congruenti);
- $AC \cong A'C'$ per l'ipotesi 3;
- $CM \cong C'M'$ per l'ipotesi 5.

Quindi sono congruenti per il terzo criterio di congruenza dei triangoli. In particolare, essi hanno $C\widehat{A}M \cong C'\widehat{A'}M'$.

I triangoli CAB e $C'A'B'$ hanno:
- $AB \cong A'B'$ per l'ipotesi 2;
- $AC \cong A'C'$ per l'ipotesi 3;
- $B\widehat{A}C \cong B'\widehat{A'}C'$ per la dimostrazione precedente.

Quindi sono congruenti per il primo criterio di congruenza dei triangoli.

54 Dati due segmenti congruenti AB e DE, costruisci su di essi due triangoli equilateri, ABC e DEF. Dimostra che i triangoli sono congruenti. Puoi dimostrare ancora la congruenza se costruisci sui due segmenti due triangoli isosceli?

55 Dimostra che due triangoli isosceli, che hanno congruenti un lato e la base, sono congruenti. Se detti triangoli avessero congruenti i due lati obliqui, sarebbe ancora possibile dimostrare la congruenza?

56 YOU & MATHS **Two triangles** In this figure $PL \cong RQ$ and $PQ \cong RL$.
Prove that $Q\widehat{P}L \cong L\widehat{R}Q$.

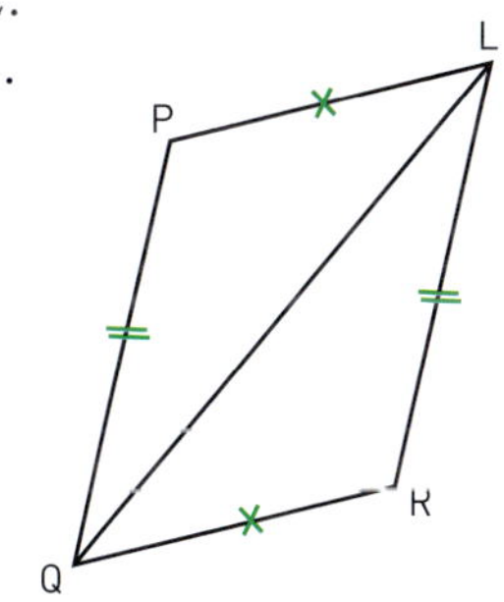

Criteri di congruenza e triangoli isosceli ed equilateri

TEST

57 Due triangoli sono congruenti se hanno congruenti, rispettivamente:

- A due lati e un angolo.
- B due angoli e un'altezza.
- C tre lati.
- D tre angoli.
- E nessuna delle risposte è corretta.

58 Due triangoli isosceli sono congruenti se hanno congruenti:

- A i due lati obliqui.
- B i due angoli alla base.
- C la base.
- D l'angolo al vertice.
- E nessuna delle risposte è corretta.

ESERCIZI

59 VERO O FALSO?

a. La bisettrice dell'angolo al vertice di un triangolo isoscele forma due angoli retti con la base. V F

b. Avere due angoli congruenti è condizione sufficiente affinché un triangolo sia isoscele. V F

c. Un triangolo con un angolo retto può essere isoscele. V F

d. Se in un triangolo gli angoli adiacenti a uno stesso lato sono diversi, allora sicuramente il triangolo non è isoscele. V F

e. Un triangolo isoscele è equilatero se ha la base congruente ai lati. V F

60 Nel triangolo isoscele ABC, di vertice C, la bisettrice dell'angolo esterno di vertice A incontra il prolungamento del lato BC nel punto E; la bisettrice dell'angolo esterno di vertice B incontra il prolungamento del lato AC nel punto F.
Dimostra che i triangoli ABF e ABE sono congruenti.

61 Dato il triangolo ABC isoscele sulla base BC, traccia l'altezza AH e su di essa considera un punto Q qualsiasi.

a. Dimostra che il triangolo BQC è isoscele.

b. Prolunga QC, dalla parte di Q, fino a incontrare AB in R e BQ fino a incontrare AC in S. Dimostra che $BR \cong SC$.

62 Dimostra che due triangoli isosceli che hanno congruenti l'angolo al vertice e la mediana relativa alla base sono congruenti.

63 Disegna due triangoli isosceli ABC e ARS di basi BC e SR, aventi in comune il solo vertice A e con $B\widehat{A}C \cong R\widehat{A}S$. Dimostra che i triangoli ABR e ACS sono congruenti se A, B, R non sono allineati.

64 Utilizzando gli elementi colorati della figura, scrivi le ipotesi e dimostra che $E\widehat{C}A \cong F\widehat{D}B$.

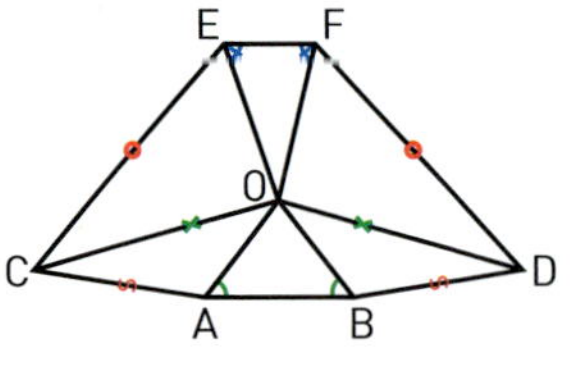

65 SPIEGA PERCHÉ Avere due lati congruenti e l'angolo fra essi compreso congruente è condizione necessaria e sufficiente affinché due triangoli siano congruenti? Perché?

66 Disegna un triangolo ABC in cui la bisettrice AS è anche altezza e un triangolo DEF in cui l'altezza DH è anche mediana. Dimostra che i due triangoli sono isosceli.

67 Considera un segmento AB e traccia, da parti opposte rispetto a esso, due semirette r e s che formino angoli congruenti con AB. Prendi C e P su r e D e Q su s in modo che $AC \cong BD$ e $C\widehat{B}P \cong D\widehat{A}Q$. Dimostra che $AQ \cong PB$.

68 ESEMPIO DIGITALE ABC è un triangolo isoscele sulla base BC. Prolunga i lati obliqui del triangolo dei segmenti BP e CQ, e indica con O il punto di intersezione dei segmenti BQ e CP. Dimostra che $BP \cong CQ$ se AO è la bisettrice dell'angolo $B\widehat{A}C$.

69 Sui lati obliqui del triangolo isoscele ABC, di base AB, disegna, esternamente al triangolo, i triangoli equilateri BCD e ACE. Indica con F il punto intersezione di AD e BE. Dimostra che:

a. $AD \cong BE$;

b. CF è bisettrice dell'angolo ACB.

6 Le disuguaglianze nei triangoli

▶ Teoria a p. G52

Il teorema dell'angolo esterno (maggiore)

70 VERO O FALSO? Un triangolo può avere:

a. più di un angolo esterno acuto. V F

b. più di due angoli esterni ottusi. V F

c. meno di due angoli interni acuti. V F

d. un angolo retto e un angolo esterno acuto. V F

71 VERO O FALSO? Un triangolo può avere:

a. un angolo esterno retto e uno interno ottuso. V F

b. due angoli esterni ottusi e il terzo acuto. V F

c. due angoli esterni acuti e il terzo ottuso. V F

d. meno di due angoli esterni ottusi. V F

72 Considera il triangolo ABC isoscele sulla base AB e un punto D sul prolungamento di CB dalla parte di B. Dimostra che $C\widehat{A}B > B\widehat{D}A$.

73 Disegna un triangolo ABC e un punto E interno al triangolo. Congiungi E con i vertici B e C. Dimostra che l'angolo $B\widehat{E}C$ è maggiore dell'angolo $\widehat{A}$. (SUGGERIMENTO Congiungi A con E, poi prolunga il segmento AE fino a incontrare il lato BC nel punto F. Utilizza il teorema dell'angolo esterno maggiore prima nel triangolo AEC e poi nel triangolo AEB.)

74 Nel triangolo ABC traccia la bisettrice AP dell'angolo $\widehat{A}$. Dimostra che l'angolo $A\widehat{P}B$ è maggiore di $P\widehat{A}B$.

La relazione fra lato maggiore e angolo maggiore

75 INVALSI 2004 In un triangolo, le misure dei lati sono a, b, c, con $a = b < c$. Detti α, β, γ gli angoli interni del triangolo, rispettivamente opposti ai lati a, b, c, quale delle seguenti affermazioni è *vera*?

A $\alpha = \gamma$

B $\beta = \gamma$

C $\gamma > \alpha$

D $\alpha > \beta$

76 Disegna un triangolo isoscele sulla base AB. Scegli sul lato AC un punto E. Dimostra che il segmento BE è maggiore del segmento AE.

77 Dati i triangoli ABC e DEF con $AC \cong DE$, $\widehat{A} > \widehat{B}$ e $\widehat{F} > \widehat{D}$, dimostra che $BC > FE$.

Le relazioni fra i lati di un triangolo

78 Considera i tre segmenti che soddisfano le seguenti condizioni. Indica se è possibile costruire con essi un triangolo ABC.

a. $AC \cong AB$, $BC \cong 2AC$.

b. $AB \cong 2BC$, $AC \cong \frac{1}{2}BC$.

c. $AB \cong 2BC$, $AC \cong 2BC$.

d. $BC \cong AC$, $AB < \frac{1}{2}BC$.

79 VERO O FALSO?

a. Se un lato di un triangolo è 42 cm, il perimetro può essere 84 cm. V F

b. Se un triangolo ha due lati lunghi 22 cm e 13 cm, il perimetro non può essere 43 cm. V F

c. Se un triangolo isoscele ha il perimetro che misura 27 cm, la base può misurare 7 cm. V F

d. Se un triangolo isoscele ha la base che misura 15,4 cm, il lato deve essere maggiore di 7,7 cm. V F

MATEMATICA AL COMPUTER

Geometria dinamica con i triangoli Costruisci la figura, con A, B e C punti liberi. Osserva le proprietà dei segmenti e dei triangoli e dimostrale.

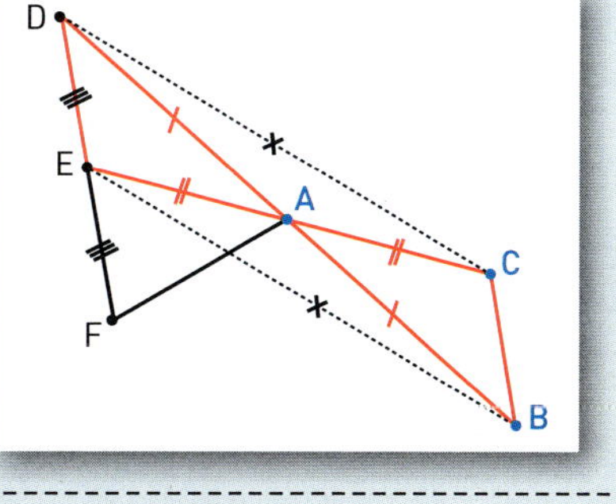

Problema e risoluzione – 5 esercizi in più.

ESERCIZI

80 ●○ La somma delle misure di tre segmenti è 41 cm e i segmenti sono tali che il secondo è i $\frac{3}{2}$ del primo, mentre il terzo supera il secondo di 9. Calcola le misure dei segmenti e stabilisci se con essi è possibile costruire un triangolo.

81 ●○ SPIEGA PERCHÉ Un triangolo isoscele di perimetro 47 dm può avere il lato obliquo lungo 12 dm? Perché?

82 ●○ Dimostra che in ogni triangolo il doppio di un lato è sempre minore della somma dei tre lati.

83 ●○ Disegna un triangolo ABC di base AB e altezza CH. Dimostra che la somma dei tre lati del triangolo è maggiore del doppio dell'altezza CH.

84 ●● ESEMPIO DIGITALE Sia ABC un triangolo qualsiasi. Sia H e K due punti di AB. Dimostra che il semiperimetro del triangolo CHK è minore di $AC + CB$.

85 ●● Considera un punto E interno al triangolo ABC. Dimostra che $AE + EB < AC + BC$. (SUGGERIMENTO Prolunga il lato AE fino a incontrare il lato BC in F. Utilizza il teorema del lato minore della somma degli altri due prima nel triangolo ACF, poi nel triangolo BFE.)

86 ●● Nel triangolo ABC considera la mediana BM. Dimostra che $BM < \frac{1}{2}(AB + BC)$.
(SUGGERIMENTO Prolunga BM di un segmento MP congruente a BM e considera il triangolo BAP.)

87 ●● Dimostra che in ogni triangolo la somma delle mediane è minore del perimetro.
(SUGGERIMENTO Utilizza il risultato dell'esercizio 86.)

88 ●● Dimostra che in ogni triangolo acutangolo la somma delle tre altezze è minore del perimetro e maggiore del semiperimetro.

Proprietà geometriche e misure

89 ●○ In un triangolo isoscele il lato obliquo è lungo 12 cm e la misura della base, in centimetri, è un numero intero. Quanto misura al massimo il perimetro? [47 cm]

90 ●○ VERO O FALSO? Un triangolo può avere lati che misurano in centimetri:

a. 15, 25, 10. V F
b. 8, 8, 14. V F
c. 22, 11, 13. V F
d. 12, 13, 21. V F
e. 7, 10, 12. V F

91 ●○ TEST Quale delle seguenti terne di numeri *non* può rappresentare le misure dei tre lati di un triangolo?

A 7, 5, 10.
B 4, 5, 7.
C 4, 5, 10.
D 4, 7, 10.

92 ●○ Se un triangolo ha i lati che misurano in centimetri 19 e 22, quali valori può assumere la misura in centimetri del terzo lato l? [$3 < l < 41$]

93 ●○ Un triangolo ha due lati che misurano 6 cm e 10 cm. Il terzo lato è un numero intero. Quanti centimetri al massimo misura il perimetro del triangolo? [31]

94 ●● SPIEGA PERCHÉ Enrico: «Vorrei che tu disegnassi la figura che vedi con le lunghezze in centimetri che ho segnato». Valentina: «Con queste misure la figura non può esistere!».
Perché Valentina non può disegnare la figura che le chiede Enrico?

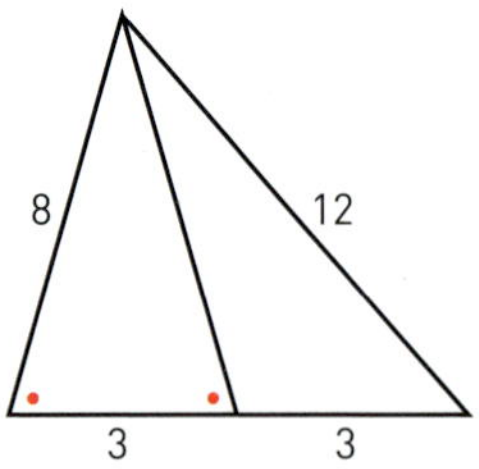

VERIFICA DELLE COMPETENZE ALLENAMENTO

CONFRONTARE E ANALIZZARE FIGURE GEOMETRICHE

TEST

1 Una delle seguenti proposizioni è *vera*. Quale? A ogni vertice di un triangolo corrispondono:

- A tre angoli esterni.
- B due angoli esterni congruenti.
- C due angoli esterni supplementari.
- D tre angoli esterni, due dei quali sono congruenti.
- E tre angoli esterni adiacenti l'uno all'altro.

2 Una delle seguenti proposizioni sui triangoli è *falsa*. Quale?

- A La bisettrice relativa a un vertice forma un angolo retto con la bisettrice degli angoli esterni corrispondenti.
- B Un angolo esterno è maggiore di ciascun angolo interno non adiacente a esso.
- C In un triangolo ottusangolo una delle altezze incontra la base in un punto non compreso fra i suoi estremi.
- D Un angolo esterno è supplementare dell'angolo interno adiacente a esso.
- E La mediana relativa a un lato è una qualunque retta che passa per il suo punto medio.

3 Una delle seguenti proposizioni è *vera*. Quale?

- A Un triangolo scaleno è sempre ottusangolo.
- B Un triangolo rettangolo non può essere isoscele.
- C Un triangolo ottusangolo non può essere isoscele.
- D Un triangolo equilatero è sempre acutangolo.
- E In un triangolo ottusangolo una delle bisettrici è esterna al triangolo.

4 Nel triangolo ABC, $AC \cong \frac{4}{5}AB$. Quale delle seguenti affermazioni è corretta?

- A $B\widehat{C}A < C\widehat{A}B$
- B $B\widehat{C}A > C\widehat{B}A$
- C $A\widehat{C}B \cong A\widehat{B}C$
- D $C\widehat{A}B > C\widehat{B}A$

5 Nel triangolo rettangolo isoscele ABC, di ipotenusa AB, rappresentato in figura, l'angolo esterno $D\widehat{A}C$, adiacente all'angolo $C\widehat{A}B$, soddisfa *soltanto una* delle seguenti relazioni. Quale?

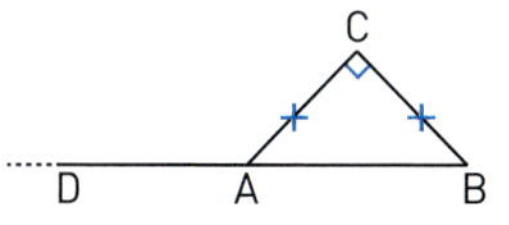

- A $D\widehat{A}C \cong A\widehat{B}C$
- B $D\widehat{A}C \cong A\widehat{C}B$
- C $D\widehat{A}C + C\widehat{B}A < 180°$
- D $D\widehat{A}C - C\widehat{A}B \cong A\widehat{C}B$
- E $D\widehat{A}C < C\widehat{A}B + C\widehat{B}A$

6 Nella figura è rappresentato un triangolo; CH, CS e CM sono, nell'ordine, l'altezza, la bisettrice e la mediana uscenti dal vertice C.
Se $AH < AS < AM$, una delle seguenti relazioni è *falsa*. Quale?

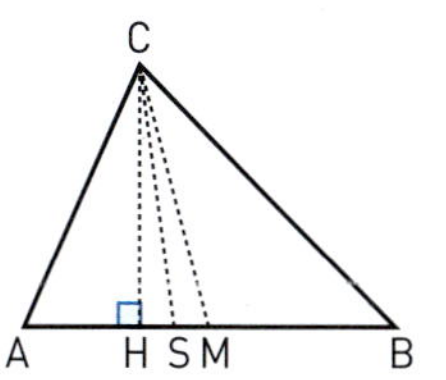

- A $H\widehat{S}C > S\widehat{M}C$ e $H\widehat{S}C < C\widehat{H}S$
- B $CM > CH$ e $CS > CH$
- C $CM > CS > CH$
- D $CM > CH$ e $C\widehat{M}H < C\widehat{H}M$
- E $CM > CS$ e $C\widehat{S}M < C\widehat{M}S$

Dimostrazioni

Osservando le figure scrivi le ipotesi e l'enunciato del teorema e poi dimostralo.

7 ●○

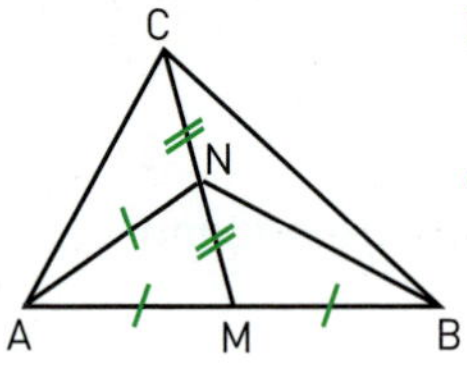

Ipotesi 1. ______;
2. ______.

Tesi $AC \cong NB$.

8 ●○

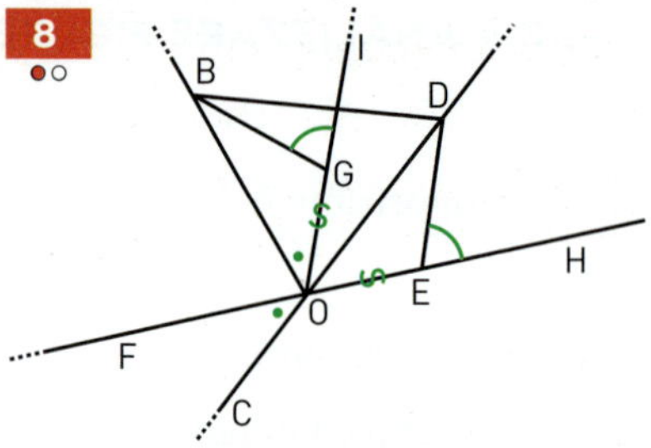

Ipotesi
1. ______;
2. ______;
3. ______.

Tesi
$D\widehat{B}O \cong B\widehat{D}O$.

---

9 ●○ Scrivi l'enunciato del teorema espresso nella figura, aiutandoti con le ipotesi e la tesi.

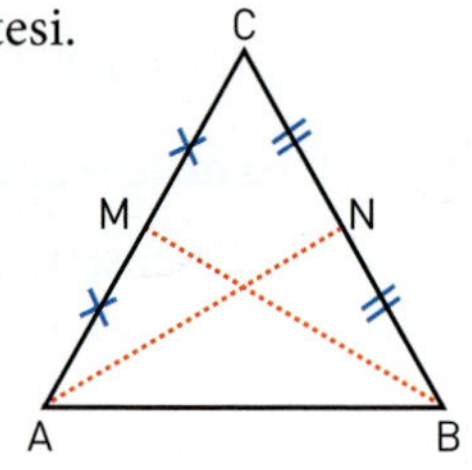

Ipotesi $AC \cong BC$;
$AM \cong CM$;
$CN \cong BN$.

Tesi $BM \cong AN$.

10 ●○ Due triangoli ABC e $A'BC$ giacciono nei due semipiani opposti rispetto al lato comune BC e il lato BC è bisettrice degli angoli $A\widehat{B}A'$ e $A\widehat{C}A'$. Dimostra che $AB \cong A'B$.

11 ●○ Disegna un segmento AC. Da parte opposta rispetto ad AC, scelto come base, costruisci due triangoli isosceli ABC e ADC. Dimostra che BD è bisettrice dell'angolo $A\widehat{B}C$.

12 ●○ Disegna un triangolo qualunque ABC e la mediana AM. Dimostra che AM è minore del semiperimetro.

13 ●○ Dati un triangolo ABC e la semiretta Aa, bisettrice dell'angolo $\widehat{A}$, su Aa disegna il segmento $AD \cong AB$ e il segmento $AE \cong AC$. Dimostra che $CD \cong BE$.

RISOLVERE PROBLEMI

14 ●○ **INVALSI 2005** Con tre bastoncini lunghi 12 cm, 4 cm, 3 cm, che cosa è possibile ottenere?

A Un triangolo isoscele.

B Un triangolo scaleno.

C Un triangolo rettangolo.

D Nessun tipo di triangolo.

15 ●○ Le lunghezze dei lati di un triangolo sono $AB = 15$ cm, $BC = 13$ cm, $AC = 22$ cm. Indica se il triangolo esiste e qual è l'angolo minore.

16 ●○ Osserva la figura e indica quali coppie di triangoli sono congruenti, precisando in base a quale criterio.

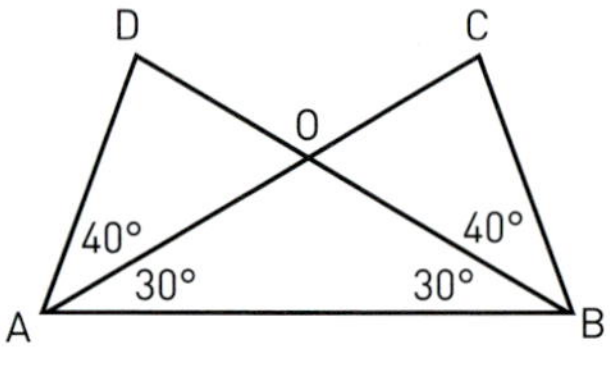

17 ●● Le lunghezze di tre segmenti sono tali che il secondo supera il primo di 5 cm e il terzo è il doppio del primo. Possono essere lati di un triangolo?

VERIFICA DELLE COMPETENZE PROVE

1 ora

PROVA A

1 VERO O FALSO?

a. Ogni triangolo non isoscele è scaleno. V F

b. Ogni triangolo non scaleno è isoscele. V F

c. 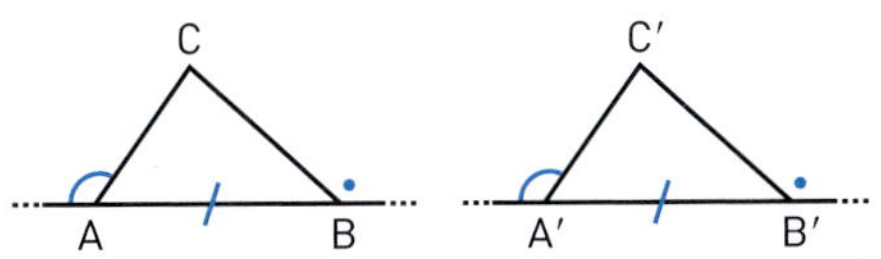

I triangoli della figura sono congruenti per il terzo criterio. V F

d. Un triangolo non può avere due angoli retti. V F

2 I triangoli ABC e $A'B'C'$ hanno $BC \cong B'C'$, $A\widehat{B}C \cong A'\widehat{B'}C'$, $A\widehat{C}B \cong A'\widehat{C'}B'$. Traccia i punti medi D e D' di AB e $A'B'$ e i punti medi E ed E' di AC e $A'C'$. Dimostra che $DE \cong D'E'$.

3 Nel triangolo isoscele ABC di base BC prolunga i lati AB e AC di due segmenti congruenti AD e AE. Dimostra che i triangoli EBC e BDC sono congruenti.

4 Osservando la figura scrivi le ipotesi e dimostra la tesi.

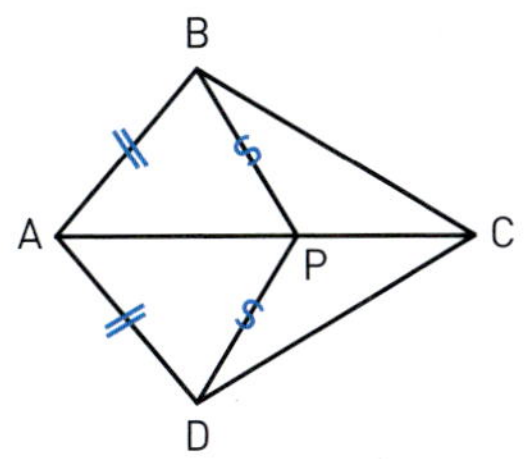

Ipotesi ____; ____.

Tesi $B\widehat{C}P \cong D\widehat{C}P$.

5 Stabilisci se le seguenti terne possono rappresentare le misure in decimetri dei lati di un triangolo:

a. 13; 15; 28; b. 12,2; 18; 26,3.

PROVA B

1 Nella figura, $AB \cong AC$, $BF \cong FC$, $E\widehat{B}F \cong D\widehat{C}F$. Dimostra che:

a. $EA \cong AD$;

b. $E\widehat{F}A \cong D\widehat{F}A$.

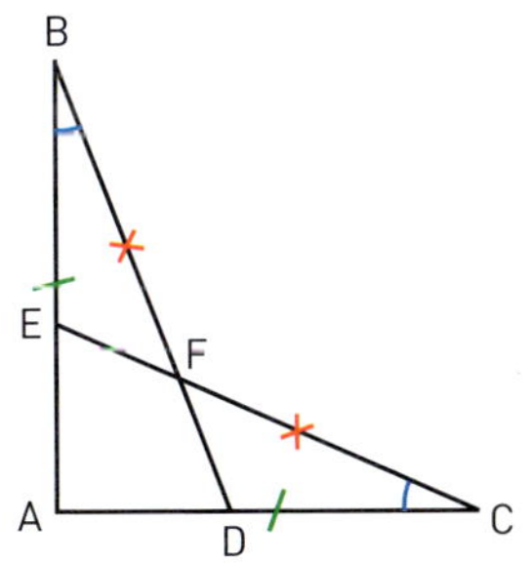

2 ABC è un triangolo qualsiasi e N è il punto di intersezione tra BC e la bisettrice dell'angolo di vertice A. Prolunga AN fino al punto D tale che $ND \cong AN$, e prendi sulla semiretta NB il punto E tale che $NE \cong CN$. F è il punto in cui la retta DE incontra la retta AB. Dimostra che $FA \cong DF$.

3 ABC è un triangolo qualsiasi, con $AB > AC$, e D è il punto di AB tale che $AD \cong AC$.

a. Chiama H il punto in cui la bisettrice dell'angolo $C\widehat{A}D$ incontra il lato BC e dimostra che il triangolo CHD è isoscele.

b. F è il punto di intersezione delle rette AC e HD. Dimostra che i triangoli CHF e DHB sono congruenti.

4 TEST Nel triangolo DEF, $DE = 8$ unità ed $EF = 12$ unità. Quale tra le seguenti non può essere la lunghezza di DF?

A 5 unità.

B 6 unità.

C 8 unità.

D 20 unità.

E Nessuna delle risposte precedenti.

(USA *Northern State University: 50th Annual Mathematics Contest*, 2003)

CAPITOLO

G3 PERPENDICOLARI E PARALLELE

1 Le rette perpendicolari

Esercizi a p. G85

Le definizioni

Abbiamo già visto che rette incidenti si intersecano in un solo punto. Esse incontrandosi formano quattro angoli a due a due congruenti in quanto opposti al vertice. Se tutti e quattro gli angoli sono congruenti, allora ognuno è un angolo retto.

Diamo allora la seguente definizione.

DEFINIZIONE

Due rette incidenti sono **perpendicolari** se incontrandosi formano quattro angoli retti.

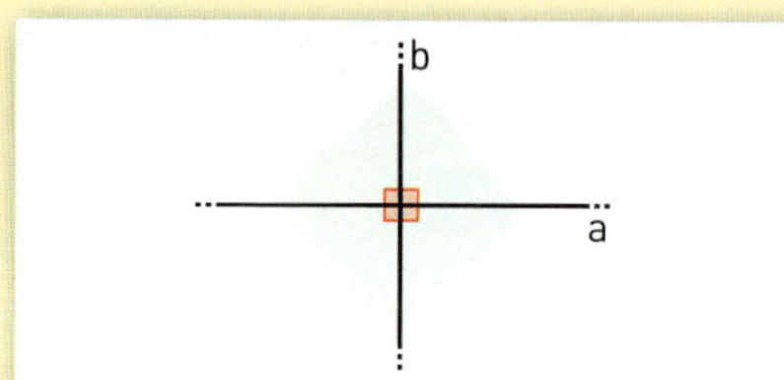

Per indicare che la retta a è perpendicolare alla retta b scriviamo: $a \perp b$.

Due rette incidenti non perpendicolari sono **oblique**.

Listen to it

Lines on a plane that intersect and form right angles are called **perpendicular lines**.

▸ Spiega perché per affermare che due rette sono perpendicolari è *sufficiente* dimostrare che incontrandosi formano *un* angolo retto. Utilizza la proprietà degli angoli opposti al vertice.

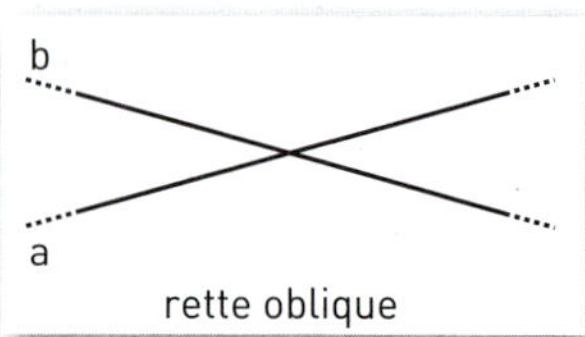

rette oblique

Il teorema dell'esistenza e dell'unicità della perpendicolare

TEOREMA

Esistenza e unicità della perpendicolare

Per un punto P del piano passa una e una sola retta b perpendicolare a una retta data a.

Ipotesi 1. P punto del piano;
2. a retta del piano.

Tesi 1. Esiste una retta $b \perp a$ passante per P;
2. la retta b è unica.

L'espressione *una e una sola* indica due concetti, esistenza e unicità. Nel teorema sono perciò presenti due tesi, che vanno entrambe dimostrate partendo dalle stesse ipotesi.

Si possono presentare due casi:

- **Animazione** | il punto P non appartiene alla retta;
- **Animazione** | il punto P appartiene alla retta;

Nelle animazioni trovi la dimostrazione del problema.

▸ Dimostra che le bisettrici di angoli adiacenti sono tra loro perpendicolari.

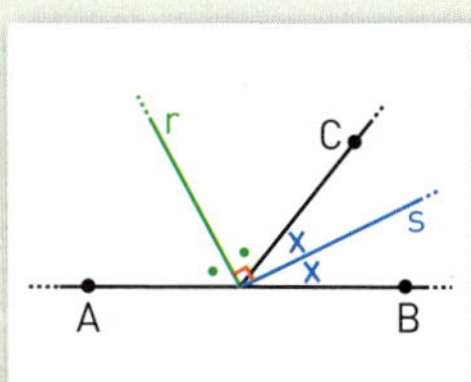

Animazione

Le proiezioni ortogonali e la distanza

Il punto in cui la perpendicolare interseca la retta data si chiama **piede della perpendicolare**.

La **proiezione ortogonale, o più semplicemente proiezione, di un punto** su una retta è il piede della perpendicolare condotta da quel punto alla retta (figura **a**).

La **proiezione ortogonale di un segmento** su una retta è il segmento appartenente alla retta avente per estremi le proiezioni degli estremi del segmento dato (figura **b**).

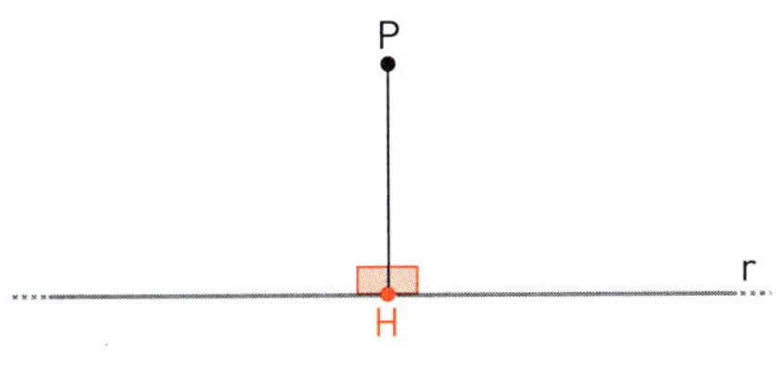

a. *H* è la proiezione del punto *P* su *r*.

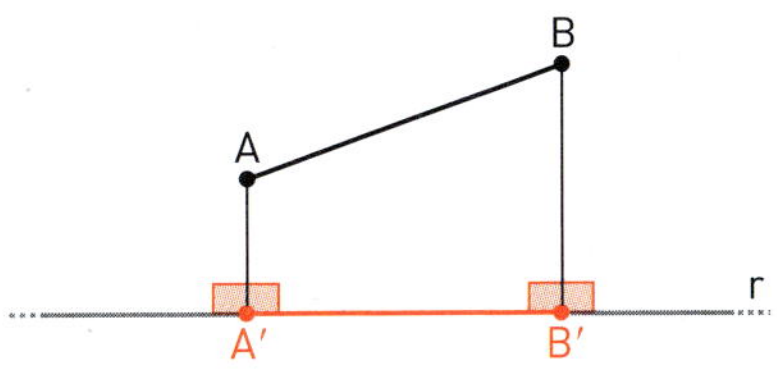

b. *A′B′* è la proiezione del segmento *AB* su *r*.

▶ Disegna un segmento *AB* e la sua proiezione su una retta *r* considerando diversi casi e in particolare:
- *AB* interseca *r*;
- *AB* ha un estremo su *r*;
- *AB* è su una retta perpendicolare a *r*.

La distanza di un punto da una retta

TEOREMA

Il segmento perpendicolare condotto da un punto a una retta è minore di ogni segmento obliquo condotto dallo stesso punto alla stessa retta.

Il teorema precedente ci porta alla seguente definizione.

DEFINIZIONE

La **distanza di un punto da una retta** è la lunghezza del segmento che ha per estremi il punto stesso e il piede della perpendicolare condotta dal punto alla retta.

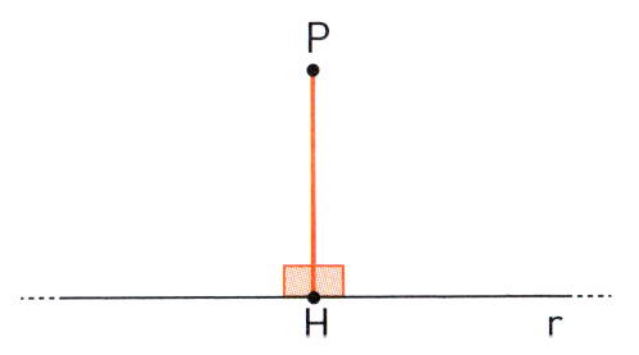

▶ Dimostra che la distanza di un punto *P* da una retta *r* è la lunghezza minima fra quelle dei segmenti che hanno per estremi il punto *P* e un punto della retta *r*.

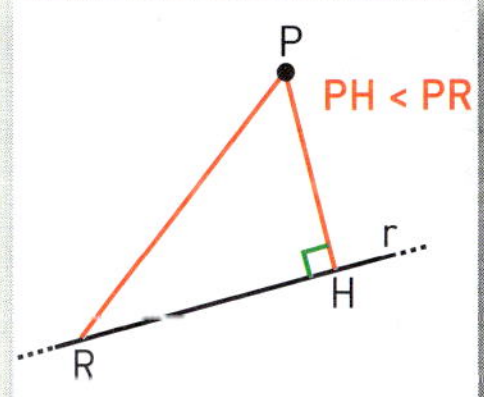

Animazione

▶ Se vuoi attraversare una strada, qual è il percorso più breve che puoi scegliere?

L'asse di un segmento

DEFINIZIONE

L'**asse di un segmento** è la retta perpendicolare al segmento nel suo punto medio.

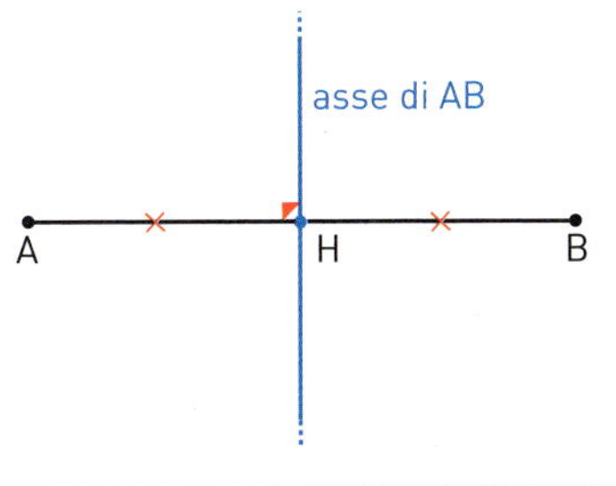

Listen to it

The **perpendicular bisector of a segment** is the straight line *perpendicular* to the segment and passing through the *midpoint* of the segment.

TEORIA

MATEMATICA INTORNO A NOI

Il volo delle falene Le farfalle notturne volano intorno alla luce emessa da una fonte luminosa: ruotano accostandovisi sempre di più, fino a bruciarsi le ali.

► Perché le falene sono attratte dalla luce artificiale?

La risposta

2 Le rette parallele

► Esercizi a p. G86

Rette tagliate da una trasversale

Se due rette *a* e *b* sono tagliate da una terza retta *c*, che viene detta **trasversale**, si formano otto angoli che chiamiamo **esterni** se sono esterni alla regione del piano delimitata da *a* e *b*, altrimenti **interni**. Nella figura a fianco gli angoli 1, 4, 6, 7 sono esterni, 2, 3, 5, 8 sono interni.

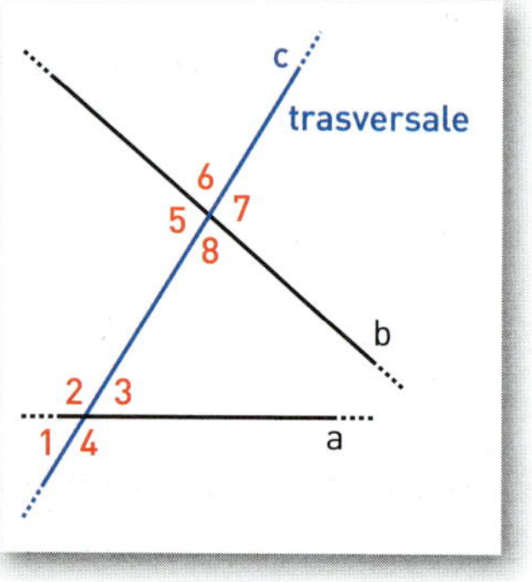

Consideriamo una coppia di angoli, uno formato da *a* e *c*, l'altro da *b* e *c*. Chiamiamo i due angoli:

- **alterni** se sono da parti opposte rispetto a *c*, ma entrambi interni o esterni; per esempio 3 e 5 sono alterni interni, 1 e 7 sono alterni esterni;
- **coniugati** se sono da una stessa parte rispetto a *c*, entrambi interni o esterni; per esempio, 2 e 5 sono coniugati interni, 4 e 7 sono coniugati esterni;
- **corrispondenti** se hanno posizione analoga rispetto ad *a* e *c* e rispetto a *b* e *c*; per esempio, 2 e 6 sono al di sopra rispettivamente di *a* e di *b*, e a sinistra di *c*.

Le rette parallele

Listen to it

Lines on a plane that have *no* points of intersection, or that coincide, are called **parallel lines**.

DEFINIZIONE

Due rette sono **parallele** se non hanno punti in comune oppure se coincidono.

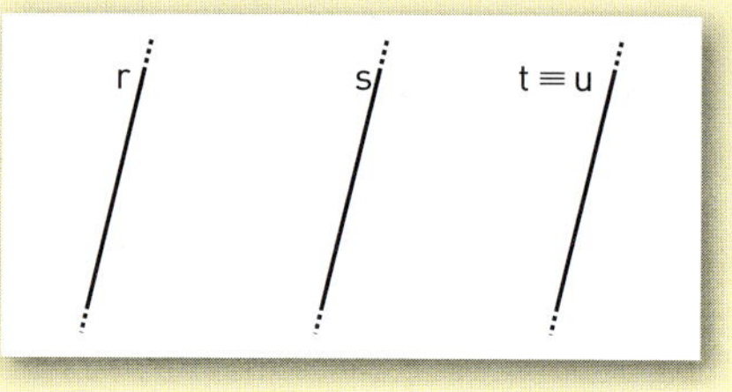

Per indicare che due rette *r* ed *s* sono parallele, scriviamo $r \parallel s$.

Il teorema delle rette parallele

TEOREMA

Se due rette tagliate da una trasversale formano una coppia di angoli alterni interni congruenti, allora sono parallele.

Ipotesi $\alpha \cong \beta$. **Tesi** $r \parallel s$.

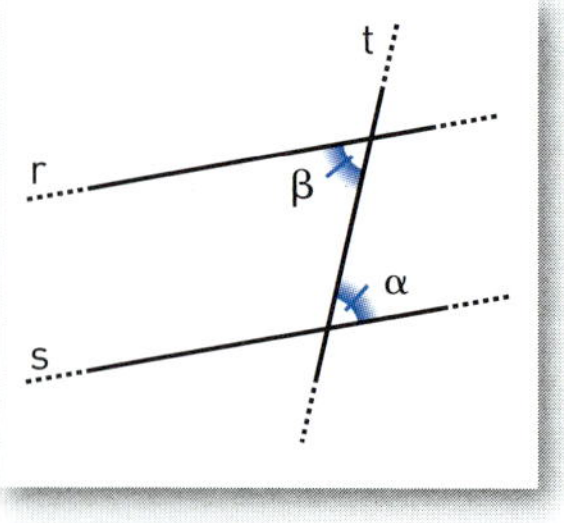

DIMOSTRAZIONE Animazione

Ragioniamo per assurdo. Supponiamo che la tesi sia falsa, cioè che le rette *r* e *s* non siano parallele, ma si incontrino in un punto *C*.

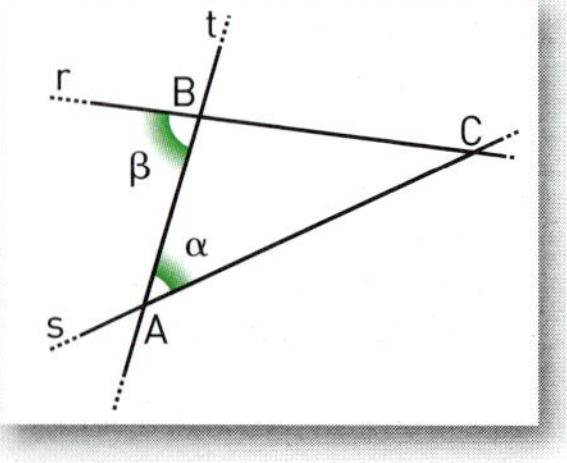

Osservando il triangolo *ABC* e applicando a esso il teorema dell'angolo esterno a un triangolo, concludiamo che β è maggiore di α. Siamo giunti a contraddire l'ipotesi che diceva $\alpha \cong \beta$; dobbiamo quindi ritenere falsa la supposizione iniziale.

Allora *r* e *s* non possono intersecarsi, quindi sono parallele.

Più in generale, vale il seguente **criterio per il parallelismo**.

TEOREMA
Se due rette, incontrandone una terza, formano
- angoli alterni (interni o esterni) congruenti, *oppure*
- angoli corrispondenti congruenti, *oppure*
- angoli coniugati (interni o esterni) supplementari,

allora le due rette sono parallele.

▶ Da parti opposte rispetto al segmento PQ, traccia $AP \cong QB$, in modo che $A\widehat{P}Q \cong P\widehat{Q}B$. Dimostra che $AP \parallel QB$ e $AQ \parallel PB$.

Animazione

Una qualsiasi delle ipotesi è una **condizione sufficiente per il parallelismo** delle rette.

Animazione | Per la dimostrazione basta notare che in ogni caso possiamo ricondurci a quello degli angoli alterni interni, come proposto qui di seguito.

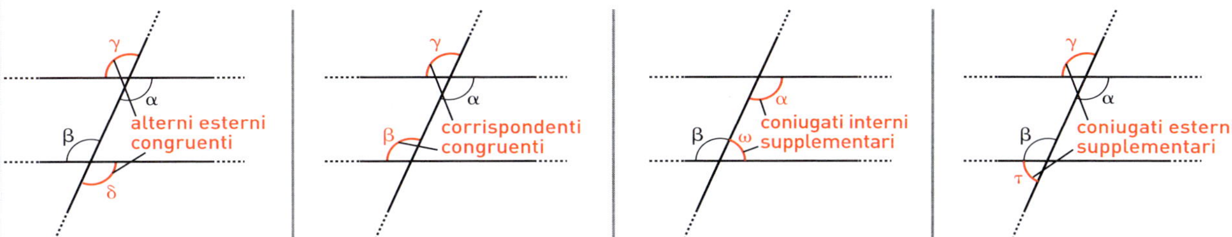

a. $\alpha \cong \gamma$ e $\beta \cong \delta$ perché opposti al vertice. Quindi se $\gamma \cong \delta$, anche $\alpha \cong \beta$.

b. $\alpha \cong \gamma$ perché opposti al vertice, quindi se $\beta \cong \gamma$, anche $\alpha \cong \beta$.

c. β e ω sono supplementari, quindi, se anche α e ω sono supplementari, allora $\alpha \cong \beta$.

d. β e τ sono supplementari, quindi, se anche γ e τ sono supplementari, allora $\beta \cong \gamma$. Poiché $\gamma \cong \alpha$, in quanto opposti al vertice, allora $\beta \cong \alpha$.

Corollario. Due rette perpendicolari a una stessa retta sono parallele.

Infatti, nella figura a lato le due rette a e b formano con r angoli corrispondenti congruenti, in quanto retti, *quindi* le rette sono parallele.

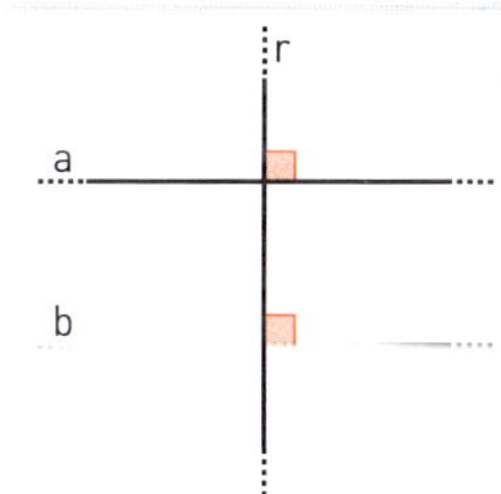

La parallela per un punto a una retta

Video | L'**esistenza** di una parallela a una retta data e passante per un punto fissato è dovuta al fatto che è sempre possibile costruire una coppia di angoli alterni interni congruenti. Infatti, disegnato un angolo α, si può sempre costruire un angolo α, congruente ad β, alterno interno di α.

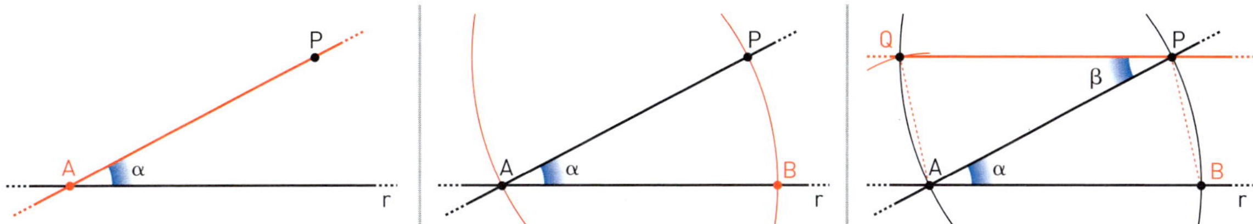

a. Dati una retta r e un punto P esterno a r, tracciamo una qualsiasi retta obliqua rispetto a r e passante per P. Chiamiamo A il punto di intersezione con r. Consideriamo l'angolo acuto α di vertice A.

b. Con apertura uguale a PA, disegniamo due archi, uno di centro P e uno di centro A. Quest'ultimo interseca la retta r nel punto B.

c. Con centro in A e apertura BP, tracciamo un arco che interseca nel punto Q l'arco di centro P e raggio PA. I due triangoli APQ e PAB sono congruenti per il terzo criterio, quindi $\alpha \cong \beta$, inoltre α e β sono alterni interni. Pertanto QP è parallela a r.

TEORIA

L'**unicità** della parallela per un punto a una retta data non si può invece dedurre dalle proprietà finora esaminate e deve essere accettata come postulato. Esso è storicamente noto come il **quinto postulato di Euclide** o **postulato delle parallele**.

MATEMATICA E STORIA

Il quinto postulato e le geometrie non euclidee Il quinto postulato è diventato famoso nel corso dei secoli per il dibattito sulla sua validità.

Approfondimento

POSTULATO

Quinto postulato di Euclide

Dati una retta e un punto esterno a essa, è unica la retta passante per quel punto e parallela alla retta data.

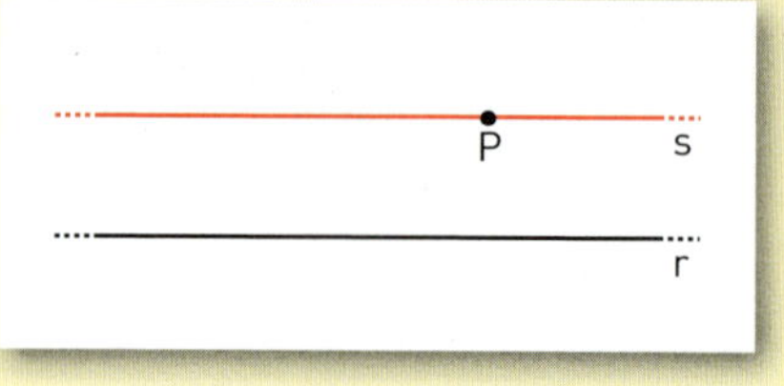

L'inverso del teorema delle rette parallele

Vale anche il teorema inverso del teorema delle rette parallele.

TEOREMA

Se due rette sono parallele, formano con una qualunque trasversale due angoli alterni interni congruenti.

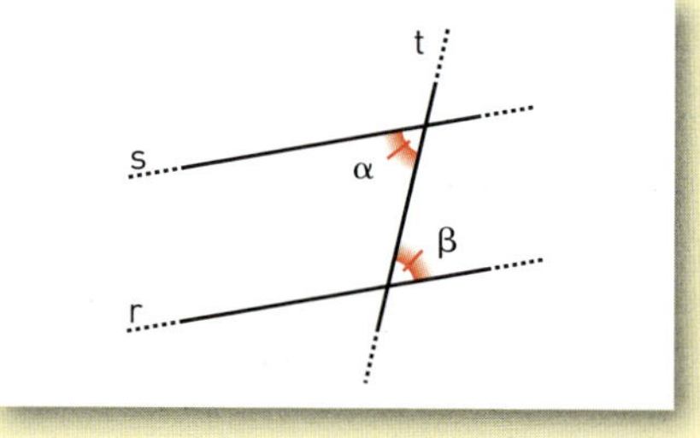

Ipotesi $r \parallel s$.   **Tesi** $\alpha \cong \beta$.

DIMOSTRAZIONE Animazione

Ragioniamo per assurdo. Supponiamo che la tesi sia falsa, cioè che risulti α diverso da β, precisamente $\alpha > \beta$.

Per il punto A possiamo allora tracciare la retta s' in modo che risulti $\alpha' \cong \beta$.

In tal modo s' e r risultano parallele.

Per il punto A esistono allora due parallele alla stessa retta r, contrariamente a quanto afferma il quinto postulato.

Poiché la negazione della tesi conduce a un risultato assurdo *deduciamo* che la tesi è vera, cioè che gli angoli alterni interni sono congruenti.

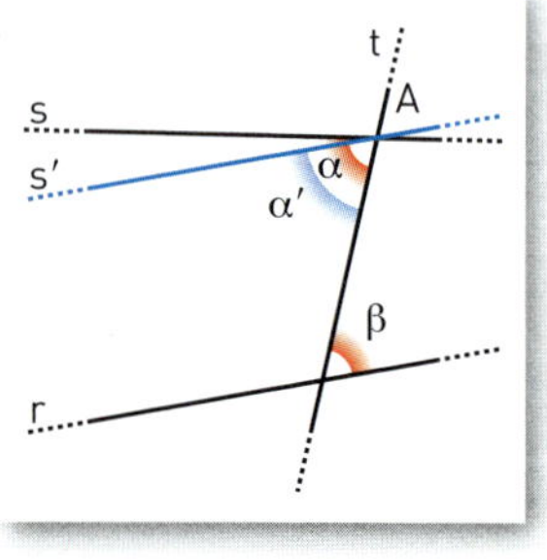

Più in generale, tenendo conto delle osservazioni fatte in precedenza, vale il seguente teorema, inverso del criterio di parallelismo.

TEOREMA

Se due rette sono parallele, allora formano con una trasversale:

- angoli alterni (interni o esterni) congruenti;
- angoli corrispondenti congruenti;
- angoli coniugati (interni o esterni) supplementari.

Animazione | L'inverso del criterio di parallelismo negli altri casi di tesi può essere dimostrato riconducendosi al caso degli angoli alterni interni congruenti.

Corollario 1. Date due rette parallele, se una retta è perpendicolare a una di esse, è perpendicolare anche all'altra.

Corollario 2. Due rette a' e b', che siano rispettivamente parallele a due rette a e b incidenti, sono anch'esse incidenti.

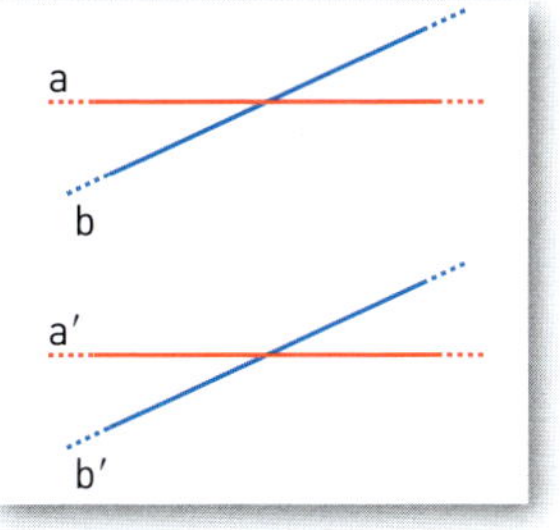

In figura a e b sono incidenti. b' è parallela a b, a' è parallela ad a. b' non può essere parallela ad a', altrimenti si avrebbe $a \parallel a'$, $a' \parallel b'$, $b' \parallel b$, e quindi, per la proprietà transitiva, si avrebbe $a \parallel b$. Questa condizione è contro l'ipotesi, pertanto a' e b' sono incidenti.

Corollario 3. Date due rette parallele, se una terza retta incontra una delle due allora incontra anche l'altra.

Parallelismo ed equivalenza

Nel definire le rette parallele abbiamo anche detto che due rette che coincidono sono parallele. In questo modo nell'insieme delle rette del piano per la relazione di parallelismo è vero che:

$a \parallel a$ **proprietà riflessiva**.

Inoltre:

se $a \parallel b$, **allora** $b \parallel a$ **proprietà simmetrica**.

Si può anche dimostrare che:

se $a \parallel b$ **e** $b \parallel c$, **allora** $a \parallel c$ **proprietà transitiva**.

Poiché gode delle proprietà riflessiva, simmetrica e transitiva, *la relazione di parallelismo è una relazione di equivalenza.*

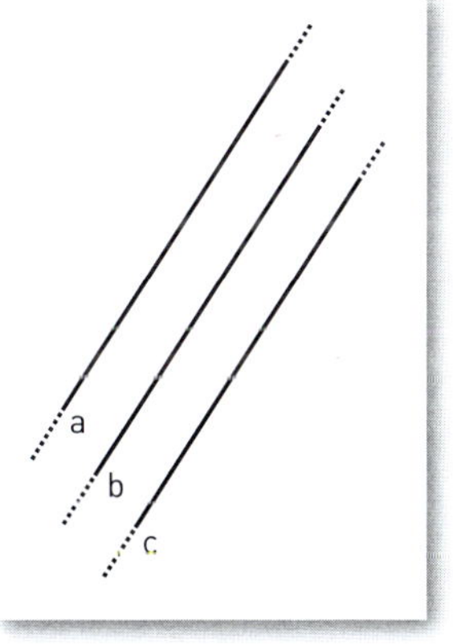

Ogni classe di equivalenza è l'insieme di tutte le rette parallele fra loro, chiamato **fascio improprio** di rette.

La proprietà caratteristica delle rette del fascio è la **direzione**. Diciamo che rette parallele hanno la stessa direzione.

▶ Dimostra la *proprietà transitiva del parallelismo*, ragionando per assurdo.

Animazione

Le proprietà degli angoli con i lati paralleli

DEFINIZIONE

Date due semirette parallele di origini P e Q, consideriamo i semipiani formati dalla retta PQ.

Le **semirette** sono:

- **concordi** se appartengono a uno stesso semipiano;
- **discordi** se appartengono a semipiani diversi.

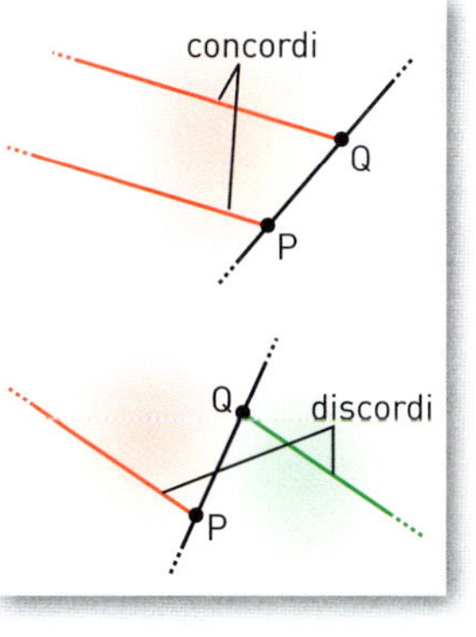

Le condizioni necessarie per il parallelismo che abbiamo esaminato nel precedente teorema permettono di dimostrare le proprietà degli angoli con i lati paralleli, concordi o discordi.

TEOREMA

Angoli con lati paralleli

Due angoli con i *lati paralleli e concordi* oppure *paralleli e discordi* sono congruenti.

Due angoli con i *lati paralleli due concordi e due discordi* sono supplementari.

Ipotesi $r \parallel r'$, $s \parallel s'$
1. lati concordi;
2. lati discordi;
3. due lati concordi e due discordi.

Tesi
1. $\alpha \cong \alpha'$;
2. $\alpha \cong \alpha'$;
3. α e α' supplementari.

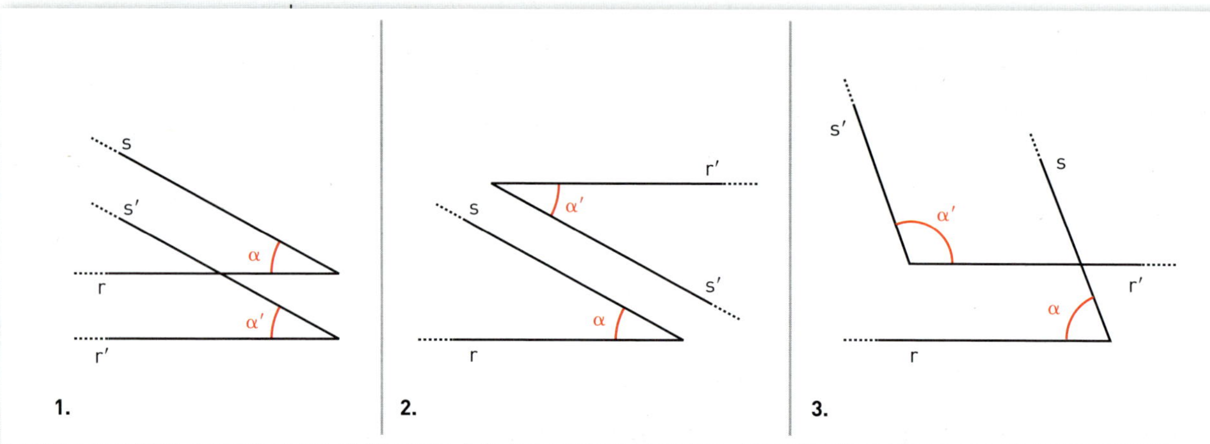

DIMOSTRAZIONE Animazione

Dimostriamo che due angoli con i lati paralleli e concordi sono congruenti.

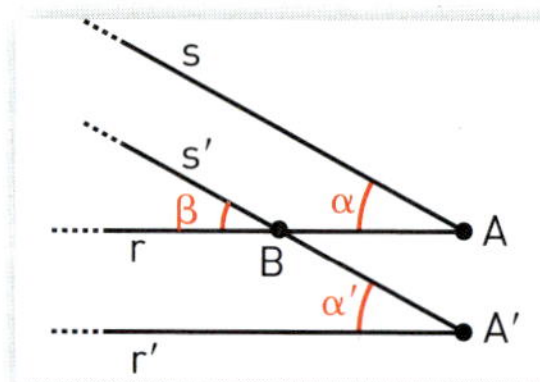

Consideriamo il caso di angoli che hanno entrambi punti che non sono in comune e chiamiamo β l'angolo intersezione tra α e α'.

- $\alpha \cong \beta$ perché angoli corrispondenti delle parallele s e s' tagliate da r;
- $\beta \cong \alpha'$ perché angoli corrispondenti delle parallele r e r' tagliate da s';
- $\alpha \cong \alpha'$ per la proprietà transitiva.

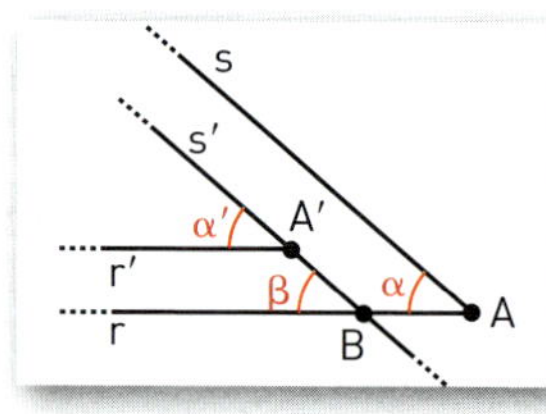

Consideriamo ora il caso in cui un angolo è contenuto nell'altro.
Prolunghiamo s' fino a incontrare r in B e chiamiamo β l'angolo di vertice B e lati r e s'.
Ripetiamo poi le considerazioni del caso precedente.

► Dimostra che due angoli con i *lati paralleli e discordi* sono congruenti.

Animazione

► Dimostra che due angoli con i *lati paralleli, due concordi e due discordi*, sono supplementari.

Animazione

3 Le proprietà degli angoli dei poligoni

▶ Esercizi a p. G91

Il teorema dell'angolo esterno (somma)

TEOREMA

Teorema dell'angolo esterno

In un triangolo ogni angolo esterno è congruente alla somma dei due angoli interni non adiacenti a esso.

Ipotesi 1. ABC è un triangolo;
2. δ angolo esterno,
α e γ angoli interni non adiacenti.

Tesi $\delta \cong \alpha + \gamma$.

DIMOSTRAZIONE Animazione

Per B tracciamo la retta r parallela ad AC.

- $\delta_1 \cong \alpha$ perché angoli corrispondenti delle parallele AC e r tagliate da AB;
- $\delta_2 \cong \gamma$ perché angoli alterni interni delle parallele AC e r tagliate da BC;
- $\delta \cong \delta_1 + \delta_2$, quindi: $\delta \cong \alpha + \gamma$.

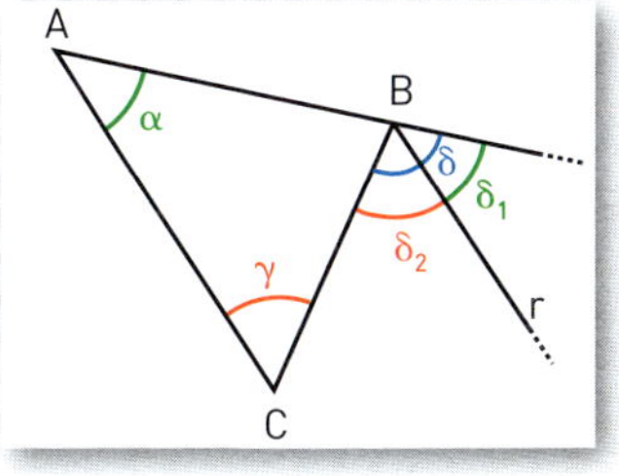

La somma degli angoli interni di un triangolo

TEOREMA

La somma degli angoli interni di un triangolo

La somma degli angoli interni di un triangolo qualunque è congruente a un angolo piatto.

Listen to it

The sum of the internal angles of a triangle is a *straight angle*, that is an angle with sides on a straight line.

Ipotesi 1. ABC è un triangolo;
2. α, β, γ angoli interni.

Tesi $\alpha + \beta + \gamma \cong \pi$.

DIMOSTRAZIONE Animazione

- In B, l'angolo esterno δ è adiacente all'angolo β, quindi: $\delta + \beta \cong \pi$.
- Per il teorema dell'angolo esterno: $\delta \cong \alpha + \gamma$.
- Sostituendo nella prima relazione: $\alpha + \gamma + \beta \cong \pi$.

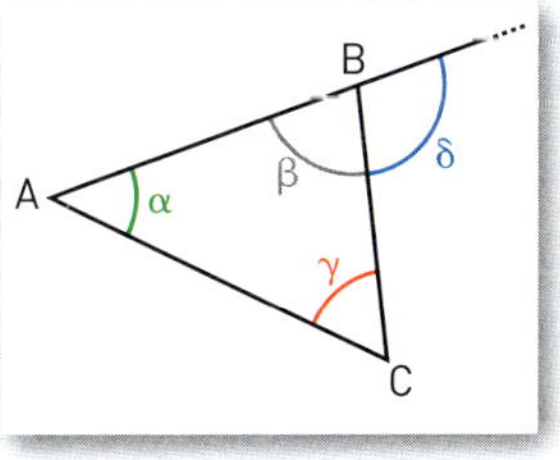

Corollario 1. In ogni triangolo rettangolo gli angoli acuti sono complementari.

Corollario 2. Ogni angolo di un triangolo equilatero è la terza parte di un angolo piatto.

Corollario 3. Due triangoli sono congruenti se hanno ordinatamente congruenti un lato e due angoli qualsiasi. (**Secondo criterio di congruenza dei triangoli generalizzato**.)

In questa forma generale, in cui non si richiede che gli angoli siano adiacenti al lato, il criterio risulta facilmente applicabile.

La somma degli angoli interni di un poligono convesso

TEOREMA

In un poligono convesso di n lati, la somma degli angoli interni α, β, γ... è congruente a $(n-2)$ angoli piatti:

$$\alpha+\beta+\gamma+\ldots \cong (n-2)\pi.$$

DIMOSTRAZIONE

Consideriamo un poligono convesso qualsiasi di n lati, un suo punto interno O e congiungiamo O con tutti i vertici.

Si formano n triangoli, quindi la somma di tutti i loro angoli interni è n angoli piatti. La somma degli angoli di vertice O è un angolo giro, cioè 2 angoli piatti. Per differenza, abbiamo che la somma dei soli angoli che hanno per vertici quelli del poligono è $n-2$ angoli piatti.

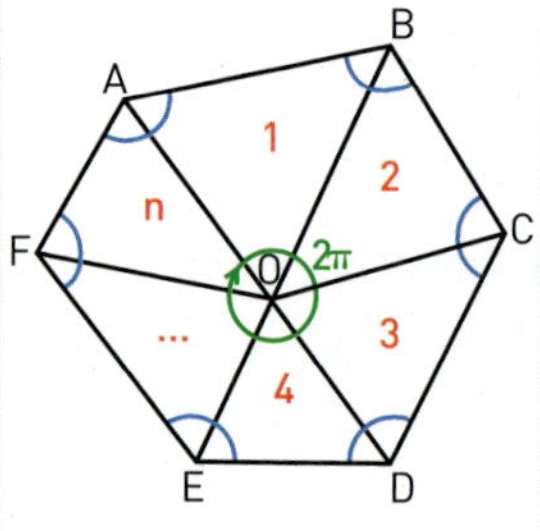

$n\pi - 2\pi \cong (n-2)\pi$

La somma degli angoli esterni di un poligono convesso

TEOREMA

La somma degli angoli esterni di un poligono convesso è congruente a un angolo giro.

La somma degli angoli esterni non dipende dal numero dei lati del poligono considerato. In particolare, anche in un triangolo la somma degli angoli esterni è congruente a un angolo giro.

▶ Dimostra il *teorema della somma degli angoli esterni di un poligono* partendo dalla considerazione che in un poligono di n lati la somma degli angoli esterni e degli angoli interni è congruente a n angoli piatti.

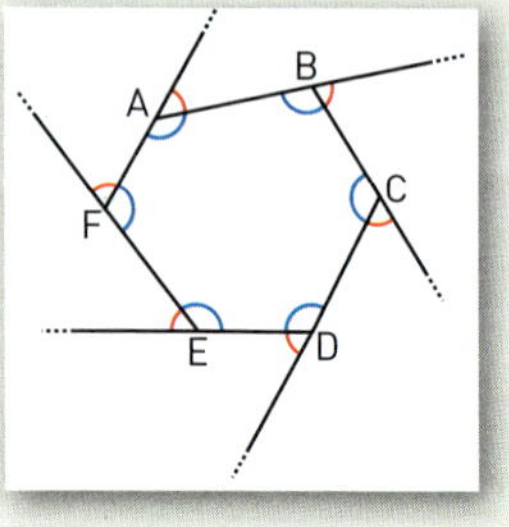

4 I criteri di congruenza dei triangoli rettangoli

▶ Esercizi a p. G95

Se due triangoli sono rettangoli, hanno senz'altro l'angolo retto congruente; pertanto, per stabilire se sono congruenti, basta trovare, oltre all'angolo retto, altri due elementi che siano rispettivamente congruenti (e non tre, come avviene per i triangoli in generale).

TEOREMA

Primo criterio: due triangoli rettangoli sono congruenti se hanno rispettivamente congruenti i due cateti.

Secondo criterio: due triangoli rettangoli sono congruenti se hanno congruenti rispettivamente un cateto e un angolo acuto corrispondenti.

Terzo criterio: due triangoli rettangoli sono congruenti se hanno congruenti rispettivamente l'ipotenusa e un angolo acuto.

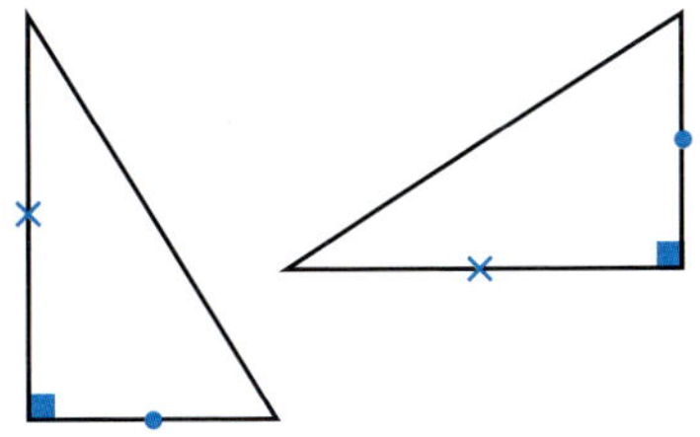

a. Primo criterio. I triangoli hanno congruenti due lati (i cateti) e l'angolo fra essi compreso (retto).

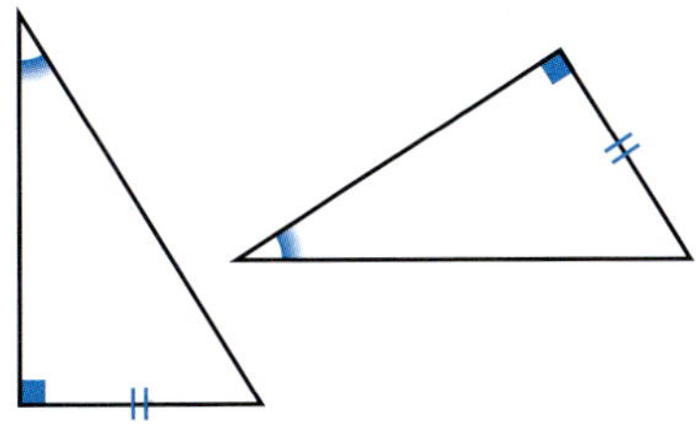

b. Secondo criterio. I triangoli hanno congruenti due angoli (uno acuto e l'altro retto) e un lato (il cateto).

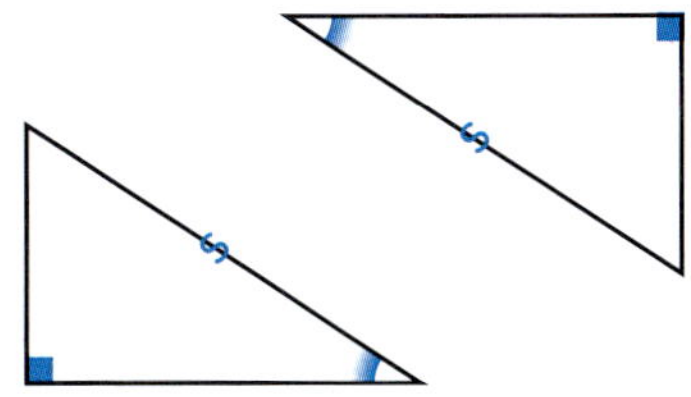

c. Terzo criterio. I triangoli hanno congruenti due angoli (uno acuto e l'altro retto) e un lato (l'ipotenusa).

TEOREMA

Quarto criterio:
due triangoli rettangoli sono congruenti se hanno congruenti rispettivamente l'ipotenusa e un cateto.

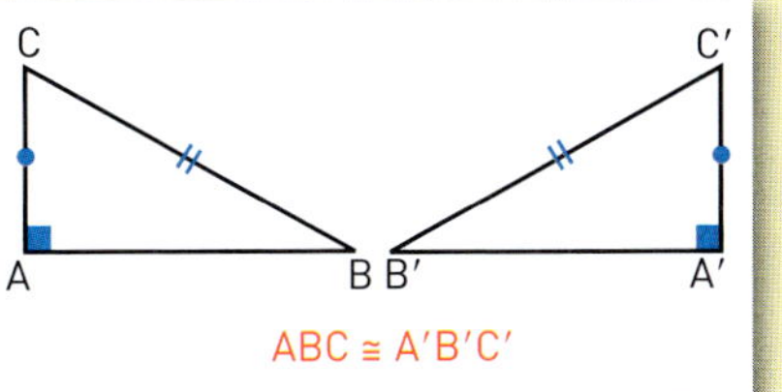

Ipotesi 1. ABC è un triangolo rettangolo;
2. $A'B'C'$ è un triangolo rettangolo;
3. $BC \cong B'C'$;
4. $AC \cong A'C'$.

Tesi $ABC \cong A'B'C'$.

La mediana relativa all'ipotenusa

Utilizzando i criteri di congruenza dei triangoli rettangoli, si può dimostrare il seguente teorema.

TEOREMA

Mediana relativa all'ipotenusa
In un triangolo rettangolo la *mediana* relativa all'ipotenusa è congruente a *metà ipotenusa*.

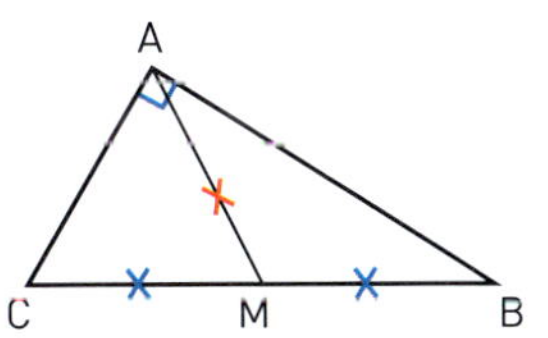

Ipotesi: ABC triangolo rettangolo; CM ≅ MB.

Tesi: $AM \cong \frac{1}{2} CB$.

La distanza tra due rette parallele

Anche il prossimo teorema si può dimostrare con uno dei criteri di congruenza dei triangoli rettangoli.

TEOREMA

Rette parallele e distanza di punti da rette
Se due rette r e s sono parallele, la distanza di un punto di r da s e la distanza di un punto di s da r sono congruenti.

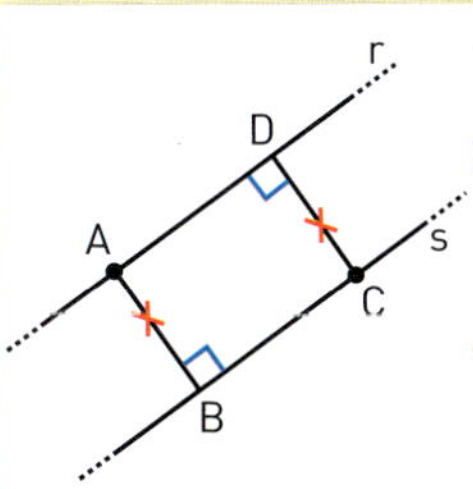

Ipotesi: $r // s$;
AB distanza di A da s;
CD distanza di C da r.

Tesi: AB ≅ CD.

▸ Dimostra il *teorema delle rette parallele e distanza di punti da rette.*

Animazione

Osserviamo che, per esempio, la distanza di A da s coincide con la distanza di B da r, perché AB è perpendicolare sia a r sia a s, quindi possiamo dire che tutti i punti di r hanno da s la stessa distanza che tutti i punti di s hanno da r.
Diamo allora la seguente definizione.

DEFINIZIONE

La **distanza tra due rette parallele** è la distanza di un qualsiasi punto di una delle rette dall'altra.

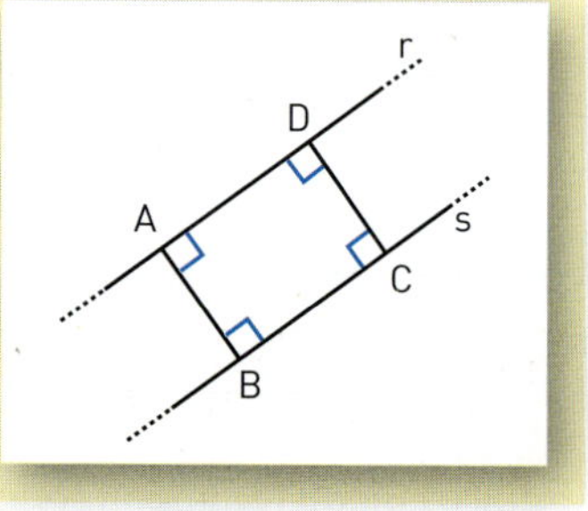

Luoghi geometrici

DEFINIZIONE

Il **luogo geometrico** della proprietà $\mathcal{P}$ è l'insieme di *tutti* e *soli* i punti del piano che godono di $\mathcal{P}$.
$\mathcal{P}$ è la **proprietà caratteristica** del luogo.

L'asse di un segmento e la bisettrice di un angolo sono esempi di particolari luoghi geometrici.

TEOREMA

Asse come luogo
L'asse di un segmento è il luogo dei *punti equidistanti dagli estremi.*

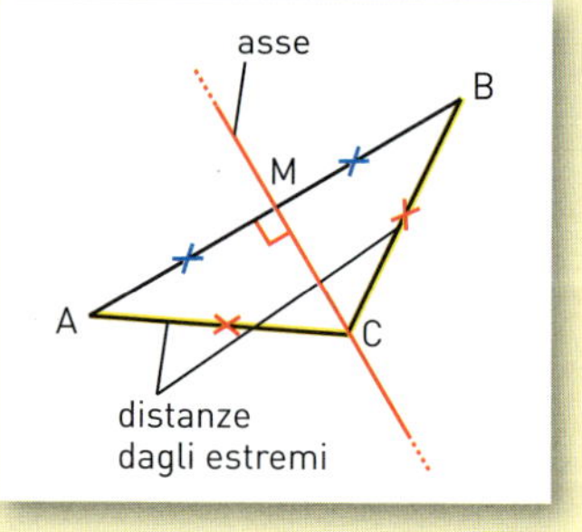

TEOREMA

Bisettrice come luogo
La bisettrice di un angolo è il luogo dei *punti equidistanti dai lati.*

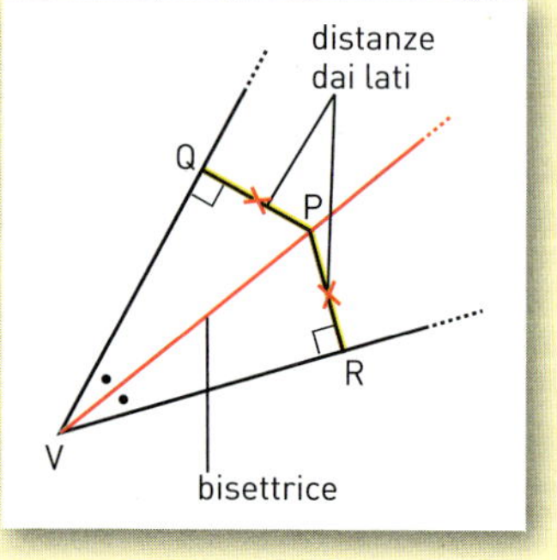

IN SINTESI
Perpendicolari e parallele

Le rette perpendicolari

Due rette del piano sono **incidenti** quando hanno un solo punto in comune.
Rette incidenti che, intersecandosi, formano quattro angoli retti sono **perpendicolari**, altrimenti sono **oblique**.

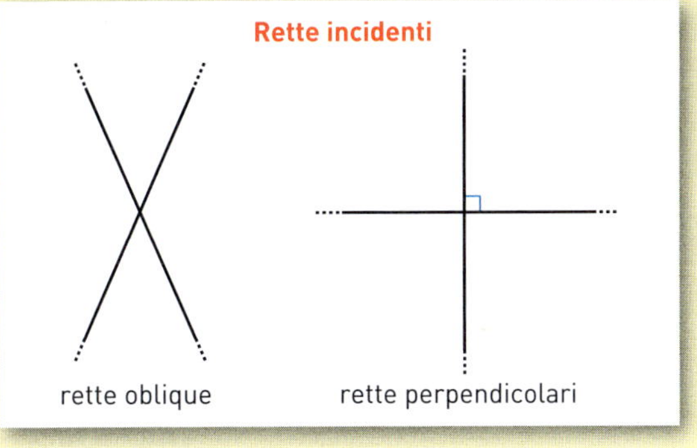

Per **proiettare un segmento** AB su una retta si considera il segmento che ha per estremi le proiezioni di A e di B sulla retta, ossia **i piedi delle perpendicolari** condotte da A e da B alla retta stessa.

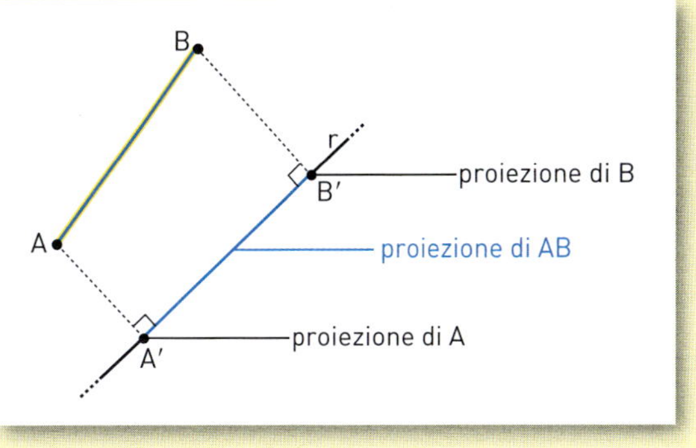

La **distanza di un punto da una retta** è la lunghezza del segmento che ha per estremi il punto e il piede della perpendicolare condotta dal punto alla retta.

Le rette parallele

Due rette tagliate da una trasversale formano coppie di angoli che, a seconda della posizione, hanno nomi diversi.

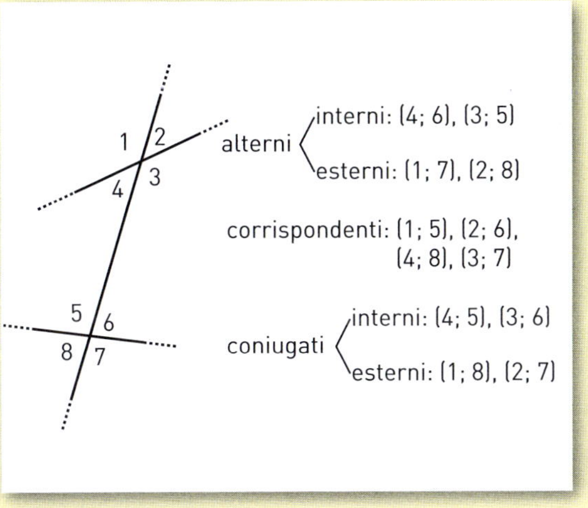

Due rette sono **parallele** quando sono coincidenti o quando non hanno punti in comune.

Se due rette formano con una trasversale

- angoli **alterni congruenti**, *oppure*
- angoli **coniugati supplementari**, *oppure*
- angoli **corrispondenti congruenti**,

allora sono **parallele** (teorema delle rette parallele).

Se due rette sono **parallele**, formano con una trasversale:

- angoli **alterni congruenti**;
- angoli **coniugati supplementari**;
- angoli **corrispondenti congruenti** (inverso del teorema delle rette parallele).

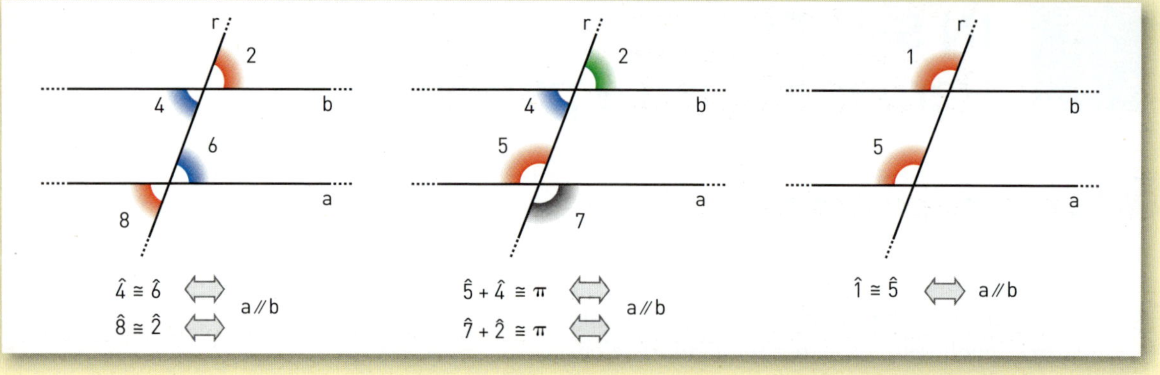

La relazione di parallelismo è una relazione di equivalenza. Ogni classe di equivalenza è l'insieme delle rette parallele fra loro, dette **fascio improprio**. La **direzione** è la proprietà caratteristica delle rette del fascio.

Le proprietà degli angoli dei poligoni

Ogni **angolo esterno di un triangolo** è congruente alla somma dei due angoli interni non adiacenti a esso (teorema dell'angolo esterno).

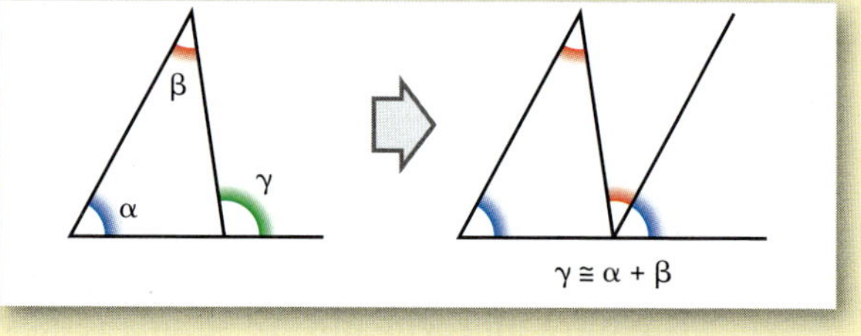

La **somma degli angoli interni** di un poligono di n lati è congruente a $(n - 2)$ angoli piatti.
In particolare, **in un triangolo la somma degli angoli interni è congruente a un angolo piatto.**
La **somma degli angoli esterni** di un qualsiasi poligono è congruente a un angolo giro.

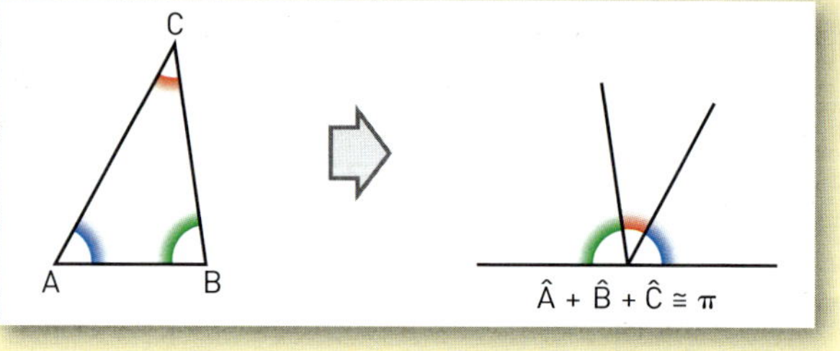

I criteri di congruenza dei triangoli rettangoli

Due **triangoli rettangoli** sono **congruenti** se hanno rispettivamente congruenti:

- **due cateti**, *oppure*
- **un cateto e un angolo acuto corrispondenti**, *oppure*
- **l'ipotenusa e un angolo acuto**, *oppure*
- **l'ipotenusa e un cateto.**

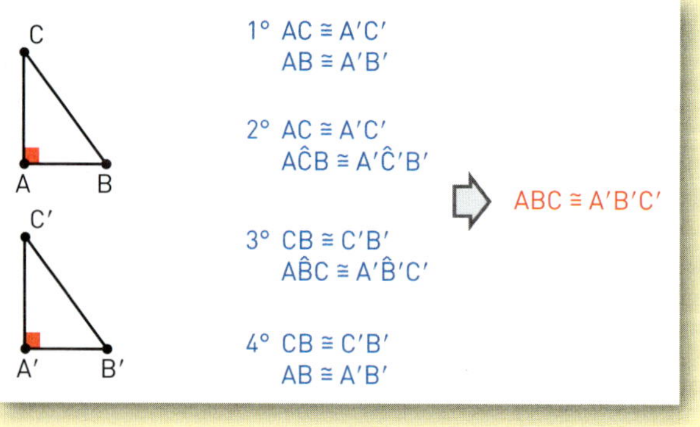

In un triangolo rettangolo **la mediana relativa all'ipotenusa** è congruente a metà ipotenusa.

La **distanza fra due rette parallele** è la distanza di un qualsiasi punto di una delle rette dall'altra retta.

Il **luogo geometrico** della proprietà $\mathcal{P}$ è l'insieme di tutti e soli i punti del piano che godono di $\mathcal{P}$.
$\mathcal{P}$ è la **proprietà caratteristica** del luogo.
Particolari esempi di luoghi geometrici sono:

- l'**asse del segmento**, che è il luogo dei punti equidistanti dagli estremi del segmento;
- la **bisettrice**, che è il luogo dei punti equidistanti dai lati.

CAPITOLO G3

ESERCIZI

1 Le rette perpendicolari

▶ Teoria a p. G72

1 ●○ VERO O FALSO?

a. Dati un punto *P* e una retta *r*, esiste sempre almeno una retta passante per *P* e perpendicolare a *r*. V F

b. La proiezione ortogonale di un segmento su una retta *r* è sempre minore del segmento dato. V F

c. La proiezione ortogonale di un punto su una retta è un punto. V F

d. La distanza di un punto da una retta è un segmento. V F

e. Per un punto appartenente a una retta *r* passano infinite rette perpendicolari a *r*. V F

2 ●○ Per ogni retta della figura disegna la retta passante per *P* e perpendicolare alla retta data.

3 ●○ Per ogni retta della figura, con riga e compasso disegna una qualunque retta a essa perpendicolare.

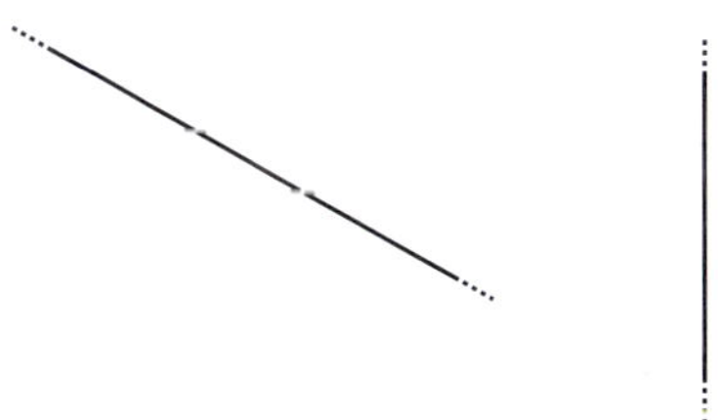

4 ●○ Traccia le proiezioni ortogonali dei punti *A* e *B* e dei segmenti *DC* ed *EF* sulla retta *r*.

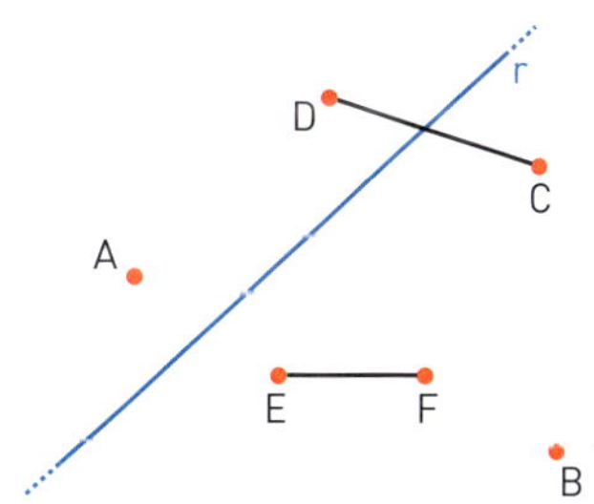

Dimostrazioni

5 ●○ Dato il triangolo isoscele *ABC*, per gli estremi della base *AB* traccia due rette che si incontrano nel punto *D* e che formano angoli congruenti con i lati *AC* e *CB*. Dimostra che *CD* è perpendicolare ad *AB*.

6 ●○ ESEMPIO DIGITALE Sull'asse del segmento *PQ*, dalla stessa parte rispetto a *PQ*, considera i punti *A* e *B*.
Dimostra che $PAB \cong BAQ$.

7 ●○ Dimostra che, se in un triangolo la bisettrice di un angolo interno è perpendicolare al lato opposto, allora il triangolo è isoscele.

8 ●○ ESEMPIO DIGITALE Dimostra che, se il quadrilatero *ABCD* è tale che il vertice *A* coincide con il punto di intersezione degli assi dei lati *BC* e *CD*, allora $A\widehat{B}D \cong A\widehat{D}B$.

ESERCIZI

2 Le rette parallele

▶ Teoria a p. G74

Rette tagliate da una trasversale

9 ●○ **VERO O FALSO?** Le seguenti proposizioni si riferiscono a due rette tagliate da una trasversale.

a. Formano quattro angoli interni e quattro esterni. V F

b. Gli angoli corrispondenti sono entrambi esterni o interni. V F

c. Gli angoli coniugati sono dalla stessa parte della trasversale. V F

d. Gli angoli alterni sono da parti opposte della trasversale. V F

e. Esistono sempre coppie di angoli congruenti. V F

10 ●○ **COMPLETA** indicando per ogni figura di quale coppia di angoli si tratta.

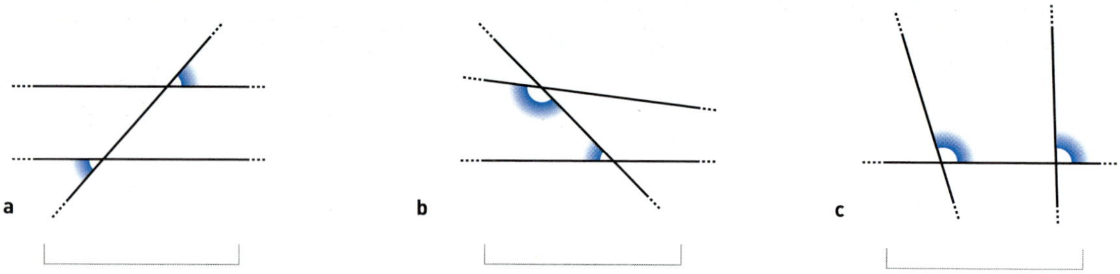

11 ●○ Riferendoti alla figura, indica quali coppie di rette sono parallele e qual è la trasversale considerata se:

a. $A\widehat{C}B \cong C\widehat{B}D$;

b. $D\widehat{C}B$ supplementare di $C\widehat{B}E$;

c. $C\widehat{B}A \cong D\widehat{E}B$;

d. $C\widehat{D}B \cong D\widehat{B}E$.

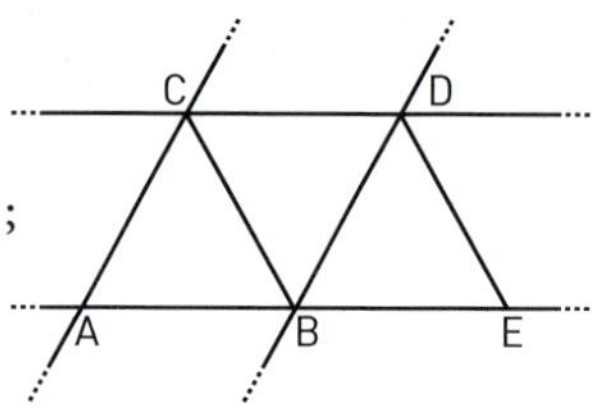

12 ●○ **YOU & MATHS** **A carpenter's work** Frances is building a bench for her back yard. She has cut one end of the legs at an angle of 40°. At what angle should she cut the other end to be sure that the top of the bench is parallel to the ground?

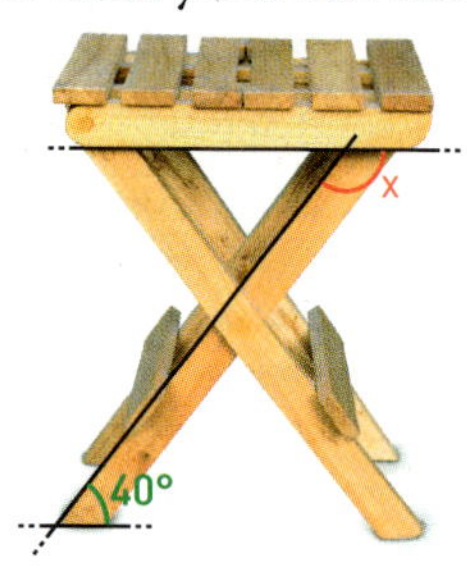

Il teorema delle rette parallele

13 ●○ **VERO O FALSO?**

a. Due rette parallele formano con una terza retta incidente angoli corrispondenti supplementari. V F

b. Due rette parallele formano con una terza retta incidente angoli corrispondenti congruenti. V F

c. Se due rette formano con una terza retta angoli coniugati interni supplementari, allora sono parallele. V F

d. Se due rette formano con una terza retta angoli coniugati interni congruenti, allora sono parallele. V F

MATEMATICA INTORNO A NOI

Origami Sebbene gli origami siano soprattutto un prodotto artistico, la loro bellezza nasconde molta matematica.

Problema – Risoluzione – Un esercizio in più.

14 DIMOSTRAZIONE GUIDATA Dato il triangolo ABC, prolunga la mediana AM di un segmento MD congruente ad AM. Dimostra che la retta DB è parallela ad AC e la retta CD è parallela ad AB.

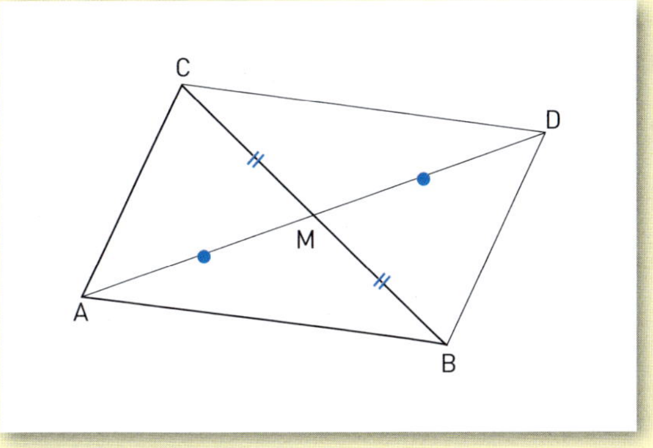

Ipotesi 1. ABC è un triangolo qualunque;
2. AM è ___;
3. $MD \cong$ ___.

Tesi 1. $DB \parallel$ ___;
2. ___ $\parallel$ ___.

Dimostrazione

- *Dimostra che i triangoli* ACM e BMD *sono congruenti.*
  Essi hanno:
  $CM \cong$ ___, perché M è ___ di BC;
  $AM \cong$ ___, per ___;
  ___ $\cong B\widehat{M}D$, perché ___.
  Quindi i triangoli ACM e ___ sono ___, per il ___ criterio di congruenza dei triangoli.
- *Deduci la congruenza di due angoli.*
  In particolare i triangoli hanno:
  $C\widehat{A}M \cong$ ___.
- *Dimostra che le rette* BD *e* AC *sono parallele.*
  Gli angoli $C\widehat{A}M$ e ___ sono alterni ___ delle rette AC e ___, tagliate dalla trasversale ___ e sono congruenti, *quindi* le rette BD e AC risultano ___, per il teorema ___.
- *Dimostra in modo analogo la tesi 2.*
  I triangoli ABM e ___ hanno ___.

15 Dato il triangolo acutangolo ABC, nel semipiano individuato da AB che non contiene C, traccia il segmento AD congruente a BC in modo che abbia in comune con il triangolo soltanto A e che $D\widehat{A}B \cong C\widehat{B}A$. Dimostra che la retta BD è parallela alla retta AC.

16 ESEMPIO DIGITALE Dimostra che la bisettrice dell'angolo esterno al vertice di un triangolo isoscele è parallela alla base del triangolo. (SUGGERIMENTO Considera l'altezza relativa alla base del triangolo.)

17 Dal punto medio M di un segmento PQ traccia una retta r, distinta da PQ. Fissa su r, da parti opposte rispetto a M, due punti S e T tali che $MS \cong MT$. Dimostra che la retta PT è parallela alla retta QS.

18 In un triangolo isoscele ABC di base AB, dal vertice A, nel semipiano individuato dalla retta AB e che non contiene il triangolo, traccia una semiretta che formi con AB un angolo congruente all'angolo interno di vertice A.
Dimostra che la semiretta è parallela a CB.

Proprietà geometriche e misure

19 Determina le misure delle ampiezze degli angoli formati dalle rette parallele a e b con la trasversale t.

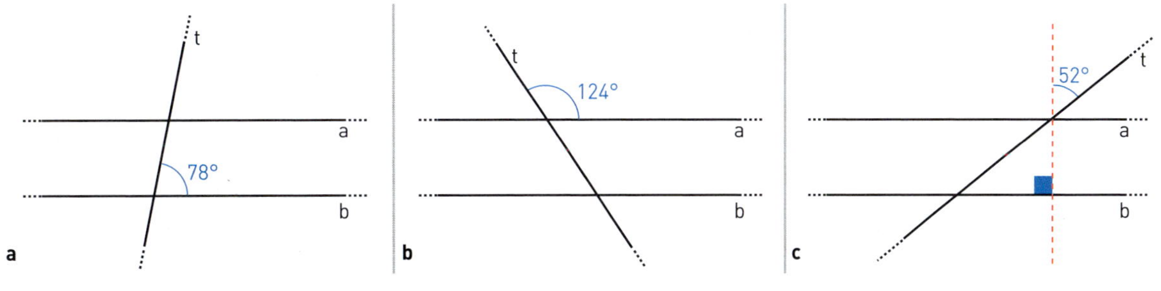

Trova le misure delle ampiezze degli angoli indicati sapendo che $a \parallel b$.

20 ●○

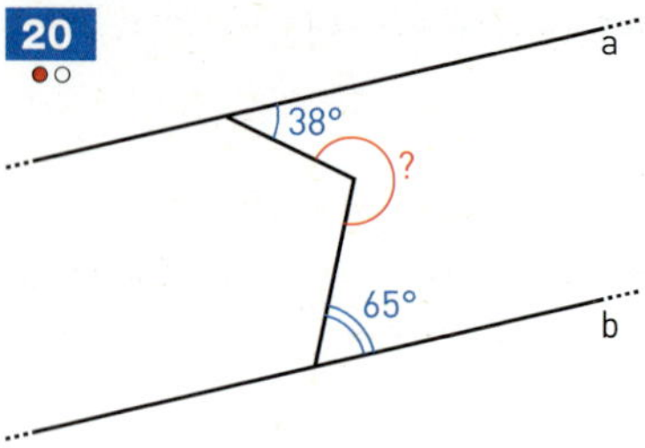

21 ●○

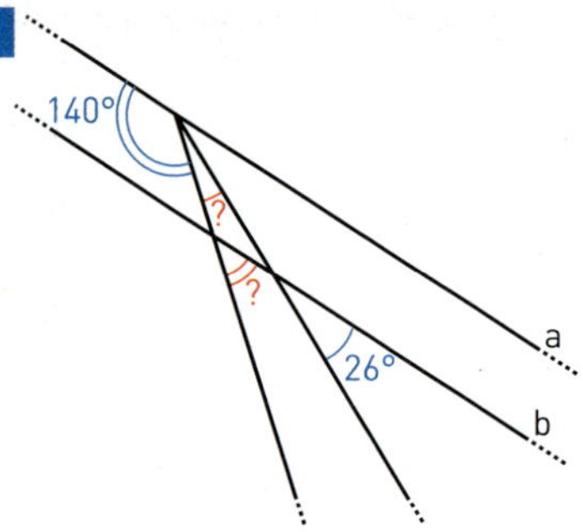

22 ●○

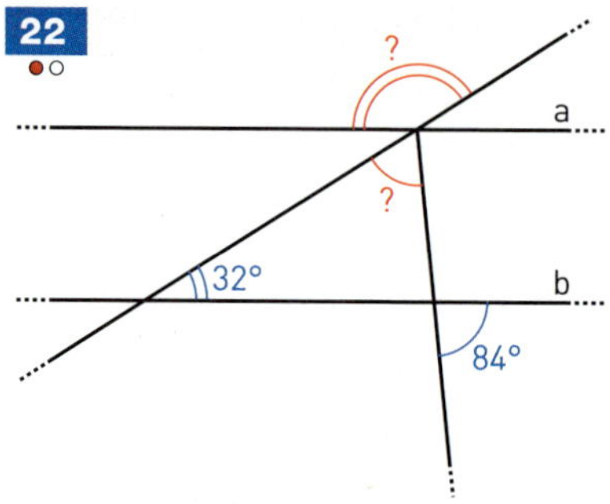

23 ●○ INVALSI 2008 Nella figura, la retta l è parallela alla retta m. La misura dell'angolo $D\widehat{A}C$ è 55°. Quanto misura la somma degli angoli: $x + y$?

A 55° B 110° C 125° D 135°

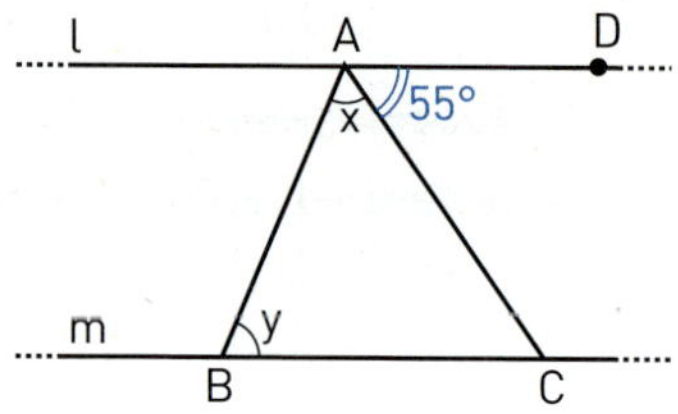

La parallela per un punto a una retta

24 ●○ Per ogni retta della figura, disegna la retta passante per P a essa parallela.

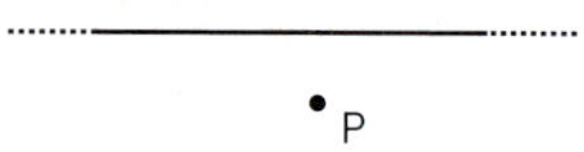

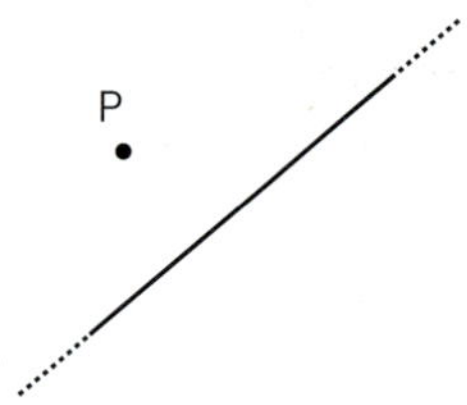

L'inverso del teorema delle rette parallele

25 ●○ Scrivi nella figura i numeri relativi a tutti gli angoli congruenti all'angolo α. Motiva le tue affermazioni.

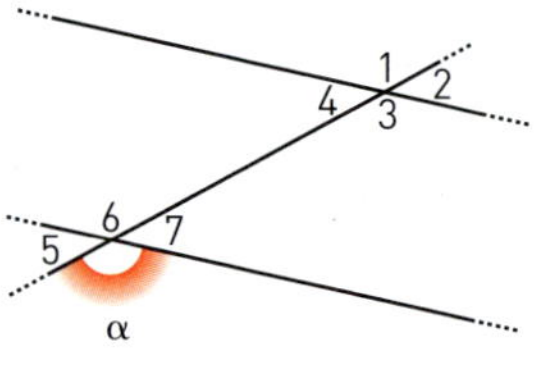

26 ●○ Scrivi nella figura i numeri relativi a tutti gli angoli supplementari dell'angolo β. Motiva le tue affermazioni.

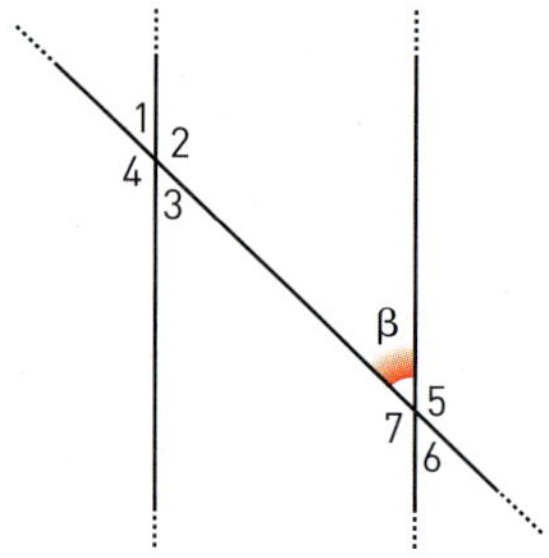

Dimostrazioni

27 ●○ Due rette parallele formano con una trasversale angoli alterni interni congruenti. Dimostra che gli angoli alterni esterni sono anch'essi congruenti.

28 ●○ Con le stesse ipotesi dell'esercizio 27 dimostra che sono supplementari:

a. angoli coniugati interni;

b. angoli coniugati esterni.

29 DIMOSTRAZIONE GUIDATA Considera le rette parallele a e b. Sulle due rette scegli due segmenti congruenti AB e CD, AB su a e CD su b. Dimostra che i segmenti AC e BD sono congruenti e che le rette AC e BD sono parallele.

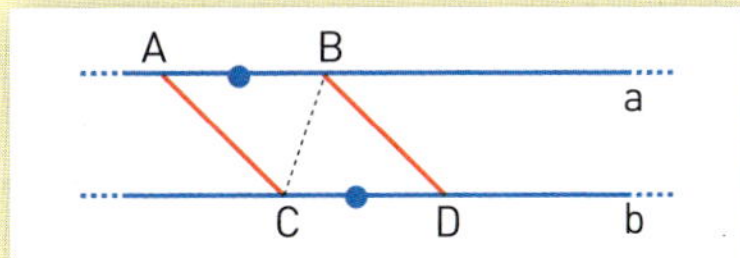

Ipotesi 1. $a /\!/ b$;
2. $AB \cong$ ___.

Tesi 1. ___ $\cong BD$;
2. ___ $/\!/$ ___.

Dimostrazione

- *Dimostra che i triangoli ABC e BCD sono congruenti.*
  Essi hanno:
  $AB \cong$ ___ per ___;
  BC in ___;
  ___ $\cong B\widehat{C}D$ perché angoli ___ delle rette parallele ___ e ___ tagliate dalla trasversale ___.
  Quindi, i due triangoli sono congruenti per il ___ criterio di congruenza.
- *Deduci la congruenza di due segmenti.*
  In particolare, i triangoli hanno: ___ $\cong$ ___.
- *Dimostra il parallelismo fra rette.*
  Nei triangoli congruenti ___ e ___ è anche vero che $A\widehat{C}B \cong C\widehat{B}D$, *quindi* le rette AC e ___ sono parallele perché formano angoli alterni interni ___ con la trasversale ___.

30 Dal vertice C del triangolo ABC traccia il segmento CE congruente e parallelo ad AB (con il punto E appartenente al semipiano di origine BC opposto a quello che contiene il punto A). Dimostra che il triangolo CBE è congruente ad ABC.

31 Disegna un triangolo isoscele ABC e poi traccia una retta parallela alla base AB, che incontra i lati obliqui nei punti E e F. Dimostra che:

a. il triangolo CEF è isoscele;

b. l'altezza del triangolo ABC rispetto alla base AB e l'altezza del triangolo CEF rispetto alla base EF appartengono alla stessa retta.

32 Date due rette parallele tagliate da una trasversale e tracciate le bisettrici di due angoli alterni interni, dimostra che queste sono parallele.

33 Da ogni vertice del triangolo AC traccia la retta parallela al lato opposto. Dimostra che i tre triangoli che si formano sono congruenti al triangolo ABC.

34 ESEMPIO DIGITALE Nel triangolo ABC traccia la bisettrice dell'angolo $\widehat{A}$ e fissa su di essa un punto P. Per P conduci la parallela al lato AC che interseca AB o il suo prolungamento in Q. Dimostra che il triangolo APQ è isoscele.

35 ESEMPIO DIGITALE Traccia una retta r parallela alla base BC del triangolo isoscele ABC che interseca i lati obliqui AB e AC rispettivamente nei punti F e G. Dimostra che i triangoli FCB e GBC sono congruenti.

36 EUREKA! **Angoli congruenti** Nella figura $PA /\!/ QB$. Se C è un punto della regione di piano delimitata dalle due parallele e da AB, dimostra che $A\widehat{C}B \cong P\widehat{A}C + Q\widehat{B}C$.

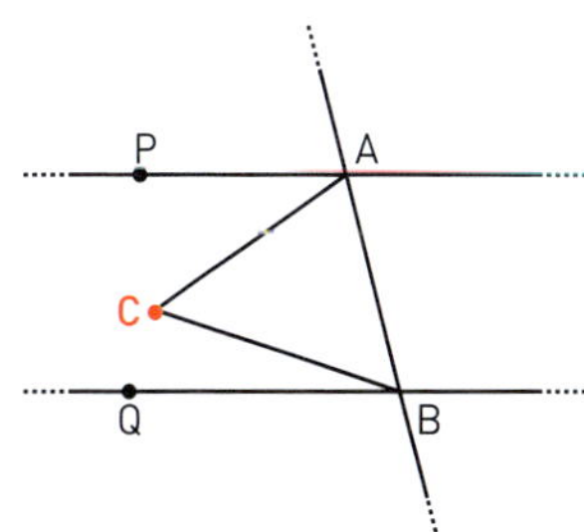

37 YOU & MATHS **Prove it!** Write a proof for the following statement. If PQ and YZ are on parallel and non-coincident lines, and $PQ \cong ZY$, then $PY \cong QZ$.

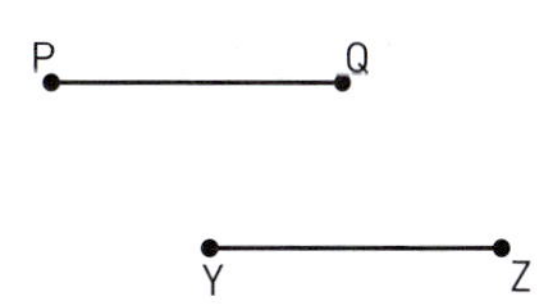

ESERCIZI

RISOLVIAMO UN PROBLEMA

Angoli e rette

Osserva la figura e determina x e y utilizzando le informazioni date e le proprietà geometriche.

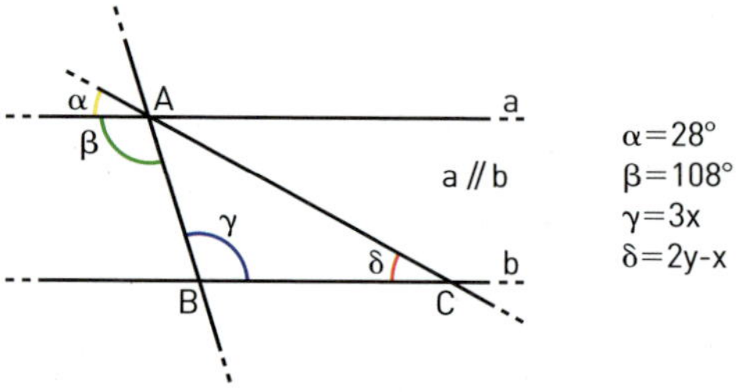

▶ **Determiniamo *x*.**

Dai dati in figura, sappiamo che $\gamma = 3x$, quindi per determinare il valore di x è necessario trovare una corrispondenza fra γ e un angolo di cui è data la misura.

▶ **Troviamo un angolo noto che sia congruente a γ.**

Per il teorema delle rette parallele tagliate da una trasversale

$$\beta \cong \gamma,$$

perché γ e β sono angoli alterni interni formati dalle parallele a e b, tagliate dalla trasversale AB.

Pertanto, considerando le misure

$$\gamma = 3x = 108°,$$

si ricava

$$x = \frac{108°}{3} = 36°.$$

▶ **Determiniamo *y*.**

Dai dati sappiamo che $\delta = 2y - x$, quindi per determinare y analogamente a quanto fatto in precedenza, è necessario trovare una corrispondenza fra δ e un angolo di cui è data la misura.

▶ **Troviamo un angolo noto che sia congruente a δ.**

Sempre per il teorema delle rette parallele tagliate da una trasversale

$$\alpha \cong \delta$$

perché α e δ sono angoli corrispondenti formati dalle parallele a e b, tagliate dalla trasversale AC.

Perciò $\delta = 28°$, da cui si ricava:

$$2y - x = 28°.$$

Sostituendo il valore di x che abbiamo ricavato in precedenza, otteniamo:

$$2y - 36° = 28°,$$

da cui:

$$2y = 64° \rightarrow$$

$$y = \frac{64°}{2} = 32°.$$

38 ●○ Le rette gialle in figura sono parallele. Determina x.

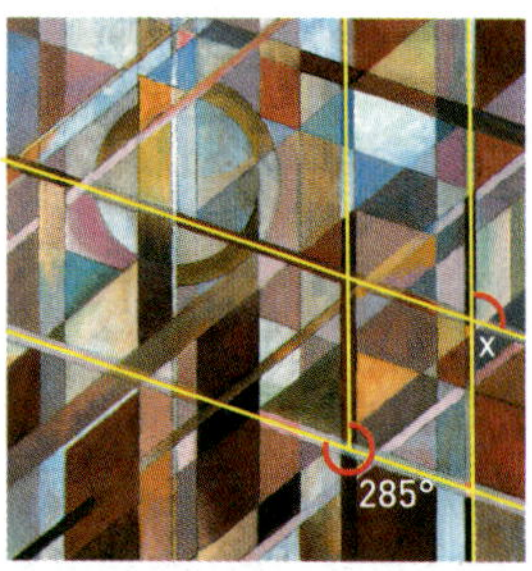

39 ●○ Trova l'angolo x con le informazioni indicate.

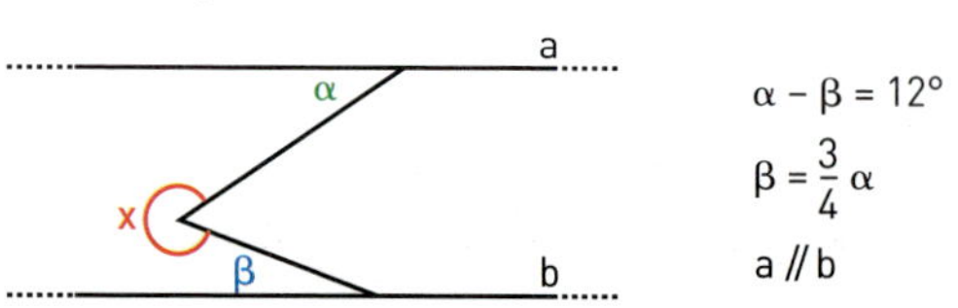

40 ●○ Trova le ampiezze di tutti gli angoli della figura.

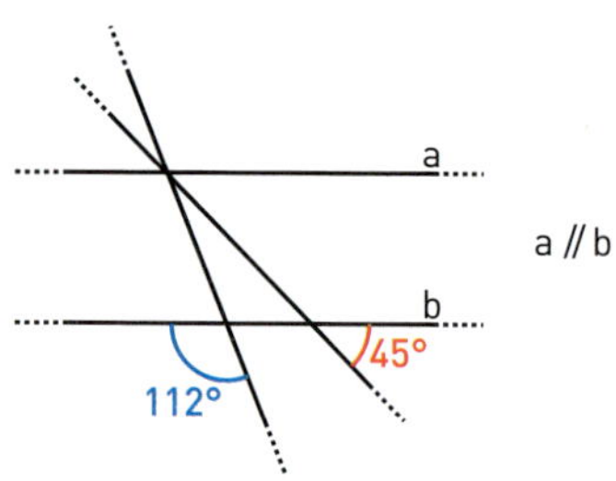

41 ●○ Trova l'ampiezza di $A\widehat{B}C$.

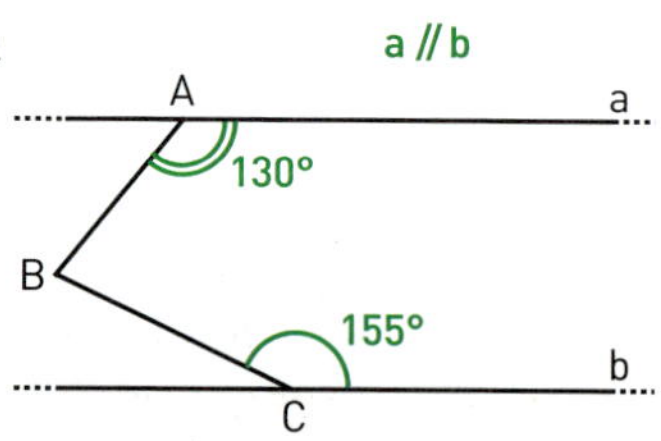

In ogni figura tre matite sono parallele. Determina le ampiezze di tutti gli angoli utilizzando le informazioni.

42

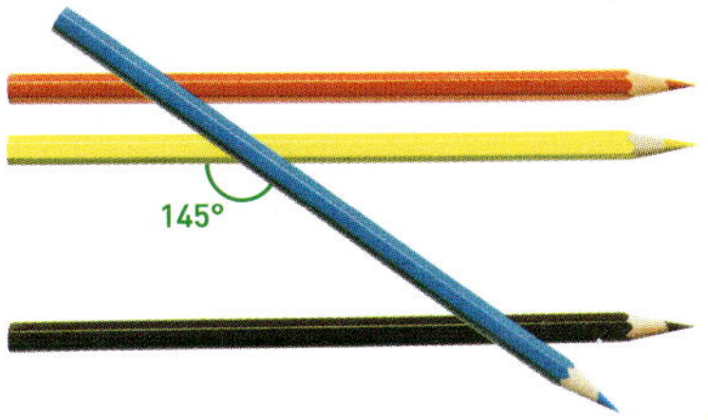

43

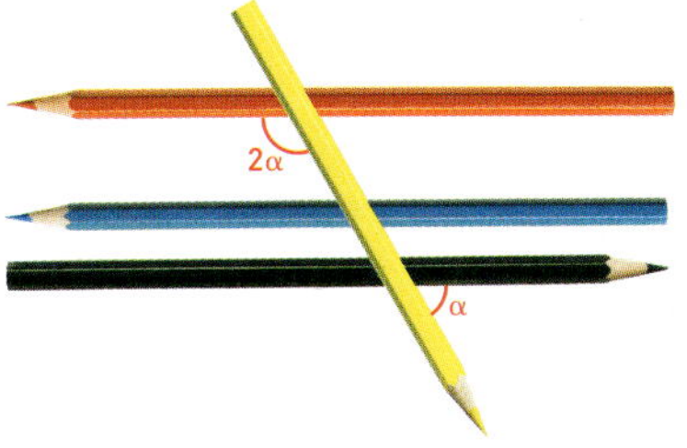

44 α e β sono una coppia di angoli coniugati interni formati da due rette parallele tagliate da una trasversale. Sapendo che l'ampiezza di α supera di 40° i $\frac{3}{4}$ dell'ampiezza di β, determina le ampiezze di tutti gli altri angoli formati dalle intersezioni delle rette parallele con la trasversale. [80°; 100°]

45 Determina le misure degli angoli indicati con il punto interrogativo, sapendo che il triangolo *ABC* è isoscele e che la retta *a* è parallela al lato *AB*.

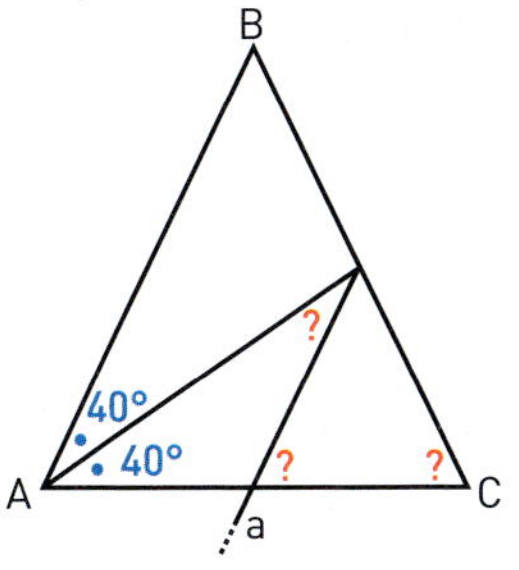

3 Le proprietà degli angoli dei poligoni

▶ Teoria a p. G79

Il teorema dell'angolo esterno (somma)

46 Disegna un triangolo isoscele *ABC* e prolunga la base *AB* di un segmento $BE \cong BC$. Congiungi *E* con *C* e prolunga tale segmento di un segmento *CF* scelto a piacere. Dimostra che l'angolo $A\widehat{C}F$ è il triplo dell'angolo $A\widehat{E}C$.

47 Disegna un triangolo isoscele *ABC* di base *AB* in modo che l'angolo $\widehat{A}$ sia doppio dell'angolo al vertice $\widehat{C}$. La bisettrice *AD* dell'angolo $\widehat{A}$ divide il triangolo dato in due triangoli, *ADC* e *ABD*. Dimostra che i due triangoli sono isosceli.

48 Disegna un triangolo isoscele *ABC* di base *AB* e prolunga il lato *CA* di un segmento $AE \cong AB$. Congiungi *E* con *B*. Dimostra che l'angolo $E\widehat{B}C$ è il triplo dell'angolo $C\widehat{E}B$.

La somma degli angoli interni di un triangolo

49 ESEMPIO DIGITALE In un triangolo *ABC* un angolo esterno è congruente alla somma dell'angolo interno a esso adiacente con uno degli altri due angoli. Dimostra che il triangolo è isoscele.

50 Nel triangolo isoscele *ABC* prolunga la base *AB* da ambo le parti e chiama α' e β' i due angoli esterni di vertici *A* e *B*. Dimostra che la loro somma è congruente alla somma dell'angolo interno $\widehat{C}$ con un angolo piatto.

51 Disegna un triangolo acutangolo *ABC*. Dimostra che la somma dei complementari degli angoli interni $\widehat{A}$, $\widehat{B}$ e $\widehat{C}$ è un angolo retto.

52 Disegna un triangolo *ABC* in modo che l'angolo α', esterno di vertice *A*, sia congruente alla somma degli angoli interni $\widehat{A}$ e $\widehat{C}$. Dimostra che il triangolo *ABC* è isoscele.

53 ESEMPIO DIGITALE Nel triangolo isoscele *ABC*, di base *BC*, disegna l'altezza *BH* relativa al lato obliquo *AC*. Dimostra che $B\widehat{A}C = 2H\widehat{B}C$.

Applicazioni delle proprietà angolari dei triangoli rettangoli

54 ●○ ESEMPIO DIGITALE È dato un triangolo rettangolo con un angolo acuto doppio dell'altro. Dimostriamo che l'ipotenusa è doppia del cateto minore.

55 ●○ YOU & MATHS **Find the measures** Find the measures x and y, in degrees, knowing that $ED \parallel AB$.

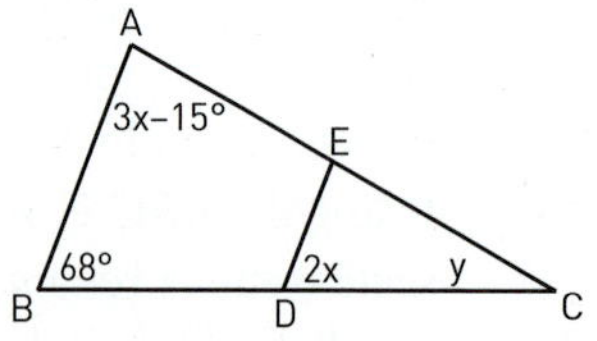

56 ●○ Disegna un triangolo ABC in modo che l'angolo $\widehat{A}$ sia congruente alla somma degli altri due angoli $\widehat{B}$ e $\widehat{C}$. Dimostra che il triangolo è rettangolo in $\widehat{A}$.

57 ●● Nel triangolo rettangolo ABC di ipotenusa AB, l'altezza CH relativa ad AB divide ABC in due triangoli rettangoli ACH e CHB.
Dimostra che tali triangoli hanno gli angoli congruenti a quelli di ABC.

MATEMATICA INTORNO A NOI

L'esploratore e l'orso Un esploratore esce dalla propria tenda e, bussola alla mano, cammina per un'ora verso sud, poi gira a sinistra di 90° e cammina per un'altra ora sempre in linea retta, poi gira nuovamente a sinistra di 90°.
Dopo un'altra ora di cammino si ritrova davanti alla propria tenda, nella quale scopre un orso intento a mangiare...

Problema e risoluzione – Approfondimento: Le geometrie non euclidee – Attività di ricerca: I matematici delle nuove geometrie.

Proprietà geometriche e misure

Determina le misure delle ampiezze degli angoli indicati.

58 ●○

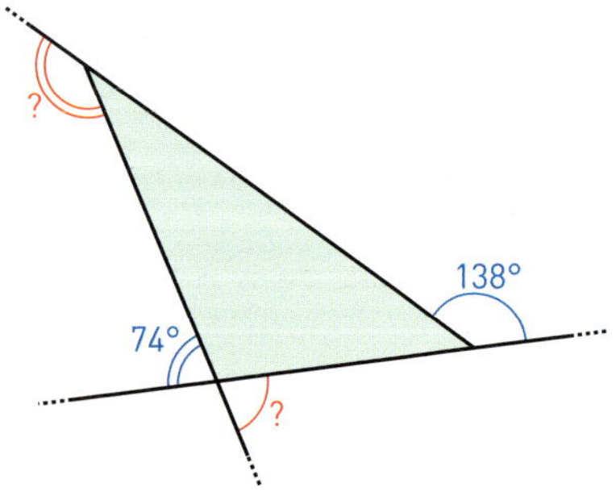

59 ●○

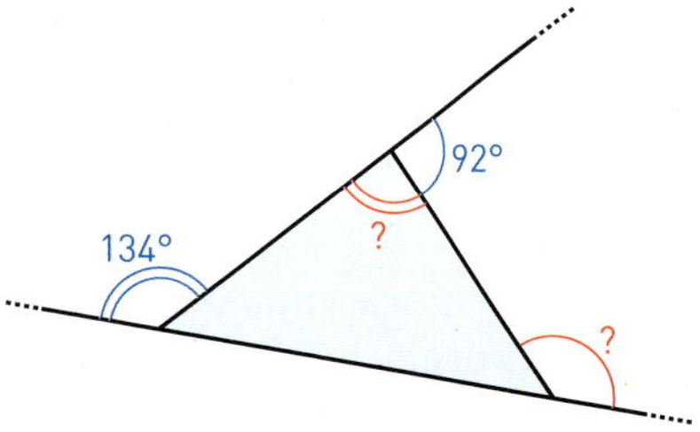

60 ●○

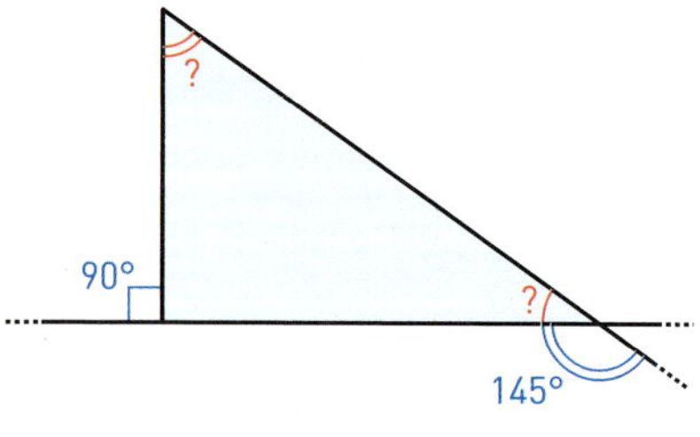

61 ●○

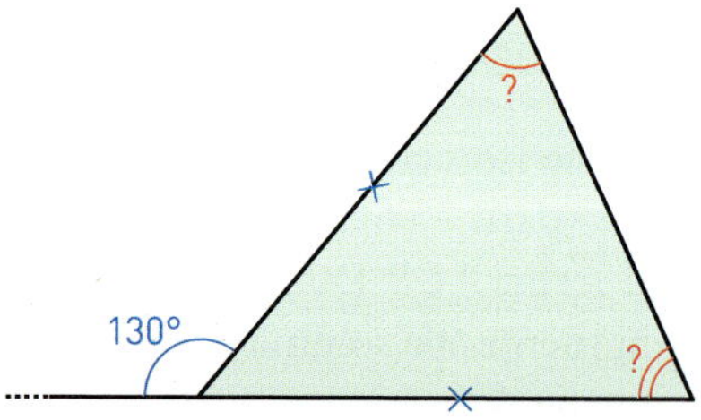

62 **COMPLETA** la seguente tabella.

Triangolo				
angolo α	**angolo β**	**angolo γ**	**rispetto agli angoli**	**rispetto ai lati**
22°	22°			
				equilatero
41°			ottusangolo	isoscele
27°			rettangolo	
124°				isoscele

63 **ESEMPIO DIGITALE** Determina l'ampiezza di α e β.

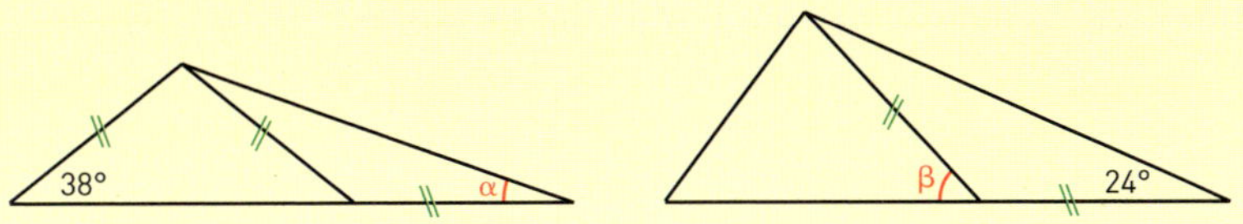

Utilizza le informazioni fornite per determinare le misure delle ampiezze degli angoli indicati.

64

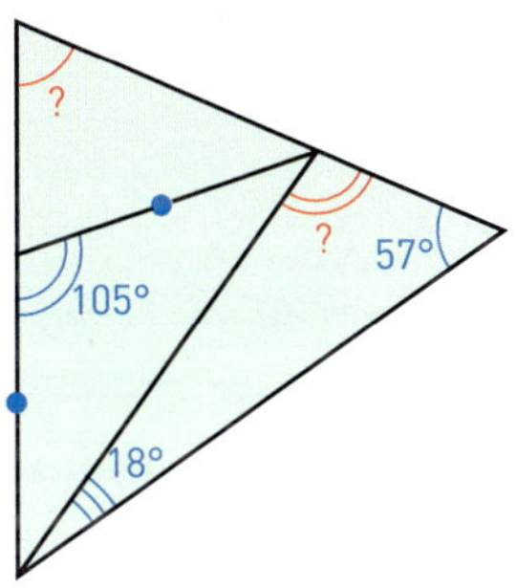

65

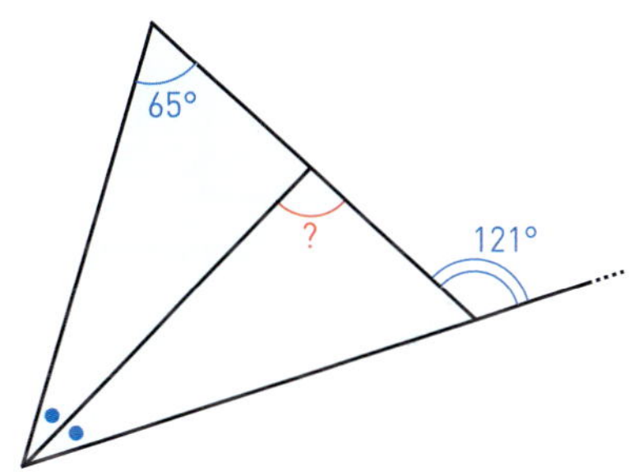

La somma degli angoli esterni e interni di un poligono convesso

66 **VERO O FALSO?**

a. La somma degli angoli interni di un pentagono convesso è 3π. V F

b. La somma degli angoli esterni di un esagono è congruente a quattro angoli piatti. V F

c. La somma degli angoli interni di un poligono convesso di n lati è congruente a $\left(\frac{n}{2}-1\right)$ volte la somma degli angoli esterni dello stesso poligono. V F

67 In un quadrilatero $LMNP$, le bisettrici dei due angoli adiacenti $L\widehat{M}N$ e $M\widehat{N}P$ si intersecano nel punto Q. Dimostra che l'ampiezza di $M\widehat{Q}N$ è uguale alla semisomma delle ampiezze degli angoli $\widehat{L}$ e $\widehat{P}$.

68 **ESEMPIO DIGITALE** Trova il numero dei lati di un poligono regolare in cui ogni angolo interno misura 135°.

69 Determina le misure degli angoli indicati.

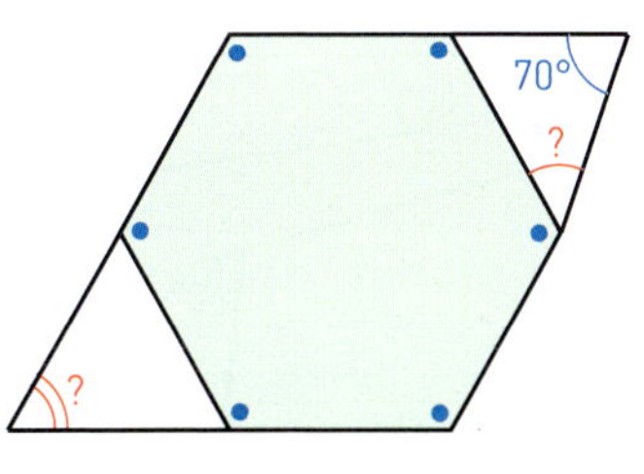

RISOLVIAMO UN PROBLEMA

Due cornici e un angolo incognito

Osserva la figura e, utilizzando le proprietà relative alla somma degli angoli dei poligoni, determina l'ampiezza di x.

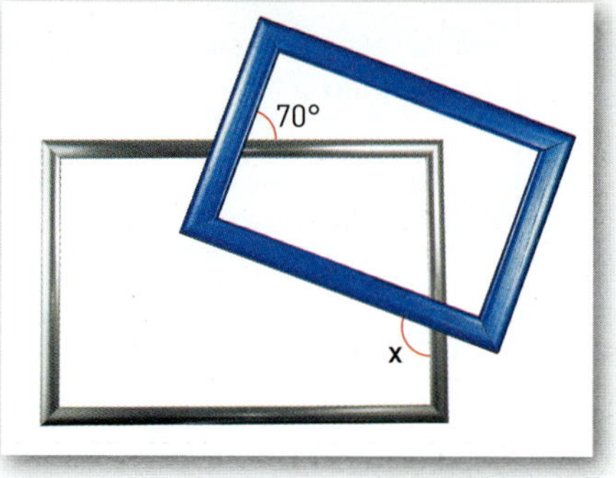

▸ **Troviamo delle relazioni tra l'angolo incognito e l'angolo dato.**

Evidenziamo la parte comune alle due cornici: si ottiene un quadrilatero.

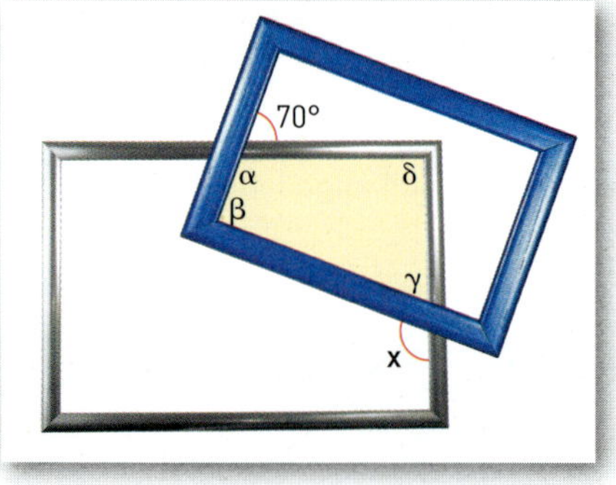

Chiamiamo α, β, γ, δ gli angoli interni del quadrilatero, x è l'angolo esterno adiacente a γ.

La somma degli angoli interni di un poligono è:

$$n\pi - 2\pi,$$

dove n è il numero dei lati.

La somma degli angoli interni del quadrilatero è quindi uguale a 2π:

$$\alpha + \beta + \gamma + \delta = 2\pi = 360°.$$

▸ **Ricaviamo i dati dalla figura.**

Dalla figura ricaviamo che:

- β e δ sono angoli retti;
- $\alpha = 180° - 70° = 110°$;
- $\gamma = 180° - x$.

▸ **Sostituiamo i dati numerici nell'espressione trovata in precedenza.**

Sostituendo i dati, otteniamo l'equazione:

$$110° + 90° + 180° - x + 90° = 360°,$$

da cui si ricava

$$x = 180° - 70° = 110°.$$

▸ **Un'osservazione per semplificare i calcoli.**

Poiché la somma degli angoli interni di un quadrilatero è uguale a 360°, se β e δ sono angoli retti la somma degli altri due angoli α e γ è uguale a 180°:

$$\alpha + \gamma = 180°.$$

Sostituendo $\alpha = 110°$ otteniamo

$$110° + \gamma = 180°,$$

che è un'espressione più semplice della precedente.

70 ●○ Trova x.

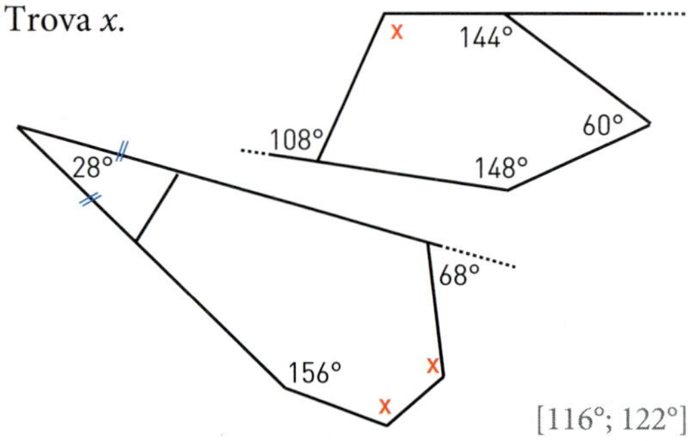

[116°; 122°]

71 ●● Trova x, y e z. (SUGGERIMENTO Quanto misurano gli angoli delle due squadre?)

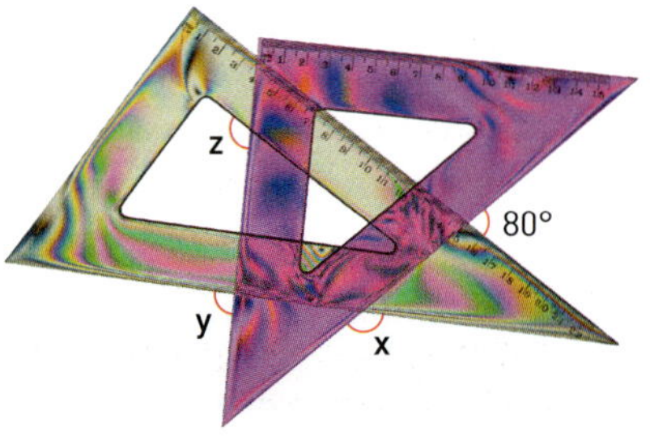

4 I criteri di congruenza dei triangoli rettangoli

▶ Teoria a p. G80

72 VERO O FALSO?

a. Gli angoli acuti di un triangolo rettangolo sono complementari. V F

b. Affinché due triangoli rettangoli siano congruenti, devono avere almeno un lato congruente. V F

c. Due triangoli rettangoli aventi un cateto in comune sono congruenti. V F

d. Due triangoli rettangoli e isosceli aventi le ipotenuse congruenti sono congruenti. V F

Dimostrazioni

73 Dimostra che in ogni triangolo isoscele il punto medio della base ha la stessa distanza dai lati obliqui.

74 Dimostra che in un triangolo isoscele l'altezza relativa alla base è anche mediana e bisettrice.

75 ESEMPIO DIGITALE Dimostra che, se due triangoli rettangoli hanno un cateto e la mediana relativa all'altro cateto ordinatamente congruenti, allora sono congruenti.

76 Nel triangolo isoscele di base AB e altezza CH indica con E un punto qualunque di CH. Dimostra che i triangoli AEC e BEC sono congruenti.

77 Dimostra che due triangoli rettangoli sono congruenti se hanno congruenti:

a. l'altezza relativa all'ipotenusa e la bisettrice dell'angolo retto;

b. un cateto e la bisettrice dell'angolo acuto adiacente.

78 Per il punto medio M del segmento AB traccia una retta r qualunque. Proietta gli estremi del segmento sulla retta r e indica con C la proiezione di A, con E la proiezione di B. Dimostra che $AC \cong BE$.

79 Sui lati dell'angolo convesso $a\widehat{O}b$ scegli due segmenti congruenti OA e OB. Traccia per i punti A e B le rette perpendicolari ai lati a cui appartengono. Tali rette si incontrano nel punto E. Dimostra che il punto E appartiene alla bisettrice dell'angolo di partenza.

80 Disegna un triangolo ABC e la mediana CM, prolungata oltre la base AB. Conduci dal vertice A il segmento AF e dal vertice B il segmento BE, entrambi perpendicolari a CM. Dimostra che $AF \cong BE$.

81 ESEMPIO DIGITALE Considera le rette a e b incidenti nel punto O. Fissa su a, da parti opposte rispetto a O, due punti, A e B, e indica rispettivamente con C e D le loro proiezioni sulla retta b. Dimostra che, se $AO \cong OB$, allora i triangoli ACO e BDO sono congruenti.

MATEMATICA AL COMPUTER

Geometria dinamica con due parallele e un asse

Con un software di geometria dinamica realizza la figura, tenendo conto che: $s \parallel r$, c è asse di AB, $AH \perp s$, $BG \perp r$.
I punti A, B, P e C devono essere liberi, per poterli muovere, con C vincolato a spostarsi sull'asse c.
Muovi i punti e osserva le proprietà geometriche che non variano.

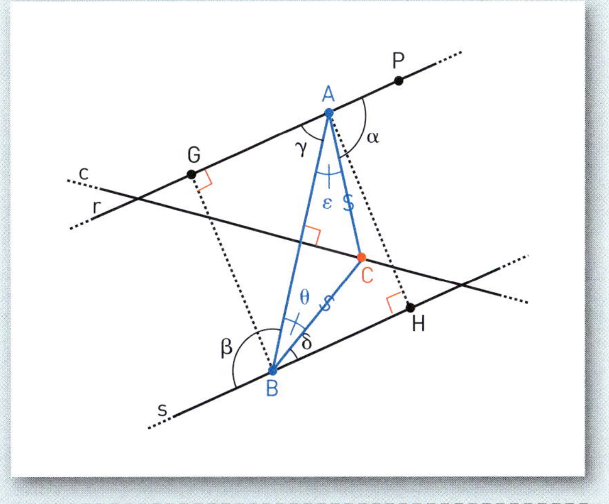

Problema e risoluzione – 5 esercizi in più.

VERIFICA DELLE COMPETENZE ALLENAMENTO

CONFRONTARE E ANALIZZARE FIGURE GEOMETRICHE

TEST

1 La somma degli angoli interni di un poligono convesso con 5 lati è congruente a:

A 5π. B 10π. C 3π. D 2π. E π.

2 La figura rappresenta due rette *non* parallele *a* e *b* tagliate da una trasversale *c*. Quale delle seguenti relazioni è *falsa*?

A $\beta' + \delta \cong \pi$

B $\alpha' + \beta' \cong \pi$

C $\alpha' \cong \delta'$

D $\beta \cong \gamma$

E $\alpha + \gamma \cong \beta' + \delta'$

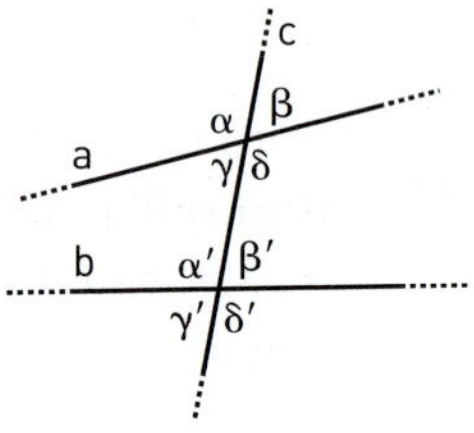

3 Se la retta *r* in figura è la parallela al lato *AB* condotta per il vertice *C*, allora:

A $\delta' \cong \alpha + \beta$.

B $\delta \cong \alpha$.

C δ è supplementare di γ.

D $\delta \cong \beta$.

E δ è supplementare di δ'.

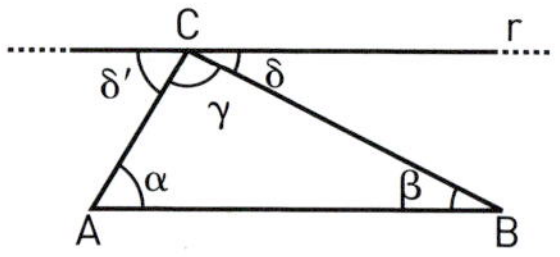

4 Nella figura il triangolo *ABC* è rettangolo in $\widehat{A}$. Se *AH* è l'altezza relativa all'ipotenusa *BC*, come sono gli angoli $H\widehat{A}B$ e $A\widehat{C}H$?

A Congruenti.

B Complementari.

C $H\widehat{A}B > A\widehat{C}H$.

D $H\widehat{A}B < A\widehat{C}H$.

E $H\widehat{A}B \cong A\widehat{C}H + C\widehat{H}A$.

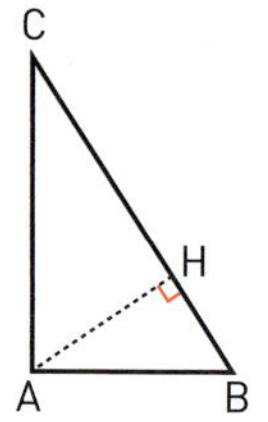

5 Una delle seguenti proposizioni è *falsa*. Quale?
Due triangoli rettangoli sono congruenti se hanno rispettivamente congruenti:

A l'ipotenusa e un cateto.

B i due cateti.

C l'ipotenusa e l'angolo retto.

D un cateto e un angolo acuto.

E l'ipotenusa e un angolo acuto.

6 Quanto vale la somma degli angoli interni di un esagono? E di un poligono con $m + 2$ lati?

Dimostrazioni

7 Disegna un triangolo isoscele *ABC* sulla base *BC* e sul lato *AB* segna un punto *P*. Traccia la retta passante per *P*, parallela alla bisettrice dell'angolo $A\widehat{C}B$ e indica con *M* e *N* le intersezioni di detta parallela con le rette dei lati *AC* e *BC*. Dimostra che $CM \cong CN$.

8 Sulla bisettrice *Oc* dell'angolo acuto $a\widehat{O}b$ scegli un punto *P* e costruisci l'asse del segmento *OP*, che interseca la semiretta *Ob* nel punto *Q*. Dimostra che *PQ* è parallelo alla semiretta *a*.

9 Disegna un triangolo *ABC*, isoscele sulla base *AB*; traccia le altezze *AH* e *BK* relative ai due lati congruenti e indica con *E* il loro punto di intersezione. Dimostra che la retta *CE* è l'asse del segmento *AB*.

10 In un triangolo *ABC*, isoscele sulla base *BC*, traccia l'altezza *AK* e prolunga il lato *AB* dalla parte di *A* di un segmento $AD \cong AC$. Dimostra che l'altezza *AH* del triangolo *ACD* è parallela a *BC* e che il triangolo *AHC* è congruente al triangolo *ABK*.

11 ●○ In un triangolo ABC, rettangolo in $\widehat{A}$, traccia la bisettrice dell'angolo in C, che interseca il cateto AB nel punto D. Dal punto D conduci la perpendicolare DE all'ipotenusa BC. Dimostra che CD è perpendicolare ad AE.

12 ●○ Nel triangolo ABC l'angolo $\widehat{B}$ è doppio di $\widehat{A}$. Considera un punto qualsiasi P del lato AB e prolunga CB di un segmento $BQ \cong BP$. Traccia la retta QP, che interseca CA in R. Dimostra che il triangolo ARP è isoscele e che $C\widehat{R}P \cong C\widehat{B}P$.

13 ●○ Dato un triangolo ABC rettangolo in A, considera sull'ipotenusa BC un segmento $CD \cong CA$ e un segmento $BE \cong AB$. Dimostra che $E\widehat{A}D$ è metà di un angolo retto.

14 ●○ Disegna un triangolo ABC rettangolo in A e dal punto medio N del cateto AC traccia la parallela ad AB che incontra CB in Q. Da Q traccia la parallela ad AC che incontra AB in M. Dimostra che:

a. ABQ e ACQ sono triangoli isosceli;

b. $N\widehat{Q}M$ è retto.

15 ●○ Nel triangolo acutangolo ABC considera un punto qualsiasi E della base AB. Sia M il punto medio di AE e sia N il punto medio di EB. Traccia per M e per N le perpendicolari al lato AB che incontrino rispettivamente le rette AC e CB nei punti R e S. Dimostra che $R\widehat{E}S \cong A\widehat{C}B$.

16 ●○ Dal punto medio M dell'ipotenusa AB di un triangolo rettangolo isoscele ABC, traccia le perpendicolari MH e MK rispettivamente ai cateti AC e CB. Dimostra che:
$CH \cong MK \cong MH \cong CK$.

17 ●○ Disegna il triangolo ABC e traccia l'altezza BH relativa al lato AC. Siano M e N i punti medi dei lati AB e BC.
Dimostra che il triangolo MBN è congruente al triangolo MHN.

18 ●● Disegna un triangolo equilatero e dividi ciascun lato in tre segmenti congruenti. Congiungi tre punti, ciascuno su un lato diverso, che occupino lo stesso posto. Dimostra che il triangolo ottenuto è equilatero e che i suoi lati sono perpendicolari a quelli del triangolo equilatero di partenza.

19 ●● Disegna un angolo convesso $\widehat{A}$ e la sua bisettrice, sulla quale fissi un punto O. Traccia per O la retta perpendicolare alla bisettrice, indicando con B e D i punti in cui tale perpendicolare interseca i lati dell'angolo. Per il punto B conduci la parallela ad AD e per D la parallela ad AB; queste si incontrano nel punto C.
Dimostra che i punti A, O, C sono allineati.

20 ●● Nel triangolo rettangolo ABC di ipotenusa AB traccia l'altezza CH. Prolunga AC di un segmento $CE \cong CB$ e BC di un segmento $CF \cong AC$. Prolunga HC e indica con K la sua intersezione con EF. Dimostra che nel triangolo CEF il segmento CK è la mediana relativa a EF. (SUGGERIMENTO Considera i triangoli ABC e CEF. CK divide il triangolo CEF in due triangoli isosceli.)

21 ●● Disegna un triangolo ABC, isoscele sulla base BC e l'altezza CH relativa al lato AB. Scegli un punto M sulla base del triangolo e traccia il segmento MP, perpendicolare ad AB, e il segmento MQ, perpendicolare ad AC. Dimostra che la somma di MP con MQ è congruente a CH.

22 ●● Disegna un triangolo rettangolo di ipotenusa AB e altezza a essa relativa CH. Da H traccia il segmento HD perpendicolare ad AC e prolungalo di un segmento $DE \cong DH$. Da H traccia anche il segmento HF perpendicolare a BC e prolungalo di un segmento $FG \cong HF$.
Dimostra che i punti E, C e G sono allineati e che EA è parallelo a BG.

23 ●● Nel triangolo isoscele ABC prendi, sulla base AB, due punti P e Q. Traccia da P le parallele ad AC e a CB; esse intersecano rispettivamente CB in E e AC in F. Analogamente, conduci da Q le parallele ai lati; esse intersecano rispettivamente CB in R e AC in S. Dimostra che il perimetro di $PECF$ è uguale al perimetro di $QRCS$. La lunghezza del perimetro dei due quadrilateri dipende da come prendi P e Q? Motiva la risposta.

24 ●● Nel triangolo ABC indica con M il punto medio di AB. Traccia per C una retta r, esterna al triangolo. Conduci dagli altri due vertici le perpendicolari AH e BK a r. Dimostra che il triangolo HKM è isoscele. (SUGGERIMENTO Traccia per M la retta s parallela a r.)

25 ●● Nel triangolo ABC, di base AB, il lato BC è maggiore del lato AC. Traccia la bisettrice dell'angolo $\widehat{C}$ e la perpendicolare al lato AB nel suo punto medio, e sia D il loro punto di intersezione. E è la proiezione di D sulla retta CA e F la proiezione di D su BC. Dimostra che $D\widehat{B}F \cong D\widehat{A}E$. Il risultato è ancora valido se il lato BC è minore del lato AC?

RISOLVERE PROBLEMI

26 ●○ Nel triangolo isoscele ABC di base AB, la bisettrice dell'angolo al vertice forma con il lato AC un angolo di 13°. Determina le ampiezze degli angoli del triangolo. Il triangolo ABC è ottusangolo, rettangolo o acutangolo? Perché?

[26°; 77°; 77°]

27 ●○ Nella figura, la retta ED è parallela alla retta AB e il lato BC è la bisettrice dell'angolo $P\widehat{C}D$. Con le informazioni indicate, determina le ampiezze di ciascun angolo presente in figura.

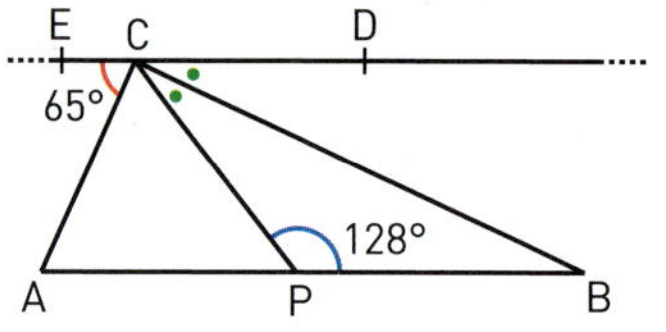

[63°; 52°; ...]

28 ●○ Nel triangolo ABC, $\widehat{B}$ è la metà di $\widehat{A}$. Fissa sul lato AB un punto T e traccia per T una retta che interseca il prolungamento del lato AC in un punto S tale che $AT \cong AS$, e il lato CB in un punto P. Indica con x l'ampiezza dell'angolo $\widehat{B}$ e scrivi in funzione di x gli angoli dei triangoli ABC, ATS e PTB. Determina x in modo che l'angolo $C\widehat{P}T = 80°$.

[40°]

29 ●○ Nel quadrilatero convesso $ABCD$ la diagonale AC è bisettrice degli angoli in A e C e $\widehat{A} = 2\widehat{C}$. I triangoli ABC e ACD hanno gli angoli congruenti? Sapendo che $\widehat{B} = 120°$, determina le ampiezze degli altri angoli.

[sì; $\widehat{A} = 80°$; $\widehat{C} = 40°$; $\widehat{D} = 120°$]

30 ●● Nella figura, $ABCDE$ è un pentagono regolare ed EDO è un triangolo equilatero. Determina le misure delle ampiezze degli angoli x, y e z.

[66°; 84°; 42°]

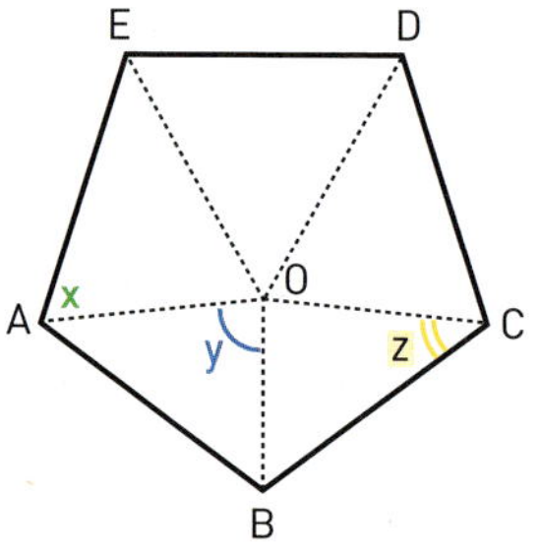

VERIFICA DELLE COMPETENZE PROVE

1 ora

PROVA A

1 VERO O FALSO?

a. Se in un triangolo le ampiezze di due angoli sono 50° e 65°, il triangolo è isoscele. V F

b. Gli angoli acuti di un triangolo rettangolo sono complementari. V F

c. Due rette parallele tagliate da una trasversale formano angoli corrispondenti congruenti e angoli coniugati supplementari. V F

d. Due triangoli rettangoli sono congruenti se hanno congruenti un cateto e un angolo acuto. V F

2 Considera l'angolo retto $R\widehat{P}S$, dove $PR \cong PS$. Sia r una retta passante per P che non interseca l'angolo, e neppure i suoi lati. Dette R' e S' le proiezioni dei punti R e S sulla retta r, dimostra che $R'S' \cong RR' + SS'$.

3 Disegna un angolo acuto di vertice O e lati a e b. Su a considera i punti A e C e su b i punti B e D in modo che $OA \cong OB$ e $OC \cong OD$. Dimostra che:

a. AB è parallelo a CD; b. $AD \cong BC$.

4 Nel triangolo rettangolo ABC, la mediana AM relativa all'ipotenusa forma l'angolo $A\widehat{M}B$ di ampiezza 84°. Determina le ampiezze degli angoli acuti di ABC.

5 Determina x e y sapendo che AB ed ED sono parallele e che ABC e DEC sono triangoli isosceli sulle basi AC e CE.

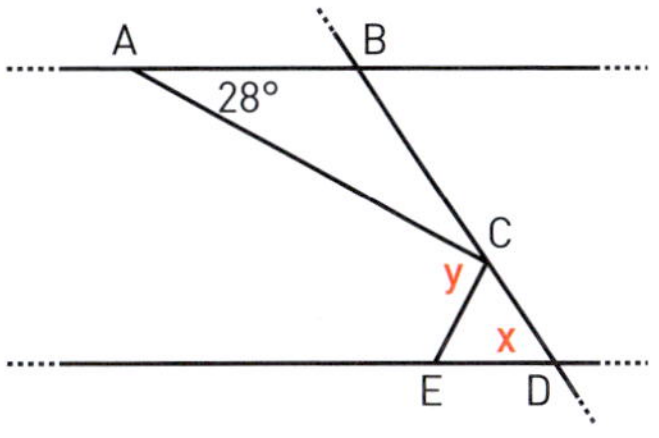

PROVA B

Il biliardo

La «regola del rimbalzo» nel biliardo stabilisce che una palla, colpita centralmente e senza effetti, rimbalza sulla sponda con un angolo di incidenza (per esempio $E\widehat{F}P$) uguale all'angolo di riflessione ($P\widehat{F}L$).
In figura è rappresentata la traiettoria di una bilia. La palla, che si trovava nel punto E, si ferma nel punto H.

Con riferimento alla figura:

a. individua la relazione fra gli angoli $N\widehat{M}L$ ed $E\widehat{F}P$;

b. dimostra che il segmento MN è parallelo a EF.

NL è perpendicolare alla sponda per costruzione.

c. Dimostra che NH è parallela a MF.

d. Cosa puoi dire del triangolo NLM?

e. Dimostra che il triangolo NBH è congruente al triangolo PFL.

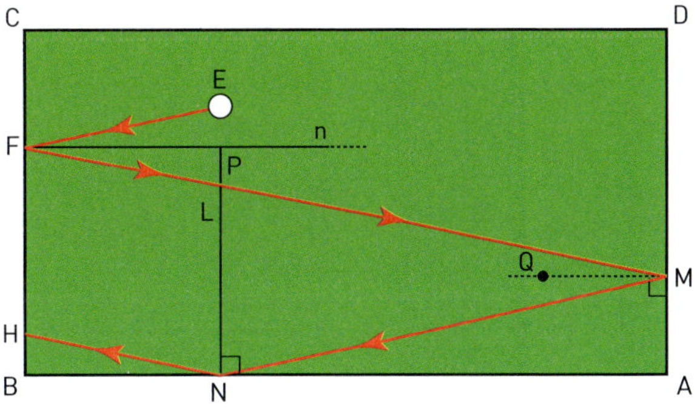

CAPITOLO G4

I PARALLELOGRAMMI E I TRAPEZI

1 Il parallelogramma

▶ Esercizi a p. G111

Listen to it

A **parallelogram** can be defined as a quadrilateral with two pairs of *parallel opposite sides*.

DEFINIZIONE

Un **parallelogramma** è un quadrilatero avente i lati opposti paralleli.

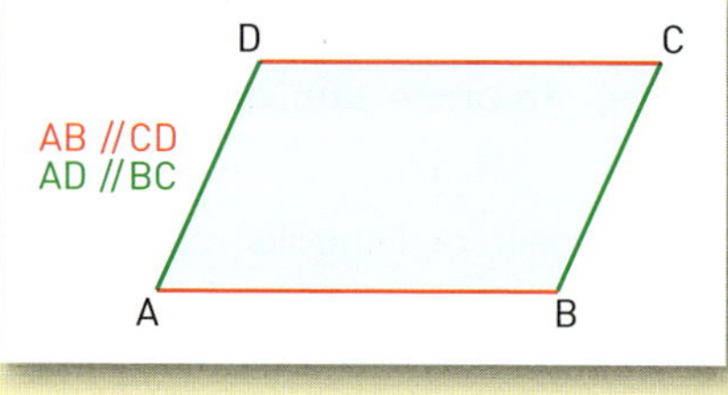

Chiamiamo **centro** di un parallelogramma il punto di incontro delle sue diagonali. Il segmento che da un vertice del parallelogramma cade perpendicolare sul lato opposto, o sul suo prolungamento, si chiama **altezza**.

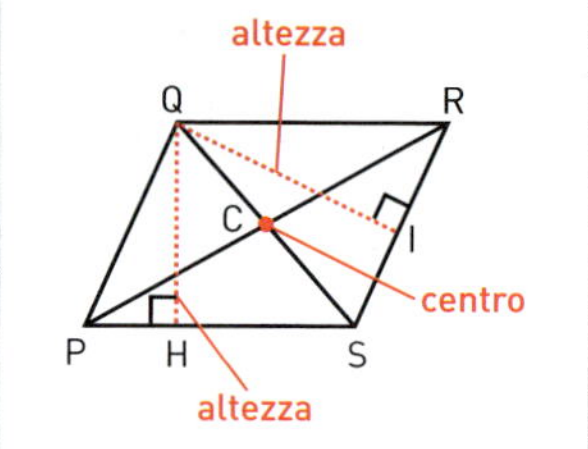

Le proprietà dei parallelogrammi

Esaminiamo tre **condizioni necessarie** affinché un quadrilatero sia un parallelogramma.

TEOREMA

Se un quadrilatero è un *parallelogramma* allora:

1. i lati opposti sono congruenti;
2. gli angoli opposti sono congruenti;
3. le diagonali si incontrano nel loro punto medio.

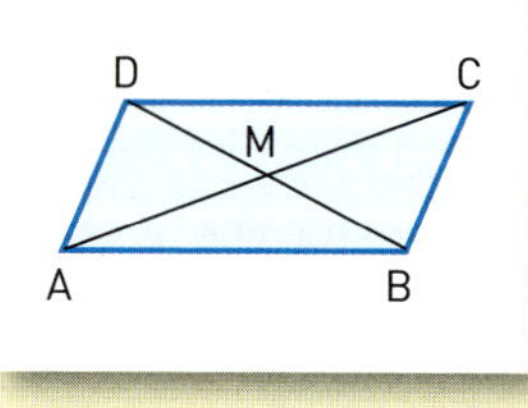

Ipotesi

ABCD è un parallelogramma.

Tesi

1. $AD \cong BC$ e $AB \cong CD$;
2. $\widehat{A} \cong \widehat{C}$ e $\widehat{B} \cong \widehat{D}$;
3. $AM \cong MC$ e $BM \cong MD$.

DIMOSTRAZIONE

1. Animazione | Consideriamo il parallelogramma $ABCD$ e tracciamo la diagonale BD (figura **a**). Gli angoli $A\widehat{B}D$ e $B\widehat{D}C$ sono alterni interni delle rette parallele AB e CD tagliate dalla trasversale BD, *quindi* $A\widehat{B}D \cong B\widehat{D}C$.

Gli angoli $A\widehat{D}B$ e $D\widehat{B}C$ (figura **b**) sono alterni interni delle rette parallele AD e BC tagliate dalla trasversale BD, *quindi* sono congruenti.

I triangoli ABD e BCD hanno $A\widehat{D}B \cong D\widehat{B}C$, $A\widehat{B}D \cong B\widehat{D}C$ e il lato BD in comune; *quindi* sono congruenti per il secondo criterio di congruenza.

Tracciando in modo analogo la diagonale AC, *deduciamo* che anche i triangoli ACD e ABC sono congruenti.

Dalla congruenza dei triangoli ABD e BCD *deduciamo* che $AB \cong CD$ e $AD \cong BC$, *pertanto* i lati opposti del parallelogramma sono congruenti.

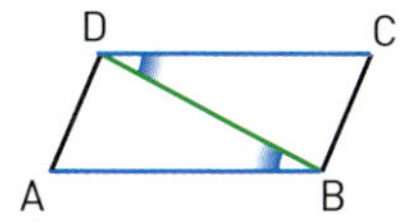

a

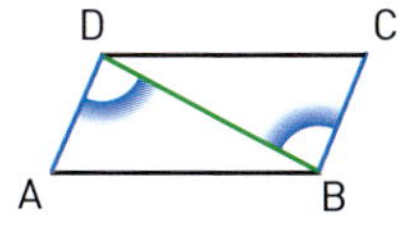

b

2. Animazione | I triangoli ABD e BCD sono congruenti, *quindi* $\widehat{A} \cong \widehat{C}$.

Anche i triangoli ABC e ACD sono congruenti, *quindi* $\widehat{B} \cong \widehat{D}$.

Pertanto gli angoli opposti del parallelogramma sono congruenti.

3. Animazione | Consideriamo i triangoli ABM e DCM (figura **c**).

Per essi si ha:

- $AB \cong CD$, per la tesi 1;
- $B\widehat{A}M \cong M\widehat{C}D$, alterni interni delle parallele AB e DC tagliate dalla trasversale AC;
- $A\widehat{B}M \cong M\widehat{D}C$, per le stesse parallele tagliate dalla trasversale DB.

Quindi sono congruenti per il secondo criterio.

In particolare, hanno $AM \cong MC$ e $BM \cong MD$, perciò nel parallelogramma le diagonali si intersecano nel loro punto medio.

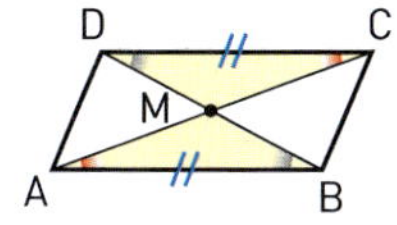

c

▶ Dimostra che in un parallelogramma gli angoli adiacenti a ogni lato sono supplementari.

I criteri per stabilire se un quadrilatero è un parallelogramma

I seguenti teoremi forniscono quattro **condizioni sufficienti** affinché un quadrilatero sia un parallelogramma.

TEOREMA

Se un quadrilatero convesso ha

1. i lati opposti congruenti, *oppure*
2. gli angoli opposti congruenti, *oppure*
3. le diagonali che si incontrano nel loro punto medio, *oppure*
4. una coppia di lati opposti congruenti e paralleli,

allora è un parallelogramma.

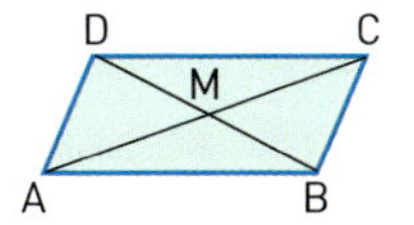

Ipotesi

1. $AB \cong CD$ e $BC \cong AD$, o
2. $\widehat{A} \cong \widehat{C}$ e $\widehat{B} \cong \widehat{D}$, o
3. $AM \cong MC$ e $BM \cong MD$, o
4. $AB \cong CD$ e $AB \parallel CD$.

Tesi

$ABCD$ è un parallelogramma.

TEORIA

▶ Nel parallelogramma *ABCD*, il centro è *M*. Prolunga i lati paralleli *BC* e *AD* di due segmenti congruenti *CE* e *AF*. Dimostra che *FE* passa per *M*.

Animazione

DIMOSTRAZIONE

Animazione | Dobbiamo dimostrare che i lati opposti di *ABCD* sono paralleli.

Disegniamo la diagonale *AC*, che divide il quadrilatero nei triangoli *ABC* e *ACD*, come in figura.

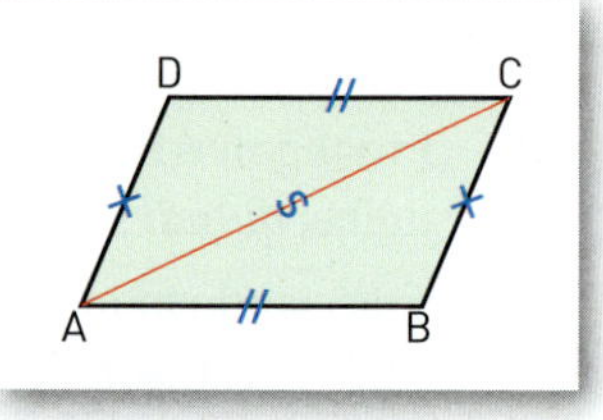

I triangoli *ABC* e *ACD* hanno:

- $AB \cong CD$ per ipotesi;
- $BC \cong AD$, sempre per ipotesi;
- AC in comune.

Quindi sono congruenti per il terzo criterio.

In particolare, sono congruenti gli angoli $B\widehat{A}C$ e $A\widehat{C}D$, che sono alterni interni delle rette *AB* e *CD* tagliate dalla trasversale *AC*, *quindi* *AB* e *CD* sono parallele.

Anche gli angoli $D\widehat{A}C$ e $A\widehat{C}B$, che sono alterni interni delle rette *AD* e *BC* tagliate dalla trasversale *AC*, sono congruenti, quindi anche *AD* e *CB* sono parallele.

Dunque *ABCD* è un parallelogramma.

Nell'animazione trovi anche la dimostrazione degli altri casi.

2 Il rettangolo

▶ Esercizi a p. G113

Listen to it

A **rectangle** is a parallelogram with *four right angles*.

DEFINIZIONE

Un **rettangolo** è un parallelogramma avente i quattro angoli congruenti.

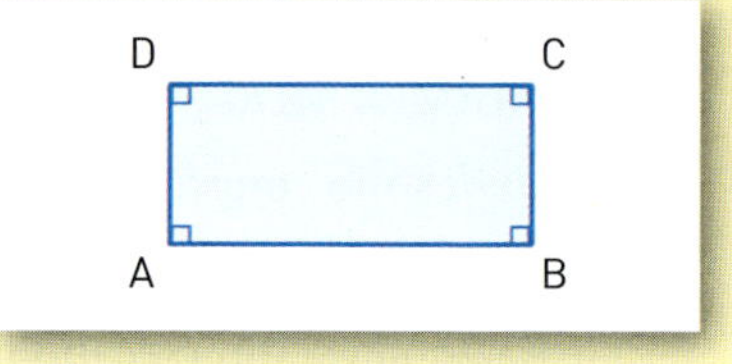

Se due angoli sono supplementari e congruenti, ognuno è un angolo retto.

Poiché gli angoli adiacenti a un lato di un parallelogramma sono supplementari, **ogni angolo di un rettangolo è un angolo retto**.

Di conseguenza, per affermare che un parallelogramma è un rettangolo, è sufficiente dimostrare che ha un angolo retto.

▶ Dimostra che i punti di intersezione delle bisettrici degli angoli di un parallelogramma sono i vertici di un rettangolo.

Animazione

Una proprietà delle diagonali del rettangolo

TEOREMA

Un rettangolo ha le diagonali congruenti.

Ipotesi *ABCD* è un rettangolo. **Tesi** $AC \cong BD$.

DIMOSTRAZIONE Animazione

I triangoli *ABD* e *ABC* sono rettangoli e hanno rispettivamente congruenti i due cateti *AD* e *BC*, poiché *ABCD* è un parallelogramma, *quindi* sono congruenti per il primo criterio di congruenza.

In particolare, risultano congruenti le ipotenuse *AC* e *BD*, che sono le diagonali del rettangolo.

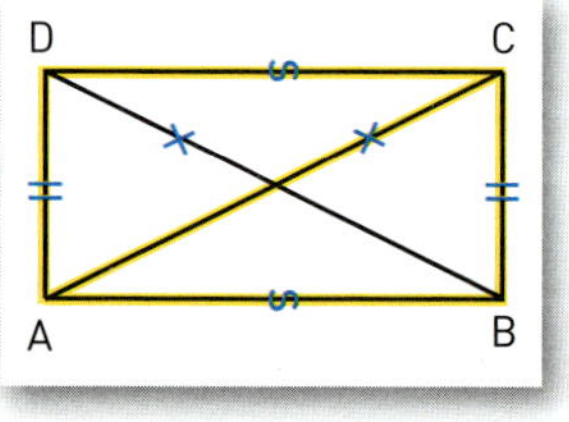

Condizione sufficiente perché un parallelogramma sia un rettangolo

TEOREMA
Un parallelogramma avente le diagonali congruenti è un rettangolo.

Ipotesi 1. $ABCD$ è un parallelogramma;
2. $AC \cong BD$.

Tesi $ABCD$ è un rettangolo.

Animazione | Nell'animazione trovi la dimostrazione del teorema, che si basa sul dimostrare che i triangoli DAB e ADC sono congruenti e sulla proprietà che in un parallelogramma gli angoli adiacenti a un lato sono supplementari.

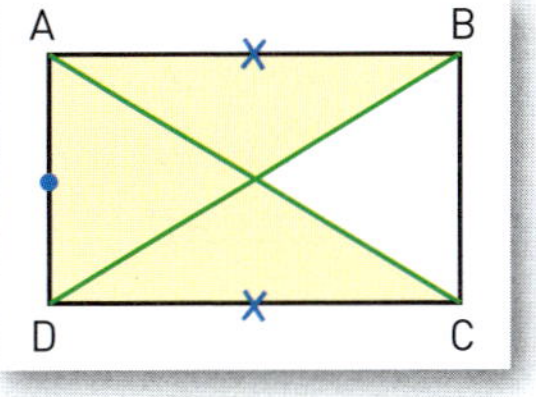

3 Il rombo

Esercizi a p. G114

DEFINIZIONE
Un **rombo** è un parallelogramma avente i quattro lati congruenti.

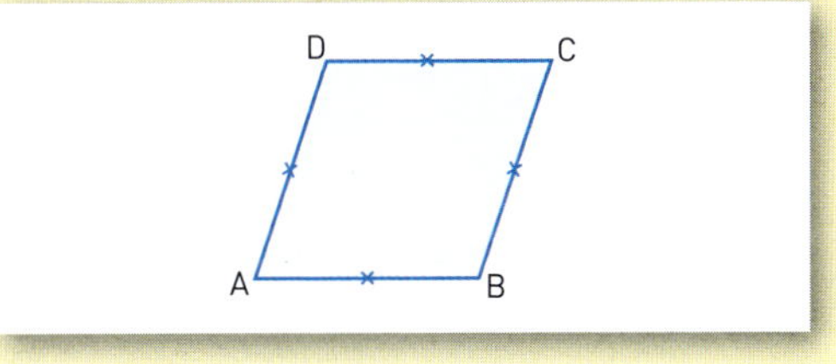

Listen to it

A **rhombus** is a parallelogram with *four congruent sides*.

Per affermare che un parallelogramma è un rombo è sufficiente dimostrare che ha due lati consecutivi congruenti.
Infatti, un parallelogramma ha i lati opposti congruenti e, se due lati consecutivi sono congruenti, per la proprietà transitiva tutti i suoi lati sono congruenti.

Essendo il rombo un parallelogramma, per esso sono valide tutte le proprietà di quest'ultimo.

Le proprietà delle diagonali del rombo

TEOREMA
Un rombo ha le diagonali che sono perpendicolari fra loro e bisettrici degli angoli.

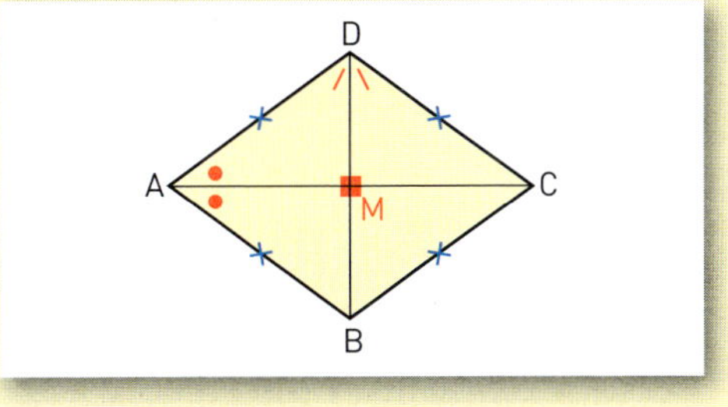

Ipotesi
$ABCD$ è un rombo.

Tesi
1. $AC \perp BD$;
2. AC e BD sono bisettrici degli angoli.

Condizioni sufficienti perché un parallelogramma sia un rombo

TEOREMA

Condizione sufficiente 1

Se un parallelogramma ha le diagonali perpendicolari, allora è un rombo.

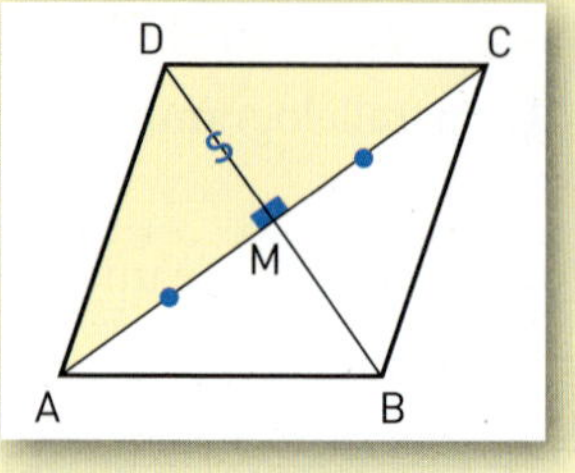

Ipotesi

1. *ABCD* è un parallelogramma;
2. $AC \perp BD$.

Tesi

ABCD è un rombo.

Non è detto che un *quadrilatero* con le diagonali perpendicolari sia un rombo, come si può vedere nella figura a lato.

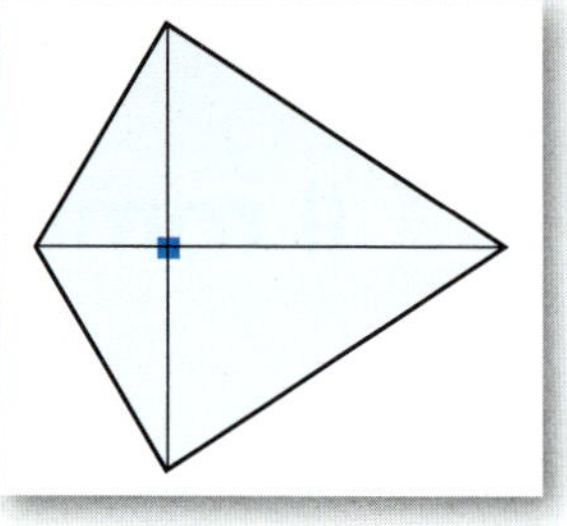

▶ Dimostra che, se un parallelogramma ha le altezze relative a due lati consecutivi, congruenti, allora è un rombo.

Animazione

TEOREMA

Condizione sufficiente 2

Se un parallelogramma ha una diagonale bisettrice di un angolo, allora è un rombo.

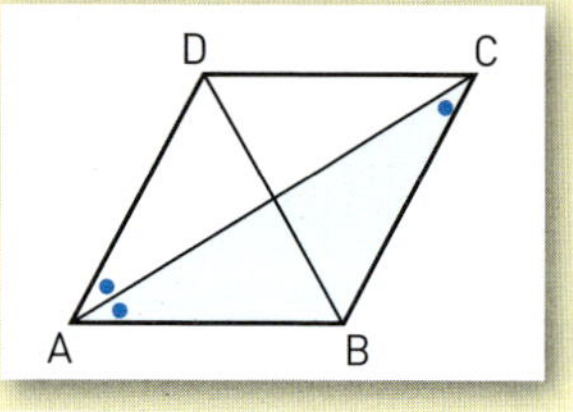

Ipotesi

1. *ABCD* è un parallelogramma;
2. AC è bisettrice di $\widehat{A}$.

Tesi

ABCD è un rombo.

4 Il quadrato

▶ Esercizi a p. G116

DEFINIZIONE

Un **quadrato** è un parallelogramma avente i quattro lati e i quattro angoli congruenti.

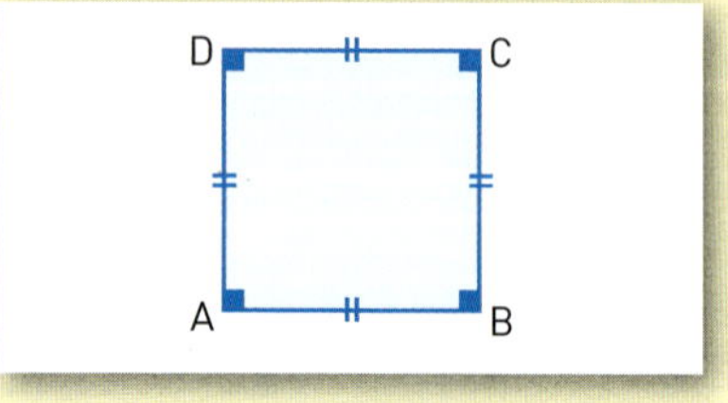

Listen to it

A **square** is a parallelogram with *four right angles* and *four congruent sides*.

Dalla definizione si deduce che un quadrato è un rettangolo e un rombo contemporaneamente. Se un quadrilatero è un quadrato, gode di tutte le proprietà del rettangolo e del rombo. Viceversa, per dire che un quadrilatero è un quadrato, è sufficiente dimostrare che è un rettangolo e un rombo.

Le proprietà delle diagonali del quadrato

TEOREMA

Un quadrato ha le diagonali congruenti; esse sono perpendicolari fra loro e bisettrici degli angoli.

Corollario. Ogni quadrato è scomposto da ciascuna delle sue diagonali in due triangoli rettangoli isosceli congruenti.
Le diagonali dividono il quadrato in quattro triangoli rettangoli isosceli congruenti.

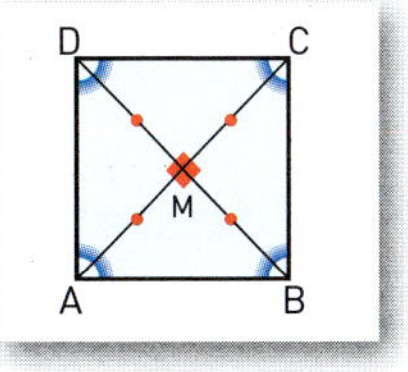

Condizioni sufficienti perché un parallelogramma sia un quadrato

TEOREMA

Se un parallelogramma ha

1. le diagonali congruenti e perpendicolari, *oppure*
2. le diagonali congruenti e una di esse è bisettrice di un angolo,

allora è un quadrato.

Poiché il quadrato è sia un rettangolo sia un rombo, per le dimostrazioni di questi teoremi basta fare riferimento alle proprietà di queste due figure.

▶ Nel quadrato *ABCD* della figura abbiamo prolungato i lati di quattro segmenti congruenti *AP*, *BQ*, *CR* e *DS*.
Dimostra che *PQRS* è un quadrato.

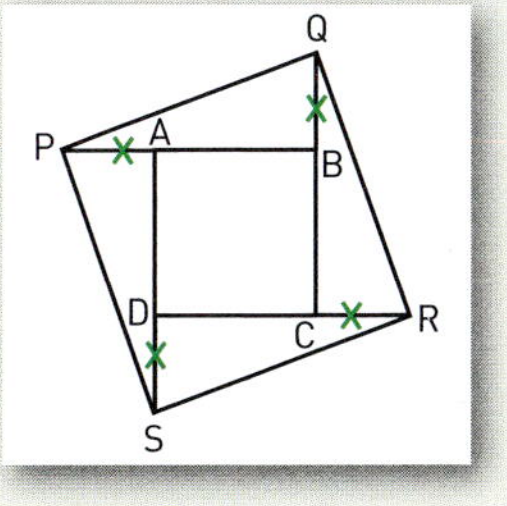

Animazione

▶ Riassumi le proprietà dei parallelogrammi. Puoi aiutarti utilizzando anche diagrammi di Venn, come puoi vedere nel video. Vi trovi anche un metodo per costruire parallelogrammi, rettangoli, rombi e quadrati utilizzando riga e compasso. Utilizzalo per disegnare un esempio di ognuno dei tipi di parallelogramma.

Video

5 Il trapezio

▶ Esercizi a p. G116

DEFINIZIONE

Un **trapezio** è un quadrilatero con due soli lati paralleli.

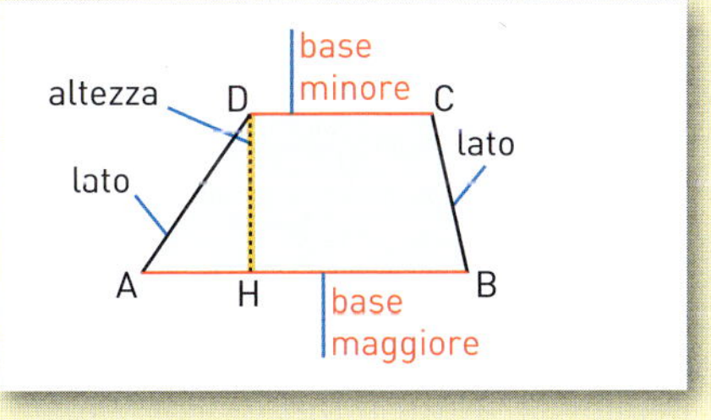

Listen to it

A **trapezium** is a quadrilateral with *one pair of parallel sides*.

I due lati paralleli si chiamano **basi**; una è la **base maggiore**, l'altra la **base minore**. La distanza fra le due basi è l'**altezza** del trapezio.

I due **lati obliqui**, non paralleli, vengono anche chiamati semplicemente **lati** del trapezio.

Gli angoli adiacenti a un lato del trapezio sono coniugati interni, *quindi* supplementari.

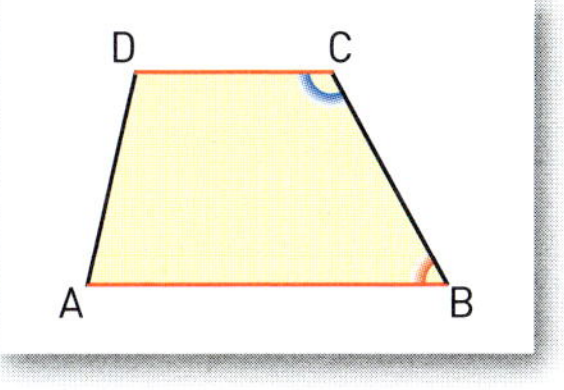

DEFINIZIONE

Un **trapezio isoscele** è un trapezio avente i lati obliqui congruenti.

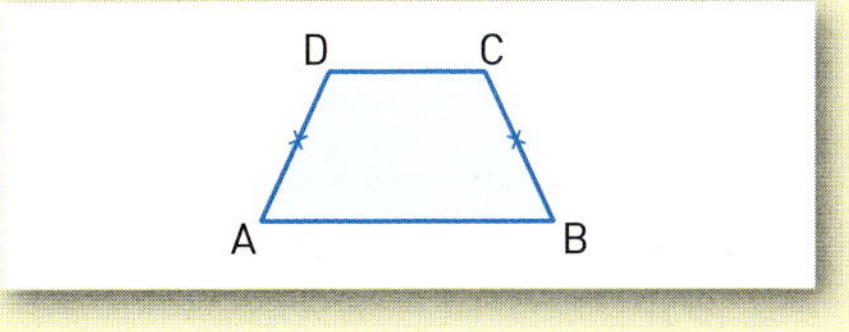

TEORIA

▶ Dimostra per assurdo che le due basi di un trapezio non possono essere congruenti.

DEFINIZIONE

Un **trapezio rettangolo** è un trapezio avente uno dei lati perpendicolare alle basi.

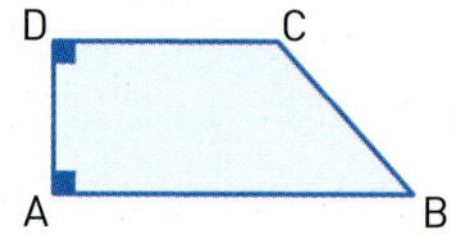

Nel caso di un trapezio rettangolo, il lato perpendicolare alle basi rappresenta l'*altezza* del trapezio.

Il teorema del trapezio isoscele

TEOREMA

In un trapezio isoscele gli angoli adiacenti a ciascuna base sono congruenti.

Ipotesi

1. $ABCD$ è un trapezio;
2. $AD \cong BC$.

Tesi

1. $\widehat{A} \cong \widehat{B}$;
2. $\widehat{C} \cong \widehat{D}$.

DIMOSTRAZIONE Animazione

Tracciamo le altezze CH e DK (figura **a**).

Il quadrilatero $KHCD$ ha, per costruzione, gli angoli retti, *quindi* è un rettangolo, *pertanto* possiamo scrivere $DK \cong CH$.

I triangoli rettangoli AKD e HBC (figura **b**) hanno:

- $AD \cong BC$ per ipotesi;
- $DK \cong CH$ per la deduzione precedente.

Quindi sono congruenti per il quarto criterio di congruenza dei triangoli rettangoli.

In particolare, sono congruenti gli angoli $\widehat{A}$ e $\widehat{B}$.

L'angolo $\widehat{D}$ è supplementare di $\widehat{A}$ e l'angolo $\widehat{C}$ è supplementare di $\widehat{B}$ (figura **c**), *quindi* i due angoli $\widehat{C}$ e $\widehat{D}$, supplementari di due angoli congruenti, sono congruenti fra loro.

Corollario. In un trapezio isoscele, gli angoli opposti sono supplementari.

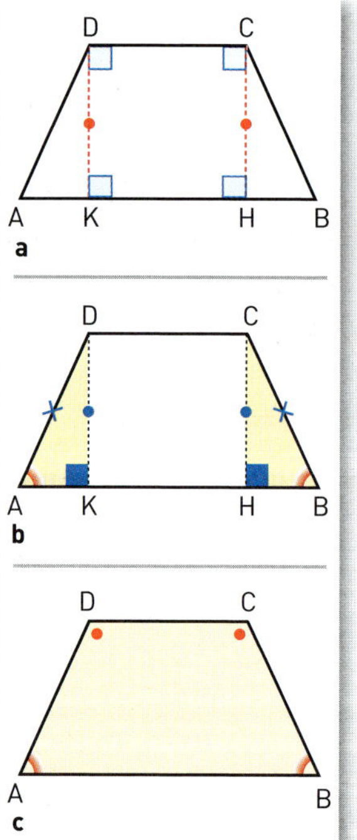

L'inverso del teorema del trapezio isoscele

TEOREMA

Se in un trapezio gli angoli adiacenti a una delle basi sono congruenti, il trapezio è isoscele.

Ipotesi

1. $ABCD$ è un trapezio;
2. $\widehat{A} \cong \widehat{B}$.

Tesi

$AD \cong BC$.

DIMOSTRAZIONE Animazione

Tracciamo le altezze CH e DK.

I triangoli rettangoli AKD e HBC hanno:

- $DK \cong CH$ perché lati opposti del rettangolo $KHCD$;
- $\widehat{A} \cong \widehat{B}$ per l'ipotesi 2.

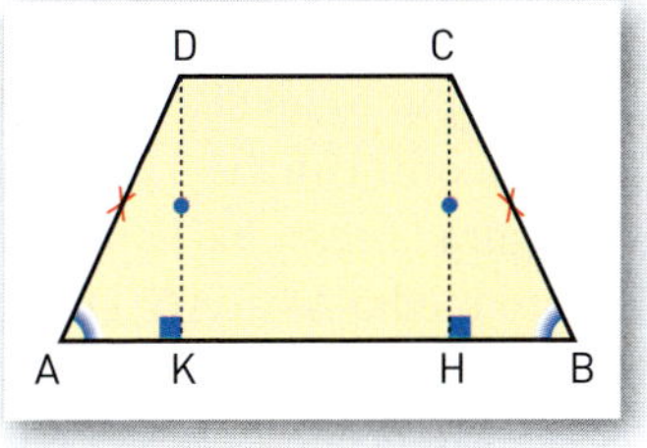

Quindi sono congruenti per il secondo criterio di congruenza dei triangoli rettangoli. In particolare, hanno le ipotenuse congruenti.

Il trapezio $ABCD$ ha i lati obliqui AD e BC congruenti, *quindi* è isoscele.

6 Le corrispondenze in un fascio di rette parallele

▶ Esercizi a p. G120

Abbiamo visto che un fascio improprio di rette è l'insieme di tutte le rette parallele a una retta data.

Una retta che interseca una retta del fascio le interseca tutte. Essa è detta **trasversale** del fascio. Quando le trasversali sono due, i **punti** in cui ogni retta del fascio interseca le trasversali sono detti **corrispondenti**. I **segmenti corrispondenti** hanno per estremi punti corrispondenti.

La *corrispondenza è biunivoca* ed è detta **corrispondenza di Talete**.

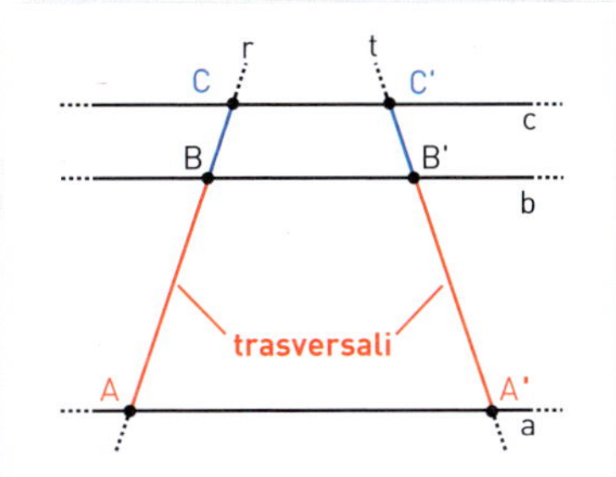

Nella figura sono corrispondenti i punti A e A', B e B', C e C'. I segmenti AB e $A'B'$, BC e $B'C'$ sono corrispondenti.

Il teorema del fascio di rette parallele

TEOREMA

Dato un fascio di rette parallele tagliato da due trasversali, a segmenti congruenti su una trasversale corrispondono segmenti congruenti sull'altra trasversale.

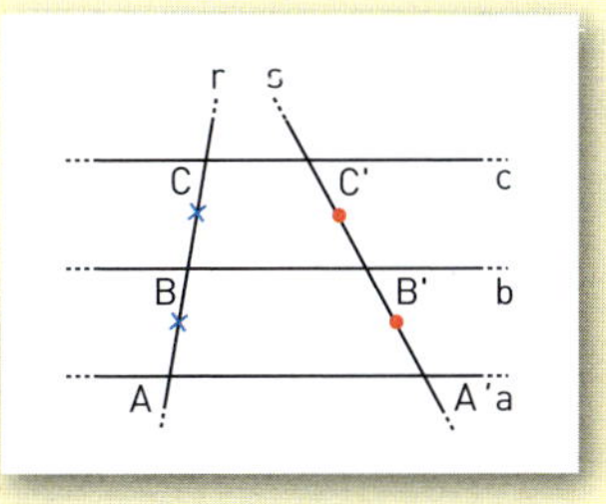

Ipotesi

1. $a \parallel b \parallel c$;
2. r e s sono trasversali del fascio;
3. $A, B, C \in r$;
4. $AB \cong BC$;
5. A', B', C' sono i corrispondenti di A, B, C.

Tesi

$A'B' \cong B'C'$.

Animazione | Nell'animazione trovi la dimostrazione del teorema di Talete.

PROBLEMA

Il metodo del falegname Un falegname deve dividere un righello di legno in sette parti uguali e ha a disposizione solo una riga non graduata e un compasso. Come procede?

▶ Prendi un segmento AB e una semiretta Ar. Partendo da A, su r riporta 7 segmenti congruenti. Che cosa usi? Disegna poi delle rette parallele che permettano di sfruttare il teorema del fascio…

Scheda di lavoro

TEORIA

▶ Dopo aver compreso il metodo proposto nel video, utilizzalo per dividere con riga e compasso un segmento in cinque parti congruenti.

Video

Corollario. Se in un triangolo tracciamo la retta passante per il punto medio di un lato e parallela a un altro lato, essa incontra anche il terzo lato nel suo punto medio.
In figura la retta b è la parallela al lato AB e passa per il punto medio M di AC. Disegniamo la retta per C parallela ad AB.
Sulla trasversale AC i due segmenti AM e CM sono congruenti, *quindi* sulla trasversale BC i segmenti corrispondenti BN e CN sono anch'essi congruenti.
Utilizzando il teorema di Talete possono dimostrare i seguenti teoremi.

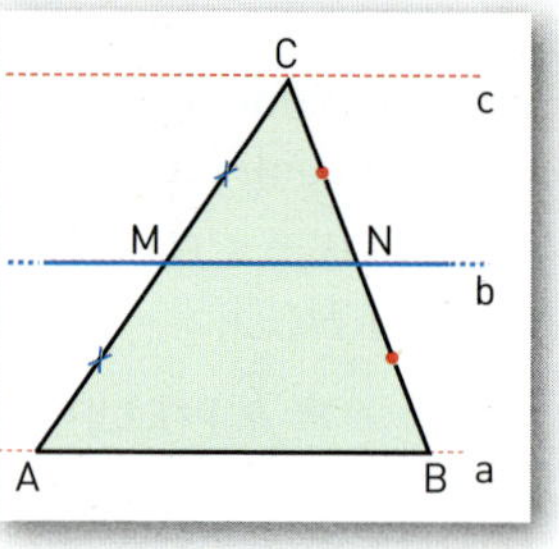

TEOREMA

Se in un triangolo si congiungono i punti medi di due lati, il segmento che si ottiene è parallelo al terzo lato e congruente alla sua metà.

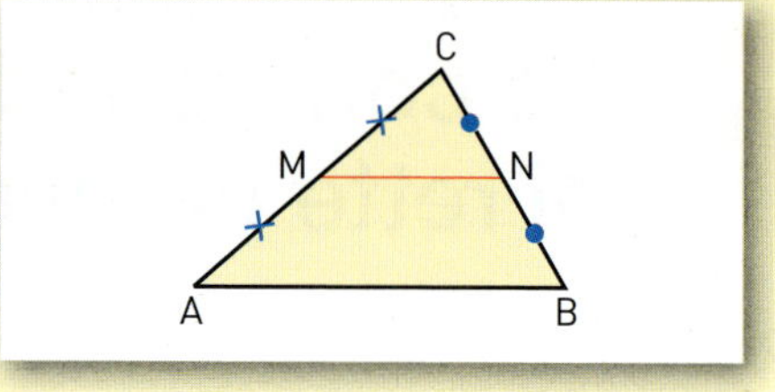

Ipotesi
1. ABC è un triangolo;
2. $AM \cong MC$;
3. $BN \cong NC$.

Tesi
1. $MN \parallel AB$;
2. $MN \cong \frac{1}{2} AB$.

Animazione | Nell'animazione trovi la dimostrazione del teorema.

▶ Sui lati dell'angolo convesso $a\widehat{O}b$ considera i punti A sulla semiretta Oa e B sulla semiretta Ob. Detti M e N, rispettivamente, i punti medi dei segmenti OA e OB, dimostra che il quadrilatero $MNBA$ è un trapezio e che il segmento MN è la metà del segmento AB.

TEOREMA

In un trapezio, il segmento congiungente i punti medi dei lati obliqui è parallelo alle due basi e congruente alla loro semisomma.

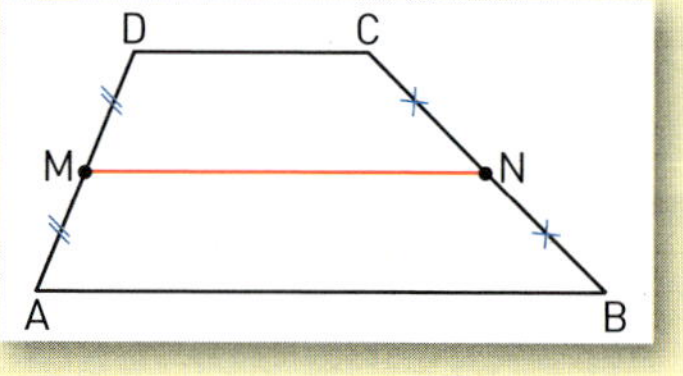

Ipotesi
1. $ABCD$ è un trapezio;
2. $DM \cong MA$; $CN \cong NB$.

Tesi
1. $MN \parallel AB \parallel DC$;
2. $MN \cong \frac{1}{2}(AB + DC)$.

Animazione | Nell'animazione trovi la dimostrazione del teorema.

MATEMATICA INTORNO A NOI

Pacchetti triangolari Un cartolaio vuole impacchettare degli oggetti rettangolari (segnalibri, biglietti d'auguri, cartoline...) con fogli di carta triangolari. Ogni pacchetto viene ottenuto da un solo foglio, che copre perfettamente l'oggetto.

▶ Come si fa a trovare il rettangolo più grande che può essere avvolto da un dato foglio triangolare?

La risposta

IN SINTESI
I parallelogrammi e i trapezi

Il parallelogramma

Un **parallelogramma** è un quadrilatero con i lati opposti paralleli.

In ogni parallelogramma:

- i lati opposti sono congruenti;
- gli angoli opposti sono congruenti;
- gli angoli adiacenti a ogni lato sono supplementari;
- le diagonali si incontrano nel loro punto medio.

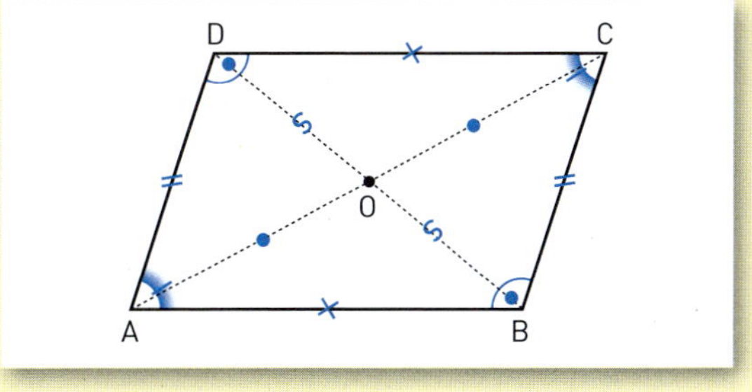

Un quadrilatero è un parallelogramma se:

- i lati opposti sono congruenti, *oppure*
- gli angoli opposti sono congruenti, *oppure*
- le diagonali si incontrano nel loro punto medio, *oppure*
- due lati opposti sono congruenti e paralleli.

Il rettangolo

Un **rettangolo** è un parallelogramma avente i quattro angoli congruenti.
Ogni angolo del rettangolo è un angolo retto.
Le diagonali di un rettangolo sono congruenti.
Se in un parallelogramma le diagonali sono congruenti, allora il parallelogramma è un rettangolo.

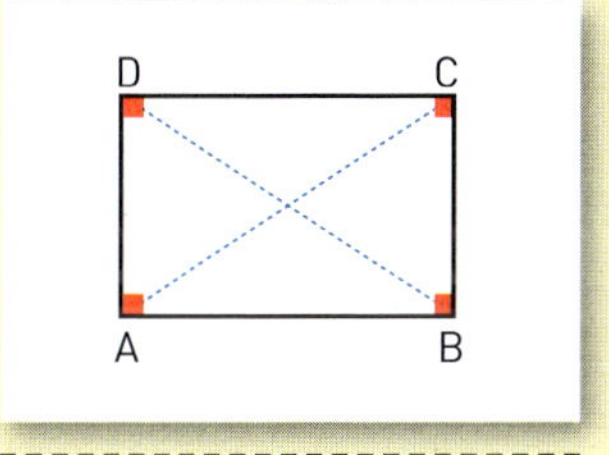

Il rombo

Un **rombo** è un parallelogramma avente i quattro lati congruenti.

In un rombo le diagonali sono:

- perpendicolari;
- bisettrici degli angoli.

Se in un parallelogramma le diagonali sono

- perpendicolari, *oppure*
- bisettrici degli angoli,

allora il parallelogramma è un rombo.

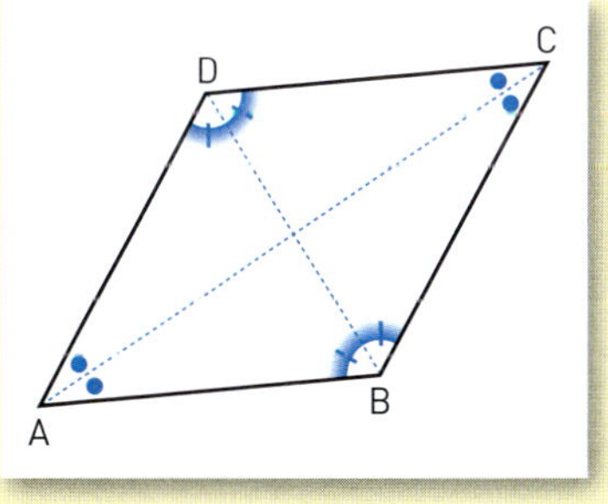

Il quadrato

Un **quadrato** è un parallelogramma avente i quattro angoli e i quattro lati congruenti.

In un quadrato le diagonali sono:

- congruenti;
- perpendicolari;
- bisettrici degli angoli.

Se in un parallelogramma le diagonali sono

- congruenti e perpendicolari, *oppure*
- congruenti e una di esse è bisettrice di un angolo,

allora il parallelogramma è un quadrato.

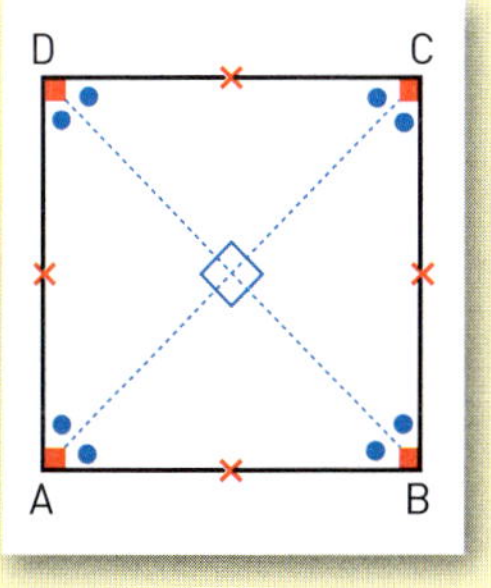

Il trapezio

Un **trapezio** è un quadrilatero avente due soli lati paralleli.

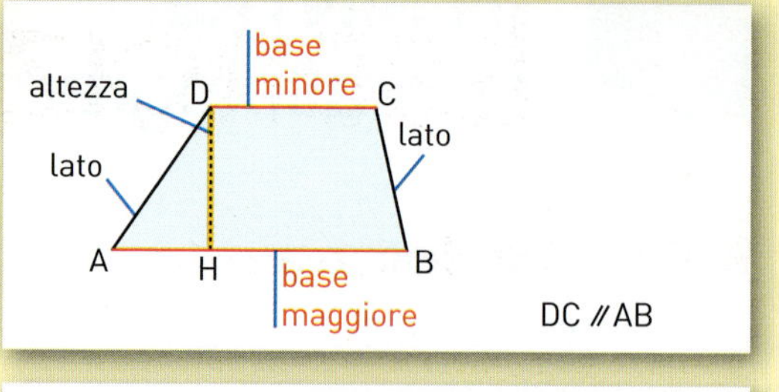

Un **trapezio isoscele** è un trapezio avente i lati obliqui congruenti.
Un trapezio isoscele ha gli angoli adiacenti a ciascuna base congruenti.
Viceversa, è sufficiente che gli angoli adiacenti a una base siano congruenti affinché un trapezio sia isoscele.

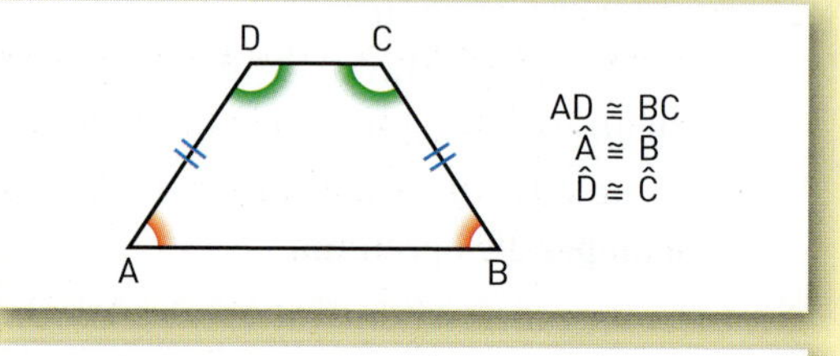

Un **trapezio rettangolo** è un trapezio in cui uno dei lati è perpendicolare alle basi.

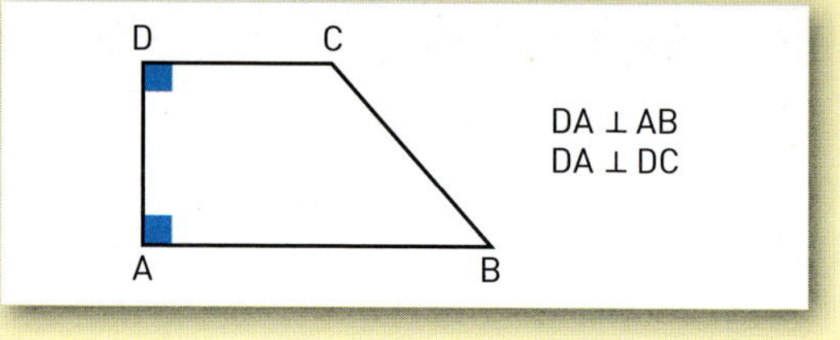

Le corrispondenze in un fascio di rette parallele

Un **fascio improprio di rette** è l'insieme di tutte le rette parallele a una retta data.
Dato un fascio di rette parallele tagliato da due trasversali, a segmenti congruenti sull'una corrispondono segmenti congruenti sull'altra.

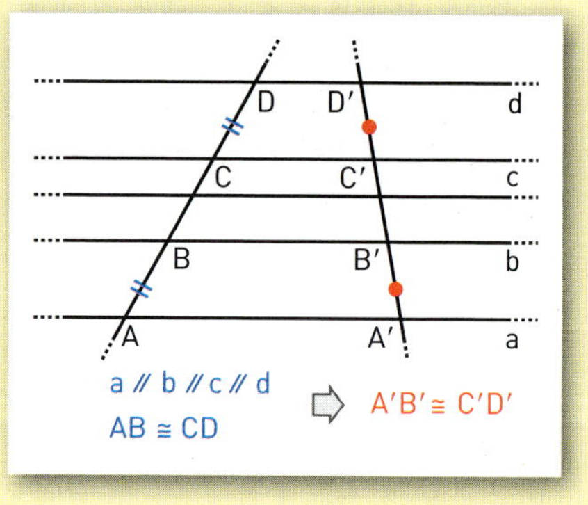

In un triangolo, il segmento con estremi nei punti medi di due lati è parallelo al terzo lato e congruente alla metà di esso.

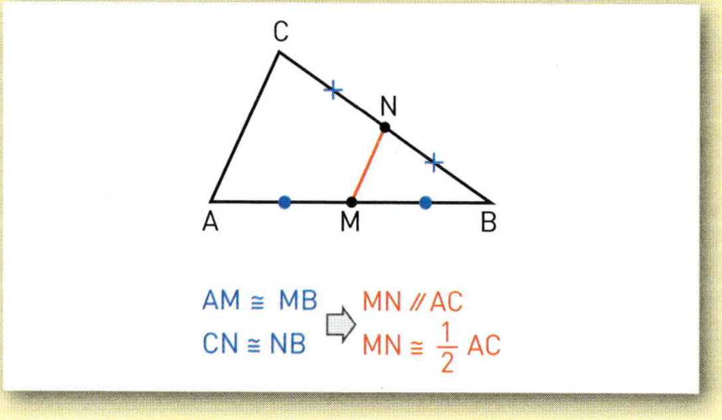

In un trapezio, la congiungente i punti medi dei lati obliqui è parallela alle due basi e congruente alla loro semisomma.

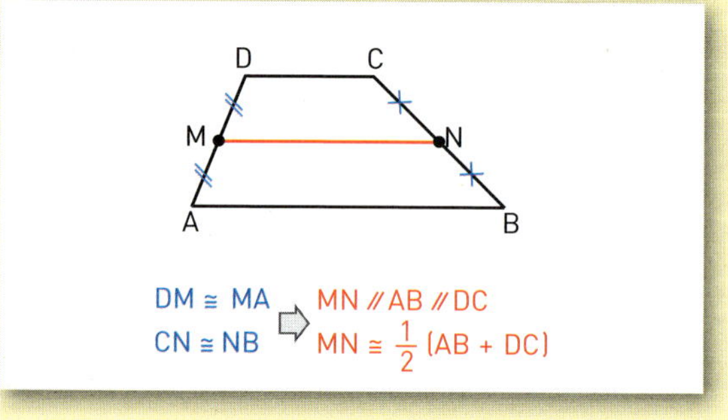

CAPITOLO G4

ESERCIZI

1 Il parallelogramma

▶ Teoria a p. G100

1 ●○ **VERO O FALSO?**

a. Un quadrilatero con due lati paralleli è un parallelogramma. V F

b. In un parallelogramma le diagonali non si incontrano nel punto medio. V F

c. Se un quadrilatero viene diviso da una sua diagonale in due triangoli congruenti, allora è un parallelogramma. V F

d. In un parallelogramma gli angoli adiacenti a un lato sono supplementari. V F

e. Se un quadrilatero ha due angoli opposti congruenti, allora è un parallelogramma. V F

TEST

2 ●○ Con riferimento al parallelogramma della figura, fra le seguenti congruenze solo una è *vera*. Quale?

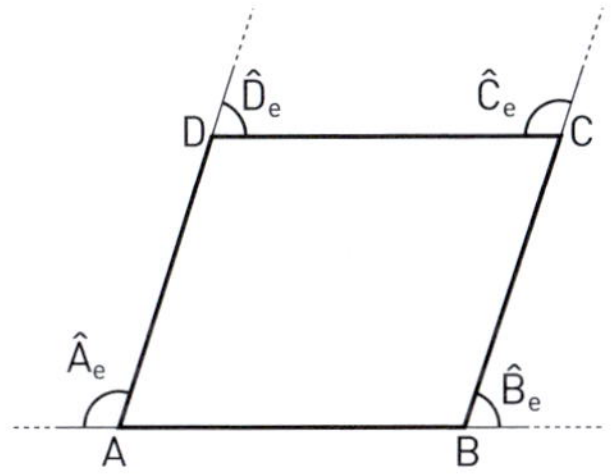

A $AB \cong AD$

B $AB \cong CD$

C $AC \cong BD$

D $AB \cong BD$

E $\widehat{A} \cong \widehat{D}$

3 ●○ Con riferimento al parallelogramma della figura dell'esercizio 2, solo una delle seguenti congruenze è *falsa*. Quale?

A $\widehat{A} \cong \widehat{C}$

B $\widehat{A}_e \cong \widehat{B}_e$

C $\widehat{B}_e \cong \widehat{D}_e$

D $\widehat{A}_e + \widehat{B}_e \cong \pi$

E $\widehat{A}_e + \widehat{C}_e \cong \pi$

Proprietà geometriche e misure

Nei seguenti parallelogrammi determina gli angoli indicati.

4 ●○

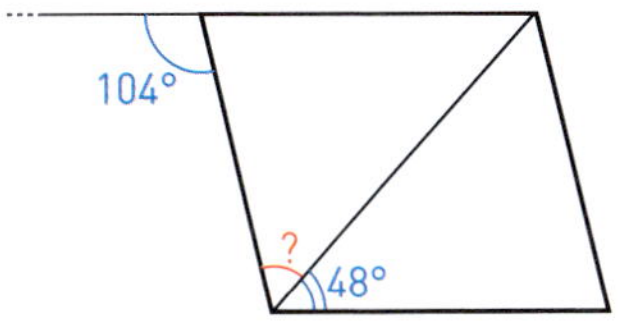

5 ●○

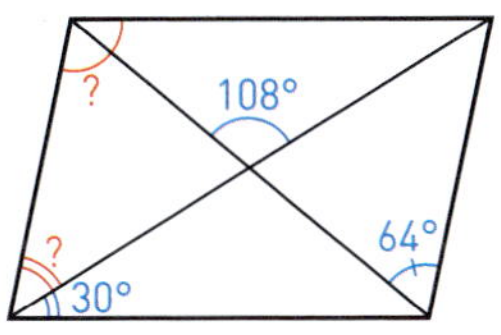

6 ●○

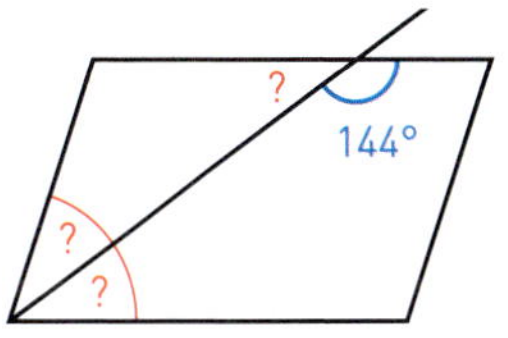

Dimostrazioni

7 **DIMOSTRAZIONE GUIDATA** È dato il parallelogramma $ABCD$, con le sue diagonali che si intersecano in O. Scelti i punti E su OB e F su OD in modo che $OE \cong OF$, dimostra che i triangoli AEB e CFD sono congruenti. ▶

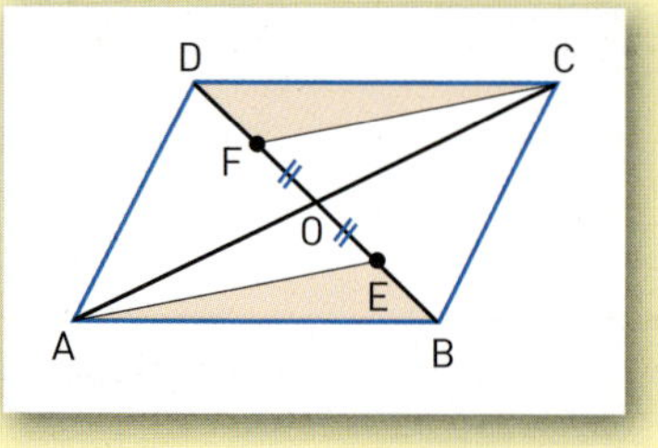

Ipotesi 1. ______ parallelogramma;
2. $OE \cong$ ______.

Tesi ______ $\cong DCF$.

Dimostrazione

Dimostra la congruenza dei triangoli ABE e DCF.

Essi hanno:

______ $\cong DC$, perché lati ______ di un ______;

$A\widehat{B}E \cong$ ______, perché angoli ______ interni formati dalle rette ______ DC e ______ tagliate dalla trasversale ______;

______ $\cong DF$, perché differenze di segmenti ______ ($OB \cong$ ______, perché O è ______ della diagonale del ______ $ABCD$; ______ $\cong OF$ per l'______ 2); *pertanto* i triangoli sono congruenti per il ______.

8 Disegna un segmento AC con gli estremi su due rette parallele a e c. Indica con M il punto medio di AC, poi traccia una retta passante per M che interseca a e c, rispettivamente nei punti B e D. Dimostra che $ABCD$ è un parallelogramma.

9 Due rette parallele a e b intersecano la trasversale t, rispettivamente nei punti A e B. Scegli sulle parallele, dalla stessa parte rispetto a t, i segmenti congruenti AD e BC. Dimostra che il quadrilatero $ABCD$ è un parallelogramma.

10 Disegna un triangolo ABC e la mediana CM. Prolunga CM di un segmento $ME \cong CM$. Dimostra che $AEBC$ è un parallelogramma.

11 Nel triangolo ABC, prolunga il lato AC di un segmento $CE \cong AC$ e il lato BC di un segmento $CF \cong BC$. Dimostra che il quadrilatero $ABEF$ è un parallelogramma.

12 Nel parallelogramma $ABCD$ considera su AB il punto E e su CD il punto F in modo che $AE \cong CF$. Dimostra che i triangoli ADF e EBC sono congruenti.

13 Nel parallelogramma $ABCD$, sui lati opposti AD e BC scegli due segmenti congruenti AF e CE. Dimostra che $BEDF$ è un parallelogramma.

14 Nel parallelogramma $ABCD$ traccia le perpendicolari da A e da B alla retta CD e chiama rispettivamente H e K i loro piedi. Dimostra che i triangoli AHD e BKC sono congruenti.

15 Disegna un parallelogramma $ABCD$ e traccia le bisettrici degli angoli interni $\widehat{A}$ e $\widehat{B}$. Esse si incontrano in E. Dimostra che $A\widehat{E}B$ è un angolo retto.

16 ESEMPIO DIGITALE ABC è un triangolo isoscele di base BC. Fissa un punto P sul lato AB, prolunga il lato AC dalla parte di C di un segmento $CQ \cong BP$. Traccia per Q una retta r parallela a BA che interseca il prolungamento del lato BC nel punto S. Dimostra che $SPBQ$ è un parallelogramma.

17 Nel parallelogramma $ABCD$ prolunga, sempre nello stesso verso, ogni lato in modo da ottenere i segmenti BM, CN, DE, AF congruenti fra loro. Dimostra che $EFMN$ è un parallelogramma.

18 Nel parallelogramma $ABCD$ segna quattro punti, uno su ogni lato, E, F, M, N in modo che risultino congruenti i segmenti AE, BF, CM, DN. Dimostra che $EFMN$ è un parallelogramma.

19 Nel triangolo isoscele ABC di base AB, prolunga il lato AC e considera sulla bisettrice dell'angolo esterno di vertice C un punto E tale che $CE \cong AB$. Dimostra che $ABEC$ è un parallelogramma.

20 ABC è un triangolo isoscele sulla base BC. Sulla bisettrice dell'angolo esterno di vertice A fissa un punto D in modo che $BC \cong AD$. Dimostra che $BCDA$ è un parallelogramma.

MATEMATICA INTORNO A NOI

Il quadrilatero articolato Gli elevatori a braccio pieghevole, costruiti in svariati modelli e dimensioni, sono accomunati dal sistema di aste incernierate che ne determina la funzionalità. Si tratta di un'applicazione del cosiddetto *quadrilatero articolato*, costituito da quattro aste incernierate agli estremi, di lunghezza variabile a seconda del comportamento richiesto.

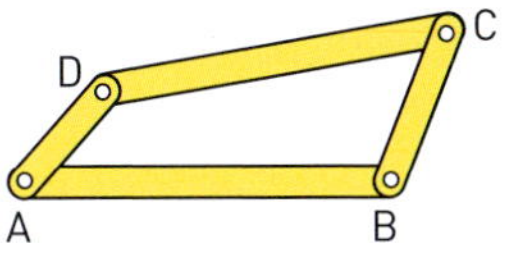

Problema e risoluzione – 4 esercizi in più.

2 Il rettangolo

Teoria a p. G102

21 VERO O FALSO?

a. Se un quadrilatero ha due angoli retti, allora è un rettangolo. V F

b. Un quadrilatero avente tre angoli retti è un rettangolo. V F

c. Se un quadrilatero ha le diagonali congruenti, allora è un rettangolo. V F

d. Le diagonali di un rettangolo non si dividono a metà. V F

22 INVALSI 2005 Quale fra le seguenti condizioni è sufficiente affinché un quadrilatero sia un rettangolo?

A I lati opposti siano uguali e un angolo sia retto.

B Le diagonali si dividano a metà.

C I lati opposti siano paralleli.

D Le diagonali siano uguali e un angolo sia retto.

23 SPIEGA PERCHÉ Paolo: «Se ho un quadrilatero *PQRS* tale che *PQ* è congruente a *RS* e *SQ* è congruente a *RP*, cosa posso aggiungere per essere sicuro che sia un rettangolo?».

Pietro: «*SP* è congruente a *RQ*!».

Marta: «*PQ* è parallelo a *RS*!».

Chi ha ragione? Motiva la risposta.

24 DIMOSTRAZIONE GUIDATA Nel triangolo isoscele *ABC* di vertice *C*, prolunga i lati *AC* e *BC* dei segmenti *CE* e *CF* congruenti a *BC*. Dimostra che il quadrilatero *ABEF* è un rettangolo.

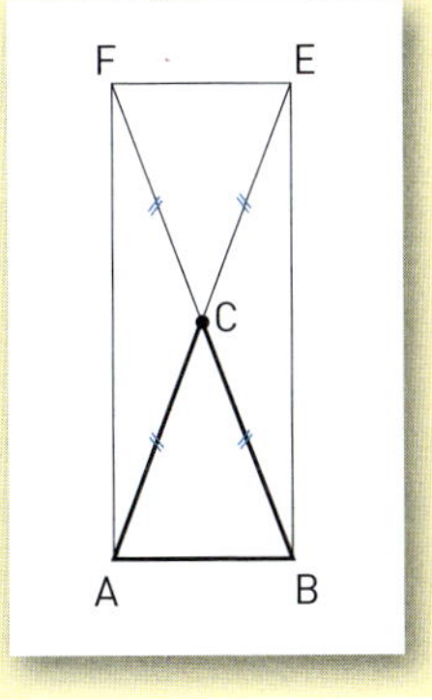

Ipotesi

1. *ABC* è un ______;
2. *CE* è un prolungamento di ______; ______ è prolungamento di ______;
3. $CE \cong$ ______ $\cong$ ______ $\cong$ ______.

Tesi

ABEF è un ______.

Dimostrazione

- *Dimostra che il quadrilatero ABEF è un parallelogramma.*
  Le diagonali *AE* e ______ hanno lo stesso punto ______, *quindi* ______ è un ______.
- *Dimostra che ABEF è un rettangolo.*
  Le stesse diagonali sono anche ______, perché somme di ______. Il ______ *ABEF*, avendo le diagonali ______, è un ______.

ESERCIZI

25 ●○ ESEMPIO DIGITALE Nel parallelogramma $ABCD$ traccia le altezze DE e CF.

a. Dimostra che $EFCD$ è un rettangolo.

b. Considera su AD un punto P e su CB un punto Q in modo che $AP \cong BQ$. Dimostra che $EFQP$ è un parallelogramma.

26 ●○ Dato il triangolo rettangolo ABC, con l'angolo retto in A, da un punto P dell'ipotenusa traccia il segmento PH perpendicolare ad AB e poi PK perpendicolare ad AC. Dimostra che $AHPK$ è un rettangolo.

27 ●○ Nel triangolo ABC, isoscele sulla base BC, traccia l'altezza AH e la parallela per H al lato AB. La perpendicolare per C a BC interseca tale parallela in P. Dimostra che $AHCP$ è un rettangolo.

28 ●○ Nel parallelogramma $ABCD$ le bisettrici dei quattro angoli, incontrandosi, determinano il quadrilatero $EFGH$. Dimostra che è un rettangolo.

29 ●○ ESEMPIO DIGITALE Da un punto P qualsiasi del lato BC del rettangolo $ABCD$ conduci le parallele alle diagonali AC e BD. Dimostra che tali rette, intersecando le diagonali, formano un parallelogramma in cui la somma dei lati è congruente a una delle diagonali del rettangolo.

MATEMATICA INTORNO A NOI

Corde e canne di bambù In alcune zone rurali dell'Africa, per tracciare la base di un semplice edificio rettangolare si utilizzano materiali poveri e le proprietà geometriche dei quadrilateri. Si realizza anzitutto un parallelogramma utilizzando quattro canne di bambù, poi entra in gioco una corda...

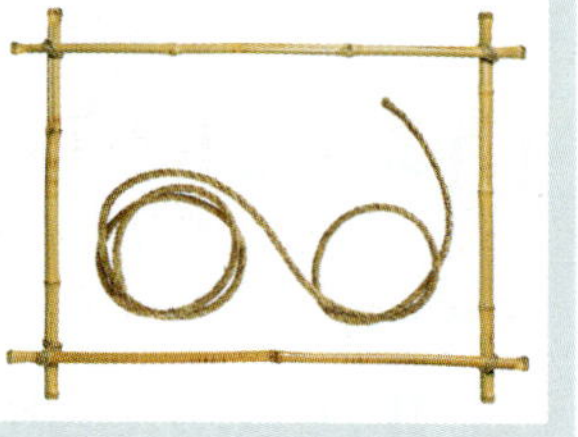

Problema e risoluzione – 3 esercizi in più.

Con le misure

30 ●○ Nel seguente rettangolo trova α e β.

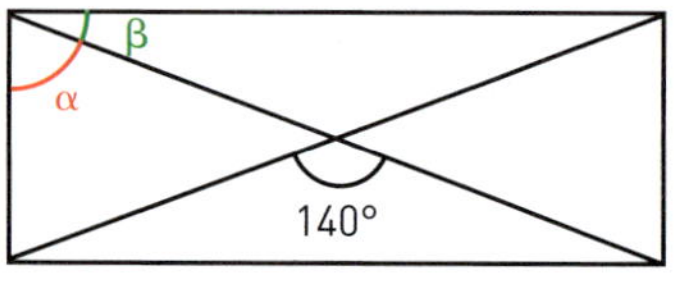

31 ●○ La diagonale AC del rettangolo $ABCD$ divide l'angolo in C in due parti, delle quali una è i $\frac{7}{11}$ dell'altra. Determina le ampiezze dei quattro angoli formati dalle diagonali del rettangolo.

3 Il rombo

▶ Teoria a p. G103

32 ●○ VERO O FALSO?

a. Se un quadrilatero ha le diagonali perpendicolari, allora è un rombo. V F

b. Se un parallelogramma ha due lati consecutivi congruenti, allora è un rombo. V F

c. Un rombo non può avere quattro angoli congruenti. V F

d. Un quadrilatero avente quattro lati congruenti è un rombo. V F

33 DIMOSTRAZIONE GUIDATA Dato il rombo $ABCD$, traccia le sue diagonali. Prolunga il lato AB di un segmento BE congruente al lato e congiungi E con C. Dimostra che l'angolo $A\widehat{C}E$ è retto e che CE è parallelo a DB.

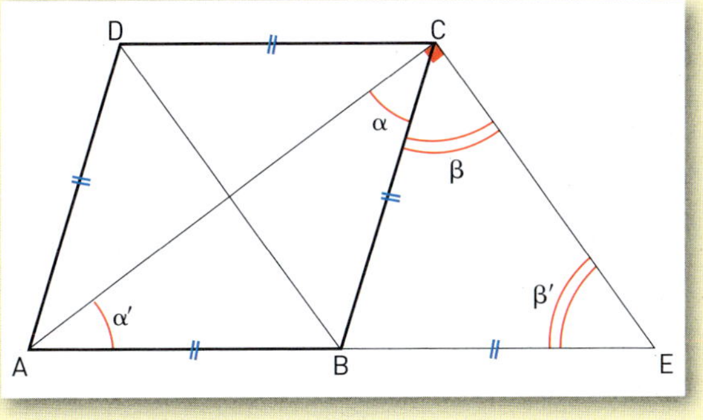

Ipotesi 1. *ABCD* è un ______;
2. $BE \cong$ ______.

Tesi 1. $A\widehat{C}E \cong$ ______;
2. ______ // ______.

Dimostrazione

- *Considera il triangolo ACE.*
In esso risulta:
$\alpha' +$ ______ $+$ ______ $+ \beta' \cong \pi$, perché somma degli angoli ______ di un ______.
- *Prendi in esame i triangoli ABC e CBE.*
Essi sono entrambi isosceli per ipotesi, *quindi* $\alpha' \cong$ ______ e $\beta' \cong$ ______, perché angoli alla ______.
- *Sostituisci nella relazione precedente.*
$\alpha + \alpha +$ ______ $+$ ______ $\cong$ ______, ossia:
$2\alpha +$ ______ $\cong$ ______ e, dividendo per 2:
$\alpha + \beta \cong$ ______, *pertanto* $A\widehat{C}E \cong$ ______.
- *Dimostra che CE // DB.*
Il quadrilatero *BECD* ha i lati *BE* e *CD* ______ e paralleli, *quindi* è un ______, *pertanto* i suoi lati *CE* e ______ sono ______.

34 ●○ Nel rombo *ABCD*, *M*, *N*, *E* e *F* sono i punti medi dei lati. Dimostra che il quadrilatero *MNEF* è un rettangolo.

35 ●○ Nel rombo *ABCD* l'angolo $\widehat{A}$ è doppio dell'angolo $\widehat{B}$. Dimostra che la diagonale minore *AC* è congruente al lato del rombo.

36 ●○ Disegna un triangolo *ABC* e la bisettrice *CD* dell'angolo $\widehat{C}$. Dal punto *D* traccia le parallele ad *AC* e a *BC*. Indicate con *E* e *F* le intersezioni delle parallele tracciate rispettivamente con *BC* e *AC*, dimostra che *DECF* è un rombo.

37 ●○ Dimostra che, se su una diagonale di un rombo si prendono due punti equidistanti dagli estremi, unendo tali punti con gli altri due vertici del rombo si ottiene un altro rombo.

38 ●● Nel rombo *ABCD*, le diagonali si incontrano nel punto *O*. Traccia le distanze *OH*, *OK*, *OP*, *OQ* del punto *O*, rispettivamente dai lati *AB*, *BC*, *CD*, *DA*. Dimostra che tali distanze sono congruenti e che i punti *P*, *O*, *H*, così come *Q*, *O*, *K*, sono allineati.

Con le misure

39 ●○ Considera il triangolo equilatero *ABC* di perimetro 24 cm e la bisettrice *BD* dell'angolo in *B*. Conduci da *D* le parallele ai lati *CB* e *AB* che incontrano i lati stessi in *E* e *F*. Determina il perimetro del rombo *DEBF*.

[16 cm]

40 ●○ Trova tutti gli angoli del rombo della figura.

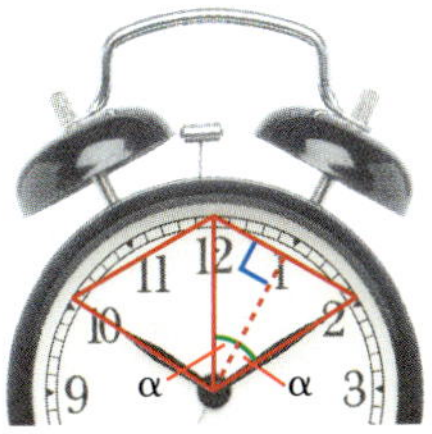

4 Il quadrato

▶ Teoria a p. G104

41 VERO O FALSO?

a. Un parallelogramma con due lati consecutivi congruenti è un quadrato. V F

b. Ogni quadrato è un rettangolo. V F

c. Se un rombo ha le diagonali congruenti, allora è un quadrato. V F

d. Condizione sufficiente affinché un quadrilatero sia un quadrato è che abbia quattro angoli retti. V F

e. Condizione necessaria affinché un quadrilatero abbia le diagonali perpendicolari è che sia un quadrato. V F

42 Disegna un rettangolo *ABCD*. Su ogni lato costruisci, esternamente al rettangolo, quattro triangoli rettangoli isosceli, in modo che i lati del rettangolo siano ipotenuse dei triangoli. Indica con *P*, *Q*, *R*, *S* i vertici degli angoli retti. Dimostra che *PQRS* è un quadrato.

43 ESEMPIO DIGITALE Dato il triangolo rettangolo isoscele *ABC*, prolunga la mediana relativa all'ipotenusa *BM* di un segmento $MD \cong BM$. Dimostra che *A*, *B*, *C* e *D* sono i vertici di un quadrato.

44 Nel quadrato *ABCD* indica con *M*, *N*, *E* e *F* i punti medi dei lati. Dimostra che *MNEF* è un quadrato. Se *M*, *N*, *E* e *F* sono diversi dai punti medi dei lati, ma tali che $AM \cong BN \cong EC \cong DF$, si può ancora dire che *MNEF* è un quadrato?

45 Disegna un quadrato *ABCD* e prolunga *AB* di un segmento *BE*, *BC* di un segmento *CF*, *CD* di un segmento *DG*, *DA* di un segmento *AH*, tutti congruenti fra loro. Dimostra che *EFGH* è un quadrato.

46 Disegna un quadrato *ABCD*. A partire dai vertici opposti *A* e *C*, traccia su ogni coppia di lati consecutivi i segmenti *AE* (su *AB*), *AH* (su *AD*), *CF* (su *BC*) e *CG* (su *CD*), fra loro congruenti. Dimostra che *EFGH* è un rettangolo.

Con le misure

47 Costruisci, internamente al quadrato *ABCD*, il triangolo equilatero *BCP* e determina gli angoli dei quattro triangoli che si ottengono dal quadrato congiungendo *P* con i quattro vertici del quadrato.

48 In figura, *ABCD* è un quadrato e *DEF* un triangolo equilatero.

a. Calcola l'ampiezza di $A\widehat{E}D$.

b. Dimostra che i segmenti *DB* ed *EF* sono tra loro perpendicolari. [a) 75°]

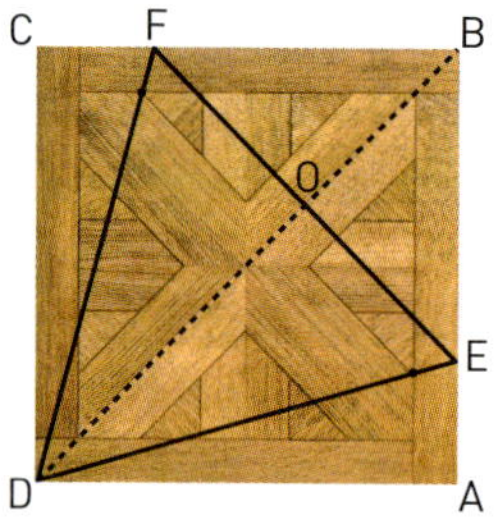

5 Il trapezio

▶ Teoria a p. G105

49 VERO O FALSO?

a. Un trapezio non può mai avere un solo angolo retto. V F

b. Nel trapezio isoscele le diagonali sono bisettrici degli angoli interni. V F

c. Un parallelogramma è anche un trapezio. V F

d. In un trapezio gli angoli adiacenti a ciascun lato obliquo sono complementari. V F

50 ●○ ☐ YOU & MATHS **Always, sometimes or never?** Complete the following sentences with always, sometimes, or never to make the sentences true.

a. The diagonals of a trapezium are ______ congruent.

b. The sum of the measures of the angles of a trapezium is ______ 360°.

c. One diagonal of a trapezium ______ bisects one of the angles of the trapezium.

d. Three sides of a trapezium are ______ congruent.

e. Two pairs of opposite sides of a trapezium are ______ congruent.

51 ●○ INVALSI 2006 Una figura ha: due lati uguali, una coppia di lati paralleli e due angoli ottusi. Quale può essere tra le seguenti figure?

A Triangolo ottusangolo.

B Trapezio isoscele.

C Trapezio rettangolo.

D Parallelogramma.

Dimostrazioni

52 DIMOSTRAZIONE GUIDATA Disegna il triangolo isoscele ABC di base AB e le altezze AH e BK. Dimostra che $ABHK$ è un trapezio isoscele.

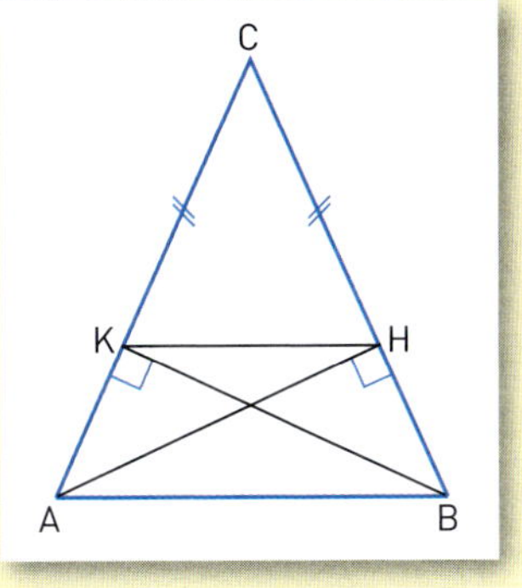

Ipotesi 1. ABC è un ______;
2. $AH \perp BC$ e $BK \perp AC$.

Tesi $ABHK$ è ______.

Dimostrazione

- *Dimostra la congruenza dei triangoli ABH e ABK.*
  ABH e ABK sono triangoli ______ e hanno:
  $C\widehat{A}B \cong C\widehat{B}A$ perché ______;
  AB in ______.
  Quindi $ABH \cong ABK$ per ______. In particolare, $AK \cong$ ______.
- *Dimostra che CKH è isoscele.*
  $CK \cong CH$ perché ______, *quindi* CKH è ______.
- *Dimostra che* $C\widehat{K}H \cong C\widehat{A}B$ *e* $KH \parallel AB$.
  KCH e ACB sono triangoli ______ aventi lo stesso angolo al vertice $\widehat{C}$, *quindi* $C\widehat{K}H \cong C\widehat{H}K \cong C\widehat{A}B \cong$ ______, perché ______.
  $C\widehat{K}H \cong$ ___ sono angoli ______ delle rette KH e ______, tagliate dalla trasversale ___, *quindi* KH è parallela a ___.
- *Dimostra la tesi.*
  $AB \parallel KH$, *perciò* $ABHK$ è un ______ e, essendo $AK \cong$ ___, il ______ è ______.

53 ●○ Dimostra che le diagonali di un trapezio isoscele sono congruenti.

54 ●○ Dimostra che in un trapezio isoscele le proiezioni dei lati obliqui sulla base maggiore sono congruenti.

55 ●○ Considera i triangoli isosceli ABC e ADE, di vertice A. Dimostra che se BC è parallelo a DE, allora $BCDE$ è un trapezio isoscele.

56 ●○ In un trapezio $ABCD$, le diagonali AC e BD, incontrandosi nel punto O, formano i triangoli isosceli ABO e CDO. Dimostra che il trapezio è isoscele.

57 ●○ Dimostra che due trapezi sono congruenti se hanno ordinatamente congruenti le basi, l'altezza e una diagonale. (SUGGERIMENTO Dimostra che i trapezi hanno ordinatamente congruenti tutti i lati e tutti gli angoli.)

58 ESEMPIO DIGITALE Dimostra che, se due trapezi hanno i lati corrispondenti tra loro congruenti, allora sono congruenti.

59 Disegna un trapezio isoscele con i lati obliqui congruenti alla base minore. Dimostra che le diagonali sono bisettrici degli angoli adiacenti alla base maggiore.

60 Disegna un trapezio isoscele $ABCD$ e le due diagonali AC e BD, che si incontrano nel punto O. Dimostra che $AO \cong OB$ e $OC \cong OD$.

61 INVALSI 2006 In un triangolo isoscele ABC di base AB, si indichi con D l'intersezione della bisettrice di $C\widehat{A}B$ con BC e con E l'intersezione della bisettrice di $C\widehat{B}A$ con AC. Si consideri il trapezio isoscele $ABDE$. Quanto vale il rapporto tra la base minore e il lato obliquo?

- **A** $\frac{1}{2}$
- **B** 1
- **C** 2
- **D** Il rapporto dipende dall'ampiezza di $A\widehat{C}B$.

Con le misure

Utilizza le informazioni sui trapezi delle figure per determinare le misure delle ampiezze degli angoli indicati in rosso.

62

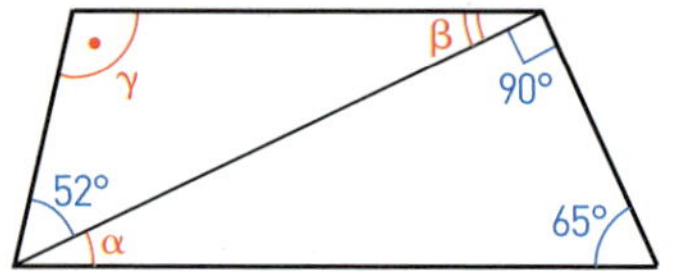

63

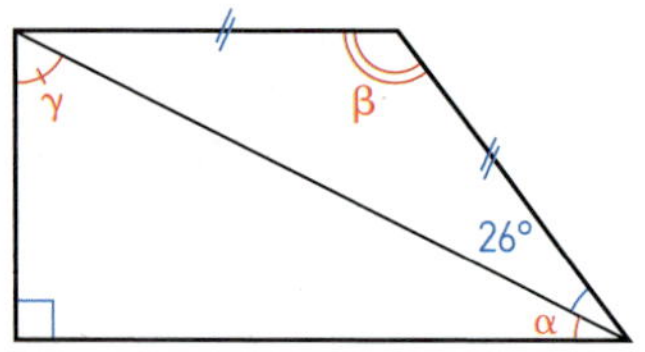

64

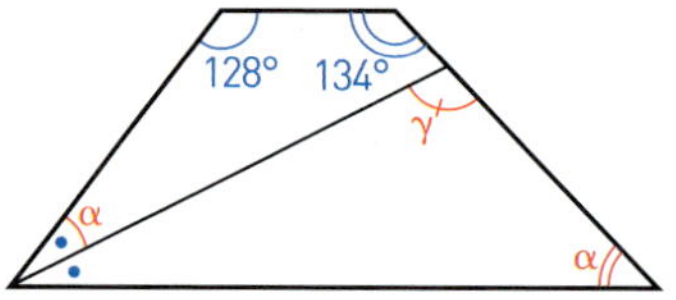

65

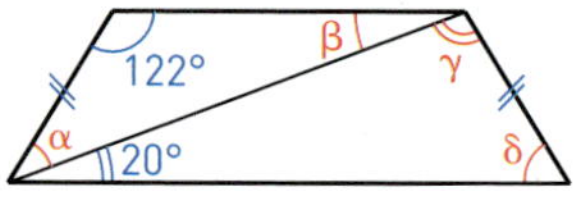

66 Trova le misure degli angoli del trapezio della figura. [72°; 108°]

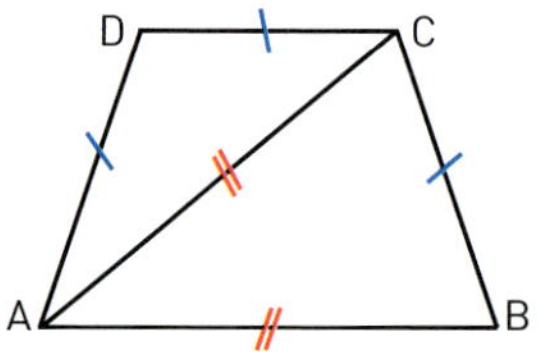

67 INVALSI 2003 Da un triangolo equilatero MNO di lato 6 cm viene tagliato via un triangolo equilatero di vertice in O e lato 2 cm. Il perimetro del quadrilatero rimanente è:

- **A** 12 cm.
- **B** 14 cm.
- **C** 16 cm.
- **D** 18 cm.
- **E** 20 cm.

Determina le ampiezze degli angoli dei seguenti trapezi.

68

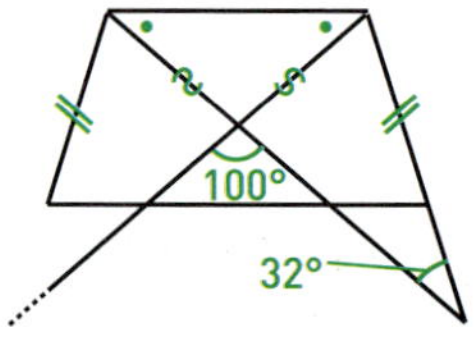

69

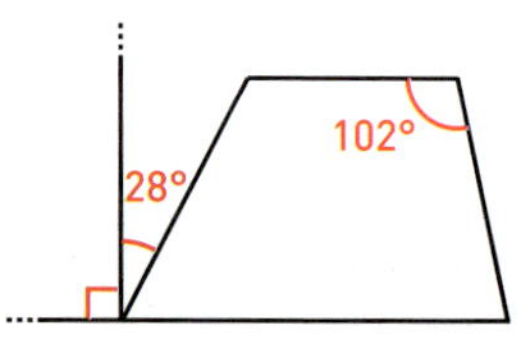

RISOLVIAMO UN PROBLEMA

Angoli di un trapezio

$ABCD$ è un trapezio rettangolo con gli angoli retti in A e D e tale che $A\widehat{C}B = 90°$.

- Esprimi in funzione di $x = C\widehat{A}B$ le ampiezze degli angoli dei due triangoli in cui la diagonale AC divide il trapezio.
- Sapendo che $AD \cong DC$, determina l'ampiezza di x e il rapporto tra AC e BC.

▶ **Disegniamo la figura.**

Dobbiamo disegnare un trapezio rettangolo in A e D e con l'angolo $A\widehat{C}B = 90°$.

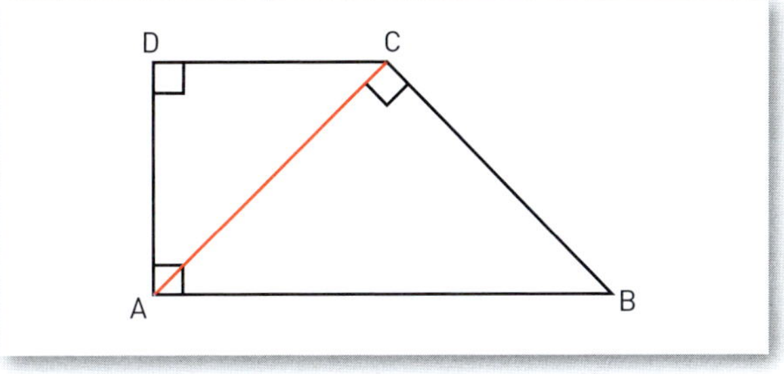

▶ **Determiniamo gli angoli dei due triangoli in funzione di *x*.**

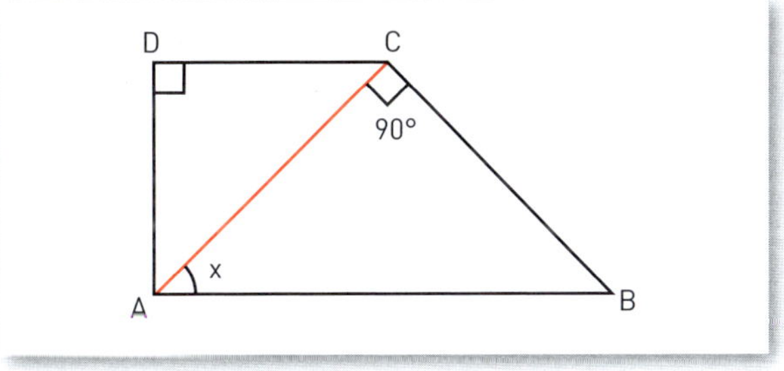

Nel triangolo ACB:

$A\widehat{C}B = 90°$;

$C\widehat{A}B = x$.

Per cui $C\widehat{B}A = 90° - x$, poiché la somma degli angoli interni del triangolo è uguale a 180°.

Nel triangolo ADC:

$A\widehat{D}C = 90°$,

$D\widehat{A}C = 90° - x$,

poiché l'angolo $D\widehat{A}B = 90°$.

Consideriamo le rette DC, AB tagliate dalla trasversale AC.

Poiché $DC \parallel AB$, gli angoli $C\widehat{A}B$ e $A\widehat{C}D$ sono alterni interni, quindi

$C\widehat{A}B \cong A\widehat{C}D$, da cui

$A\widehat{C}D = x$.

▶ **Determiniamo l'ampiezza di *x* nel caso in cui *AD* ≅ *DC*.**

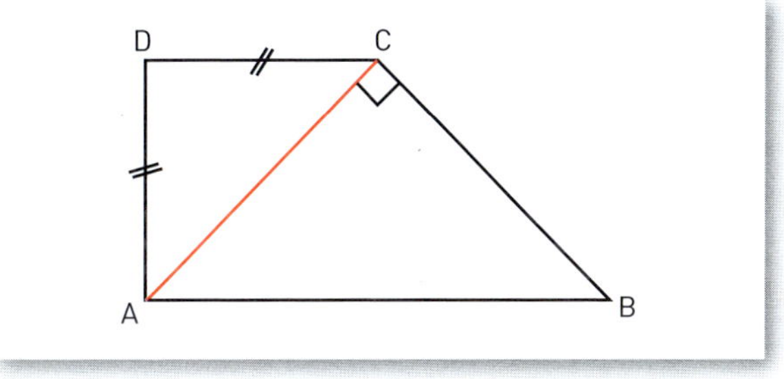

Poiché $AD \cong DC$, il triangolo ADC è rettangolo e isoscele.

Quindi:

$D\widehat{C}A \cong D\widehat{A}C$

e $D\widehat{C}A + D\widehat{A}C = 90°$,

da cui

$x + x = 90°$,

perciò

$x = 45°$.

▶ **Determiniamo il rapporto fra *AC* e *BC*.**

Dalla relazione $C\widehat{B}A = 90° - x$, sapendo che $x = 45°$, si ricava che $C\widehat{B}A = 45°$.
Anche il triangolo ACB è rettangolo isoscele, perciò $AC \cong BC$, il loro rapporto $\frac{AC}{BC} = 1$.

70 ●○ In un trapezio isoscele gli angoli adiacenti a un lato obliquo sono uno i $\frac{7}{3}$ dell'altro. Quali sono le ampiezze degli angoli del trapezio? [54°; 126°]

71 ●○ Nella figura, *ABCD* è un trapezio isoscele, *CP* è parallelo a *DA*, *DP* è parallelo a *CB*. Trova le misure degli angoli interni del trapezio.

[74°; 106°]

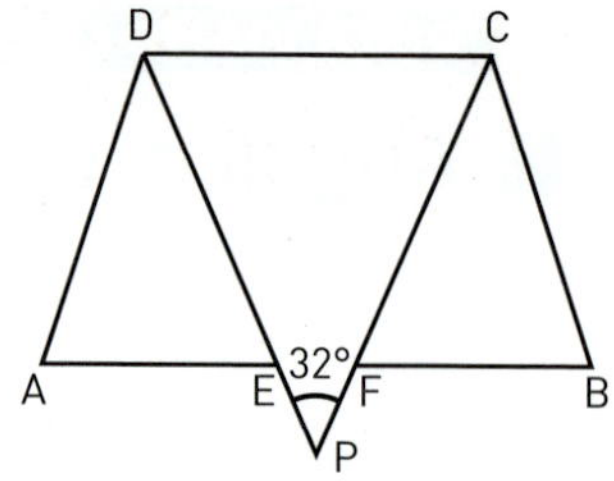

MATEMATICA AL COMPUTER

Geometria dinamica con i quadrilateri Con un software di geometria dinamica realizza la figura a lato, tenendo conto che: *ABCD* è un parallelogramma; le circonferenze di centro *B* e *D* hanno lo stesso raggio, al più uguale alla metà della misura di *BD*. Muovi i punti *A*, *B*, *C* e varia il raggio delle circonferenze: osserva le proprietà geometriche che non variano.
Verifica che anche i quadrilateri *AECF* e *AE′CF′* sono parallelogrammi; per fare questo:

a. inserisci uno slider, variabile tra 0 e la metà della misura della diagonale *BD* e con passo 0,1, che utilizzerai per impostare il raggio delle circonferenze;

b. con l'aiuto della finestra algebrica, osserva le lunghezze dei lati opposti di *AECF* e *AE′CF′* e trai le tue conclusioni, motivandole.

Dimostra il teorema relativo a questa costruzione.

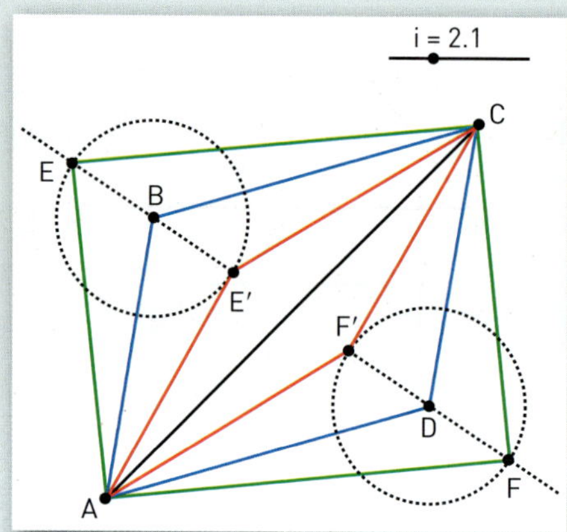

Risoluzione – 6 esercizi in più.

6 Le corrispondenze in un fascio di rette parallele

▶ Teoria a p. G107

TEST

72 ●○ La figura rappresenta il fascio di rette parallele *a*, *b*, *o*, *c*, *d*, *e* tagliate dalle trasversali *t* e *t′*. Sono corrispondenti i seguenti segmenti:

A *CE* e *HL*.

B *BG* e *HC*.

C *LE* e *ID*.

D *IL* e *LE*.

E *AO* e *OE*.

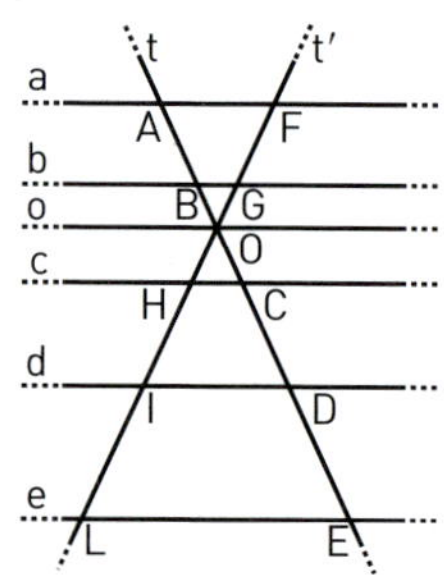

73 ●○ Nel triangolo *ABC*, il punto *M* è medio del lato *AB* e il punto *N* del lato *AC*. Possiamo dire che:

A $MN \cong AM$.

B $MN \cong AN$.

C $BC \cong AM + MN$.

D $BC \cong 2MN$.

E $BC \cong AN + MN$.

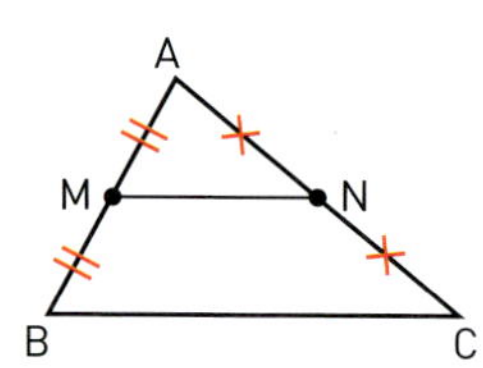

74 DIMOSTRAZIONE GUIDATA Considera il triangolo ABC e la sua mediana CM. L e N sono i punti medi rispettivamente di AC e CB. Traccia i segmenti LN, ML e MN. Dimostra che il punto P di intersezione fra i segmenti CM e LN è punto medio sia di CM sia di LN.

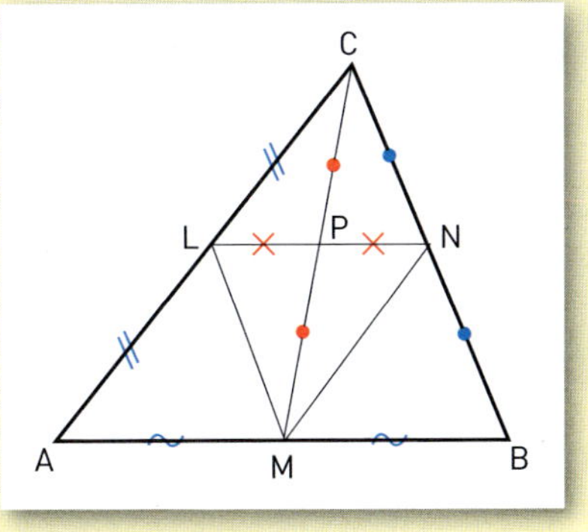

Ipotesi 1. CM è ______;
2. L è punto ______ di ______;
3. ______ è punto ______ di ______.

Tesi $PC \cong$ ______ e ______ $\cong PN$.

Dimostrazione

- *Dimostra che il quadrilatero LMNC è un parallelogramma.*
  MN // ______, perché M e ______ sono i punti ______ dei lati AB e ______ del triangolo ABC;
  ______ // CN, perché ______ e ______ sono i punti ______ dei lati ______ e ______ di ______.
  Quindi LMNC è un ______.
- *Dimostra la tesi.*
  In un ______ le diagonali ______
  quindi ______ $\cong PM$ e ______ $\cong$ ______.

75 Nel parallelogramma $ABCD$, detto O il punto di intersezione delle diagonali, indica con E, F, G, H i punti medi dei segmenti OA, OB, OC, OD. Dimostra che il quadrilatero $EFGH$ è un parallelogramma.

76 Dimostra che, congiungendo i punti medi dei lati di un quadrilatero qualunque, si ottiene un parallelogramma. In quale caso il parallelogramma è un rettangolo? In quale un rombo? In quale un quadrato?

77 Nel rettangolo $ABCD$, indica con E, F, G, H i punti medi dei lati. Dimostra che $EFGH$ è un rombo.

78 Nel trapezio $ABCD$, indica con E e F i punti medi dei lati obliqui. Dimostra che EF dimezza anche le diagonali del trapezio.

79 Disegna un trapezio $ABCD$ e le sue diagonali AC e BD; indica, rispettivamente con M e con N, i punti medi di AC e BD. Dimostra che il segmento MN è congruente alla semidifferenza delle basi.

Riepilogo: Parallelogrammi e trapezi

80 INVALSI 2007 Quale delle seguenti affermazioni è *falsa*?

A Ogni rettangolo è anche un rombo.
B Ogni rettangolo è anche un parallelogramma.
C Ogni quadrato è anche un rombo.
D Ogni rettangolo ha le diagonali uguali.

81 INVALSI 2007 È dato un quadrilatero con le diagonali perpendicolari che si dimezzano scambievolmente.
Alberto afferma: «Di sicuro si tratta di un quadrato».
Barbara afferma: «Non è detto che sia un quadrato, ma di sicuro è un rombo».
Carla afferma: «Non è detto che sia un quadrato, ma di sicuro è un rettangolo».
Daniele afferma: «Si tratta certamente di un quadrilatero a forma di aquilone».
Chi ha ragione?

A Alberto. B Barbara. C Carla. D Daniele.

82 Enuncia il teorema espresso dalla seguente figura e dalle relative ipotesi e tesi.

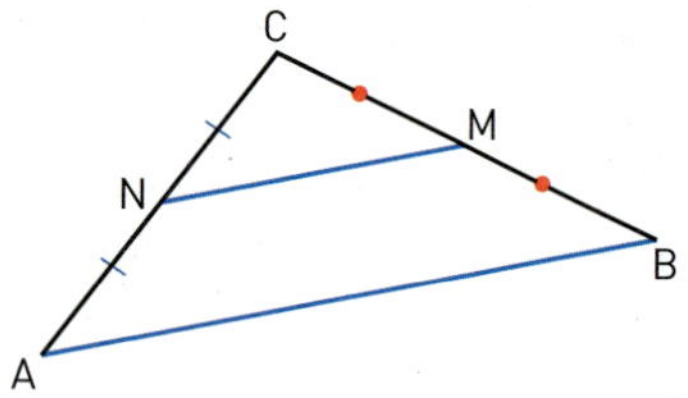

Ipotesi
1. $AN \cong NC$;
2. $AB \parallel MN$.
Tesi
$CM \cong MB$.

83 Due parallelogrammi $ABCD$ e $DCEF$ hanno il lato CD in comune. Considerando i diversi casi possibili, dimostra che, congiungendo i vertici non comuni, badando che non risulti una figura intrecciata, si ottiene ancora un parallelogramma.

84 Dimostra che un parallelogramma che ha congruenti le due altezze relative alle coppie di lati opposti paralleli è un rombo.

85 Nel parallelogramma $ABCD$, prolunga la diagonale BD da entrambe le parti di due segmenti congruenti BE e DF. Dimostra che $AECF$ è un parallelogramma.

86 Dimostra che se due parallelogrammi hanno ordinatamente congruenti due lati e l'angolo fra essi compreso, allora sono congruenti.
(SUGGERIMENTO Dimostra che i parallelogrammi hanno ordinatamente congruenti tutti i lati e tutti gli angoli.)

87 Sui cateti di un triangolo rettangolo, disegna i quadrati esterni a esso. Dimostra che due diagonali dei quadrati sono parallele e due sono segmenti adiacenti.

88 Dimostra che i punti medi dei lati di un rettangolo sono i vertici di un rombo.

89 Dimostra che due parallelogrammi che hanno ordinatamente congruenti le diagonali e uno degli angoli che esse individuano intersecandosi sono congruenti.

90 Dimostra che due parallelogrammi che hanno ordinatamente congruenti una diagonale e gli angoli che essa forma con due lati consecutivi sono congruenti.

MATEMATICA INTORNO A NOI

L'aquilone Giulio e i suoi amici costruiscono un aquilone...

Problema e risoluzione.

91 I fiammiferi in figura formano un quadrato e quattro triangoli equilateri. Dimostra che i vertici dei triangoli non appartenenti ai lati del quadrato iniziale sono i vertici di un secondo quadrato.

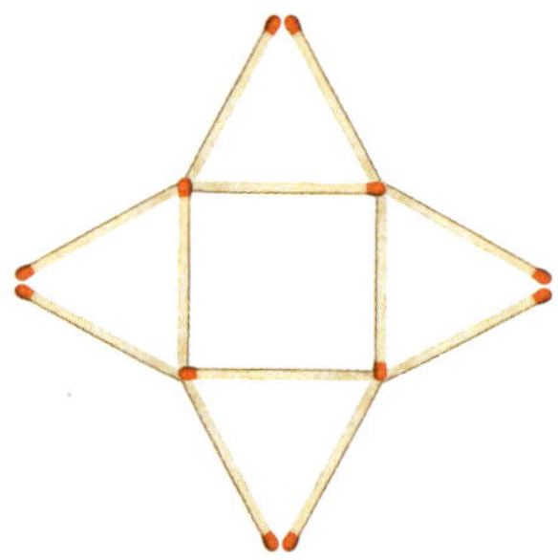

92 Dimostra che due quadrilateri che hanno i lati e un angolo ordinatamente congruenti sono congruenti.

93 Dimostra che due quadrilateri che hanno congruenti tre lati e i due angoli compresi tra loro sono congruenti. Che quadrilateri ottieni se i due angoli sono supplementari?

94 Nel trapezio isoscele $ABCD$, indica con M e N i punti medi delle basi, con E e F i punti medi dei lati. Dimostra che $MENF$ è un rombo.

95 Nel trapezio $ABCD$, rettangolo in A e D, la base maggiore AB è il doppio della base minore CD. Il lato BC è congruente alla base maggiore. Traccia la diagonale AC e dimostra che il triangolo ABC è equilatero.

96 Disegna un parallelogramma $ABCD$ e un secondo parallelogramma, $EFMN$, inscritto nel primo, in modo che il vertice E stia sul lato AB, F su BC, M su CD e N su DA. Dimostra che $AE \cong CM$ e $BF \cong DN$.

97 Prolunga i lati AB e AD del rombo $ABCD$, rispettivamente, dei due segmenti congruenti AP e AQ. Dimostra che il quadrilatero $DPQB$ è un trapezio isoscele.

98 Nel triangolo ABC traccia la mediana BM. Per il suo punto medio P conduci le parallele ai lati AB e BC, che incontrano AC in E e F. Dimostra che M è il punto medio di EF.

MATEMATICA INTORNO A NOI

Il pantografo Come usare i parallelogrammi per ottenere immagini ingrandite?

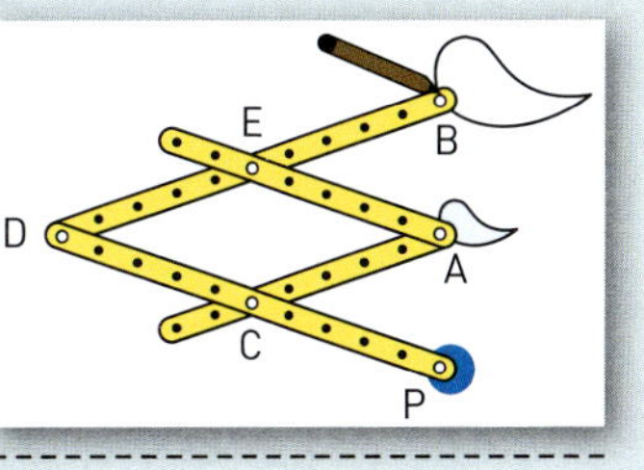

Problema e risoluzione – Un esercizio in più.

99 EUREKA! **Un rettangolo... ma a quale prezzo?** Congiungendo i punti medi dei lati di un quadrilatero $ABCD$, si ottiene un rettangolo $MNPQ$. Quale tra le seguenti affermazioni è necessariamente *vera*?

A $ABCD$ è un parallelogramma.

B $ABCD$ ha due coppie di lati congruenti.

C $ABCD$ ha le diagonali perpendicolari.

D $ABCD$ è un trapezio rettangolo.

100 Disegna un triangolo ABC, traccia l'altezza CH e indica con M, N, P i punti medi rispettivamente dei lati AB, BC, CA. Dimostra che $HMNP$ è un trapezio isoscele.

101 Nel triangolo ABC traccia per il punto medio M del lato AB la parallela alla mediana AD. Essa incontra le rette dei lati AC e BC nei punti R e T.

Dimostra che $MR + MT \cong \frac{3}{2}AD$.

MATEMATICA INTORNO A NOI

Lavoro d'équipe L'architetto di una ditta di arredi moderni per uffici deve progettare un modello di tavolo che si adatti alle esigenze di un ambiente di lavoro dinamico, con differenti necessità: lavoro individuale e di gruppo, riunioni, conferenze. Dopo aver ragionato a lungo, l'architetto propone un tavolo a forma di trapezio isoscele, avente la base minore e i lati obliqui lunghi 80 cm e la base maggiore lunga 160 cm.

a. Valutando che la larghezza necessaria per una singola persona è di 80 cm, quante persone possono stare intorno al tavolo?

b. Per ottenere un tavolo molto lungo si possono accostare più tavoli con il lato obliquo in comune, alternando l'adiacenza di una base maggiore e di una base minore. La forma geometrica del tavolo risultante dalla composizione di più tavoli è sempre la medesima o dipende dal numero di tavoli utilizzati?
Spiega e dimostra le tue affermazioni.

Risoluzione – 3 esercizi in più.

VERIFICA DELLE COMPETENZE ALLENAMENTO

CONFRONTARE E ANALIZZARE FIGURE GEOMETRICHE

TEST

1 $ABCD$ è un parallelogramma, e valgono le seguenti relazioni: $AA' \cong BB' \cong CC' \cong DD'$.
Il quadrilatero $A'B'C'D'$ è:

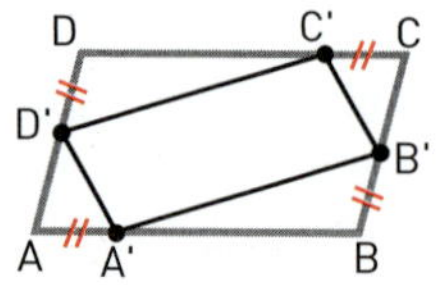

- **A** un rombo.
- **B** un rettangolo.
- **C** un quadrato.
- **D** un parallelogramma.
- **E** nessuna delle figure precedenti.

2 M, N, P, Q sono i punti medi dei lati del rombo $ABCD$.

Il quadrilatero $MNPQ$ è:

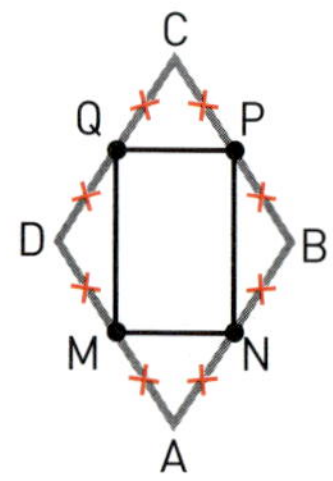

- **A** un quadrato.
- **B** un rombo ma non un quadrato.
- **C** un parallelogramma ma non un rettangolo.
- **D** un rombo o un quadrato.
- **E** un rettangolo.

3 Le diagonali di un trapezio isoscele:

- **A** si incontrano nel loro punto medio.
- **B** sono sempre perpendicolari.
- **C** sono congruenti.
- **D** lo dividono in quattro triangoli congruenti.
- **E** lo dividono in quattro triangoli isosceli.

4 Un quadrilatero convesso è un rombo se:

- **A** ha le diagonali congruenti e soltanto due lati paralleli.
- **B** ha le diagonali congruenti e due lati perpendicolari.
- **C** ciascuna diagonale lo divide in due triangoli congruenti.
- **D** ha due lati opposti paralleli e congruenti.
- **E** ha i lati congruenti.

5 Nella figura è rappresentato un trapezio. M e N sono i punti medi dei lati obliqui.
Possiamo affermare che:

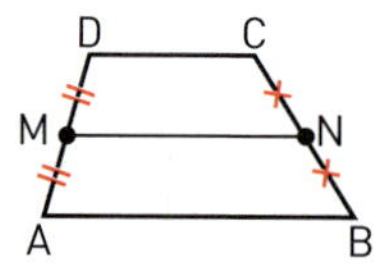

- **A** $MN \cong 2DC$.
- **B** $MN \cong \frac{1}{2}AB$.
- **C** $MN \cong 2AD$.
- **D** $MN \cong 2BC$.
- **E** $MN \cong \dfrac{AB + DC}{2}$.

6 **Questo non basta!** Quale delle seguenti condizioni non è sufficiente per provare che un parallelogramma sia un rettangolo?

- **A** Le diagonali sono congruenti.
- **B** Due angoli adiacenti sono congruenti.
- **C** Tutti gli angoli sono congruenti.
- **D** Le diagonali sono perpendicolari.
- **E** Uno degli angoli è retto.

(USA *Northern State University: 50th Annual Mathematics Contest*, 2005)

SPIEGA PERCHÉ

7 Perché il trapezio, pur avendo gli angoli adiacenti a ciascun lato obliquo supplementari, non è un parallelogramma?

8 A quali condizioni un rombo può essere un quadrato?

9 Avere le diagonali perpendicolari è condizione necessaria, sufficiente, oppure necessaria ma non sufficiente, affinché un quadrilatero sia un rombo? Giustifica la risposta.

10 Le altezze di un rombo sono congruenti. Perché?

SPIEGA PERCHÉ

11 Considera l'enunciato del seguente teorema: «Se dagli estremi di una diagonale di un rettangolo conduci le perpendicolari all'altra diagonale, questa viene divisa in tre parti di cui le estreme sono congruenti fra loro». Qual è l'ipotesi del teorema? Qual è la tesi? Il teorema è ancora valido se il quadrilatero è un generico parallelogramma? E se è un rombo?

12 Per affermare che un parallelogramma è un rombo, è sufficiente dire che un angolo è diviso a metà dalla diagonale che passa per il suo vertice? Giustifica la risposta.

13 Utilizza i diagrammi di Eulero-Venn per rappresentare l'insieme dei quadrilateri e tutti i suoi sottoinsiemi, tenendo conto in particolare del sottoinsieme dei parallelogrammi e di quello dei trapezi.

Dimostrazioni

14 Disegna un rettangolo *ABCD* e considera un punto *E* sulla diagonale *AC*. Conduci per *E* le parallele ai lati.
Dimostra che il rettangolo viene suddiviso in quattro rettangoli e che la somma dei loro perimetri non dipende dalla posizione di *E* sulla diagonale.

15 Nel parallelogramma *ABCD* considera le proiezioni *H* e *K*, rispettivamente dei vertici *A* e *C*, sulla diagonale *BD*. Dimostra che $AH \cong CK$.

16 Nel parallelogramma *ABCD* indica con *O* il punto di intersezione delle due diagonali. Traccia per *O* una retta *r* che incontri il lato *AB* in *E* e il lato *CD* in *G*. Sempre per *O*, traccia una retta *s* che incontri il lato *BC* in *F* e il lato *AD* in *H*. Dimostra che *EFGH* è un parallelogramma.

17 Dato il rettangolo *ABCD*, siano *E*, *F*, *G* e *H* i punti medi dei suoi lati, in modo che *EFGH* sia un quadrilatero. Dimostra che *EFGH* è un rombo e che esso è un quadrato se e solo se *ABCD* è un quadrato.

18 Dato il rettangolo *ABCD*, prolunga il lato *AB* di un segmento *AE*, il lato *BC* di un segmento *BF*, il lato *CD* di un segmento *CG* e il lato *AD* di un segmento *DH*, in modo che $AE \cong BF \cong CG \cong DH$. Dimostra che *EFGH* è un rettangolo se e solo se *ABCD* è un quadrato.

19 Disegna un trapezio *ABCD* con la base maggiore *AB* doppia della minore *CD*. Traccia la congiungente i punti medi dei lati obliqui *AD* e *BC*. Dimostra che tale congiungente è divisa in tre segmenti congruenti dalle diagonali del trapezio.

20 YOU & MATHS **A square and two midpoints** In the figure *ABCD* is a square. Points *M* and *N* are the midpoints of *AB* and *BC*, respectively. Prove that $AN \cong DM$.

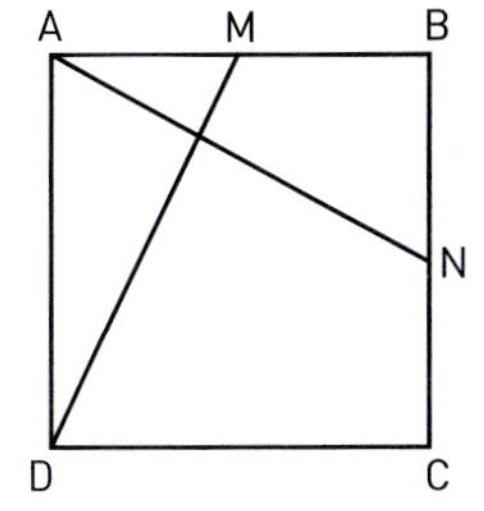

21 Dimostra che le bisettrici degli angoli di un rettangolo formano un quadrato.

22 Dimostra il teorema illustrato nella figura.

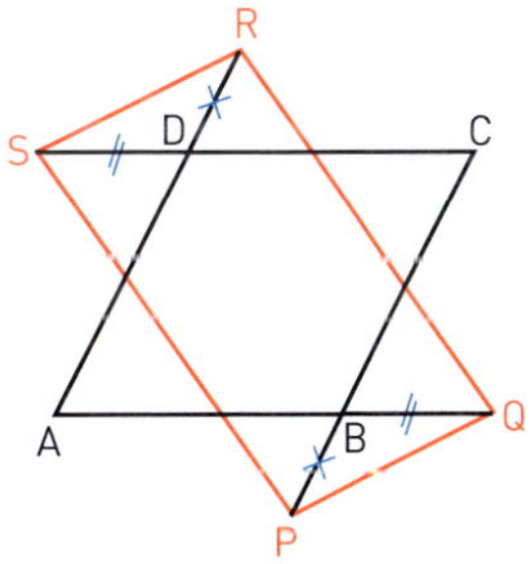

Ipotesi 1. *ABCD* è un parallelogramma;
2. $DR \cong BP$;
3. $DS \cong BQ$.

Tesi *PQRS* è un parallelogramma.

23 Disegna un angolo convesso $\widehat{A}$ e la sua bisettrice, sulla quale fissi un punto *O*. Traccia per *O* la retta perpendicolare alla bisettrice, indicando con *B* e *D* i punti in cui tale perpendicolare interseca i lati dell'angolo. Per il punto *B* conduci la parallela ad *AD* e per *D* la parallela ad *AB*; queste si incontrano nel punto *C*. Dimostra che *ABCD* è un rombo.

RISOLVERE PROBLEMI

Nei seguenti parallelogrammi determina gli angoli indicati.

24 ●○

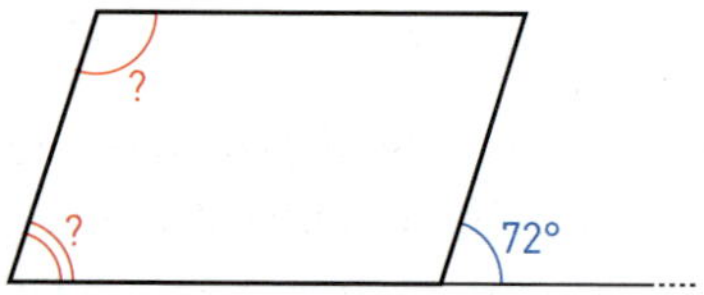

25 ●○

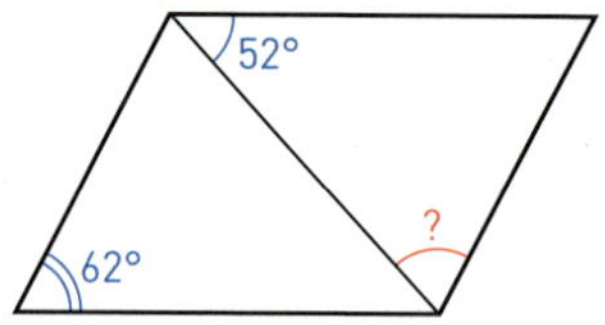

---

26 ●● Nella figura:

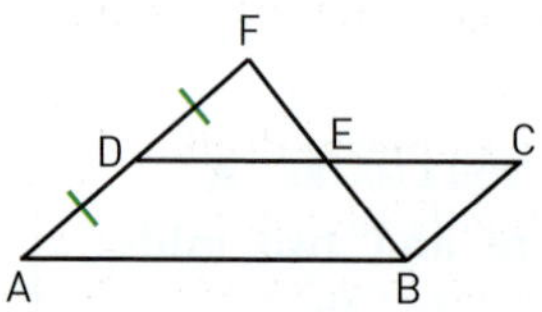

a. il parallelogramma *ABCD* ha perimetro 55 cm;

b. $AD \cong DF$;

c. $FB = 13$ cm; $FD + FE = 14$ cm.

Calcola il perimetro del triangolo *ABF*.

[48 cm]

27 ●○ **INVALSI 2007** Qual è il numero massimo di angoli acuti che può avere un trapezio?

A 1

B 2

C 3

D 4

28 ●○ Un trapezio rettangolo ha le ampiezze degli angoli non retti che differiscono di 34°. Determina le loro ampiezze. [73°; 107°]

29 ●● I bastoncini della figura, tutti uguali, individuano il trapezio rettangolo *ABCD*.

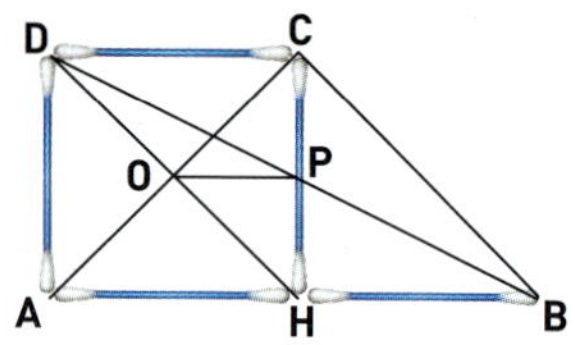

a. Dimostra che il segmento *OP* è parallelo alle basi e calcola il rapporto $\frac{OP}{AB}$.

b. Calcola il perimetro del triangolo *DOP*, sapendo che il perimetro del triangolo *DHB* è 36 cm.

$\left[\text{a) } \frac{1}{4}\text{; b) 18 cm}\right]$

---

30 ●○ Un rettangolo *ABCD* è tale che $AB \cong \frac{1}{3}CB$ e il perimetro è 80 cm. Un quadrato *PQRS* è tale che $PQ \cong AB$. Determina il perimetro del rettangolo che si ottiene giustapponendo *ABCD* e *PQRS* in modo che *RS* coincida con *DC*.

[100 cm]

31 ●○ La diagonale *AC* di un quadrilatero lo divide in due triangoli: *ADC*, rettangolo in *D*, e *ABC*, isoscele sulla base *BC*. Se l'angolo $\widehat{B}$ ha ampiezza 55° e l'angolo $\widehat{A}$ è diviso da *AC* in due parti delle quali una è 20°, che quadrilatero è?

32 ●○ **CACCIA ALL'ERRORE** **Qualcosa non va...** Nelle seguenti figure un dato è in contraddizione con gli altri. Trovalo.

a

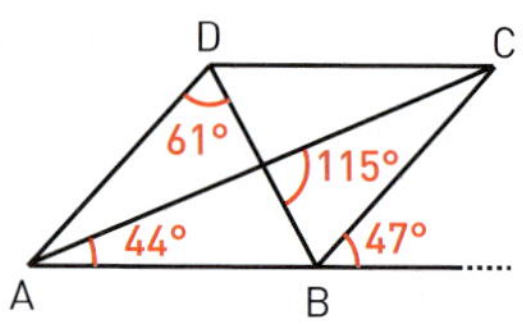

ABCD è un parallelogramma

b

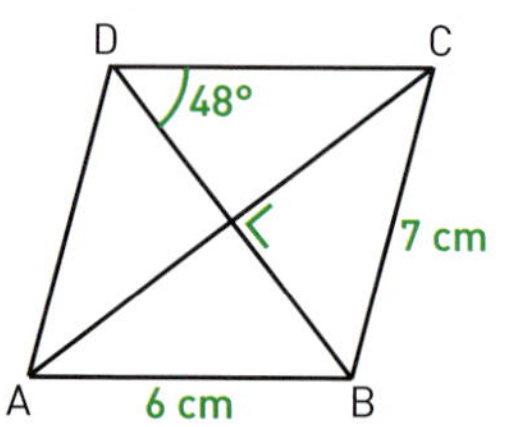

ABCD è un parallelogramma

c

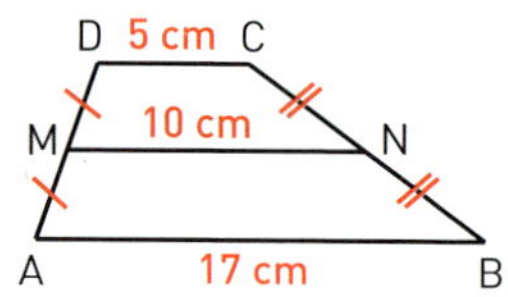

ABCD è un trapezio

VERIFICA DELLE COMPETENZE PROVE

1 ora

PROVA A

1 VERO O FALSO? Indica se le seguenti proposizioni sono *vere* o *false*, motivando le risposte.

a. Un quadrilatero con tre angoli retti è un quadrato. V F

b. Un trapezio rettangolo può non avere alcun angolo acuto. V F

c. Un parallelogramma con le diagonali perpendicolari è un quadrato. V F

d. Un rombo che ha un angolo retto è un quadrato. V F

2 Prolunga nello stesso verso i lati del rettangolo $ABCD$ dei segmenti AM, BN, CP, DQ in modo che $AM \cong CP$ e $BN \cong DQ$. Dimostra che MP e NQ si incontrano in un punto O tale che $QO \cong ON$ e $MO \cong OP$.

3 Dai vertici della base BC del triangolo ABC traccia le bisettrici BP e CQ. Dimostra che, se $BCPQ$ è un trapezio, allora ABC è isoscele sulla base BC.

4 Sapendo che $DCGH$ è un quadrato e $BEFC$ è un rettangolo, del parallelogramma $ABCD$ determina:

a. le ampiezze degli angoli interni;

b. il perimetro, sapendo che quello di $DCGH$ è 60 cm e che EF ha lunghezza 7 cm.

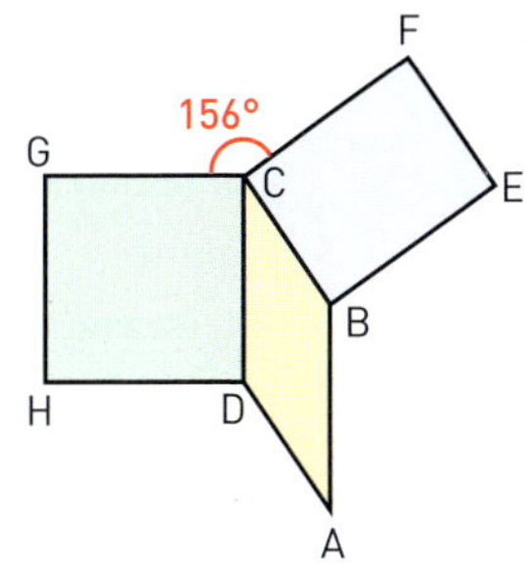

PROVA B

1 VERO O FALSO? Indica se le seguenti affermazioni sono *vere* o *false*, motivando la risposta.

a. Le diagonali di un trapezio si tagliano a metà. V F

b. Un parallelogramma con due lati adiacenti congruenti è un rombo. V F

c. Quadrato, rettangolo e trapezio rettangolo hanno le diagonali congruenti. V F

d. Gli angoli adiacenti a un lato obliquo di un trapezio sono supplementari perché angoli corrispondenti. V F

---

2 Il tovagliolo blu e quello giallo sono quadrati; quello rosso forma un rettangolo.
Dimostra che:

a. i punti G, D e F sono allineati;

b. il quadrilatero $ACHE$ ha due lati paralleli.

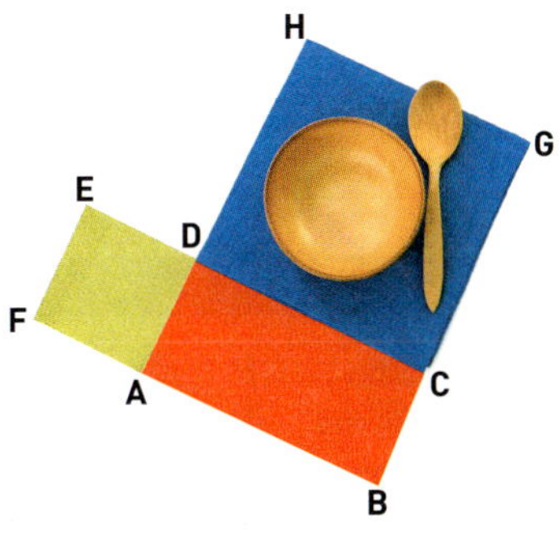

3 Del rombo $ADEF$ determina:

a. le ampiezze degli angoli interni;

b. il lato, sapendo che il perimetro di $ABCD$ è i $\frac{2}{3}$ di quello di $ADEF$ e che la somma dei lati consecutivi del parallelogramma $ABCD$ è 14 cm.

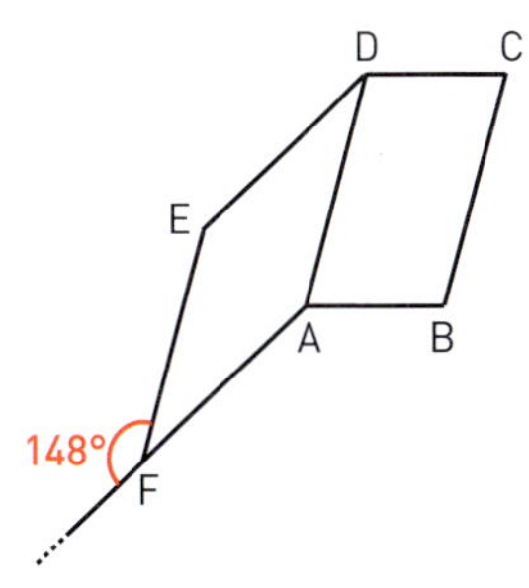

SIMBOLI MATEMATICI

Gli insiemi numerici

		ESEMPIO
$\mathbb{N}$	Numeri naturali	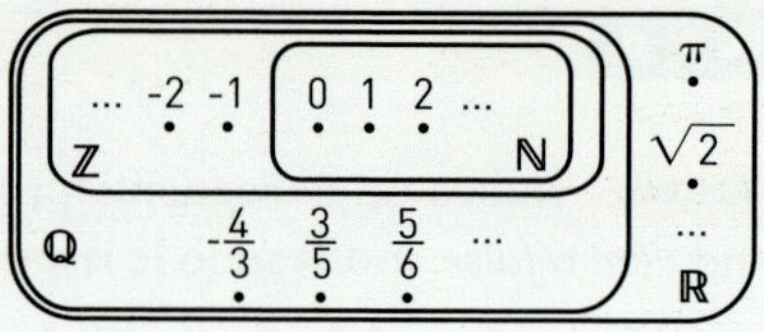
$\mathbb{Z}$	Numeri interi	
$\mathbb{Q}$	Numeri razionali	
$\mathbb{R}$	Numeri reali	

Gli insiemi

▶ Teoria a p. 153

		ESEMPIO
$\in$	Appartiene	$\sqrt{2} \in \mathbb{R}$ $\sqrt{2}$ appartiene a $\mathbb{R}$
$\notin$	Non appartiene	$\sqrt{2} \notin \mathbb{Q}$ $\sqrt{2}$ non appartiene a $\mathbb{Q}$
$\mid$	Tale che	$\{x \in \mathbb{Z} \mid x \geq 0\}$ L'insieme degli x appartenenti a $\mathbb{Z}$ tali che $x \geq 0$
$\varnothing$	Insieme vuoto	$\{x \in \mathbb{N} \mid x < 0\} = \varnothing$
$\subseteq$	Contenuto o uguale a...	$\mathbb{N} \subseteq \mathbb{N}$
$\subset$	Contenuto strettamente in...	$\mathbb{N} \subset \mathbb{Z}$
$\cup$	Unione	$\{1, 2, 3, 4\} \cup \{3, 4, 5\} = \{1, 2, 3, 4, 5\}$
$\cap$	Intersezione	$\{1, 2, 3, 4\} \cap \{3, 4, 5\} = \{3, 4\}$
$\times$	Prodotto cartesiano	$\{1, 2\} \times \{3, 4\} = \{(1; 3), (1; 4), (2; 3), (2; 4)\}$
$\overline{B}_A$	Complementare di B rispetto ad A	$\overline{\mathbb{N}}_{\mathbb{Z}} = \{-1, -2, -3 ...\}$
$\mathcal{P}(A)$	Insieme delle parti di A	Se $A = \{a, b\}$, $\mathcal{P}(A) = \{A, \{a\}, \{b\}, \varnothing\}$

I connettivi logici

▶ Teoria a p. 163

		ESEMPIO
A, B ...	Proposizione logica	A: «Bevo una spremuta.» B: «Bevo un caffè.»
$\overline{A}$	Negazione	$\overline{A}$: «Non bevo una spremuta.»
$A \wedge B$	Congiunzione	$A \wedge B$: «Bevo sia una spremuta, sia un caffè.»
$A \vee B$	Disgiunzione inclusiva	$A \vee B$: «Bevo una spremuta o un caffè (o tutti e due).»
$A \veebar B$	Disgiunzione esclusiva	$A \veebar B$: «Bevo una spremuta o un caffè (solo uno dei due).»
$A \rightarrow B$	Implicazione	«Se bevo una spremuta, allora bevo anche un caffè.»
$A \leftrightarrow B$	Doppia implicazione	«Se bevo una spremuta, allora bevo anche un caffè. Se bevo un caffè, allora bevo anche una spremuta.»

I quantificatori logici

▶ Teoria a p. 173

		ESEMPIO
$\forall$	Quantificatore universale («per ogni»)	$\forall x \in \mathbb{N},\ x \geq 0$ Per ogni x appartenente a $\mathbb{N}$, $x \geq 0$
$\exists$	Quantificatore esistenziale («esiste»)	$\exists x \in \mathbb{R} \mid x^2 = 2$ Esiste x appartenente a $\mathbb{R}$ tale che $x^2 = 2$

Geometria

▶ Teoria a p. G2

		ESEMPIO
//	Parallelo	AB // CD
$\perp$	Perpendicolare	$AD \perp DB$
$\cong$	Congruente	$ADB \cong DBC$

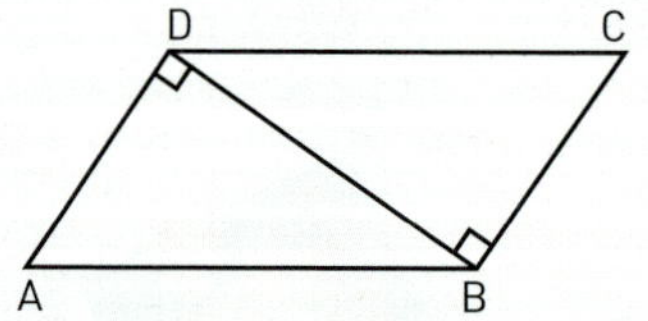

ALFABETO GRECO

Alfa	Α	α	Epsilon	Ε	ε	Iota	Ι	ι	Ni	Ν	ν	Rho	Ρ	ρ, ϱ	Phi	Φ	φ, ϕ
Beta	Β	β	Zeta	Ζ	ζ	Kappa	Κ	κ	Xi	Ξ	ξ	Sigma	Σ	σ	Chi	Χ	χ
Gamma	Γ	γ	Eta	Η	η	Lambda	Λ	λ	Omicron	Ο	ο	Tau	Τ	τ	Psi	Ψ	ψ
Delta	Δ	δ	Theta	Θ	ϑ, θ	Mi	Μ	μ	Pi	Π	π	Ypsilon	Υ	υ	Omega	Ω	ω

REGOLE E PROPRIETÀ ALGEBRICHE

Le proprietà delle potenze

Teoria a p. 12

			ESEMPIO
1. Moltiplicazione di potenze con la stessa base	$a^m \cdot a^n = a^{m+n}$		$5^3 \cdot 5^4 = 5^7$
2. Divisione di potenze con la stessa base	$a^m : a^n = a^{m-n}$	con $a \neq 0$	$12^5 : 12^3 = 12^2$
3. Potenza di potenza	$(a^m)^n = a^{m \cdot n}$		$(4^3)^2 = 4^{3 \cdot 2} = 4^6$
4. Moltiplicazione di potenze con lo stesso esponente	$a^m \cdot b^m = (a \cdot b)^m$		$4^2 \cdot 5^2 = 20^2$
5. Divisione di potenze con lo stesso esponente	$a^m : b^m = (a : b)^m$	con $b \neq 0$	$6^2 : 3^2 = 2^2$

Teoria a p. 93

			ESEMPIO
Potenze con esponente nullo	$a^0 = 1$	con $a \neq 0$	$2^0 = 1, \quad \left(-\frac{3}{5}\right)^0 = 1, \quad \ldots$
Potenze con esponente negativo	$q^{-n} = \left(\frac{1}{q}\right)^n$	con $q \neq 0$	$2^{-3} = \left(\frac{1}{2}\right)^3, \quad \left(-\frac{5}{2}\right)^{-4} = \left(-\frac{2}{5}\right)^4$

Il valore assoluto

Teoria a p. 53

		ESEMPIO
$\lvert x \rvert$	Se $x \geq 0$, $\lvert x \rvert = x$ Se $x < 0$, $\lvert x \rvert = -x$	$\lvert 3 \rvert = 3$ $\lvert -4 \rvert = 4$

Le operazioni tra monomi

Teoria a p. 270

			ESEMPIO
Addizione e sottrazione	$a \cdot x + b \cdot x = (a + b) \cdot x$		$9x + 3x = 12x$
Moltiplicazione	$x^m \cdot x^n = x^{m+n}$		$3x^4 \cdot 5x^3 = (3 \cdot 5)(x^4x^3) = 15x^7$
Divisione	$x^m : x^n = x^{m-n}$	con $x \neq 0, m \geq n$	$(6x^6) : (3x^2) = (6 : 3) \cdot (x^6 : x^2) = 2x^4$

I prodotti notevoli e la scomposizione in fattori

Teoria a p. 304

		ESEMPIO
Quadrato di un binomio	$(A + B)^2 = A^2 + 2AB + B^2$	$(3x^2 + 5y)^2 = 9x^4 + 30x^2y + 25y^2$
Somma per differenza	$(A + B)(A - B) = A^2 - B^2$	$(x + 7y)(x - 7y) = x^2 - 49y^2$
Cubo di un binomio	$(A + B)^3 = A^3 + 3A^2B + 3AB^2 + B^3$	$(2a + y)^3 = 8a^3 + 12a^2y + 6ay^2 + y^3$
Quadrato di un trinomio	$(A + B + C)^2 = A^2 + B^2 + C^2 +$ $+ 2AB + 2AC + 2BC$	$(x - 3y - 2)^2 =$ $= x^2 + 9y^2 + 4 - 6xy - 4x + 12y$
Somma di cubi	$A^3 + B^3 = (A + B)(A^2 - AB + B^2)$	$x^6 + 1 = (x^2 + 1)(x^4 - x^2 + 1)$
Differenza di cubi	$A^3 - B^3 = (A - B)(A^2 + AB + B^2)$	$x^3 - 1 = (x - 1)(x^2 + x + 1)$

Le equazioni

Teoria a p. 430

		ESEMPIO
Equazioni numeriche intere di primo grado: $ax + b = 0$	Se $a \neq 0$, $\quad x = -\frac{b}{a}$ Se $a = 0$ e $b \neq 0$, impossibile Se $a = 0$ e $b = 0$, indeterminata	$3x + 4 = 0 \quad \leftrightarrow \quad x = -\frac{4}{3}$ $0x + 3 = 0$, impossibile $0x + 0 = 0$, indeterminata

FORMULE DI GEOMETRIA PIANA

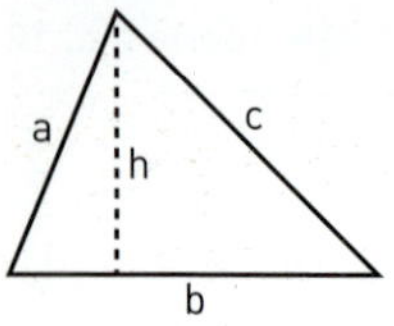

Triangolo

$A = \frac{bh}{2}$

$A = \sqrt{p(p-a)(p-b)(p-c)}$

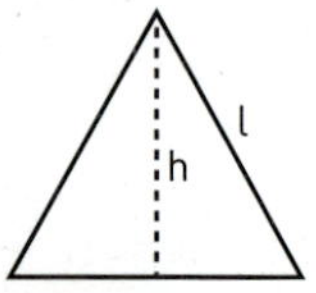

Triangolo equilatero

$h = \frac{\sqrt{3}}{2} l \qquad A = \frac{\sqrt{3}}{4} l^2$

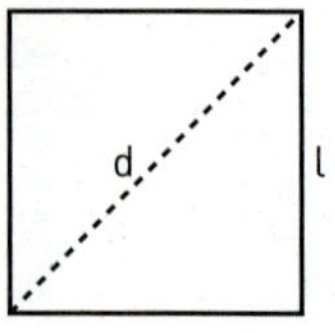

Quadrato

$d = \sqrt{2}\, l$

$A = l^2$

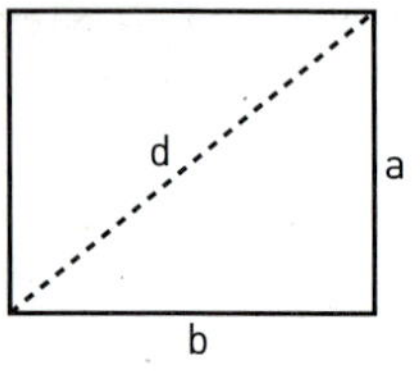

Rettangolo

$d = \sqrt{a^2 + b^2}$

$A = ab$

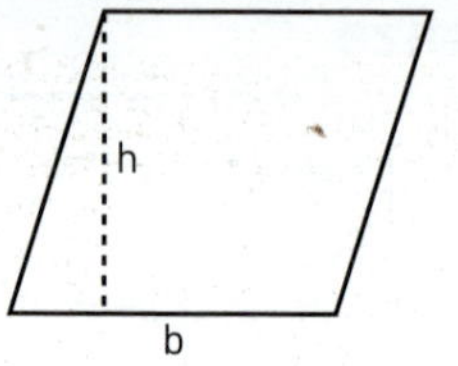

Parallelogramma

$A = bh$

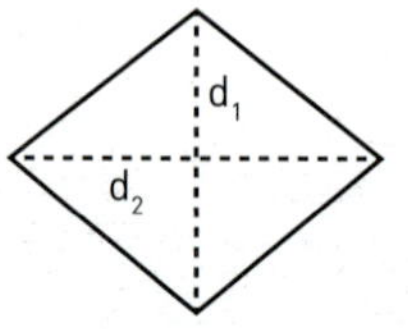

Rombo

$A = \frac{d_1 d_2}{2}$

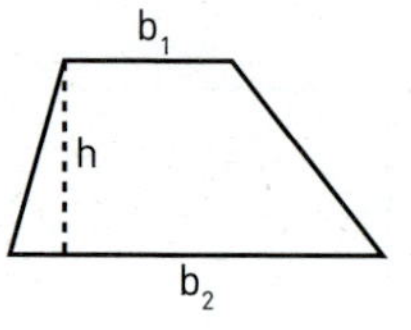

Trapezio

$A = \frac{(b_1 + b_2)h}{2}$

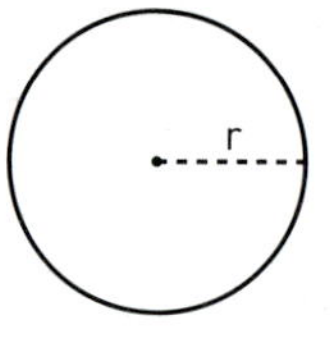

Circonferenza

$C = 2\pi r$

$A = \pi r^2$

TEOREMI FONDAMENTALI

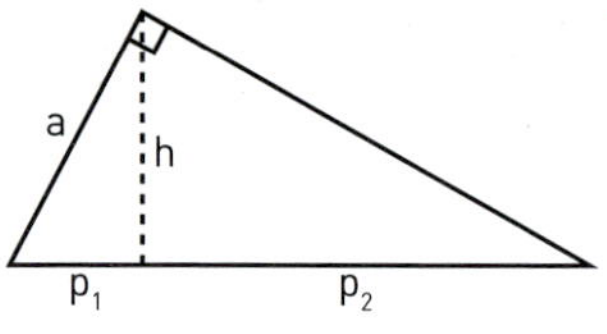

Teoremi di Euclide

Primo: $a^2 = p_1(p_1 + p_2)$

Secondo: $h^2 = p_1 p_2$

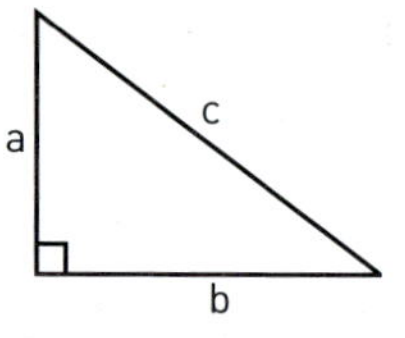

Teorema di Pitagora

$a^2 + b^2 = c^2$

FORMULE DI GEOMETRIA SOLIDA

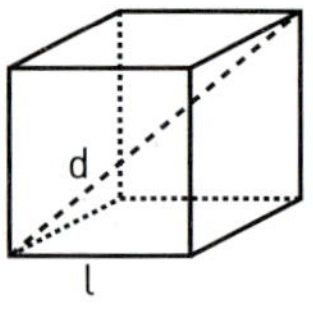

Cubo

$A = 6l^2 \qquad V = l^3$

$d = \sqrt{3}\, l$

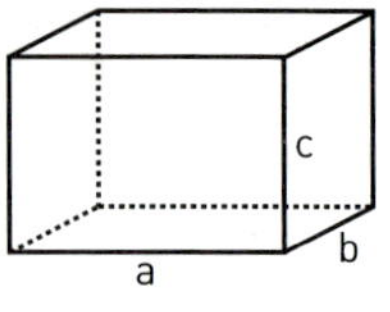

Parallelepipedo rettangolo

$A = 2(ab + ac + bc)$

$V = abc$

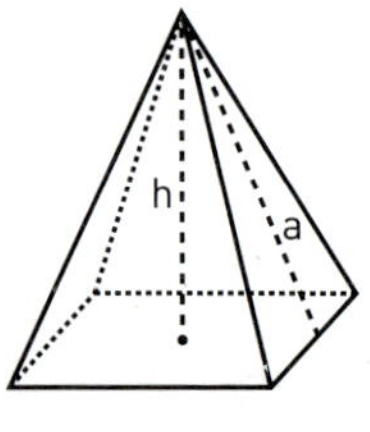

Piramide retta

$A_{\text{laterale}} = pa$

$V = \frac{1}{3} A_{\text{base}} h$

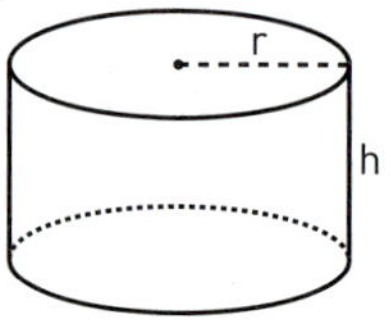

Cilindro

$A = 2\pi r^2 + 2\pi rh$

$V = \pi r^2 h$

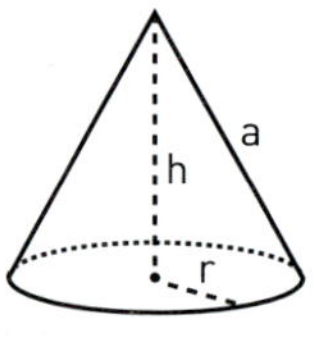

Cono

$A = \pi r(a + r)$

$V = \frac{1}{3}\pi r^2 h$

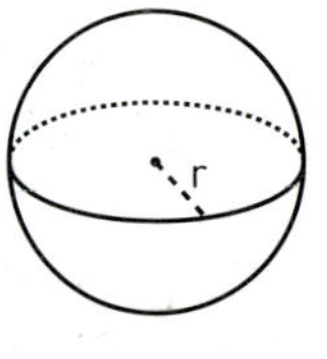

Sfera

$A = 4\pi r^2$

$V = \frac{4}{3}\pi r^3$